2011年11月2日，中国农业科学院在北京召开干部大会。中组部干部四局局长夏崇源同志宣布中央关于李家洋同志任农业部副部长、党组成员、中国农业科学院院长，免去翟虎渠同志的中国农业科学院院长职务的决定。农业部党组书记、部长韩长赋出席会议并作重要讲话。

2011年6月13日，农业部部长韩长赋到中国农业科学院哈尔滨兽医研究所新区考察科研创新和疫苗生产与监管情况。

2011年9月20日，农业部部长韩长赋到中国农业科学院兰州兽医研究所、兰州畜牧与兽药研究所考察疫病防控研发工作。

2011年1月10日，中国农业科学院2011年工作会议在北京召开。

由中国农业科学院作物科学研究所刘秉华研究员主持的“矮败小麦及其高效育种方法的创建与应用”荣获2010年国家科学技术进步奖一等奖。

由中国农业科学院棉花研究所李付广研究员主持完成的“棉花组织培养性状纯化及外源基因功能验证平台构建”荣获2010年国家技术发明奖二等奖。

由中国农业科学院植物保护研究所吴孔明研究员主持完成的“棉铃虫对Bt棉花抗性风险评估及预防性治理技术的研究与应用”荣获2010年度国家科学技术进步奖二等奖。

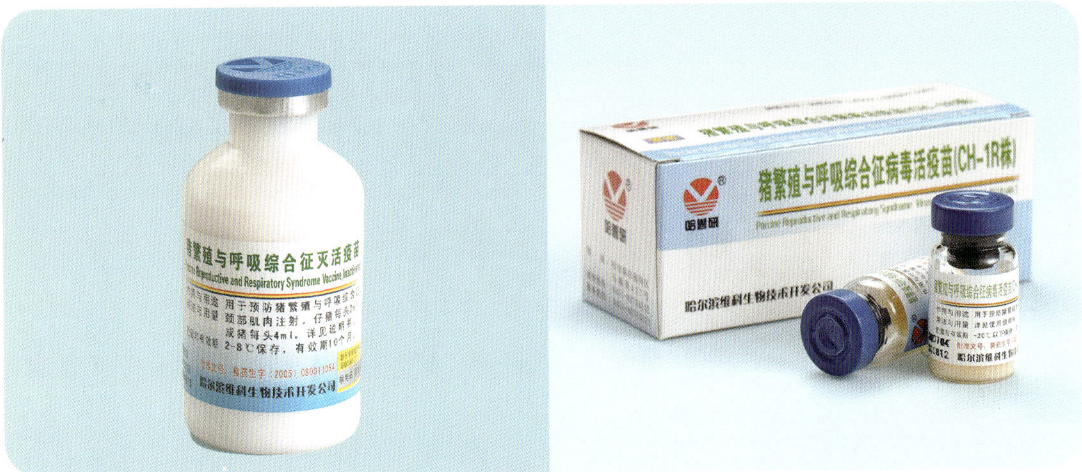

由中国农业科学院哈尔滨兽医研究所蔡雪辉研究员主持完成的“猪繁殖与呼吸综合征防制技术及应用”荣获2010年度国家科学技术进步奖二等奖。

由中国农业科学院水稻研究所钱前研究员主持完成的“水稻重要种质的创制及其应用”荣获2010年度国家科学技术进步奖二等奖。

2011年10月10日，由中国农业科学院作物科学研究所黄长玲课题组培育的“中单909”在新疆创造出平均亩产1 332.01千克的玉米单产纪录。

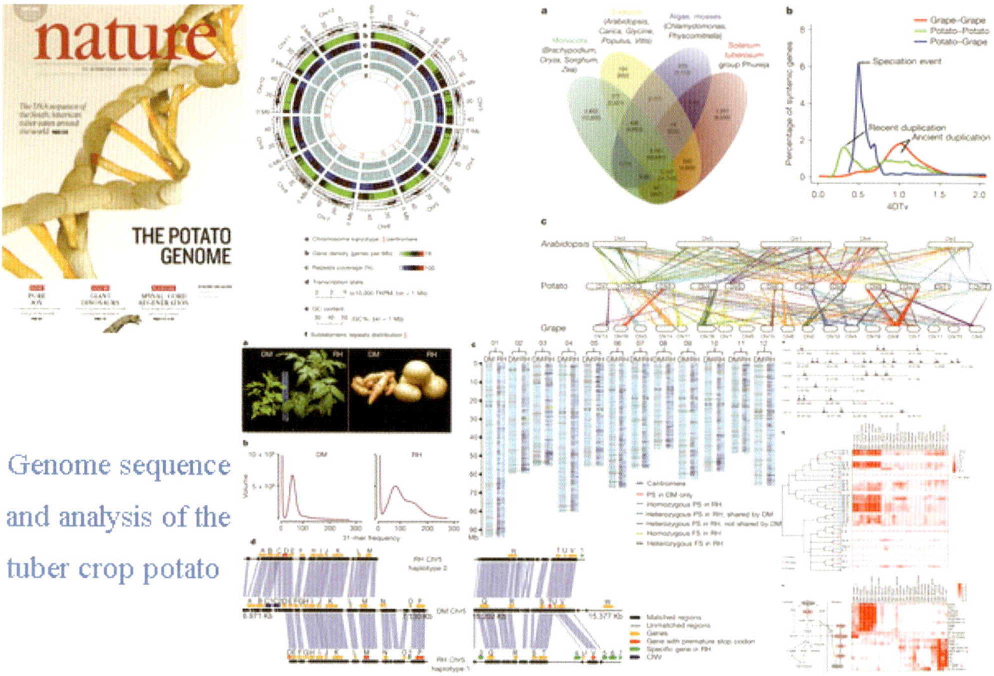

2011年7月14日，《Nature》发表了中国农业科学院科学家主导完成的马铃薯全基因组序列图和生物学分析的封面论文。

nature.com ▸ journal home ▸ archive ▸ issue ▸ letter ▸ **full text**

NATURE GENETICS | LETTER

The genome of the mesopolyploid crop species *Brassica rapa*

The Brassica rapa Genome Sequencing Project Consortium, Xiaowu Wang, Hanzhong Wang, Jun Wang, Rifei Sun, Jian Wu, Shengyi Liu, Yinqi Bai, Jeong-Hwan Mun, Ian Bancroft, Feng Cheng, Sanwen Huang, Xixiang Li, Wei Hua, Junyi Wang, Xiyin Wang, Michael Freeling, J Chris Pires, Andrew H Paterson, Boulos Chalhoub, Bo Wang, Alice Hayward, Andrew G Sharpe, Beom-Seok Park, Bernd Weisshaar + *et al.*

Affiliations | Contributions | Corresponding authors

Nature Genetics **43**, 1035–1039 (2011) | doi:10.1038/ng.919
Received 07 March 2011 | Accepted 03 August 2011 | Published online 28 August 2011

2011年8月29日，《Nature Genetics》在线发表了中国农业科学院科学家主导完成的白菜全基因组研究论文(The genome of the mesopolyploid crop species *Brassica rapa*)。

2011年12月8日，中国工程院公布2011年院士增选名单，中国农业科学院棉花研究所所长喻树迅研究员和植物保护研究所所长吴孔明研究员光荣当选。

2011年12月15日，中国农业科学院兰州畜牧与兽药研究所李剑勇研究员荣获第十二届中国青年科技奖。

中国农业科学院农业机械化研究所胡志超研究员荣获2011年全国五一劳动奖章。

2011年7月6日，中国农业科学院举行2011届研究生毕业典礼暨学位授予仪式。

2011年7月28日，中国农业科学院第三期加拿大英语培训班在加拿大圭尔夫大学圆满结束。

2011年11月1～8日，中国农业科学院在北京举办2011年处级干部任职培训班。

2011年3月22日，中国农业科学院与广西壮族自治区人民政府在南宁市签署农业科技战略合作协议。翟虎渠院长和广西壮族自治区副主席陈章良分别代表双方在协议上签字。

2011年6月8日，中国农业科学院与四川省人民政府在成都市签署联合共建四川农作物种业创新与转化工程协议。翟虎渠院长和四川省副省长钟勉出席签约仪式。

2011年11月26日，中国农业科学院与贵州省人民政府在贵阳市签署农业科技战略合作协议签字仪式。农业部副部长、中国农业科学院院长李家洋和贵州省副省长禄智明代表双方在协议上签字。全国政协副主席、科技部部长万钢，贵州省委书记栗战书、省长赵克志、省委副书记王富玉，中国农业科学院原院长翟虎渠等出席了签字仪式。

2011年7月31日，由中国农业科学院发起投资并设立的我国首支农业科技领域私募股权基金——中农科产业发展基金启动仪式在北京举行。

2011年，中国农业科学院共接待国外来访团组559批803人次。2011年12月5日，农业部副部长、中国农业科学院院长李家洋会见到访的国际家畜研究所（ILRI）所长吉米·史密斯（Jimmy Smith）博士一行。

2011年，中国农业科学院共派出团组287个672人次赴国外考察访问，新签署（续签）24项合作协议或备忘录。2011年10月10～21日，中国农业科学院党组书记薛亮率团出访泰国、肯尼亚和坦桑尼亚，图为薛亮与泰国农业与合作部部长高级顾问塔玛拉特·王里（Tamarat Wanglee）会谈。

2011年，中国农业科学院主办高层次、高级别国际会议58次。10月17～20日，中国农业科学院与国际农业研究磋商组织科学委员会（CGIAR-ISPC）、全球农业研究论坛（GFAR）联合举办的第二届“全球农业科技大会”在北京市举行。

2011年6月20日，中欧农业工作小组正式成立暨第一次会议在中国农业科学院召开。

2011年8月29～31日，由中国农业科学院主办的第十六届全国农科院系统外事协作网会议在大连市举行。

2011年2月26日，中国农业科学院宁夏农垦现代农业示范基地挂牌仪式在宁夏农垦平吉堡现代农业示范园区举行。翟虎渠院长和宁夏回族自治区副书记于革胜为示范基地揭牌。

2011年11月15日，由中国农业科学院、深圳华大基因研究院共创的“中国农业科学院深圳生物育种创新研究院”揭牌仪式在深圳市会展中心举行。

2011年1月10日，在院工作会议开幕式上，中国农业科学院举行了2009～2010年度文明单位标兵、文明单位、文明职工标兵和文明职工表彰仪式。

2011年1月13日，中国农业科学院召开创先争优活动交流点评会。

5月19～21日，中国农业科学院党的建设和思想政治工作研究会第五届理事会第四次会议暨创先争优工作座谈会在重庆市召开。

2011年7月1日，中国农业科学院召开庆祝中国共产党成立90周年大会。

2011年7月26日，中国农业科学院在北京召开视觉形象识别系统（VIS）发布会。

2011年9月29日，中国农业科学院举行了古今中外著名农业科学家画像交接仪式。

中国农业科学院年鉴

2011

中国农业科学院办公室　编

中国农业科学技术出版社

图书在版编目（CIP）数据

中国农业科学院年鉴．2011/中国农业科学院办公室编．—北京：中国农业科学技术出版社，2012.10
ISBN 978－7－5116－1079－9

Ⅰ.①中…　Ⅱ.①中…　Ⅲ.①中国农业科学院－2011－年鉴
Ⅳ.①S－242

中国版本图书馆CIP数据核字（2012）第213904号

责任编辑　鱼汲胜
责任校对　贾晓红　范　潇

出 版 者　中国农业科学技术出版社
北京市中关村南大街12号　邮编：100081
电　　话　(0)13671154890(编辑室)(010)82109702(发行部)
(010)82109709(读者服务部)
传　　真　(010)82106624
网　　址　http://www.castp.cn
经 销 者　各地新华书店
印 刷 者　北京东方宝隆印刷有限公司
开　　本　787 mm×1 092 mm　1/16
印　　张　59.5　　插页　16
字　　数　1 300千字
版　　次　2012年10月第一版　2012年10月第一次印刷
定　　价　268.00元

《中国农业科学院年鉴2011》

编 辑 委 员 会

目　录

一、总　类

二、科研与推广

三、产业发展与企业管理

四、国际合作

五、人事管理与人才建设

六、计划财务管理与条件建设

七、研究生教育与管理

八、综合政务管理

九、党建、反腐败与精神文明建设

十、人物介绍

十一、大事记

十二、附　录

一、总　　类

中国农业科学院召开干部大会
宣布中央关于院主要领导同志调整决定

2011年11月2日，中国农业科学院在北京召开干部大会。中组部干部四局局长夏崇源同志宣布了中央关于李家洋同志任农业部副部长、党组成员、中国农业科学院院长，免去翟虎渠同志的中国农业科学院院长职务的决定并作重要讲话。农业部党组书记、部长韩长赋出席会议并作重要讲话。中国农业科学院原院长翟虎渠、新任院长李家洋在会上分别讲话。农业部党组成员、人事劳动司司长梁田庚，农业部科技教育司司长白金明，中组部干部四局副局长陈玉明，干部四局四处调研员、副处长田相泰以及农业部人事劳动司巡视员曾一春、副巡视员魏琦出席会议。中国农业科学院党组书记薛亮主持会议。

夏崇源在讲话中指出，这次中国农业科学院院长调整，是一次正常的新老交替，是中央根据干部任职年龄有关规定和干部交流的精神，从省部级领导班子建设全局和中国农业科学院领导班子建设的实际出发，慎重考虑，通盘研究作出的决定。此前，翟虎渠同志曾多次向组织提出，希望从农科院领导岗位上退下来，让年富力强的同志接替他，充分体现了一名党的高级领导干部的党性觉悟和政治胸怀。他说，翟虎渠同志担任中国农业科学院院长11年来，团结带领一班人，认真学习邓小平理论和“三个代表”重要思想，以科学发展观为指导，认真贯彻中央关于“三农”工作的部署和科技工作方针，围绕农业部中心工作，找准自身定位，坚持“三个中心、一个基地”的战略目标，大力推进科技创新，取得了一批具有自主知识产权的科技成果，在科技成果转化、科研基础设施和人才队伍建设方面均取得了积极进展，为实现我国粮食连年增产、农民连年增收作出了突出贡献。这些成绩的取得，是党中央、国务院正确领导的结果，是农业部党组具体指导的结果，是中国农业科学院领导班子和全院广大干部职工包括离退休老同志共同奋斗的结果。这些成绩的取得，凝聚着翟虎渠同志的大量心血、智慧和汗水。

夏崇源指出，翟虎渠同志对党的事业忠心耿耿。政治立场坚定，自觉与党中央保持一致。工作有思路，有魄力，敢抓敢管，组织领导能力强。有强烈的事业心和责任感，勤奋敬业，性格直爽，心胸开阔，团结同志，作风正派，要求自己比较严格，赢得了大家的高度评价和充分信赖。由于年龄原因，翟虎渠同志从农科院领导岗位上退下来，相信他仍会一如既往地关心和支持中国农业科学院的工作。

夏崇源在讲话中介绍了李家洋同志的情况。他指出，李家洋同志政治立场坚定。思路清晰，考虑问题细致，有组织协调能力。为人正派、处事稳重，作风民主，要求自己比较严格。长期致力于植物分子遗传学研究，成果丰硕，特别是对水稻等重要粮食作物品质的改良作出了贡献。面向国家战略需求，注重成果转化，积极推进现代农业示范工程建设，在推动资源环境、生命科学、农业科研等基础研究成果服务经济社会方面做了大量富有成效的工作。中央认为，李家洋同志是中国农业科学院院长的合适人选。相信大家一定会以高度的政治责任感，把思想和行动统一到中央决定精神上来，顾大局、守纪律、恪尽职守，积极支持李家洋同志的工作，以实际行动拥护中央的决定，实现这次院长职务的顺利交接和工作的平稳过渡。

夏崇源最后强调，中国农业科学院作为国家级综合农业科研机构，担负着农业科技创新和培养农业科技人才的重大使命和责任，不仅要抓好基础研究，还要抓好战略研究，应用研究和科技成果的推广；不仅要抓好院内自身的改革创新，还要妥善处理好与各方面的关系，努力形成科技兴农的强大合力。相信中国农业科学院党组在党中央、国务院的领导下，在农业部党组的指导下，一定能够团结带领广大干部职工，扎实工作，开拓创新，把农科院的工作在原有的基础上继续推向前进，以优异的成绩迎接党的十八大胜利召开。

韩长赋代表农业部党组坚决拥护党中央的决定。他指出，中央决定李家洋同志担任中国农业科学院院长，是对中国农业科学院领导班子建设的高度重视，也是对农业部工作力量的加强。大家一定要把思想和行动统一到中央的决定精神上来，一如既往抓好农科院的工作，顺利完成这次院长职务的交接，实现平稳过渡。韩长赋指出，10 年来，以翟虎渠同志为班长的中国农业科学院领导班子团结带领全院干部职工，认真贯彻落实“科教兴农”战略，全面推进事业发展，在科技创新和成果转化、人才队伍建设、科研条件建设、党的建设等方面都取得很大进展，农科院发生很大变化。这些成绩的取得，对国家农业农村经济发展作出了重要贡献，为农科院的长远发展打下了坚实基础。对于以翟虎渠同志为班长的这一届院领导班子的工作，部党组给予充分肯定。

韩长赋指出，当前，我国已进入“三化”同步推进的关键阶段，农业科技对农业现代化建设的支撑引领作用更加凸显。党中央、国务院对农业部、对农科院的科技创新工作满怀期待、寄予厚望。希望中国农业科学院紧紧抓住当前农业科技发展的历史机遇，充分认识农业科技进步对农业乃至国民经济的重要意义，充分利用现有基础，进一步加强条件建设，加快发展步伐，为加快农业科技进步、促进农业农村经济科学发展作出新的更大的贡献。

针对中国农业科学院今后的工作和发展，韩长赋提出两点要求。一是中国农业科学院要在加快我国农业科技进步上作出更大贡献。要继续强化农业科技自主创新，努力多出一流的科技成果；要继续强化农业科技人才队伍建设，培养一流的创新人才；要继续强化推进科技成果的转化应用，创造一流的工作业绩；要继续强化农业科技国际合作与交流，办成世界一流的农业科研机构，带动全国农业科技事业的跨越式发展，为农业现代化建设提供强有力的科技支撑。

二是要进一步加强领导班子和干部队伍、人才队伍建设，夯实中国农业科学院发展的组织保障和人才基础。要加强学习，坚定信念，不断提高理论水平和管理能力，为农业农村经济又好又快发展提供强大精神动力、智力支持和文化条件。要坚持民主集中制，充分发挥领导班子的整体功能，努力营造团结、奋进、文明、创新的良好环境。要弘扬科学精神，努力加强科技人才队伍建设，为科技进步和优秀人才成长营造良好的学术环境。要加强实践锻炼，不断强化干部队伍作风建设，大力弘扬“祁阳站”精神，坚持“把论文写在大地上、把成果留在农民家”。要加强制度建设，不断提高工作的制度化规范化水平，形成一级抓一级、层层抓落实的责任体系。

翟虎渠对中央的决定表示坚决拥护，对李家洋同志到农科院工作表示热忱欢迎。他说，10 多年来，在农业部党组的正确领导下，农科院取得了可喜的成绩。这些成绩的取得，主要是中组部、农业部等上级部门大力支持的结果，是院领导班子团结协作、开拓创新的结果，是全院广大干部职工努力奋斗、辛勤工作的结果。虽然要离开为之奋斗 10 年的工作岗位，但会永远铭记这份共同的事业，铭记这段奋斗的历程，铭记朝夕相处、风雨同舟的同志们。翟虎渠表示，今后将一如既往地做好科研工作，继续为农科院的改革发展贡献自己的力量和智慧，衷心祝愿农科院的明天更加美好。

李家洋在讲话中衷心感谢中央、农业部党组的信任、肯定和重托。他说，中国农业科学院作为我国农业科技领域的国家队，在科技兴农、国内外农业科技交流与合作、培养高层次人才研究等方面发挥着重要作用，作出了卓越贡献。多年来，中国农业科学院所取得的卓越成就，无不凝聚着翟虎渠同志的心血和汗水。他对农科院的科研人员、历届领导同志，对翟虎渠院长表示崇高的敬意和感谢。李家洋说，中央决定我到中国农业科学院工作，深感任务艰巨、责任重大。将充分珍惜这一机会，在农业部的有力领导与支持下，与农科院全体同志一起，团结全国农业科技工作者，聚精会神求创新，全心全意谋发展，兢兢业业工作，踏踏实实做事，团结协力、顽强拼搏、开拓创新、奋勇前进，为实现中国农业科学院跨越式发展再立新功。他表示，在新的岗位上，将努力学习，加强调查研究，不断提高履行职责的能力与水平，尽快进入工作角色。按照民主集中制的原则和中央与农业部的要求，与同志们一道，把中国农业科学院的领导班子建设成为团结协作、清正廉洁、开拓创新、勇攀高峰的坚强领导集体。

薛亮在讲话中表示坚决拥护党中央的决定，并要求全院广大干部职工切实把思想和行动统一到中央决定精神上来，坚决贯彻夏崇源局长和韩长赋部长重要讲话精神，在以李家洋同志为班长的院班子领导下，继续团结一致，焕发精神，不懈努力，再创佳绩，为农业农村经济发展提供更加有力的科技支撑、作出更大的贡献，努力完成党中央、国务院和农业部党组赋予的重大使命。

李家洋同志简介：李家洋，1956 年出生，安徽肥西人，1982 年 1 月加入中国共产党，1976 年 12 月参加工作，美国布兰代斯大学生物系博士毕业，研究员，中国科学院院士、发展中国家科学院院士、美国科学院外籍院士。1999 年 10 月起历任中国科学院遗传研究所所长、遗传与生物学研究所所长，2003 年 12 月任中国科学院副院长、党组成员。2011 年 10 月任农业部副部长、党组成员、中国农业科学院院长。

大力加强自主创新
引领新时期全国农业科技发展

——中国农业科学院2011年工作报告

中国农业科学院院长　翟虎渠

（2011年1月10日）

各位代表，同志们：

中国农业科学院2011年工作会议今天开幕了。这次会议的主要任务是，全面贯彻党的十七届五中全会、中央农村工作会议和全国农业工作会议精神，大力加强自主创新，引领新时期全国农业科技发展，认真总结2010年和“十一五”工作，研究“十二五”发展的主要任务，部署2011年重点工作。下面，我代表院党组作工作报告。

一、2010年工作成绩显著，为农业农村经济发展提供了有力的科技支撑

2010年，是全面完成“十一五”计划目标的最后一年，也是承前启后，规划“十二五”发展的关键一年。我院遵照农业部党组“两个千方百计”、“两个努力确保”的要求，围绕年初制定的工作目标，狠抓落实，服务大局，各项工作取得显著成效。

一是扎实推进“十二五”规划工作。2010年，院党组高度重视，将编制“十二五”规划作为“抓当前、谋长远”的系统工程，精心组织院所两级加大调研力度，认真开展“十二五”规划编制工作。目前，我院“十二五”发展规划、“十二五”科技发展规划，以及人才、国际合作、科技平台、试验基地等一系列专项规划均已完成讨论稿的编写，院属各单位也已完成本单位规划讨论稿的编制工作。

二是强化科研管理，突出培育重大成果。2010年，我院着力加强重点科研项目跟踪管理、重大项目选题建议，以及“学科项目集”、“产业项目集”建设工作。全年新增主持项目1 227项，参加项目164项，合同经费总额约6.02亿元，“973”计划、自然科学基金等基础研究立项工作取得重大突破，全年新增“973”项目4项，自然基金项目167项。获国家科技进步奖一等奖1项、二等奖4项；获2008～2010年度农牧渔业丰收奖一等奖3项，其他奖项9项。发表论文4 544篇，其中，SCI、EI论文853篇；获得各类专利190个，获新品种保护权14个；审定新品种69个；获新兽药证书4个。

三是加强粮食增产与农民增收科技支撑。2010 年，我院全力配合农业部开展水稻、小麦、玉米等主要农作物“高产创建活动”和“百日科技服务行动”，全面推动“三百”科技支农行动计划，以项目、基地和现代农业示范区为纽带，与北京、黑龙江、江西、云南等省市开展深层次合作，有力促进了科技成果转化和地方经济的发展。2010 年，我院科技产业开发收入达到 12.5 亿元，净利润约 2.5 亿元。22 个研究所的产业开发收入比 2009 年有所增长。院本级房地产及科技产业年收入也有新的突破。

四是优化人才队伍结构，加强研究生教育。2010 年，我院继续加强创新团队、高层次人才及干部队伍建设。通过资源整合、项目支持、政策扶持和机制创新等措施，有效推动了创新团队健康发展。积极推进海外高层次人才引进工作，上报“千人计划”人选 5 人，其中，3 人的工作条件已基本落实。加强领导班子和干部队伍建设，全年共任免所局级干部 77 人次，其中，部党组管理的干部 17 人次，院党组管理的干部 60 人次，干部选拔任用工作等组织工作民意调查满意度在 93 分以上，均高于农业部直属单位平均水平。按照中央的统一部署，积极稳妥地推进中国农业科学技术出版社的企业化转制工作。2010 年，我院研究生招生规模再创新高，博士招生首次突破 200 人，留学生教育初具规模，专业学位教育进一步加强。全国百篇优秀博士学位论文和北京市优秀博士学位论文评选双双获奖。

五是推进国际合作布局，深入开展项目合作。2010 年是我院全面实施外事审批权的开局之年，制定了《中国农业科学院外事管理办法》，严格规范外事制度、强化运行机制和机构建设，确保外事工作管理规范、运转高效。根据我院全球农业科技合作战略布局，2010 年签署了“国际马铃薯中心亚太分中心东道国协议”等 15 个重要科技合作协议或备忘录。组织申报各类国际合作项目 291 项，落实国际合作经费 1.18 亿元。组织召开了第三届国际农科院院长高层研讨会等重大国际会议和科学家峰会。

六是努力扩大财政支持，开展共建共享试点。2010 年，我院争取到财政拨款 25.14 亿元，达到历史最高水平。纳入基本支出定员定额试点的单位达到 4 个，事业费合计增长 2 792万元，部分研究所资金紧张问题基本解决。组织 4 个单位、7 个项目开展修购专项共建共享试点，提高了全院固定资产、设施设备使用效率。

七是大力推动重大科技设施和科技平台建设。2010 年，我院共获得中央预算内基本建设资金 2.96 亿元，21 个基建项目获得立项批复，预算投资 5.65 亿元，78 个修购专项项目获批，预算金额 2.75 亿元。农作物基因资源与基因改良重大科学工程通过验收，航天育种科研楼完成收尾工作，国家农业生物安全科学中心开工、国家农业图书馆、新乡综合试验基地等项目建设进展顺利。家畜疫病病原生物学国家重点实验室通过验收，棉花生物学实验室进入国家重点实验室申报指南，特种经济动物分子生物学省部共建国家重点实验室完成立项。获得农业部“学科群”综合性重点实验室立项 7 个、专业性重点实验室 6 个，动物毛皮等 10 个质检中心通过考核评审。

八是深入推进党建与创新文化建设。2010 年，我院党的工作坚持围绕中心、服务大局，深入学习贯彻党的十七届四中、五中全会精神，以“增强党性作表率，科技创新当先锋”为主题，深入开展创先争优活动，得到农业部的充分肯定。学习型党组织建设扎实开展，思想政治工作和精神文明建设稳步推进。召开全院深化创新文化建设工作会，有力地推动了全院创新文化的建设与发展。加快推进反腐倡廉制度建设，党风廉政工作成效显著。开展巡视、招投标监督、基建领域突出问题专项治理，加强我院内部审计工作，完成基建项目工程造价审核35项、竣工财务决算评审27项。认真做好信访工作。院属各单位均成立了纪委或明确了纪检工作负责人。通过签定责任书等手段，进一步落实党风廉政建设责任制。

二、“十一五”目标任务圆满完成，为我院实现新时期跨越发展奠定了坚实的基础

回顾“十一五”，可以说，过去的5年，是中国农业农村经济发生显著变化的5年，也是中国农业科学院建设与发展取得重要成效的5年。在农业部党组和院党组的正确领导下，全院广大科技人员和全体干部职工，继承发扬“十五”以来我院发展形成的创新思路，以现代农业发展支柱学科群建设为先导，以提高自主创新能力为核心，扎实推进“三个中心、一个基地”建设，圆满完成了各项目标任务，为实现新时期跨越发展奠定了坚实的基础。

（一）取得了一批具有自主知识产权的重大科技成果

“十一五”期间，我院科技创新工作，紧紧围绕国家重大需求，完善九大学科群建设，积极实施学科、项目、经费、人才、条件一体化战略，着力加强自主创新，促进了科技工作的繁荣和发展。

科研成果稳步增长。全院共主持国家及行业重大科技项目5 741项，参加894项，合同经费总额达到36.34亿元。取得各类科技成果643项，获奖成果336项，其中，国家级奖一等奖2项、二等奖23项，省部级奖152项，中华农业科技奖25项；获各项专利授权675项，获审定新品种358个、新品种保护权78项、新兽药证书36个、软件著作权201个。

突破性成果不断涌现。中国小麦品种品质评价体系建立与分子改良技术、矮败小麦及其高效育种方法的创建与应用荣获国家科技进步奖一等奖，获得了转基因三系杂交棉、超级稻、禽流感－新城疫重组二联活疫苗、植酸酶玉米等一批具有自主知识产权、世界领先的重大农业科技成果。一批高水平论文在《Science》等期刊上发表，凸显了我院在全国农业科技创新国家队的地位，引领了全国农业科学技术的创新和发展。

（二）为粮食连续增产、农民持续增收提供科技支持

“十一五”期间，我院以科技创新为依托，不断探索科技兴农的新模式、新方法，加速科技成果的转化与应用，为中国粮食连年增产、农民连年增收作出了重要贡献。

科技兴农成效显著。“十一五”以来，全院共组织科技下乡7.2万人次，组织举办现场展示会、观摩会、技术培训、技术讲座、技术咨询等活动1.1万场次，直接或间接培训基层技术人员和农民283万人次，发放科技图书、资料等1 468万份，推广新品种1 722个、新技术153项，新品种、新技术示范推广面积累计4亿亩（1亩≈667m^2，1公顷=15亩，全书同）、禽类18亿羽、牲畜6 300万只（头）。“十一五”以来，我院应用“矮败小麦”育种技术已育成32个新品种。培育转基因抗虫棉品种已达155个，国产抗虫棉的种植面积已占到全国抗虫棉种植面积的95%，全国累计推广1.67亿亩，新增产值超过470亿元。以“中双9号”为代表的一批双低油菜新品种，年均推广2 500万亩，覆盖我国油菜种植面积的1/3以上。大豆新品种“中黄13”累计推广5 000多万亩，“中黄35”创亩产402.5公斤（1公斤=1千克，全书同）新纪录。

产业收入持续增长。“十一五”以来，全院科技产业收入连续4年稳定增长，年均增长9%，累计实现产业收入57.5亿元，纯利润12.68亿元，自2007年开始全院产业收入突破10亿元。形成了以兽用生物制品及兽药产业、饲料业、种业、特色农产品加工品及功能食品业为主的四大支柱产业。

（三）全球农业科技国际合作与交流地位空前提高

“十一五”期间，中国农业科学院不断拓宽国际合作形式和领域，深入开展重大项目合作，全院国际合作呈现高起点、高层次、多形式、全方位的特点。

战略伙伴关系得到进一步拓展。一定外事审批权的获得和管理制度及运行机制的不断健全，大大简化了国际交流工作的审批程序，有力促进了我院的国际合作与交流；与81个国家、CGIAR等33个国际组织、6个跨国公司及盖茨基金会建立了合作关系，与50多个国家和17个国际组织签订科技合作协议。有13个国外机构在我院设立了驻华办事处，共建联合实验室/联合研究中心达23个。

国际合作项目申报与实施成果显著。共组织申请各类国际合作项目800余项，其中，我院牵头组织的重大国际合作专项和国际大科学计划项目33项，争取国际合作总经费超过5亿元。通过项目实施，从俄罗斯、巴西等国家以及国际农业研究磋商组织下属研究中心等国际机构引进重要动植物品种资源29 800余份，为未来我国动植物新品种培育提供了战略储备。

对外开放水平与影响力显著提升。以禽流感疫苗和杂交水稻以及小型农机具为代表的一大批新材料、新技术、新设备纷纷走出国门。组织召开100多个大型国际会议、学

术专题研讨会和培训班，由我院发起的“国际农科院院长高层研讨会”已形成国际品牌，显著提升了我院的国际地位和影响力。

（四）人事人才工作和创新团队建设取得重要进展

“十一五”期间，中国农业科学院人事人才工作坚持服务发展、创新机制、高端引领，以创新团队和高层次人才队伍建设为核心，进一步深化人事制度改革，不断加强领导班子和干部队伍建设，为全院科技创新提供了有效的人才保障和智力支持。

创新团队建设效果初显。“十一五”期间，我院全面启动科技创新团队建设工程，遴选出首批 13 个院级优秀科技创新团队、90 个所级重点科技创新团队，进一步优化人才资源配置，凝聚创新能力，各创新团队发展态势良好，整体效应逐步显现。

人才层次和结构不断优化。“十一五”期间，我院坚持培养与引进并重，积极实施高层次人才“1351 计划”，被中央确定为国家首批“海外高层次人才创新创业基地”。同时，不断加强高级专业技术人员的培养、评审和专家推荐工作，新增中国工程院院士 1 人，获得省部级以上奖励或荣誉称号 58 人，基本形成了以院士为“龙头”，以国家级专家、部级专家、政府特殊津贴专家、杰出人才为主体的高层次专业技术人才队伍。

人事制度改革取得实效。按照国家事业单位第四次收入分配制度改革的有关精神，圆满完成全院工资制度改革工作，组织完成京区 17 个单位在职人员工资套改。全面推进我院岗位设置改革，制定《中国农业科学院岗位设置管理暂行规定》等重要文件，加强岗位管理，完善聘用程序，完成全院三类岗位人员的首次分级聘用及后续管理。

干部队伍素质不断提高。先后修订完善了《中国农业科学院领导干部选拔任用工作办法》、制定了《院党组关于加强领导班子与干部队伍建设的意见》等一系列制度，着力改革和完善干部选拔任用工作机制，不断加强后备干部和年轻干部的选拔培养。先后组织 84 个班次、827 人次参加各类培训班。成功举办 2 期所局级领导干部培训班、3 期南京英语培训班、2 期加拿大英语培训班、3 期组织人事干部培训班，极大地提高了干部队伍的综合素质。

研究生教育取得新成绩。“十一五”期间，我院研究生教育持续发挥“院所结合、两段式培养”的特色优势，全日制研究生共计招生 3 728人，较“十五”增长了 112%，专业学位招收 1 858人，较“十五”增长了 554%，留学生教育涉及美国、印度等 18 个国家，教育规模逐年扩大，目前，共有在校生 4 000余人。新增学位授权点 8 个，获全国百篇优秀博士学位论文 1 篇，北京市优秀博士论文 2 篇。条件建设和师资队伍水平大幅度提高，社会影响力不断扩大，连续 8 年以农学门类第一名荣获“全国一流研究生院”。

（五）科技设施和科技平台建设迈上新的台阶

"十一五"期间，全院基本建设坚持以研为本，科学谋划，建设项目申报由自由滚动式向规划引导式转变，着力推进重大科研基础设施建设。同时，按照国家级、部级、院级3个级别和科技创新、科技支撑、科技服务3个类别，系统推进科技平台建设。

重大科技设施建设取得突破。新争取国家农业图书馆、国家农业生物安全科学中心等重大科技设施类项目7个，完成农产品质量标准与检验检测中心、航天育种工程建设。国家农作物种质资源库、国家畜禽改良研究中心2个重大项目获准立项，筹划了国家耕地质量科学中心和农业应用微生物科学中心2个重大项目。

"三级三类"科技平台日趋完善。新增省部级以上科技平台120个，其中，国家重点实验室1个，农业部重点实验室12个，国家工程实验室3个，国家工程技术（研究）中心4个，农业部转基因质检中心8个，国家农产品加工技术专业分中心8个，农业部野外台站4个，极大地提升了科技平台的运行效率和水平。

科研试验基地体系逐步完善。"十一五"期间，我院着力加强全院综合性试验基地和各研究所专业性试验基地建设，深化廊坊产业园的建设与管理，着力加强海南和新乡综合试验基地建设，启动黑龙江农垦建三江试验基地和九三试验基地的建设，各研究所试验基地设施和条件明显改善，服务科研能力显著提高。

院所区面貌显著改善。哈尔滨兽医所、特产所新所区建设大规模展开，上海兽医所、烟草所、麻类所通过集中建设，实现了新所区搬迁，京外其他各研究所的科研工作环境通过修购专项的支持也得到很大改善。院部办公楼、大院绿化改造工程、马连洼院区综合改造等一批项目的集中实施，使院部大院及京内各研究所面貌焕然一新。

"十一五"期间，全院基本建设总投资达到20.6亿元，较"十五"增长33.77%。建设科研用房27.7万平方米、科研辅助用房8.5万平方米，购置科研仪器设备7 897台(套)，科技基础条件显著提升，为全院各项事业快速发展提供了有力保障。

（六）财政支持及各类经费收入显著增长

"十一五"期间，我院财政预算规模不断扩大，经费结构逐步优化，为科技创新及全院各项工作提供了强有力的财务支撑。

财政投入规模持续大幅增加。全院财政拨款从2006年的11.7亿元增长到2010年25.14亿元，投入规模翻了一番多。其中，基本经费2010年（5.37亿元）比2006年（3.68亿元）增长了45.9%；项目经费2010年（19.77亿元）比2006年（8.02亿元）增长了147%。

全院资产规模不断扩大。全院资产由2006年的50.92亿元增长至2009年的71.30亿元，增加了41.8%。科研仪器设备总值达17.18亿元。一大批高档精密仪器设备的充实和完善，有力地促进了我院前沿学科的发展。

（七）党建与创新文化建设取得重要进展

“十一五”期间，我院以加强党的先进性建设为主线，以深入学习实践科学发展观为重点，全面推进党的建设，为科技创新提供了强大的思想保障和组织保障。

深入开展先进性教育和践行科学发展观活动。扎实推进保持共产党员先进性长效机制建设，号召广大共产党员争做“科技创新的模范、服务‘三农’的模范、科学民主的模范、清正廉洁的模范”，培育出了“执著奋斗、求实创新、情系‘三农’、服务人民”的祁阳站精神，作为中宣部重大宣传典型，被誉为农业科技战线的旗帜。在深入学习实践科学发展观活动中，中国农业科学院广大党员深刻理解科学发展观的科学内涵、精神实质和根本要求，解放思想、查摆问题，把学习实践科学发展观与落实整改措施相结合，进一步坚定了推动我院科学发展的信心和决心，推动了各项事业的发展。

党建工作科学化水平不断提高。坚持每年召开党的工作会，坚持每年培训党务干部；不断加强理论武装，不断加强对党员的教育、监督和管理；认真落实各项制度，积极开展党建研究。5 年来，基层党组织建设更加规范，生机活力进一步增强；党员队伍更加壮大，综合素质进一步提高；党建研究更加深入，认识水平进一步提升。

党组织和党员作用更加突出。充分发挥党委的政治核心作用，坚持支部建在研究室，充分发挥党支部的战斗堡垒作用，在科技创新、科技支农、科技救灾等各项工作中，充分发挥党员的先锋模范作用。涌现出全国先进工作者贾继增、十七大代表刘玉梅等优秀人物和先进集体，17 个单位、44 人次获得部级以上表彰，我院直属机关党委被评为农业部先进基层党组织。

创新文化氛围日益浓厚。制定《关于开展创新文化建设工作的指导意见》和《关于深入推进创新文化建设的意见》，在院精神文明建设委员会的领导下，建立起所长负总责、党委组织实施、工青妇组织齐抓共管、全体职工集体参与的格局。编辑出版了《农科英才》，制定印发了《中国农业科学院职工守则》和《中国农业科学院科研人员道德准则》，编制了《中国农业科学院视觉形象识别管理系统手册》，确定了院歌，凝练出“严谨求实的科学精神、潜心科研的执著精神、刻苦攻关的奋斗精神、勇攀高峰的创新精神、爱国为民的奉献精神”。通过创新文化建设，全院的凝聚力和向心力进一步增强，国家队的良好形象进一步树立，为科技创新提供了有力的精神支持。

（八）开创了全院和谐稳定发展的新局面

“十一五”期间，我院认真做好党风廉政、精神文明、离退休人员服务和后勤保障工作，营造出风清气正、团结和睦、积极向上的良好氛围和运行有序的硬件环境，为全院的和谐稳定发展提供了有力保证。

惩防体系建设进一步落实。组织全院广大党员干部，认真学习中央《建立健全惩治和预防腐败体系2008~2012年工作规划》《党员领导干部廉洁从政若干准则》，组织开展广泛的学习教育活动。通过讲廉政党课、组织法规学习、参观警示教育基地、在闭路电视播放教育片等多种宣传教育手段，提高了全院党员领导干部的廉洁自律意识；完善了我院巡视工作制度等规章制度，认真开展商业贿赂专项治理、“小金库”专项治理、巡视、招投标监督等，规范权力运行；认真做好信访举报工作。基本形成了内容科学、程序严密、配套完备、行之有效的反腐倡廉制度体系。

深入扎实开展精神文明建设。大力加强社会公德、职业道德、家庭美德、个人道德和科研道德建设，开展文明单位创建、文明职工评选，以“讲文明、树新风”等活动为重点，在广大职工、团员青年和女职工中开展了形式多样、健康向上的主题活动，营造出团结和睦、积极进取的良好氛围。我院被授予“全国爱国拥军模范单位”，院工会被评为农业部“先进工会组织”，院团委被评为中央国家机关“五四红旗团委”，院妇工委被评为中央国家机关“先进妇女组织”。

认真做好离退休管理服务工作。加强离退休党组织建设，发挥政治学习、沟通情况、凝聚人心、传递信息等作用。坚决执行党的离退休政策，加强活动场所的建设管理，积极组织活动，丰富了老同志的生活。认真解决老同志的实际困难和问题，积极向上级有关部门反映，争取政策支持。

后勤服务保障能力不断增强。水、电、暖供应得到有效保障，支撑了各项科研活动的正常开展；综合服务能力不断增强，广大职工和科研人员生活条件得到改善；院所园区环境不断改善，公共设施维护及时，安全保卫措施到位，工作和生活氛围更加和谐。

各位代表，同志们，2010年和“十一五”期间我院各项事业快速发展，是党中央、国务院持续重视“三农”和农业科技工作的结果，是农业部、科技部、发改委和财政部等上级领导部门大力支持的结果，是全院广大科技人员和全体干部职工共同奋斗的结果。在此，我代表院党组，向上级领导部门、向全院科技人员、向全体干部职工表示衷心的感谢并致以崇高的敬意！

三、深入贯彻落实党的十七届五中全会精神，加快推进“十二五”农业科技发展

党的十七届五中全会对“十二五”农业农村发展作出了全面部署，提出了新的要求。“十二五”中国农业科学院如何发展，是当前摆在全院面前的头等大事。我院是中央级公益性农业科研机构，是全国农业科技创新的国家队、主力军。我们必须紧紧抓住“十二五”大有可为的重要战略机遇期，大力加强农业科技自主创新，为我国农业农村经济发展提供强有力的科技支撑。

（一）充分认识我院发展面临的形势与任务

当前，我国正处在改革发展的关键时期，农业农村经济正步入加快改造传统农业，走中国特色农业现代化道路的重要阶段。农业发展面临着耕地、淡水等资源紧缺，气候变化及农业生态环境压力加剧，病虫害及自然灾害频繁发生等一系列实际问题；面临着农业机械化、信息化程度不高，土地产出率、资源利用率、劳动生产率偏低等实际困难。科技进步是解决农业问题的根本出路。要确保未来国家粮食安全，确保农民收入持续增长，确保农业可持续发展，迫切需要加强农业科技创新，进一步挖掘农业生物遗传潜力，进一步延长农业产业链，大力发展集约化、轻简化种养技术，大力发展农业防灾减灾技术，将我国以生物技术为主导的农业生产技术体系转变为生物技术与机械化技术相结合的农业生产技术体系，大幅度提高农业资源利用率、农业劳动生产率和土地产出率。同时，我们还应该看到，全球范围内生物技术、信息技术等蓬勃发展，绿色经济、低碳技术等正在兴起，中国农业科技抢占未来农业科技发展制高点的竞争将更加激烈。

必须清醒认识到，与现代农业发展对科技的需求相比，与发达国家先进水平相比，我们还有不小差距，科技自主创新整体实力不强，原创性成果不多；学科发展不平衡，优势学科不突出；领军型人才及高影响力的学科团队偏少、人才学科布局不均衡；创新平台规模和档次难以满足创新需求；体制机制不适应科技创新的需求，成为制约发展的重要瓶颈。

我们必须正视差距，找准突破口，积极应对挑战，深入研究，科学谋划，加快发展，在未来国际农业科技竞争中占有一席之地，持续提升农业科技自主创新能力，引领新时期全国农业科技创新的方向，为中国特色现代农业的建设与发展作出新的更大的贡献。

（二）深刻领会“十二五”的指导思想与发展思路

“十二五”期间，中国农业科学院发展的指导思想是：以邓小平理论和“三个代表”重要思想为指导，深入贯彻落实科学发展观，紧紧围绕国家重大需求，瞄准世界农业科技前沿，以促进现代农业发展为主线，按照“引领创新、支撑产业、主导合作、和谐发展”的原则，围绕“三个中心、一个基地”战略目标，优化全院资源配置，提升农业科技创新能力和服务水平，为农业农村经济发展提供强有力的支撑。

“十二五”期间，中国农业科学院的发展思路：

一要牢牢把握“三个中心、一个基地”的发展方向，加快发展步伐，通过“十二五”的发展，使“三个中心、一个基地”建设达到新的水平、迈上新的台阶。

二要着力实现“三个突破”：着力突破促进现代农业产业发展的关键核心技术；着力突破增强我国农业国际竞争力、保障国家粮食安全、农产品质量安全生产、生态安全的战略高技术问题；着力突破农业及农村经济发展中重大公益性、共性、基础性技术问题。

三要重点加强“六个能力”建设：一是加强创新能力建设。坚持自主创新和人才强院战略，大力培育具有重大应用价值和自主知识产权的突破性科技成果，努力造就一批德才兼备、国际一流的顶尖人才和创新团队，加强科技条件平台的提升、优化和共享；二是加强成果转化和产业支撑能力建设。始终坚持科技服务产业发展的根本方向，提高科技对主要农产品有效供给的保障能力，提高科技对转变农业发展方式的引领能力；三是加强决策咨询能力建设。提升对国内外农业、农村科技发展形势的预测、判断、分析能力，增强国家农业宏观决策和农业科技宏观战略的话语权；四是加强科研协作能力建设。以开拓精神和创新思维大力推进农业科技国际交流与合作，推进全国农业科技的大联合大协作，促进共同发展，实现互利双赢；五是加强科研服务能力建设。改善信息化、图书情报资源等公共服务平台的环境，形成布局合理、特色鲜明、装备先进、功能完善、运转高效、资源共享的具有国内一流水平的科研服务支撑体系；六是加强管理能力建设。树立先进创新文化，推进和谐院所建设，形成有利于促进农业科技进步与创新、符合农业科技发展规律的充满活力的机制体制。

（三）准确把握“十二五”发展目标与主要任务

按照2020年我国农业科技率先进入世界先进行列和支撑农业产业持续发展的总体要求，“十二五”时期，我院发展的总目标是：有效解决一批事关我国农业产业发展全局的核心技术问题，在农业生物资源、生物育种、生物兽药、现代农业装备、生态环境保护等方面取得重大突破，创造一批一流的科研成果。学科建设进一步优化，一批主流学科进入世界先进行列；培养凝聚一批优秀的领军人才和结构合理、动态优化的创新团队；形成一批高水平的农业科技创新平台和成果转化基地；国际合作水平大幅提升，研究所的创新实力显著增强，科研及后勤保障更加高效有力，党建和创新文化建设再上一个新台阶。通过“十二五”的发展，使我院“三个中心、一个基地”建设达到更高水平，在我国农业科技事业发展中发挥服务全局、骨干引领和示范带动作用，成为在世界上有重要影响的一流研究机构。

围绕上述目标，“十二五”期间要突出以下主要任务。

一是大力加强农业科技自主创新。把握世界农业科技前沿，以发展高产、优质、高效、生态、安全农业为目标，以促进现代农业发展为主线，着力加强农业科学技术原始创新，积极抢占农业科技竞争制高点，突出解决农业生产重大科技问题，培育一批具有重大应用价值和自主知识产权的突破性科技成果。

二是强力支撑农业农村经济发展。努力提高农业科研的针对性、实效性，紧密围绕农业部中心工作和农业农村经济发展热点问题，创新农业科技成果转化与推广机制体制，抓实抓好科技服务“三农”工作，全面提升我院在推进农业农村经济又好又快发展的重要支撑作用和社会影响力。

三是持续加快人才队伍建设。大力实施领军人才培养工程、科技创新团队建设工程、海外高层次人才引进工程、青年科技创新人才培养工程和科研辅助人才优化工程5大科技人才专项培养工程。加强研究生教育培养，为全院各项事业发展提供坚实人才保障。

四是深入开展国际合作。实施“走出去”、“引进来”战略，推动国际合作全球战略布局方案进一步实施，建立重大国际合作平台，争取重大科技合作项目，全面提升我院国际合作能力和国际影响力。

五是全面加强科研平台建设。以支撑自主创新能力提升为中心，以重大科研设施、科技平台体系、试验基地体系建设为重点，以国家投资为主体、多渠道资金支持为保障，快速推进现代科研院所基础条件建设进程，为科技创新提供强有力的物质基础。

六是强化引领农业科研协作。以引领全国农业科技事业发展为目标，加强科研协作，构建新型高效创新与转化协作体、推进学科建设共同体、搭建学术交流载体，着力构建科研协作长效机制，从院、所、科学家三个层面共同推进，引领凝聚全国农业科研力量协力创新。

七是扎实推进和谐院所建设。坚定不移地加强党的建设、创新文化建设、精神文明建设，构建和谐院所，营造风正气顺的良好科研氛围，为科技创新和改革发展奠定坚实基础。大力提升院所自我发展能力，显著提高职工生活水平。

四、扎实做好2011年的工作，努力实现我院“十二五”发展的良好开局

2011年是“十二五”的开局年，一定要起好步、开好局，认真做好以下工作。

（一）认真修订完善“十二五”发展规划，保障我院各项事业稳步快速发展

院属各单位、院机关各部门，要立足我院实际和长期发展战略目标，突出重点，把握关键，认真开展“十二五”规划的论证和修订工作。要进一步凝聚本单位、本部门全体职工的聪明才智，要积极征求上级有关部门、相关单位和专家学者的意见，要根据反馈意见，深入研究，协调配合，修订完善“十二五”规划各项内容，要把可实施性作为规划修订的重要内容。2011年上半年，要完成《中国农业科学院“十二五”发展规划》和《中国农业科学院“十二五”科技发展规划》编制工作，院属各单位、院机关有关部门，要根据要求完成本部门、本单位规划的编制并上报院里。

（二）强化“十二五”各类科技计划项目储备，做好科技立项和成果培育工作

要着力组织开展重大科技问题研究，针对国家主体科技计划及专项计划凝练选题，建立项目储备库，适时提出重大选题建议、咨询报告等。要积极跟踪国家、部门等科技计划项目申报动态，统筹全院科技资源，提高科研立项水平和效果。

继续做好院级和所级重点跟踪项目管理，完成“十一五”项目结题验收、成果鉴定等工作。重点做好科技成果培育和国家奖、中华农业科技奖等奖项的申报工作。

按照现代农业发展和国际农业科技竞争的需要，研究提出中国农业科学院学科发展战略，制定重点学科领域培优方案；选择5～8个具有一定优势的地级农科院（所），开展学科共建，提高科技合作的广度和深度；加强对我院“研究中心”、“联合研究中心”等学科平台的管理，组织开展重点学科领域重大问题研究和重大项目遴选。

（三）加强重大成果集成配套，服务现代农业发展

继续实施“三百”科技支农行动计划，拓展我院在全国主要粮食主产区、现代高效和特色农业区的科技支撑、科技示范和科技服务作用，对接国家现代农业示范区，推动与示范区的科技合作，为示范区提供综合性的技术支撑。

深入推进与北京、天津、黑龙江等省市的科技合作，重点加强与北京大兴、黑龙江农垦总局、宁夏贺兰、河北广阳等地的科技合作，积极推进院地合作重点省、综合示范县建设。

积极组织参加农业部高产农田创建、中低产田改造、农业科技入户、基层农技人员和农民培训等重大工程，组织做好科技援疆、援藏工作。

按照农业部关于院所办企业管理的有关要求，进一步优化产权结构，积极探索社会化改革，推进企业规模化发展。清算、注销业务活动长期停滞、资不抵债且扭亏无望的企业。重点探索和推进研究所直属企业的改制改革工作。

（四）全力推动人才团队建设，培养造就高层次人才

着力加强运行机制建设，继续做好优秀科技创新团队遴选和科技创新团队建设工程。加快推进海外高层次人才创新创业基地建设和人才引进工作，积极协调落实引进人才有关政策措施，做好“千人计划”人选遴选推荐。加强领导班子及管理干部队伍建设，做好干部考核、教育、培训和院属单位任期制试点，提高院所管理水平。

按照国家政策，研究探索与农业科研工作实际情况和特点相适应、与现行工资总额计划管理相对接的绩效工资总量核定办法和分配制度，完善分配激励机制，发挥好工资

分配的激励和导向作用。

继续加强研究生教育，严把生源质量关，继续实施优秀博士学位论文培育计划，全面提高培养质量。规范留学生管理，提升国际化办学水平。发挥培训平台作用，加强专业学位教育对农业科技战线的服务力度。通过科学管理、文化建设和条件保障等措施实现研究生培养规模与效益的高度统一。

（五）深入推进全球战略布局，提高国际合作水平

着力推动出国（境）计划管理，进一步加强我院出访、请进、国际会议审批及护照、签证办理的规范化建设。积极推进农业科技合作全球战略布局，加快国内外联合实验室和海外农业科技试验示范中心建设。全力推动国际马铃薯中心亚太分中心、中－巴联合实验室、中国农业科学院与国际水稻研究所水稻分子育种联合研究中心等国际合作平台建设。积极争取农业国际科技合作“大项目”、适时参与和发起重大国际科学计划。挖掘优势产品和技术力量，促进农业科技“走出去”战略实施。加强参与国际事务与决策能力的高端人才培养。精心组织召开国际农业科技进展与合作大会等重要国际会议和科学家峰会，增强中国农业科学院在国际交流舞台的话语权。

（六）加强科技平台建设，提升科研服务与支撑能力

加快国家农业图书馆、农业生物安全科学中心等在建项目的建设进度，进一步落实建设单位目标责任制，把项目扫尾工作作为加快进度的工作重点，努力降低结余资金和在建项目个数；推进国家畜禽改良研究中心、作物种质资源库等已批项目的开工建设；积极抓好农业应用微生物科学中心、耕地资源与土壤改良研究中心等重大项目的筹划和立项工作。加强试验基地建设指导，围绕优势农产品区域和重点建设领域，科学指导综合试验示范基地的规划与建设。创新管理方式方法，加强全院基建队伍建设。

积极做好国家重点实验室评估和推荐工作，重点做好棉花生物学国家重点实验室推进工作，做好其他国家重点实验室的申报和评审工作，督促特种经济动物生物学省部共建国家重点实验室的建设。积极组织申报农业部综合性实验室、专业性重点实验室、科学观测实验站。

突出抓好新乡综合试验基地建设，重点完成实验楼工程和试验区基础设施建设，全面启动科研试验工作。继续完善廊坊园区建设，加强协调管理，抓好科技示范项目，加大辐射带动力度；启动深圳试验基地筹建工作，做好总体规划与基地建设协调工作。加强制度化、规范化建设，积极探索修购项目执行的新措施、新思路，提高专项执行管理水平。推动修购专项共建共享试点工作，加强修购专项对农业科研综合试验基地的支持。

（七）加强财务和预算执行管理，提高财政资金使用效率

努力争取扩大预算规模，推进经费结构不断优化。积极争取基本支出经费、住房资金经费和运转费等，积极争取符合条件的单位纳入国家财政基本支出定员定额试点管理，积极申报预算追加，解决部分单位的资金紧缺问题。

加强预算管理，提高预算执行力。进一步科学、准确地编制预算，从预算编制开始，提早加强预算执行工作。遵循农业科研的特点安排好预算支出计划，确保预算执行计划的预见性、科学性和可行性，提高预算执行进度的均衡性。

加强全院资产规范化管理。加强资产配置、使用、处置各个环节的管理，完善资产管理信息系统，全面掌握资产的存量、分布和使用情况，优化资产动态管理，健全有效的监管体系。

（八）以纪念建党90周年为契机，加大和谐院所建设力度

2011年是中国共产党建党90周年，抓好党建工作具有十分重要的意义。要开展主题突出、特色鲜明的纪念建党90周年系列活动，激发全院广大职工爱国、爱院和爱所的热情，凝聚带动广大职工为全院“十二五”的发展贡献力量。深入推进创先争优活动，打造创先争优活动的亮点，营造创先争优良好氛围。

统筹推进全院创新文化建设。要根据全院总体目标，制定本单位创新文化建设规划，把创新文化建设作为领导班子建设和研究所整体工作的重要方面，精心部署，加大投入，完善措施，强化责任，确保各项任务落到实处。

大力加强精神文明建设，加强和改进思想政治工作，提高工作的主动性、针对性和建设性，解决职工实际困难。认真做好群众工作和统战工作，充分发挥工青妇组织的桥梁纽带作用，进一步提升全院精神文明建设的水平。

落实党风廉政建设责任制，着力构建教育、制度、监督、惩处为一体的惩防体系，加强廉政风险防范机制建设。特别要强化领导班子和领导干部反腐倡廉的主体责任，增强落实党风廉政建设责任制的自觉性。加强信访和案件查办工作，加强纪检监察干部队伍建设。

加强离退休人员的党组织建设，加强与老同志的信息沟通和思想疏导，切实维护好老同志的切身利益。不断改进后勤服务的各项设施和条件，提高服务和保障科研的能力。确保水、电、暖等基础能源供应，做好日常环境管理、园区美化绿化等工作，提供优质、高效的后勤服务保障。

各位代表，同志们，经过“十一五”的发展，中国农业科学院已经进入历史发展的新阶段。“风物长宜放眼量”。展望“十二五”，我们身上的担子更重，任务更艰巨，发展前景也更广阔。只要我们扎扎实实推进各项改革创新举措，一定能在新的历史机遇

期焕发出新的活力，为中国农业农村经济的持续稳定发展作出新的更大贡献。

春节就要到了，各单位、各部门要关心困难职工和弱势群体的工作和生活，使他们和大家一起，过一个祥和快乐的春节。在此，我代表院党组，向在座的各位并通过你们，向全院干部职工拜个早年。祝大家在新的一年里身体健康，工作顺利，家庭美满，生活幸福！

谢谢大家！

中国农业科学院“十二五”发展规划

（2011～2015 年）

“十二五”是我国农业科技整体实力进入世界前列、实现建设创新型国家目标的关键时期。为促进中国农业科学院各项事业的全面发展，根据《国家中长期科学和技术发展规划纲要（2006～2020 年）》《农业科技发展规划（2006～2020 年）》《全国农业和农村经济发展第十二个五年规划（2011～2015 年）》的总体部署和目标任务，结合2020 年发展要求，制定本规划。

序　言

农业是安天下、稳民心的战略产业，是国民经济发展的基础。推进我国农业农村经济又好又快发展，一靠政策，二靠科技，三靠投入，但最终要靠科技进步。新中国成立以来，我国农业科技取得了举世瞩目的成就，2010 年全国主要农作物良种覆盖率达到95%以上，农业综合机械化程度达到 52%，农业科技进步贡献率达到 52%，农业科技创新已成为农业和农村经济发展的主要推动力，为保障国家粮食安全和农产品长期有效供给，增加农民收入，促进农业可持续发展，提高农业国际竞争力提供了重要支撑。我国农业科技整体实力已经跃升发展中国家前列，部分领域达到世界先进水平。

中国农业科学院是中央级公益性农业科研机构，着重解决我国农业产业发展中基础性、方向性、全局性、战略性重大科技问题，发挥着引领全国农业科技发展和学术上的指导作用。“十五”以来，全院自主创新能力全面提升，承担重大科研项目 9 901项，获奖成果 642 项，其中，国家一等奖 5 项、二等奖 40 项，省部级奖 316 项；发表科技论文 30 807篇，SCI 收录 3 032篇；获新审定品种 545 个、新兽药证书 65 项、专利 895 项。取得了禽流感疫苗、转基因三系杂交棉、矮败小麦、超级稻、双低油菜、转植酸酶基因玉米等一批具有自主知识产权、世界领先的重大农业科技成果。人才团队、国际合作、条件平台、创新文化、和谐院所建设等各项工作都取得了长足进步，支撑农业发展的能力显著增强，发挥了国家农业科技创新主力军的作用，为实现“十二五”跨越发展打下了坚实基础。长期实践表明，中国农业科学院要实现科学发展，必须坚持围绕国家需求，着力解决全国农业发展中的重大科技问题，引领全国农业科技创新方向；必须坚持农业科研机构的公益取向，为广大农民提供先进技术，促进农业发展、农民增收；必须坚持以研为本，大力提升自主创新能力，抢占农业科技制高点，牢牢把握农业和农业科技发展的战略主动权；必须坚持人才强院战略，积极培养和引进高层次科技人才，努力造就一批德才兼备的创新人才和一流的创新团队；必须坚持机制创新，构建充满活力、风正气顺的和谐环境，发挥广大科技人员的积极性和创造性；必须坚持弘扬“祁阳站”精神，大力传承老一辈科学家的优秀品质，激励新一代年轻科技工作者情系“三农”、潜心科研、开拓创新。

“十二五”时期是我国加快转变经济发展方式的攻坚时期，也是加快建设现代农业的重要机遇期。农业农村经济正步入改造传统农业、推进中国特色农业现代化的重要阶段，农业发展既面临难得的历史机遇，又面临一系列严峻挑战，农业基础设施薄弱，耕地、淡水等资源紧缺，气候变化及农业生态环境压力加剧，病虫害及自然灾害频繁发生；农业机械化、信息化程度不高，土地产出率、资源利用率、劳动生产率偏低等问题进一步显现。科技进步是解决农业问题的根本出路，要确保未来国家粮食安全，确保农民收入持续增长，确保农业可持续发展，迫切需要加强农业科技创新，充分挖掘农业生物遗传潜力，积极培育主导产业核心技术，延长农业产业链，大力发展规模化、标准化、机械化、设施化种养技术，大力发展农业防灾减灾技术，将我国以生物技术为主导的农业生产技术体系转变为生物技术与机械化技术相结合的农业生产技术体系，显著提高农业资源利用率、劳动生产率和土地产出率。

世界农业科技突飞猛进，生物技术、信息技术蓬勃发展，低碳技术正在兴起，新材料技术不断装备农业，农业科技创新的速度明显加快，抢占未来农业科技发展制高点的竞争更加激烈。面对前所未有的机遇和挑战，必须清醒认识到，与现代农业发展对科技的需求相比，与发达国家先进水平相比，我国农业科技还有不小的差距，自主创新能力不强，部分领域发展滞后，领军型人才及高影响力的创新团队偏少。农业科研投入不足、投入结构不合理，管理不完善，农业科研支撑保障体系薄弱，体制机制不适应科技创新的要求，成为制约农业科技发展的主要瓶颈。

《国家中长期科学和技术发展规划纲要（2006~2020年）》明确提出，到2020年我国农业科技整体实力要进入世界前列。我们必须增强责任感和使命感，充分发挥中国农业科学院作为农业科研国家队、科技进步领头羊、科技研发主力军的作用，科学谋划，加快发展，持续提升农业科技自主创新能力，为使我国农业科技整体实力进入世界前列、支撑现代农业发展和建设社会主义新农村作出更大贡献。

第一部分　发展战略

一、指导思想

以邓小平理论和“三个代表”重要思想为指导，深入贯彻落实科学发展观，紧紧围绕国家重大需求，瞄准世界农业科技创新前沿，以促进农业发展方式转变为主线，以引领全国农业科技发展为导向，按照“引领创新、支撑产业、主导合作、深化改革、和谐发展”的方针，提升农业科技创新能力和服务水平，为新时期农业农村发展提供强有力的科技支撑，力争我国农业科技整体实力率先进入世界前列。

——引领创新　突出解决农业发展中基础性、方向性、全局性、前瞻性、战略性的重大科技问题，引领全国农业科技创新。

——支撑产业　加强农业科技成果的转化、推广与应用，发挥科技创新对农业产业发展的支撑作用，以技术创新促进农业生产方式转变。

——主导合作　在国内外农业科技合作中发挥主导作用，有目的、有重点、有选择地开展合作交流，促进共同发展，实现互利共赢。

——深化改革　强化公益性研究属性，推进院属研究机构的科学定位，理顺体制、完善机制、健全制度，提高科技创新的水平和效率。

——和谐发展　坚持以人为本，积极营造共谋发展的局面，在重点提升科技创新和文化创新能力的基础上，实现院所的全面、协调、可持续发展。

二、发展思路

（一）牢牢把握“三个中心、一个基地”发展方向

紧紧围绕中国农业科学院建设“具有国际先进水平的农业科技创新中心，国内一流的农业科技成果转化中心、农业科技国际合作与交流中心、农业高层次人才培养基地”（全书简称“三个中心、一个基地”）的发展方向，加快发展步伐，通过“十二五”的全面推进，使“三个中心、一个基地”建设达到新水平、迈上新台阶。

（二）着力“三个突破”

围绕解决制约我国农业发展的基础性、方向性、全局性、战略性重大科技问题，着力突破促进现代农业发展的关键核心技术；着力突破保障国家粮食安全、农产品质量安全、生态安全，增强我国农业国际竞争力的战略高技术；着力突破农业农村经济发展中重大公益性、共性技术。

（三）增强“六个能力”

增强自主创新能力。凝练重大农业科学技术问题，组装重大科技项目，创新研究思路、科学方法和技术手段，大力培育突破性科技成果。强化人才队伍建设，加强科技条件平台的提升、优化与共享，为科技创新奠定坚实的基础。

增强产业支撑能力。立足产业发展，加快科技成果转化，提高科技对农业发展方式转变的引领能力、对主要农产品有效供给的保障能力、对农民增收的支撑能力。

增强决策咨询能力。加强农业科技宏观决策支持系统建设，提高国内外农业科技发展研判能力，提升农业科技及农业农村发展决策服务能力。

增强科研协作能力。着力推进全国农业科研协作，促进农业科技创新体系的建设与发展，实现互利共赢。大力加强农业科技国际交流与合作，积极吸纳国外创新经验，促进我院自主创新，扩大国际影响力。

增强科研服务能力。加强种质资源、科技文献、科学数据库等科技资源公共平台建

设，提升信息化服务手段，形成布局合理、装备先进、功能完善、资源共享、运转高效的科研服务体系。

增强院所管理能力。加强领导班子及管理干部队伍建设，提高院所管理水平。遵循农业科技发展规律，坚持机制创新，充分调动广大科技人员的积极性和创造性。加强创新文化与和谐院所建设。

三、发展目标

按照2020年我国农业科技整体实力进入世界先进行列和支撑农业产业持续发展的总体要求，“十二五”时期，中国农业科学院发展的总目标是：有效解决一批事关我国农业产业发展全局的核心技术问题，在农业生物资源、生物育种、生物兽药、现代农业装备、生态环境保护等方面取得重大突破，创造一批一流的科研成果。学科建设进一步优化，一批主要研究领域进入世界先进行列；研究方向更加切合农业产业发展的战略需求和世界农业科技发展前沿，运行机制更加完善，组织体制更加符合农业科技创新发展要求。培养凝聚一批优秀的领军人才和结构合理、动态优化的创新团队；形成一批高水平的农业科技创新平台和成果转化基地；国际合作水平大幅提升，科研及后勤保障更加高效有力，党建和创新文化建设迈上新台阶。通过“十二五”的发展，使我院“三个中心、一个基地”建设达到更高水平，在我国农业科技事业发展中发挥服务全局、骨干引领和示范带动作用，成为在世界上有重要影响的一流研究机构。具体发展目标是：

自主创新取得显著成效。实现重大理论和重大技术突破30项左右，育成重大动植物新品种50个以上，获得技术专利500项以上，创新农业新标准150项以上，发表具有重大影响的科技论文500篇以上。获得国家级、省部级奖励成果250项以上。定期发布农业科技及农业农村经济发展咨询建议报告，服务国家农业宏观决策。

学科建设进一步优化。培优15～20个具有国际影响的优势学科领域，培强25～30个具有国内优势的重点学科领域，作物科学、畜牧兽医科学、资源与环境科学等优势学科群进入世界先进行列。前瞻布局一批前沿、交叉、新兴的学科方向，培植5～8个对未来发展影响重大的学科生长点。

研究所创新能力显著增强。1/3的研究所实现跨越发展，成为国际同领域具有较强竞争力和重要影响的研究机构；1/3的研究所达到国内先进水平。

支撑产业发展的能力大幅提升。主推20项左右重大集成技术，建立4～5个技术转移中心、200个左右技术示范基地，推动高新技术产业化发展，打造4～5个优势产业集群。

优秀创新人才不断涌现。全院科技人才总量增加到7 000人左右，打造100个左右重点科技创新团队，培养造就100名左右国内外知名科学家、500位创新团队骨干人才、1 000位青年科技创新人才，引进10名“千人计划”人才、30名部级和50名院级海外高层次人才，建立一支1 000人左右在编科研辅助人才队伍。全日制在校研究生达到3 000人，研究生总规模达到4 000人以上。

国际合作与交流更加活跃。巩固和拓展与重点国家、国际组织和跨国企业的合作，建立5～8个联合实验室。争取10～15项国际合作重大专项。组织召开高层次国际会议和科学家峰会80～100次。在农业科技全球合作中发挥重要作用。

科研保障体系更加高效。建设5个左右具有国际一流实验条件与设施装备的重大工程，建成10个左右规模效益明显、战略布局合理的综合性试验基地。基本实现每一个研究所建有1个以上国家级科技平台，2个以上省部级科技平台、3个以上院级科技平台，全院建成三级三类平台300个。着力打造3～5个基础设施条件一流的国际现代科研院所。

和谐院所建设跃上新台阶。党的建设、创新文化建设和精神文明建设取得新成效，形成风正气顺的良好氛围；后勤服务能力不断增强，服务水平不断提升；院所园区环境进一步美化，职工收入稳步提高，生活质量明显改善。

第二部分　主要任务

一、大力加强农业科技自主创新

紧紧围绕国家重大需求，把握世界农业科技前沿，以高产、优质、高效、生态、安全为目标，以促进农业发展方式转变为主线，不断强化基础性、方向性、全局性、战略性重大农业科学技术研究，大力培育具有重大应用价值和自主知识产权的突破性科技成果，大幅度提高农业科技竞争力。

——强化基础研究，提升原始创新能力

在国家“973”计划、自然科学基金等支持下，瞄准重大科学问题，强化基础研究，提升原始创新能力。重点开展动植物产量、品质、抗病虫、抗逆等重要性状形成的分子遗传机理，动植物种质创新的分子生物学途径和方法等研究，为农业遗传资源高效利用提供理论与方法指导；以水稻、小麦、玉米等重要农作物，猪、牛、羊、鸡等主要畜禽以及重要微生物为重点，开展以功能基因为核心的基因组学、代谢组学和蛋白质组学研究，挖掘一批有重要应用前景的功能基因；加强农田生态过程、农田养分利用与高效转化机理、耕地地力要素特征与地力培育机制、污染物运移机理及其调控机制，气候变化对农业的影响与适应机制、农业重大病虫草鼠害暴发成灾规律与防控机制等研究，突破一批重大基础理论和方法。争取在作物分子遗传学理论、土壤质量演替规律、动植物营养理论、动植物重大病虫害致害的分子机理等基础和应用基础研究领域赶超世界先进水平。

——强化高新技术研究，抢占农业科技制高点

在国家转基因重大科技专项、国家高技术研究发展计划（“863”计划）的支持下，大力强化高新技术研究，突破重大技术难题，抢占农业科技制高点。以生物育种前沿技术为核心，加强转基因、分子标记等植物分子设计育种高技术研究，培育一批突破性新品种；加强畜禽分子设计和细胞工程育种技术，家畜体细胞克隆与干细胞技术以及动物生物反应器等高技术研究，创制畜禽优良种质，拓展畜禽生产领域；研制作物生命信息获取设备、动物行为信息传感器、环境信息传感器，攻克精准农业总线控制、自动导航、变量作业等瓶颈技术，开发大型拖拉机、收割机、节水设施等农业装备智能控制系统，提高农业精准化、信息化水平；加强功能食品、绿色农业投入品等新产品开发，培育战略性新兴产业生长点，支撑和引领现代农业发展。

——强化关键技术研究，增强农业国际竞争力

在国家科技支撑计划、行业科技专项、现代农业产业技术体系等科技计划、专项的支持下，突破农业产业发展瓶颈技术，增强我国农业国际竞争力。着力加强农业高产、优质、专用新品种培育，提高农业单产水平、质量和效益；攻克农业重大病虫害防控、极端气象灾害应对等关键技术，提高农业防灾减灾技术水平，支撑农业稳定发展；推动农机农艺结合，研制农业生产重要农机装备及关键部件，提升农业机械化水平；研发农业资源高效利用、农产品安全生产等关键技术，促进农业可持续发展；突破农产品贮藏、加工与综合利用关键技术，开发出一批新产品，增加农业附加值。

二、强力支撑农业农村经济发展

立足农业生产，切实提高科技对主要农产品有效供给的保障能力，切实提高科技对农民增收的支撑能力，切实提高科技对转变农业发展方式的引领能力。

——围绕国家农业发展重大战略，强化科技支撑

按照国家发改委、农业部等上级部门重大农业发展战略部署，以确保国家粮食安全和农民持续增收为目标，围绕粮棉油糖高产创建、高标准粮田建设、重大动植物疫病防控、农产品质量安全等重大任务，努力做好科技兴农工作。加大农业新品种及配套技术推广力度，扩大覆盖范围，通过良种良法集成配套、农机农艺结合，努力提高农业单产水平；加强农田节水、测土配方施肥、有机质提升、保护性耕作、土壤改良以及农田生态系统健康修复等重大实用技术的转化与推广，着力提高耕地持续增产能力；加强农产品质量安全全程控制关键技术成果的集成、转化和示范推广，积极开展农产品质量安全风险评估、检验检测和监测预警，为国家宏观决策提供有效支持；发挥我院综合优势，积极服务国家现代农业示范区建设，重点落实东北、华北、西北、西南、东南地区的粮食作物、经济作物、设施农业、养殖业以及有关特色农业示范区的共建工作。

——根据现代农业发展需求，加快科技成果转化应用

围绕转变农业发展方式、调整农业结构、区域农业现代化发展等新时期农业发展重大任务，进一步强化科研与生产的结合，加快全院科技成果转化与应用。发挥全院综合科技优势，转化应用一批重大品种、重大技术和重大产品，组装集成推广一批先进适用的区域农业发展模式及其技术组合，示范推广一批种植、养殖和加工技术规程；组织实施科技兴农行动，在全国300个县开展粮食增产科技支撑行动、科技示范行动和科技服务行动，创新方式方法，提高支农效果和显示度；认真做好科技援疆、科技援藏和定点扶贫工作。

——把握农业新兴产业发展趋向，加快高新技术产业化

根据国家产业发展导向和市场需求，充分利用全院高新技术成果，加快科技产业升级，加快现代企业制度建设，大幅度提高经营规模和利润。重点发展种业、生物制品、饲料及添加剂、特色农产品等支柱产业，形成以种业、生物制品及其他支柱产业为依托的大型企业集团；培育微生物酶制剂、设施农业、咨询服务、科技出版等新的产业增长点；创新体制机制、规范管理，加强与风险投资、农业龙头企业、上市公司等市场主体的合作，推进院所企业“二次创业”。

三、持续加快人才队伍建设

按照《国家中长期人才发展规划纲要（2010～2020年）》要求，根据农业部农业人才队伍建设部署，以全院科技创新工作为中心，实施5大科技人才专项培养工程，加强研究生教育，为全院各项事业发展提供坚实人才保障。

——领军人才培养工程

加快培养一批具有战略视野、敏锐把握学科前沿，具有良好的学术道德和人格魅力，能带领团队开展重大科技攻关的农业科学家。优先支持各类科技资源，积极推荐参与国家重大发展战略论证、重大科技发展规划编制等，支持担任“973”首席科学家、“863”领域专家组专家以及国家级或国际学术团体兼职职务，支持举办、承办或开展各类学术活动。继续实施“杰出人才”工程，通过进一步优化学科发展舞台、强化平台项目支撑、修订完善相关制度，建立竞争淘汰机制、营造良好环境氛围等，下大力气选拔、引进、培养一批学科带头人才和骨干创新人才，进一步促进全院不同学科、不同专业、不同方向、不同地域间科技人才的平衡发展。

——科技创新团队建设工程

重点抓好院级优秀团队和所级重点团队建设，着力打造主攻方向明确、特色鲜明、竞争有力，在国内外具有一定影响和发展潜力的科技创新团队。加大倾斜力度，集聚优势科技资源，支持开展重点科研工作；着力完善院所创新团队管理制度和团队内部运行机制，增强团队创新活力；加强学习培训、合作研究、实践考察、交流引进，着力培养创新团队骨干人才；积极推荐参选部级和国家级创新团队。

——海外高层次人才创新创业基地建设工程

大力实施海外高层次人才引进计划，加大农业领域首批国家级海外高层次人才创新创业基地建设力度。积极遴选、推荐“千人计划”和农业部等部委海外人才计划人选，组织开展院级海外高层次人才引进活动；保证引进人才的科研条件及研究团队建设，支持参与重大科研项目；根据需要制定专项政策，为海外引进人才建立专业实验室，聘任担任相关领导职务和专业技术职务。

——青年科技创新人才培养工程

根据全院科技创新和学科建设需求，以急需紧缺专业为重点，引进培养具有高学历和发展潜力的青年科技创新人才。支持申请国家自然科学基金委面上项目，鼓励承担国家和地方的科技项目；充分发挥中央级公益性科研院所基本科研业务费专项、院所长基金的作用，支持开展前沿探索；鼓励领军人才及时发现、培养、提携青年科技创新人才；选派优秀青年科技创新人才到国外知名研究机构进修；弘扬科学精神，培养创新意识，为青年科技创新人才脱颖而出创造良好环境。

——科研辅助人才优化工程

根据全院创新团队建设部署和科研工作需要，配备完善各类科研辅助人才队伍，建立相对独立的技术岗位晋升体系，保持科辅人员工作的稳定性；依法健全各项规章制度，强化岗位聘用和合同管理，加强职业道德教育，用好用活各类社会技能人才。

——研究生教育跨越发展工程

坚持以全日制研究生教育为主体，专业学位教育和留学生教育为两翼的“一体两翼”工作思路，实现研究生教育跨越式发展。优化学科专业结构，扶植新兴、交叉、边缘学科，重点争取生物学、农业工程、管理科学与工程等一级学科的博士学位授权点；培养、引进、聘任等多种途径相结合，提高改善师资待遇，院所共同推进，着力加强导师队伍建设；加大研究生培养力度，培养创新精神，打牢专业基础，增强科研能力，在全院创新工作中发挥重要作用；着力加强研究生院基础条件建设，增建教学办公楼、学生宿舍、教学实验楼、文化活动中心，建设相对独立的办学空间。

四、深入开展国际合作与交流

以增强全院自主创新能力为主导，积极推动与发达国家的农业科技合作，重点加强与新兴国家、国际农业研究磋商组织等国际组织的合作。加快国际合作全球战略布局，强化国际交流合作实际效果。

——搭建国际合作重大平台

积极推进与国际马铃薯中心、国际水稻研究所、国际玉米小麦改良中心的联合研究中心和区域中心的建设；联合全国省级农科院和农业大学，加强全国农业科研机构外事协作网和信息平台的建设，以我院京外研究所和地方农科院为依托，建设若干农业科技国际合作分中心，为国际合作项目实施提供平台和场所；推动在东欧以及欧盟国家建立联合研究平台，在非洲和南亚建设农业科技试验示范中心。

——争取国际合作重大项目

以双边、多边和地区间组织发起的重大国际农业科技研究计划为重点，整合全院优势科技资源，积极争取 CGIAR 挑战计划项目、欧盟项目、盖茨基金项目等国际重大科技项目以及我国国际合作重大项目；加强对项目的跟踪管理，切实做好项目启动、中期评估、结题验收等各项工作，培育国际合作重大科技成果。

——实施农业科技“走出去”战略

配合国家农业企业“走出去”战略，选择不同区域特别是在东南亚、非洲、南太平洋、中南美洲、中东欧等地区的发展中国家，通过各种方式逐步建立海外农业技术示范基地、联络办公室和分支科研机构；针对气候变化、资源环境保护、重大疫病防控等重大问题主导开展合作研究；鼓励有条件的科学家到国际组织任职，在国际农业科技发展中发挥应有的作用。

——加强国际学术交流

围绕全院重点学科建设，把握国际农业科技发展趋向，积极组织重要国际学术会议、多双边科学家峰会或高层次专业学术研讨会；每年选派一定规模的科研骨干到国际一流实验室或国际研究机构考察、研修或开展合作研究；每年根据需要邀请不同领域的国际知名专家、学者到我院开展学术交流或专题培训，提升我院科研能力和国际化水平。

五、全面加强科技平台和基础设施建设

以支撑自主创新能力提升为中心，以科技平台和基地建设为重点，以国家投资为主体，以多渠道资金支持为保障，着力推进“两优一快”工程，即优先加强科技平台建设，优先加强试验基地战略布局与建设，快速推进现代科研院所基础设施建设进程，为科技创新提供强有力的物质保障。

——科技平台体系建设

优先加强国家级、省部级、院级创新平台、支撑平台和服务平台“三级三类”科技平台体系建设。加快以重点实验室、品种改良中心、工程技术研究中心等为主体的科技创新平台体系建设，争取作物科学与技术国家实验室的立项，推进作物基因资源与分子设计、油料作物生物学、蔬菜生物学、植物营养与肥料学等国家重点实验室立项，争取农业部综合性重点实验室、国家品种改良中心、国家工程技术研究中心的立项建设，提高院级重点实验室建设水平；加快以重大科学工程/科学中心、工程实验室/技术中心、野外科学观测试验站等为主体的科技支撑平台体系建设，争取完成“国家农业微生物基因资源与分子改良重大科学工程”、“国家重大动物疫病防控科学中心”等重大项目的立项论证；围绕农业安全、科学决策、社会化服务需求，加快以农产品质量监督检验测试中心、转基因生物环境安全监督检验测试中心、国家参考实验室等为主体的科技服务平台体系建设，争取新建“国家农产品质量安全风险监测与预警信息中心”、“国家马传染性贫血参考实验室”、“国家马流感参考实验室”、“国家猪繁殖与呼吸综合征参考实验室”等国家参考实验室。

——试验示范基地建设

优先加强院所两级综合性和专业性试验基地建设，积极推动科技示范基地和产业基

地建设。重点在黄淮海区、东北区、西北区、华南区等农业主产区和典型生态区，布局建设全院综合性试验示范基地；积极推动现有所级专业试验基地的改造升级，新建一批功能突出的专业性试验基地，最终形成布局合理、基础设施良好、创新能力一流的专业性试验基地体系；密切与地方政府联系，在粮棉油主产区、特色农产区，加快推进新品种、新技术、新产品标准化示范基地建设；积极推动科技产业基地建设。

——基础设施建设

快速推进现代科研院所基础设施建设进程。根据全院学科建设与发展需要，新建一批具有国际先进水平的重大科研基础设施；加强院所区规划，改善提高办公生活条件，加强后勤保障与人居环境建设，确保水、电、暖、气等基本需求的供给和保障；大幅改善院所信息化条件、积极推动全院网络科技环境建设，大力推动数字化科技文献和科学数据共建共享，实现全院科技公共服务能力的跨越式发展。

六、强化引领农业科研协作

以引领全国农业科技事业发展为目标，通过构建新型创新与转化协作体、扩展学科建设共同体、搭建完善学术交流载体等行动构建长效协作机制，提升我院在全国农业科研中的地位和影响力。

——构建新型创新与转化协作体

以现代农业产业技术体系和全国农业科研协作网为依托，继续深化与科研院所、教学单位、推广机构和企业以及地方政府的合作，围绕主要农产品现代产业发展，建成一批科技创新与转化的新型联合协作体。

——扩展学科建设共同体

坚持优势互补、互动共赢的原则，加强院内研究所之间的合作，巩固完善与 34 个省级农业科学院和 17 所大学的学科共建，推进与地市级农业科研单位、中国科学院以及科技型龙头企业之间的合作，建设一批联合研究中心，形成学科建设共同体，积极开展项目合作、人才培养、基地共建、学术交流等。

——搭建完善学术交流载体

支持挂靠我院的全国性学会、协会以及专业委员会建设，提高《中国农业科学》、《作物学报》等学术期刊的办刊质量，争取再有 1 ~ 3 个刊物进入 SCI 行列，增强国际学术影响力；搭建一批推动学术交流的载体，组织举办“现代农业发展高层论坛”、“中国农村经济论坛”等，促进学术交流，繁荣农业科学。

——构建科技资源共享联合体

积极发挥我院在农业生物种质资源、科学数据、图书信息、重大科学仪器等方面的优势，广泛联合全国各有关力量，创新机制，构建全国农业科技资源共享联合体，推动全国农业科技资源的优化配置和高效利用。

七、扎实推进和谐院所建设

以中国特色社会主义理论为指导，全面加强党的建设，不断深化精神文明建设和创新文化建设，促进院所和谐，为全院科技创新和各项事业科学发展营造良好氛围，提供坚实保障。

——全面加强党的建设

认真贯彻落实《中国共产党党和国家机关基层组织工作条例》，深入开展创先争优活动，扎实推进学习型党组织建设，努力提高全院党建科学化水平。大力加强基层党组织建设，充分发挥各级党组织的政治核心作用和战斗堡垒作用。加强党员的学习、教育和管理，保持党员先进性，充分发挥党员的先锋模范作用。加强党风廉政建设和反腐败工作，努力营造风清气正的廉洁风尚，形成干事创业的良好环境。继续加强党的思想、组织、作风和制度建设，为我院科技自主创新提供坚强的政治、思想和组织保证。

——深入推进创新文化建设

进一步解放思想、开拓创新，切实增强创新文化建设工作的责任感、紧迫感和使命感，紧密结合全院科技创新实际，适应创新活动的文化需要，采取有力措施促进创新文化理念的传播和创新思维的不断涌现，深化创新文化建设的理论研究与实践探索，为不断提升自主创新能力，构建改革创新、和谐奋进的中国农业科学院提供精神动力。

——不断深化精神文明建设

把握新形势下干部职工思想上的新动态、新变化、新要求，做好全院思想政治工作。贯彻落实《公民道德建设实施纲要》，不断加强广大干部职工的社会公德、职业道德、家庭美德、个人品德教育，提高职工文明素质。继续深入开展群众性文明单位创建、文明职工评选活动，发挥工青妇等群团组织作用，开展形式多样的主题实践活动，提高全院精神文明建设的层次和水平。坚持以人为本，关心职工工作和生活，帮助生活困难和离退休职工解决实际问题，进一步加强人文关怀和心理疏导，在全院营造团结和谐的良好氛围。

第三部分　科研布局与重点方向

“十二五”时期，紧紧围绕国家重大需求和农业农村经济发展中的重大科技问题，优化完善九大学科布局，重点在种质资源收集挖掘利用与动植物新品种培育、重大农业生物灾害与控制、农业资源高效利用与重点区域环境治理、农业机械化技术与智能化装备、农产品质量安全与加工、农业经济与科技政策等领域与发展方向系统部署科技创新工作，优化全院科研布局，明确主攻方向，优化配置科技资源，抢占农业科技制高点，形成引领支撑现代农业发展的科研工作新格局。

一、作物科学领域

围绕核心种质资源和功能基因挖掘、优质专用高产农作物新品种培育、重大农作物病虫草鼠害防控、机械化高效种植等领域，强化作物种质资源、作物分子生物学、作物遗传育种、植物保护等优势学科，培优作物耕作与栽培等重点学科，培植蛋白质组学、生物信息学等新兴学科，促进作物科学与农业机械化与农业工程学的结合。

重点开展重要作物基因组和功能基因组研究，挖掘重要功能基因和单元型区段，开展转基因和分子育种技术研究，建立作物高效育种技术平台，培育适宜机械化生产的突破性重大新品种，研发作物种（苗）高产繁育技术体系；揭示作物生殖发育和重要性状形成机理，突破大面积高产栽培理论，创新农艺农机结合的轻简化生产技术；揭示作物病虫害致害机理和发生流行规律、转基因生物安全性等，突破作物病虫草鼠害综合防治技术、生物农药、肥料的创制和应用及其监测预警、诊断与检测等技术；有效集成品种、栽培、植保等先进适用技术，为大幅度提高粮食作物单产水平和特色农产品产出率提供科技支撑。

二、畜牧兽医科学领域

围绕动物及牧草种质资源保护与利用、新品种培育、动物健康养殖及安全生产、动物疫病防控与生物制品创制等领域，强化动物营养与饲料、预防兽医、特种经济动物等优势学科，培优动物遗传育种与繁殖、动物种质资源、草业、动物生物技术、动物饲养、基础兽医、临床兽医、兽医药等重点学科。

重点开展特色动物、重要牧草基因组测序和功能基因组学研究，发掘重要功能基因，阐明动物营养生理和重要品质性状形成机理；揭示动物病虫害及重大烈性传染病流行规律，开展致病机制研究，研制快速、灵敏、特异诊断技术和试剂，创制高效兽用疫苗和兽药；开展动物分子育种、转基因技术、繁殖技术、胚胎工程技术研究，改良和培育动物、牧草新品种；开展动物健康养殖与安全生产技术、动物福利技术、动物废弃物综合处理与利用技术、草业及草地畜牧业高效低碳技术及集成研究，开发利用新型饲料资源，创制绿色安全动物饲料添加剂，为国家动物源食品安全和公共卫生安全提供科技支撑。

三、农业应用微生物学领域

围绕特殊环境微生物资源收集与评价、重要功能基因挖掘及工程菌创建、高通量转基因技术体系、微生物代谢工程及其应用等领域，强化微生物资源等优势学科，培优微生物工程等重点学科。

重点开展重要农业微生物功能基因组学研究，挖掘重要功能基因，为抗逆农作物新品种培育、资源高效利用、农业环境保护与生态修复、农产品加工、微生物制剂创制等提供重要基因和材料，阐明农业微生物环境适应进化机制、代谢多样性形成机制以及与宿主生物相互作用的分子机制。开展农业微生物代谢工程、基因工程、酶工程、发酵工程等技术研究，创制重要工程菌；积极开发微生物功能产品及生产工艺，加强生物农药、生物兽药、生物肥料、生物饲料等应用微生物产业集成技术研究，培育新型产业生长点。

四、农业资源与环境科学领域

围绕农业资源高效利用与保育、气候变化与农业减灾、农业生态环境保护与修复等领域，强化植物营养与肥料、农业环境工程等优势学科，培优现代农业土壤、农业气象、节水农业、农业环境监测、环境保护与生态农业等重点学科，培植分子生态学、环境资源信息、农业生物安全等新兴学科。

重点开展农用土壤、农业用水等农业资源和环境数据库及其相关平台建设，研发土、肥、水、气、农业废弃物等资源高效循环利用、农业固碳减排增汇、灾害防御、面源污染控制、农田生态系统健康修复等环境保护重大关键技术，为提高应对气候变化能力、保障农业资源和生态安全、农业可持续发展提供科技支撑。

五、农产品加工与食品科学领域

围绕粮棉油、果蔬茶、畜产品及特色农产品等加工领域，发展和培优农产品加工与食品科学、农产品贮藏与保鲜、营养与健康等学科。

重点开展农产品加工品质形成与物构变化、过程调控与功能因子作用、加工营养与健康、质量控制与安全的机理研究，突破粮棉油、果蔬茶、畜产品及特色农产品贮藏、加工与综合利用关键技术，开发新产品、新技术、新工艺和新装备；为驱动传统加工产业和培育战略新兴生物制造产业发展提供可靠的科技支撑。

六、农业质量标准与检验领域

围绕农产品质量安全，加快推进检测技术和风险评估等优势学科发展，加强标准、溯源及过程控制等重点学科建设。

重点开展农产品质量安全检验检测技术研究及产品研发，建立农产品质量安全监测技术体系；开展农产品质量安全风险分析理论和关键技术研究，建立农产品质量安全风险监测、评估与预警技术体系；开展农产品中主要污染物的残留、富集、迁移及消解动态研究，建立农产品质量安全过程控制技术体系和溯源追踪技术体系；开展农产品质量安全标准研究和标准物质研制，创建一批重要的农业标准、生产技术规程、农产品安全限量及标准物质，建立健全农业标准体系；全面提升农业标准化和农产品质量安全的技术支撑水平，提高农产品生产安全、贸易安全和消费安全的保障水平，促进现代农业发展。

七、农业机械化与农业工程学领域

围绕农业机械化和工程化、农村新能源开发和利用、农村水资源利用、工厂化农业技术等领域，培优农业机械工程、农村能源工程、水利工程等重点学科，培植生物质能源等新兴学科。

重点开展适应规模化和不同区域特点的农业智能化、机械化、精准化作业技术与装备，节本增效型农业加工技术与装备，资源高效利用型工程技术与装备的研制，创制一批高效耕作机械、中耕管理机械、田间收获机械、植保机械等；开展以沼气工程、秸秆气化、微水电工程以及节能技术、能源农业等农村能源工程技术的研究；开展人畜饮水工程、节水材料与设备、农田给排水工程技术的研究；进一步开展设施农业技术、无土栽培技术、土壤障碍控制技术、微环境自然资源高效利用技术等工厂化农业技术的研究；农机与农艺紧密结合，创制一批适应中国特色现代农业发展要求的成套化全过程作业机械，显著提高农业现代化装备水平和农业劳动生产率。

八、数字农业与农业信息领域

围绕农业信息资源收集与共享、农业预警与农产品市场监测、农业遥感与农情监测服务、数字化农业与信息管理系统、农产品物联和网格技术等领域，强化农业信息管理等学科优势，培优农业信息技术、农业信息分析等重点学科，培植环境资源信息等新兴学科，促进信息技术向各学科群的渗透和融合。

重点开展农业信息的获取、分析与应用研究，创新农业信息学理论和方法，开发数字农业、精准农业、智能农业、农业环境数字模拟、农业遥感、农田生态系统监测、农业智能预警、农业图书情报与数据挖掘、智能化信息服务等关键技术及产品，构建数字农业和农业信息技术应用体系，大幅度提高农业和农业科技信息化水平。

九、农业经济与发展领域

围绕国家粮食安全、中国特色现代农业、社会主义新农村建设以及农业全球化战略等领域，强化农业技术经济、产业经济等优势学科，培优农业政策与战略、农村发展、农业贸易等重点学科。

重点开展现代农业发展研究，揭示现代农业发展的基本规律，创新农业经济理论和方法；开展食物发展与营养改善协调发展研究，构建营养引导消费和生产的新型关系；开展粮食安全与气候变化、农业节能减排和固碳增汇、农业经济政策与评价、农业科技政策与评价、农村发展政策与评价、农业产业发展、农村区域发展、农产品贸易、农业"走出去"等重点、热点和重大战略问题的研究；在重大"三农"问题调研、重大政策建议、重大战略咨询等方面，积极提供各类宏观决策与咨询服务。

第四部分　保障措施

一、加强组织领导

提高思想认识。在中国农业科学院党组领导下，院机关各部门、院属各单位，要从政治和战略的高度，充分认识做好"十二五"全院发展工作的艰巨性和重要性，加强领导责任意识，加强沟通协调，把握工作规律，提高工作效率和水平。

加强领导班子建设。着力加强思想政治建设、学习培训和实践锻炼，努力增强领导班子和领导干部的大局意识、责任意识和引领科学发展的能力。

狠抓规划落实。扎实推进各项工作的落实工作，明确年度任务目标，健全完善督促检查和考评奖惩制度，建立健全一套行之有效的抓落实工作机制，完善院所两级分工协作体系，形成一级抓一级、层层抓落实的工作局面，推动各项工作落到实处。

二、争取经费支持

争取国家财政投资。抓住国家加大科技投入和推进现代农业建设的有利时机，在保持原有财政投入稳定的基础上，以科研经费、机构运转经费、基本建设经费、人员经费等为切入点，加大重点领域科技项目申报力度，加强谋划，编好预算，扩大预算规模。争取修购专项、基本科研业务费的持续稳定支持，争取扩大定员定额试点。提高财政资金使用效率，促进财政投入持续稳定增长。

广辟资金来源渠道。重视挖掘社会资金来源，吸引企业、非营利组织和个人等对我院进行投资。探索金融资本投入机制，充分发挥科技贷款的作用。创造良好的筹资环境，积极争取国际资金的支持。

三、健全管理制度

完善院所长负责制。制定《中国农业科学院研究所所长工作条例》和《中国农业科学院研究所党委工作条例》，进一步明确研究所党政领导职责分工，完善院所领导体制。健全学术委员会和职工代表大会制度，充分调动广大科技人员和全体干部职工参与民主决策和监督的积极性，推动院所决策与管理的制度化、民主化、科学化。

健全科研管理制度。加强全院科技规划、科技项目、科技成果及知识产权管理，优化配置全院科技资源，增强院内外科研协作，着力培育重大科技成果，提高全院科技竞争力。加大知识产权保护法规宣传，完善知识产权开发收益分配机制，加强知识产权的保护与利用。建立完善科技创新绩效评价制度，以创新实际贡献、创新发展态势、创新质量水平为主导，注重实践检验，分类评价科技创新活动。

健全人事管理制度。完善岗位聘任制和职工培训制度，建立绩效考核体系。研究探索与农业科研实际相适应、与现行工资总额计划管理相对接的绩效工资总量核定办法和分配制度，发挥好工资分配的激励导向作用。

健全财务管理制度。建立与国家科技体制、财务体制以及相关政策适应的科研单位财务管理新机制，充分发挥财务预测、财务决策、财务控制与财务分析的职能作用。加强制度建设，规范财务管理，提高资金使用效率；合理编制预算，提高预算执行效率与质量；加强国有资产管理，确保国有资产保值、增值。

四、营造发展环境

活跃学术氛围。强化国内外学术研讨会、研究所学术报告会、科研项目课题进展汇报会等学术活动，支持学会、协会等学术组织开展多种形式的学术活动，营造百家争鸣、开放和谐、尊重人才、鼓励创新、宽容失败的科研环境。

提升科技工作公共服务水平。围绕科技创新活动，大力加强全院信息网络科技环境建设，大力推动科技服务平台建设，大力提高科技期刊、图书质量和影响力，充分发挥国家农业图书馆综合信息服务功能，实现全院科技公共服务能力的跨越式提升。

加强后勤服务体系建设。强化服务科研、服务职工的主体职能，加强公益性服务体系建设，做好物业管理、绿化美化、安全保卫和社区服务等基础工作，确保水、电、暖、气等基本需求的供给和保障。全面提高服务竞争力，提高国有资产使用效率，提升创收盈利能力，逐步形成完备的后勤服务保障体系。

提高职工福利。按照“科学规范、绩效优先、公平公正”的原则，在国家政策框架内，完善适应国家农业科研机构特点的内部分配激励约束机制，不断提高职工收入水平，进一步改善职工住房条件和居住环境。

争取有利外部环境。积极参与国家有关立法与政策制定工作，推动形成有利于农业科技发展的良好环境。认真做好全院重大事项向上级部门的汇报工作，争取上级部门的理解支持。充分利用事业单位分类改革的有利时机，争取院属科研机构的公益性定位和稳定支持。积极争取将我院研究生教育纳入国民教育体系。加强科技宣传，提升院所影响力。

中国农业科学院关于表彰2011年度任务目标完成情况考核结果优秀单位（部门）的通知

农科院党组发〔2012〕10号

院属各单位、院机关各部门：

在院党组的领导下，2011年院属各单位在科技创新、成果转化、交流与协作、人才与团队建设、条件建设、党建与精神文明等各方面都取得了很大成绩；院机关各部门经过认真努力的工作，在所承担的综合管理、组织协调和服务职能等方面取得了明显进展，责任意识进一步强化，服务质量进一步提高。

在2012年院工作会议上，院属33个单位、院机关8个部门及后勤服务中心作了2011年任务目标完成情况汇报。院领导、院属各单位及院机关各部门对各单位和部门的任务目标完成情况进行了考核打分。

根据统计结果，经2012年2月3日院党组会议研究决定，对2011年度综合任务目标完成情况优秀前10个单位，及各单项任务目标完成情况优秀的前5个单位给予表彰；对院机关各部门及后勤服务中心2011年度综合考核情况及各单项考核情况优秀的前3个部门给予表彰。

希望院属各单位、院机关各部门继续努力，认真完成2012年各项工作任务，为我院跨越式发展作出更大贡献。

附件：中国农业科学院2011年度任务目标完成情况考核为优秀的单位（部门）名单

中国共产党中国农业科学院党组

二〇一二年二月九日

附件：

中国农业科学院2011年度任务目标完成情况考核为优秀的单位（部门）名单

一、综合考核为优秀的单位名单

哈尔滨兽医研究所、作物科学研究所、植物保护研究所、油料作物研究所、兰州兽医研究所、中国水稻研究所、棉花研究所、蔬菜花卉研究所、特产研究所、农业资源与农业区划研究所。

二、单项任务目标考核为优秀的单位名单

1. 科技创新：作物科学研究所、哈尔滨兽医研究所、植物保护研究所、油料作物研究所、中国水稻研究所。

2. 成果转化：哈尔滨兽医研究所、兰州兽医研究所、特产研究所、植物保护研究所、油料作物研究所。

3. 交流与协作：作物科学研究所、植物保护研究所、油料作物研究所、中国水稻研究所、哈尔滨兽医研究所。

4. 人才与团队建设：作物科学研究所、植物保护研究所、哈尔滨兽医研究所、棉花研究所、兰州兽医研究所。

5. 条件建设：植物保护研究所、哈尔滨兽医研究所、特产研究所、农业信息研究所、油料作物研究所。

6. 党建与精神文明：农业资源与农业区划研究所、哈尔滨兽医研究所、蔬菜花卉研究所、兰州畜牧与兽药研究所、农业经济与发展研究所。

三、综合考核为优秀的部门名单

人事局、科技管理局、国际合作局。

四、单项任务目标考核为优秀的部门名单

1. 工作作风：人事局、科技管理局、直属机关党委。

2. 业务水平：人事局、科技管理局、国际合作局。
3. 工作效率：科技管理局、人事局、国际合作局。
4. 部门职责完成情况：科技管理局、人事局、国际合作局。

二、科研与推广

中国农业科学院
2011 年科研计划执行情况

2011 年是“十二五”计划的开局之年。在农业部等上级部门的大力支持和关怀下，在中国农业科学院党组的正确领导下，全院科技人员贯彻落实国家和农业部各项部署，围绕全院“十二五”科技发展规划和年初制定的工作目标，进一步强化科研项目实施管理和重大科技成果培育，科技创新能力和科研产出水平不断提高，科技支撑和服务能力持续增强，科研工作取得新成效，一批科研项目取得重大突破。2011 年全院新增主持科研项目 1 399项，参加 264 项，合同经费总额 12.6 亿元；取得科技成果 147 项，其中，获奖成果 87 项，包括国家级奖 4 项、省部级奖 16 项、中华农业科技奖 15 项。有 85 个农作物新品种通过国家或省级审定，获新品种保护权 11 个，国家专利 286 项，新兽药证书 9 个，软件著作权 48 个；公开发表论文 4 785篇，其中，SCI、EI 等收录 1 114 篇，出版科技专著 209 部。

一、农作物种质资源

1. 资源收集与保存

收集整理：收集国内外野生稻、玉米、大豆和小宗作物等种质资源 8 100余份，蔬菜 410 份，花卉 302 份，棉花 153 份，麻类 318 份，油菜 163 份，花生 100 余份，牧草 940 份，茶 14 份，果树 411 份，西瓜 20 份等。

入库更新：新接收水稻、小麦、玉米、食用豆、棉花、花生、麻类等 29 种（类）作物种子 4 124份，入长期库保存。接收国外引进的大麦、水稻等 27 种作物 7 824份种质，入国家库保存。接收大蒜、芭蕉等无性繁殖作物种质材料 82 份，试管苗保存总份数为 350 余份。繁育蔬菜试管苗 3 000株。繁殖更新入库棉花 200 份，蔬菜 320 份，花生 100 份，麻类 430 份，烟草 380 份，牧草 357 份，果树 123 份，西、甜瓜 44 份。

遗传多样性研究：首次阐明了中国现存小麦地方品种遗传多样性分布与演化规律。调查发现珠江流域是我国普通野生稻的遗传多样性中心和亚洲栽培稻的起源中心，发现籼粳亚种起源于不同居群。研究证明，原地保护群体比异地保护群体具有更丰富的等位基因和基因多样性。

2. 鉴定评价

粮食作物：对 715 份温带地区玉米自交系进行了多性状鉴定评价。对 970 份谷子核心种质材料进行了农艺性状鉴定，构建了核心种质农艺性状数据库。完成 4 032份次小麦、4 636份次玉米1 368份次和食用豆种质资源的抗病虫性鉴定以及1 280份次大麦种质的多酚氧化酶活性鉴定。

棉花：对400余份半野生棉材料进行了性状调查和纯度鉴定，筛选到高抗草甘膦材料2份、高感材料1份。完成646个棉花品种（系）抗枯萎病、黄萎病性鉴定，向主管部门推荐双抗品种25个。完成国家黄河区试品种抗棉铃虫性鉴定38份和抗虫春棉、麦套棉品种抗枯萎病、黄萎病性鉴定38份。

油料作物：完成大豆对疫霉根腐病和菌核病的抗性鉴定1 475份次、抗锈鉴定340份次，并筛选出一批抗锈资源。筛选出高耐渍、高抗病等芝麻优异种质50余份。

茶叶：鉴定筛选出6份低咖啡碱特异资源和7份高氨基酸资源。筛选出机采效率高的品种2个、品系1个。筛选出优质绿茶新品系3份、优质龙井群体资源9份。

麻类作物：对78份苎麻材料进行了生育期调查，制定了苎麻的种质资源评价规范。完成121份黄/红麻的性状鉴定与评价，评价出适应低纬度种植的红麻种质2份。构建了黄麻和红麻各100份的种质资源农艺性状数据库。完成43份青麻种质质量、数量性状的采集。筛选出具双胚（双胚频率约1%）的大麻资源和48份纤维产量高、出麻率高、抗病的大麻资源。

果树：对50份野生梨资源开展了抗旱鉴定，鉴定了100余份梨种质中类黄酮种类和水平，筛选出部分含量较高的资源。对一批梨和苹果测试品种、对照品种的83个性状进行了调查和测量，发现差异性状179个。对13个梨和苹果新品种进行了DUS测试。筛选出10个极早熟和20个极晚熟梨品种；筛选出5份高抗斑点落叶病、3份抗涝、3份抗旱和4份抗盐碱苹果资源；筛选出具有晚花等重要价值的优异（特异）李种质5份。

其他：完成600余份蔬菜农艺性状调查、编目和数据库建立。筛选出一批抗性强的优异育种材料。筛选出抗TuMV、耐抽薹大白菜材料5份。鉴定烟草种质资源主要病（虫）害抗性361份次、烟草品质性状269份次。

3. 资源创新

粮食作物：从创制的300余份水稻种质中筛选出高产、优质、耐寒材料20余份。新创制小麦多粒种质普冰3 228和普冰3 504的多粒性状具有广泛、稳定的生态适应性，可以用于提高穗粒数小麦育种研究。获得8个含不同抗锈病基因且农艺性状良好的小麦中间抗源材料，其高代品系“中植麦3号”获省区试第一名。

棉花：从聚合多个优异性状的新种质中筛选出“中129”（抗旱、抗虫、抗黄萎病）、“中119”（耐盐、耐高温）、“中078”（耐盐、耐高温）等抗逆性强的育种材料，部分用于棉花育种和生产。TTTU基因后代材料的耐盐碱育成品种已在河南、山东等盐碱地示范试种。

油料作物：获得75份油菜核心种质DH纯系，创建了8个BC_3F_3群体，构建了包含8 000个株系的EMS诱变群体。

麻类作物：筛选出了35个苎麻优良单蔸材料，获得红麻创新后代材料29份，并筛选出红麻不同类型优良品系24份、不育系8份和强优势组合8个。配置黄麻杂交组合20个，筛选黄麻特异种质10份。

烟草：创建了10万余份四倍体和二倍体突变群体；建立了EMS诱变群体的多性状快速高通量筛选方法，筛选出100余份不同抗性的突变体；获得了200余份不同可见变异性状的突变体。创建了烟草突变体中长期低温干燥保存技术，建立了编目识别体系。

二、农作物分子标记与功能基因挖掘

1. 水稻

精细定位水稻剑叶大小和穗粒数主效QTL，发现了影响长雄野生稻地下茎发生及生长的候选基因。发掘定位了1个对白叶枯病具有广谱抗性的新基因*Xa*37（t）。构建了规模化水稻转录因子基因功能验证平台。系统分析了水稻转录因子家族对生产相关性状的影响。

2. 小麦

发现我国特有矮秆基因*Rht*3中，功能域DELLA与GID1的结合程度是其是否具有多效性的主要原因。分离小麦抗黄矮病基因2个，明确了其作用分子机制。利用DREB基因获得抗旱性强的转基因新品系MG349、CM3等，田间抗旱性鉴定显示达到强抗旱水平，比对照增产达23.14%。发掘慢白粉病和慢条锈病的8个新QTL及紧密连锁的分子标记15个，发现2个抗锈兼抗白粉病基因；发现抗叶锈病新基因*LrBi*16、抗白粉病新基因*Pm-M*53和非寄主抗性基因*YrpstY*1。首次揭示了低分子量亚基等位变异和多酚氧化酶基因表达的分子机理。获得目的基因稳定遗传的4个转基因抗病毒小麦株系。

3. 棉花

继续进行纤维品质的分子标记筛选，获得了78个新QTL。采用全基因组鸟枪法搭配多种传统技术进行二倍体棉花亚洲棉基因组的测序，整体测序深度已达到80倍以上，已经完成了全部的测序和组装工作，并通过基因组注释获得了43 317个基因。研究发现，12个与纤维发育相关的候选基因，其中，10个进行转化后已得到了胚性愈伤，并获得独立转化体793个，其中，9个得到了转基因嫁接苗211棵，转基因阳性率在50%以上；已有19个与纤维发育相关候选基因的转化材料进入大田功能验证与评价阶段。

4. 油料作物

在油菜千粒重主效QTL区间找到一个影响种子大小的候选基因，发掘出高含油量分子标记引物和低含油量标记各一个。构建了花生突变体库，克隆获得可能在种子油脂合成中起重要作用的溶血磷脂酸酰基转移酶基因*AhLPAT*。完成芝麻基因组测序、组装和注释，获得紧密连锁的分子标记8个，得到亲本或材料间差异标记51条。明确了蓖麻SSR标记的多态性及现有生产品种的亲缘关系与遗传基础。

5. 蔬菜

在白菜中，鉴定了102个硫苷生物合成基因，确定了其在白菜染色体上的位置和硫苷生物合成途径；发现白菜中硫苷生物合成基因存在多拷贝现象，将控制硫苷积累的 8 个 QTL 锚定在物理图谱上，推断 BrMAM 和 BrAOP 可能在控制白菜硫苷的积累过程中起着关键作用。对 3 345份黄瓜资源进行了亲缘关系分析，构建了含有 121 份材料的核心种质资源库，并对核心种质资源的性状进行了全面调查和整理。完成甘蓝基因组测序和组装，分析并提出了多拷贝基因进化规律假说。

6. 叶绿体基因组研究

获得玉米叶绿体总蛋白 660 种和水稻叶绿体总蛋白 231 种，对大部分蛋白进行了定位，为叶绿体高效表达体系建立提供了重要信息支撑。

7. 其他

阐明了拟南芥隐花色素 CRY1 响应蓝光并起始信号传递的分子机制。开展了绒毛状烟草、林烟草及红花大金元全生育期、全组织的全长 cDNA 文库及均一化文库构建，各获得 1 万条以上全长 EST。完成 70 余份秋子梨种质 SSR 标记检测，筛选出多态性高的标记 2 个；首次克隆了苹果 SA 途径的两个 TGA 转录因子，并利用酵母双杂证明其能够与 MdNPR1 进行互作；克隆到了梨 KS 基因和 GA2-β 羟化酶基因的 cDNA 全长序列。构建了一个含 19 个连锁群的茶树遗传连锁图谱。克隆了与咖啡碱合成密切相关的 3 个基因家族的多个基因及其调控序列，明确了这 3 个基因的核苷酸多样性和连锁不平衡衰减情况，找到 4 个与咖啡碱含量显著相关的功能 SNP 位点，并成功把其中一个开发成 CAPS 标记。首次发现 IBA 可以诱导细胞色素 c 氧化酶（CScox1）基因高度表达，并克隆得到该基因的全长 cDNA 序列。明确了炭疽病原菌侵染对茶树脂氧合酶家族基因的调控作用。从红麻中克隆了一个与抗旱、耐盐相关的 LEA 基因和 2 个与维持细胞渗透压相关的 AQP 基因。构建了亚麻 RNAi 植物表达载体。完成了 200 余份披碱草属材料 ITS 基因序列多样性分析和 49 份材料质粒的克隆与测序。

三、农作物新品种选育

1. 作物育种理论

抗逆高产小麦育种研究：确立了中国小麦品种穗发芽抗性和耐热性的评价指标、遗传基础和改良途径；创立了平行选择多种抗逆性的分子育种技术体系；集成创立了小麦品种冬春性和抗寒性评价技术体系；分析了影响冬小麦品种 WUE plant 的生理指标与农学性状，提出针对不同水分条件地区的品种筛选策略。

中国—CIMMYT 穿梭育种研究：利用从 CIMMYT 及 14 个国家引进的小麦种质，筛选出慢病性和抗秆锈病品种 142 个，发掘相关分子标记 23 个，建立了分子标记与常规育种相结合的慢病性育种方法，提出了 CIMMYT 种质利用途径、亲本组配模式和后代选择指标。

2. 水稻

8 个品种被农业部确定为超级稻主推品种，占全国超级稻品种总数量的 1/10。“中浙优1号”、“中嘉早17”、“天优华占”被列为全国十大品种，其中，“中浙优1号”全国推广面积368万亩，在全国杂交稻品种中排名第四位。

3. 小麦

“轮选987”年推广面积维持在100万亩以上，成为北部冬麦区的主栽品种。2010～2011年度黄淮南片国家预备试验中“中麦895”比对照平均增产8.1%，居50个参试品种第一位。在黄淮海北部地区育成兼抗干旱、冻害、后期高温和收获期降雨等逆境的“中麦”系列抗逆高产小麦新品种3个。

4. 玉米

玉米新品种“中单909”通过国家审定，该品种具有高抗倒伏、抗叶斑病、适应性强、综合性状好，株型紧凑，籽粒商品性好，在丰产性、抗倒性、耐密性等方面都比目前生产中大面积推广应用的“郑单958”更具优势，具有十分广阔的市场前景。

5. 棉花

建立了采用磁性纳米粒作为基因输送载体，通过人工授粉进行转化的转基因植株，转化率达5%以上，转化效率和可操作性等显著优于花粉管通道法等传统转基因技术。“中棉所81”等4个棉花新品种通过省级审定。

6. 大豆

“中作071”在两年的区域试验中，平均比对照增产6.52%，居参试品种第一位。“中黄30”被列入2011年度农业部主导品种，在西北和华北地区年度推广面积达到30万亩以上；“中黄35”在北京市密云县实打实收亩产达到324.84千克，创造了黄淮海地区大豆单产新记录。获得3个高产、含油量超过21%的高抗草甘膦转EPSPs基因新品种。获得了绿色组织表达抗除草剂的转基因大豆植株。

7. 油料作物

有11个油料作物新品种通过省部级以上审定，其中，油菜5个、大豆2个、芝麻4个。新品种“阳光2009”和“阳光198”于2009～2011年度参加长江中游区油菜品种区域试验，两年平均亩产分别达到177.9千克和180.72千克，平均亩产油量分别为78.3千克和80.01千克，比对照品种显著增加。油菜杂交组合“中油88”2009～2011年度参加国家（长江下游组）区域试验，平均亩产162.86千克，比对照增产3.85%；产油量为74.36千克/亩，增产8.95%。抗倒性较强，含油量高，芥酸、硫苷含量低。应用新的转化技术建立了油菜高效遗传转化平台，每年可获得20个基因的转化后代。

8. 蔬菜和花卉

配制出可溶性固形物含量高、田间耐贮性好、适合机械化采收、产量高的加工番茄品种6个。筛选出优良茄子组合8个。筛选出3个长根晚熟组合、9个新型水果组合胡萝卜。配制甘蓝、大白菜、花椰菜等新组合2 300余份，选育出优良组合70多个。设计百合杂交组合500个，设计并完成月季杂交组合191个、菊花31个，为杂交育种亲本选配提供了重要信息。试配火鹤杂交组合82个。

9. 果树

配制苹果杂交组合 5 个，培养 2010 年组合的苹果杂种实生苗 2 000余株；配制梨杂交组合 8 个，梨矮化砧木杂交组合 15 个，培养 2010 年组合的梨实生苗 10 000余株；配制李杂交组合 8 个。

10. 其他

选育出 4 个红麻细胞质雄性不育系品种；筛选出耐盐浓度 0.3% ~0.5% 的黄麻品种 6 个；筛选出耐盐碱能力强的亚麻品种 181 个。中烟 203 通过全国审定，在山东烟区示范推广表现良好；高抗 TMV、黑胫病烟草新品种 CF220 通过山东省评审；通过航天诱变等技术培育出具有高香气的新种质 TH504、TH513；培育出高香气新种质 9-53、优质高抗 TMV 新种质 9-80。

四、作物栽培生理

1. 水稻

初步形成了以秸秆立体还田、厢沟配套等为关键技术，以农机农艺集成配套为核心的新型稻作技术模式，为提升中国水旱轮作区现代稻作技术、实现高产与减排目标并重的可持续生产提供了理论基础与技术支撑。初步编制完成适宜四川地区的“丘陵山区水稻机械化生产农艺栽培技术规范”。

2. 玉米

明确了我国主要生态区玉米高产潜力突破和大面积高产高效生产的主要制约因素及技术创新优先次序。从生态条件、营养需求等方面明确了玉米实现 1 000千克/亩高产的基本规律，提出了增加花后物质生产与高效分配的高产突破途径。建立了以化学调控技术为核心的“缩株增密”、“壮株扩穗”和“双重调控”超高产模式，并在吉林省和辽宁省大规模推广。

3. 棉花

研究了基质育苗移栽机理，发现裸苗起苗离床后在 12 小时内无保护放置，叶片细胞结构完整等因素是裸苗移栽成活、返苗的关键。进行了黄淮海棉区麦棉两熟棉田周年氮、磷、钾肥经济高效施用技术研究，基本确定了黄淮海麦棉两熟棉田全年氮、钾肥经济高效施用量；初步提出潮土类土壤棉田全氮、速效钾分级指标。发布《中国棉花生产景气报告》45 期。

4. 油菜

研究表明，通过施用外源植物生长调节物质处理苗前期植株可提高光合作用和群体光合效率，使油菜增产 8% ~15%，同时，可增加角果的面积。优化提出了适于机械化生产品种的农艺特征、适宜播期、密度和优化水肥运筹。在湖北和安徽等地开展了“油菜机械化操作技术规程”的大田应用试验，为完善和推广该技术规程提供了理论和数据支持。

5. 蔬菜

系统研究了设施蔬菜生态基质无土栽培技术体系和关键技术，阐明了基质生物活性和理化性质调控技术，明确了番茄等生态基质栽培需肥规律，建立了设施蔬菜生态基质栽培技术体系，比土壤滴灌节水、节肥25%和35%，增产25%以上。

6. 麻类

发现在干旱胁迫下补偿激素可增加苎麻株高，缓和干旱对产量的影响。建立了一套亚麻简约化耕种技术，使中亚麻2号产量达到11吨/公顷。

7. 果树

明确了不同果园生境土壤间有机化过程的差异，揭示出其动力因子的核心，明确了其对人工调控措施的响应机制；围绕危害我国果树生产的旱灾、雹灾、低温灾害等非生物灾害开展防御措施、调控与减灾技术研究，初步建立了我国果园非生物灾害监测、预警及防灾减灾技术体系。

8. 其他

集成新开林果园上套种豆科牧草或西瓜、花生等经济作物的技术，构建了一套湘中南低山丘陵区红壤退化防治与生态农业产业化模式。明确了我国主要茶树资源生物碱的基本变异规律和茶鲜叶氟累积规律，制定了新的采摘方案。研究表明，生长素可能促进茶树腋芽休眠。

五、植物保护

1. 病害

病害检测与品种鉴定：建立了快速、灵敏的小麦秆锈病分子诊断检测技术体系。构建了准确、稳定的抗叶锈基因*Lr*9-*Lr*26和*Lr*19-*Lr*20的复合PCR检测体系。确定*Yr*1和*Yr*9是中国小麦品种的主要抗条锈病基因。筛选出慢病性（白粉、条锈和叶锈）小麦品种116份，抗秆锈病新小种Ug99的品种26份；鉴定出72份高抗腐霉茎腐病、18份高抗南方锈病、93份高抗瘤黑粉病玉米品种。鉴定出40份抗疫霉根腐病大豆材料。鉴定出133个小麦条锈菌致病类型和71个叶锈病致病类型。完成了183个国家小麦区试品种和631份农家品种抗条锈病田间鉴定。首次在我国桃样品中发现杏假褪绿叶斑病毒；建立和完善了类病毒检测的直接RT-PCR法和多聚探针法，首次在我国检出菊花褪绿斑驳类病毒和锦紫苏类病毒CbVd-2和CbVd-3。完成中国特有菌株桑青枯菌全基因组测序。克隆到马铃薯腐烂茎线虫、小麦禾谷孢囊线虫的致病相关基因10个，对其中4个新基因进行了组织定位和表达分析。

油菜病害综合防治：建立了生物和化学防治结合的油菜病害防治方法，在湖北麻城及青海示范区内，根肿病防治效果为90%以上。

蔬菜病害：对我国8个区域蔬菜主要病害进行了调查，分别提出了防治措施。获得了瓜类蔓枯病病样，建立了病菌的大量繁殖技术。完成了大白菜根肿病的抗病性鉴定技

术规程研究。研制了甘蓝枯萎病抗性鉴定技术规程，筛选出 40 余份抗源及 6 个可推广应用的抗枯萎病品种。建立了辣椒与根结线虫亲和互作和不亲和互作转录组的 cDNA 序列数据库，证实了乙烯信号转导参与了辣椒与线虫的亲和互作。

烟草有害生物调查：初步查明主要病害、害虫、天敌、杂草种类、为害以及分布情况，鉴定烟草靶、灰霉病等多种新发生有害生物种类，获得 17 省（市、自治区）烟田有害生物种类初步名录。初步完成了有害生物管理信息系统和专家系统设计工作。研制了烟草 TMV 快速检测试纸条，建立了 TMV、CMV、PVY 单一或混合种类的分子生物学鉴定方法。

2. 虫害

新基因发掘：建立了双电极电压钳、原位杂交、昆虫行为记录等技术平台，已完成棉铃虫、小地老虎等昆虫 30 多种气味受体基因的配体筛选和功能验证。对棉铃虫雌性和雄性成虫触角进行转录组测序，得到 35 种 *OR* 基因，成功进行了棉铃虫气味受体 *OR83b* 基因的组织定位，测定了气味结合谱。构建了苜蓿盲蝽的雌雄触角 cDNA 文库，共鉴别到 14 个 *OBPs* 基因，发现 *AlinOBP1* 在感受性信息素过程中发挥着重要作用。

监测预警：初步构建了环渤海湾地区昆虫迁飞的自动化精准预警体系。明确了稻飞虱、草地螟和稻纵卷叶螟的季节性迁飞行为的虫源、迁飞时期和路径，初步揭示了迁飞机制。

抗性遗传：获得 Bt 敏感的亚洲玉米螟 *HSC70* 基因完整编码区 cDNA 序列，发现亚洲玉米螟 Cry1Ab 和 Cry1Ac 抗性品系分别有 15 个和 25 个碱基产生了无义突变，通过同源和异源竞争结合试验，初步揭示了靶标害虫的抗性机理。

害虫防治机理研究：确定 Bt 杀虫蛋白和寄生蝇对黏虫具有增效控制作用。明确了草地螟气味分子结合蛋白基因 *Lsti-GOBP* 在虫体中的表达谱，发现 Lsti-GOBP1 和 Lsti-GOBP2 可分别与 4 种和 12 种气味标样结合。证实 3 种气味结合蛋白参与了麦长管蚜的嗅觉识别过程。发现 8 种物质对苜蓿盲蝽成虫有强烈的引诱作用，而苯乙酮等 3 种物质有剧烈的趋避作用。揭示了蚜虫及其天敌昆虫对挥发物 EβF 感受的分子机制，解析了报警信息素驱避蚜虫和吸引天敌的作用机理，为基于 EβF “推—拉技术” 的害虫综合治理策略提供了理论依据。明确了金针虫的生态适应性，为创新对金针虫的预测预报和防控技术提供了科学依据。

害虫生物学：揭示了对药剂的敏感性差异、气味驱避和生殖干扰可能是导致三叶斑潜蝇取代美洲斑潜蝇成为优势种的重要原因。初步确定了麦长管蚜泛素降解蛋白的模式，明确迁飞结束后残留物质的降解对由飞行转向生殖的生理转换过程起着不可替代的作用。系统地研究了草地螟、甜菜夜蛾及稻纵卷叶螟飞行与生殖的互作关系。

害虫综合防治：研究了重要地下害虫、麦蚜和草地螟等的防控技术；筛选出对暗黑鳃金龟幼虫有高效杀虫作用的 Bt 菌株 QC11，明确该菌株与化学杀虫剂或病原线虫混用具有相加作用，确定了混用组合的最佳配比。

3. 杂草与鼠害

杂草：首次明确了日本看麦娘和菵草抗性种群的 ACCase 序列的突变位点。筛选获得了 8 种高效、安全的防除刺萼龙葵的药剂，初步构建了配套应用技术。

鼠害：明确了草原长爪沙鼠和布氏田鼠种群数量的年度变动规律，发现长爪沙鼠的内分泌激素含量在不同生殖阶段和月份间具有差异。揭示了布氏田鼠近交回避是婚配制度构成和个体扩散的根本机制，初步阐明光照在其繁殖调控中的作用。

4. 生物防控

天敌研究：建立了智利小植绥螨的纯种分离技术，制定了室内饲养与田间应用准则；明确了拟长毛钝绥螨的染色体特征及性别决定模式；对 4 个捕食螨品种进行了规模化生产及初步商业化运作，发掘出 2 种对叶螨或蓟马有良好捕食作用的捕食螨。

微生物农药：获得了新的蛋白激发子 Hrip1，研制了相关蛋白诱抗剂，对病毒病的防效在 70% 以上。得到了苯菌灵基因标记的高效表达载体。研发了粉红黏帚霉、淡紫拟青霉和芽孢杆菌微生物农药制剂。筛选出 7 个防治西藏飞蝗的绿僵菌潜力菌株和 3 个对金龟子高毒力的菌株。筛选获得 4 个对西花蓟马成虫靶向性好且对天敌无毒害作用的高致病力白僵菌菌株。优化了金龟子绿僵菌 IMI330189 发酵合成培养基，确定了最佳组分。研制了白僵菌母药和可湿性粉剂标准，确定了母药的贮存条件。

烟草病虫害生物防治技术：纯化出烟草生防菌株抗菌蛋白 3 个，克隆抗菌蛋白基因 2 个。开发了针对烟草主要害虫的信息素诱杀、天敌资源保护利用等防治技术。构建了以“生防资源、生防技术和生防产品”为核心内容的烟草生物防治技术体系，并在山东潍坊等主产烟区进行了大规模的示范应用，示范面积 6.9 万亩。

5. 农药

开发创制：制备了两亲性嵌段聚合物 CS-PLA 和粒径 160～230 纳米的纳米载药粒子；制备了 CS-co-PLA 载氟硅唑、苯醚甲环唑纳米粒子，发现 CS-co-PLA 胶束具有较好的缓释效果。合成了 5 个环糊精衍生物，并采用溶胶—凝胶法制备出具有手性选择性和热稳定性的气相色谱手性柱。合成了喜树碱衍生物新烟碱类 3 个中间体。

制剂与应用：确定了以原位聚合法制备氟虫腈、阿维菌素和毒死蜱微囊种衣剂的方法。首次发现在土壤表面添加生物炭，可以显著降低熏蒸剂 1，3-二氯丙烯向大气中的散发，明确了熏蒸剂溴甲烷、硫酰氟对 PE 膜的穿透性，证实垂直喷杆喷雾技术能有效增加药剂喷雾对玉米穗期害虫的靶向性。

残留分析：建立了准确、灵敏的腈苯唑及其代谢产物的手性残留分析方法。研究了苯醚甲环唑、硅氟唑、乙虫腈在设施蔬菜和土壤中的代谢及调控，为手性农药的环境风险评估和食品安全评价提供了技术支撑。

植物源农药研发：研究了 31 种植物提取物对害虫、病原菌和线虫的抑制活性，初步确定了其活性部位。初步阐明了喜树碱及其衍生物的杀虫作用机制，为建立以 DNA 拓扑异构酶 I 为靶标的杀虫药剂筛选体系奠定了基础。

6. 外来入侵生物

传播扩散机制：提出了紫茎泽兰繁殖特性与快速扩散机制，证实人类活动和极端气候条件极大促进了紫茎泽兰跨越天然屏障和沿河流的快速扩散。

生态适应性机理：明确紫茎泽兰挥发物通过改变土壤微生物群落结构影响土壤理化性质，从而促进自身生长。初步阐明了植物入侵的土壤微生物机制和 B 型烟粉虱对温室粉虱的竞争替代机制。研究了 B 型烟粉虱唾液诱导番茄植株防御基因 *PR*1、基因 *BGL2* 和基因 *PAL* 的表达特征，为进一步验证多酚氧化酶在 B 型烟粉虱寄主适应性与竞争替代中的作用奠定了基础。

生防天敌利用：明确了海氏桨角蚜小蜂在不同温度、烟粉虱寄主植物以及不同龄期若虫上完成发育的生物学参数；明确了寄主密度和寄主龄期对海氏桨角蚜小蜂和浅黄恩蚜小蜂的寄主处理策略的影响，揭示了两种寄生蜂不同的卵巢发育模式与其寄主处理策略的关系。

综合防控与管理：开展了恶性入侵杂草豚草的生物学与综合治理研究，创造性地研制了 2 种天敌昆虫与替代植物的时空阻截与控制技术。研究了恶性入侵植物紫茎泽兰的综合防控与利用技术，筛选出多种生态恢复的替代植物和高效、安全除草剂品种，提出了一整套综合防控技术方案和多项轻简防控应用技术。

7. 转基因生物安全

检测技术：建立了我国转基因棉花的品系特异性检测方法，初步形成了从基因到品系的多层次检测技术，系统分析了我国 13 个省、自治区 400 多个棉花样品的转基因成分特征。建立了抗刺吸式害虫转基因小麦的检测技术；完成了转植酸酶玉米和转基因通用元件的检测研究；结合常规生测、PPM 和试纸条蛋白检测技术，建立了快速、灵敏、时效性强的抗除草剂大豆品种对草甘膦耐受性的检测方法。

环境安全评价：构建了一套系统研究转基因植物对重要昆虫天敌瓢虫潜在影响的试验体系。完善了转基因抗虫植物对中华通草蛉的潜在风险评价体系，评价了转 *cry2Aa* 基因水稻对中华通草蛉幼虫和成虫的潜在影响。初步明确了转基因棉花和大豆残茬还田条件下，外源基因表达产物在土壤中的残留动态以及转基因棉花和大豆对土壤功能的影响，并建立了以 AM 真菌、根瘤菌为指标的转基因生物环境安全监测技术。建立了转基因棉田土壤微生物多样性检测和转基因棉花对土壤养分、酶活性和土壤动物影响的检测技术，初步明确了复合性状转基因棉花对土壤养分、酶活性和土壤动物的影响。研制成功了 9 种转基因油菜基体标准物质和 16 种质粒标准物质，打破了长期以来转基因标准物质由欧盟和美国垄断的局面。

六、畜禽种质资源与新品种选育

1. 种质资源

羊：完成了绒毛用羔羊初生鉴定和系谱登记 3 062 只，羔羊断奶鉴定 1 463 只，周岁羊、成年羊生产性能测定 1 536只。利用 BLUP 法遗传评估种公羊 514 只，推广种公羊 170 只，改良甘肃高山细毛羊 2.55 万只。

牛：建立我国第一个肉牛多品种遗传评估数据库，含 14 个品系 24 056头牛，近 10 万条记录。建立了全国最大的肉牛全基因组选择资源群体，规模扩大至 2 000头，累计获得 507 头牛的表型及芯片基因型数据。

马：对马的遗传研究显示，中国家马具有丰富的遗传多样性和广泛的支系分布，提示中国很有可能是家马驯化中心之一。

蜂：在引进国外熊蜂蜂种 200 群的基础上，建立了形态特征和分子手段相结合的熊蜂鉴定技术，探明了中国熊蜂多样性现状及其分布格局，筛选出人工驯养性能稳定的本土良种熊蜂 5 种，完善了中国小峰熊蜂高效繁育技术。

2. 生物技术

猪：开展了群体基因组高密度 SNP 分型工作，初步开展相关性状的全基因组关联分析。发现了影响肉品质性状、免疫性状、瘦肉量、背膘厚、耳面积性状等的候选基因。

羊：应用 SSH 技术在济宁青山羊与辽宁绒山羊性腺轴组织中筛选到 *ATP6*、*COX2* 等 10 个多羔候选基因和 4 个性早熟候选基因。通过对多羔候选基因多态性及其与产羔数间的关联分析，发现了 3 个与高产羔数相关的等位基因。通过对性早熟候选基因多态性及其与性早熟的关联分析，发现 3 个突变位点可能与性早熟相关。

家蚕：根据基因组精细图，在家蚕 28 个连锁群上设计获得了 800 多个 STS 标记，利用 192 个 QTL 定位群体，对家蚕茧质性状、丝质性状进行了 QTL 扫描，发现 QTL 位点 6 个，进一步增加了标记的密度。对家蚕 *ch-2* 基因和 *Nd* 基因进行了精细定位，克隆获得 2 个突变的候选基因。

3. 新品种选育

牛：完成了夏洛莱、西门塔尔、利木赞、德国黄牛和皮埃蒙特 5 个国外肉牛品种与当地西杂母牛的杂交 F_1 代架子牛的育肥、屠宰试验及育肥后成年肉牛主要体尺指标的测定和统计工作。授配母牛 5 000头，辐射授配 2 万余头。

羊：开展了抗口蹄疫、搔痒症和乳房炎等转基因羊新品种培育工作，获得了 10 种抗口蹄疫转基因羊育种新材料，建立了转基因克隆体细胞株 7 株。克隆了羊免疫调节抗病关键分子基因 7 个，获得抗山羊痘转基因羊育种新材料 4 种，对其中 2 种抗性功能进行了验证和检测，为抗羊痘转基因山羊的培育提供了育种材料。

肉鸭：完成了 1.4 万个个体的饲料转化效率测定和 3 万个个体与家系的产肉性能测定。整理了北京鸭现有品系资源，采用家系选择和个体表型选择，对瘦肉型北京鸭、肉脂型北京鸭、优质小体型肉鸭共 10 个品系进行了继代选育。

牦牛：分析了 *FAS*、*PRKAG3* 等基因结构与功能及与肉质性状的关系，筛选出特异性 SNP，探索了牦牛低氧适应性的分子机制。开展了大通牦牛无角品系选育工作，组建核心群 350 头。

家禽：对已有的 7 个优质肉鸡新品系开展肉质和抗病性状的继代选育，完成全基因组选择资源群和 F_2 资源群体（北京油鸡 × 科宝肉鸡）样本采集、性状测定和基因 *GWAS* 初步分析。发现影响肉鸡脂肪沉积的关键基因 *FSHR* 及其分子调控机制。

家蚕：筛选出数个抗逆性较强、茧丝质优良的育种亲本，并组配成杂交组合，进行了杂交组合间的实验室对比试验，已选育出综合性状优良的组合“丝雨二号”、“丝雨三号”。开展了晚春蚕用三眠蚕杂交组合的筛选工作，初步育成了江苏续春、夏用蚕品种“苏桂三眠”。

七、动物营养与草业科学

1. 动物营养与饲料

牛：建立了一套提高牛奶乳脂率的营养调控技术方案；继续开发纳豆芽孢杆菌饲用微生物饲喂技术，形成《奶牛专用饲用微生物技术开发与应用》报告。

猪：研究了 21 日龄早期断奶与仔猪黏膜损伤、免疫和氧化的关系，以及二氢杨梅素的调控作用。研究了母猪、乳仔猪、中大猪复合益生菌配伍及微胶囊工艺，开展了产品应用效果试验。以仿生法评定猪饲料能量消化率及有效磷，实现对胃、小肠和大肠不同消化阶段的模拟。

鸡：探讨了热应激条件下 HSP70 过表达对鸡肠黏膜结构和功能的影响规律，阐明了其抗热应激的作用机理，并确定了肉仔鸡 GR 和 HSP90 表达的敏感部位。研究了非淀粉多糖复合酶及芽孢杆菌制剂在减少鸡舍氨气和硫化氢浓度、降低好氧微生物数量及增加能量利用效率等方面的作用。研究了热应激及氧化应激对蛋鸡颗粒细胞增殖分化的影响，发现高温抑制卵泡发育，且颗粒细胞增殖与分化的抑制与高温诱导的氧化应激有关。

鸭：确定了以鸭肠液干粉剂为主体，试剂酶调节主要消化酶活性的小肠液制备方法，并申报发明专利。开展了不同生长阶段北京鸭核黄素、生物素、精氨酸和蛋氨酸需要量的研究，不同填饲量、酶制剂水平对北京鸭营养物质利用率的影响研究已取得阶段性进展。

毛皮动物：开展了水貂营养需要研究，得出育成期水貂日粮可消化蛋白质水平、代谢能、蛋氨酸水平等。完成了蓝狐育成期不同锰来源筛选和锰水平添加量的现场饲喂试验，以及生产性能、血液生化及免疫指标的测定。

饲料用酶筛选与改良：以雪莲土壤、冰川土壤、高温土壤、菜园土、池塘底泥、红树林土壤 6 个差异土壤环境 DNA 为模板，扩增获得木聚糖酶片段，发现 90% 的基因与已知基因的相似性在 80% 以下。利用改进的 TAIL-PCR 方法，以山羊瘤胃宏基因组 DNA 为模板，获得了 7 个具有很高新颖性的木聚糖酶全长基因。对部分优质饲用酶及微生物进行了动物饲喂试验，评价了产品的有效性与安全性。

饲料营养价值测定：完成了肉羊粗饲料样品的基本化学成分分析及有机物和粗蛋白

质降解率测定。建立了日粮代谢能和可发酵有机物 FOM 及中性洗涤纤维 NDF、酸性洗涤纤维 ADF 等指标间的回归关系。

饲料安全监控：评价了国产肉骨粉和肉粉生物学利用率、餐厨废弃物加工处理及产品饲喂有效性，跟踪了餐厨废弃物产生与资源化利用现状和未来、三聚氰胺的毒性及其在畜产品中残留规律的研究进展等热点研究方向。

2. 草业科学

种质资源：收集了2 350余份牧草种质材料，引进俄罗斯牧草种质材料800余份，活力检测1 780份，抗性鉴定520份材料，繁殖更新357份。

牧草新品种选育与栽培：筛选出耐盐、高产苜蓿种质材料，育成了高产新品种"中苜4号"，干草产量为19.7吨/公顷，比"中苜2号"增产10%以上；对紫花苜蓿新品种"中苜6号"原种进行了良种隔离扩繁，完成了牧草栽培试验，确定了每公顷施氮肥和钾肥的最佳量。完成了鹅观草耐盐株系2代材料的筛选，获得3代材料。建立了空间诱变苜蓿耐盐材料组培高效再生技术体系，获得了2株再生植株。完成了苜蓿主产区主推品种引种工作，确定和完善了苜蓿栽培模式数据库的构建体系和指标。

草原合理利用研究：利用固沙网等措施，通过沙尘暴蓄积表土和植物种子资源，试验区内植物群落密度和生物量明显提高。积累了温带荒漠草原区植被、土壤、气象等观测数据；揭示了不同绵羊放牧强度对荒漠草原植被及家畜生产性能的影响。开始制定荒漠草原家庭牧场资源优化利用技术模式和苏尼特羊采食当量标准。

草原生态适应性研究：研究表明，近40年内蒙古草原干旱程度不断加剧，85%地区年均温度升高1.6~3.6℃，63%区域年降水量变化在±1毫米/年，空间上降水减少主要集中在中东部，降水量增减存在季节差异，以夏季减少最多。初步摸清了苏尼特右旗荒漠草原植物根系分布深度，掌握了地上、地下生物量的时空分布规律、主要草地类型的根冠比及影响因子，对碳贮量进行了初步估算。

数字草原研究：自主完成了三维草原可视化信息系统的总体设计和三维虚拟草原数学模型设计，通过研究多图层叠加的实现策略，解决了多元信息查询的关键技术，实现了双向信息查询；完成了系统模块的分解和各模块逻辑的详细设计，实现了包括放大、缩小、漫游三维视场的显示，突破了海量草地资源基础数据的集成管理技术难题；建立了三维虚拟模型，并对锡林郭勒草原成功进行了虚拟。

草原灾害研究：选取内蒙古草原枯草期草地可燃物量、大气温度和相对湿度3个指标，将内蒙古草原划分为极高火险、高火险、中火险、低火险4个区域，并首次建立了草原火险指数模型。研究发现，阿格姬蜂、黑条帕寄蝇和伞群追寄蝇为草地螟的优势寄生性天敌。

八、畜禽疫病防控

1. 禽病

禽流感病原研究：以 H1N1 甲型流感病毒为模型，发现了 *PB2*、*HA* 基因等关键氨基酸位点，阐明了病毒高效传播的分子机制。鉴定了 H5 亚型禽流感病毒的两个鸡 MHC 限制性 T 细胞表位，发现 2 个表位均能有效刺激活化的 CD8 + T 淋巴细胞增殖，为解释鸡的细胞免疫机制提供了新的数据。

禽流感流行病学研究：采集和检测全国 19 个省市的 106 场次家禽市场、26 个饲养场和 10 个屠宰场样本 3 万份，通过实时系统流行病学分析，发现 H5N1 病毒主要为 2. 3. 2 分支，为我国禽流感疫苗更新提供了科学依据。

禽流感疫苗研制：构建了新的重组病毒疫苗株，提出了疫苗毒株更新建议，为国家禽流感防控提供了有力的技术支撑。从各地分离到的数百株 H9N2 亚型禽流感病毒中，筛选出一株抗原性好的分离株，开展了细胞灭活疫苗研制，试验表明，疫苗对免疫鸡具有良好的保护性，现已完成了疫苗的物理性状、无菌性检验和一个批次的安全性试验。

新城疫：建立了病毒和疫苗株实时定量 PCR 检测技术。分离获得一株国内首次报道的北美流行株 Class I 基因 4 型病毒，实验表明，其对强毒的中和效价显著提高，免疫组可以显著降低鸡群的排毒率，减轻 NDV 强毒的循环感染，可以作为良好的疫苗候选株。

鸭坦布苏病：分离鉴定出引起我国蛋鸭产蛋量下降和雏鸭死亡的病原，定名为鸭坦布苏病毒中国分离株。对病毒致病力进行了评价，建立了系列病毒诊断方法和间接、竞争 ELISA 两个抗体检测方法。进行了灭活和弱毒疫苗的研制，获得了一系列致病力逐渐降低的毒株。

2. 畜病

口蹄疫：完成了疫苗毒株与流行毒株（A/HB/WH/09）交叉免疫攻毒保护试验，结果表明，该疫苗能有效保护口蹄疫 O 型、亚洲 I 型流行毒株的侵袭。完成了该疫苗毒株与流行毒株抗原关系分析，在全国推广使用 14 206万毫升。

猪蓝耳病：完成了欧洲型和美洲型猪蓝耳病毒 N 蛋白在大肠杆菌中的高效表达，并对表达产物进行了纯化与定量。初步建立了国产化猪繁殖与呼吸障碍综合症酶联免疫吸附诊断试剂盒，其敏感性、特异性和与欧洲商品化检测试剂盒的符合率均达到 95% 以上。

马传染性贫血病：首次证明马属动物一种先天免疫限制因子可抑制马传染性贫血病毒（EIAV）的释放，为开展天然免疫研究开辟了新领域，也将为艾滋病的防控研究提供科学借鉴。

猪流感：进行了 H1 亚型猪流感病毒 DNA 疫苗免疫保护效力研究，结果表明，密码子优化的 *HA* 基因 DNA 疫苗的免疫原性明显高于野生型。开展了蛋白酶抑制剂抑制猪 A 型流感病毒复制的机制研究，发现蛋白酶抑制剂 Mg132 和泛素激活酶 E1 抑制剂均能有效抑制流感病毒 H3N2 增殖、vRNPs 核输出、病毒蛋白 NP 与 NS1 RNA 转录和蛋白合成。

水貂细小病毒性肠炎：对细小病毒 MEVB 株生物学特性进行鉴定，筛选出疫苗制苗毒种，提高了免疫原性，进行了驯化及免疫试验。完成灭活疫苗最小免疫剂量与田间免疫效力试验、中间试制和区域试验。完善灭活疫苗规模化生产工艺流程，建立了符合 GMP 标准的疫苗规模化生产工艺。

布氏杆菌病：完成了布氏杆菌病强弱菌株基因组、蛋白质组及宿主靶细胞转录组的差异比较研究，发现并证实了 M5 疫苗株致弱过程中具有关键意义的转录延伸因子。

牛支原体：首次对牛支原体中国分离株的全基因组序列进行解析，发现 50 个潜在的毒力基因、2 个可能的毒力岛基因和大量具有生物学意义的功能蛋白。

3. 寄生虫病

血吸虫病：应用荧光定量 RT-PCR 分析了日本血吸虫 *SjLgL* 基因在不同发育阶段的表达情况，并对蛋白进行了原核表达。发现 *SjTGR* 基因在终末宿主发育阶段童虫中的转录、表达较低，在成虫阶段较高。应用纯化的两种日本血吸虫重组表膜蛋白 LHD-Sj23 和 SjTSP2 与 3 种佐剂配伍免疫了 BALB/c 小鼠。

鸡球虫病：建立了 DF-1 细胞培养球虫的最佳条件，将该培养体系应用于球虫新基因在各发育阶段的表达与定位、子孢子的活力与入侵等研究，为开展球虫的基因组学、蛋白组学等研究建立了技术平台。检测了鸡球虫功能基因在不同发育阶段的表达情况，制备了重组蛋白和特异性抗体，初步评价了免疫保护效果。

隐孢子虫病：构建了隐孢子虫 4 个核酸疫苗和 2 个重组质粒，免疫试验表明，小鼠血清中特异性抗体 IgG 滴度随免疫次数的增加而增加。人工感染试验显示，小鼠隐孢子虫卵囊首次排出时间延后、持续时间缩短、排出的总卵囊量极显著减少，减卵率达到 87% ~100%。开展了隐孢子虫免疫学诊断技术研究。构建了重组原核表达质粒 pGEX-P23，诱导表达的重组蛋白具有良好的免疫原性。建立了敏感性高、特异性强、价格低廉、操作简单的 rP23-ELISA 检测方法。

蜱传病研究：开展了 RNA 干扰技术鉴定蜱分子功能研究，对抗凝血分子 Rhipilin-1 和 2 的干扰研究发现，镰形扇头蜱的 24 小时吸附率和饱血重量都明显下降，表明该分子在维持蜱正常吸血的过程中具有重要作用。分离鉴定获得了 7 个蜱肠道微生物分离株，结果表明，葡萄球菌属可能是长角血蜱肠道中的优势菌株。

弓形虫病：建立了 TaqMan 探针法的荧光定量 PCR 检测技术，可检测到 1/10量的单个弓形虫基因组 DNA，是常规分子检测方法灵敏度的 100 倍以上。成功构建了表达期特异性双荧光蛋白的转基因弓形虫，对于研究速殖子和缓殖子相互转化的分子机制、评价或筛选药物提供了便捷和实用的平台。

4. 新型兽药

抗寄生虫兽药：建立了血浆中提取槟榔碱的血样处理方法，完成了氢溴酸槟榔碱在犬体内药代动力学研究，建立了测定动物血浆中槟榔碱浓度的高效液相色谱－串联质谱法。对氢溴酸槟榔碱片剂慢性毒性进行了初步评价，结果显示，长期大量给药可引起脏器指数、血细胞、血液生化指标及肝、肾、心、肺等发生病变，且具有剂量依赖性。

畜禽呼吸道疾病中药制剂：完成治疗畜禽呼吸道疾病纯中药制剂“菌毒清”的药学、药剂学、药理学、毒理学等研究，完成了临床药效试验。治疗动物血液原虫病兽药新制剂“青蒿琥酯纳米乳”已完成前期基础研究，生产试验用药1万余头份，配送相关试验站开展临床扩大试验约3 000头份。

抗鸡球虫新药：完成“纳川珠利”抗鸡球虫量效关系的研究，确定其推荐使用剂量为3毫克/千克；开展了鸡球虫预防治疗和交叉耐药试验，证明“纳川珠利”具有良好的抗球虫活性，目前没有临床耐药性虫株；通过实验动物急性毒性、蓄积毒性、耐受性、亚慢毒性等研究，表明“纳川珠利”的急性毒性中等，无蓄积和致畸毒性。

九、农业微生物

农业微生物资源挖掘与利用：首次研究发现了固氮施氏假单胞菌中57个非编码RNA，并发现部分RNA可调控固氮能力。首次发现碳代谢调控的全局蛋白Crc的缺失可以影响该菌的氮代谢，初步解析了Crc参与碳氮代谢偶联的调控网络。通过全基因组芯片表达谱分析，发现外源固氮基因的表达依赖于大肠杆菌自身的氮代谢调控系统。完成了5个抗草甘膦除草剂基因的优化与改造。从耐辐射微生物等环境微生物中克隆获得*csp*、植物干旱相关同源蛋白编码基因等，可显著提高大肠杆菌的耐盐、抗旱等抗逆能力。

生物反应器研究：构建完成了重组病毒获得率可达100%的昆虫杆状病毒表达体系，可在10天内用家蚕生产大量表达产物，是目前最高效、简便的同类表达体系。利用该体系表达了人乳头瘤病毒HPV16型、HPV18型的L1和L2蛋白，具备了生产子宫颈癌、猪圆环病毒等疫苗抗原的能力。

麻类脱胶微生物：分离筛选出17份具有一定降解麻类韧皮胶质功能的微生物资源。开展Dicheya DCE-01纤维提取功能基因研究，克隆到6个果胶酶、1个甘露聚糖酶和1个木聚糖酶基因。获得Dicheya菌株的木聚糖酶与甘露聚糖酶基因串联体，分别在大肠杆菌和Dicheya菌株中进行了表达。

草原土壤微生物：研究了不同草地利用方式下贝加尔针茅草原土壤氨氧化细菌（AOB）和氨氧化古菌（AOA）的多样性，及其与土壤微生物量碳氮含量、土壤酶活性、土壤呼吸等环境因素的相互关系，为草原资源的合理利用提供了理论依据。

秸秆原料规模化沼气发酵微生物：开展了秸秆高效沼气发酵优势菌群培养，通过研究秸秆沼气中共功能微生物的作用，构建了秸秆纤维素降解复合菌系，纤维素降解率提高6%左右，乙酸产量提高1.5～2.5倍，产气量提高20%以上，甲烷含量可达75%左右。

土壤微生物数量研究：研究了库布齐沙地固沙灌木根际和非根际土壤微生物的数量和分布趋势。发现了影响油蒿土壤微生物总数和细菌数量、真菌数量与放线菌数量的主要因子。

土壤中砷的积累挥发与真菌：分离得到3株具有高累积与挥发砷能力的真菌，研究阐明了真菌对砷的积累和挥发功能的机理，对于砷高风险土壤的修复与调控有重要意义。

微生物酶工程与蛋白质工程：分离筛选得到天然来源的甘露聚糖酶高产菌株，通过基因工程手段，高效异源表达出甘露聚糖酶，产酶活性达到3 000单位/毫升，建立甘露糖和甘露寡糖的酶转化小试生产工艺一套。将从自然界中筛选到的多个葡萄糖氧化酶新基因在毕赤酵母中进行了高效分泌表达。构建了乳铁蛋白真核表达载体，在毕赤酵母X-33中分泌表达。

食用菌研究：构建了食用菌抗细菌性黄斑病、耐高温、生长周期长短等不同性状的筛选模型。开展了利用苎麻、红麻和大麻麻骨、麻叶进行食用菌栽培的技术研究，确定了合适的麻秆粗细度及接种方式，成功复壮了杏鲍菇1号菌种，确定了液体培养基组分。

十、农业资源与环境

1. 农业生态环境与综合治理

受农业面源污染入湖河流污染控制修复技术研究：形成了2项污染控制关键技术，起草制定综合防控方案1个，发布地方规程4个；建立农村生活污水综合处理技术与示范工程4项。通过综合治理，可使河道TN、TP和COD分别削减37%、49%和38%。

华北村镇地下饮用水安全保障技术研究：筛选出适于农村地下水去除硝酸盐的方法，形成了山东章丘和北京顺义两个示范基地，在章丘宁家埠镇集成应用地下水软化脱氮技术建立了72吨/日纯水的村镇饮用水厂。

华南村镇塘坝地表饮用水安全保障技术研究：集成了包括源头控制、水质净化、饮用水前处理的技术体系，在广东、福建村镇一级进行示范，解决了华南地区村镇塘坝水源地与饮用水存在的养殖污染问题，使得示范基地的水源地水质由劣Ⅴ类提高到地表Ⅲ-Ⅳ类。

黄河上游灌区农田退水污染控制与湿地生态修复关键技术研究：揭示了灌区退水过程中农田养分流失的数量特征与时空格局，估算出灌区TN、TP和COD等典型污染物负荷总量，初步构建起农田退水污染负荷总量分流方案；提出水盐一体化控制等一系列关键技术；整合了稻田减氮控磷与清洁生产等3大技术体系。

西南村镇库泊地表饮用水安全保障技术研究：完成库泊型饮用水水源地流域污染控制模式研究、农村生活污水污染控制集成技术研究与示范、生活污水净化沼气池运行管理规程编制、畜禽养殖粪污污染控制与修复研究及示范、示范地水域湿地植物资源调

查、评估与优选和水源地污染微生物溯源技术研究。

地下饮用水水质消毒净化工艺与安全供水模式研究：研究开发了 3 套地下饮用水消毒净化工艺和 2 套相关设备。设计建造了东北村镇地下饮用水示范工程 2 座和水源地污染负荷消减技术示范工程 1 座。

农村生活污水综合处理技术研究：建成示范点 5 处，形成了集中式、联户型、散户型和一体化设备的技术示范，并在巢湖流域进行推广。整理了处理生活污水工艺模式 8 种、养殖废水工艺模式 5 种、农田径流水工艺模式 5 种，并建立了评价指标体系。

2. 农业资源管理与利用

土壤固碳潜力评估与农田减排：开展了耕作方式对土壤固碳量影响等研究，建立了农田固碳减排相关试验与示范基地 4 个。研究提出了水旱轮作系统固碳减排的生物黑炭应用技术、温室菜田高产秸秆还田关键技术和降低农田氧化亚氮排放的秸秆生物黑炭土壤处理操作规程。提出了华北地区典型灌溉冬小麦 – 夏玉米轮作农田固碳减排的作物秸秆利用模式 2 项，提出了土壤固碳减排及温室气体排放量评价方法体系一套。

土壤养分研究：探明了氮磷肥际微域的范围、氮素养分损失特点以及磷素有效库容变化。证明了有机肥改善土壤微生物对化肥 N15 的固持与保蓄作用，揭示了微生物有机肥与化肥协同对土传病害的防治和土壤微生物群落的修复作用。揭示了典型种植方式下养分需求和供应的同步协调机制。揭示了我国主要粮食产区肥料养分损失途径、过程、影响因素及其控制途径。

农田地力形成与演变规律：确定了基础地力演变规律分析方法，在河南、河北潮土区域进行了调查，收集了长期定位试验多年多点的研究资料。针对河南郑州长期定位试验 18 年的产量结果，进行了农田基础地力演变的初步分析，运用模型进行了郑州潮土区农田基础地力的初步模拟研究。

复合（混）肥料农艺配方与生态工艺技术研究：在全国 15 个不同生态区域进行了主要农作物施肥情况与土壤养分状况调查取样工作。开展用于复合（混）肥料的无机化合物原料之间交互化学反应特性的研究、筛选工作，进行了包膜材料的筛选、改性、研制和包膜工艺的初步研究，筛选出适宜制造缓释复合肥的无机物。

固体两相厌氧沼气发酵：确定了以猪粪和玉米秸秆为发酵原料固液两相发酵的关键参数，对固体产酸发酵及液体产甲烷发酵启动期微生物种群动态变化进行了分析。

沼肥施用对土壤功能影响：研究表明沼肥的施用引起微生物区系结构发生变化，从而改变土壤微生物碳、氮代谢强度，影响土壤温室气体通量。开展了沼渣、沼液清洁管理和高效配置技术研究与集成，建设了沼气工程主导的低碳农业示范基地 150 亩，技术辐射区 1 500亩。

3. 农业气象

中国农业气候资源数字化建设：完善了中国农业气候资源数字化图集各卷制图指标体系与数据库设计规范，建立了中国农业气象/气候数据库。

重大农业气象灾害防控与管理技术：明确了华北地区冬小麦 – 夏玉米轮作生产体系

不同周期内温度等要素的演变特征及空间分布规律，确定了3个不同作物试验示范地，设计了田间尺度的移动便携式低温、霜冻害监测解决方案。

4. 农业适应气候变化研究

中国农业适应气候变化关键技术引进：开展了嗜盐碱农作物驯化栽培、小麦材料抗寒基因筛选和极端温度对害虫短期影响研究技术及HEAT-CHILL指标体系引进，建立了符合我国气候变化特点的害虫HEAT-CHILL指标体系，建立了气候变化下极端天气对我国农业害虫影响试验研究平台，为系统应对气候变化对中国农业的影响打下了良好基础。

气候变化对粮食生产系统的影响：揭示了小麦果聚糖合成酶基因6-*SFT*和光周期基因*PRR*1的变异特征，为适应气候变化的品种改良提供了科学基础；揭示了未来气候变化对我国种植制度界限和不同作物熟型品种种植区域的影响；阐明了气候变化情景下主要病虫害生物学特性的适应性变异和为害特征；构建了以气候变化为驱动的粮食生产系统空间数值模拟模型。

全球变化背景下农作物空间格局动态变化：基于信息熵模型，利用中国区域的2005年数据完成了全国尺度主要农作物空间格局的提取研究；进行了东北地区物候遥感反演研究，利用地面观测数据对遥感反演的物候参数进行了校正，分析了东北地区物候动态变化对温度指标的响应机理；制定了主要农业源温室气体监测方法体系与技术规程，并开始在各主要类型农业生态区建立监测网络，开展长期监测。

5. 节水灌溉与旱地农业

大射程系列旋转式微喷头：改进设计了2～3种系列旋转微喷头，开发了与微喷头配套的插杆、快速连接件和调压件等。

交替隔沟灌溉条件下SPAC系统水热传输机制与模拟：布置了田间常规沟灌和隔沟交替灌溉2个处理的试验方案，在田间布设土壤温度、冠层温湿度、土壤热通量、微根窗测根管及气象站等仪器设备。采集了春玉米生长季的田间土壤水分、土温、土壤热通量、土壤蒸发、作物蒸腾速率、地面太阳辐射、根系生长动态及气象因素等数据信息。

农业灌溉用水计量装备研究：分别对液封式可拆卸垂直螺翼、水平螺翼、杆式可拆卸水平螺翼、防堵塞等水表和超声波流量计进行了水力性能试验和冻胀试验，研究了计量精度变化情况，分析了不同含砂率下各水表精度和磨损情况。

抗旱用管道式灌溉系统：对系统球形快速接头、挂钩、密封胶圈等原件进行了改进，提高了产品精度、安装方便性及使用寿命。优化了旋杯式农用水表叶轮和导流板的结构，改进了转动部位的结构和材料，提高了测流精度，减少了水头损失。完成了关键部件及模具的加工，选取了示范点，完成样品的试验与检测工作，形成了2～3个规格的定型产品。

再生水灌溉根际氮素调控机理研究：研究了不同施氮水平再生水灌溉马铃薯、番茄根际和非根际土壤氮素动态及分布特征，揭示了根际土壤氮素生物有效性调控机制。

作物生命需水过程控制与高效用水生理调控：选用小麦、玉米、棉花等大田作物和番茄、茄子、黄瓜等温室作物，研究了不同灌水方式与不同水分处理下各作物的耗水规律，分析了水分处理对作物形态指标、生理指标、产量和品质及水分利用效率的影响，初步摸清了节水条件下各种作物的需水过程，为开展需水过程控制和生理调控奠定了良好基础。

十一、农产品质量安全与检测

1. 检验检测技术研究

农药残留检测技术：建立起氰基类拟除虫菊酯人工抗原的合成方法，制备出特异性强的通用抗体和稳定性好的纳米粒子-抗体复合物，开发出特异性整体免疫亲和柱，建立了纳米粒子—酶联免疫分析方法，灵敏度可提高至 125 倍。开展了农产品中农兽药残留分子识别高效前处理技术引进及关键检测技术研究，研制成可同时富集净化 15 种以上三嗪类除草剂的分子印迹固相萃取柱。完成了 3 种高风险农药的残留验证和 36 个新农药产品的残留检测及环境安全性评价。

辐照食品检测：建立起简便、快速、准确的热释光法、气相色谱分析挥发性碳氢化合物法、气质联用分析 2-十二烷基环丁酮法、电子自旋共振法等辐照食品检测鉴定技术和方法，首次实现了定量检测，建立的分离提纯方法具有前处理快速、操作简便、样品使用量少、无需使用有机溶剂、测量准确等优点。

兽药残留和违禁药物检测技术：开展了苯乙醇胺 A 标准物质及代谢残留规律研究，建立了动物组织、血液、尿液等样品基质中的检测方法。建立了硝唑尼特原料药溶剂残留的检测方法，制备出了可供药理、毒理、质量标准等研究的对照品，并完成了稳定性试验。利用甲孕酮完全抗原和单抗探索建立了动物源性食品中药物残留的液相芯片检测体系，探明了样品、生物素化抗体和微球混合反应最佳时间，以及生物素化抗体和荧光报告分子 SAPE 最佳稀释度，从特异性、灵敏度、最低检测限及稳定性等方面对该技术进行了评价。

违禁添加物检测与研究：建立了饲料、禽蛋及制品中 15 种违禁色素的 LC-MS/MS 同步检测技术，填补了国内相关研究空白，检测下限完全达到实际样品检测需求；利用细胞试验验证了苏丹红等人工违禁色素与细胞色素酶 CYP1A1 的关系，证实了其致癌作用。

转基因生物饲料检测与监测技术：建立了适合饲料加工产品的基于转基因分子特征的快速痕量核酸检测体系，操作简便，快速高效，灵敏度是普通 PCR 检测方法的 10～100 倍。

黄曲霉毒素免疫快速检测技术：成功选育出牛奶乳制品中黄曲霉毒素 M_1 单克隆抗体 2C9 等 9 株细胞系，均达到或部分超过国际先进水平；首次提出的黄曲霉毒素数码免疫传感理论模型与数码免疫试纸条快速检测技术，实现了由理论向实际应用的突破；研制出用于粮油和乳制品黄曲霉毒素检测的系列速测试纸。

果品农药残留检测技术：开展了多效唑在桃和果园空白土壤中的残留动态研究，推断出多效唑的半衰期，提出多效唑在桃果实中的最大残留限量建议值，制定了在露地桃和大棚桃上的安全处理方法。

茶叶农药残留检测技术：利用 UPLC 和 GC-FID 初步建立了不同茶产品中水溶性农药的残留检测方法，基本摸清了我国 4 大茶区不同茶类中水溶性农药的种类及残留水平。初步发现绿茶茶汤中不可逆沉淀与可逆沉淀在金属离子含量上差异很大。

茶叶生物成分检测技术：建立并优化了普洱茶中酚性甲氧基衍生物成分的检测方法，查明了普洱茶提取物及挥发物中的 9 种酚性甲氧基衍生物成分，进一步明确了在渥堆发酵过程中持续增加的趋势。初步明确钙离子引起茶汤浑浊的机理。

麻类作物纤维检测技术：建立了亚麻纤维细度快速检测显微图像法，其效率比传统方法提高了 10 ~ 15 倍，测试样品量增加 5 ~ 10 倍。建立了熟黄（红）麻木质素测定硫酸法。

牧草质量安全检测技术：研制完成牧草中多种有害生物碱的 LC-MS/MS 检测方法，确定了各种生物碱的线性浓度范围、仪器检出限等，优化了样品前处理方法，建立了多种抗生素的检测方法。

2. 质量安全控制

茶叶质量安全控制：完成了农产品地理标志茶叶类质量控制技术规范的制定，基本查明了紧压茶中铅含量的本底水平和部分地区从饮茶中摄入铅的暴露量，为茶叶中铅限量评估奠定了基础。

果品质量安全控制：开展了水果中常用植物生长调节剂的质量安全普查，在全国 15 个大中城市分两次进行柑橘、桃和樱桃番茄的市场抽样，共采集样品 390 个，摸清了 2,4-D、多效唑、CCC 等的残留现状。

脐橙质量安全全程追溯系统：采用 HACCP 技术对脐橙质量安全追溯链进行分析，提出影响质量安全的重大危害源，分析确定追溯链各环节中质量安全指标及其关键控制点，建立了质量安全全程溯源指标体系。

农资产品质量安全追溯体系：开发了农资溯源和种子追溯两套管理软件系统，并获软件著作权。

十二、农产品加工与农业机械

1. 农产品贮藏加工

果品贮藏：开展了酥梨贮藏果精准冷藏和气调参数、出库后低温运输配套技术研究和 1-MCP 处理与高透湿膜 MAP 包装技术集成与示范。开展了西洋梨贮藏与催熟试验研究。

大宗农产品加工特性研究与品质评价：累计收集农产品 1 747种，测定加工品质数据 65 457条；大部分品种已建立 HPLC、GC-MS、近红外等特征指纹图谱，部分加工专用品种开展了DNA指纹图谱研究；初步建立了稻米、花生、油菜、小麦、苹果、柑橘、荔枝、葡萄、牛奶和羊肉等的加工品质评价指标体系。

果蔬加工：完善了西瓜糖浆和皮渣高效利用技术，初步提出了一套西瓜资源高效利用的最优化模式。对25个柑橘加工新品种（系）的果实样品和5种果汁产品进行了特征性状测定和定量评价，获得580条参数。筛选出适宜加工蛋白和颗粒全粉的甘薯品种，建立了从淀粉加工废渣中回收膳食纤维的新工艺，并对膳食纤维的物化及功能特性进行了研究。

肉品加工：建立了羊肉食用、加工和营养安全品质的评价标准，将我国羊胴体产量划分为5个级别。建立了肋脂厚度近红外光谱预测模型，确定了羊胴体产量近红外无损分级方法和分级标准。完成了羊骨胶蛋白热压抽提技术与装备的研究设计，开发出骨素系列产品。

乳品加工：开展了原料乳耐热蛋白酶对UHT乳的影响机理研究，发现原料乳在不同温度和时间条件下贮存时，嗜冷菌有明显增加的趋势。

油料加工：开发出了低残油低温压榨机，生产能力达50吨/天。开发了一种脱磷率45%、脱胶油得率99%以上的食用油固体脱磷剂。将油菜籽风味调控、脱皮、低温压榨、低温清洁物理炼制等技术组装集成，建成了6万吨/年油料清洁低耗提质增效加工示范生产线。进行了富含长链多不饱和脂肪酸的微生物油脂分提研究，得率可达57.0%，得到可在10℃条件下保持澄清的液态油。

茶叶加工：研究提出冷泡型颗粒绿茶加工技术，浸出物浓度、浸出速率、感官品质达到或超过传统产品热泡的指标。提出了γ-氨基丁酸红茶加工技术，产品的GABA含量最高达到3毫克/克以上，并开发出γ-氨基丁酸白茶和绿茶速溶茶产品。建立了一套可降低茶汤苦涩味的茶饮料加工技术，研制出低苦涩味高儿茶素饮料，儿茶素含量超过800毫克/升。

2. 农业机械

丘陵山地小型农机具：优化筛选与改进定型4种机具和4种设备，研发的4LZ-1.0Q轻简型稻麦联合收获机、小型薯类收获机、微型多功能作业机组等作业面积近千亩。

喷雾施药机具研制：制定了自走式风送定向喷雾机和牵引式圆盘仿形定向喷雾机等3种新型机具的技术标准与施药技术规范，对3WZ-600型、3WZ-700型自走式果园风送仿形定向喷雾机进行了2轮样机的田间性能试验及生产考核试验，取得了良好效果。

棉花收获机械：进一步优化全套设计图纸，完成了第二轮国产化样机试制，继续开展了生产性能考察试验。

茶叶机械：研制出新型远红外提香设备样机，对传统烘青、炒青和乌龙茶提香效果明显。研制出中型离心萃取设备，提出了茶多酚的离心萃取加工新技术，较传统工艺减少使用有机溶剂20%，分离效率提高30%。

草原机械：绘制出免耕播种机整体装配图，进行了运动的仿真分析，利用硼钢制作的涡轮型犁刀盘解决了作业中严重堵塞等问题；对打捆机打结器9个精密铸造零件进行了工装研制，研制出一系列胎具，打结器样品质量与德国产品相近。

农户用轻型抗旱机具：加工完成模具并生产了插入式滴水器，水力性能测试表明，滴水均匀性较好，在0.1MPa下流量为2升/小时。改进了移动灌溉机组抗旱机具首部，运行稳定，出水量大，移动灵活方便。

十三、农业信息

玉米病虫草害诊断专家系统：构建了玉米病虫草咨询诊断信息化平台，含3 800多幅图片，集成了专家在线咨询服务、可视化远程服务、基于图像规则的诊断专家系统和专家服务队伍，通过政、技、网的整合，为玉米生产新技术的推广和农业信息入户探索出了一条适合我国国情的新途径。

农产品信息分析与预警：采集了国内外肉、蛋、奶、蔬菜、瓜果、饲料等农产品的生产、消费、价格、贸易等信息，建立了主要农产品数据库和信息分析工作平台与预警技术体系，开展了智能信息分析与预警关键技术研究。建立了中国农产品生产预测、消费预警和价格预警系统，研制了涵盖农产品生产、消费与价格分析、预警服务应用的大型智能化系统平台。引进了“经济系统多市场多部门模型”，并根据我国农产品市场情况进行了适应性开发。

基层农技推广体系信息化：建立并完善了基层农技推广体系信息化应用与示范推广平台，在北京市大兴区进行示范，实现了基层农技推广队伍实时管理、农业生产数据快速采集、生产信息实时交流、生产技术多媒体培训、网络农民书屋个性推送等农技推广工作的信息化。

农业R&D分析模型和工具：初步建立起农业R&D分析模型中俄合作框架，交换了元数据，确定了不同数据项之间的接口规则，搭建起了国际化的研究平台。进一步比较分析了德国、美国、俄罗斯和中国在农业R&D分析上的异同，研究了有代表性的分析模型。

星陆双基遥感农田信息协同反演技术：构建了无线传感网地面观测数据与星载遥感反演数据的时空耦合与数据同化核心关键技术，显著提高了区域农田参数时空连续信息的获取能力和反演精度。研究成果在河南鹤壁200平方千米区域开展集成示范，促进了区域粮食高产稳产。

非洲地表覆盖样本采集：开展了非洲地区土地覆盖分布图及社会、经济等基础信息数据库建设工作。确定了重点研究区域，制定了样本采集与地表覆盖产品质量评价方案，为全区域制图工作奠定了基础。

小麦苗情数字远程监控与诊断管理：基本完成了覆盖我国黄淮海、长江中下游、东北和西北4个小麦主产区的苗情无线远程监控网络构建，实现了基于3G技术的改造和升级，苗情监测可视化质量明显提高，真正实现了数据与图像一体化远程监控。

十四、农业经济与宏观战略

中国粮食总产七连增分析研究：对影响中国粮食七连增的六大因素进行了定性定量分析，对各因素贡献进行了排序，通过模型测算了全要素生产率提高和粮价上涨对粮食增产的贡献率。提出把建设 10 亿亩旱涝保收的高标准农田作为国家级大型项目等建议。

我国现代农业发展水平评价：设计了包含 7 项一级指标和 20 项二级指标的现代农业评价指标体系，改进了我国现代农业发展水平评价方法。采用存量和增量相结合的方法对我国 31 个省、市、自治区进行了评价，向主管部门提出 5 点政策建议。

国家现代农业科技城建设总体规划：研究提出了国家现代农业科技城建设的基本原则、发展思路、战略和目标，对国家现代农业科技城的功能、布局以及“一城多园五中心”的联结机制作出了详细的论证，对高端产业的发展进行了系统研究，编制了详细的规划，提出了建设的重大工程和重点项目，对国家现代农业科技城的组织管理与运行机制、实施步骤等进行了科学的设计，形成了总体规划报告。

中国气候变化影响与脆弱性研究：总结了中国气候变化影响与适应研究的最新进展，研究了气候变化对农业、水资源、海岸带、森林与其他自然生态系统和人体健康的影响、脆弱性与适应性，提出了适应气候变化的政策措施建议，为我国履行《联合国气候变化框架公约》提供了工作基础。

促进中部县域经济发展思路研究：从经济现状、基本特征和优势分析出发，探讨了中部县域经济发展过程中存在的问题和制约因素，并从理论和实证的角度提出了中部县域经济发展的战略思路和政策建议。

农村沼气在应对气候变化方面的作用：研究表明，沼气可替代 1 500万吨标准煤的煤炭消费，相当于减少了 4 500万吨 CO_2 的排放，可替代近 6 000万吨的薪柴，可保护 700 万公顷以上的森林，可产生近 400 万吨的碳汇，可替代 3 000多万吨的秸秆，相当于节约了 2 000多万吨粮食。沼肥纯氮磷钾含量可达到 118 万吨、33 万吨和 75 万吨，对化肥的替代率可达 3.0%、6.2% 和 14.5%，相当于土壤从空气中净吸收了约 306 亿吨 CO_2。

“十二五”科技特派员农村科技创业与服务体系建设研究：分析了中国科技特派员农村科技服务政策的演变与特点，从组织模式、运行机制等方面提炼出我国科技特派员农村科技服务的制度优势。归纳了国外发达国家农业科技服务发展的一般规律，从创业环境、过程、结果和行为 4 个维度，综合评价了科技特派员农村科技创业的绩效。从发展目标、发展路径和创业链管理等方面，提出了我国科技特派员农村科技服务体系建设框架。

南水北调中西线联合调水工程研究：开展了调水效益研究认为，通过发展水浇地和开垦宜农荒地可增加灌溉面积 5.575 亿亩。从发展农业保障粮食安全角度分析了联合调水工程 2020 年的农业效益，提出西北干渠的效益在于可以开垦沿线的宜农荒地资源和

灌溉黄土高原的旱地。

中欧农业生态补偿政策研究：开展了以中欧双方农业可持续发展及生态补偿相关政策、法律法规以及标准条例等内容的考察调研，加强了典型示范点农业生态补偿技术体系建设，并进行了宣传和培训活动。出版了中国—欧盟农业可持续发展与生态补偿政策研究项目专刊和专著《中欧农业可持续发展与生态补偿》。

农业标准化战略与增强农业竞争力研究：研究了农业标准化在全国各地农业生产及产业发展中发挥的积极促进作用，分析了由于重视程度及经济发展阶段不同，各地在农业标准化推进中存在的标准缺少、体系混杂、主体分散以及标准实施动力不足等问题。

中国农业科学院2011年科技兴农工作总结

2011年，在农业部的直接领导下，中国农业科学院以科技创新为依托，以服务“三农”为目标，充分发挥科技和人才优势，组织全院科技力量积极开展科技兴农工作。

按照农业部的统一部署，我院充分发挥科技和人才优势，全力组织开展重大科技兴农行动，积极组织专家参加全年全程科技服务行动、高产创建活动、标准茶园果园建设、畜牧兽医科技行动、科技救灾活动和农产品质量监督检测工作；全院继续以“三百”科技支农行动为核心，积极开展科技兴农工作。建立和完善了一批各类科技示范基地，推广了一批水稻、玉米、小麦、大豆、马铃薯、油菜、棉花、茶叶、果树、蔬菜和畜禽等新品种和实用技术，为构建良种与良法配套、农艺与农机结合、节本与增效兼顾、增产与减损并举、生产与生态协调发展的农业生产技术体系，为加速科技成果转化，保障国家粮食安全、生态安全、农民增收和农业可持续发展提供了强有力的科技支撑。

据不完全统计，全院共组织科技下乡35 970人·天；组织举办现场展示会、观摩会、技术培训、技术咨询等活动4 058次，直接和间接培训基层技术人员和农民65万人次；发放技术资料117万份，推广水稻、小麦、玉米、棉花、蔬菜及畜禽新品种207个，推广畜禽230万头（只），推广新技术223项，推广总面积1.9亿亩；签订科技合作协议429个，建立和完善各类科技示范基地265个。

一、继续推进粮棉油增产科技支撑行动，为我国粮食产量的“八连增”作出了应有的贡献

以千方百计保持粮食产量稳定在1万亿斤（1斤=500克，全书同）以上为目标，组装、集成了一批科技成果，建立科技成果示范展示基地，把先进、实用的农业科技成果推广到生产第一线，为粮食生产的稳定发展提供了可靠的技术支撑。

（一）组织专家开展了高产创建等活动，带动了高产技术的示范应用

配合农业部，组织有关专家在粮食主产区开展了一系列高产创建活动，取得了明显的成效，为推动高产技术的示范应用发挥了重要作用。

在江苏、江西、湖南、湖北、广东等省的14个示范县（市、区）建立了9个水稻

高产万亩示范片，5 个千亩示范方。万亩片早稻平均亩产 522.3 千克，增产 4.46%；单季稻亩产 719.3 千克，增产 2.76%；晚稻亩产 542.5 千克，增产 8.50%；千亩片双季稻两季平均亩产 1 092.4千克，增产 9.24%。在黑龙江、宁夏、广西、四川、浙江等地建立超级稻高产栽培技术百千万亩示范方 15 个；在全国各地组织开展了一系列小麦高产创建活动，其中：农业部于 5 月 7 日组织在山东省滕州市姜屯镇小麦“十亩田、百亩片、万亩方”示范点测产，十亩田单产 710.7 千克，百亩方单产 654.8 千克，万亩方单产 629.6 千克；在玉米高产创建活动中，“中单 909”在新疆生产建设兵团（全书简称新疆兵团、兵团）农6 师奇台农场亩产达1 332.01千克；派出专家作为有关地区马铃薯高产创建活动负责人，为生产提供技术指导，指导高产创建 180 万亩，为农业部和地方政府推荐主导品种和主推技术，为马铃薯增产增收提供技术支撑；组织有关单位开展了“千斤棉”创建活动。在内蒙古自治区（全书简称内蒙古）选择阿左旗、额济纳旗和阿右旗等 5 个高产创建示范旗县，引进 24 个试验品种，在 8 个试验点、800 亩试验田开展棉花高产创建。阿左旗、额济纳旗“千斤棉”高产创建实现了籽棉亩产超过 400 千克的攻关目标。重点推广了棉花轻简育苗移栽技术，为9 省市 9 个万亩示范片提供技术支持；在湖北襄州、宜城、江陵、公安、浠水、武穴、仙桃、监利等油菜大县建立了良种繁育基地，示范面积 30 万亩，辐射生产面积 1 000多万亩，平均亩产提高了 10%以上。

（二）推广了一批新品种，加快了品种的更新换代

在全国主要稻区，推广“中嘉早 17”、“天优华占”、“中浙优”系列、“国稻”系列等水稻新品种 8 个；继续在全国推广矮败小麦育种技术，迄今已有上百个单位应用，育成品种 42 个，推广 1.85 亿亩；在山西、河北、江苏、安徽等地推广“中麦 175”、“徐麦 27”、“徐麦 30”、“徐麦 31”等小麦品种；在四川、贵州、云南、河北等地推广玉米新品种“中单 808”500 多万亩，国审玉米新品种“中单 9089”正在各地试种示范，表现出良好的增产潜力；在山东、安徽、山西、河南、湖北等省份推广“中黄13”、“中黄 35”、“中黄 37”、“中豆 33”、“中豆 35”等大豆新品种 1 500多万亩，其中，“中黄 13”推广 900 多万亩，连续 5 年成为我国种植面积最大的大豆品种，已累计推广 6 000多万亩；在宁夏、河北、山东等 14 省、自治区示范“中薯”系列马铃薯新品种 10 000亩，平均亩产 2 500千克，平均增产 30%。在内蒙古正兰旗和河北省沽源县示范“中薯 20”8 000亩，亩产达到了 3 000千克；通过建立转基因抗虫棉高产示范田和集中连片种植区，带动了黄河流域和长江流域棉区农民种植的积极性，使国产转基因抗虫棉在河北、河南、山东、安徽等省的种植率达到 90% 以上。推广“银棉 2 号”、“银棉 8 号”等三系抗虫棉新品种 4 个，累计推广应用425 万亩，平均比当地常规抗虫棉品种增产 16.5%，实现经济效益 8.7 亿元；推广油料作物新品种 28 个，近 4 000万亩，其中，推广油菜新品种 3 500万亩，占全国种植面积的 1/3，占湖北省 70% 以上。推广

花生、芝麻新品种200万亩。

（三）集成应用了一批良种良法配套技术，提高了粮食综合生产能力

水稻方面，推广水稻钵形毯状秧苗机插等新技术5项，新建示范基地8个，在黑龙江、浙江、宁夏等20多个省市推广应用水稻机插秧技术、“双季稻1 200千克”、“千斤粮万元钱”的高效种养技术1 200多万亩。起草了2011年农业部水稻生产主导品种和主推技术、水稻生产技术规程，在《农民日报》刊登。编辑出版《水稻机插育秧技术》专著，为技术培训提供教材；小麦方面，总结出土地深松、麦田镇压和浇防冻水3项小麦生产技术措施，制定了系列小麦肥水高效利用管理技术规程，在121个示范县设立十亩试验田、百亩高产片、万亩示范方并开展试验示范，增产效果显著。在东北、西部、黄淮海、长江中下游4大麦区安装了“小麦苗情数字化远程监控与诊断管理系统”，成为所在区域小麦苗情诊断、防灾减灾决策管理的重要信息来源，初步构建了基于互联网技术的监控网络；玉米方面，示范了深松改土抗逆高产增效技术、机械化精播保苗关键技术、不同区域玉米机械化密植技术、密植高产水肥高效调控技术、密植高产机械化区域生产技术、机械化密植病虫害防控技术、种子生产加工及质量检测技术等，提出了产量潜力突破的途径与关键技术；大豆方面，编发《大豆科技通讯》21期，载文84篇，编写“大豆生产和市场动态监测报告”8份，组织专家在我院网站举办的“农科讲坛”上介绍了《大豆产业技术发展动态》，一个月内点击量超过千次；马铃薯方面，在155个示范县建立新品种、新技术和新农药示范基地219个，面积1.6万亩，辐射带动农户10万户。建立一季作马铃薯抗旱增产增效综合技术核心示范区15万亩；棉花方面，在湖北、安徽、天津等9省市的30多个县推广了棉花轻简育苗移栽技术；油料方面，在湖北襄州、宜城、江陵、公安、浠水、武穴、仙桃、监利等油菜大县建立了良种繁育基地，示范面积30万亩，辐射生产面积1 000多万亩，平均亩产提高了10%以上。在湖北红安、大悟、麻城、襄阳等花生大县，有针对性地推广了抗病育种与高产栽培相结合技术，示范面积2 000亩，辐射面积5万多亩，亩产平均提高20千克。在湖南、广西、四川、重庆、安徽和江西等省、市、自治区主推中油系列油菜新品种、高产栽培和机械化生产技术。

（四）组织专家在作物生长的关键节点开展技术指导，提高了农民的生产技术水平

水稻方面，组织近300人次下乡技术指导，开展各类培训、咨询、现场观摩会60次，专题报告8个。在江苏、江西、湖南、湖北、广东5省，组织超级稻培训13次，培训农技推广人员263人次、种粮大户137人次、示范户和普通农户1 609人次，发放图书1 365本；小麦方面，组织举办科技培训3 325次，编写了28种“明白纸”，印发

50 万份，培训县级技术骨干和各类农技人员 35 148人次，培训、指导种田大户和农民 308 127人次。举办新品种、新技术示范观摩会 109 场，9 393人次。举行旱情、苗情技术需求调研 19 场，覆盖人群 4 163人次；玉米方面，举办病虫害防治、施肥等各类技术培训 494 次，现场观摩 95 次，技术咨询 136 次，直接培训农民和技术人员 13.5 万人次，发放技术资料 69 170份；印制《玉米病虫害识别与防治》扑克牌 1 万副，结合培训、下乡等活动发放 3 000余副，发放《病虫害防治原色图谱》700 余册。大豆方面，组织全国有关单位在大豆主产区开展了对基层科技人员和示范户的各类培训活动 432 次，培训基层技术人员 53 417人次，发放培训资料 16.8 万册。马铃薯方面，组织国内有关单位开展了各类培训及咨询服务，举办技术培训班 119 期，田间讲课 121 次，电视及广播讲座 10 次，实地技术指导 376 次。配合全国农技推广示范县、科技入户等活动，组织参加技术讲座 43 次，技术咨询 1 896次，培训指导人员 33 000余人次，发放技术资料 17 000余份。为国内种薯、加工等企业、种植户提供技术服务和信息咨询。棉花方面，广泛开展了棉花轻简育苗移栽技术培训，培训农技人员 300 人次，培训种棉大户、科技兴棉户和棉农 3 000人次，赠送《图说棉花基质育苗移栽》著作 3 000册、技术规程 5 000份、技术光盘 100 张；油菜方面，在湖北荆州、襄阳以及湖南有关地区举办了各类油料作物生产现场会、培训班等 80 次，培训农民、技术人员 5 800人次，发放技术宣传材料 19 万份，与湖北省的仙桃市、钟祥市、天门市、大悟县等地签订合作协议 38 个。

二、示范转化了一批经作和畜禽新品种新技术，为调结构、保增收提供了科技支撑

紧紧围绕特色主导产业的发展需求，大力推广经济作物和畜禽新品种与实用农业技术，有力地促进了地方现代农业的发展，带动了农业增效和农民增收。

（一）推广经济作物新品种、新技术，带动农民持续增收

蔬菜 在全国 29 个省份发放蔬菜试种品种 100 余个，1 000多份。不断加大重点品种的推广力度，在广东、山东、湖北、辽宁重点推广了“中椒 105、中椒 106”甜椒品种、“中农 16”、“中农 26”、“中农 106” 等黄瓜品种。在宁夏回族自治区（全书简称宁夏）、北京、江苏等地示范推广设施蔬菜菌根苗技术，在内蒙古呼和浩特、乌兰察布等地推广冷凉蔬菜栽培技术，在天津市西青区指导建立了设施蔬菜简易有机基质栽培技术示范基地。

果树 在全国推广甜瓜和小西瓜新品种 15 万亩。在全国建立优质红色梨新品种“满天红”、“红酥脆” 和 “美人酥” 中试点 5 个，乡级以上生产示范点 10 个，种植红梨 15 万亩，产量 3 亿千克，获得社会经济效益 10 多亿元。推广 “中农金辉”、“双喜

红”等油桃品种以及“满天红”、“红菊花”等观赏桃品种约 3 万株，设施桃适宜品种选育、关键栽培技术示范 3 万亩。在辽宁葫芦岛、河南郑州、安徽砀山等地建成果树科技示范基地 53 个，推广新品种 30 多个，面积 1 万多亩；推广新技术 22 项，面积 2.5 万亩，新增社会经济效益 2 000多万元。在四川、贵州等地推广 100 余万株柑橘无病毒容器苗。在三峡库区脱毒柑橘特、优、新品种种苗 60 万株，发展高新品种示范园 2 万亩；推广柑橘促花剂、保果剂和保鲜剂等生物制剂及农药产品 28 万余包（瓶），面积 100 万亩。在吉林省的柳河县、集安市、东丰县，黑龙江省的双鸭山农场和内蒙古的喀喇沁旗新建 5 个山葡萄产业科技示范基地，开展山葡萄规范化栽培模式和病虫害综合防治技术示范推广，示范面积 5 000余亩，辐射带动 10 万亩，推动山葡萄产业的发展。

茶叶　在浙江武义、贵州凤冈、江苏丹阳等地建立了 43 个适合不同地区生态和生产条件的优质绿茶、乌龙茶、红茶和普洱茶品种示范园 4.2 万亩，示范推广新品种新技术。继续组织开展茶叶科技服务行动，举办技术讲座、培训 400 多场次，培训农技人员及茶农 17 000多人次，科普下乡咨询 13 800余人次。编制并赠送技术光盘、书籍、挂图等 22 300余份。派出 11 位科技特派员在浙江省 11 个欠发达乡镇开展科技服务，松阳科技特派员被评为优秀团队特派员。围绕浙江泰顺县“三杯香”品牌的建设，开展了 2 年多的科技服务工作，提高了茶叶品质和档次，提升品牌形象。联合四川省农业厅在沐川县举办茶树新品种推介现场会，向 11 个茶叶主产市和 40 个主产县的科技人员推荐了“中茶 108”、“中茶 302”等新品种，促进四川省标准茶园建设。

烟草　建立了一支由 40 余人组成的烟草专家服务队伍，常年深入生产第一线，从事全程技术服务，技术服务和成果转化覆盖全国 15 个省 38 个市的有关企业，服务面积 885 万亩，占全国种烟面积近 2/3。在云南、四川、福建、安徽、湖北、广西、贵州等 12 个省自治区，推广土壤改良及测土配方施肥 326 万亩。在湖北恩施开展的“清江源”特色烟叶开发过程中，推广土壤改良、新品种替代、赤星病防治等新技术，面积达 31 万亩，烟农新增直接经济效益为 1.52 亿多元。推广自动化密集式烤房技术。

甜菜　在黑龙江、辽宁和内蒙古推广“甜研 310”、“甜研 8 号”、“中德 204”等品种 10 多万亩。在黑龙江省海伦、依安、农垦九三分局建立“甜菜纸筒移栽科技示范园区”3 000余亩，新技术辐射推广面积 30 万亩。示范园区每公顷产量达到 45 吨，提高 25%，辐射面积提高产量 10%，示范基地种植户每公顷增加收入 3 000元。在黑龙江、内蒙古和河北推广纸筒育苗专用肥 45 万亩，覆盖我国甜菜纸筒育苗面积的 70% 以上。推广“甜研”牌植物生长调节剂 20 万亩。

麻类作物　在安徽六安、河南信阳、浙江萧山等 6 个示范基地推广“中杂红 318”、“中红麻 13”、“中杂红 316”等红麻新品种 12.5 万亩。在湖南省沅江市、南县、汉寿、大通湖农场分别建立了苎麻、麻地膜等应用技术试验示范基地。

（二）示范推广养殖技术和品种，推动畜牧业健康发展

推广了生猪养殖中药抗病技术，在北京选择了4家猪场进行示范推广，仔猪成活率平均提高了15%，饲料转化率达到2.9，培训农民120余人次。在洪广营农林生态养殖场重点推广奶牛TMR饲喂技术，成年母牛每年平均产奶8吨。在藏区推广获国家科学技术进步奖二等奖的“大通牦牛”新品种，为藏区畜牧业发展和牧民增收发挥了重要作用。

在张掖市肃南裕固族自治县、甘肃省皇城绵羊育种场联合培育甘肃高山细毛羊超细型品种（系）育种核心群2 035只、毛肉兼用细毛型品系6 242只，推广种公羊170只，改良甘肃高山细毛羊2.55万只。先后在宁夏吴忠市、青海海北州祁连县、四川若尔盖等10余个县市推广牛羊新品种4个，实用技术6项。举办科技下乡活动520人次，开展技术培训256次，直接培训农民1.6万人次，发放技术资料5 000份。与湖北省黄冈市人民政府合作组建了奶牛技术研发中心。

开发出仔鹿专用饲料2种，精饲料配方3套；建立茸鹿和仔鹿饲料生产示范线各1条；在双阳三鹿场、敦化敖东鹿业公司、内蒙古大圣鹿业和四平种鹿场等地建立茸鹿高效养殖示范基地8个，技术推广应用4 000头，通过提高产品质量，降低新生鹿死亡率和成年鹿发病率，新增效益400万元以上。分别在吉林省东丰县、西丰县、靖宇县、长春市双阳区等6个市县，建立了10个梅花鹿高效养殖技术示范区，为1 500只梅花鹿进行了人工授精，使1 200只后代的生产或种用性能得到改良。

组织国内有关单位在吉林、辽宁、山西、山东等15个省、市建立中华蜜蜂地方良种选育基地18个，在16个省、市的主产区建立了高效饲养管理技术基地，在吉林、辽宁、山西等17个主产区建立了39个规模化饲养研究基地。在山西、黑龙江、江苏等9个省建立西方蜜蜂规模化饲养管理技术研究基地20个，人均饲养60~80群，生产效率提高40%。在山西、河北、江苏等22个省份，举办各类培训观摩会167次，培养蜂农、技术人员、管理人员21 955人次。在内蒙古准格尔旗、杭锦旗、土默特左旗等地建立了苜蓿种植示范基地2 600亩，指导农民种植“中苜2号”2.1万亩，推广免耕播种技术、荒漠草原承载力与家畜配置综合技术等新技术5项，推广面积1.2万亩。

三、示范推广信息、环保及防灾减灾技术，促进农业可持续发展

（一）信息及遥感技术

信息技术　在北京市大兴区、江苏省兴化市、河南省漯河市、新疆吐鲁番等地区进行了“3G基层农技推广信息化平台”示范推广。在北京市密云县启动建设了“3G基层农技推广信息化平台”，为首批360名全科农技员代表颁发了装有“全国基层农技推

广信息化平台”的3G手机和上网本，实现了农业科技信息服务在密云的全覆盖。

遥感技术　根据秋粮作物产量形势，通过农业遥感技术，及时发布秋收农情信息，中央电视台于2011年9月19日采访报道“秋收在即，丰收在望”在《朝闻天下》栏目中播出，9月20日晚7时又以“秋收一线，全国秋粮丰收在望”为标题在《新闻联播》节目中播出。

（二）农机及环保技术

农业机械化技术　在江苏省洪泽湖农场、河南天民种业、安徽大圹圩农场等建立粮食种子加工流水线7条，加工完成10万吨水稻、小麦等种子。在江西南昌、河南许昌，进行了无人驾驶直升机低空喷雾技术试验示范，示范面积10万亩。推广了花生机械收获技术，开展了油菜全程机械化关键技术研究与集成示范，促进了农机与农艺的融合。

环保技术　新建安徽巢湖、河北徐水、辽宁清源等6个科技示范基地，为修复农田、提高资源利用率和农村生活水平提供新技术新方法。在天津市、河北省等集约化农区推广农田循环高效生产技术7 500亩，技术覆盖区氮、磷化学肥料投入量降低20%以上，畜禽粪便和废水的无害化与农田安全回用率达到80%以上，经济效益增加10%。

沼气工程　按照农业部要求，对全国2009年批复建设的16处秸秆沼气集中供气示范项目进行了调研，编制上报了经济性评估报告。为湖南、四川、贵州等20多个省编制了大中型沼气工程可研报告40份，设计施工图36份，为全国首批6个绿色能源示范县编制了规划设计和实施方案。全年培训沼气技术和管理人才1 000多名，相继派出专家上百人次前往西藏、新疆、广西、内蒙古等地开展技术指导。

（三）重大动物疫病防控及防灾减灾技术

重大动物疫病防控行动　2011年，生产禽流感系列疫苗近33亿毫升，免疫家禽48亿羽；推广高致病性蓝耳病疫苗2 591万头份，免疫猪1 500万头；生产猪圆环病毒疫苗675万毫升，免疫猪630万头。继续实行春、秋两次集中免疫口蹄疫，推广口蹄疫系列疫苗8.4亿毫升，累计免疫猪、牛、羊等4.2亿多头份。向全国30个省（市、自治区）有关单位、农牧场，推广口蹄疫及有关疫病系列诊断试剂盒，免疫检测家畜约1 000万头份。全年共接诊猪病样品3 565个，检测指标12 076个；禽病样本368份，检测指标1 184个；血清学检验1 590份，分子诊断检测样品1 400份。为确保不发生大的疫情发挥了重要作用。

防灾减灾　配合农业部“强化科技抗灾减灾”工作，承担了“农业部防灾减灾专家指导组”秘书处工作。开展实时农业灾害影响评估，制定技术方案30多份，应对冬春低温冻害、季节性干旱、除草剂药害，指导恢复生产。组织有关单位完成了重大旱情24小时上报工作，对260个示范县小麦隐性灾害开展了调查分析，推广了抗旱节水、病虫害防控与药害消减等技术，简化了低值受损小麦加工利用技术。4~5月，我国长江中游流域湖南、湖北，江西等地区出现严重春旱，通过60场次现场科技循环指导，提出抗旱保苗对策和措施建议，解决了棉花规模化育苗管理问题。针对春夏之交河北、内蒙古干旱，派出马铃薯专家开展救灾指导工作，制定抗旱栽培技术。9月初，河南省国有通许林场种植的萧国圣桃出现严重落果、烂果灾情，及时派出专家，采取烂果深埋、保护叶片等措施进行科技救灾，恢复了生产。

外来入侵生物防控 先后在河北、山东、河南、天津、北京、安徽等“黄顶菊”发生区和适应区（监测区）开展了“新外来入侵植物黄顶菊防控技术”示范推广，建立了14个试验基地，实现了对“黄顶菊”的有效控制，推广应用面积累计1 578.3万亩，累计增收节支总额152 244.6万元。

（四）环境工程技术

研发了国际上首例具有互联网功能的“家庭数字植物工厂关键技术及装备”技术，先后获专利15项、优秀新产品奖1项，并在2010年上海世博会、深圳高新技术交易会、日本国际园艺博览会等国内外重要平台展出，可在家庭、岛礁、舰船以及特殊场所种植蔬菜，具有广泛的社会影响。植物LED光源节能高效生产关键技术已在北京市大兴区庞各庄科技站、北京小汤山科技园区示范推广。

四、加强农产品质量监督检测工作，为确保不发生重大农产品质量安全事件提供技术支持

受农业部农产品质量安全监管局委托，于2011年5月组织开展了蔬菜农药残留和重金属检测能力验证，分别有59家部级质检中心参加了农药残留检测，57家中心参加了重金属检测。按照农业部要求，4次对山东省济南等3个城市的批发市场、农贸市场和超市销售的蔬菜、水果和食用菌农药残留和重金属含量进行了例行监测，检测样610个，获得有效数据31 000个。

承担了进口饲料添加剂产品监测、违禁药物监测和“瘦肉精”专项监测等检验和汇总工作。完成全国15个省95家饲料生产企业市场监督抽查工作，抽检200批次维生素类、氨基酸类等各类进口饲料添加剂产品，检测指标1 100多项次。在饲料新型肾上腺受体激动剂预警监测任务中，完成200批次样品的检验，并形成了预警监测报告。对我国“瘦肉精”等违禁药物安全监管形势进行了分析和预测，向主管部门提出了监管重点建议。组织全国36家承担全国饲料安全监测专项任务和具有饲料违禁添加物检测能力的检测机构，开展了违禁药物检测能力比对考核工作。

五、加强科技服务与技术培训，不断提高农业从业人员科技素质

结合新品种、新技术、新产品的示范推广，组织科技人员深入生产实际，加快培养农业科技人才，大力培训农村实用人才。通过组织举办现场展示演示、观摩会、技术培训、讲座、咨询会和博览会等多种形式，培训基层技术人员和农民，有重点地培训高层次农业科技人员，推广先进实用技术，依靠科技促进农业产业结构调整，提高社会经济效益，增加农民收入。

技术培训 在100多个县开展了技术培训，培训人员60多万人次。采取专题培训、现场培训、夜校、入户指导等多种形式，培训烟农累计45万人，烟农增加效益10亿元。在辽宁先后举办农民技术员培训班50余个，培训学员近1.2万人，发放资料9 800多份，带动农户6 000余户。在北京、山东、河北和新疆等地区开展果树科技培训活动60次，直接培训各级农技人员与农民6 000人次，发放技术资料与宣传材料共35 500份。在北京、河南、甘肃、广东、青海等地累计培训蜂农5 800余人次。培训了来自易县、涞水、丰润等9个县（市）450名基层食用菌农技人员。

科技服务与咨询 全年科技下乡35 970人·天，通过现场技术指导、服务、咨询等方式，解决生产实际问题。累计派出科技人员1 030人次深入全国茶区，开展科技兴农、科技扶贫等活动，帮助企业和茶农解决生产问题。果树专家服务团在辽宁葫芦岛市进行现场咨询和技术指导7 000人次。重点在绥中县新建100亩苗木繁育基地，扶持新建果业合作社15个，完成老残果园改造5万亩，推广新技术15万亩，使绥中县果农人均年收入达到9 000元，产值达20亿元。2011年瓜果种子、苗木技术跟踪服务遍布全国20多个省、市、自治区，跟踪服务1 200人次，实地培训人员7 000人次以上，发放技术资料10 000余份。为全国20多省、市、自治区近百家马铃薯生产企业、种薯生产公司和商品薯产销大户提供技术咨询，为企业健康稳定发展提供帮助。

培养高层次人才 与黑龙江省农业科学院合作共建了中国农业科学院研究生院黑龙江分院，培养高水平的基层农业科技和管理人才，设置了兽医和农业推广等13个硕士专业，目前，在校学生已达335人。在黑龙江省嫩江县为来自各科研院所、市县、农场、乡镇的48名高层管理学员进行了为期一周的授课。与黑龙江省农业科学院签署了《共建中国农民大学》协议，已在黑龙江省开设16个教学点，招收学员807人，开办蔬菜技术、果树、食用菌、草业、马铃薯种植等18个长期培训班。

六、积极开展院地合作，努力推动现代农业发展

（一）继续开展与地方政府的合作

先后与四川、广西、贵州等3个省、自治区人民政府以及石家庄、南通、攀枝花等

10余个市人民政府签署了科技合作协议；有关所与辽宁省营口市、江苏省农业环境监测与保护站、广西凌云县等签订了技术合作协议80多份。筛选了合作项目并组织实施，进一步密切了我院与地方的联系。继续在24个省的123个县开展综合示范县建设和单项重点产业技术示范推广，不断加大科技成果的辐射带动作用。建立和完善各类示范基地265个，初步形成了每个研究所有几个示范县和若干个专项技术或成果示范基地的局面。通过科技示范，促进了科技成果的转化，带动了农业增效和农民增收。

（二）对接支持国家现代农业示范区建设

重点推进了与黑龙江垦区、广东省开平市、甘肃省甘州区、四川省南充市、宁夏贺兰县等地共建国家现代农业示范区，与宁夏农垦、四川攀枝花等签订了科技合作协议，帮助制定了现代农业试验示范区总体规划。根据示范区的建设目标，示范推广种养业新品种和新技术，带动周边地区现代农业产业的发展。

黑龙江农垦国家现代大农业示范区 开展了水稻、玉米、大豆、肉牛、肥料等新品种、新产品、新技术的示范推广工作，推广水稻钵型毯状秧苗机插新技术500万亩，建立绿色食品大豆生产基地5万亩，推广大豆机械化栽培技术10万亩，建立西门塔尔牛示范基地3个；组织技术培训20次，培训基层技术人员和示范户1 500人；协助在建三江分局落实了叶面肥示范项目，到九三分局进行了马铃薯生产技术培训和田间指导。

宁夏农垦国家现代农业示范区 通过多年的合作，建设发展了宁夏农垦集团马铃薯脱毒组培室，为其提供脱毒苗3批次5个品种，提供脱毒微型薯300多千克，派出专家进行技术指导和帮助。组织专家编制宁夏农垦国家现代农业示范园区和特色农业产业规划，并协助成功申报了国家级现代农业示范园区。

甘肃张掖国家现代农业示范区 在张掖绿洲现代农业试验示范区核心区，投资5 000万元，建设了现代肉牛养殖园区、林业科技示范园、珍稀动物养殖示范园。参与主办了“第二届绿洲论坛”，组织9个研究所的12位专家出席，研讨了双方农业科技合作事宜。选派一名专家继续在甘州区挂职科技副区长。申报各类科技项目14项，7项获批立项。

（三）推进我院现代农业综合示范县（区）发展

北京市大兴区 从2009年开始，中国农业科学院与北京市大兴区实施了第三期7个科技合作项目，分别为安祖花、切花菊、西洋梨、功能性西瓜、甘薯、生态养殖、牛奶安全生产等新品种、新技术的示范推广应用。经过3年的合作实施，项目按期完成了各项任务。据不完全统计，第三期项目共试验示范新品种28个，推广新技术16项，建立试验示范点62个，培训技术人员和农户9 000多人次，创造经济效益1.5亿元。我院科技兴农的“大兴模式”进一步发挥其强劲的作用。

廊坊市广阳区 示范推广了蔬菜越冬长季节栽培技术、植株高效吊放新技术以及根际改良有机土栽培技术。举办了“设施蔬菜优质高效生产技术培训班”，300 多人参加了培训。建立了 1 个示范桃园，2 座日光温室，试种了“早白蜜”、“中梨 4 号”、“满天红”3 种优良梨品种，示范了高接换优技术，开展了梨棚架园的整枝上架、疏花疏果、病虫害综合防治等技术培训。在洪广营农林生态养殖场重点推广奶牛 TMR 饲喂技术，成年母牛每年平均产奶 8 吨。选择了 4 家猪场进行了生猪养殖中药抗病技术示范推广，仔猪成活率平均提高了 15%，饲料转化率达到了 2.9，培训农民 120 余人次。中国农业科学院探索出的以“科技创新与主导产业对接、园区发展与经济提升并举”的科技兴农新模式——“广阳模式”正逐步取得成效。

（四）重视与企业的合作

我院的科技成果转化和科技兴农工作十分注重与企业的合作，取得了明显成效。

2011 年，与茶叶基地县及茶叶企业共签订技术合同 45 份，其中，技术开发合同 4 份、技术转让合同 1 份、技术服务合同 40 份，合同金额 710 万元。

与相关企业新签肥料等技术服务项目共 18 项，与宜兴市大地博元生物技术有限公司达成污染降解微生物专利转让技术一项，转让费 100 万元。北京畜牧兽医所共签订各类科技开发合同 22 项，合同金额 267.67 万元，到位金额 232.91 万元。

转让饲料添加剂、兽药、饲料资源开发等技术 18 项，合同收科 378.6 万元。与青岛易邦、大北农等 9 家企业签订高致病性猪繁殖与呼吸综合征活疫苗等技术转让合同，合同金额 4 000万元。与普莱科、天津瑞普等 9 家企业签订了鸡新城疫和传染性支气管炎支二联活疫苗等合作研发合同，合同金额 7 200万元。

与四川巴尔动物药业公司签署了国标三类兽药“金石翁芍散”科技成果转让合同，金额 125 万元。与浙江海正药业签署了 93.6 万元的“治疗奶牛乳房炎中兽药乳房注入剂的试验研究”等合作协议，与四川鼎尖动物药业公司签署了 100 万元的“防治畜禽感染性疾病中兽药新制剂的研制”合作协议。

与湖北精华纺织集团有限公司合作，建成了湖北省第一个“高效节能清洁型苎麻生物脱胶示范工程”，年加工苎麻 10 000吨。与湖南广源麻业有限公司合作申报的“年产 1 200吨生物酶及 10 000吨苎麻脱胶高技术产业化示范工程”项目获得国家发改委批准，建成后可年产 1 200吨生物酶及 10 000吨脱胶苎麻。

和陕西圣唐乳业签署合作协议，成立“中国农业科学院—圣唐羊乳产品研发中心”，协议金额 1 000万元，开展羊乳制品加工技术研究、新产品开发及产业化示范。

（五）参加展览活动，宣传展示我院成果

2011 年，我院主办和各所参加各类科技洽谈会、展销会和咨询会等 211 次，涵盖

动植物新品种、作物栽培技术、动物养殖技术、农业机械、农业信息化等领域，为科技成果转化发挥了重要作用。与辽宁省人民政府共同主办了中国（锦州）北方农业新品种、新技术展销会，与河北省人民政府共同主办了中国（廊坊）农产品交易会，与北京市科委共同主办了“亚太经济合作组织农业技术转移大会暨第四届中国农业新技术新成果交易对接大会”。重点参与主办了寿光蔬菜博览会、宁夏园艺博览会等，组团参加了杨凌农高会、中国国际高新技术成果交易会、生物产业大会、中国·海峡项目成果交易会等。

七、积极开展科技援疆、援藏和定点扶贫工作，促进边疆和贫困地区现代农业发展

中国农业科学院积极响应中央号召和农业部工作部署，高度重视科技援疆援藏和定点扶贫工作。动员全院科技力量为西藏、新疆和相关贫困地区经济社会发展提供科技服务，先后有6名院领导赴新疆、西藏考察指导工作。根据中央组织部和农业部党组的要求，派出了5名科技人员作为第七批援疆干部到新疆农业科研部门挂职工作，有一名同志继续在西藏农牧科学院挂任副院长，不断加强我院科技资源、科技成果在西藏、新疆和相关贫困地区的聚集，为支援西藏和新疆，加快相关贫困地区发展发挥了积极作用。

（一）继续开展科技援疆援藏工作，提升农牧业科技支撑能力

1. 科技合作

开展了对口科技合作，推动相关专业研究机构联合共建。我院有11个研究所与西藏农牧科学院及其4个研究所签署了科技合作协议，开展了对接工作。推动了8个项目进入了科技部“十二五”备选项目库，共建了西藏农业信息研究中心。草原研究所与新疆畜牧科学院在呼和浩特签订了共建“新疆干旱区草业研究中心”合作协议，蔬菜花卉所与新疆生产建设兵团农六师签订了科技合作协议，在相关专业领域开展深入合作。

与新疆动物防疫监督所合作开展了牛、羊布病流行病学的研发工作，与巴音郭楞州动物防疫监督所开展了马传贫监测工作，与新疆兵团农十师畜牧兽医站开展了牛结核病流行病学调查的工作。和自治区农产品质量安全监督检验中心开展了新疆特色农产品中有机磷、磺酰脲类农药检测技术合作，有效提升了当地检测技术水平。在新疆石河子市主办了首届中国农产品加工科技援疆对接研讨会，90余家180多名代表参加了会议。

与西藏那曲地区草原站合作开展了高寒草原生态园区建设，完成了人工模拟气候变化平台建设，开展高寒草地管理措施及其影响调查、高寒草地退化及毒草（狼毒）调查等工作，为当地培训5名科研人员。与西藏达热瓦集团、西藏农牧业特色产业公司合作承担了“日喀则江当万亩农业生态产业园区”总体规划，目前园区正按规划进行

建设。

2. 技术示范与推广

针对生产实际，在新疆、西藏重点开展了棉花、果树、牧草等优良品种选育和配套技术推广工作。

在新疆霍城县、巩留县、精河县，通过建立的100余亩设施桃示范棚，对200余农民进行了设施栽培技术培训，最高亩产值达44 110元，每亩纯收入3万元。在新疆生产建设兵团农十三师建立了“河南省对口援疆引进国外智力成果示范基地”，开展了韩国葡萄避雨栽培生产技术引进与改良工作，建立了鲜食葡萄避雨试验示范园。在兵团农八师一四九团召开了全国棉花产业体系机械化收获现场会，进一步示范推广棉花机械化收获技术。重点在新疆乌鲁木齐推广了燃煤式设施高温热水消毒技术，消灭了土传病虫害且没有任何污染，受到了当地菜农的欢迎。继续在新疆兵团农六师、新疆喀什、塔城等地进行了设施蔬菜有机基质栽培技术示范。

通过承担的西藏科技厅豆科牧草、草田轮作技术、牛乳蛋白质3个重大科技专项子课题，在山南筛选了4个高产苜蓿品系和12个有潜力品种；在山南农业技术推广中心建立了奶牛养殖示范基地，自制了1套饲料加工设备，开展了奶牛示范养殖；在“一江两河”地区形成了不同草田轮作模式的高产栽培与利用技术。

3. 科技服务和培训

中国农业科学院十分注重做好科技服务工作，在关键季节选派专家到新疆、西藏举办培训和专题讲座，现场指导、培训生产和技术人员。

在新疆生产建设兵团农五师合作成立了科技研发中心，开展了设施葡萄生产科技培训，培训技术骨干200多人次，果农1 200多人次。还与全国农技中心在乌鲁木齐市联合举办了西北内陆棉区棉花病虫害监控技术培训班。培训基层技术人员180余人。对2名新疆自治区动物防疫监督所技术人员进行了为期15天的PCR鉴定、ELISA试验操作等基本试验技能培训，提高操作水平，增加基层疫病防控水平。为吉木乃县制定了马铃薯发展规划，培训了技术人员，使该县马铃薯品种结构更趋合理，促进了吉木乃县马铃薯产业健康稳定发展。

在西藏自治区（全书简称西藏）农牧科学院举办文献信息服务宣传与培训交流会，西藏农牧科学院、西藏大学图书馆、西藏职业技术学院、西藏自治区科技信息研究所等单位的相关领导和人员共60多人参加了培训交流。接收西藏农牧科学院科技骨干来我院进行精密仪器操作使用培训。

4. 项目合作

通过共同承担国家和地方各类项目，与西藏、新疆有关单位联合开展了资源收集、新品种引进与示范、育种、栽培等合作研究，带动了西藏、新疆农业科技实力的提升。

承担了新疆农科院“南疆三地州高效现代特色农业关键技术研究与集成示范”项目，在新疆乌鲁木齐示范了土壤高温消毒技术。主持了自治区科技支疆项目“设施葡萄优质高效栽培技术引进试验及产业化”，在新疆精河县建立一亩规模的日光温室

100 个。

承担了西藏自治区科技厅“宜草荒地和粮饲复种用地调查与潜力评估”专题，为宜草荒地、草地与粮饲复种用地的优化配置、合理调控和可持续利用提供决策支持。积极配合西藏农科院向主管部门汇报“十二五”项目建议，在科技部“十二五”备选项目评审中，西藏农科院申报的 8 个项目全部入围。

（二）继续开展定点扶贫工作，扶持贫困地区特色产业发展

派出 100 多名科技人员在武陵山区的贵州石阡、松桃、凤冈、普定、正安，湖北鹤峰，湖南古文等县开展科技兴农工作。派出一名科技人员担任湖南湘西土家苗族自治州州长助理，派出一名同志担任恩施农科院院长助理。

在湖北恩施鹤峰县开展了无性系良种茶园基地建设、有机茶基地建设、低产茶园改造、茶叶加工企业技术改造等工作。帮助鹤峰县建立了年产 300 吨速溶茶生产线和年产 1 500吨茶渣发酵有机肥生产线。由于多年派专家持续帮扶且成效显著，鹤峰县走马镇升子村为我院茶叶所送上了“千里迢迢送科技，一心一意扶真贫”的锦旗。

派出专家组设计了恩施玉露茶茶艺，为恩施玉露茶标准化、清洁化、持续化生产提供现场咨询服务，为恩施茶叶品牌建设做技术依托。为恩施市芭蕉乡特色茶文化乡镇提供技术服务，设计了生态走廊，开展茶艺师和茶文化培训。

中国农业科学院 2011 年科技成果情况表

成果总数	147
获奖成果	87
国家级奖	4
一等奖	0
二等奖	4 *
省部级奖	16
一等奖	1
二等奖	10
三等奖	5
中华农业科技奖	15
一等奖	4
二等奖	9
三等奖	2
院科学技术成果奖	22
特等奖	1
一等奖	8
二等奖	13
其他奖	30
鉴定未获奖成果	60

*：含 1 项技术发明奖和 3 项科学技术进步奖。

中国农业科学院 2011 年获奖成果

一、获国家级奖成果

	获奖项目名称	奖励等级	第一完成单位	第一完成人
1	后期功能型超级杂交稻育种技术及应用	技术发明奖二等奖	水稻所	程式华
2	高产、高含油量、广适应性油菜中油杂 11 的选育与应用	科学技术进步奖二等奖	油料所	李云昌
3	仔猪健康养殖营养饲料调控技术及应用	科学技术进步奖二等奖	畜牧所	张宏福
4	玉米高产高效生产理论及技术体系研究与应用	科学技术进步奖二等奖	作科所	李少昆

二、获省部级奖成果

序号	获奖成果名称	奖励类别	奖励等级	第一完成单位	第一完成人
1	高耐湿、高抗病、高产、广适应性芝麻新品种中芝 13 的选育与应用	湖北省科技进步奖	一等奖	油料所	张秀荣
2	新疆杏子主栽品种品质数据库建立和贮运加工技术开发与示范	新疆自治区科技进步奖	二等奖	加工所	王　强
3	棉田高毒农药替代品种筛选及实用技术研究与应用	河南省科技进步奖	二等奖	棉花所	马　艳
4	CO_2 诱导植物修复技术研究与污染农田修复试验示范	天津市科技进步奖	二等奖	环保所	唐世荣
5	农田土壤重金属污染钝化修复技术	天津市科技进步奖	二等奖	环保所	徐应明

（续表）

序号	获奖成果名称	奖励类别	奖励等级	第一完成单位	第一完成人
6	优质、广适油桃新品种中油桃 4 号、中油桃 5 号的育成与应用	河南省科技进步奖	二等奖	郑果所	王志强
7	扁形和针芽形名优绿茶品质提升关键加工技术与集成应用	浙江省科技进步奖	二等奖	茶叶所	江用文
8	猪圆环病毒 2 型分子免疫基础及防治技术研究	甘肃省科技进步奖	二等奖	兰兽研	柳纪省
9	中兽药复方“金石翁芍散”的研制及产业化	甘肃省科技进步奖	二等奖	兰牧药	郑继方
10	金丝桃素抗 PRRSV 和 FMDV 研究及其新制剂的研制	甘肃省技术发明奖	二等奖	兰牧药	梁剑平
11	珍贵毛皮动物（貂、狐）高效养殖增殖关键技术	吉林省科技进步奖	二等奖	特产所	杨福合
12	外来入侵植物黄顶菊生态影响和防控关键技术研究与应用	天津市科技进步奖	三等奖	环保所	杨殿林
13	我国 H5N1 亚型高致病性禽流感病毒抗原变异株的鉴定与防控研究	黑龙江省科技进步奖	三等奖	哈兽研	陈化兰
14	林下人参、西洋参生产关键技术研究与示范	吉林省科技进步奖	三等奖	特产所	张亚玉
15	坏死梭杆菌分离鉴定和白细胞毒素免疫原性研究	吉林省科技进步奖	三等奖	特产所	陈立志
16	绿茶机械化加工技术及配套设备	江苏省科技进步奖	三等奖	农机化所	肖宏儒

三、获中国农业科学院科学技术成果奖成果

序号	获 奖 成 果 名 称	完成单位	获奖等级
1	三系抗虫棉生物育种技术体系创建及应用	中国农业科学院生物技术研究所	特等

（续表）

序号	获奖成果名称	完成单位	获奖等级
2	棉花工厂化育苗和机械化移栽技术的创制与应用	中国农业科学院棉花研究所	一
3	优质早籼中鉴99-38的选育与示范推广	中国水稻研究所	一
4	高耐湿、高抗病、高产、广适应性芝麻新品种中芝13的选育与应用★	中国农业科学院油料作物研究所	一
5	小麦黄矮病原和品种抗病性鉴定体系创建及关键防治技术研究与应用	中国农业科学院植物保护研究所	一
6	水貂、蓝狐规模化高效养殖关键技术研究与示范	中国农业科学院特产研究所	一
7	水貂细小病毒分子流行病学调查、疫苗研制和推广应用	中国农业科学院特产研究所	一
8	低温压榨花生油与功能性花生浓缩蛋白联产关键技术研究	中国农业科学院农产品加工研究所	一
9	新外来入侵植物黄顶菊防控技术与应用	中国农业科学院农业环境与可持续发展研究所	一
10	饲料安全关键因子监测评价新技术	中国农业科学院农业质量标准与检测技术研究所	一
11	中国小麦种植生态区划研究与应用	中国农业科学院作物科学研究所	二
12	谷物、果蔬中农药多残留高通量检测技术研究与标准化	中国水稻研究所	二
13	稻瘟病不同抗病基因的聚合效应分析及广谱、持久抗病体系的构建	中国水稻研究所	二
14	环保型麻地膜的研究与应用	中国农业科学院麻类研究所	二
15	优质、广适油桃新品种中油桃4号、中油桃5号的育成与应用★	中国农业科学院郑州果树研究所	二
16	早熟、抗病、丰产马铃薯新品种“中薯5号”的选育与推广	中国农业科学院蔬菜花卉研究所	二
17	茶树种质资源收集保存、鉴定评价体系建立与应用	中国农业科学院茶叶研究所	二

（续表）

序号	获奖成果名称	完成单位	获奖等级
18	新型中兽药饲料添加剂“参芪散”的研制与应用	中国农业科学院兰州畜牧与兽药研究所	二
19	甘肃省绵羊品种遗传距离研究及遗传资源数据库建立	中国农业科学院兰州畜牧与兽药研究所	二
20	中国马流感病毒流行株分离鉴定及毒株进化的研究	中国农业科学院哈尔滨兽医研究所	二
21	植物 LED 光源节能高效生产关键技术研究与应用	中国农业科学院农业环境与可持续发展研究所	二
22	农田土壤重金属污染钝化修复技术★	农业部环境保护科研监测所	二
23	荒漠草原区植物资源及生态环境监测评价	中国农业科学院草原研究所	二
24	枸杞害虫天敌资源研究与综合应用	中国农业科学院草原研究所	二
25	绿茶加工新技术及其关键设备	农业部南京农业机械化研究所	二

注：★为该成果同年获省级奖，统计时未包括。

四、作为参加单位获国家级奖和省部级奖成果

序号	获奖成果名称	获奖类别	获奖等级	单位排序	获奖单位
1	花生野生种优异种质发掘研究与新品种培育	国家科技进步奖	二等	第二	油料所
2	梨自花结实性种质创新与应用	国家科技进步奖	二等	第二	郑果所
3	猪主要繁殖障碍病防控技术体系的建立与应用	国家科技进步奖	二等	第三	哈兽研
4	人参新品种选育与规范化栽培及系列产品开发	国家科技进步奖	二等	第二	特产所

（续表）

序号	获奖成果名称	获奖类别	获奖等级	单位排序	获奖单位
5	江西水稻优异种质资源发掘、创制研究与应用	江西省科技进步奖	二等	第二	作科所
6	新疆小麦品质研究	新疆生产建设兵团科技进步奖	三等	第二	作科所
7	小宗作物空间环境诱变育种关键技术研究与示范	黑龙江省农业科学技术奖	一等	—	作科所
8	玉米病虫草害诊断专家系统开发与应用	新疆生产建设兵团科技进步奖	一等	第二	作科所
9	北方春玉米高产高效生产技术研究与推广	黑龙江省科技进步奖	二等	第二	作科所
10	沿黄稻区条纹叶枯病及传毒灰飞虱防控关键技术研究与应用	河南省科技进步奖	二等	第二	植保所
11	北方麦田杂草抗药性的发生、机制与治理	河北省科技进步奖	三等	第二	植保所
12	设施蔬菜节能高效栽培工程关键技术研究与集成示范	山东省科技进步奖	一等	第二	蔬菜所
13	外来入侵植物黄顶菊生态影响和防控关键技术研究与应用	天津市科技进步奖	三等	第二	环发所
14	无害化养猪微生物发酵床工程化技术研究与应用	福建省科技进步奖	三等	第二	环发所
15	猪肉质量安全数字化监控和可追溯技术	天津市科技进步奖	二等	第二	畜牧所
16	南阳牛品种选育改良及其产业化配套技术	河南省科技进步奖	一等	第七	加工所
17	农村粮食生产信息化技术创新与应用	全国农牧渔业丰收奖农业技术推广合作奖	—	第四	信息所
18	甜樱桃早果丰产技术集成与推广	全国农牧渔业丰收奖	三等	第二	郑果所

（续表）

序号	获奖成果名称	获奖类别	获奖等级	单位排序	获奖单位
19	主要出口农产品质量安全标准及应对关键技术研究与应用	浙江省科技进步奖	二等	第三	茶叶所
20	科研创新载体绩效评价技术研究及其系统开发	浙江省科技进步奖	三等	第五	茶叶所
21	黑龙江省实验动物管理条例立法研究	黑龙江省科技进步奖	三等	第二	哈兽研
22	机械化挖掘收获技术研发与示范	教育部科技进步奖	二等	第二	农机化所
23	三峡库区柑橘产业经济发展研究	重庆市科技进步奖	二等	—	柑橘所

五、获社会力量奖统计表（成果第一完成单位填报）

序号	获奖单位名称	获奖成果名称	奖种名称	获奖等级	第一完成人
1	环发所	畜禽粪便沼气处理清洁发展机制（CDM）方法学和技术研究与示范	中华农业科技奖	一等	董红敏
2	资划所	施肥与改良剂修复 Pb、Cd 污染土壤技术研究与产品应用	中华农业科技奖	一等	徐明岗
3	南机所	花生机械化收获技术装备研发与示范	中华农业科技奖	一等	胡志超
4	植保所	小麦条锈病菌源基地生态治理技术研究与应用	中华农业科技奖	一等	陈万权
5	作科所	抗逆高产小麦育种技术研究与应用	中华农业科技奖	二等	肖世和
6	棉花所	棉花育种南繁和品种纯度南繁鉴定技术研究	中华农业科技奖	二等	王坤波
7	草原所	奶牛优质饲草生产技术研究与示范	中华农业科技奖	二等	侯向阳

（续表）

序号	获奖单位名称	获奖成果名称	奖种名称	获奖等级	第一完成人
8	蜜蜂所	安全高效蜂产品加工关键技术的研究及产业化示范	中华农业科技奖	二等	彭文君
9	加工所	植物蛋白挤压组织化技术研究与推广	中华农业科技奖	二等	魏益民
10	蔬菜所	生态基质无土栽培关键技术研究示范及在非耕地上规模化应用	中华农业科技奖	二等	蒋卫杰
11	环保所	华北集约化农田循环高效生产技术模式研究与应用	中华农业科技奖	二等	杨殿林
12	资划所	生态农业标准体系及重要技术标准研究与应用	中华农业科技奖	二等	邱建军
13	上兽所	家畜日本血吸虫病控制技术	中华农业科技奖	二等	林矫矫
14	畜牧所	中苜 3 号耐盐苜蓿新品种选育及其推广应用	中华农业科技奖	三等	杨青川
15	烟草所	凉山清甜香优质烟叶研究与推广	中华农业科技奖	三等	刘好宝
16	作科所	小麦品质遗传改良创新团队	中华农业科技奖优秀创新团队	—	何中虎
17	水稻所	水稻资源创新团队	中华农业科技奖优秀创新团队	—	钱　前
18	植保所	粮棉作物重大害虫监测预警与控制技术创新团队	中华农业科技奖优秀创新团队	—	吴孔明
19	植保所	—	何梁何利科学与技术进步奖	—	吴孔明
20	植保所	绿僵菌生物农药生产技术与产品应用	大北农科技奖	一等	农向群
21	畜牧所	生猪及其产品溯源关键技术研究与示范	大北农科技奖	二等	熊本海
22	哈兽研	鸡传染性法氏囊病病毒变异的分子机制研究及系列疫苗的研发	大北农科技奖	特等	王笑梅

（续表）

序号	获奖单位名称	获奖成果名称	奖种名称	获奖等级	第一完成人
23	上海所	高致病性猪蓝耳病系列新型疫苗的研制与应用	大北农科技奖	一等	童光志
24	资划所	农业综合生产能力与资源保障研究	中国农业资源与区划学会科学技术奖	一等	高明杰
25	资划所	农业功能区划理论与方法研究	中国农业资源与区划学会科学技术奖	一等	罗其友
26	资划所	全国农业生产结构布局优化与区域粮食发展研究	中国农业资源与区划学会科学技术奖	一等	卢　布
27	资划所	中国秸秆资源评价与利用研究	中国农业资源与区划学会科学技术奖	一等	毕于运
28	资划所	全国主要农作物单产遥感监测关键技术研究与业务化应用	中国农业资源与区划学会科学技术奖	一等	唐华俊
29	资划所	中国区域性耕地资源变化评价与粮食生产安全预警	中国农业资源与区划学会科学技术奖	二等	陈佑启
30	资划所	主要农作物种植面积遥感快提及业务化应用	中国农业资源与区划学会科学技术奖	二等	黄　青
31	资划所	区域粮食与农业科技支撑研究	中国农业资源与区划学会科学技术奖	三等	李建平
32	资划所	典型地区农民耕流转行为与模式研究	中国农业资源与区划学会科学技术奖	三等	易晓燕
33	资划所	部分典型地区耕地占补平衡调查研究	中国农业资源与区划学会科学技术奖	三等	肖碧林

中国农业科学院2011年获奖科技成果简介

一、国家级奖

后期功能型超级杂交稻育种技术及应用

主要完成单位 中国水稻研究所

主要完成人员 程式华、曹立勇、庄杰云、占小登、倪建平、吴伟明

起 止 时 间 1988年1月~2007年12月

获 奖 情 况 2011年国家技术发明奖二等奖

内 容 提 要

成果围绕中国超级稻育种"理想株型塑造与强优势杂种优势利用相结合"的技术路线，创建了以提高水稻生育后期光合功能为目标的后期功能型超级杂交稻育种技术体系，该技术体系由亲本选配、根系筛选和抗病性分子标记辅助选择技术构成，极大地丰富了超级稻育种理论，提升了超级稻育种技术。

提出了实现超级杂交稻营养生长与生殖生长相协调的亲本选配策略是选用籼粳中间型恢复系，并开发出与籼粳形态指数高度相关的DNA标记；明确根深指数和不发根节数是保持超级杂交稻后期有效功能的根系筛选指标；建立了完善的抗白叶枯病基因和抗稻瘟病基因的分子标记辅助选择技术平台，用于超级杂交稻抗病亲本的创建。

获得了超级杂交稻育种技术授权发明专利4项，利用发明的育种专利技术，培育出中间偏籼型恢复系中恢8006和中恢111，育成国稻1号、国稻3号和国稻6号等7个"国稻"系列组合，16次国家审定和省级审（认）定，其中，国稻1号、国稻3号和国稻6号被农业部认定为超级稻品种，国稻1号在2005年和2006年连续两年被农业部列为农业主导品种，被《中国经济周刊》评选为2005年度中国十大自主创新技术；国稻6号在2009年被科技部列为首批国家自主创新产品。

建立了科研单位—技术推广部门—种业公司三位一体的超级稻示范推广模式，加快了育成超级杂交稻的推广。据不完全统计，截至2010年，该项目育成的7个"国稻"系列组合已累计推广3 297万亩。专利技术除自用外，还无偿转让给国内同行使用。全国共10多家水稻科研单位和种业公司利用该项目获得的专利技术，培育出20多个杂交稻新组合，累计推广1.4亿多亩，取得了显著的社会经济效益。

该项成果既具有深厚的理论基础，又具有良好的育种实践，系统性、科学性和创新性强，成果突出、社会经济效益显著，对推动我国超级稻育种研究与推广具有重要影

响，在同类研究中居国际领先水平。

玉米高产高效生产理论及技术体系研究与应用

主要完成单位 中国农业科学院作物科学研究所、四川省农业科学院作物研究所、西北农林科技大学、辽宁省农业科学院、东北农业大学、内蒙古农业大学、河南省土壤肥料站、宁夏农林科学院、石河子大学

主要完成人员 李少昆、刘永红、薛吉全、王延波、谢瑞芝、王崇桃、王振华、高聚林、王俊忠、赵海岩

起 止 时 间 2004 年 1 月 ~ 2010 年 12 月

获 奖 情 况 2011 年国家科学技术进步奖二等奖

内 容 提 要

本研究针对我国玉米主产区高产高效生产的障碍因素与技术需求，进行多部门、多地区、多学科的协作研究：

1. 通过不同生产水平玉米生产潜力的分析和研究，提出玉米产量差（潜力）模型，探明不同产量目标实现的关键限制因素和技术需求结构；明确了中国主要生态区玉米高产潜力突破和大面积高产高效生产的主要制约因素及技术创新与推广的优先序，为玉米高产突破和大面积高产高效研究与技术推广提供了理论依据。

2. 从生态条件、营养需求、产量结构、物质积累分配等方面，明确了玉米实现 1 000千克/亩高产的基本规律，提出了“增穗、稳粒数、挖粒重”，增加花后物质生产与高效分配的高产突破途径，并建立了配套技术，为我国玉米高产突破及产业带确立提供了理论基础，自 2005 年起连续创造了一批全国及各生态区玉米高产纪录。

3. 针对不同区域玉米高产高效生产限制因素与技术优先序，研究建立了 13 套适应西南、北方、黄淮海等不同生态区域的玉米高产高效生产技术体系，形成技术规程 13 个，制定并发布实施地方标准 9 部，10 项技术模式被确定为农业部主推技术，成为我国玉米主产区的主体技术模式。

4. 通过对我国基层农业技术推广体系现状、信息传播手段及玉米重大品种和生产技术扩散规律的研究，构建了“首席专家（专家组）—技术指导员—科技示范户—辐射带动户—广大农户”的玉米生产技术推广网络和信息化服务平台，加速了玉米高产高效生产技术成果的推广与转化。

研究依托农业部重大项目的实施，在全国 16 个玉米主产省建立 76 个核心示范县进行关键技术及扩散模式的示范推广。出版了《玉米高产潜力 · 途径》《玉米生产技术创新 · 扩散》《玉米高产高效种植模式》等 9 部专著，开发并获得计算机著作权证书 14 件，申请国家发明专利 1 件，发表论文 132 篇。社会、经济效益极为显著。

高产、高含油量、广适应性油菜中油杂11的选育与应用

主要完成单位 中国农业科学院油料作物研究所

主要完成人员 李云昌、徐育松、李英德、胡 琼、梅德圣、张冬晓、柳 达、涂 勇、李晓琴、余有桥

起止时间 1993年3月~2005年10月

获奖情况 2011年国家科学技术进步奖二等奖

内容提要

在掌握骨干亲本优良特性和重要性状遗传特点的基础上，根据杂交育种基本原理，选用性状优点互补、一般配合力高、遗传背景差异大的推广品种为亲本复合杂交，分别选育具不同遗传背景的保持系和恢复系，再通过配合力鉴定，选育出高产、高含油量、广适应性的油菜新品种中油杂11，同时，具有品质优良、熟期适中、抗性强等优良特性，是中国优质油菜育种的重大突破。具有如下主要特性：①高产：湖北省区试平均单产190.2千克，比对照增产11.34%，居第一位；国家区试2003~2004年长江上、中、下游区试均居第一位，分别比对照增产20.35%、25.71%和11.97%。②适应性广，稳产性强：湖北省及国家区试共计79个试验点，增产点次占85%以上，3个年度均获得高产；菌核病发病率和病指均低于国内外公认的抗性对照中油821，抗倒抗冻性好。抗性好是适应性广和稳产性强的基础。③高含油量：国家区试长江上游46.68%，中游46.21%，下游44.84%，分别比对照高出8.66、6.48和2.78个百分点。④高产油量：国家长江上、中、下游区试，两年平均产油量均居第一位，分别比对照增产29.41%、28.07%和20.94%。⑤不育系不育性稳定，制种安全性高：专家现场鉴定，不育系不育株率98.4%，杂种恢复率95.7%。

通过对中油杂11高含油量基因位点的鉴定与遗传解析，明确了亲本中高含油量基因位点的分布；建立了基于SRAP标记的遗传距离预测产量杂种优势的方法，增强了杂交组合配制的目的性，提高了强优势组合选配的成功率，指导培育出“中油519”等一系列高产高含油量新品种。

研究建立了配套栽培技术，推广应用面积逐年增大。2006~2010年连续5年被列入湖北省主推品种，2006~2008年连续3年被农业部确定为唯一没有变化的整个长江流域主导品种，2010年再次被农业部确定为长江流域主导品种；在鄂、湘、赣、川、黔、皖、渝、陕、宁等省（市、自治区）累计推广3 240万亩以上，是国内适应范围最大，推广区域最广的油菜品种，创社会经济效益23亿元以上，通过引种试种，在国外推广30多万亩，出口种子16.5万千克，创汇99万美元，成为我国首个走出国门出口创汇的冬油菜品种，取得了显著的社会经济效益。

仔猪健康养殖营养饲料调控技术及应用

主要完成单位 中国农业科学院北京畜牧兽医研究所、南京农业大学、北京大北农科技集团股份有限公司、武汉邦之德牧业科技有限公司、建德市维丰饲料有限公司、辽宁禾丰牧业股份有限公司

主要完成人员 张宏福、王　恬、宋维平、顾宪红、卢庆萍、唐湘方、吴晓峰、洪作鹏、王振勇、丁洪涛、张玳华

起止时间 1992年10月~2007年10月

获奖情况 2011年国家科学技术进步奖二等奖

内容提要

项目针对中国养猪业由传统向现代养殖快速发展对乳仔猪饲料配制技术国产化的重大技术需求，在国家及地方科技攻关、自然基金项目、国际合作等14个课题的支持下，从系统调研仔猪饲养和饲喂模式、不同日龄断奶饲养体制生理应激及其成因、饲料原料营养特性和抗营养作用的减灭、对养分营养需求、肠道健康及微生态平衡特性着手，采用生理生化学、组织及免疫学、营养学、微生物生态及工程学、饲料加工、精细化工等多学科结合，历时15年集成攻关和推广应用，研制出具有自主知识产权、保障乳仔猪健康养殖和高效生产的新饲料添加剂2个，预混合饲料产品3个（系列），浓缩饲料产品2个（系列），配合饲料产品2个（系列）。示范规模猪场仔猪60日龄体重达23.5~25.5千克，6~20千克阶段料重比达1.36：1~1.55：1，育成仔猪提高1.2~1.5头/窝。

本项目已累计推广生产乳仔猪配合饲料931.2万吨，预混料68多万吨，添加剂3.5万吨，销售收入达435亿，利税达60多亿元，养猪户产生间接经济效益205.1亿元。仅据部分用户近3年统计数据显示，该成果新增产值195亿元，新增利税26亿元，农户经济效益197.2亿多元，社会效益明显。

本项目发表研究论文80篇，出版著作2部。获省部级科技进步奖4项、授权专利5项、制定国家标准1项；获新饲料添加剂证书2个、国家及省级重点科技新产品5个。

二、省部级奖

高耐湿、高抗病、高产、广适应性芝麻新品种中芝13的选育与应用

主要完成单位 中国农业科学院油料作物研究所、湖北中农种业有限责任公司

主要完成人员 张秀荣、危文亮、张艳欣、王林海、刘春明、刘　焱、何　平、崔向华、熊汉云、王晓玲、孙　建、和剑涵、赵应忠

起止时间 1996年1月~2010年12月

获 奖 情 况 2011 年湖北省科技进步成果奖一等奖

内 容 提 要

针对长期制约湖北等我国江淮芝麻主产区渍涝害和病害重大技术难题，采取加大选择压力、同步定向和异地穿梭育种技术路线，历经 10 年选育成“三高一广”新品种中芝 13。2003 ~ 2004 年参加国家区试，2005 年 4 月通过国家鉴定。创新了科研单位与种业公司合作开发推广模式，实现了年均推广面积最大化和对产业持续支撑作用。

中芝 13 的主要特点：①是我国江淮芝麻主产区耐湿性最强的品种：在 2003 ~ 2004 年湖北及江淮芝麻产区大范围遭受罕见多雨湿害胁迫致国家（江淮片）区试产量普遍较低情况下，中芝 13 表现耐湿抗逆能力最强，亩产和增产率均居第一位；对湖北及江淮主栽芝麻品种耐湿性鉴定，中芝 13 的生理生化和表型等指标均显著优于其他品种。②兼抗两大主要芝麻病害，抗病能力居参试品种首位：国家区试中芝 13 茎点枯病病株率比对照低 41.07%，病情指数比对照低 31.16%，生产试验中，该病发病率和病指比对照低 38.09% 和 43.89%，抗性最强；河南农科院植保所对中芝 13 抗病性鉴定结果为茎点枯病和枯萎病抗性均达高抗等级。③区试产量居第一位，增产率居近 10 年国审（鉴）芝麻品种之首：中芝 13 在区试中平均亩产 67.61 千克，比对照豫芝 4 号增产 13.04%，达极显著，居同一轮参试品种第一位；生产试验中，湖北、河南等 4 省 12 个点全部增产，平均亩产 75.95 千克，比对照增产 13.38%，居第一位；④适应性广。已在湖北及河南、安徽、江西等主产省广泛应用，引种到湖南、四川、浙江、河北、新疆等多省均适宜种植并已推广，是迄今我国芝麻适应性最广的品种。⑤品质优，外观品质好。区试中，平均含油量 56.58%，比对照高 0.56 个百分点，种色纯白，薄皮大粒，适合多种用途。

推广应用情况：建立了中芝 13 全程种子质量控制和全市场化运作“双全”推广模式，极大地加快了品种推广速度，在湖北等芝麻种子市场中单一品种份额名列前茅，生产种植覆盖率达江淮芝麻主产区 25% 以上，累计应用面积达 1 110万亩，新增效益 63 127.6万元，2008 ~ 2010 近 3 年累计新增 44 317.38万元。

金丝桃素抗 PRRSV 和 FMDV 研究及其新制剂的研制

主要完成单位 中国农业科学院兰州畜牧与兽药研究所

主要完成人员 梁剑平、尚若锋、王曙阳、王学红、蒲秀英、罗永江、崔 颖、郭志廷、郭文柱、陶 蕾、张永红、刘 宇、陈积红、王 玲、郝宝成

起 止 时 间 2005 年 1 月 ~ 2009 年 7 月

获 奖 情 况 2011 年甘肃省技术发明奖二等奖

内 容 提 要

本成果应用于兽医传染病防治领域。猪高致病性蓝耳病是 2006 年以来对养猪业造

成最为严重的疫病之一，感染率极高，死亡率可达 100%。由于该病是由猪蓝耳病变异的新病毒株引起的，当时无疫苗进行预防。在农业部兽医局的指定下，在部分地区将我所研制的金丝桃素用于高致病性蓝耳病疫情的控制，取得了较好的防治效果。口蹄疫是一类动物传染病，在我国对口蹄疫的预防措施是疫苗免疫，但疫苗接种后到抗体的产生时间较长（7～21 天），因此使用抗病毒药物对疫区周围环状地带和疫区单边带状地带等警戒区进行辅助防治非常重要。另外，由于野生动物具有迁徙的特性，不可能对它们定时进行注射疫苗预防，因此，寻找一种有效的防治野生动物疫病的药物或控制疫源扩散的方法显得非常重要。

本项目研制出防治猪高致病性蓝耳病和口蹄疫的有效中兽药，用于家畜免疫空白期或野生动物传染病的防治。同时，也用于兽医临床中常见的疾病，如犬瘟热和牛病毒性腹泻等。本项目成果的主要内容是在贯叶连翘活性成分提取分离的基础上，研制出具有抗 RNA 病毒活性的金丝桃素（hypericin）及其口服制剂—可溶性粉。首次对口蹄疫病毒（Foot and mouth virus，FMDV）、猪繁殖与呼吸综合征病毒（Porcine reproductive and respiratory syndrome，PRRSV）、犬瘟热病毒（Canine distemper virus，CDV）、牛病毒性腹泻病毒（Bovine viral diarrhea virus，BVDV）进行体外抗病毒试验；人工感染动物体内预防或治疗试验；以及对仔猪肺泡巨噬细胞中 IFN-γ 分泌的影响研究。最后，研究了对免疫抑制小鼠的免疫器官指数、自由基相关酶活性、血清细胞因子及 T 淋巴细胞亚群的影响。结果表明金丝桃素对 FMDV、PRRSV、CDV 和 BVDV 具有较强的直接抗病毒作用，且抗病毒谱广，同时，具有一定的提高机体免疫力的作用。

金丝桃素的研制和开发均具有自主知识产权，一旦被允许用于防治野生动物口蹄疫、猪高致病性蓝耳病等疾病、犬瘟热以及牛病毒性腹泻等疫病的防治，将会产生巨大的经济效益和社会效益，对于推动畜牧产业的持续、健康发展，都具有不容质疑的重要意义。

中兽药复方新药“金石翁芍散”的研制及产业化

主要完成单位 中国农业科学院兰州畜牧与兽药研究所

主要完成人员 郑继方、李锦宇、罗超应、罗永江、王东升、李建喜、梁　歌、李锦龙、汪晓斌、谢家声、瞿自明、辛蕊华、王贵波、严作廷、胡振英

起止时间 1995 年 1 月～2010 年 12 月

获奖情况 2011 年甘肃省科技进步奖二等奖

内容提要

本项目属于畜牧兽医科学领域中的中国兽医学范畴。

本成果在传统中兽医辨正施治理论指导下，针对我国家禽集约养殖条件下的细菌、病毒性疫病频发，病原耐药、抗生素及单体药物残留愈发显现的严峻现实，采用主、

辅、佐、使复方配伍技术，创制出甘肃省第一个防治家禽感染性疾病的国家级中兽药新产品“金石翁芍散”（禽瘟王）。具有清热解毒，扶正祛邪，除湿止痢等功能。用于治疗禽霍乱、法氏囊、鸡大肠杆菌病和白痢等。临床用量成年鸡2克/天，连用3~5天；混饲20克/千克饲料，连用3~5天；小鸡减半。

制剂根据传统的生产工艺，结合兽药GMP的要求，质量标准在传统显微鉴别基础上增加了薄层鉴别，有效地控制了产品质量。毒理学试验表明：该药无急性、亚急性、蓄积性、亚慢性、慢性毒性，无致畸、致突变、致癌作用，无休药期。

该药不仅具有独特的抗击禽霍乱强毒的性能，而且还具有3个月的持续免疫保护期；预防1月、2月和3月组的绝对保护率分别达到90%、80%和70%；对鸡白痢和鸡大肠杆菌病治愈率为80.0%、有效率为90.0%。

本成果是用中兽医药复方治疗家禽感染性疾病的一次突破性进展，开创了我国研制新型抗感染中兽药复方制剂的先河。产品的应用有利于安全性动物源食品生产，增加我国动物性食品的出口创汇能力，促进我国养殖业的健康持续发展。

该成果2010年获得国家级新兽药证书和两项专利，建立了2条产业化的GMP生产线，生产应用1 200多吨，治疗感染性疾病家禽4亿余羽。经中国农业科学院农经所测算：获得经济效益8.3亿元。平均每年能为社会增加1.66亿元；用于该项科研成果的每1元的研制费用，可为社会增加35.58元的纯收益，养殖户使用该药，每1万只鸡可增加1.2万元的纯收入，经济效益非常显著。本成果所生产的产品均系纯天然药物，将其用于畜禽疾病的防控中，从而替代或减少了单体药物和抗生素在畜禽养殖生产中的使用，降低了人工合成产品通过畜禽向环境中的排放，环境效益显著。

新疆杏子主栽品种品质数据库建立和贮运加工技术开发与示范

主要完成单位 中国农业科学院农产品加工研究所、新疆农业大学、新疆农业科学院、新疆大学

主要完成人员 王　强、杨海燕、张　谦、王　亮、田金强、冯作山、过利敏、王春艳、张　辉、赵晓梅、周家华、孔令明

起止时间 2008年1月1日~2010年12月31日

获奖情况 2011年新疆维吾尔自治区科学技术进步奖二等奖

内容提要

本项目针对新疆杏产业发展存在的主要问题，围绕“原料、贮藏、加工、综合利用”等产业链各关键环节，从“杏加工品质评价、贮运保鲜与商品化处理、精深加工与综合利用、贮运加工标准体系与全程质量控制技术”4个方面入手，对制约新疆杏产业发展的重大关键技术问题开展系统研究。

具体项目内容为：①加工品质评价方面，构建了基于Microsoft Dotnet平台的新疆杏品种资源加工品质基础数据库，确定了针对杏汁、杏干、仁用杏和鲜食杏4大类杏子产

品品质评价的核心指标、评价模型及评价标准，筛选出了杏加工专用品种；②贮运保鲜与商品化处理方面，在揭示新疆杏采后生理病理的基础上，针对陆路运输、陆空运输、冷链物流和非冷链物流等不同运输方式，提出了防止杏贮运过程中褐变、腐烂、冷害及延长贮运保鲜后货架期的技术措施，使新疆杏走出边疆；③精深加工与综合利用方面，攻克了洁净杏干的太阳能干制技术、杏浆（汁）及固体饮料加工中的防褐变技术、固体饮料速溶及稳定化技术、杏仁蛋白中性蛋白酶复合改性技术、杏皮渣膳食纤维酶法提取和高品级杏核壳活性炭制备等技术，开发了非金属平板芯太阳能干燥装置、洁净杏干、杏固体饮料、杏仁活性肽、杏仁蛋白粉、高品级杏核壳活性炭、杏皮渣膳食纤维粉和杏皮渣类胡萝卜素软胶囊等产品，提升了杏干的质量安全水平，实现了杏资源的精深加工与综合利用；④杏加工标准与质量控制方面，构建了加工标准体系框架图，建立了加工标准体系，确定了加工产品的关键控制点和操作控制点，建立了加工全程质量控制技术规程。

鉴定委员会专家一致认为，该项目成果达到了国际先进水平，研发的技术产品切合产业发展方向和市场需求，具有广阔的推广应用前景。项目获得新工艺 8 项，开发新产品 9 个，出版著作 1 部，发表文章 23 篇（其中，SCI 文章 2 篇），获得专利 2 项，申请专利 4 项，获批标准 3 部，制定标准草案 4 部，建立了 1 条杏仁蛋白粉生产线、1 条杏仁活性肽中试线、1 条杏皮渣膳食纤维中试线、1 条杏固体饮料中试线，对杏贮运保鲜技术规程、洁净杏干和杏仁蛋白粉进行了产业化示范。

目前，本成果转化实现累计实现产值 2.44 亿元，总利润 7 125.85万元。已收购加工鲜杏原料 23.04 万吨，带动农户 22 758户，户平均增收约 2 141元，累计增收 4 874万元。在洁净杏干的太阳能干制领域累计培训技术人员 400 人次，带动农民 2 000余人次。通过项目的推广应用，提高了产品附加值与市场竞争力以及杏子加工产品质量与安全水平，带动了农民就业，促进了农民增收，对加快新疆新农村建设、积极构建和谐社会、固边富民等具有重大战略意义和现实意义。

棉田高毒农药替代品种筛选及实用技术研究与应用

主要完成单位　中国农业科学院棉花研究所

主要完成人员　马　艳、彭　军、崔金杰、马小艳、雒珺瑜、李淑英、姜伟丽等

起 止 时 间　2007 年 1 月 ~ 2010 年 12 月

获 奖 情 况　2011 年河南省科技进步奖二等奖

内 容 提 要

该成果采用室内活性测定与田间药效试验相结合的方法，综合运用农药学、农药毒理学等基础理论和方法，以棉田主要害虫棉铃虫、棉蚜、棉叶螨、盲椿象等为研究对象，研究制定不同靶标害虫的新农药筛选方法，探索新型药剂的杀虫范围、使用剂量和施药适期等田间应用技术，提出精准施药技术措施；运用抗性生物学测定方法，监测评

估主要害虫对新型农药的抗药性水平及抗性风险；并以异色瓢虫、草间小黑蛛和中华草蛉等主要天敌为试材，研究建立新农药对棉田天敌及环境的安全评价技术体系，最终集成棉田高毒农药替代品种实用技术规程。在此基础上，通过建立示范区，对高毒农药替代品种实用技术进行大面积示范试验和推广应用，确保良种良法配套，使科研成果迅速转化为现实生产力，为中国棉花生产的高效和可持续发展提供技术保障。

优质、广适油桃新品种中油桃4号、中油桃5号的育成与应用

主要完成单位 中国农业科学院郑州果树研究所

主要完成人员 王志强、牛　良、刘淑娥、鲁振华、宋银花、崔国朝、朱运钦、宗学普等

起止时间 1992年1月~2008年12月

获奖情况 2011年河南省科技进步奖二等奖

内容提要

中油桃4号和中油桃5号是中国农业科学院郑州果树研究所通过有性杂交和生物技术手段相结合，聚合多个优异基因，历时16年培育而成的早熟、优质、广适油桃新品种，2003年通过河南省审定，2008年通过国家审定。其主要性状如下。

中油桃4号：果实椭圆形至近圆形，果顶圆，偶有小突尖；缝合线浅而明显，两半部较对称，成熟度一致，平均单果重145克，大果可达264克以上。果皮光滑无毛，底色浅黄，果面全面着鲜红或紫红色，有光泽，艳丽美观。果皮较厚，不易剥离。果肉黄色，粗纤维较少，肉质细而紧密，硬溶质，清脆爽口。风味甜，香气较浓郁。汁液中多，pH值5.0，可溶性固形物含量13%~15%，总糖11.0%，总酸0.696%，维生素8.74毫克/100克，品质优良。半离核。花为铃形，花粉多，极丰产，5年生每亩单产3 400千克以上，比对照品种“曙光”增产26.5%。在郑州地区，正常年份4月初开花，6月12日果实成熟，果实发育期约72天。全年生育期234天。

中油桃5号：果实椭圆形，果顶圆，偶有小突尖；缝合线浅而明显，两半部较对称，成熟度一致。果实大，平均单果重166克，大果可达260克以上。果皮光滑无毛，底色乳白，80%果面着玫瑰红色，充分成熟时整个果面着玫瑰红色或鲜红色，有光泽，艳丽美观。果皮厚度中等，不易剥离。果肉白色，粗纤维中等，软溶质，清脆爽口。风味甜，有香气。汁液中多，pH值5.0，可溶性固形物含量12%~15%，总糖8.59%，总酸0.44%，维生素C 8.82毫克/100克，品质优良。半离核。花为铃形，花粉多，极丰产，五年生每亩单产3 600千克以上，比对照品种“曙光”增产27.8%。郑州地区4月初开花，6月10日果实成熟，发育期约70天。全年生育期238天。

由于中油桃4号、中油桃5号结合了地理上远缘的国外油桃品种Mayfire和国内品种瑞光2号、瑞光3号的优异基因，因此，不仅优质、高产，而且适栽范围广，抗逆性强。经多年、多地区区试和栽培证实，不仅适应华北及黄河流域桃产区，也适应长江流

域及其以南桃产区；不仅适合普通露地栽培，也适合温室、大棚栽培。据2010年中国桃产业状况调查，中油桃4号、中油桃5号已被全国所有桃产区引种栽培，总面积已超过85.5万亩，占全国油桃总面积的47.8%，在黄河流域产区所占比例更达到63.6%，成为全国名副其实的油桃主栽品种，创造了巨大的经济效益和社会效益。

扁形和针芽形名优绿茶品质提升关键加工技术与集成应用

主要完成单位 中国农业科学院茶叶研究所、浙江横峰科技开发有限公司、浙江绿峰机械有限公司、开化县名茶开发公司、浙江省诸暨绿剑茶业有限公司、宁海县望府茶业有限公司、缙云县“三农”茶果专业合作社

主要完成人员 江用文、尹军峰、叶 阳、求绍余、罗列万、余书平、封晓峰、孙利育、马亚平、胡惜丽、袁海波、俞学文、王茂强

起止时间 2003年10月~2010年12月

获奖情况 2011年浙江省科技进步奖二等奖

内容提要

系统研究了摊放过程中鲜叶品质成分的变化和品质调控机理，明确了鲜叶摊放的最佳环境条件和摊放适度评价指标；首次研制出名优绿茶鲜叶自控摊放贮青机和自控摊放室，采用立体轨道式鲜叶输送和人工微域调控技术，实现了茶鲜叶的自动摊叶、品质精准调控以及连续化作业。

揭示出扁形茶手工做形的关键手法，研制出柔性炒手关键部件。研制出结构全新的扁形茶炒制机、全自动茶叶炒制机、龙井茶做形机等扁形茶做形设备，生产工效较手工提高3倍以上，品质可达到手工制作水平，较多功能机加工提高1~2级，解决了多年来扁形茶无法机械化做形的技术难题。

探明了适合茶叶提香的远红外波段，集成远红外组合发射技术、全程无间断照射技术研制出新型远红外提香设备，实现茶叶均匀提香和快速冷却的连续化作业，同原有技术相比，可节省时间80%以上，且香气强度明显提升。

集成提出了适应不同加工规模和不同品质风格的扁形、针芽形名优绿茶机械化连续化加工技术流程，组建连续化示范生产线。其中，扁形茶生产线的劳动生产率比手工提高10倍以上，品质达到手工制作水平，针芽形茶生产线的劳动生产率较间歇式提高1倍以上，品质提高1个等级，生产成本显著降低。

经专家鉴定，该项目成果总体上达到了国际先进水平，其中，鲜叶摊放技术、扁形茶做形技术达到国际领先水平。项目研制的机械设备已实现产业化，累计销售5.1万台，在全国范围内推广名优绿茶连续化生产线32条。项目成果累计取得直接经济效益7.6亿元，间接经济效益27.5亿元，对提升当地茶叶加工技术水平，促进当地茶业发展和茶农增收发挥了重要作用。

猪圆环病毒2型分子免疫基础及防治技术研究

主要完成单位 中国农业科学院兰州兽医研究所

主要完成人员 柳纪省、李宝玉、李志勇、李学瑞、娄忠子、马友记、兰 喜、杨 彬、殷相平、张 韵

起 止 时 间 2008年6月～2010年6月

获 奖 情 况 2011年甘肃省科技进步奖二等奖

内 容 提 要

1. 对自行分离的3株PCV-2流行毒株进行了全基因组的测定、基因图谱绘制并建立了遗传进化树。

2. 为了确定PCV-2核衣壳蛋白上的优势B细胞表位，分段表达了3条多肽片段，将表达的融合蛋白纯化后免疫BALB/c小鼠，制备并筛选出7株针对Cap蛋白的单克隆抗体。利用dot-ELISA和多肽扫描技术，于国内外首次确定了Cap蛋白122～136位的肽片段为优势B细胞表位；利用ELISPOT和ICS技术，于国内外首次从PCV-2 Cap蛋白上筛选并鉴定了3个细胞毒性T淋巴细胞表位。

3. 建立了3种PCV-2的检测方法。①快速检测病原的PCR方法；②用表达的多肽片段建立了检测抗体的间接ELISA方法；③用本研究筛选的单抗建立了检测抗原的双夹心ELISA方法，该方法主要用于制苗抗原的定量检测和病原的检测。

4. 试制了4种针对PCV-2的基因工程疫苗。即表达PCV-2 Cap蛋白的重组腺病毒活载体疫苗、共表达Cap蛋白和猪γ-干扰素的真核细胞双表达质粒pBud-IFN-PCV的DNA疫苗、用本研究已鉴定的4个抗原表位设计的合成肽和表位肽疫苗。对以上4种疫苗分别进行了免疫学方面的研究，动物实验表明4种疫苗均能诱导BALB/c小鼠和本动物产生较强的体液免疫和细胞免疫反应，抗体检测和细胞因子检测数据证实，表位肽疫苗的免疫效果较其他3种疫苗更好。

本研究建立的PCR诊断方法及检测抗体的间接ELISA方法和检测抗原的双夹心ELISA方法为PCV-2的流行病学调查及免疫学研究创造了条件；Cap蛋白上一个B细胞优势表位及3个CTL细胞表位的鉴定为PCV-2感染的细胞免疫机制研究奠定理论基础，也为研制针对性更强的PCV-2不同种类的基因工程疫苗提供了理论依据并奠定了良好的前期实验基础。

珍贵毛皮动物（貂、狐）高效养殖增殖关键技术

主要完成单位 中国农业科学特产研究所

主要完成人员 杨福合、邢秀梅、高秀华、刘 伟、刘汇涛

起 止 时 间 2005年1月～2009年12月

获 奖 情 况　2011 年吉林省科技进步奖二等奖

内 容 提 要

本项目针对制约水貂、蓝狐养殖业发展中的关键技术难题，紧密围绕水貂、蓝狐的营养需要和饲料的合理配制、主要疫病的检测和防治、规范饲养管理技术、毛皮初加工技术等进行了系统研究，提出了适合中国珍贵毛皮动物（貂、狐）规模化养殖的饲养和管理模式，为我国毛皮动物产业的可持续发展提供科技支撑和技术示范。该项目已经在吉林、辽宁、山东等省的 22 个示范场、349 个养殖场进行了示范推广，取得了显著的经济效益和社会效益。项目成果对调整农业产业结构，满足市场需求，发展区域经济，增加农民收入，优质裘皮原料的提供具有重要作用。

CO_2 诱导植物修复技术研究与污染农田修复试验示范

主要完成单位　农业部环境保护科研监测所

主要完成人员　唐世荣、宋正国、赵玉杰、丁永祯、居学海、王瑞刚、郭军康、蒙冠禧、郑　健、刘钦云、杨益新、刘文军

起 止 时 间　2007 年 3 月 ~2010 年 12 月

获 奖 情 况　2011 年天津科技进步奖二等奖

内 容 提 要

研究了 CO_2、微生物和土壤调理剂单一或联合作用对植物生长、元素吸收及生理生化特征的影响，在此基础上建立 CO_2 诱导、微生物和土壤调理剂为主体的集成修复技术理论体系；在技术理论研究的基础上，通过大田试验示范，形成了若干套污染农田生态修复模式并进行大面积推广，获得较好效益，包括单一 CO_2 诱导植物修复重金属等污染农田模式；CO_2—微生物联合作用修复重金属等污染农田模式；以赤泥、海泡石、石灰、骨炭和硅肥等为主要成分的土壤调理剂与综合农艺措施修复模式；间/套作和超低量积累农作物修复模式。

自 2008 年以来，在天津、湖南、广西壮族自治区（全书简称广西）推广应用获得了成功，形成了以省、市、县级农业环保监测站牵头、地方农业局和农科所为支撑、村镇 + 农户为基本实施单位的技术推广模式，受到国内相关媒体关注（广西环江县修复重金属污染土地初见成效，http：//www. gesep. com，2011 年 05 月 09 日，来源：广西日报）。累计推广面积 88 400亩，当地农民累计总收益在 1. 2 亿元以上。

经专家鉴定，该项目的该项研究成果在国内外同类研究中，总体上处于国际先进水平，其中，CO_2 诱导修复理论与技术研究达到国际领先水平。

农田土壤重金属污染钝化修复技术

主要完成单位　农业部环境保护科研监测所

主要完成人员 徐应明、王　林、梁学峰、孙　扬、秦　旭、孙国红、林大松、戴晓华、孙约兵、王　倩、林海涛、唐　腾

起 止 时 间 2001 年 3 月 ~2010 年 12 月

获 奖 情 况 2011 年天津市科技进步奖二等奖

内 容 提 要

该成果是在国家"863"计划项目（2008AA06Z334）、国家自然科学基金项目（20077014）以及天津市自然科学基金项目（10JCYBJC06300）等支持下研究取得的。项目从 2001 年起陆续开展了实验室合成实验、模拟培养实验以及盆栽实验，并在此基础上，在天津某污灌菜地开展了田间小区实验，在广西、山东以及天津等地开展了大规模田间示范与推广，获得了系统而重要的研究成果和可观的经济、社会效益以及生态效益。

该项技术成果针对我国农田土壤重金属污染日趋严重且主要以中轻度污染为主的现状，在自主研制新型环境功能材料的基础上，通过系统研究，建立了新型农田土壤重金属污染原位钝化修复技术体系，应用该修复技术可以使土壤重金属有效态降低率达到 60% 以上，农产品中，重金属含量达到国家食品卫生标准的要求。与国内外同类技术相比，该项目开发的介孔分子筛材料、功能膜材料均为新型环境功能材料，对环境中有毒有害重金属镉、铅等具有富集和钝化速度快、效率高、稳定性好等特点；而且该类功能性材料制备所需原材料价格便宜、控制条件温和，具有投入产出比和性能价格比高以及成本低等特点；同时，该类功能性材料骨架主要组成为 Si、O，构建的功能基团为-SH，对环境无有害影响。

该项技术成果已在广西、山东以及天津等地开展了田间示范与推广应用，取得了良好的经济效益和社会效益。累积示范面积 1.05 万亩，推广应用面积 3.3 万亩，获得经济效益 1.15 亿元；同时，对促进农产品安全生产，保障人体健康，提高人民生活质量方面起到了重要作用。

近年来，中国农田土壤重金属污染日趋严重，且主要以中轻度污染为主，将这些大面积的中轻度污染土壤停止耕作进行长期修复是不现实的。本项目开发的新型农田土壤重金属污染原位钝化修复技术，可以在不影响农业生产的情况下，对大面积中轻度污染的农田土壤进行大规模修复，在进行有效监测和评价的基础上，可以实现"边修复边生产"。因此，采用本项目开发的修复技术，一方面可以有效治理农田土壤重金属污染，促进农产品安全生产；另一方面可以实现农业生产的可持续发展。

林下人参、西洋参生产关键技术研究与示范

主要完成单位 中国农业科学院特产研究所

主要完成人员 张亚玉、孙　海、孙长伟、吴连举、许世泉、郑培和、高　明、邵　财、王志清、刘继永、逄世峰、关一鸣、魏云洁、郭　靖、焉　石、孙成贺

起 止 时 间　2008 年 1 月 ~ 2010 年 12 月

获 奖 情 况　2011 年吉林省科技进步奖三等奖

内 容 提 要

完成了对吉林省主要林下参产区的生境调查，并对生长优、劣林下参的树种、坡度、坡位、坡向及生态环境进行了比较研究，结合完成的野山参生境调查资料，形成了适宜林下参发展的生境条件。完成了野山参和林下护育人参根区土壤容重、土壤含水量等物理指标；土壤 pH 值、有机质、土壤全量 NPK 及速效 NPK、土壤无机营养元素等化学特性及土壤微生物群落特性等研究；明确了适宜林下参生长的土壤物理、化学及生物学特性，为林下参的科学选地提供了理论数据。完成了林下护育人参、西洋参不同生育时期根区土壤容重、土壤含水量、土壤 pH 值、土壤有机质、土壤全量 NPK 及速效 NPK 的测定；明确了林下人参和林下西洋参在生长过程中对土壤养分的影响和需求的差异，为我省更科学地发展林下人参和林下西洋参提供了理论参考。完成了林下护育人参根区土壤对形体影响的研究；结合野山参根区土壤的特征和优劣林下人参生长根区土壤的特征，提出了发展林下参最适宜的土壤物理构型和养分含量特征及土壤的不同特征对林下参形体的影响。综合此研究结果，建立了新的林下参护育技术体系，完善了已有的林下参护育技术规程。

坏死梭杆菌分离鉴定和白细胞毒素免疫原性研究

主要完成单位　中国农业科学院特产研究所

主要完成人员　陈立志、杨桂连、张秀华、程世鹏、刘晓颖、叶春光、廉世珍、魏海军、司方方、赵家平、苏伟林、李　生、冯二凯

起 止 时 间　2008 年 1 月 ~ 2010 年 12 月

获 奖 情 况　2011 年吉林省科技进步奖三等奖

内 容 提 要

本项研究采用病原生物学、生物制品学和分子生物学技术，开展了牛源致病性坏死梭杆菌和节瘤拟杆菌的研究，通过项目攻关，采用常规厌氧菌分离方法，分离了 4 株牛源坏死梭杆菌，对分离菌株进行了分子生物学鉴定；建立了白细胞毒素启动子区亚型的鉴定方法；利用高效发酵培养技术，筛选出适应产业化生产的利用国内原料的专用坏死杆菌液体培养基；建立了以牛、羊腐蹄病的主要病原节瘤拟杆菌的 DNA 检测为基础的高度敏感性和特异性诊断方法；以分离的坏死梭杆菌 F4 株基因组为模板，PCR 扩增了坏死梭杆菌白细胞毒素基因（lktA）的 *BSBSE* 和 *SH* 基因片段，构建了原核表达质粒，检测目的蛋白具有反应活性；构建了坏死梭杆菌白细胞毒素基因的 *BSBSE* 片段和 *SH* 片段融合基因原核表达质粒，实现了 *BSBSE* 和 *SH* 融合表达，检测融合蛋白具有反应活性；利用分离菌株制备的灭活疫苗进行了疫苗的免疫推广，使发病率由原来的 15% 下降到 3% 以下，有效地控制了腐蹄病的发生。

我国 H5N1 亚型高致病性禽流感病毒抗原变异株的鉴定及防控研究

主要完成单位 中国农业科学院哈尔滨兽医研究所

主要完成人员 陈化兰、李雁冰、田国彬、施建忠、曾显营、姜永平、刘丽玲、邓国华、王秀荣

起止时间 2006 年 1 月 ~2010 年 12 月

获奖情况 2011 年黑龙江省科技进步奖三等奖

内容提要

首次在国内分离鉴定了具有抗原性变异的 H5N1 亚型高致病性禽流感病毒——山西鸡型病毒，并通过疫情诊断和流行病学调查明确了该类变异株病毒在中国家禽中的地域分布。2006 年 2 月，从山西一养鸡场发生 H5N1 亚型高致病性禽流感，该起疫情特点是免疫抗体水平较好的种鸡群发病死亡。病原分离鉴定得到一株 H5N1 亚型高致病性禽流感病毒 A/chicken/Shanxi/2/2006（H5N1）（CK/SX/06（H5N1）），对该分离株的基因组序列测定、遗传进化及抗原性分析，发现该毒株的 8 个基因片段与我国曾发现的 H5N1 亚型禽流感病毒，包括南方水禽型、青海野鸟型及新疆鸡型病毒均具有明显的差异，属于一新基因型，将其命名为“山西鸡型”禽流感病毒。更为重要的是，该“山西鸡型”病毒具有较大的抗原变异性，当时我国广泛使用的 A/goose/Guangdong/1/96（H5N1）（GS/GD/96（H5N1））病毒衍生的疫苗（H5N1，Re-1 株）对其只能提供 80% 的免疫保护性。随后的疫情诊断及流行病学调查发现，该“山西鸡型”病毒广泛流行于山西、宁夏等省、自治区的免疫鸡群，引起产蛋率大幅下降及高达 30% 的死亡率。

自主研制了针对该“山西鸡型”变异株的基因重组灭活疫苗（H5N1，Re-4 株），疫苗在受 H5N1 高致病性禽流感病毒变异株威胁地区大量推广 。应用本实验室成熟的流感病毒反向遗传操作技术（RGS），以 CK/SX/06（H5N1）病毒为 HA 基因供体，研制了具有自主知识产权的基因重组禽流感疫苗株，制备了针对“山西鸡型”变异株的油乳剂灭活疫苗，对该疫苗的安全性、最小免疫剂量、免疫效力、免疫持效期及保存期等进行了系统研究。于 2006 年 8 月获得了农业部紧急生产批准文号，即投入生产，应用于“山西鸡型”变异株的流行地区及受威胁地区，使该变异株疫情得到了有效控制。该变异株疫苗（H5N1，Re-4 株）目前已转让给多家动物生物制品生产厂家。自 2006 年以来，该变异株重组疫苗已累计推广使用约 60 亿羽份，累计销售额约 6 亿元人民币，为我国禽流感的防控及养禽业作出了卓越贡献，创造了巨大的经济效益和社会效益。

外来入侵植物黄顶菊生态影响和防控关键技术研究与应用

主要完成单位 农业部环境保护科研监测所、中国农业科学院农业环境与可持续发

展研究所、中国农业科学院植物保护研究所

主要完成人员 杨殿林、张国良、李香菊、付卫东、皇甫超河

起止时间 2008 年 1 月 ~2010 年 12 月

获奖情况 2011 年天津市科学技术进步奖三等奖

内容提要

黄顶菊（*Flaveria bidentis*）原产于南美洲，是一种新入侵我国的一年生恶性杂草。本项目通过研究黄顶菊入侵的生物生态学机制，研发了高效、低毒、低残留、保护植物多样性的黄顶菊应急控制技术。并针对黄顶菊在我国主要发生区气候因素、作物栽培模式、疫情发生和传播规律及其化感作用，科学选择植物种类、制定栽培措施，确定了对黄顶菊具有竞争力的植物及植物组合，总结出了一套能够有效控制黄顶菊蔓延和减轻危害的生态调控和生态修复技术；提出了以“覆盖、刈割、控肥、替代和化防”为核心，将物理措施、生物替代、农艺措施、化学防除及植物多样性保护相结合，形成了高效、安全、经济、持续的黄顶菊防控技术体系。

绿茶机械化加工技术及配套设备

主要完成单位 农业部南京农业机械化研究所

主要完成人员 肖宏儒、宋卫东、钟成义、曹曙明、朱志祥、秦广明、任彩红、宋志禹、王明友、尹福生、孙云飞

起止时间 2000 年 1 月 ~2010 年 12 月

获奖情况 2011 年度江苏省科学技术进步奖三等奖

内容提要

该成果研究的 6CW 系列茶叶微波杀青机首次应用微波技术取代传统的热传导加热杀青方式，具有杀青时间短，受热均匀的特点，能及时钝化鲜叶中的氧化酶，提高茶叶品质。同时，采用单元拼装结构，安装便捷，组合灵活，可满足不同生产需求。

研究开发的 6CWY 系列茶叶微波远红外组合提香与干燥设备实现了微波技术与远红外技术的有机组合，提高了茶叶的香气，弥补了单纯微波杀青茶叶香气不足的缺陷，可广泛应用于茶叶加工、流通领域中的茶叶复烘、保鲜和提香。

研究开发的新型茶叶连续理条机与连续整形机实现了茶叶理条、整形加工的连续化和不落地加工，填补了国内空白，为茶叶自动化连续加工提供了技术支撑。

研究开发的茶叶急冷保鲜设备提高了加工后茶叶的内含营养物成分含量，极大地延长了茶叶保鲜时间。既可单机连续生产，又能与微波等加工设备组成加工流水线，保证了机械加工的连续性和单一机械化作业的独立性。该技术成果已获发明专利 3 项，实用新型专利 5 项。

三、院级奖

三系抗虫棉生物育种技术体系创建及应用

主要完成单位 中国农业科学院生物技术研究所、邯郸市农业科学院

主要完成人员 郭三堆、张 锐、马维军、王 远、孙国清、任爱民、孟志刚、张 晓、周 涛、宋玉田、史 计、杨付新、邹 奎、付小琼、金石桥

起 止 时 间 1998 年 1 月～2010 年 12 月

获 奖 情 况 2011 年中国农业科学院科学技术成果奖特等奖

内 容 提 要

成果采取了分子育种、遗传转育、基因聚合、免疫试纸及分子标记技术等多技术相结合的互补策略，首次在国际上创建了可应用于生产的高产、优质三系抗虫棉，攻克了原三系杂交棉无抗虫性、不育性不稳、恢复力不强、杂种产量优势缺乏的世界性难题。培育了高产、优质、三系抗虫棉新品种，并实现了大规模生产应用。2005 年由戴景瑞院士、李振声院士、王留民研究员等专家组成的鉴定委员会进行鉴定后一致认为，三系抗虫棉是棉花育种的重大突破，整体技术水平国际领先。

三系抗虫棉指的是由细胞质核互作不育系、保持系和恢复系 3 个亲本材料，其中，不育系和恢复系配组，选配出的具有明显杂种优势的抗虫杂交棉。棉花三系配套研究开始于 20 世纪 60 年代，国内外先后育成了具有哈克尼西棉、三裂棉等野生棉细胞质的不育系及其配套的恢复系，但由于野生棉细胞质对产量具有一定的不利影响，在生产应用上无法体现棉花的杂种优势，而且，它们属于部分雄性不育系，育性不稳定，易受环境条件的影响，因此，没有实现规模产业化。

“三系抗虫棉生物育种技术体系”利用陆地棉细胞质不育系，并聚合栽培棉中存在的恢复加强因子，通过基因工程的方法导入抗虫等性状，配制出具有明显产量优势的三系杂交抗虫棉花新品种，其杂种 F_1 比对照人工去雄杂交抗虫棉 F_1 增产 7%～13%，比常规抗虫棉增产 25% 以上。与目前广泛应用的人工去雄杂交棉相比，该体系在制种技术上，效率提高 40%、产量提高 20%、成本降低 60%、纯度可达 100%、且适宜大规模制种。目前，已获得优良种质材料 300 多份；配置强优势组合 60 多个；国家审定“银棉“2 号”、“银棉 8 号”等三系抗虫棉品种 4 个，累计推广应用 425 万亩，平均比当地主推常规抗虫棉品种增产 16.5%，实现经济效益 8.7 亿元。

我国适宜抗虫三系棉的棉田约有 5 000万亩，若该技术得以普及，则可年增产皮棉 100 万～120 万吨，实现年社会经济效益超过 180 亿元。高产抗虫三系杂交棉的推广应用，不仅大幅度提高了产量，促进了棉花产业的发展，而且提升了我国分子育种技术的国际竞争力。

小麦黄矮病原和品种抗病性鉴定体系创建及关键防治技术研究与应用

主要完成单位　中国农业科学院植物保护研究所
主要完成人员　王锡锋、刘　艳、曹亚萍、吴云锋、赵中华、相建业、吴蓓蕾、周广和、钱幼亭、成卓敏
起止时间　1984年1月~2010年12月
获奖情况　2011年中国农业科学院科学技术成果奖一等奖
内容提要

针对严重影响我国中西部地区小麦安全生产的病毒病问题，在黄矮病毒（株系）鉴定及其快速检测技术、抗病种质资源发掘、创新与新品种培育和预防性控制技术体系组建与示范等方面取得了多项重大原创性的成果，获国家发明专利3项，培育出4个抗病毒新品种，制定行业标准1项，发表学术论文106篇，其中，SCI收录26篇，总被引用611频次，编写和参编著作3部，提升了我国麦类病毒病研究与防治水平。

创建了小麦黄矮病原鉴定体系，首次系统完整地鉴定出引起我国小麦黄矮病的病原种类，明确了其分子特征，率先开发了适应不同检测水平的分子检测方法，揭示了主要病毒在我国不同地区的分布与变异动态。改进了堆测法鉴定麦类种质资源抗黄矮病技术，确定了接种时期、接虫量、调查时期与方法及抗病性评价指标，制定的抗性评价技术已作为行业标准颁布实施。先后鉴定麦类种质资源43 000多份。实现了关键防治技术的系统集成和大面积推广应用，累计推广应用达7 700多万亩，有效地控制了小麦黄矮病10多年未在我国大范围地暴发流行。经济效益评测证明，本项目平均每年增加社会经济效益50 242.94万元，2007~2010年共计新增纯收益总额274 924.18万元，且生态效益也十分显著。

饲料安全关键因子监测评价新技术

主要完成单位　中国农业科学院农业质量标准与检测技术研究所
主要完成人员　苏晓鸥、秦建华、石　波、林炳承、赵根龙、王　静、索德成、王培龙、王瑞国、张　维、程　劼、黄士新、班付国、李　兰
起止时间　2006年1月~2010年12月31日
获奖情况　2011年中国农业科学院科学技术成果奖一等奖
内容提要

建立了饲料中β-受体激动剂等4类禁用药物和氨基糖苷类等4类限用药物的同步检测和确证分析技术体系，覆盖了饲料中47种禁用药物和17种限用药物等主要控制指标；构建了具有我国自主知识产权的β-受体激动剂微流控芯片检测系统，实现克伦特

罗等化合物自动化、高通量和高灵敏检测；建立了饲料安全监管用高纯度基准物质快速、规模化制备技术，并制得蓖麻碱、植物黄酮类和寡糖类等11种高纯度基准物质；形成了国家和行业标准6项，申请专利11项，获得专利1项。该成果在全国饲料质量安全日常监管、应对“瘦肉精”、三聚氰胺等突发事件、保障北京奥运会、国家60年庆典、上海世博会、广州亚运会等重大活动食品安全中发挥了重要作用。

经过专家鉴定，该项目在解决饲料样品高通量处理和多种药物同步检测和确证分析，国内饲料监管用基准物质和寡糖类、植物黄酮类饲料添加剂等研究方面达到国际水平，对于提升我国饲料和畜禽产品质量安全水平，促进饲料和养殖行业健康发展具有重要的意义。

新外来入侵植物黄顶菊防控技术与应用

主要完成单位 中国农业科学院农业环境与可持续发展研究所、农业部环境保护科研监测所、中国农业大学、北京化工大学、河北省农业环境保护监测站、青岛农业大学、中国农业科学院植物保护研究所、西南大学、河北农业大学、沧州市农牧局、北京市植物保护站

主要完成人员 张国良、付卫东、杨殿林、倪汉文、魏　芸、吴鸿斌、李香菊、郑长英、张燕卿、沈佐锐、皇甫超河、李瑞军、谭万忠、王保廷、张建华

起止时间 2006年1月~2010年12月

获奖情况 2011年中国农业科学院科学技术成果奖一等奖

内容提要

“新外来入侵植物黄顶菊防控技术与应用”属于现代农业技术领域。本项目系统研究新外来入侵植物黄顶菊发生为害、传播扩散、种子萌发、幼苗生长、化感机理及种群灾变机制，研究集成了检疫检疫、监测预警、应急防控、生态调控等相协调的综合防控技术体系。①首次明确了黄顶菊传播扩散路径、入侵风险区域、种群发生规律；明确了黄顶菊种子萌发、光敏、休眠特性，植株生长、开花、繁殖习性及耐盐、耐旱抗逆特性。首次分离、鉴定了6种黄顶菊主效化感物质，并揭示了其时空动态变化规律。首次开发了黄顶菊实时监测网络平台、种子图像识别系统，建立了黄顶菊为害评估模型。首次构建了以化学防除为主体，以麦秸、薄膜覆盖为辅助措施的黄顶菊应急控制技术体系；以生物替代技术为主体，结合刈割、施肥等农艺辅助措施的生态修复技术体系。②率先制定了黄顶菊监测技术规程，确定了玉米田防除阈值为每平方米3.5株，棉田防治指标为每平方米1株；明确黄顶菊幼苗3~5叶为防治关键期；开发了黄顶菊种子快速检疫系统，鉴别正确率达到100%，提高工效8~10倍；构建了黄顶菊应急控制技术9套，减少用药次数1~2次/年，节省农药用量40%以上，每亩节省防治成本35~80元，防治效果达到90%以上；筛选了向日葵、紫花苜蓿、高丹草等12种替代植物和组

合，黄顶菊抑制率达到 80% 以上；形成了一些列轻简便的实用技术，集成了一套完整的综合防控技术体系，综合防治效果达到 90% 以上。③发表论文 59 篇；出版著作 3 部；申请专利 13 项，已授权 2 项；制定行业标准 4 项；计算机软件著作权 3 项；获中国农业科学院科学技术成果奖一等奖 1 项。该成果具有速效、安全、经济、简便、持久的特点，对创新国内外来入侵生物防控技术体系具有重要推动作用。在河北、北京等 6 省市 337 个县推广应用，2009 ~ 2010 年监测面积 1 544. 87万亩次，综合防治面积 33. 43万亩次，新增总产值 57 546. 4万元，总节本增效 94 698 万元，累计增收节支总额 152 244. 6万元。

低温压榨花生油与功能性花生浓缩蛋白联产关键技术研究

主要完成单位 中国农业科学院农产品加工研究所、山东省高唐蓝山集团总公司
主要完成人员 王 强、许振国、吴海文、刘红芝、马铁铮、白云可、王新红、刘 丽
起 止 时 间 2006 年 1 月 1 日 ~ 2009 年 12 月 31 日
获 奖 情 况 2011 中国农业科学院科学技术成果奖一等奖
内 容 提 要

以花生为原料，利用低温压榨技术制取花生油和低变性花生蛋白粉，再通过醇提工艺和生物酶法改性技术对蛋白进行浓缩和改性，研制出高溶解性和高凝胶性花生浓缩蛋白产品。项目主要创新之处在于：①明确了冷榨制油与低变性蛋白粉同步制取产业化集成配套技术。通过改变榨油机榨螺与榨笼的结构，保证冷榨出油率达 47%（查新表明，目前最高的出油率为 45. 69%），饼中的残油在 6. 5% 以下。通过自主研发节能器和混合油脱溶设备，采用短链烷烃低温高效萃取技术，使得花生饼粕残油量降到 0. 8%，蛋白含量 55. 8%。②采用醇洗工艺和生物酶法对蛋白进行浓缩和改性，成功地研制出高溶解性和凝胶型的花生浓缩蛋白新产品。其中，溶解型蛋白产品的氮溶指数 80. 26%，在 pH 值 2 ~ 12 的范围内溶解度平均值≥80. 81%；凝胶型蛋白产品的凝胶硬度为 11. 85g，持水性 176. 43%，持油性 205. 12%，各项关键技术指标已达到或超过市售大豆浓缩蛋白对应产品指标，研究内容整体上具有较高的理论水平和实际应用价值。

项目在 2007 年 12 月通过了农业部的科技成果鉴定（鉴定证书号：农科果鉴字〔2007〕第 062 号），国内相关领域专家一致认为，该成果在花生研究领域达到国际领先水平。获得发明专利 1 项（一种同步制取花生油与花生蛋白粉的方法 ZL 200710119386），并在 Food Research International（IF：2. 271）、LWT - Food Science and Technology（IF：2. 114）、农业工程学报（EI 收录）等期刊公开发表论文 8 篇。

该技术已实现了日产 9 万吨的冷榨花生油和 6 万吨的功能性花生浓缩蛋白生产，年销售收入达 16. 1 亿元，利税 1. 53 亿元，产品填补了国内外市场空白，山东高唐蓝山集团总公司成为目前国内规模最大的冷榨花生油和功能性花生浓缩蛋白生产企业。该技术

成果的实施和推广对于拓宽花生蛋白资源利用途径、提高附加值、延长产业链条、提升我国花生加工业的科技创新水平具有重要意义。

棉花工厂化育苗和机械化移栽技术的创制与应用

主要完成单位 中国农业科学院棉花研究所
主要完成人员 毛树春、韩迎春、王国平、李亚兵、范正义、董春旺、李小新、冯　璐、朱巧玲、王香河、杜文丽
起 止 时 间 2000 年 1 月 ~2011 年 12 月
获 奖 情 况 2011 年获中国农业科学院科学技术成果奖一等奖
内 容 提 要

棉花工厂化育苗和机械化移栽技术，是继营养钵育苗移栽之后棉花生产上又一重大革新技术，是棉花生产机械化的关键技术，该技术的突破为提高棉花工厂化、机械化作业水平提供技术保障，减轻用工数量和劳动强度，同时提高单产，具有轻型、简化、适用性广和现代农业的特点。

其技术创新与应用内容包括 4 个方面：一是棉花工厂化育苗和机械化移栽新技术的创建。研制核心产品育苗基质、促根剂、保叶剂、工厂化育苗成套设施和移栽机具，提出技术规范，实现棉花生产的轻简化、工厂化和机械化作业。二是裸苗生长特征和高产机理的研究。揭示裸苗移栽棉花根系建成和自身调控特点，阐明移栽棉花缓苗、成活、生长与光、温、水的互作机理，为轻简高产栽培提供理论依据。三是棉花超高产和棉麦双高产技术的集成应用。创建育苗移栽棉花在三大主产棉区的高产高效技术模式和示范典型。四是基质综合种苗技术的创建。提出基质苗床连续育苗和周年循环育苗多种高效模式，形成育苗通用技术，显著提高育苗土地利用率和降低成本。

其技术经济指标：建立工厂化育苗方法，苗床成苗 400 ~ 500 株/m^2，营养钵成苗 200 ~ 250 株/m^2，单位面积成苗较营养钵提高 60% ~ 100%；节省育苗用地 60% ~ 100%；一粒健籽一株成苗，较营养钵省种 30% ~ 50%；制定机械化移栽技术标准，省工 50% 以上，移栽成活率 95% 以上，返苗期 7 ~ 10 天，与营养钵相当；成功替代营养钵育苗移栽，增产达 6% ~ 20%，增效 80 ~ 136 元/亩。

知识产权情况：新技术具有完全的自主知识产权，已获国家授权专利 7 件，其中，发明专利 3 件，实用新型专利 4 件；正申请专利 3 件，农业部鉴定成果 1 项。制定的标准和技术规程，成为地方、行业制定标准的基础，已制定鄂、皖地方标准 2 个。

推广应用及效益情况：据统计，近 5 年在长江、黄河流域示范推广 500 多万亩，基质综合种苗推广 50 多万亩。试验和示范表明，新技术具有高成苗率、高成活率和高产，以及省种、省工、省地、省时、省力“三高五省”的良好效果。工厂化和机械化新技术已成为 2007 ~ 2011 年农业部主推的轻简技术。

优质早籼中鉴 99-38 的选育、示范推广及产业化开

主要完成单位　中国水稻研究所

主要完成人员　罗　炬、唐绍清、王建龙、焦桂爱、胡培松、邵高能、魏祥进、谢黎虹、陈明亮

起 止 时 间　1995 年 1 月 ~ 2010 年 12 月

获 奖 情 况　2011 中国农业科学院科学技术成果奖一等奖

内 容 提 要

1. 为有效利用美国光身稻的优质特性及直链淀粉含量等品质性状的温度钝感的特性，通过这些温度钝感型光身稻材料与早籼杂交，采用超大分离群体进行丰优抗的严格协调选择，突破早籼米质与产量、抗性的矛盾，选育品质达部颁二级标准以上接近晚籼的优质早籼新品种；

2. 以食用早籼优质化为早籼育种主攻方向，以稻米外观、加工和食味品质为优先考虑因素，即确定外观、整精米率和直链淀粉含量等品质性状优先选择指标，选育具有高整精米率、少或无垩白、透明度好、直链淀粉含量适中的品种中鉴 99-38，从而有效提高稻米商品率和市场价值；开发稻米品质快速鉴定技术，建立稻米品质快速鉴定技术平台，从而有效地对大量样品进行稻米品质快速鉴定与评估；

3. 利用超大 F_2 群体，开展田间与室内双重筛选，感官鉴定与稻米品质理化分析相结合，筛选符合要求的单株和株系；利用异地、异季加速育种进程，并且连续跟踪，筛选品质、农艺性状稳定的株系；

4. 建立和完善中鉴 99-38 良种繁育体系，以株系的连续鉴定为核心，品种典型性和整齐度选择为手段，在保持其典型性的同时，稳定和提高其丰产性、抗病性和适应性。

5. 针对中鉴 99-38 特征特性，形成了以健身抗倒和多方位调优为核心的优质高产配套栽培技术，并开展集成技术体系的生产性试验和示范。

6. 实现“科研 + 企业 + 基地”的优质稻产业化开发模式进行品牌稻米培育，以中鉴 99-38 为主要原料开展配方米研究，开发稻米品牌，进行产业化开发。

推广应用情况：

中鉴 99-38 于 2002 年审定后迅速成为湖南、湖北、江西等长江中下游主推优质早籼品种，已累计推广 1 087万亩，成为近年长江中下游区年推广面积最大的优质早籼品种之一。2002 年获国家优质专用农作物后补助，2003 年获得国家和浙江省农业科技成果转化项目，2005 年列入农业部农业科技跨越计划和 50 个全国水稻主导品种之一。2003 ~ 2006 年在湖南、浙江、湖北等省建立多个百亩高产方、千亩示范片进行品种和生产技术的集成示范，已在数十家企业以中鉴 99-38 等为主要原料进行产业化开发，创建“金健银针”、“桃花香米”、“湖田”、“良兴”等系列优质配方米品牌。

水貂、蓝狐规模化高效养殖关键技术研究与示范

主要完成单位 中国农业科学特产研究所

主要完成人员 杨福合、邢秀梅、高秀华、刘　伟、刘汇涛

起 止 时 间 2005 年 1 月～2009 年 12 月

获 奖 情 况 2011 年中国农业科学院科学技术成果奖一等奖

内 容 提 要

该项研究系统研究了繁殖期母貂和幼龄水貂饲料，使幼貂成活率提高 12%；建立了水貂胰蛋白酶消化模型，开展了 3 种酶制剂在水貂日粮中应用技术研究；确立了蓝狐育成期和冬毛期颗粒饲粮中适宜的蛋白质和能量水平。以蓝狐为研究对象，从动物营养学、血液生化指标和病理学 3 方面对三聚氰胺和三聚氰酸的毒性进行综合评价，提出了蓝狐育成期和冬毛期日粮中三聚氰胺和三聚氰酸的限量值。建立了水貂犬瘟热病毒 RT-PCR 检测方法和水貂肠炎细小病毒 PCR 检测方法，该方法特异、敏感，检出率高；研制了北极狐化脓性子宫内膜炎多价灭活疫苗 1 个，保护率大于 80%。建立了拥有自主知识产权的水貂养殖场优化布局支持决策系统，获得了计算机软件著作权(2009SR026110)；系统确立了水貂标准化棚舍设计；筛选了水貂高效杂交组合（配套系）。制定了北极狐种狐国家标准（GB/T 24873—2010）、毛皮动物（水貂、狐、貉）品种审定标准（试行）、黑色水貂种貂标准；制定了大中型水貂养殖场生产管理技术规范，优质毛皮率在部分饲养场提高了 30% 以上。建立了水貂皮初加工操作规程、水貂毛皮质量评价指标体系、毛皮储运技术，规定了水貂皮的分等分级和包装。

此项技术已在吉林、黑龙江、辽宁、山东、河北等省，22 个示范场、349 个养殖场进行了示范推广。据近 5 年统计资料，累计推广规模达 3 052 278只，累计新增效益达 23 680. 12万元，取得了显著的经济效益和社会效益。

水貂细小病毒分子流行病学调查、疫苗研制和推广应用

主要完成单位 中国农业科学院特产研究所

主要完成人员 闫喜军、吴　威、程世鹏、柴秀丽、赵传芳、罗国良、赵建军、张海玲、张　蕾、白　雪、邵西群、高　晗、丛　丽、易　立、王凤雪

起 止 时 间 2004 年 1 月～2010 年 12 月

获 奖 情 况 2011 年中国农业科学院科学技术成果奖一等奖

内 容 提 要

该项研究在国内首次系统地完成了水貂、狐狸、貉等毛皮动物细小病毒分子流行病学研究；培育了水貂细小病毒检验用强毒株；培育了免疫原性优良的水貂细小病毒制苗

毒种，并研制出水貂细小病毒性肠炎灭活疫苗，完成了疫苗免疫试验；成功地解决了限制细小病毒性肠炎疫苗规模化生产工艺的关键问题，建立了疫苗规模化生产工艺，使疫苗实现产业化生产。申报的“水貂细小病毒性肠炎灭活疫苗”新兽药通过了国家审定，获得了新兽药注册证书；水貂细小病毒性肠炎灭活疫苗应用于东北三省、山东、河北等13 个省、市、自治区，推广面积达 80% 以上，免疫水貂 5 450余万只，狐狸 2 740余万只、貉 1 690余万只；2004 ~2010 年水貂病毒性肠炎灭活疫苗直接经济收入 1. 35 亿元，养殖单位应用该技术减少经济损失 49. 6 亿元人民币，产生了显著的经济效益和社会效益，该项研究的推广应用对控制毛皮动物病毒性肠炎具有重要意义，有效地保障了毛皮动物产业发展

稻瘟病不同抗病基因的聚合效应分析及广谱、持久抗病体系的构建

主要完成单位 中国水稻研究所

主要完成人员 朱旭东、陈红旗、沈　瑛、倪　深、王跃星

起 止 时 间 2005 年 1 月 ~2010 年 12 月

获 奖 情 况 2011 年中国农业科学院科学技术成果奖二等奖

内 容 提 要

研究中国生产上使用的主要不育/保持系，对稻瘟病的抗谱情况，同时，鉴定作为抗源的供体亲本的抗性情况。从而建立不同抗稻瘟病基因与不同稻瘟病菌株之间遗传关系的信息库，信息资料对指导今后水稻的抗稻瘟病育种具有实际的参考价值。

筛选对稻瘟病基因具有特异性菌株和紧密连锁的分子标记，筛选对单一抗病基因 *Pi*-1、*Pi*-2 和 *Pi*-33（t）有特定抗感反应型的菌株，同时，能侵染金 23B、丽江新团黑谷、Maratelia 的特异性菌株 PH14、CH131、CH43；筛选抗病基因 *Pi*-1、*Pi*-2、*Pi*-33（t）在受体亲本和供体亲本之间紧密连锁的分子标记 RM224、RM527、RM3215。通过杂交技术进行基因重组，利用人工接种稻瘟病特异菌株与分子标记辅助技术相结合，聚合水稻不同的抗稻瘟病基因 *Pi*-1、*Pi*-2 和 *Pi*-33（t），提高了基因聚合选择的准确率，抗病性由原来单个基因的抗谱 53% ~63% 提高到 97%。选育具有粒型较长、柱头外露率高、聚合 3 个稻瘟病基因的中金 2A，通过了浙江省品种审定委员会技术鉴定，保持系中金 2B 经浙江省农科院植微所多菌株人工接种稻瘟病的抗病性鉴定，对稻瘟病的抗性表现为高抗（0 级），广谱抗性（100%）。

经专家鉴定，该野败型不育系中金 2A 田间生长一致，长势旺盛；配合力强；高抗稻瘟病。具有较好的生产利用前景。相关研究选题结合我国水稻抗稻瘟病育种实践，具有明显的创新性，研究结果对水稻分子育种具有指导意义；选育的材料可直接用于水稻抗病育种，推动我国水稻抗稻瘟病育种的发展。

植物LED光源节能高效生产关键技术研究与应用

主要完成单位 中国农业科学院农业环境与可持续发展研究所、北京中环易达设施园艺科技有限公司

主要完成人员 杨其长、魏灵玲、刘文科、巫国栋、魏　强、程瑞锋、段发民、葛一峰、李　群、肖　平、方　慧、张　珍、王利彬、闻　婧、张　义

起止时间 2002年1月~2010年12月

获奖情况 2011年中国农业科学院科学技术成果奖二等奖

内容提要

"植物LED光源节能高效生产关键技术研究与应用"属设施农业与半导体照明工程的交叉学科领域，适用于所有与人工光源有关的植物生产。

人工光源是设施农业高效生产的重要保障，传统光源存在光效低、能耗大等突出问题。课题组以LED（发光二极管）节能光源为研发对象，历经8年持续探索，在植物LED光源的应用基础、关键技术及装备方面取得了突破性进展。探明了LED光源在植物组培、育苗、叶菜与药用植物种植、蔬菜品质调控及温室补光应用的光环境机理，为植物LED专用光源的研发奠定了理论基础；率先研制出光质、光强、频率可调，且具有耐高温高湿环境的特定LED植物光源，为植物节能高效生产提供了装备保障；首次研发出LED光源内置型植物组培容器，实现了组培光照模式的变革，降低光能损失80%以上，光合效率显著提高；首次提出了利用LED光源提高水培蔬菜品质的方法，研制出采前短期连续光照处理、有效调控蔬菜硝酸盐、可溶性糖及维生素C含量的成套技术。

成果先后获授权专利19件，发表论文44篇，专著3部，定型产品6个系列75套（件），并推广到北京、上海、山东等20多个省、市、自治区及部队，面积达20多万m^2，节电2.8亿度，获经济效益1.62亿元。"LED家庭植物工厂"在2010年上海世博会展出后，受到广泛关注。

中国小麦种植生态区划研究与应用

主要完成单位 中国农业科学院作物科学研究所

主要完成人员 赵广才、常旭虹、杨玉双、丰　明、马少康、杨桂霞、王德梅

起止时间 2001~2010年

获奖情况 中国农业科学院科学技术成果奖二等奖

内容提要

1. 首次在小麦种植区划中，系统分析了中国小麦种植区域的生态特点：①中国小

麦种植区域分布；②中国小麦种植区域的气候特点：③中国小麦种植区域的土壤特点；④中国小麦种植区域的种植制度；⑤中国小麦种植区域的小麦品种类型。进一步完善了中国小麦区划的内容。

2. 根据地理环境、自然条件、气候因素、耕作制度、品种类型、生产水平、栽培特点及病虫害情况等对小麦生产发展的影响，首次将中国小麦种植区域划分为 4 个主区，10 个亚区，使其更加简明扼要，方便实用；本区划在种植面积的变化、病虫草害发生发展趋势、种植方式的改变、栽培技术的改进等方面，采用最新的小麦生产数据和资料进行分析研究。为预防气象灾害，保障小麦正常生育，根据全球气候变化，首次在中国小麦种植区划中提出了根据气温变化调整小麦播种期，以及实行保护性耕作、测土配方施肥、优质高产栽培等技术内容，增强了区划对我国小麦生产的指导意义。

3. 首次利用本项目制定的小麦种植生态区划，根据各生态区的具体情况，研制了一套小麦高产创建技术规范模式图，从月、旬、节气及其对应的生育期、主攻目标、关键技术和操作规程几个方面诠释小麦高产创建技术。该套模式图针对性强，先进实用，指标明确，措施简化，可操作性强，具有显著的社会、经济效益和生态效益。

茶树种质资源收集保存、鉴定评价体系建立与应用

主要完成单位　中国农业科学院茶叶研究所

主要完成人员　陈　亮、姚明哲、王新超、杨亚军、虞富莲、曾建明、马春雷、金基强、章志芳

起 止 时 间　1991 年 1 月 1 日 ~2010 年 12 月 31 日

获 奖 情 况　2011 年中国农业科学院科学技术成果奖二等奖

内 容 提 要

以茶树种质资源保存保护为基础，开展了茶树资源的收集、保存、整理、编目、鉴定评价、标准化数据库的建立、优异资源的发掘利用研究，主要成果包括：①修订了茶组植物分类系统，基本摸清了中国茶树资源的家底和地理分布特点。②新收集国内外各类茶树资源 1 544份，入圃保存资源达 3 012份，收集保存了茶组植物的所有种和变种，使我国成为世界上保存茶树资源多样性最丰富的国家。③按照统一的描述标准和数字化表达手段，整理、整合了国内 3 200余份茶树资源，构建了茶树种质资源信息平台。④建立起由一系列标准、规程等组成的茶树种质资源鉴定评价技术平台，对 1 520份资源进行了系统鉴定评价；在国内率先利用 RAPD、ISSR 和 EST-SSR 分子标记开展种质鉴定、遗传多样性和遗传结构研究，从表型和分子水平明确了中国茶树资源遗传多样性的空间分布和遗传结构特点。⑤提出了茶树核心种质构建策略，构建了包含 360 份资源、遗传代表性 80% 以上的核心种质。⑥发掘了 30 份优异茶树种质，创制出 20 份农艺、品质或抗性等性状得到改良的茶树新种质。

近 5 年来，向 40 多家科研、教学、推广及生产部门分发资源 840 余份次，提供的

茶树种质资源被广泛用于育种、基础研究、教学和新产品开发等领域。利用本项目提供的优异种质为亲本，共获得优良株系120多个，新品系40余个，培育新品种15个，申报新品种保护权17个，获得新品种保护权4个。本项目制定的技术规程、标准等已经被国内外茶树种质资源研究人员和单位广泛采用，特别是茶树DUS测试指南成为UPOV成员国共同遵循的国际规则。

中国马流感病毒流行株分离鉴定及毒株进化的研究

主要完成单位 中国农业科学院哈尔滨兽医研究所

主要完成人员 相文华、郭　巍、赵立平、王晓钧、黄文强、戚　亭、李雪峰、戴伶俐、才　琳、张馨心、李红梅

起 止 时 间 1993年1月~2010年12月

获 奖 情 况 2011年中国农业科学院科学技术成果奖二等奖

内 容 提 要

该项目针对中国1989年、1994年、2007年和2008年由马流感病毒H3N8亚型引起的马流感疫情而开展研究工作，主要有4方面的内容。

1. 从我国各地发生的马流感疫情中分离到12株马流感病毒流行株并进行了鉴定，是我国至今保存最完整的马流感病毒库，为深入研究我国乃至全球的马流感提供了丰富及宝贵的材料。

2. 通过对分离毒株的测序并与其他马流感病毒流行株的比对，阐明了我国自1989年至今马流感分离株的进化关系，在我国尚属首次。本研究不仅阐述了我国马流感病毒的起源与进化演化关系，而且明确了我国马流感病毒与其他国家马流感病毒的关系等，为今后监测我国马流感疫情的动态奠定了基础。

3. 建立了一系列马流感病原学和血清学诊断技术，为马流感疫情监测，马流感病毒的分离与鉴定、产地马流感检疫、口岸出口马属动物检疫及无特定疫病区的建立等提供了技术保障。

4. 选择具有代表性的马流感病毒流行株作为疫苗株开展马流感灭活疫苗的研究，在我国尚属首次，是继我所马传贫疫苗之后的第二个马病疫苗。同时，开展具有我国自主知识产权的禽痘病毒载体马流感疫苗以及DNA疫苗的研制工作，拓宽了国内马属动物新型疫苗的研究领域。

甘肃省绵羊品种遗传距离研究及遗传资源数据库建立

主要完成单位 中国农业科学院兰州畜牧与兽药研究所

主要完成人员 郎　侠、王彩莲、刘　建、郭　健、王联国、冯瑞林、吕潇潇、张鹏俊、李仲海、杨博辉、岳耀敬

起 止 时 间　2007 年 7 月 ~2009 年 12 月

获 奖 情 况　2011 年中国农业科学院科学技术成果奖二等奖

内 容 提 要

本项目采用微卫星分析技术，引用 FAO 推荐的标记引物对甘肃省 6 个地方绵羊品种，岷县黑裘皮羊、兰州大尾羊、滩羊、蒙古羊、藏羊、甘肃高山细毛羊及 7 个引进绵羊品种，小尾寒羊、澳洲美利奴、无角陶赛特、波德代、特克赛尔、萨福克、德国美利奴，在 15 个微卫星座位进行了遗传多样性分析和品种间遗传距离研究。结果表明：甘肃省地方绵羊品种的遗传多样性丰富，遗传变异较大。选用的 15 个微卫星座位都属于高度多态座位，可用于绵羊遗传多样性分析。13 个绵羊品种的 Nei 氏遗传距离为 0.1116 ~0.2427，Nei 氏标准遗传距离为 0.0758 ~0.3878。通过聚类分析，13 个绵羊品种可以分为 3 大类，第一支：兰州大尾羊、滩羊、蒙古羊、小尾寒羊、藏羊、岷县黑裘皮羊；第二支：甘肃高山细毛羊、德国美利奴羊、澳洲美利奴羊；第三支：波德代羊、特克赛尔羊、萨福克羊和无角陶赛特羊。

同时，采用 Web 数据库语言，针对甘肃省绵羊品种或类群资源数据，按照品种名称、英文名、俗名、图片、产区环境、数量动态、外貌特征、生产性能、饲养方式、利用等分类，根据规定格式构建了包括研究单位介绍、专家介绍、甘肃省地方绵羊品种、遗传标记信息等 10 大模块的信息容量大、数据齐全、可全球共享甘肃省绵羊遗传资源信息专题数据库（http：//my. gshow. net. cn）。

本项目为甘肃省绵羊品种资源的保护和利用积累了大量的分子遗传学基础数据，通过遗传距离比较，为甘肃省地方绵羊品种和引进品种的杂交组合筛选及杂种优势预测提供了坚实的理论依据和实践指导；为遗传资源信息化管理创造了一条迅速有效的新途径，开辟了新前景；为甘肃省地方绵羊遗传资源保护和开发利用奠定了基础。项目成果的推广应用在甘肃省绵羊品种的保护和改良中发挥了积极的实践指导作用，产生了显著的社会效益和经济效益。

新型中兽药饲料添加剂“参芪散”的研制与应用

主要完成单位　中国农业科学院兰州畜牧与兽药研究所

主要完成人员　李建喜、王学智、杨志强、孟嘉仁、张　凯、张景艳、冯　霞、罗超应、李锦宇、胡振英、郑继方、王贵波、辛蕊华、秦　哲、谢家声、陈化琦

起 止 时 间　2007 年 1 月 ~2010 年 12 月

获 奖 情 况　2011 年中国农业科学院科学技术成果奖二等奖

内 容 提 要

成功从鸡肠道内容物中分离到了可用于发酵补益类中药黄芪和党参的菌株 FGM9 和 LZMYFGM9，鉴定其分别为乳杆菌和链球菌。利用均匀设计、遗传算法和人工神经网络

相结合的方法，将产物中总多糖含量变化和菌种增殖作为评价指标，开展补益类中药黄芪和党参体外发酵及有效成分多糖的转化体系研究，确定了发酵培养基组分及比例、发酵条件（温度/pH 值/时间）、接菌量和药物加入量等，形成了益生菌发酵补益类中药并转化有效成分多糖的工艺技术路线。该技术工艺发酵黄芪后产物提取物中，多糖含量为70.88%，比生药黄芪提取物中多糖含量33.53%有极显著提高（$P<0.01$）；党参发酵产物中，多糖含量为82.47%，比生药党参提取物多糖含量38.57%也有极显著提高（$P<0.01$）。根据临床有效性试验结果，筛选出了“参芪散”的基础配方，黄芪和党参发酵产物比例为80/20（W/W）时效果最好。

分别开展了“参芪散”的药理、药效、毒理、质量标准和临床添加试验研究，结果显示，该产品属实际无毒，50 000毫克/千克体重连续灌服小鼠3天，连续观察7天，体征指标、血细胞和病理学检验均无异常变化；以1%和0.5%的剂量添加饲喂黄羽肉鸡60天后，血液、生化和病理等指数未见异常；1%剂量“参芪散”添加于鸡饲料中，从25~54日龄连续饲喂，70日龄出栏时体重比生药对照组平均增重20.25%，料肉比与生药对照组相比下降了10.67%；1%剂量“参芪散”添加于饲料中连续饲喂育肥猪2个月，具有促生长和降低料肉比效果。试验结果表明，添加该产品后，消化道疾病如腹泻的发病率有明显下降，有改善鸡非特异性力的效果。

试验期间分别在甘肃、四川、宁夏、青海等地区推广实验动物鸡1 064.7万羽、猪35.84万头，共推广“参芪散”515吨，利润以9.8元/千克计，推广期间共创经济效益3 097.50万元，其中，直接经济效益约为150万元。该产品研发的科学依据充分，生产过程质量可控，饲喂动物后无毒、无残留；利用微生物强大的代谢作用充分发挥了益生菌和补益类中药在饲料添加剂方面的生物学优势，具有创新意义。

枸杞害虫生物防治技术研究与示范推广

主要完成单位 中国农业科学草原研究所

主要完成人员 刘爱萍、徐林波、陈红印、范光明、张礼生、高书晶、王孟卿、康爱国、韩　冰、王树英、杨玉平、乔艳荣、德文庆、李笑硕、王　宁、张　莹、狄彩霞、赵海霞、杨永生、康　跃、蒋钢城、刘　星、闫丽英、张文柱、高宝岩

起止时间 2006~2009年

获奖情况 2011年中国农业科学院科学技术成果奖二等奖

内容提要

枸杞是内蒙古西部地区农业支柱产业之一，病虫害的频繁发生严重制约了其产业化发展。项目组针对枸杞主要害虫生物防治技术开展深入研究，通过野外调查及大量室内试验，发现枸杞害虫天敌30种，其中，新种1个，新记录种1个；明确了优势天敌的生物学生态学特性、发生规律、寄主专一性，提出室内饲养扩繁技术和田间释放方法，

形成了一套天敌昆虫饲养繁殖及释放的技术体系。

该成果的各项技术，包括天敌的生物学特性与发生规律研究、室内饲养扩繁技术、田间释放及控制效果评价等技术已经成熟，并于2008～2010年在内蒙古巴彦淖尔市临河区、乌拉特前旗、杭锦后旗，呼和浩特市托克托县，阿拉善盟阿拉善左旗等主要枸杞种植区进行了推广应用，防治枸杞害虫25.18万亩，共挽回直接经济损失2 150万元。累计推广面积可达41.96万亩，总经济效益达15 548.99万元，年经济效益3 109.80万元。示范区巴彦淖尔市临河区、乌拉特前旗、杭锦后旗，呼和浩特市托克托县等地枸杞生产区通过应用该成果，由于品质、产量的提升和增加，枸杞子每千克增值2.38元；果农每年可节约近100万元的防治费用，年新增产值1 600多万元，经济效益显著。通过推广应用本项成果，促进了枸杞绿色食品生产及其产业化的发展，2008年全项目区6万亩枸杞通过了农业部无公害枸杞认证，相关企业的枸杞产品取得了绿色食品认证，枸杞质量安全明显提高。项目的实施，在稳定和扩大枸杞种植规模的同时，由于产量的提高和品质改善，推动了枸杞生产的产业化步伐和产品精深加工。促进当地的产业化结构调整，拓宽农村经济发展空间，带动了第二、第三产业的发展，进而提升了枸杞在当地国民经济生产中举足轻重的地位。

枸杞作为西北地区盐荒地、造林绿化先锋树种，其适应性强，耐寒、抗旱、耐盐碱，在生态建设和经济建设中发挥着重要作用，有着其他经济作物所不可替代的经济价值和社会价值。此外，技术实施后，可少用或不用化学药剂，降低因其造成的严重药害及环境污染，对改善项目区生态环境起到了积极的促进作用。

绿茶加工新技术及其关键设备

主要完成单位 农业部南京农业机械化研究所

主要完成人员 肖宏儒、宋卫东、钟成义、朱志祥、任彩红、秦广明、刘　屏

起 止 时 间 2007年1月1日～2008年12月31日

获 奖 情 况 2011年中国农业科学院科学技术成果奖二等奖

内 容 提 要 该项目研究开发的微波远红外组合杀青干燥设备改微波反馈式为直馈式，提高了微波能的利用效率；磁控管散热效果好，延长了磁控管的使用寿命；实现了微波技术与远红外技术的有机组合，有效降低了杀青叶表面的含水率，利于杀青叶的进一步加工，同时也提高了杀青叶的香气和生产率；配套工艺具有科学性；一机多用，适用范围广，具有实用性；配备合理，操作简便，具有适应性。

研究开发的茶叶急冷加工技术与设备创新了绿茶新的加工工艺，其技术具有新颖性；提高了茶叶的加工品质，其技术具有先进性。提高了加工后茶叶的内含营养物成分，其技术具有适用性。为提高茶农的产后经济效益提供了技术支撑，其技术具有可靠性。充分考虑了茶叶加工过程机械化加工工序间的有机连接，采用模块化集成设计技术，不仅保证了机械化加工的连续性，同时，也保证了单一机械化作业的独立性，其技

术具有使用方便性、性能可靠性、应用安全性。

该项目创新发明的“高品种茶叶加工方法及其关键工序专用设备”已获国家发明专利；研究开发的“茶叶加工专用急冷机及茶叶加工成套设备”获实用新型专利。

早熟、抗病、丰产马铃薯新品种“中薯5号”的选育与推广

主要完成单位 中国农业科学院蔬菜花卉研究所

主要完成人员 金黎平、屈冬玉、庞万福、卞春松、连　勇、段绍光、谢开云、刘　杰、徐建飞、徐利群、杨宏福

起 止 时 间 1994年5月~2010年12月

获 奖 情 况 2011年中国农业科学院科学技术进步奖二等奖

内 容 提 要

中国马铃薯常年栽培面积8 000万亩左右，其中，作为早春蔬菜作物栽培的面积2 000万亩左右，对保障粮食安全、增加农民的经济收入和改善城市居民膳食结构有重要意义。针对我国马铃薯早熟育种难度大、育成品种少，生产上大面积推广应用的早熟品种仅为东农303、中薯2号等少数几个品种，且普遍存在不抗晚疫病、生产潜力低、薯块商品性欠佳、适应性较差等问题。本项目在引进优质的种质资源、研究马铃薯主要性状遗传规律和早熟品种选育技术的基础上，建立了马铃薯早熟新品种育种技术体系，于1991年开始配制杂交组合、1998年育成了早熟抗晚疫病、丰产优质优良品系C9305-6，2001年通过北京市农作物品种审定委员会审定，定名为中薯5号，2004通过国家农作物品种审定委员会审定。

中薯5号突出优点是早熟丰产抗晚疫病、生长势强但分枝少，宜密植增收，结薯早、膨大快，大中薯率高，薯块性状好、炒食风味好、油炸色泽指数浅，抗病毒病、退化慢、耐水肥，是鲜薯食用的优质品种。中薯5号生育日数出苗后67天，春作一般亩产2 500千克左右，高产能达到4 000千克以上；块茎略扁长圆形、圆形，大而整齐，大中薯率可达97.6%；浅黄色皮肉，芽眼浅，表皮光滑，炒食品质优，炸片色泽浅；块茎鲜薯干物质含量16.84%，还原糖含量0.31%，粗蛋白含量1.84%，维生素C 20.3毫克/100克。田间和室内接种鉴定植株抗马铃薯Y病毒（PVY）、中抗X病毒（PVX）和较抗晚疫病。

中薯5号适应强，适合二季作区和一季作晚疫病严重区域早熟种植，既适合于平播又可以间套种，耐水肥，适于保护地和地势较低的地块种植。于2001年在全国开始示范推广，同时，进行了脱毒快繁，脱毒苗供应到全国几十家种薯生产单位，目前已在华北、东北、西北、西南、华东和华南20个省、自治区、市推广应用1 074.8万亩，新增经济效益29.89亿元，为中大城市的淡季蔬菜供应和高效优质农业提供了优良品种，增加了农民经济收入，丰富城市居民的菜篮子，带来巨大的社会、经济效益。

谷物、果蔬中农药多残留高通量检测技术研究与标准化

主要完成单位　中国水稻研究所

主要完成人员　陈铭学、牟仁祥、朱智伟、应兴华、吴　俐、金连登、章林平、陈　能、闵　捷、曹赵云、许　萍、林晓燕

起 止 时 间　2003 年 3 月 ~ 2010 年 10 月

获 奖 情 况　2011 年中国农业科学院科学技术成果奖二等奖

内 容 提 要

该项目系统、充分地研究了待测农药理化性质对样品检测的影响，按农药的极性、电离常数、在净化材料上的吸附解吸附特征及其色谱行为、检测响应等进行分类，采用梯度双液萃取、凝胶渗透净化、低温吹扫程序升温进样、解卷积和紫外光解柱后修饰等技术，攻克了多残留检测中提取、净化和分离检测的系列关键技术，建立了农产品中 385 种农药残留的检测方法，构建了一个以一次提取一次检测的多农药残留方法为主，加上若干个特异性单残留检测方法相结合的高效检测技术平台。

项目采用 $MgSO_4$/NaCl 复合盐与乙腈/水构建了梯度双液萃取体系，该体系根据农药特性，通过调节酸碱性和复合盐比例，达到不同的提取选择性，实现了不同类型的 385 种农药的高效提取，具有溶剂用量少，速度快，回收率高的特点。项目中的多残留方法高度集成了低温吹扫、程序升温进样和解卷积技术，攻克了质谱在全扫描模式下灵敏度低和共流出杂质干扰严重两大技术瓶颈，实现了一次提取、一次进样、全谱扫描检测 385 种农药残留，可以在 2.5 小时内完成检测的全过程，具有一次进样同时检测农药多，提供化学结构信息全，速度快，选择性和灵敏高的特点；项目还采用在线紫外光解、柱前柱后衍生、反相离子对色谱等技术，深入研究了农药电离模式、色谱质谱参数、衍生化效率等影响特征信号响应的关键点，研究建立了多个特异性单类多残留检测技术方法，显著提高了方法的选择性和灵敏度。

该项目形成了 9 项农产品中农药残留检测技术的部省级标准，涵盖了目前中国谷物、果蔬生产中常用农药，检测限和精密度达到相应残留限量标准的要求。该项技术及标准得到了各级政府、检验机构和外贸出口企业的认可，有效地支撑了农产品质量安全监管，积极应对了欧盟和日本肯定列表设置的相关贸易技术壁垒。

环保型麻地膜的研究与应用

主要完成单位　中国农业科学院麻类研究所

主要完成人员　王朝云、吕江南、易永健、欧阳清、汪洪鹰、金关荣、李家洪、陈兰芳、沈迪辉、徐一平、薛召东、张运雄、李　懋、谭石林、聂兆君

起止时间 2001年7月~2010年12月

获奖情况 2011年中国农业科学院科学技术成果奖二等奖

内容提要

包括一种可生物降解的环保型麻地膜，环保型麻地膜制造工艺技术以及环保型麻地膜制造设备等。环保型麻地膜以苎麻等天然植物纤维为原料，采用梳理成网与气流成网二次成网组合工艺技术、麻地膜纤网的粘合工艺技术、表面拒水整理技术等工艺流程制造而成。具有保温、保湿，增加农作物产量等特点；麻地膜可降解、无污染，降解物有培肥土壤作用；与国外同类产品纸地膜相比，产品抗拉强力较好，不易撕破，适宜机械化铺膜；生产成本低于国外同类产品。

核心技术“一种环保型麻地膜制造工艺及用其制备的麻地膜”2007年获得国家发明专利（专利号ZL200410022948.3），“环保型麻地膜的制备装置”（专利号：ZL200710303484.7）2009年获国家发明专利，“一种环保型麻地膜涂层装置”（专利号：ZL 2007 2 0065410.X）获得国家实用新型专利。

技术指标：克重为30~50克/平方米，厚度为0.22~0.35毫米，纵向抗拉强度175~1 932N/m，纵向延伸率2%~11%，透光率35%~75%，保温率13%~17%。

环保型麻地膜先后在湖南沅江、浙江萧山、湖北仙桃、江苏镇江建立示范基地，进行推广应用，应用于小蕃茄、豆角、辣椒、丝瓜、秋花菜、白菜、反季节南瓜、萝卜和莴苣等蔬菜作物覆盖。取得如下应用效果：①在大棚条件下，麻地膜具有明显的增温、除湿，防草的作用；麻地膜覆盖蔬菜能明显提早其上市时间；与塑料地膜相比，麻地膜覆盖能提高小番茄、辣椒、秋花菜、黄瓜等蔬菜产量；麻地膜透气性能好，在大棚内覆盖时能避免发生病毒病。②麻地膜应用于露天覆盖栽培中，比无覆盖栽培提前6天左右上市，增产30%左右；与塑料地膜覆盖产量基本相当。

荒漠草原区植物资源及生态环境监测评价

主要完成单位 中国农业科学院草原研究所、内蒙古自治区计算机应用研究所、内蒙古自治区草原勘察设计院、新疆农业大学、内蒙古自治区草原监督管理所

主要完成人员 刘桂香、苏　和、杨景荣、邢　旗、朱进忠、刘永利、李景平、马治华、李　洁、何　涛、蒋尤泉、庞立东、哈斯巴根、路艳峰、运向军

起止时间 2004年12月~2007年12月

获奖情况 2011年中国农业科学院科学技术成果奖二等奖

内容提要

项目以“3S”技术（遥感技术、地理信息系统技术和全球定位系统技术）为依托，采用遥感监测、地面调查及数学模型分析等综合研究手段，建立了荒漠草原植物和生态

环境评价系统；提出了荒漠草原资源及其生态环境宏观监测评价体系和评价方法；从植被、景观、水分、土壤、气象、人畜活动等不同层面，全面揭示荒漠草原的植物资源、环境状况和近 20 年的变化，为草地利用、改良和恢复以及草地环境保护提供了理论依据和科学数据。成果主要创新点与经济技术指标如下。

1. 首次建立了荒漠草原资源与环境监测管理数据库系统，可对荒漠草原的植物资源进行单项和复合式检索，实现了荒漠草原植物资源与环境监测信息的数字化；研发了荒漠草原植物资源与生态环境监测评价系统，可通过气象因素、植被状况、土壤因素及人畜数量等评价指标，对我国荒漠草原的环境质量进行科学评价。

2. 建立了荒漠草原植物资源属性字典库，首次为中国荒漠草原植物资源建立信息卡，每种植物包括 26 个主要属性信息。收集、整理和录入我国荒漠草原植物资源 550 多个种。

3. 首次研究制定了荒漠草原环境质量评价指标体系，定量分析了荒漠草原环境质量现状及近 20 年的变化；并系统地对荒漠草原典型区域土壤理化特性，包括土壤腐殖质厚度、土壤有机质含量、土壤紧实度等进行了全面研究，为管理部门和生产部门提供了翔实的数据和图像资料。

4. 基于景观生态学方法定量分析荒漠草原景观格局，揭示了我国荒漠草原景观现状和近 20 年的变化。

5. 基于 MODIS 数据分别建立了平原丘陵荒漠草原、沙地荒漠草原及山地荒漠草原生物量估测模型，并对多种植被指数和数学模型进行对比分析，从而筛选出最适合荒漠草原生物量估测的植被指数和数学模型，可以为相关研究提供较好的借鉴。

该成果可为国家和地方政府制定草地资源的可持续利用、草地生态环境的有效治理及草地畜牧业的科学发展决策提供依据；可为各级生产部门的科学管理、规划、具体措施等直接提供服务；亦可为科研院所的科研和教学提供研究基地及技术指导，应用前景广阔。

中国农业科学院2011年获得的其他形式成果

2011年获软件著作权目录

序号	软件名称	批准时间	登记号	著作权人	单位
1	DNA测序管理系统V1.0	2011.10	2011SR074250	作科所	作科所
2	开放实验室仪器设备预约系统V1.0	2011.10	2011SR073428	作科所	作科所
3	试剂耗材系统V1.0	2011.10	2011SR073473	作科所	作科所
4	中国外来入侵物种地理分布信息系统	2011.11	2011SR034816	万方浩	植保所
5	中国外来入侵物种数据库系统	2011.11	2011SR034815	万方浩	植保所
6	外来入侵物种野外数据采集系统	2011.06	2011SR034082	万方浩	植保所
7	温室番茄生产管理智能专家决策系统（简称：温室番茄专家决策系统）V2.0	2011.09	2011SRBJ3968	蔬菜所	蔬菜所
8	基于网络的温室甜瓜生产管理智能在线专家决策系统（简称：温室甜瓜生产在线专家决策系统）V1.0	2011.09	2011SRBJ4297	蔬菜所	蔬菜所
9	农田降水转化效率通用计算软件	2011.11		顾峰雪	环发所
10	农田生态系统水碳通量观测数据处理系统	2011.11		顾峰雪	环发所
11	基于CNCPS体系的奶牛日粮优化系统	2011.07	2011SR046791	熊本海	畜牧所
12	蜂产品质量溯源平台系统	2011.03	2011SR014922	蜜蜂所	蜜蜂所
13	肉鸡生长与营养动态优化软件系统V1.0	2011.04	2011SR022186	饲料所	饲料所
14	转基因生物舆情监测智能系统V1.0	2011.11		生物所	生物所
15	转基因生物舆情监测预警系统V1.0	2011.11		生物所	生物所

（续表）

序号	软件名称	批准时间	登记号	著作权人	单位
16	村镇集贸市场管理信息系统	2011. 05	2011SR032097	农经所	农经所
17	烟草测土推荐施肥系统	2011. 10	2011SR078610	资划所	资划所
18	中国草原植被旱情遥感监测信息系统 V2. 0	2011. 10	2011SR073500	资划所	资划所
19	观测数据自动导入系统	2011. 01	2011SR000776	资划所	资划所
20	星陆双基遥感农田信息协同反演数据管理系统	2011. 01	2011SR000860	资划所	资划所
21	农田观测信息处理系统	2011. 01	2011SR000859	资划所	资划所
22	层次型数据管理系统 V1. 0	2011. 01	2011SR003798	信息所	信息所
23	果品储运销信息管理系统 V1. 0	2011. 01	2011SR003800	信息所	信息所
24	果园信息管理系统 V1. 0	2011. 01	2011SR003801	信息所	信息所
25	果园安全生产信息管理系统 V1. 0	2011. 01	2011SR003935	信息所	信息所
26	果品加工过程信息管理系统 V1. 0	2011. 01	2011SR003951	信息所	信息所
27	UCC/EAN-128 条形码生成软件［简称：条形码生成中间件］V1. 0	2011. 01	2011SR003953	信息所	信息所
28	门户网站产品信息发布与产品信息审核系统 V1. 0	2011. 01	2011SR003955	信息所	信息所
29	门户网站用户与系统设置系统 V1. 0	2011. 01	2011SR003457	信息所	信息所
30	门户网站组织信息发布与组织信息审核系统 V1. 0	2011. 01	2011SR003960	信息所	信息所
31	门户网站商务信息管理系统 V1. 0	2011. 01	2011SR003961	信息所	信息所
32	门户网站评论管理与评论审核系统 V1. 0	2011. 01	2011SR003962	信息所	信息所
33	高等农业教育人才培养信息管理系统 V1. 0	2011. 01	2011SR003963	信息所	信息所
34	门户网站新闻信息发布与新闻信息审核系统 V1. 0	2011. 01	2011SR003989	信息所	信息所
35	果品质量安全可追溯系统 V1. 0	2011. 04	2011SR019260	信息所	信息所

（续表）

序号	软件名称	批准时间	登记号	著作权人	单位
36	农业 R&D 系统分析与决策支持系统［简称：ARDDS］V1.0	2011.03	2011SR010003	信息所	信息所
37	基于 3G 手机的“农搜”系统［简称：“农搜”WAP 网站系统］V1.0	2011.07	2011SR042476	信息所	信息所
38	可视化果树空间数据快速采集系统［简称：Fastrack 数据采集工具］V1.0	2011.07	2011SR042480	信息所	信息所
39	农作物生产风险评估和区划系统［简称：CRAZS］V1.0	2011.09	2011SR062469	信息所	信息所
40	农产品安全预警原型系统［简称：Safety warning prototype system］V1.0	2011.08	2011SR057536	信息所	信息所
41	农产品生产分析多维数据查询与报表系统 V1.0	2011.08	2011SR056842	信息所	信息所
42	国家农产品质量安全监测信息平台数据上报系统 1.0	2011.06	2011SR039279	陈志军	质标所
43	国家农产品质量安全监测信息平台数据分析系统 1.0	2011.06	2011SR039278	陈志军	质标所
44	国家农产品质量安全监测信息平台综合管理系统 1.0	2011.06	2011SR039276	陈志军	质标所
45	膳食暴露模拟分析模型软件 1.00	2011.06	2011SR035946	陈志军	质标所
46	低压管道灌溉计算机辅助设计软件	2011.08	2011SR057506	温　季	灌溉所
47	水稻本体论应用管理软件	2011.06	2011SR036932	水稻所	水稻所
48	三维虚拟草原地理信息系统 V1.0	2011.09	2010SR013337	乔　江	草原所

中国农业科学院2011年科技论文等有关数据统计表

单　位	科技论文（篇）		科技专著（部）	申请专利（个）	获得专利（个）		获植物新品种权	审定品种	新农药兽药	软件著作权
	总计	其中SCI、EI等收录			总数	其中发明专利				
作物所	398	165	8	2	12	12	2	20	0	3
植保所	392	115	8	5	16	16	0	0	1	3
蔬菜所	120	22	3	4	7	6	3	7	0	2
环发所	194	38	23	22	13	7	0	0	0	2
畜牧所	256	87	14	12	13	9	0	1	0	1
蜜蜂所	57	18	2	7	4	3	0	0	0	1
饲料所	109	47	0	13	16	14	0	0	2	1
加工所	82	14	3	29	7	6	0	0	0	0
生物所	123	37	4	29	18	16	0	0	0	2
农经所	92	3	17	0	0	0	0	0	0	1
资划所	387	85	24	27	7	5	0	5	0	5
信息所	188	24	9	0	5	2	0	0	0	20
质标所	59	13	1	4	5	4	0	0	0	4
灌溉所	52	3	0	25	22	1	0	0	0	1
水稻所	151	36	4	25	8	5	0	11	0	1
棉花所	130	15	2	10	6	4	5	5	0	0
油料所	179	49	14	18	14	11	1	11	0	0
麻类所	46	4	0	3	3	2	0	4	0	0
果树所	76	2	2	3	1	1	0	2	0	0

（续表）

单　位	科技论文（篇）		科技专著（部）	申请专利（个）	获得专利（个）		获植物新品种权	审定品种	新农药兽药	软件著作权
	总计	其中SCI、EI等收录			总数	其中发明专利				
郑果所	106	5	6	3	0	0	0	12	0	0
茶叶所	68	4	4	6	3	2	0	0	0	0
哈兽研	259	76	3	34	17	16	0	0	2	0
兰兽研	210	78	0	9	11	11	0	0	1	0
兰牧药	233	12	11	21	15	10	0	0	0	0
上兽医	166	64	1	22	6	3	0	0	2	0
草原所	101	4	4	3	1	1	0	1	0	1
特产所	156	17	2	10	1	1	0	4	0	0
环保所	103	27	3	11	7	7	0	0	0	0
沼气所	37	6	0	8	6	3	0	0	0	0
农机所	79	22	5	52	34	7	0	0	0	0
烟草所	69	12	23	5	4	2	0	0	0	0
柑橘所	50	5	1	2	3	3	0	2	0	0
甜菜所	24	4	1	0	0	0	0	0	0	0
蚕业所	16	1	2	0	1	0	0	0	1	0
遗产室	17	0	5	0	0	0	0	0	0	0
合计	4 785	1 114	209	424	286	190	11	85	9	48

中国农业科学院科技平台目录

国家重点实验室

序号	实验室名称	依托单位
1	植物病虫害生物学国家重点实验室	植保所
2	动物营养学国家重点实验室	牧医所、中国农大
3	水稻生物学国家重点实验室	水稻所、浙江大学
4	兽医生物技术国家重点实验室	哈尔滨兽医所
5	家畜疫病病原生物学国家重点实验室	兰州兽医所
6	棉花生物学国家重点实验室	棉花所、河南大学

省部共建国家重点实验室

序号	实验室名称	依托单位
1	特种经济动物分子生物学省部共建国家重点实验室	特产所

农业部综合性重点实验室

序号	实验室名称	依托单位
1	农业部作物基因资源与种质创制重点实验室	作科所
2	农业部麦类生物学与遗传育种重点实验室	作科所
3	农业部作物有害生物综合治理重点实验室	植保所
4	农业部园艺作物生物学与种质创制重点实验室	蔬菜所
5	农业部薯类作物生物学与遗传育种重点实验室	蔬菜所

（续表）

序号	实验室名称	依托单位
6	农业部农业环境重点实验室	环发所
7	农业部动物营养与饲料学重点实验室	牧医所
8	农业部农产品加工重点实验室	加工所
9	农业部农业基因组学重点实验室（北京）	生物所
10	农业部植物营养与肥料重点实验室	资划所
11	农业部农业信息技术重点实验室	资划所
12	农业部农产品质量安全重点实验室	质标所
13	农业部水稻生物学与遗传育种重点实验室	水稻所
14	农业部棉花生物学与遗传育种重点实验室	棉花所
15	农业部油料作物生物学与遗传育种重点实验室	油料所
16	农业部兽用药物与兽医生物技术重点实验室	哈尔滨兽医所
17	农业部动物疫病病原生物学重点实验室	兰州兽医所
18	农业部农村可再生能源开发利用重点实验室	沼科所
19	农业部现代农业装备重点实验室	农机化所

农业部专业性（区域性）重点实验室

序号	实验室名称	依托单位
1	农业部作物生理生态重点实验室	作科所
2	农业部北京大豆生物学重点实验室	作科所
3	农业部旱作节水农业重点实验室	环发所
4	农业部设施农业节能与废弃物处理重点实验室	环发所
5	农业部畜禽遗传资源与种质创新重点实验室	牧医所
6	农业部授粉昆虫生物学重点实验室	蜜蜂所
7	农业部饲料生物技术重点实验室	饲料所

（续表）

序号	实验室名称	依托单位
8	农业部农业微生物资源收集与保藏重点实验室	资划所
9	农业部面源污染控制重点实验室	资划所
10	农业部农业信息服务技术重点实验室	信息所
11	农业部作物需水与调控重点实验室	灌溉所
12	农业部生物毒素检测重点实验室	油料所
13	农业部麻类生物学与加工重点实验室	麻类所
14	农业部园艺作物种质资源利用重点实验室	果树所
15	农业部果树育种技术重点实验室	郑果所
16	农业部茶树生物学与资源利用重点实验室	茶叶所
17	农业部兽用药物创制重点实验室	兰州牧药所
18	农业部动物寄生虫学重点实验室	上海兽医所
19	农业部牧草资源与利用重点实验室	草原所
20	农业部特种经济动物遗传育种与繁殖重点实验室	特产所
21	农业部产地环境质量重点实验室	环保所
22	农业部烟草生物学与加工重点实验室	烟草所
23	农业部蚕桑遗传改良重点实验室	蚕业所

农业部科学观测实验站

序号	实验站名称	依托单位
1	农业部新乡小麦高效育种技术科学观测实验站	作科所
2	农业部核辐射农业生物科学观测实验站	作科所
3	农业部锡林郭勒草原有害生物科学观测实验站	植保所
4	农业部桂林有害生物科学观测实验站	植保所
5	农业部廊坊农作物有害生物科学观测实验站	廊坊基地

（续表）

序号	实验站名称	依托单位
6	农业部蔬菜作物基因资源与种质创制北京科学观测实验站	蔬菜所
7	农业部寿阳农业环境与作物高效用水科学观测实验站	环发所
8	农业部兽用药物与兽医生物技术北京科学观测实验站	牧医所
9	农业部华北动物遗传资源与营养科学观测实验站	牧医所
10	农业部祁阳农业环境科学观测实验站	资划所
11	农业部呼伦贝尔农业环境科学观测实验站	资划所
12	农业部华北设施栽培与施肥科学观测实验站	德州实验站
13	农业部商丘农业环境科学观测实验站	灌溉所
14	农业部作物基因资源与种质创制浙江科学观测实验站	水稻所
15	农业部作物基因资源与种质创制辽宁科学观测实验站	果树所
16	农业部作物基因资源与种质创制河南科学观测实验站	郑果所
17	农业部草原畜牧业装备科学观测实验站	草原所
18	农业部大理农业环境科学观测实验站	环保所
19	农业部西南地区果树科学观测实验站	柑橘所

中国农业科学院重点开放实验室

序号	实验室名称	依托单位
1	中国农业科学院作物种质资源与生物技术重点开放实验室	作科所
2	中国农业科学院作物遗传改良与生物技术重点开放实验室	作科所
3	中国农业科学院粮棉油料作物生理与栽培重点开放实验室	作科所

（续表）

序号	实验室名称	依托单位
4	中国农业科学院植物病虫害生物学重点开放实验室	植保所
5	中国农业科学院农药化学与应用技术重点开放实验室	植保所
6	中国农业科学院生物入侵与生物防治重点开放实验室	植保所
7	中国农业科学院杂草鼠害生物学与治理重点开放实验室	植保所
8	中国农业科学院园艺作物遗传与生理重点开放实验室	蔬菜所
9	中国农业科学院农业环境与气候变化重点开放实验室	环发所
10	中国农业科学院旱作节水农业重点开放实验室	环发所
11	中国农业科学院动物营养学重点开放实验室	牧医所
12	中国农业科学院家养动物遗传资源与种质创新重点开放实验室	牧医所
13	中国农业科学院牧草遗传改良与利用重点开放实验室	牧医所
14	中国农业科学院授粉昆虫生物学重点开放实验室	蜜蜂所
15	中国农业科学院饲料生物技术重点开放实验室	饲料所
16	中国农业科学院农产品加工与质量控制重点开放实验室	加工所
17	中国农业科学院农作物分子生物学与生物技术重点开放实验室	生物所
18	中国农业科学院国家农业政策分析与决策支持系统重点开放实验室	农经所
19	中国农业科学院植物营养与养分循环重点开放实验室	资划所
20	中国农业科学院资源遥感与数字农业重点开放实验室	资划所
21	中国农业科学院土壤质量重点开放实验室	资划所

（续表）

序号	实验室名称	依托单位
22	中国农业科学院智能化农业预警技术与系统重点开放实验室	信息所
23	中国农业科学院农产品质量与食物安全重点开放实验室	质标所
24	中国农业科学院农业水资源高效安全利用重点开放实验室	灌溉所
25	中国农业科学院水稻生物学重点开放实验室	水稻所
26	中国农业科学院棉花遗传改良重点开放实验室	棉花所
27	中国农业科学院油料作物生物学重点开放实验室	油料所
28	中国农业科学院茎纤维生物质与工程微生物重点开放实验室	麻类所
29	中国农业科学院麻类遗传育种与生物加工重点开放实验室	麻类所
30	中国农业科学院果树种质资源与育种技术重点开放实验室	果树所
31	中国农业科学院果树生长发育与品质控制重点开放实验室	郑果所
32	中国农业科学院茶及饮料植物产品加工与质量控制重点开放实验室	茶叶所
33	中国农业科学院兽医生物技术重点开放实验室	哈尔滨兽医所
34	中国农业科学院动物流感重点开放实验室	哈尔滨兽医所
35	中国农业科学院人兽共患病重点开放实验室	哈尔滨兽医所 兰州兽医所
36	中国农业科学院家畜疫病病原生物学重点开放实验室	兰州兽医所
37	中国农业科学院草食动物疫病重点开放实验室	兰州兽医所
38	中国农业科学院新兽药工程重点开放实验室	兰州牧药所
39	中国农业科学院动物寄生虫学重点开放实验室	上海兽医所
40	中国农业科学院兽药安全评价与兽药残留研究重点开放实验室	上海兽医所
41	中国农业科学院草地资源生态重点开放实验室	草原所

（续表）

序号	实验室名称	依托单位
42	中国农业科学院特种经济动物种质资源遗传改良重点开放实验室	特产所
43	中国农业科学院农业环境与农产品安全重点开放实验室	环保所
44	中国农业科学院能源微生物重点开放实验室	沼科所
45	中国农业科学院农业机械重点开放实验室	农机化所
46	中国农业科学院烟草遗传改良与生物技术重点开放实验室	烟草所
47	中国农业科学院柑橘学重点开放实验室	柑橘所
48	中国农业科学院北方糖料作物资源与利用重点开放实验室	甜菜所
49	中国农业科学院蚕桑遗传改良与生物技术重点开放实验室	蚕业所
50	中国农业科学院草地农业系统学重点开放实验室	草原生态所
51	中国农业科学院家禽遗传资源评价与繁育重点开放实验室	家禽所
52	中国农业科学院甘薯遗传改良重点开放实验室	甘薯所

国家农作物、畜禽改良中心（分中心）

序号	改良中心（分中心）名称	依托单位
1	国家小麦改良中心	作科所
2	国家大豆改良北京分中心	作科所
3	国家蔬菜改良中心	蔬菜所
4	国家畜禽分子育种中心	牧医所
5	国家牛奶质量改良中心	牧医所
6	国家水稻改良中心	水稻所
7	国家棉花改良中心	棉花所

（续表）

序号	改良中心（分中心）名称	依托单位
8	国家油料作物改良中心	油料所
9	国家麻类作物育种中心	麻类所
10	国家苹果育种中心	果树所
11	国家桃、葡萄改良中心	郑果所
12	国家茶树改良中心	茶叶所
13	国家烟草改良中心	烟草所
14	国家柑橘品种改良中心	柑橘所
15	国家糖料改良中心	甜菜所
16	国家蚕桑育种中心	蚕业所
17	国家禽类实验动物种子中心	哈尔滨兽医所
18	国家牧草改良中心	草原所

国家级农作物种质库（中心）

序号	种质库（中心）名称	依托单位
1	国家作物种质长期库	作科所
2	国家农作物种质资源保存中心	作科所
3	国家蔬菜中期库	蔬菜所
4	国家水稻中期库	水稻所
5	国家棉花中期库	棉花所
6	国家油料作物中期库	油料所
7	国家麻类作物中期库	麻类所
8	国家西甜瓜中期库	郑果所
9	国家牧草中期库	草原所
10	国家烟草中期库	烟草所
11	国家甜菜中期库	甜菜所

国家级农作物种质圃（库）

序号	种质圃（库）名称	依托单位
1	国家种质北京多年生小麦野生近缘植物圃	作科所
2	国家种质海南野生棉圃	棉花所
3	国家种质武昌野花生圃	油料所
4	国家种质沅江苎麻圃	麻类所
5	国家种质兴城梨、苹果圃	果树所
6	国家种质郑州桃、葡萄圃	郑果所
7	国家种质杭州茶树圃	茶叶所
8	国家种质多年生牧草圃	草原所
9	国家种质左家山葡萄圃	特产所
10	国家种质重庆柑橘圃	柑橘所
11	国家种质镇江桑树圃	蚕业所
12	国家种质徐州甘薯试管苗库	甘薯所

国家工程技术研究中心

序号	工程中心名称	依托单位
1	国家昌平综合农业工程技术研究中心	中国农业科学院
2	国家饲料工程技术研究中心	中国农大、饲料所
3	国家油菜工程技术研究中心	华中农大、油料所
4	国家茶产业工程技术研究中心	茶叶所
5	国家柑橘工程技术研究中心	柑橘所

国家重大科学工程（中心）

序号	名　　称	依托单位
1	农作物基因资源与基因改良国家重大科学工程	作科所
2	国家农业生物安全科学中心	植保所

国家工程实验室

序号	名　　称	依托单位
1	作物分子育种国家工程实验室	作科所
2	作物细胞育种国家工程实验室	蔬菜所
3	棉花转基因育种国家工程实验室	棉花所
4	耕地培育技术国家工程实验室	资划所
5	作物高效用水与抗灾减损国家工程实验室	环发所

国家工程研究中心

1	动物用生物制品国家工程研究中心	哈尔滨兽医所
2	生物饲料开发国家工程研究中心	饲料所

国家级野外台站

序号	野外台站名称	依托单位
1	全国农作物种质资源野外观测研究圃网	作科所
2	全国农业土壤肥力效益野外研究站网	资划所
3	南方红黄壤地区农业生态环境监测试验站	资划所
4	内蒙古呼伦贝尔草原生态系统国家野外科学观测研究站	资划所
5	河南商丘农田生态系统国家野外科学观测研究站	灌溉所

农业部野外科学观测试验站

序号	野外台站名称	依托单位
1	农业部迁西燕山生态环境重点野外科学观测试验站	资划所
2	农业部洛阳旱地农业重点野外科学观测试验站	资划所
3	农业部呼伦贝尔草甸草原生态环境重点野外科学观测试验站	资划所
4	农业部祁阳红壤生态环境重点野外科学观测试验站	资划所
5	农业部昌平潮褐土生态环境重点野外科学观测试验站	资划所
6	农业部德州农业资源与生态环境重点野外科学观测试验站	资划所
7	农业部长白山野生生物资源重点野外科学观测试验站	特产所
8	农业部杭州茶树资源重点野外科学观测试验站	茶叶所
9	农业部寿阳旱地农业重点野外科学观测试验站	环发所
10	农业部鄂尔多斯沙地草原生态环境重点野外科学观测试验站	草原所
11	农业部沙尔沁牧草资源重点野外科学观测试验站	草原所
12	农业部玉树高寒草原资源与生态环境重点野外科学观测试验站	草原所
13	农业部沅江麻类资源重点野外科学观测试验站	麻类所
14	农业部廊坊有害生物防治重点野外科学观测试验站	植保所
15	农业部锡林浩特草原有害生物防治重点野外科学观测试验站	植保所
16	农业部兴城北方落叶果树资源重点野外科学观测试验站	果树所
17	农业部武昌花生资源重点野外科学观测试验站	油料所
18	农业部商丘农业资源与生态环境重点野外科学观测试验站	灌溉所

（续表）

序号	野外台站名称	依托单位
19	农业部兰州黄土高原生态环境重点野外科学观测试验站	兰州牧药所
20	农业部昌平畜禽资源重点野外科学观测试验站	牧医所
21	农业部新乡矮败小麦重点野外科学观测试验站	作科所
22	农业部大理农业生态环境重点野外科学观测试验站	环保所
23	农业部镇江桑树资源重点野外科学观测试验站	蚕业所
24	农业部徐州甘薯资源重点野外科学观测试验站	甘薯所

中国农业科学院野外科学观测试验站

序号	野外台站名称	依托单位
1	中国农业科学院祁阳红壤生态环境野外科学观测试验站	资划所
2	中国农业科学院呼伦贝尔草甸草原生态环境野外科学观测试验站	资划所
3	中国农业科学院洛阳旱地农业野外科学观测试验站	资划所
4	中国农业科学院迁西燕山生态环境野外科学观测试验站	资划所
5	中国农业科学院昌平潮褐土生态环境野外科学观测试验站	资划所
6	中国农业科学院德州农业资源与生态环境野外科学观测试验站	资划所
7	中国农业科学院长白山野生生物资源野外科学观测试验站	特产所
8	中国农业科学院杭州茶树资源野外科学观测试验站	茶叶所
9	中国农业科学院寿阳旱地农业野外科学观测试验站	环发所
10	中国农业科学院鄂尔多斯沙地草原生态环境野外科学观测试验站	草原所
11	中国农业科学院沙尔沁牧草资源野外科学观测试验站	草原所

（续表）

序号	野外台站名称	依托单位
12	中国农业科学院玉树高寒草原资源与生态环境野外科学观测试验站	草原所
13	中国农业科学院沅江麻类资源野外科学观测试验站	麻类所
14	中国农业科学院廊坊有害生物防治野外科学观测试验站	植保所
15	中国农业科学院锡林浩特草原有害生物防治野外科学观测试验站	植保所
16	中国农业科学院兴城北方落叶果树资源野外科学观测试验站	果树所
17	中国农业科学院武昌花生资源野外科学观测试验站	油料所
18	中国农业科学院商丘农业资源与生态环境野外科学观测试验站	灌溉所
19	中国农业科学院兰州黄土高原生态环境野外科学观测试验站	兰州牧药所
20	中国农业科学院昌平畜禽资源野外科学观测试验站	牧医所
21	中国农业科学院新乡矮败小麦野外科学观测试验站	作科所
22	中国农业科学院大理农业生态环境野外科学观测试验站	环保所
23	中国农业科学院镇江桑树资源野外科学观测试验站	蚕业所
24	中国农业科学院徐州甘薯资源野外科学观测试验站	甘薯所
25	中国农业科学院新乡有害生物防治野外科学观测试验站	植保所
26	中国农业科学院天水有害生物防治野外科学观测试验站	植保所
27	中国农业科学院桂林有害生物防治野外科学观测试验站	植保所
28	中国农业科学院廊坊数字水肥野外科学观测试验站	资划所
29	中国农业科学院密云生态农业野外科学观测试验站	资划所
30	中国农业科学院鄂托克旗牧草资源与育种野外科学观测试验站	牧医所

（续表）

序号	野外台站名称	依托单位
31	中国农业科学院杭州水稻种质资源野外科学观测试验站	水稻所
32	中国农业科学院长江中下游棉花野外科学观测试验站	棉花所
33	中国农业科学院平安油菜育种野外科学观测试验站	油料所
34	中国农业科学院进贤红壤地区油料作物野外科学观测试验站	油料所
35	中国农业科学院汉川转基因油料作物环境安全野外科学观测试验站	油料所
36	中国农业科学院武清转基因生物农田生态系统影响野外科学观测试验站	环保所
37	中国农业科学院藁城农业生态环境野外科学观测试验站	环保所
38	中国农业科学院彭州农产品产地环境野外科学观测试验站	环保所
39	中国农业科学院南京农业机械野外科学观测试验站	农机化所
40	中国农业科学院郑州果树瓜类野外科学观测试验站	郑果所
41	中国农业科学院阿克苏果树瓜类野外科学观测试验站	郑果所
42	中国农业科学院青岛烟草资源与环境野外科学观测试验站	烟草所
43	中国农业科学院张掖牧草及生态农业野外科学观测试验站	兰州牧药所
44	中国农业科学院苏尼特温带荒漠草原资源与生态环境野外科学观测试验站	草原所
45	中国农业科学院太仆寺旗草地资源生态监测与评价野外科学观测试验站	草原所
46	中国农业科学院葫芦岛落叶果树生理生态及有害生物野外科学观测试验站	果树所
47	中国农业科学院新乡农业水土环境野外科学观测试验站	灌溉所
48	中国农业科学院廊坊蔬菜资源野外科学观测试验站	蔬菜所

（续表）

序号	野外台站名称	依托单位
49	中国农业科学院信息农业野外科学观测试验站	信息所
50	中国农业科学院数字化文献信息服务系统野外科学观测试验站	信息所
51	中国农业科学院岳阳农业环境野外科学观测试验站	环发所
52	中国农业科学院那曲高寒草原生态与气候变化野外科学观测试验站	环发所
53	中国农业科学院密云农业环境野外科学观测试验站	环发所
54	中国农业科学院共和农业环境野外科学观测试验站	环发所
55	中国农业科学院兰州农业环境野外科学观测试验站	环发所 兰州牧药所
56	中国农业科学院永宁农业环境野外科学观测试验站	环发所
57	中国农业科学院大荔农业环境野外科学观测试验站	环发所
58	中国农业科学院崇明农业环境野外科学观测试验站	环发所
59	中国农业科学院东营农业环境野外科学观测试验站	环发所
60	中国农业科学院西昌烟草资源与环境野外科学观测试验站	烟草所

现代农业产业技术体系技术研发中心

序号	产业	名称	依托单位
1	水稻	国家水稻产业技术研发中心	水稻所
2	玉米	国家玉米产业技术研发中心	作科所
3	小麦	国家小麦产业技术研发中心	作科所
4	大豆	国家大豆产业技术研发中心	作科所
5	大麦青稞	国家大麦青稞产业技术研发中心	作科所
6	谷子糜子	国家谷子糜子产业技术研发中心	作科所
7	食用豆	国家食用豆产业技术研发中心	作科所
8	马铃薯	国家马铃薯产业技术研发中心	蔬菜所

（续表）

序号	产业	名称	依托单位
9	油菜	国家油菜产业技术研发中心	油料所
10	棉花	国际棉花产业技术研发中心	棉花所
11	麻类	国家麻类产业技术研发中心	麻类所
12	茶叶	国家茶叶产业技术研发中心	茶叶所
13	食用菌	国家食用菌产业技术研发中心	资划所
14	大宗蔬菜	国家大宗蔬菜产业技术研发中心	蔬菜所
15	肉鸡	国家肉鸡产业技术研发中心	牧医所
16	水禽	国家水禽产业技术研发中心	牧医所
17	蜂	国家蜂产品产业技术研发中心	蜜蜂所

现代农业产业技术体系功能研究室

序号	产业	名称	依托单位
1	水稻	育种与繁育研究室	水稻所
2	水稻	栽培与土肥研究室	水稻所
3	玉米	病虫害防控研究室	植保所
4	玉米	栽培与土肥研究室	作科所
5	小麦	加工研究室	加工所
6	食用豆	病虫害防控研究室	作科所
7	食用豆	栽培与土肥研究室	作科所
8	食用豆	综合研究室	信息所
9	马铃薯	育种研究室	蔬菜所
10	马铃薯	产业经济研究室	资划所
11	油菜	病虫害防控研究室	油料所
12	油菜	加工研究室	油料所

（续表）

序号	产业	名称	依托单位
13	油菜	设施与设备研究室	农机化所
14	花生	病虫害防控研究室	油料所
15	花生	机械研究室	农机化所
16	胡麻	综合研究室	油料所
17	棉花	病虫害防控研究室	植保所
18	棉花	育种与种子研究室	棉花所
19	棉花	栽培与土肥研究室	棉花所
20	麻类	加工研究室	麻类所
21	麻类	设施设备研究室	麻类所
22	麻类	育种研究室	麻类所
23	甜菜	育种与种子研究室	甜菜所
24	甜菜	机械研究室	甜菜所
25	蚕桑	病虫害防控研究室	蚕业所
26	蚕桑	养蚕与桑树栽培研究室	蚕业所
27	茶叶	病虫害防控研究室	茶叶所
28	茶叶	加工研究室	茶叶所
29	茶叶	栽培与茶园机械研究室	茶叶所
30	茶叶	产业经济研究室	茶叶所
31	大宗蔬菜	病虫害防控研究室	蔬菜所
32	大宗蔬菜	育种与种子研究室	蔬菜所
33	西甜瓜	病虫害防控研究室	植保所
34	西甜瓜	栽培与耕作研究室	郑果所
35	西甜瓜	综合研究室	农经所
36	苹果	育种与资源利用研究室	果树所
37	梨	遗传与育种研究室	郑果所

（续表）

序号	产业	名称	依托单位
38	葡萄	病虫害防控研究室	植保所
39	葡萄	育种研究室	郑果所
40	葡萄	栽培研究室	果树所
41	桃	栽培与综合研究室	郑果所
42	牧草	产业经济研究室	农经所
43	牧草	栽培与草地管理研究室	草原所
44	奶牛	环境控制研究室	牧医所
45	奶牛	疾病控制研究室	兰州牧药所
46	肉牛牦牛	遗传育种与繁殖研究室	牧医所
47	肉羊	疾病控制研究室	兰州兽医所
48	肉羊	加工研究室	加工所
49	肉羊	营养与饲料研究室	饲料所
50	绒毛用羊	疾病控制研究室	兰州兽医所
51	蛋鸡	产业经济研究室	农经所
52	蛋鸡	营养与饲料研究室	牧医所
53	肉鸡	疾病控制研究室	哈尔滨兽医所
54	肉鸡	生产与环境控制研究室	牧医所
55	蜂	病虫害防控与质量监督研究室	蜜蜂所
56	蜂	育种与授粉研究室	蜜蜂所
57	柑橘	栽培与耕作研究室	柑橘所
58	柑橘	病虫害防控研究室	柑橘所

现代农业产业技术体系综合试验站

序号	产业	名称	依托单位
1	水稻	祁阳综合试验站	资划所
2	小麦	德州综合试验站	资划所
3	麻类	沅江苎麻综合试验站	麻类所
4	苹果	葫芦岛综合试验站	果树所
5	葡萄	左家综合试验站	特产所
6	葡萄	豫西与黄土高原综合试验站	郑果所
7	桃	郑州综合试验站	郑果所
8	牧草	鄂尔多斯综合试验站	草原所

国家质检中心

序号	质检中心名称	依托单位
1	国家饲料质量监督检验中心（北京）	质标所
2	国家化肥质量监督检验中心（北京）	资划所
3	国家植保机械质量监督检验中心	农机化所

部级质检中心

序号	质检中心名称	依托单位
1	农业部谷物品质监督检验测试中心	作科所
2	农业部植物抗病虫性及农药监督检验测试中心（北京）	植保所
3	农业部转基因植物环境安全监督检验测试中心（北京）	植保所
4	农业部蔬菜品质监督检验测试中心（北京）	蔬菜所

（续表）

序号	质检中心名称	依托单位
5	农业部畜牧环境设施设备质量监督检验测试中心（北京）	环发所
6	农业部奶及奶制品质量监督检验测试中心（北京）	牧医所
7	农业部转基因动物及饲料安全监督检验测试中心（北京）	牧医所
8	农业部蜂产品质量监督检验测试中心（北京）	蜜蜂所
9	农业部辐照产品质量监督检验测试中心	加工所
10	农业部微生物肥料和食用菌菌种质量监督检验测试中心	资划所
11	水利部节水灌溉设备质量检测中心	灌溉所
12	农业部稻米及制品质量监督检验测试中心	水稻所
13	农业部转基因植物环境安全监督检验测试中心（杭州）	水稻所
14	农业部棉花品质监督检验测试中心	棉花所
15	农业部转基因植物环境安全监督检验测试中心（安阳）	棉花所
16	农业部油料及制品质量监督检验测试中心	油料所
17	农业部转基因植物环境安全监督检验测试中心（武汉）	油料所
18	农业部麻类产品质量监督检验测试中心	麻类所
19	农业部果品及苗木质量监督检验测试中心（兴城）	果树所
20	农业部果品及苗木质量监督检验测试中心（郑州）	郑果所
21	农业部茶叶质量监督检验测试中心	茶叶所
22	农业部实验动物质量监督检验测试中心（哈尔滨）	哈尔滨兽医所
23	农业部动物毛皮及制品质量监督检验测试中心（兰州）	兰州牧药所
24	农业部特种经济动植物及产品质量监督检验测试中心	特产所
25	农业部环境质量监督检验测试中心	环保所

（续表）

序号	质检中心名称	依托单位
26	农业部转基因生物生态环境安全监督检验测试中心（天津）	环保所
27	农业部沼气产品及设备质量监督检验测试中心	沼科所
28	机械工业旋耕机械产品质量监督检测中心	农机化所
29	机械工业茶叶加工机械质量监督检测中心	农机化所
30	农业部烟草产业产品质量监督检验测试中心	烟草所
31	农业部转基因烟草环境安全监督检验测试中心（青岛）	烟草所
32	农业部转基因植物用微生物环境安全监督检验测试中心（北京）	生物所
33	农业部柑橘及苗木质量监督检验测试中心	柑橘所
34	农业部甜菜品质监督检验测试中心	甜菜所
35	农业部蚕桑产业产品质量监督检验测试中心（镇江）	蚕业所

农业部农产品质量安全风险评估实验室

序号	风险评估实验室名称	依托单位
1	农业部稻米产品质量安全风险评估实验室（杭州）	水稻所
2	农业部谷物产品质量安全风险评估实验室（北京）	作科所
3	农业部油料产品质量安全风险评估实验室（武汉）	油料所
4	农业部奶产品质量安全风险评估实验室（北京）	牧医所
5	农业部蔬菜产品质量安全风险评估实验室（北京）	蔬菜所
6	农业部果品质量安全风险评估实验室（郑州）	郑果所
7	农业部果品质量安全风险评估实验室（兴城）	果树所
8	农业部柑橘产品质量安全风险评估实验室（重庆）	柑橘所
9	农业部茶叶产品质量安全风险评估实验室（杭州）	茶叶所

（续表）

序号	风险评估实验室名称	依托单位
10	农业部蜂产品质量安全风险评估实验室（北京）	蜜蜂所
11	农业部农产品质量安全生物性危害因子风险评估实验室（北京）	植保所
12	农业部农产品质量安全环境因子风险评估实验室（天津）	环保所
13	农业部农产品加工质量安全风险评估实验室（北京）	加工所

国家参考实验室

序号	参考实验室名称	依托单位
1	国家牛传染性胸膜肺炎参考实验室	哈尔滨兽医所
2	国家禽流感参考实验室	哈尔滨兽医所
3	国家口蹄疫参考实验室	兰州兽医所

获 OIE 认可的参考实验室

序号	参考实验室名称	依托单位
1	OIE 禽流感参考实验室	哈尔滨兽医所
2	OIE 马传染性贫血参考实验室	哈尔滨兽医所
3	OIE 马流感 twinning 参考实验室	哈尔滨兽医所
4	OIE 口蹄疫参考实验室	兰州兽医所

国家科技基础条件平台（中心）

序号	平台（中心）名称	依托单位
1	国家农作物种质资源平台	作科所
2	国家微生物资源平台	资划所
3	家养动物种质资源平台	牧医所
4	农业科学数据共享中心	信息所

中国农业科学院“十二五”科技发展规划

“十二五”时期是中国大力发展现代农业、全面建设小康社会和创新型国家的关键时期，也是中国农业科学院加快发展科技事业、努力推进整体实力跻身世界前列的攻坚阶段。为履行好农业科研国家队、科技进步领头羊、科技研发主力军的使命，明确“十二五”时期我院科技发展的战略定位、指导思想、目标任务及对策措施，全面提高自主创新能力、国际竞争力和可持续发展能力，根据《国家中长期科学和技术发展规划纲要（2006~2020年）》《国民经济和社会发展第十二个五年规划纲要》《全国农业和农村经济发展第十二个五年规划》《国家“十二五”科学和技术发展规划》《农业科技发展“十二五”规划》及我院实际，制定本规划。

一、形势与需求

（一）保障国家粮食安全、生态安全，促进农民增收和农业可持续发展，迫切需要大幅提高农业科技支撑与服务水平

新中国成立以来，特别是改革开放以来，我国农业和农村经济发生了翻天覆地的变化，粮食等主要农产品供给实现了从长期短缺到总量平衡、丰年有余的历史性转变，农民生活水平实现了从温饱不足到总体小康的历史性跨越。进入新世纪，我国粮食实现了近7年来的连续增产，连续4年稳定在1万亿斤以上，农民人均纯收入连续7年保持较高增速，农业生态环境保护与建设扎实推进，农业可持续发展能力显著增强。农业和农村经济的巨大进步，农业科技发挥了至关重要的作用。科技进步对农业增长的贡献率从“一五”时期的19.9%，提高到2010年的52%，标志着科技进步已成为推动农业和农村经济发展的决定性力量。

“十二五”时期是加快建设社会主义新农村、全面建设小康社会的关键时期。随着我国人口数量的持续增加和社会经济的不断发展，人们对粮食等主要农产品的数量和质量要求不断提高，保障国家粮食安全，依然是国民经济和社会发展的首要目标，持续增加农民收入、改善农村生产生活条件和生态环境，成为发展农村经济、改善农村民生的基本要求。为此，国家提出了加快农业科技创新、健全农业社会化服务体系、推进农业结构战略性调整、增强粮食安全保障能力、拓宽农民增收渠道、改善农村生产生活条件等任务。当前，我国粮食生产面临着耕地、淡水资源紧缺，高标准农田比例偏少，病虫

害及自然灾害发生频繁，气候变化对粮食生产的影响加剧等瓶颈问题；农民增收面临着农产品价格波动频繁、农业劳动生产比较效益低、农业收益比重持续偏低等实际困难；农业生态环境面临着工业“三废”污染正在由局部向整体蔓延、高毒农药短期内难以禁止、畜禽生产环境难以净化、恶化趋势短期内难以扭转等现实难题。要在连续7年增产、增收的高基数上实现既定目标，亟待大幅提升农业科技创新和成果转化应用能力，大幅提升农业科技支撑和服务水平，大幅提升农业科技进步贡献率。

作为“农业科研国家队”，中国农业科学院要按照全国农业和农村经济发展的总体部署，不断加快农业生物育种科技创新，培育高产、优质、高效、抗逆、广适农业新品种；加快创新农产品高效生产技术、农业节水技术、动植物病虫害和自然灾害防控技术以及中低产田地力培育技术等，切实服务国家粮棉油高产创建、高标准农田建设、重大动植物疫病及灾害防控、农产品质量安全等重大工程，提高粮食生产的科技支撑能力；加快创新资源高效型和环境友好型技术，推进良种良法配套、农艺农机融合、节本增效兼顾、增产减损并举的集成技术研究与示范，不断促进农业科技成果转化与应用，提高我国粮食主产区、特色农业区等农业综合效益，构建粮食安全的科技支撑长效机制，使我院成为支撑国家粮食安全和生态安全，促进农民增收和农业可持续发展的生力军。

（二）转变农业发展方式，建设现代农业，迫切需要大幅提高农业科技创新驱动与引领能力

改革开放以来，特别是进入新世纪以来，中国农业和农村生产力获得了极大解放，农村经济和农业生产取得了快速发展，农产品日益丰富，农业综合生产能力显著提高，农业现代化进程大大加快，推动了从传统农业向现代农业的转型升级。农业生产结构不断优化，粮食作物、经济作物和饲料作物协调发展的格局已初步形成，畜牧业、特色农业以及农业服务业比例在农业产值中的比例不断提高；农村经济结构不断优化，农业集约化发展和现代化建设水平不断提升，农业区域化布局、标准化生产、产业化经营稳步推进，农产品优质率、生产集中度和加工转化水平不断提升；农业水利化、机械化水平不断提高，农作物耕种收综合机械化水平达到52%，标志着我国将开启以机械化为主的农业生产新时代，走出了一条中国特色的农业现代化发展道路。

“十二五”时期是我国加快转变农业发展方式，工业化、城镇化和农业现代化同步推进的关键时期。随着我国农业生产、经营方式的重大变革，现代农业的特征更加明显，迫切需要用现代科学技术改造农业，用现代物质条件装备农业，大幅提升科技对现代农业发展的驱动与引领能力。为此，国家提出了加快发展现代农业，构建以东北平原、黄淮海平原、长江流域等农产品主产区为主体，其他农业地区为重要组成的“七区二十三带”现代农业发展战略新格局，努力保障国家粮食安全等任务。当前，我国现代农业发展面临着农业生产机械化、信息化程度不高，农业生产成本持续增加与农业劳动生产率偏低，农村劳动力素质总体结构性下降等实际问题；面临着“一家一户”

分散经营与集约化规模经营、小农户与大市场、国内农产品市场不健全与国际竞争加剧等实际矛盾，亟待通过调整农业技术路径、完善农技服务方式、创新农业科技管理，构建适应现代农业发展要求的科学和技术新体系，化解农业转型升级过程中的各类矛盾和问题，走创新驱动和引领现代农业发展的道路。

作为“农业科技进步领头羊”，中国农业科学院要顺应世界科技发展潮流，牢牢把握现代农业发展方向，加快发展现代农业生物技术、信息技术、智能化装备等高新技术，加快推进农业生产机械化、信息化、精准化和农产品优质化、营养化、功能化进程，构建我国生态高值高效农业技术体系，促进农艺农机融合；围绕农产品主产区和特色农业区现代农业发展，全面提升国家现代农业示范区建设的支撑和服务能力，促进农业生产经营专业化、标准化、规模化、集约化发展，大幅提高农业劳动生产率、土地产出率和资源利用率，引领现代农业发展方向，使我院成为现代农业发展的导领者。

（三）实现农业科技整体实力跻身世界前列，推进重大科学技术突破，迫切需要大幅提高自主创新能力和效率

在党中央、国务院各项方针、政策指引下，中国农业科技事业始终坚持“科学技术是第一生产力”，始终坚持产业需求导向，不断提高科技自主创新能力，杂交水稻及超级稻、矮败小麦、杂交玉米、转基因抗虫棉、“双低”油菜、马传贫弱毒疫苗、禽流感和口蹄疫基因工程疫苗等一批重大科技成果，以及作物分子育种、杂种优势利用、动植物重大疫病防控等一批关键、核心技术达到国际领先或先进水平。举世瞩目的巨大进步，标志着我国农业科技整体水平已经跃升发展中国家前列。同时，“十一五”以来，从国家和部门等层面，分别实施了国家科技重大专项、国家自然科学基金、重点基础研究发展计划、高技术发展研究计划、科技支撑计划、农业行业科技专项、农业科技成果转化资金、科技产业化示范工程、中央级公益性科研院所基本科研业务费专项等系列科技计划和国家重大科学工程、重点实验室、工程技术研究中心、种子工程等科技平台建设专项，为农业科技自主创新提供了资金、条件保障；立足国情特色和产业特点，构建了以 50 个农产品为单元的现代农业产业技术体系，为积极推进国家农业科技创新体系建设奠定了坚实基础。

“十二五”时期是推进农业科技整体实力跻身世界前列、实现创新型国家战略目标的攻坚时期。随着遗传学、生理学等基础学科理论的不断丰富和生物技术、信息技术、工程技术等高新技术的迅猛发展，农业科技发展的原动力更加强劲，农业科技发展的空间更加广阔，农业科技面临着难得的发展机遇。为了尽快推进我国在 2020 年进入创新型国家行列，国家提出了加快建设国家创新体系、推进重大科学技术突破、促进科技成果向现实生产力转化、推动经济发展更多依靠科技创新驱动等任务。当前，我国农业科技发展仍存在体制和机制上的深层次问题，科技资源布局和结构性矛盾依然突出，国家农业科技创新体系建设滞后，农业科技投入规模、结构和方式不合理，农业科技各领域

发展水平差距大等，严重制约着我国农业科技创新整体水平的提升，整体影响到创新型国家建设，亟待加快推进国家农业科技创新体系建设进程，大力加强农业科技创新能力建设，全面提升我国农业科技竞争实力。

作为“农业科技研发主力军”，中国农业科学院要以创新农业科学和技术、支撑现代农业发展为己任，不断加快原始创新、集成创新和引进消化吸收再创新步伐，加大农业科技基础性工作和农业基础与应用基础研究、高技术发展研究、共性和关键技术研究、技术集成研究与示范等力度，创新农业先进技术，培育优势学科领域，力争把我院建设成为国家农业知识创新、技术创新高地，大幅提升农业科技自主创新能力；瞄准国际农业科技前沿，发挥资源优势、人才优势和制度优势，通过联合、共建等方式，以项目、平台等为桥梁，积极组织和开展全国性农业科技研产学用大联合、大协作，推进与兄弟院所科技事业的共同发展，增强重点学科优势，提高创新效率，使我院成为科技实力跻身世界前列的先遣队。

（四）引领农业科技创新方向，推动科技事业又好又快发展，迫切要求我院成为具有重大影响的农业科技创新核心机构

“十一五”以来，我院按照“自主创新、重点跨越、支撑发展、引领未来”的国家科技指导方针，围绕农业和农村经济发展中基础性、全局性、前瞻性、关键性重大科学和技术问题，在农业生产关键技术、前沿高技术、重大基础理论研究以及科技基础性工作等层次上进行战略布局，持续创新出“中国小麦品种品质评价体系建立与分子改良技术研究”、“矮败小麦及其高效育种方法的创建与应用”、“禽流感、新城疫重组二联活疫苗”、“大通牦牛新品种及培育技术”、“棉铃虫区域性迁飞规律和监测预警技术的研究与应用”等一大批国际领先或具有先进水平的科研成果，重要农作物核心种质与功能基因组学、农作物重大病虫害发生发展规律与防控、动物重大疫病病原分子结构与致病机理、外来生物入侵机制与生态防控、转基因生物安全性等研究不断取得突破，国际学术影响力显著提升。培育形成了包括作物科学、畜牧兽医科学、农业资源与环境科学等9大学科群及41个一级学科、173个二级学科的学科建设与发展框架，科研体系进一步完善。构建了国家级、省部级、院级科技创新、科技支撑、科技服务的“三级三类”平台体系，科研基地初具规模。整合推进了“三百”科技支农行动计划，科技成果转化速度不断加快，科技服务显示度不断提升。构建了国内农业科研协作网，推进了院院学科共建，强化了农业科技国际合作与交流，发展环境逐步改善。遴选和组建了13个院级优秀科技创新团队和90个所级重点科技创新团队，领军型人才不断充实。农业科研体制和运行管理机制不断完善，创新文化建设初见成效。综合来看，我院的农业科技事业已经进入全面、快速发展的历史新阶段。

“十二五”时期是我院深入推进机制创新、实现科技事业又好又快发展的关键时期。随着我院“建设具有国际先进水平的农业科技创新中心、国内一流的农业科技成

果转化中心、国际农业科技合作与交流中心和高层次农业科技人才培养基地”（简称“三个中心、一个基地”）战略定位的深度推进，学科建设、科技创新、成果转化、平台和基地建设、科技合作与交流、人才团队建设、制度与文化建设等需要重点设计和布局，以实现提质、增量和快速发展。当前，中国农业科学院与发达国家科研机构、国内相关科研机构相比，还存在优势学科不多、学科引领作用发挥不足，科技自主创新整体实力不强、原创性成果不多，高级别的创新平台偏少、配套的试验基地规模和档次难以满足创新需求，高影响力的学科团队偏少、尚未形成领军式人才群体，财政科技投入结构与学科发展不匹配、缺乏自主性稳定支持经费，创新制度不完善、创新文化建设有待加强等问题，亟待在新的发展机遇期内重点予以解决，以推动我院各项科技事业发展水平的全面提高。

作为“三个中心、一个基地”，我院要进一步集聚资源，按照一流农业科技创新中心的建设要求，构建稳定发展的新机制，持续加强人才引进与培养，建设现代院所制度，改善科技创新环境，加强科技创新和学科建设，强化科研协作与合作，大幅提高科技自主创新能力和学科整体优势。通过联合协作，力争建设一批具有重大影响的一流学科、一流平台、一流团队，打造一批一流的现代化农业科研院所，快速提升我院的学术影响力和综合实力，使我院成为国内外具有重大影响的农业科技创新核心机构。

二、指导思想和发展目标

（一）战略定位

按照“三个中心、一个基地”总体战略，履行公益性科研机构职责，以农业基础性、前瞻性、战略性、全局性重大问题和共性、关键性技术研究为主要任务，注重应用和应用基础研究，走自主创新、导领发展的道路，在中国农业科技事业发展中，充分发挥农业科研国家队、科技进步领头羊、科技研发主力军作用，引领农业科技创新方向，着力支撑现代农业可持续发展，成为国内外具有重大影响的农业科技创新核心机构。

（二）指导思想

以邓小平理论和“三个代表”重要思想为指导，深入贯彻落实科学发展观，坚持产业导向，强化学科引领，突出自主创新，注重机制驱动，以科技项目、平台基地为抓手，以团队、制度为保障，组织重大科技攻关，着力支撑条件建设，促进科技成果转化，推进科技合作与交流，重点突破一批重大理论、重大技术、重大品种、重大产品，培强、培优和培植一批重要学科，推动我院自主创新能力、产业支撑能力和国际竞争力上升到一个新的台阶，为国家粮食及食物安全、生态安全、农民增收和农业可持续发展提供强有力的科技支撑。

（三）基本原则

1. 支撑产业与发展学科相结合

既要在农业理论、技术、品种、产品、标准等方面不断创新，整体提升中国农业科学院对农业产业发展的科技支撑和引领能力，又要强化学科体系建设，注重学科理论方法创新与应用、学科平台与团队建设、学科制度文化建设与管理等，全面提升我院学科建设水平和学术影响力，实现以学科促创新、以创新强支撑的目标。

2. 科技创新与成果转化相结合

既要坚持以研为本，积极开展原始创新、集成创新和引进消化吸收再创新，创新重大理论、技术和产品，提高科技自主创新能力，又要积极推动自主创新成果转化为现实生产力，提高农业和农村经济发展的科技贡献率，实现自主创新与成果转化应用的良性循环。

3. 自我创新与联合创新相结合

既要坚持自主创新，激发科技人员和创新团队内部创新活力，强化获得自主性知识产权成果，又要发挥协同创新作用，与国内外优势科研、教学、推广、企业、生产等机构、组织联合，构建研产学用大联合、大协作创新机制，共同推动农业科学和技术进步。

4. 立足当前与储备长远相结合

既要立足当前已有工作基础和国家重大需求，做好农业科技创新、成果转化与服务，又要把握国际科技前沿和发展方向，开展重大基础理论探索、战略性前沿高新技术发展，占领农业科学技术研究的前沿阵地和制高点，增强可持续发展能力。

5. 完善体系与创新机制相结合

既要加强学科体系、平台体系、基地体系、队伍体系建设，提升科研整体水平和自主创新能力，又要不断创新机制，加强制度与创新文化建设，通过机制创新克服体制性障碍，推动科技创新。

（四）发展目标

“十二五”期间，力争在农业生物育种、绿色农用制品、现代农业装备、生态环境保护等方面取得重大突破，创新和推广转化一批一流的科研成果，建成一批一流的科技平台和试验基地，打造一批一流的学科团队，全面提升我院科技自主创新能力、成果转化与应用能力、科技合作与交流能力、农业农村政策咨询能力和科技管理与服务能力，努力把我院建设成为国家农业基础研究高地、农业技术创新高地、产业技术转移高地和国内外具有重大影响的农业科技创新核心机构。

——重点学科更具优势。继续巩固作物科学、畜牧兽医科学和农业资源与环境科学

3 大优势学科群，快速提升农业应用微生物学、农业工程学等学科群优势。重点强化 15～20 个具有国际影响的优势学科领域，培优 25～30 个具有国内优势的重点学科领域，培植 5～8 个新兴学科领域，整体提升中国农业科学院学科优势和国内外影响力。

——科技自主创新能力更加增强。建立以新理论、新品种、新技术、新产品、新标准为导向，以论文、专利、获奖成果为主要体现形式的科技创新引导机制。在农业生物资源与功能基因组、重要经济性状形成与分子改良、农业重大病虫害发生与致灾机理等重要方向取得 15 项左右重大理论突破，在农业新品种培育与高效安全生产、动植物病虫害综合防治、农业机械化装备技术等领域取得 15 项左右重大技术突破，育成重大农业新品种 50 个以上，获得技术专利 500 项以上，创新农业新标准 150 项以上，在相关学科领域顶级刊物上发表高影响因子论文 500 篇以上，获得省部级以上奖励成果 250 项以上，其中，国家级奖励成果 30 项左右，大幅提升农业科技自主创新能力。

——科技平台与试验基地支撑更为有力。继续完善国家级、部省级、院级科技创新类、科技支撑类和科技服务类“三级三类”科技平台体系，构建以试验、中试为功能特征的综合性和专业性试验基地建设体系。建成科技平台 300 个，其中，建成以重点实验室、品种改良中心和技术研究中心等为主体的科技创新平台 150 个左右，以重大科学工程/科学中心、工程实验室/工程技术中心、野外科学观测试验站等为主体的科技支撑平台 100 个左右，以农产品质量检验测试中心、转基因产品检测中心、国家参考实验室等为主体的科技服务平台 50 个左右；试验基地总数发展到 100 个左右，基地总面积接近 10 万亩，其中，综合试验基地发展到 10 个，专业试验基地发展到 90 个左右，全面提升科技平台和试验基地建设档次及运行水平。

——科技成果转化与服务更富成效。构建以主推技术、重点区域、优势产业为标杆，成果转化、科技兴农为方向的成果转化应用新机制。主推 20 项左右重大集成技术，建立 4～5 个技术转移中心、200 个左右技术示范基地，推动高新技术产业化发展，打造 4～5 个优势产业集群；围绕粮食主产区、特色农业区和现代农业示范区等，大力实施“三百”科技支农行动，为国家和区域性重大农业工程、省域及县域农业发展提供支撑和服务，构建科技成果转化枢纽，推动转化应用和科技兴农水平上新台阶。

——科技合作与交流机制更增活力。建设国内、国际两大层面，学科共建、科研协作、学术交流三大主题的科技紧密合作与交流体系。重点构建以水稻、小麦、玉米等为中心的新型高效创新联合协作体 30 个左右，以南方经济作物、玉米功能基因与分子改良等学科研究中心为主体的学科建设共同体 20 个左右，以专业学会、协会、学术论坛等为主体的学术交流载体 20 个左右，以及以种质资源、信息资源、平台资源为主体的科技资源共享联合体；建成农业科技国际合作分中心 5～6 个、海外联合实验室或试验示范中心 5～8 个，派出和请进各类专家 10 000名以上，努力构建国内、国际农业科技合作与交流新机制。

——学科团队更有实力。构建以学科领域-研究方向为功能结构，领军人才、骨干人才、流动创新人才为核心的学科团队体系。打造 100 个重点学科团队，力争 2 个左右团队入选国家级创新群体，50个团队入选部级创新团队，依托重点团队引进“千人计划”人选10名左右。同时，建立300人左右的科技管理队伍、1 000人左右的实验、检测、试验服务队伍，打造一批高效创新、充满活力的高水平科研团队。

——机制与创新文化更显特色。构建以价值体系为核心，体制、机制、文化、环境为标志的创新文化体系。建立院所科技创新核心价值体系，树立科学家与研究所发展目标相一致的价值观念；建设院所高效联动机制、院院高效协作机制和科技评价与激励机制，调动创新积极性和自觉性；完善院所管理制度体系，确保良性运行和发展；改善院所科技创新环境，营造良好的创新氛围。

三、主要任务

以支撑和服务国家粮棉油高产创建、园艺产品标准化生产、畜禽标准化关键技术与产业化示范、农业病虫害统防统治、高标准农田建设、农业生产全程机械化、农村信息化示范工程和现代农业示范区建设等为导向，充分发挥“国家队”、“领头羊”、“主力军”作用，针对农业发展的基础性、前瞻性、战略性、全局性重大问题和共性、关键技术难题，重点实施“科技自主创新行动”、“科技平台与试验基地建设行动”、“成果转化与科技兴农行动”、“科技紧密合作行动”、“学科团队建设行动”和“制度与创新文化推进行动”6大科技发展行动，努力提高农业科技自主创新能力和成果转化与应用能力，提高学科建设、创新团队建设、创新文化与制度建设水平以及科技合作与交流水平，积极推动项目、平台、基地、人才、资金和制度等要素向学科集聚，培强优势学科，培优重点学科，培植新兴学科，突破一批重大理论、方法和技术，创造一批以新品种、新技术、新产品和新标准为标志的重大科技成果，为确保国家粮食安全、生态安全、农民增收和现代农业可持续发展提供强有力的支撑。

（一）实施科技自主创新行动，全面提升科技创新能力与学科发展水平

围绕国家粮食安全、生态安全、农民增收和现代农业可持续发展等国家重大需求，以重要农业生物资源收集与保存、农业生物重要功能基因挖掘、重大农业动植物新品种培育、重要绿色农业投入品创制、重大农业机械化装备研制、重点农业区域环境综合治理、重要农产品高效安全生产和重大农业防灾减灾技术创新等为重点，以推动学科发展、促进科技进步为目标，组织实施“科技自主创新行动”，在作物科学、畜牧兽医科学、农业资源与环境科学等九大学科领域，加快突破一批重大科学问题，创新一批关键技术，组装、集成和示范一批重大技术，中试、孵化一批有竞争优势的高新技术，培育形成一批具有重大影响的科研成果，积极促进农业发展方式转变，积极培育战略性新兴产业生长点，积极应对全球变化挑战，大幅度提高我院及我国农业科技的自主创新能力、社会影响力和国际竞争力。

1. 作物科学领域

广泛收集、保存和评价作物种质资源，开展重要作物功能基因组学研究，挖掘重要功能基因和单倍型，强化开展分子育种、特别是转基因生物育种及产业化研究，建立作物高效育种技术平台，培育突破性重大新品种，研发作物种子（种苗）高产繁育技术体系；揭示农作物生殖发育和重要性状形成机理，突破大面积高产栽培理论，创新土、肥、水、气、生资源一体化高效利用技术和轻简化生产技术；揭示农作物病虫害致害机理和发生流行规律、转基因生物安全性等，突破作物病虫草鼠害监测预警、综合防治、诊断与检测等技术，创制安全高效农药，构建生物安全监测与预警体系。

通过努力，进一步强化作物种质资源、作物分子生物学、作物遗传育种、植物保护等优势学科，培优作物耕作与栽培等重点学科，培植蛋白质组学、生物信息学等新兴学科；在重要功能基因挖掘、重大农作物新品种培育、高效安全生产技术和病虫害综合防治技术创新等方面取得重大突破，有效集成品种、栽培、植保等综合性生产技术，大幅度提高粮食单产水平和特色农产品的综合生产能力，强有力支撑国家粮食及食品安全。

（1）科技基础性工作。重点开展主要农作物、特色经济作物种质和民族地区特种农业生物资源的调查、收集、繁殖更新、编目、入库与整理，作物主要病虫害致害性和动态监测及数据整理，农业有害生物天敌资源调查及数据整理，建设农业转基因生物生态风险监测网和安全性基础信息数据库等。

（2）基础与应用基础研究。重点研究我国作物种植结构演变与优化布局的科学基础，农业生物基因组学和功能基因挖掘与转导机制，农作物优异亲本遗传效应与利用，农作物重要性状形成与分子设计育种理论，气候变化对作物生态适应性影响和新型栽培技术体系构建，作物养分高效利用机理与品质营养调控机制，作物需水规律与作物—水分关系及水分调控机理，主要农产品营养及风味品质形成的分子基础与优化调控机制，农产品营养素生物强化，作物重大病虫草鼠害暴发致害致灾机制、流行规律与科学控制，植物免疫诱导机理及免疫药物的分子设计，作物响应干旱胁迫的信号转导机制及生理补偿响应机制，转基因生物安全性评价与控制机理等。

（3）高技术发展研究。重点发展作物关键效应基因检测与新种质，粮棉油和特色作物分子育种技术，重要作物转基因技术与新品种培育，作物细胞工程与诱变育种，优质功能型农作物新品种，新型生物质能源作物，重大有害生物早期快速分子检测与远程诊断技术，植物免疫调控技术与新产品，农药靶向控释技术与纳米农药，害虫天敌驯化与遗传改良技术，新型高效控释生物肥料与精准调控技术，植物生物反应器技术，纳米基因工程载体与遗传操作技术等。

（4）共性与关键技术研究。重点创新作物轻简型规范化栽培技术，作物精确高效生产技术，多元化农作制度，农产品品质调控技术，作物低碳生产与高效施肥技术，特种经济植物人工生产关键技术，作物病虫害智能诊断技术，作物重大有害生物监测预警与综合防控技术，农田恶性杂草治理技术，转基因生物环境安全评估与检测监测技术，天敌昆虫和有益微生物等生物防治技术，生物农药等新型农药创制及其应用技术，农业危险性外来入侵生物的预防、检测、监测与控制技术等。

（5）技术集成研究与示范。重点开展作物资源高效利用与产品多途径开发利用，高产、优质、抗病虫、抗逆及功能性农作物新品种生产示范，主要粮食作物耕作栽培制度研究与示范，蔬菜花卉果树等种苗生产技术示范与推广，作物无公害栽培技术与标准化生产，无病毒苗木繁育和盆栽技术集成与示范，红黄壤地区油料作物养分高效利用关键技术研究与示范，种衣剂中试与示范，新入侵外来生物综合调控技术体系研究与示范，新型肥料、替代农药的工业化生产和示范推广等。

2. 畜牧兽医科学领域

广泛开展动物种质资源调查，收集和保护相关资源，结合特色动物、重要牧草基因组测序，开展功能基因组学研究，发掘重要功能基因，阐明动物营养生理和重要品质性状形成机理；揭示动物病虫害及重大烈性传染病流行规律，开展致病机制研究，研制快速、灵敏、特异诊断技术和试剂，创制绿色高效兽用疫苗和兽药；开展动物分子育种、转基因技术以及遗传改良与繁殖技术研究，改良和培育动物、牧草新品种；开展动物饲养与安全生产技术、草业及草地畜牧业技术及集成研究，创制绿色安全动物饲料及添加剂。

通过努力，进一步强化动物营养与饲料、预防兽医、特种经济动物等优势学科，培优动物遗传育种与繁殖、动物种质资源、草业科学、动物生物技术、动物饲养与安全生产、基础兽医、临床兽医和兽医药学等重点学科；在动物及牧草种质资源保护与评价、功能基因挖掘、动物健康及高效养殖技术、重大疫病防控技术与生物制品创制等方面取得重大突破，构建畜牧业和特色动物产业的科技支撑体系，为国家动物源食品安全和公共卫生安全提供强有力支撑。

（1）科技基础性工作。重点开展畜禽、牧草和特种经济动物遗传资源调查、收集、保存与评价，主要动物病原信息数据库建设及流行现状调查与风险评估，草地生态监测与资源评价，动物营养需要与饲料营养价值评定及饲料数据库建设，中兽药标准化评价体系建设，兽用抗菌素和主要代谢物标准物质库与网络共享系统构建等。

（2）基础与应用基础研究。重点研究畜禽重要核心种质功能基因发掘和利用价值，畜禽重要经济性状形成的分子基础与调控途径，牛奶等重要品质性状形成机理及调控机制，畜禽免疫机理与营养调控途径，动物重大疫病病原功能基因组学、病原与宿主相互作用关系以及免疫、致病和跨种间传播的分子机制，气候变化背景下温带草原生态生产功能与草畜放牧利用协同机制等。

（3）高技术发展研究。重点发展良种家畜快繁及家畜体细胞克隆技术，动物细胞工程育种技术与分子改良，转基因动物新品种及安全评价体系，实验用小型猪培育及其生物医学应用，生物饲料及饲料添加剂产品，动物重大传染病、寄生虫病等新型疫苗及诊断技术，基因工程制剂，兽用化学药物先导化合物及药物作用靶标筛选技术，动物经穴生物效应及其信号灭活异源技术，中兽医经方和中兽药复方配伍数字化技术等。

（4）共性与关键技术研究。重点创新优质及特色动物新品种，牧草新品种选育与配套高产栽培技术，家畜性别控制与高效繁育关键技术，动物福利技术，重大动物疫病、新出现传染病、外来病的预测预报、风险评估及防控技术，不同种类动物代谢病及寄生虫病新型疫苗及药物，动物疫病诊断试剂盒共性技术，新型生物中兽药，退化草原高效恢复与人工草地高效建植关键技术等。

（5）技术集成研究与示范。重点开展动物传染病、寄生虫病等综合防控技术，集约化生猪生产中兽药残留、食源性病原体等关键控制技术，蜜蜂规模化健康繁育与西方蜜蜂强群繁育关键技术，蜜蜂授粉与作物增产综合技术，牦牛产业化技术，绿色优质高效饲料生产关键技术，高效、低碳草原畜牧业关键技术等集成与示范。

3. 农业应用微生物领域

广泛收集特殊环境微生物以及饲料、肥料、农药、食品、药物和沼气能源等应用微生物资源，开展重要微生物功能基因组学研究，挖掘重要功能基因；开展农业微生物代谢工程、基因工程、酶工程和发酵工程等技术研究，培育重要工程菌；积极开发微生物功能产品以及生产工艺开发，为抗逆农作物新品种培育、资源高效利用、农业环境保护与生态修复、农产品加工和微生物制剂创制等提供重要基因和材料。

通过努力，进一步强化微生物资源等优势学科，培优微生物工程等重点学科；在特殊环境微生物资源收集与评价、重要功能基因挖掘及工程菌创建、高通量转基因技术体系、微生物代谢工程及其应用等方面取得重大突破，培育生物育种和生物农药、生物饲料、生物肥料和生物兽药等产业生长点，推动农业应用微生物产业的发展。

（1）科技基础性工作。重点开展重要生防微生物、环境修复微生物、肥效微生物、能源微生物、食用菌以及耐热、耐盐碱、抗辐射和嗜冷等极端环境微生物资源收集、整理、保藏、评价与数据库建设等。

（2）基础与应用基础研究。重点研究特殊环境微生物以及肥料、农药、食品、饲料和沼气能源等特殊功能微生物基因组学、转录组学、蛋白组学、代谢组学以及微生物与宿主相互作用，食用菌功能成分形成机理与分子调控，高通量挖掘具有重大农业应用价值的高产、优质、抗逆、抗病虫、抗除草剂以及环境治理相关的重要功能基因，肥效微生物高效增产培肥机理机制等。

（3）高技术发展研究。重点开展微生物资源收集、鉴定和评价技术平台，高通量筛选、高效克隆和功能分析的技术，转基因技术高效转化技术体系优化、蛋白质分子设计和分子改良技术体系、新型基因工程菌构建与发酵技术平台等共性技术研究和平台建设，发展特殊功能微生物酶制剂创制，防病虫微生物农药创制，微生物菌种选育及应用技术，高耐受性纤维素乙醇发酵菌株的构建和选育，植烟土壤微生物以及微生态调控技术，农业微生物代谢工程技术，非水媒及新型酶促反应核心技术，酵母源降糖因子GTF的制备核心技术，农用酶蛋白的分子设计关键技术，以及重要特色食用菌基因组及功能基因，城乡有机废弃物微生物转化利用技术等。

（4）共性和关键技术研究。针对生物农业发展的不同需求，重点创新固氮、溶磷、降解农药等微生物优良菌种筛选与生物肥料开发技术，生防微生物制剂研制与应用技术，饲用酶制剂产业化生产关键技术，生物燃料乙醇生产微生物菌种筛选与发酵技术，农作物秸秆微生物高效降解与资源化利用技术，沼气发酵过程生物干预技术和特种野生食用菌人工驯化栽培技术等。

（5）技术集成研究与示范。重点开展生物农药、肥料、饲料、生物质高效利用以及农业环保领域的高效优质生产技术研究与产业化示范，食用菌高效优质生产技术研究与产业化示范，生物质木质纤维素生物燃料定向转化技术研究与产业化示范等。

4. 农业资源与环境科学领域

建立和完善农用耕地土壤、农业用水等农业资源和环境数据库及其相关平台，研发土、肥、水、气、农业废弃物等资源高效利用、外来入侵生物及非生物灾害防御、面源污染控制、农业固碳减排增汇、农田生态系统健康修复等环境保护重大关键技术。

通过努力，进一步强化植物营养与肥料、农业环境工程等优势学科，培优现代农业土壤、农业气象、节水农业、农业环境监测、环境保护与生态农业等重点学科，培植分子生态学、环境资源信息和农业生物安全等新兴学科；在农业资源高效利用、耕地质量保育和提升、生物及非生物灾害监测预警与防控、农业生态环境保护与修复等方面取得重大技术突破，提高应对气候变化能力，保障农业资源安全、生态环境安全和农业可持续发展。

（1）科技基础性工作。重点开展中国耕地质量、农业湿地资源等调查与评价，全国高精度数字土壤构建，农田水碳循环过程监测与数据库建设，农业气候因子演化与灾情调查，农业投入品使用状况调查，农产品产地环境要素监测与风险评估，农业温室气体排放监测，农业生物多样性调查，外来入侵生物动态监测，农田生态系统健康及生态修复定位观测，农业资源区划基础信息数据库建设等。

（2）基础与应用基础研究。重点研究气候变化对农业资源要素影响机制，农业生态系统响应和适应气候变化机制，草地生态系统对全球变化响应和适应机理，生物性节水理论与方法，农田碳氮水循环耦合关系与高效利用，农田氮磷迁移转化规律，土壤质量退化过程与机理，农田和草地固碳增汇机理与方法，主要农业生态系统地面过程与遥感反演规律，土壤供肥能力及其生物学基础，农产品产地环境演化与生态调控机理，高度集约化种植体系节肥增效与农田可持续利用，中低产土壤有机质提升与水肥协同增效机制，重要外来有害生物的灾变机制与控制技术基础，提高农用投入品功能及效率的纳米研究，农村水体环境植物修复机理与资源化利用等。

（3）高技术发展研究。重点发展抗逆高产作物品种鉴定与配型农作制度，生物节水制剂，新型生物发酵制剂，农业水资源利用与生产力关系空间表达，农田远程信息诊断技术，重大入侵物种类群 DNA 条形码鉴定技术，农业低空遥感技术，农田氮磷阻滞吸附材料与工艺，肥料、农药、兽药等高效药物载体创制，节能低耗农业环境调控装备，节能型节水灌溉装备与机具等技术和产品。

（4）共性和关键技术研究。重点创新耕地质量培育和提升综合技术，重金属污染农田原位修复与过程调控技术，作物水肥联合调控与关键节水技术，新型肥料、养分平衡与精准施肥等培肥节肥技术，水土优化配置与节水农作制度，农田增水、低压灌溉、作物水肥生理调控、劣质水和再生水安全灌溉等节水高效技术，典型农作模式固碳技术，典型流域面源污染防控与综合治理技术，农业清洁生产与安全调控技术，农村废弃物循环利用技术，农业废弃物生物质能源化利用技术，氮磷污染物农业多级利用和生物净化、水土流失控制技术，以及节能降耗和智能控制的农业环境调控技术等。

（5）技术集成研究与示范。重点开展低产土壤治理、旱作与节水农业、循环农业、工厂化农业、农业污染控制与清洁生产、农业固碳减排增汇、低污染养殖模式、农业应对气候变化和防灾减灾等领域的技术集成与示范。

5. 农产品加工与食品科学领域

开展农产品加工品质形成和功能因子作用机理研究，重点突破粮油、果蔬茶、畜产品及特色农产品贮藏、加工与综合利用关键技术，开发新产品、新技术、新工艺和新设备。

通过努力，培优农产品贮藏与加工、食品科学与技术等学科；在粮食、蔬菜、水果和肉蛋奶等初级产品处理及精深加工方面取得重大核心技术突破，创新一批新型功能、保健产品加工工艺，支撑和引领农产品加工产业健康发展，延长农业产业链，培植新兴生物制造产业，促进农业增产和农民增收。

（1）科技基础性工作。重点构建农产品品质评价技术基础数据库、农产品加工业国际标准跟踪平台、农产品加工标准基础数据库、农产品生物毒素及其产毒微生物污染调查与监测和农产品加工信息预警技术平台等，开展食品营养与组成、农产品加工特性、品质变化与功能性评价，转基因农产品安全性评价等研究。

（2）基础与应用基础研究。重点研究粮油营养与功能品质调控机理，果蔬加工与品质调控机理，肉品生物化学与品质调控机理，乳品品质形成与调控机理，农产品保鲜生理生化机制，食品危害物及其防控机制，食品营养与健康调控机制，食用农产品加工适宜性评价与过程质量调控，茶叶等特色农产品中主要功能性成分量效构效关系，烟叶特色风味品质形成机理与调控途径等。

（3）高技术发展研究。重点研究功能性多糖、短肽和油脂生物制备技术，食品质构重组技术，高效节能干燥技术，新型杀菌技术，物料修饰和改性技术，食品非热加工技术，高效分离提取技术，微生物功能因子制备技术，生物活性物质提取制备技术，在线和高通量检测技术，新型生物质能源与新材料高效利用技术，食品安全风险评估技术，转基因生物安全性评价技术，农产品中生物毒素降解与防控技术等。

（4）共性和关键技术研究。重点研究功能性多糖、短肽等新型功能食品开发关键技术，甘薯食品开发及其综合利用关键技术，新型果蔬高效节能干燥与超微粉加工关键技术，新型干酪加工与乳清回收膜技术，主要农产品保鲜与物流关键技术，农产品辐射加工质量安全监控技术，特色果品保鲜与冷链物流技术，冷却肉物流配送和优质牛羊肉加工关键技术，新型食品酶制剂应用技术，麻类等草本纤维精制与生物制浆技术，茶饮料风味调节与高保真加工技术等。

（5）技术集成研究与示范。重点开展植物油脂与蛋白资源副产物综合利用技术，特色杂粮现代化加工工程装备提升技术，薯类淀粉加工废弃物综合利用关键技术，新型果蔬产地节能提质烘干技术，畜禽产品无损分级技术，西部特种牛奶及羊奶资源开发及专用加工技术，畜禽骨素工程化生产技术，粮油真菌毒素防控及安全去除技术，茶饮料品质提升技术，电子束食品非热加工标准研究与产业化示范，农产品加工检测控制技术集成与标准化，农产品辐照加工风险控制技术与标准化等研究与示范。

6. 农业质量标准与检验领域

研究制定农业标准，有效支撑农产品质量安全；开展农产品质量安全风险评估、过程控制以及检测技术、仪器设备的研究与开发，建立农产品质量安全风险监测、评估与预警技术体系；揭示农产品质量安全与产地环境要素、农业投入品的相互关系，有害物质富集、迁移规律及影响农产品质量安全的过程。

通过努力，进一步强化农业标准等优势学科，培优农产品质量安全、检验技术等重点学科；创制一批重要农业标准，在农产品质量溯源、安全风险评估及监测等方面取得重大关键技术突破，有效支撑农产品质量安全和消费安全。

（1）科技基础性工作。重点开展污染物和重要农产品品质特性的监测和调查，以及农产品质量安全监测、风险评估与预警信息平台建设等。

（2）基础与应用基础研究。重点研究农产品质量安全与产地环境要素、农业投入品的相互关系，污染物的环境行为、暴露途径以及在农产品中的富集、迁移等规律与质量安全控制基础等。

（3）高技术发展研究。重点发展农产品中污染物的高效鉴别及高灵敏度、高通量检测技术，农产品主要品质多参数智能型速测技术，转基因农产品快速检测技术与标准化计量技术，以及基于新型材料化学和现代生物技术的快速检测技术等。

（4）共性和关键技术研究。重点创新农产品中污染物防控关键技术，农产品质量安全风险评估共性与关键技术，重金属、生物毒素和持久性有机污染物形态分析技术，农兽药多残留、高通量现场快速筛查检测技术，农产品表征因子检测关键技术，农产品质量安全溯源技术，农村可再生能源标准体系等。

（5）技术集成研究与示范。重点开展农产品质量安全现场快速监测技术研究及相关产品研发，农产品质量安全过程控制技术集成与示范，农产品真实性识别与质量安全追溯技术研究与示范应用等。

7. 农业机械化与农业工程学领域

开展适应规模化和不同区域特点的农业智能化、机械化、精准化作业技术与装备、节本增效型农业加工技术与装备，资源高效利用型工程技术与装备研究与开发，重点创制一批高效耕作机械、中耕管理机械、田间收获机械和植保机械等；开展沼气工程、秸秆气化、微水电工程以及节能技术、能源农业等农村能源工程技术研究，提高农村新能源开发和利用水平；开展人畜饮水工程、节水材料与设备、农田给排水工程技术研究，提高水资源利用率；开展设施农业技术、无土栽培技术、土壤障碍控制技术、微环境自然资源高效利用技术等工厂化农业技术研究。

通过努力，培优农业机械工程、农村能源工程和水利工程等重点学科，培植生物质能源等新兴学科；创制一批适应我国农业特色和现代农业发展要求的农业单一功能和成套化全过程作业机械，推动农机与农艺的高度融合，显著提高农业现代化装备水平和农业劳动生产率。

（1）科技基础性工作。重点研究能源植物资源调查、评估与能源化利用技术，农机化评价、农机化公共服务、全程机械化生产、农村能源工程、农田水利工程以及农业工程关键技术作业工艺等标准体系，以及智能化农业机械决策管理信息体系等。

（2）基础与应用基础研究。重点研究机器与土壤、作物相应系统力学基础，脱附减阻仿生理论与技术，农村能源物质转化机理等。

（3）高技术发展研究。重点发展农业机械自动导航与控制技术，机器视觉与图像处理技术，农业智能机器人，大型农业机械多参数实时遥测技术，作物水分信息采集技术与关键设备，选择性定向喷洒技术，航空静电施药技术，高效用水与精量灌溉技术与设备，嵌入式设施农业环境数据采集、传输、智能化控制与远程诊断技术，设施农业环境精准调控技术，新型高效沼气发酵工艺等。

（4）共性和关键技术研究。重点创新超级稻机械化技术体系与关键技术装备，稻麦油兼用型机械化收获技术装备，南方水旱轮作区保护性耕作技术装备，棉花工厂化育苗与机械化移栽、采收机械，茶叶机采机制和深加工关键设备，麻类收获剥制加工机械关键设备，烟草移栽和采收机械，智能化瓜果精选、分级、装箱技术及设备，沼气生物净化利用新技术和设备，农村户用沼气新型高效发酵工艺及配套设备，纤维素生物质生物炼制技术模式，设施园艺水肥循环技术与装备，温室高效低量施药技术，设施农业清洁能源利用、结构优化模式及配套技术，畜禽舍内环境质量控制技术和设施水产健康养殖装备关键技术等。

（5）技术集成研究与示范。重点开展大宗粮油作物机械化生产体系与装备研发集成示范，规模化沼气工程高效发酵装备工程示范，苎麻生物脱胶及麻类纤维质生产燃料乙醇技术示范，油脂低耗提质加工与绿色炼制技术研发，名优茶机械化和连续化加工技术研发，林业床作育苗机械化技术研发，机械化节能减排技术集成与示范，高效植保机械化技术装备研发与示范，膜下滴灌棉花灌溉预警技术及设备研制，再生水安全灌溉关键技术与设备研发，日光温室高效低碳技术装备集成研究，集约化畜禽养殖生产技术集成与示范，规模化沼气工程高效发酵工艺开发与装备工程示范，秸秆沼气集中供气和发电工程示范等。

8. 数字农业与农业信息领域

以农业信息获取、分析、应用为重点，创新农业信息学理论和方法，在数字农业、精准农业和智能农业以及农业环境数字模拟、农业遥感、农田生态系统监测、农业预警基础信息获取、农业图书情报与数据挖掘、自动化信息服务系统等方面开发关键技术及产品，构建数字农业和农业信息技术应用体系。

通过努力，进一步强化农业信息管理等学科优势，培优农业信息技术、农业信息分析等重点学科，培植环境资源信息等新兴学科；在农业信息资源收集与共享、农业遥感与农情监测服务、数字化农业与信息管理系统、农产品物联和网格技术等方面取得重大突破，大幅度提高农业和农业科技信息化水平。

（1）科技基础性工作。重点开展农业文献资源数字化组织与服务，农业信息标准与规范研究，农业信息资源效益评价，农业生产经营与管理数据平台，农业科学技术数据收集整理与共享等。

（2）基础和应用基础研究。重点开展农业信息质流与表达机制及信息控制基础、作物生物物理与生物化学参数遥感定量反演机理等研究。

（3）高技术和关键技术研究。重点研究和开发主要农作物模拟模型和仿真系统，农产品安全预警技术，农业智能化服务关键技术，农业生产多媒体技术，农业空间信息获取和应用技术，农田无线遥感器网络技术，地—空—天一体化监测关键技术，农产品信息标准化技术，智能化数据采集与处理技术，农业信息资源分析评价技术，基于领域本体的农业信息知识组织及服务技术，农业数字资源整合及服务技术，特色农产品质量追溯和质量安全控制关键技术，基于M2M的农业环境远程诊断技术，基于GIS和GPS农业分析预测和智能决策技术，基于GIS和作物模拟模型的区域作物数字化生产管理技术，基于云计算的农业数据存储和处理技术，农业物联网数据采集和智能服务技术，基于3G等技术的农业信息服务网络化技术，养殖业信息化及精细养殖技术，农业数字化科技文献信息资源整合服务技术和草原资源数字化关键技术等。

（4）技术集成研究与示范。重点开展农业资源空间信息共享和服务系统示范推广，区域农业优势产业生产辅助决策系统示范推广，农情遥感监测技术研究与示范，作物生长模拟和周年仿真系统研发与示范，大田作物病害智能诊断技术及设备研发与示范，粮食安全预警信息服务示范技术，农业科技信息移动智能服务技术研发与示范，农业信息智能采集处理与利用平台推广与应用，基于地面田间尺度的生物与环境实时数据和可视化监测设备研发，农情地面监测与3S技术集成、创新与应用，农田高效用水远程技术服务系统研究及示范应用，设施农业环境数据采集、远程传输与远程诊断系统研究与示范，果园信息化与专家服务体系集成与示范，面向农业农村发展和农业科技创新的知识服务技术集成与示范应用等。

9. 农业经济与发展领域

揭示现代农业发展的基本规律，创新农业经济理论和方法，开展粮食安全与气候变化、农业节能减排和固碳增汇、农业科技政策与评价、农村发展政策与评价、农业经济政策与评价，以及现代农业与社会主义新农村建设、区域农业发展、农业可持续发展、农业全球化战略等重点、热点和重大战略问题研究。

通过努力，进一步强化农业技术经济等优势学科，培优农业政策与战略、农业贸易等重点学科；在重大农业问题调研、重大政策建议、重大战略咨询等方面，为国家及地方政府决策、农业产业发展形势和农民创业需求等提供宏观决策与咨询服务。

（1）科技基础性工作。重点开展农业资源区划基础信息数据库建设，农业经济和科技发展数据库建设，农业技术进步贡献率跟踪评价，现代农业建设与农业现代化水平跟踪监测评价，转基因生物的经济影响评价，优势产业基本数据库建设与经济安全评价体系建立，农村能源政策与评价等。

（2）应用研究。重点研究农业产业发展的技术经济理论与战略，粮食安全与食品安全科技发展战略，农产品质量安全公共管理政策与信息，粮棉油等大宗农产品科技政策与可持续发展，农业资源与环境政策，城镇化发展与农用土地资源保护政策，农业与农村能源体系建设，农村财政与金融支持政策体系建设，国家贫困与发展政策，农业区域协调发展机制、模式与对策，我国优势农产品出口问题与对策，国际农经与贸易政策，农业知识产权制度，农业科技与管理政策，社会主义新农村建设与中国特色农业现代化道路问题等。

（二）实施科技平台与试验基地建设行动，系统增强学科发展条件支撑能力

把握“十二五”时期科技平台和试验基地建设的发展机遇，针对中国农业科学院高级别创新平台偏少、配套试验基地规模和档次难以满足创新需求等问题，以推动学科建设、提升支撑能力为目标，以新建、提质和升级相关平台和基地为重点，组织实施“科技平台与试验基地建设行动”，加快建设一批以重点实验室、品种改良中心、技术研究中心等为主体的科技创新平台，以重大科学工程/科学中心、工程实验室、工程研究中心、野外科学观测试验站等为主体的科技支撑平台，以农产品质量检验测试中心、转基因产品检测中心、国家参考实验室等为主体的科技服务平台，以及以试验、中试功能定位为主导的综合性和专业性试验基地，健全管理机制，促进资源共享，提高运转效率，形成符合现代农业科技发展要求的科技平台和试验基地体系新格局。

1. 科技平台建设

以强有力保障科研事业持续健康发展为目标，紧紧围绕九大学科群及其优势学科领域，在国家、部省、院三个层级系统布局，形成我院九大优势学科群和研究所全覆盖，基础与应用基础、高技术发展、共性与关键技术创新相衔接，科学技术研究与农业产业发展相结合，科技创新平台、科技支撑平台、科技服务平台相配套的“三级三类”科技平台体系，全面提升我院科技自主创新能力。

按照培强优势学科领域、培优重点学科领域、培植新兴学科领域的目标要求，系统增强各学科领域已建平台的设施装备、运行效率和共享机制，科学策划设计和力争新建一批符合学科发展要求的骨干科技平台，突出抓好平台硬件建设和软件建设，全面增强优势学科领域平台的系统性，推动培优重点学科领域平台的升级，搭建培植新兴学科领域的新平台。力争到“十二五”期末，全院建成各类科技平台 300 个左右，推动形成保障有力、推进创新、支撑发展的科技平台体系。

（1）加快建设逐级递进的创新平台。围绕优势学科、重点学科和新兴学科，建成以重点实验室、品种改良中心、技术研究中心等为主体的科技创新平台150个左右，其中，争取新建1个国家实验室、3～5个国家重点实验室、15～18个农业部综合性重点实验室、16～18个农业部专业性重点实验室、20～30个院级重点实验室，5～8个动植物品种改良中心，4个左右农作物品种区试标准样品库、4个左右农作物区域试验站和抗性鉴定试验站，3～5个国家工程技术研究中心，为科技创新和学科发展提供重要舞台。

重点实验室：争取作物科学与技术国家实验室的立项。继续强化植物病虫害生物学、兽医生物技术、水稻生物学、动物营养学家、畜疫病病原生物学和棉花生物学6个国家重点实验室建设和运行管理，重点推进作物基因资源与分子设计、油料作物生物学、蔬菜生物学、植物营养与肥料学等国家重点实验室立项工作；全力建设好特种经济动物分子生物学省部共建国家重点实验室，积极争取新兽药工程、动物热带病、茶叶生物学、烟草作物生物学等省部共建国家重点实验室的立项建设。依托已建的32个农业部重点实验室的建设基础，按照农业部“十二五”重点实验室建设布局，认真做好农业基因组学、作物基因资源与种质创制、水稻生物学与遗传育种、麦类生物学与遗传育种、薯类作物生物学与遗传育种、棉花生物学与遗传育种、油料作物生物学与遗传育种、园艺作物生物学与种质创制、作物有害生物综合治理、兽用药物与兽医生物技术、动物疫病病原生物学、动物营养与饲料学、农业环境、植物营养与肥料、农村可再生能源开发利用、农产品质量安全、现代农业装备、农产品加工、农业信息技术等优势学科群的农业部综合性重点实验室的立项建设，推动动物遗传资源与种质创新、特种经济动物遗传育种与繁殖、动物寄生虫学、新兽药研究、牧草资源与利用、饲料生物技术、果树育种技术、农业微生物资源、产地环境、作物需水与调控、农业信息服务技术等专业性重点实验室的立项与建设。强化和支持作物种质资源与生物技术、农产品质量与食物安全、生物入侵与生物防治、植物营养与养分循环、农业环境与气候变化、资源遥感与数字农业、农业机械、农产品加工与质量控制、能源微生物等52个院级重点开放实验室的建设，新建作物生物反应器、转基因生物安全、航天育种、园艺作物病虫害防控、花卉生物学、动物遗传育种与繁殖、西部牛羊繁育、中兽医药、猪病与预防与控制、禽病预防与控制、动物细菌病预防与控制、虫媒及虫媒性疫病、经济动物营养与饲料、特种经济动物预防兽医学、微生物资源与利用、农业生态环境修复与调控、农业有机污染控制、农村污水再生利用、生物多样性与生态农业、生物农药创制、食品安全风险评估、油料加工与营养、沼气工程、农田水利工程、设施园艺节能工程、农业废弃物资源化利用、农业知识产权信息分析、农业资源管理、农业遥感、农业灾害风险管理和草原等院级重点实验室。

国家品种改良中心及库圃：继续完善水稻、小麦、棉花、油料、糖料、蔬菜、花卉等14个国家农作物改良中心、分中心，以及国家禽类实验动物种子中心的建设，争取新建国家大麦、食用豆类作物、花卉、食用菌、牧草、西甜瓜、梨、樱桃、猕猴桃和西北绵羊等改良中心。在已建的国家农作物种质资源长期库、10 座中期库、12 个多年生种质圃的基础上，完成国家作物种质库长期库的改建，继续完善国家农作物种质资源保存青海复份库、国家航天育种中心建设。完成水稻、棉花、大豆和油菜 4 个国家农作物品种区试标准样品库建设，争取建设水稻、棉花、油菜和糖料等国家农作物区域试验站和抗性鉴定试验站、国家花卉中期库和 SPF 级大中型实验动物繁育中心。

国家工程技术研究中心：继续完善国家昌平综合农业、油菜、饲料 3 个工程技术研究中心；完成茶产业、柑橘 2 个国家工程技术研究中心的建设，争取新建农产品加工、麻类、牧草、果树、烟草、沼气、甜菜、新型肥料、中低产田改良、土壤污染修复、生态农业、畜牧环境、设施农业、面源污染防控、草原监测、动物疫病监测、特种经济动物、农业水资源高效利用、灌溉节水材料与装备、机械化施药技术与装备等国家级工程技术研究中心。

（2）积极推进系统保障的支撑平台。围绕优势、重点和新兴学科领域发展方向，建成以重大科学工程/科学中心、工程实验室/技术中心、野外科学观测试验站等为主体的科技支撑平台 100 个左右，其中，争取新建 1～2 个国家重大科学工程、科学中心，3～5 个国家工程实验室，5 个左右国家级野外台站、20 个左右农业科学观测试验站、10 个左右院级野外台站，为科技活动提供科研条件保障。

国家重大科学工程/科学中心：加强对已建成的“农作物基因资源与基因改良国家重大科学工程”、“农产品质量标准与检测技术研究中心”和“中日农业技术研究发展中心”等重大科技设施的运行管理，完成“国家农业生物安全科学中心”、“国家动物疾病防控生物安全实验室”、“国家畜禽改良研究中心”、“国家农业图书馆”和“国家农业资源综合利用中心”等在建项目，争取完成“国家农业微生物基因资源与分子改良重大科学工程”、“国家重大动物疫病防控科学中心”、“国家生物育种科学中心”和“国家耕地质量科学中心”等项目立项建议和可研论证。

国家工程实验室、工程研究中心：完成棉花转基因育种、作物分子育种、作物细胞工程育种 3 个国家工程实验室和生物饲料开发、动物用生物制品 2 个国家工程研究中心的项目建设任务，完成作物高效用水、土肥资源高效利用、小麦 3 个国家工程实验室的立项和建设任务，争取国家旱作节水工程研究中心和农业微生物资源开发与利用、航天生物育种、农产品加工、果树生物育种、特色经济动物生物育种、农作物有害生物防控、作物杂种优势利用、畜禽干细胞和劣质水农业安全利用等国家工程实验室的立项。

野外科学观测试验站：继续加强农作物种质资源、土壤肥力与肥料效益、南方红黄壤生态环境、呼伦贝尔草原生态系统、商丘农田生态系统 5 个国家级野外观测研究站建设和运行管理，争取把农作物种质资源和土壤肥力效益 2 个国家野外科学观测研究站从原来的生态系统网络中独立出来，成立国家种质资源圃网和国家土壤质量与肥效观测研究网络，重点推进洛阳旱地农业、德州农业资源与生态环境、寿阳旱地农业等部级野外观测试验站升级为国家级野外观测研究站。继续完善已建的迁西燕山生态环境、大理农业生态环境、新乡矮败小麦、锡林浩特有害生物防治等 24 个部级野外观测试验站，重点推进蔬菜作物基因资源与种质创制、辽宁作物基因资源与种质创制、河南作物基因资源与种质创制、浙江作物基因资源与种质创制、新乡小麦高效育种技术、西南地区果树、华北动物遗传资源与营养、廊坊农作物有害生物、锡林郭勒草原有害生物、桂林有害生物、北京兽用药物与兽医生物技术、呼伦贝尔农业环境、商丘农业环境、祁阳农业环境、寿阳农业环境、大理农业环境、华北设施栽培与施肥、华北动物遗传资源与营养、草原畜牧业装备、核辐射农业生物等部级农业科学观测实验站建设。继续完善藁城农业生态环境、新乡农业水土环境、岳阳农业环境、廊坊数字水肥、平安油菜育种、阿克苏果树瓜类、张掖牧草及生态农业等59个院级野外观测试验站建设，重点新建劣质水安全利用、黑河农业生态环境、淮北农业生态环境、济南农业生态环境、海峡西岸农业环境、湖南孟公山麻类资源、小浆果、双流沼气技术标准、诺尔盖西部高寒地区可再生能源循环利用、洪雅沼液沼渣生态利用、攀枝花生物能源、华南农业资源高效利用、蔬菜（山东寿光、湖南岳阳）有害生物等院级野外观测试验站。

（3）努力强化专业高效的服务平台。围绕农业发展、国家决策和社会化服务需求，建成以农产品质量监督检验测试中心、转基因生物环境安全监督检验测试中心、国家参考实验室等为主体的科技服务平台50个左右，其中，争取新建1个国家农产品质量安全风险监测与预警信息中心、6~8个院级农产品质量安全风险评估中心、5个左右国家参考实验室，为农业发展和社会服务提供技术支持。

国家、部门质检中心：进一步加强对现有国家饲料、化肥、植保机械3个国家级质检中心，谷物、蔬菜、奶及奶制品、蜂产品、植物抗病虫性及农药、畜牧环境设施设备等27个部门产品质量监督检验测试中心，转基因植物环境、动物及饲料、生物生态环境、烟草环境、植物用微生物环境等8个部门转基因植物环境安全监督检验测试中心的管理，继续配合做好农产品质量安全检测机构考核、农业部机构审查认可和国家计量认证评审工作，推动烟草、农产品辐照等质检中心进入农业部专项支持计划。

国家参考实验室：继续完善国家/OIE禽流感参考实验室、国家/OIE口蹄疫参考实验室、国家牛传染性胸膜肺炎参考实验室和国家防治动物血吸虫病专业实验室，争取建设国家/OIE马传染性贫血参考实验室、国家/OIE马流感参考实验室、国家猪繁殖与呼吸综合征参考实验室等，争取在上海兽医所等建设动物生物安全三级实验室等。

农产品质量安全风险评估与监测中心：建设国家农产品质量安全风险监测与预警中心和粮油产品、果蔬产品、茶叶乳品、蜂产品以及农业环境质量安全等9个风险监测分中心。争取建设国家食品安全风险评估中心农产品分中心，建设稻米、小麦玉米、蔬菜、茶叶等一批农业部农产品质量安全风险评估实验室；启动油料产品、果品、柑橘、奶及奶制品、农产品加工、产地环境、蜂产品等院级农产品质量安全风险评估中心建设。

2. 试验基地建设

围绕现代农业发展等重大需求，结合我院学科发展和科技创新的重大试验需要，按照“立足长远、合理布局、突出重点、加强管理”的工作主线，在农业主产区、典型生态区和院所周边地区科学合理布局，建成院级和所级、综合性和专业性相配套的“两级两型”试验基地体系，为中国农业科学院科技创新能力提升和农业科技整体实力率先进入世界前列提供强有力的支撑与服务。

重点对已有试验基地的科研试验条件设施和水电路网等田间基础设施进行全面修缮，提高其条件水平，充分发挥试验基地的基本科学试验功能；对于区域优势明显、基础条件良好、发展前景看好的试验基地，按照提高质量、拓展增量的原则，重点进行提质改造，扩大用地规模，完善设施装备水平，提升和拓展基地功能；按照培强、培优和培植学科的需求，本着填平补齐的原则，系统规划设计，高起点、高标准新建一批重要试验基地。通过修缮、提质和新建，使我院基地总数发展到 100 个左右，基地总面积接近 10 万亩，确保拥有相当规模和多种功能的院级综合性试验基地，满足多个研究所开展农业综合性科学试验、技术集成与示范等要求；确保每个研究所在农业主产区、典型生态区及周边地区拥有骨干专业性试验基地，满足研究所学科专业发展及科学试验、成果培育、技术示范等基本需求。

（1）积极建设院级综合性试验基地。综合性试验基地是全院试验基地体系的核心骨干，主要围绕国家农业重大需求进行布局，支撑农业科技联合攻关和集成创新研究。“十二五”期间，在全国粮棉油主产区、典型农业生态区和院部周边地区布局和建成 10 个左右综合性试验基地，新增面积 2.5 万亩，总规模达到 3 万亩。其中：根据农业主产区分布，在黄淮海区、东北区、西北区布局和建成 4 个，即河南新乡综合试验基地、黑龙江垦区综合试验基地、吉林公主岭综合试验基地、新疆阿克苏综合试验基地；根据典型农业生态区，布局和建成 3 个南繁与北繁基地，即海南三亚南繁综合试验基地、青海平安北繁综合试验基地、河北沽源北繁综合试验基地；在院本部周边地区布局和建成 3 个，即北京顺义综合试验基地、北京昌平南口综合试验基地和河北廊坊农业高新技术产业园。建设重点包括：新建 2 个（河南新乡综合试验基地和黑龙江垦区综合试验基地），提质 3 个（河北廊坊农业高新技术产业园、北京顺义综合试验基地和海南三亚南繁综合试验基地）。

（2）支持建设所级专业性试验基地。专业性试验基地是确保农业科学试验与研究工作的基本支撑点，主要围绕我院九大学科群进行布局，支撑研究所开展科学研究试验活动。“十二五”期间，在优势农产品区域、典型农业生态区和研究所周边地区布局和建成专业性试验基地 90 个左右，新增面积 8 000亩，总规模达到 7 万亩。其中，作物科学领域，重点布局粮食作物类试验基地 11 个，修缮和提质原有 9 个基地，新建 2 个基地；布局经济作物类试验基地 21 个，修缮和提质原有 17 个基地、新建 4 个基地；布局园艺作物类试验基地 12 个，修缮和提质原有 8 个基地，新建 4 个基地；布局植物保护类试验基地 5 个，修缮和提质原有 3 个基地、新建 1 个基地。畜牧兽医科学领域，重点布局畜牧兽医类试验基地 14 个，修缮和提质原有 9 个基地、新建 4 个基地。农业资源与环境科学领域，重点布局资源环境类试验基地 19 个，修缮和提质原有 15 个基地、新建 4 个基地。农业应用微生物、农业工程学、农业质量标准与检测、农产品加工与食品科学等学科领域，重点布局各类试验基地8个，修缮和提质原有5个基地、新建3个基地。通过修缮、提质和新建一批试验基地，使各研究所均拥有骨干专业性试验基地，最终形成布局科学合理、基础设施良好、创新能力一流的专业性试验基地体系，成为满足中国农业科学院学科专业发展需要、满足专业研究所科学试验需求的科技支撑主体、科研成果培育的摇篮和农业科研数据积累的基本来源。

重点新建的20个基地主要包括：粮食作物类2个（北京延庆转基因植酸酶玉米试验基地、云南永胜水稻超高产试验示范基地），经济作物类4个（江西九江棉花试验基地、江西进贤油料试验基地、湖南长沙麻类创新试验基地、四川凉山烟草试验基地），园艺作物类4个（浙江浦江果树试验基地、浙江绍兴茶叶试验基地、甘肃蔬菜花卉试验基地、辽宁绥中果树试验基地），植物保护类1个（病虫害监测与防治试验站网），畜牧兽医类3个（哈尔滨生物制品中试及动物疫病监测基地、甘肃榆中SPF实验动物基地、北京昌平动物育种试验基地），资源环境类5个（北京顺义农业环境试验基地、天津静海农业生态环境试验基地、区域农业生态环境监测试验站网、广东江门华南农业资源高效利用试验站、江西进贤红壤试验站），应用微生物类1个（四川西部高寒地区可再生能源利用试验站）。

重点提质的30个基地主要包括：粮食作物类3个（浙江富阳水稻试验场、河北沽源小麦夏繁试验基地、吉林公主岭作物试验基地），经济作物类5个（北京平谷北方棉花生物技术育种试验基地、河南安阳棉花试验基地、青海平安油料夏繁试验基地、山东即墨烟草试验基地、湖南沅江麻类作物试验基地），园艺作物类3个（北京海淀蔬菜花卉试验基地、新疆阿克苏果树试验基地、辽宁兴城砬山北方落叶果树试验基地），植物保护类1个（河北廊坊农业有害生物监测与防治试验基地），畜牧兽医类6个（甘肃张掖旱生牧草种子繁育基地、内蒙古呼和浩特农牧交错区试验基地、黑龙江哈尔滨南山试验场、北京昌平畜牧试验基地、北京南口蜂产品中试基地、北京南口饲料试验基地），资源环境类8个（北京海淀国家土壤肥力与肥料效益监测站、湖南祁阳红壤农业生态试验基地、内蒙古呼伦贝尔草原生态系统试验站、山东德州盐碱土壤改良试验站、西藏那曲高寒草地生态与气候变化试验基地、湖南岳阳农业环境试验基地、河南商丘农业资源与生态环境试验站、云南大理农业生态环境观测试验站），应用微生物类1个（四川成都公兴沼气发酵中试基地），农业工程类1个（江苏南京溧水农业机械化技术创新试验基地），农业信息类1个（河北怀来新农村信息化试验示范基地），其他类1个（吉林左家特种经济动植物试验基地）等专业性基地。

（三）实施成果转化与科技兴农行动，有效支撑和服务现代农业产业发展

把握农业生产与经营方式发生重大变革的形势和现代农业发展的特点，以服务“三农”发展为宗旨，以加速科技成果转化、提高现代农业发展支撑能力为目标，组织

实施“成果转化与科技兴农行动”，建立科技成果转化与知识转移平台，充分利用政府和市场等多元化的科技成果推广功能，推动中国农业科学院科技成果的快速转化，全力推进拥有自主知识产权的科技成果和高新技术的产业化发展，集成转化与示范推广一批核心技术，为“三农”发展提供可靠的科技支撑。大力实施“三百”科技支农行动，积极推进与地方政府的科技合作，对点支持国家现代农业示范区和国家农业科技园区建设，努力服务国家和区域农业发展，探索建立新型成果转化与科技兴农的模式和机制，切实提高科技服务“三农”的能力。

1. 成果转化

（1）遴选和形成一批主推新品种、新技术、新产品。立足科技创新工作所获得的新品种、新技术、新产品、新标准，遴选出一批适应不同生态区、不同功能区的主推品种、主推技术、主推产品、主推标准，满足国家优势农产品生产区、特色农业发展区和现代农业示范区等农业产业发展需求；积极开展良种与良法配套、农艺与农机融合、节本与增效兼顾、增产与减损并举的农业生产技术集成研究与示范，主推高产优质农作物新品种与高效安全生产技术，畜禽新品种及集约化健康养殖技术，农业水资源高效循环利用技术，农业环境保护与生物修复技术，设施农业优质高产高效生产技术，农作物重大病虫草鼠害综合控制技术，畜禽重大疫病综合防控技术，大宗农产品全程质量控制和综合加工技术，出口创汇型优质特色农产品标准化技术，精准农业综合生产技术，优质安全高效饲料生产技术，有机农产品生产技术和农业机械化技术等 20 项左右集成化生产技术，发挥科技综合效益。

（2）建立科技成果转化与知识转移平台。以我院创新成果为主体，争取建设农业技术转移中心及专业性分中心 4 ~5 个，建立科技成果集散、转移与交易平台；围绕技术产品集成熟化和标准化示范，在大宗农畜产品主产区以及特色农业区，与地方政府共建示范基地 200 个左右，总数达到 1 000个左右，促进我院新品种、新技术和新产品成果熟化、示范与应用；积极宣传推介我院科技成果，在东北、西北、华北、华东和华南等代表性区域，与省级政府共同举办农业博览会、展览展示会、科技对接会等，搭建成果展览展示和推介平台；积极推动科学家的知识和技术创新成果的物化和信息传播，组织编辑和出版一批具有重大影响的理论著作、实用技术图册和音像制品等，构建专家与农民互动的知识和技术传播资讯平台。

（3）开展科技成果转化的多元化合作。充分利用好政府和市场两方面的科技成果推广功能，积极开展与地方政府、地方农技推广部门、农村合作组织和龙头企业等多元化合作，进一步创新和完善农业科技成果转化机制和方法，推动我院科技成果的快速转化。积极开展与地方各级农技推广部门和农村合作组织的合作，通过采取以农业科技成果转化资金项目跟进的“项目带动模式”、以综合配套技术展示示范的“示范带动模式”和以与科技入户、科技特派员等科技下乡工作相结合的“服务带动模式”等，借助地方政府及农村合作组织的条件和力量，推动科技成果转化；大力推进与龙头企业的合作，探索科企结合新机制，通过采取将科技成果转让给龙头企业的“成果转让模式”，以及与龙头企业和大型农牧场联合研发与熟化推广的“合作推广模式”等，充分借助企业的研发力量和推广网络，加速科技成果的转化应用。

（4）推动院、所高新技术产业化发展。大力推进院、所拥有自主知识产权的科技成果和高新技术的产业化发展，不断加大对我院优势产业的扶持及外部资源整合力度，优先支持基础好、潜力大、代表性强的产业或公司，使之成为我院科技成果的快速转化阵地，重点推进动植物种子种苗、兽用生物制品及兽药、饲料及添加剂、特色农产品及加工等领域的科技成果的集成、熟化和产业化应用，带动优势支柱产业的形成与规模化发展，形成4~5个院级优势产业集群；鼓励、支持每个研究所至少发展一个支柱产业，重点发展机械制备业、生物环保业、农化服务业、科技出版业、信息咨询与服务业。通过产业化发展，做强做大科技成果，加速科技成果的熟化与转化。

2. 科技兴农

（1）对点支持国家现代农业示范区和国家农业科技园区建设。以中国农业科学院的人才、技术、成果为依托，找准国家现代农业示范区和国家农业科技园区建设的科技支撑点，通过帮助制定发展规划、提供核心技术成果、培训技术人才和开展技术服务等，全力支持国家现代农业示范区和国家农业科技园区建设工作。充分发挥我院优势，重点落实东北、华北、西北、西南和东南地区的粮食作物、经济作物、设施农业、养殖业以及有关特色农业示范区和科技园区的共建工作。通过共建，辐射带动周边地区现代农业发展，推动有条件的地区率先实现农业现代化。

（2）努力支撑县域农业发展。围绕县域农业优势产业，发挥各研究所的专业特长，通过所县共建等方式，大力实施“三百”科技支农行动。重点在黄淮海以及东北等粮食生产核心区的100个粮食主产县，以水稻、小麦、玉米和大豆等主要农作物为实施对象，以为国家新增1 000亿斤粮食提供科技支撑为目标，全面推进粮食增产科技支撑行动，为粮食生产的稳定发展提供关键技术支撑；重点在畜牧优势区、经济作物优势区、沿海农业区的100个县，开展科技示范行动，带动农业的稳定增效和农民的持续增收；重点在西部特色农业区、草原生态经济区等地区的100个县（旗）开展科技服务行动，采取现场展示、技术培训和技术咨询等多种形式，推动先进实用技术的推广普及，增强农民发展生产的能力和增收致富的本领。

（3）大力推进与省市政府的科技合作。探索建立省域科技成果转化和科技兴农的新机制、新模式，形成政府、产业、教育、科研、金融大联合、大协作并相互支持、相互促进的良性发展机制，加快科技成果的推广应用。大力推进与沿海发达地区、中部粮食主产区和西部畜牧业优势区等地区的院地科技合作工作，重点深化与黑龙江、吉林、河北、河南、江苏、江西、宁夏、甘肃等省级人民政府的合作，共同组织实施国家农业科技重大项目，联合组建实验室和产业研发中心，加强在人才培养、信息交流和科技服务等领域的合作。在与省级政府合作框架的基础上，切实做好与资源优势突出、产业特色明显的地市级政府的合作，共建试验示范和科技成果转化基地，共同推进成果转化和人才培养等。

（4）积极服务国家和区域农业发展。对接国家农业发展规划和产业布局，积极为国家粮棉油高产创建、园艺产品标准化生产、畜禽标准化关键技术与产业化示范、病虫害统防统治、农业机械化生产综合示范、农业信息服务和农村沼气建设等提供技术、人才支撑服务；围绕国家粮食生产核心区、畜牧水产优势区、经济作物优势区、沿海农业区、都市农业区、农垦经济区、西部特色农业区、草原生态经济区等开展农业技术成果集成、示范与转化，重点围绕黄淮海、东北两大粮食主产区开展科技支撑与科技服务工作。在粮棉油生产与加工机械化、高标准农田建设、高标准果园茶园和养殖小区建设以及农村信息化建设等方面，开展好相关重大技术推进活动，提升我院在现代农业发展中的支撑和引领能力，扩大中国农业科学院的品牌影响。

（5）全力做好科技援疆、援藏工作。针对新疆维吾尔自治区（全书简称新疆）农业产业发展的需求，以新品种选育、高效种养、农业节水、农产品加工等为重点，积极开展技术、智力援助，推动科技成果转化应用，支持新疆特色农业与农产品加工业发展；采取专项培训、联合培养等方式，为新疆培养实用型科技人才；重点加强与当地政府、生产建设兵团、科研单位的合作，开展协作创新、联合转化、人才培养和信息共享服务，构建科技援疆长效机制。针对西藏农牧业发展需求，指导开展蔬菜、马铃薯新品种选育、藏鸡选育、沼气发展等，联合开展蔬菜、果树、饲草等优良品种及配套技术推广以及农牧科技信息服务，重点推进与当地政府、西藏农牧科学院等的项目合作、人才培养等，把科技援藏工作不断引向深入，为西藏农牧业发展提供科技支撑。

（四）实施科技紧密合作行动，全力构建农业科技大联合与大协作新格局

把握世界科技大联合、大合作形势和国际化战略布局特点，针对我院学科整体优势不强、科技合作与交流不够紧密的问题，以构建国内、国际两大科技合作与交流平台为重点，组织实施“科技紧密合作行动”，积极推进以科—教—推—企—产紧密联合协作、学科共建、学术交流为主题的国内科技合作与交流联合体和以农业科技国际合作分中心、海外联合实验室与技术示范中心、国际农科院院长论坛等为代表的国际合作与交流网络建设，构建系统的国内、国际科技合作与协作平台，创新合作和交流机制，培养合作交流管理队伍，促进科技创新和成果示范应用，提升我院科技地位和国际影响力。

1. 国内科技合作与学科共建

通过有计划地推进与省级和市级农业科学院（所）、农业院校及中国科学院等开展学科共建，建立联合研究中心，开展重大项目联合攻关，打造健康、活跃、自由的学术交流平台等，大力提升我院在全国农业科学研究、技术创新中的地位和农业科研国家队、农业科技进步领头羊、农业科技研发主力军的影响，实现由松散性科研协作向实质性紧密联合的转变。

（1）构建新型高效创新联合协作体。以现代农业产业技术体系和已建农业科研协

作网为基础，深化与教学、推广、企业以及区域农业生产部门合作，进一步加强水稻、小麦、玉米、大豆、油菜、棉花、马铃薯、蔬菜、大麦、谷子、食用豆、茶叶、食用菌、麻类、蜂、水禽和肉鸡等现代农业产业技术体系建设，强化国家农产品加工技术研发中心和杂粮、油菜籽、饲料、柑橘、茶叶、蜂产品和参茸等专业分中心的建设，建立30个左右新型高效创新联合协作体。通过组织重大项目、联合推进转化等，探索构建科技创新与成果转化的新机制和新模式。

（2）积极推进学科建设共同体。坚持优势互补、互动双赢的原则，在巩固与34个省级农业科学院、17个大学学科共建成果基础上，继续推进院内研究所之间、我院与省级、地市级农业科研单位、中国科学院以及科技型龙头企业等之间的学科共建，建立和形成南方经济作物、玉米功能基因与分子改良、园艺作物、农业资源高效利用、农业生态环境等20个左右研究中心或联合研究中心，形成学科建设共同体，积极开展项目合作、人才联合培养、共建联合基地和学术交流等。

（3）搭建和完善学术交流载体。重点支持中国作物学会、中国植物营养学会和中国植物保护学会等一批挂靠我院的全国性学会、协会以及专业委员会等学术交流载体的建设，总数达到20个以上；引导支持《中国农业科学》《作物学报》等国内知名或影响力较大的学术期刊开展能力建设，积极推进相关科技期刊“国际化”，努力再打造1~3个刊物进入SCI行列；组织举办农业科技发展、现代农业与农村经济等高层论坛，搭建一批推动学术交流的有效载体，繁荣和推动农业科学发展。

（4）构建科技资源共享联合体。积极发挥我院在农业生物种质资源，农业土、肥、水、气等自然资源，国家农业图书、农业科技信息与数据资源，国家农业科技平台资源等相对集中的优势，通过科技基础性工作、重大科技项目等，构建全国农业科技资源共享联合体，积极推进协同攻关，解决重大区域性、领域性和行业性关键技术问题，为国家重大决策提供基础支持。

2. 国际科技合作与交流

通过有计划地推动国际合作全球战略布局，积极拓宽合作渠道，打造合作平台，争取重大科技合作项目，强化对发展中国家技术需求的调研，加大关键技术引进力度，促进农业科技有针对性地“走出去”，提升国际交流层次，强化能力建设，大力提升我院的科技自主创新能力和国际影响力。

（1）稳步推进国际合作全球战略布局。按照国家农业科技国际合作全球战略布局方案，以在代表性国家或国际组织建立联合实验室和农业科技试验示范中心为主要方式，挑选美国、加拿大、德国、荷兰、日本、澳大利亚等农业科技强国，俄罗斯、巴西等农业大国和国际农业研究磋商组织等国际组织，在国外建设5~8个联合实验室，在埃及、老挝、缅甸等具有区域代表性的发展中国家建设2~3个农业科技试验示范中心。

（2）加强国际合作平台建设。充分发挥“全国农业科研外事协作网”的平台作用，以成员单位为依托，建立农业国际科技合作研发基地，在不同省（自治区）按学科领域建设5~6个农业科技国际合作分中心，打造全国农业科技国际合作交流大平台。积极推进国际马铃薯中心亚太分中心、国际玉米小麦改良中心亚太中心、国际水稻研究所与中国农业科学院深圳作物分子育种中心以及国际原子能机构核农学合作中心等建设；围绕不同学科领域，力争在我院建成国内外联合实验室、联络办事机构40个左右。

（3）选择性开展技术和智力引进。根据中国农业科技发展的目标和任务，重点引进农业生物种质资源、农业生态与环境治理技术、农业重大病虫害综合防控技术，农业遥感监测系统关键技术，农产品质量安全检测与风险评估关键技术等前沿新方法与新技术，以及工厂化农业、农产品精深加工、生物质能源开发、农业全程生产等现代化农业装备与设施，推动引进消化吸收再创新。聘用一定数量的外籍专家来中国农业科学院进行客座研究或长期科学研究，通过帮带、指导、示范等，促进我院年轻科学家的成长，推进国际化进程。

（4）针对性推进技术和智力输出。挖掘和集成我院的优势产品和技术力量，重点在非洲西部开展作物品种示范和推广，在埃及开展动物疫苗的推广与销售，在缅甸和老挝建立农业技术示范基地，提升我院科技的国际影响。利用各类国际合作专项以及我国对国际组织捐款的相关条件，每年选派100～150名中青年科研骨干到国际一流研究机构、实验室学习、研修或合作研究，并鼓励有条件的科学家到国际组织任职，提升和锻炼队伍，同时，为我国未来驻外机构农业参赞或农业外交官储备后备人选。

（5）加大国际学术交流力度。围绕重点学科发展和国际热点问题，发起和组织国际农科院院长高层研讨会等高层次重要国际学术会议/科学家峰会80～100次；根据农业科技国际合作全球战略布局的方案和工作重点，组织50～80个代表团到不同国家和地区访问调研，广泛开拓国际合作渠道。每年选派1 000名左右的科学家出国参加国际会议、开展合作研究、执行合作项目或短期交流，同时，邀请800～1 000名国外不同领域的国际知名专家、学者到我方开展学术交流、专题培训等，提升我院国际化水平。

（五）实施学科团队建设行动，培育形成一流的农业科学研究队伍

抓住中央组织实施《国家中长期人才发展规划纲要（2010～2020年）》的契机，针对我院高影响力的学科团队偏少、尚未形成领军式人才群体等问题，以培养和引进领军人才、打造优势学科团队为重点，组织实施“学科团队建设行动”，持续加强以领军人才为核心的学科团队建设，完善学科团队运行机制，按照结构合理、高效协作、开拓创新的建设标准，建立涵盖重点学科领域的优秀学科团队；加强科技管理队伍、科研服务队伍建设，有效提升我院科研实力和可持续发展能力。

1. 加强学科团队建设

（1）打造重点学科领域优秀团队。按照我院九大学科群和重点学科建设与发展框架，以强化优势学科领域和培优重点学科领域为重心，在农业生物资源保护与创新、功能基因组与分子设计、农业品种遗传改良、特色经济动植物、作物栽培与生理、植物营养与肥料、作物病虫害监测与控制、动物营养与健康养殖、饲料科学、动物疫病、中兽

药工程、草业科学、农业遥感、农业生态与环境、农产品加工、农产品质量安全与检测、农业信息资源与技术、农业机械化、农田灌溉工程、生物质能源工程、农业经济与政策分析等学科领域，建成100个左右具有明确稳定的主攻方向、特色鲜明、竞争有力、在国内外具有一定影响和发展潜力的重点学科团队，力争2个左右进入国家自然科学基金创新群体、50个左右进入部级创新团队。

（2）完善学科团队功能结构。按照“学科领域-研究方向”的团队功能结构，调整与完善学科团队组成，每个学科团队按照科技基础性工作、基础与应用基础研究、高技术研究、农业生产关键技术研究等系统化科技活动，或者按照学科主要研究对象、主要研究方向等设立若干学科专业组，形成以学科领域为研究单元、以学科专业组为基本构成的学科团队组织结构体系，强化学科团队对本学科领域的统领作用，发挥学科专业组对本研究方向的创新主体作用，推动学科团队优势的提升。

（3）优化学科团队人才结构。根据“学科团队—学科专业组”的组织结构布局，相应建立以科技帅才—科技将才为核心的学科团队人才结构体系。按照每个学科团队具有一名科技帅才、多名科技将才，每个学科专业组具有一名科技将才、多名骨干人才等固定创新人才，以及多名流动创新人才、必要的科辅人才和学术秘书的建设要求，兼顾专业、年龄、性别的合理搭配，造就结构合理、分工明确、高效协同、创新能力强的学科团队。

（4）强化高水平创新队伍建设。按照学科团队功能结构和人才结构体系，重点加强领军人才、科研骨干人才和流动创新人才的培养，加快建设强优势的科技创新队伍。重点实施领军人才培养工程，通过政策倾斜、重点扶持、交流引进等措施，培养一批具有敏锐思维、战略眼光和人格魅力的学科领军人才，从中造就30名左右国际知名科学家、70名左右国内著名科学家。注重学科专业组人才梯队建设，组织实施青年科技创新人才培养工程等，重点加强对学科专业组骨干人才的培养和引进，提升学科专业组人才的任务执行力和科研工作能力。积极发挥学科团队流动创新人才作用，依托中国农业科学院研究生院和各研究所，结合重点学科领域，学研并举，培养高素质的研究生，增加博士研究生培养比例，使之成为学科团队流动创新人才的有生力量；积极推动博士后工作站建设，力争博士后工作站总数达到10个，博士后招生规模达到200人以上，使博士后成为学科团队流动创新人才的主要力量；扩大访问学者规模，延长客座研究时间，使访问学者等客座研究人员成为学科团队流动创新人才的补充力量，努力打造一支高水平的学科团队动态创新队伍。完善科学团队评价、激励机制和分配制度，保护团队每个层级人员的积极性和创造性。

2. 加强科技管理队伍建设

建立健全科技管理机制，重点建立院—所—学科团队三级管理队伍。在院、所层面，构建分别从事科技战略与规划管理、科研项目与成果管理、科技平台和基地管理、科技转化与服务管理、科技合作与交流管理、科技档案管理以及学科建设管理、人才团队管理、科技经费管理等共约300人的专业化科技管理队伍；在学科团队层面，实行学术秘书制度，由专职或兼职从事科研项目事务性管理的工作人员担任学术秘书。对科技管理人员、学术秘书等开展业务培训，不断更新知识，提高各级各类科技管理人员的战略思维、业务工作、科研服务能力和水平。

3. 注重科研服务队伍建设

依托野外台站、质检中心、试验基地等，建立一支1 000人左右具有中高级技术职称，主要从事农业自然资源监测、农产品质量检测、资源与环境评价、农场和基地技术管理等科研服务的人才队伍，制定激励和约束机制，提高农业科研服务人员的积极性和服务质量。

（六）实施制度与创新文化推进行动，努力营造现代院所创新与学科发展环境

把握全国新一轮科研事业单位分类改革的良好机遇，以构建现代院所制度为重点，组织实施“制度与创新文化推进行动”，探索构建以人生追求与国家目标相一致为导向的核心价值体系、以院—所高效联动机制为核心的新型科技管理机制和以激励创新为主题的科技管理制度，努力开展理念文化、标识文化、制度文化和园区文化等建设，提炼形成中国农业科学院创新文化价值核心理念，完善与全院学科体系、科研体系、平台体系、基地体系、队伍体系相配套的制度文化体系，实现科学研究与创新文化的有机融合和统一。

1. 凝练核心价值理念

大力弘扬热爱祖国、热爱“三农”、求是创新、团结协作、无私奉献的精神，凝聚起共同的价值理念，形成全院认同的主导科技创新工作的文化力量；认真贯彻《中国农业科学院科技人员道德准则》，提倡科学求真、正直诚信的学风，旗帜鲜明地反对学术腐败和弄虚作假；大力宣传表彰先进科技人物和有特殊贡献的科学家，宣传科学思想，倡导科学道德，弘扬科学精神，形成崇尚创新、催人奋进的良好氛围。

2. 创新机构运行机制

建立科学、高效、有序的科技活动运转体系。以全院发展战略为导向，在科研体系中强调全院科技资源的优化配置和良性发展；以研究所功能目标定位为导向，实现项目组、学科团队、研究所发展目标的统一性，建立持续创新的现代化农业科研机构组织体系；以全国农业科技事业发展为导向，加强院内外的协同合作，建立共同创新、共同发展的良性循环机制。

3. 建立和完善相关制度

以科学治院、民主治院和制度治院为导向，健全完善现代农业科研院所管理制度。完善研究所宏观治理结构，以所长负责制为基石，建立研究所领导团队激励机制。完善院、所学术委员会制度，充分发挥学术委员会的咨询、参谋、评议职责，提高学术委员会的影响，扩大院、所科学家的宣传和推介。正确处理好党政关系，保持研究所和谐健

康全面发展。健全完善院所学术交流制度，建立研究所年度学术报告会制度、科研项目结题报告会制度、项目简报制度等。

建立分类评价及绩效奖励制度。遵从不同科技活动特点，按照基础性工作类、基础与应用基础研究类、技术研究类、成果应用类和科技管理类、科技服务类等不同岗位类别，实行分类考核与绩效评价，建立与之对应的考核评价指标体系及工资福利制度。

完善院所重大科技奖励制度。重点完善院科技成果奖评审与奖励办法、院所科技成果有偿转让与利益分配制度，重奖在科技创新、国际合作、科技推广和成果转化等方面有突出贡献的科技人员，保护科技人员及全体职工的积极性，激发创新热情。

4. 营造良好发展环境

遵循讲实效、重节省的原则，对院所园区环境进行规划改造，重点建设院所信息化办公、交流和服务网络平台，努力营造环境优美、舒适宜人、和谐宁静、服务便捷和信息畅通的创新园区环境。

通过设立项目组研讨、学术沙龙等方式，为科研人员提供方便优雅的学术交流场所，以利于培育创新思维，激发创新灵感。

加大中国农业科学院整体形象设计和宣传，增强农科院人的自豪感，提升品牌的社会影响。大力营造勇于开拓、敢于创新、愿担风险、宽容失败的创新人文环境，增强创新跨越的自信心。

四、保障措施

（一）加强组织领导

强化组织协调。院、所各级领导、各部门要坚持以人为本、以研为本的原则，把科技创新与发展作为本单位、本部门的中心工作，加强院—所之间、院内各部门之间的协调沟通，统筹相关资源，调动各方积极性，创造各种有利条件，营造有利于创新的发展环境。

落实规划实施责任。结合本规划目标任务和本部门、本所实际，统筹做好研究所“十二五”科技发展规划和院、所科技平台建设、试验基地建设、科技人才队伍建设等专项规划，强化任务和措施落实。在党政领导干部考核中，要把落实规划目标任务、推动院所发展列为主要指标。

（二）加大科技投入

积极争取国家财政科技投入。积极争取上级有关部委的大力支持，全力以赴争取国家及部委相关科技计划、重大设施建设计划、人才计划等项目，以及科技部专项、农业部专项、财政部支农专项等专项投入，力争“十二五”各项经费总量较“十一五”有较大增长。

设立院科技发展基金。争取国家有关部委的支持，并利用院科技经费、基本科研业务费、修购资金等相关资源，吸引并募集社会资金，建立院科技发展基金，增强管理和调控手段，大力支持重点学科培优和新兴学科建设、科研团队建设、科技平台与基地建设以及基础性、前瞻性、应急性科学研究、科技出版、科技激励、科技开发等。

积极开辟资金渠道。充分利用院省共建优势，加强省际间科技合作与共建，抓好研究所所在省市重大项目规划与设计，积极承担地方科技计划项目。鼓励研究所争取企业、协会、基层组织的横向资金。积极争取政府间合作项目和世界银行、国际组织、国家机构、国外民间团体、跨国企业等的项目资金。重视和发展壮大科技产业，积累自主创新资金。

（三）完善科技管理机制

优化项目申报与管理机制。积极推动专家进入国家科技计划顶层设计，提高中国农业科学院在相关计划和重大专项中的影响。加大项目储备力度，分计划、分方向做好项目建议，积极推荐院储备项目进入国家科技部等预备项目库。争取国家重大、重点项目和预备库项目的立项，加强项目的联合申报和占位申报，提高项目申报的质量与水平。完善项目跟踪管理制度，强化项目实施管理，提高科技创新效能。

完善成果培育机制。拟定“十二五”科技成果培育方案，强化理论成果和实用成果的培育方向，注重过程引导。对研究过程中形成的苗头性成果，通过在优势农产品区域、特色农业区等组织成果观摩、推介等活动，扩大成果的示范应用，提高社会影响。加大成果挖掘、集成和服务力度，注重集成创新成果的培育。完善院、所学术委员会成果评议和推荐制度，发挥学术委员会的学术咨询、评议作用，帮助凝练成果创新点，提高成果的创新水平。

建立学科培优新机制。支持待培优重点学科领域优先申报国家主体科技计划和行业科技专项等项目，促进学科相关资源集聚，提高学科优势和影响。利用院科技发展基金和“学科团队建设行动”、“科技平台与试验基地建设行动”等，倾斜支持新兴、交叉学科建设。支持建立全国性学会、协会和学术期刊，举办全国性/国际性学术会议等，提升相应学科地位和影响。进一步整合和优化配置学科资源，合理布局和建设跨所、跨区域的专业性研究组织或研究平台。

完善科技管理协同机制。强化院、所科技管理部门上下之间的工作协调，定期开展政策动态、项目研究进展、管理工作情况等交流，全方位实现工作对接。加强科技管理部门与学科团队间的工作协调，及时相互沟通信息，共同确保研究计划任务的完成。适应国家科技计划项目管理改革的新要求，强化项目承担单位作为项目任务管理责任主体、项目组作为具体研究任务实施主体的职责。

建立产学研用大联合、大协作机制。积极发挥已有科研协作网作用，进一步吸收地方政府、科技推广机构、农业合作组织、农业龙头企业、农业技术用户等，建立科技资源共享、科技项目联合攻关、科技成果转化应用等机制，探索构建新型农科教、产学研用大联合、大协作平台，共同推进大品种、大成果的形成。

（四）加强知识产权保护与开发

强化知识产权管理与服务。强化院机关相关部门的知识产权管理职能，充实工作力量，为知识产权管理与保护提供专业服务；研究所也应设岗，专职管理知识产权。

加强知识产权保护与开发。加大知识产权相关法规的宣传，引导做好知识产权保护工作；完善知识产权开发收益分配机制，加大专利、新品种保护、新注册（登记）兽药等的开发力度，发挥专利技术对中国农业科学院支柱产业的核心支撑作用。

中国农业科学院科技平台“十二五”发展规划

为进一步明确中国农业科学院“十二五”科技平台发展的指导思想、目标任务和工作重点，指导院、所科技平台建设，提升科技平台运转效能，全面提高我院自主创新能力，根据《国家中长期科学和技术发展规划纲要（2006～2020 年）》《农业科技发展规划（2006～2020 年）》《农业科技发展“十二五”规划》《农业部重点实验室发展规划（2010～2015 年）》《全国农产品质量安全检验检测体系建设规划（2011～2015 年）》和《中国农业科学院“十二五”科学技术发展规划》，制定本规划。

一、形势需求

农业发展的根本出路在科技进步。要保障国家粮食安全、食物安全和生态安全，促进农业增效和农民增收，推动农业和农村经济可持续发展，必须紧紧依靠科技发展现代农业。科技平台是支撑农业科技创新、凝聚和培养高层次人才队伍、促进国际合作与交流、保障现代农业科技事业持续健康发展的重要基础。《国家中长期科学和技术发展规划纲要（2006～2020 年）》明确提出：到 2020 年我国农业科技整体实力要进入世界前列。面向“十二五”，作为农业科技的国家队，我院确立了“发展成为国内外有重要影响的农业科技创新核心机构”的战略目标，对科技平台建设工作提出了更高的要求。

（一）建设国内外农业科技创新核心机构需要构建一流的科技平台体系

进入 21 世纪，我院提出了“建设具有国际先进水平的国家农业科技创新中心、国内一流的农业科技成果转化中心、国际农业科技合作和交流中心和高层次农业科技人才培养基地”（全书简称“三个中心、一个基地”）的战略定位。经过近 10 年的建设与发展，我院在学科建设、科技创新、成果转化、科技平台、人才队伍、科技合作交流等方面取得了显著成效。面对新时期世界农业科技发展的新形势和国内农业发展对科技提出的新需求，我院确立了“到 2020 年重点学科主要领域率先进入世界先进行列，成为具有重大影响的国内外农业科技创新核心机构”的科技发展目标。

目前，与发达国家农业科研机构相比，甚至与国内部分农业科研机构相比，我院在科技平台建设方面还存在一定差距，科技平台规模和档次难以满足科技创新工作的需求。新阶段的宏伟目标对我院科技平台建设提出新的战略需求，不断提高科技创新、科技支撑和科技服务能力，构建适应现代农业科技发展要求的一流科技平台体系，意义重大，迫在眉睫。我们必须积极应对挑战，深入研究，科学谋划，加快发展，不断完善科技平台体系，为实现“十二五”宏伟目标和蓝图保驾护航。

（二）提升自主创新能力需要建设现代化的农业科技创新平台

科技平台是学科建设、人才培养、科技成果集成转化的重要基础，是提升农业科技创新能力不竭的动力源泉。中国农业科学院作为中央级公益性农业科研机构，是全国农业科技创新的国家队，始终把握世界农业科技前沿，不断加强农业科技自主创新，培育了一批具有重大应用价值和自主知识产权的突破性科技成果，引领了全国农业科学技术的创新和发展。

目前，我院科技创新能力还有待进一步提高，如成果数量不多、高水平成果少、成果转化率低等。影响科技创新能力提升的因素是多方面的，科技平台建设还不能完全支撑我院创新能力的提升是其中重要原因之一。如国家重点实验室数量偏少、改良中心品种创新能力还不够、国家工程技术研究中心转化能力还不强。这势必要求我院要进一步优化资源配置，重点建设一批以国家与部门重点实验室、国家改良中心、国家工程技术研究中心等为核心的科技创新平台，吸引、凝聚一批国际一流的创新团队以及其他科技资源，力争取得一批原创性科研成果，抢占农业科技制高点，引领新时期全国农业科技创新的方向，推动我国农业科技水平跻身世界先进行列。

（三）支撑科技事业可持续发展需要建设现代化的科技支撑平台

现代农业科学的发展需要强有力的重大工程设施、科学数据等支撑，科学工程、野外台站、工程技术中心等支撑科学发展和技术进步的科技支撑平台，已经成为衡量一个国家科学技术发展水平、创新能力、综合国力和国际竞争力的重要标志之一。“十一五”以来，围绕支撑我院九大学科群的发展，我院已建成了农作物基因资源与基因改良国家重大科学工程，正在建设国家农业生物安全科学中心，完成了国家畜禽改良研究中心立项工作，正在建设国家生物饲料开发、动物用生物制品工程研究中心，建成了农作物种质资源、土壤肥力与肥料效益等 5 个国家级野外台站、24 个农业部野外科学观测站等。

虽然“十一五”平台建设取得了一些成绩，但现有条件仍不能满足我院科研事业持续发展的需要，还难以适应新形势下的需求。我院作为全国农业科技研发的主力军，为了迎接“十二五”新挑战，必然要求我院顺应世界科技发展潮流，牢牢把握现代农业科技发展方向，进一步加强科技支撑条件建设，建设一批重大科学工程、野外台站、工程技术中心等科技支撑平台，为保障我院科研事业可持续发展提供强有力的科技支撑与保障。

（四）提高社会服务能力需要建设现代化的科技服务平台

有效防控重大动物疫情、保障农产品质量安全、生物安全、动物产品卫生安全，事关农业和农村经济持续发展，事关人民群众身体健康和社会稳定，党中央国务院高度重视。“十一五”期间，依托我院建设的国家各类农产品质检中心和动物疫病参考实验室在确保农畜产品质量安全和疫病控制方面发挥了重要作用。当前，我国正处在传统农业向现代农业转变的重要时期，保障农产品供给总量平衡、结构平衡、质量安全的任务十分艰巨。近年来，农产品质量安全事件和新发动物疫病不断出现，转基因生物安全问题更是受到社会各界广泛关注，农产品质量安全问题仍然是当今各国面临的共同挑战。

中国农业科学院作为国家级科研机构，在提高科技创新能力的同时，更应该围绕农业生产提供技术咨询服务，应以“发展现代农业、确保公共安全、强化公共服务、促进社会和谐”为宗旨，不断提升农产品质量安全检测水平、转基因生物环境安全监管能力、农产品质量安全风险预警能力、动物疫病防控工作能力和动物卫生和畜产品质量安全水平。为了更好地做好“十二五”科技服务工作，提高服务水平，必然要求我院加强科技服务平台建设。

二、发展基础

建院以来，特别是“十一五”期间，我院在国家有关部委的大力支持下，学科建设不断加强，自主创新能力持续提高；围绕九大学科群建设构建了较为完善的“三级（国家级、部省级和院级）三类（科技创新类、科技支撑类和科技服务类）”科技平台体系。“十一五”期间，新增部省级以上科技平台 120 个，其中，国家重点实验室 1 个，农业部重点实验室 12 个，国家工程实验室 3 个，国家工程技术（研究）中心 4 个，农业部转基因质检中心 8 个，国家农产品加工技术专业分中心 8 个，农业部转基因质检中心 8 个，国家农产品加工技术专业分中心 8 个，农业部野外台站 4 个。科技平台的运行效率和水平得到进一步的提升，为我院科技事业的健康发展提供了强有力的支撑。

（一）建成一批以重点实验室、品种改良中心、工程技术研究中心等为主体的科技创新平台

科技创新平台是以支撑农业科技自主创新与科技进步、实现农业科技重大突破和长远发展的条件资源集成系统，肩负着源头创新、开展前瞻性研究、组织开拓性工作的重要使命，是组织农业基础与应用基础研究、高技术发展和共性技术创新的主要基地和依托平台。

在国家重点实验室专项、部门重点实验室建设计划、种子工程等支持下，我院建成

了5个国家重点实验室、32个部门重点开放实验室、52个院级重点实验室，建成了17个国家品种改良中心、分中心和5个国家工程技术研究中心等。

“十一五”期间，我院5个国家重点实验室全部顺利通过科技部2006年组织的实验室评估，其中，水稻生物学国家重点实验室获得优秀；在农业部组织的第五轮重点开放实验室评估命名工作中，我院第四轮20个农业部重点开放实验室全部进入了第五轮，同时，还新获建设12个农业部重点开放实验室；2007年，我院昌平综合农业、饲料、油菜3个国家工程技术研究中心顺利通过科技部评估，其中，饲料中心评估结果为“优秀”。在科技创新平台的强有力支撑下，我院的农业科技基础性工作不断深入，基础研究不断创新，高技术研究取得了新的突破，关键技术研究取得了突出进展。

（二）建成一批以重大科学工程/科学中心、农业野外科学观测试验站、工程实验室/技术中心等为主体的科技支撑平台

科技支撑平台是以支撑农业产业可持续发展、开展农业产业共性技术研究开发与应用示范的条件资源集成系统，是组织基础性工作、农业关键技术研究、技术集成研究与示范的主要平台。

在国家重大基础设施建设专项、野外试验站建设专项等支持下，建成了农作物基因资源与基因改良国家重大科学工程、国家农产品质量检测技术研究中心；正在建设国家农业生物安全科学中心；建成了5个国家级野外台站、24个部门重点野外台站、59个院级野外台站；建成了3个国家工程实验室、2个国家工程研究中心等。

“十一五”期间，我院的农业野外台站参加农业部2008年组织的重点野外科学观测试验站中期评估和补充申报工作，原有的20个农业重点野外台站全部顺利通过了农业部的中期评估，另外，在农业部新增的10个野外台站中我院获批4个。在科技支撑平台的大力支持下，我院的农作物基因资源分子鉴定、基因克隆、分子育种的能力大幅度提高，积累了大量农业野外科学观测试验数据，开展了农业野外科学研究试验工作，农业技术的工程化、产业化水平显著提升。

（三）建成一批以农产品质量监督检验、转基因生物环境安全监督检验、国家参考实验室等为主体的科技服务平台

科技服务平台是以开展农业产业共性关键技术的转移与应用，为农业产业提供质量检测、疫情诊断、技术咨询、标准修订、安全评价等服务的条件资源集成系统，担负着保障产地环境安全、农产品质量安全、生物安全、动物疫病防控的重要任务，是服务农业生产、维护市场经济秩序，保障国家经济安全的公共服务体系。

在国家农产品质检体系建设项目、参考实验室建设项目等支持下，正在建设17个农业部专业性农产品质量安全监督检验中心；建成了3个国家产品质量监督检验中心、

27 个部门产品质量监督检验测试中心、8 个部门转基因植物环境安全监督检验测试中心，建成了禽流感、口蹄疫、血吸虫 3 个国家参考（专业）实验室。

“十一五”期间，中国农业科学院 10 个新建的质检中心通过国家有关部门组织的国家计量认证和机构审查认可初评审，32 个质检中心通过国家计量认证和机构审查认可及农产品质量安全机构考核 3 年到期复评审；质检中心授权检测产品和检测参数显著增加，检测服务范围显著扩大。38 个质检中心坚持“以检测带科研、以科研促检测”，加强农业标准制定修订工作，农产品质量标准和检测技术研发能力显著提升。农业部油料质检中心“双低油菜全程质量控制标准”获得 2009 年国家科学技术进步奖二等奖。

尽管我院科技平台建设工作在“十一五”期间，取得了一些成就，但是与发达国家以及国际农业科研机构相比还存在较大差距，主要体现在以下几个方面：一是我院科技平台在装备规模、结构、布局、数量、技术性能等方面尚不能满足现代农业产业发展和加快提高自主创新能力的需求；二是我院国家级平台建设与优势学科发展状况不完全匹配，支撑作用有待加强，与农业科研“国家队”的地位、作用和贡献还不相称；三是科技平台装备先进性与运行效率不高，共享机制不健全；四是管理措施单一，资源配置手段缺乏，引导调控力度有待进一步加强。这些矛盾和问题，需要在“十二五”期间加以解决。

三、发展思路与原则

（一）发展思路

以邓小平理论和“三个代表”重要思想为指导，深入贯彻落实科学发展观，牢牢把握“三个中心、一个基地”的发展方向，以强有力保障科研事业持续健康发展为目标，以提高自主创新能力为主线，以学科发展为引领，结合科学研究任务与产业发展需求进行系统布局，重点建设和完善一批科技创新平台、科技支撑平台和科技服务平台，着重能力建设，强化运转效率，努力构建系统完善、功能匹配、适应现代农业科技发展要求的科技平台体系，为推动和实现我院科技事业可持续发展提供强有力支撑。

（二）基本原则

1. 学科引领、系统布局

突出学科引领，按照国家、省部、院“三级”和创新、支撑、服务“三类”科技平台体系，结合学科的发展水平和科技资源特点，加强统筹部署，强化顶层设计，系统规划布局，逐步构建和完善符合现代农业发展要求的科技平台体系。

2. 提质存量、扩充增量

针对已建平台在设施装备、运行效率、共享机制等方面，进一步加强管理，提升一批已建平台的档次，优化平台资源存量，最大限度发挥各类平台资源的利用潜能。针对新建平台，要围绕国家需求，结合我院平台建设与优势学科发展状况不完全匹配的实际，合理配置资源，加大建设力度，新建一批高水平科技平台，支撑我院科研事业发展。

3. 分类指导、提高效能

结合创新、支撑和服务三类科技平台的不同特点，按照各类平台各自管理办法的要求，通过分类指导，制定分类管理目标，加大开放力度，促进合作与交流，积极探索建立共建、共管、共享机制和平台分类评价制度。加强能力建设，统筹制定科研仪器设备的共享方案，有计划地实施科研仪器设备的更新改造和自主研制，保障科研仪器的高效运转，实现我院科技平台高效率、高质量运转，支撑我院自主科技创新能力不断提升。

四、发展目标与布局

（一）发展目标

1. 总体目标

形成九大优势学科群和研究所全覆盖，基础与应用基础研究、高技术发展、共性与关键技术创新相衔接，科学技术研究与农业产业发展相结合，科技创新平台、支撑平台、服务平台相配套，装备先进、功能完善、运转高效、支撑有力、体系健全，具有国际一流水平的现代科技平台体系。

2. 具体目标

——围绕重点学科、新兴学科建设，建成以重点实验室、品种改良中心、工程技术研究中心等科学研究实验基地为主体的科技创新平台150个左右。

——围绕支撑作物科学、畜牧兽医科学、农业微生物等九大优势学科领域发展，建成以重大科学工程/科学中心、工程实验室/技术中心、农业（野外）科学观测试验站等为主体的科技支撑平台100个左右。

——围绕农产品质量安全、生物安全、动物疫病防控等产业发展需求，建成以农产品质量安全检测、风险监测与风险评估以及转基因产品检测中心、国家参考实验室、国家科技基础条件平台等为主体的科技服务平台50个左右。

力争到“十二五”期末，全院建成各级各类科技平台300个左右，推动各研究所围绕学科建设逐步形成保障有力、推进创新、支撑发展的科技平台体系，确保从事自然科学研究的研究所都建有1个以上省部级创新平台。

（二）发展布局

突出学科引领作用，围绕九大学科群，系统布局我院科技平台体系，全面提升我院农业科技自主创新能力，社会影响力和国际竞争力。依据培强的优势学科、培优的重点学科、培植的新兴学科要求，重点布局我院骨干科技平台，增强优势学科领域平台的系统性，推动需培优重点学科领域平台的升级，搭建需培植新兴学科领域平台。

——作物科学领域：重点围绕作物基因资源与分子设计、作物基因资源与种质创制、水稻棉花油料作物生物学与遗传育种、园艺作物生物学与种质创制等建设 76 个科技创新平台；重点围绕生物育种、农作物有害生物防控、作物杂种优势利用等建设 40 个科技支撑平台；重点围绕植物病虫害抗性检测、转基因植物环境安全检测、农作物种质资源等建设 7 个科技服务平台。

——畜牧兽医科学领域：重点围绕兽用药物与兽医生物技术、动物疫病病原生物学、动物营养与饲料学、动物热带病、特种经济动物种质资源遗传改良等建设 40 个科技创新平台；重点围绕重大动物疫病防控、SPF 级大中型实验动物繁育、特色经济动物生物育种、畜禽干细胞等建设 25 个科技支撑平台；重点围绕马传染性贫血、动物冠状病毒病、禽白血病、家养动物种质资源等建立 8 个科技服务平台。

——农业资源与环境科学领域：重点围绕植物营养与肥料、作物高效用水、农业环境、土壤质量、农业生态环境修复与调控、中低产田改良、生态农业、设施农业等建设 6 个科技创新平台；围绕耕地质量、劣质水农业安全利用、土壤质量与肥效观测、旱地农业、黄土高原生态环境、藏北高寒草地生态与气候变化等建设 35 个科技支撑平台；重点围绕肥料、环境质量、转基因生物生态安全检测建立 4 个科技服务平台。

——农业应用微生物领域：重点围绕农业微生物、微生物资源与利用、食用菌建立 4 个科技创新平台；重点围绕农业微生物基因资源与分子改良、农业微生物资源开发与利用建立 2 个科技支撑平台；重点围绕微生物肥料和食用菌菌种质量检测建立 2 个科技服务平台。

——食品科学与工程领域：重点围绕农产品加工、食品安全风险评估建立 4 个科技创新平台；重点围绕农产品加工建立 9 个科技支撑平台；围绕辐照产品质量检测建立 1 个科技服务平台。

——农业质量标准与检验领域：重点围绕农产品质量安全检测与标准研制建设 3 个科技创新平台；重点围绕农产品质量安全风险监测与风险评估建立 1 个科技支撑平台；重点围绕粮、棉、油等农产品质量安全检测能力提升建立 17 个科技服务平台。

——农业机械化与农业工程学领域：重点围绕现代农业装备、施药技术与装备、农田水利工程等建设 3 个科技创新平台；重点围绕农作物收获技术与装备建设 1 个科技支撑平台；重点围绕节水灌溉设备检测、沼气产品及设备、旋耕机械、茶叶加工机械等建立 6 个科技服务平台。

——数字农业与农业信息领域：重点围绕农业信息技术、农产品信息分析、农业资源管理、农业科学数据等建立 4 个科技创新平台；重点围绕农业信息等建立 3 个科技支撑平台。

——农业经济与发展领域：重点围绕农业政策分析与决策建立 1 个科技创新平台。

五、建设任务与重点

（一）建设任务

建设平台是运行、管理平台的基础。平台的建设主要包括平台方案策划设计、硬条件建设和软条件建设3部分。

1. 平台方案策划和设计

针对科技平台在科学技术研究和农业产业发展需发挥的作用，认真研究，科学策划，牢牢把握科技创新的方向，找准科技支撑的节点，厘清科技服务的内容，瞄准国际先进水平、国内领先水平，依据科技平台的具体要求，确定新建平台的功能定位；全要素构想设计平台要件，系统设计、制定平台的构造方案；有计划有步骤地聚集各类资源，优化方案，做好平台的物质与技术储备。

2. 平台硬条件建设

重点抓好仪器设备配置和基础设施建设工作。对于新建平台，严格按照建设方案要求，筹集资金，完成仪器设备购置和基础设施建设等，创造必备硬条件；对于在建平台，在充分利用各平台现有仪器设备和设施的基础上，根据学科发展和科研工作及计划任务书需要，及时更新、配置部分高精密仪器设备，改造相关设施，使仪器设备和工作环境能够满足平台工作开展的需要，强化硬条件建设。

3. 平台软条件建设

对于新建平台，主要加强对平台的研究方向、研究单元设置、科学问题凝练、学术委员会组成、研究队伍建设，以及制度建设等的指导，不断强化平台的运行条件；对于在建平台，主要是抓好运行和管理制度完善、人才计划落实、专家咨询意见整改、科研项目申报、科研成果凝练等工作，加强对验收材料的指导把关，确保各类平台通过国家有关部门的验收等。

（二）建设重点

1. 科技创新平台

争取新建1个国家实验室；3~5个国家重点实验室、15~18个农业部综合性重点实验室、16~18个农业部专业性重点实验室、20~30个院级重点实验室；4个左右农作物品种区试标准样品库；4个左右农作物区域试验站和抗性鉴定试验站；5~8个动植物品种改良中心；3~5个国家工程技术研究中心。

1.1 重点实验室建设

1.1.1 定位

组织农业科技基础性工作、基础研究、应用基础研究、前沿高技术发展、关键共性技术研究，为农业发展提供新理论、新技术和新方法；培育和发展重点学科、新兴学科及交叉学科；聚集和培养优秀农业科学家和高级农业科研人才；开展国际农业科技交流与合作；为保障国家粮食安全、生物安全、环境安全、农产品质量安全提供技术储备。

1.1.2 建设基础

国家实验室： 作物科学与技术国家实验室作为农业领域建议项目，已经农业部报送科技部。

国家重点实验室： 建成了植物病虫害生物学、兽医生物技术、水稻生物学、动物营养学和家畜疫病病原生物学 5 个国家重点实验室；棉花生物学国家重点实验室和特种经济动物分子生物学省部共建国家重点实验室通过科技部批准立项，进入建设期。

农业部重点实验室： 在作物种质资源与遗传改良、作物营养与施肥、农业节水与旱作农业、有害生物防控、动物营养与饲料、动物遗传育种、动物疫病防控、农业资源与环境、农产品加工、农业装备与信息技术等现代农业技术主导领域，建成了 32 个农业部重点实验室。

中国农业科学院重点实验室： 在种质资源利用与动植物新品种培育、农产品高效生产与质量安全、重大农业生物灾害预防与控制、农业资源高效利用、农业环境监测与生态修复、农业信息技术与数字农业、农业工程技术与智能化装备、农产品加工与现代物流、生物质能源与新材料等领域，建成了 52 个院级重点开放实验室。

1.1.3 建设重点

国家实验室： 争取作物科学与技术国家实验室的立项批复和建设。

国家重点实验室： 重点推进作物基因资源与分子设计、油料作物生物学、蔬菜生物学、植物营养与肥料学、作物高效用水等部级重点实验室升级为国家重点实验室。同时，针对当前区域农业经济发展的迫切需求，积极争取新兽药工程（兽用药物基础理论与创制）、动物热带病、茶叶生物学与资源利用、烟草作物生物学、麻类遗传育种与生物加工、柑橘学等省部共建国家重点实验室的立项与建设。

农业部重点实验室： 根据《农业部重点实验室发展规划（2010～2015 年）》，分析优势，创造条件，重点建设农业基因组学、作物基因资源与种质创制、水稻生物学与遗传育种、麦类生物学与遗传育种、薯类作物生物学与遗传育种、棉花生物学与遗传育种、油料作物生物学与遗传育种、园艺作物生物学与种质创制、作物有害生物综合治理、兽用药物与兽医生物技术、动物疫病病原生物学、农业环境、植物营养与肥料、农村可再生能源开发利用、动物营养与饲料学、农产品质量安全、农产品加工、现代农业装备、农业信息技术等农业部综合性重点实验室；努力建设大豆生物学、作物生理生态、园艺作物种质资源利用、果树育种技术、畜禽遗传资源、特种经济动物遗传育种、兽用药物创制、动物寄生虫学、饲料生物技术、牧草资源与利用、农业微生物资源、产地环境质量、面源污染控制、旱作节水、作物需水与调控、生物毒素检测、农业信息服务、设施农业节能减排等专业性重点实验室；加强建设授粉昆虫生物学、麻类生物学与加工、茶树生物学与资源利用、烟草生物学与加工、蚕桑遗传改良等部级重点实验室。

院级重点实验室：积极筹备和组织作物生物反应器、转基因生物安全、航天育种、园艺作物病虫害防控、花卉生物学、动物遗传育种与繁殖、西部牛羊繁育、中兽医药、猪病与预防与控制、禽病预防与控制、动物细菌病预防与控制、虫媒及虫媒性疫病、经济动物营养与饲料、特种经济动物预防兽医学、微生物资源与利用、农业生态环境修复与调控、农业有机污染控制、农村污水再生利用、生物多样性与生态农业、生物农药创制、农产品安全风险评估、油料加工与营养、沼气工程、农田水利工程、设施园艺节能工程、农业废弃物资源化利用、农业知识产权信息分析、农业资源管理、农业遥感、农业灾害风险管理、草原等院级重点实验室建设。

1.2　品种改良中心建设

1.2.1　定位

开展农业动植物遗传改良应用基础研究和应用研究，保存、创新和利用动植物种质资源，研究和创新传统遗传育种、杂种优势利用、分子标记辅助选择、转基因育种、细胞工程等技术，培育农业动植物优良新品种。

1.2.2　建设基础

建成了国家农作物种质资源长期库 1 座、中期库 10 座、多年生种质圃 12 个，水稻、小麦、油料、棉花、糖料、蔬菜、花卉等国家农作物改良中心 13 个、分中心 1 个，国家畜禽分子育种中心、国家牛奶质量改良中心、国家禽类实验动物种子中心各 1 个。

1.2.3　建设重点

完成国家作物种质库长期库的改建，继续完善国家农作物种质资源保存青海复份库、国家航天育种中心建设、国家烟草改良中心、国家茶叶改良中心、国家牛奶质量改良中心。完成水稻、棉花、大豆、油菜 4 个国家农作物品种区试标准样品库建设，争取建设水稻、棉花、油菜、糖料等国家农作物区域试验站和抗性鉴定试验站。争取新建国家大麦改良中心、国家食用豆类作物改良中心、国家花卉改良中心、国家食用菌品种改良中心、国家牧草改良中心、国家西甜瓜改良中心、梨改良分中心、国家樱桃改良中心、国家猕猴桃品种改良中心、国家西北绵羊改良中心、国家花卉中期库和 SPF 级大中型实验动物繁育中心。

1.3　国家工程技术研究中心建设

1.3.1　定位

旨在强化农业科技成果向生产力转化的中间环节，促进科技产业化；面向产业规模生产的需要，推动集成、配套的工程化成果向相关行业辐射、转移与扩散，促进新兴产业的崛起和传统产业的升级改造；促进科技体制改革，培养一流的工程技术人才，建设一流的工程化实验条件，形成我国农业科研开发、技术创新基地。

1.3.2　建设基础

建成了昌平综合农业、油菜、饲料 3 个国家工程技术研究中心，正在建设茶产业、柑橘 2 个国家工程技术研究中心。

1.3.3 建设重点

继续完善国家昌平综合农业、油菜、饲料3个工程技术研究中心；完成茶产业和柑橘2个国家工程技术研究中心的建设和验收工作；争取新建麻类、农产品加工、牧草、果树、烟草、沼气、甜菜、新型肥料、中低产田改良、土壤污染修复、生态农业、畜牧环境、设施农业、面源污染防控、草原监测、动物疫病监测、特种经济动物、农业水资源高效利用、灌溉节水材料与装备、机械化施药技术与装备等国家级工程技术研究中心。

2. 科技支撑平台

争取新建1~2个国家重大科学工程、科学中心，3~5个国家工程实验室；5个左右国家级野外台站、10个左右农业科学观测试验站、10个左右院级野外台站。

2.1 国家重大科学设施、科学中心建设

2.1.1 定位

着眼于经济社会全面、协调、可持续发展和国家安全对科技进步的重大需求，面向国际科学技术前沿，选择在我国具有相对竞争优势的领域，高起点、高水平地建设战略性、标志性的国家重大科技基础设施、科学研究中心，为取得一批具有重大科学意义的创新性成果、缓解资源环境约束、突破战略高技术产业的科技“瓶颈”，提供强有力的理论、方法、技术、材料、设施和人才支撑。

2.1.2 建设基础

建成了“农作物基因资源与基因改良国家重大科学工程”、“农产品质量标准研究中心”、“中日农业技术研究发展中心”等重大项目；正在建设“国家农业生物安全科学中心”、“国家动物疾病防控生物安全实验室”、“国家农业图书馆”和“国家农业资源综合利用中心”；完成了“国家畜禽改良研究中心”等项目的可行性研究论证。

2.1.3 建设重点

完成“国家农业生物安全科学中心”、“国家动物疾病防控生物安全实验室”、“国家畜禽改良研究中心”、“国家农业图书馆”、“国家农业资源综合利用中心”等重大科学设施项目建设；争取完成“国家农业微生物基因资源与分子改良重大科学工程”、“国家重大动物疫病防控科学中心”、“国家生物育种科学中心”、“国家耕地质量科学中心”等重大科学设施项目的立项建议和可行性研究论证。

2.2 国家工程实验室、国家工程研究中心建设

2.2.1 定位

整合产业创新资源、强化产业技术供给，衔接高技术、基础研究和产业发展，凝聚、培养工程技术创新人才，集成组装并形成保障国家粮食安全、生态安全的产业核心技术，形成产业技术集成、熟化、转化和生产示范的系统支撑能力，为农业技术的工程化、产业化服务。

2.2.2 建设基础

正在建设棉花转基因育种、作物分子育种、作物细胞育种3个国家工程实验室和生

物饲料开发、动物用生物制品2个国家工程研究中心；作物高效用水、土肥资源高效利用、小麦3个国家工程实验室已通过技术可行性论证。

2.2.3 建设重点

完成棉花转基因育种、作物分子育种、作物细胞工程育种3个国家工程实验室和生物饲料开发、动物用生物制品2个国家工程研究中心的建设；完成作物高效用水、土肥资源高效利用、小麦3个国家工程实验室的立项批复和建设工作；争取国家旱作节水工程研究中心和农业微生物资源开发与利用、航天生物育种、农产品加工、果树生物育种、特色经济动物生物育种、农作物有害生物防控、作物杂种优势利用、畜禽干细胞、劣质水农业安全利用、农作物收获技术与装备等国家工程实验室的立项。

2.3 野外试验站建设

2.3.1 定位

开展科学观测，长期、定点、系统地观测全国主要类型农区的农业土壤、自然资源、生态环境、作物种质资源等演变、变化状况，获取农业科学原始资料和基础数据，为实验室的研究活动提供服务；长期、系统地监测农业灾害（病虫、低温霜冻、旱涝、动物疫病等）的发生与演变情况，开展农业灾害预报与损失评价，为农作物产量预报与管理决策；根据区域农业和农村经济发展需要，应用、示范和推广我院最新的农业科技成果，促进现代农业的发展。

2.3.2 建设基础

国家级野外科学观测试验站：建成了农作物种质资源、土壤肥力与肥料效益、南方红黄壤生态环境、呼伦贝尔草原生态系统、商丘农田生态系统5个国家级野外试验站。

农业部野外科学观测试验站：在农业生物资源、生态环境、有害生物防治等领域建成了24个农业科学观测试验站。

中国农业科学院野外科学观测试验站：在土壤肥料、农业水资源、农业气象、农业生物资源、草地资源生态、农业环境等领域建成了59个院级野外科学观测试验站。

2.3.3 建设重点

国家级野外试验站：积极推动建立国家农业领域重点野外台站体系建设。将农作物种质资源和土壤肥力效益2个国家野外科学观测研究站从原来的生态系统网络中独立出来，成立国家种质资源圃网和国家土壤质量与肥效观测研究网络；争取国家农业有害生物监测研究网络、国家产地环境与农产品质量安全研究网络和国家农田灌水资源与利用监测网络的立项建设；重点推进迁西燕山生态环境、洛阳旱地农业、德州农业资源与生态环境、昌平潮褐土生态环境、寿阳旱地农业、鄂尔多斯沙地草原、兰州黄土高原生态环境、廊坊有害生物防治、沙尔沁牧草资源、杭州茶树资源、兴城北方落叶果树资源等部级野外台站升级为国家级野外台站。

农业部野外科学观测试验站：继续完善迁西燕山生态环境、大理农业生态环境、新乡矮败小麦、锡林浩特有害生物防治等现有的24个部级野外台站；重点建设蔬菜作物基因资源与种质创制、辽宁作物基因资源与种质创制、河南作物基因资源与种质创制、浙江作物基因资源与种质创制、新乡小麦高效育种技术、西南地区果树、华北动物遗传资源与营养、廊坊农作物有害生物、锡林郭勒草原有害生物、桂林有害生物、北京兽用药物与兽医生物技术、呼伦贝尔农业环境、商丘农业环境、祁阳农业环境、寿阳农业环境、大理农业环境、华北设施栽培与施肥、华北动物遗传资源与营养、草原畜牧业装备、核辐射农业生物等科学观测实验站。

中国农业科学院野外科学观测试验站：继续完善天水有害生物防治、密云生态农业、长江中下游棉花、平安油菜、武清转基因生物农田生态环境等现有的院级野外台站；重点推进劣质水安全利用、黑河农业生态环境、淮北农业生态环境、济南农业生态环境、海峡西岸农业环境、湖南孟公山麻类资源、小浆果、双流沼气技术标准、诺尔盖西部高寒地区可再生能源循环利用、洪雅沼液沼渣生态利用、攀枝花生物能源、华南农业资源高效利用、山东寿光、湖南岳阳蔬菜有害生物野外科学试验站等院级野外台站建设。

2.4　国家产业技术研发中心建设

2.4.1　定位

围绕产业发展需求，集聚优质资源，进行共性技术和关键技术研究、集成、试验和示范；收集、分析农产品的产业及其技术发展动态与信息，系统开展产业技术发展规划和产业经济政策研究，为政府决策提供咨询，向社会提供信息服务；开展技术示范和技术服务，形成以农产品为单元，以产业为主线，从产地到餐桌、从生产到消费、从研究到市场各个环节紧密衔接的现代农业产业技术支撑体系，提升产业技术创新、转化与应用能力，增强我国农产品市场竞争力。

2.4.2　建设基础

建成了 17 个国家产业技术研发中心、58 个功能研究室、8 个综合试验站。

2.4.3　建设重点

进一步加强水稻、小麦、玉米、大豆、油菜、棉花、马铃薯、蔬菜、大麦、谷子、食用豆、茶叶、食用菌、麻类、蜂、水禽、肉鸡 17 个产业技术体系的建设工作。

建设 17 个国家产业技术研发中心，重点开展产业共性技术和关键技术研究、集成和示范，以及产业发展规划和经济政策。

建设 58 个功能研究室，主要从事产业技术发展需要的基础性工作、关键和共性技术集成与创新；建设 8 个综合试验站，主要开展集成技术的试验、示范、技术培训及产业服务等。

2.5　国家农产品加工技术研发中心建设

2.5.1　定位

开展农产品加工业发展战略及相关政策研究；开展农产品加工业基础研究，应用技术研究，前沿技术和重大关键共性技术研究；为农产品加工业提供新技术、新装备和新产品，并进行示范与推广；为农产品加工业培养科技创新和管理人才；提供技术信息和咨询服务。

2.5.2 建设基础

已建立了国家农产品加工技术研发中心，承担起农产品加工技术研发体系总中心的职责与工作。建立了杂粮加工、油菜籽加工、饲料加工、柑橘加工、茶叶加工、蜂产品加工、参茸加工7个专业分中心。

通过近几年的建设，国家中心和7个专业分中心的基础设施显著提升，技术创新能力显著增强，建成了活性肽中试生产线一条、十万级GMP净化车间一个，构建了国家农产品加工研发体系中试研究及成果转化的技术平台。

2.5.3 建设重点

争取将我院的国家农产品加工技术研发中心和7个专业分中心纳入到《全国农产品加工技术研发体系“十二五”投资建设专项规划（2011~2015年）》重点建设的范围之内，并争取相关项目的立项和建设，进一步提高技术研发的装备水平。

加强科研项目组织和科研成果转化工作，积极组织、参与产业关键共性技术开发，并为农产品加工行业提供技术开发及成果转化的试验条件；积极争取承担国家和部门组织的科研开发任务，不断提高技术研发和产品转化能力；重点进行农产品加工设备和仪器的研发，加强加工小试、中试设施的建设，提升农产品加工中心和专业分中心行业领域内的地位。

3. 科技服务平台

争取新建5个左右国家参考实验室，2~3个OIE参考实验室；建设国家农产品质量安全风险监测与预警信息中心，继续做好国家计量认证、农业部机构认可与农产品质量安全检测机构考核工作，力争建设烟草、畜牧环境、辐照产品等农业部专业性质检中心，推动6~8个质检中心加强风险评估监测与预警能力建设；建设4个国家科技基础条件平台。

3.1 国家、部门质检中心建设

3.1.1 定位

承担农产品质量监督检验工作；承担国家各级部门下达的农产品质量安全例行监测、监督抽查、质量普查、风险监测及产品质量认证和市场准入等检验工作；承担农产品质量安全重大事故、纠纷的调查、鉴定和评价及委托、仲裁等检验工作；开展检测新技术、质量安全及风险评估等研究；承担国家、行业和地方标准研究与制定、修订及验证；开展国内外农产品质量安全技术交流、培训、指导、服务及咨询等工作。

3.1.2 建设基础

国家质检中心：围绕饲料、化肥、植保机械等已建成3个国家级质检中心。

部级质检中心：围绕谷物、蔬菜、稻米等已建成27个部级农产品质量监督检验测试中心；围绕转基因动植物及环境安全已建成8个农业部转基因生物安全监督检验测试中心。

“十一五”期间，蔬菜、谷物、乳制品与畜禽环境、稻米及制品、棉花、油料及制品、麻类、果品及苗木（郑州）、茶叶、草业产品、农业环境、柑橘及苗木、蚕业产品、甜菜及制品、种禽等 17 个质检中心均获得《全国农产品质检体系建设规划(2006～2010 年)》建设投资，农产品质量标准和检测技术研发能力显著提升，授权检测产品和检测参数显著增加，检测服务范围显著扩大，检测精密度与灵敏度显著提高，检测效率显著提高。

3.1.3 建设重点

争取把烟草、畜牧环境、辐照产品等质检中心列入农业部专业性质检中心建设规划，做好项目申报和材料组织工作。

加强制度建设，进一步提高质检中心管理水平，确保到期质检中心通过农产品质量安全检测机构考核、农业部机构审查认可和国家计量认证评审工作。

加强能力建设，重点装备高、精、尖仪器设备，改善实验环境与设施，不断提升质检中心的专业检测能力、突发事件应急处理能力，把我院质检中心建设成为专业领域内仪器设备全、技术水平强、人员素质高的最为权威的专业质检中心。

加强科研建设，重点抓好农业标准等科研项目的组织工作，以检测带科研，以科研促检测，推动质检中心科学研究与检测工作齐头并进。

3.2 国家参考实验室建设

3.2.1 定位

进行国家动物疫病防治基础研究与应用研究，解决动物疫病防治工作中的重大和关键性技术难题，为国家制定重大动物疫病防治策略与决策提供科学依据，为重大动物疫病诊断、预防、控制和扑灭提供技术、产品支撑。

3.2.2 建设基础

建设了国家禽流感参考实验室、国家口蹄疫参考实验室、国家牛传染性胸膜肺炎参考实验室、国家防治动物血吸虫病专业实验室以及 OIE 禽流感参考实验室。

3.2.3 建设重点

继续完善国家禽流感、口蹄疫、牛传染性胸膜肺炎参考实验室和国家防治动物血吸虫病专业实验室；争取建设国家马传染性贫血参考实验室、国家动物冠状病毒病参考实验室、国家禽白血病参考实验室、国家蓝耳病参考实验室、国家水禽病参考实验室、OIE 马传染性贫血参考实验室和 OIE 马流感参考实验室等；争取在上海兽医研究所等单位建设动物生物安全三级实验室等。

3.3 农产品质量安全风险监测与预警信息中心建设

3.3.1 定位

针对当前农产品质量安全风险隐患因素的复杂性和动态性，开展农产品质量安全风险监测与隐患预警研究，农业质量安全标准、检测技术标准研究与推广，承担国家有关部门安排的应急事件评估与处置等，为实现农产品质量安全科学监管提供强有力技术支撑。

3.3.2 建设基础

建成了农业部农产品质量标准研究中心，搭建了一个高水平的农产品质量安全与标准研究工作平台，并启动了农产品质量安全检测预警信息平台建设工作。

相关研究所已组建相关风险评估机构与研究小组，承担了大量的农产品质量检测与质量标准研究科研任务，并开展了部分农产品风险评估的专项研究，业已形成进行风险检测与预警的工作基础。

3.3.3　建设重点

农业部农产品质量安全风险监测与预警信息中心：依托农业部农产品质量标准研究中心建设国家农产品质量安全风险监测与预警信息中心；依托各研究所，按产品类别推动建设粮油、果蔬、茶叶、乳制品、蜂产品等6~8个农业部农产品质量安全风险监测与预警信息分中心。

中国农业科学院农产品质量安全风险监测与预警信息研究中心：发挥我院农业标准与检验学科的优势，依托我院38个质检中心，建设油料、稻米、谷物、棉花、蔬菜、茶叶、果品、柑橘、甜菜、麻类、食用菌、肥料、饲料、蜂产品、乳制品、蚕业产品、草业产品、辐照产品、烟草、转基因产品、农业环境、农药、兽药、特种经济动植物产品、沼气产品、农业机械产品等院农产品质量安全风险监测与预警研究中心。

3.4　国家科技基础条件平台建设

3.4.1　定位

整合农业生物种质资源、科学数据、大型科学仪器、实验基地等科技基础条件资源，解决资源收集、整理、保存和利用过程中的关键技术问题、按照“统一标准、统一编目、联合上网、资源共享”原则实现资源和信息的全社会开放共享，提高资源的利用效率和效益，为科技创新、政府决策、人才培养和农业生产发展提供服务。

3.4.2　建设基础

建设了国家农作物种质资源平台、国家微生物资源平台、国家家养动物种质资源平台和国家农业科学数据中心。

3.4.3　建设重点

继续完善国家农作物种质资源平台、国家微生物资源平台、国家家养动物种质资源平台和国家农业科学数据中心；深化资源整合，强化资源质量，提高资源的利用效率和效益，提升服务能力；规范和深化平台服务模式，继续创新资源服务模式，强化共享服务；完善平台组织管理体系，加强运行服务的绩效考核。

六、运行与管理

（一）建立健全科技平台运行管理机制

建立健全科技平台运行管理机制，保障我院科技平台的高效运行。健全和落实科技平台主任负责制，由主任全面负责平台的科学研究、学术交流、日常管理等工作；加强对科技平台学术委员会工作的监督与管理，确保定期开展活动，充分发挥学术委员会在学术上的指导和咨询作用；加大平台开放共享力度，成为院内或本领域公共研究平台。

（二）强化科技平台能力提升

加强平台业务能力提升，重点加强平台人才队伍建设，促进平台资源共享、对外开放，提高平台运转效能。建立科技平台信息管理系统，及时、动态反映平台科研工作和管理情况，提高平台管理效率。根据科学研究发展需要，制定平台装备更新计划，及时更新、添置高精密仪器设备，改造相关设施，保证平台硬件设施能够适应科研工作发展的需要。

（三）加强科技平台资质管理

针对国家和部级重点实验室、工程技术研究中心、野外台站、农产品质量检测与监测、转基因产品检测中心、国家参考实验室等科技平台，需要通过特定的组织或机构认可，或取得相应资质证书，同时，还要定期进行考核评估的特点，建立科技平台资质评审管理机制。重点加强计量仪器的维护、校正及认证管理，确保检测数据的准确性和有效性；加强工作人员培训，提高操作技能和水平；加强专家指导，针对科技平台运行中存在的突出问题开展专项整顿；建立资质预考核制度，及时发现并解决可能存在的问题，确保科技平台顺利通过正式考核。

（四）建立平台绩效考核评估机制

根据国家有关部门管理办法和要求，探索建立平台绩效评估机制。主要从平台的科研水平与贡献、队伍建设与人才培养、开放交流与运行管理等方面建立评估指标体系。通过评估考核，形成创新平台升级管理机制，推荐运行良好、成绩突出的院级科技平台向部级平台提升、部级平台向国家级平台提升。

（五）促进科技平台交流与合作

扩大科技平台对外交流与合作，不断提高资源共享能力。通过举办重点实验室、改良中心、质检中心等科技平台管理工作会议、经验交流会、研讨会等，加强科技平台的运行管理，促进科技平台之间相互交流，总结经验，及时发现并解决平台建设和运行过程中出现的新问题。

七、保障措施

（一）加强组织领导和统筹协调

充分发挥各研究所的主导作用。院负责组织指导、协调科技平台规划、建设等事宜；各研究所结合本所实际，根据本学科领域发展的特点与规律，制定各所平台建设规划，明确工作任务和目标，加强对日常工作的指导，采取强有力措施，大力推进科技平台建设工作。各研究所建立主要领导抓科技平台建设的工作机制和组织机制，充分发挥科研人员、科技管理人员、科技服务人员的积极性和主动性，形成合力机制，共同推动我院“十二五”科技平台规划的组织和实施。

（二）优化资源配置

积极组织推荐平台申报国家有关人才计划，吸引和凝聚国内外优秀青年科学家参与平台建设，把优秀人才的引进与培养、创新团队建设作为支持平台建设的重要任务和考核指标，促进平台人才流动的良性循环；积极支持重点实验室、改良中心、工程中心等科技平台申报国家、部门科研计划项目，使学科建设、人才发展、项目研究融为一体、良性互动，不断提升科技平台的创新、支撑和服务能力。

（三）争取多渠道经费投入

第一，依托现有投资渠道，在基本建设专项资金和中央公益性科学事业单位修缮购置专项资金中对科技平台予以重点支持，及时修缮平台的设备设施，添置科学仪器，满足科技创新的适时需要。第二，努力争取国家有关部门重点实验室、质检中心、野外试验站等科技平台专项资金和运转经费的投入，进一步拓宽科技平台投入渠道。第三，筹划建立院科技平台专项调控经费，加大经费投入力度，保障已建平台的高效运转。

（四）努力营造支撑科技平台健康发展的良好环境

重视科学道德和学风建设，营造宽松民主、潜心研究的科研环境；加强知识产权保护，在科技平台完成的专著、论文、软件、数据库等研究成果标注平台名称，扩大我院科技平台国际影响；积极鼓励各平台采取有效措施，引导科研人员组织或参与国际和区域性的重大科技合作计划，提供各种优惠条件，吸引国内外优秀科研人才到平台开展多种方式的合作研究，不断提高开放水平。

中国农业科学院试验基地“十二五”发展规划

根据《国家中长期科学和技术发展规划纲要（2006～2020 年）》《农业科技发展规划（2006～2020 年）》及《中国农业科学院“十二五”发展规划》，结合我院科研试验基地[①]（简称试验基地，本文中下同）发展现状及学科建设与发展需要，制定本规划。

一、形势与基础

科研试验基地是农业科研单位开展科学研究和技术创新的基本条件，是国家农业科技创新体系的重要组成部分，是科研院所持续发展的重要支撑，是农业科技创新的第二实验室、科技成果培育的重要“摇篮”和人才培养锻炼的重要场所。加强农业科研试验基地建设，对快速提升我院及我国农业科技创新能力、推动我国农业科技整体实力跻身世界前列等具有十分重要的意义。

（一）发展形势

1. 我国农业正在向现代农业快速转型发展，对科研试验基地发展提出了迫切需要

转变经济发展方式，加快发展现代农业，对于提高农业综合生产能力、保障国家粮食安全、增加农民收入具有重要作用，也对农业科研试验基地的建设与管理提出了迫切需要。不仅要在粮食主产区、优势产区和特色农业区建设一大批支撑有力的试验、集成、熟化等重要功能的试验基地，而且要求围绕现代农业科学和技术发展的基本要求，高标准、高水平地开展基地建设。我院作为农业科研国家队、科技进步领头羊、科技研发主力军，承担着重大知识与技术创新、集成与示范、推广与转化的重大任务，必须要在试验基地数量、规模、条件以及运行管理等方面提升一个新水平。只有不断加快试验基地的建设与发展，才能促进科技与生产的紧密结合，真正实现“论文写在大地上，成果走进千万家”，不断提升科技成果转化能力和现代农业服务水平。

2. 国家持续加大科技基础条件建设力度，为试验基地建设与发展提供了重要契机

近年来，国家十分重视“三农”问题，不断加强对农业、农村和农业科技工作的支持，加大对科技自主创新基础条件和能力建设的投入力度，强有力支撑着我国农业科

---

① 本规划所指的试验基地是指以科技创新和科学观测为主要功能的试验基地，不包括各所与地方政府或企业合作建设的以产业示范和成果转化为主的基地。

技的自主创新。“十二五”期间，国家还将继续加大支持力度，国家发改委、科技部、农业部等国家有关部委已编制发布了“十二五”科技创新能力建设的相关规划，这为中国农业科学院加快试验基地建设和发展提供了重要契机。我院要抓住机遇，做好试验基地的系统规划与布局，积极争取国家支持，加快科研试验基地建设，提升我院试验基地的整体水平和档次。

3. 我院确立了“十二五”科技发展的战略定位和发展目标，要求加快高标准、高水平试验基地建设

“十二五”期间，我院确立了“走自主创新、导领发展的道路，充分发挥农业科研国家队、科技进步领头羊、科技研发主力军作用，引领全国农业科技创新方向，着力支撑现代农业可持续发展，使我院发展成为国内外具有重要影响的农业科技创新核心机构”的战略定位和发展目标，对我院科技基础性工作、基础与应用基础研究、前沿高科技研究、共性与关键技术研究、关键技术集成研究与示范等工作进行了部署和安排，必然要求在农业科学和技术研究的各关键环节中，重点建设一批条件装备好、支撑能力强、运行效率高的高标准、高水平试验基地，系统增强我院科研支撑能力，全面提升科技的自主创新能力。

（二）发展基础

经过50多年的建设和发展，我院试验基地已经形成一定的规模，目前全院共有试验基地70[①]个，基地总面积6.7万亩（附表和附图1）。其中，综合性试验基地[②]2个（河北廊坊农业高新技术产业园和北京南口综合试验基地），专业性试验基地[③]68个。试验基地的建设和发展，有力地促进了科技创新、成果转化和科技兴农等工作。

从省份分布看，我院试验基地分布在北京、河北、内蒙古、海南等全国21个省（市、自治区）。从区域分布看，现有试验基地主要分布在黄淮海区、长江中下游区和东北区，分别有30个、13个和9个，占基地总数的43%、18.6%和12.9%（表1）。

表1 试验基地在各区域内的分布

区域	个数	百分比（%）	面积（亩）	百分比（%）
东北区	9	12.9	16 185	23.8
黄淮海区	30	42.9	13 324	19.8

① 统计范围为院直属的31个研究所；在同一试验基地建有台站或资源圃的情况，在统计时只计1个；各研究所建在综合性试验基地内的各种专业性基地，按1个综合性基地进行统计。

② 综合性试验基地是指在特定的农业区域内，由院统一购置或租赁土地，有多个研究所的不同学科专业所进行技术创新与研究试验工作的试验基地。

③ 专业性试验基地是指由院属各研究所开展本所学科与专业领域的农业科学研究和试验工作的试验基地。

（续表）

区域	个数	百分比（%）	面积（亩）	百分比（%）
长江中下游区	13	18.6	5 643	8.4
华南区	3	4.3	937	1.4
黄土高原区	3	4.3	2 710	4.0
西北区	8	11.4	23 318	34.7
青藏区	2	2.9	5 000	7.4
西南区	2	2.9	216	0.3
合计	70	100	67 333	100

从我院九大学科群分布看，6 个学科群已建有试验基地。其中，作物科学学科群试验基地数量最多，共有 35 个，占基地总数的 50.7%；农业资源与环境学学科群试验基地 15 个，畜牧兽医科学学科群试验基地 10 个，分别居第二位和第三位（表 2）。

表 2　试验基地按学科群分布

学科群	亚类	基地个数	百分比（%）
	综合基地	2	2.9
作物科学	粮食作物类	9	12.9
	经济作物类	17	24.3
	园艺作物类	8	11.4
	植物保护类	4	5.7
畜牧兽医学	畜牧兽医类	10	14.3
农业资源与环境学	资源环境类	15	21.4
应用微生物学	厌氧微生物类	1	1.4
农业工程学	农业工程类	1	1.4
农业信息学	农业信息类	2	2.9
	其他类	1	1.4
	合计	70	100

从管理方式上看，我院试验基地分两级管理，一级是由院里统一管理的综合性试验基地（河北廊坊农业高新技术产业园）和由院委托研究所牵头管理的综合性试验基地（北京南口综合试验基地），另一级是由各研究所自主管理的专业性试验基地。

尽管试验基地为我院科学试验、技术集成等起到了一定的支撑和保障作用，为科技创新和成果培育工作作出了重要贡献，但由于政策、投入、机制等因素的制约，全院试验基地建设与管理还存在一些问题和不足。如基地建设缺乏统一规划和布局，基地建设分散，不成体系；试验基地规模小，结构不合理，特别是综合性试验基地偏少；基地基础条件较差，难以充分适应科研创新要求；试验基地的运行管理缺乏规范的制度和稳定的支持等。这些问题，制约了我院科技创新和成果培育与转化。

二、指导思想与原则

（一）指导思想

以科学发展观为统领，按照“立足长远、合理布局、突出重点、加强管理”的主线，围绕现代农业和新农村建设的重大需求，结合中国农业科学院学科发展和科技创新的重大试验需要，在农业主产区和典型生态区科学合理布局，全面提升试验基地体系功效；突出综合性基地和骨干专业性基地建设，通过修缮、提质、新建的方式，全面提升试验基地条件水平；实行分级分型管理，加大各类投入，全面提升试验基地运行保障能力，为提高我院农业科技自主创新能力提供强有力的支撑。

（二）基本原则

1. 前瞻性与可操作性相结合

试验基地的布局和建设既要充分考虑我院中长期科技发展需求和基地建设发展的长期性，高起点规划，高标准建设，又要充分考虑试验基地目前的分布和建设现状，优先选择现有试验基地规模较大、建设水平较高的区域或院属研究所所在地附近进行建设。

2. 主产区导向与生态区兼顾相结合

试验基地的布局既要结合农业主产区和优势农产品区域布局及我院学科建设需要进行，又要结合我国农业生态区的现状，使其既符合农业科学研究的规律，也兼顾农业科学试验的生态学规律。

3. 综合性与专业性相结合

试验基地的布局和管理按照综合性基地和专业性基地分类进行，综合性基地主要布局在农业主产区和院部周边，管理以院为主；专业性基地主要布局在农产品优势产区和所部周边，管理以所为主。

三、发展目标与区域布局

（一）发展目标

根据国内外农业科技发展现状和趋势，结合中国农业科学院科技创新的要求，“十二五”期间全院科研试验基地的发展目标为：基地总数发展到 100 个左右，基地总面积接近 10 万亩，形成布局科学、运转高效、功能完备、支撑有力的“两级两型”（院级与所级和综合性与专业性）试验基地体系，为我院科技创新能力提升和我国农业科技整体实力率先进入世界前列提供强有力的科技支撑与服务。

综合性试验基地的发展目标是：力争在全国农业主产区、典型农业生态区和院部周边地区建成 10 个左右综合性试验基地，基地面积达到 3 万亩左右（其中，新增面积 2.7 万亩），对全院试验基地体系起到核心支撑作用，成为我院科技创新的重要平台、科技兴农的重要载体和对外交流展示的重要窗口。

专业性试验基地的发展目标是：力争在粮棉油等优势农产品区域、典型农业生态区和研究所周边地区建成 90 个左右专业性试验基地，基地面积达到 7 万亩（其中，新增面积 6 000亩），基本形成布局科学合理、基础设施良好、创新能力一流的专业性试验基地体系，满足我院学科专业发展、研究所科学试验、科研成果培育和农业科研数据积累的基本需要。

（二）区域布局

根据布局原则和发展目标，结合我院试验基地分布现状，按综合性试验基地和专业性试验基地分类进行总体布局。最终形成覆盖我国主要农业区域和典型生态区域、满足研究所就近试验要求的试验基地体系（附图 2），布局后我院试验基地结构更优，代表性更强，各学科群基本拥有了研究试验和发展所需的试验基地，综合性试验基地将发挥更加重要的科技创新支撑作用。

1. 综合性试验基地

根据农业主产区分布，在黄淮海区、东北区、西北区布局 4 个综合性基地，即河南新乡综合试验基地、黑龙江垦区综合试验基地、吉林公主岭综合试验基地、新疆阿克苏综合试验基地；根据典型农业生态区和学科发展需要，布局 3 个良种繁育综合试验基地，即海南三亚南繁综合试验基地、青海平安北繁综合试验基地、河北沽源北繁综合试验基地；在院本部周边地区布局 3 个综合试验基地，即北京顺义综合试验基地、北京昌平南口综合试验基地、河北廊坊农业高新技术产业园（表 3 和图 1）。

表 3　综合性试验基地的布局

序号	名称	区域	规模（亩）
1	河南新乡综合试验基地	黄淮海区	10 000
2	黑龙江垦区综合试验基地	东北区	2 000
3	吉林公主岭综合试验基地	东北区	1 200
4	海南三亚南繁综合试验基地	华南区	2 000
5	新疆阿克苏综合试验基地	西北区	5 000
6	青海平安北繁综合试验基地	黄土高原区	1 000
7	河北沽源北繁综合试验基地	黄淮海区	1 000
8	北京顺义综合试验基地	院部周边	5 000
9	河北廊坊农业高新技术产业园	院部周边	2 000
10	北京昌平南口综合试验基地	院部周边	800

2. 专业性试验基地

在充分考虑各研究所学科专业发展需要和基地分布现状的基础上，主要根据农产品优势产区进行布局。其中，粮食作物类试验基地布局 11 个，经济作物类试验基地布局 21 个，园艺作物类试验基地布局 12 个，植物保护类试验基地布局 5 个，畜牧兽医类试验基地布局 13 个，资源环境类试验基地布局 20 个，其他类试验基地布局 6 个，形成我院较为完整的专业性试验基地体系（表 4 和图 2 至图 8）。

表 4　专业性试验基地的布局*

学科群	亚类	原有基地	新建基地	总数
作物科学	粮食作物类	9	2	11
	经济作物类	17	4	21
	园艺作物类	8	4	12
	植物保护类	4	1	5
畜牧兽医科学	畜牧兽医类	10	3	13
农业资源与环境学	资源环境类	15	5	20
应用微生物学	厌氧微生物类	1	1	2
农业工程学	农业工程类	1	0	1
农业信息学	农业信息类	2	0	2
农业质量标准与检验	标准检验类	0	1	1
食品科学与工程	农产品加工类		1	1
	特种经济动植物类	1		1

* 农业质量标准学科和食品科学学科新建基地并入综合基地，农业经济学科属社会科学，不列入。

图1　综合性试验基地区域分布

注：书中图均为农业参考示意图，以国家正式出版的地图为准，全书同。

(1) 粮食作物类试验基地布局：根据粮食主产区分布，在东北区、黄淮海区、长江中下游区、西南区布局6个基地，根据典型生态区在海南三亚、陵水布局南繁基地，在河北沽源布局北繁基地。其中，水稻在长江中下游水稻主产区布局1个、在海南三亚建设南繁基地1个、在西南水稻高产区建设1个、在东北区综合性试验基地布局水稻试验基地；小麦在主产区和主要研究机构所在地的北京、河南、河北等地布局基地；玉米在北京、河北、河南、吉林以及繁种的海南布局基地；大豆在东北、黄淮海的主要产区北京、河南、吉林、黑龙江布局基地（图2）。其中，在海南三亚和河北沽源布局的粮食作物类专业性基地并入综合性试验基地。

(2) 经济作物类试验基地布局：棉花在长江中下游区、黄淮海区和西北区布局8个、在海南三亚布局2个；油料在长江中下游布局4个、在青海布局繁种基地1个；烟草在黄淮海区布局2个、在西南烟草主产区布局1个；麻类在长江中下游区布局3个（图3）。其中，油料在青海布局的繁种基地并入综合性基地。

(3) 园艺作物类试验基地布局：蔬菜花卉在北京、河北、河南、甘肃及海南布局5个；果树在主要研究机构所在地的辽宁、河南，以及浙江、新疆布局6个；茶叶在研究机构所在地浙江布局2个（图4）。

(4) 植物保护类试验基地布局：在主要农作物棉花、水稻、小麦等病害区域以及主要虫害的迁移区域统筹布局，形成植保类试验基地体系，重点在内蒙古自治区（全书简称内蒙古）、河北、河南、山东、新疆、甘肃、广西等地进行布点和建设（图5）。

(5) 畜牧兽医类试验基地布局：在兽医、畜禽育种的主要研究机构所在地和草业的主要生态区统筹布局，重点在北京、内蒙古、山西、河南、河北、黑龙江、甘肃、青海布局13个基地（图6）。

(6) 资源环境类试验基地布局：土壤改良及资源监测在内蒙古呼伦贝尔草原、山东德州盐碱地、藏北高寒草地、湖南祁阳红壤、江西进贤红壤、北京昌平潮褐土及北京密云和海淀布局8个；旱地农业与节水灌溉在山西寿阳、河南洛阳、河南新乡、河南洪门、黑龙江牡丹江等地布局5个；生态环境监测与修复在各生态区的河北迁西、河南商丘、云南大理、天津静海、湖北大冶、湖南岳阳、广东江门，以及重要湖滩区的安徽巢湖、江苏太湖、天津大港滩涂等布点7个，形成环境监测体系（图7）。

(7) 其他类试验基地布局：厌氧微生物类在四川布局2个基地，农业工程类在江苏布局1个，农业信息类在河北布局2个，标准检验类在北京布局1个，农产品加工类在黑龙江垦区布局1个，特种经济动植物在吉林布局1个（图8）。

四、发展任务与建设重点

发展任务：根据区域布局和发展目标，我院试验基地的发展任务是通过修缮、提质和新建，到“十二五”末，形成我院完善的“两级两型”科研试验基地体系。具体来说，一是要对已有试验基地的科研试验条件设施和水电路网等田间基础设施进行全面维

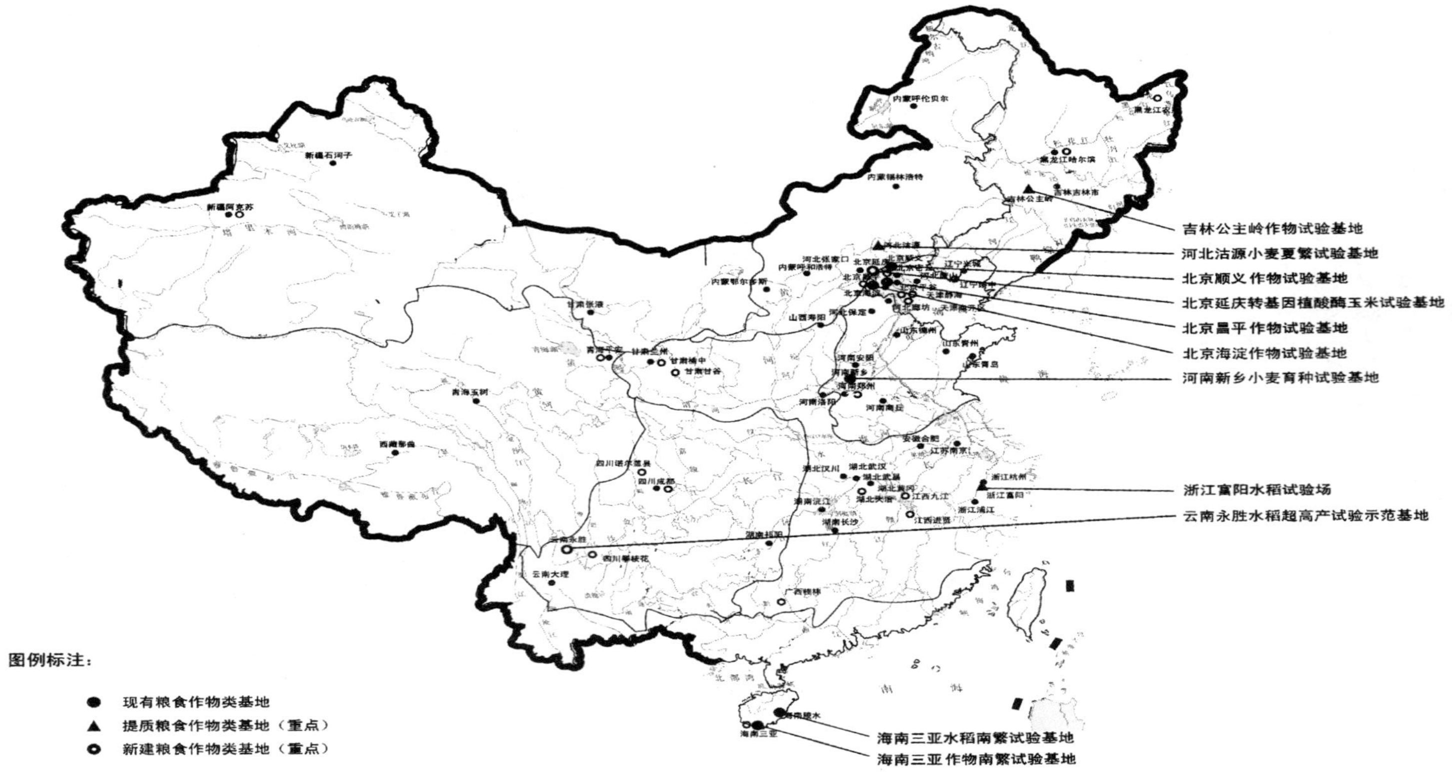

图2　粮食作物类专业性试验基地区域分布

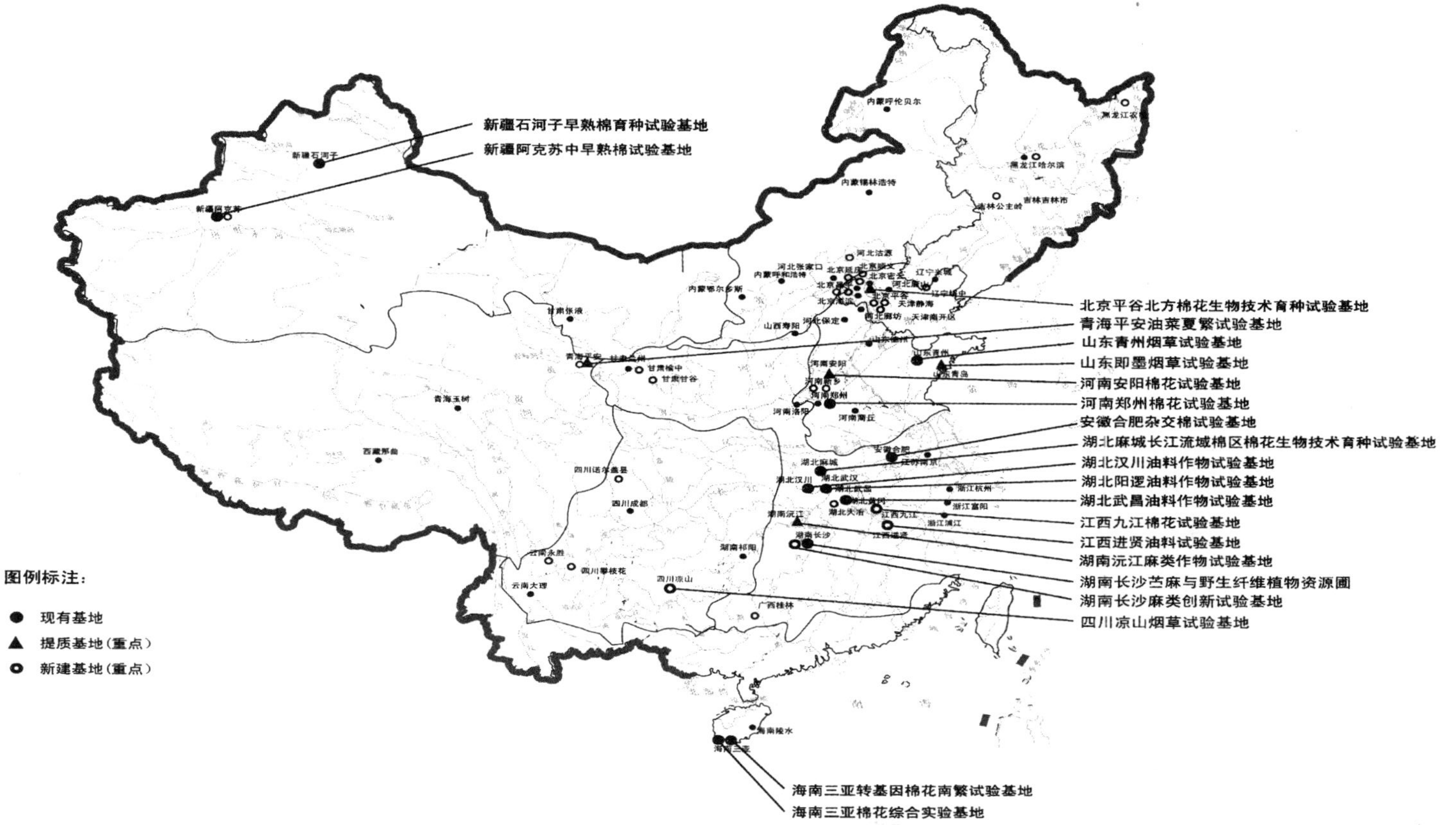

图3　经济作物类专业性试验基地区域分布

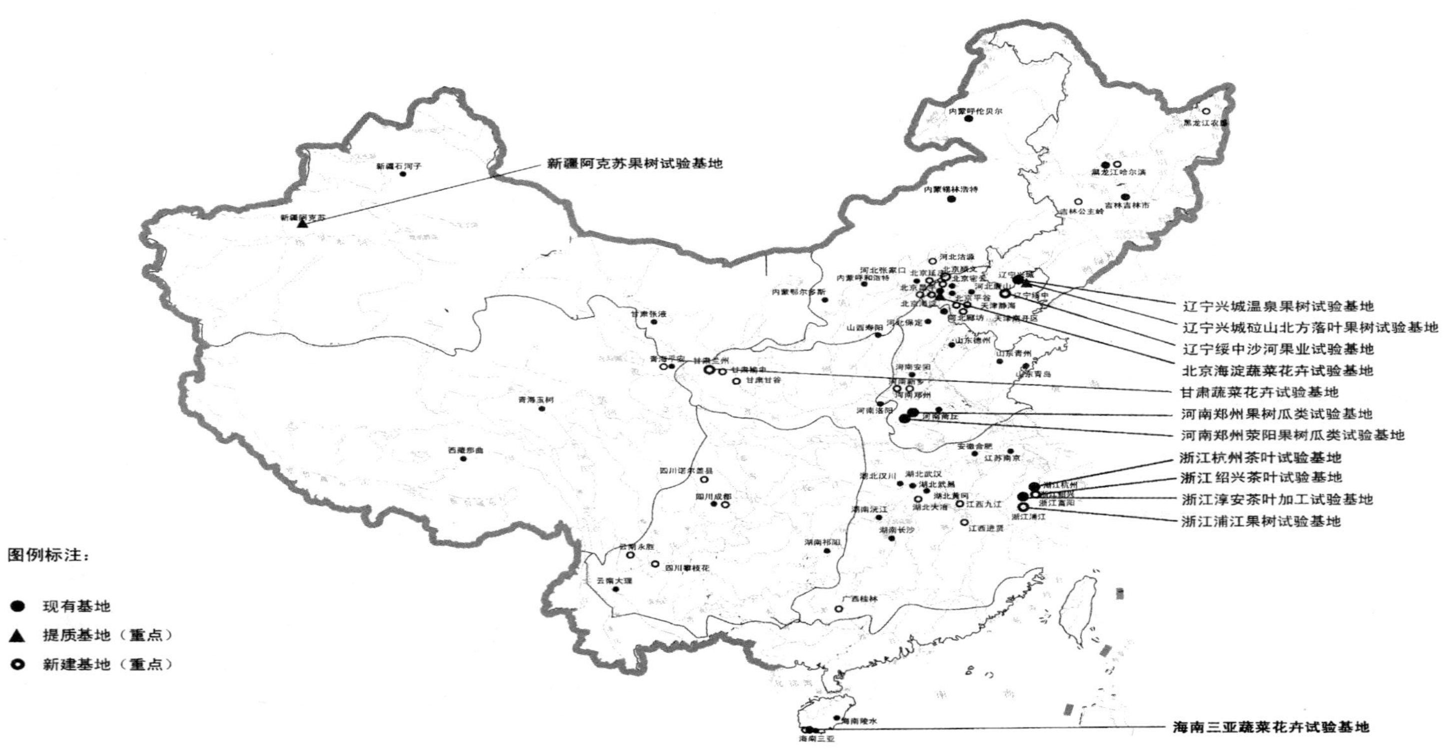

图4　园艺作物类专业性试验基地区域分布

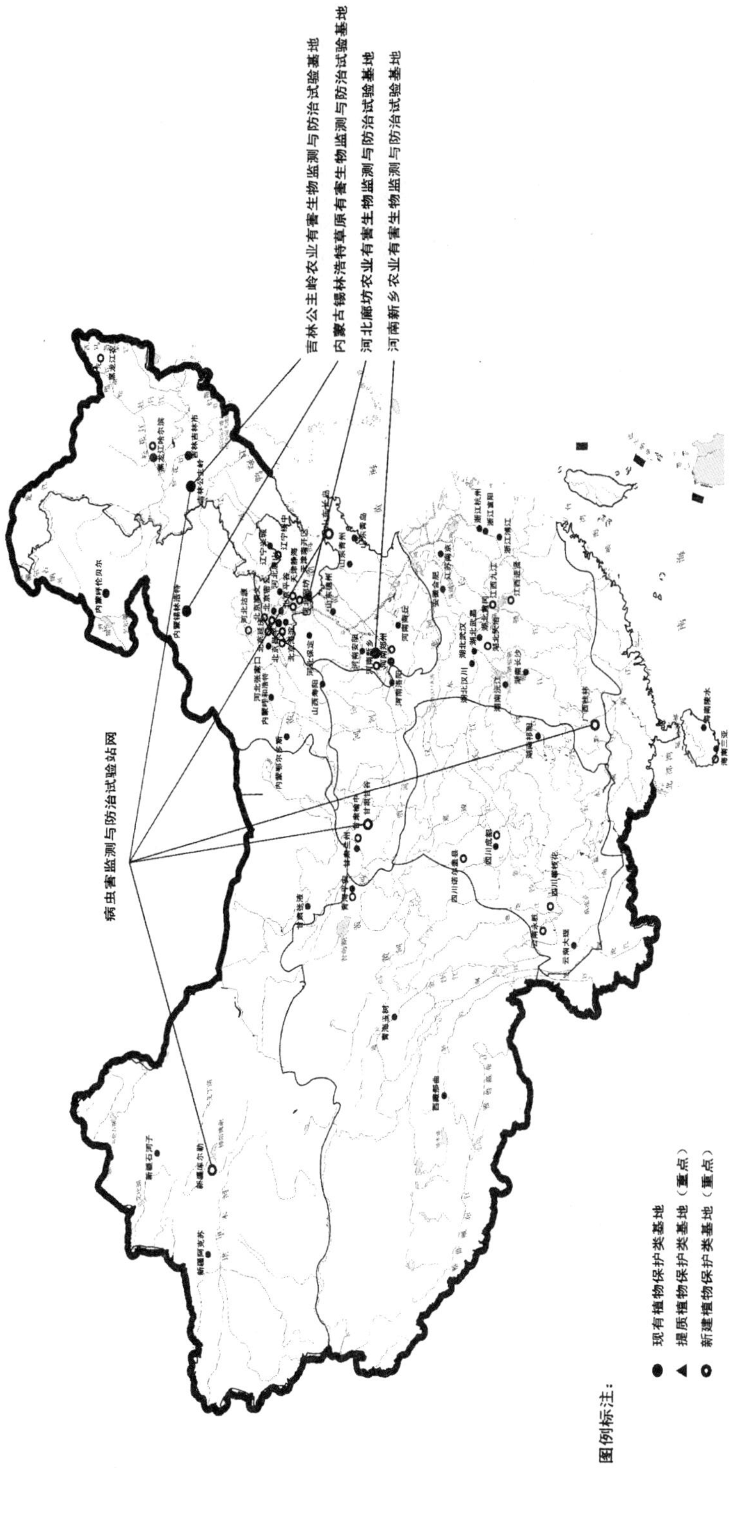

图5 植物保护类专业性试验基地区域分布

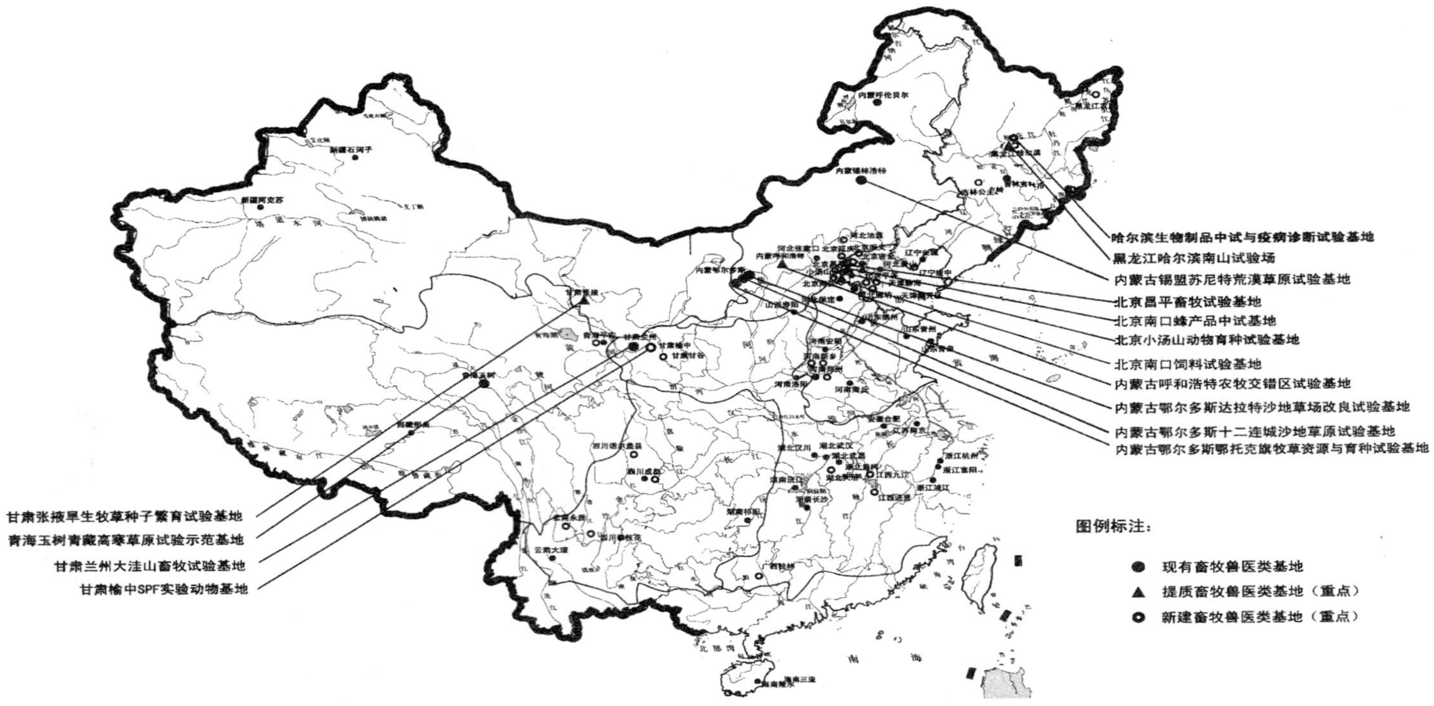

图6　畜牧兽医类专业性试验基地区域分布

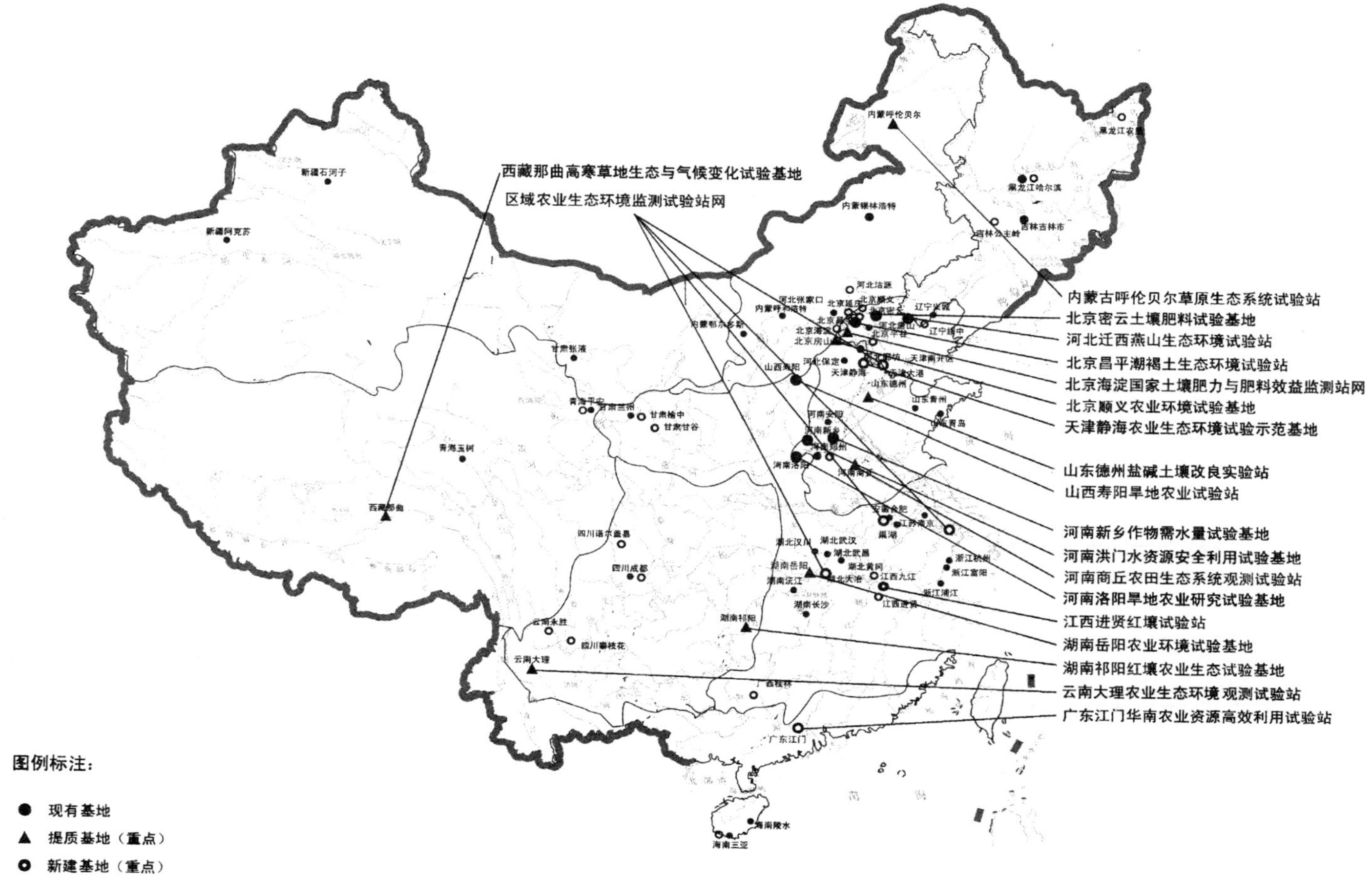

图7　资源环境类专业性试验基地区域分布

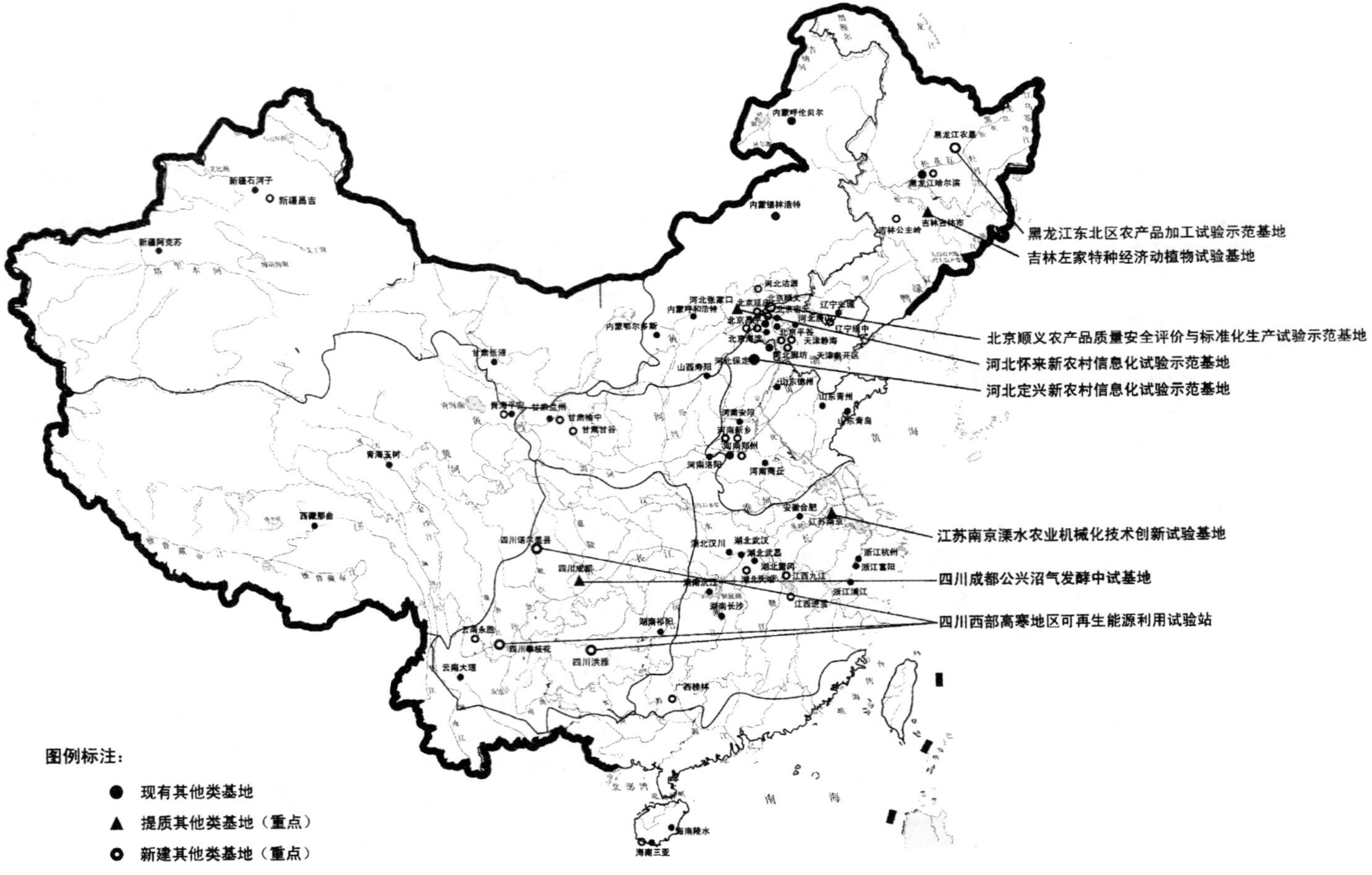

图8 其他类专业性试验基地区域分布

修改造，提高其条件水平，充分发挥试验基地的基本科学试验功能；二是要在全面修缮的基础上，对于区域优势明显、基础条件良好、发展前景看好的试验基地，按照填平补齐的原则，重点进行提质改造，扩大用地规模，完善设施装备水平，提升和拓展基地功能；三是要对尚未建设又已规划布局的试验基地，按照高起点、高标准、满足中长期发展需要的原则，进行重点建设。

建设重点：在全面修缮现有试验基地的基础上，重点新建 2 个综合性试验基地、20 个专业性试验基地，重点提质 3 个综合性试验基地、30 个专业性试验基地（表 5、表 6、表 7）。

表 5　综合性试验基地重点新建基地和重点提质基地

	数量	基地名称
新建	2	河南新乡综合试验基地、黑龙江垦区综合试验基地
提质	3	海南三亚南繁综合试验基地、北京顺义综合试验基地、河北廊坊农业高新技术产业园

表 6　重点新建专业性试验基地

类别	数量	基地名称
粮食作物类	2	北京延庆转基因植酸酶玉米试验基地、云南永胜水稻超高产试验示范基地
经济作物类	4	江西九江棉花试验基地、江西进贤油料试验基地、湖南长沙麻类创新试验基地、四川凉山烟草试验基地
园艺作物类	4	甘肃蔬菜花卉试验基地、浙江浦江果树试验基地、浙江绍兴茶叶试验基地、辽宁绥中果树试验基地
植物保护类	1	病虫害监测与防治试验站网
畜牧兽医类	3	黑龙江哈尔滨生物制品中试和疫病监测基地、甘肃榆中实验动物基地、北京昌平动物育种实验基地
资源环境类	5	北京顺义农业环境试验基地、天津静海农业生态环境试验基地、区域农业生态环境监测试验站网、广东江门华南农业资源高效利用试验站、江西进贤红壤试验站
微生物学类	1	四川西部高寒地区可再生能源利用试验站

表 7　重点提质专业性试验基地

类别	数量	基地名称
粮食作物类	3	浙江富阳水稻试验场、河北沽源小麦夏繁试验基地、吉林公主岭作物试验基地
经济作物类	5	北京平谷北方棉花生物技术育种试验基地、河南安阳棉花试验基地、青海平安油料夏繁试验基地、山东即墨烟草试验基地、湖南沅江麻类作物试验基地
园艺作物类	3	北京海淀蔬菜花卉试验基地、新疆阿克苏果树试验基地、辽宁兴城砬山北方落叶果树试验基地
植物保护类	1	河北廊坊农业有害生物监测与防治试验基地
畜牧兽医类	6	甘肃张掖旱生牧草种子繁育基地、内蒙古呼和浩特农牧交错区试验基地、黑龙江哈尔滨南山试验场、北京昌平畜牧试验基地、北京南口蜂产品中试基地、北京南口饲料试验基地
资源环境类	8	北京海淀国家土壤肥力与肥料效益监测站、湖南祁阳红壤农业生态试验基地、内蒙古呼伦贝尔草原生态系统试验站、山东德州盐碱土壤改良试验站、西藏那曲高寒草地生态与气候变化试验基地、河南商丘农业资源与生态环境试验站、云南大理农业生态环境观测试验站
微生物学类	1	四川成都公兴沼气发酵中试基地
农业工程类	1	江苏南京溧水农业机械化技术创新试验基地
农业信息类	1	河北怀来新农村信息化试验示范基地
其他类基地	1	吉林左家特种经济动植物试验基地

（一）综合性试验基地

综合性试验基地的主要发展任务是围绕国家重大战略需求，开展农业科技问题的联合攻关和集成创新研究，提高农业科技对国家粮食生产、现代农业建设和农产品国际竞争力的综合支撑和引领能力。到“十二五”末，通过修缮、新建和提质，使综合性试验基地总数发展到 10 个左右，新增面积 2.7 万亩，总规模达到 3 万亩。在全面修缮现有试验基地的基础上，重点是新建 2 个综合性试验基地，即河南新乡综合试验基地和黑龙江垦区综合试验基地；提质 3 个综合性试验基地，即海南三亚南繁综合试验基地、北京顺义综合试验基地和河北廊坊农业高新技术产业园。

1. 河南新乡综合试验基地（新建）

现有基础：新乡综合试验基地选址在河南新乡县七里营镇，是我院正在筹建的院级综合试验基地。我院与河南新乡有着良好的合作基础。多年来，灌溉所、郑果所、棉花所长期扎根河南，植保所、作科所等在新乡建有 1 个部级、2 个院级野外观测试验站，基础条件良好。其中，作科所的农业部新乡矮败小麦重点野外观测站拥有试验用地 130 亩、试验用房 2 300平方米，风干室、仓库、晒场、道路等基础设施完备，试验设备齐全。

发展任务：重点开展黄淮海区农业和农村发展全局性、战略性、关键性科技问题的攻关研究、技术集成，以及重大科研成果的示范、转化与推广等工作。基地试验用地 1 万亩，建设用地 212 亩，分两期建设，其中，一期试验用地 5 000多亩，主要开展科学试验，2011 年底基本建成；二期 5 000多亩，主要开展示范展示，“十二五”末全部建成。通过 3 ~5 年努力，力争建成基础设施完备、科研条件先进、创新能力一流、产学研结合紧密、管理科学规范的国家农业综合试验基地，基本实现“两园一中心”的战略目标（农业科研创新园、产学研一体化示范园、农业技术集散中心），成为中国农业科学院在黄淮海区重要的综合性试验基地。

建设重点：重点建设小麦、玉米等粮食作物和油料作物新品种培育与高效种植试验区、农业生物灾害防控试验区、农业气象防灾减灾试验区、农业节水与旱作农业试验区、蔬菜新品种培育与高效种植试验区、林果新品种培育与高效种植试验区、畜牧循环经济试验区、农产品加工试验中试中心、蜂类良种饲养繁育试验示范区、粮食生产示范区、林果生产示范区和农业综合发展示范区等，建设综合实验楼、专家公寓、培训服务中心、种子挂藏室、科研辅助用房等配套设施。

2. 黑龙江垦区综合试验基地（新建）

现有基础：东北区是我国的重要农区和商品粮基地。黑龙江省享有“北大仓”美誉，垦区农业现代化程度居全国首位，我院哈兽研、特产所、果树所扎根东北三省，2009 年我院先后与黑龙江省政府、黑龙江农垦总局签署了科技合作协议，2010 年确定了建三江垦区和九三垦区作为试验基地选址区域，为建立黑龙江垦区综合试验基地奠定了良好基础。

发展任务：在黑龙江垦区建设综合性试验基地，加快农业科技创新，促进农业科研成果转化与推广，加速农业科研与技术推广人才培养，使基地成为我院在东北区进行科研创新、成果转化和科技兴农的重要实体平台，为促进东北区现代化大农业发展和保障国家粮食安全作出应有贡献。

建设重点：重点建设水稻、玉米、大豆、马铃薯、甜菜等作物新品种选育与高效种植试验区，果蔬新品种选育与高效种植试验区，畜禽基因工程疫苗试验区，畜禽新品种选育与健康养殖试验区（东北黑蜂良种饲养繁育试验示范区），特种动植物资源开发利用试验区，农产品加工试验示范区，农业机械化技术与设备试验示范区，农田灌排技术与设备试验示范区等。

3. 海南三亚南繁综合试验基地（提质）

现有基础：海南三亚南繁基地是我国农业科研机构从事农作物品种选育、种子生产和种质鉴定等科研活动的重要场所，目前，我院作科所、生物所、棉花所、水稻所 4 个研究所已在海南拥有试验基地累计 1 200多亩，主要开展玉米、水稻、大豆、棉花的南繁加代和新品种培育，玉米、水稻、大豆抗病性鉴定、新品系加速繁殖、种子纯度田间种植鉴定等。

发展任务：依托海南独有的热带气候，整合全院资源，以棉花所、作科所、生物所、水稻所在三亚现有的土地为基础，以棉花所600 亩海南综合试验基地为核心，建设规模为2 000亩的海南南繁综合试验基地，主要开展以水稻、玉米、棉花、蔬菜花卉、花生、大豆、果树、麻类等作物为主的育种研究和植物保护技术研究，把海南南繁综合试验基地建设成我院高标准、现代化的农业科研和成果转化中试基地，使南繁基地成为中国农业科学院在华南区重要的综合试验基地。

建设重点：重点建设水稻南繁基地、玉米南繁基地、棉花南繁基地、夏油作物南繁基地、南方蔬菜花卉试验基地、果树试验基地、麻类试验基地、蜜蜂饲养繁育试验基地等。

4. 北京顺义综合试验基地（提质）

现有基础：作科所顺义试验基地现占地 1 636亩，位于北京市顺义区赵全营镇，土壤和生产条件都经历过基本农田改造工程，地理自然条件和社会环境优越，是较为理想的农业科研试验区域。

发展任务：以作科所顺义试验基地为基础，有关研究所根据需要逐步入驻，最终把顺义基地建成一个规模为5 000亩左右的综合试验基地，主要开展小麦、大豆、玉米等作物品种选育与新品种展示，园艺作物及设施农业试验，耕作和栽培技术集成研究，耕地质量和环境评价，农产品质量安全评价与标准化生产试验、畜牧新品种选育与健康养殖试验等，开展农业科技人才培养，开展新品种新技术推广，建成后的顺义基地将成为我院位于毗邻院本部的重要综合试验基地。

建设重点：建设农作物高效育种试验示范区、园艺作物高产优质高效生产综合技术试验示范区、农产品质量安全溯源检测与源头控制技术研究试验区、高效节水灌溉试验示范区、优质牧草高效利用技术示范区、畜产品安全高效生产技术试验区、农产品加工关键技术研究与产业化示范区等。

5. 河北廊坊农业高新技术产业园（提质）

现有基础：廊坊农业高新技术产业园位于河北廊坊万庄镇，是院直管的综合试验基地。目前，已有作科所、蔬菜所、生物所等 8 个研究所入驻开展工作。已建成蔬菜花卉、作物新品种、资源环境、生物技术、生物饲料研发、野生小麦近缘植物资源圃、牧草 7 个功能组和 20 个试验示范区。产业园已成为我院科技创新的重要支撑平台和服务地方“三农”工作的重要基地。

发展任务：以“创新、转化、兴农”为主题，以项目和平台为依托，重点对 2 000亩核心功能区进行提质改造，建成基础设施完备、科研条件先进、创新能力一流、管理科学规范的综合性科技创新试验平台，成为我院在华北区重要的综合性试验基地。

建设重点：加强动植物种质资源圃、作物品种筛选平台与测试中心、国家农业与生态遥感野外实验场、生物饲料与兽药研发中心、优质鸡生态养殖示范小区等科研条件建设；加强园区道路、围墙、供水、供电、消防、安防等基础设施改造和绿化、美化等提质改造工程；加强园区科技示范和成果展示功能区建设。

（二）专业性试验基地

专业性试验基地的主要发展任务是在全面修缮现有试验基地的基础上，通过重点新建20个、重点提质30个专业性试验基地的方式打造50个骨干专业性试验基地，新增面积8 000多亩，总规模7万亩，使专业性基地总数达到90个，各研究所均拥有骨干专业性试验基地，逐步形成完善的专业性试验基地体系，为我院九大学科群跨越式发展、农业科技自主创新能力提升提供强有力支撑和保障。

1. 粮食作物类基地

作科所、水稻所2个粮食作物专业研究所共建有试验基地9个，总面积5 549亩，有产权面积为3 129亩。其中，在粮食主产区有吉林公主岭作物试验基地（作科所）、河南新乡小麦育种试验基地（作科所）、浙江富阳水稻试验场（水稻所）3个基地。在典型农业生态区建有海南三亚作物南繁试验基地（作科所）、河北沽源小麦夏繁试验基地（作科所）、海南三亚水稻南繁试验基地（水稻所）3个基地，在院部周边地区建有北京昌平作物试验基地（作科所）、北京顺义作物试验基地（作科所）、北京海淀作物试验基地（作科所）3个基地。

建设重点：包括提质和新建两部分。重点对浙江富阳水稻试验场、河北沽源小麦夏繁试验基地、吉林公主岭作物试验基地3个专业性基地进行提质；在北京、云南等布局和新建北京延庆转基因植酸酶玉米试验基地、云南永胜水稻超高产试验示范基地2个专业性试验基地。

浙江富阳水稻试验场（提质）：基地现有面积2 000亩，主要开展水稻育种材料筛选、新品种、新组合选育、新品系繁殖、区试、栽培试验、种质资源的繁育更新等。在现有基地基础上，将重点建设品种改良试验区、稻作技术试验区、粮经轮作技术合成与示范试验区3个不同功能的试验区，新建综合楼、人工气候室、智能温室、种子仓库、农资仓库等设施，进行田间工程和农电改造等。

河北沽源小麦夏繁试验基地（提质）：基地现有面积110亩，主要开展小麦夏繁试验工作，未来将建设综合实验楼、晒场、种子挂藏室、工作间等，购买联合收割机、小麦精密点播机等科研仪器设施。

吉林公主岭作物试验基地（提质）：基地现有面积220亩，开展主要粮食作物的新品种、新组合选育、栽培试验等，未来将重点建设工作与生活用房、晒场、种子挂藏室，进行田间基础设施改造，购置相应配套仪器设备等。

北京延庆转基因植酸酶玉米试验基地（新建）：面积200亩，主要用于利用玉米种子生物反应器生产第二代植酸酶产品，重点建设网室、温室、人工气候隔离室、考种室、种子冷库、试验材料仓库和灌溉设施等。

云南永胜水稻超高产试验示范基地（新建）：面积 100 亩，主要开展水稻新品种产量潜力鉴定、超级稻育种与栽培技术集成等，重点建设水稻生育环境检测站、晒场、工作与生活用房，购置水稻生育环境数据采集系统、常规种子处理与保存仪器、实验材料生物学处理与低温保存仪器等。

2. 经济作物类基地

棉花所、油料所、麻类所、烟草所、生物所 5 个所现共建有试验基地 17 个，总面积 7 340 亩，有产权面积 5 522 亩。其中，棉花类 9 个，即北京平谷北方棉花生物技术育种试验基地（生物所）、海南三亚转基因棉花南繁试验基地（生物所）、湖北麻城长江流域棉区棉花生物技术育种试验基地（生物所）、河南安阳棉花试验基地（棉花所）、海南三亚棉花综合试验基地（棉花所）、安徽合肥杂交棉试验基地（棉花所）、新疆阿克苏中早熟棉试验基地（棉花所）、新疆石河子早熟棉育种试验基地（棉花所）和河南郑州棉花试验基地（棉花所）；油料类 4 个，即青海平安油菜夏繁试验基地（油料所）、湖北汉川油料转基因安全检测与试验基地（油料所）、湖北阳逻油料作物试验基地（油料所）和湖北武昌油料作物试验基地（油料所）；麻类、烟草类各 2 个，即湖南沅江麻类作物试验基地（麻类所）、湖南长沙苎麻与野生纤维植物资源圃（麻类所）、山东即墨烟草试验基地（烟草所）、山东青州烟草试验基地（烟草所）。

建设重点：包括提质和新建两部分。重点对北京平谷北方棉花生物技术育种试验基地、河南安阳棉花试验基地、青海平安油料夏繁试验基地、山东即墨烟草试验基地、湖南沅江麻类作物试验基地 5 个专业性基地进行提质；根据基地分布状况和学科发展需要，在江西、湖南、四川等省布局和新建江西九江棉花试验基地、江西进贤油料试验基地、湖南长沙麻类创新试验基地、四川凉山烟草试验基地 4 个基地。

北京平谷北方棉花生物技术育种试验基地（提质）：现有面积 200 亩，主要开展黄河流域棉区国产转基因新种质材料鉴定及抗虫棉新品种选育工作，未来将建设工厂化组培车间、耐旱育种试验大棚、耐盐碱育种试验大棚、抗病育种试验大棚、抗虫育种试验大棚、自动配套的喷、滴灌设施等。

河南安阳棉花试验基地（提质）：基地现有面积 2 488 亩，主要开展棉花新品系选育、种子繁育等工作，未来将建设种子挂藏风干室、晒场、配置配套农机具，对基地内的 1 600 亩土地进行改良，对水渠管网进行修缮。

青海平安油菜夏繁试验基地（提质）：基地现有面积 200 亩，主要开展油菜夏繁加代和育种工作，未来主要建设实验楼和配套实验设施，进行田间道路改造，配置仪器设备等。

山东即墨烟草试验基地（提质）：基地现有面积 300 亩，主要开展烟草科学研究试验、定点观测工作，未来将在现有 300 亩试验用地基础上，新购建设用地 15 亩，建设试验室、烟叶分级与醇化室、温室、生物灭活室等配套设施。新租用试验用地 150 亩，建设原种、良种繁殖圃，品种选育圃，烟草试验圃和病圃等各类圃地。

湖南沅江麻类作物试验基地（提质）：基地现有面积569亩，主要开展麻类资源长期保存、定位观察、科学试验示范等工作，未来将修缮科研用房及辅助用房，改造温室，硬化田间道路，新建网室、围墙、灌水渠和排水渠等，配置快速土壤水分测定仪、种子干燥箱、人工气候箱等仪器。

江西九江棉花试验基地（新建）：面积200亩，开展棉花新品系选育、种子繁育等，主要建设综合实验楼，专家和技术人员生活用房，种子挂藏风干室、晒场、仓库等科研设施，并配置科研设备和科研辅助设备等。

江西进贤油料试验基地（新建）：面积150亩，开展油菜、花生、大豆、芝麻等油料作物种质资源筛选、优异基因资源挖掘、红壤生态适应新品种选育、油料作物高效施肥和栽培技术等方面的试验示范基地，主要建设实验室、专家公寓、挂藏室、晒场和仓库等科研设施。

湖南长沙麻类创新试验基地（新建）：面积300亩，开展苎麻种质资源的收集、保存与研究试验，主要建设综合实验室，考种室，烤麻房和沤麻池等科研设施和标准化试验田，机井、灌溉、电力设施，围墙和蓄水池等田间基础设施。

四川凉山烟草试验基地（新建）：面积300亩，开展西南主产区烟草虫害、病害抗性鉴定，农药残留，烟叶烘烤特性研究，重点建设实验室、烟叶分级与醇化室、仓库、农机库、普通智能温室、烘烤车间、晾烟棚、网室、晒种场、变电室等土建工程及田间工程等，在成都建设烟草研发中心。

3. 园艺作物类基地

蔬菜所、果树所、郑果所、茶叶所4个所共建有试验基地8个，总面积8 479亩，有产权面积5 479亩。其中，蔬菜类1个，即北京海淀蔬菜花卉试验基地（蔬菜所）；果树类5个，即河南郑州果树瓜类试验基地（郑果所）、郑州荥阳果树瓜类试验基地（郑果所）、新疆阿克苏果树试验基地（郑果所）、辽宁兴城砬山北方落叶果树试验基地（果树所）、辽宁兴城温泉果树试验基地（果树所）；茶叶类2个，即浙江杭州茶叶试验基地（茶叶所）和浙江淳安茶叶加工试验基地（茶叶所）。

建设重点：包括提质和新建两部分。重点对北京海淀蔬菜花卉试验基地、新疆阿克苏果树试验基地、辽宁兴城砬山北方落叶果树试验基地3个专业基地进行提质；根据我院基地分布状况和学科发展需要，在浙江、甘肃、辽宁等地布局和新建浙江浦江果树试验基地、浙江绍兴茶叶试验基地、甘肃蔬菜花卉试验基地、辽宁绥中果树试验基地4个试验基地。

北京海淀蔬菜花卉试验基地（提质）：基地现有面积75亩，主要开展育种材料选育，栽培技术研究，基础性研究材料栽培和繁殖，新品种、新技术展示等，未来将新建若干现代化的日光温室，并对原有大型玻璃温室进行改造。

新疆阿克苏果树试验基地（提质）：基地现有面积3 350亩，主要开展果树的气象观测、育种、快繁、果品加工等，未来将修缮果园气象观测站、果品贮藏保鲜库、加工包装晾晒车间、良种果苗快繁车间、果园滴灌系统、组织培养室、日光大棚等设施；购置便携式植物光合作用仪、植物气孔监测仪、高精度植物冠层红外测温仪、植物生长测量仪、快速植物胁迫测量仪等仪器。

辽宁兴城砬山北方落叶果树试验基地（提质）：基地现有面积 3 145亩，主要开展种质资源长期保存、定位观察、科学试验示范等，未来将按科研生产示范区、场部工作区、产业开发区、职工生活区 4 个功能区进行提质改造，重点建设专家公寓、实验室、会议室、档案室、农机具及物资库、食堂等，并配置便携电子气象站、便携式土壤水势温度测定仪、土壤取样成套便携设备等仪器设施。

浙江浦江果树试验基地（新建）：面积 150 亩，开展长江流域落叶果树的试验示范工作，主要进行土壤改良、道路硬化、灌溉渠道改造、围墙维修、打配套机井、修缮生产设施、铺设管道、增容变压器等方面的建设工作。

浙江绍兴茶叶试验基地（新建）：面积 430 亩，开展新品种试验和原种扩繁、茶树栽培试验等，建设育种材料保存圃、品系比较试验园、茶树原种繁育圃、野外观测试验台站、茶叶深加工研究中试基地等，并重点建设中试大楼、配套用房、辅助设施等。

甘肃蔬菜花卉试验基地（新建）：面积 100 亩，主要进行蔬菜花卉材料创新、新品种育种和栽培技术的试验、示范、展示等。重点建设综合办公楼、职工宿舍、农机库、给排水和电力设施、围栏以及网棚等。

辽宁绥中果树试验基地（新建）：面积 158 亩，开展果树优质无病毒苗木繁育、组织培养、现代栽培技术与模式研究示范等。主要建设组培车间、快繁车间、无病毒果树采穗圃、工作用房、田间水利设施等。

4. 植物保护类基地

现有植物保护类基地 4 个，即内蒙古锡林浩特草原有害生物监测与防治试验基地（植保所）和河北廊坊农业有害生物监测与防治试验基地（植保所），河南新乡农业有害生物监测与防治试验基地（植保所），吉林公主岭农作物有害生物监测与防治试验基地（植保所），总面积 1 523亩，其中，有产权面积 1 023亩。

建设重点：包括提质和新建两部分。重点对河北廊坊农业有害生物监测与防治试验基地进行提质；根据我院基地分布状况和学科发展需要，将建设病虫害监测与防治试验站网，主要在新疆库尔勒、甘肃甘谷、河南新乡、山东长岛、广西桂林等地进行布点，形成植保类基地体系。

河北廊坊农业有害生物监测与防治试验基地（提质）：现有面积 523 亩，主要开展北方重要农作物有害生物防治技术研究、观测与试验工作，未来将重点修缮科研实验楼、科技开发楼、食堂和学生公寓、农机具库、种子库、温室、锅炉房等，进行电力增容、道路硬化及灌溉系统、污水排放系统的改造与建设等。

病虫害监测与防治试验站网（新建）：总面积 600 亩，主要开展农业有害生物监测、防治和研究试验工作，在新疆库尔勒、甘肃甘谷、河南新乡、山东长岛、广西壮族自治区（全书简称广西）桂林、吉林公主岭等地进行布点和建设，未来将重点建设实验楼、专家公寓、食堂、灌溉系统、围栏、道路等基础设施。

5. 畜牧兽医类基地

畜牧所、蜜蜂所、饲料所、哈兽研、兰牧药、草原所6所共建有10个试验基地，分布在北京、黑龙江、甘肃、内蒙古、青海、江苏6省（市、自治区），总面积3.35万亩，有产权面积1.35万亩。其中，草业类8个，即甘肃张掖旱生牧草种子繁育基地（兰牧药）、甘肃兰州大洼山畜牧试验基地（兰牧药）、内蒙古呼和浩特农牧交错区试验基地（草原所）、内蒙古锡盟苏尼特荒漠草原试验基地（草原所）、内蒙古鄂尔多斯十二连城沙地草原试验基地（草原所）、青海玉树青藏高寒草原试验基地（草原所）、内蒙古鄂尔多斯达拉特沙地草场改良试验基地（草原所）和内蒙古鄂尔多斯鄂托克旗牧草资源与育种试验基地（畜牧所）；其他类2个，即北京昌平畜牧试验基地（畜牧所）、黑龙江哈尔滨南山试验场（哈兽研）。

建设重点：包括提质和新建两部分。重点对甘肃张掖旱生牧草种子繁育基地、内蒙古呼和浩特农牧交错区试验基地、黑龙江哈尔滨南山试验场、北京昌平畜牧试验基地、北京南口蜂产品中试基地、北京南口饲料试验基地6个专业基地进行提质；根据我院畜牧兽医科学的学科发展需要和基地分布现状，在黑龙江、甘肃、山东3个省布局和新建黑龙江哈尔滨生物制品中试和疫病监测基地、甘肃榆中实验动物基地、北京昌平实验动物育种基地3个基地。

甘肃张掖旱生牧草种子繁育基地（提质）：基地现有面积3 200亩，主要开展旱生牧草种试验、研究、示范等，未来将重点建设国家旱生牧草种质资源保存与繁育中心，包括种质资源保存综合试验用房、试验分析室、标本室、挂藏室、仓库、原料库、种子加工库、原种仓库、商品种子仓库、农具库、机械库、晒场、学术报告厅、会议室等。

内蒙古呼和浩特农牧交错区试验基地（提质）：现有面积5 000亩，主要开展牧草种质资源收集、保存、评价及周边环境监测，示范推广等，未来将重点建设草业综合实验楼，国家牧草改良中心等。对牧草种质资源圃、野生牧草评价圃、高产饲草种植区、转基因牧草安全评价区、饲草产业化生产示范区等功能区进行修缮改造。

黑龙江哈尔滨南山试验场（提质）：现有面积2 100亩，主要开展动物生产试验，生物制品中试等工作，未来将建设实验动物饲料种植自动喷灌设施、实验动物饲料储存库及晾晒场饲料加工车间和鸡舍、猪舍、马舍、牛舍、羊舍、及相关配套设施，购置大型联合收割机、饲料加工机械等设备。

北京昌平畜牧试验基地（提质）：基地现有面积288亩，主要开展动物育种、试验等工作，未来将重点开展北京油鸡保育基地建设并对北京鸭原种场进行改造，建设鸡舍、鸭舍、孵化室和附属设施等。

北京南口蜂产品中试基地（提质）：现有面积70亩，主要开展蜂产品试验、中试、生产等，未来将建设蜂产品加工及测试车间，工作用房等设施，购置蜂产品育种、授粉、生物技术等研究及中试仪器设备。

北京南口饲料试验基地（提质）：基地现有面积85亩，主要开展饲料与饲料添加剂有效性和安全性评价、中试、饲料加工工艺研究等，未来将建设转基因生物饲料安全评价与检测中心猪鸡饲料生物学及安全评价基地和微生物发酵工程化验证中心，配备相应的试验仪器和设备。

黑龙江哈尔滨生物制品中试和疫病监测基地（新建）：面积420亩，主要开展动物饲养试验和生物制品研发中试，动物疫病监测与诊断，诊断试剂研发及诊断通用技术的研究等，建设实验动物隔离及屏障环境生产设施、国家禽流感疫苗抗原储备库、活疫苗生产线、灭活疫苗生产线和诊断制品生产线等。

甘肃榆中实验动物基地（新建）：面积100亩，主要为科学研究提供符合国家法规、标准要求的实验动物。建设综合实验楼，SPF实验动物饲养和生产车间等。

北京昌平实验动物育种基地（新建）：面积200亩，主要开展猪、家禽等畜禽育种研究与实验，建设科研办公楼，购置育种配套设施及仪器设备，重点建设“转基因猪新品种培育和检测技术中心”和“国家北京鸭或北京油鸡保种育种实验场”。

6. 资源环境类基地

资划所、环发所、灌溉所、环保所4所共建有试验基地15个，总面积6 428亩，有产权面积3 765亩。其中，资源类7个，即北京海淀国家土壤肥力与肥料效益监测站网（资划所）、北京密云土壤肥料试验基地（资划所）、河南洛阳旱地农业试验基地（资划所）、山东德州盐碱土壤改良试验站（资划所）、山西寿阳旱地农业试验站（环发所）、河南洪门水资源安全利用试验基地（灌溉所）和河南新乡作物需水量试验基地（灌溉所）；生态环境类8个，即河北迁西燕山生态环境试验站（资划所）、北京昌平潮褐土生态环境试验站（资划所）、内蒙古呼伦贝尔草原生态系统试验站（资划所）、湖南祁阳红壤农业生态试验基地（资划所）、西藏那曲高寒草地生态与气候变化试验基地（环发所）、湖南岳阳农业环境试验基地（环发所）、河南商丘农业资源与生态环境试验站（灌溉所）和云南大理农业生态环境观测试验站（环保所）。

建设重点：包括提质和新建两部分。重点对北京海淀国家土壤肥力与肥料效益监测站、湖南祁阳红壤农业生态试验基地、内蒙古呼伦贝尔草原生态系统试验站、山东德州盐碱土壤改良试验站、西藏那曲高寒草地生态与气候变化试验基地、湖南岳阳农业环境试验基地、河南商丘农业资源与生态环境试验站、云南大理农业生态环境观测试验站8个专业性基地进行提质。根据学科和基地分布现状，在北京、天津、湖北、江西、广东等地新建北京顺义农业环境试验基地、天津静海农业生态环境试验基地、区域农业生态环境监测试验站网、江西进贤红壤试验站、广东江门华南农业资源高效利用试验站5个试验基地或基地体系。

北京海淀国家土壤肥力与肥料效益监测站网（提质）：基地现有面积320亩，主要开展土壤，生物，水文，气象要素监测等，未来将重点筹建中国农业野外试验站数据网络中心，购置植物样品粉粹机、土壤样品粉粹机、电感耦合等离子体光谱仪等仪器设备。

湖南祁阳红壤农业生态试验基地（提质）：基地现有面积680亩，主要开展红壤区农业生态要素连续观测研究和生态环境问题研究等，未来将进行实验室改造，建设温室和生活用房，新征土地扩大基地规模并整理土地、修建和改造田间道路、完善灌溉和排水设施、完善田间电力设施、修建围墙围栏。购置原子吸收光谱仪、凯氏定氮仪等实验室分析仪器。

内蒙古呼伦贝尔草原生态系统试验站（提质）：基地现有面积2 040亩，主要开展水土气生的常规监测，以及生态系统碳通量观测等，未来将建设试验和生活用房，配置气相色谱仪、全自动凯式定氮仪、叶绿素荧光仪、高速离心机、牧草收割机械设备、大型人工控制气候室、冻土模拟控制室等进行生态系统碳通量观测的仪器设施。

山东德州盐碱土壤改良试验站（提质）：现有面积305亩，主要开展土壤，生物，水文，气象要素监测、研究、试验等，未来将建设试验温室、网室等科研设施，购置全自动流动分析仪、氨基酸分析仪、全自动凯氏定氮仪、小型自动气象站、中子水分测定仪等水、土、气、生观测仪器和设备。

西藏那曲高寒草地生态与气候变化试验基地（提质）：基地现有面积2 000亩，主要开展高寒草地生态与畜牧业以及气候变化科学研究、技术集成和示范等，未来将建设综合科研楼，野外试验温室，野外高寒草地气象观测场，高寒草地放牧实验样地以及牲畜棚圈，高寒草地家畜改良与育肥基地，高寒草地土壤水分平衡观测场，高寒草地土壤肥力试验观测场，高寒草地人工引种和改良试验场等。

湖南岳阳农业环境试验基地（提质）：面积224亩，主要开展环洞庭湖区农业环境研究，重点建设湖区湿地-农业复合生态系统农业资源保护区，湖区种养殖业清洁化生产区、退化水环境修复区等，并配置相应的科研设施和仪器。

河南商丘农业资源与生态环境试验站（提质）：面积46亩，主要开展农田生态系统观测试验研究等，在继续完善基础设施的基础上，重点购置自动恒压控制喷灌系统、多点雨量自动检测分析装置、多点小气候测量设备、植物生长室、植物氮测量仪、植物生理生态监测系统等科研仪器设备。

云南大理农业生态环境观测试验站（提质）：基地现有面积150亩，主要开展农业投入品、废弃物对农业生态环境影响研究和监测，农业面源污染防治技术研究等，未来将进行基础设施改造（排灌沟渠、道路、围墙、泵站、电路、变压器改造、机井、供水管路改造）、改扩建土壤分析室、购置自动气象站、流动注射分析仪、便携水质实验室、气象色谱仪、一体化多参数水质分析仪等仪器设备。

北京顺义农业环境试验基地（新建）：面积1 000亩，开展旱作节水农业技术试验研究、气候变化适应性研究、非生物性灾害防控技术研究和水体污染治理研究。主要建设长期定位监测区、农业科学创新区、技术转移与产业孵化区、综合配套区4个主要功能区。

天津静海农业生态环境试验基地（新建）：面积100亩，开展土壤、水体污染与修复试验，农业生态系统环境监测试验，转基因生物长期生态环境安全检测试验，农产品质量安全试验等。主要建设综合实验楼、道路、网室、水电暖改造及配套仪器设备。

区域农业生态环境监测试验站网（新建）：总面积200亩，主要开展各区域农业生态环境影响研究，在东北、华北、华中、华南、西南、巢湖、太湖、天津大港、湖北大冶等主要典型区域建设农业生态环境科学观测试验站，重点建设科研设施，配备观测仪器等。

江西进贤红壤试验站（新建）：面积 80 亩，开展红壤资源、生态环境、土壤肥料等方面的研究和示范，重点建设田间基础设施、工作生活设施，进行道路、水电暖建设及田间监测仪器购置等。

广东江门华南农业资源高效利用试验站（新建）：面积 550 亩，开展沿海发达地区农业资源高效利用模式与技术方法、农田土壤肥力动态变化监测试验、农业灾害动态监测等。重点建设科研办公区、生活区、农业土壤资源分析实验室、农业灾害监测和农业遥感实验室、现代农业技术实验室等。

7. 其他各类基地

（1）厌氧微生物类基地

沼气所建有四川成都公兴沼气发酵中试基地 1 个，主要进行沼气科技研发，微生物菌剂的研制和中试生产，沼气产品的质量检验检测，沼气工程工艺和相关装置、设备的研究等。

建设重点：包括提质和新建两部分。对该基地进行提质的同时，新建四川生物能源试验观测站网 1 个基地。

四川成都公兴沼气发酵中试基地（提质）：基地面积 66 亩，对能源微生物与利用重点开放实验室、沼气发酵功能微生物菌种库、生物质种质资源收集整理评价实验室、沼气产品及设备质量监督检验测试中心的功能条件和基础设施进行完善，并购置科研试验仪器及设备。重点建设沼气技术标准化展示野外台站（占地 24 亩，主要建设前处理系统、沼气生产系统、沼气的净化和贮存系统、沼气利用系统、沼渣沼液利用系统、沼液后处理系统 6 大系统），建成国家重要的沼气科技创新基地。

四川西部高寒地区可再生能源利用试验站（新建）：总面积 200 亩，开展西部高寒区农业生产废弃物综合利用研究，沼渣沼液长期施用对土壤、作物和生态环境影响，特色能源植物种质资源的筛选与评价与利用等，将在四川诺尔盖、攀枝花、洪雅进行布点和建设，重点建设科研办公区，工作人员生活区，农业示范田，能源生物研究实验室，种质资源选育及保藏实验室，购置分析检测仪器，交通运输工具，沼气发酵系统，沼气发电系统，太阳能加热系统等设备。

（2）农业工程类基地

农机化所建有江苏南京溧水农业机械化技术创新试验基地 1 个，占地 220 亩。

建设重点：对该基地进行提质。

江苏南京溧水农业机械化技术创新试验基地（提质）：围绕现代农业标准化、机械化和规模化生产，将在该基地内重点建设 3 个中心：南方现代农业装备科研创新试验示范中心、南方农机化技术推广与教育培训中心、高性能现代农业装备展示中心。

（3）农业信息类基地

信息所建有2个农村信息化示范基地，即河北定兴新农村信息化试验示范基地和河北怀来新农村信息化试验示范基地。

建设重点：对河北怀来新农村信息化试验示范基地进行提质。

河北怀来新农村信息化试验示范基地（提质）：在已有新农村信息培训教室的基础上，建设怀来县农产品市场价格信息分析决策支持平台，该平台将建设农产品市场价格信息采集系统、信息资源整合系统、信息分析系统和信息发布系统4个系统。

（4）标准检验类基地

农业质量标准与检验学科是中国农业科学院的新兴学科，还没有试验基地。根据学科发展需要，将建设北京顺义农产品质量安全评价与标准化生产试验示范基地，用于开展农产品质量安全检测、危害分析和风险评估、农业质量标准等科学研究试验工作。

建设重点：新建北京顺义农产品质量安全评价与标准化生产试验示范基地。

北京顺义农产品质量安全评价与标准化生产试验示范基地（新建）：面积150亩，主要建设实验楼及配套设施、种植业标准化示范区、实验动物房3个小区。基地建成后将成为我院专门开展农产品安全相关标准、风险评估和标准化生产技术等各项科学工作的试验平台。

（5）农产品加工类基地

食品科学与工程学科目前还没有试验基地。根据学科和产业发展需要，该学科将在南口综合试验基地、新乡综合试验基地、黑龙江农垦综合试验基地内进行布局和建设。将根据所在地农产品资源和我院其他试验示范区培育的新品种，结合研究所现有成熟的中试转化与集成技术，开展新技术及新产品的研发、中试与示范推广。

建设重点：重点在黑龙江农垦综合试验基地内新建黑龙江东北区农产品加工试验示范基地。

黑龙江东北区农产品加工试验示范基地（新建）：围绕东三省农产品原料特点，开展农产品加工技术研发、集成示范与成果转化。主要建设大豆、乳制品、果蔬等加工中试生产线3～5条，建立研发实验室3～5个。

（6）特种经济动植物类基地

特产所建有吉林左家特种经济动植物试验基地1个，面积1 160亩，农业部长白山野生生物资源重点科学观测试验站和国家果树种质左家山葡萄圃建在该基地内。

建设重点：对该基地进行提质。

吉林左家特种经济动植物试验基地（提质）：在对已有试验站和资源圃进行全面修缮的基础上，在基地内重点建设经济动物及生物制品中试基地和经济动物育种试验基地两个区域，建设特种动物饲养舍，购置动物育种的配套设施及仪器设备等。

五、保障措施

（一）成立组织机构，加强统筹管理

建立中国农业科学院试验基地管理委员会，负责全院试验基地的规划、建设、管理等重大问题决策和组织领导，下设办公室，承担管委会日常工作。基地实行分级分型建设和管理，院机关有关部门按照工作分工履行相关职能；各研究所要明确分管所领导和归口管理部门，负责所属专业性试验基地的规划、建设与管理。

（二）加大资金投入，提高建设管理水平

建立多元化资金投入渠道。一是要积极向国家有关部门申请修缮改造项目、基本建设项目等资金，进行基地建设和提质改造；二是院所自筹资金设立专项经费，用于基地建设和运转；三是要争取和申请国家有关部门的基地运行维护管理费专项；四是院所要在科研项目等资源配置上向试验基地倾斜，提高基地建设管理水平。

（三）稳定基地土地，确保长期持续发展

试验基地的建设用地要拥有国有土地使用证，重要的试验用地要购买或长期租用，发展前景看好的试验基地，要通过扩大规模和延长租期，确保各类建设项目和资金的稳定投入，实现试验基地的长期持续发展。

（四）建立健全机制，提高基地运行质量

建立试验基地登记管理制度，新建基地原则上要符合规划内容并报院审批备案；建立基地发展激励机制，把基地工作列入研究所评优考核的指标之一，并对基地建设和管理成效突出的单位在项目申报、资金扶持等方面给予倾斜。

附表：

中国农业科学院现有试验基地汇总表

<table>
<tr><th rowspan="2">序号</th><th rowspan="2">基地名称</th><th rowspan="2">基地面积(亩)</th><th colspan="2">产权</th><th rowspan="2">所属单位</th><th rowspan="2">备　注</th></tr>
<tr><th>有产权面积（亩）</th><th>无产权租凭期限（年）</th></tr>
<tr><td>1</td><td>河北廊坊农业高新技术产业园</td><td>2 000</td><td>200</td><td>50</td><td>农科院</td><td>国家种质多年生小麦野生近缘植物资源圃（作科所、蔬菜所、畜牧所、饲料所、生物所、资划所、草原所、特产所）</td></tr>
<tr><td>2</td><td>北京南口综合试验基地</td><td>800</td><td>800</td><td></td><td>农科院</td><td>（作科所、蔬菜所、畜牧所、环发所、蜜蜂所、饲料所、加工所）</td></tr>
<tr><td>3</td><td>北京海淀作物试验基地</td><td>280</td><td>280</td><td></td><td rowspan="7">作科所</td><td></td></tr>
<tr><td>4</td><td>北京昌平作物试验基地</td><td>664</td><td>664</td><td></td><td></td></tr>
<tr><td>5</td><td>海南三亚作物南繁试验基地</td><td>200</td><td></td><td>30</td><td></td></tr>
<tr><td>6</td><td>河南新乡小麦育种试验基地</td><td>130</td><td>130</td><td></td><td>农业部新乡矮败小麦重点野外科学观测试验站</td></tr>
<tr><td>7</td><td>北京顺义作物试验基地</td><td>1 640</td><td>40</td><td>20</td><td></td></tr>
<tr><td>8</td><td>河北沽源小麦夏繁试验基地</td><td>110</td><td>10</td><td>30</td><td></td></tr>
<tr><td>9</td><td>吉林公主岭作物试验基地</td><td>220</td><td></td><td>30</td><td></td></tr>
</table>

（续表）

序号	基地名称	基地面积（亩）	产权		所属单位	备　注
			有产权面积（亩）	无产权租凭期限（年）		
10	内蒙古锡林浩特草原有害生物监测与防治试验基地	500	300	50	植保所	农业部锡林浩特草原有害生物防治重点野外科学观测试验站
11	河北廊坊农业有害生物监测与防治试验基地	523	523		植保所	农业部廊坊有害生物防治重点野外科学观测试验站
12	河南新乡农业有害生物监测与防治试验基地	300		30	植保所	
13	吉林公主岭农作物有害生物监测与防治试验基地	200	200		植保所	
14	北京海淀蔬菜花卉试验基地	75	75		蔬菜所	
15	山西寿阳旱地农业试验站	160	20	30	环发所	农业部寿阳旱地农业重点野外科学观测试验站
16	西藏那曲高寒草地生态与气候变化试验基地	2 000	2 000		环发所	
17	湖南岳阳农业环境试验基地	224	24	30	环发所	
18	北京昌平畜牧试验基地	288	288		畜牧所	农业部昌平畜禽资源重点野外科学观测试验站
19	内蒙古鄂尔多斯鄂托克旗牧草资源与育种试验基地	1 062		20	畜牧所	

（续表）

序号	基地名称	基地面积（亩）	产权		所属单位	备注
			有产权面积（亩）	无产权租凭期限（年）		
20	北京平谷北方棉花生物技术育种试验基地	200		20	生物所	
21	海南三亚转基因棉花南繁试验基地	32		20		
22	湖北麻城长江流域棉区棉花生物技术育种试验基地	120		20		
23	北京昌平潮褐土生态环境试验站	28	28		资划所	农业部昌平潮褐土生态环境重点野外科学观测试验站
24	内蒙古呼伦贝尔草原生态系统试验站	2 040	40	50		内蒙古呼伦贝尔草原生态系统国家野外科学观测研究站
25	山东德州盐碱土壤改良试验站	305	245	50		农业部德州农业资源与生态环境重点野外科学观测试验站
26	北京海淀国家土壤肥力与肥料效益监测站网					
27	河南洛阳旱地农业试验基地	130	130			农业部洛阳旱地农业重点野外科学观测试验站
28	北京密云土壤肥料试验基地	128		50		
29	湖南祁阳红壤农业生态试验基地	680	680			南方红壤地区农业生态环境监测试验站
30	河北迁西燕山生态环境试验站	172	172			农业部迁西燕山生态环境重点野外科学观测试验站

（续表）

序号	基地名称	基地面积（亩）	产权		所属单位	备　注
			有产权面积（亩）	无产权租凭期限（年）		
31	河北定兴新农村信息化试验示范基地				信息所	
32	河北怀来新农村信息化试验示范基地				信息所	
33	河南新乡作物需水量试验基地	27	27		灌溉所	
34	河南商丘农业资源与生态环境试验站	46	46		灌溉所	河南商丘农田生态系统国家野外科学观测研究站
35	河南洪门水资源安全利用试验基地	18	18		灌溉所	
36	海南三亚水稻南繁试验基地	305	5	20	水稻所	
37	浙江富阳水稻试验场	2 000	2 000		水稻所	
38	海南三亚棉花综合试验基地	600	88	40	棉花所	国家种质海南野生棉圃
39	安徽合肥杂交棉试验基地	130	30	15	棉花所	
40	新疆石河子早熟棉育种试验基地	112	112		棉花所	
41	新疆阿克苏中早熟棉试验基地	594		10	棉花所	
42	河南郑州棉花试验基地	90	15	40	棉花所	
43	河南安阳棉花试验基地	2 488	2 488		棉花所	

（续表）

序号	基地名称	基地面积（亩）	产权		所属单位	备　注
			有产权面积（亩）	无产权租凭期限（年）		
44	青海平安油菜夏繁试验基地	200	200		油料所	
45	湖北汉川油料转基因安全检测与试验基地	143	143		油料所	
46	湖北阳逻油料作物试验基地	835	835		油料所	
47	湖北武昌油料作物试验基地	300	300		油料所	国家种质武昌野生花生圃 农业部武昌花生资源重点野外科学观测试验站
48	湖南沅江麻类作物试验基地	569	569		麻类所	农业部沅江麻类资源重点野外科学观测试验站
49	湖南长沙苎麻与野生纤维植物资源圃	127		20	麻类所	国家作物种质资源长沙苎麻圃
50	辽宁兴城砬山北方落叶果树试验基地	3 145	3 145		果树所	国家果树种质兴城梨圃，农业部兴城北方落叶果树资源重点野外科学观测试验站
51	辽宁兴城温泉果树试验基地	320	320		果树所	国家果树种质兴城苹果圃
52	河南郑州果树瓜类试验基地	450	450		郑果所	国家果树种质郑州桃圃、葡萄圃
53	郑州荥阳果树瓜类试验基地	864	864		郑果所	
54	新疆阿克苏果树试验基地	3 350	350	50	郑果所	

（续表）

序号	基地名称	基地面积（亩）	产权		所属单位	备　注
			有产权面积（亩）	无产权租凭期限（年）		
55	浙江杭州茶叶试验基地	280	280		茶叶所	国家种质杭州茶树圃，农业部杭州茶树种质资源重点野外科学观测试验站
56	浙江淳安茶叶加工试验基地	15	15			
57	黑龙江哈尔滨南山试验场	2 100	2 100		哈兽研	
58	甘肃兰州大洼山畜牧试验基地	2 350	2 350		兰牧药	农业部兰州黄土高原生态环境重点野外科学观测试验站
59	甘肃张掖旱生牧草种子繁育试验基地	3 200	3 200			
60	内蒙古呼和浩特农牧交错区试验基地	5 000	5 000		草原所	国家种质多年生牧草资源圃 农业部沙尔沁牧草资源重点野外科学观测试验站
61	内蒙古锡盟苏尼特荒漠草原试验基地	6 500	20	5		
62	内蒙古鄂尔多斯十二连城沙地草原试验基地	5 000		30		农业部鄂尔多斯沙地草原生态环境重点野外科学观测试验站
63	内蒙古鄂尔多斯达拉特沙地草场改良试验基地	5 000	500	40		
64	青海玉树青藏高寒草原试验基地	3 000	10	50		农业部玉树高寒草原资源与生态环境野外科学观测试验站

（续表）

序号	基地名称	基地面积（亩）	产权		所属单位	备注
			有产权面积（亩）	无产权租凭期限（年）		
65	吉林左家特种经济动植物试验基地	1 160	1 160		特产所	农业部长白山野生生物资源重点野外科学观测试验站，国家果树种质左家山葡萄圃
66	云南大理农业生态环境观测试验站	150	15	30	环保所	农业部大理农业生态环境重点野外科学观测试验站
67	四川成都公兴沼气发酵中试基地	66	20	40	沼气所	
68	江苏南京溧水农业机械化技术创新试验基地	220	220		农机所	
69	山东即墨烟草试验基地	300	27	30	烟草所	
70	山东青州烟草试验基地	700	700		烟草所	

注：试验基地里建有野外台站或种质资源圃的，统计基地数时，只计 1 个。

附图：

图例标注：
★ 综合性基地
● 专业性基地

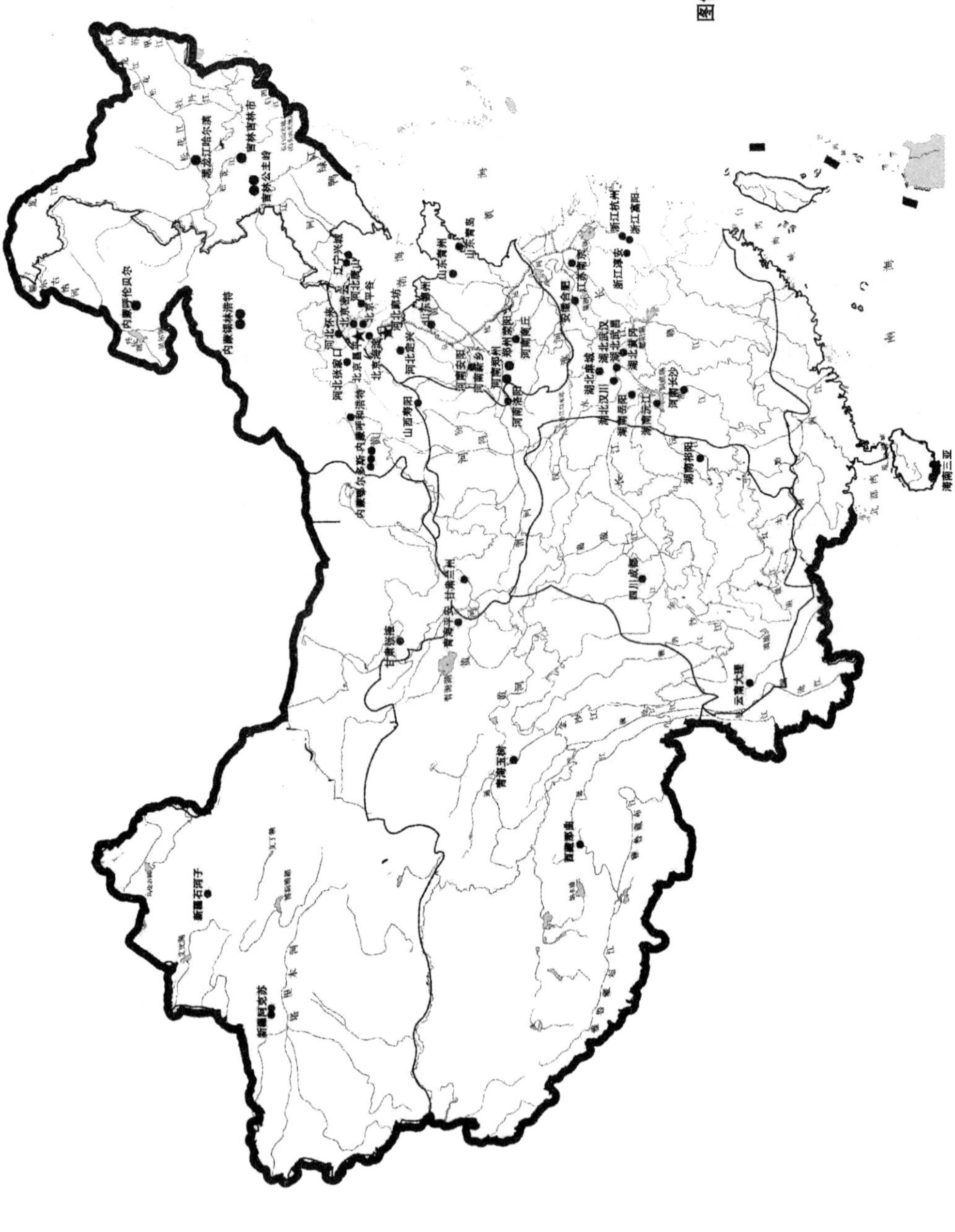

试验基地布局现状图

附图：

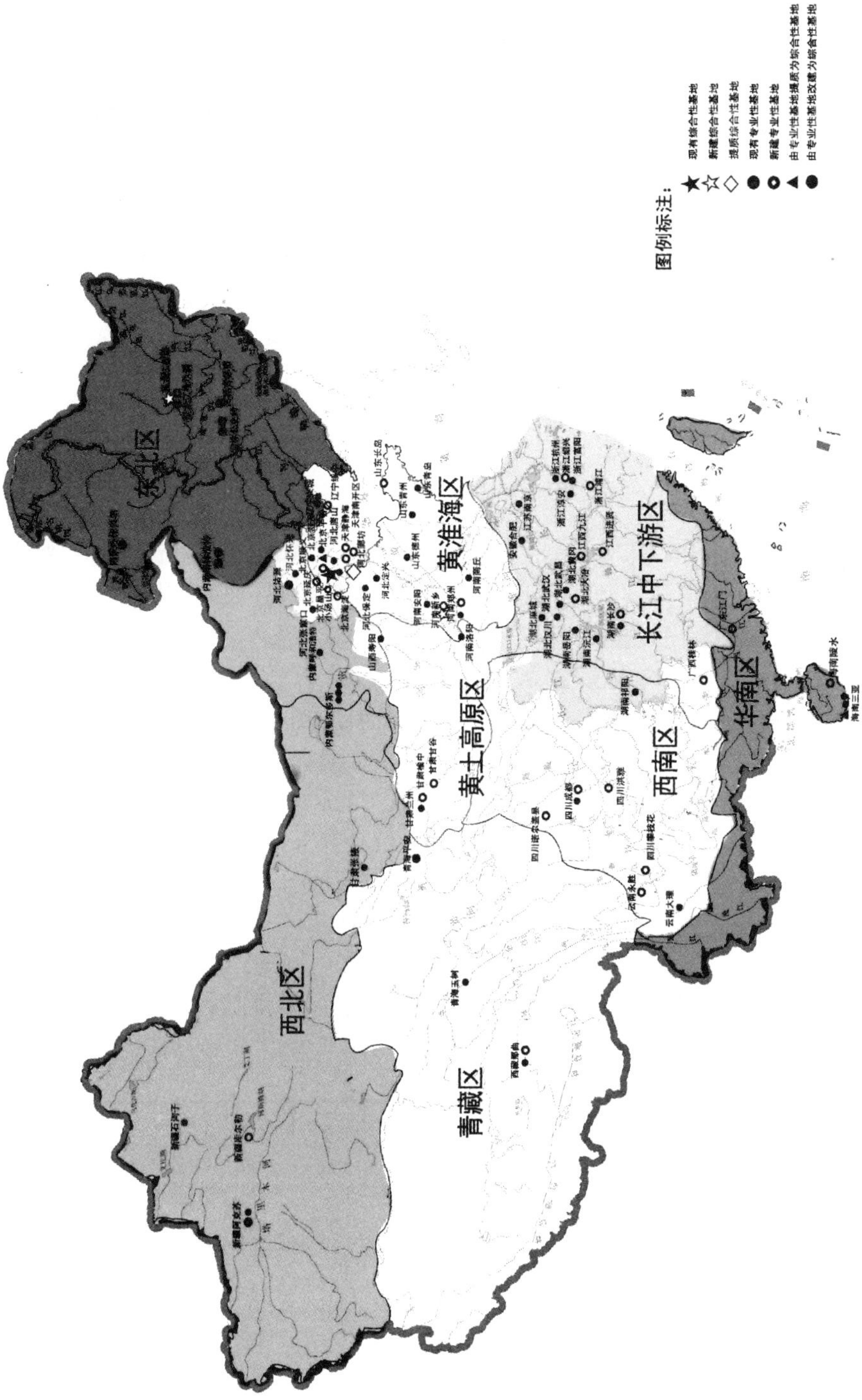

试验基地布局规划图

推动科学发展　引领创新方向
为国家食物安全和现代农业发展提供支撑和保障

——在中国农业科学院第七届学术委员会第一次会议上的工作报告

主任委员　翟虎渠

（2011 年 3 月 28 日）

各位委员，同志们：

《国家中长期科学和技术发展规划纲要（2006～2020 年）》明确提出，要求我国农业科技“要在 2020 年整体实力进入世界前列”，依靠科技“促进农业综合生产能力的提高，有效保障国家食物安全”；不久前召开的全国“两会”，审查并批准了《国民经济和社会发展第十二个五年规划纲要》，确定了“科学发展”的主题和“转变发展方式”的主线，提出了未来 5 年国民经济和社会发展的预期目标和工作任务，这为我们今后的工作指明了方向。

我院第六届学术委员会自 2006 年成立以来，已历时 5 年。根据《中国农业科学院学术委员会章程》的有关规定，2011 年学术委员会换届。今天我们召开院第七届学术委员会第一次会议，主要任务就是认真贯彻落实党的十七大精神，全面分析和把握“十二五”农业农村经济和农业科技发展的新形势、新任务，研究和讨论我院“十二五”科技发展思路，充分发挥学术委员会学术咨询、参谋、评议等作用，依靠全体委员的聪明才智，努力为我院及我国农业科技事业的发展献计献策。

下面，我首先报告院第六届学术委员会工作：

一、院第六届学术委员会工作回顾

我院第六届学术委员会成立于 2006 年 3 月。5 年来，在院党组的领导下，在上级部门关心、支持下，在全体委员的共同努力下，委员会充分发挥咨询、参谋、评议的作用，不断创新工作机制，认真履行职责，紧紧围绕学科建设和科技创新，积极开展农业重大问题调研，不断加强农业科技合作与学术交流，为我院“三个中心、一个基地”建设建言献策，付出了辛勤劳动，促进了科技创新和学科发展，繁荣了学术文化，取得了很好的成效。5 年来，主要做了以下工作。

（一）调整了学术委员会组织机构，创新了工作机制

为了适应中国农业科学院科技发展要求，院学术委员会从第六届开始对学术委员会的组织管理工作进行了重大调整。一是增设了名誉主任委员和名誉委员，主要目的是继续发挥资深院士和前几届老领导、老委员的作用，继续指导学术委员会工作。二是取消了原学组的设置，建立了学部工作制度。根据学术委员会讨论的结果，成立了作物学部、动物学部、资源环境与微生物学部、质量标准与农业工程学部、信息与经济学部5个学部。由各学部负责所属学科群的日常学术工作，包括筹备酝酿重大学术活动，开展重大项目论证和科研协作，对学科发展的重大事宜提供咨询和决策建议，评审院级科技成果奖等。三是修订了《中国农业科学院学术委员会章程》。为加强学术委员会对学科建设和科技创新工作的指导和咨询，规范学术委员会的组织管理，对院原学术委员会章程进行了修订，增加了学部职责、工作制度、委员工作纪律、研究所学术委员会的组织和管理等章节和相关条目。四是设立了院学术委员会办公室，设专人负责学术委员会的日常事务管理，确保了学术委员会工作的正常化开展。

（二）组织开展了农业科技发展战略调研等工作，积极发挥咨询参谋作用

为发挥我院学术委员会的高级“智囊团”作用，学术委员会组织相关领域的院士、专家，围绕国家农业发展、农业科技重大政策和农业科研重大计划设置等，适时向中央领导及有关部门提交了“在‘863’计划中单设现代农业技术领域”、“10亿亩标准农田建设工程”、“后金融危机时期农业科技发展战略”等建议报告，大多数得到领导的批示和有关部门的采纳，为国家在重大科技计划设置、农业重大工程实施决策等发挥了积极的、不可替代的作用。

（三）认真评议了院“十一五”科技发展规划和自主创新行动计划方案

组织开展了对我院《“十一五”科学技术发展规划》和《“十一五”科技自主创新行动计划》的评议，委员们对“规划”和“行动计划”制定所面临的国内外形势进行了具体分析，而且结合各学科领域和科技发展方向等提出了很多建设性的建议。经过最后修订和审议，“规划”明确了5年的创新任务和目标，对学科建设、高层次人才培养与创新团队建设、基础设施与科研条件平台建设、国际合作与交流等进行了部署，成为我院“十一五”科技工作的指导性文件；“行动计划”把规划的目标和任务进行细化，落到实处，在九大方面进行了具体的策划和设计，提出了120多项具体的重点研究内容。在“规划”和“行动计划”的指导下，我院“十一五”科研立项和创新工作有序推进，并取得了良好的成效。

（四）评审出五个年度的院级科学技术成果奖

在农业部科技进步奖取消后，我院设立了中国农业科学院科学技术成果奖，以表彰我院在农业科技领域作出贡献的单位和个人。该奖由学术委员会负责评审。5 年来，委员们本着“科学、公正、公平、公开”的原则，以求真务实的精神，认真进行评审，共评审出中国农业科学院科技成果奖 121 项，其中，特等奖 1 项，一等奖 40 项，二等奖 80 项。通过科技成果奖的评审，充分肯定了科研人员的辛勤劳动成果，使广大科研人员倍受鼓舞，也为加快我院重大成果组装和集成，进一步申报国家级重大成果奠定了基础。据统计，“十一五”期间我院作为第一主持单位获得了国家一等奖 2 项、二等奖 23 项。

（五）积极组织开展学术会议和交流活动

委员会认真履行学术交流职能，组织开展了一系列国内外重大学术活动，通过组织国际性、国内综合性学术会议、高层论坛和举办学术报告会等方式，营造了学术氛围，促进了学术交流。5 年来，以院学术委员会名义组织、发起的各类学术会议、学术报告活动等 500 余次，其中，大型国际性会议 6 次、全国性学术活动和高级论坛 20 余次；指导研究所和所学术委员会举办各种学术会议、学术报告超过 1 000次。特别是在庆祝中国农业科学院建院 50 周年期间，筹备和组织举办了学术专场报告等一系列学术会议和交流活动，编写了《中国农业科学院 50 年》《科技创新成就辉煌》和《中国农业科学院国际合作 50 年》等专辑，编辑出版了《中国农业科学》学术专刊，取得了良好的影响。通过院、所两级学术委员会的共同努力，为科技创新创造了浓厚的学术氛围，进一步提高了我院的学术地位和影响。

（六）积极推动“十一五”各项工作的顺利开展并取得显著成就

第六届学术委员会历时 5 年，跨越“十一五”的整个五年工作。在学术委员会全体委员和全院科技工作者的共同努力下，我院紧紧围绕国家重大需求，按照九大学科群的总体部署，积极实施学科、项目、团队、平台、机制一体化战略，着力加强科技自主创新，推动了各项科技工作的繁荣和发展。一是科研成果稳步增长。全院“十一五”期间共取得了各类科技成果 643 项，获奖成果 336 项，其中，国家级奖 25 项，省部级奖 152 项，中华农业科技奖 25 项；获各项专利授权 675 项，获审定新品种 358 个、新品种保护权 78 项、新兽药证书 36 个、软件著作权 201 个。二是突破性成果不断涌现。中国小麦品种品质评价体系建立与分子改良技术、矮败小麦及其高效育种方法的创建与应用荣获国家科学技术进步奖一等奖，获得了转基因三系杂交棉、超级稻、禽流感－新城疫重组二联活疫苗、植酸酶玉米等一批具有自主知识产权、世界领先的重大农业科技成果。共发表 SCI 论文 2 518篇，一批高水平论文在《Science》《Nature Genetics》等国际顶尖学术期刊上发表，凸显了我院在全国农业科技创新国家队的地位。三是为粮食连续增产、农民持续增收提供强有力科技支持。“十一五”期间，我院以科技创新为依托，不断探索科技兴农的新模式、新方法，积极开展院地合作，把新成果、新品种、新技术示范推广到县乡及田间地头，加速了科技成果的转化与应用，为我国粮食连年增产、农民连年增收作出了自己的贡献。四是科技合作与交流地位空前提高。通过全国农业科研协作网的工作基础，广泛开展与全国优势农业科研机构的学科共建，确定了与全国 32 个省、市、自治区级农科院、17 个农业大学开展 122 个共建学科、220 个学科方向的学科共建工作，推动了共建学科平台、项目合作、人才联合培养、学术交流和科技服务等，提高了我院“国家队”、“领头羊”、“主力军”的地位和影响。国际合作与交流方面，不仅被授予一定的外事审批权，而且不断拓宽国际合作形式和领域，与 81 个国家、CGIAR 等 33 个国际组织、6 个跨国公司及盖茨基金会建立了合作关系，与 50 多个国家和 17 个国际组织签订科技合作协议。有 13 个国外机构在我院设立了驻华办事处，共建联合实验室/联合研究中心达 23 个。组织召开 100 多个大型国际会议、学术专题研讨会和培训班，由我院发起的“国际农科院院长高层研讨会”已形成国际品牌，显著提升了我院的国际地位和影响力。五是人才和创新团队建设取得重要进展，启动实施了科技创新团队建设工程，遴选出首批 13 个院级优秀科技创新团队、90 个所级重点科技创新团队，被中央确定为国家首批“海外高层次人才创新创业基地”，形成了以国家级专家、部级专家、政府特殊津贴专家、杰出人才为主体的高层次专业技术人才队伍。六是科技平台与试验基地建设迈上新的台阶。建成院级、省部级及以上各类科技平台 120 余个，新增一批国家重点实验室、农业部重点实验室、国家工程实验室和国家工程技术（研究）中心等，极大的提升了科技平台的运行效率和水平。全院综合性试验基地和各研究所专业性试验基地建设得到有效规划和布局，廊坊产业园的建设与管理进一步深化，海南和新乡综合试验基地建设着力加强，黑龙江农垦建三江试验基地和九三试验基地启动建设，各研究所试验基地设施和条件明显改善，服务科研能力显著提高。

总之，过去的 5 年，第六届学术委员会委员们为积极推进我院学科建设和科技发展作出了突出的贡献，活跃了学术气氛，营造了良好的创新氛围，推动了国家农业科技创新体系建设，为国家宏观决策提供了科学依据。在此，我代表中国农业科学院向第六届学术委员会的各位委员表示衷心的感谢和崇高的敬意！

二、第七届学术委员会的工作思路和目标任务

目前，我国已经进入全面建设小康社会和创新型国家的重要发展阶段，发展现代农业、建设社会主义新农村成为农业科技肩负的历史重任，新形势赋予我们中国农业科学院崇高的责任和使命。“十二五”期间，院新一届学术委员会也面临着更加艰巨和繁重

的任务。

(一) 认清形势，把握方向

中国粮食实现了7年连续增产，连续4年粮食产量稳定在1万亿斤以上，2010年达到10 928亿斤，农产品供给状况持续好转，基本形成了年播种面积1亿公顷、产粮5亿吨的粮食综合生产能力。但是，随着人口刚性增加带来口粮需求增长；人们生活水平提高对肉、蛋、奶和水产品需求增长带来饲料粮需求的增长；医药、化工、能源等发展对原料粮需求增长，这都需要我国的粮食产量再迈上新台阶。

我们也要看到，一些"瓶颈"性制约因素对粮食安全有一定的威胁，有一定的挑战。一是粮食总产和单产提高难度加大。我国粮食总产从1984年首次突破4亿吨提高到2008年的5.2亿吨左右用了25年时间，年递增率仅为1%；粮食单产从1984年亩产276公斤提高到2008年的330公斤也用了25年，年递增率仅为0.6%。二是粮食生产越来越受资源条件刚性制约。目前我国的耕地总量约为18亿亩，比10年前减少了1.5亿亩，2/3以上为中低产田，人均耕地面积仅为1.4亩；我国人均水资源占有量为2 220立方米，仅为世界平均水平的1/4；年均受旱面积达3.27亿亩，因旱涝和病虫害损失粮食10%左右。三是粮食高产综合配套生产技术不到位或是缺乏，尤其是农艺与农机综合、良种与良法集成等技术，影响到粮食生产的劳动生产率和整体效益。四是农产品质量安全形势依然严峻。特别是农药超标和添加剂超标事件时有发生，动物疫病防控还需更多科技支撑。

因此，我们必须清楚地认识到，支撑和确保国家粮食及食物安全、生态安全、农民增收和农业可持续发展，积极发挥科技第一生产力作用，是我国农业科技发展的永恒目标；培育战略性新兴生物产业、促进农业发展方式转变，是农业科技发展的时代要求；在工业化、城镇化深入发展中同步推进农业现代化，是加快发展现代农业的必然要求。国家将在"十二五"期间，重点实施粮棉油糖高产创建、中低产田改造、病虫害统防统治、农产品质量安全、现代农业机械化装备、农业防灾减灾等重大工程，大力培育生物种业等战略性新兴产业，大幅度提高农业综合生产能力，更需要积极发挥农业科技第一生产力的支撑和引领作用。

我们必须面对新形势，立足国家及农业、农业科技发展的战略需求，在农业科技整体实力跻身世界前列的关键时期，中国农业科学院必须成为"先遣队"；在我国现代农业加速转型发展的关键时期，中国农业科学院必须成为"导领者"；在创新型国家建设的关键时期，中国农业科学院必须成为国家创新系统的"创新高地"；在院科技事业全面发展的关键时期，中国农业科学院必须成为具有重要影响的农业科技创新"核心机构"，继续引导全院广大科技工作者勇于探索、锐意进取，通过自主创新和大联合、大协作，努力提高自主创新能力和水平，力争建设一批具有重大影响的一流学科、一流平台、一流团队，创造良好的创新环境，打造一流的现代化院所，为全面实现"三个中心、一个基地”战略目标作出新的历史贡献。

（二）理清思路，明确目标任务

新一届学术委员会，要在中国农业科学院党组的领导下，履行好《章程》规定的工作职责，始终坚持以科学发展观为指导，充分发挥广大科技工作者的聪明才智，以打造具有国内外重大影响的国家农业科技创新核心机构、推动“三个中心、一个基地”建设水平上新台阶为目标，以学科为引领，以自主创新为主线，以科技项目、平台基地为抓手，以团队、机制为保障，积极开展重大战略研究、组织科技攻关，强化支撑条件建设，促进科技成果转化，推动科技合作与交流，突破和培育重大理论、重大品种、重大技术和重大产品，积极推动我院科技自主创新能力上升一个新台阶、科技快速转化水平上升一个新台阶、科研装备条件上升一个新台阶、学科群优势上升一个新台阶、科技合作与国际影响力上升一个新台阶，强有力支撑国家食物安全、生物安全、生态安全和现代农业可持续发展。

“十二五”期间，我院要重点组织实施“科技自主创新行动”、“科技平台与基地建设行动”、“成果转化与服务行动”、“科技紧密合作行动”、“学科团队建设行动”和“机制与创新文化建设推进行动”6大科技发展行动，力争在农业生物资源、生物育种、生物兽药与制品、现代农业装备、生态环境保护等方面取得重大突破，创造一批一流的科研成果，形成一批一流的科技平台和基地，培养出一批一流的领军人才和创新队伍，全面提升我院科技自主创新能力、科技成果转化应用能力、科技合作与交流能力、农业农村经济宏观政策咨询能力和科技管理与服务能力，使我院的重点学科建设更具优势，科技自主创新能力更加增强，科技平台与基地支撑更为有力，科技成果转化与服务更有成效，科技合作与交流机制更富活力，科研团队建设发展更增实力，机制与创新文化建设更显特色，努力把我院建设成为集学科、项目、平台、团队、机制于一体的国家级农业基础研究高地、重大关键技术创新高地、成果转化与技术转移高地和国家农业科技资源共享中心，推动“三个中心、一个基地”建设水平上升到一个新的台阶，打造具有国内外重大影响的国家农业科技创新核心机构。

（三）强化措施，充分发挥学术委员会的积极作用

为了全面完成“十二五”科技发展目标任务，我们要发挥院学术委员会的高级“智囊团”作用，根据现代农业发展的总体要求，围绕科学发展这个主题和推动经济发展方式转变这条主线，对新农村建设中存在的突出问题、农业科技发展的关键问题、国际科技发展的态势等进行调查研究，提出建设性的建议和方案，为国家农业科技发展献计献策。

我们要充分发挥学术委员会在学科建设、科技创新、成果转化与服务、平台建设、

基地建设、人才与创新团队建设以及科技合作与交流等方面的咨询、参谋、评议作用，有效凝聚全国农业科研力量，努力构建农业科研高效协作体，形成共同探讨我国农业科技发展重大科技政策和科技发展方向的机制。通过联合申报项目、共建学科平台、共享科技资源、促进科技人员交流和合作等形式，为全国农业科技事业发展发挥积极的作用。

我们要充分发挥学部的作用，积极组织开展学术交流。各学部要认真履行工作职责，组织开展一系列国内外学术活动，通过组织国际性、国内综合性学术会议、高层论坛、举办专题学术报告会等方式，促进学术交流，营造学术氛围。积极组织全国科研力量，从各学部的学科领域出发，做好重大战略研究和项目设计工作，为国家及相关科技计划建言献策。

我们要营造良好的学术氛围，严把学术关、学术道德关，乐于奉献，始终坚持科学、严谨、求实的态度，保障学术质量和学术水平，引导和帮助学科带头人在业务、工作等方面提高能力和水平，对科研项目、科技成果、创新基地等进行公平、公正的评议和评审，以身作则遵守学术规范，弘扬优良的学术品德。

我们要认真遵守学术委员会章程，履行委员职能，积极参加学术委员会活动，维护中国农业科学院形象和声誉，在学风建设、学术工作和科研工作中起楷模作用。

三、全力做好“十二五”开局之年工作

2011年是“十二五”开局之年，是院“十二五”科技发展规划起步之年。我们要以院“十二五”科技发展规划为指引，以“开好局、起好步”为总要求，对接国家各类科技规划和计划，对接各类计划立项程序和环节，全面启动科技自主创新行动、科技平台与基地建设行动等科技计划，重点抓好国家主体科技计划和部门专项计划的科研立项，重点抓好国家和部门重点实验室等科技平台立项与评估复审，重点抓好新乡综合试验基地等试验基地建设与管理，重点抓好国家奖重大成果培育和“十一五”获奖成果宣传，重点抓好重点新兴学科培植和院院学科共建，重点抓好国家现代农业示范区的科技合作和“三百”科技支农行动实施，全面适应科研管理的新要求，为开启“十二五”科技发展打下坚实基础。

一是跟踪对接国家相关科技规划，完成院“十二五”科技规划等规划编制。院里在开展广泛调研和前期工作的基础上，历经一年多，几易其稿，组织起草了《中国农业科学院“十二五”科技发展规划》，这次供各位委员讨论、审议。这个《规划》是指导我院“十二五”科技发展的纲领性文件，是实现“十二五”末将我院建设成为一流的农业科技创新中心的行动指南。需要说明的是，这个规划是从全院整体发展出发，规划、设计未来“十二五”的主要任务，既不可能把全国农业科技界要做的所有工作包括进来，也不可能把各研究所的所有工作内容包含进来。因此，中国农业科学院的“十二五”科技发展规划只是一个纲领性、指导性的文件，各研究所还要围绕具体的建

设内容，设计规划各自具体的发展目标、重点领域和具体措施。这样才能做到上下一致，统一行动，保证实现中国农业科学院发展总体目标；同时，也才能对全国的农业科技事业发展，起到引领和示范作用。之后院科技局王小虎局长还要汇报相关内容。请与会委员认真评议，集思广益，建言献策，进一步优化完善现有的思路和方案。与此同时，我们还要配合农业部等部门制定好《农业科技发展“十二五”规划》《现代农业发展“十二五”规划》等，收集整理国家相关规划和最新科技政策，做好规划及政策培训工作。要组织开展生物种业与科技振兴、农业资源利用与可持续发展等国家“十二五”发展的重大农业科技问题专题调研，组织开展“十二五”国家科技规划、科技计划形势分析与政策培训，以提高科技人员和科技管理人员的形势把握能力和政策水平。

二是强化项目储备和选题建议，全力做好科技立项工作。要对接国家“十二五”相关规划目标任务和各类科技计划重点支持方向，着力加强项目储备和选题建议，统筹科技资源，狠抓科研立项的材料把关、项目评审等关键环节服务，全面提高我院国家主体科技计划和部委专项计划科研立项水平。重点做好“十二五”科研项目储备与选题建议，认真抓好国家自然科学基金、国家“973”计划、重大科学研究计划、“863”计划、国家科技支撑计划、国家重大科技专项、科技基础性工作专项以及行业科技计划等科技计划项目立项，力争我院项目立项规模和水平上升一个新台阶，取得“开门红”。

三是抓好在研项目总结和验收，突出做好新立项项目启动与管理。重点组织做好“十一五”科研项目总结、结题验收工作，组织开展管理经验交流；要对“十一五”重点跟踪项目进行跟踪调研，选择有突破性进展的重点跟踪项目进行总结宣传，扩大影响力，提高项目显示度，为培育重大成果营造良好氛围；要对接国家各类计划程序和环节，重点开展“十二五”科技项目管理和经费管理制度培训，突出抓好影响我国农业及农业科技发展和我院优势学科领域的重大项目启动与实施管理，构建院、所、课题组高效协同的项目管理新机制。

四是狠抓科技平台立项和评估复审，强化运行管理。以院科技平台规划为指引，要积极推进我院规划建设的平台进入国家有关部门规划，重点抓好植物病虫害生物学等5个国家重点实验室的评估；重点推进棉花生物学、特种经济动物分子生物学2个国家重点实验室的建设，积极推进“作物基因资源与分子设计”等4个国家重点实验室的立项。在完成农业部先期启动的水稻生物学与遗传育种等7个学科群综合性重点实验室立项的基础上，按照农业部重点实验室规划布局，争取再有10个左右的学科建成农业部重点实验室，使我院在农业部的综合性重点实验室达到15个以上。重点推进土肥资源高效利用、作物高效用水等国家工程实验室，麻类、农产品加工、畜牧环境等工程技术研究中心等立项。做好部级质检中心复评审和院农产品预警与风险评估中心筹建。强化科技平台运行质量管理，提高科技平台信息化管理水平。

五是抓好试验基地建设与管理，不断完善试验基地体系。以院“十二五”试验基地发展规划为指导，统筹做好全院试验基地布局和建设工作，突出抓好新乡综合试验基地建设，完成实验楼工程和试验区基础设施建设。继续完善廊坊园区建设，加强协调管理，抓好科技示范项目，加大辐射带动力度。启动深圳生物育种试验基地筹建工作，做好总体规划与基地建设工作。推进与福建农科院共建海峡两岸现代农业科学院。

六是加大成果培育力度。加强对突破性进展项目的宣介和成果培育，重点组织做好国家奖申报，做大中华农业科技奖、省部级奖和院科技成果奖，加强对重大科技成果的宣传，全面提高成果影响面和社会影响力。要组织制定院“十二五”重大成果培育计划，2011 年要突出做好“中黄 13”等有望冲击国家高等级奖成果的培育与服务工作。加强对省部级奖成果的组织申报，扩大获奖数量。加强对院科技成果奖申报与评审的管理，积极组织评审 2011 年度院科技成果奖。

七是强化现代农业示范区的科技支撑，切实提高科技兴农工作成效。要配合农业部等上级部门深入开展科技兴农等活动，重点推进与黑龙江垦区、北京顺义、河北藁城、江苏铜山、广东开平、甘肃甘州、湖北黄陂、四川南充、宁夏贺兰、山东寿光、青海大通等共建国家现代农业示范区。继续推进“三百”科技支农计划，在黑龙江、吉林、河南、河北等地开展粮食增产科技支撑行动、科技示范行动和科技服务行动。积极推进院地合作，共同推进科技创新、成果转化、人才培养、基地建设等。要进一步强化科技援疆、援藏和扶贫工作，组织做好知识产权转化应用及成果展示。

八是加强国际交流和合作，进一步提升我国农业科技创新水平和国际影响力。通过有计划地推动国际合作全球战略布局，挑选相关农业科技强国、农业大国和国际组织建设联合实验室。积极推进国际马铃薯中心亚太分中心建设和国际玉米小麦改良中心亚太分中心筹备工作。积极拓宽合作渠道，积极争取重大国际合作项目，稳步推进国际合作全球战略布局，力争在“十二五”期间在国外建设 5 个左右联合实验室和 3 个左右试验示范站。

九是积极推进学科建设，拓展院院学科共建领域。以培植新兴、交叉学科为目标，重点推进南方经济作物研究中心、玉米基因工程研究中心等学科中心建设。继续推动与一定优势的省级、地市级科研单位等开展学科共建，联合建立研究中心等。借助小麦、玉米、大豆等现代农业产业技术体系和种质资源保护利用、小麦锈病、小麦育种等已建科研协作网，探索并推动建立新型科教推企产高效联合协作体。

十是强化学科团队建设，加大人才培养力度。继续实施好科技创新团队建设工程，做好优秀科技创新团队遴选工作。积极推进海外高层次人才创新创业基地建设和人才引进工作，积极协调落实引进人才有关政策措施，做好“千人计划”人选遴选推荐。组织实施领军人才培养工程和青年科技创新人才培养工程，加大人才培养力度。着力加强运行机制建设，完善分配激励机制，营造人才成长与发展环境。

同志们，2011 年是“十二五”开局之年，也是院“十二五”发展规划起步之年。党中央、国务院已经为未来 5 年谋划了蓝图，工作任务十分繁重。我院学术委员会作为院学术咨询、参谋、评议机构，紧紧围绕科学发展和发展科学，扎实开展和推进各项工作。各位委员要牢记使命，抢抓机遇，齐心协力，奋发有为，以高度的责任感和求真务实的作风，全力以赴推进中国农业科学院自主创新各项工作，为推动我院“三个中心、一个基地”建设上一个新的台阶而努力奋斗！

最后，对担任中国农业科学院第七届学术委员会委员的院外专家再次表示衷心的感谢！

谢谢大家！

加大成果培育力度　进一步提升中国农业科学院重大科技成果产出效率

——在我院国家奖成果申报培训会上的讲话

中国农业科学院副院长　刘　旭

（2011 年 11 月 18 日）

各位领导，同志们：

提高科研产出效率、培育重大科技成果，一直是中国农业科学院党组高度重视的一项工作，也是我院科技管理工作的重点之一。在农业部和科技部等上级部门的关心和支持下，随着国家对农业科技投入力度的不断加大，我院承担的各级各类科研项目与获得的经费逐年增长，科技创新能力也迅速提高。“十一五”期间，全院主持各级各类项目 5 741个，新增合同经费 36. 34 亿元，对我院提高科研产出效率、提升科技成果水平提出了新的要求。为了进一步加大我院国家奖成果培育力度，提高申报质量和水平，帮助科技管理人员和科研人员了解和掌握申报程序和要求，提升撰写报奖与答辩材料的水平和能力，提高申报成功率和获奖等级，今天，我们组织院属研究所主管领导、科研处处长与成果管理人员，以及我院“十二五”国家奖重点培育成果的第一完成人，来参加这次国家奖申报培训班，我认为非常必要，也十分的及时和有意义。为了充分利用这次机会，取得更好的培训效果，让大家有实实在在的收获，院里作了精心安排。我们很荣幸地邀请到了国家奖励办刘剑潇处长，为大家讲解国家科技奖的有关政策和申报要求，还邀请了典型单位作科所和兰州牧药所与大家一起交流成果培育与报奖方面的经验体会，科技局还将介绍国家奖申报中一些具体注意事项。我相信，经过一天的培训、学习和交流，各位会不虚此行，一定会得到一些帮助和启发。下面，我就进一步加强重大成果培育和报奖工作讲几点意见和要求。

一、“十一五”以来我院科技成果培育和报奖工作的进展情况

在院所共同努力下，“十一五”期间我院获国家奖 25 项，其中，一等奖 2 项；参加单位获奖 15 项，其中，一等奖 1 项，获奖数量比“十五”增加了 5 项，增幅为 25%，可以说成绩喜人。获得省部级奖 152 项，其中，一等奖 26 项，二等奖 51 项。2011 年又有 5 项成果获得国家奖，其中，一等奖 1 项，“十二五”开局不错。这些奖励

的获得为我院高水平、高质量完成“十一五”科研任务起到了重要作用，为稳定和提升我院形象增了光添了彩。为了提高科研产出，促进形成重大成果，院里从各个环节入手，开展了大量卓有成效的工作。

（一）加强制度建设，大力营造促进重大成果产出的氛围

“十一五”期间，院里制定发布了《中国农业科学院关于加强科研项目管理工作的指导意见》，提出了加强项目执行成效跟踪、扩大项目成果宣传展示、强化项目后续支持等政策措施，鼓励科研人员围绕产业重大科技问题开展攻关，大力营造促进重大成果产出的良好氛围，为提高科研项目执行成效和重大成果产出提供了有效保障。建立了重点项目跟踪管理制度，积极引导研究所探索建立项目绩效考评制度，完善研究所推荐报奖机制，建立起依靠学术委员会进行初审推荐的制度。在继续引导多发表SCI论文的基础上，更加重视论文质量的提升，鼓励多发表高水平、高影响因子的论文。院里实行了对获国家奖成果进行配套奖励和对国际顶尖水平研究论文进行奖励的激励政策，许多研究所也制定了引导性的绩效评价办法。在院、所的引导鼓励和全院科技人员的共同努力下，“十一五”期间我院取得的各种形式成果的数量与“十五”相比均上了一个新台阶。5年共发表SCI、EI等收录论文2 518篇，几乎是“十五”总数的5倍，占发表论文总数的比例也由4.7%攀升到12.6%，多篇论文在《Science》和《Nature Genetics》等国际顶尖刊物发表。此外，还获得专利675项，培育各类新品种358个，获植物新品种保护权78项，获软件著作权201个，获新兽药、农药证书36个。这些成果的取得为申报国家奖奠定了良好基础。

（二）强化工作措施，不断加大成果培育力度

为了加强重大成果培育工作，我院建立起了与项目研究相衔接的成果培育机制，提前介入，从实施阶段着手，加强过程管理，通过确保高质量地完成科研项目，促进了重大成果的产出。院、所两级建立了重点项目跟踪管理制度，筛选出了54项院级和132项所级重点跟踪管理项目，全程跟踪指导、加强监督检查与服务。我们邀请了院士、主管部门领导和知名专家对重点跟踪项目进行咨询评估，发现问题，及时提出意见和建议，凝练标志性成果。院里尽可能地对苗头性的重大成果进行重点支持和服务，利用院所长基金专项给予后续支持，在申报成果转化资金、成果推广等项目时予以重点倾斜，在专利申报、品种审定、成果鉴定等方面提供必要条件。突出抓好有望获得国家奖成果的指导与服务，帮助凝练成果创新点和发明点，努力提高项目的科技含量和学术水平。组织召开项目研讨会、现场会、新闻发布会等，加大成果示范推广，加速成果熟化与转化，提高成果显示度和社会影响力。这些措施取得了良好效果，近两年获得国家奖的“棉铃虫对Bt棉花抗性风险评估及预防性治理技术的研究与应用”、“后期功能型超级

杂交稻育种技术及应用”等多项成果，均是“十一五”院级重点跟踪管理项目的产出，还有一大批成果成为“十二五”国家奖的储备。

（三）突出抓好国家奖申报，着力提高申报质量和成功率

我们始终将国家奖的申报工作放在突出地位，在成果储备、推荐和申报等环节积极给予支持、指导和服务。积极组织引导研究所申报省部级成果奖、中华农业科技奖、农牧渔业丰收奖等，加大服务与协调工作力度，重点组织好一等奖的申报，为冲击国家奖打好基础。报奖过程中，注意加强对报奖材料的编写和审核把关，组织有经验的专家对通过网评的项目逐一进行精心指导，组织进行预答辩，帮助修改答辩材料，凝练创新点，还对重点项目进行个别辅导，进一步完善答辩材料。同时，还加强了对评审的跟踪与信息沟通，积极推介我院成果。通过这些措施，不断改进全院成果管理和服务，对提高国家奖申报水平与成功率起到了重要作用。

（四）我院成果培育和报奖工作存在的不足

在肯定成绩的同时，我们也要认识到中国农业科学院重大成果培育和报奖工作还存在许多不足。第一，部分研究所重大成果培育工作的力度还不够，缺乏具体的培育计划和有效的工作措施，鼓励产出重大成果的氛围尚未营造起来，为专家提供指导、帮助与服务的能力有待进一步提高。第二，从我院地位来看，国家奖一等奖数量还不多，“十五”一等奖 3 项，“十一五”2 项，“十二五”有几项能获一等奖目前我们心里还没底。第三，全院获奖成果分布不平衡，研究所之间、学科之间差距较大，有近 20 个研究所自“十五”以来国家奖为零。2000 ~ 2005 年，共有 14 个研究所作为第一完成单位分享了 21 项奖励，平均每个所 1.5 项；而 2006 年以来，10 个研究所包揽了 30 项国家奖，平均每个所 3 项。近几年发表的标志性高水平研究论文也主要分布在植保所、蔬菜所和水稻所等少数几个单位。同时，各个学科群之间也呈现不平衡的情况。据统计，“十五”以来，全院以第一完成单位共获国家奖 54 项，作物科学领域获奖达 30 项，占全院获奖总数的一半以上，还囊括了全部 6 项一等奖中的 5 项；再加上畜牧兽医学科群所获奖励，这两个学科群之和占到全院获奖总量的 3/4 以上。而九大学科群中有的学科群还没有获得过国家奖。第四，报奖材料和成果水平参差不齐，对成果的凝练组装不到位。从每年我院申报国家奖成果的材料可以看出，我们大部分专家还需要进一步提高把握奖励政策、对成果进行梳理提炼和撰写申报材料的能力，研究所的指导和把关工作有待继续加强。

二、“十二五”我院加强重大科技成果培育和报奖工作的思路

为了加强“十二五”重大成果培育工作，提高国家奖申报水平与成功率，下一步

我院将开展以下工作。

（一）研究制定《加强我院科技成果管理的指导意见》，统领指导全院成果管理工作

结合农业科研与科技成果产出的规律，针对加强中国农业科学院科技成果培育、促进重大成果产出工作开展系统深入的调研，研究制定《加强我院科技成果管理的指导意见》，从项目统筹安排、成果培育、成果熟化、绩效评价、成果申报、激励机制和监督服务等环节提出具体指导性意见，进一步规范管理，强化工作措施，提高服务水平，指导全院的成果培育和报奖工作。

（二）明确重点培育目标，制定全院“十二五”国家奖成果培育计划

为了加大我院“十二五”国家奖成果的培育力度，明确重点培育目标，提高工作的针对性与计划性，院里组织各研究所提出了118项拟报国家奖成果，经院领导及有关专家评审，遴选出院级重点培育成果45项，所级重点培育成果73项，形成了全院“十二五”国家奖成果培育计划，并且下发到了各所，来指导全院报奖工作。下一步关键是抓落实，各所应进一步研究制定详细的工作方案和工作措施，将全院国家奖成果培育计划落到实处。

（三）大力倡导潜心钻研的学术风气，引导加强对科研绩效的应用性评价

要鼓励科研人员树立长远目标，瞄准制约国家农业发展的重大科技问题和推动农业科技进步的核心技术，迎难而上、持之以恒。大力提倡“耐得住寂寞”、“十年磨一剑”的学术精神。通过学风建设，形成全院科技人员求真务实、刻苦攻关、人人力争取得重大科技成果的良好局面。为了确保我院在国家奖竞争中始终处于优势地位，各研究所应当积极探索科研绩效的分类评价，针对国家奖的目标要求，找到基础研究与应用研究的结合点，将评价的重点引导到实用性、适用性和解决生产实际问题的效果上来，要更加强调成果的转化推广，更加强调对推动农业产业科技进步、提高农业生产效率、农产品市场竞争力和农民收入的作用。

（四）齐心协力，狠抓报奖工作

要及时发现并大力扶植有苗头的成果，从项目实施环节给予倾斜性支持，为未来产出重大成果做好储备。进一步组织做好省部级奖、中华农业科技奖等奖励的申报，努力

扩大一等奖份额，夯实冲击国家奖的基础。特别要突出抓好国家奖的申报，院所应深入研究国家奖评审政策及发展动态，加大对课题组的指导帮助力度，研究制定科学合理的申报策略，努力拓展申报渠道，积极推荐我院成果，千方百计抓好报奖工作。

三、对进一步做好我院成果培育与报奖工作的要求

获得国家科技奖励特别是高等级奖励是反映一个科研单位水平与实力的重要标志。“十二五”要想进一步提高获国家奖成果的数量与水平，形势不容乐观。农业领域申报国家奖成果的水平日益提高，竞争不断加剧，获得国家奖特别是一等奖的难度越来越大。“十二五”全院的目标是力争获国家奖总数达到 30 项，2011 年有 5 项通过评审，其中，一等奖 1 项，而未来几年内有望冲击一等奖的比较过硬的成果基数偏少。总的来看，可以说是形势严峻、时间紧、任务重。当前，中国农业科学院“十二五”国家奖成果培育计划已经发布，2012 年度国家奖申报工作也即将启动。我想利用这个机会，对今后进一步做好我院成果培育和报奖工作再提几点要求。

（一）高度重视重大成果培育和报奖工作

作为农业科技的“国家队”，应当以达到同领域最高研究水平为己任，以国家最高级别的科技奖励为奋斗目标。经过多年的积累，各个研究所在一些研究方向取得了重要进展和突破，开始进入重大科技成果培育的关键时期，促进重大成果产出已成为当前科技工作的中心任务。各研究所及全体科研人员一定要高度重视，特别是报奖工作较为薄弱的研究所更要加倍努力。研究所主要领导要牵头主抓，大力营造鼓励产出重大成果的氛围，要充分发挥好所学术委员会的咨询指导、审查把关和报奖推荐的作用，成果管理部门要做好督促落实和服务工作，要建立报奖工作责任制，将任务落实到人，切实做好重大成果培育和报奖工作，务必抓出成效。

（二）采取有力措施，落实好全院“十二五”国家奖成果培育计划

各所要根据“十二五”国家奖成果培育计划的培育目标，针对每项成果与国家奖的差距，制定出具体的年度培育计划，强化工作措施，逐年检查落实。研究制定合理的申报计划，分类报奖，避免内部竞争。切实加强从成果熟化、组装凝练、制定报奖策略，到推荐申报、组织答辩等各个环节的管理与服务工作。院里要加强对培育成果特别是院级重点培育成果的全程跟踪、检查和服务。在明年适当的时候，院里将组织召开一次专家咨询会，对院级重点培育成果进行咨询，帮助凝练创新点，指出不足，促进成果早日完善与成熟。特别要加大对重点研究所和重点培育成果的工作力度，组织进行个别辅导，全力冲击一等奖，并力争帮助多年未获国家奖的单位早日实现突破。院所要加强

协作，对列入重点培育计划的成果进行倾斜支持，在安排院所长基金、成果转化与推广项目的申报和国家奖推荐等方面予以优先支持，同时，采取各种手段措施，加强成果的宣传展示和转化推广，扩大成果的影响力，为申报国家奖奠定坚实基础。

（三）成果培育过程中更加注意加强积累，为申报国家奖打下坚实基础

高水平成果应具有创新性、先进性、成熟性、系统性和完整性，缺一不可。成果的组装和完善并不是在报奖环节下功夫就能实现的，而是十分有赖于研究过程中的布局、谋划和统筹安排。平时一定要更加注意研究的系统性，查漏补缺，不断积累，经过凝练和组装后，才有可能形成好的成果。中国农业科学院近些年还未获得过国家自然科学奖，因此，要继续引导和鼓励科技人员围绕具有重大科学价值的问题，进一步加大基础和应用基础研究深度，创新研究方法，揭示科学原理，勇攀科学高峰，并积极试点探索开展论文代表作的评价机制，提高在具有国际影响力的学术期刊和学科内顶级期刊上发表论文的比例，增加冲击自然科学奖的机会。

（四）抓好报奖环节，下大力气提高报奖材料水平

报奖材料撰写是报奖过程中最重要的环节之一，质量的高低对获奖和奖励等级有着重要影响。成果的凝练组装和报奖材料的梳理、提高完善是一个过程，一定要早作准备。研究所要组织力量帮助报奖专家撰写好申报材料，将专家的报奖行为上升为所里的重要工作，避免专家“单干”现象的发生，充分发挥学术委员会和有关专家的作用，下功夫进行细致深入的讨论、分析和梳理，帮助提炼理论、方法和创新点，力争形成高质量的申报书；科技局要积极配合研究所和专家的工作，根据需要，邀请有经验的专家深入研究所进行咨询把关，进一步提升申报书的质量，同时，要加强申报书的形式审查，做好上报工作。要继续组织做好预答辩，探索新的方式，提升预答辩的实际效果。总之，尽最大努力做好报奖各个环节的工作。

同志们，实现我院“十二五”重大成果培育目标的任务十分艰巨。希望全院上下团结一致、共同努力，进一步提高全院科技产出水平与报奖成功率，推进我院重大成果培育和报奖工作迈上一个新台阶。

谢谢大家！

刘旭在中国农业科学院2011年国家自然科学基金项目申报动员会上的讲话

（2011年2月23日）

同志们：

今天我们召开院2011年自然基金项目申报动员会，主要目的是学习国家自然科学基金等“十二五”相关规划及相关政策，统筹谋划中国农业科学院“十二五”基础研究工作，安排部署2011年基金项目申报等工作，强化我院基础研究工作。刚才，国家自然科学基金委生命科学部杜生明常务副主任就国家自然科学基金“十二五”发展规划和生命科学领域“十二五”重点支持方向、支持方式及相关政策等给我们作了一个系统深入、内容丰富的报告，对我院“十二五”基础研究工作和2011年基金申报等起到了很好的指导和培训作用。在此，我代表农科院和翟虎渠院长对杜主任的精彩报告再次表示衷心的感谢！

召开全院性的国家自然基金项目申报动员会，在我院还是第一次。会前，院领导和科技局对“十二五”期间如何强化我院基础研究及2011年的工作布置进行了多次研究。今天召开动员会议，充分体现了院领导对基础研究工作的高度重视。

下面，我主要讲三点意见。

一、进一步提高对农业基础研究工作重要性的认识

当今世界，科学和技术的发展日新月异。基础研究作为科技创新的动力源泉，对国家科技、经济和社会发展具有举足轻重的地位和作用。许多国家政府都把加强基础研究作为提高科技创新能力和国家核心竞争力的战略选择，基础研究的发展水平直接反映了一个国家的科学实力和知识基础。谁掌握了基础研究的科学前沿，意味着谁就掌握了重要的科技竞争主动权。

中国政府历来高度重视基础研究工作。20世纪80年代中期（1986年），专门设立国家自然科学基金；90年代初（1991年），国家又设立了攀登计划；1997年在攀登计划基础上设立了国家重点基础研究发展计划（即“973”计划）。经过20多年的发展，这两项战略性科技计划不仅为我国科学技术事业的发展作出了积极的贡献，而且在人才培养、学科发展等方面显现出强劲的动力。目前，国家自然科学基金、“973”计划等

已经成为我国基础研究的支持主渠道，在科研机构、高等院校中产生了重大的影响。

我认为，农业基础研究之所以重要，除了国家战略层面的重大意义之外，对科研单位事业的发展具有重要的作用。

（一）基础研究是科技自主创新的源头

科学研究是一项为了增进知识并利用这些知识去发明新的技术而进行的系统的创造性工作，主要包括基础研究、应用研究和开发研究 3 大类。其中，基础研究是对新理论、新原理的探讨，目的在于发现新的科学领域，为新的技术发明和创造提供理论前提。农业科技创新工作，也是在一定的理论、方法指导下开展的创造性活动。正因为有了杂种优势理论，才有了杂交水稻、超级稻新品种的重大突破。如今，我国农业科技创新处于一个艰难的爬坡期。只有不断加强基础研究，突破重大基础理论和方法，才能为农业科技的创新提供源源不断的知识源泉。

（二）基础研究是创新人才培育的重要摇篮

基础研究是一项创新性强、风险性大的工作，最能锻造出一代又一代创新意识与创新能力强，洞察力和观察力、创造力强，具有坚强的意志和丰富的想像力、思维能力的创新型科技人才。因为基础研究培育的是求真唯实的创新精神、科学的思维方式和尊重客观规律的作风。丁颖、金善宝、李竞雄、鲍文奎等一大批老一辈科学家和钱前、郭三堆、吴孔明、陈化兰等新一代科学家，他们在水稻起源、小麦遗传育种、玉米杂种优势利用、植物多倍体等方面取得了重大的理论突破，才取得了相应的创新成就。实践证明，基础研究不仅需要高水平的科研人才，也能培育和塑造出真正懂得科学研究的创新人才。

（三）基础研究是学科发展的基础

学科是相对独立的知识体系，是科学知识长期、系统积累的结果。一个完整的学科，由其系统、全面、动态发展的理论、方法等构成。一方面，基础研究可以不断丰富学科理论、方法，促进学科的发展；另一方面，学科不断交叉、综合和分化，又给基础研究带来新的命题。基础研究的特点是厚积薄发、探索性强，对学科的发展发挥着重要的推动作用。

（四）基础研究是研究所可持续发展的重要保障

一个研究所可持续发展的显著标志就是科技创新能力的发展，而科技创新能力主要体现在科技成果、创新人才的不断涌现。基础研究作为推动技术进步的动力源泉和人才培养的重要摇篮，为科研院所可持续发展提供不竭动力，同时，科研院所可持续发展的一系列重大问题的解决，都要求基础研究提供科学的依据和途径。我院作科所、植保所、棉花所、水稻所等单位之所以创新成果不断涌现，就是因为有一批批科学家在基础前沿不断探索，为研究所科技事业的发展提供源源不断的知识动力。

中国农业科学院作为国家级综合性农业科研机构，长期以来，始终坚持攀登农业科技高峰、支撑服务"三农"发展的基本方向，以应用科学研究为主要任务，在新品种、新技术、新产品等技术创新方面不断取得突破，为我国农业持续、稳定、健康发展作出了积极的贡献。随着科学和技术一体化发展的趋势不断加快，农业基础研究对农业技术创新的推动作用越来越显著。院领导在多次会议上强调，要突出抓好我院基础研究工作，特别是自然科学基金和"973"项目的立项工作，通过基础研究推动我院的科技创新、人才队伍建设和学科建设。各研究所按照院领导的要求，积极推动自然基金、"973"等基础研究项目立项工作，已取得较好的成就，科技人员从事基础研究的热情正在不断提高。据科技局统计，"十一五"期间，我院共组织申报自然基金项目 2 739 项，获准立项 537 项，经费总额达 1.2 亿元，年度经费从"十五"期间不足 2 000万元持续突破、增加到 2010 年的 4 700万元；"973"计划"十一五"期间共获准立项 10 项，合同经费达 3 亿多元。这些数据表明，经过全院上下的努力，我院基础与应用基础研究的综合实力大幅度增强，改变了以往基础研究薄弱的情形，显现出我院在农业基础研究领域与中国科学院、大学系统"三足鼎立"的新格局。

但是，综合比较分析，我们还存在较多的实际问题。一是院内各所间立项水平参差不齐。近 5 年的统计数据表明，目前我院在基金项目申报和获准立项数量均比较好的研究所主要有作科所、植保所、蔬菜所、资划所、畜牧所、油料所、水稻所、哈兽研所等少数几个所，这些所的项目总数和经费几乎占据了我院 70% 左右的份额；环发所、蜜蜂所、质标所、茶叶所、郑果所、麻类所、兰兽研所、上兽研所、环保所等处于中等水平，立项规模还不大；加工所、信息所、棉花所、草原所、特产所、沼气所、兰牧药所等申报积极性很高，但立项成功率还比较低；剩余其他几个所，无论是申报数量还是立项数，几年来没有大的突破，有的甚至没有取得零的突破。二是全院的杰青、重点、重大等项目偏少，创新群体项目仍处空白。尽管我院"十一五"期间在项目总数和经费规模等方面取得了突破性的进步，但项目的水平和档次还较低：杰青项目只获得 4 个，重点项目及重大项目偏少，创新群体项目还处于空白，严重影响到我院基金立项的整体水平。三是与其他一些院校相比，差距较大。如中国农大有教师队伍约 1 600人，约为我院科技人员总数的 1/3，但据国家自然科学基金委公布的 2010 年项目评审结果，中国农大共申报 507 项，获得资助 176 项，经费达到 6 387万元。

分析上述问题的主要原因：一是部分研究所的领导对基金申报、特别是基础研究重要性的认识还不够，导致我院基金项目立项水平参差不齐，差距较大。有的所领导只看重国家科技计划大项目的申报组织，对自然基金的几十万、一两百万元的项目不重视；

有的领导缺乏战略性、全局性意识，没有认识到基础研究对研究所事业发展的重要意义；二是部分科技人员对基础研究也存在认识问题，重应用、轻基础研究，申报积极性不高，或者因一次申报不成功而具有畏难情绪；三是近些年我院申报基数提高很快，但缺乏有影响的大项目，如杰青项目、重点项目、重大项目等，影响总体水平；四是由于对科研选题的理解、关键科学问题的凝练不够，学科选择不当等，项目申报书的总体质量不高，影响到立项成功率；五是缺乏科学合理的激励和引导机制，基础研究的氛围还不浓等。

目前，国内各主要科研单位、大学都将主持基金项目、“973”项目数量作为衡量单位科研实力的标志，在很大程度上体现了一个科研单位的科研实力、发展能力、科学管理水平和领导的重视程度。为此，我们必须从战略高度来认识和正视这些问题，进一步改进基础研究工作。

二、认真研判“十二五”特别是2011年的形势

根据2011年初发布的指南，基金委本年度的资助规模达到160亿元，比2010年的80亿元翻了一番。资助金额的大幅提升，说明基金委本年度在项目的立项数量和项目支持强度上将会大幅提升；科技部在“十二五”“973”计划安排上，也从原来的8个资助领域增加了“制造与工程科学”领域，使“973”项目的资助领域达到9个；重大科学研究计划也从原来的蛋白质研究、生殖与发育、量子调控、纳米研究4个计划增加到目前的6个计划（新增全球变化研究、干细胞研究）。从一个侧面看出，国家在“十二五”时期将大幅增加对基础和应用基础研究工作的支持，给我们的基础研究工作带来了良好的机遇和条件。

近年来，随着国家对基础研究工作支持力度的不断加大，国家在支持的渠道和方式上正朝着多样化发展，可以说是应有尽有。从面上看，不仅有国家自然科学基金委的自然基金项目，还有科技部的“973”、重大研究计划、国家重点实验室项目等，这些都是基础研究项目的主渠道和重要来源。从项目类别看，国家在自然基金、“973”计划等中，对申请人的职称、年龄、资历、专业、学位等条件没有限制，只要你有从事自然科学研究的兴趣，都可以找到相应的学科申报。在支持科学家个人的兴趣和爱好方面，有基金委的青年科学基金项目、面上项目等。这类项目着眼于统筹学科布局，推动学科交叉，鼓励科研人员自主选题、自由探索，激励原始创新，从而提高基础研究水平，发挥导向作用。在服务国家需求方面，有科技部的“973”项目、重大科学研究计划项目和国家自然科学基金委的重点项目、重大研究计划项目等。这类项目着眼于国家重大战略需求，以解决国民经济社会发展中的重大科技问题为目标，针对已有较好基础的研究方向或学科生长点开展深入、系统的创新性研究，促进学科发展，推动若干重要领域或学科前沿取得突破。在人才和创新团队培养方面，又有基金委的青年科学基金项目、国家杰出青年科学基金项目、国家基础科学人才培养基金项目、海外及港澳学者合作研究

基金项目、创新研究群体项目等。这类人才系列项目立足于未来竞争力，着眼于长远发展，关注基础研究后备人才队伍的培育、青年学者初涉独立科研的支持、学术带头人及其团队培养等。在国际科技合作与交流方面，有基金委、科技部等国际（地区）合作与交流项目等。这类项目以交流合作为基础，以实质性合作研究为重点，充分吸纳和利用境外研究资源，提升自主创新能力，全面扎实推进战略型国际合作。在增强学术环境建设方面，还有重点学术期刊专项基金、科普项目等。这类项目主要支持科研环境的改善，引导社会对基础研究的投入以及促进大众对科学和基础研究的理解等。可见，基础研究支持的渠道、方式非常多。

与此同时，我们还要看到我们自身的优势，增强我们的信心。我认为，与高等院校、中国科学院系统等相比，我院的优势体现在以下几个方面：一是拥有相对齐全的学科，研究领域宽泛。不仅拥有作物科学、动物科学、农业微生物科学、农业资源与环境科学、食品科学与工程、农业质量标准与检测、农业信息学、农业工程学、农业经济与科技发展九大学科群和 41 个一级学科领域、173 个二级学科领域，而且覆盖了主要粮(麦、稻、玉、豆)、棉、麻、油、果、菜、茶、烟、糖、蚕桑、特种作物、猪、牛、羊、禽、家蚕、特种经济动物、牧草、微生物等农业生物资源，以及农业资源与环境、农业工程、食品工程、农业经济、农业信息、农业标准、质量检验等研究领域。近年来，科学技术发展呈现学科高度分化和综合化的双向趋势。基础学科与应用学科相结合，在交叉性、边缘性、综合性学科中，组织多学科交叉和融合的探索性研究，是国际一流院所成功的重要经验。我们一定要发挥学科齐全、学科交叉的独特优势。二是拥有丰富的农业生物资源、自然资源、信息资源等。不仅拥有国家农作物种质资源长期库、中期库、安全保存资源达 39 万份，居世界第一位，而且拥有最丰富的畜禽品种资源、微生物资源和农业科技文献信息资源。这些资源、数据、信息等资源条件，是农业院校、中国科学院等都无法相比的，凸显出我院在农业领域中的国家级中心地位，更为我们开展基础研究奠定了良好的基础支撑。三是我院科研工作立足生产实际，基础科研选题丰富。我院科研工作的特点就是立足农业生产实际，在实际生产问题中，容易找到基础研究重大需求。因此，基础研究选题非常丰富，最具生命力，项目成果可以顶天立地。四是近些年引进和培养出一大批博士、硕士学位青年科技人才和杰出岗位人才，为基础研究工作注入了新的活力。五是拥有一批高水平的国家级创新平台和试验基地，部分领域的设施装备水平达到国际一流水准。因此，无论从学科、人才队伍、基础资源还是科研条件，我院均具备良好的条件和优势。

总之，我院基础研究的内外部发展条件和环境都已具备，并且十分有利。

三、强化措施推动我院基础研究科研立项工作

刚才，杜主任在报告中对“十二五”国家自然科学基金规划、2011 年发展计划、重点支持方向、支持强度和方式等方面给我们进行了详细介绍，可以看出：国家从

2011年开始，对自然科学基金项目的资助规模、强度大幅度增加，支持政策也进行了较大调整，对我院狠抓农业基础和应用基础研究工作创造了难得的机遇和条件。各所要进一步解放思想、更新观念，抓住难得的机遇，从战略高度认识、重视和加强自然基金项目的组织申报工作，强化措施先行，努力提高项目规模和档次，力争在申报数量、质量上比2010年有大幅度增长。

一是要做储备，做好项目预研和选题建议。2011年是"十二五"开局之年。根据自然基金"十二五"发展规划的总体部署，自然科学基金委将坚持更加侧重基础、更加侧重前沿、更加侧重人才的战略导向。各研究所应根据"十二五"规划的部署和学科发展的需要，凝练重点和重大项目，做好自然基金项目的储备和建议工作。要组织广大科技人员，认真研究国家科技中长期发展规划，领会国家战略的重要内容，找准与国家战略对接的切入点和突破口，特别是要重视培养一批战略科学家，争取到在国家重点研究领域和重大研究计划中的发言权；要凝练研究方向，提炼出若干个既能代表研究所学科研究水平，又与国家战略需求相衔接的重点研究方向，需要根据科技发展态势、社会发展需求和农业科研实际认真斟酌选择优势学科，选择重点、重大项目的切入点；要善于整合所内外优质的学科资源，特别是要找到和遴选出能够带领团队、凝聚力量的领军人物，找准合作对象，注意协调组织。各研究所可在每年6月底之前，组织专家提出满足国家需求、能够推动相关学科领域发展的选题建议，在7月份经科技局组织上报基金委。

二是要早准备，注重工作计划前移。根据基金委一贯的做法，项目申报指南都是在头一年年底前发布指南，截止时间在当年的3月中下旬。目前，我院大多数申请者都是在指南发布后才开始着手选题、写本子，有的甚至在最后一个月才开始写。如果你的工作很有优势、很有特色，同时申请书撰写也很有经验，是可以这样的，但毕竟我们大多数科学家在基础研究中的基础还不好，项目申请书的撰写最好要有3个月以上的凝练。按照一些大学教授的经验和体会，项目申请工作应尽量做到计划前移，提前策划，打有计划和准备之战，一般在前一年的9月份就基本形成翌年的选题建议和申请书。我院各研究所应增强基金项目申报组织工作的主动性，立足各自优势学科，组织优秀科研团队、科技人员提前作出项目选题建议。其次，应注重项目预研。项目的预研程度与申报成功与否有着十分密切的关系，项目预研不充分、研究基础不完善、缺乏工作积累、研究力量有待加强等是项目落选的重要因素。因此，申报基金项目必须注重项目预研工作。只有进行了充分的前期研究工作，具有一定的工作积累，使本学科及相关学科内的同行专家对自己的研究工作有一定的认识和了解，才能提高申报国家自然科学基金项目的立项率。

三是要练内功，注重提高申请书质量。现在社会上有一种风气，就是不论项目申请书写的如何，申请人总希望托关系、找人帮忙。能够取得评审人的关心、照顾固然很好，但如果申请书都没有写好，找人说情也是没有根据的。因此，我认为，在基金项目评审非常规范的情况下，练好内功、写好申请书是获得立项的第一关。首先，要求申请人从关键科学问题出发，系统了解国内外研究进展，提出自己的研究内容等，写好申请书。其次，要积极发挥研究所学术委员会的作用，邀请学术委员会中与专业结合较为紧密的专家指导项目选题、研究内容、研究方案、进行预答辩等。科研处也可以聘请院内外各研究方向有丰富的基金申报和评审经验的专家，有效指导基金申请，对申请项目的题目、研究方向、研究路线和研究手段等内容给予专业的指导和学术性的把关，提出质疑和指导，有利于提高基金申报质量。

四是要建机制，激励和保护科技人员的申报积极性。科学的管理机制是推动我院科技工作正常、高效进行的基本保证，能够充分调动科技人员的积极性及创造性，吸引更多的科研人员从事基础科学研究，以保证申报数量的递增，为提高申报质量奠定基础。我认为，我院一些有条件的研究所可以向作物所和植保所学习，可以建立一定的激励机制。作科所出台明文规定，把是否主持国家自然科学基金项目作为晋升高级职称的必要条件之一，对高水平论文进行重奖；植保所在开展职称评审等科技评价时，对主持过国家自然科学基金项目的科研人员优先考虑。这两个所在良好的科技评价和激励机制推动下，自然基金的立项数和经费数一直位于全院前列。当然，我院的主体任务是应用研究，是技术创新，不能一刀切。各所要根据本所的实际情况，制定和出台相应的激励、引导措施，逐步形成重视基础研究的环境和氛围。

五是要重交流，营造项目发展环境。目前在基金委的评审专家库中，抽取参与基金项目评审的专家大多数是高等院校系统的教授，可能占到 90% 以上。我院科技人员参与国内学术会议的频次还不高，尤其缺乏与大学、中国科学院系统的交流，影响到这些教授对我院科学家的研究领域和进展的了解。研究所应大力提倡学术研讨和交流，组织召开相关学科领域的全国性学术会议，邀请大学、中国科学院相关领域专家参加，或动员所内科技人员积极参加高等院校、中国科学院等组织举办的学术研讨会等，了解其他科学家动态，展示我院在相关领域的研究动态和进展。通过交流，可以结识一大批有影响的学术权威和专家、教授，提高自身影响度、知名度和认可度，给自己营造良好的外部发展环境。

关于 2011 年基金立项工作，我再强调几点：

一是要积极引导做好今年面上项目等申报，力争今年项目申报规模大幅增加。2011 年基金委加大了青年科学基金和面上项目资助规模和强度（面上项目预计约 60 万元/项、青年科学基金项目预计达 25 万元/项），各所会后要立即动员，对符合条件的科技人员提出项目申报要求，尽量组织多申报。强所要保持优势，弱一点的所申报总数也起码不能低于 10 项，力争我院申报总数达到 800 项左右。只有提高项目申报基数，才有可能取得立项数目的增长。

二是重点抓好杰青、重点、重大项目等申报组织，提高申报项目的档次。对于基础好、有一定学科优势的研究所，如作科所、植保所、生物所、蔬菜所、资划所、畜牧所、水稻所、棉花所、油料所、哈兽研所、兰兽研所、上兽研所、环保所等，要在做好面上项目申报组织的同时，要重点挖掘和组织申报一批杰青、重点、重大及创新群体等项目。院里还要邀请专家对这些项目的申报、答辩等进行专门指导。

三是积极争取重点学术期刊、国际合作等其他项目，拓宽申报渠道。我院有80多种学术期刊，目前仅有《中国农业科学》《作物学报》等少数期刊获得重点学术期刊基金的支持，而其他学术期刊还不知道基金项目的支持渠道。要求各所凡办有“学报”类的期刊单位，要指导编辑部申报该类项目。国际合作项目申请也是我们的一个弱项，各所要围绕重点学科，通过申报国际合作与交流项目，包括国际学术会议项目等，以支持研究所开展国际合作和交流。

四是重点把握好项目选题关和审查关，提高项目申报质量。根据近几年我院基金项目申报的情况，多数基金项目申报不成功的首要原因是选题不当、凝练科学问题不准确等。另外，申请书的形式审查不合格、学科选择欠合理等也是一个突出的问题。科研处要通过培训、辅导、形势报告和个别指导等方式，指导和帮助科研人员凝练科学选题，重点在附件资料、重项审查、学科选择等方面把好关，提高科技人员选题和项目申报水平。

同志们，国家自然科学基金是我国基础研究投入的主渠道，也是我院科研经费的重要来源之一，是促进我院前沿基础科学研究，培养新的生长点和青年人才的摇篮。中国农业科学院作为农业科研国家队、领头羊，必然要求加强基础和应用基础研究，积极探索农业科学前沿，服务国家重大需求，大幅度提高农业科技自主创新能力，继续引领全国农业科技创新方向，促进我院学科建设，做强“三个中心、一个基地”。“十二五”已经开局和起步。全院上下要高度重视农业基础研究工作，进一步解放思想、更新观念，抓住难得的发展机遇，从战略高度认识、重视和加强基金项目等组织申报工作。我们相信，经过院、所领导、科技管理部门及全院上下广大科技人员的共同努力，我院基金、“973”等项目申报工作一定能取得较大的成绩，我院“十二五”基础研究工作一定会取得更加辉煌的成就。

谢谢大家！

三、产业发展与企业管理

中国农业科学院2011年度科技开发调查统计简况

据院属33个单位报来的《中国农业科学院2011年度科技开发情况调查表》统计。

一、2011年开发收入情况

2011年全院开发毛收入92 665.84万元，支出70 579.04万元，开发纯收入22 086.8万元。

二、2011年开发纯收入构成情况（表1）

表1 2011年开发纯收入构成情况表 （金额单位：万元）

项目	合计	其中				
		技术收入	经营收入	房地产收入	其他收入	附属单位上交收入
开发纯收入	22 086.8	17 727.12	1 604.6	571.73	1 459.35	724
%		80.26	7.26	2.59	6.61	3.28

三、2011年开发纯收入层次构成情况（表2，表3）

表2 2011年开发纯收入层次构成情况表 （金额单位：万元）

项目	合计	1 000万元以上（3个单位）	500万～1 000万元（6个单位）	100万～500万元（12个单位）	50万～100万元（3个单位）	50万元以下（9个单位）
纯收入	22 086.8	14 547.5	4 242.93	3 038.24	232.17	25.96
%		65.86	19.21	13.76	1.05	0.12

表3　2011 年开发纯收入超过 1 000 万元的单位情况表

（金额单位：万元）

单位名称	哈兽医所	特产所	兰兽医所
开发纯收入	7 995	5 102	1 450. 5

四、2011 年人均创收层次构成情况

2011 年被统计单位人均创收 3. 35 万元，其中，人均创收超过 2 万元的有 14 个单位，占被统计单位的 42. 42%，人均创收低于 2 万元的有 19 个单位，占被统计单位的 57. 58%。

五、其他方面情况

2011 年签订各种合同 983 项，成交金额 39 769. 46 万元，当年实收金额 43 936. 43 万元。技术（产品）开发推广的直接经济效益在 100 万元以上的共 26 项。有 46 个项目，转让 74 次，转让总收入 8 421. 4 万元。茶叶所、哈兽医所、农产品加工所的产品出口创汇金额 2 307. 7 万元。参加各种技术（产品）交易会 139 次，成交金额 750 万元。

六、附表

附表一

中国农业科学院2011年开发收入情况汇总表

（金额单位：万元）

序号	填报单位	总收入			技术收入			经营收入			房地产收入			其他收入			附属单位上交收入	人均创收
		收入	支出	净利润	收入	支出	净利润	收入	支出	净利润	收入	支出	净利润	收入	支出	净利润		
1	作科所	2 240	2 110	130	910	780	130				1 330	1 330						0.37
2	资源区划所	2 028	1 915	113	1 138	1 042	96				790	776	14	100	97	3		0.37
3	植保所	2 942	2 232	710	2 242	2 232	10										700	3.29
4	蔬菜所	3 800	3 750	50	2 900	2 850	50				800	800		100	100			0.25
5	环发所	304.1	304.1		265.3	265.3								38.8	38.8			0
6	畜牧所	1 358.46	722.98	635.48	744.49	363.2	381.29							613.97	359.78	254.19		3.97
7	蜜蜂所	1 112	864.6	247.4	500	375	125							612	489.6	122.4		2.45
8	饲料所	1 189	406	783	501	371	130				108	35	73	580		580		7.12
9	农产品加工所	1 818	1 638	180	962	782	180							856	856			1.71
10	生物所	380	220.4	159.6	380	220.4	159.6											1.33
11	农经所	582.36	582.36		12.36	12.36								570	570			0
12	农业信息所	2 251.52	2 016.93	234.59	1 808.61	1 576.49	232.12	221.39	218.92	2.47	221.52	221.52						0.92
13	质标所	644.96	644.96		623.3	623.3								21.66	21.66			0
14	灌溉所	138.93	62.78	76.15	25	9.08	15.92	113.93	53.7	60.23								0.51
15	水稻所	2 250	1 752	498	1 267	960	307	13	7	6	520	440	80	450	345	105		2.29
16	棉花所	982.97	982.97		982.97	982.97												0
17	油料所	1 316.5	1 316.5		557.2	557.2					759.3	759.3						0

（续表）

序号	填报单位	总收入			技术收入			经营收入			房地产收入			其他收入			附属单位上交收入	人均创收
		收入	支出	净利润	收入	支出	净利润	收入	支出	净利润	收入	支出	净利润	收入	支出	净利润		
18	麻类所	590.75	219.06	371.69	292.68	45.69	246.99	32.8	18.37	14.43				265.27	155	110.27		2.11
19	果树所	366.5	243.82	122.68	78.22	32.85	45.37	288.28	210.97	77.31								0.56
20	郑果所	1 453.14	850.18	602.96	1 401.58	798.62	602.96				34.5	34.5		17.06	17.06			3.06
21	茶叶所	1 963.03	1 088.54	874.49	1 918.76	1 080.75	838.01				44.27	7.79	36.48					5.68
22	哈兽医所	32 448	24 453	7 995	32 448	24 453	7 995											15.99
23	兰州兽医所	9 670	8 219.5	1 450.5	8 521.23	7 243.05	1 278.18							1 148.77	976.45	172.32		4.97
24	兰州牧药所	402.23	41.25	360.98	151.21	38.06	113.15	247.2	3.19	244.01				3.82		3.82		1.8
25	上海所	93	93								93	93						0
26	草原所	464.03	490.45	-26.42	22	22		10.53	36.95	-26.42	430	430		1.5	1.5			-0.16
27	特产所	10 976	5 874	5 102	4 717	617	4 100	6 102	5 100	1 002				157	157			10.24
28	环保所	95.31	92.93	2.38	95.31	92.93	2.38											0.02
29	沼气所	798.05	728.03	70.02	729.08	684.93	44.15	68.97	43.1	25.87								0.67
30	农机化所	2 450	2 204.8	245.2	1 866	1 835	31	349	236.3	112.7	60	30	30	175	103.5	71.5		1.06
31	烟草所	3 627	2 990	637	3 603	2 990	613										24	3.3
32	研究生院	449	73.9	375.1							410	71.75	338.25	39	2.15	36.85		4.75
33	出版社	1 481	1 395	86				1 481	1 395	86								2.53
	合计	92 665.84	70 579.04	22 086.8	71 663.3	53 936.18	17 727.12	8 928.1	7 323.5	1604.6	5 600.59	5 028.86	571.73	5 749.85	4 290.5	1 459.35	724	3.35

附表二　**中国农业科学院2011年科技开发经费投入情况汇总表**

（金额单位：万元）

序号	填报单位	合 计	国家拨款	地方拨款	主管部门拨款	本所自身投入	开发部门投入	国外投入	其他
1	蔬菜所	600				600			
2	蜜蜂所	1 265.5	1 159			36.5	70		
3	饲料所	55				55			
4	灌溉所	10				10			
5	油料所	3 961.9				3 961.9			
6	果树所	45.7				45.7			
7	郑果所	730	60	40		630			
8	哈兽医所	2 852	1 407	1 227				218	
9	农机化所	850		70	240	276	264		
10	烟草所	2 081				321			1 760
11	兰州牧药所	67.75				67.75			
12	环保所	15					15		
13	茶叶所	34		13			21		
14	棉花所	888	380				508		
15	兰州兽医所	119				119			
16	特产所	1 593.3	771	601	142.4				78.9
17	农产品加工所	526.7				100	400	26.7	
	合计	15 168.15	3 777	1 951	382.4	6 122.85	878	218	1 838.9

附表三

中国农业科学院2011年科技开发人员投入情况汇总表

序号	填报单位	当年末在编职工数	其中科技人员数	从事科技开发人员数			专职科技开发人员中							兼职科技开发人员中						
				合计	专职	兼职	科技人员	行政人员	工人	高级职称	中级职称	初级职称	其他	科技人员	行政人员	工人	高级职称	中级职称	初级职称	其他
1	作物科学所	348	295	11	11		10		1	1	7	2	1							
2	资源区划所	307	228	60	12	48	12			5	6	1		48			39	8	1	
3	植保所	216	176	3	3		3			3										
4	蔬菜所	200	166	48	20	28	16	1	3	7	4	3	6	28			19	9		
5	环发所	159	150	6		6								4	2		5	1		
6	畜牧所	160	135	5	3	2	3			1	2			2			2			
7	蜜蜂所	101	83	98	71	27	56		15	24	27	5	15		25	2	11	7	5	4
8	饲料所	110	85	19	19		14	5		6	13									
9	农产品加工所	105	88	46	4	42	3	1		2	1	1		42			21	15	6	
10	生物所	120	104	4	2	2	1	1		1		1		1	1		1		1	
11	农经所	96	90	6		6								4	1	1	1	4	1	
12	农业信息所	256	220	41	41		12	6	23	5	10		26							
13	质标所	73	70	65	5	60	5			3	2			57		3	25	28	4	3
14	灌溉所	150	99	21		21								14		7	4	7	3	7
15	水稻所	217	113	13	13		11	2		3	4		6							
16	棉花所	417	201	44	44		12	10	22	12	8	1	23							

（续表）

序号	填报单位	当年末在编职工数	其中科技人员数	从事科技开发人员数			专职科技开发人员中							兼职科技开发人员中						
				合计	专职	兼职	科技人员	行政人员	工人	高级职称	中级职称	初级职称	其他	科技人员	行政人员	工人	高级职称	中级职称	初级职称	其他
17	油料所	263	196	57	20	37	17	1	2	10	4	4	2	30	4	3	25	8	4	
18	麻类所	176	89	50	5	45	2	1	2	1	1	2	1	25	5	15	18	12	10	5
19	果树所	220	96	39	16	23	6	3	7	3	3	10		21		2	4	9	5	5
20	郑果所	197	166	106	25	81	21	1	3	3	10	8	4	77		4	33	32	8	8
21	茶叶所	154	116	128	32	96	16	2	14	2	12	2	16	89	6	1	45	39	10	2
22	哈兽医所	500	315	500	240	260	75	30	135	24	61	20	135	180	30	50	64	140	6	50
23	兰州兽医所	292	245	121	86	35	75		11	15	28	27	16	35			8	7	16	4
24	兰州牧药所	201	161	23	23		17		6	1	12	4	6							
25	上海所	114	87																	
26	草原所	164	117	14		14								7		7	5	5	4	
27	特产所	498	348	66	62	4	29	2	31	6	11	14	31	4			3	1		
28	环保所	131	119	7	7		5	2		2	5									
29	沼气所	105	93	36		36								36			6	12	18	
30	农机化所	231	197	47	30	17	20	8	2	6	14	9	1	14	3		4	6	7	
31	烟草所	193	113	53	29	24	29			10	12	7		24			13	8	3	
32	研究生院	79																		
33	出版社	34																		
	合计	6 587	4 761	1 737	823	914	470	76	277	156	257	121	289	742	77	95	356	358	112	88

附表四

中国农业科学院2011年合同签订情况汇总表

序号	填报单位	合同总数（份数）	合同交易总金额（万元）	当年实收金额（万元）	技术合同总数（份数）				其他合同总数（份数）		合同买方类型（份数）					
					技术开发	技术转让	技术咨询	技术服务	产品销售	其他	政府部门	科研机构	大、中专院校	大、中型企业	乡镇企业	其他
1	作物科学所	6	910	910		6								6		
2	资源区划所	27	1 138	588			14	13			6			21		
3	植保所	156	2 242	2 242				156				40	30	86		
4	蔬菜所	3	2 900	2 900				3			3					
5	环发所	23	154.9	154.9			1	16		6	6	15		2		
6	畜牧所	25	271.67	206.91	12	3		10			1	3	1	18	2	
7	蜜蜂所	2	600	200	2									2		
8	饲料所	18	816.6	378.6	4	5		9						18		
9	农产品加工所	28	1 530	451	5		5	18						28		
10	生物所	5	208	108		4		1						5		
11	农经所	1	520	520						1						1
13	质标所	10	40.6	40.6				10			1	8				1
14	灌溉所	3	20	16				3						1		2
15	水稻所	23	700	221		23								23		
16	棉花所	77	15 471	13 981.5	1			4	60	12			1			76

（续表）

序号	填报单位	合同总数（份数）	合同交易总金额（万元）	当年实收金额（万元）	技术合同总数（份数）				其他合同总数（份数）		合同买方类型（份数）					
					技术开发	技术转让	技术咨询	技术服务	产品销售	其他	政府部门	科研机构	大、中专院校	大、中型企业	乡镇企业	其他
17	油料所	28	557.2	557.2	20	8								20	8	
18	麻类所	6	45.99	45.99	1		1	1		3				2		4
19	果树所	132	84.5	84.5				128	4		6	21		104		1
20	郑果所	55	290	230	6			20	24	5	5			6	15	29
21	茶叶所	53	762	345	3	2		48			9		2	9	33	
22	哈兽医所	30		14 313	1	27		2			1			29		
23	兰州兽医所	65	4 536.95	286.95		2			63		11			52		2
24	兰州牧药所	9	421.6	281	2	2		5				3	1	5		
25	环保所	1	14.25					1				1				
26	沼气所	82	321	213			43	39						35	47	
27	农机化所	81	1 379.8	827.88	21	3		2	43	12	2	2		56	21	
28	烟草所	26	3 603	3 603	16		10							26		
29	出版社	8	230.4	230.4						8	1			7		
	合计	983	39 769.5	43 936.4	94	85	74	489	194	47	52	93	35	561	126	116

附表五　**中国农业科学院 2011 年开发推广成效较大的技术(产品)情况汇总表**

序号	技术(产品)名称	推广面积(万亩)	产品数量	效益情况(万元)		填报单位
				社会效益	直接经济效益	
1	农残标样		168		100	环保所
2	国产转基因抗虫棉	5 000		500 000		生物所
3	三系杂交抗虫棉	450		50 000		
4	蜂种	3 万群	8		300	蜜蜂所
5	饲养技术	0. 8 万群	1		110	
6	果树苗木	135	112. 34 万株	11 300	310	郑果所
7	蔬菜、甜西瓜种子	62	3. 1 万千克	140 000	156	
8	植物生长调控产品	14	53. 6 万瓶	5 100	53. 6	
9	果实套袋	3	72. 36 万个	3 000	9. 05	
10	测土配方施肥	4 000		4 000		资划所
11	食用菌栽培	175		175		
12	农药残留检测		检测样品 6 000 份		300	茶叶所
13	有机茶认证		410 家		310	
14	茶叶质量检测		检测样品 4 000 份		220	
15	茶树生物农药	16. 5 万亩	11 吨		90	
16	茶树良种	0. 03 万亩	200 万株		27	
17	中 63	32. 7	9. 81 万千克	6 540	156	棉花所
18	中 66	9	2. 7 万千克	1 800	43. 2	
19	中 48	28	8. 4	5 600	134	
20	禽流感系列产品		789 万瓶		20 088	哈兽医所
21	圆环病毒		19 万瓶		2 895	
22	高致病性蓝耳病		86 万瓶		2 093	
23	油菜全程机械化技术	46		3 000	1 350	农机化所
24	大棚耕整地技术	0. 05		50	10	
25	种子加工成套设备		210	4 410	1 470	
26	花生收获技术设备		220	1 980	660	
27	高效施药技术	1		2 700	900	
28	微灌设备	0. 32		1 200	447. 7	
29	喷雾塔		3	50	13. 74	
30	茶叶微波杀青干燥设备		4	100	26	
31	清洗机		2	50	11. 4	
32	烘干机		3	100	38. 4	
33	茶叶生产线		1	60	12	
34	茶叶提香机		1	5	0. 8	
35	喷雾机		500	400	130	
36	微耕机		40	100	11. 6	

（续表）

序号	技术(产品)名称	推广面积（万亩）	产品数量	效益情况(万元)		填报单位
				社会效益	直接经济效益	
37	甘蓝新品种推广	175	3.47	17 500	560	蔬菜所
38	椒类新品种推广	9.5	0.4	16 400	207	
39	番茄新品种推广	11	0.3	1 810	38	
40	黄瓜新品种推广	12	1.2	1 730	240	
41	白菜新品种推广	9	1.1	380	19	
42	中植棉2号	800	1		700	植保所
43	节水灌溉技术	4.7		300	20	灌溉所
44	中油系列品种	4 000	38个	16 000	550	油料所
45	中浙优系列	500			150	水稻所
46	国稻1号	210			50	
47	国稻6号	110			25	
48	天优华占	120			80	
49	优质烟叶基地技术服务	930		200 000	3 603	烟草所
50	中黄13	1 000				作科所
51	CA0045	120				
52	中单808	120				
53	轮选987	150				
54	中黄35	100				
55	中稻1号	80				
56	3G基层农技推广平台	1	1	100		信息所
	合计			445 940	38 718.49	

附表六　**中国农业科学院2011年技术转让情况汇总表**

序号	技术转让项目名称	转让次数	转让总收入（万元）	填报单位
1	新兽药“金石翁芍散”	1	125	兰州牧药所
2	治疗奶牛乳房炎的药物组合及其制药方法	1	8	
3	安全高效蜂胶加工关键技术研究	1	100	蜜蜂所
4	不易结晶蜂蜜生产工艺研究及应用	1	100	
5	有机茶生产技术体系建设与示范应用	1	4.5	茶叶所
6	降低茶叶铅含量的土壤改良剂及方法	1	8	
7	中棉所49技术服务	2	95.5	棉花所
8	中棉所53技术服务	1	28	
9	中棉所67技术服务	1	58	
10	禽流感系列疫苗	7	4 498	哈兽医所
11	高致病性兰耳病(Hu4-P112株)	3	900	
12	猪传染性胃肠炎与猪流行性腹泻二联	2	400	
13	葡聚糖酶专利权转让	1	30	饲料所
14	用葡萄糖或淀粉替代乳清粉专利独占	1	8	
15	几丁质酶专利独占	1	10	
16	4LZ-1.0Q型稻麦联合收获机技术转让	1	40	农机化所
17	分段式花生收获设备技术转让	1	20	
18	高地隙全液压履带自走式茶园管理机技术转让	1	30	
19	高效降解有机污染物细菌等两项专利转让	1	100	资化所
20	赖氨酸添加剂及其制备方法	1	5	畜牧所
21	一种猪生产及免疫性状相关蛋白及其编码基因与应用	1	20	
22	中苜6号紫花苜蓿	1	30	
23	农药配方	1	600	植保所
24	高产栽培技术	8	30.6	油料所
25	油料加工技术	10	41.8	

（续表）

序号	技术转让项目名称	转让次数	转让总收入（万元）	填报单位
26	中3优1681等	1	50	水稻所
27	协中优1号	1	30	
28	中嘉早17	3	30	
29	陆两优19	1	30	
30	中早39	1	10	
31	中组7	1	10	
32	Ⅱ优8006	1	15	
33	中早25	1	10	
34	长粳米	1	10	
35	新胚稻1号	1	10	
36	中佳3号	1	8	
37	中早33	1	5	
38	中优9918	1	3	
39	口蹄疫系列疫苗生产技术	1		兰州兽医所
40	猪胸膜肺炎放线杆菌三价灭活疫苗生产技术	1		
41	中单909	1	750	作科所
42	生长调节剂专利	1	50	
43	中单308	1	50	
44	中麦8号	1	20	
45	中麦415	1	20	
46	新冬37	1	20	
	合计	74	8 421.4	

附表七 **中国农业科学院2011年出口创汇情况汇总表**(金额单位:万元)

序号	技术(产品)名称	技术产品数量	创汇金额	出口国家	填报单位
1	龙井茶	87.5千克	26	阿曼	茶叶所
2	高香冷溶速溶茶	200千克	8	韩国	茶叶所
3	禽流感产品	63万瓶	2 247	埃及等	哈兽医所
4	果蔬膨化	1	26.7	马来西亚	农产品加工所
	合计		2 307.7		

附表八 **中国农业科学院2011年参加技术(产品)交易会情况汇总表**

序号	填报单位	参展次数(次)	参展项目(项)	成交金额(万元)
1	生物所	2	1	
2	果树所	2	品种:苹果、梨、葡萄 技术:贮藏、栽培、质量安全、植物保护	
3	蜜蜂所	5	10	
4	郑果所	17	55	
5	资划所	15	42	
6	茶叶所	4	23	
7	棉花所	2	种子交易会	500
8	哈兽医所	15	15	
9	饲料所	6	18	
10	农机化所	12	20	240
11	畜牧所	3	8	
12	蔬菜所	18	12	
13	灌溉所	5	11	
14	油料所	4	油料品种、加工技术	
15	水稻所	6	超级杂交稻	
16	沼气所	2	6	
17	兰州兽医所	2	7	
18	环发所	1	926廊坊农交会	
19	特产所	3	新产品新技术	
20	作科所	3	农作物新品种	
21	信息所	4	20	
22	农产品加工所	8	20	10
	合计	139		750

中国农业科学院2011年各类科技企业基本情况统计表

截至2011年12月31日，中国农业科学院及其所属事业单位对外投资设立各类科技企业共有92个，其中，国有独资、国有资本控股的59个，国有资本参股的33个。59个国有独资、国有资本控股的企业资产总额177 532.33万元，负债总额74 483.00万元，所有者权益103 049.33万元，资产总额和所有者权益比去年分别增长了13.85%和16.96%，资产负债率比上年末减少了1.92%。2011年实现营业总收入121 125.62万元、利润总额23 772.78万元和净利润19 878.26万元，分别比2010年增加了28.20%、75.50%和78.16%。缴纳各项税费合计12 375.00万元，增长了46.24%。

序号	1	2	3	4	5	6	7
企业名称	水利部中国农业科学院农灌所科技开发中心	新乡中灌节水工程技术有限公司	浙江国稻高科技种业有限责任公司	中国水稻研究所科技咨询开发服务部	浙江大地农作物产品安全质量检测中心	河南省安阳中国农业科学院棉花研究所科技贸易公司	中棉种业科技股份有限公司
成立时间	1988年4月	2007年7月	1997年9月	1990年4月	2001年12月	1994年6月	2009年9月
注册资本（万元）	50	60	500	200	15	1 000	5 000
经济性质	国有独资	有限责任	有限责任	国有独资	国有独资	国有独资	股份有限
法定代表人	吕谋超	樊志升	程式华	倪建平	程式华	喻树迅	喻树迅
总经理	吕谋超	樊志升	李春生	倪建平		喻树迅	刘金海
经营范围	农田水利技术开发技术转让技术咨询技术服务	节水灌溉，给排水工程，园林工程，环保除尘工程规划设计施工	水稻种子的生产销售及品种转让，大米销售	科研仪器及农业机械化产品销售	农作物产品安全质量检测	棉种销售，技术咨询，技术服务	棉种销售，技术推广，技术服务
主办单位	农田灌溉所	农田灌溉所	中国水稻所	中国水稻所	中国水稻所	棉花所	棉花所

（续表）

序号	8	9	10	11	12	13	14	15
企业名称	安阳惠民科技咨询服务有限责任公司	三亚中棉科技服务有限公司	武汉中油科技新产业有限公司	武汉中油种业科技有限公司	武汉中油大地希望种业有限公司	武汉中油阳光种业科技有限公司	武汉中油天隆种业科技有限公司	武汉中油康尼科技有限公司
成立时间	2008年7月	2006年3月	2000年6月	2004年12月	2004年12月	2005年12月	2005年5月	2003年3月
注册资本（万元）	50	50	3 000	500	500	500	100	118
经济性质	有限责任	有限责任	有限责任	有限责任	有限责任	有限责任	有限责任	有限责任
法定代表人	李付广	喻树迅	王汉中	刘贵华	李云昌	张学昆	周新安	黄凤洪
总经理	李付广	张西岭	廖伯寿	黄加华	徐育松	邹崇顺	吴学军	黄庆德
经营范围	技术咨询和技术服务	基地建设和科技服务	新技术新品种新成果研发、推广；农产品加工及生物制品研发	油菜品种的生产经营和销售	农作物新品种新技术新成果研制推广，种子销售，技术服务，农机及配套设备销售	农作物新品种新技术的研制推广，种子销售，技术服务，农机及配套设备销售	大豆新品种，新技术，新成果研发，种子销售	食用油和油脂产品及设备生产销售，保健食品，农用机械，农副产品批发零售
主办单位	棉花所	棉花所	油料作物所	油料作物所	油料作物所	油料作物所	油料作物所	油料作物所

（续表）

序号	16	17	18	19	20	21	22	23
企业名称	武汉中油科技服务有限公司	中国农业科学院麻类研究所新技术推广中心	中国农业科学院果树研究所兴城绿安果业科技发展部	葫芦岛市中农果业科技开发有限责任公司	兴城果研科技咨询服务有限责任公司	郑州科丰脱毒种苗有限公司	郑州宏科园林景观工程有限公司	郑州金穗果袋有限责任公司
成立时间	2007年12月	1994年6月	2003年6月	2009年3月	2008年8月	2002年5月	2004年5月	2005年4月
注册资本（万元）	30	50	40	10	10	100	1 100	50
经济性质	有限责任	国有独资	国有独资	有限责任	有限责任	有限责任	有限责任	有限责任
法定代表人	马志勇	熊和平	刘凤之	刘凤之	程存刚	刘君璞	刘君璞	方金豹
总经理	马志勇	熊和平		刘凤之	程存刚	叶永刚	栗纪轩	杨朝选
经营范围	油料作物基地建设和田间试验管理	麻类作物种子、种苗，麻类加工机具及麻类科技成果转化	果树苗木开发和技术咨询服务	果树的技术服务技术咨询，果袋和化肥销售	果树的技术咨询技术服务	果树种苗的生产经营	园林绿化工程施工及苗木花卉、草坪种植与销售	果袋的加工生产和销售
主办单位	油料作物所	麻类所	果树所	果树所	果树所	郑州果树所	郑州果树所	郑州果树所

（续表）

序号	24	25	26	27	28	29	30	31
企业名称	新河中果果业科技发展有限公司	杭州龙冠实业有限公司	杭州中茶技术服务公司	杭州中农质量认证中心	江西绿康天然产物有限责任公司	中国茶叶股份有限公司	浙江中茗科技开发公司	浙江东方茶业科技有限公司
成立时间	2008 年 5 月	1996 年 3 月	1994 年 1 月	2003 年 6 月	2002 年 1 月	2000 年 10 月	2004 年 8 月	1999 年 4 月
注册资本（万元）	100	211	50	300	1 340	18 000	100	2 900
经济性质	有限责任	有限责任	国有独资	国有独资	有限责任	股份有限	国有独资	有限责任
法定代表人	刘君璞	杨亚军	杨亚军	杨亚军	单江闽	朱福堂	杨亚军	江再华
总经理	尹　喆	姜爱芹	杨亚军	傅尚文	单江闽	贾　鹏		江再华
经营范围	果业科研生产加工销售，中高档新奇特果品及加工销售，农业综合开发技术服务	茶叶，茶具，茶叶包装，茶制品等生产加工批发	茶叶及制品，茶叶加工机械，茶树苗，农药肥料，技术咨询推广服务	茶叶有机产品的认证	茶叶提取物生产销售经营	茶叶加工贸易，茶叶咖啡可可商品进出口及国内销售业务	茶叶产品销售，茶产品开发经营咨询，产销服务和技术转让	茶深加工，茶籽饼综合加工，茶高科技产品开发
主办单位	郑州果树所	茶叶所	茶叶所	茶叶所	茶叶所	茶叶所	茶叶所	茶叶所

（续表）

序号	32	33	34	35	36	37	38	39
企业名称	哈尔滨维科生物技术开发公司	哈尔滨动物生物技术国家工程研究中心有限公司	中农威特生物科技股份有限公司	中国农业科学院中兽医研究所药厂	兰州先锋草业工程技术有限公司	兰州西部草业工程技术研究有限公司	中国农业科学院兰州牧药所综合试验站	上海思而行生物技术有限责任公司
成立时间	1992年10月	2010年12月	2003年6月	1984年10月	2000年12月	2000年9月	1984年6月	2009年4月
注册资本（万元）	3 000	3 000	5 000	11.6	100	110	175	100
经济性质	国有独资	有限责任	股份有限	国有独资	有限责任	有限责任	国有独资	有限责任
法定代表人	孔宪刚	孔宪刚	殷　宏	杨志强	杨志强	刘自学	杨志强	童光志
总经理	高士军	王笑梅	殷　宏	杨耀光	时永杰	吴序卉		徐富荣
经营范围	畜禽用生物制品的生产销售	动物疫病防治技术及产品的研发监测生产和销售	家畜口蹄疫灭活疫苗系列的生产经营	兽药的生产加工销售	草产品生产加工，农牧园林机械，园林工程规划设计，科技开发咨询服务	草坪草，牧草，水保植物种子，种苗和设施设备的产业化生产研发	科研基地实验技术服务	生物制品开发，技术服务，销售兽药饲料添加剂
主办单位	哈尔滨兽医所	哈尔滨兽医所	兰州兽医所	兰州畜牧兽药所	兰州畜牧兽药所	兰州畜牧兽药所	兰州畜牧兽药所	上海兽医所

（续表）

序号	40	41	42	43	44	45	46	47
企业名称	内蒙古中农草业发展有限公司	吉林中特生物技术有限责任公司	吉林特研科技有限公司	吉林特研药业有限公司	吉林中农特研饲料有限责任公司	特产研究所参茸制品厂	天津市东方绿色技术发展公司	农业部成都能源环境工程设计所
成立时间	2005年7月	2005年6月	2006年4月	2002年4月	2004年7月	1987年	1992年	1993年2月
注册资本（万元）	500	200	60	200	100	10	25	300
经济性质	有限责任	有限责任	有限责任	有限责任	有限责任	国有独资	国有独资	国有独资
法定代表人	侯向阳	杨福合	孙长伟	杨福合	董　学	王再幸	陈　璐	李　谦
总经理	杨玉平	吴　威	高选东	齐俊生	李光玉	王再幸	张俊亭	邓良伟
经营范围	草业开发推广，技术服务，草产品生产经营	特种经济动物生物制品研制生产销售	特种动植物产品生产经营所需物资备购销售，物业管理经营	中成药制造生产和经营	饲料加工生产和销售	果酒，保健酒，参茸制品生产销售	环境检测产品经营，技术咨询技术服务	工业沼气工程设计和小型工业及民用建筑设计
主办单位	草原所	特产所	特产所	特产所	特产所	特产所	环保监测所	沼气科学所

（续表）

序号	48	49	50	51	52	53	54	55
企业名称	成都环能国际合作公司	农业部成都沼气研究所科技开发公司	江苏大浩科技实业有限公司	南京春浩科技有限公司	中国农业科学院烟草研究所青岛科技开发中心	玉溪中烟种子有限责任公司	北京中农作科技发展有限公司	北京中品开元种子有限公司
成立时间	1994年4月	1994年5月	2004年8月	2004年8月	2004年10月	2001年8月	1987年11月	2000年4月
注册资本（万元）	54.8	50	500	150	3	2 000	1 000	50
经济性质	国有独资	国有独资	有限责任	有限责任	国有独资	有限责任	有限责任	有限责任
法定代表人	李谦	李谦	胡志超	侯志洁	陈刚	赵振山	万建民	王述民
总经理	张密	李谦	黄振新	侯志洁	陈刚	马文广	王步军	任军
经营范围	能源环境工程，技术咨询服务，技术转让培训	沼气能源，环境工程设计，资源综合利用，检测节能和产品开发	农林机电，化工涂料的开发，食品生产、销售	科技开发，成果产业化，技术转让咨询服务	烟草农业技术咨询服务，成果转化，农药销售	烟草种子市场化，烟草种子技术生产和管理	销售农作物种子及自育杂交种	生产经营甜玉米糯玉米特种玉米种子
主办单位	沼气科学所	沼气科学所	南京农机化所	南京农机化所	烟草所	烟草所	作物科学所	作物科学所

（续表）

序号	56	57	58	59	60	61	62	63
企业名称	北京特品降脂燕麦开发公司	中国农业科学院植物保护研究所廊坊农药中试厂	北京中保绿农高新科技有限公司	北京中保科农生物科技有限公司	北京中蔬园艺良种研究开发中心	北京蔬卉科技开发公司	北京中蔬卉园宾馆	北京中环易达农业科技有限公司
成立时间	1993 年 6 月	1994 年 4 月	2003 年 4 月	2009 年 6 月	1988 年	1993 年 8 月	1994 年 8 月	1999 年 9 月
注册资本（万元）	60	500	450	50	500	30	230	100
经济性质	国有独资	国有独资	有限责任	有限责任	国有独资	国有独资	国有独资	有限责任
法定代表人	王述民	冯平章	吴孔明	吴孔明	杜永臣	杜永臣	杜永臣	梅旭荣
总经理	白建军	冯平章	冯平章		刘　伟	梁　励	宗明虎	王沼滨
经营范围	生产加工销售燕麦保健品	杀虫剂，杀菌剂，除草剂，植物生产调节剂，农药技术咨询服务	农药销售	科学研究实验用品经营服务	蔬菜良种及相关领域的技术开发转让咨询服务	花卉肥料农药及相关的农业生产资料	宾馆住宿和会议接待	非法律法规规定禁止的经营活动
主办单位	作物科学所	植物保护所	植物保护所	植物保护所	蔬菜花卉所	蔬菜花卉所	蔬菜花卉所	环境发展所

（续表）

序号	64	65	66	67	68	69	70	71
企业名称	北京中畜阳光牧业科技发展有限公司	北京华谷生物营养科技发展有限公司	北京中畜东方草业科技有限责任公司	北京中农蜂蜂业技术开发中心	北京中蜜科技发展有限公司	北京挑战农业科技有限公司	北京精准动物营养研究中心	北京万物合生物科技有限公司
成立时间	2002年	1999年6月	2003年11月	1981年1月	2002年9月	2001年10月	2000年11月	2011年12月
注册资本（万元）	100	250	100	35	200	500	300	500
经济性质	有限责任	有限责任	有限责任	国有独资	有限责任	有限责任	有限责任	国有独资
法定代表人	时建忠	时建中	王加启	吴　杰	吴　杰	蔡辉益	屠　焰	蔡辉益
总经理	张军民	张敏红	吕会刚	高凌宇	高凌宇	谢　宁	段学民	
经营范围	饲料产品加工及销售	饲料添加剂及饲料生产销售，技术产品出口，鸡蛋和生鸡销售	主要经营草种和豌豆种子	生产销售蜂产品	生产经营蜂产品蜂产品研制开发	饲料及其添加剂的生产经营	代乳粉，预混料的生产经营	饲料及其添加剂产品开发与生产销售，技术服务
主办单位	北京畜牧兽医所	北京畜牧兽医所	北京畜牧兽医所	蜜蜂所	蜜蜂所	饲料所	饲料所	饲料所

（续表）

序号	72	73	74	75	76	77	78	79
企业名称	天津博菲德科技有限公司	北京天可瀚传媒科技有限公司	北京特迅农产品检测技术有限公司	北京中农盛世农业科技有限公司	北京龙科方舟生物工程技术中心	北京华思联认证中心	北京科佰瑞生物技术有限公司	中咨国业工程规划设计【北京】有限公司
成立时间	2011年4月	2006年4月	2010年7月	2008年7月	2001年9月	2003年12月	2005年	2010年7月
注册资本（万元）	2 000	100	200	200	100	360	500	100
经济性质	有限责任	有限责任	有限责任	有限责任	有限责任	有限责任	有限责任	有限责任
法定代表人	蔡辉益	蔡辉益	蔡辉益	蔡辉益	谯士彦	刘同占	林　敏	王道龙
总经理		王湘黔	周志刚	梅霖	谯士彦	李燕松	吴燕民	高万清
经营范围	生物饲料开发国家工程研究中心的组建运营	杂志广告，技术咨询，论坛培训	饲料及其添加剂产品技术检测和销售，技术转让咨询服务	销售定型包装食品，饮料，酒，水果，蔬菜，茶叶	饲料安全工程建设，组装转化成果，研发高新技术产品	质量管理体系，食品安全管理体系，饲料产品，农业规范认证	技术咨询，技术转让，技术服务	工程勘探设计
主办单位	饲料所	饲料所	饲料所	饲料所	饲料所	饲料所	生物技术所	资源区划所

（续表）

序号	80	81	82	83	84	85	86	87
企业名称	北京金农信息高科技有限责任公司	农牧产品开发杂志社	北京海淀国际农业开发中心	北京立业时代图书经销中心	北京中农研科技服务中心有限公司	北京中农科技术开发公司	北京中固生物新技术开发公司	北京泛太科技发展有限公司
成立时间	2004 年 11 月	1999 年 11 月	1988 年 6 月	1993 年 6 月	2003 年 12 月	1988 年 7 月	1988 年 12 月	1994 年 4 月
注册资本（万元）	150	60	11	70	60	500	110	4 680
经济性质	有限责任	国有独资	国有独资	国有独资	有限责任	国有独资	国有独资	中外合作
法定代表人	许世卫	冯艳秋	邵长磊	李锁平	韩惠鹏	吴胜军	雷茂良	陈万金
总经理	王文生	冯艳秋	邵长磊	李锁平		葛正焱	牛力平	史志国
经营范围	信息技术研发服务信息工程建设	期刊出版，技术培训，信息咨询，文化艺术交流	技术开发服务，草坪种植，销售良种果树牧草，农作物种子	图书营销	技术培训和住宿接待	进出口业务，保健品经营销售，技术开发服务	物业管理和技术服务	寰太大厦写字楼出租与经营管理
主办单位	农业信息所	农业信息所	农业信息所	出版社	研究生院	中国农业科学院	中国农业科学院	中国农业科学院

（续表）

序号	88	89	90	91	92
企业名称	北京中农种业有限责任公司	北京市中农良种有限责任公司	北京中农福得绿色科技有限公司	北京中农仪拓科技发展有限责任公司	北京中农世纪虫草科技发展中心
成立时间	2003年12月	1993年9月	2002年8月	2000年11月	2004年3月
注册资本（万元）	6 100	1 500	1 000	50	200
经济性质	有限责任	有限责任	有限责任	有限责任	国有独资
法定代表人	崔亚超	罗全起	屈冬玉	孟子园	张　富
总经理	王卫中	王振乾	郭春雨	孟子园	李育慧
经营范围	农作物种子生产经营	农作物种子生产经营	绿色有机无公害农产品生产经营	电子产品，仪器仪表，普通机械，通信设备，宽带服务	冬虫夏草的培育及其保健品销售
主办单位	中国农业科学院	中国农业科学院	中国农业科学院	院后勤服务中心	中国农业科学院

四、国际合作

中国农业科学院2011年国际合作工作概况

国际合作局

2011年是“十二五”的开局之年，也是深入谋划中国农业科学院国际合作“十二五”发展的关键之年。国际合作局坚持以科学发展观和党的十七届五中、六中全会精神为指导，紧密围绕服务国家战略利益和整体外交，围绕农业部和我院中心工作，以“抓平台、抓项目、抓宣传、抓提升”为核心，大胆探索国际合作的新措施、新方法，不断推动各项工作进展，取得显著成效。

一、抓战略研究，谋长远发展

2011年，中国农业科学院国际合作局狠抓国际合作战略，强调“三个转变”，即“从迎来送往向项目管理转变、从项目初级管理向战略管理转变、从单兵作战向团队作战转变”，深入谋求长远发展。

为了在国家层面上达到充分利用全球农业科技资源、增强我国自主创新能力和提高国际竞争力，起草完成了《中国农业科技全球战略布局》，详细分析了我国农业科技国际合作现状、实施全球战略布局的必要性和可行性，初步制定了我国农业科技全球战略布局方案，得到上级相关部委的高度重视。

同时，根据农业科技国际化发展趋势和国情、院情，制定了《中国农业科学院国际合作“十二五”发展规划》，系统总结了我院“十一五”以来国际合作取得的成就和存在问题，提出了我院“十二五”国际合作的战略定位、指导思想、发展目标和主要任务等。

二、抓伙伴拓展，储备合作资源

根据我院科技体制改革和学科发展的需要，结合我院科技创新的特点，积极拓展战略伙伴，新签署科技合作备忘录、协议和会议纪要24个，包括“中国农业科学院与古巴农业部科技创新司合作谅解备忘录”、“中阿农业技术合作协调委员会第一次会议纪要”、“中国农业科学院与依阿华州立大学生命科学学院协议”、“中国农业科学院与加利福尼亚大学戴维斯分校合作协议”、“中国农业科学院与马里兰帕克分校合作协议”、“中国农业科学院与圭尔夫大学关于互派研究生的合作协议”、“中国农业科学院与美国新罕布什尔大学关于成立联合实验室的合作谅解备忘录”、“中国农业科学院与韩国农村振兴厅2011年合作项目协议"、"中国农业科学院与法国食品劳动环境卫生署科技合作协议补充协议"、"中国农业科学院与世界农用林业中心农业科技合作协议"、"中国农业科学院与孟山都公司大豆技术协议"等，为我院国际合作事业的发展储备了资源，对于进一步加深我院与这些机构的长期合作具有积极意义。

此外，我院还积极与IAEA商讨了为蒙古建立口蹄疫疫苗生产线新项目提供技术支持的合作事宜，完成了先正达奖学金、拜耳奖学金、孟山都奖学金项目评审，我院35名研究生共获得20.4万元奖学金。

三、抓平台建设，促进国际化进程

根据2011年院党组的部署，我局着力在不同层次构建多种形式的国际合作与交流平台。一是积极推动了中国农业科学院深圳生物育种创新研究院筹建工作，并就"研究院"在我国和国际农业作物分子育种中的功能定位、中长期发展目标、研究方向、运行机制、管理模式等内容进行了深入探讨。二是积极协调国际玉米小麦改良中心在华设立区域中心，促成了我院与国际玉米小麦改良中心在华设立区域中心达成共识。三是配合农业部积极推动国际马铃薯中心亚太分中心的筹建，初步选定建设用地和场所规划。四是促进了中－巴农业科学联合实验室在我院的建设，并于2011年4月13日，值巴西总统迪尔玛·罗塞夫在华访问之际举行了中－巴农业科学联合实验室的揭牌仪式。五是与新罕布什尔大学在我院建立"中美可持续农业生态系统研究联合实验室"，推动中美双方在农业生态环境、面源污染防、遥感与数字农业、土壤与水资源、作物营养与肥力培育等领域的合作。六是争取合作项目，支持设立于我院相关研究所的23个国际联合实验室/研究中心的有效运转。七是加强了对各国际组织和外国农业科研机构驻京办事处的管理，有效地发挥其桥梁和纽带作用。八是推进国家外专局在我院农业环境与可持续发展研究所建立引智基地——"资源高效利用型植物工厂技术示范推广基地"。九是继续推进亚太经合组织（APEC）农业技术合作工作组（ATCWG）牵头人办公室工作，制定了ATCWG年度工作计划，征集APEC项目16项，评审立项10项，组织举办"亚太经合组织农业技术转移大会"。十是建设了我院英文网站，为提升国际化水平和国际影响力奠定基础。

四、抓项目落实，重项目管理

充分利用已有的国际合作渠道以及长期的合作伙伴关系，争取重大国际合作项目。组织申请科技部重大专项、政府间合作、国际组织间合作等项目65项，获得批准21项，批准经费7 586万元；组织申请农业部国际交流与合作专项、亚洲区域合作专项共69项，获得批准40项，批准经费718万元；组织申请教育部留学基金委项目、留学回国人员科研启动基金项目65项，获得批准39项，批准经费704万元；组织申报国家外国专家局引进人才项目、示范推广项目和高端专家项目 31 项，获得批准 23 项，批准经费 207 万元。中国农业科学院获得国外项目 6 项，获得经费 5 423.8万元。此外，我院获得商务部、自然基金委、国防科工局国际合作项目 5 项，批准经费 790 万元。本年度我院共计申请项目 240 项，获得批准 133 项，总经费达 1.5434 亿元，比 2010 年增长 30.5%。

在抓好项目申报的同时，加强了项目执行的过程管理。对我院承担的重大和重点国际合作项目，均实行全程管理，从项目启动开始，定期进行执行情况检查并进行中期考核，特别重视项目结题验收前的准备工作，保证了我院从事的重大国际合作项目均高质量完成，得到上级相关部门的好评。由于我院项目管理规范，科技部已委托我院负责部分国际合作项目的验收工作。

五、团组派出谋实效，专家请进图发展

2011 年，我院精心策划 15 个院级代表团赴美国、加拿大、澳大利亚、新西兰、古巴、哥斯达黎加、阿根廷、英国、法国、德国、比利时、荷兰、智利、巴西、委内瑞拉、瑞士、乌克兰、土耳其、罗马尼亚、菲律宾、泰国、肯尼亚、坦桑尼亚、国际农业研究磋商组织及其下属研究中心进行调研访问，加深了对上述国家和国际组织的深层次了解，探讨了互利和互补性合作的重点领域，推动了合作关系的进一步发展。

全年共派出因公出国（境）团组 287 个 672 人次，到国外进行高层学术交流、合作研究、培训、合作洽谈等，既培养锻炼了人才，也带来了很多合作契机，成效显著。

与此同时，邀请外宾 559 批 803 人次到我院进行学术交流、合作研究、合作洽谈等，接待重要代表团 51 批 215 人次（包括部级、大学校长代表团共 16 批），增进了国外同行对我国农业科技发展的了解，促成了合作意向的达成。

六、举办国际会议，提升国际影响

为了洞察重要领域国际科技前沿动态，加强国际学术交流，2011 年我院共组织举办国际学术会议、科学家峰会 58 次，包括全球农业科技大会、亚太经合组织农业技术转移大会、国际植物青枯病大会、第五届“硅与农业”国际会议、气候变化与粮食安全国际学术研讨会、第二届“奶牛营养与牛奶质量安全”国际研讨会、城乡水资源管理变革技术与措施国际研讨会、第二届国际禾谷作物孢囊线虫学术研讨会、中国－欧盟作物分子育种产业技术新方法研讨会、第一届北京国际分子植物病理学术研讨会、中欧麻类作物可持续发展和多用途开发研讨会、中－意农业科技合作论坛等重要国际学术会议。通过这些会议，不仅洞察了国际前沿，深化了与国外科研机构的联系，拓展了合作领域，同时，提升了我院的国际影响力和参与组织国际活动的能力。

七、重视宣传教育，提升办事规范

为了提升办事规范化水平，2011 年，国际合作局编印了《中国农业科学院国际合作人员手册》《护照签证申办指南》《引智申报及执行政策读本》《我院欧盟项目回顾与展望》和《中国与国际农业研究磋商组织：成就与展望》，并发送到院属各单位相关人员，提高了院属各单位国际合作管理的规范化程度。完成了 15 项重要外事活动、重大合作项目成果及国际合作动态的宣传报道，发布网络重要国际合作新闻 62 条，建设并开通了我院英文网站，编印《国际农业科技快讯》4 期，国际合作宣传工作再上新台阶。

八、强化能力建设，提高合作水平

为了培养我院国际合作的骨干力量和团队，在院党组的统一部署下，我局与人事局合作，选派 23 名不同领域的科研骨干赴加拿大圭尔夫大学参加我院组织的第三期加拿大英语强化培训班，进行专门英语培训和学术交流。利用中国政府对 CGIAR 的定向捐款，安排 2 人到国际玉米小麦改良中心开展为期 3 个月的合作研究，1 人到全球农业研究论坛（GFAR）3 个月短期工作。选派作科科学研究所、棉花研究所等 4 个研究所共 9 名博士研究生赴加拿大圭尔夫大学开展为期 6 个月左右的合作研究，为我院国际合作与交流培养了骨干力量。

成功组织和举办了“中国农业科学院第四期外事培训班”和“全国农科院外事协作网会议”，邀请外交部外事管理司、农业部国际合作司以及我院相关领导对学员进行外事知识培训，有效提升了我院国际合作系统的管理水平和能力。

九、加强外事管理，提高服务效率

2011 年，我局继续着力推动科研人员因公出国（境）分类管理的实施并取得实质性进展，出访、请进、国际会议审批及护照、签证办理规范化程度显著提升，实行“一个工作日”制度，服务效率大大提高。

在出国（境）计划、国际会议管理与出国审批等方面，严格规范管理，编制了《2011 年因公出国（境）及国际会议计划》《2011 年因公出国（境）执行情况登记薄》《2011 年因公出国（境）任务批件登记薄》《2011 年因公出国（境）确认件登记薄》《2011 年邀请外宾登记薄》，严格计划审核和各项登记制度，并及时进行出国（境）团组计划执行情况的统计和上报。我局共办理出国任务批件 297 批次，出国任务确认件 63 批次，被授权单位邀请函 559 批次；办理京外研究所出国人员政审备案报送 59 批次。

为了解决我院因公出国（境）严重受到指标限制这一实际问题，积极向农业部、外交部、中纪委等上级部门反映情况，以我院为例撰写并提交了“科研人员因公出国（境）分类管理建议”，得到上级部门领导的高度重视，推进了科研人员因公出国（境）实行分类管理工作的实质性进展。

在出国手续办理及护照管理方面，归档保存我院护照1 326本，新办护照264本，办理签证团组297个596人次。结合我院外事权授予的实际情况，编写了《护照签证申办指南》（约10万字），为我院外事管理人员和广大科技人员出国申办各类手续提供了便利。重新修订了《中国农业科学院因公护照申办程序及管理办法》。按照外交部要求，筹备了电子护照的签发的准备工作，对新电子护照申请卡程序进行了测试。根据2011年外交部公务电子护照会议精神，专门根据实际情况整理编写了《申请特急护照的要求说明》材料，制作了护照“加急情况说明”样本，从制度上规范了特急护照的办理过程。积极认真地为广大科技人员提供咨询服务，热情为广大科技人员解答在办理护照和签证过程中遇到的问题。

十、抓党风廉政建设，树弘扬正气之风

2011年，我局的党风廉政建设工作在院直属机关党委和监察局的正确领导下，坚持以邓小平理论和“三个代表”重要思想为指导，深入贯彻党的十七届五中、六中全会精神、中央纪委和第六次全会精神，紧紧围绕发展这个第一要务，切实加强思想、组织、作风和制度建设，充分发挥党风廉政工作在国际合作中的保证促进作用，认真开展保持共产党员先进性教育，从教育、制度、监督等方面加大防治腐败的力度，坚持惩防并举，注重预防，全面履行党章赋予的职责，积极开展社会主义法治理念教育，努力贯彻落实党风廉政建设，为全面推进我院国际合作工作提供了重要动力和组织保障。

在党风建设方面，按照机关党委部署，组织人员参加了“2011年直属机关党的工作会议”和“我院传达贯彻全国‘两会’精神干部大会”，提交“加强思想建设，推进创先争优活动——国际合作局开展创先争优活动的经验和做法”、“国际合作局干部职工思想状况调查分析报告”、“加强思想建设，保障国际合作工作又好又快发展”、“深化创新文化建设，提升国际合作能力”论文，大力弘扬先进模范作用，“用身边事，教育身边人”，使全局争创先进的积极向上氛围，有力推进了各项工作的开展。

在反腐倡廉方面，全面贯彻落实党风廉政建设责任制，建立健全了惩治和预防腐败体系。按照院监察局的要求，组织人员参加“中国农业科学院贯彻落实2011年反腐倡廉工作任务分工会议”，组织职工观看《拒腐防变每月一课》《学廉政准则，做廉政模范》和《暴风雨中的忏悔——皮黔生犯罪实录》廉政宣传片，提交“国际合作局推进惩治和预防腐败体系建设自查报告”、签订“2011年度党风廉政建设责任书”，组织了“纪念中国共产党成立90周年反腐倡廉知识竞赛”答题活动。制定了“国际合作局腐败风险预警防控工作实施方案”，制作了廉政风险防控表和风险点管理监督流程图，确

保警钟长鸣，防患于未然。

十一、抓创新文化，树理想信念

紧密围绕提升中国农业科学院科技自主创新水平、创新能力和科技竞争力，大力开展创新文化建设，把国际合作事业的发展与激发职工创新活力相结合，从观念建设、制度建设、办公室文化建设、形象培养等方面，大力开展体现以人为本的创新文化建设活动，使全局内部关系融洽，风气正，士气高，各项工作呈现出蓬勃发展的强劲势头，有效促进了我院国际合作事业的发展壮大。

一是以观念建设为核心，培育价值理念和和谐氛围；二是以制度建设为重点，促进文化建设和行为规范；三是以办公室文化建设为抓手，树立文明处室新形象；四是以荣辱观教育为手段，提升职工综合素质；五是重视工作仪表和形象培养，树立良好的精神风貌；六是树立以吃苦为荣的思想理念，提升国际合作能力。

通过创新文化建设，有效激发了职工的工作热情和干劲，使整个国际合作局树立了以“吃苦为荣，以克服困难为荣，以创造佳绩为荣”的思想理念和氛围，树立了国际合作局特别能吃苦、特别能战斗的良好形象。

十二、深化安全保密意识，牢筑安全屏障

为加强我局职工消防安全教育，增强防灾减灾意识和提高自防自救能力，筑牢安全屏障，我局采用多种形式开展减灾防灾宣传，通过组织进行应急避险逃生演练、防火专项培训、观看防灾减灾宣传片，极大地提高了职工的防灾减灾意识和避险逃生技能，并对我局进行了一次安全隐患大排查活动，清除了过去存在的隐患因素。同时，及时传达上级保密工作精神和要求，利用专门软件对我局所有计算机进行了保密检查，对当事人进行了保密事项说明。设立专用保密计算机，将有关保密内容存入保存，并对我局30台电脑进行了OFFICE软件正版化安装，确保计算机信息安全。

中国农业科学院与孟山都公司大豆技术协议（附件8个）

本大豆技术协议（以下简称“协议”）签订和生效于2011年9月21日，协议双方为：美国孟山都公司（以下简称“孟山都”）和中国农业科学院。

1 签约背景和协议双方

1.1 中国农业科学院（CAAS），其地址位于中国北京市中关村南大街12号。中国农业科学院是一个知名的、具有影响力的中国研发机构，负责推动农业科学研究和政策建议。中国农业科学院希望通过实施与国家社会经济发展有关的项目，尤其是农业领域的开发项目，为农业生产提供帮助。

1.2 美国孟山都公司是一家依据美国法律组建和存续的公司，其地址位于美国密苏里州圣路易斯市林波夫北大街800号。孟山都是全球领先的技术工具和农业产品供应商，致力于提高农业耕种产量、改善食品质量、增强食品安全性。

1.3 孟山都已经依法取得包含Event-40-3-2的大豆种子的商业化种植和（或）进口审批，并且在许多国家种植和（或）消费抗农达大豆。

1.4 中国每年种植生产约1 000万公顷的大豆，同时也是食物油、动物饲料和食用大豆的净进口国。

1.5 通过采用孟山都的抗农达大豆技术，中国的大豆种植户也许能够提高大豆产量，降低生产成本并采取更环保的可持续性生产手段，如免耕种植手段。孟山都愿意通过先进的农业技术及与中国研究机构的合作从而更好地帮助中国实现可持续发展农业。

1.6 中国政府希望，中国农业科学院通过和孟山都的共同合作，使中国的研究机构和种子公司能够在中国境内商业化经营含有Event-40-3-2的大豆产品，从而造福中国社会。

鉴于上述签约背景以及协议双方共同达成的合意，中国农业科学院和孟山都在此约定：

2 术语定义

除非上下文明确规定其他含义，在本协议中的术语和表述应当适用附件一中规定的含义。

3　材料的转让和接收

按照附件二中的规定，孟山都将向中国农业科学院交付材料，中国农业科学院将接受孟山都对于材料的交付。

4　Event-40-3-2 的转育及品种培育项目

4.1　孟山都同意无偿提供本协议约定的材料。中国农业科学院同意按照本协议约定，无偿使用由孟山都提供的材料用于区域内开发、实施基因转育，品种培育计划和产业化，或者在区域内开展安全评价研究，以便取得区域内 Event-40-3-2 的审批。

4.2　Event-40-3-2 的转育及品种培育项目的目的和范围是将 Event-40-3-2 从供体品系转育到中国农业科学院（或任何合作研究者）拥有或控制的、同物种的其他品系，以育成含有 Event-40-3-2 的纯合品系。

4.3　中国农业科学院可以独立实施 Event-40-3-2 的转育及品种培育项目，也可选择一个或多个合作研究者共同实施该项目。为此目的，中国农业科学院可以将材料转让给合作研究者。

4.4　在含有 Event-40-3-2 的产品取得区域内审批（即可以在区域内自由销售、移动或转让）之前，中国农业科学院和各个合作研究者同意按照本协议附件三中的描述制定一份符合的法规要求和所适用的产品责任管理方案，以满足本协议的条款约定，并保持材料、Event-40-3-2 和产品的完整性、身份识别、纯度和可控性。

5　审批

5.1　区域内的审批：中国农业科学院具有非独家的权利，可以按照可适用的法律规定在区域内申请含有 Event-40-3-2 产品的审批。

5.2　责任和费用：中国农业科学院应当承担在区域内申请含有 Event-40-3-2 产品的审批而产生的相关的费用和责任。

5.3　使用孟山都的注册资料：在不违反本协议附件四的前提下，为了帮助中国农业科学院在区域内申请含有 Event-40-3-2 产品的审批，中国农业科学院具有非独家、不可转让的权利来引述或参考孟山都的注册资料。中国农业科学院可以参考孟山都注册资料的权利，以支持中国农业科学院申请获得含有 Event-40-3-2 与国内开发的高产、农艺及优质性状转化事件叠加性状产品的审批。然而，对于存在以下 2 种情形的含有叠加事件的产品，未经孟山都事先书面同意，中国农业科学院不能并同意不会引用、参考或以其他方式使用孟山都注册资料，以获得产品的审批：

（a）其他抗草甘膦的转化事件（Event-40-3-2 除外）；或者

（b）任何外商投资企业，或者外国企业或实体开发、拥有或控制的转化事件（Event-40-3-2 除外）。

5.4　区域外的审批：中国农业科学院和孟山都将共同合作，以避免因中国农业科学院努力取得区域内的产品审批时而可能导致的抗农达大豆贸易中断，包括以下几方面。

a. 孟山都将通过商业上的合理努力，力争在 2021 年前保持全球范围内现有的 Event-40-3-2 的现有审批；

b. 中国农业科学院应在进行与 Event-40-3-2 或产品与 Event-40-3-2 相关的任何新的环境、健康或安全测试或评价前，有关 40-3-2 的部分，事先征求孟山都的意见；

c. 在对任何与 Event-40-3-2 相叠加或与 40-3-2 有关的的新转化事件申请法规审批前，中国农业科学院应与孟山都共同协商，对由于叠加产品在区域内审批对大豆国际贸易产生的潜在影响进行适当的风险评估。

6　权利转让

中国农业科学院和孟山都就材料以及产品相关的权利按照以下约定确定：

a. 品种的所有权：使用供体品系产生的任何及所有产品的所有权属于中国农业科学院和（或）合作研究者。即，孟山都对于中国农业科学院和（或）合作研究者使用材料所开发的任何新品种都不拥有任何所有权。供体品系的所有权由孟山都保留；

b. 权利保留：尽管存在上述约定，Event-40-3-2 是孟山都的财产，在专利、版权和（或）商业秘密等方面受全球知识产权法律的保护。孟山都保留本协议中未向中国农业科学院明确授予的所有权利；

c. 不包括商标许可：本协议未授予中国农业科学院或其商业合作伙伴使用任何孟山都商标的权利，包括但不限于抗农达®、农达®、Roundup® 和 Roundup Ready® 的商标。

7　产品商业化

中国农业科学院同意按照附件五中的规定对抗农达大豆进行商业化。特此说明，本协议并没有禁止中国农业科学院对除了 40-3-2 之外的其他转化事件进行商业化，包括 40-3-2 的的竞争转化事件。

8　服务费

如果 2015 年 1 月 1 日后实现抗农达大豆的商业化，中国农业科学院则无须向孟山都支付任何费用。然而，如果中国农业科学院或其任何商业合作伙伴于 2015 年 1 月 1 日前进行产品商业化，中国农业科学院应当按照附件六中的约定向孟山都支付服务费。

服务费于 2014 年 12 月 31 日终止。

9 保密

双方同意按照附件七中的约定遵守保密义务。

10 其他条款

附件八中的条款为本协议的一部分，双方同意遵守附件八中描述的约定。

11 全部协议

本协议，包括本协议附带的合同附件，形成双方之间的完整约定。本协议合并和取代协议双方此前签订的关于通过供体品系进行基因导入和品种培育而取得的产品之所有相关协议。如果本协议同协议双方此前签订的任何协议存在直接冲突，应当以本协议内容为准。经协议双方事先书面同意后，方可通过书面方式修改本协议内容。

协议双方已于本协议文首所载日期签署和发出本协议，特此为凭。

中国农业科学院
（“中国农业科学院”）
签署人：____________________
姓名：唐华俊
职务：中国农业科学院副院长

日期：2011 年 9 月 21 日

美国孟山都公司
（“孟山都”）
签署人：____________________
姓名：Robb Fraley
职务：孟山都公司执行副总裁
首席技术官（CTO）
日期：2011 年 9 月 21 日

附件一

2011年9月21日 大豆技术协议

定义：

a. “中国农业科学院”是指本协议前言部分规定的含义。

b. “商业合作伙伴”是指非外商投资企业，或者非外国企业或实体，同时，中国农业科学院授权可以在区域内对产品进行商业化的任何第三方。

c. “商业化”是指要培育或已经培育、应用或已经应用、生产或已经生产、销售或已经销售或许可销售产品；也指为了种植这些产品向分销商、零售商或种植者进行价值转移或处置产品。名词的“商业化”应当作类似解释。

d. “供体品系”是指大豆品系 AG5601。

e. “转化事件”是指基因转化事件。

f. “Event-40-3-2”是指孟山都公司从土壤微生物农杆菌 CP4 菌株中分离的 *cp4 epsps* 编码基因转入大豆品系中育成的转基因抗农达大豆。

g. “外商投资企业”是指具有国家发展和改革委员会和商务部联合发布的《外商投资产业指导目录》中规定的含义。

h. “草甘膦”是指具有除草效果的 N-膦酰甲基甘氨酸形式，包括其任何盐化物或者任何其他 5-烯醇式丙酮莽草酸-3-磷酸合酶的抑制剂。

i. “Event-40-3-2 的品种培育项目”是指本协议第 4 条种所述的项目。

j. “孟山都”是指具有本协议前言部分规定的含义。

k. “孟山都注册资料”是指符合以下条件的任何及所有数据、测试、报告或文件：（i）与 Event-40-3-2 相关的；（ii）孟山都或其代理人此前已向区域内的监管部门提交的；（iii）由孟山都或其关联公司拥有的，或者孟山都或其关联公司不产生任何成本的情况下有权取得和分许可的；以及（iv）为了使中国农业科学院能够在区域内取得 Event-40-3-2 或产品的审批，必须向区域内的监管部门提交的。

l. “产品”是指通过 Event-40-3-2 的品种培育项目而开发取得的抗农达大豆品系。

m. “审批”是指由监管部门出具的，按照监管部门或适用的法律规定的条件在一个国家内商业化经营转基因大豆产品相关的任何审批。

n. “监管部门”是指负责授予转化事件审批的任何政府部门或其他实体。

o. “合作研究者”是指非外商投资企业，或者非外国企业或实体，同时中国农业科学院授权参与 Event-40-3-2 的品种培育项目的区域内的任何第三方。

p. “抗农达大豆”是指包含 Event-40-3-2 的大豆。

q. “材料”是指孟山都向中国农业科学院提供的供体品系 AG5601 的种子。

r. “服务费”是指中国农业科学院依据本协议附件六应当向孟山都支付的费用。

s. “大豆”是指栽培大豆（*Glycine max*）。

t. “叠加转化事件”是指 Event-40-3-2 与单个或多个转化事件结合到一个大豆品系。

u. “有效期间”是指本协议的有效期间。

v. “区域”是指中华人民共和国。

w. “性状”是指抗草甘膦性状。

附件二

2011年9月21日大豆技术协议材料的转让和接收

1. 种子转让

本协议签订之日起30天内，孟山都应当免费向中国农业科学院交付约350克材料。

2. 文件

为了使孟山都能够将材料转让给中国农业科学院，中国农业科学院应当向孟山都提供区域内的材料进口的相应审批文件。在本协议签订之日起7天内，孟山都应当向中国农业科学院提供以下文件的复印件：

（a）美国食品药品管理局关于抗草甘膦大豆品系40-3-2咨询申请的通知信函

（b）关于要求解除草甘膦抗性大豆品系40-3-2监管状态申请（美国农业部动植物检疫局申请编号93-258-01）的环境安全评估以及未发现对环境有显著影响的结论

（c）中华人民共和国农业转基因生物安全证书（进口），农基安证字（2009）第072号

3. 种子质量

中国农业科学院确认，孟山都按“现状”提供本协议项下的材料，并不存在任何明示或默示的保证。但若材料不符合孟山都的草甘膦抗药性商业标准，孟山都应当向中国农业科学院提供符合上述标准的替代材料。中国农业科学院和孟山都将共同对孟山都所提供的种子纯度以及是否达到可供商业化程度的草甘膦抗药性进行试验。只有被鉴定为符合孟山都转化事件与性状纯度要求的植株才可以被应用于后续的基因转育及品种培育计划当中。

附件三

2011 年 9 月 21 日大豆技术协议 产品责任管理

1. 产品责任管理方案由中国农业科学院（或其合作研究者）用以实施本协议下文所述各项要素的标准操作程序，以及适用于本协议授权或者要求中国农业科学院经营活动和产品周期之任何其他要素的行业最佳实践方法组成。

2. 产品责任管理方案包括：

（a）质量控制（QC）检测计划：制定包含产品验证以及 Event-40-3-2 的纯度鉴定的各种质量控制的检测计划，并包括明确规定的取样方法和验收标准（例如规格）。

（b）生物技术材料控制和可追溯性：制定书面的流程和程序，以保持 Event-40-3-2 和产品的完整性和可控性。

（c）应急管理：制定适当的流程和程序，以便在出现中国农业科学院认定的严重不合格并由此可能影响产品完整性、法规合规性或管理/质量标准，或者影响外部利益相关者权益和（或）市场情况时，能够有效管理内部和外部的沟通和行动的流程。

（d）质量管理体系：中国农业科学院将参照“监管创优计划”（网址：www. excellencethroughstewardship. com），制定适当的质量管理流程，以符合各项先进的行业计划，以满足有关监管要求和行业标准。

附件四

2011年9月21日大豆技术协议审批

1. 授权函的签发：在需要引述或参考孟山都的注册资料时，中国农业科学院应通知孟山都。孟山都应当在收到中国农业科学院的通知之日起三十（30）天内授权区域内的监管部门参考孟山都的注册资料。如有必要，孟山都应当为中国农业科学院的各种产品以及中国农业科学院所需的各类审批提供单独的授权。

2. 数据所有权：本协议并未向中国农业科学院授予任何孟山都注册资料的所有权。

3. 数据审查权：应中国农业科学院要求，中国农业科学院可以在孟山都工作人员的协助下对数据进行审查，并且帮助中国农业科学院对申报书中孟山都提交的相关报告进行审查。为了实施上述审查，中国农业科学院应当发送相应的书面通知。中国农业科学院应该在孟山都指定的地点、在协议双方可合理接受的时间进行该等审查。除非本协议上文另有约定，本协议并未向中国农业科学院授予以任何方式阅读或持有孟山都注册资料的权利。

4. 无义务开发新数据：本协议并不要求，也不得解释为要求孟山都或其关联公司维护、产生、开发或取得任何新的数据。

5. 孟山都的注册资料属于保密信息：中国农业科学院同意，孟山都的注册资料属于孟山都的商业机密和专有信息，应当受本协议附件七规定的保密义务之约束。

附件五

2011年9月21日大豆技术协议产品商业化

1. 基因安全证书的所有权：若中国农业科学院取得区域内的含有Event-40-3-2产品的审批，中国农业科学院成为区域内该产品安全证书的持有人，中国农业科学院可以授权其商业合作伙伴使用基因安全证书用于进行产品的商业化。

2. 产品的注册登记：在不违反本协议规定的前提下，中国农业科学院可以授权其商业合作伙伴使用中国农业科学院的安全证书办理产品的注册登记。

3. 产品责任管理：在对含有Event-40-3-2的任何产品进行商业化之前：

全面产品责任管理方案：中国农业科学院将确保其各个商业合作伙伴已经参照“产品的监管创优计划”（网址：www. excellencethroughstewardship. com），制定相应的全面产品责任管理方案，以使其符合各项先进的行业要求，从而符合相关的监管要求和行业标准。该管理方案由以下文件组成：中国农业科学院和商业合作伙伴的标准操作程序；执行本协议下文所述各项要素，以及适用于本协议授权或者要求的产品周期之任何其他要素的最佳实践方法。产品周期管理的组成要素实例包括：

i. 产品投放市场的管理；

ii. 产品质量控制检测计划；

iii. 产品上市后的管理要求；

iv. 保证预期产品特征和纯度的控制措施；以及

v. 产品退市流程和文件记录。

附件六

2011年9月21日大豆技术协议
服务费

1. 服务费：如果2015年1月1日后在区域内实现抗农达大豆的商业化，中国农业科学院以及其商业合作伙伴则无须向孟山都支付任何费用。

2. 服务费数额：本协议规定的需要支付给孟山都的服务费，如存在的话，是为了补偿孟山都根据本协议转让种子，提供技术许可，以及提供注册资料作为参考的费用。2015年1月1日之前，如果中国农业科学院或其任何商业合作伙伴进行产品商业化，中国农业科学院应当支付给孟山都的服务费应当由双方依据种植含有Event-40-3-2的种子为中国农民增加的价值来共同确定。这种增加的价值包括除草剂成本的降低、劳动成本的节省、产量的增加及燃料费的减少，以及已经被超过20多个国家农民所认可的由于种植抗农达大豆所获得的有形及无形的利益。为了合理确定在中国种植抗农达大豆的农民所得到的增加的价值，中国农业科学院与孟山都应共同指派合适的人员组成工作组以评定一个农民每年种植抗农达大豆种子相较于和种植常规大豆种子所增加的价值。这种评定工作可能包括对中国农业经济、业界审定的论文或者中国田间试验的分析。孟山都会根据中国农业科学院的需要提供咨询。该价值的评定需要基于产品以及常规种子按同等定价，应向孟山都支付的服务费将按照增加的价值的25%计算。除服务费之外，中国农业科学院及其商业合作伙伴无须就本协议描述的Event 40-3-2在区域内的商业化支付任何费用，许可费和任何其他费用。

3. 计算服务费的方法：在商业化开始前，中国农业科学院应当至少提前三（3）个月通知孟山都。收到上述通知后，中国农业科学院和孟山都将召开会议并共同约定计算种植面积、确定所需支付的服务费数额的具体方法和方式。

4. 报告：对于需要支付服务费的每个日历年度，中国农业科学院应当向孟山都提交一份报告，概述中国农业科学院依据本协议应当向孟山都支付的服务费。每份报告应当符合孟山都合理要求的格式，并包含孟山都合理要求的信息。

5. 到期日：每个日历年度的服务费应当在下一个日历年度的3月25日之前支付。所有款项应当以电汇方式支付至孟山都在美国境内开设的账户。完成每次电汇后，中国农业科学院应当书面通知孟山都。孟山都应当向中国农业科学院提供详细的账户信息和电汇说明。向中国农业科学院给予相应的书面通知后，孟山都可以不时地指定其他收款账户。服务费应当以美元支付给孟山都。美元汇率应当按照付款前一个营业日中午12：00点中国银行公布的汇率为准。

6. 税费：中国农业科学院依据本协议向孟山都支付的服务费不得因为扣除中国政

府或其任何部门或机构对该等款项征收的任何税费、特许费、收费或其他扣缴费用而减少，除非满足以下各项要求：（i）在服务费中扣除的税费（如有）属于所得税，而不属于消费税、特许费、优先权费、营业税、销售税、生产税或物业税，也不属于任何其他征税或赋税；（ii）扣除的税费是依据中国法院或中国政府的任何部门或机构向孟山都征收的税费，中国农业科学院依据法律规定必须在其向孟山都支付的款项中扣除该等税费，并且必须将该等扣缴的税费缴付给中国政府或其任何部门或机构；以及（iii）中国农业科学院应当向孟山都提供已扣缴税款的纳税凭证。

附件七

2011年9月21日大豆技术协议
保密

1. 保密信息：为了使协议双方能够开展更充分的合作，中国农业科学院和孟山都有必要披露某些需要保密的专有信息，包括与种质资源、育种、筛选、残留研究、制剂、法规审批数据和DNA序列等相关的信息（以下简称“保密信息”）。

2. 保密：中国农业科学院和孟山都同意：接收方只能将保密信息用于本协议规定的目的，同时接收方应当：

（a）对依据本协议取得的所有保密信息予以保密，未经另一方事先书面同意，不得向第三方披露该等保密信息（有必要知悉保密信息的合作研究者除外）；

（b）限制保密信息的披露范围，只能向合理参与本协议项下合作项目的员工和高级管理人员披露保密信息；以及

（c）不得以任何方式复制或使用保密信息；但是，关于以下信息的使用或披露，协议任何一方无须遵守本协议中规定的限制性义务保密信息：

i）接收方在另一方披露前已经掌握的信息；

ii）非因接收方过错成为公共知识或公开文件组成部分的信息；

iii）通过依法拥有该等信息的外部渠道合法取得的信息，且不受保密义务的约束；或者

iv）接收方能够证明其未使用另一方的保密信息而独立开发取得的信息。

3. 范围：如果披露的特定信息仅仅因包含了更普遍的公众可得信息，或者由另一方掌握的信息，则不得视为该等信息已成为公共知识或者协议一方已事先掌握该等信息。

4. 保密期限：本协议附件七中规定的义务应当从收到任何保密信息之日起5年内有效。

5. 信息公开：除非为了遵守所适用的法律法规，或者任何一方上市的证券交易法规，未经协议另一方事先书面同意，协议任何一方不得发布与本协议或本协议标的事宜相关的任何新闻、公告，确认书或其他公开披露，但孟山都有选择地与中国境外的行业贸易组织沟通除外，然而在这种情况下孟山都需要向该组织要求在本协议或本协议标的事宜被公开之前保密。

附件八

2011年9月21日大豆技术协议
其他条款

1. 遵循法律法规：中国农业科学院将根据所有可适用的国家、省级、市级和地方法律、法规和法令的规定实施本协议准许或授权的所有活动。如果因中国农业科学院未遵守任何可适用的法律或法规，从而导致违反任何政府规定（无论是否故意违反），使中国农业科学院和（或）孟山都遭受任何政府机构处以的罚款和处罚，该等罚款和处罚均应当由中国农业科学院承担。

2. 无不正当付款：协议双方同意，协议任何一方不得为了取得本协议项下的服务或者为了签订本协议而支付、转让具有公款或商业贿赂性质的有价物品，亦不得接受、默许敲诈、回扣或其他财产。中国农业科学院保证，如果任何人要求中国农业科学院采取的任何行动将违反或可能违反其在本协议项下承担的义务，中国农业科学院应当及时通知孟山都。若孟山都合理、善意地认为可能存在违反本项陈述或保证的任何情形，中国农业科学院应当善意地配合孟山都，以确定是否存在上述违反情形。如果孟山都合理、善意地确定已经发生违反本项陈述或保证的任何情形，孟山都则有权立即单方终止本协议。

3. 有效期间和终止：本协议自生效日起生效。如果出现本协议附件八（2）条或本条规定的现象，本协议终止。如果一方实质性违反本协议约定，那么对方在提前三十（30）天给予违约方书面通知后，可以终止本协议。本协议终止时，本协议中向中国农业科学院给予的授权将终止。本协议终止前已产生的任何应计负债将在本协议终止后继续存在，直至全部履行。本协议附件七（保密），附件八（2），(5)，和（11）将依据具体条款在本协议终止后继续有效。

4. 协议双方的关系：协议双方确认，本协议并未在本协议之间建立任何代理、合伙、合资或其他类似关系。中国农业科学院和孟山都在实施本协议项下各项活动过程中始终属于独立订约方。

5. 赔偿：如果协议一方违反本协议，该协议方应当在相关法律准许的最大范围内赔偿另一方因此遭受和承担的所有索赔、损失、责任和费用，并确保另一方免受损害，除非该等索赔、损失、责任或费用因另一方的过失、错误陈述或违约行为而导致，包括违反本协议中所作的任何保证。本款规定的赔偿保证将在本协议终止后继续有效。

6. 通知：经本协议要求或者授权发出的所有通知和其他通信，在以书面方式发出并交付到另一方在本协议文首所述地址或者另一方以书面方式不时另行指定的其他地址时，即视为已送达另一方。

7. 让与：未经孟山都事先书面准许，中国农业科学院不得将本协议中取得的权利全部或部分转让、出让或转授给任何第三方，但是本协议中准许的合作研究者、商业合作伙伴除外。违反上述规定实施的转让、出让或转授行为均无效。当孟山都重组、合并、分拆、出售或转让本协议标的事项相关业务中的所有实质性股票或资产时，可以一起转让本协议，无论上述业务单独重组、合并、分拆、出售或转让，还是与孟山都整体重组时的孟山都其他业务一起重组、合并、分拆、出售或转让。此外，孟山都有权将其全部或部分权利、义务转让给其任何关联公司，或者委托其任何关联公司履行本协议项下的全部或部分义务。

8. 可分割性：履行本协议不需要违反任何法律规定。如果本协议的一项或多项条款因任何原因在某一方面被裁定为无效、不合法或者不可强制执行，该条款的无效、不合法或者不可强制执行并不影响本协议其他条款的有效性、合法性和可强制执行性，该无效、不合法或者不可强制执行的条款不视为本协议的组成部分。

9. 不视为弃权：协议一方豁免另一方的违约或不履约行为，或者不行使任何权利或救济权，以及相关的交易或履约行为不构成该协议方持续地豁免另一方的任何其他违约或不履约行为，或者持续地放弃其任何权利或救济权，除非该协议方以书面方式明确放弃其享有的权利或救济权。协议一方未行使其享有的任何权利并不构成其将来放弃此项权利或其他权利。

10. 适用法律：解释本协议产生的所有问题以及协议双方在本协议项下的各项权利和责任应当依据中华人民共和国法律予以确定。

11. 争议解决：因本协议引起或者与本协议相关的任何和所有争议（以下分别称作“争议”）应当首先通过友好协商方式予以解决（若可行）。在收到协议一方就争议发出的书面通知后，如果协议双方无法在此后60天内通过友好协商方式解决争议，该争议则应当按照当时有效的新加坡国际仲裁中心（“SIAC”）仲裁规则（以下简称“SIAC规则”），通过仲裁方式予以最终解决。本条规定视为已通过引述并入SIAC规则。仲裁裁决具有终局性，对协议双方均有约束力。任何有管辖权的法院均有权强制执行仲裁裁决。本条规定将在本协议终止后继续有效。

12. 标题：本协议中使用的标题仅为方便查阅而设，不以任何方式影响本协议内容的解释。

13. 语言：本协议以中文和英文书写，两种语言版本具有同等法律效力。两种语言版本的解释存在争议时，应当以英文版内容为准。

中国农业科学院与世界农用林业中心
农业科技合作协议

本协议签字双方分别是总部设在中华人民共和国北京的中国农业科学院和总部设在肯尼亚内罗毕的世界农用林业中心；

鉴于中国农业科学院是隶属于中国农业部的一个国家级科研单位，主要开展有关中国农业问题的研究；

鉴于世界农用林业中心是国际农业研究磋商组织下属的一个国际研究中心，主要在区域和全球范围内开展农业、林业（农用林业）以及自然资源的管理研究；

鉴于中国农业科学院和世界农用林业中心都致力于在中国开展与农业、林业（农用林业）以及自然资源管理相关的研究，

双方特达成以下协议。

第一条

中国农业科学院和世界农用林业中心同意：

1. 建立科研合作关系，并根据中国的研究需求和优先领域，促进在农业、林业（农用林业）以及自然资源管理相关领域的合作研究；
2. 通过科学家互访，在国家、区域和全球范围开展合作研究和科学交流；
3. 交换科学信息，以促进合作研究；
4. 共同资助合作研究项目以及相关的学术讨论会；
5. 联合向国际捐助界申请资金以开展合作项目。

第二条

为实施本协议，中国农业科学院同意：

1. 为已成立的世界农用林业中心北京办事处安排合适的办公场所；
2. 为世界农用林业中心北京办事处推荐合适的工作人员和科研人员；
3. 协助办理中方科研人员参加世界农用林业中心或国际农业研究磋商组织举办的国内外学术讨论会及其他相关项目活动所需相关手续；
4. 协助办理世界农用林业中心的科研人员到中国开展合作研究所需相关手续；
5. 根据中国法规和国际海关条例，协助办理世界农用林业中心工作人员及其北京

办事处开展合作研究项目所需设备和物品的进口免税手续。

第三条

为实施本协议，根据资金及人员情况，世界农用林业中心同意：

1. 雇用中国农业科学院的职工作为其北京办事处的工作人员，以协助世界农用林业中心在北京的首席代表处理行政事务，并促进双方国内外合作项目的实施。世界农用林业中心将根据其相关规定和中国政府的法规，支付其在北京办事处工作的中方人员的工资、补贴和其他相关费用；

2. 购置必要的办公设备（笔记本电脑、传真机、打印机、安装宽带上网系统等），以保证世界农用林业中心北京办事处的运行；

3. 为中方科研人员到世界农用林业中心访问或培训寻求资助；

4. 为双方合作研究项目寻求资助；

5. 联合举办学术讨论会及其他相关活动。

第四条

世界农用林业中心北京办事处将由设在中国农业科学院的中国－国际农业研究磋商组织合作协调领导小组秘书处的指导下开展工作。其工作范围包括：

1. 协调世界农用林业中心在中国开展的合作研究项目；

2. 协助确定参加由世界农用林业中心资助的、在肯尼亚和世界其他地方举办的培训班和研讨会的中方科研人员；

3. 安排世界农用林业中心科研人员来华访问；

4. 协助组织由世界农用林业中心在中国举办的学术研讨会和其他活动；

5. 协助申请合作研究项目，以寻求经费支持。

第五条

中国农业科学院和世界农用林业中心同意：

在符合公共利益的前提下，经双方同意，研究成果可以共同或单独公开发表；任何一方单独发表任何合作研究的成果，都应对另一方所做的贡献给予肯定，同时要对发表文章中所做的结论和诠释负完全责任。

第六条

本协议经双方签字后生效，有效期为5年。如果协议期内出现任何问题，由双方协商解决。

本协议一式两份，以中、英文两种文本写成，两种文本具有同等效力。本协议由以下双方代表签署：

中国农业科学院	世界农用林业中心
唐华俊　副院长	Dennis Garrity 总裁
日期：	日期：

中国农业科学院－国际家畜研究所
畜禽牧草遗传资源联合实验室
延续运行协议书

本协议由总部设在肯尼亚共和国内罗比市 Naivasha 路 Kabete Area 的国际家畜研究所（以下简称“ILRI”）与总部设在中国北京市海淀区中关村南大街 12 号的中国农业科学院（以下简称“CAAS”）之间签订。

1 总则

1.1 CAAS 和 ILRI 在下文中有时被称为“双方”（根据上下文使用一方或双方）。

1.2 CAAS 和 ILRI 于 1997 年 11 月 3 日签订了科技合作协议，并于 2001 年 8 月 20 日签订了在 CAAS 建立 ILRI 联络办事处的协议。

1.3 CAAS 和 ILRI 于 2004 年 5 月 17 日签订了“CAAS-ILRI 畜禽牧草遗传资源联合实验室建立及研究范围协议书”，有效期为 3 年（2007 年 5 月 17 日期满）。

1.4 CAAS 和 ILRI 于 2007 年 12 月 7 日签订了“畜禽牧草遗传资源联合实验室延续运行协议书”，有效期截止于 2010 年 12 月 31 日。1.5 双方已从过去的家畜和牧草遗传资源评价、保护及利用方面的合作中获益，并希望通过 CAAS-ILRI 畜禽牧草遗传资源联合实验室（以下简称“联合实验室”）的延续运行来加强正在开展的合作，开拓畜禽及牧草基因组学等新的研究领域。

2 目的

本协议的目的是延续联合实验室的运行。联合实验室的研究范围见本协议的附件 I。附件 I 是本协议的一个组成部分，可在双方同意的情况下按照第 12.1 条款进行修改。

3 范围

3.1 联合实验室的地理范围包括中国及 ILRI 执行项目的地区。

3.2 双方均感兴趣且符合附件 I 范围的畜禽和牧草遗传资源项目，将在联合实验室予以实施。这些项目可以是中国、ILRI、区域和（或）国际组织资助的项目。项目活动将通过共同制定的项目工作计划予以实施。

3.3　双方还同意：

a. 联合举办畜禽和牧草遗传资源领域的国内或国际培训班、研讨会、以及学术大会。

b. 在有偿服务的基础上，根据需要为ILRI在亚洲开展的有关生物技术综合领域的项目提供研究条件和技术援助。

c. 根据项目的需要和资格条件，相互将对方看做其在亚洲的生物技术综合领域合作项目的优先伙伴。

4　所在地及日常管理

4.1　联合实验室位于北京的中国农业科学院北京畜牧兽医研究所（以下简称“畜牧所”），畜牧所代表中国农业科学院负责联合实验室的日常管理并享有业主权益。

4.2　联合实验室的物质资产由CAAS所有。因此，CAAS负责联合实验室所有设施的维护，并负责购买和维护所有必要的保险。CAAS的有关保安、管护、良好秩序、清洁卫生、行为礼仪或常规保护的制度和程序，也同样适用于联合实验室。因此，在本协议的执行过程中，CAAS保证不会因为在CAAS房产/设施范围内所发生的义务、损害、支出、索赔、诉讼及其他程序而给ILRI造成损害。

4.3　ILRI和CAAS承认，在有些情况下，就特定项目的财务管理而言，一方会比另一方更为有利。因此，双方同意在每个项目启动时，共同商定由哪一方负责特定项目的财务管理。财务管理按照项目主持一方的规章制度来执行。

5　经费支持和其他职责

5.1　按照双方同意的工作计划，并在财力允许的条件下，CAAS的职责是：

a. 改善位于北京的中国农业科学院北京畜牧兽医研究所的基础设施和研究条件，从而使联合实验室保持正常运行；

b. 聘用必要的中国本地科研人员和技术人员，从而使CAAS和ILRI能够联合进行科研和管理活动，其费用由联合实验室实施的专门项目经费提供；

c. 为联合实验室的研究设施建设和合作项目实施积极寻找经费支持机会；

d. 继续努力增加中国对ILRI的年度捐献额，以加强双方的合作；增加的捐款将按照双方书面同意的方式，由ILRI返回到中国农业科学院北京畜牧兽医研究所，用于支持联合实验室的研究工作，支付相关科研和技术人员的岗位工资；

e. 通过联合实验室项目经费为联合任命的国际科学家在北京工作期间提供住宿和办公条件；

f. 通过联合实验室项目经费为ILRI科学家在合作范围内在北京的联合实验室访问

或工作期间提供住宿和办公条件；

g. 通过联合实验室项目经费为CAAS科学家在合作范围内前往ILRI-内罗毕或ILRI-亚迪斯参加培训或访问提供旅费；

h. 为联合举办的有关畜禽和牧草遗传资源的培训班、研讨会、及学术会议提供经费和人力支持。

5.2 按照双方同意的工作计划，并在财力允许的条件下，ILRI的职责是：

a. 派遣一名ILRI科研雇员，作为CAAS和ILRI联合任命的国际科学家，负责CAAS和ILRI在联合实验室的合作研究的协调和实施。该科学家的全部费用由ILRI支付；该科学家每年至少在联合实验室工作6个月；

b. 为联合任命的科学家在ILRI-内罗毕工作期间提供住宿和办公条件；

c. 为CAAS科学家在合作范围内在ILRI-内罗毕及ILRI-亚迪斯参加培训或访问提供住宿和办公条件；

d. 为CAAS和ILRI联合指派的国际科学家提供其在合作项目范围内从内罗毕至北京联合实验室的旅费。同时为ILRI科学家在合作范围内前往联合实验室访问或工作提供旅费；

e. 为联合举办的有关畜禽和牧草遗传资源的培训班、研讨会、及学术会议提供经费和人力支持。

6 汇报与监督

6.1 成立由两名CAAS科学家、两名ILRI科学家及一名由CAAS和ILRI联合任命的国际科学家组成的科学指导委员会（SSC）。科学指导委员会属于顾问性质，负责向ILRI所长和CAAS院长提出建议。科学指导委员会每年开一次会，负责如下事务。

a. 检查联合实验室规划的所有科研活动。

b. 批准或修订有关科研工作计划，向CAAS院长和ILRI所长提出建议。只有中国农业科学院院长和国际家畜研究所所长共同批准的工作计划才可以实施。

c. 向ILRI所长和CAAS院长提交年度报告。

6.2 CAAS－ILRI联合任命的国际科学家将担任科学指导委员会的秘书，向ILRI所长和CAAS院长或其授权代表汇报工作。他（她）负责CAAS和ILRI在联合实验室的合作研究活动的协调和监督。

7 遗传材料的获取、转移和使用

双方同意，在JLLGFR的研究范围内，为了完成任何项目活动而涉及遗传材料的使用时，将遵守遗传材料来源国有关遗传材料的获取、预定承诺、利益共享的国家政策所规定的条款和条件，以及其他任何条款和条件。如果该国家属于有关国际条约的签约国，如《生物多样性协定》《国际食物与农业植物遗传资源条约》及其他有关条约，则还必需遵守这些条约的原则以及为实施该条约的规定而发布的所有国家法规（如《中华人民共和国畜牧法》）。

8　知识产权

8.1　双方同意在联合实验室的合作研究中产生的所有知识产权将被看作共有知识产权。对共有知识产权，双方拥有共同权力和冠名权。双方将诚恳协商来确定如下事宜。

a. 编写和提交有关共有知识产权的专利申请；

b. 在何处提交共有知识产权的专利申请；

c. 哪一方负责专利申请的编写、提交和维持的费用。

8.2　为了专利申请的目的，同意其中一方（第一完成单位）负责共有知识产权的商品化。

9　出版物

有关联合实验室研究活动的所有出版物，包括学术出版物、学术会议演讲文稿、媒体和新闻稿、以及内部和对外报告，都将联合发表，并对各研究所的有关科学家的贡献予以适当致谢。这些出版物署名单位为：中国农业科学院北京畜牧兽医研究所 CAAS-ILRI 畜禽牧草遗传资源联合实验室，中国北京 100094。

10　双方的独立性

任何一方都不能将另一方看作是合资企业的伙伴，任何一方也不能为了任何目的而充当另一方的代理。除了本协议的规定以及特殊的书面协议之外，任何一方都无权（无论明示还是暗示）以任何方式代表另一方签署任何协议、承担任何义务或做出任何承诺。

11　保障和义务

在服从本协议其他条款规定的条件下，每一方在本协议的执行中，保证不给另一方的雇员、代表、执行官带来责任、损害、开支或其他任何索赔、诉讼、控告等程序的损害，但以下情况除外：

a. 这样的责任、损害、索赔、诉讼、控告等程序是由有责任的一方蓄意造成的；或者

b. 这样的债务、伤害、索赔、诉讼、控告等程序是由于有责任的一方的失职而造成的。

12 条件和终止

12.1 本协议书的有效期为2011年1月1日至2013年12月31日。不管本协议书的签订日期为何，本协议书被认为已经于2011年1月1日正式生效。本协议书可通过其中一方提前3个月给另一方的书面通知而终止。本协议书的期限可通过双方的书面修订和签字，经双方同意而延长。

12.2 本协议书及附件I经双方书面同意可予以修改。这样的修订在双方授权代表签字后立即生效。

12.3 本协议实施中发生的争议由CAAS和ILRI通过真诚协商而解决。

12.4 本协议取代双方之间以前有关本主体的所有协议。

签字：

中国农业科学院	国际家畜研究所
副院长 薛 亮 先生	所长 Jimmy Smith 博士
日期：2011年10月14日	日期：2011年10月14日

附件

CAAS-ILRI 畜禽牧草遗传资源联合实验室（联合实验室）研究范围

联合实验室的研究和培训活动将集中在以下领域。

- 建立畜禽和牧草遗传多样性描述和研究的基因组学手段，包括新一代基因组测序、转录组和蛋白组学。
- 鉴定和描述中国及 ILRI 执行项目地区的特异畜禽遗传资源，应用基因组学和 GIS 的研究理论与方法，探讨畜禽遗传多样性的热点问题，开展功能基因组遗传多样性和景观基因组学的研究，挖掘重要、特异性状的关键功能基因及其等位基因。
- 应用基因组学、表型及 GIS 等方法，以保护和利用为目的，进行牧草生物多样性及本土重要牧草种的鉴定和和定位。
- 开发用于畜禽和牧草分子及全基因组育种计划的高密度基因组标记和手段，例如，SNP 芯片。
- 对中国及 ILRI 执行项目地区的合作伙伴，进行有关畜禽遗传资源和牧草种质资源保护利用的基因组学研究理论和新技术等的培训和能力建设。

中国农业科学院与比利时烈日大学让布鲁农业生物技术合作中心协议

此合作协议签署由比利时烈日大学让布鲁农业生物技术合作中心（地址：比利时让布鲁 DEPORTE 街 2 号　邮编：5030）与中国农业科学院（地址：中国北京市中关村南大街 12 号　邮编：100081）共同签署。

第一条

为进一步促进双方在科学研究和培训方面的发展，比利时烈日大学让布鲁农业生物技术合作中心与中国农业科学院同意建立合作关系。

第二条

比利时烈日大学让布鲁农业生物技术中心与中国农业科学院决定联合开展博士联合培养项目。博士学习的许可需获得相关专家的推荐信并同时严格遵守双方单位规定。

学习期间，学生必须同时在两学院注册并可免除其中一所的费用。需要注意的是，必须在第一次注册时一次性付清博士期间的所有注册费。再次，学生每学年还需支付保险费用。正常情况下博士为三年学制，但在双方的批准下此学制可延长。学生在两所机构交换期间，研究活动和论文的撰写应在双方导师的指导下进行。研究工作需由导师的负责，其中一人来自中国农业科学院，另一人来自比利时烈日大学让布鲁农业生物技术合作中心。相关学生的负责导师需根据两学院的规则和条例完成其职责。所有的导师都是评判委员会的成员。论文答辩应在双方同意下在中国农业科学院或比利时烈日大学的固定公开时间举行。

每一个博士生和合作办学的项目都应遵守其相关协议，包括个人论文题目和实践，以展示其在两学院学习期间的成果。

第三条

通常，双方应在财务力所能及的条件下尽力支持以下活动。

- 教授的交换和互访，科学家和技术人员短期和中期的交流

- 学生交换，包括在中国和比利时三明治项目中实现博士培养
- 共同的科研活动
- 共同组织研究班，座谈会，专题讨论会等
- 建立协会以便于科学家及机构学生的交换
- 出版物及教学材料的共享

第四条

为第二条和第三条中所提到的活动积极寻求国家和国际组织的资金支持。与相关项目有关的财政手段将由专门协议另行规定。尤其是来自中国、比利时和国际基金机构的博士奖学金应给予这些国家的学生，以便于其完成博士论文。

第五条

在本合作协议框架下形成的合作项目，将另行签署专门协议进行更详细的规定，主要包括：

— 合作宗旨

— 项目所需预算和资金手段

— 项目涉及人员

— 双方的权利和义务（尤其是知识产权和工业产权，包括出版物，版权及保密性等）

— 项目期限

第六条

本合作协议自签署之日起生效，有效期 5 年。在到达期满之日前，经双方书面协商同意，可对备忘录进行延期。任何一方若要终止本协议，须提前 6 个月以书面形式通知对方。

第七条

- 签约双方从各机构指定两名协调员以落实此协议。

——中国农业科学院

贡锡锋博士　国际合作局副局长

——比利时烈日大学让布鲁农业生物技术合作中心

Frédéric Francis　博士

2011 年 10 月 24 日签署于北京，两份英文副本具有同等效力。

中国农业科学院

____

副院长：唐华俊

日期：

比利时烈日大学

____

副校长：Eric HAUBRUGE

日期：

____

校长：Bernard RENTIER

日期：

中国农业科学院与德国赫姆霍兹感染生物学研究中心合作协议

为进一步促进双方科研项目合作的发展，中国农业科学院（地址：中国北京市中关村南大街12号，邮编100081）与德国赫姆霍兹感染生物学研究中心（地址：德国不伦瑞克市Inhoffenstraße街7号，邮编：38124）同意签署学术交流合作协议：

第一条

中国农业科学院与德国赫姆霍兹感染生物学研究中心应本着互相尊重、平等互利的原则建立合作伙伴关系，以进一步推动双方研究领域的交流与合作。

第二条

中国农业科学院与德国赫姆霍兹感染生物学研究中心应促进以下方面的学术交流：

1. 在合成生物、结构生物、重组蛋白生产及其他共同感兴趣的领域进行专家、学者及研究生的交换；
2. 合作研究，联合举办会议及研讨会；
3. 在相互理解的原则上开展其他交流与合作，包括生物学和生物技术研究双边合作项目及欧盟研究框架项目。
4. 共同建立生命科学与生物技术实验室以促进双方开展科学研究及研讨会。

第三条

本协议的经费原则是，双方各自负责本方参与合作项目的人员及材料费用，在特殊情况下，经双方书面同意后可进行更改。

第四条

此协议自2011年起有效，有效期5年。以书面形式经双方同意后，可续订本协议。任意一方如终止此协议，需提前90天以书面形式告知另一方。

此协议已经中国农业科学院院长与德国赫姆霍兹感染生物学研究中心主任同意批准。

翟虎渠院长	Ulf Richter 主任
中国农业科学院	赫姆霍兹感染生物学研究中心
北京 2011 年 09 月	不伦瑞克　2011 年 09 月

中国农业科学院与法国国家食品环境及劳动卫生署合作谅解备忘录一号修订案

中国农业科学院与法国国家食品，环境及劳动卫生署合作谅解备忘录一号修订案签署于 2010 年 11 月 17 日。

自 2011 年 1 月 1 日起，植物健康实验室正式并入法国国家食品环境及劳动卫生署，此举为双方进一步的研究合作提供了更多契机。

经双方协商，同意下列内容。

第一条

将合作谅解备忘录中第二条“双方合作领域”作如下更改。

共同感兴趣的合作领域涵盖动物卫生、食品安全、水质量以及生态病毒学和植物卫生学，具体内容详见附录名单，该名单也将根据合作需要定期更新。

第二条

将合作谅解备忘录中第四条联系人作如下更改。

——法国国家食品环境及劳动卫生署董事会

欧洲及国际事务办公室

Rozenn SAUNIER 先生

法国 Cedex（索米尔市）Général Leclerc 街 27/31 号

邮编 94701

电话：（33）149771356

传真：（33）149772626

邮箱：rozenn. saunier@ anses. fr

第三条

在附件《中国农业科学院与法国国家食品环境及劳动卫生署共同感兴趣的合作领域》补充以下内容。

植物健康方面：细菌学，病毒学，转基因生物（转基因生物），昆虫学，入侵植物，线虫学，真菌学，检疫，热带害虫和病原体。

第四条

中国农业科学院与法国国家食品环境及劳动卫生署的合作谅解备忘录其他条款保持不变，此修订案自双方签署之日起生效。中文（两份）、英文（两份）、法文（两份）三种版本具有相同法律效力。

北京	巴黎
中国农业科学院	法国国家食品环境及劳动卫生署
贡锡锋　国际合作局副局长	Marc Mortureux 总干事

中国农业科学院与古巴农业部科技创新司合作谅解备忘录

中国农业科学院（以下简称 CAAS），是隶属于中华人民共和国农业部的国家级农业科研机构；

古巴农业部科技创新司（以下简称 DCIT）代表该国农业科技体系，是隶属于古巴共和国农业部的负责农业研究发展的部门；

CAAS 和 DCIT（以下简称双方）在促进和推动农业科技发展方面具有相同的目标；

为进一步推动农业科技的发展，中国农业科学院与古巴农业部科技创新司同意建立伙伴关系并加强在农业科学等方面的双边合作，并制定以下细则。

第一条

双方鼓励在遵循国际法的规则和各国法律的前提下在以下领域开展农业科学技术合作。

- 动植物遗传资源的保存、研究及管理
- 动植物遗传育种
- 生物技术
- 养蜂学
- 农业工程
- 环境

第二条

为了协调和促进卓有实效的科技合作，双方将建立联合工作组。工作组每两年轮流在一国召开工作计划会议，讨论和确定下两年的工作计划。联合工作组会议将签署双方会谈纪要。

考虑到工作计划实施的重要性，它也同样适用于其他提议。这些提议应该经双方书面同意，将其作为附加的合作议题列入工作计划中。

根据双方同意的工作计划议题，双方合作科研机构应该签署科技协议。工作计划应该包括合作项目的具体实施方案，并将其作为科技协议的附件。

第三条

具体合作方式：

● 协调实施双方工作计划中同意的合作议题；

● 就双方共同感兴趣的领域举办学术会议或双边研讨会；

● 互相交换科技信息和文献；

● 科学家互访；

● 交换植物遗传资源；

● 共同参加国际组织计划的投标，例如，欧盟、粮农组织、联合国环境规划署、联合国开发计划署、国际植物遗传资源研究所等机构的计划和活动；

● 其他经双方同意的合作形式。

第四条

为使农业科技合作顺利开展，中国农业科学院和古巴农业部科技创新司应向上级单位提交工作报告，如各国农业部，外交部或其他权利机构，以便双方的合作项目能够被顺利列入国家级合作项目清单。合作双方应通过制定切实可行的政策和条件从而促进各项活动的顺利展开。

第五条

双方将采用下列方式实施合作计划。

1. 列入合作计划内的科学家和专家的互访的费用将由派出方负担，包括国际旅费、餐费、住宿费、当地交通费及其他费用。

2. 双方同意科研机构之间每次互访的费用问题将以书面形式明确，此谅解备忘录将作为双方研究所之间签署协议的基础框架。科学家出访的费用问题也可以根据接待研究所的资金状况考虑个别费用的支付形式，如接待研究所可以支付当地的部分费用，如餐费和住宿费或仅餐费。具体支付问题将由合作科研机构以书面形式明确提出。

3. 所有的互访均由派出方提供医疗保险并自行负担访问期间在访问国发生的疾病或意外医疗费用。

第六条

双方重视对知识产权的保护，并遵循以下规定。

1. 收集和交换遗传材料将严格遵守各自国家的法律法规；

2. 双方有权使用合作项目成果，并对每一方作出的贡献给予认可；
3. 将合作成果转让第三方，必须经另一方明确的书面允许方可进行；
4. 双方科学家的知识产权将得到保护；
5. 共同撰写的出版物须经双方同意方能出版。

第七条

对于协议实施过程中产生的任何争议应通过友好协商和谈判的方式解决。

第八条

此合作谅解备忘录应由中国农业科学院和古巴农业部科技创新司协调实施，同时，兼顾古巴国家蔗糖部的利益。

本合作谅解备忘录自签署之日起生效，有效期至任意一方以书面形式宣布中止为止。同时，任何一方若要终止本协议，须提前 3 个月以书面形式通知另一方。两份英文与西班牙文本同时有效。

中国农业科学院　　　　古巴农业部科技创新司

中国农业科学院与英国诺丁汉大学合作谅解备忘录

本合作谅解备忘录签署由中国农业科学院与英国诺丁汉大学于2011年10月26日在北京共同签署。

第一条　背景

为促进双方学术合作研究和人员交流活动，加强双方联系，发展共同利益，中国农业科学院与英国诺丁汉大学同意建立合作伙伴关系。

此协议适用于诺丁汉大学英国、中国、马来西亚校区以及中国农业科学院的所有研究机构。

第二条　目标和合作领域

为促进双方合作发展，合作内容包括但不局限于以下几个方面。

1. 世界粮食安全
2. 学术课程衔接与发展
3. 学生和人员的交流访问
4. 合作研究
5. 在北京联合建立第一个可能的国际兽医研究和培训机构

第三条　工作组和联系方式

为落实此谅解备忘录，将由中国农业科学院与英国诺丁汉大学的指定代表组成工作组。以下是双方的联系人员。

英国诺丁汉大学：Richard Masterman博士，研究及毕业服务主任

中国农业科学院：贡锡锋博士，国际合作局副局长

如一方更换联系代表，需以书面形式告知另一方。

在此期间，英国诺丁汉大学将领导协调首个国际兽医研究和培训平台的相关活动，直到选出合适的候选人或组织。

关于合作和落实的细节会另行签署协议，有特殊情况发生时，双方应协商解决。

第四条　协议有效期

本合作谅解备忘录自签字之日起生效，有效期 5 年。协议的修改、更新、取消需经双方协商一致。

本合作谅解备忘录于 2011 年 10 月 26 日于北京签署，两份英文副本具有同等效力。

________________	________________
Bob Webb 教授　副研究员	王韧教授　副院长
英国诺丁汉大学	中国农业科学院

中国农业科学院与阿根廷农牧研究院“农业技术合作协调委员会”第一次会议会议纪要

中国农业科学院与阿根廷农牧研究院于2011年4月19日在阿根廷首都布宜诺斯艾利斯举办“中阿农业技术合作协调委员会”第一次会议。此次会议由中国农业科学院副院长罗炳文先生与阿根廷农牧研究院院长Carlos Casmiquela先生共同主持。出席会议的还有来自中国农业科学院和阿根廷农牧研究院不同研究部门的代表。

此次会议是在2010年1月27日由双方共同签订的技术合作协议的框架下进行的。同时，也是落实中阿两国农业部2010年11月12日召开的第一次农业联合委员会的会议内容。

在此之前，中国农业科学院代表团已于4月17日参加了在阿根廷科尔多瓦省Marcos Juarez举行的2011阿根廷农牧研究院年度农业技术研究、转让和推广大型展会。

4月18日，中方代表们还参观了阿根廷农牧研究院的相关研究部门，即图库曼省的Famailla试验站、布宜诺斯艾利斯市的Balcarce试验站、恩特雷里奥斯省的康塞普西翁试验站以及布宜诺斯艾利斯的Castlar国家农业研究中心。上述参观关注了农业生产的不同方面：主要集中在养蜂业、作物科学、水稻生产、动物病毒学、生物技术、食品技术以及气候与水资源。

以下是此次会议达成的主要合作意向：

1. 双方均同意并有意愿进一步加强双边合作。

2. 经双方审议通过的2011～2012年度工作计划包含以下活动。

● 中国农业科学院与阿根廷农牧研究院共同致力于：

—抗穗部镰刀菌小麦品种的评价和应用；

—养蜂综合除螨技术研究；

上述联合研究项目应由双方根据各自预算状况共同出资实施。合作双方将在下月具体商讨用于此研究项目的经费数额。

● 就2010年技术合作协议附属协议中的其他细则，双方同意鼓励科学家就感兴趣的领域开展双边研讨会和科学家峰会，尤其鼓励双方专家开展在水稻、大豆、棉花、牧草方面的联合研究。

3. 双方同意根据“特殊材料交换协议（MTA）”进行种质资源交换。

此会议纪要由中国农业科学院与阿根廷农牧研究院于 2011 年 4 月 19 日共同签署于布宜诺斯艾利斯。

中国农业科学院代表　　　　　　　　阿根廷农牧研究院代表

五、人事管理与人才建设

中国农业科学院2011年人事人才工作综述

2011年，中国农业科学院人事人才工作在院党组的正确领导下，认真贯彻落实党的十七大和十七届五中、六中全会精神，以全面提高我院科技自主创新能力为目标，坚持以人为本、以研为本，精心谋划“十二五”战略布局，不断深化干部人事制度改革，紧紧围绕院党组中心工作，切实加强科技人才队伍建设、领导班子建设和干部队伍建设，扎实推进收入分配改革和岗位聘用制度改革，做好离退休干部的管理与服务，各项工作取得明显成效。主要工作有以下几个方面。

一、着眼长远，理清思路，精心谋划“十二五”人事人才工作规划

秉承人才资源是科学发展第一资源的理念，为推动“人才强院”战略，全面分析面临的机遇和挑战，明确“十二五”的工作思路。经院党组研究，发布了《中国农业科学院“十二五”科技人才队伍发展规划》和《中国农业科学院领导班子和干部队伍建设“十二五”规划》。组织召开院人事劳动工作会议，做好两个规划的学习贯彻，研究讨论落实对策与措施，为全面做好“十二五”人事人才工作打下了良好基础。

《人才队伍建设规划》，坚持以提高自主创新能力为核心，以创新机制和完善政策体系为保障，以“人才优先、引领发展，引育并举、以用为本，突出重点、统筹兼顾，创新机制、优化环境”为原则，明确了扩大队伍规模、改善人才结构、优化人才环境、发挥好科技人才作用等目标，提出实施领军人才培养工程、科技创新团队建设工程、海外高层次人才创新、创业基地建设工程、青年科技创新人才培养工程和科研辅助人才优化工程6大工程，创新人才工作机制。

《领导班子和干部队伍建设规划》，坚持党管干部原则，以提升领导水平和履职能力为核心，提出进一步加强思想政治建设、提升推动科学发展能力、优化干部队伍结构、创新完善体制机制等目标，严格管理监督，努力建设一支政治过硬、作风优良、结构合理、朝气蓬勃、奋发有为的高素质干部队伍。

深化分配机制改革，进一步健全人员经费保障机制，不断完善以聘用制为核心、与工作业绩紧密结合的薪酬体系，优化分配结构和管理流程，树立科学的分配导向，加强对科研一线和关键岗位的支持力度。认真做好离退休人员管理，落实老干部各项待遇，完善向老同志的情况通报和沟通制度，改进工作方法和服务手段，让广大离退休人员安

度晚年，老有所乐。

二、引育并举，以用为本，扎实推进高层次科技人才队伍建设

2011 年中国农业科学院人才工作在两院院士增选、科技人才队伍建设和“西部之光”访问学者培养工作等方面，成绩突出，得到上级部门的肯定。12 月 17 日，在中组部召开的 2011 年全国人才工作座谈会上，薛亮书记代表我院作了“引育并举，以用为本，全面实施人才强院战略”的大会发言，我院是发言单位中唯一一个科研单位代表。8 月 27 日，在中组部、中科院共同主办的“西部之光”人才培养计划实施 15 周年暨“西部之光”访问学者培养工作 7 周年工作研讨会上，李金祥副院长代表我院作典型发言。经过积极推荐，10 名专家被推选成为两院院士有效候选人，喻树迅、吴孔明成功当选中国工程院院士，实现院士增选工作的重大突破。我院院士平均年龄从 2010 年的 81 岁降低到 73.6 岁。

一是大力引进高层次人才，不断优化科技人才队伍结构。一方面，加大海外高层次人才引进力度。先后申报两批 8 位“千人计划”引进人选和 10 位“青年千人计划”引进人选，已有 2 位“千人计划”人选通过评审。并积极落实已入选人才的相关待遇，研究起草《中国农业科学院“千人计划”人才管理暂行办法》。另一方面，认真做好高校毕业生招录工作。全年共接收博士研究生 85 人、硕士研究生 85 人，留学生 7 人，博士后出站人员 36 人，进一步优化了人才队伍的年龄结构、学历结构和专业结构。组织召开中国农业科学院博士后管理委员会全体会议，完成中国农业科学院博士后管理委员会换届工作，进一步加强和规范了博士后管理。

二是积极构建人才培养平台，加快人才培养步伐。经过积极申报，我院入选首批 20 个国家级专业技术人员继续教育基地，为我院科技人才的岗位培训和业务交流提供了有利的平台条件。申报的“优质超级稻新品种培育与高产栽培技术”高级研修班，入选人社部专业技术人才知识更新工程 2011 年高级研修项目计划，并于 12 月成功举办。组织推荐王国英等 12 位专家参加年农业部高级专业技术人员理论业务培训班，灌溉所段爱旺参加中组部院士专家理论研究班。组织进行留学资助和高层次留学资助项目推荐工作，9 个项目获得 32 万元的资助。完成 2010 年度专业技术职务评聘工作，评审通过正高级人员 59 名，副高级人员 141 人，专业技术二级岗位 13 人，专业技术三级岗位 37 人，指导院属单位完成副高级以下岗位分级聘用工作。完成 2010 年度 16 名“西部之光”访问学者培养任务和 2011 年度 30 名“西部之光”访问学者、西藏新疆特培学员的培养任务落实，承担农业部系统 33 名访问学者的集中管理工作。

三是坚持“以用为本”，促进科技人才在实践中成长。积极组织专家参加科技服务活动，选派畜牧兽医所朱化彬参加人社部组织的“万名专家服务基层行动计划”，选派环发所陶秀萍等 5 位专家参加人社部组织的专家赴基层开展技术服务活动等。我院多名专家因贡献突出，多层次、多批次获得荣誉称号和表彰。如兰牧药所李剑勇荣获第十二

届中国青年科技奖；作科所张世煌、赵广才获全国粮食生产突出贡献农业科技人员；林敏等22名专家入选农业部第一批农业科研杰出人才及其创新团队培养计划。同时，推荐刘旭、唐华俊等8位专家作为百千万人才工程国家级人选评审专家，王国梁等3位专家当选江苏省第四期“333高层次人才培养工程”首席科学家及中青年科技领军人才人选评审专家，彭于发担任最高检察院特约检察员，张友军作为光华工程科技奖青年奖候选人，高清竹等7人作为“第八届青藏高原青年科技奖”候选人。完成第十一批“博士服务团”成员的考核鉴定工作和第十二批推荐工作。继续举办新入职人员岗前培训班，院系统新入职人员180余人参加培训，通过介绍我院政务、科研、国际合作等方面的基本概况，进行有关专题报告、辅导讲座和拓展训练，使他们对院情有了全面了解，增强了科研工作的使命感和责任感。

三、优化结构，选贤用能，不断加强领导班子和干部队伍建设

一是扎实做好领导班子调整和配备工作。院党组高度重视所局级领导班子建设，坚持德才兼备、以德为先的用人导向。分别在4月、9月和11月，配合中组部完成我院副省级干部推荐考察、院长人选的推荐考察及院长调整任免宣布决定等工作，并组织接待中组部干部四局来院调研。根据院党组和部人事劳动司要求，制定并组织实施全年领导班子调整计划。协助农业部完成6个单位换届考察及届中考察；完成6个单位领导班子增补考察。全年共任免部、院党组管理的干部118人次，其中，部党组管理的司局级干部任免30人次；院党组管理的所局级干部任免88人次，任职72人次，免职16人次，任职中提拔任职20人。

二是不断完善和推进竞争上岗。通过竞争上岗选拔5名副所（局）级干部。工作中，突出优化领导班子结构原则，进一步选拔培养优秀年轻干部；突出岗位需求、人岗相适原则，提高考试的科学性、针对性；突出注重能力实绩原则，积极探索适合我院特点的选人用人的新途径。推动干部交流，促进干部年轻化。此次竞争上岗录用的副所局级干部、“70后”干部占到60%，交流任职干部达到40%。

三是认真做好中层干部任免备案工作。加大对院属单位中层干部队伍建设的指导和监督，优化中层干部队伍结构。完成蔬菜花卉研究所等17个单位61人次中层干部任免备案工作。进一步加强机关干部队伍建设。任免处级干部20人次，提拔14人。开展院机关处级干部交流8人次。

四是加强干部监督管理。协助中组部、农业部完成2010年度院领导班子和院领导年度考核及测评工作，协助开展干部选拔任用“一报告两评议”工作。组织完成院属各单位、院机关各部门2010年度任务目标考核和“一报告两评议”工作，并对评议结果进行汇总排名，针对排名靠后的单位要求查找原因，督促整改。加强任前监督和离任检查，全年对拟提拔任职的所局级领导干部，执行党风廉政建设有关情况征求院党组纪检组、监察局的意见23人。坚持所局级领导干部任免前谈话制度，对40名所局级干部

进行任免前谈话及廉政谈话。组织完成全院 213 名所局级领导干部和 816 名处级干部报告个人重大事项工作，协助做好巡视工作，进一步提升了日常监督效果。

五是加强机构编制管理工作。根据研究所科研发展和管理需要，加强机构配置。推动中国食物与营养发展研究所成立有关事宜。积极协助上海兽医所、沼气研究所、特产所等理顺所局级干部地方协管关系。为促进研究所平台建设，共办理农产品加工研究所等 12 个单位内设机构的调整审批。组织院属单位开展农业部议事协调机构、临时机构自查清理工作。全面掌握院属各单位近年来内设机构变化情况，为事业单位分类改革做好前期准备工作。

四、拓宽渠道，提升能力，抓好大规模干部教育培训工作的落实

为进一步加强我院干部作风建设和能力建设，院党组坚持把干部教育培训作为农科院事业发展全局中的一项重要工作，积极组织力量大规模培训干部、大幅度提高干部素质，领导班子和干部队伍能力得到普遍加强。

一是根据需要开展自主培训。创新培训方式，拓宽培训渠道，继续举办第四期南京英语培训班，选派优秀科研骨干赴加拿大奎尔夫大学进行第三期英语强化培训和学术交流，举办团队首席培训班、2011 年处级干部任职培训班等，各类培训参训人员近 500 人次。

二是做好干部调训和自主选学。积极争取上级部门的干部调训、自主选学名额。组织京区 21 名司局级干部参加中央党校举办的中央和国家机关司局级干部选学培训班。重点选派年轻干部、京外干部 21 人参加中组部、中央党校、农业部等部门组织的 13 个培训班。

三是重视青年干部学习。组织参加农业部中青年干部学习论坛活动，将全院近百名中青年干部提交的 72 篇论文初选后分别报送 6 个分论坛。经评选，我院 2 个单位获“农业部中青年干部学习论坛优秀组织奖”荣誉称号；13 篇论文入选各分论坛获奖论文。选派 87 人次参加农业部组织的青年论坛活动。

四是多渠道、多形式推动干部实践锻炼。积极做好选派所局级后备干部、优秀年轻干部参加援疆、扶贫和到地方挂职锻炼工作。共选派 5 名干部援疆锻炼。选派 1 名同志到湖南湘西州挂职锻炼。研究制定《院机关年轻干部实践锻炼管理试行办法》，针对缺乏基层工作经历的机关年轻干部，首批选派 5 人进行实践锻炼一年，坚持把参加实践锻炼经历及表现情况，作为其晋升职务的必要条件。经过全方位的学习锻炼，各级干部的管理水平和工作能力有了显著提高。

五、超前谋划，深入调研，稳步推进干部人事制度改革

一是加强收入分配和绩效管理现状的调研摸底，为绩效工资的实施做好准备。组织

完成院属单位全面清理核查津贴补贴工作，对各单位经费来源、津贴补贴发放项目和标准、整体水平进行摸底、测算，深入调研院属单位在深化内部分配改革方面的探索和尝试，学习借鉴相关单位在年薪制、项目工资、协议工资等方面的经验，为在职人员绩效工资的实施做好充分准备。

二是围绕岗位设置管理问题进行总结梳理，优化人力资源配置。为进一步提高岗位管理的科学化水平，建立以岗位绩效为导向的激励机制，重点围绕我院岗位聘任制的实施展开调研，针对目前高级岗位总量相对不足的问题提出对策建议，为今后高级岗位职数的使用争取更大的空间，为下一步优化岗位设置方案，积极争取政策支持。

三是围绕人事人才工作难点问题开展课题研究工作。组织开展完善人才评价和干部选拔机制研究、科研辅助人员队伍建设与管理机制研究、农业科研院所中层干部队伍能力素质及选拔培养研究等专题研究工作，加强对人事制度改革热点难点问题的政策研究。

六、积极落实，完善措施，扎实推进人事人才基础工作

一是严格规范，做好工资日常管理和审批工作。测算、编报2011年度工资总额计划。根据院属单位实际和发展需要，分解下达工资总额；研究制定《中国农业科学院交流任职干部工资管理办法》，规范交流任职干部的工资、福利及社保管理。全年完成各类工资异动审批2 600余人次。组织防暑降温费和冬季取暖补贴的核发和相关生活补助标准的调整，做好监督执行和政策解释工作。

二是做好人事劳动统计工作。组织完成人事劳动统计会审，对全院各类人员情况进行数据统计分析，组织举办劳资统计业务培训班。加强对统计数据的研究分析，编印《中国农业科学院人事劳动统计资料汇编》，为院领导和各部门决策提供参考依据。组织院统计先进单位的评选表彰，促进了劳资统计工作的科学化、规范化建设。

三是做好调配、干部人事档案和出国（境）人员审查工作。接收军队转业干部2名，京外调干2名。为22人解决夫妻分居办理调配偶进京相关手续。全年办理因公出国（境）人员政治审查700余人次，办理因私出国（境）人员审查70余人次。

四是继续抓好办公效能建设。坚持月工作计划制度，加强督办落实，提高工作效率。加强信息化建设，利用飞信、网络等手段及时发布，实现与院属各单位（部门）信息沟通畅通、便捷。

七、创造条件，强化服务，切实做好离退休干部管理与服务工作

一是落实好老同志的政治待遇。加强机关离退休党总支建设，完成党总支和支部换届工作，积极参加农业部举办的党支部书记培训，组织好政治学习和各类活动，发挥好老年党支部的战斗堡垒作用。

二是落实好老同志生活待遇，搞好日常服务。组织完成京区 1 819名退休人员规范津贴补贴工作。及时落实提高老干部生活、医疗等各项待遇，针对反映出的问题，认真做好沟通和解释工作。做好老干部祝寿和慰问探视工作，为机关全体离休干部安装“999 急救电话”，全年出老干部医疗班车 30 余次，代取药 270 多人份，合计金额 30 多万元，代报药费 200 多人次，合计金额 20 多万元。

三是搞好活动站建设和老年大学工作。认真落实中组部〔2010〕24 号文件精神，努力推进“资源共享、面向社区”试点工作，取得明显成效。组织老同志开展丰富多彩的文体活动，组织参加农业部等文艺演出 6 次，休育比赛 2 次；春秋游活动 10 余次。完成老年大学春季班、秋季班招生和管理、服务工作，我院每季招生 300 多人，近 500 人/科。开设周末小电影院，共放映红色题材、幽默题材电影 30 余部，加映院内动态、消防安全等副片，共接待 1 500余人观看。

四是依托院“老科协”，做好老同志发挥作用工作。全年完成海淀区政府调研项目 1 个，乡级产业项目论证 2 个，各类技术服务 10 多次，培训农民 300 多人。

八、强化学习，提高效能，进一步加强局内自身建设

一是不断加强局领导班子自身建设。一年来，局领导班子团结一心，坚持局务会议等议事制度，坚持贯彻民主集中制，在干部选拔任用、人员招录以及职称评审等重要工作环节中，坚持集体研究，不断提高领导班子科学决策的水平。

二是开展学习型机关建设。制定《2011 年人事局党支部学习计划》，组织开展 2 次局理论中心组学习，每月组织一次全体职工集中学习，学习传达中央、农业部和我院重要会议精神，把全体职工的思想认识统一到院党组“十二五”重大战略部署上来。

三是加强党建和精神文明建设。组织完成局党支部换届工作，成立局青年工作委员会和新一届工会委员会。组织开展创先争优公开承诺“回头看”工作，总结 2011 年公开承诺情况，扎实推进创先争优。组织开展形式多样的纪念建党 90 周年系列活动，全局职工赴西柏坡开展“踏寻红色足迹、重温入党誓词”主题党日活动、集中观看党史教育片、召开党史学习汇报会等，抓好创新文化建设。

四是继续抓好局内党风廉政建设。深化组工干部讲党性、重品行、作表率活动，逐级签订廉政责任书，学习杨善洲、李林森的先进事迹，利用“李洋案件”及时开展警示教育，严格执行“十严禁”纪律，营造比学习、比工作、比奉献的良好氛围。

自身建设的不断加强，提高了人事局整体的工作水平和工作能力，作风建设不断加强，树立了公道正派的组工干部良好形象。2011 年，我局组织撰写（发表）的文章、调研报告等共获奖 13 项，荣获集体或个人奖项 2 项。

中国农业科学院组织机构图

院长、党组书记

副院长、党组副书记、党组成员

院机关

- 院办公室
- 科技管理局
- 人事局
- 财务局（科技产业发展办公室）
- 基本建设局
- 国际合作局
- 直属机关党委
- 监察局

后勤服务中心

在京研究所

- 作物科学研究所
- 植物保护研究所
- 蔬菜花卉研究所
- 农业环境与可持续发展研究所
- 北京畜牧兽医研究所（中国动物卫生与流行病学中心北京分中心）
- 蜜蜂研究所
- 饲料研究所
- 原子能利用研究所（农产品加工研究所）
- 生物技术研究所
- 农业经济与发展研究所
- 农业资源与农业区划研究所
- 农业信息研究所
- 农业质量标准与检测技术研究所（农业部农产品质量标准研究中心）

中国农业科学院研究生院

中国农业科学技术出版社（中国农业科学院农业传媒与传播研究中心）

京外研究所

- 农田灌溉研究所
- 中国水稻研究所
- 棉花研究所
- 油料作物研究所
- 麻类研究所
- 果树研究所
- 郑州果树研究所
- 茶叶研究所
- 哈尔滨兽医研究所（中国动物卫生与流行病学中心哈尔滨分中心）
- 兰州兽医研究所（中国动物卫生与流行病学中心兰州分中心）
- 兰州畜牧与兽药研究所
- 上海兽医研究所（中国动物卫生与流行病学中心上海分中心）
- 草原研究所
- 特产研究所
- 农业部环境保护科研监测所
- 农业部沼气科学研究所
- 农业部南京农业机械化研究所
- 烟草研究所

共建单位

- 柑橘研究所
- 甜菜研究所
- 蚕业研究所
- 农业遗产研究室
- 水牛研究所
- 草原生态研究所
- 家禽研究所
- 甘薯研究所
- 长春兽医研究所

中国农业科学院及院直属单位(部门)领导人员名单

（以 2011 年 12 月底在职为准）

院长：李家洋
党组书记：薛　亮
副院长：王　韧　刘　旭　李金祥　唐华俊
党组副书记、党组纪检组组长：罗炳文
党组成员：薛　亮　王　韧　刘　旭　罗炳文　李金祥　唐华俊　贾连奇

院办公室

主任：刘继芳
副主任：汪飞杰　方宜文（兼）　姜梅林（女）

科技管理局

局长：王小虎
副局长：王晓举　袁龙江　王长江　陆建中

人事局

局长：贾连奇（兼）
副局长：李增玉　汪学军　李奇剑

财务局（科技产业发展办公室）

局长（主任）：史志国
副局长（副主任）：吴胜军　潘燕荣　刘瀛弢（女）　范　静（女）

基本建设局

局长：付静彬
副局长：周　霞（女）　夏耀西

国际合作局

局长：张陆彪
副局长：贡锡锋　申和平　冯东昕（女）

直属机关党委

书记：罗炳文（兼）
常务副书记：高淑君（正所级，女）
副书记：林定根（正所级）

监察局

局长、党组纪检组副组长：张逐陈
副局长：姜维民（正所级）　林聚家

后勤服务中心（局）

主任、党委副书记：孟祥云（女）
党委书记、副主任：方宜文
副主任、党委副书记、纪委书记：赵玉林
副主任：孙启刚

作物科学研究所

所长：万建民
党委书记、副所长：张保明
副所长、纪委书记：齐秀改（女）
副所长：王述民　曹永生

植物保护研究所

所长、党委副书记：吴孔明
党委书记、副所长：张步江
副所长、纪委书记：陈万权
副所长：邱德文　郑永权

蔬菜花卉研究所

所长、党委副书记：杜永臣
党委书记、副所长、纪委书记：孙日飞
副所长：张宝玺　胡　鸿（女）　王晓武

农业环境与可持续发展研究所

所长、党委副书记：梅旭荣
党委书记、副所长：栗金池（女）
副所长、纪委书记：张燕卿（副局级）
副所长：董红敏（女）　朱昌雄

北京畜牧兽医研究所
（中国动物卫生与流行病学中心北京分中心）

所长（主任）、党委副书记：李　明
党委书记、副所长（副主任）：袁学志
副所长（副主任）、党委副书记、纪委书记：文　杰
副所长（副主任）：王加启　韩雪松

蜜蜂研究所

所长、党委副书记：吴　杰
党委书记、副所长：王　勇
副所长、纪委书记：周　玮
党委副书记：刘凤彦
副所长：彭文君

饲料研究所

所长、党委副书记：蔡辉益
副所长、党委副书记、纪委书记：秦玉昌
副所长：齐广海 吕春生

原子能利用研究所（农产品加工研究所）

所长、党委副书记：戴小枫
党委书记、副所长：舒文华
副所长、纪委书记：王志东
副所长：王 强 王凤忠
党委副书记：赵俊辉

生物技术研究所

所长：林 敏
党委书记、副所长：田小薇（女）
副所长：路铁刚 张洪岭 张春义
党委副书记、纪委书记：孙丽萍（女）

农业经济与发展研究所

所长、党委副书记：秦 富
党委书记、副所长：任爱荣（女）
副所长、纪委书记：马 飞
副所长：王济民 孙东升

农业资源与农业区划研究所

所长、党委书记：王道龙
副所长、党委副书记、纪委书记：任天志
副所长：徐明岗 周清波 郭同军 邱建军

农业信息研究所

所长、党委副书记：许世卫
党委书记、副所长：王东阳
党委副书记、副所长、纪委书记：刘 俐（女）
副所长：孟宪学 王文生 骆建忠

农业质量标准与检测技术研究所（农业部农产品质量标准研究中心）

所长（主任）、党委副书记：叶志华
党委书记、副所长（副主任）：李恩普（女）
副所长（副主任）：钱永忠
副所长（副主任）、纪委书记：苏晓鸥

研究生院

院长：翟虎渠（兼）
党委书记、常务副院长：韩惠鹏
副院长、党委副书记、纪委书记：李思经（女）
副院长：刘荣乐 孙 红（女）

中国农业科学技术出版社

社长、直属党支部书记：李锁平（副所级）
总编辑：黄 卫（正处级）

农田灌溉研究所

所长、党委副书记：段爱旺
党委书记、副所长：黄修桥
副所长、纪委书记：周子奎
副所长：齐学斌

中国水稻研究所

所长、党委副书记：程式华
副所长：李西明　胡培松
党委副书记、纪委书记：姜仁华

棉花研究所

所长、党委书记：喻树迅
党委副书记、副所长、纪委书记：侯志勇
副所长、党委副书记：李付广
副所长：王坤波　刘金海　李建萍（女）

油料作物研究所

所长、党委书记：王汉中
党委副书记、副所长、纪委书记：李光明
副所长：王移收　廖　星　廖伯寿　黄凤洪

麻类研究所

所长、党委书记：熊和平
党委副书记、副所长、纪委书记：王朝云
副所长：贺德意　臧巩固　李德芳　黄志辉

果树研究所

所长：刘凤之
党委书记、副所长：郝志强
副所长、党委副书记、纪委书记：丛佩华
副所长：陆致成　程存刚

郑州果树研究所

所长、党委副书记：刘君璞

党委书记、副所长：王志强
副所长：方金豹　王力荣　刘崇怀

茶叶研究所

所长、党委副书记：杨亚军
党委书记、副所长：陈　直
副所长、纪委书记：江用文
副所长：鲁成银

哈尔滨兽医研究所
（中国动物卫生与流行病学中心哈尔滨分中心）

所长（主任）：孔宪刚
党委书记、副所长（副主任）：高士军
副所长（副主任）：魏凤祥　王笑梅（女）　步志高
副所长（副主任）、纪委书记：赵国辉
党委副书记：夏长友

兰州兽医研究所
（中国动物卫生与流行病学中心兰州分中心）

所长（主任）、党委副书记：殷　宏
党委书记、副所长（副主任）：张永光
党委副书记、副所长（副主任）、纪委书记：白银梅（女）
副所长（副主任）：火德昌　罗建勋　刘湘涛

兰州畜牧与兽药研究所

所长、党委副书记：杨志强
党委书记、副所长：刘永明
副所长、纪委书记：张继瑜
副所长：杨耀光

上海兽医研究所
（中国动物卫生与流行病学中心上海分中心）

所长（主任）：童光志
党委书记、副所长（副主任）：杨　瑾（女）
党委副书记、副所长(副主任)、纪委书记：林矫矫（正所级）
副所长（副主任）：丁　铲　徐富荣

草原研究所

所长、党委副书记：侯向阳
党委书记、副所长：王育青
副所长、纪委书记：李志勇

特产研究所

所长、党委副书记：杨福合
党委副书记、纪委书记：董　学
副所长：孙长伟　程世鹏　王英平　李光玉

农业部环境保护科研监测所

所长、党委副书记：高尚宾
党委书记、副所长：朱　岩
副所长：李玉浸（正所级）　周其文
副所长、纪委书记：陈　璐

农业部沼气科学研究所

所长、党委副书记：李　谦
党委书记、副所长：方　向
副所长：胡国全　邓　宇

农业部南京农业机械化研究所

所长、党委副书记：易中懿
党委书记、副所长：曹曙明
副所长、纪委书记：梁　建
副所长：陈巧敏　胡志超

烟草研究所

所长、党委副书记：王元英
党委书记：管　辉
副所长：王树声
副所长、纪委书记：张忠锋
党委副书记、副所长：赖燕萍（女）

2011 年中国农业科学院院属各单位人员情况统计表

序号	单位	职工总数	专业技术人员					管理人员								工勤技能人员				
			小计	正高级	副高级	中级	初级及以下	小计	相当副部	正司局级	副司局级	副所级	正处级	副处级	科级及以下	小计	技工一级	技工二级	技工三级	技工四级及以下
	全院合计	7 278	4 689	717	1 233	1 963	776	881	2	34	39	225	147	434	1 708	13	195	1 121	379	
	京内合计	2 714	1 927	409	590	719	209	472	2	15	18	129	76	232	315	11	99	173	32	
	京外合计	4 564	2 762	308	643	1 244	567	409		19	21	96	71	202	1 393	2	96	948	347	
1	院机关	202	76	25	32	19		126	2	5	9	38	13	59						
2	后勤中心	212	45		4	34	7	64			2	10	4	48	103	1	30	61	11	
3	作科所	347	276	81	87	86	22	28		1	1	3	6	17	43	2	11	28	2	
4	植保所	207	176	47	60	56	13	15		1		3	4	7	16	1	8	7		
5	蔬菜所	200	148	32	44	55	17	24		1		5	3	15	28	2	9	16	1	
6	环发所	158	114	18	30	47	19	38			2	16	8	12	6		3	1	2	
7	牧医所	160	128	34	43	44	7	14		1	1	2	3	7	18		8	10		
8	蜜蜂所	101	72	12	18	32	10	12		2		4	2	4	17	2	6	6	3	
9	饲料所	110	95	17	30	41	7	12				5	3	4	3			2	1	
10	加工所	105	76	14	20	28	14	12			1	4	3	4	17		4	12	1	

（续表）

序号	单位	职工总数	专业技术人员					管理人员								工勤技能人员				
			小计	正高级	副高级	中级	初级及以下	小计	相当副部	正司局级	副司局级	副所级	正处级	副处级	科级及以下	小计	技工一级	技工二级	技工三级	技工四级及以下
11	生物所	120	104	24	34	36	10	13		1		2	2	8	3	1		2		
12	农经所	96	85	22	30	27	6	9		1		2		6	2	1		1		
13	资划所	281	243	55	74	102	12	30				4	6	20	8		2	5	1	
14	信息所	249	159	3	52	59	45	54		1	1	26	17	9	36	1	15	16	4	
15	质标所	73	66	8	20	29	9	4			1	3			3		2	1		
16	研究生院	79	56	15	9	21	11	11		1		1	2	7	12		1	5	6	
17	出版社	14	8	2	3	3		6				1		5						
18	灌溉所	147	100	12	26	44	18	7			1	4		2	40		1	39		
19	水稻所	562	204	29	49	77	49	43		2	1	8	7	25	315		14	207	94	
20	棉花所	416	179	22	53	80	24	26			2	7	2	15	211		10	195	6	
21	油料所	267	184	22	45	91	26	18		1	2	5	7	3	65		4	50	11	
22	麻类所	175	81	16	18	36	11	21				3	5	13	73		2	60	11	
23	果树所	219	77	10	13	40	14	35		1	1	5	9	19	107		5	69	33	
24	郑果所	197	151	14	43	71	23	16		2	1	4	2	7	30		1	25	4	
25	茶叶所	154	108	16	28	52	12	12		1		3	1	7	34		7	19	8	

（续表）

序号	单位	职工总数	专业技术人员					管理人员								工勤技能人员				
			小计	正高级	副高级	中级	初级及以下	小计	相当副部	正司局级	副司局级	副所级	正处级	副处级	科级及以下	小计	技工一级	技工二级	技工三级	技工四级及以下
26	哈尔滨兽医所	450	298	36	62	151	49	25		1	2	4	3	15	127		5	108	14	
27	兰州兽医所	292	234	29	44	115	46	15			1	1	2	11	43		3	23	17	
28	兰州牧药所	201	142	12	40	72	18	24			1	9	5	9	35		5	28	2	
29	上海兽医所	114	88	14	20	50	4	14		2	1	2	2	7	12				12	
30	草原所	163	100	9	29	39	23	17		2	1	7	2	5	46	2	27	11	6	
31	特产所	510	316	16	40	125	135	47		1	1	11	5	29	147		1	36	110	
32	环保所	130	113	12	22	63	16	12			3	2	2	5	5			5		
33	沼科所	103	75	6	13	25	31	19		2	3	4	4	6	9			3	6	
34	农机化所	229	165	14	53	53	45	27		2		10	7	8	37		4	29	4	
35	烟草所	192	125	18	36	53	18	20		2		6	3	9	47		3	38	6	
36	祁阳站	18	10		4	4	2	6					1	5	2			2		
37	德州站	15	11	1	5	3	2	2						2	2			1	1	
38	廊坊基地	10	1				1	3				1	2		6		4		2	

注：本表数据以工资统计口径为准。即以本人实际执行的岗位工资类别进行分类统计。

2011年中国农业科学院院属各单位专业技术人员情况统计表

序号	单位	科技人员总数	职称情况				学历情况			学位情况		年龄情况						专家情况				
			正高级	副高级	中级	初级及以下	研究生	大学	大专及以下	博士	硕士	35岁及以下	36～40岁	41～45岁	46～50岁	51～54岁	55岁及以上	两院院士	国家级专家	部级专家	政府特贴	百千万人才
	全院总计	5 347	788	1 385	2 199	975	2 830	1 701	816	1 521	1 577	1 960	745	706	1 014	536	386	12	4	108	109	42
	机关小计	194	35	68	61	30	104	81	9	37	74	63	23	30	38	17	23	3			4	
	京内合计	2 279	456	678	833	312	1 418	617	244	947	584	725	333	323	502	229	167	9	3	56	72	28
	京外合计	3 068	332	707	1 366	663	1 412	1 084	572	574	993	1 235	412	383	512	307	219	3	1	52	37	14
1	院办公室	29	11	10	5	3	23	4	2	12	10	6	2	7	4	1	9	3			4	
2	科技局	27	7	9	8	3	19	6	2	8	11	7	5	3	7	4	1					
3	人事局	25	1	8	9	7	9	14	2	1	9	8	2	6	4	1	4					
4	财务局	41	2	19	17	3	12	27	2	3	14	13	7	4	10	5	2					
5	基建局	19	2	7	5	5	7	12		2	7	8	3	2	3	1	2					
6	国合局	28	7	6	9	6	20	7	1	9	11	11	4	5	4	2	2					
7	机关党委	13	2	4	6	1	8	5		1	7	6		1	3	1	2					
8	监察局	12	3	5	2	2	6	6		1	5	4		2	3	2	1					
9	服务中心	77		7	46	24	2	34	41		4	2	10	19	20	15	11					

（续表）

序号	单位	科技人员总数	职称情况				学历情况			学位情况		年龄情况						专家情况				
			正高级	副高级	中级	初级及以下	研究生	大学	大专及以下	博士	硕士	35岁及以下	36～40岁	41～45岁	46～50岁	51～54岁	55岁及以上	两院院士	国家级专家	部级专家	政府特贴	百千万人才
10	作科所	295	83	88	86	38	183	69	43	150	57	68	36	40	88	36	27	1		10	15	7
11	植保所	187	48	60	65	14	141	34	12	124	25	59	34	21	43	18	12	2	1	14	6	2
12	蔬菜所	167	33	47	62	25	87	62	18	57	41	49	33	23	26	20	16	1	1	4	10	3
13	环发所	152	26	42	60	24	108	25	19	68	40	59	15	19	33	16	10			4	5	2
14	畜兽所	139	34	47	48	10	91	40	8	77	27	43	25	15	34	12	10	1		8	10	6
15	蜜蜂所	82	13	23	36	10	33	48	1	14	30	35	11	8	16	8	4					
16	饲料所	102	17	34	44	7	79	14	9	50	29	27	28	21	18	5	3			3	2	2
17	加工所	87	15	23	31	18	55	11	21	27	28	33	9	8	16	13	8			1	3	
18	生物所	111	25	34	39	13	79	22	10	63	20	36	19	15	29	6	6	1	1	3	5	5
19	农经所	91	23	32	29	7	65	23	3	48	20	25	12	16	22	7	9				1	
20	资划所	258	54	75	109	20	195	49	14	143	51	87	38	46	53	24	10			7	7	1
21	信息所	191	24	63	59	45	111	54	26	54	75	78	19	28	33	22	11			2	2	
22	质标所	70	8	22	31	9	43	22	5	19	28	33	14	6	11	1	5				1	
23	研究生院	65	16	9	24	16	35	28	2	14	30	27	4	8	20	5	1				1	

（续表）

序号	单位	科技人员总数	职称情况				学历情况			学位情况		年龄情况						专家情况				
			正高级	副高级	中级	初级及以下	研究生	大学	大专及以下	博士	硕士	35岁及以下	36～40岁	41～45岁	46～50岁	51～54岁	55岁及以上	两院院士	国家级专家	部级专家	政府特贴	百千万人才
24	出版社	11	2	4	3	2	7	1	3	2	5	1	3		2	4	1					
25	灌溉所	113	12	28	46	27	51	39	23	22	44	43	9	12	32	14	3					
26	水稻所	223	29	53	85	56	110	74	39	52	74	86	31	29	47	18	12			4	2	2
27	棉花所	201	24	57	87	33	58	89	54	35	45	56	16	43	49	27	10	1	1	5	4	3
28	油料所	202	22	51	103	26	125	34	43	75	49	78	26	13	48	15	22			14	5	3
29	麻类所	81	16	18	36	11	34	35	12	14	32	37	5	5	17	10	7			2	1	
30	果树所	93	12	17	47	17	50	23	20	6	44	41	13	10	12	11	6					
31	郑果所	167	16	44	79	28	62	66	39	10	63	64	20	14	28	31	10			1		
32	茶叶所	116	16	31	55	14	33	63	20	11	35	41	21	24	17	11	2	1		4	1	
33	哈兽研	323	34	65	167	57	166	104	53	91	75	134	58	47	31	33	20	1		2	4	2
34	兰兽所	245	29	45	115	56	130	88	27	61	89	104	45	31	36	19	10			7	5	2
35	兰牧药	163	14	44	82	23	82	48	33	22	60	57	25	13	35	21	12			3	1	
36	上兽所	99	15	23	54	7	63	26	10	44	24	48	15	19	8	2	7			5	3	2
37	草原所	116	13	36	44	23	57	50	9	25	39	44	4	5	31	21	11				2	

（续表）

序号	单位	科技人员总数	职称情况				学历情况			学位情况		年龄情况						专家情况				
			正高级	副高级	中级	初级及以下	研究生	大学	大专及以下	博士	硕士	35岁及以下	36～40岁	41～45岁	46～50岁	51～54岁	55岁及以上	两院院士	国家级专家	部级专家	政府特贴	百千万人才
38	特产所	363	17	49	149	148	151	129	83	35	116	152	51	65	42	22	31			5	4	
39	环保所	114	13	22	63	16	77	27	10	33	44	70	17	6	9	10	2					
40	沼气所	88	12	16	26	34	35	46	7	11	25	38	10	8	10	11	11					
41	农机化所	190	16	59	63	52	55	89	46	6	60	71	27	21	30	19	22				1	
42	烟草所	145	21	40	54	30	63	44	38	21	65	60	19	18	23	11	14				4	
43	祁阳站	14		4	8	2	5	4	5		5	6			4		4					
44	德州站	11	1	5	3	2	4	6	1		4	4			3	1	3					
45	廊坊基地	1				1	1				1	1										

2011年中国农业科学院
院属各单位离退休人员情况统计表

序号	单位	离退休人员情况							中共党员	高级专业技术职务	
		小计	离休干部	退休干部	工人	退养	退职	街道代管		正高级	副高级
	全院总计	5 729	250	3 359	1 969	54	62	35	2 121	839	1 249
	京内小计	2 032	116	1 535	308	43	4	26	948	467	613
	京外小计	3 697	134	1 824	1 661	11	58	9	1 173	372	636
1	院机关	390	39	225	89	24	2	11	226	44	72
2	作科所	343	19	264	55	3		2	150	94	115
3	植保所	154	7	120	21	3		3	55	36	44
4	蔬菜所	151	9	107	32	1		2	65	35	43
5	环发所	81	5	76					40	27	31
6	牧医所	158	5	121	26	5		1	65	34	44
7	蜜蜂所	81	2	65	13			1	35	18	24
8	饲料所	14		14					8	6	2
9	加工所	128	3	103	20	1	1		62	25	46
10	生物所	15		11	4				6	5	1
11	农经所	53	3	49	1				33	20	22
12	资划所	198	11	168	11	4		4	73	44	91
13	信息所	187	9	145	30	1		2	87	47	62
14	质标所	22		22					12	11	5
15	研究生院	40	4	29	5	1	1		23	11	9
16	出版社	17		16	1				8	10	2

（续表）

序号	单位	离退休人员情况							中共党员	高级专业技术职务	
		小计	离休干部	退休干部	工人	退养	退职	街道代管		正高级	副高级
17	灌溉所	115	8	74	32		1		43	19	34
18	水稻所	658	3	135	501		19		132	34	34
19	棉花所	343	7	124	210		2		61	28	24
20	油料所	197	7	90	100				72	20	37
21	麻类所	110	2	39	65	4			41	11	13
22	果树所	217	6	111	99	1			63	11	36
23	郑果所	139	14	74	50		1		46	13	33
24	茶叶所	118	3	72	31		12		45	22	29
25	哈尔滨兽医所	319	22	156	141				96	33	50
26	兰州兽医所	156	6	106	42		2		44	32	42
27	兰州牧药所	175	10	136	29				67	34	59
28	上海兽医所	62	3	46	13				26	15	15
29	草原所	134	4	103	27				56	24	35
30	特产所	343	14	157	159		4	9	84	11	38
31	环保所	96	4	76	15		1		52	17	35
32	沼科所	99	2	88	9				58	8	35
33	农机化所	242	15	165	56	6			117	25	65
34	烟草所	144	4	62	62		16		63	15	19
35	祁阳站 德州站 廊坊基地	30		10	20				7		3

2011 年中国农业科学院专家获得各类专家称号、荣誉等（省部级以上）

一、12 月 8 日，中国工程院公布 2011 年院士增选名单，中国农业科学院棉花研究所所长喻树迅研究员和植物保护研究所所长吴孔明研究员光荣当选。

二、12 月 15 日，中国农业科学院兰州畜牧与兽药研究所李剑勇研究员荣获“中国青年科技奖”。

三、12 月 15 日，中国农业科学院入选首批 20 个国家级专业技术人员继续教育基地。

四、12 月，赵广才和张世煌被评为全国粮食生产突出贡献农业科技人员。

五、11 月 8 日，国家知识产权局、世界知识产权组织在国家会议中心举行第 13 届中国专利奖颁奖大会。中国农业科学院农业环境与可持续发展研究所杨其长研究员等发明的“甘薯吸收根-块根功能分离栽培方法（发明专利号：ZL 200710122589. 2）”荣获中国专利金奖，是 15 项金奖专利中唯一一项农业技术类专利。

六、4 月，农机化所胡志超研究员被中华全国总工会授予“全国五一劳动奖章”。

七、林敏等 22 名专家入选农业部第一批农业科研杰出人才及其创新团队培养计划。

中国农业科学院关于公布2010年度晋升专业技术职务任职资格人员名单的通知

农科院人〔2011〕48号

院属各单位、院机关各部门：

根据《中国农业科学院关于部署2010年度专业技术职务评审工作的通知》（农科院人〔2010〕260号）要求，我院组织开展了专业技术职务任职资格的评审和审核工作，晋升高级专业技术职务任职资格人员已经农业部人事劳动司备案批复（农人技函〔2011〕5号），现将你单位通过人员名单予以公布（见附件）。

2010年度晋升高级专业技术职务人员的任职资格时间自2011年1月1日起计算；晋升中级专业技术职务人员的任职资格时间自你单位中级专业技术职务评审委员会评审通过之日起计算，其中，初定人员自办理手续之日起计算。

请你单位接到通知后，按照岗位需要和有关规定办理相关聘任手续。

附件：院属单位2010年度晋升专业技术职务任职资格人员名单

二〇一一年三月十六日

附件：

中国农业科学院2010年度
晋升专业技术职务任职资格人员名单

作科所

研　究　员：张　欣　张　勇　李文学　孙君明
副 研 究 员：张锦鹏　刘　斌　郝转芳　毛新国　赵　涛　顿宝庆　付金东
助理研究员：王德梅　杨　涛　谢永盾　刘敏轩　陈捷胤　马　玮　夏　川

资划所

研　究　员：王立刚　汪　洪　沈德龙
编　　　审：张　华
副 研 究 员：张继宗　李玉义　王秀斌　何英彬
助理研究员：黄　晶　肖碧林　高　巍　孙文彦　袁　亮　刘淑军　董春华
仇少君　高　淼　邬向丽　白金顺　方琳娜　陈宝瑞　刘丽军

质标所

副 研 究 员：陈爱亮　戚亚梅
助理研究员：陈　晨　郭林宇　李　敏　王瑞国

植保所

研　究　员：徐学农　侯茂林　杨秀芬　王桂荣
副 研 究 员：陆宴辉　王孟卿　闫晓静　徐　军　黄文坤　谢家建
助理研究员：李　园　郭建洋　刘　博　刘　杨　李云河　田　芳　吕平香
束长龙

郑果所

研　究　员：朱更瑞

副研究员：樊秀彩　何　楠　吴斯洋
高级农艺师：冯义彬
助理研究员：张　颖　王苏珂　吴会杰　尚建立　郭琳琳　吴丰魁　涂洪涛

沼气所

研　究　员：赵跃新
副研究员：何明雄　贺　静
高级工程师：王智勇
工　程　师：孔垂雪
助理研究员：承　磊

院机关

研　究　员：杨　修　林定根　杨照斌　陆建中　李金祥
副研究员：董照辉　丁　麟　熊明民　刘蓉蓉　方宜文　梁富昌
助理研究员：周　京　官　涛　贺　勇　寇丽梅　李婵娟　王　晶　时舒慧
马　骁　贾金龙　刘洪业
会　计　师：杨　茜

油料所

编　　审：肖唐华
副研究员：程　勇　任小平　张银波　邓乾春
助理研究员：陈玉宁

研究生院

副研究员：晁　伟
助理研究员：张　博　吴　巍

烟草所

研　究　员：孔凡玉　申国明
副研究员：张成省　王传义　刘艳华　王　静　常爱霞
助理研究员：杨金广　马兴华

信息所

编　　审：孙国凤
副研究员：朱增勇　孙志国　董晓霞　孔繁涛
副 编 审：张　娟　刘英丽　赵　伟
副研究馆员：肖玮瑛
编　　辑：马　鑫　狄艳红　林少华
馆　　员：王晶静
助理研究员：刘升平　司智陟　寇远涛　孙　巍

特产所

研 究 员：董　学　艾　军
副研究员：田　欣　崔松焕　施安国　王凯英　邵西群
助理研究员：巴恒星　曹新燕　侯　微　侯召华　金银萍　刘迎雪　路　伟
荣　敏　孙伟丽　谭　斌　温永俊　杨义明　张庆田　张　巍
赵　丹　赵海平　赵建军

饲料所

研 究 员：薛　敏
副研究员：石鹏君　吕小文　张乃锋
助理研究员：何夙旭

水稻所

研 究 员：方福平　曾大力　马良勇
副研究员：王丹英　朱　丽　鄂志国
高级农艺师：毛一剑
高级实验师：闵　捷
会 计 师：张　岚　潘秀荣
农 艺 师：方根法
助理研究员：万明明　陈娅莉　王爱英　冯　跃　向　镜　张迎信　陈　松
龚俊义　申红芳　刘　坚　符冠富

蔬菜所

研　究　员：李瑞云
副研究员：高建昌　张忠华　李　菲　陆同鑫
副　编　审：宋　燕
助理研究员：袁素霞

生物所

研　究　员：孙国庆
副研究员：朱　莉
高级实验师：梁　华
助理研究员：赖婧滢　方　兴　周晓今　王　楠

上兽所

研　究　员：傅志强
副研究员：于　海　董　辉　韩先干　王香平
助理研究员：蒋　蔚　米荣升　邵东华　李　涛　李传峰　周　鹏　魏建超　刘迎春

农经所

研　究　员：马　飞　梁书民
副研究员：李　芸　程广燕　李丽原　杨敬华
助理研究员：周　慧　黄瑞瑞　张　琳　高　芸　詹　卉

农机所

研　究　员：赵晓萍　方　阳
副研究员：曹光乔　沐森林　曹士锋　吕晓兰　夏春华
副　编　审：胡进鑫
工　程　师：常志光
会　计　师：孙　凯
助理研究员：余山山　于向涛　陈有庆　张会娟　张　萌

牧医所

研　究　员：苗向阳　韩雪松
副 研 究 员：何胜才　康俊梅　崔文涛　赵倩君
助理研究员：杨　亮　刘　蕾　刘　岩　秦　彤　王　瑜　刘冉冉　张铁军
袁维峰　张路培

牧药所

研　究　员：李剑勇　杨耀光
副 研 究 员：李世宏　陈化琦　王　玲　董鹏程
实　验　师：李志斌
助理研究员：周　磊　郭志廷　刘　宇　郭文柱　杨红善　包鹏甲　董书伟
席　斌

棉花所

研　究　员：王红梅　赵新华
副 研 究 员：赵云雷　庞念厂
副　编　审：曾志平
高级农艺师：戚廷香
会　计　师：刘平华
实　验　师：王海林
助理研究员：张雪妍　匡　猛　邹长松　刘逢举

蜜蜂所

研　究　员：刁青云
副 研 究 员：国占宝　高凌宇
助理研究员：徐　响　陈　春

麻类所

研　究　员：吕江南
副 研 究 员：栾明宝　刘　珊　朱四元

助理研究员：王真栋　尹志成　成立凤

兰兽所

研　究　员：张德林　李　冬　朱启运
副 研 究 员：孙世琪　曹健民　李志勇　蒋　韬
副　编　审：胡弘博
实　验　师：姚志军
助理研究员：孙　普　贺　英　刘军龙　胡志敏　谢俊仁　陈　妍　张心怡
　　　　　　曾　爽　吕　律

加工所

研　究　员：李淑荣
副 研 究 员：张明晶　方　芳　唐选明
助理研究员：朱　捷

环发所

研　究　员：白玲玉　刘晓英
副 研 究 员：刘恩科　程瑞锋　白文波　李艳丽　魏　强　岳现录
助理研究员：方　慧　刘　爽　刘　勤　刘　琪　刘　雪　孙东宝　王亚男
　　　　　　杜克明　刘　园　杨晓娟　吕国华　张　义　王　琰　苏世鸣
　　　　　　郭　瑞　尚　斌

环保所

研　究　员：胡　梅
副 研 究 员：王　林　王瑞刚　杜连柱　皇甫超河
助理研究员：周　莉　居学海　秦　旭　陈志永　王　风　罗　铭　张　爱
　　　　　　赖　欣　李　刚　孙约兵　安　毅　赵建宁

哈兽研

研　究　员：田国彬　朱庆虎　翁长江
副 研 究 员：刘丽玲　姜成刚　李慧昕　夏长友　刘永刚　王洪峰　赵丽丹

工　程　师：藏春龙　常铁铭
助理研究员：司　微　张　卓　郭太杰　张　健　王　杰　于向前　梁家威
徐　佳　鞠　妍　林文君　黄明庆　宋继军　房　良　马迪杨
孙　刚　管志明　任洪志

果树所

编　　审：赵进春
副研究员：王志华　张彩霞　李　壮　赵德英
助理研究员：徐成楠　高　源　闫文涛　李志霞　田　义

灌溉所

副研究员：张笑培　郭冬冬
实　验　师：张　丽
助理研究员：樊　涛　杨慎骄

出版社

编　　审：张孝安
副　编　审：徐　毅
编　　辑：邵世磊
助理研究员：邓　涛

茶叶所

研　究　员：韩文炎　姜爱芹
副研究员：姚明哲　张　优
高级工程师：刘国东
高级农艺师：李　强
编　　辑：谷记平
会　计　师：王小平　周　波
农　艺　师：周　漫
助理研究员：张建勇　马春雷

草原所

研　究　员：李志勇

副 研 究 员：柴岩红　秦　艳　穆怀彬

副研究馆员：任丽平

助理研究员：万其号　刘　磊　乔　江　孙娟娟　乌兰巴特　李兴酉　李　鹏
　　　　　　赵海霞

中国农业科学院关于印发《中国农业科学院交流任职干部工资管理办法》的通知

农科院人〔2011〕40 号

院属各单位、院机关各部门：

近年来，随着干部交流轮岗工作的不断推进，我院交流任职干部的数量逐年增加。为规范管理，理顺关系，院人事局研究制定了《中国农业科学院交流任职干部工资管理办法》，并已经院党组会议审定同意，现予印发，请遵照执行。

中国农业科学院

二〇一一年三月三日

中国农业科学院交流任职干部工资管理办法

第一条 为规范交流任职干部的工资管理，理顺关系，特制定本办法。

第二条 本办法适用于因工作需要交流任职的所（局）级干部。

第三条 交流任职干部到新单位报到后，应及时转移行政关系和工资关系。在同一地区任职的需在1个月内办理完成相关转移手续。

第四条 对于交流到异地任职且工资转移确有困难的，经院党组同意，工资关系可暂时保留在原单位。原单位按其新任职务标准发放基本工资和国家规定的津补贴，岗位津贴、绩效工资、奖金以及地方性津补贴等福利待遇由任职单位发放。

第五条 工资关系保留在原单位的，由原单位按规定为其缴纳社会保险和住房公积金（缴费基数可合并计算），医疗待遇由任职单位负责落实。

第六条 本办法自下发之日起施行。由院人事局负责解释。原《中国农业科学院党组关于异地交流干部工资待遇发放意见的通知》（农科院党组发〔2003〕6号）同时废止。

中国农业科学院
机关年轻干部实践锻炼管理试行办法

第一章　总则

第一条　为使院机关年轻干部了解基层，了解科研，提高自身素质，适应管理工作需要，根据中组部、农业部有关精神，结合中国农业科学院实际，制定本试行办法。

第二条　机关年轻干部特别是2005年以后新进机关缺乏基层工作经历的，根据工作安排，应有计划分批次安排到院属京内、外研究所或地方对口联系单位进行实践锻炼。

第三条　机关年轻干部参加实践锻炼的时间为一年，其中，驻研究所基地（场、站）时间不得少于半年。

第四条　机关年轻干部应接受全面锻炼。其中，应重点增强群众观念，树立为基层、为科研服务的意识，了解掌握基层工作特点，培养吃苦耐劳、艰苦奋斗的作风，提高调查研究与解决实际问题的能力。

第五条　机关年轻干部参加实践锻炼的经历及其间的表现情况，将作为其晋升职务的必要条件。

第二章　组织与管理

第六条　机关年轻干部实践锻炼在院党组的统一领导下，由人事局负责组织实施。干部实践锻炼期间，由接收单位、派出部门和人事局共同负责管理。

第七条　人事局根据机关年轻干部实际情况，协商干部所在部门确定选派计划，协商落实接收单位，组织进行考核。

第八条　院机关各部门应根据干部个人情况及工作需要，合理安排本部门年轻干部实践锻炼计划，在每年年底推荐确定翌年度参加实践锻炼的干部人选报人事局，要优先选派德才素质较好、缺少基层工作经验、发展潜力大的年轻干部。

第九条　院机关派出部门要协助做好选派干部的管理服务工作。指定相关工作人员作为联络员，对参加实践锻炼的干部进行联络、指导和帮助。经常主动地了解实践锻炼干部的工作、生活、学习情况，随时掌握他们的工作表现和思想作风情况。

第十条　院属京内、外研究所负责机关年轻干部到基层锻炼的接收工作。应有计划地组织其参加理论学习与生产劳动、科学研究与行政管理等，重点安排在直接服务基层群众、科研生产一线，特别是试验基地、野外观测试验站等艰苦岗位。

第十一条 接收单位应选派党性强、作风正派，具有较高理论水平和较强工作能力的同志作为年轻干部实践锻炼期间的负责人，制定安排实践锻炼工作计划，并对年轻干部工作、学习、生活等方面给予指导、帮助和管理。接收单位人事部门负责实践锻炼的日常管理和协调联络工作。

第三章 考核与评价

第十二条 机关年轻干部在实践锻炼期间，应定期向派出部门、接收单位和人事局进行工作汇报；实践锻炼期满后，要撰写个人工作总结，并提交一份专题调研报告，由接收单位对其实践锻炼情况进行鉴定，由人事局负责组织对其实践锻炼情况进行考核。考核内容为德、能、勤、绩、廉，重点考核素质能力提高情况及锻炼任务完成情况。考核结果分为优秀、合格和不合格三个等次。

第十三条 考核结束后，干部本人、接收单位、派出部门及人事局共同填写《中国农业科学院机关年轻干部实践锻炼情况考核表》（一式三份），并由人事局存入干部本人档案。

第十四条 参加实践锻炼的年轻干部，由派出部门负责对其进行年度考核。接收单位提供的年轻干部实践锻炼期间的表现情况作为确定考核结果的重要依据。

第四章 待遇与保障

第十五条 参加实践锻炼的年轻干部凭人事局出具的介绍信到相关单位报到。接收单位要为其提供必要的工作、生活条件。

第十六条 干部在实践锻炼期间，只转组织关系，不转人事、档案、工资关系。就医一般应就近，普通门诊应确定一家二级及二级以上的所在地医保定点医疗机构，其费用和急诊医药费可在锻炼当年 12 月底前回院报销。

第十七条 干部参加实践锻炼往返在途期间的住宿费、伙食补助费和公杂费按照差旅费开支规定执行，由派出部门予以报销。实践锻炼期间的住宿、伙食由接收单位统一安排，不予报销住宿费和公杂费，伙食补助费按照《中央国家机关和事业单位差旅费管理办法》（财行〔2006〕313 号）中规定的标准由派出单位发放。锻炼期间由接收单位安排出差的差旅费由接收单位负担。因请事假离开接收单位发生的相关费用，一律由个人承担。

第十八条 锻炼期间，可按国家有关规定和接收单位安排，执行相应的休假制度；可以凭据到派出部门报销 3 次回京的往返路费（按规定乘坐相应的交通工具）。实践锻炼结束后，可休假 5 天。

第十九条 干部实践锻炼期满后，应及时回派出部门工作。

第五章　纪律

第二十条　派出部门不得在实践锻炼期间安排干部承担相应工作任务。未经人事局同意，不得擅自要求其返回机关工作。

第二十一条　干部在实践锻炼期间要自觉服从接收单位的管理，严格遵守各项规章制度和工作纪律。严格执行请假制度。实践锻炼干部因事请假，3 天以内的，由接收单位审批，3 天以上的，商派出部门审批并报人事局备案。

第二十二条　年轻干部在实践锻炼期间，如累计病假超过 60 天，事假超过 15 天；或被借（抽）调工作或参加学习、培训超过 30 天；或经组织考核确定为不合格的；经人事局研究决定，应适当延长实践锻炼时间。

第六章　附则

第二十三条　除院机关外的其他院属各单位应结合实际，制定本单位年轻干部加强实践锻炼的有关制度。对于职能部门从事管理工作的年轻干部，可参照本办法，规定期限深入研究室、试验基地等科研一线去实践锻炼，提高综合素质；对于科研部门从事科学研究的科技人员，每年应确保一定时间到田间地头、生产一线，坚持从实践中来，到实践中去，提升科研水平。

第二十四条　本办法由院人事局负责解释。

第二十五条　本办法自下发之日起执行。《中国农业科学院新到机关工作毕业生下基层锻炼的暂行规定》［（96）农科院（人）字第 329 号］同时废止。

中国农业科学院关于印发《中国农业科学院博士后工作管理办法》的通知

农科院人〔2011〕161 号

院属各单位、院机关各部门：

《中国农业科学院博士后工作管理办法》已经 7 月 5 日中国农业科学院博士后管理委员会全体会议审议通过，现印发给你们，请结合实际，认真贯彻执行。

中国农业科学院

二〇一一年七月十五日

中国农业科学院博士后工作管理办法

第一章　总则

第一条　为贯彻落实《国家中长期人才发展规划纲要（2010～2020 年）》精神，加强我院博士后管理工作，保证博士后工作持续健康发展，充分发挥博士后制度在培养高层次创新型人才、推动科技创新中的独特作用，根据人事部、全国博士后管理委员会颁发的《博士后管理工作规定》和有关文件精神，并结合我院实际，制定本办法。

第二条　我院博士后科研流动站（以下简称流动站）是在具有博士学位授予权的一级学科内，经人事部批准可以招收博士后研究人员的组织。博士后研究人员（以下简称博士后）是指获得博士学位、在站内从事一定时期科学研究的人员。

第三条　在我院博士后流动站内，具有博士学位授予权的二级学科（专业），或具有招收博士研究生资格的研究所，具备相应的科研条件，均可招收博士后。

第四条　博士后管理工作坚持"公开、平等、竞争、择优"的原则，注重提高质量，稳步扩大规模，以保证科技创新工作的需要。

第二章　管理机构

第五条　中国农业科学院博士后管理委员会（以下简称博管会）负责制定我院博士后工作规章制度，对博士后工作重大问题进行研究和决策，审定各研究所博士后招收计划，负责全院博士后工作的指导、协调和监督。

博管会委员由院领导，有关职能部门、研究生院领导和流动站有关专家组成。

第六条　博管会办公室设在研究生院，负责博士后的日常管理工作。成员由院人事局和研究生院有关人员组成。

第七条　招收博士后的研究所要成立由分管所领导牵头的本单位博士后工作领导小组，制定本单位的博士后管理工作方案，明确负责博士后管理工作的职能部门和工作人员，承担博士后的日常管理工作。

第三章　合作导师资格和职责

第八条　招收博士后研究人员的合作导师资格：

1. 在国内本学科领域内具有一定影响和学术地位的在岗研究员；

2. 身体健康，有精力给予博士后必要的指导；

3. 科研任务饱满，科研经费充足，有条件为博士后提供必要的经费支持；

4. 能够为博士后提供必要的工作条件，包括办公及实验条件。

第九条 招收博士后的合作导师职责：

1. 确定博士后研究计划，商定博士后研究课题，审查博士后开题报告，明确博士后学术贡献；

2. 定期检查指导博士后科研工作，确保博士后研究工作正常开展；

3. 审核博士后各类科研基金的申请；

4. 做好博士后的中期考核工作，并配合人事部门做好年度考核工作；

5. 做好博士后的日常管理，关心博士后生活。

第四章 博士后招收

第十条 具有博士学位，品学兼优，身体健康，年龄一般在40岁以下的人员（包括外籍人员），可申请做博士后研究工作。

第十一条 委托培养、定向培养、在职工作以及具有现役军人身份的人员申请从事博士后研究工作，应当提交其委托单位、定向培养单位、工作单位或者所在部队同意其脱产从事博士后研究工作的书面证明材料，并注明对其出站后就业去向的意见。按照国家规定，我院不接收在职人员兼职做博士后研究。

第十二条 各设站单位应于每年12月15日前向院博管会申报翌年度拟招收博士后计划，经院博管会研究审定后批复下达。博管会办公室统一组织发布招收信息。相关研究所在下达的计划内落实招收计划。

第十三条 各研究所可在每年6月和12月接收博士后入站申请、进行统一进站考核，并将考核通过、同意入站的申请者名单及材料在每年7月和1月报院博管会办公室。博管会办公室每年8月和2月集中办理入站手续。

第十四条 申请者应在规定的时间内向我院有关研究所提出书面申请，提交以下证明材料。

1. 申请书及简历；

2. 博士毕业证书及学位证书，或博士论文答辩委员会通过并建议授予其博士学位的决议书（须加盖毕业学校学位办公室章），或应届毕业生证明；

3. 思想政治鉴定材料；

4. 两封推荐信（其中，必须含本人博士导师的推荐信）；

5. 已发表的论文及博士论文摘要复印件。

第十五条 研究所组织不少于5人的专家考核小组，采用考试、答辩等形式，统一对申请者的科研能力、学术水平、已取得的科研成果、入站科研计划等进行全面考核，同时，还须对拟招收人员进行思想品德、学术道德和身体状况等方面综合考察，择优确定拟招收人员。考察合格后填写《拟录用博士后人员申报表》，上报院博管会办公室。

院博管会办公室对各研究所拟招收的博士后材料进行审核，并报主管领导审批后，发放录用通知书。

第十六条 被录用的博士后与研究所签订《博士后工作协议书》，明确双方的权利、义务以及工作目标、课题要求、在站工作期限、产权成果归属、违约处罚等。

第十七条 被录用的博士后，凭录用通知书在规定的日期内到我院博管会办公室办理进站手续。无正当理由，逾期 15 天未办理者，将取消其进站资格。如有特殊原因，须在截止报到日期前提出延期进站申请，经研究所和院博管会办公室同意后，方可延期进站。

第十八条 办理进站手续需提交以下材料。

1. 《博士后申请表》；
2. 《拟录用博士后人员申报表》；
3. 两封专家推荐信（须含本人的博士导师推荐信一份）；
4. 《博士后科研流动站设站单位学术部门考核意见表》；
5. 《博士后进站审核表》；
6. 博士学位的复印件或博士论文答辩委员会通过并建议授予其博士学位的决议书（须加盖博士毕业学校研究生院学位办公章）；
7. 《博士后工作协议书》；
8. 体检表；
9. 由申请者所在单位组织人事部门出具的政审鉴定材料；
10. 申请者本人身份证复印件；
11. 留学归国人员另须提交我驻外使馆教育处提供的证明信。

第十九条 我院博士毕业生不得进入我院同一个一级学科流动站从事博士后研究工作。

第五章 博士后管理

第二十条 我院对博士后实行目标管理、绩效评价和奖励惩处的政策。对研究成果突出、表现优秀的博士后由研究所给予表彰和奖励（参照本单位在职人员奖励办法执行），对中期考核不合格的博士后予以劝退和解约。

第二十一条 博士后纳入各研究所人事管理，其人事、组织关系、福利待遇等比照本单位同等人员对待（工资待遇可参照人事部、财政部（国人部〔2006〕89 号文件），或按协议执行。

第二十二条 院博管会办公室负责统分博士后的档案调入和管理。研究所人事部门负责为其办理工作证。

第二十三条 博士后在站期间各研究所应对其进行年度考核，考核合格可正常增加薪级工资。院博管会办公室负责博士后档案工资的进档事宜。博士后在站期间，计算工龄。出站后留我院工作的，在站工作期间计算院龄。

第二十四条 博士后享受所在研究所职工同等医疗保障待遇，所需资金按照所在研究所职工医疗保障资金的筹集办法解决。住房公积金、失业保险、已婚未生育的女博士后生育保险等均按照在职人员办理。统分博士后由院博管会办公室统一办理住院及意外伤害保险。

第二十五条 博士后进站报到后，由院博管会办公室为其办理北京市常住户口。凭人事部博士后管理部门介绍信和其他有效证明材料，到公安户政管理部门办理落户手续，其配偶及未成年子女可以随其流动，但其户口不能随博士后落户，应按有关规定到当地派出所办理暂住或居住手续。

第二十六条 博士后在站期间，凭人事部博士后管理部门的介绍信，其子女可在博士后流动站所在地办理幼儿园、小学和初中入学手续，报考（转入）高中以及报考高等院校或中等专业学校等事宜，享受当地常住户口居民的同等待遇。

第二十七条 博士后依照有关规定可以申请科研项目。

第二十八条 博士后在站期间，不能申请到国外做博士后研究和进修。根据工作需要，研究所可安排其出国参加国际学术会议或其他学术交流活动，也可以短期出国进行与博士后研究课题直接有关的合作研究和试验工作，每次出国时间一般不超过3个月。

第二十九条 博士后进站一年后，研究所要组织由同行专家组成的考核小组（不少于5人）对其进行中期考核，依据《博士后工作协议书》的有关规定，对一年来科研工作的进展、敬业精神、科研能力及存在的问题等方面进行考察。考核后，填写《博士后人员中期考核表》，上报院博管会办公室。

第三十条 博士后在站期间，必须服从所在单位的领导和管理，遵守各项规章制度，参加政治学习和业务活动。党、团员应参加党、团的组织生活。依照规定参加年度考核，年度考核表由院博管会办公室负责存入个人档案。

第三十一条 符合高级专业技术职务申报条件的博士后，在离站前可参加院高级专业技术职务任职资格的评审。评审表由院博管会办公室负责存入个人档案。拟留院工作的博士后，应在留院后，按照研究所在职人员，参加相应专业技术职务任职资格的评审。

第三十二条 博士后在站期间，因个人原因不适宜继续做博士后研究工作，或申请不继续做博士后研究工作的，根据合作导师要求或本人申请并经所在研究所同意，由院博管会办公室审核并报全国博士后管理委员会办公室批准后办理退站手续。

第三十三条 博士后在站期间，有下列情形之一的，应予退站：

1. 考核不合格的；
2. 在学术上弄虚作假，影响恶劣的；
3. 受警告以上行政处分的；
4. 无故旷工连续15天或一年内累计旷工30天以上的；

5. 因患病等原因难以完成研究任务的；

6. 出国逾期不归超过30天的；

7. 其他情况应予退站的。

第三十四条 退站人员不再享受国家对期满出站博士后规定的相关政策。户口和档案一律迁回生源地。

第三十五条 在职脱产博士后人员不适用第二十二条、第二十三条、第二十四条、第二十五条规定。

第六章 博士后期满出站

第三十六条 博士后进站工作期限一般为2年，最长不超过3年，期满后必须按时流动出站。承担国家重大项目，获得国家自然科学基金、国家社会科学基金等国家基金资助项目或中国博士后科学基金特别资助项目的博士后人员，如需延长在站时间，经研究所同意，报院博管会批准，可根据项目和课题研究的需要适当延长。

博士后工作期满确有需要可转到另一个流动站或工作站从事博士后研究工作，从事博士后研究工作最长不超过6年。

第三十七条 博士后工作期满须向研究所提交出站申请报告和工作总结等书面材料，并作出站报告。研究所成立博士后出站评审小组，一般由5~9人组成，其中，包括一名以上院外同行专家。出站报告通过后，研究所负责对其科研工作、个人表现等进行评定，填写《博士后研究人员工作期满业务考核表》、《博士后研究人员工作期满审批表》和《博士后期满出站科研工作评审表》。

第三十八条 博士后需将《博士后研究人员工作期满登记表》一式三份（含原件一份）、《博士后研究人员工作期满业务考核表》一式三份（含原件一份）、《博士后研究人员工作期满审批表》一份、《博士后期满出站科研工作评审表》一式二份（含原件一份）、《博士后研究报告》（严格按照格式编写）一式五份和《中国博士后科学基金资助金项目总结报告》一式二份（含原件一份），报院博管会办公室。领取《离站手续清单》，到有关部门办理离站手续。

第三十九条 对出站考核合格的博士后，由人事部和全国博士后管委会颁发《博士后证书》。

第四十条 持填写好的相关材料、《用人单位接收函》和《博士后证书》等到人事部博士后管理部门办理出站手续。

凭人事部博士后管理部门的介绍信和其他有效证明材料，到当地公安户政管理部门办理本人及配偶和未成年子女的户口迁出和落户手续。

第四十一条 博士后工作期满出站，除有协议的以外，其就业实行双向选择、自主择业。凭人事部博士后管理部门的工作介绍信，到录用单位报到。

第七章 联合招收博士后

第四十二条 经国家批准的博士后工作站可以按照优势互补、互惠互利、保证质量、共同受益的原则，与我院各研究所联合招收博士后。

第四十三条 工作站与研究所联合招收博士后时，需向我院博士后管委会递交申请，并同时提交工作站简介及上级批准建站文件。待批准后，院博管会与工作站签订《联合招收企业博士后人员协议书》。招收博士后时，由联合招收博士后的研究所与工作站及博士后人员签订三方《博士后工作协议书》后办理进站手续。

第四十四条 博士后的福利、工资待遇及科研工作任务按协议书执行。

第四十五条 联合招收博士后正式进站后，工作站需每年向我院博管会支付1.5万元导师指导费和管理费。

第八章 日常经费和公寓管理

第四十六条 博士后日常经费是用于博士后日常生活和日常公用的专项经费，来源于全国博士后管理委员会的拨款、研究所的筹资及合作导师的课题经费等。

第四十七条 全国博士后管理委员会拨付的国家计划内博士后日常经费由院博管会统筹安排使用，按各研究所招收博士后人员情况下拨。各研究所财务部门对该项经费须单独立账，专款专用。

博士后科学基金等由博士后申请的科研经费，根据国家及各研究所的有关规定进行管理和使用。

第四十八条 根据国家博士后管理的有关规定，院博管会从国家下拨经费中提取3%作为博士后管理工作经费，由院博管会办公室掌握使用，定期向院博管会报告经费使用情况。

第四十九条 院博士后公寓，由院博管会办公室负责安排和管理。京内院部外和京外有关研究所，可根据本单位情况或参照院博士后住房标准为博士后安排住房。

第五十条 未能安排博士后公寓的博士后，由院博管会办公室负责统一发放一定数额的博士后住房补贴。

第五十一条 博士后办理出站手续后，须在一个月内无条件迁出博士后公寓。

第九章 中国博士后科学基金的申请、使用及管理

第五十二条 国家设立《中国博士后科学基金》，为博士后开展科研工作提供资助。

第五十三条 博士后应积极申报《中国博士后科学基金》，院（所）可设立配套基

金资助已获得《中国博士后科学基金》资助的博士后。

第五十四条　博士后科学基金设普通资助和特别资助两种方式。普通资助是对博士后从事自主创新研究的科研启动或补充经费；特别资助是为鼓励博士后增强创新能力，对在站期间取得重大科研成果和研究能力突出的博士后的资助。

第五十五条　博士后科学基金普通资助和特别资助的申请，按照《中国博士后科学基金资助条例》规定进行申报。

第五十六条　博士后科学基金的使用和管理遵照《中国博士后科学基金资助条例》执行。

第十章　职业道德建设

第五十七条　加强对博士后的爱国主义教育，引导他们树立良好的职业道德，淡泊名利，潜心钻研，自由探索，锐意创新。

第五十八条　加强对博士后知识产权保护法律意识的培养，严格遵守知识产权保护的法律法规，尊重他人的研究成果和权益。依法申报知识产权，促进科技成果转化。

第五十九条　各研究所应为博士后营造尊重个性、学术民主、鼓励探索、支持创新、容许失败的宽松和谐环境，形成有利于优秀青年人才脱颖而出的机制。

第六十条　博士后应坚持实事求是的科学精神和严谨求实的治学态度，加强学术道德自律，反对学术上弄虚作假的浮夸作风，坚决抵制学术腐败和欺骗行为。

第十一章　附则

第六十一条　本办法由院博管会办公室负责解释。

第六十二条　本办法从 2011 年 8 月 1 日起开始施行，2002 年 11 月制定的《中国农业科学院博士后研究人员管理工作暂行办法》同时废止。

关于李家洋、翟虎渠职务任免的通知

国人字〔2011〕117号

农业部、中国科学院：

国务院2011年11月9日决定，任命李家洋为农业部副部长、中国农业科学院院长，免去其中国科学院副院长职务；免去翟虎渠的中国农业科学院院长职务。

中华人民共和国国务院

二〇一一年十一月九日

关于翟虎渠同志免职的通知

农党组发〔2011〕90 号

中国农业科学院党组：

经部党组 2011 年 11 月 4 日会议研究，决定：免去翟虎渠同志的中国农业科学院党组副书记职务。

中国共产党农业部党组

二〇一一年十一月二十八日

关于屈冬玉同志免职的通知

农党组发〔2011〕54号

中国农业科学院党组：

经部党组2011年6月17日会议研究，决定：免去屈冬玉同志的中国农业科学院党组成员职务。

中国共产党农业部党组

二〇一一年六月三十日

关于屈冬玉免职的通知

农任字〔2011〕46 号

中国农业科学院：

经部党组 2011 年 6 月 17 日会议研究，决定：免去屈冬玉的中国农业科学院副院长职务。

中华人民共和国农业部

二〇一一年六月三十日

中国农业科学院“十二五”科技人才队伍发展规划

（2011～2015年）

为更好实施“人才强院”战略，推进中国农业科学院科技事业全面发展，根据《国家中长期人才发展规划纲要（2010～2020年）》和《农村实用人才和农业科技人才队伍建设中长期规划（2010～2020年）》的总体要求和有关部署，结合我院科技人才队伍状况和科技创新工作需要，特制定本发展规划。

一、规划背景

人才资源是第一资源，科技人才资源是第一资源中的最核心资源，是我院科研事业持续发展的根本资源和最宝贵财富。全面加强我院科技人才队伍建设，是应对日趋激烈的国际科技竞争，提升农业科技自主创新能力，实现全院科研事业又好又快发展的必然要求。

（一）主要成效

“十一五”时期，院党组深入贯彻落实科学发展观，坚持科学的人才观，以国家科技发展战略为出发点，以“三农”需求为落脚点，以建设世界一流农业科研院所为宗旨，大力实施“杰出人才工程、创新团队建设工程、海外高层次人才创新创业基地建设工程”三大人才建设工程，推动人才事业不断向前发展。

一是科技人才总量稳步增加，素质结构不断优化。全院科技人才总量继续保持稳步增长的态势。截至2010年年底，全院科技人才总量达5 266人，占在职职工的72.5%。科技人才素质结构日趋优化，学历层次稳步提高。“十一五”期间，全院共招录应届高校毕业生1 125人，其中，具有博士、硕士学位人员1 001人，占接收人员总数的89%。全院具有博士、硕士学位的科技人才已达到2 838人，占科技人才总数的54%。

二是高层次人才队伍不断壮大，团队建设取得明显成效。截至2010年年底，全院具有高级职称科技人才达2 091人，其中，拥有博士学位的比例达41.8%。“十一五”期间，新增工程院院士1人、国家“千人计划”入选专家3人、“新世纪百千万人才工程”国家级入选21人。根据“学科引领、资源优化、重点突出、整体带动”的建设原则，按照“以院引领、以所为主”的职责分工，组建了13个院级优秀科技创新团队和

90 个所级重点科技创新团队，人才资源得到有效整合，整体效应基本呈现。

三是人才工作机制不断创新，人才投入力度持续加大。中国农业科学院党组大胆突破，锐意改革，建立了统一高效的人才工作领导体制。出台了《关于加强科技创新团队建设的意见》等一系列人才新政。探索打破以行政领导为主的考核模式，逐步改变过度量化的指标考核形式，通过在网上开辟专栏、在院所内开展学术报告和专题研讨等，展示人才工作业绩，探索建立起一套符合人才特点的弹性考核评价机制；建立了自主培养与人才引进相结合，实践锻炼、继续教育、培训交流等多种方式并举的人才培养机制；以服务人才创新创业为目标，建立起杰出人才和海外高层次人才年薪保底、上不封顶的薪酬制度。“千人计划”人才年薪不少于 100 万元，每年给院级优秀科技创新团队提供 20 万元自主支配经费，进一步营造了引才聚才的政策环境。

四是科技创新平台更加完善，人才使用效能日益突出。以平台建设为依托，为人才成长提供支撑条件。截至“十一五”末，建成了我国农业领域唯一的农作物基因资源与基因改良国家重大科学工程，5 个国家重点实验室、17 个国家农作物改良中心（分中心）等各级各类科技平台，形成了以国家重大科学工程为龙头，重点实验室、质检中心、野外台站、种质资源库等为配套的“三级三类”农业科技平台体系，为我院科技事业的发展提供了强有力的支撑与保障，科技成果数量和水平显著提高。“十一五”期间，全院共获得国家级奖一等奖 2 项、二等奖 23 项，省部级奖 152 项。发表科技论文 19 929篇（其中，被 SCI 收录 2 518篇），专著 916 部，专利 675 项，审定品种 358 个，获植物新品种保护权 78 项，软件著作权 201 项，新兽药和农药证书 36 项。取得了矮败小麦、转基因抗虫棉、转基因植酸酶玉米、“双低”油菜、高油大豆、禽流感和口蹄疫基因工程疫苗等一批具有自主知识产权和世界领先水平的科技成果。

（二）存在问题

“十一五”期间，我院人才工作虽然取得了一定成绩，但也应看到，我院科技人才队伍建设仍然存在很大的差距和较为突出的问题：一是科技人才总量不足，尤其在一些重点、新兴学科和应用基础研究领域还缺乏相应的研究力量；二是高层次人才偏少，年龄偏大，领军型人才缺乏，而且年龄分布相对集中，没有形成合理的年龄梯队。特别是缺乏对国家发展战略需求和国际科技发展趋势具有战略眼光和把握能力的战略科学家；三是全院各单位之间、各学科之间人才发展不平衡，人才资源优势集中在京内单位，集中在作物科学、畜牧兽医科学和农业资源与环境科学领域；四是科技创新团队建设有待进一步加强，联合攻关解决重大科技问题的体制机制还需进一步完善；五是科技人才的引进、培养、评价、激励机制不健全，还不能完全适应现代农业科技工作的需要。

（三）新形势与新任务

当今世界，经济全球化深入发展，科技进步日新月异，知识经济方兴未艾，各国之间以经济为基础、科技为先导、人才为焦点的综合国力竞争愈演愈烈。人才资源已经成为重要的战略资源，人才在综合国力竞争中越来越具有决定性意义。在工业化、城镇化深入发展中，同步推进农业现代化，走中国特色农业现代化道路，保障国家粮食安全，加快转变农业发展方式，提高农业综合生产能力、抗风险能力、市场竞争能力，需要农业科技人才提供强大智力支撑。

面对新形势与新任务，作为农业科研和推动农业科技进步的国家队，中国农业科学院必须在农业科技人才队伍建设上走在全国前列，大力加强高层次创新型人才队伍建设，切实提高农业科技自主创新和成果转化能力，引领国家农业科技创新方向，不断提高科技对主要农产品有效供给的保障能力、对农民增收的支撑能力和对转变农业发展方式的引领能力。

二、指导思想、基本原则和发展目标

（一）指导思想

高举中国特色社会主义伟大旗帜，以邓小平理论和“三个代表”重要思想为指导，深入贯彻落实科学发展观，坚持科学的人才观，遵循人才发展规律，围绕“三个中心、一个基地”发展战略目标，以科技领军人才和科技创新团队建设为重点，以提高专业水平和自主创新能力为核心，以创新机制和完善政策体系为保障，紧紧抓住引进、培养和使用3个关键环节，努力建设一支高层次人才集中、结构合理、素质优良的农业科技创新人才队伍，为发展现代农业和推进社会主义新农村建设提供强有力的智力支撑。

（二）基本原则

1. 人才优先，引领发展

以现代农业发展需求为导向，确立科技人才发展在农业科技发展布局中的优先地位，做到人才资源优先开发、人才结构优先调整、人才投资优先保证、人才制度优先创新，以人才优先发展引领和带动全院事业发展。

2. 引育并举，以用为本

坚持引进与培养相结合，在对外招才引智的同时，注重现有人才的培养。在会用、重用上下功夫，用好用活人才，逐步形成人尽其才、才尽其用、竞相成才的生动局面，持续提高科技人才的使用效能。

3. 突出重点，统筹兼顾

以科技领军人才和科技创新团队建设为重点，统筹抓好科技创新人才与成果转化人才、科研管理人才和科研辅助人才、急需紧缺专业人才与青年科技创新人才等各类科技人才队伍建设。

4. 创新机制，优化环境

健全完善人才工作机制，不断激发科技人才活力。加强创新文化和团队文化建设，加强典型宣传和舆论引导，努力营造尊重知识、尊重人才、尊重创造的良好发展环境。

（三）发展目标

1. 扩大科技人才规模

适应“三个中心、一个基地”战略发展需要，到2015年，全院科技人才总量增加到7 000人，占全院职工的比例达80%。其中，新增急需紧缺专业科技人才2 000人以上。全日制在校研究生达到3 000人，研究生总规模达到4 000人以上。

2. 改善科技人才结构

到2015年，打造100个科技创新团队，培养造就100名左右国内外知名科学家，500名创新团队骨干人才、1 000名青年科技创新人才，引进10名“千人计划”人才、20名非华裔高层专家、30名部级海外高层次人才、50名青年“千人计划”人才和院级海外高层次人才，建立一支1 000人左右在编科研辅助人才队伍。科技人才中，拥有高级职称的比例由目前的39.7%提高到42%左右，高级职称人才中，拥有博士学位的比例达60%。从事基础研究、高新技术、新兴学科的专业人才和复合型人才进一步增加，急需紧缺专业人才紧缺问题有效缓解。科技人才学历结构、学缘结构、职称结构、专业结构、年龄结构、区域分布等更加合理。

3. 优化科技人才环境

科技人才建设投入大幅度增加，政策体系更加完备。人才引进、培养、评价、激励机制进一步完善。人才工作生活条件得到较大改善。有利于科技人才成长并发挥作用的良好环境基本形成。

4. 发挥科技人才作用

引导广大科技人才围绕基础性、前瞻性、战略性、全局性重大问题和关键技术难题，积极开展科技创新，力争在核心和关键领域突破一批重大理论、方法和技术，创造一批以新品种、新技术、新产品为标志的重大科技成果，发明专利授权量、国际科技论文收录和引用量、育成新品种量和获重大成果奖励量明显增加。科技人才的自主创新能力明显提高，对农业和农村经济发展的支撑能力显著增强。

科技人才主要发展目标

	2010 年	2015 年
科技人才总量	5 266	7 000
正高级	755	1 000
副高级	1 336	1 900
高级职称中博士学位比例	41.8%	60%
急需紧缺人才*		2 000
流动科技人才		
在站博士后人员	200	400
全日制在校研究生	2 411	3 000

* 急需紧缺人才：是指当前和今后一个时期农业科技发展急需的生物育种创新、动植物疫病防控、高效栽培养殖集成、农产品加工与质量安全等现代农业产业技术创新人才和农业资源开发保护骨干人才。

三、人才发展重点任务

为实现“三个中心、一个基地”发展战略目标，立足建设世界一流水平农业科研院所，以培养和引进领军人才、打造高水平创新团队为重点，组织实施5大科技人才专项工程，加强研究生教育，为全院各项事业发展提供坚实的人才保障。

（一）领军人才培养工程

加快培养一批具有战略视野、敏锐把握学科前沿，具有良好的学术道德和人格魅力，能带领团队开展重大科技攻关的农业科技领军人才。优先支持各类科技资源，积极推荐参与国家重大发展战略论证、重大科技规划编制等，支持担任“973”首席科学家、“863”领域专家组专家以及国家级或国际学术团体兼职职务，支持举办、承办或开展各类学术活动。积极争取入选《国家中长期人才发展规划纲要》中“创新人才推进计划”设立的科学家工作室、重点领域科技创新团队和创新人才培养示范基地。做好两院院士、中华农业英才奖、政府特殊津贴专家的选拔推荐工作。继续实施“杰出人才工程”，通过进一步优化学科发展方向、强化平台项目支撑、修订完善相关制度、建立竞争淘汰机制、营造良好环境氛围等，下大力气选拔、引进、培养一批学科带头人才和骨干创新人才，进一步促进全院不同学科、不同专业、不同方向、不同地域间科技人才的平衡发展。到 2015 年，培养造就 100 名左右国内外知名科学家。

（二）科技创新团队建设工程

重点抓好中国农业科学院院级优秀团队和所级重点团队建设。加大项目倾斜、平台支撑、制度倾斜和人才倾斜力度，着力完善团队内部管理运行机制，在优势学科、重点学科和新兴学科以及特色学科领域，打造 100 个左右具有明确稳定主攻方向，特色鲜明，竞争有力，在国内外具有一定影响和发展潜力的科技创新团队，推动相关基础研究、高技术发展、重大关键技术创新等立足于国内外前沿。到 2015 年，力争 2 ~ 3 个团队入选国家自然科学基金委创新研究群体，20 个团队能够引领国内外本学科领域发展，50 个团队入选部级农业科研创新团队。同时，通过学习培训、合作研究、实践考察、交流引进等方式，每个团队培养 5 名骨干创新人才。到 2015 年，在全院科技创新团队中，培养 500 名骨干创新人才。

（三）海外高层次人才创新创业基地建设工程

大力实施海外高层次人才引进计划，加大农业领域首批国家级海外高层次人才创新创业基地建设力度。“十二五”期间，围绕我院重点学科、重点科技平台和科技创新团队，遴选引进 10 名“千人计划”人才、20 名非华裔高层专家、30 名部级海外高层次人才、50 名“青年千人计划”人才和院级海外高层次人才，并通过聘用制或年薪制，招聘 100 名左右高水平外籍科学家到研究所进行客座研究或长期科学研究工作。积极为引进人才提供相应的办公和实验条件，提供充足科研启动经费，配备必要的科研助手和科辅人员，在团队建设、研究生招生等方面给予重点支持。充分信任、放手使用、委以重任，支持引进人才领衔或参与重大科研和工程项目。对我院急需加强的学科或重要研究领域，可以根据他们的专业特长建立实验室，聘其担任相应的领导和专业技术职务。营造良好工作生活环境，解决引进人才后顾之忧。

（四）青年科技创新人才培养工程

根据全院科技创新和学科建设需求，以急需紧缺专业为重点，到 2015 年，培养引进 1 000名左右具有高学历和发展潜力的青年科技创新人才。支持申请国家自然科学基金委面上项目，鼓励承担国家和地方的科技项目。充分发挥中央级公益性科研院所基本科研业务费专项、院所长基金的作用，支持开展前沿探索。鼓励和引导领军人才及时发现、培养、提携青年科技创新人才。选派优秀青年科技创新人才到国外知名高校和实验室进修。做好“新世纪百千万人才工程”国家级人选、中国青年科技奖、有突出贡献中青年专家的选拔推荐工作。加大应届高校毕业生招录和海外留学人才引进力度，规范招录引进程序，提高引进人才质量。进一步加强博士后管理工作，扩大招收规模，提高培养质量。弘扬科学精神，培养创新意识，为青年科技创新人才脱颖而出创造良好环境。

（五）科研辅助人才优化工程

依托重点学科团队，配备实验、农艺、工程、图书资料等系列科研辅助人才，建立一支1 000人左右具有中、高级职称的相对稳定的科研辅助人才队伍，在职称晋升和具体待遇上与科技人才一视同仁，使他们安心岗位工作。依法健全各项规章制度，强化岗位聘用和合同管理，加强思想政治教育和职业道德教育，用好用活各类社会技能人才。

（六）研究生教育跨越发展工程

坚持以全日制研究生教育为主体，专业学位教育和留学生教育为两翼的“一体两翼”工作思路，实现研究生教育跨越式发展。到2015年，全日制在校研究生达到3 000人，研究生总规模达到4 000人以上。优化学科专业结构，扶植新兴、交叉、边缘学科，重点争取生物学、农业工程、管理科学与工程等一级学科的博士学位授权点。培养、引进、聘任等多种途径相结合，提高改善师资待遇，院所共同推进，着力加强导师队伍建设。加大研究生培养力度，培养创新精神，打牢专业基础，增强科研能力，在全院创新工作中发挥重要作用。着力加强研究生院基础条件建设，增建教学办公楼、学生宿舍、教学实验楼、文化活动中心，建设相对独立的办学空间。

四、创新人才工作机制

实现科技人才发展目标，完成科技人才队伍建设主要任务，关键在于遵循科技人才成长规律，创新人才工作机制，从人才引进、培养、评价、激励等方面形成更加科学、更有活力的一整套机制。

（一）公开、平等、竞争、择优的人才引进机制

探索建立刚性引才和柔性引才相结合，因事择人、公开竞争的人才引进机制。提高引才科学性，科学制定人才引进规划和年度人才引进计划，修订完善《杰出人才管理办法》《海外高层次人才引进办法》，从全院科研事业发展需要和研究所综合实力出发，拓宽人才引进渠道，重点引进急需紧缺专业和适岗适用人才，避免人才盲目引进和人才资源浪费。按照公开透明、竞争择优原则，严把人才引进关，提高引才标准和效率。加

强引进人才的后续管理服务，确保引进人才留得住、用得上、干得好。

（二）知识不断更新的人才培养机制

健全完善以岗位需求为基础，以提升创新能力和综合素质为目的，注重知识更新的人才培养机制。组织实施好科技人才培训项目，加大科技人才培训力度，创新培训方式，拓宽培训渠道。有计划地选派优秀科技人才赴国际知名院校、实验室进修，参加上级部门组织的理论研修班、业务培训班、学术咨询活动等。定期举办团队首席科学家培训班、团队骨干人才英语培训班、新入职人员岗前培训班、科研辅助人才技能培训班等。建立并实施青年人才到基层和农业生产一线实践锻炼制度。

（三）能力和业绩贡献导向的人才评价机制

完善人才评价标准，改进人才评价方式，建立以岗位职责要求为基础，以能力和业绩贡献为导向的科技人才评价机制。深化职称改革，出台更加符合我院实际的职称评审政策。完善评价标准体系，既要注重对农业科技创新的贡献，也要注重对推动和服务农业产业发展的贡献，引导广大科技人才投身农业科研和农业产业发展。修订完善职称评审办法和专业技术岗位聘用暂行办法，规范程序，建立按岗位分类的评价指标体系，科学、客观、公正地评价科技人才。完善科技人才考核方式，规范考核程序，完善年度考核、聘期考核和团队考核。

（四）鼓励先进、优劳优酬的人才激励机制

建立健全充分体现科研分工和科技人才价值，重点向优秀科技人才倾斜的人才激励机制。坚持按劳分配和按要素分配相结合的原则，探索按照岗位分工、贡献大小、能力水平实行年薪制。完善科技人才岗位绩效工资制度。制定知识、技术、管理、技能等生产要素按贡献参与分配的办法。探索高层次人才协议工资制和项目工资制等多种分配形式。对作出突出贡献的中青年科技人才，在职称晋升、科技奖励、项目申报等方面予以鼓励支持。建立院荣誉制度，对获得国家级和省部级科技奖励、发表高水平学术论文的优秀科技人才给予物质奖励与精神激励。

五、保障措施

（一）加强组织领导

坚持党组（党委）统一领导，组织人事部门牵头抓总，科技、财务等有关职

能部门密切配合的科技人才工作体制。坚持“一把手”抓“第一资源”，健全人才工作目标责任制。院属各单位要按照《国家中长期人才发展规划纲要（2010～2020年）》《农村实用人才和农业科技人才队伍建设中长期规划（2010～2020年）》和本规划要求，立足当前、着眼长远、认真谋划、扎实推进本单位科技人才队伍建设工作。

（二）加大投入力度

坚持人才投资优先保证，树立人才投入是效益最好的投入的观念。整合资源，加大对科技人才发展的投入力度，积极争取国家、地方、企业和个人投资。中国农业科学院每年筹措2 000万元设立人才建设专项经费，用于支持科技人才开展自主创新研究，奖励作出突出贡献的优秀人才和团队，支持高层次人才引进，支持院级优秀团队建设和组织各类科技人才培训等。鼓励研究所设立人才建设专项经费，用于支持本单位人才与团队建设。

（三）提高人才素质

加强科技人才理想信念、道德情操、科学素养、综合能力的培养和塑造。大力加强科研诚信和学风建设。认真学习贯彻《中国农业科学院职工守则》和《中国农业科学院科技人员道德准则》，提升自律意识。大力弘扬老一辈科学家的优良传统和科研诚信意识，宣传优秀科技人才和创新团队典型。严厉惩治学术不端行为，建立不良学风记录，在职称评定、考核评优、提拔任用中，实行“一票否决”制。

（四）提升服务水平

进一步加强管理人员的党性修养，提高综合素质，提升服务意识。加强理论知识和业务知识学习，提高政策水平和业务工作能力。进一步转变观念、转变职能、转变作风，通过诚心诚意办实事，尽心竭力解难事，在政治上关心人才，在工作上支持人才，在生活上爱护人才，去感召和凝聚科技人才。优化服务环境，开辟人才引进“绿色通道”，为科技人才成长发展、干事创业提供便捷高效服务。落实好人才关心关爱的有关措施，做好专家服务保障工作，制定高级专家管理服务办法，完善专家休假制度，建立专家信息库制度。

（五）营造良好氛围

加强创新文化和团队文化建设，倡导“唯实、求真、协作、创新”的科学风尚，营造百家争鸣、开放和谐、尊重人才、尊重创造、宽容失败、诚信严谨的科研环境。理解人才个性特点，允许学术上的不同见解，激发和保护科技人才的创新激情和活力。通过报刊、网络、影视等媒介，大力宣传优秀科技人才的典型事迹，提高他们的学术影响力和社会知名度。

中国农业科学院
领导班子和干部队伍建设“十二五”规划

“十一五”以来，中国农业科学院党组认真贯彻落实党中央和农业部的决策部署，积极探索、开拓创新，采取有力措施，扎实推进领导班子和干部队伍建设，取得了明显成效。各级领导班子和广大党员领导干部思想政治素质明显提高，工作作风明显转变，领导能力明显增强，为我国农业科研事业的蓬勃发展和我院“三个中心、一个基地”建设的实施提供了有力的组织保证。但是随着农业农村经济形势的深刻变化，农业科研工作面临着新的挑战和机遇，我院领导班子和干部队伍建设仍然存在着不适应新形势、新任务的情况。比如，所局级领导干部队伍整体年龄偏大，结构不合理；中层干部队伍特别是后备干部队伍建设和培养薄弱等。要有效推进社会主义新农村建设和发展现代农业，全面实现我院“十二五”各项事业发展目标，必须切实加强各级领导班子建设，不断深化人事制度改革，建设善于推动科学发展、促进社会和谐的高素质干部队伍。

为贯彻落实党的十七大和十七届四中、五中全会精神，大力加强领导班子和干部队伍建设，根据全国党政领导班子建设规划纲要、深化干部人事制度改革规划纲要以及农业部司局级领导班子建设规划等文件精神和要求，结合我院实际，制定本规划。

一、指导思想和基本目标

（一）指导思想

坚持以邓小平理论和“三个代表”重要思想为指导，深入贯彻落实科学发展观，坚持党管干部原则，以提升领导水平和履职能力为核心内容，不断加强理论武装，改进思想作风，提高能力素质，严格管理监督，完善体制机制，努力把所局级领导班子建设成为坚决贯彻党的理论和路线方针政策、善于引领和推动单位科学发展的坚强领导集体，努力建设一支政治过硬、作风优良、结构合理、朝气蓬勃、奋发有为的高素质干部队伍，为“十二五”时期加快农业科技创新、支撑现代农业发展提供坚强组织保证。

（二）基本目标

——**思想政治建设进一步加强**。领导班子和领导干部的理想信念更加坚定，马克思主义理论水平有新的提高，贯彻落实科学发展观的自觉性和坚定性明显增强，坚定不移地走中国特色社会主义道路和中国特色的农业现代化道路，在思想上政治上行动上与党中央保持高度一致，党的意识、宗旨意识、执政意识、大局意识、责任意识和创新意识明显增强，政治素质进一步提高。

——推动科学发展能力进一步提升。树立世界眼光、加强战略思维，努力开阔视野、开阔思路、开阔胸襟，切实提高领导干部科学研判农业农村经济形势、把握农业科研发展规律、解决“三农”突出问题、应对突发事件、推动执行落实的能力。努力培养造就一支懂政策、懂法律、懂经济、懂技术、懂管理的“复合型”高素质的干部队伍。

——干部队伍结构进一步合理。优化领导班子配备，形成班子成员年龄、经历、专长、性格互补的合理结构，女干部、少数民族干部和党外干部配备更加合理，班子整体功能明显增强；所局级后备干部始终保持合理数量和结构，培养和使用更加科学、有针对性；加大优秀年轻干部的选拔培养力度，关心和帮助年轻管理人才、科研骨干的成长，重点加强他们的党性修养和实践锻炼。

——体制机制进一步创新完善。领导班子贯彻民主集中的各项制度更加健全，工作机制更加完善，运转协调高效。不断深化干部人事制度改革，积极探索符合我院特点的干部人事管理制度，干部选拔任用、考核评价和管理监督等制度更加科学完备，不断提高选人用人公信度。

——领导干部作风进一步改进。始终坚持马克思主义群众观点和党的群众路线，进一步弘扬求真务实、艰苦奋斗、勤俭节约、廉洁从政等优良作风，党群、干群关系更加密切；带头践行社会主义核心价值体系，践行共产党人的道德观，思想品德修养明显提高；领导班子更加团结和谐，凝聚力和战斗力进一步增强。

二、加强思想政治建设

（一）坚定理想信念，培养战略眼光

各单位领导班子要把理想信念教育贯穿于思想政治建设的始终，在任期内至少要开展一次以理想信念为主题的集中学习教育活动，不断提高领导干部政治敏感性和政治鉴别力，进一步坚定共产主义远大理想和中国特色社会主义共同理想。以开展创先争优活动为契机，推动学习实践科学发展观向深度和广度发展。建立领导班子定期务虚制度，每半年或一年召开一次务虚会，结合国情、院情、所情，分析把握国家农业战略需求、世界农业科技发展前沿，对院所定位和发展方向等重大问题作战略性和前瞻性研究。

（二）提高党性修养，发挥表率作用

领导干部要作创先争优的表率，发挥示范引领作用。带头践行社会主义核心价值体

系，培养高尚道德情操，保持健康生活情趣，增强拒腐防变和抵御风险能力。坚持继承光荣传统和弘扬时代精神相统一，坚持改造客观世界和改造主观世界相统一，坚持加强个人修养和接受教育监督相统一。把个人自觉与党组织的严肃教育、严格要求、严格管理和严格监督统一起来，把党内监督和群众监督、舆论监督结合起来，切实做到风清气正，情操高尚。建立和坚持党员领导干部党性定期分析制度，所局级领导干部每年进行一次党性分析，与民主生活会同时安排，自觉查找和解决党性、品行方面存在的突出问题。

（三）加强调查研究，理论联系实际

各单位领导班子要围绕工作中的重点、难点问题，制定调研计划，深入开展调研，每年安排不少于 4 次集体学习研讨，累计时间不少于 12 天。学习研讨要结合单位发展面临主要问题，确定重点题目，研究思路对策，做到研讨一个专题、推动一项工作。年终将中心组学习研讨成果作为年度考核的内容之一进行述职。所局级领导干部每年都要结合思想、工作实际，结合部、院、所中心工作，撰写上交 1～2 篇有理论深度、对工作有指导意义，有情况、有分析、有对策的调研报告。

三、增强推动科学发展能力

（一）加大干部交流力度

贯彻落实《农业部干部交流工作暂行规定》的要求，加大重点交流对象的交流力度，积极探索符合我院特点的干部交流办法。逐步落实在管理岗位“提任副所级、正处级领导职务的，一般应具有两个以上职位任职的经历”的要求，推动所局级干部、管理岗位处级干部的交流任职。在同一职位上任职满 10 年，或在同一单位领导班子中担任同一层次领导职务满 10 年的，一般应当交流；因学科专业限制暂不宜交流的，经批准可适当延长任职年限；机关处级干部在同一岗位任满两个聘期的，应当安排交流；研究所从事干部人事、纪检监察、审计、项目审批和资金管理等工作的处级领导干部，在同一职位任职满 5 年的，应当安排交流；在同一职能处室任正副职累计超过 10 年的处级领导干部，一般应当交流；干部缺少基层工作经验或者岗位经历单一的处级以上领导干部，应当有计划地交流；优秀年轻干部，特别是后备干部、有发展潜力的干部，应当有针对性地交流。

（二）注重实践锻炼

积极选派所局级后备干部、有发展潜力的优秀年轻干部参加援藏、援疆、博士服务

团、扶贫和到地方挂职锻炼工作。积极拓展院系统与地方政府及省市农科院干部挂职锻炼渠道。各单位要加强对年轻干部的培养锻炼，敢于放手，敢于压担子，要有计划分批次安排年轻干部到基层参与实践活动、承担重大专项等工作。年轻干部参加实践锻炼的经历及其间的表现情况，将作为其今后晋升职务重要条件。院机关年轻干部要到研究所及实验基地（场、站）进行实践锻炼，深入了解院情所情。研究所职能部门从事管理工作的年轻干部要深入科研一线实践锻炼，进一步提高综合素质。从事科学研究的科技人员，每年应确保一定时间到田间地头、生产一线，坚持从实践中来，到实践中去，不断提升科研水平。坚持在实践中考核评价干部，引导和激励干部树立正确事业观、工作观、政绩观，立足本职岗位推动科技创新和事业发展。

（三）加强学习培训

认真贯彻《2010～2020 年干部教育培训改革纲要》和农业部《关于新一轮大规模培训干部的实施意见》，把干部教育培训放在突出重要的位置。积极推荐选派处级以上干部参加中组部、农业部等组织的调训和干部选学。同时，加大我院自主组织干部教育培训的力度。重点抓好所局级及后备干部的教育培训，每年举办一期所局级干部任职培训班，增强培训的针对性和时效性；继续做好组织人事干部培训班和英语强化培训班组织工作。各单位也要加强对干部教育培训工作的组织领导，抓好本单位干部教育培训工作。按照新一轮大规模培训干部工作的要求，保证司局级领导干部每年参加脱产培训的时间不少于 110 学时，5 年内累计参加脱产培训的时间达 550 学时以上，其他干部参加脱产培训的时间每年不少于 100 学时或 5 年不少于 500 学时。

四、优化领导班子和干部队伍结构

（一）优化领导班子结构

进一步优化领导班子的年龄结构，形成老、中、青合理搭配的年龄结构。各单位领导班子换届调整时，要注意补充一定数量的 45 岁左右的正所级干部和 40 岁左右的副所级干部，争取在 2～3 年内每个班子都配有 20 世纪 70 年代后出生的干部。严格执行任用有期制度，坚持所（局）级领导班子成员在换届时距法定退休年龄不足 3 年者的退出机制。注意发挥各年龄段干部的作用，避免出现领导干部任职年龄层层递减问题。改善领导班子专业、知识和工作经历结构。选配各单位领导班子，应重视专业知识配套和领导经验互补，实现优化组合，加强党委班子建设，增强整体功能。坚持标准和条件，加大女干部选拔培养和使用力度，合理配备少数民族干部和党外干部。

（二）大力培养选拔优秀年轻干部

把培养选拔年轻干部作为中国农业科学院人事制度改革与发展的新突破口，以改革创新精神抓好培养选拔年轻干部工作。进一步解放思想、创新机制，破除论资排辈的束缚，形成有利于优秀年轻干部脱颖而出的制度环境，研究探索从专业技术岗位中选拔优秀干部到领导岗位的办法。各单位要认真研究新时期年轻干部成长规律，落实培养选拔年轻干部工作的责任，注重多岗位锻炼优秀年轻干部。到 2015 年，各单位应充实一批 35 岁左右的优秀干部到中层干部队伍中来。

（三）加强后备干部队伍建设

坚持优进绌退、动态管理的原则，做好每两年一次的所局级后备干部集中补充调整工作，始终保持后备干部队伍的合理数量和结构。从院属单位所局级领导班子建设实际需要出发，应保持一支正职 60 人左右、副职 100 人左右动态的所局级后备干部队伍。对有发展潜力的所局级后备干部，采取培训、交流、挂职等方式有计划、有步骤、有针对性地进行培养锻炼，提高后备干部的实际工作能力。各单位也要结合实际，对后备干部有计划地加大培养力度，建立起院所两级联动的培养机制。建立健全干部挂职锻炼制度，逐步实现将援藏、援疆、博士服务团、扶贫和到地方挂职作为晋升所局级职务的必要条件。

（四）重视管理干部队伍建设

规范管理部门和管理岗位设置，明晰职能定位、强化管理责任，形成精干高效的管理结构。管理干部队伍建设的核心是提高执行力。要重视后备力量培养，认真做好传帮带，及时把基本素质好、工作能力强、有发展潜力、群众公认的年轻干部提拔到处级岗位上。严格关键岗位任职要求，加大培训力度，鼓励多岗位锻炼、流动和轮岗交流，在管理实践中培养人才。加强院机关干部队伍建设，优化干部来源结构，提高整体素养和履职能力。改进考核评价和绩效管理制度，促进机关工作作风转变，提高机关运行效益。

五、深化干部人事制度改革

（一）创新和改进干部选拔方式

建立健全符合我院特点的领导干部选拔任用机制。逐步加大竞争性选拔干部工作的力度，积极探索院机关部门、院属各单位领导班子副职竞争上岗工作，坚持标准条件，突出岗位特点，注重能力实绩，提高考试科学性，完善程序方法。扩大院机关处级干部和各单位职能部门负责人竞争上岗覆盖面。探索完善差额选拔干部的规范性程序，明确适用范围，合理确定差额比例，规范和完善操作办法，健全配套措施。建立健全干部选拔任用提名制度，明确提名主体，规范提名形式、提名程序，扩大提名环节的民主和监督，为优秀人才脱颖而出创造良好制度环境。

（二）加强和改进干部考核工作

结合贯彻落实中央关于建立促进科学发展的干部考核评价机制的有关精神和要求，探索建立适合我院特点，涵盖不同层次、不同类型领导班子和领导干部的考核评价体系，形成比较完善的考核评价机制。坚持以平时考核、年度考核为基础，以换届考察、任职考察为重点。加强考核结果的运用和反馈。坚持把考核结果作为干部选拔任用、培养教育、管理监督和激励约束的重要依据。继续坚持完善对院属各单位、院机关各部门的任务目标考核，建立竞争激励机制，提高各单位、各部门工作质量和效率。

（三）推进领导干部任期制度和任期目标管理

遵循任用有期、职责明确、严格考核、规范管理、到期解职的原则，积极稳妥地推进研究所领导干部任期制试点工作。及时总结试点工作情况，改进和完善任期目标制定、执行和监督考核办法。通过任期考核和届中考核，加强对班子任期目标管理和领导班子工作情况的监督指导，根据考核结果，严格执行任期、连任限制和最高任职年限等规定。

六、加强改进作风建设

（一）坚持和健全民主集中制

按照“集体领导、民主集中、个别酝酿、会议决定”的原则，进一步完善班子议事规则和决策程序。事关全局性的重大决策、重要干部任免、重大项目安排及大额度资金使用等，都要在充分酝酿讨论的基础上，由集体作出决定。领导班子主要负责同志应带头发扬民主，防止个人或少数人说了算；班子成员要增强全局观念，既要独立负责地完成好分管工作，又要积极主动地参与集体领导。结合巡视、干部考察、民主生活会等工作，对各单位领导班子执行民主集中制的情况进行监督检查。

（二）提高民主生活会质量

严格执行党员领导干部民主生活会有关规定。采取多种形式广泛征求党内外干部群众意见，对照查摆出的问题，研究制定并落实整改措施。认真开展批评与自我批评，营造开展积极思想斗争的良好氛围。加强对各单位民主生活会的指导和监督，坚持并完善民主生活会情况通报制度、领导干部谈心制度。中国农业科学院领导结合日常工作和专题调研，不定期地同各单位领导干部谈心。各单位要坚持领导班子内部谈心，主要负责同志同班子成员谈心每年至少1次，班子成员之间也要相互谈心，分管领导要加强与分管部门负责同志的沟通。

（三）改进领导干部作风

对涉及单位发展全局的重大事项，应广泛征求干部职工和有关方面的意见；对重要干部的任用，应充分发扬民主，认真听取和尊重群众意见；对重大决策实施、群众关注的热点和反映突出问题的解决情况，要及时向群众通报。进一步改进领导作风，坚持每年为群众办若干件实事。建立领导干部接待日、领导干部联系点等制度。改进会风文风，进一步精简会议和文件，压缩会议费用，控制会议规模，提高会议质量。弘扬艰苦奋斗之风，领导干部要带头执行中央有关厉行节约的要求，简化公务接待工作，严格遵守因公出国（境）管理制度。

（四）强化对领导干部的监督管理

按照中央《关于进一步从严管理干部的意见》要求，严格执行所局级领导干部报告个人有关事项、任免前谈话、述职述廉、诫勉谈话、函询等制度；通过个别谈话、专项调查、参加民主生活会等多种形式，全面了解领导干部的平时表现，引导和督促领导干部增强自律意识。加强领导班子内部监督，重点加强对领导干部特别是主要领导干部、人财物管理使用、关键岗位的监督。严格执行干部选拔任用“四项监督”制度。继续坚持干部任前公示、任职试用制度，不断完善选拔任用工作有关事项报告、干部任用前征求纪检监察部门意见等制度。在全院范围内普遍开展“一报告两评议”和干部选拔任用离任检查工作，提高选人用人公信度。坚持和完善巡视工作制度，进一步推动巡视成果运用。全面落实党风廉政责任制，确保构建惩防体系各项任务落到实处。贯彻落实中央《关于实行党政领导干部问责的暂行规定》，对因工作失职，给国家利益、人民生命财产、公共财产造成重大损失或恶劣影响的干部，按照党政领导干部问责有关规定追究其责任。

加强领导班子和干部队伍建设事关大局、事关长远，对全面实现我院“十二五”

事业发展目标至关重要。对领导班子和干部队伍建设院党组负总责，各单位领导班子要认真落实各项部署和要求，切实加强自身建设和本单位干部队伍建设；各单位党政“一把手”要切实履行选人用人职责，把选拔培养后备干部摆上重要议事日程；人事局和其他有关部门具体抓好各项工作的落实，形成一级抓一级，层层抓落实的责任体系，共同推动中国农业科学院领导班子和干部队伍建设取得新成效。

引育并举　以用为本
全面实施“人才强院”战略

——在中组部2011年全国人才工作座谈会上的讲话

中国农业科学院党组书记　薛　亮

（2011年12月17日）

中国农业科学院成立于1957年，是国家综合性农业科研机构。全院现有直属研究所31个，科技人员5 266人，其中，正高级805人，副高级1 412人；中国科学院院士2人、中国工程院院士10人、“千人计划”人才5人、中央联系的高级专家42人。

近年来，我院大力实施“人才强院”战略，努力培养引进国际一流的科学家和科技领军人才，着力打造高素质农业科技人才队伍，为发展现代农业和建设社会主义新农村提供了坚实的人才保障和智力支持。

一、组织实施“三大工程”，聚集培养高端农业科技人才

院党组深刻认识到人才在农业科技创新中的重要作用，“十五”以来，先后实施了人才—团队—基地“三步走”的人才建设系统工程，初步构建了一个“引育并举”、“以用为本”的人才工作新机制，开创了农业科技人才工作新局面。

一是实施“杰出人才工程”，引进培养学科带头人。2002年初，我院自筹资金超过2亿元，实施“杰出人才工程”。在连续实施“杰出人才工程”的前4年，就从国内外招聘到一级岗位杰出人才43人，二级人才124人，三级人才239人。其中，从美、日、澳等国引进37人，从国内其他单位引进24人，打造了一支学科专业优势明显、人才梯队结构布局合理的高层次农业科技人才队伍。经过近10年的培养锻炼，这批优秀人才已逐渐成长为我国农业科技创新的一支中坚力量，其中，3人已当选中国工程院院士。

二是实施“科技创新团队建设工程”，发挥人才整体效应。2007年，我院启动实施科技创新团队建设工程，经过2年多的动员酝酿、整合论证，遴选建设了13个院级优秀科技创新团队和90个所级重点科技创新团队，人才资源初步得到整合，整体效应逐步呈现。

三是实施“海外高层次人才引进工程”，延揽国际优秀农业科学家。2008年年底，我院被确定为国家首批“海外高层次人才创新创业基地”。为建好农业领域首个国家级人才基地，我院启动实施“1351计划”，大力引进海外高层次人才，并制定人才评价、

考核、激励等特殊政策，着力创建人才创新创业特区。截至目前，我院已招聘到入选“千人计划”的5位外籍专家和60余位优秀海外留学回国人才。

二、坚持以用为本，努力搭建人才创业成才平台

为了留住人才，培养人才，并充分发挥人才的作用，中国农业科学院在实施人才队伍建设“三大工程”过程中，不仅优化学科布局，规划确定了作物科学、畜牧兽医科学等9大学科领域和41个一级学科、173个二级学科的基本框架，形成了面向现代农业，结构合理、重点突出的现代农业学科体系，为人才搭建施展才华的舞台。同时，强化平台项目支撑，为人才创新创业提供必要的条件，创新人才管理方式，构建有利于人才科学发展的体制机制。“十五”以来，全院累计争取国家投资超过26亿元，共承担国家及行业各类科技项目9 000余项，经费总额50多亿元，为人才发展提供了丰富的实践条件。建立了统一高效的人才工作领导体制；符合人才特点的考核评价机制；自主培养与人才引进相结合，多种方式并举的人才培养机制；向优秀人才和团队倾斜的激励机制，为“千人计划”人才提供不少于100万元年薪，每年给院级优秀科技创新团队提供20万元自主支配经费等。进一步营造了引才聚才的政策环境。

在“三大工程”支持下，广大科学家面向国家战略需求，大力开展自主创新。如在2006年全球“禽流感”暴发之际，陈化兰博士带领团队联合攻关，取得重大突破，研制的禽流感诊断试剂和疫苗被广泛应用，为我国和有关国家禽流感防控提供了关键科学技术支持。“十五”以来，我院作为第一完成单位共获得国家级奖一等奖5项、二等奖40项，省部级奖400多项，科技成果平均每年创社会经济效益200多亿元。取得了超级稻、转抗虫基因三系杂交棉、转基因植酸酶玉米、双低油菜、高油大豆、口蹄疫疫苗等一批具有自主知识产权、世界领先的重大科技成果，为推动现代农业大发展提供了强有力的科技支撑。

2010年4月，人民日报内参报道了我院实施“杰出人才工程”的调研报告，李源潮同志作出重要批示，给予充分肯定。这既是对我院人才工作的鼓励，更是对我院未来发展的殷切期望。

三、正视机遇与挑战，全面推进“人才强院”战略

近年来，我院人才工作取得了一定成绩，为支撑现代农业发展，实现粮食八连增作出了一定贡献，但也应看到，现代农业发展受到土地和水等资源的制约，越来越依靠科技的支撑。据测算，2011年全国粮食大丰收，增产的86%是依靠单产的提高。今后农业农村经济的持续健康发展对科技创新和农业科技人才队伍建设提出了更高的要求。同时，支撑高层次人才发挥作用的资金要求也越来越高，缺乏人才工程的可持续资金渠道成为我院面临的严峻问题。

为贯彻落实全国人才工作会议精神和国家中长期人才规划纲要，2010 年 6 月 10 日，中国农业科学院召开人才工作座谈会，广泛听取与会专家的意见与建议，积极谋划“十二五”全院人才工作。2011 年制定发布了院“十二五”科技人才队伍发展规划，“十二五”时期，我院将组织实施领军人才培养工程、科技创新团队建设工程、海外高层次人才创新创业基地建设工程、青年科技创新人才培养工程、科研辅助人才优化工程 5 大科技人才专项工程。并从人才引进、培养、评价、激励等方面建立更加科学、更有活力的一整套机制，我们力争取得有关部门支持，设立人才建设专项经费，专门用于支持科技人才开展自主创新研究，奖励作出突出贡献的优秀人才和团队，支持高层次人才引进以及各类科技人才培训等。

会后，我们将以此次会议的召开为契机，深入贯彻落实中央有关决策部署，认真学习借鉴兄弟单位的先进经验和做法，进一步加大人才工作力度，全面推进“人才强院”战略深入实施，努力培养造就一支高层次人才集中，结构合理，素质优良的农业科技创新人才队伍，为推进“三化同步”提供强有力支撑。

创新管理方式　加大培养力度
助力西部高端农科人才队伍建设

——在中组部、中科院“西部之光”人才培养计划实施15周年暨“西部之光”访问学者培养工作7周年工作研讨会上的讲话

中国农业科学院副院长　李金祥

（2011年8月27日）

西部大开发，人才是关键。2003年中央启动实施“西部之光”访问学者培养计划，根本任务是为西部地区培养和造就一大批热爱西部、扎根西部、有较高水平和能力的学术带头人和教学科研骨干。中国农业科学院党组高度重视此项工作，坚持从大局出发，积极采取措施，将这项工作作为重要的政治任务来完成。7年来，在中组部、农业部各级领导的关心、支持和帮助下，在院属相关研究所和院研究生院通力配合下，在培养导师悉心指导下，我院通过不断改进管理方式，完善工作机制，创造研修学习条件，改善工作生活环境，圆满完成了7批共174名“西部之光”访问学者的培养任务，为西部地区培养了大批高水平的农业科技人才队伍，为西部大开发和西部地区农业农村经济社会发展作出了积极的贡献。

一、创新组织管理方式，确保培养工作顺利进行

为了有利于访问学者的工作生活和学习交流，农业部对“西部之光”访问学者实行相对集中的管理方式，统一由我院进行集中管理。集中管理不但能够最大程度地保障访问学者研修期间的安全，使培养单位能够最大可能地为访问学者提供良好的学习生活条件，更重要的是有利于访问学者之间的沟通联络和交流互动。主要有以下3个方面的特点。

一是食宿集中化。根据农业部安排，自接收首批访问学者以来，农业部系统访问学者的食宿问题都在我院集中解决。我院研究生院在住房资源有限的条件下，拿出培训用房，牺牲了对外经营的利益，为访问学者提供了全院最好的住宿条件，还为访问学者添置了书桌，开通了宽带网。尽最大努力提供良好的生活条件，保证访问学者全身心投入

学习研究中。

二是管理规范化。在总结首批访问学者培养管理工作的基础上，我院于2005年研究制定了《“西部之光”访问学者培养管理办法》，建立了院人事局、研究生院和研究所三级管理模式。院人事局负责落实培养任务，组织协调相关工作；研究生院负责访问学者的学习培养、经费管理、食宿安排和生活服务保障工作；研究所负责访问学者研修期间的导师选派，课题项目落实，提供科研实验条件，并帮助解决研修期间学习、工作和生活等方面的实际问题。我院还制定了《西部之光访问学者班委会（临时党支部）组织制度和工作任务》，明确访问学者班委会和临时党支部的职责任务，实现了访问学者的自我组织、自我管理和自我教育。

三是服务班级化。在为访问学者提供生活后勤保障的同时，研究生院还把“西部之光”访问学者作为一个班级，纳入学生工作处统一管理，充分利用研究生院的教学条件，为他们组织开展活动提供了必要的场所和便利条件。选举成立的班委会和临时党支部，充分行使职能，研修之初就制定好全年的工作活动计划，加强访问学者的管理以及相互之间的交流。班委会积极组织诸如郊游、外出参观等活动，丰富了大家的业余文化生活，使大家保持良好的精神状态，增进相互之间的了解，加深了彼此之间的友谊。

二、认真落实研修计划，确保访问学者学有所获

在访问学者研修培养方面，我院重点抓好3个方面的工作：

一是导师选派注重针对性。访问学者的培养实行导师负责制，实行一对一的培养。我院要求研究所根据访问学者的实际情况，在充分尊重访问学者选择的基础上，确定知名专家为培养导师。选派的导师都是我院相关学科领域的带头人或优秀科技骨干，大多承担着“973”、“863”、国家攻关等重大课题，具有较高的学术水平。同时，我院要求研究所和培养导师充分认识到为西部培养优秀人才是义不容辞的责任和使命，认真做好传、帮、带及服务保障工作。

二是培养计划注重可行性。访问学者报到之后，我院要求培养导师根据西部各省、自治区主导产业、重点行业和优势特色学科发展的需要，尽快制定切实可行的培养计划，明确培养目标、研究题目、研究内容、技术路线等。要求研究所全面清点本单位的重点学科、重点实验室和重大科技项目，根据访问学者所在地区的实际情况，安排访问学者参与重大项目研究。7年来，访问学者共参与国家“973”、“863”项目，国家科技攻关、支撑、平台项目，国家自然科学基金项目、国际合作项目，农业部“948”、跨越计划、结构调整项目等共计200多项。通过参与培养导师的研究课题、项目，访问学者可以学习课题研究的基本方法和研究规律，接受国内农业科研领域最好的专业技能训练，了解本学科领域的学术前沿动态和发展趋势。有的研究所还无限制地为访问学者开放实验室，充分保证访问学者的试验条件。有的研究所还将访问学者培养与研究室业绩考核结合起来，进一步增强了研究室在培养工作中的积极性和责任心。这些都有助于

访问学者全面提高科研能力和学术技术水平，为将来返回工作岗位承担更多、更重的科研任务奠定了基础。

三是培养方式注重多样性。为了使访问学者更多地了解新情况、掌握新动态，访问学者研修期间，我院认真承办农业部人事劳动司定期组织开展的专题讲座和参观考察活动，围绕农业发展热点问题，通过采取个人自学、专题讲座、研讨交流、实地考察等相结合的方式，使访问学者进一步了解我国科技发展总体部署、现代农业产业技术体系建设和农业科技创新的思路与重点，进一步拓展访问学者的科技创新和技术推广视野。

中国农业科学院充分发挥资源条件优势，为访问学者提供学术交流的机会，为他们搭建良好的信息资源平台。访问学者根据自己的专业需要和兴趣，在我院研究生院选修相关课程，同时，利用免费上网查阅、下载资料的便利条件，积累了大量专业资料。有的学者利用研究生院优越的条件，考取了博士生。我院每年都组织和承办众多国际会议、学术研讨会以及科技咨询等大型科技活动，邀请来自国内外的知名农业专家、学者共同探讨世界农业科技发展方向与中国农业科技创新与发展等问题，也给访问学者提供了难得的与国内外知名农业科学家交流学习的机会。

三、加强沟通与联系，着力构建我院与西部地区人才发展的长效机制

在做好上述工作，保障访问学者顺利完成一年研修工作的同时，我院还非常注重建立培养单位与访问学者及其所在单位之间的联系和友谊，致力于搭建培养单位和选派单位之间交流合作的桥梁，最大程度地发挥“西部之光”访问学者培养计划的作用。

一是加强总结，促进双向交流。每接收一批访问学者，我院都及时组织召开欢迎座谈会，邀请培养导师、访问学者和培养单位负责人参加，介绍双方情况，明确双方权利与义务。每一批访问学者研修即将结束之际，我院都组织召开总结会议，培养导师、访问学者和培养单位负责人齐聚一堂，畅谈一年来的收获与体会，总结成效与不足。我们还将访问学者研修期间发表的论文和撰写的调研报告等汇编成《论文集》，供大家参阅。每次欢迎会和总结会的召开都得到了上级部门的大力支持，中组部人才工作局和农业部人事劳动司领导出席会议并讲话，为我院“西部之光”访问学者培养工作提供了及时的指导，也让我们深受鼓舞。这些都为做好访问学者培养工作，进一步加深“西部之光”访问学者与培养单位之间的相互了解，以及日后双方的长期合作打下了良好的基础。

二是积极引导，智力支持西部。中组部在 2006 年度的培养计划中启动了培养导师到访问学者派出地进行考察的内容。这项活动得到了访问学者和培养导师的一致认可，取得了很好的效果。培养导师亲自到访问学者的派出地考察调研，既能有效解决西部地区许多农业生产实际问题，又能与当地农业研究单位的领导和技术人员进行广泛交流，进一步加深我院专家对西部地区的认识和了解。有的访问学者还结合本地区的实际，组

织了一些专家学者到西部讲学，为地方发展出谋划策，为促进当地经济建设作出了积极贡献。

三是深化合作，项目带动西部。访问学者在学习工作中与导师和其他专家建立了紧密的联系和长期的项目合作关系。访问学者在申请科研项目时，与我院专家紧密联合，或邀请我院专家提供意见建议，或与我院专家联合申请，大大提高了项目申请的成功率和项目实施的科学性和可行性。我院专家在主持承担研究课题时，也积极吸收访问学者所在单位参与，不但充分利用了地方科研资源，提高了项目实施效果，也带动了西部地区农业科技的发展。

通过“西部之光”访问学者培养计划的支持，西部地区选派的优秀青年科技人才在锻炼中迅速成长起来，逐渐成为单位的中坚力量。他们当中，绝大部分竞争到高一级的岗位，有的荣获国家级及省部级的各类科技奖项；有的被评为国家级及省部级先进工作者，获得各种荣誉称号；有的获准享受国务院政府特殊津贴；有的承担及主持国家或省部级的重大、重点和专项科研项目；有的被列为省管专家或省管专家后备人选；有不少同志成为地方科研机构、政府部门的领导干部，为西部地区人才队伍建设及多项事业的持续发展，注入了新鲜血液。

尽管中国农业科学院在“西部之光”访问学者培养工作中取得了一定的成绩，积累了宝贵的经验，但与中央和上级部门对我院的要求相比，与西部地区农业科技人才队伍建设的实际需要相比还存在一定的差距。今后，我院将以此次会议的召开为契机，深入贯彻落实中央和上级部门有关决策部署，进一步加大培养工作力度，为西部地区培养更多更优秀的农业科技人才队伍，为西部地区现代农业发展和新农村建设作出新的更大的贡献。

求真务实　勇于开拓
推动中国农业科学院人事人才工作再上新台阶

——在我院人事劳动工作会议上的讲话

中国农业科学院党组成员　人事局局长　贾连奇

（2011 年 12 月 10 日）

同志们：

今天，我们在上海召开院 2011 年人事劳动工作会议。会议的主要任务是，深入贯彻党的十七大和十七届五中、六中全会精神，学习中国农业科学院《“十二五”科技人才队伍发展规划》和《领导班子和干部队伍建设“十二五”规划》，总结 2011 年工作，分析当前主要形势，部署 2012 年重点工作。这次会议，对于统一思想认识、明确目标任务，推动我院“十二五”人事人才各项工作的快速发展，具有十分重要的意义。

下面，我讲三点意见。

一、2011 年人事人才工作取得新进展，实现“十二五”良好开局

刚刚过去的 2011 年是建党 90 周年、“十二五”开局之年，是中国农业农村经济发展极不寻常的一年，也是我院人事人才工作任务繁重、各项工作稳步推进的一年。在院党组的正确领导下，全院组织人事部门坚持围绕中心、服务大局，不断深化干部人事制度改革，切实加强科技人才队伍、领导班子建设和干部队伍建设，扎实推进收入分配改革和岗位聘用制度改革，着力加强组工干部自身建设，较好地完成了全年工作任务，为实现我院科技创新“十二五”良好开局提供了坚实的智力支撑和人才保障。具体有以下 6 个方面。

（一）解放思想、开拓创新，全面总结我院“十一五”人事人才工作，精心谋划“十二五”战略布局

“十二五”是加快农业现代化建设、提高农业科技自主创新能力的关键时期。在系统总结、分析我院“十一五”人事人才各项工作进展和存在主要问题的基础上，进一

步明确了“十二五”人事人才工作思路，发布实施了《中国农业科学院“十二五”科技人才队伍发展规划》和《中国农业科学院领导班子和干部队伍建设“十二五”规划》（以下简称“两个规划”），提出了坚持“服务发展、人才优先、以用为本、创新机制、高端引领、整体开发”的方针，确定了“十二五”人事人才重点工作任务：在科技人才队伍建设方面，重点组织实施领军人才培养工程、科技创新团队建设工程、海外高层次人才创新创业基地建设工程、青年科技创新人才培养工程和科研辅助人才优化工程5大人才专项工程；在领导班子和干部队伍建设方面，加大对年轻干部的选拔培养力度，努力建设一支政治过硬、作风优良、结构合理、朝气蓬勃、奋发有为的高素质干部队伍；在分配机制改革方面，落实事业单位绩效工资分配政策，不断完善以聘用制为核心的收入分配体系，树立以业绩为核心的分配导向，进一步健全人员经费保障机制，优化分配结构和管理流程。对人事人才发展战略布局的深入谋划，进一步增强了我院人事人才工作的主动性和针对性，推动各项工作扎实有序开展。

（二）引育并举、以用为本，深入推进高层次人才队伍和科技创新团队建设

一是院士增选工作取得重大突破。根据两院院士增选文件，及时发文部署了推荐和提名工作。在本人申报的基础上，院所两级分别组织了有关专家对候选人申报材料进行了严格审核。积极推进院士推荐工作，经过工程院评审，喻树迅、吴孔明当选为中国工程院院士。

二是海外高层次人才创新创业基地建设不断推进。加大政策宣传力度，积极动员各单位物色人选，共申报两批共8位“千人计划”引进人选和两批共10位“青年千人计划”引进人选，2名“千人计划”人选通过评审。积极做好已入选人才的条件落实和管理服务工作，目前5位“千人计划”入选者的工作条件均已得到落实。研究起草《中国农业科学院“千人计划”人才管理暂行办法》，加强制度建设。

三是专家队伍建设取得明显成效。根据国务院关于推荐全国粮食生产突出贡献科技人员通知要求，经过推荐和逐级评审，作科所张世煌、赵广才获全国粮食生产突出贡献农业科技人员。组织进行了第十二届中国青年科技奖推荐工作，兰牧药所李剑勇荣获中国青年科技奖。选派畜牧兽医所朱化彬参加人社部组织的“万名专家服务基层行动计划”；选派环发所陶秀萍等5位专家参加人社部组织的专家赴基层开展技术服务活动。组织进行留学资助和高层次留学资助项目推荐工作，最终获得择优资助项目9项，经费额度总计32万元。成功组织推荐林敏等22名专家入选农业部第一批农业科研杰出人才及其创新团队培养计划。

四是高级专业技术人员的比例不断提高。组织完成2010年度专业技术职务评聘工作，评审通过正高级专业技术职务人员59名，副高级专业技术职务人员141人，专业技术人员中，高级职称人员比例提高至40%。组织召开了专业技术岗位第二次分级聘

用评审会议，评审通过专业技术二级岗位13人，专业技术三级岗位37人。

五是科技创新团队建设进一步深化。加强对团队内部运行机制、联合攻关机制的调研、分析，为中国农业科学院第二批创新团队遴选工作和今后团队建设打下扎实基础。

（三）优化结构、狠抓落实，不断加强领导班子和干部队伍建设

一是扎实做好领导班子调整和配备工作。全年共任免部、院党组管理的干部68人次，其中，部党组管理的司局级干部任免14人次；院党组管理的所局级干部任免54人次，任职43人次，免职11人次，任职中，提拔副所局级干部12人。

二是不断完善和推进竞争上岗。组织了2011年副所（局）级领导干部竞争上岗，选拔了5名副所（局）级干部。工作中，坚持“干什么、考什么”的原则，紧紧围绕突出岗位特点、注重能力实绩的要求，完善程序环节，改进测评方法。坚持扩大民主，探索实行差额推荐、差额考察，做到好中选优。

三是加强机构编制管理工作。推动中国食物与营养发展研究所成立有关事宜。积极协助上海兽医研究所、沼气科学研究所捋顺所局级干部地方协管关系。办理农产品加工研究所等9个单位内设机构的调整审批工作。组织院属单位开展农业部议事协调机构、临时机构自查清理工作。同时，开展院属单位内设机构信息更新工作，全面掌握院属各单位近年来内设机构变化情况。

四是加强干部监督管理。完成2010年度任务目标考核及测评工作。组织开展“一报告两评议”工作，加强任前监督和离任检查，组织完成全院213名所局级领导干部和816名处级干部报告个人重大事项工作，协助做好巡视工作，进一步提升了日常监督效果。

（四）拓宽渠道、创新形式，开展大规模干部教育培训

一是自主培训成效明显。创新培训方式，拓宽培训渠道，自主举办3期干部培训班，累计培训干部108人次。成功举办第四期南京英语培训班，全院23个单位的32名科研骨干参加了培训。选派23名优秀业务骨干赴加拿大奎尔夫大学进行第三期英语强化培训和学术交流。举办2011年处级干部任职培训班，53名中层干部参加了培训。另外，还举办新入职人员岗前培训班等培训班，参训人员200余名。

二是做好干部调训和自主选学。积极争取上级部门的干部调训、自主选学名额。组织京区21名司局级干部参加中央党校举办的中央和国家机关司局级干部选学培训班。选派21人参加中组部、中央党校、农业部等上级部门组织的13个培训班，在人员安排上重点向年轻人、京外单位倾斜。

三是重视青年干部学习。牵头组织参加农业部中青年干部学习论坛活动，对全院近百名中青年干部提交的72篇论文进行初选后分别报送6个分论坛。经评选，我院2个

单位获“农业部中青年干部学习论坛优秀组织奖”荣誉称号；13 篇论文入选各分论坛获奖论文。积极选派年轻同志参加农业部组织的青年论坛活动，累计 87 人次。

四是多渠道、多形式推动干部实践锻炼。积极做好选派所局级后备干部、优秀年轻干部参加援疆、扶贫和到地方挂职锻炼工作。共选派 5 名干部援疆锻炼。选派 1 名同志到湖南湘西州挂职锻炼。研究制定了《院机关年轻干部实践锻炼管理试行办法》，针对缺乏基层工作经历的机关年轻干部，进行实践锻炼一年，目前已选派 5 名。1 人参加农业部青年干部“接地气、察民情”实践锻炼活动。

（五）深入调研、积极探索，稳步推进收入分配和岗位聘任制改革

一是加强工资政策执行情况调研，积极推进收入分配制度改革。根据农业部通知要求，组织完成院属单位全面清理核查津贴补贴工作，对各单位经费来源、津贴补贴发放项目和标准、整体水平进行全面摸底、测算，为在职人员绩效工资的实施做好准备。组织完成京区 16 家单位、1 819名退休人员津贴补贴项目的清理规范工作。目前，京内单位 2010 年、2011 年离退休人员生活补贴已按月发放。

二是围绕岗位管理中的新问题，探索科学的管理方法。岗位设置和聘用工作启动两年来，对于健全人员聘用制度、建立以岗位绩效为导向的激励机制起到了积极的推动作用。在总结岗位设置工作经验和成效的基础上，围绕“十二五”农业科技发展和人才队伍建设需求，不断探索适合我院实际的管理方法：针对我院高级专业技术岗位总量相对不足的问题，到国土部、文化部等相关单位进行深入调研，学习先进经验和主要做法，向农业部提出符合我院发展需要的政策建议，为今后高级专业技术岗位职数的使用争取更大的空间。《农业部部管干部管理办法》出台后，积极调研、分析我院管理三四级岗位管理现状，探索制定切合我院实际的三四级管理岗位管理办法和聘用程序，促进岗位管理的制度化、规范化。组织开展工勤技能岗位设置与聘任情况调查，了解研究所工勤岗位现有职数、聘用现状以及聘用管理过程中遇到的问题，提出今后我院工勤人员队伍建设的初步设想。

（六）创造条件、提升能力，切实做好离退休老同志管理服务工作

一是圆满完成庆祝建党 90 周年系列活动。组织开展“纪念建党 90 周年”书画展和征文活动；组织京区离退休职工文体比赛 4 项；参与完成院机关老党员和困难党员的推荐、上报和慰问工作。

二是加强机关离退休党总支建设。发挥好党支部在政治学习、沟通情况、凝聚人心、传递信息等方面的重要作用。组织召开中国农业科学院机关离退休党总支换届大会，选举产生了第四届院机关离退休党总支委员会委员。举办京区离退休党支部书记培训工作，加强离退休管理工作人员能力素质。

三是认真落实离退休人员的政治待遇与生活待遇。保证老同志参加重要会议、阅读文件，加强走访慰问和听取老同志意见工作。

四是组织多种多样的活动，丰富老同志生活。

五是继续做好“老有所为”工作，发挥老同志余热，服务社会。

回顾过去的一年，中国农业科学院人事人才工作取得良好成效。这些成绩的取得，是院党组正确领导的结果，是院属各单位、院机关各部门大力支持、协同配合的结果，是全院组织人事干部开拓进取、奋力拼搏的结果。在此，我谨代表院党组和人事局，向大家表示诚挚的感谢！

在肯定成绩的同时，我们也要清醒地看到，我院人事人才工作与院党组的要求、与农业科技发展的需要相比，还存在不少问题和不足。比如：农业科技人才规模、结构和质量还不能完全满足农业科技创新的需要；高层次、领军型人才年龄老化、数量不足；人才队伍建设缺少长期稳定的重大人才工程项目和经费支持；领导班子年龄平台现象严重，后备力量不强；收入分配机制不灵活，缺乏有效的调控手段；选人用人机制不灵活，人事人才的工作基础还需要进一步夯实，组工干部的能力建设还有待进一步加强。对此，我们要高度重视、加强研究，创新思路、强化手段，在今后的工作中认真加以解决。

二、适应形势任务要求，认真贯彻落实“两个规划”，扎实做好 2012 年各项人事人才工作

2012 年是深化干部人事制度改革，全面实施我院“十二五”各项工作部署，全面落实我院人才和干部队伍建设“两个规划”的关键一年。“两个规划”对今后 5 年人事人才工作进行了重点部署，提出了许多新任务和新要求，概括起来主要有：作为农业科研和推动农业科技进步的国家队，必须在农业科技人才队伍建设上走在全国前列，以培养和引进领军人才、打造高水平创新团队为重点，组织实施 5 大科技人才专项工程，为全院各项事业的发展提供坚实的人才保障。进一步优化领导班子和干部队伍结构；不断深化干部人事制度改革，积极探索符合我院特点的干部人事管理制度；增强推动科学发展的能力；加强改进作风建设。这些新任务和新要求，使我院人事人才工作的发展方向更加明确、奋斗目标更加清晰，大家要深刻领会，认真贯彻落实。在日常工作中，要进一步增强责任感、使命感和危机感，求真务实，勇于开拓，努力推动我院人事人才工作再上新台阶。

2012 年，我们将继续贯彻党的十七大和十七届五中、六中全会精神，以邓小平理论和“三个代表”重要思想为指导，深入贯彻落实科学发展观，大力实施人才强院战略，紧紧围绕院党组中心工作，认真抓好人才和干部队伍建设有关规划的落实，继续深化干部人事制度改革，着力推进 5 大人才工程实施，大力加强领导班子和干部队伍建设，探索适合研究所特点的人事人才工作机制，为全面提升我院自主创新能力提供更加

坚实的智力支撑和人才保证。在具体安排上，要重点抓好以下四个方面的工作。

（一）创新思路和机制，加大人才工作力度

一是组织召开院人才工作会议。总结中国农业科学院“十五”以来人才队伍建设成效和经验。研究部署“五大科技人才专项工程”的基本内容、工作机制和保障措施。统一思想、明确目标，对研究所提出人才队伍建设的工作要求。

二是进一步加大高层次人才引进和培养力度。积极谋划、整合资源，充分利用地方、区域各种政策和条件优势，推进海外高层次人才创新创业基地建设和海外人才引进工作。继续做好“千人计划”和“青年千人计划”人选的物色和材料审核。继续做好已入选人才的条件落实和管理服务工作。

三是做好第二批院级优秀科技创新团队遴选工作。调研分析团队建设工作中存在的问题和困难，从团队人才配备、管理运行机制等方面入手，研究制定有针对性的政策措施，进一步推动我院科技创新团队建设工作。

四是加大宣传力度，积极争取设立重大人才工程。围绕农业农村经济社会发展热点问题、我院重大科技创新突破、重大人才政策，采取集中宣传与经常性宣传相结合的方式，大力宣传我院人才工作、优秀人才和团队。积极谋划，争取设立重大人才工程，解决稳定的经费支持问题。

（二）深化改革和创新，加强管理干部队伍建设

一是选优配强领导班子。组织实施领导班子换届考察和补充调整，不断优化班子整体结构，增强干部队伍活力。在领导班子换届调整中，注意补充45岁左右的正所级干部和40岁左右的副所级干部。

二是创新干部选拔任用机制，加大年轻干部使用力度。探索完善差额选拔干部的规范性程序。指导研究所充实一批35岁左右的中层干部。认真研究新时期年轻干部成长规律，注重多岗位锻炼优秀年轻干部。

三是加强干部培训和实践锻炼。推进干部交流轮岗，选派优秀干部参加援疆、援藏、博士服务团、扶贫和到地方挂职锻炼工作。加大我院自主组织干部教育培训力度。积极争取名额，选派干部参加上级部门干部调训和自主选学。

四是完善干部考核和监督机制。做好年度任务目标考核及测评工作、“一报告两评议”工作，加强任前监督和离任检查，组织处级及以上领导干部报告个人重大事项工作，重视目标考核及巡视结果的使用，提高选人用人的公信度。

（三）把握机遇定位，继续深化人事制度改革

一是扎实推进事业单位分类改革。8 月份，农业部召开了“部属事业单位分类改革工作部署会议”，传达了中央主要文件精神。文件明确改革的指导思想是按照政事分开、事企分开和管办分离的要求，以促进公益事业发展为目的，以科学分类为基础，以深化体制机制改革为核心，总体设计、分类指导、因地制宜、先行试点，稳步推进事业单位改革。改革分为 3 个阶段：一是在 2012 年 3 月底前基本完成机构和编制的清理规范工作，为分类推进事业单位改革奠定坚实的基础；二是到 2015 年，完成事业单位分类，承担行政职能和从事生产经营活动的事业单位改革基本完成，从事公益服务事业单位在人事管理、收入分配、社会保险、财税政策和机构编制等方面取得显著进展；三是到 2020 年，建立起功能明确、治理完善、运行高效、监管有力的管理体制和运行机制，形成基本服务优先、供给水平适度、布局结构合理、服务公平公正的中国特色公益服务体系。

今后一段时期，我们将深入开展对单位性质、职责任务、机构规格、干部管理权限、机构编制管理等方面的分析研究，按照中央和农业部的要求，扎实推进事业单位分类改革，力争解决科技体制改革的遗留问题。

二是健全以聘用制为核心的人事管理制度。为规范事业单位的人事管理，2011 年 11 月 24 日，国务院法制办公布《事业单位人事管理条例（征求意见稿）》，面向社会各界征求意见。围绕《条例》中有关公开招聘、竞聘上岗、考核和培训、工资福利和社会保险等方面的内容，开展调查研究，分析总结我院岗位聘任制实施的现状与问题，根据科研发展需要调整完善岗位设置方案；完善社会保险制度，加强编制外聘用人员管理的政策指导。

三是组织实施在职人员绩效工资分配办法。加强调查研究和业务指导，研究建立符合我院实际的绩效分配办法，为在职人员绩效工资的实施做好准备。强化对院属单位收入分配总量水平的宏观调控。优化收入分配管理流程，按照干部管理权限，对工资核定审批进行分级管理。

四是进一步完善各类人员的考核评价体系。探索建立适合农业科研单位特点，涵盖不同岗位、不同层次人员的考核评价体系，形成比较完善的考核评价机制，加大考核结果运用的力度。

（四）继续做好离退休职工管理和服务

一是调整离退休工作领导小组，召开离退休工作会议。进一步推动全院老干部工作，积极探索新形势下老干部工作的科学方法。

二是进一步落实“两项待遇”。保证老同志参加重要会议、阅读文件，加强走访慰

问和听取老同志意见工作。健全老干部情况通报制度。

三是加强离退休管理工作人员的政策学习和业务培训。改进老干部工作管理方法和服务手段，提高离退休人员管理与服务水平。

三、加强自身建设，切实保障人事人才各项工作稳步推进

加强组织人事部门自身建设，是完成人事人才各项工作任务的重要保证。全院组织人事干部要认真学习领会胡锦涛同志七一重要讲话精神，提高思想认识，进一步增强加强自身建设的紧迫感和自觉性，以强烈的政治责任感和饱满的精神状态积极投入到中国农业科学院“十二五”人事人才各项工作中，以坚强的党性和优良的作风推动各项工作的顺利开展。

（一）解放思想，不断创新人事人才工作思路和方法

随着我院人事人才工作宏观背景的变化，影响人事人才工作科学发展的深层次矛盾和问题逐渐凸显。机遇与挑战并存。这就要求我们必须继续解放思想，抢抓机遇，改革创新，做到在与时俱进中确立新观念、在理清思路上实现新突破、在新的起点上开创新局面。在实际工作中，要着眼健全完善我院人事人才工作机制，构建有利于激发各类人才活力的制度体系；在完善我院常规干部选任方式的基础上，创新干部选拔机制，不断优化干部队伍结构，提高干部选拔的质量和公信度；不断创新培训方式、拓宽培训渠道、加大培训力度，提高干部教育培训效果；积极探索建立适合研究所特点的绩效分配体制，发挥好工资的激励和导向作用；加强创新文化和团队文化建设，做好典型宣传和舆论引导，努力营造尊重知识、尊重人才、尊重创造的良好发展环境。

（二）真抓实干，确保各项工作落到实处、取得实效

我院“十二五”人事人才工作的发展思路已经确定，任务目标已经明确，今后关键在真抓实干。各单位要以协调高效的组织领导抓落实，以求真务实的作风促落实，推动我院人事人才工作不断深入。一要切实加强组织领导。围绕人事人才重点工作任务，制定切实可行的发展规划和工作计划，加强与有关部门的沟通与协调，争取各方面的理解和支持，形成工作合力，扎实推进各项工作的开展。二要大力弘扬求真务实的精神。我院各研究所情况差别很大，工作中面临的矛盾和问题也不尽相同。在落实我院整体部署的过程中，要结合研究所的发展实际创造性地开展工作。大力弘扬求真务实的精神，深入实际、深入科研一线进行调查研究，及时总结实践经验，找准解决问题的切入点和着力点，以开拓创新的精神，抓好各项工作的落实。

（三）加强学习，进一步提升政策水平和业务素质能力

当前，我院人事人才工作面临许多新情况、新问题，对组工干部的能力素质也提出了更高的要求，大家要充分认识到加强学习的重要性和紧迫感，只有加强学习，不断提升政策水平和业务能力，才能担当起、完成好我院人事人才管理工作的重任。今后，我们要进一步加大组工干部培训力度，着力搭建能力建设平台，拓宽培训渠道，丰富培训内容，改进培训方式，努力使组工干部培训工作更具有针对性和实效性。另外，在近一段时间的工作中，我们发现部分单位的公文格式还存在不规范的现象，对干部任免、职称评审等工作程序的把握还不是很准确，影响了工作效率和准确性，因此，各位组工干部还要继续深入学习政策法规和业务知识，不断提高自身业务能力。

（四）当好参谋，切实发挥组织人事部门职能作用

中国农业科学院作为农业科研的国家队，承担农业科技创新的重要任务。干部、人才是各研究所事业发展的关键，组织人事部门作为提供组织保障和人才支撑的职能部门，在实际工作中，要切实发挥好参谋助手的作用。一要摸清基本情况，掌握基本数据，完善基础资料，强化数据资料分析，把好政策关口，为所领导班子决策提供科学依据和参考。二要发挥好对主体业务的支撑服务功能。积极工作，主动谋事，经常性地深入科研一线，加强与研究人员的沟通，了解他们的需求和困难，积极协调，为专家和课题组解决实际问题。

同志们，做好今年的人事人才工作，使命光荣、任务艰巨、责任重大。让我们在院党组的领导下，锐意进取、开拓创新，全力推动我院人事人才各项工作顺利开展，为我院科研事业的发展提供更加坚实的人才保障和智力支持！最后，希望大家在上海愉快开心，年底各项工作圆满顺利！

六、计划财务管理与条件建设

中国农业科学院2011年财务管理工作概况

2011年，中国农业科学院财务管理工作围绕院党组重点工作，深入贯彻落实科学发展观，树立全心全意为科研服务的理念，坚持求真务实的工作作风，在上级有关部委和院属各单位、院机关各部门的大力支持与配合下，圆满完成了年度工作任务。

一、2011年工作总结

（一）科研保障能力进一步提升

1. 预算规模持续稳定增长

在全院上下共同努力下，2011年全院财政拨款收入21.66亿元（不含科技重大专项），同口径比去年18.81亿元增长了15.15%。其中，基本支出6.57亿元，项目支出15.09亿元。基本支出经费比2010年的5.37亿元增长了22.35%，人员经费4.22亿元，公用经费1.33亿元，住房改革经费1.02亿元。项目经费比2010年的13.44亿元增长了12.28%。增长速度高于同期全国财政科学技术类支出增长率（6.3%）。

2. 经费结构进一步优化

（1）2011年：①定员定额试点增加了兰牧药所，年增加基本支出经费840万元。②新增运转费项目经费130万元，使我院有专门运转费的单位达到16家，总计4 750万元。③获得追加2010年和2011年离退休职工津补贴10 074万元。④申请追加各类资金共计21 839万元。

（2）2012年部门预算在2011年基础上结构进一步改善：①人员经费按创新编制人均增加1.39万元，合计3 916万元。②定员定额试点新增环发所、棉花所、上海兽医所，至此全院有7个单位进入试点，基本支出年经费增加额7 200万元。③基本科研业务费增加2 852万元。④运转费项目新增3个、增长1个，增加金额840万元，我院有运转费的单位达到18家，总计5 550万元。⑤离退休经费增加5 037万元。⑥研究生培养费增加3 504万元。

3. 管理机制不断改进

一是调整部分国家科技专项支出范围，允许开支间接费和绩效支出。二是国库集中支付分类进行了改进，大大提高了授权支付的范围。三是增加了基本科研业务费项目资金院级调控权。

4. 预算执行进度稳中有升

全院预算执行进度为 83. 58%，比 2010 年提高 1. 6 个百分点。剔除科技重大专项和基建项目因素，比 2010 年同期提高 2. 82 个百分点。

全院修购专项当年项目预算执行进度达到 90. 14%，比 2010 年同期预算执行进度提高了 12. 1 个百分点。全院基本科研业务费专项执行进度达到 95. 36%，同比提高了 6. 2 个百分点。

（二）全院财务管理水平进一步提高

1. 制度建设逐步形成体系

财务管理制度建设经过几年来持续抓，已经有了较好的基础，2011 年主要针对两个重点进行完善，一是主管部门出台的新规定，结合我院特点进行细化，做好衔接；二是执行中发现的新问题，认真进行研讨，及时修正改进；制度建设的目标是零漏洞、全覆盖。

2011 年制定了 6 项制度：《中国农业科学院外汇财务管理（暂行）办法》《全国宣传干部学院阳光温室建设经费管理办法》《中国农业科学院国有资产管理暂行办法》《中国农业科学院土地资产管理暂行办法》《中国农业科学院房产管理暂行办法》和《中国农业科学院院机关软件资产管理暂行办法》。

还对常用的法规、制度和办法进行了精选，编印了《财务管理工作文件选编》，同时，设计制作了一套光盘。便于学习查找，也方便各级领导抓落实。

2. 财务管理更加规范

组织开展全院财务检查工作。对沼气所等 9 家单位进行了新一轮的财务检查，促进和规范了研究所的财务管理。

继续深化“小金库”专项治理工作。制定工作方案、复查自纠，重点是建立防治“小金库”长效机制。

接受审计署的预算执行审计和专项审计，财政部驻北京市财政专员办事处对院机关的政府采购专项检查，农业部科研院所运转费的专项检查，检查结果总体良好，对发现的个别问题积极分析并落实整改意见。

组织开展全院会计基础性工作评比。我院信息所等 20 家单位的会计基础性工作受到农业部的表彰。

3. 以提高效率为目标，推动财务管理信息化建设

一是启动项目预算管理信息系统。2011 年我院安排专款支持了院属 15 家单位启动项目预算控制与实时查询信息系统，有力地促进了研究所预算编制和执行管理，更好地为科研人员提供财务信息服务，同时，提高了财务人员工作效率。

二是启用大型设备共享信息系统。初步实现了我院大型仪器设备使用的动态管理，通过系统可以及时准确地了解我院大型仪器装备的总量、分布、使用率等数据，为推动我院大型仪器设备的合理配置和科学管理奠定了基础。

三是进一步开发完善了科技经济政策研究中心管理信息系统。新开发了《中央补助地方科技基础条件专项管理信息系统》等3个系统，升级改造和完善了《中央级科学事业单位修缮购置专项资金项目管理信息系统》等5个系统，初步搭建起科技经济政策中心数据仓库。上述系统全年累计登陆500 835人次，下载客户端10 173次。

4. 坚持定期组织培训，提高业务水平

举办全院财务与审计培训班二期。培训人数达220人，第一期主要针对单位主管财务的领导和财务部门负责人。第二期主要针对所有财务人员，培训课程针对不同对象进行设置。

组织全院2011年修缮购置专项管理培训班，有领导和专家进行政策解读和业务指导，还请部分研究所作了经验交流，同时总结“十一五”，对2012年后的需求以及第三期规划进行了研讨。

另外，还分别组织了税务、金融知识方面的培训，目的是增加财务人员的理财能力。

5. 日常服务保障高质量运行

财务管理需要天天做月月做年年做的工作有百项以上，每一项都是一个以一年为期的过程。以下列举的20多项只是一部分，每一项都是做好了看不到显性成绩，做不好却后果很严重。所以，我们在财务管理中，着力提倡甘当配角、乐于奉献的服务精神，树立认真细致、刻苦勤奋的工作态度。一年来，全院财务人员以保障科研，服务科研为己任，以高质量的财务工作保证了科研工作的顺利进行。

组织编制2010年部门决算；督导2011年预算执行；完成2012年各项预算编制；及时做好各类预算调整、追加；上报国库用款计划，保证资金及时到位；统计编报各类数据、报表；做好企业财务、基建财务、三公经费和公费医疗管理工作；布置和完成国有资产保值增值考核工作；编制全院国有资产年度配置计划；编制年度政府采购计划；完成进口产品申报材料的审报批程序；完成两个所长的任期经济责任审计；自行安排了两个所的预算执行审计；完成基建项目和修购项目工程审计和竣工财务决算审计；组织完成了2011年度修购项目实施方案复审及批复；2012年度修购项目实施方案编报；各年度项目的实施管理和预算执行管理；2007～2009年的修购项目验收；组织完成了“十一五”基本科研业务费专项执行情况总结；完成三院“十一五”基本科研业务费专项总结以及总结交流会相关工作；完成2012年基本科研业务费项目评审立项；实现科技经济政策研究中心内部管理规范化；为财政部、农业部7个项目提供服务保障和数据支撑。

（三）科技产业开发进一步规范

2011年，全院产业开发收入13.3亿元，净利润2.7亿元，分别比2010年增长

6.4%和8%；有21个单位产业开发收入比2010年有所增长。一年来，主要在加强科技产业规范发展方面做了以下几点工作。

1. 加强调研，有序推进企业发展

积极进行调查研究，就院所企业发展的相关问题与上级部门进行沟通，充分反映科研单位的改革需求。完成国有资本金经营预算、财政部关于事业单位企业情况调研情况上报、企业“小金库”检查等工作。申请中央财政拨款3 600万元，用于增加“哈尔滨动物生物制品国家工程研究中心有限公司”的国有资本金。推进饲料所、区划所等单位3个公司的对外投资、股权转让等请示的上报、批复工作。完成全院58家企业月报、年度的审核上报工作。加强对院本级投资企业的监管，推进中农草业有限公司的清算工作。争取国有资本金预算项目1个，3 600万元。

2. 严格程序，规范绩效奖励

根据《中国农业科学院科技成果转化特别奖励办法》，审核了6个研究所特别奖励申报材料，形成审核意见提交院党组研究，并根据院党组决定，对相关研究所和相关人员进行了奖励，奖励金额400万元。

3. 积极争取，实现开发管理效益最大化

积极与国管局及中央国家机关公务员住宅建设服务中心沟通、协调，使我院在广泰小区中分得经济适用住房的面积、套数和户型得到保证并已经如期分售给我院职工。

通过加大管理力度，保证了院本级天作国际等项目的收入，使寰太大厦的出租率达到并稳定在100%，租金收入比2010年增长10%。

加强对院内种子企业生产经营情况的检查监督。积极推进技术交易、技术市场有关工作。积极推进技术中介工作，争取申报国家农业技术转移中心。

积极支持棉花所、郑州果树所土地置换工作。完成了棉花所以1 099亩置换2 198亩、郑州果树所以100亩置换702亩的全部审批手续。

（四）党组交办的其他工作保质保量完成

院党组交办的3项工作，全局高度重视，认真抓落实，按要求按计划完成了任务。

1. 承担院售房委员会的具体工作，完成我院第二批经济适用住房出售。为2008年职工和2009年、2010年新进人才解决了住房，共计调整246户，新分配112户。还完成了马连洼3所研究生公寓的分配。

2. 承担京区大院的环境治理有关工作，参与大院治理的规划，积极与各方协调，已取得阶段性成果；同时，积极安排经费，支持大院改造、治理、绿化等，已见成效。

3. 承担中宣部怀柔基地温室建设有关工作。

（五）财务局自身建设进一步增强

1. 以党支部建设为龙头，带动各项工作全面开展

以标准党支部动态管理为基础，以创先争优为目标，坚持贯彻落实科学发展观，坚持落实各项组织生活制度，加强党风廉政建设，认真开展点评与党员民主评议，组织党员开展公开承诺，党支部组织参观平津战役纪念馆和周恩来纪念馆，团支部组织到祁阳站参观学习，工会组织开展形式多样的文化体育活动，利用宣传展板、局网页宣传各种政治、业务、生活常识，营造健康的办公室文化。增强了团队意识、队伍凝聚力和支部的战斗力，从而带动了全局各项工作。

2. 以调查研究为手段，提升全局创新能力

围绕提高保障能力，组织调查研究，全局动手，人人参与，共承担各级各类课题 8 项。已完成 5 项课题结题验收，出版农业行业标准 1 项，出版著作 1 部，公开发表论文 5 篇，内部参考报告 2 篇，向上级部门提交建议报告 2 份。其中，中央级农业科研机构基本支出投入结构研究报告提交农业部有关司局，基本科研业务费支持模式研究报告提交财政部有关司局，均得到上级部门领导肯定。

另外，利用研究中心为有关部门提供数据支撑、政策研究与决策咨询的条件，构建我院与有关部门直接沟通，相互了解、相互支持的平台，正在按计划推进，初步成果已是双赢。

3. 加强学习，提高综合素质

针对我局人员结构情况，我们提出：一个人不能只会做一件事，一件事不能只有一个人会做。为此，我们以多种形式安排职工交流学习。一是在局内进行不同处、不同岗位的交流学习，培养综合业务能力；二是到研究所实习，包括到研究所财务处实习会计基础知识，驻研究所基地锻炼学习，目的是加强对基层的了解；三是赴院外挂职学习，安排一人到新疆挂职锻炼；四是坚持局内每月组织一次集体学习，由各处轮流主办；2011 年共组织了 10 次；五是分期分批安排相关人员参加上级部门和有关机构培训学习，对在职学历教育、业务培训只要不与工作冲突，都给予支持。

4. 自身建设取得的成绩

2011 年，1 人评上副高职称，5 人评上中级职称，有 5 人提拔到正处长和副处长岗位工作，1 人被评为农业部优秀共青团员。

业务工作得到主管部门多次表彰，其中：财政性资金投资基本建设项目决算（含基建月报）编报工作，受到农业部通报表扬第一名；行政事业单位住房改革支出决算编报工作，受农业部通报表扬第一名；政府采购信息统计（含政府采购计划及执行季报）编报工作，受到农业部通报表扬第三名。院本级会计工作在农业部评比中被评为优秀，被农业部通报表彰。基本科研业务费课题文章《内部审计在构建惩防体系中的职能探析》在 2011 年获得农科监察研究会论文评选一等奖。

协助农业部科技教育司完成“十一五”基本科研业务费执行情况总结汇编、三院汇总总结以及总结交流会会议材料、会务等有关工作，获得科技教育司的表扬。

参与农业部和我院的演出、比赛等活动，得到组织单位的赞扬。

二、2012 年工作思路

2012 年，中国农业科学院财务管理工作将围绕院党组中心工作，以迎接党的十八大召开为动力，继续深入贯彻落实科学发展观，强化服务科研的理念，不断加强团队建设、作风建设和制度建设，努力提升服务能力、管理能力和研究能力，着力推进财政经费“更多、更好、更快、更有效”地投入，为实现我院跨越式发展提供更有力的保障。

1. 加强调查研究，摸清科研需求，增强预算编制科学性
2. 积极建言献策，进一步扩大预算规模，优化经费结构
3. 努力推进现代企业制度建设，推动科技产业换代升级
4. 加强队伍建设，创新管理手段，提高财务管理能力

中国农业科学院2011年基本建设工作总结

2011年是“十二五”开局之年。中国农业科学院基本建设工作以支撑自主创新能力提升为中心，以重大科研平台基础设施、试验基地建设为重点，创新管理方式方法，提高科学化管理水平。一年来，我院基本建设投资规模大幅增长，投资结构进一步优化；重大项目稳步推进，科技创新平台加速形成；制度与规范建设进一步完善，项目管理逐步规范；人员培训力度明显加大，科学管理水平进一步提高。为“十二五”我院基本建设事业奠定了较好的发展基础。

一、主要工作与成效

按照“保重点、调结构、促进度”的工作要求，全力争取国家投资，全力加快项目实施，各项工作均有新收获。

新增中央预算内基本建设投资4.04亿元，比2010年增长36.43%，其中，部门自身能力建设26 712万元，重大科技基础设施建设5 000万元，高技术产业发展能力建设500万元，农产品质量安全检验检测体系建设5 464万元，种子工程2 765万元，投资结构进一步优化。

新立项项目24个，比2010年增长9.52%。其中，常规项目（3 000万元以内）21个，批复投资19 145万元，全部为中央预算内投资（比2010年增长4.14%）；国家工程实验室项目2个，批复投资8 361万元（其中，中央预算内投资2 300万元）。

2011年，我院在建项目84个，年度总投资7.93亿元。在院所共同努力下，完成投资4.51亿元，14个项目通过验收，21个项目通过初验。新建各类科研建筑193 449.36平方米，温室、网室703.39平方米，购置科研仪器设备927台（套）。

（一）积极推进重大项目，努力搭建科技创新平台

采取“多汇报、紧跟踪，勤调度、常指导”的策略，重大科研基本建设项目在谋划、申报和实施三个层面均取得了可喜成绩。

一是做好调研协调工作，重大科研平台谋划思路清晰。深入研究所调研，掌握第一手资料；召开专题会议部署协调国家耕地质量与土壤改良研究中心、中国农业科学院国际合作与外事服务中心的筹划问题，并安排专人跟踪；配合农业部筹划立项国际马铃薯中心亚太分中心。此外，还提出中国农业科学院华北综合试验基地、中国农业科学院海

南创新基地、国家园艺科技创新中心、国家农业重大气象灾害模拟舱等重大建设项目的筹划思路。

二是积极汇报沟通，重大项目审批推进有力。国家发改委评审中心已组织专家对国家畜禽改良研究中心项目初步设计和概算进行了论证和现场查勘，为项目早日批复迈出了关键的一步；国家作物种质库项目的用地审批需等待大院中区规划调整，经多次沟通协调，12月初北京市规委已经同意接收我院大院中区规划调整方案，为落实项目建设地点走出了艰难但非常重要的一步。

三是加强重大项目的督导，项目实施保质保量。农产品质量标准与检验检测中心项目和航天诱变改良中心项目申请竣工验收。中国农业科学院图书馆项目目前正在进行室内外装修和弱电工程（含消防电工程），预计2012年10月底竣工交付使用。国家农业生物安全科学中心已完成外立面玻璃幕墙及门窗施工、机电部分的主管线铺设和部分设备安装、样板间等部分内装饰施工、中高危实验室的深化设计并进场施工，预计2012年12月底竣工；国家动物疫病防控生物安全高级别实验室完成了进口工艺设备的招标，正在进行施工图深化设计；国家口蹄疫参考实验室完成了部分设备的招标，正在积极办理开工手续。

（二）加快在建项目执行进度，加速科研基础设施能力形成

针对在建项目沉淀资金多、建设进度缓慢等问题，加强业务指导，强化精细管理，我院在建项目执行进度缓慢的状态有较大改观，规范管理、加快执行进度的意识进一步增强，管理水平进一步提高。

一是认真制定年度进度目标。根据各项目单位报送的在建项目年度进度目标，在科学分析项目情况、管理情况、并作重点沟通的基础上，制定并印发《中国农业科学院在建项目2011年进度目标》，作为把控我院在建项目执行进度、衡量建设单位管理能力的重要依据。截至2011年年底，我院在建项目降至62个，沉淀资金3.42亿元。

二是分类加强监管。系统梳理每个项目的建设内容、投资构成、管理力量、存在问题等，划分在建项目为大项目、“遗留问题”项目、挂靠单位项目、收尾工程等，按类别明确任务分工、强化监管目标。截至2011年年底，7个大项目中，2个申请竣工验收，2个进入装修阶段，1个完成了进口工艺设备的招标；10个“遗留问题”项目，1个通过验收，7个申请竣工验收，5个通过复查（其中，4个申请竣工验收）；5个挂靠单位的项目，1个通过验收，3个申请竣工验收。

三是继续落实好月报、通报、约谈制度。总结月报制度实施以来的一些共性问题，规范了月报格式及填报要求，保证了信息的高效性。分管院长与4个研究所的“一把手”进行约谈，有效地推动了10个项目进度目标的实现，5个项目在关键节点上取得了突破，其中，2个已申请竣工验收。加强信息化管理，指导各单位准确填报“农业建设项目信息管理系统”中在建项目实施管理、监督检查板块，填补了难以动态掌握项

目实施情况的空白。

四是巩固“规范管理年”的活动成果。开展了片区交流活动5次，遴选了烟草所基建管理程序指南，特产所项目现场质量管理办法、现场文明施工安全管理处罚条例、现场进度管理办法、现场材料质量管理等在基建局网页上展示，为各研究所的项目管理提供了良好的参考、学习范本。指导建设单位根据自身建设项目的实际情况，选择性地使用范本，项目规范化管理水平显著提高。通过验收的14个项目，竣工验收报告的一次审核通过率100%。充分发挥《中国农业科学院基本建设项目实施关键节点控制图》的作用，有针对性地采取电话沟通、查看施工现场、查阅档案资料、专家把脉和召开进度协调会等方式，有效提高业务指导与督导的工作效果与效率。

（三）保质量、促进度，抓好院管项目实施

2011年，院管项目12个，全年共完成投资2.11亿元，其中，中央预算内投资8 275.6万元，财政部修购专项投资1 050万元，自筹投资11 797万元。完成各类建筑面积155 726平方米，9个项目全面或基本完成建设任务。

一是确保重点工程质量。在项目实施管理过程中，针对专业工程多，交叉施工难度大等问题，加强与施工单位、使用单位的协调、沟通，减少现场签证的发生；打破常规，将管理“触角”延伸到分包单位，缩短管理路径，促进工程进度；强调质量观念，控制好材料质量和安装质量。图书馆项目结构工程于7月获得北京市结构长城杯金杯奖，马连洼职工住宅项目3#～6#楼及2#～3#车库结构工程获得北京市结构长城杯金奖，农业科技展示园项目应用新型节能配套系统及设施——水源热泵系统，大大节省了运行成本。

二是协调推进基地建设。新疆综合试验基地建设项目地处新疆阿克苏，因外部环境恶劣及内部管理不专业双方面因素影响，导致工程进度较慢。召开了3次协调会，现场办公连续8个工作日，梳理投资并制定工作计划，该项目已完成部分外墙粉刷工作，目前正在进行室外热交换用房建设和设备安装，冬休期结束后将进行室内外装修。新乡综合试验基地项目，实验楼及辅助用房项目克服了外墙保温材料标准提高、专业分包拖延工期、地方村民干扰等问题，基本完成建设任务；基础设施建设顺利完成招标，正在进行入场准备。海南综合试验基地建设项目全面完成建设内容，开始工程结算审计。

（四）以制度建设、管理队伍建设为核心，大力加强创新文化建设

进一步贯彻落实《基本建设局深入开展“创先争优”活动实施方案》和《基本建设局创新文化建设实施方案》，把创新文化建设作为局领导班子建设和全局整体工作的重要方面，确保各项任务落到实处。

一是以制度建设为基础，为创新提供制度保障。组织制定了《中国农业科学院院

部大院建设规划和基础设施管理办法》《基本建设项目廉政风险防控手册》《基本建设局安全生产管理办法（试行）》等制度、规范，加之先前制定的管理制度、规范，建立起了架构比较完整、结构比较合理、操作性较强的管理制度体系，为管理创新提供了有力的制度保障。

二是创新管理方式方法，重视基建队伍建设。立足我院，利用中国农业科学院2011年基建工作会的良好契机，系统总结我院“十一五”期间的基本建设工作，宣传“规范管理年”活动取得的各项成果，围绕规范基建项目管理程序、提升管理能力、加快在建项目的执行进度、加强财务核算与监督等展开研讨；开展了我院基建骨干力量统筹使用方式的调查研究，通过发放问卷调查，到中科院、北京理工大学等单位参观交流等方式，提出我院基建骨干人才统筹使用方案；开展了“2008年工程量清单计价规范”培训，有效提高了我院基建项目管理人员的水平。

立足全局，开展职工“自主选学”活动，通过3～5年的学习，35岁以下职工的专业知识水平达到国家一项从业或执业资格水平，35岁以上职工具备一定的专业知识，能够应用专业知识开展管理工作。一年来，8位35岁以下职工选定了农业工程、建筑工程、弱电、暖通、给排水、强电、基建财务、经济法等专业方向进行了系统学习，撰写论文3篇；10位35岁以上职工选定了投资计划、科研仪器、建筑工程、暖通及强弱电、项目后评价等方向进行了自学，并撰写了学习心得。

三是围绕我院基建工作的热点，做好宣传工作。在院网上发布宣传报道6篇、编印《基建工作简报》4期和《基本建设局2011年大事记》，扩大我院基本建设工作的影响力和透明度；根据我院基本建设管理工作的需要，对基建局网页进行重新改版，增加了重大及重点项目进展、下载专区等栏目，丰富了信息量，使之逐步成为了解我院科研平台建设的重要窗口。

二、主要做法

（一）围绕我院中心工作，注重战略性、前瞻性研究，从根本上寻求我院基建项目投资的重大突破

围绕提升我院科技创新保障能力的目标，开展基本建设战略性、前瞻性研究，破解制约我院科研平台建设跨越性发展的难题。

一是编制了《农业科技创新能力建设规划建议（草案）》编制工作的方案性框架。按照2020年我国农业科技率先进入世界先进行列和支撑农业产业持续发展的总体要求，加强我院科研基础设施条件建设发展战略性研究，为《全国农业科技创新能力建设规划建议（草案）》方案性框架提出战略性建议，得到了农业部发展计划司领导的高度认可。

二是开展了《全国农业科技创新能力条件建设规划》普查。完成《重大农业科技创新平台条件建设调研情况报告》和资料汇编，系统整理了我院科研条件建设现状和"十一五"建设成就，为准确把握我院基建工作思路、更好地争取国家投资打下了坚实基础。

三是全力推进《中国农业科学院基本建设"十二五"规划》的对上衔接与完善。根据农业部《全国农业科技创新能力条件建设规划》、院"十二五"发展规划、科技发展规划，进行了修订完善，年底前印发全院。

四是加快推进《中国农业科学院圆明园西路2号院大院规划》和《中国农业科学院院部科研中区用地控规调整可行性研究》的报批工作。加强与北京市规划委员会的工作协调，修订了《中国农业科学院圆明园西路2号院大院规划》，并于11月初报送北京市规委备案。大院中区规划调整方案已于12月初报北京市规委，此方案的批复，可将院部中区容积率由0.5调整为1.6，限高由24米调整为45米，为我院中关村院区提供更大的发展空间。

（二）重视管理经验的总结提炼与推广使用，规范管理

按照探求建设现代农业科研院所的要求，坚持"科学化、制度化、规范化"的路线，做好管理经验的总结提炼。组织专家对66个在建项目进行了调研或检查，形成调研、检查报告13份，梳理出当前我院基建项目管理中普遍存在的5个方面的19个问题，印发整改通知5份。总结项目检查、验收、调研的工作成果，编写《中国农业科学院基本建设项目管理指导手册（必读篇）》，为我院基建项目管理人员提供了比较全面、实用的技术指导。

（三）重视调研，不断提高科学管理能力

坚持把调研作为工作的基石，通过深入调研发现问题，解决问题。深入8个研究所（基地），科学指导项目筹划，重点调度院部中关村院区排水系统及环境改造和资划所土壤肥料实验室的立项申报，取得项目立项批复；重点加强对院部新乡综合试验基地基础设施项目和兰牧药综合实验室项目的督导，取得项目初步设计批复；协助筹划茶叶所嵊州试验基地和油料所江西进贤试验基地，为申报项目做好准备。

三、当前我院科研平台建设过程中存在的主要问题

受发展基础及体制机制的影响，当前我院科研平台建设管理工作中还存在一些不容忽视的问题，极大地制约了我院科研平台建设的快速发展。

（一）重大科研基础设施及试验基地缺乏

在动物种质资源的保存与新品种定向培育、农产品精深加工与现代储运、农业生物质综合开发利用、农业资源高效利用与农业生态环境、多功能农业装备与设施等重点领域尚无重大科研基础设施和综合性科技创新平台。

试验基地在规模上还不能满足当前科技创新的需要，在农业主产区和典型农业生态区的布局尚不完整。特别是北京和海南缺乏综合型基地，京区 10 余个单位从事作物品种选育、品种示范推广，耕作和栽培技术集成示范，耕地质量和环境评价等研究的科研用地严重不足；我院近年很多科研项目需要在海南进行加代试验和良种繁育，却面临各单位科研实验场所不集中、研究工作零散无序、重要试验材料无安全保障的境况。以上状况严重制约了科研创新工作的开展。

（二）基本建设整体管理能力亟待提高

从全院基建项目的管理来看，目前我院基建管理人员的数量不少，但专职人员不足 1/3，具有工程管理专业背景的不足 1/6，无法满足管理需要；从基建局方面看，目前在岗职工 18 人，具备投资计划、项目管理知识背景或相关专业的人员仅占 50%，由于人力有限特别是专业力量有限，项目可行性研究报告和初步设计的编制水平不高且审查力度不够，对施工单位缺乏有效的调控和制约措施，项目执行进度仍然缓慢。

四、2012 年工作安排

围绕提升我院科技创新保障能力的目标，坚持“以人为本、以研为先”的原则，加强我院“十二五”基本建设规划的宣传和对上衔接，以推动重大项目和试验基地的谋划、申报和实施为重点，努力推进我院科研基础条件建设向国内一流、国际先进水平迈进。

（一）重点工作

在做好投资计划、项目监督常态管理和机关项目实施的基础上，重点抓好 4 项工作：

一是加强“十二五”规划的宣传和对上衔接，实现“十二五”基本建设工作开好头。

二是推进重大项目的筹划与实施。组织重大项目研究和遴选，全力做好向上汇报沟通。推进重大项目批复进程 1 个（国家作物种质库可行性研究报告），配合推动重大项目立项1个（国家农业微生物基因资源与分子改良重大科学工程），筹划2个（国家耕地质量与土壤改良研究中心和中国农业科学院国际合作与外事服务中心），申报1个（国家耕地质量与土壤改良研究中心项目建议书或可行性研究报告）。

三是重点帮扶，继续加快在建项目执行进度。选取沉淀资金多的单位、实施难度大的项目进行重点帮扶，加快建设进度。通过项目检查和督导，进一步规范中国农业科学院基建项目的管理，提高管理水平。力争2012年年底沉淀资金4亿元以下，在建项目个数75个以下。

四是做好院部大院环境改善和功能拓展。重点实施好基建、修购和院自有资金共同支撑的院部大院基础设施改造工程，提升大院基础保障能力，美化大院环境，增加职工休闲健身场所。

（二）主要工作措施

一是加强基建队伍建设。开展我院基建管理人员统筹使用试点工作，尝试建立基建管理人员交流机制；加强对建设单位管理人员的培训考核，加大基本建设项目检查和现场交流力度，重点提升管理人员的业务素质和管理能力。基建局内部继续开展集中培训和职工“自主选学”活动。

二是做好外部协调与沟通，争取更大支持。重点做好与农业部、发改委等上级主管部门的汇报沟通，争取上级部门对我院基建工作的理解、支持；做好与地方政府及规划、建设等部门的联系，增进土地、规划、项目等基本建设链条的前后衔接；做好我院资源的调度，强化统一部署、分级行动。

三是做好检查督导，落实目标管理责任。进一步落实每月进度通报、重点项目检查、个别项目约谈，下大力抓规范管理、抓工程进度。严格落实基本建设法人责任制，突出“一把手”抓基本建设工作的责任感；将基本建设工作列入领导班子目标考核当中，强化研究所抓好基建工作的责任与动力。

科技经济政策研究中心 2011 年工作概况

2011 年，在财政部、农业部和中国农业科学院领导的关心支持下，科技经济政策研究中心围绕年度工作重点，圆满完成了自身承担的各项工作和上级领导交办的事务。2011 年全年研究中心开发、升级和维护若干信息系统，提供了专业、及时的科技专项数据分析报告；签订了 2011 年度课题委托书；会议服务优质高效。

一、2011 年主要工作

一年来，研究中心承担的信息系统开发完善、数据维护分析、决策支持、课题研究以及会议服务等工作均圆满完成，达到了预期目标。

（一）开发完善科技专项信息管理系统，搭建中心数据仓库，构建农业研究与发展系统分析与决策支持系统

1. 做好科技信息管理系统开发和升级完善工作

一是根据财政部有关科技专项经费管理需求，新开发了《中央补助地方科技基础条件专项管理信息系统》《专项预算执行进度统计系统》《中央级科学事业单位基础信息统计系统》3 个信息管理系统。为 30 个多个省科技基础条件专项项目的申报、30 多个部门专项预算执行进度统计、200 多个中央级科学事业单位基础信息的统计工作提供了软件技术支撑，保证了相关工作的及时完成。

二是做好现有的信息管理系统功能升级完善工作。在 2010 年工作的基础上，进一步对《中央级科学事业单位修缮购置专项资金项目管理信息系统》《公益性行业科研专项经费预算管理系统》《国家重点实验室仪器设备购置专项管理信息系统》《中国农业科学院基本科研业务费管理信息系统》和《农业部重点实验室管理信息系统》5 个系统进行了功能升级完善工作。在系统总体架构、界面友好性、用户易用性、数据安全和数据备份等方面解决了以前存在的一些问题，已基本完成现有系统的功能模块升级完善工作。

三是丰富和完善通用项目管理信息系统开发平台。在 2010 年完成的通用项目管理信息系统开发平台的基础上，完成了《中央级科学事业单位修缮购置专项资金项目管理信息系统》的升级改造，《中央补助地方科技基础条件专项管理信息系统》《专项预算执行进度统计系统》《中央级科学事业单位基础信息统计系统》这 3 个系统的开发，

在开发具体管理信息系统的同时，也不断丰富和完善项目管理信息系统开发平台。实践证明，通用平台的设计框架合理，通用性强，性能稳定，达到了设计要求，为将来新的项目管理信息系统的研制提供了一个良好的工具。

2. 做好数据维护和技术支持工作，保障系统安全运行

全年完成对《中央级科学事业单位修缮购置专项资金项目管理信息系统》《公益性行业科研专项经费预算管理系统》等5个系统的数据维护和技术支持工作，确保各个管理系统运行畅通，从而通过各系统完成各项数据处理和信息发布工作。

3. 初步构建农业研究与发展系统分析与决策支持系统

经过4年的发展，科技经济政策研究中心积累了大量的数据，如中央级修缮购置专项项目库和经费库，国家重点实验室仪器设备专项项目库和经费库等。这些数据都分散在不同的管理信息系统中，不利于对这批数据进行综合分析，更谈不上利用这些数据支持领导决策。在2011年内，采用数据仓库技术，通过数据清洗，将不同来源的数据整合成科技条件数据、科研单位数据、科研项目数据、科研经费数据、科研人才数据等。为宏观决策支持提供数据支持。同时研发了农业研究与发展系统分析与决策支持系统，对整合的数据进行了初步的分析。充分利用中心负责研发和运行维护多项科技信息管理系统的优势，初步建立了我国农业R&D系统分析与宏观决策支持系统。

（二）组织开展科技经济政策相关研究，签订2011年度课题委托合同书

2011年继续组织开展科技经济政策相关研究，委托课题5项：

1. “我国中长期中央财政农机购置补贴需求测算研究”。针对近年来我国中央财政农机购置补贴资金快速增长的局面，拟理清我国农机购置补贴的投入结构、总量等历史变动轨迹及社会经济背景，测算“十二五”等中长期中央财政农机购置补贴资金的需求，并提出中长期中央财政农机购置补贴资金配置的相关对策和建议。

2. “我国动物生物制品产业可持续发展战略研究”。拟调查收集国内外生物制品企业生产水平、管理方式、创新能力等方面资料和数据，研究我国动物生物制品产业的动态消长规律，得出我国动物生物制品产业可持续发展战略研究报告。

3. “科技创新与茶产业转型升级高级研究”。组织科技创新与茶产业转型升级研讨，分别通过茶园标准化管理、茶叶节能清洁化生产、发展茶叶深加工、延长产业链和品牌建设等方面的研究，探讨如何实现茶叶第一产业、第二产业和第三产业转型升级。

4. “国外重点区域农情遥感监测关键技术研究”。针对东南亚、东非等地区，在收集、加工和整理已有研究区域资源与环境监测数据的基础上，基于中低空间分辨率MODIS遥感数据，开展作物种植面积监测和作物长势监测关键技术研究，研制探索利用中低空间分辨率MODIS遥感数据进行监测的技术方法，并在区域尺度上实现水稻种植面积制图和作物长势监测。

5. “国家级农业科研机构科研条件持续保障能力建设研究”。在数据分析、专家研

讨和案例分析的基础上，运用资源优化配置理论，通过系统研究农业科研条件保障投入现状和政策，深入分析各类科研条件保障财政投入和需求情况的现有数据以及调研结果，研究提升科研条件持续保障能力建设所需的财政科技投入总量、结构和支持机制，并给出相关的政策建议。

（三）加强建设管理，各项服务保障工作规范有序

1. 完成中心全年各项委托合同签订工作

完成中心 2011 全年各类委托服务合同的签订与款项支付工作，包括房屋租赁、绿化、网络通信、数据服务、维修 5 份合同，合计金额 234.39 万元。签订“国外重点区域农情遥感监测关键技术研究”、“我国中长期中央财政农机购置补贴需求测算研究”等 5 份委托研究合同，合计金额 175 万元。

2. 保障中心正常运行，为上级部门领导提供优质会议服务

2011 全年完成中心的各项保障和服务工作，确保中心正常运转。安排中心服务人员参加茶艺服务培训，年内承接了有关部门、不同规模的各类办公会议和座谈会，高效、细致、周到的会议服务工作得到了有关领导的高度好评。

3. 预算编制严格细致，为正常运转提供经费保障

研究中心年度预算编制工作严格细致，保障研究中心有效运转，确保课题研究、专项管理信息系统更新等工作顺利开展。部门预算安排 2012 年度专项经费 400 万元，用于委托课题、保障中心运转的房租、聘用人员、办公等支出，包括：委托课题经费 110 万元，房租 140 万元，网线租赁 18 万元，软件开发、修缮工程等委托业务费 50 万元，调研差旅费用、临时聘用人员劳务费、办公用品、资料等其他费用支出 35 万元。

二、存在的问题

本年度研究中心的自身建设、数据信息服务以及课题研究管理等方面均取得了较好的成绩，尤其是自身建设和数据信息服务方面的工作成果，得到了有关部门充分肯定。同时，由于研究工作刚刚起步，因基础研究信息累积时间有限、研究中心自身研究队伍力量薄弱等因素，在研究和课题管理方面需要进一步加强。一是自主研究不够，研究中心自身研究力量亟待加强。二是需要进一步加强中心内部管理，持续完善日常工作管理制度，为上级部门提供更优质的服务。

三、2012 年工作重点

经初步商议，2012 年拟做好以下工作。

（一）加快推进管理信息系统平台化，进一步提高系统的稳定性和易用性

在农业部重点实验室管理信息系统的基础上，逐步把《中国农业科学院基本科研业务费管理信息系统》《农业部中央级科学事业单位修缮购置专项资金项目管理信息系统》《公益性行业科研专项经费预算管理系统》移植到管理信息系统平台上。

（二）加强数据分析研究工作，提升研究工作质量

在初步建立的我国农业 R&D 数据仓库和我国农业 R&D 系统分析与宏观决策支持系统的基础上，进一步开展模型研制与数据分析工作，为相关的科技经济政策研究提供良好的定量分析平台。

（三）强化自身管理，提高中心运行保障能力

结合研究中心运行几年来发现的问题，一是进一步加强内部管理，持续完善日常运行的管理制度，确保各项服务工作稳定、优质。二是加强课题管理，梳理 3 年来的中心研究课题，制定中心研究课题结题报告。三是通过专题学习，不断提升现有人员素质。四是积极开展对外交流，借鉴知名智库管理经验，拓展研究中心对外交流渠道。

（四）做好各项工作，完成好领导交办的其他任务

中心将在 2012 年进一步加强自身管理，完善内部管理制度，在做好各项职能工作的同时，完成好上级领导交办的其他任务。

中国农业科学院2011年一般预算财政拨款收入支出决算表

（金额单位：万元）

支出功能分类科目编码（类 款 项）	科目名称	上年结转和结余	本年收入 合计	本年收入 其中：基本建设资金收入	本年支出 合计	本年支出 基本支出	本年支出 项目支出	年末结转和结余
	栏次	1	2	3	4	5	6	7
	合计	74 241.0	216 674.3	40 441.0	222 452.8	65 540.6	156 912.2	68 462.5
202	外交	75.0	35.0		98.9		98.9	11.1
20299	其他外交支出	75.0	35.0		98.9		98.9	11.1
2029901	其他外交支出	75.0	35.0		98.9		98.9	11.1
206	科学技术	45 191.1	157 127.9	16 181.0	163 289.7	48 969.1	114 320.7	39 029.3
20602	基础研究	21 655.9	17 985.6	12 971.0	18 009.9	1 315.4	16 694.5	21 631.6
2060201	机构运行	313.4	1 002.0		1 315.4	1 315.4		
2060204	重点实验室及相关设施	18 101.7	8 786.0	5 525.0	13 003.0		13 003.0	13 884.7
2060206	专项基础科研	3 223.8	5 000.0	5 000.0	493.4		493.4	7 730.4
2060299	其他基础研究支出	17.0	3 197.6	2 446.0	3 198.0		3 198.0	16.6
20603	应用研究	6 843.7	98 601.3		100 382.8	47 653.7	52 729.2	5 062.1
2060301	机构运行	811.9	48 145.7		47 653.7	47 653.7		1 303.9
2060302	社会公益研究	6 023.2	48 763.7		51 997.4		51 997.4	2 789.4
2060303	高技术研究	8.6	25.0		33.6		33.6	
2060399	其他应用研究支出		1 666.9		698.1		698.1	968.8
20604	技术研究与开发	424.8			314.1		314.1	110.7
2060402	应用技术研究与开发	424.8			314.1		314.1	110.7

（续表）

项目		上年结转和结余	本年收入		本年支出			年末结转和结余
支出功能分类科目编码（类 款 项）	科目名称		合计	其中：基本建设资金收入	合计	基本支出	项目支出	
	栏次	1	2	3	4	5	6	7
	合计	74 241.0	216 674.3	40 441.0	222 452.8	65 540.6	156 912.2	68 462.5
20605	科技条件与服务	16 266.7	39 811.0	3 210.0	43 969.8		43 969.8	12 107.9
2060503	科技条件专项	15 490.4	36 601.0		41 010.6		41 010.6	11 080.8
2060599	其他科技条件与服务支出	776.3	3 210.0	3 210.0	2 959.2		2 959.2	1 027.1
20609	科技重大专项		730.0		613.1		613.1	116.9
2060901	科技重大专项		730.0		613.1		613.1	116.9
207	文化体育与传媒	2 046.4	9 240.3	9 132.0	6 686.2	107.8	6 578.5	4 600.5
20701	文化	2 046.4	9 132.0	9 132.0	6 578.5		6 578.5	4 600.0
2070104	图书馆	2 046.4	9 132.0	9 132.0	6 578.5		6 578.5	4 600.0
20705	新闻出版		108.3		107.8	107.8		0.6
2070505	出版发行		108.3		107.8	107.8		0.6
208	社会保障和就业		1 390.2		1 110.1	1 110.1		280.1
20805	行政事业单位离退休		1 390.2		1 110.1	1 110.1		280.1
2080502	事业单位离退休		1 390.2		1 110.1	1 110.1		280.1
211	节能环保	11.2	470.0		466.1		466.1	15.1
21104	自然生态保护	11.2	470.0		466.1		466.1	15.1
2110402	农村环境保护	11.2	470.0		466.1		466.1	15.1
213	农林水事务	25 678.6	38 164.4	15 128.0	40 271.9	4 823.9	35 448.0	23 571.1
21301	农业	25 678.6	38 164.4	15 128.0	40 271.9	4 823.9	35 448.0	23 571.1
2130102	一般行政管理事务	19.3	160.0		177.3		177.3	2.0

（续表）

项目		上年结转和结余	本年收入		本年支出			年末结转和结余
支出功能分类科目编码	科目名称		合计	其中：基本建设资金收入	合计	基本支出	项目支出	
类 款 项	栏次	1	2	3	4	5	6	7
	合计	74 241.0	216 674.3	40 441.0	222 452.8	65 540.6	156 912.2	68 462.5
2130104	事业运行	780.9	5 865.3		6 306.7	4 508.9	1 797.8	339.5
2130106	技术推广与培训	2 971.0	10 116.0	5 022.0	8 825.6		8 825.6	4 261.3
2130108	病虫害控制	6 823.3	825.0		2 007.9		2 007.9	5 640.4
2130109	农产品质量安全	2 171.1	10 681.1	5 464.0	10 624.6		10 624.6	2 227.6
2130110	执法监管		165.0		165.0		165.0	
2130111	统计监测与信息服务	294.3	2 130.0		2 050.7		2 050.7	373.6
2130112	农业行业业务管理	336.3	278.0		546.4		546.4	67.8
2130114	对外交流与合作	134.9	698.0		702.8		702.8	130.1
2130124	农业组织化与产业化经营		40.0		40.0		40.0	
2130125	农产品加工与促销	320.8	1 200.0	1 200.0	886.0		886.0	634.7
2130126	农村公益事业	831.6	180.0		278.0		278.0	733.6
2130135	农业资源保护与利用	874.7	2 067.0		2 501.2		2 501.2	440.5
2130199	其他农业支出	10 120.5	3 759.0	3 442.0	5 159.7	315.0	4 844.7	8 719.8
221	住房保障支出	1 238.6	10 246.6		10 529.7	10 529.7		955.4
22102	住房改革支出	1 238.6	10 246.6		10 529.7	10 529.7		955.4
2210201	住房公积金	314.6	6 264.0		6 394.9	6 394.9		183.7
2210202	提租补贴	101.9	500.0		511.2	511.2		90.7
2210203	购房补贴	822.0	3 482.5		3 623.6	3 623.6		680.9

中国农业科学院2011年行政事业类项目收入支出决算表

（金额单位：万元）

支出功能分类科目编码（类 款 项）	科目名称（项目）	资金来源 合计	上年结转和结余 小计	上年结转和结余 其中：财政拨款结转和结余	财政拨款	其他资金	支出数 合计	支出数 财政拨款	支出数 其他资金	年末结转和结余 合计	年末结转和结余 其中：财政拨款结转和结余
	栏次	1	2	3	4	5	6	7	8	9	10
	合计	178 120.4	30 351.3	28 105.3	110 534.3	37 234.9	155 815.5	118 908.5	36 907.0	22 304.9	19 731.1
202	外交	110.0	75.0	75.0	35.0		98.9	98.9		11.1	11.1
20299	其他外交支出	110.0	75.0	75.0	35.0		98.9	98.9		11.1	11.1
2029901	其他外交支出	110.0	75.0	75.0	35.0		98.9	98.9		11.1	11.1
206	科学技术	154 587.2	25 585.2	23 361.3	91 799.2	37 202.9	136 037.0	99 168.6	36 868.4	18 550.2	15 991.8
20602	基础研究	6 356.3	1 422.4	1 414.2	4 012.6	921.3	5 066.4	4 501.7	564.7	1 289.9	925.2
2060204	重点实验室及相关设施	4 675.2	1 414.2	1 414.2	3 261.0		3 750.1	3 750.1		925.2	925.2
2060299	其他基础研究支出	1 681.1	8.2		751.6	921.3	1 316.3	751.6	564.7	364.7	
20603	应用研究	62 632.2	8 155.1	6 031.8	50 455.6	4 021.6	56 680.3	52 729.2	3 951.2	5 951.9	3 758.2
2060302	社会公益研究	60 931.7	8 146.4	6 023.2	48 763.7	4 021.6	55 948.6	51 997.4	3 951.2	4 983.1	2 789.4
2060303	高技术研究	33.6	8.6	8.6	25.0		33.6	33.6			
2060399	其他应用研究支出	1 666.9			1 666.9		698.1	698.1		968.8	968.8

（续表）

项目		资金来源					支出数			年末结转和结余	
支出功能分类科目编码	科目名称（项目）	合计	上年结转和结余		财政拨款	其他资金	合计	财政拨款	其他资金	合计	其中：财政拨款结转和结余
			小计	其中：财政拨款结转和结余							
类 款 项	栏次	1	2	3	4	5	6	7	8	9	10
	合计	178 120.4	30 351.3	28 105.3	110 534.3	37 234.9	155 815.5	118 908.5	36 907.0	22 304.9	19 731.1
20604	技术研究与开发	517.3	517.3	424.8			406.6	314.1	92.5	110.7	110.7
2060402	应用技术研究与开发	517.3	517.3	424.8			406.6	314.1	92.5	110.7	110.7
20605	科技条件与服务	52 121.4	15 490.4	15 490.4	36 601.0	30.0	41 040.6	41 010.6	30.0	11 080.8	11 080.8
2060503	科技条件专项	52 121.4	15 490.4	15 490.4	36 601.0	30.0	41 040.6	41 010.6	30.0	11 080.8	11 080.8
20609	科技重大专项	32 960.0			730.0	32 230.0	32 843.2	613.1	32 230.0	116.9	116.9
2060901	科技重大专项	32 960.0			730.0	32 230.0	32 843.2	613.1	32 230.0	116.9	116.9
211	节能环保	481.2	11.2	11.2	470.0		466.1	466.1		15.1	15.1
21104	自然生态保护	481.2	11.2	11.2	470.0		466.1	466.1		15.1	15.1
2110402	农村环境保护	481.2	11.2	11.2	470.0		466.1	466.1		15.1	15.1
213	农林水事务	22 942.0	4 679.9	4 657.8	18 230.1	32.0	19 213.4	19 174.9	38.6	3 728.6	3 713.1
21301	农业	22 942.0	4 679.9	4 657.8	18 230.1	32.0	19 213.4	19 174.9	38.6	3 728.6	3 713.1
2130102	一般行政管理事务	179.3	19.3	19.3	160.0		177.3	177.3		2.0	2.0
2130104	事业运行	2 137.4	763.4	763.4	1 374.0		1 797.8	1 797.8		339.5	339.5

（续表）

项目		资金来源					支出数			年末结转和结余	
支出功能分类科目编码	科目名称（项目）	合计	上年结转和结余		财政拨款	其他资金	合计	财政拨款	其他资金	合计	其中：财政拨款结转和结余
			小计	其中：财政拨款结转和结余							
类 款 项	栏次	1	2	3	4	5	6	7	8	9	10
	合计	178 120.4	30 351.3	28 105.3	110 534.3	37 234.9	155 815.5	118 908.5	36 907.0	22 304.9	19 731.1
2130104	直属单位、中心（实验室）运行费	678.2	18.2	18.2	660.0		678.2	678.2			
2130106	技术推广与培训	6 001.5	907.5	885.5	5 094.0		4 990.4	4 983.8	6.6	1 011.1	995.6
2130108	病虫害控制	829.3	4.3	4.3	825.0		816.0	816.0		13.4	13.4
2130109	农产品质量安全	6 200.1	983.0	983.0	5 217.1		5 420.9	5 420.9		779.2	779.2
2130110	执法监管	165.0			165.0		165.0	165.0			
2130111	统计监测与信息服务	2 424.3	294.3	294.3	2 130.0		2 050.7	2 050.7		373.6	373.6
2130112	农业行业业务管理	614.3	336.3	336.3	278.0		546.4	546.4		67.8	67.8
2130114	对外交流与合作	864.9	134.9	134.9	698.0	32.0	734.8	702.8	32.0	130.1	130.1
2130124	农业组织化与产业化经营	40.0			40.0		40.0	40.0			
2130126	农村公益事业	181.6	1.6	1.6	180.0		181.6	181.6			
2130135	农业资源保护与利用	2 694.3	627.3	627.3	2 067.0		2 290.6	2 290.6		403.7	403.7
2130199	其他农业支出	610.0	608.0	608.0	2.0		2.0	2.0		608.0	608.0

中国农业科学院2011年修缮购置专项资金情况

2011年度，中国农业科学院中央级科学事业单位修缮购置专项资金共获批复项目71个，金额32 201万元。平均每个研究所获批修购资金1 150万元①。项目平均金额为454万元。资金规模，平均每个所的支持规模和平均每个项目的支持规模等方面均较上年有较大增长，为我院科研条件改善起到重要的推动作用。

其中，房屋修缮类项目12个，金额3 115万元，基础设施改造类项目34个，金额15 366万元，仪器设备购置类项目22个，金额13 514万元，仪器设备升级改造类项目3个，金额206万元。

共有2个超过2 000万元的重大项目，分别为农业信息研究所的仪器设备购置项目“农业科技信息资源共享体系”项目5 200万元和农业环境与可持续发展研究所的基础设施改造项目“中国农业科学院新乡综合试验基地一期试验场基础设施改造”项目4 535万元。

中国农业科学院2011年度中央级科学事业单位
修缮购置专项资金项目批复情况 （单位：个、台套、万元）

序号	预算编目	单位名称	批复金额		其中：大型仪器设备		备注
			数量	金额	数量	金额	
—	—	合计	71	32 201	7	2 285	
1	125161001	农业部沼气科学研究所	1	380			
2	125161002	农业部环境保护科研监测所	3	690			
3	125161003	中国农业科学院（本级）	1	120			
4	125161004	中国农业科学院研究生院	1	643			
5	125161005	中国农业科学院农业经济与发展研究所	0	0			
6	125161008	中国农业科学院农业信息研究所	2	5 250	4	1 405	
7	125161009	中国农业科学院作物科学研究所	2	1 358			

① 除2011年度限制申报的农经所和麻类所外。

（续表）

序号	预算编目	单位名称	批复金额		其中：大型仪器设备		备注
			数量	金额	数量	金额	
8	125161010	中国农业科学院蔬菜花卉研究所	2	1 276			
9	125161012	中国农业科学院农业环境与可持续发展研究所	3	5 235			
10	125161013	中国农业科学院农业资源与农业区划研究所	2	307			
11	125161014	中国农业科学院植物保护研究所	1	303			
12	125161015	中国农业科学院农产品加工研究所	2	474			
13	125161016	中国农业科学院棉花研究所	5	1 720			
14	125161017	中国农业科学院油料作物研究所	6	1 366			
15	125161018	中国农业科学院果树研究所	3	686			
16	125161019	中国农业科学院郑州果树研究所	5	1 363			
17	125161021	中国农业科学院茶叶研究所	4	682			
18	125161023	中国农业科学院烟草研究所	2	744			
19	125161024	中国农业科学院麻类研究所	0	0			
20	125161028	中国农业科学院北京畜牧兽医研究所	1	328	1	320	
21	125161029	中国农业科学院蜜蜂研究所	1	350			
22	125161030	中国农业科学院哈尔滨兽医研究所	7	1 714	1	282	
23	125161031	中国农业科学院兰州兽医研究所	1	430	1	278	
24	125161032	中国农业科学院兰州畜牧与兽药研究所	2	631			
25	125161033	中国农业科学院草原研究所	2	414			
26	125161034	中国农业科学院特产研究所	6	2 390			
27	125161035	中国农业科学院上海兽医研究所	1	470			
28	125161036	中国水稻研究所	1	825			
29	125161038	中国农业科学院饲料研究所	2	722			
30	125161039	中国农业科学院生物技术研究所	2	1 330			

中国农业科学院2011年
基本科研业务费项目评审情况汇总表

（金额单位：万元）

序号	单位编码	单位名称	2011年合计		预算核减数	备注
			项目数	预算数		
—	—	合计	430	8 074.5	509.7	
1	125161002	环境保护科研监测所	15	330		
2	125161003	中国农业科学院（本级）	34	355.2	153.0	
3	125161004	研究生院	9	76.5	13.5	
4	125161005	农业经济与发展研究所	23	240		
5	125161008	农业信息研究所	29	210		
6	125161009	作物科学研究所	18	996.3	218.7	
7	125161012	农业环境与可持续发展研究所	26	366.6	23.4	
8	125161013	农业资源与农业区划研究所	43	480		
9	125161014	植物保护研究所	16	420		
10	125161016	棉花研究所	33	660		
11	125161017	油料作物研究所	27	480		
12	125161028	北京畜牧兽医研究所	33	465		
13	125161030	哈尔滨兽医研究所	22	726		
14	125161032	兰州畜牧与兽药研究所	36	630		
15	125161033	草原研究所	19	391.5	43.5	
16	125161035	上海兽医研究所	25	315		
17	125161036	水稻研究所	6	662.4	57.6	
18	125161039	生物技术研究所	16	270		

中国农业科学院2011年度资产概况

截至2011年12月31日，全院资产状况为：院本级和33个研究所资产合计836 912.72万元，其中，流动资产400 393.68万元，对外投资19 059.49万元，固定资产净值395 911.92万元，财政应返还额度15 906.20万元。其中，25个单位国有资产总量超过1亿元，占全院国有资产总量的92.7%。

各项资产比例如下图所示。

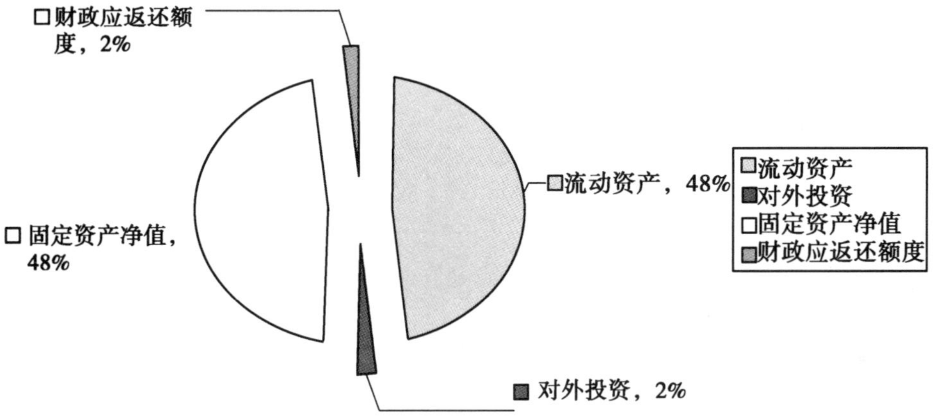

中国农业科学院2011年年末各项资产比例

中国农业科学院2011年年末资产状况一览表 （金额单位：万元）

序号	单位名称	资产合计	流动资产	对外投资	固定资产净值	财政应返还额度	净资产合计
1	中国农业科学院	836 912.72	400 393.68	19 059.49	395 911.92	15 906.20	592 008.24
2	农业部沼气科学研究所	4 575.11	1 843.48	135.00	2 399.28	197.35	3 291.87
3	农业部环境保护科研监测所	8 942.76	2 923.70	0.00	5 750.21	268.86	6 628.55
4	中国农业科学院院本级	94 785.54	68 763.00	4 000.00	21 578.14	444.39	72 320.72
5	中国农业科学院研究生院	11 542.81	4 428.88	128.00	6 015.13	970.80	9 994.89
6	中国农业科学院农业经济与发展研究所	5 528.51	3 733.65	0.00	1 259.57	535.29	2 366.09

（续表）

序号	单位名称	资产合计	流动资产	对外投资	固定资产净值	财政应返还额度	净资产合计
7	中国农业科学院农业质量标准与检测技术研究	7 580.09	2 981.88	0.00	3 971.34	626.87	4 608.61
8	中国农业科学院农业信息研究所	35 816.79	6 482.91	181.00	28 176.12	976.76	31 687.29
9	中国农业科学院作物科学研究所	66 887.19	34 270.90	276.21	30 430.58	1 533.52	34 598.65
10	中国农业科学院蔬菜花卉研究所	30 850.97	12 623.24	450.00	17 269.67	508.07	19 985.51
11	中国农业科学院农业环境与可持续发展研究所	27 143.09	5 342.27	204.38	20 969.25	627.19	21 277.99
12	中国农业科学院农业资源与农业区划研究所	27 857.16	10 487.52	64.00	16 022.17	1 283.46	18 923.93
13	中国农业科学院植物保护研究所	33 367.48	19 135.61	654.00	13 163.99	413.89	19 518.65
14	中国农业科学院农产品加工研究所	12 108.38	6 437.86	0.00	5 323.97	346.55	6 675.45
15	中国农业科学院棉花研究所	32 499.01	11 255.10	45.00	20 216.88	862.04	23 742.03
16	中国农业科学院油料作物研究院所	39 794.79	20 802.42	2 604.13	12 502.75	265.16	26 561.03
17	中国农业科学院果树研究所	7 316.24	2 013.10	120.00	5 091.48	91.66	5 866.96
18	中国农业科学院郑州果树研究所	9 124.39	2 691.13	161.00	6 205.01	67.24	7 296.73
19	中国农业科学院茶叶研究所	20 208.29	8 056.20	919.00	10 740.95	486.97	13 149.88
20	中国农业科学院烟草研究所	22 393.58	14 569.01	203.00	7 222.09	57.00	15 280.92
21	中国农业科学院麻类研究所	10 689.23	3 515.78	42.06	6 009.28	122.11	8 059.88
22	中国农业科学院农田灌溉研究所	6 582.17	2 103.06	62.00	4 127.83	289.28	4 528.64
23	中国农业科学院北京畜牧兽医研究所	32 046.97	16 682.71	507.00	13 649.48	1 194.33	17 677.80
24	中国农业科学院蜜蜂研究所	8 078.23	1 556.97	198.00	6 088.01	235.25	7 086.57

（续表）

序号	单位名称	资产合计	流动资产	对外投资	固定资产净值	财政应返还额度	净资产合计
25	中国农业科学院哈尔滨兽医研究所	62 153.71	37 923.02	780.00	22 877.08	448.61	48 099.13
26	中国农业科学院兰州兽医研究所	67 239.25	32 687.18	2 400.00	32 035.16	116.92	57 123.40
27	中国农业科学院兰州畜牧与兽药研究所	10 630.73	3 138.95	51.00	7 283.24	157.54	8 774.19
28	中国农业科学院草原研究所	10 020.92	2 113.21	39.00	7 517.01	312.70	8 622.60
29	中国农业科学院特产研究所	20 286.33	11 335.75	578.56	8 058.10	313.91	12 564.92
30	中国农业科学院上海兽医研究所	15 215.26	4 740.59	100.00	10 089.08	285.60	10 664.77
31	中国水稻研究所	50 086.55	23 397.13	968.15	24 745.02	976.25	37 673.63
32	农业部南京农业机械化研究所	10 199.24	3 633.88	448.00	5 621.23	496.12	7 158.87
33	中国农业科学院饲料研究所	11 998.26	5 589.23	596.00	5 711.94	101.09	8 029.03
34	中国农业科学院生物技术研究所	19 905.47	10 295.96	2 075.00	7 318.33	216.18	9 855.37
35	中国农业科学技术出版社	3 458.22	2 838.40	70.00	472.57	77.25	2 313.66

中国农业科学院2011年度政府采购情况

根据中国农业科学院2011年度《政府采购信息统计报表》，全院2011年采购预算金额78 072.09万元，实际采购金额70 451.65万元。实际采购相对预算的节约资金总额7 620.44万元，总节约率9.76%；货物类节约金额1 086.63万元，节约率5.49%；工程类节约金额6 137.55万元，节约率11.30%；服务类节约金额396.26万元，节约率9.94%。

一、政府采购资金来源

实际采购中，财政性资金56 669.63万元，占总采购金额的80.44%；其他资金13 782.02万元，占总采购金额的19.56%。

二、政府采购构成情况

实际采购中，货物类采购金额18 690.41万元，占总采购金额的26.53%，工程类采购金额48 171.21万元，占总采购金额的68.37%，服务类采购金额3 590.02万元，占总采购金额的5.10%。

三、政府采购组织形式

实际采购中，集中采购金额5 439.98万元，占总采购金额的7.72%，分散采购金额65 011.67万元，占总采购金额的92.28%。

四、政府采购方式

实际采购中，公开招标采购金额69 519.16万元，占总采购金额的98.68%，邀请招标采购金额142.47万元，竞争性谈判采购金额332.65万元，询价采购金额241.40万元，单一来源采购金额215.97万元。

五、政府采购合同授予

实际采购中，进口采购金额 9 229. 68 万元，国内采购金额 61 221. 97万元，占总采购金额的 86. 90% 。

六、节能专项统计

实际采购中，节能节水专项同类产品采购金额 6 683. 10 万元，节能节水采购金额 6 620. 22万元，占总采购金额的 99. 06% ，非节能节水采购金额 62. 88 万元，占总采购金额的 0. 94% 。

七、环保专项统计

实际采购中，环保专项同类产品采购金额 4 371. 92 万元，环保采购金额 3 597. 68 万元，占总采购金额的 82. 29% ，非环保采购金额 774. 24 万元，占总采购金额的 17. 71% 。

中国农业科学院 2011 年基本建设项目立项情况

2011 年批复立项的基本建设项目共 24 个，批复总投资 28 476万元，其中，22 415 万元为中央预算内投资。

序号	项目名称	建设年限	项目单位	总投资（万元）
1	大理试验基地建设项目	2011 ~ 2012	环境保护科研监测所	1 140
2	新乡综合试验基地基础设施建设项目	2011 ~ 2012	院部	1 700
3	兰州畜牧与兽药研究所综合实验室建设项目	2011 ~ 2012	兰州畜牧与兽药研究所	2 650
4	优势农产品产地加工技术研发中心建设项目	2011	农产品加工研究所	1 200
5	国家大豆品种区域试验标准样品库	2011 ~ 2012	作物科学研究所	155
6	国家水稻品种区域试验标准样品库	2011 ~ 2012	水稻研究所	300
7	国家棉花品种区域试验标准样品库	2011 ~ 2012	棉花研究所	150
8	国家油菜品种区域试验标准样品库	2011 ~ 2012	油料作物研究所	230
9	国家级马铃薯区域试验站	2011 ~ 2012	蔬菜花卉研究所	260
10	国家级农作物品种区域试验站二期	2011 ~ 2012	水稻研究所	270
11	国家小麦改良中心二期	2011 ~ 2012	作物科学研究所	560
12	国家瓜果改良中心二期	2011 ~ 2012	郑州果树研究所	575
13	国家瓜果改良中心兴城分中心二期	2011 ~ 2012	果树研究所	435

（续表）

序号	项目名称	建设年限	项目单位	总投资（万元）
14	农业部二噁英检测实验室建设项目	2011～2012	农业质量标准与检测技术研究所	2 898
15	新型动物用基因工程产品生物反应器研究中心建设项目	2011～2012	生物技术研究所	612
16	上海兽医研究所动物寄生虫检测实验室建设项目	2011～2012	上海兽医研究所	496
17	特产研究所野生经济动物生物安全二级实验室改造工程建设项目	2011～2012	特产研究所	618
18	老干部活动中心改造项目	2011～2012	院部	76
19	中关村院区排水系统及环境改造建设项目	2011～2012	院部	1 800
20	农业资源与农业区划研究所土壤肥料实验室建设项目	2011～2012	农业资源与农业区划研究所	2 600
21	油料产地加工技术集成基地建设项目	2012	油料作物研究所	420
22	农业信息技术应用示范项目	2012	农业信息研究所	970
23	作物高效用水与抗灾减损国家工程实验室	2011～2012	农业环境与可持续发展研究所	2 621
24	耕地培育技术国家工程实验室	2011～2012	农业资源与农业区划研究所	5 740

注：批复的建设期均为1年或2年。

中国农业科学院 2011 年基本建设投资计划概况

2011 年基本建设项目共计下达 6 批计划，总投资 40 441 万元，资金来源全部为中央预算内投资。

第一批计划文件《农业部关于下达 2011 年国家重大科技基础设施建设项目中央预算内投资计划的通知》（农计发〔2011〕5 号）下达投资 5 000万元。

第二批计划文件《农业部关于下达 2011 年部门自身建设项目中央预算内投资计划的通知》（农计发〔2011〕6 号）下达投资 26 626万元。

第三批计划文件《农业部关于下达 2011 年高技术产业发展项目中央预算内投资计划的通知》（农计发〔2011〕11 号）下达投资 500 万元。

第四批计划文件《农业部关于下达 2011 年种子工程中央预算内投资计划的通知》（农计发〔2011〕19 号）下达投资 2 765万元。

第五批计划文件《农业部关于下达 2011 年农产品质量安全检验检测体系建设项目中央预算内投资计划的通知》（农计发〔2011〕20 号）下达投资 5 464万元。

第六批计划文件《农业部关于下达 2011 年直属单位基础设施和前期工作费用投资计划的通知》（农计发〔2011〕27 号）下达投资 86 万元。

中国农业科学院2011年基本建设投资计划情况表

序号	项目名称	建设性质	建设地点	主要建设内容	建设年限	投资来源	下达投资（万元）
1	国家农业生物安全科学中心	新建	北京市海淀区圆明园西路2号	主要建设高危植物病原、高危昆虫和高危植物科学研究专业实验室，其中，包括相应的高级、中级生物安全隔离室和温室及相关的科研仪器设备；农业生物安全信息分析处理网络等设施，为实验室提供相关配套的附属用房、工程配套用房等	2009～2012		5 000
						中央投资	5 000
						自有资金	
2	中国农业科学院新疆综合试验基地建设项目	新建	新疆阿克苏地区阿克苏市南工业园区、石河子总场、温宿县青年农场	新建综合用房5 483平方米，种子库和挂藏室1 472平方米，值班室、晒场等配套场区、田间工程，购置仪器设备33台（套），实验台和操作台450延米	2008～2011		400
						中央投资	400
						自有资金	
3	中国农业科学院图书馆	新建	北京市海淀区中关村南大街12号	总建筑面积31 936平方米，其中，新建22 902平方米，改造9 034平方米	2009～2011		9 132
						中央投资	9 132
						自有资金	
4	中国农业科学院海南综合试验基地建设项目	新建	海南省三亚市市辖区田独镇荔枝沟	新建实验室及配套用房5 101.75平方米，建设标准化试验田500亩，田间工作用房716.82平方米，购置试验仪器设备、农机具及后勤用设备243台（套）	2008～2011		410
						中央投资	410
						自有资金	

（续表）

序号	项目名称	建设性质	建设地点	主要建设内容	建设年限	投资来源	下达投资（万元）
5	中国农业科学院新乡综合试验基地基础设施建设项目	新建	河南省新乡市新乡县七里营镇	新建基地主入口、次入口大门及门卫室各1座；新建道路20 443平方米；新建5#变电所100平方米，购置并安装中心配电所、1#变电所、5#变电所变配电设备，预埋供配电管线1 640米；新建地源热泵泵房200平方米，购置并安装地源热泵供暖系统设备；新建生活及消防供水管线910米，雨水、污水排水管线2 425米；配套建设广场、绿化、围墙、路灯等设施	2011～2012		500
						中央投资	500
						自有资金	
6	中国农业科学院北京畜牧兽医研究所宠物源人畜共患病研究诊断实验室建设项目	改扩建	北京市海淀区圆明园西路2号	改造实验室320平方米，购置预警预报及远程诊断设备19台（套），购置试验仪器设备72台（套）	2010～2011		148
						中央投资	148
						自有资金	
7	国家畜禽改良研究中心项目	新建	北京市海淀区圆明园西路2号、北京市昌平区马池口镇	总建筑面积控制在29 365平方米内，其中，改造利用现有建筑面积3 873平方米，新建25 492平方米，新建建筑面积25 492平方米；购置仪器设备1 075台（套）	2011～2013		300
						中央投资	300
						自有资金	
8	中国农业科学院饲料研究所饲料中药物基准实验室建设项目	改扩建	北京市海淀区中关村南大街12号	改造实验室267.3平方米，购置仪器设备42台（套），购置试验台及试剂架94延米	2010～2011		530
						中央投资	530
						自有资金	

（续表）

序号	项目名称	建设性质	建设地点	主要建设内容	建设年限	投资来源	下达投资（万元）
9	中国农业科学院饲料工艺标准参考实验室建设项目	改扩建	北京市昌平区南口镇	建设综合实验楼 1 989.61 平方米，配套道路和地面硬化 628.46 平方米及场区给排水、电力外线、热力管道工程，购置仪器设备 135 台（套）	2009～2011		207
						中央投资	207
						自有资金	
10	中国农业科学院优势农产品产地加工技术研发中心建设	新建	北京市海淀区圆明园西路 2 号	购置加工基础研究、应用开发、中试装备和检测仪器等，建设粮油棉等优势农产品加工技术研发分中心，完善国家农产品加工技术研发中心	2 011		1 200
						中央投资	1 200
						自有资金	
11	中国农业科学院农业资源综合利用研究中心	新建	北京市海淀区中关村南大街 12 号	新建科研用房 7 398 平方米及室外工程，购置配套试验台	2008～2011		900
						中央投资	900
						自有资金	
12	中国农业科学院院所信息化建设项目	单纯购置	北京市海淀区中关村南大街 12 号	服务器及存储系统、网络系统、安全系统、备份系统等硬件设备 57 台（套），购置应用支撑平台和系统软件等软件 50 套，开发科研资源管理系统、信息共享与服务系统和科研网络协作等应用系统，并进行系统集成	2010～2011		500
						中央投资	500
						自有资金	
13	中国农业科学院水稻生物科学研究实验室建设项目	新建	浙江省杭州市富阳市水稻研究所	总建筑面积 9 877平方米及室外工程	2009～2011		940
						中央投资	940
						自有资金	

（续表）

序号	项目名称	建设性质	建设地点	主要建设内容	建设年限	投资来源	下达投资（万元）
14	中国农业科学院棉花研究所杂交棉综合试验基地	新建	安徽省合肥市国家高新技术开发区	新建综合实验室及科研人员生活用房4 780平方米，种子挂藏风干室644平方米，晒场、水、电、路、气等场区工程，购置配套仪器设备	2008～2011		300
						中央投资	300
						自有资金	
15	中国农业科学院棉花研究所棉花生物学实验室建设项目	新建	河南省郑州市高新开发区	新建实验楼8 400平方米	2011～2012		100
						中央投资	100
						自有资金	
16	中国农业科学院油料作物研究所阳逻综合试验基地	新建	湖北省武汉市新洲区阳逻经济开发区	新建综合实验楼4 054平方米，种子仓库698平方米，挂藏室1 600平方米，种子工作间1 440平方米等场区工程，建设室外工程并购置农机具8台（套）	2008～2011		620
						中央投资	620
						自有资金	
17	中国农业科学院油料作物研究所北方繁育基地	新建	青海省海东地区平安县小峡镇上红庄村	新建综合实验室2 960平方米，种子仓库610平方米，挂藏室1 108平方米，智能温室240平方米，农机具库293平方米，锅炉房37平方米，配电室79平方米；建设田间工程180亩；购置农机具62台（套）	2009～2011		970
						中央投资	970
						自有资金	
18	中国农业科学院郑州果树研究所综合实验室	新建	河南省郑州市管城回族区航海东路63号	新建总建筑面积8 713平方米，建设道路、绿化、管网等室外工程	2008～2011		1 000
						中央投资	1 000
						自有资金	

（续表）

序号	项目名称	建设性质	建设地点	主要建设内容	建设年限	投资来源	下达投资（万元）
19	中国农业科学院哈尔滨兽医研究所新所区66kV变电所及园区电网项目	新建	黑龙江省哈尔滨市开发区哈平路西松花路南	新建66kV变电所（含10kV变电所）1 563平方米，66kV进线1回、10kV进线1回、10kV出线20回，购置并安装10 000kVA变压器、配电柜、控制电屏、运动系统、光端机等设备162台（套）	2009～2011		1 130
						中央投资	1 130
						自有资金	
20	中国农业科学院兰州畜牧与兽药研究所综合实验室建设项目	新建	甘肃省兰州市七里河区硷沟沿335号	总建筑面积为7 000平方米	2010～2012		100
						中央投资	100
						自有资金	
21	中国农业科学院农牧交错区试验示范基地基础设施建设项目	新建	内蒙古自治区呼和浩特市土默特左旗沙尔沁乡	新建混凝土主干道53 067平方米，砂石路15 720平方米，加固防护堤，防护沟清淤，建设围栏及水电等配套设施	2008～2011		690
						中央投资	690
						自有资金	
22	中国农业科学院温带荒漠草原监测站建设项目	改扩建	内蒙古锡林郭勒盟苏尼特右旗赛汉塔拉镇	新建实验楼1 266平方米，农机具库房等91平方米，建设厂区配套工程，购置仪器设备14台（套）	2010～2011		416
						中央投资	416
						自有资金	
23	中国农业科学院特产研究所综合实验室二期工程项目	新建	吉林省长春市净月经济开发区	新建综合实验室11 767.99平方米，配套建设室外道路、绿化、水暖电外管网等基础设施，并购置安装试验台	2010～2012		1 500
						中央投资	1 500
						自有资金	

（续表）

序号	项目名称	建设性质	建设地点	主要建设内容	建设年限	投资来源	下达投资（万元）
24	中国农业科学院南京农业机械化研究所科研实验室建设项目	新建	江苏省南京市玄武区柳营100号	新建科研实验室8 068平方米，中心配电室128平方米，并购置农业机械试验台等4台（套）	2007～2011		200
						中央投资	200
						自有资金	
25	中国农业科学院南京农业机械化研究所农业机械化技术创新试验基地	新建	江苏省南京市溧水县白马镇	征用土地200亩，新建实验室1 800平方米，机修车间与机具库2 000平方米，辅助用房60平方米，试验温室450平方米，建设170亩试验基地田间工程，配套供电、道路、绿化等场区工程；购置配套试验与检测设备	2010～2011		1 200
						中央投资	1 200
						自有资金	
26	中国农业科学院大理试验基地建设项目	新建	云南省大理白族自治州大理市凤仪镇	新建综合实验室用房1 500平方米，生活用房800平方米，食堂230平方米，防虫和防鸟网室500平方米，玻璃温室200平方米，配套建设供电、给排水、道路、围墙、大门、绿化等基础设施，购置自动气象观测站、试验台、农机具等仪器设备及采样车1辆	2011～2012		100
						中央投资	100
						自有资金	
27	中国农业科学院研究生宿舍楼项目	新建	北京市海淀区中关村南大街12号	新建研究生宿舍楼15 501. 6平方米	2008～2011		2 446
						中央投资	2 446
						自有资金	

（续表）

序号	项目名称	建设性质	建设地点	主要建设内容	建设年限	投资来源	下达投资（万元）
28	中国农业科学院家禽所国家种禽性能测定中心建设项目	改扩建	江苏省扬州市江都市邵伯镇小街2号	新建综合实验室用房1 500平方米，生活用房800平方米，食堂230平方米，防虫和防鸟网室500平方米，玻璃温室200平方米，配套建设供电、给排水、道路、围墙、大门、绿化等基础设施，购置自动气象观测站、试验台、农机具等仪器设备及采样车1辆	2011～2012		687
						中央投资	687
						自有资金	
29	中国农业科学院作物科学研究所作物分子育种国家工程实验室建设项目	新建	北京市海淀区中关村南大街12号	建立重要性状的基因发掘和标记选择、品种分子设计、高效分子育种等技术研发平台	2008～2011		1 240
						中央投资	500
						自有资金	740
30	国家作物种质库项目前期工作费	新建	北京市海淀区	用于支付可行性研究报告编制、设计及设计招标代理、环境评价报告、建设单位管理等费用	2011～2013		150
						中央投资	150
						自有资金	
31	国家大豆品种区域试验标准样品库建设项目	新建	北京市海淀区	改造标准样品库80平方米，购置仪器设备13台（套）	2011～2013		155
						中央投资	155
						自有资金	
32	国家小麦改良中心二期建设项目	改扩建	北京市海淀区	建设小麦加代生长室55.28平方米，购置仪器设备29台（套）	2011～2013		100
						中央投资	100
						自有资金	

（续表）

序号	项目名称	建设性质	建设地点	主要建设内容	建设年限	投资来源	下达投资（万元）
33	国家瓜果改良中心兴城分中心二期建设项目	改扩建	辽宁省葫芦岛市兴城市	建设高效节能日光温室 4 780.7 平方米，灌溉用机井 8 眼，完善田间工程，购置仪器设备 13 台（套）	2011～2013		100
						中央投资	100
						自有资金	
34	国家棉花品种区域试验标准样品库建设项目	新建	河南省安阳市安阳县	建设棉花品种区域试验标准样品库 222.94 平方米，完善场区工程，购置仪器设备 34 台（套）	2011～2013		150
						中央投资	150
						自有资金	
35	北京市昌平区国家级马铃薯区域试验站建设项目	新建	北京市昌平区、顺义区	新建考种室、生产资料库等土建工程 700 平方米，建马铃薯试验用田 120 亩，完善田间工程，其中，建温室 2 亩，网室 10 亩，购置仪器设备 6 台（套）等	2011～2013		260
						中央投资	260
						自有资金	
36	国家油菜品种区域试验标准样品库建设项目	新建	湖北省武汉市武昌区	建设品种区域试验标准样品库 390 平方米，购置仪器设备 11 台（套）	2011～2013		230
						中央投资	230
						自有资金	
37	浙江省杭州市国家级农作物品种区域试验站二期建设项目	改扩建	浙江省杭州市富阳市	新建考种室、生产资料库等土建工程 375 平方米，建区域试验用田 184 亩，其中，转基因水稻品种试验区 80 亩，普通水稻品种试验区 104 亩，完善田间工程，购置仪器设备 33 台（套）	2011～2013		270
						中央投资	270
						自有资金	

（续表）

序号	项目名称	建设性质	建设地点	主要建设内容	建设年限	投资来源	下达投资（万元）
38	国家水稻品种区域试验标准样品库建设项目	新建	浙江省杭州市富阳市	建设品种区域试验标准样品库等土建工程418 平方米，购置仪器设备 17 台（套）	2011 ~ 2013		300
						中央投资	300
						自有资金	
39	国家瓜果改良中心二期建设项目	改扩建	河南省郑州市、新乡县	建设西瓜甜瓜种子试材库 512. 64 平方米，完善田间工程，购置仪器设备 42 台（套）	2011 ~ 2013		100
						中央投资	100
						自有资金	
40	国家牧草改良中心建设项目	新建	内蒙古自治区呼和浩特市	建设中心实验楼等土建工程 3 450 平方米，完善田间工程，购置仪器设备 62 台（套）	2010 ~ 2012		950
						中央投资	950
						自有资金	
41	部级草业产品质量安全监督检验中心	新建	内蒙古自治区呼和浩特市赛罕区乌兰察布东街 120 号	改扩建实验室 1 362平方米，购置仪器设备 61 台（套）	2010 ~ 2012		791
						中央投资	791
						自有资金	
42	部级谷物及制品质量安全监督检验中心	新建	北京市海淀区中关村南大街 12 号	购置仪器设备 139 台（套）	2010 ~ 2012		865
						中央投资	865
						自有资金	

（续表）

序号	项目名称	建设性质	建设地点	主要建设内容	建设年限	投资来源	下达投资（万元）
43	部级特种经济动植物及制品质量安全监督检验中心	新建	吉林省长春市净月经济开发区	改造实验室 2 946平方米，购置仪器设备104 台（套）	2011～2013		790
						中央投资	790
						自有资金	
44	部级肥料质量安全监督检验中心建设项目	新建	北京市海淀区中关村南大街 12 号	新建实验室 1 500平方米，购置仪器设备218 台（套）	2011～2013		721
						中央投资	721
						自有资金	
45	部级区域性果品及苗木质量安全监督检验中心建设项目	新建	辽宁省葫芦岛市兴城市兴海路三段	改造实验室 1 209平方米，购置仪器设备129 台（套）	2010～2012		732
						中央投资	732
						自有资金	
46	部级乳制品及畜禽环境质量安全监督检验中心	新建	北京市海淀区圆明园西路 2 号	改造实验室 1 359平方米，购置仪器设备57 台（套）	2010～2012		1 565
						中央投资	1 565
						自有资金	
47	项目前期工作费	新建	北京市海淀区	农业科技创新能力条件建设规划编制及重大项目评审论证等前期工作费用	2011		10
						中央投资	10
						自有资金	
48	中国农业科学院老干部活动中心改造项目	新建	北京市海淀区	离退休老干部活动中心设施改造 900 平方米	2011		76
						中央投资	76
						自有资金	

中国农业科学院2011年建成项目一览表

（金额单位：万元）

序号	项目名称	项目单位	主要建设内容	完成投资（国拨）
1	农产品质量安全与检测中心	院部	新建农产品质量标准与检测中心16 936平方米，购置仪器设备338台（套）	12 477.49
2	农业科技展示园	院部	建设现代农业科技试验温室9 883平方米，植物科普温室4 035平方米，植物工厂温室和工作室1 616平方米，配电室173平方米，配套场区工程，并购置工作用车1辆	2 690
3	廊坊有害生物防治野外科学观测试验站	植保所	新建科研观测实验室1 800平方米，挂藏室100平方米，农机库220平方米，网室400平方米，购置野外观测仪器设备和农用机具28台（套）	590
4	无性繁殖蔬菜资源圃	蔬菜所	新建种质保存隔离池1 913.99平方米，种质保存槽2 294.72平方米，日光温室1 251平方米，挂藏室60.5平方米，春化温室115平方米，水泥道路96米，供暖管沟及管线350米，电缆敷设370米；田间道路4 679.5米，土壤改良28.5亩，排水沟710米，滴灌设施24亩；购置仪器设备12台（套）	305
5	农业部植物新品种测试（北京）分中心	蔬菜所	新建晒场、挂藏室、仓库、操作室等土建工程1 714平方米及部分田间工程；购置仪器设备23台（套）	168

（续表）

序号	项目名称	项目单位	主要建设内容	完成投资（国拨）
6	寿阳旱地农业重点野外科学观测试验站	环发所	新建综合科研楼 1 335. 62 平方米，锅炉房、农机库、库房、配电室及门房 585. 1 平方米，围墙 825 平方米，晒场 1 000 平方米，修建场区道路 3 959. 93 平方米，田间道路 2 153. 28 平方米，各类沟渠 2 000 米，打机井 1 眼，新建径流场、肥料试验场和气象观测场	695
7	旱作节水农业技术研发和创新基地	环发所	新建实验室、中试车间等 444 平方米，购置光合测定仪、液相色谱仪、人工气候箱、旱作节水决策系统平台等仪器设备 8 台（套）	217
8	航天诱变技术改良中心	加工所	新建综合实验楼 9 948. 3 平方米，新建试验温室 1 340 平方米，进行放射性试验设施改造，购置仪器设备 241 台（套）	5 757. 49
9	国家农产品加工技术研发体系专业研发中心（2010）	加工所	购置仪器设备 104 台（套）	1 000
10	研究生宿舍楼	研究生院	总建筑面积 15 506 平方米	4 746
11	部级棉花质量安全监督检验中心	棉花所	新建实验室 1 416. 64 平方米，土建安装工程、消防工程、室内外给排水工程、室外空调管网工程、电力配套工程，购置安装试验台 193. 78 延米，购置仪器设备 125 台（套）	1 660
12	麻类加工酶制剂科技成果转化	麻类所	新建酶制剂中试车间 1 978. 7 平方米及锅炉房、空压站、污水处理站等配套工程，购置仪器设备 12 台（套）	596. 24

（续表）

序号	项目名称	项目单位	主要建设内容	完成投资（国拨）
13	新型安全抗球虫系列新药的中试和转化	上海所	建设新型疫苗动物试验基地 1 039 平方米，大动物房 2 046平方米	1 000
14	牧草收获机械科技成果中试熟化	草原所	新建机加工及总装车间 956 平方米，改建原车间 509 平方米，电力外线 400 米，购置加工设备 24 台（套）	488. 33
15	特产研究所综合实验室	特产所	总建筑面积 9 896 平方米，配套建设室外工程并购置安装试验台	2 895
16	南京农业机械化研究所科研实验室	南农机	新建科研实验室 8 157 平方米，中心配电室 133. 2 平方米，购置农业机械试验台架及设备 1 台（套）	2 620
17	农业部甜菜及制品质量安全监督检验中心	甜菜所	改造实验室 1 973 平方米，购置仪器设备 47 台（套）	1 700
18	部级蚕业产品质量安全监督检验中心	蚕业所	改造实验室 1 497 平方米，扩建实验室 641 平方米，新建桑园温室 461 平方米，水泥道路 570 平方米，购置仪器设备 534 台（套）	2 136

关于报送中国农业科学院2011年基本建设项目执行进度情况的报告

一、2011年进度情况

一年来，中国农业科学院全院新增中央预算内基本建设投资4.04亿元，年度总投资7.93亿元，在建项目84个。在院所共同努力下，完成投资4.51亿元，14个项目通过验收，21个项目通过初验。新建各类科研建筑193 449.36平方米，温室、网室703.39平方米，购置科研仪器设备927台（套）。

二、主要工作思路及做法

针对在建项目沉淀资金多、建设进度缓慢等问题，我院以加强业务指导、强化精细管理为方针，以制定年度进度目标为出发点，采取项目分类管理，落实月报、通报、约谈制度，片区经验交流，推行范本等措施，不仅加快了在建项目执行的进度，规范化管理意识及管理水平也进一步提高。

一是认真制定年度进度目标。根据各项目单位报送的在建项目年度进度目标，在科学分析项目情况、管理情况、并作重点沟通的基础上，制定并印发《中国农业科学院在建项目2011年进度目标》，作为把控我院在建项目执行进度、衡量建设单位管理能力的重要依据。截至2011年年底，我院在建项目降至62个，沉淀资金3.42亿元。

二是分类加强监管。系统梳理每个项目的建设内容、投资构成、管理力量和存在问题等，划分在建项目为大项目、“遗留问题”项目、挂靠单位项目和收尾工程等，按类别明确任务分工、强化监管目标。截至2011年年底，7个大项目中，2个申请竣工验收，2个进入装修阶段，1个完成了进口工艺设备的招标；10个“遗留问题”项目，1个通过验收，7个申请竣工验收，5个通过复查（其中，4个申请竣工验收）；5个挂靠单位的项目，1个通过验收，3个申请竣工验收。

三是继续落实好月报、通报、约谈制度。总结月报制度实施以来的一些共性问题，规范了月报格式及填报要求，保证了信息的高效性。分管院长与草原所、沼气所、环发所、环保所4个研究所的“一把手”进行约谈，有效地推动了10个项目进度目标的实现，5个项目在关键节点上取得了突破，其中，2个已申请竣工验收。加强信息化管理，指导各单位准确填报“农业建设项目信息管理系统”中在建项目实施管理、监督检查板块，填补了难以动态掌握项目实施情况的空白。

四是巩固“规范管理年”的活动成果。开展了片区交流活动5次，遴选了烟草所基建管理程序指南，特产所项目现场质量管理办法、现场文明施工安全管理处罚条例、现场进度管理办法、现场材料质量管理等在基建局网页上展示，为各研究所的项目管理提供了良好的参考、学习范本。指导建设单位根据自身建设项目的实际情况，选择性地使用范本，项目规范化管理水平显著提高。通过验收的14个项目，竣工验收报告的一次审核通过率100%。充分发挥《中国农业科学院基本建设项目实施关键节点控制图》的作用，有针对性地采取电话沟通、查看施工现场、查阅档案资料、专家把脉、召开进度协调会等方式，有效提高业务指导与督导的工作效果与效率。

三、存在问题

尽管中国农业科学院坚持不懈地狠抓项目建设进度，也取得了较为明显的效果，但依然存在一些不足，在项目单位逐个剖析项目进度情况的基础上（详见附件，省略），我院进行归纳总结，主要问题如下。

（一）管理能力需要进一步提高

由于我院大部分研究所没有配备专业的基本建设项目管理人员，从科研、行政后勤等部门临时抽调人员管理项目，专业知识缺乏，管理经验不足，基本建设程序衔接不充分，组织实施效率低，进度控制不到位。由于部分项目单位在项目筹划阶段前期工作不扎实，缺乏预见性，导致项目立项后初步设计周期长、实施阶段变更洽商较多，严重影响了项目进度。同时，项目建设单位基建管理人员不固定，工作缺乏延续性，信息传达不及时，大大影响工作效率。

（二）审批环节周期长、手续复杂

一是草原所、兰州牧药所等大部分项目单位，在项目开工前期办理地方规划、消防、人防、用电等环节存在审批周期长，手续复杂，不可见因素多，需要与地方部门多次协调沟通才能解决。二是畜禽舍搬迁、蜜蜂遗传资源保护中心等部分已完工项目，申请单项验收周期长，验收申请上报后，规划、质检等部门不能及时进行现场验收，影响项目申请正式验收。三是饲料所、果树所等承担的以进口仪器设备为主要建设内容的项目，进口设备审批周期长，从项目设备申报到取得批复少则1个月，多则3个月，影响了项目执行进度。

（三）设计规范标准提高，导致项目进展缓慢

哈尔滨兽医研究所高级别实验室项目和兰州兽医所国家口蹄疫参考实验室项目，由于国家生物安全标准提高，导致项目概算调整，同时，由于进口设备数量较多，生产厂家较少，招标程序复杂等原因，也增加了进口设备招标的难度，从而影响了方案和施工图设计周期，导致项目进展缓慢。

（四）规划受限制，导致项目进展缓慢

作科所能源作物高效培育技术示范基地项目，由于廊坊市规划局不受理廊坊基地新上建设项目的规划审批手续，经与部相关部门沟通后，拟同意取消房屋建设内容，利用已下拨资金购买仪器设备。目前，该项目已于2011年9月重新申请立项，正在等待可研报告批复；国家作物种质库建设工程项目的用地审批，需等待北京市规委批复中国农业科学院大院中区控规调整方案，该项目可研报告的编制无法进行，目前，我院正在积极与市规委沟通协调。

（五）个别项目初步设计暂未取得批复

中国农业科学院果树所承担建设的国家瓜果改良中心兴城分中心二期建设项目、蔬菜所承担建设的昌平区国家级马铃薯区域试验站项目、水稻所承担建设的国家水稻品种区域试验标准样品库项目、油料所承担建设的国家油菜品种区域试验标准样品库项目、作物所承担建设的国家大豆品种区域试验标准样品库项目和国家小麦改良中心二期建设项目6个项目暂未取得初步设计批复，只能进行前期准备工作，待初步设计批复后，按要求执行。

四、下一步措施

一是加强基建队伍建设。加强对建设单位管理人员的培训考核，2012年组织开展基建财务、基建档案方面的专题培训；加强片区互助交流活动，开展基本建设项目检查和现场交流力度，重点提升管理人员的业务素质和管理能力。基建局内部继续开展集中培训和职工“自主选学”活动。

二是做好外部协调与沟通，争取更大支持。重点做好与农业部、发改委等上级主管部门的汇报沟通，争取上级部门对我院基建工作的理解、支持；提前做好与地方政府及规划、建设等部门的联系，增进土地、规划、项目等基本建设链条的前后衔接；做好我院资源的调度，强化统一部署、分级行动。

三是做好检查督导，落实目标管理责任。进一步落实每月进度通报、重点项目检查、个别项目约谈，下大力抓规范管理、抓工程进度。严格落实基本建设法人责任制，突出“一把手”抓基本建设工作的责任感；将基本建设工作列入领导班子目标考核当中，强化研究所抓好基建工作的责任与动力。

四是探索基建管理新模式，提高工作效能。在今后项目实施中，以院本级项目为先例，探索加强对总包与分包签订合同的控制；延伸管理链条，参与对分包的控制；参与对分包进度款的控制等，缩短管理路径，提高工作效能。

中国农业科学院2011年基本建设项目检查报告

按照《农业部关于开展2011年农业建设项目专项检查工作的通知》（农计发〔2011〕2号）要求，中国农业科学院制定了《中国农业科学院2011年基本建设项目检查方案》，组织开展了2011年基本建设项目检查工作。本次检查全院各单位自查项目共计61个，由基建局、片区协调人和业务指导员、外聘专家等组成的检查组抽查项目20个。现将检查情况报告如下。

一、项目概况

全院各单位自查的61个项目的总投资为222 210万元，其中，中央预算内投资220 048万元，单位自筹资金2 162万元。截至检查之日，已到位总投资150 620万元，其中，中央预算内投资148 458万元，单位自筹资金2 162万元；实际完成支出投资99 014万元，其中，中央预算内投资97 367万元，单位自筹投资1 648万元。

根据《农业部关于开展2011年农业建设项目专项检查工作的通知》（农计发〔2011〕2号）的要求及我院近几年基本建设项目检查情况，本次确定了20个抽查项目。院检查组抽查的9个研究所的20个项目的总投资为33 147万元，其中，中央预算内投资32 544万元，单位自筹资金603万元。截至检查之日，已到位总投资31 440万元，其中，中央预算内投资30 844万元，单位自筹资金597万元；实际完成支出投资29 809万元，其中，中央预算内投资29 212万元，单位自筹投资597万元。院检查组抽查的项目包括13个国家级科研院所项目、1个农产品加工技术创新体系项目、2个农产品质量安全检验检测工程项目、1个饲料安全工程项目、1个畜禽良种工程项目、2个种子工程项目。

抽查项目中，已建设完成并按照农业部的要求完成项目验收的项目有7个，分别是放射性废水处理系统退役、植物营养与养分循环重点开放实验室实验仪器设备购置项目、祁阳红壤试验站建设、农业资源与农业区划研究所洛阳旱作农业重点野外观测试验站建设、上海兽医研究所动物医学实验室配套、农业部兴城北方落叶果树资源重点野外科学观测试验站、上海兽医研究所动物医学实验室项目；已建设完成并上报验收的项目有2个，分别是饲料安全评价基准实验室建设、西瓜甜瓜种质资源中期库项目；已基本完工，预计年内可上报项目验收申请的项目有7个，分别是全国农产品加工技术研发中心体系建设、农田灌溉研究所综合实验室建设项目、特产研究所综合实验室建设项目、全国重点农产品加工技术研发中心体系建设项目、部级棉花质量安全监督检验中心、农业部果品及苗木质量安全监督检验中心（郑州）、航天育种工程项目；另有在建的项目4个，分别是郑州果树研究所综合实验室建设项目、农业资源综合利用研究中心建设、特产研究所综合实验室二期工程项目、郑州果树研究所大院综合改造项目。

二、资金到位与使用情况

（一）资金落实情况

抽查的20个项目的中央预算内资金均已按投资计划落实，单位自筹资金已基本落实。其中，西瓜甜瓜种质资源中期库项目批复单位自筹资金6.5万元，该单位通过加强项目管理，提高资金投资效率，完成了项目建设内容，达到项目预期建设目标，由于该所创收能力有限，未能对该项目配套自筹资金；饲料安全评价基准实验室建设项目初步设计概算批复中未安排自筹资金，项目实施过程中，建设单位自筹资金1.09万元，进一步完善了项目建设功能，满足了科研工作的需要。

（二）资金使用情况

抽查的20个项目中，已建设完成并按照农业部的要求完成项目验收的7个项目，总投资为8 065万元，全部为中央预算内投资，已全部到位；实际完成投资8 065万元。

已建设完成并上报验收的2个项目，总投资为1 046.5万元，实际到位1 041.09万元；中央预算内投资1 040万元，已全部到位；自筹资金投资6.5万元，实际到位1.09万元；实际完成投资1 041.09万元，占到位投资的100%，占总投资计划的99.48%。

已基本完工，预计年内可上报项目验收申请的7个项目，总投资为15 108万元，其中，中央预算内投资14 512万元，自筹资金投资596万元，均已全部到位；实际完成投资14 748.31万元，占到位投资、总投资计划的比例均为97.62%。

抽查的另4个在建项目，总投资为8 927万元，全部为中央预算内投资；实际到位7 227万元；实际完成投资5 954.30万元，占到位投资的82.39%，占总投资计划的66.70%。

抽查的项目单位在资金使用上基本能够做到专款专用，专账管理。各单位均制定了专门的基建财务管理办法，并按照管理办法进行管理。

三、建设任务完成情况

（一）项目建设进度

项目总体进展顺利，部分项目未严格按批复的建设期限完成。项目延期的主要因素有：一些地方的规划、建设、环保、消防等部门办理相关建设手续时间过长，我院研究所作为中央驻地方单位，在办理手续上难度更大；在建设过程中，出现了一些变更；项目建设内容统筹实施以及与其他项目统筹考虑不足；项目收尾不及时，与施工单位结算时发生分歧等，致使项目建设期限延误。

（二）工程质量

建设单位对工程建设质量都很重视，抽查的 20 个项目中，农田灌溉研究所综合实验室建设项目按照我院 2010 年下发的整改通知进行了认真整改，工程质量已经合格，其他项目未发现有重大工程质量问题。选择的设计单位和施工单位都具备相应资质。应该实行监理制的项目都选择了有相应资质的监理单位，对质量进行控制。建设单位负责人和项目管理人员经常深入项目现场，检查工程质量。

（三）项目竣工验收

从 2005 年开始，我院加强了项目竣工验收工作，要求各单位不但要重视项目前期申报工作，还要重视项目的后期验收工作。通过几年的努力，目前，项目验收工作已形成了良性循环。本次检查的项目中，预计年内可申请验收的项目 21 个，占检查项目的 34.43%。

（四）基建档案管理情况

抽查的 20 个项目的档案管理比较规范，对项目前期、招投标、工程施工、工程竣工结算及审计、财务决算及审计、有关决议的会议纪要等资料进行了统一整理归档。

四、管理制度执行情况

（一）制度制定情况

针对基本建设项目头绪多、任务重、时间紧的特点，各单位通过认真总结，相继出台了行之有效的管理办法。抽查的9个建设单位都制定了基本建设项目管理办法、财务管理办法、仪器设备采购管理办法等，为基本建设项目管理提供了制度保障。

（二）“四制”的落实情况

1. 法人负责制

被抽查的各单位均实施了“法人负责制”，成立项目领导小组，绝大部分单位均由单位法定代表人担当项目领导小组组长，主管基本建设工作的副所长担任执行小组组长。各单位基本成立了一支由基建、财务、科研及后勤等部门相关人员所组成的基建管理队伍，明确分工，责任到人，“法人负责制”总体落实较好。

2. 监理制

被抽查的20个项目均按要求聘请了有相关资质的监理单位作为工程的监理。大部分监理单位能够遵守国家对工程建设领域监理工作的各项要求，但也存在项目建设过程中，更换总监、监理工程师的现象，在检查中，我院已要求各单位加强监理合同的执行力度，提高对监理人员的监督管理，确保监理人员到位。

3. 合同制

被抽查的各项目单位均能按要求签订合同，但在合同签订的一些细节上，存在着合同条款不够严谨，不能严格按合同条款执行，代理人签订合同，但无委托书，合同无日期、账号、单位地址等问题。检查组在发现问题后，及时与项目单位进行了沟通，要求各单位重视合同签订和执行工作，对于尚未执行完的合同，尽快补充完善相关内容。

4. 招投标制

除个别项目外，所抽查的项目均按要求进行了设计、监理、施工、仪器设备采购等建设内容的招标工作。各单位对招投标工作重视程度较高，严格执行批复，对招投标代理单位的选择十分慎重，严格审查招标文件，在当地招投标规定允许的范围内，尽量通过招标节约项目建设资金。

（三）管理队伍的建设情况

通过2010年“规范管理年”活动的开展，对我院各单位的基本建设管理队伍建设起到了极大的促进作用，许多单位聘请了专业的技术人员或接收应届毕业生充实基建队伍，大大提高了基建管理水平。

五、存在的主要问题

（一）项目进展缓慢

进展缓慢的主要原因有：前期工作不够扎实，办理规划、建设、环保、消防等前期手续耗费时间过长；相关批复周期较长；建设过程中，变更较多；与施工单位结算发生分歧；未能统筹安排进度，致使项目建设不能如期完成。

（二）部分项目执行批复不严格

一是未严格执行初步设计批复，如根据实际情况调整了部分建设内容，虽属非重大变更，但未按规定履行报批手续；二是未严格执行可行性研究报告批复的招标形式，1 个项目未按照要求对土建工程进行公开招标。

（三）项目档案管理不够规范

4 个项目档案不完整或不规范，或缺少工程资料（如施工图，或招投标资料，或监理资料等），或缺少仪器设备资料（如开箱单，或说明书）等；未严格按照国家相关规定和规程归档。

（四）个别项目财务管理不严谨

2 个项目建设成本归集不合理等；1 个项目未按照支付凭证支付资金；3 个项目出现支出凭证不完整的情况；1 个项目出现财务核算科目选择错误的情况。

六、下一步工作及安排

（一）针对检查中暴露的主要问题，督导整改

1. 加快项目进度

要求各单位严格按照农科院〔2011〕64 号文件制定的进度目标，落实责任，责任到人，全力推进项目建设进度。第一，抓紧抓实项目各项前期工作，加快办理项目建设相关手续，按照批复开展招标工作，争取项目早日开工建设；第二，督导各项目单位严

格按照施工合同的约定，检查落实在建项目施工质量和进度，严格按照合同约定，加快支付工程款和货款，减少资金结余；第三，对于快完工的项目，加快项目收尾，抓紧完成竣工结算及审计、财务决算及审计工作，尽快申报验收。

2. 严格执行批复内容

要求未严格按初步设计批复完成项目建设内容的单位认真分析原因，对于较大变更，要求各单位严格按照《农业基本建设项目管理办法》，履行报批程序。并要求举一反三，引以为戒，加强项目前期工作，减少建设内容变更；要求严格按照批复实行招投标。

3. 进一步规范基建档案和财务管理

要求各单位明确基建档案管理职责，专人负责。加强档案管理人员培训和交流，提高业务水平。要求各单位严格按照国家档案管理规定，加强收集和归档管理工作。加强基建财务人员的培训，进一步规范资金支出与会计核算。

我院及时向被抽查单位通报了检查情况，对5个项目提出了具体整改要求。

（二）进一步做好管理制度的建设和落实工作，规范管理

我院在2010年“规范管理年”活动中，制定了《中国农业科学院基本建设管理办法》，编制了《中国农业科学院基本建设项目实施关键点控制图》《基本建设管理“八要八不”》《中国农业科学院基本建设项目申报材料范本（试行）》《中国农业科学院施工总承包、设计、监理招标文件示范文本（试行）》等制度规范。在此基础上，2011年我院将制定项目监管细则，并继续督促各单位在项目管理工作中严格执行《中国农业科学院基本建设管理办法》，引导各单位使用好范本，促进项目的规范化管理。

（三）加强人员培训

2011年，我院在基本建设片区互助活动中，各片区分别组织开展了基建档案培训。9月份我院将与农业部工程建设服务中心联合举办工程量清单计价规范培训班，组织我院各单位基建项目一线管理人员参加培训，切实提高我院基建项目实施管理水平。

中国农业科学院基本建设“十二五”规划

“十二五”时期是中国农业科技率先进入世界先进行列，实现建设社会主义新农村和创新型国家战略目标的关键时期，也是中国农业科学院科技事业全面发展、跻身世界前列的冲刺阶段。为进一步明确“十二五”时期我院基本建设的指导思想、发展目标、建设任务与重点，围绕提升科技创新保障能力的目标，坚持“以人为本、以研为先”的原则，着力抓好“两优一快”工程，努力推进我院科研基础条件建设由国内先进向国际先进水平的迈进。按照国家对农业科技创新的总体要求和部署，依据《中国农业科学院“十二五”发展规划（2011～2015年）》和《中国农业科学院基本建设规划（2011～2020年）》等，制定本规划。

一、规划背景

“十二五”期间，我国国民经济和社会发展将进入全新的历史时期。气候变化、粮食安全等全球性问题更加突出，发展现代农业、建设社会主义新农村等重大任务更加紧迫，源于资源与环境的双重压力、国际国内两个市场的双重约束更加明显，农业科技创新在统筹解决上述问题的地位、作用等更加显著，我国农业科技创新工作将迎来前所未有的机遇和挑战。

为了更好地发挥中国农业科学院在发展农业科学技术、培养高级农业科研人才、组织全国农业科研协作、开展国际合作与交流、代表国家参与国际竞争中的引领、组织和支撑作用，必须科学判断和准确把握我国农业科技创新与科研基础条件建设的基本态势，充分利用各种有利条件，以重大科技平台基础设施建设和科学试验基地布局与建设为重点，集中力量抓好中国农业科学院基本建设工作，走强化科研基础条件支撑，提高自主创新能力之路。

（一）我国农业科研基础条件建设的基本态势

1. 农业科技创新任务艰巨，迫切需要加强科研基础条件建设

当前我国已经进入现代化建设的加速推进期，转变经济发展方式成为社会经济发展主线。农业作为国民经济的基础，在取得举世瞩目成就的同时也面临着诸多挑战：资源环境制约与气候变化对农业生产的影响日益显现，国内外农产品市场风险逐渐加大，国外技术与资本对我国农业的渗透不断加剧，农业比较利益的低下和人力成本上升的趋势难以逆转，国民经济对农业科技进步的要求越来越高。

在此背景下，《中华人民共和国国民经济和社会发展第十二个五年规划纲要》明确指出，“把保障国家粮食安全作为首要目标，加快转变农业发展方式，提高农业综合生产能力、抗风险能力、市场竞争能力”。为此，我国农业科技创新的目标与任务必须紧紧围绕充分挖掘生物遗传潜力，有效控制重大灾害，提高资源利用效率，增加农产品附加值，拓展农业发展领域，推动农业增长方式的根本转变，大幅度提高农业综合生产能力、抗风险能力、市场竞争能力等展开，进而支撑和引领现代农业发展。

作为支撑科技创新的重要物质条件，科研基础条件必须围绕科技创新的目标任务部署和建设。特别是农业科学的试验性较强，不仅需要高精尖的实验室设施，还需要体系完善、布局合理的试验基地和野外科学观测台站；农业科技创新活动具有很强的区域性，科研基础条件需要紧密结合农业主产区、生态区等进行布局。因此，要实现我国农业科技创新的目标与任务，必须建设一流的科研基础条件，为开展一流实验、试验和研究，吸引和凝聚一流科研人才提供条件保证。

2. 农业科技国际竞争日益加剧，迫切需要先进的科研基础条件支撑

21 世纪以来，世界各国都把加强农业科技创新作为推动农业发展的强大动力，把加强科技投入作为推动农业科技创新的重要手段，从抢占农业科技制高点、掌握自主知识产权的核心技术着手，在农业生物技术、信息技术和资源环境等前沿领域的原始创新领域着力，加快农业高新技术研究与开发，提升国家农业科技整体水平，努力占领国际农业产业体系分工中的有利地位，增强本国农业竞争优势，走科技驱动型的现代农业发展之路。

《国家中长期科学和技术发展规划纲要（2006～2020 年）》（以下简称纲要）提出了农业科技整体实力率先进入世界先进行列的战略目标和“自主创新，重点跨越，支撑发展，引领未来”的指导方针。为此，我国农业科技创新必须瞄准世界农业科技创新前沿方向，努力抢占科技创新制高点，大幅增强自主创新能力与创新效率。

科研基础条件是支撑我国农业科技创新能力与国际竞争力提升的关键因素。当代科技革命的一个显著特征是科学的技术化，技术手段的进步对科学研究突破的支持作用越来越大。因此，要提升农业科技创新能力，参与国际竞争，必须着力于科研基础条件水平的大幅提高，特别是要加强学科整合能力强、设备装备条件好、规模效益明显的重大科技平台建设。

3. 农业科研基础条件建设面临的形势严峻，迫切需要大幅提高大项目支持力度

目前，我国农业科研基础条件建设主要存在以下问题：一是国家投资总量有限，持续快速增长的机制尚未形成。随着国家投资体制改革与科技体制改革的深化和加快，国家对固定资产投资总量和增幅的宏观调控将进一步增强；从“十五”、“十一五”两个五年计划来看，农业部自身能力建设投资虽然有所增长，但增幅有限；近年来，各种专项的集中支持力度较大，但受规划的专业性和期限等方面的制约，农业科研领域投入增加的不确定性较大。

二是农业科研基础条件投资占科技总投入比例有下降趋势。“十五”以来，虽然国家用于改善农业科研单位基础条件的投资有所增加，但所占农业科技投入总量、科研单位收入总量的比例基本停滞或略有下降，更滞后于非农行业的科研基础条件投资增长速度；加之新增投资主要用于弥补长期以来的投入欠账，解决生存型需求较多，着眼于发展型的投资还有限，重大科技平台基础设施投资依然十分匮乏。

三是我国农业科研院所的基础条件还普遍存在标准低、高精尖设施少、实验精度低、部分高端实验无法开展；缺少综合性、大规模、高通量设备设施，难以开展规模化联合攻关研究；实验试验体系不完善，科技创新效率低，科研成果熟化慢，示范推广比例低等问题，严重制约着我国农业科技整体水平的进一步提升。

在此形势下，要实现农业部《农业科技发展规划（2006～2020 年）》“到 2020 年，形成布局合理、功能完备、运转高效、支撑有力的国家农业科技创新体系，我国农业科技整体实力率先进入世界前列”的目标，急需进一步加强科研基础条件建设。凝练大题材、谋划大平台，在农业科研领域建设具有高精尖设施的重大科技平台，依靠大项目筹划带动投资稳定增长，有序推进科技平台基础设施建设。

（二）我院科研基础条件建设取得的成效

中国农业科学院经过 50 多年的建设和积累，具备了一定水平的科技创新物质基础，特别是“十五”以来，科研基本建设投资持续稳定增长，科研基础条件建设取得了较大的成效。“十五”期间全院累计投资 10.5 亿元，较“九五”增长 57.0%；“十一五”累计投资 15.7 亿元，较“十五”增长 49.5%。“十五”以来，共建成科研实验用房 46.3 万平方米，温网室 10.8 万平方米；购置科研仪器设备 1.1 万台（套），价值 12.6 亿元。

——重大科技平台基础设施建设有所突破，学科整合能力、自主创新能力明显增强。“十五”以来，已建成中国农作物基因资源与基因改良重大科学工程、中日农业技术研究发展中心、农产品质量标准与检验检测研究中心、航天育种工程 4 个重大科技平台基础设施，正在建设的有国家农业生物安全科学中心、国家动物疫病防控生物安全实验室和国家口蹄疫参考实验室等。这些设施的建设，将在农作物基因资源挖掘和改良、农产品质量标准与检测、动物疫病防控、植物保护等领域构建或即将构建一批具有较强国际影响力的科技平台，对于促进我院学科建设与重大成果培育发挥重要的支撑作用。

——科研基础条件支撑能力不断提高，重点实验室建设稳步提升，野外科学观测、质量监督检验等体系初步形成。通过科学规划与合理安排基本建设投资，不断加强实验室科研基础条件建设，实现了水稻生物学等 3 个部级实验室升级为国家重点实验室，作物生理与栽培等 12 个院重点实验室升级为农业部重点实验室，有力地支撑了以实验室创新为核心、以科研团队建设为重点的项目、平台、人才一体化格局的形成；支持了包括资源、生态、环境等领域 24 个部级野外科学观测试验站，其中，5 个升级为国家级野外科学观测研究站，科技基础性工作条件显著改善；支持了16个农产品监督检验中心，科技服务能力进一步提升。

——院所区基础设施有效改善，可持续发展能力进一步增强。支持了果树所等16个研究所的科研楼建设，院部大院等10个院所场区综合改造，改善了院所区环境，显著增强了基础设施保障能力；支持棉花所等5个研究所实现了新所区搬迁与建设，跨越式提升了基础设施保障能力，拓宽了研究所的可持续发展空间。

（三）我院科研基础条件建设存在的不足

“十二五”是我国农业科技2020年率先进入世界先进行列的关键时期，我院作为国家农业科技的国家队、主力军和领头羊，担负着率领全国农业科技创新队伍，实现国家农业科技宏观战略的重任，因此，对强化科研基础条件支撑提出了更高的要求，而现有基础条件与我院所承担的使命相比较还有较大差距，表现在：

——重大科技平台基础设施缺乏，难以支撑我国农业科技自主创新走向世界前列。重大科技平台基础设施是构建综合性科技创新平台的重要物质基础。我院目前在动物种质资源的保存与新品种定向培育、农产品精深加工与现代储运、农业生物质综合开发利用、农业资源高效利用与农业生态环境、多功能农业装备与设施等学科群或重点领域尚无国家级的、世界先进水平的重大科技平台基础设施和综合性科技创新平台，科技资源难以得到有效整合。

——在农业主产区、农业生态区缺少综合性试验基地，制约共性技术关键技术攻关和技术集成示范。作为农业科研的国家队，我院承担着全国农业共性技术关键技术研究以及重大技术集成与示范、推广与转化的重大任务。由于在农业主产区、典型农业生态区等缺少综合性试验基地，布局缺位，难以有效开展共性技术关键技术联合攻关和大规模试验，难以利用多学科优势进行技术集成、组装，难以开展成套技术示范，从而制约了科技成果推广应用和公益性科技服务。

——支撑可持续发展的基础条件还不配套，难以全面实现现代化科研院所建设任务。建设面向未来的、在国内外具有较强影响和示范性的现代科研院所是一项系统工程，既需要制度、文化等软环境保障，更需要体系完善、链条完整、装备现代的科研基础条件支撑。“十五”以来我院在实验室、试验基地、野外科学观测台站、资源保存库等科研设施方面取得了一定成效，但从完善创新链条、优化创新区域布局、突破科技创新技术路线瓶颈等层面，还急需加强试验基地、资源收集与改良、科技合作与交流、人才培养以及公共服务等配套设施建设。

二、指导思想和原则

（一）指导思想

以推动全国农业科技创新率先进入世界先进行列为中心任务，坚持“以人为本、以研为先”，围绕提升科技创新保障能力，将中国农业科学院打造成在世界上有重要影响的一流研究机构为目标，全面支撑作物科学、畜牧兽医科学、农业资源与环境科学等优势学科群进入世界先进行列，着力抓好“两优一快”工程，即优先支持重大科技平台基础设施建设，优先支持科学试验基地布局与建设，快速推进现代农业科研院所的基础设施升级进程，努力推进我院科研基础条件建设向国内一流和国际先进水平迈进。

（二）原则

——保障科研，支撑发展。以保障和支撑农业科技自主创新能力提升为中心，按照“科研基础条件建设支撑科技创新能力提升，科技创新能力提升促进学科发展，学科发展服务国家战略需求”的思路，紧紧围绕农业科研对基础条件支撑的需求，加强影响农业科技创新能力提升的关键性基础设施建设，有力支撑我院科研事业快速可持续发展。

——整合资源，重点跨越。以我院战略定位和发展目标为导向，加强自身资源与创新需求的整合，通过建设重大科技平台基础设施，优先搭建一批整合能力强、创新效率高、国际影响力大的国家级综合性重大科技平台；通过建设科学试验基地，优先构建一批装备条件好、规模效益明显且能够进行多学科、大规模试验与技术集成示范的国家级科学试验基地；实现优势学科群科技创新能力和农业主产区试验示范能力的跨越式提升。

——统筹兼顾，完善体系。在着力抓好“两优”工程的基础上，根据农业科学研究和现代科研院所发展的规律，通过共建、调整、协作、合并等多种方式，进一步完善野外观测、科学试验、资源保存等科技创新基础设施体系，优化我院试验基地的区域布局；进一步完善高层次科研人才培养、科技交流等科技创新配套设施体系，保障农业科技创新基础条件完善配套，协同发挥效益，提高科技创新效率。

——科学前瞻，注重实效。本着战略性、前瞻性和可行性相结合的原则，紧密联系行业发展、土地利用及项目建设等规划，准确把握学科、人才、成果等发展方向，超前部署重大科技平台基础设施，深化现有基础设施的整合利用，着力服务科研基础设施的开放共享，着力推进科研基本建设的投资效益提高。

三、建设目标

——优先加强重大科技平台基础设施建设。以服务国家宏观需求为导向，瞄准世界科技创新前沿，结合我院九大学科群建设目标和良好基础，优先建设6个国际一流的国家级综合性重大科技平台基础设施，力争实现作物科学、畜牧兽医科学、农业资源与环境科学、农业应用微生物等优势学科群内每个学科至少具备一个符合国家重点实验室基础条件的科研设施，形成我国农业科技自主创新的核心平台。

——优先加强科学试验基地布局和建设。坚持农业主产区、农业生态区导向，积极加强院内资源整合与深入开展院地合作，优先建设4个具有较强辐射带动的国家农业科技综合试验基地和5个能够解决我院资源战略布局的试验基地，带动专业功能突出的一般性试验基地建设，形成较为完整和科学的科学试验、技术示范与成果转化体系，切实提高服务“三农”能力。

——快速推进现代科研院所基础设施建设进程。以全面增强科研院所可持续发展能力为目标，通过集中支持3~5个基础条件好、发展优势强、软环境和谐的研究所，快速推进创新设施精良、配套设施完善、运行机制顺畅、具有较强示范作用的现代化科研院所基础设施建设；继续对功能不完备、面积未达标的院所业务用房及院所区保障性、服务性基础设施进行建设和改造。

四、建设任务与重点

根据中国农业科学院“十二五”科技工作及各项事业的部署和主要任务，在充分考虑建设目标、建设能力、外部环境等因素的基础上，确立如下建设任务与重点。

（一）重大科研平台建设任务和重点

按照我院“引领创新”的总体方针，坚持“强化优势学科、培优重点学科、培植新兴学科”的学科发展思路，未来5年我院将以重大科技平台基础设施建设为核心，重点在作物科学、畜牧兽医科学、农业资源与环境科学、农业应用微生物等学科群内新建一批具有国际先进水平的重大科技平台基础设施。

——国家畜禽改良研究中心。构建畜禽品种遗传改良科学研究和技术平台，提升畜禽基因改良、种质创新与分子育种技术创新体系，引领全国畜禽品种选育与改良工作。主要建设内容包括：新建科研楼14 929平方米、SPF试验动物房1 832平方米、畜禽饲养舍6 469平方米，畜禽现场检测室1 273平方米，改造原科研楼4 052平方米、畜禽舍1 223平方米，购置仪器设备1 075台（套）。**中心依托北京畜牧兽医研究所。建设地点：北京市海淀区和昌平区。**

——**国家农业微生物基因资源与分子改良重大科学工程**。构建覆盖微生物基因资源与基因功能研究上中下游的国家农业微生物基因资源与分子改良重大科学工程，大幅度提高我国在农业微生物基因资源收集、功能基因高通量筛选与鉴定、目标基因高效转化与表达等生物育种新兴研究领域的创新能力。主要建设内容包括：新建科研用房 17 720 平方米，科研辅助用房 7 320 平方米，转基因作物田间试验用房 2 460 平方米，转基因作物试验隔离温室 3 950 平方米，购置仪器设备 460 台（套）。**工程依托生物技术研究所。建设地点：北京市海淀区和河北省廊坊市。**

——**国家耕地质量与土壤改良研究中心**。构建耕地质量与土壤改良基础研究与技术创新平台，提升高产土壤保育、低产土壤治理、污染土壤修复、耕地质量监控的创新能力，建立规范的耕地质量与养分测试与评价体系。主要建设内容包括：建设土壤肥力、土壤耕作、土壤环境、土壤质量评价、植物营养与施肥等实验室 22 000 平方米；完善和改扩建分布全国各地的耕地质量监测站点 30 个；建设耕地质量信息化管理与网络服务体系；购置仪器设备 460 台（套）。**中心依托农业资源与农业区划研究所。建设地点：北京市及相关站点所在地。**

——**国家重大动物疫病研究科学中心**。构建重大动物疫病流行病学监测、病原变异与感染谱的变化、新型防控产品和疾病的预警预报等防控理论与技术的研究平台。主要建设内容包括：新建新发病原和未知病原快速探测设施、病原特性与功能研究设施、动物疫病新型防控技术研究设施、药物分子设计与新型药物筛选设施、病原微生物资源工作库以及实验动物饲养与感染设施等 12 720 平方米，购置仪器设备 576 台（套）。**中心依托哈尔滨兽医研究所。建设地点：黑龙江省哈尔滨市。**

——**国家园艺科技创新中心**。构建园艺作物育种、现代栽培技术与植保、经济信息等研究平台，整合中国农业科学院蔬菜、花卉、果树、茶叶、特种经济作物、设施农业等优势科技资源，加强园艺学科的应用基础研究，实现关键共性应用技术的重大突破。主要建设内容包括：新建科技创新中心综合实验室 12 000 平方米、中期库 1 000 平方米、资源保存圃 5 000 平方米、育种与栽培试验圃 20 000 平方米、节能型日光温室 6 000 平方米；在试验地内建设标准化试验田 260 亩，新建实验室及生活用房 2 000 平方米、操作间、农机库、农资库等 2 000 平方米、防雨大棚 30 亩、网室 30 亩；购置仪器设备 358 台（套）。**中心依托蔬菜花卉研究所。建设地点：北京市海淀区、昌平区和海南省文昌县。**

——**国家农业重大气象灾害模拟舱建设项目**。构建具备国际先进水平的农业防灾减灾科技创新平台，以减轻农业气象灾害对我国农业生产特别是粮食生产的不利影响。主要建设内容包括：新建南方农业气象灾害、北方农业气象灾害模拟舱、国家灾情监测预警与调度会商中心 15 100 平方米，购置仪器设备 460 台（套）。**中心依托农业环境与可持续发展研究所。建设地点：北京市海淀区。**

（二）科学试验基地布局与建设任务和重点

按照科学试验基地是第二实验室的功能定位与支撑农业发展的总体要求，坚持“抓规划、保重点、谋整合、活存量”的工作思路，围绕农业主产区导向、解决全院战略布局与强化专业功能等主攻方向，重点新建4个能够进行多学科、大规模田间试验的国家农业科技综合试验基地，显著提升中国农业科学院在农业主产区、典型生态区的试验示范能力，新建5个能够解决我院资源战略布局和23个专业功能突出的试验基地或野外观测站，逐步实现农业科研、野外观测、技术推广等科技创新链条的纵向、横向一体化，使我院科研试验基地布局与建设再上一个新台阶。

基地建设秉承“分级建设、分别管理、开放共享”的基本原则，综合型试验基地以院统一建设、统一管理为主，建成后面向全院开放使用；布局型试验基地由各依托研究所牵头建设，并负责后期运行管理，建成后面向全院共同使用；专业型试验基地由各依托研究所负责建设，并负责后期运行管理，建成后要兼顾其他兄弟院所需求开放使用。试验基地的建设和管理同等重要，要着力形成规范建设、强化管理、开放使用的良好机制。院将制定针对试验基地建设和管理的考核制度，结合开放程度、管理效果纳入年度考核，为各研究所共同发展和我院科研基础条件建设迈向国际先进水平奠定基础。

1. 综合型试验基地

——中国农业科学院华北综合试验基地。围绕京区科研单位作物品种选育、品种示范推广，耕作和栽培技术集成示范，耕地质量和环境评价等建设综合型基地，以缓解京区科研用地严重不足，提升原始创新能力。主要建设内容包括：购置并建设标准化试验田3 000～5 000亩，科研用房8 000平方米，试验温室及温室工作间10 000平方米，网室8 000平方米，旱棚1 000平方米，并购置相应农机具。**建设单位：中国农业科学院。建设地点：北京市大兴区。**

——中国农业科学院海南创新基地。围绕我院近年取得的具有自主知识产权的高新技术成果，建设原种、良种繁育、新品种推广和高效、无公害作物的综合型试验基地，以改善我院植物类研究所在海南工作零散无序、科研实验场所不集中、重要实验材料无安全保障的情况。主要建设内容包括：购置并建设标准化试验田1 000亩，新建科研用房6 000平方米、辅助用房4 500平方米、南繁博物馆4 000平方米，购置相应农机具及仪器设备。**建设单位：中国农业科学院。建设地点：海南省三亚市。**

——中国农业科学院东北综合试验基地。建设以作物和动物为主的品种选育、品种示范推广示范以及环境评价等综合基地。主要建设内容包括：建设标准化试验田1 000亩，科研用房3 000平方米，生活用房600 平方米，畜禽舍4 000平方米，试验温室4 000平方米，网室2 000平方米，旱棚200 平方米，购置有关农机具。**建设单位：哈尔滨兽医研究所。建设地点：黑龙江省哈尔滨市。**

——中国农业科学院南口试验基地。建设以水稻、大豆、玉米等作物为主的品种选育、品种示范推广，耕作和栽培技术集成示范以及耕地质量和环境评价等综合基地。主要建设内容包括：建设标准化试验田 520 亩，畜禽舍 3 000平方米，温室 5 000平方米，网室 3 000平方米，辅助用房 2 000平方米，购置有关农机具。**建设单位：中国农业科学院。建设地点：北京市昌平区。**

2. 布局型试验基地

——深圳试验基地。结合华南地区气候、土壤、水文等自然条件特点，建设以现代化农业技术研发、产业集成、展示推广为主的试验基地。主要建设内容包括：建设标准化试验示范田 1 000亩，科研用房 8 000平方米，科研辅助用房 4 000平方米，试验温室 8 000平方米，网室 4 000平方米，旱棚 1 000平方米，购置相应农机具。**建设单位：中国农业科学院。建设地点：广东省深圳市。**

——西藏试验基地。结合西藏地区独特的气候、土壤、水文等自然条件特点，建设以环境监测、气候观测为主的试验基地。主要建设内容包括：新建实验室 2 000平方米，生活用房 1 000平方米，建设标准观测试验用地 200 亩，购置有关农机具。**建设单位：中国农业科学院。建设地点：西藏自治区曲水县。**

——江西进贤试验基地。结合江西独特的红壤土质，开展油料作物和土壤方面的研究。主要建设内容包括：新建综合实验室 3 000平方米、生活用房 1 500平方米、种子仓库及挂藏室 1 500平方米、智能温室 240 平方米、农机具库房 300 平方米，建设标准化试验地 125 亩，购置有关农机具。**建设单位：油料研究所、农业资源与农业区划研究所。建设地点：江西省进贤市。**

——大理试验基地。结合洱海的气候特点，建设以环境监测为主的试验基地。主要建设内容包括：新建综合实验室 1 500平方米、食堂及生活用房 1 100平方米、防虫和防鸟网室 500 平方米、玻璃温室 200 平方米，建设场区工程，购置相应农机具及仪器设备 7 台（套）。**建设单位：环境保护科研监测所。建设地点：云南省大理市。**

——广西南宁试验基地。结合广西动物类型多样、地理环境优越的特点，建设以畜牧研究为主的试验基地。主要建设内容包括：建设标准化试验田 200 亩，新建综合实验室 2 500平方米，生活用房 1 000平方米，畜禽舍 3 000平方米，科研辅助用房 1 000平方米，购置有关农机具。**建设单位：中国农业科学院。建设地点：广西壮族自治区南宁市。**

3. 专业型试验基地

——专业功能突出的试验基地（野外观测试验站）。结合研究所科研任务特点，建设一批专业功能突出、快速提升基础研究能力的试验基地。主要包括：作科所北京顺义、作科所江西高安、植保所广西兴安、加工所北京粮油加工技术集成、生物所辽宁营口、资划所广东江门、信息所江苏苏州、质标所北京昌平、水稻所浙江富阳、棉花所安阳东场、麻类所湖南长沙、果树所兴城砬山、郑果所河南荥阳、茶叶所浙江嵊州、兰牧药兰州大洼山、特产所吉林左家、环保所天津静海、沼气所成都双流、南农机南京溧水、烟草所山东青岛和烟草所四川西昌等 21 个试验基地，以及植保所农业部锡林郭勒草原有害生物防治野外观测试验站和郑果所农业部作物基因资源与种质创新河南野外观测试验站。

（三）科研院所基础设施建设任务和重点

按照“选择重点做好示范，兼顾均衡解决困难”的思路，集中支持3～5个基础条件好、发展优势强、软环境和谐的研究所，作为现代化研究所的示范重点建设；对基础条件尚不达标的研究所安排项目填平补齐。

——研究所实验室条件设施。对功能不完备、面积未达标的研究所科研业务用房进行填平补齐。主要包括：畜牧所、蜜蜂所、饲料所、农经所、资划所、灌溉所、水稻所、棉花所、油料所、麻类所、郑果所、兰兽医、兰牧药、上海所、草原所和烟草所16个单位的科研实验用房。

——院所区公共基础设施。统筹考虑新旧所区建设，坚持功能与环境协调一致，对中国农业科学院中关村院区、院新乡综合试验基地、油料作物研究所、农田灌溉研究所等院所区的水电路气进行建设或改造，同时，加强环境整治；对哈尔滨兽医研究所、特产研究所等新所区进行科学规划和建设。

（四）公共配套设施建设任务与重点

不断完善条件保障体系，有效推进科学研究与人才培养、科研成果与技术推广、科研工作与后勤保障的有机结合，切实增强科研协作能力、产业支撑能力、人才培养能力和后勤保障能力。

——中国农业科学院国际合作与外事服务中心。建立促进我国农业国际科技合作事业发展，广泛、有效利用全球农业科技资源的平台，以增强我国农业自主创新能力，提高我国农业科技竞争力。主要建设内容包括：新建国际组织、外事服务、专家及留学生公寓等15 000平方米。**中心依托中国农业科学院。建设地点：北京市海淀区。**

——马连洼院区研究生宿舍。缓解京区科研单位，特别是马连洼院区研究所的研究生住宿压力，对研究生住宿进行集中管理，确保为研究生提供一个安全、舒适的学习、生活环境。主要建设内容包括：新建研究生宿舍19 000平方米。**项目依托中国农业科学院。建设地点：北京市海淀区。**

——中国农业科学院农业技术转移中心。建设集农业技术评估、农业技术熟化、农业科技咨询、知识产权保护、农业信息传播、农业技能培训和农业创新服务等于一体的综合性技术转移平台。主要建设内容包括：建设技术转移中心、技术咨询服务中心及附属设施等8 000平方米。**建设单位：中国农业科学院。建设地点：北京市海淀区。**

——院部职工食堂。为解决我院职工就餐困难，保障就餐卫生和安全，改善就餐环境，在院部大院内建设职工食堂。主要建设内容包括：新建职工食堂5 000平方米，配套用房 2 000平方米及配套设施。**建设单位：中国农业科学院。建设地点：北京市海淀区。**

五、投资估算

（一）测算标准与方法

本估算采用项目类比法（静态投资），依据近 3 年中国农业科学院及其他科研机构新立项（竣工）的建设项目进行类比，综合考虑"十二五"期间中国主要经济指标（GDP 年均增长 7%，年均 CPI 指数为 3.3%）和地区经济水平差异，测算标准如下。

——**建筑安装工程（业务用房）**：新建实验室 3 500 ~ 6 000元/平方米，辅助用房 2 500 ~ 5 000元/平方米，SPF 实验动物房 11 000 ~ 13 200元/平方米，人工气候室 11 000 ~ 13 200元/平方米。

——**建筑安装工程（农业设施）**：新建温室 1 000 ~ 1 200元/平方米，网室 500 ~ 600 元/平方米，畜禽舍 1 000 ~ 1 200元/平方米，田间工程 8 000 ~ 9 600元/亩。

——**仪器设备购置**：重大科技平台基础设施的科研仪器设备购置参考重大科学工程（科学中心）等进行配套，仪器设备购置费按建筑安装工程投资的 130% 计取；其他实验室、科研楼的配置仅包括少量实验台（柜）和必需设备，费用按建筑安装工程投资的 30% 计取。

——**土地购置**：参考规划编制期当地市场平均价格。

（二）投资情况说明

本次规划项目全部为申请直属单位部门预算内国家基本建设投资、以土建为主要建设内容的项目，不包含农业行业投资项目和实验室体系建设国家投资项目；投资渠道全部申请国家基本建设投资，不含自筹和其他渠道资金；项目投资规模按立项申请规模计算，以国家"十二五"期间相关规划正式颁布后为准，本规划投资是依据"十五"、"十一五"我院承担同类项目的平均值推算结果；综合考虑国家投资可能和我院"十五"、"十一五"基本建设工作实际，未达到国家政策规定等支持标准的、或可从其他专项资金等获得支持的建设内容未列入本规划。

"十二五"期间，我院重大科技平台基础设施、科学试验基地布局与建设、科研院所基础设施和其他设施总投资 37.21 亿元。其中，投资规模 3 000万元以上的大项目中，重大科技平台基础设施投资 17.04 亿元，占规划总投资的 45.8%，综合型试验基地投资 5.61 亿元，占规划总投资的 15.1%，公共配套设施投资 1.42 亿元，占规划总投资的 3.8%；投资规模 3 000万元以下的常规项目中，试验基地布局与建设投资 7.57 亿元，占规划总投资的 20.4%，现代院所基础设施投资 5 亿元，占规划总投资的 13.4%，公共配套设施投资0.57亿元，占规划总投资的1.5%。

六、效益评价

通过规划的实施，中国农业科学院科研基础条件建设将进一步向国内一流和国际先进水平迈进，优先建成一批世界先进水平的重大科技平台基础设施和一批现代化科研院所，跨越式提升我国农业科技创新能力；在主要的农业主产区、典型农业生态区，优先建成一批综合性、示范性较强的科学试验基地，大幅提高我国农业高新技术集成组装及示范推广能力，进一步强化科技服务“三农”。

（一）农业科技创新能力与国际竞争力显著增强

——构建高端科技创新平台。规划根据国家战略需求和我院“十二五”发展规划，提出了未来5年的主要建设任务和重点。通过重大科技平台基础设施、科学试验基地布局与建设、现代化科研院所基础设施等建设任务的落实，将有效实现科技资源的整合，为我院在关键技术的突破、重大成果的培育、技术集成示范等领域构建起设施精良、运行高效、国际先进、综合性强的科技创新平台。

——提升战略品种改良能力。规划强调国家战略需求，通过科研品种改良平台的建设，将全面提升我国农业资源收集、鉴定与改良能力，不仅为我国农业科技创新提供研究材料和数据，而且为我国农业发展提供丰富的、安全的战略资源，同时，为我国农业科技整体实力于2020年率先进入世界先进行列奠定坚实的基础。

——吸引、培养高端科技创新人才。通过规划的实施，中国农业科学院不仅成为创新设施精良、配套设施完善、人文环境和谐的现代化科研院所，而且还具有国际先进的重大科技平台，将汇聚更多国内外优秀的农业科研人才和团队，凝聚和锻炼出更多创新领域的领军人才，为我国农业科技创新奠定人才基础。

（二）农业科技创新条件与创新效率显著提高

——强化科技创新基础设施薄弱环节。通过规划的实施，将进一步完善科技创新条件体系，特别是通过综合型、布局型和专业型试验基地建设，将突破目前科技创新基础条件的瓶颈，优化科研条件在空间上的布局，科技创新效率将得到大幅度提高，科研基础条件投资效益得到显著提升。

——强化科技创新配套设施建设。通过配套设施的建设，农业科研人才培养的条件将更加完善，生活环境更加和谐，将为促进农业科技创新和技术推广服务提供雄厚的人才基础。同时，国际合作保障能力的加强，院所区公共基础设施的进一步完善，将使我院基本实现面向未来、面向世界、面向现代化的科研院所建设目标，大幅提升我院的整体创新能力和国际竞争实力。

（三）科技服务“三农”与社会可持续发展水平显著提升

——强化科技集成示范设施建设，促进科技成果转化。农业科技综合试验基地的建设不仅为开展共性关键技术联合攻关创造条件，更有利于利用多学科优势进行技术的集成和组装，从而形成规模化示范，扩大农业科技成果影响力，辐射带动全国农业生产。

——强化科技服务设施建设，促进科技服务社会。科技服务设施建设将进一步拓展中国农业科学院在农业技术转移、科技信息传播等方面的能力，使农业科技创新与农业生产、农民生活更有效地紧密结合，促进农业科技创新成果高效快速地服务于“三农”。

七、保障措施

（一）加强组织领导

逐步确立院所两级管理与合力推进的工作模式，要求全院进一步统一思想，充分认识基本建设规划落实对支撑全院发展的重要性。坚持“一把手”抓基建工作，细化责任落实，细化实施计划，将基本建设工作列入各级领导班子目标考核，通过考核与监督机制，形成一级抓一级、层层抓落实的工作局面。进一步加强顶层设计，按照统一部署、分级行动的要求，通过组织保障，加强全院资源调度与内外协调，认真落实全院基本建设各年度的目标和任务，形成院所共同推进规划落实的局面。

（二）加强人才队伍建设

把人才队伍建设作为推动我院基本建设的关键环节，努力打造一支科学化、专业化管理的正规军。着力建立健全组织机构，确保院属单位基本建设管理均有专职部门或稳定的人员队伍，并指导院属单位依据承担建设任务的情况合理配置人员力量；着力推动人才队伍的能力建设，通过示范工程出经验育人才，片区互助管理促均衡，骨干人才统筹提能力等方式方法，不断提高院所基建队伍的综合素质与专业化管理水平；着力推动用人育人机制建设，确保队伍的年龄结构、专业结构更合理，发展环境和待遇更宽松，可持续发展更有力。

（三）加强过程管理

把规划实施的落脚点放在日常管理中，着力抓好立项、实施和后评价 3 个关键点，整体提高项目管理能力和水平。一是深入开展调查和研究，重点提升重大科研基础设施项目筹划能力，谋划重大题材，形成重大专项，争取专项资金；同时，积极做好常规项目储备，尽早确定项目功能定位、工艺要求、具体建设内容和规模，落实相关建设条件。二是以“规范管理”为核心，抓好项目实施与预算执行，彻底改变“重立项、轻管理，重投资、轻执行”的局面，力求多出经验、出精品、出成效。三是积极推进基本建设项目后评价制度，为筹划项目积累经验，为科学决策提供辅证，为规范管理提供指导。

（四）创新运行机制

按照公共资源配置与使用的合理性、公正性、规范性和有效性的要求，积极探索跨地区、跨单位使用农业科研基础设施的办法，建立完善重大科技平台开放运行的考核评价办法，确保项目建成后的高效、持续运行。通过建立资源共享机制，确保农业科研人员享有平等使用科研基础设施资源的机会；通过建立可持续运行机制，不断维护、升级，确保投资效益持续发挥；通过探索适度有偿使用办法，保障重大科研基础设施的高效运行。

（五）加强规划宣传

积极做好与农业部等上级主管部门的汇报沟通，争取上级部门对我院基建工作的理解、支持，在政策层面与具体事项上予以倾斜；主动与地方政府及规划、建设等部门增强联系，顺利推进土地、规划、项目等基本建设链条的前后结合；狠抓基建规划的内部落实，切实发挥规划引领基本建设科学发展的功效；从内外两个环境、上下两个层级、前后两个方向共同推进规划的宣传与落实。

中国农业科学院关于印发《外汇财务管理暂行办法》的通知

农科院（财）〔2011〕286 号

院属各单位：

为进一步加强我院外汇财务管理工作，根据《中华人民共和国外汇管理条例》和财政部、外交部《关于临时出国人员费用开支标准和管理办法》等规定，制定《中国农业科学院外汇财务管理暂行办法》，现印发给你们，请遵照执行。

二〇一一年十二月十五日

中国农业科学院外汇财务管理暂行办法

第一章　总则

第一条　为加强中国农业科学院外汇财务管理工作，根据《中华人民共和国外汇管理条例》和财政部、外交部《关于临时出国人员费用开支标准和管理办法》以及财政部《关于因公临时出国用汇管理办法》等规定，结合我院实际，制定本办法。

第二条　本办法适用于我院本级及各研究所、研究生院等单位（以下简称各单位）。

第三条　本办法所称外汇，包括外汇现汇和非贸易非经营性购汇人民币限额用汇。

外汇现汇，是指我院各单位与境外单位或个人因进行合作研究，汇入院外汇现汇账户并由院代管的合作研究项目费。

非贸易非经营性购汇人民币限额（以下简称人民币限额），是指在财政预算内、非贸易项下从事不以赢利为目的的活动所需要的外汇。这类用汇实行人民币预算限额控制购汇，我院人民币限额购汇主要包括出国用汇、科研用汇和专家用汇等。

第四条　财务局是我院外汇财务管理的职能部门，具体负责按照国家相关政策和制度的要求，组织预算的编制、执行和决算工作，组织会计核算、按要求报送各类统计报表。

各单位是外汇财务管理的具体执行部门，负责按照财务局的要求办理本单位的用汇业务，并按要求进行会计核算、报送各类统计报表。

第五条　各单位外汇业务收支应纳入单位预算统一管理。其中，人民币限额预算由院财务局根据农业部的要求组织各单位单独编制，按照农业部核定的预算额度安排使用。

第六条　我院外汇现汇及人民币限额账户由院财务局统一开设，按各单位分户核算。具备条件的单位，经院财务局同意，其外汇现汇账户也可以在当地单独开设。

第二章　外汇使用程序

第七条　各单位办理出国用汇、科研用汇、专家用汇需要使用外汇的，应分别提供以下资料。

（一）出国用汇，指因公出国考察、访问、学习、培训、出席国际会议或合作研究等用汇。

1. 由单位领导签字并加盖单位公章的用汇申请书（用单位公文纸），使用外汇现汇的还需项目主持人签字。

2. 出国（或赴港、澳）任务批件的复印件。

3. 中国农业科学院内部签报的复印件。

4. 国外邀请函（中英文）。

5. 出国用汇预算表：

（1）使用人民币限额的出国团组，预算表从院财务局领取；

（2）使用外汇现汇的出国团组，预算表一式二份（附表一）。

6. 如有城市间交通费，应附上国外日程安排。

7. 经费预算表（办理出国任务批件时由单位财务部门盖章的表）。

8. 使用外汇现汇出国的单位还需提供以下资料。

（1）出国团组中，所有人员的护照、签证的原件及复印件；

（2）出国团组中，所有人员的身份证复印件。

（二）科研用汇，指因课题研究需购买试验材料、试剂、小型试验仪器、缴纳会员费和论文版面费等用汇。

1. 由单位领导签字并加盖单位公章的用汇申请书（用单位公文纸）。

2. 国外付款通知或发票。国外付款通知或发票必须用中文注明收款单位、开支内容、日期、金额等，由单位领导及经办人签字并加盖单位财务章。

3. 支付论文版面及修改费的，同时，要附上论文第一页复印件。

（三）专家用汇，主要指各单位邀请外国专家的国际旅费。

1. 由单位领导签字并加盖单位公章的用汇申请书（用单位公文纸）。

2. 中国农业科学院《关于邀请××国家××人访华的请示》的内部签报复印件。

3. 中国农业科学院被授权单位邀请函复印件。

4. 被邀请外国专家的电子客票行程单、登机牌等。

5. 被邀请外国专家的护照及签证复印件。

6. 被邀请外国专家签字的领款单。

第八条　京外单位使用人民币限额的出国团组或个人，要先将人民币汇入院财务局基本账户后再办理用汇。

第九条　出国人员回国后，应在一个月内到财务部门办理报销、核销用汇手续。

出国团组先到财务局办理核销用汇手续，再到本单位报销。核销用汇时，应携带团组所有人员的护照及出入境签证复印件、发票原件、临时出国代表团组外汇开支核销表、出国任务批件复印件和中国农业科学院出国申报单复印件等。

出国团组在没有办理用汇核销手续前，出国人员所在单位不得办理财务报销手续。

第三章 外汇现汇管理

第十条 我院外汇现汇管理包括，现汇收入和支出管理。外汇现汇收入包括，境外国际组织、政府及友好团体、个人对中国农业科学研究方面的无偿资助款或捐赠款等。支出范围包括，按捐赠人意愿购买仪器设备、图书资料、出国进修、考察以及学术交流活动等方面的支出。

第十一条 各单位取得外汇现汇收入后应及时、足额纳入专设的外汇账户进行核算和管理，不准截留和挪用，不得隐瞒收入，私设外币现钞“小金库”。

第十二条 各单位与外方签定合作研究合同或口头协议并获知外汇收入已汇至中国农业科学院外汇现汇账户后，应及时将汇款单位名称、国别、项目编号、汇款时间和汇款金额等通知院财务局，以便汇款及时入账并进行分户核算和统计申报工作。

第十三条 根据国家外汇管理局和中国银行的要求，凡是国外汇入的合作项目经费，相关单位都要向院财务局提供与境外单位签订的合同或合作协议的复印件。否则，相关款项将无法进入我院外汇账户。

第十四条 外汇现汇存款的利息收入，院计提 10% 的管理费，用于中国银行手续费等方面的支出，剩余部分按季度分配给有关各单位。

第十五条 各单位年终依据院财务局提供的“外汇现汇对账单”，将外汇现汇收支列入本单位的财务收支。

第十六条 国内外汇现汇收支业务，均以人民币进行计价结算。

第四章 出国（境）费用管理

第十七条 各单位应根据外事审批部门出具的出国团组审批意见，结合经财政部门批复的本单位出国（境）费预算为因公出国团组安排经费，不得为未经外事审批部门审批和没有出国（境）费预算的团组安排出国（境）经费。

第十八条 出国团组和个人在国外的所有外汇开支必须取得有效的原始凭证，并用中文注明日期、用途及金额，填写临时出国用汇核销表（在院财务局领取）、国外开支记录表（附表二）和中国农业科学院国外生活费领款表（附表三）方可报销。

第十九条 因公临时出国人员的费用开支标准，依据财政部、外交部《关于印发〈临时出国人员费用开支标准和管理办法〉的通知》（财行〔2001〕73 号）执行。

在国（境）外停留 60 天（不含 60 天）以上的短期出国（境）培训人员、合作研究人员等的出国费用开支标准，依据国家外国专家局、财政部《关于调整短期出国（境）培训生活费开支标准和部分国家培训币种的通知》（外专发〔2002〕95 号）执行。

中长期（指 90 天以上，含 90 天）的出国培训、合作研究人员等出国费用开支标准，依据国家外国专家局、财政部《关于调整中长期出国（境）培训人员费用开支标准的通知》（外专发〔2006〕172 号）执行。

第二十条　出国团组的住宿费要严格按照国家的相关规定执行，副部级以及相当于副部级以上人员根据工作需要，本着节约的原则安排，据实报销；其他人员在规定的住宿费标准之内予以报销。

参加大型国际会议或活动的出国人员，其住宿费也应按预算标准执行，如对方组织单位要求统一安排住宿，亦应严格把关并通过询价方式从紧安排，同时，要在用汇申请书上说明，并附上组织单位统一安排住宿的通知或 3 家同类宾馆的询价单。取得的发票应由单位领导、团长和经办人签字。

第二十一条　出国人员根据出访任务需要在一个国家或多个国家城市间旅行，应事先在出访计划中列明，并经本单位领导批准，在国内购买往返联程机票时，应尽量将城市间交通费包含在国际旅费中。确需单独开支的，根据外方邀请函和批准的出国活动路线，凭原始交通票据据实报销，但不得超过同程间国际机票的价格。参加国际会议，原则上不得报销城市间交通费。

城市间交通费原始票据要用中文注明城市名称、事由，并由单位领导、团长及经办人签字。

第二十二条　出国团组在国外确需开支的翻译费等费用，必须随出国用汇计划和申请书一起报批。

第二十三条　出国团组在出国期间，有关费用如由外方负担的，应如实申报，并扣减相应出国费用。

第二十四条　出国团组必须按批准的用汇项目和出国预算使用外汇，不得擅自突破，结余外汇必须如数退回，任何单位和个人不得截留或挪作他用。

第二十五条　出国团组和个人在国内已领取国外生活费，在国外如发生下列款项应全部上缴，不得挪用或私分。

（一）国外接待部门或国际组织等赠发的零用费、生活补助费、住宿费等；

（二）住宿费、机票的回扣和公款利息收入等；

（三）出国团组和个人取得的其他应上缴收入（包括从事科研合作和学术交流的劳务费、出国展览的展品收入等）。

第二十六条　出国团组在国（境）外需要兑换当地货币时，必须索要兑换部门的兑换水单，以此作为报销时的折算依据。

第五章　附则

第二十七条　本办法由中国农业科学院财务局负责解释。

第二十八条　本办法自下发之日起执行。

附表一：

企业和预算外单位公务出国用汇预算表

用汇单位名称		出境人数	
出国日期	年　月　日至　月　日		
境外停留天数		外汇来源	购汇、自由外汇
前往国家或地区			
开支项目	预算金额		说明（天数及标准）
	实际购汇币种	折美元	
伙食费			
住宿费			
公杂费			
个人零用费			
城市间交通费			
经批准的其他费用			
小计			
个人购汇			购汇所需人民币由个人负担
合计			
财务负责人签字： （单位印章） 年　月　日		银行印章 经办人：　复核人： 年　月　日	

注：本表一式二联，第一联为企业和预算外单位留存联。对于由银行直接办理的，第二联由银行留存；对于需由外汇局核准的，第二联由外汇局留存，银行凭外汇局核准件和第二联复印件办理。

附表二：

国外开支记录表

外币名称：

年		单据号	摘要	支出数	支出项目分类						
月	日				住宿费	伙食费包干	公杂费包干	个人零用费	城市间交通费	其他	备注

单位领导签字：　　　　团长签字：　　　　经办人签字：

附表三：

中国农业科学院国外生活费领款表

年　　月　　日

单位	姓名	国外停留天数	国外资助
摘要：			
金额合计（大写）：			

领款人：

全国宣传干部学院阳光温室建设经费管理办法

农科财（会）函〔2011〕31 号

第一章　总则

第一条　为规范全国宣传干部学院阳光温室建设经费的管理行为，保证财政资金安全、合理和有效使用，保障项目的顺利实施，根据国家相关法律、法规和规章，结合我院实际，特制定本办法。

第二条　本办法所称全国宣传干部学院阳光温室建设经费是指纳入 2011 年中国农业科学院院本级部门预算内的财政经费。

第三条　全国宣传干部学院阳光温室建设项目承担单位为中国农业科学院，中国农业科学院委托蔬菜花卉研究所进行具体实施。

第四条　全国宣传干部学院阳光温室建设经费的使用必须遵守国家有关法律、法规与财务制度，勤俭节约、专款专用。

第二章　经费开支范围

第五条　项目经费开支范围必须与预算口径相一致。项目实施单位必须严格执行批准的项目实施方案，不得超出项目预算范围和标准开支费用。项目经费支出预算包括项目费用和其他费用。

（一）项目费用，指项目实施过程中发生的直接费用，包括：设备费用和基础设施建设改造费用。

设备费用，指项目实施中所必需的设备购置费、安装调试费等费用。

基础设施建设改造费，指项目实施过程中发生的土建、田间工程费用等。

（二）其他费用，指项目实施过程中发生的项目评审、勘察设计、招标、监理和检查验收等项目实施、管理过程中发生的必要费用。

第六条　项目经费不得用于支付各种罚款、捐款、赞助、对外投资等项支出，不得列入国家规定禁止列入的其他支出。

根据中国农业科学院“三项经费”的预算安排，项目经费不得列支出国经费。

第三章　经费预算执行

第七条　项目经费支出要严格按照预算执行，一般不予调整预算。如有特殊原因确需调整预算的，应履行相应手续。

第八条　严格按照政府采购相关法律法规实施采购，做到无预算、无计划不执行采购。

第九条　项目实施单位应指定专人负责项目资金的借支和支出报销工作。

第十条　项目经费借支转账支票的审批程序：

（一）借款人完整填写支票领用单（附件1）。

（二）实施单位项目主管审核，并对工程进度、支出的必要性和真实性负责。

（三）财务局会计处审核，并对项目资金预算执行情况和支出的合规性负责。

（四）涉及政府采购的，由财务局资产处负责人核准。

（五）财务局局长审批。

（六）财务局会计处办理借款手续。

项目经费不借支现金。

第十一条　项目经费支出的审批程序：

（一）项目经办人完整填写审批单（附件2）。

（二）实施单位项目主管审核，并对工程进度、支出的必要性和真实性负责。

（三）财务局会计处审核，并对项目资金预算执行情况和支出的合规性负责。

（四）涉及政府采购的，由财务局资产处负责人核准。

（五）财务局局长审批。

（六）财务局会计处办理付款或冲销借款业务。

第十二条　各级审批人因公外出期间，应书面委托他人代理行使审批权限。

第十三条　因中国农业科学院本级已实行国库集中支付，按照财政部《中央单位财政国库管理制度改革试点资金支付管理办法（修订稿）》的有关规定，凡项目实施单位先期垫支的与项目有关的费用，不能归还垫付款。

第十四条　项目实施单位应配合院财务局做好项目经费的检查、审计、决算和验收等工作。

第十五条　项目完成后，委托中介机构进行项目决算编审。

第十六条　项目经费形成的固定资产应在财务报账之前及时登记固定资产，项目验收后由财务局资产管理处办理资产划转手续。

第四章　监督与检查

第十七条　项目实施单位在项目实施过程中，存在弄虚作假、截留、挪用、挤占项目资金等违反财经纪律和财务制度的行为，项目单位根据具体情况及有关规定，对有关责任人予以查处。触犯刑律的，由司法机关依法追究刑事责任。

第十八条　受项目实施单位委托的中介机构在项目审计过程中，存在弄虚作假、隐瞒事实真相、同项目实施单位串通作弊等行为的，项目单位有权依法取消其该项目资金的审计资格。

第五章　附则

第十九条　项目执行过程中，国家法律、法规与财务制度另有规定的，从其规定。

第二十条　本办法由财务局负责解释。

第二十一条　本办法自发布之日起施行。

关于印发《中国农业科学院院机关软件资产管理暂行办法》的通知

农科办财〔2011〕46号

院机关各部门：

为进一步加强院机关软件资产管理，研究制定了《中国农业科学院院机关软件资产管理暂行办法》，现印发给你们，请遵照执行。

附件：中国农业科学院院机关软件资产管理暂行办法

二〇一一年三月十五日

附件：

中国农业科学院院机关软件资产管理暂行办法

第一条　为进一步加强院机关软件资产管理，根据《农业部办公厅关于进一步做好使用正版软件工作的通知》（农办市〔2011〕2 号）、《农业部办公厅关于转发国务院机关事务管理局〈关于进一步加强中央行政事业单位软件资产管理工作的通知〉的通知》（农办财〔2010〕141 号）精神，结合《中国农业科学院院机关固定资产登记管理办法（试行）》（农科院计财〔2007〕26 号）等相关规定，制定本办法。

第二条　本办法所称软件资产，是指院机关各部门（以下简称“各部门”）通过购置、调剂或开发等方式形成的具有合法使用权的各种软件。

第三条　财务局负责院机关软件资产的管理制度制定、预算和计划汇总编制和审核、资产登记、资产处置等工作。各部门负责本部门软件资产的实物管理、预算和计划编制、卡片和备查簿登记、处置申报等工作，各部门应明确软件使用责任人，负责维护使用等具体管理。

第四条　各部门应严格控制配置需求，设备更新时硬件和软件应当同时考虑。各部门拟配置软件资产时，应按有关要求编制预算报送财务局。拟配置的软件资产属于政府采购范围的，应按有关要求编制政府采购计划报送财务局。

第五条　各部门应严格按照批复的预算配置软件资产，优先购置国产品牌软件。拟配置的软件资产属于政府集中采购目录内“计算机通用软件”范围的，应当通过中央国家机关政府采购中心进行采购，具体登陆中央政府采购网（www. zycg. gov. cn）执行协议供货或规定的其他方式；单项或批量采购金额达到限额标准以上的，应按照《中华人民共和国政府采购法》等有关规定执行。

第六条　各部门配置的软件资产达到固定资产标准的，应到财务局办理固定资产登记手续，资产分类名称为电子计算机及其外围设备类（代码为 715000）。未达到固定资产标准的，应建立软件资产备查簿，明确软件使用责任人。其中：在原有软件基础上重新开发或升级的软件，按开发、升级发生的支出，增记资产价值；自行开发的信息系统应用软件，应当和硬件分开独立入账。

第七条　各部门应按照许可范围使用软件资产，做好日常管理和维护工作。各部门应对软件资产及时进行归档管理，做好自行开发软件源代码、开发档案、验收文件和相关授权证书及载体的保管工作，保证软件资产安全保密。

第八条　各部门拟处置软件资产时，应按规定将处置申请文件报送财务局。处置完成时，按照批复文件及时调整资产账卡。

以授权形式购置的软件到期后，应当及时办理处置手续，停止使用；为专项工作开发使用的软件在工作完成后，失去使用价值的，应及时进行报废处置。拥有自主知识产权的软件停止使用后，不涉及国家机密、仍具有经济价值的，应当通过中央行政事业单位国有资产处置平台进行公开处置。

第九条 各部门应每年结合部门固定资产盘点，对软件资产情况进行清查，做到账账、账卡、账实相符。

第十条 本办法由财务局负责解释。

第十一条 本办法自印发之日起施行。

软件资产备查簿

部门名称：

序号	名称	软件资产基本信息			软件资产使用信息					安装使用计算机信息			备注
		类别	使用许可种类及范围	产品序列号/密码	使用责任人	购置日期	开始使用时间	使用期限	预计停止使用时间	资产编号	使用人	存放地点	

说明：①使用许可种类包括单机许可、场地许可；②安装使用计算机信息为计算机卡片相关信息。

中国农业科学院关于印发《中国农业科学院国有资产管理暂行办法》等3个国有资产管理规定的通知

农科院财〔2011〕47号

院属各单位、院机关各部门：

为加强我院国有资产管理，根据国家和农业部有关规定，研究制定了《中国农业科学院国有资产管理暂行办法》《中国农业科学院土地资产管理暂行办法》和《中国农业科学院房产管理暂行办法》，现印发给你们，请遵照执行。

附件：1. 中国农业科学院国有资产管理暂行办法
2. 中国农业科学院土地资产管理暂行办法
3. 中国农业科学院房产管理暂行办法

二〇一一年三月十六日

附件 1：

中国农业科学院国有资产管理暂行办法

第一章　总则

第一条　为加强院属事业单位国有资产管理，根据《中央级事业单位国有资产管理暂行办法》（财教〔2008〕13 号）和《农业部部属事业单位国有资产管理暂行办法》（农财发〔2010〕102 号）等规定，制定本办法。

第二条　本办法适用于院属各类事业单位（以下简称各单位）。

第三条　本办法所称事业单位国有资产，是指各单位占有、使用的，依法确认为国家所有，能以货币计量的各种经济资源的总称。

事业单位国有资产包括：国家拨给事业单位的资产，各单位按照国家政策规定运用国有资产组织收入形成的资产，以及接受捐赠和其他经法律确认为国家所有的资产，其表现形式为流动资产、固定资产、无形资产和对外投资等。

土地和房产作为特殊资产，其管理办法另行制定。

第四条　各单位国有资产管理，应当坚持资产管理与预算管理相结合，资产管理与财务管理相结合，实物管理与价值管理相结合的原则。

第五条　各单位国有资产实行国家所有，分级监管，单位占有、使用的管理体制。

第二章　管理机构及其职责

第六条　中国农业科学院财务局（以下简称院财务局）是负责院属各单位国有资产监督管理的职能机构。其主要职责是：

（一）贯彻执行国家和农业部有关国有资产管理的法律、行政法规和政策；

（二）根据国家及农业部有关国有资产管理规定，制定我院相关国有资产管理实施办法，并组织实施和监督检查；

（三）组织各单位国有资产的清查、登记、统计汇总及日常监督检查工作；

（四）按规定权限审批或审核各单位有关资产配置、处置、对外投资、出租、出借等事项；

（五）组织各单位长期闲置、低效运转和超标准配置资产的调剂工作，优化国有资产配置；

（六）负责各单位存量资产的有效利用，推动国有资产共享、共用；

（七）督促各单位按规定缴纳国有资产收益；

（八）组织实施各单位国有资产管理的绩效考评；

（九）组织、指导各单位资产管理信息化建设；

（十）负责院资产管理队伍建设；

（十一）接受农业部的监督、指导，并报告国有资产管理工作。

第七条 各单位应明确相关机构和人员负责本单位国有资产管理工作。资产量较大的单位，可按规定申请设立独立的资产管理部门。

第八条 各单位负责对本单位占有、使用的国有资产实施具体管理。其主要职责是：

（一）贯彻执行国家有关国有资产管理的法律、行政法规和政策；

（二）根据国家、农业部和院有关国有资产管理的规定，制定本单位国有资产管理的具体办法并组织实施；

（三）负责本单位资产购置、验收入库、维护保管等日常管理，负责本单位资产的账卡管理、清查登记、统计报告、信息化管理及日常监督检查工作；

（四）根据授权负责本单位国有资产配置、处置和对外投资、出租、出借等事项的审批、报批工作；

（五）负责本单位用于对外投资、出租、出借等资产的保值增值，按照规定及时、足额缴纳国有资产收益；

（六）负责本单位存量资产的有效利用，参与大型仪器、设备等资产的共享、共用和公共研究平台建设工作；

（七）接受上级主管单位和相关部门的监督、指导，并报告有关国有资产管理工作。

第九条 各单位的资产调剂、处置，以及对外投资、出租、出借等事项，根据授权审批或审核。

第三章 资产配置

第十条 资产配置是指根据各单位履行职能的需要，按照国家有关法律、行政法规和规章制度规定的程序，通过购置或者调剂等方式配备资产的行为。

第十一条 资产配置应当符合以下条件：

（一）现有资产无法满足本单位履行职能的需要；

（二）难以与其他单位共享、共用相关资产；

（三）难以通过市场购买服务方式实现，或者采取市场购买服务方式成本过高。

第十二条 资产配置应当符合规定的配置标准；没有规定配置标准的，应当从严控制，合理配置。能通过单位内部调剂方式配置的，原则上不重新购置。

第十三条 对于各单位长期闲置、低效运转或者超标准配置的资产，可根据工作需要进行调剂。调剂程序按照无偿调拨（划转）的规定执行。

第十四条　各单位申请购置规定范围内及规定限额以上资产的，须履行如下程序：

（一）各单位对拟新购置资产的品目、数量和所需经费，单位领导班子应根据本单位资产的存量、使用及其绩效情况集体研究并同意；

（二）院财务局根据单位资产存量状况、使用情况、人员编制和有关资产配置标准等进行审核；

（三）各单位对拟新购置资产的品目、数量和所需经费纳入单位预算，按照预算批复配置资产。

第十五条　购置纳入政府采购范围的资产，应当按照政府采购管理的有关规定实施采购，优先采购国产、节能、环保、自主创新产品。

第十六条　各单位对单位购置、接受捐赠、无偿划拨（接受调剂）、基建移交（包括自建）、自行研制等方式配置的资产，应及时验收、登记。各单位应根据资产的相关凭证或文件及时登记入账。

对没有原始价值凭证的资产，可根据竣工财务决算资料、委托中介机构进行资产评估等方式确定资产价值。盘盈资产按照本款履行入账手续。

第四章　资产使用

第十七条　资产使用包括单位自用和对外投资、出租、出借等方式。

权属关系不明确或者存在权属纠纷的资产，不得用于对外投资和出租、出借。

第十八条　各单位应建立健全自用资产的验收、领用、使用、保管和维护等内部管理流程，定期对资产进行清查盘点，做到账账、账卡、账实相符；加强对本单位专利权、商标权、著作权、土地使用权、非专利技术等无形资产的管理，防止国有资产流失。

第十九条　各单位应建立资产领用收回制度。资产领用应经主管领导批准。资产出库时保管人员应及时办理出库手续。办公用资产应落实到人，使用人离职时，所用资产应按规定收回。

第二十条　各单位应建立资产统计报告制度，定期向单位领导报送资产统计报告，及时反映本单位资产使用以及变动情况。

第二十一条　各单位应严格控制对外投资、出租和出借等行为。在确保单位职能正常履行的情况下，各单位利用国有资产对外投资、出租和出借的，应当符合国家有关法律、行政法规的规定，进行可行性论证，坚持集体决策，严格审查程序，强化后期跟踪，确保投资回报。

第二十二条　各单位出租、出借国有资产，单项或批量价值（账面价值，下同）800 万元以上（含 800 万元）的，经院常务会议审议同意后，报农业部审批。

单项或批量价值 800 万元以下的，各单位自行审批。各单位应在审批完成后的 15 个工作日内将批复文件（一式六份）报院财务局，由院财务局统一汇总后，报农业部备案。

第二十三条 各单位申报国有资产出租、出借等事项，一般应提交如下材料。

（一）出租、出借事项的书面申请。应就申报材料的完整性、决策过程的合规性、项目实施的可行性提出意见；

（二）拟出租、出借资产的权属证明复印件（加盖单位公章）；

（三）能够证明拟出租、出借资产价值的有效凭证，如购货发票、工程决算副本、记账凭证、固定资产卡片等复印件（加盖单位公章）；

（四）出租、出借的可行性分析报告；

（五）单位同意利用国有资产出租、出借的领导班子会议决议；

（六）单位法人证书复印件；

（七）其他材料。

各单位根据授权自行审批的，应严格履行内部审批手续，并将上述材料存档备查。

第二十四条 各单位国有资产，有下列情形之一的，不得出租、出借。

（一）已被依法裁定查封、冻结的；

（二）产权有争议的；

（三）未取得其他共有人同意的；

（四）出租、出借后影响单位职能正常履行的；

（五）其他违反国家法律、法规的。

第二十五条 各单位利用国有资产出租、出借的期限原则上不得超过5年。法律、行政法规另有规定的，从其规定。

第二十六条 各单位出租、出借资产，必要时应采取评审或资产评估的办法确定出租的底价。

第二十七条 各单位利用国有资产对外投资，单项或批量价值800万元以上（含800万元）的，经院常务会议审议同意后，报农业部审批；各单位单项或批量价值（不含本级）800万元以下的，报院审批，在审批完成后的15个工作日内将批复文件报农业部备案。

第二十八条 各单位申请利用国有资产对外投资，应提交以下材料（一式六份），并对材料的真实性、准确性负责：

（一）对外投资事项的书面申请。应就申报材料的完整性、决策过程的合规性、拟投资使用资金来源的合理性、项目实施的可行性等方面提出意见；

（二）拟对外投资资产的权属证明复印件（加盖单位公章）。以无形资产对外投资的，应提交成果鉴定报告、专利证书或其他权属证明文件；

（三）能够证明拟对外投资资产价值的有效凭证，如购货发票、工程决算、记账凭证、固定资产卡片等复印件（加盖单位公章）；

（四）可行性分析报告。内容包括投资的必要性及背景、投资金额及方式、资金来源及对单位财务状况的影响、合作方资信状况等，并分析投资风险、投资收益及回收期等经济指标；

（五）单位同意利用国有资产对外投资的领导班子会议决议；

（六）拟创办经济实体的章程和工商行政管理部门下发的企业名称预先核准通知书；

（七）单位与拟合作方签订的合作意向书、协议草案或合同草案，明确约定相关方的权利、义务、利益分享和风险分担的责任等，并须注明该协议经本单位上级主管部门审批同意后方正式生效的保留条款；

（八）单位法人证书复印件；

（九）单位上年度财务报表；

（十）中介机构出具的拟合作方上年度财务审计报告；

（十一）其他材料。

第二十九条　除国家专项拨款外，各单位不得用财政性资金和上级补助资金进行对外投资，也不允许发生以下对外投资行为。

（一）买卖期货、股票（不含股权转让行为）；

（二）购买各种企业债券、各类投资基金和其他任何形式的金融衍生品或进行任何形式的金融风险投资；

（三）利用国外贷款的，在贷款债务没有清偿以前，未经批准利用贷款形成的资产对外投资；

（四）其他违反法律法规的。

第三十条　各单位应在保证单位正常运转和事业发展的前提下，严格控制货币性资金对外投资。鼓励各单位根据《中华人民共和国促进科技成果转化法》等规定，利用科技成果对外投资。

第三十一条　各单位的内设机构、附属营业机构和其他不具有法人资格的所属单位不得对外投资。

第三十二条　各单位不得以任何形式进行虚假对外投资。兴办经济实体的，不得抽逃注册资金。

第三十三条　各单位利用国有资产进行境外投资的，应遵循国家境外投资项目核准和外汇管理等相关规定，并按照有关规定履行报批手续。

第三十四条　各单位利用国有资产进行对外投资，应按照国家有关规定对拟投资资产进行资产评估或验资。资产评估项目按规定履行备案或核准手续。

第三十五条　各单位应按照财务会计制度，设置“对外投资”会计科目，对对外投资项目进行明细核算，及时进行账务处理。不得以成本费用或往来核算方式记录对外投资业务。

第三十六条　各单位对所投资企业依法享有资产收益、参与重大决策和选择管理者等出资人权利；依照法律、行政法规的规定，制定或者参与制定所投资企业的章程；对须经批准的关系国有资产出资人权益的重大事项，应严格按规定履行审批手续。

第三十七条 各单位应当依照法律、行政法规以及企业章程对所投资企业履行出资人职责，对关系国有资产出资人权益的重大事项，坚持领导班子集体决策，确保国有资产保值增值，防止国有资产流失。

第三十八条 各单位对所投资的全资或控股企业承担《企业财务通则》（财政部令第41号）规定的投资者财务管理职责。

第三十九条 各单位所属全资或控股企业通过改制、产权转让、合并、分立、托管等方式实施重组，对涉及资本权益的事项，应当进行可行性研究，并组织开展以下工作。

（一）清查财产，核实债务，委托会计师事务所审计；

（二）制定职工安置方案，听取重组企业的职工、职工代表大会的意见或者提交职工代表大会审议；

（三）与债权人协商，制定债务处置或者承继方案；

（四）委托评估机构进行资产评估，并以评估价值作为净资产作价或者折股的参考依据；

（五）拟订股权设置方案和资本重组实施方案，经过审议后履行报批手续。

第四十条 企业改制按照《国务院办公厅转发国务院国有资产监督管理委员会关于规范国有企业改制工作意见的通知》（国办发〔2003〕96号）和《国务院办公厅转发国务院国有资产监督管理委员会关于进一步规范国有企业改制工作实施意见的通知》（国办发〔2005〕60号）等有关规定执行。企业改制中涉及自然人、法人参股的，按照公开交易、公平对待的原则进行操作。国家另有规定的，从其规定。

第四十一条 各单位每年应根据所投资企业经营情况，研究提出利润分配意见，及时参与利润分配，确保对外投资收益。

第四十二条 各单位应当对本单位对外投资、出租、出借的资产实行专项管理，同时，在单位财务会计报告中对相关信息进行披露。

第四十三条 各单位利用国有资产对外投资、出租、出借等取得的收入应当纳入单位预算，统一核算，统一管理。

第五章 资产处置

第四十四条 国有资产处置，是指各单位对其占有、使用的国有资产进行产权转让或者注销产权的行为。处置方式包括无偿调拨（划转）、对外捐赠、出售、出让、转让、置换、报废、报损、货币性资产损失核销等。

（一）无偿调拨（划转）是指在不改变国有资产性质的前提下，以无偿转让的方式变更国有资产占有、使用权的行为。包括：长期闲置、低效运转、超标准配置的资产；因单位撤销、合并、分立而移交的资产；隶属关系改变，上划、下划的资产；其他需要调拨（划转）的资产；

（二）对外捐赠是指按照《中华人民共和国公益事业捐赠法》自愿无偿将其有权处分的合法财产赠与合法的受赠人的行为。包括实物资产捐赠、无形资产捐赠和货币性资产捐赠等；

（三）出售、出让、转让是指变更国有资产所有权或占有、使用权并取得相应收益的行为；

（四）置换是指与其他单位以非货币性资产为主进行的交换，这种交换不涉及或只涉及少量的货币性资产（即补价）；

（五）报废是指按有关规定或经有关部门、专家鉴定，对已不能继续使用的资产，进行产权注销的资产处置行为；

（六）报损是指由于发生呆账损失、非正常损失等原因，按有关规定对资产损失进行产权注销的资产处置行为；

（七）货币性资产损失核销是指单位按现行财务与会计制度，对确认形成损失的货币性资产（现金、银行存款、应收账款、应收票据等）进行核销的行为。

第四十五条　各单位拟处置的国有资产权属应当清晰。权属关系不明确或者存在权属纠纷的资产，须待权属界定明确后予以处置；被设置为担保物的国有资产处置，应当符合《中华人民共和国担保法》《中华人民共和国物权法》等法律的有关规定。

第四十六条　各单位国有资产处置应遵循公开、公正、公平和竞争、择优的原则，严格履行审批手续，未经批准不得擅自处置。各单位处置国有资产的，按以下权限予以审批。

（一）一次性处置单项或批量价值 800 万元以上（含 800 万元）的，经院常务会议审议同意后，报农业部审批；

（二）一次性处置单项或批量价值（不含院本级）50 万元以上（含 50 万元）、800 万元以下的，报院审批；

（三）院本级一次性处置单项或批量价值 50 万元以上（含 50 万元）报农业部审批；

（四）一次性处置单项或批量价值 50 万元以下的，各单位自行审批。

各单位自行审批的，应于批复之日起 15 个工作日内将批复文件（一式六份）上报院财务局，由院财务局统一汇总后，报农业部备案。国有资产处置的批复文件应同时报当地财政监察专员办事处。

第四十七条　申请货币性资产损失核销的，须符合下列条件之一。

（一）债务人已被依法宣告破产、撤销、关闭，且用债务人清算财产清偿后仍不能弥补损失的；

（二）债务人死亡或者依法被宣告失踪、死亡的；

（三）已经法院判决裁定败诉的，或虽胜诉但因无法执行被裁定终止执行的。

第四十八条　各单位处置授权限额以上的国有资产，应履行单位申报—逐级审核审批—评估备案与核准—公开处置的程序。

各单位自行处置国有资产，应履行资产使用部门申请—资产管理部门审核—单位领导审批—资产评估—公开处置—上报备案文件的程序。

重大资产处置事项，应由单位领导班子集体研究决定。

第四十九条 各单位申报资产处置事项，一般应提交如下材料。

（一）资产处置申请文件。应就申报材料的完整性、决策过程的合规性等方面提出意见；

（二）《中央级事业单位国有资产处置申请表》；

（三）资产价值凭证及产权证明，如购货发票或收据、工程决算副本、记账凭单、固定资产卡片等复印件（加盖单位公章）；

（四）各单位同意处置资产的领导班子会议决议；

（五）其他有关资料。

第五十条 资产处置除按第五十一条规定提交材料外，根据具体方式，还应提交必要的补充材料，其中：

（一）无偿调拨（划转）的，需提供资产的名称、数量、规格、单价等清单。属单位撤销、合并、分立移交资产的，需提供撤销、合并、分立的批文；

（二）对外捐赠的，需提供捐赠报告（包括捐赠事由、途径、方式、责任人、资产构成及其数额、交接程序等）、捐赠事项对本单位财务状况和业务活动影响的分析报告；使用货币资金对外捐赠的，应提供货币资金的来源说明等；

（三）出售、出让、转让的，需提供出售、出让、转让方案（包括资产的基本情况，处置的原因、方式等）和合同草案，属于企业国有产权转让的，还应提交可行性报告；

（四）置换的，需提供近期的财务报告，对方单位拟用于置换资产的基本情况说明、是否已被设置为担保物等，双方草签的置换协议，对方单位的法人证书或营业执照的复印件（加盖单位公章）；

（五）报废、报损的，需提供价值清单和技术鉴定意见。其中：属于非正常损失的，需提供责任事故的鉴定文件及对责任者的处理文件；属于因拆除构筑物等原因办理资产核销手续的，需提交相关职能部门的拆除批复文件、建设项目拆建立项文件、签定的拆迁补偿协议；属于对外投资、担保（抵押）发生损失的，需提供被投资单位的清算审计报告及注销文件，债权或股权凭证、形成呆坏账的情况说明和具有法定依据的证明材料；属于申请仲裁或提起诉讼的，需提交相关法律文书；

（六）申请货币性资产损失核销的，属于债务人已被依法宣告破产、撤销、关闭，且用债务人清算财产清偿后仍不能弥补损失的，需提供宣告破产的民事裁定书以及财产清算报告、注销工商登记或吊销营业执照的证明、政府有关部门决定关闭的文件；属于债务人死亡或者依法被宣告失踪、死亡的，需提供其财产或遗产不足清偿的法律文件；涉及诉讼的，需提供判决裁定申报单位败诉的人民法院生效判决书或裁定书，或虽胜诉但因无法执行被裁定终止执行的法律文件。

第五十一条 各单位国有资产处置应当由单位资产管理部门、财务部门会同技术部门或专家小组进行审核鉴定，提出处置意见，按审批权限报送审批。专家小组不少于3

人，应由熟悉相关资产行业标准，且具有副高级以上专业技术职务的人员组成。

第五十二条　资产出售、出让、转让，应当通过产权交易机构、证券交易系统、协议方式以及国家法律、行政法规规定的其他方式进行。对产权交易机构和证券交易系统之外的直接协议方式应当严格控制。

第五十三条　上级部门对各单位国有资产处置事项的批复，以及各单位按规定权限处置资产报院备案的文件，是安排各单位有关资产配置预算项目的参考依据，各单位应当依据其办理产权变动和进行账务处理。

第五十四条　各单位国有资产处置收入，在扣除相关税金、评估费、拍卖佣金等费用后，按照政府非税收入管理和财政国库收缴管理的规定上缴中央国库，实行“收支两条线”管理。其中，科技成果转化（转让）收入，按照国家有关规定，在扣除奖励资金后上缴中央国库。

第五十五条　各单位利用国有资产对外投资形成的股权（权益）的出售、出让、转让收入，按以下规定办理。

（一）利用现金对外投资形成的股权（权益）的出售、出让、转让收入纳入单位预算，统一核算，统一管理；

（二）利用实物资产、无形资产对外投资形成的股权（权益）的出售、出让、转让收入，按以下情形分别处理。

1. 收入形式为现金的，扣除投资收益，以及税金、评估费等相关费用后，上缴中央国库，实行“收支两条线”管理；投资收益纳入单位预算，统一核算，统一管理；

2. 收入形式为现金和其他资产的，现金部分扣除投资收益，以及税金、评估费等相关费用后，上缴中央国库，实行“收支两条线”管理。

（三）利用现金、实物资产、无形资产混合对外投资形成的股权（权益）的出售、出让、转让收入，按照本条第（一）、第（二）项的有关规定分别管理。

第六章　产权登记与产权纠纷处理

第五十六条　国有资产产权登记是指国家对事业单位占有、使用的国有资产进行登记，依法确认国有资产所有权和事业单位对国有资产占有、使用权的行为。

第五十七条　各单位国有资产产权登记工作根据财政部的要求组织开展。

第五十八条　产权纠纷是指由于国有资产所有权、经营权、使用权等产权归属不清而发生的争议。

第五十九条　各单位与其他国有单位之间发生国有资产产权纠纷的，由当事人双方协商解决，协商不能解决的，可以向上一级单位申请调解或依法裁定。

第六十条　各单位与非国有单位或者个人之间发生产权纠纷的，各单位应当提出拟处理意见，经院审核并报农业部同意后，与对方当事人协商解决，协商不能解决的，依照司法程序处理。

第七章 资产评估与资产清查

第六十一条 各单位有下列情形之一的，应当对相关国有资产进行评估。
（一）整体或者部分改制为企业；
（二）以非货币性资产对外投资；
（三）合并、分立、清算；
（四）资产拍卖、转让、置换；
（五）整体或者部分资产租赁给非国有单位；
（六）确定涉讼资产价值；
（七）法律、行政法规规定的其他需要进行评估的事项。
第六十二条 各单位有下列情形之一的，可以不进行资产评估。
（一）经批准单位整体或者部分资产无偿划转；
（二）单位下属的单位之间的合并、资产划转、置换和转让；
（三）发生其他不影响国有资产权益的特殊产权变动行为，报经农业部确认可以不进行资产评估的。

第六十三条 国有资产评估工作应当依据《国有资产评估管理办法》（国务院令第 91 号），委托具有资产评估资质的评估机构进行。各单位应当如实向资产评估机构提供有关情况和资料，并对所提供的情况和资料的真实性和合法性负责。

各单位不得以任何形式干预资产评估机构独立执业。

第六十四条 国有资产评估项目实行核准制和备案制。经国务院批准实施的重大经济事项涉及的国有资产评估项目，经院审核后，报农业部核准。其他国有资产评估事项实行备案制，其评估结果经院审核后报农业部备案。

第六十五条 资产出售、出让、转让，应按资产评估报告所确认的评估价值作为市场竞价的参考依据，意向交易价格未达到评估结果 90% 的，应当按规定权限重新报批。

第六十六条 各单位进行资产清查，应当提出申请，经院审核并报农业部同意后实施。根据国家有关规定进行的资产清查除外。

资产清查工作按照财政部《行政事业单位资产清查暂行办法》（财办〔2006〕52 号）、《行政事业单位资产核实暂行办法》（财办〔2007〕19 号）有关规定执行。

第八章 资产信息管理与报告

第六十七条 各单位应当按照国有资产管理信息化的要求，及时将资产变动信息录入管理信息系统，对本单位资产实行动态管理，并在此基础上做好国有资产统计和信息报告工作。

第六十八条 国有资产信息报告是各单位财务会计报告的重要组成部分。各单位应当按照财政部规定的年度部门决算报表的格式、内容及要求，对占有、使用的国有资产总量与分布构成、资产质量与运行情况、资产使用情况、主要资产的实物量情况及增减变化情况、国有资产处置结果、处置收入及上缴情况等作出报告。

第六十九条 资产管理信息系统数据和资产信息报告，是编制和安排各单位预算的重要参考依据。

第七十条 各单位应建立健全国有资产档案管理制度。资产配置、使用和处置过程中形成的各种决议、合同、协议、章程、批示、批准文件及各类凭证等资料，应由有关职能机构及时按照国家标准规范，全面、完整、及时地整理归集后，移交本单位档案管理机构统一保管。

第九章 管理责任和监督检查

第七十一条 各单位法定代表人是本单位国有资产管理的第一责任人，负有维护国有资产安全完整，发挥国有资产使用效益的责任。

第七十二条 院财务局根据各单位类别、财政补助方式、经济状况以及履行职能情况，分类进行国有资产保值增值考核，以签订《国有资产保值增值责任书》的方式落实保值增值责任。

第七十三条 国有资产保值增值考核结果，是对各单位法定代表人和领导班子业绩考核的重要内容，也是年度考核、核定各单位年度工资总额，以及编制和安排各单位预算的重要参考依据。

第七十四条 各单位及其工作人员在国有资产管理中，有下列行为之一的，依据《财政违法行为处罚处分条例》的规定进行处罚、处分、处理，并视情节轻重暂停或取消其年度资产配置预算的申报资格。

（一）以虚报、冒领等手段骗取财政资金的；

（二）擅自占有、使用和处置国有资产的；

（三）擅自提供担保的；

（四）未按规定缴纳国有资产收益的。

第十章 附则

第七十五条 对涉及国家安全的各单位国有资产的配置、使用、处置等管理活动，要按照国家有关保密制度的规定，做好保密工作，防止失密和泄密。

第七十六条 各单位根据本办法和管理的需要，制定国有资产管理实施细则，报院备案。

第七十七条 本办法由中国农业科学院财务局负责解释。

第七十八条 本办法自发布之日起施行。

中央级事业单位国有资产处置申请表

申报单位（签章） 申报日期 年 月 日 （金额单位：万元）

<table>
<tr><th rowspan="2">序号</th><th rowspan="2">资产名称</th><th colspan="5">资产类别</th><th rowspan="2">资产来源</th><th rowspan="2">型号规格</th><th rowspan="2">单位</th><th rowspan="2">数量（股份）</th><th rowspan="2">购置（投资）日期</th><th colspan="3">价值</th><th rowspan="2">处置方式</th><th rowspan="2">备 注</th></tr>
<tr><th>流动资产</th><th>固定资产</th><th>无形资产</th><th>对外投资</th><th>其他资产</th><th>账面原值</th><th>已折旧额</th><th>账面净值</th></tr>
<tr><td></td><td></td><td></td><td></td><td></td><td></td><td></td><td></td><td></td><td></td><td></td><td></td><td></td><td></td><td></td><td></td><td></td></tr>
<tr><td></td><td></td><td></td><td></td><td></td><td></td><td></td><td></td><td></td><td></td><td></td><td></td><td></td><td></td><td></td><td></td><td></td></tr>
<tr><td></td><td></td><td></td><td></td><td></td><td></td><td></td><td></td><td></td><td></td><td></td><td></td><td></td><td></td><td></td><td></td><td></td></tr>
<tr><td></td><td></td><td></td><td></td><td></td><td></td><td></td><td></td><td></td><td></td><td></td><td></td><td></td><td></td><td></td><td></td><td></td></tr>
<tr><td colspan="2">处置原因</td><td colspan="15"></td></tr>
<tr><td>事业单位意见</td><td colspan="6">资产管理部门负责人（签章）
年 月 日</td><td colspan="6">预算（财务）管理部门负责人（签章）
年 月 日</td><td colspan="4">单位负责人（签章）
年 月 日</td></tr>
</table>

（续表）

<table>
<tr><th rowspan="2">序号</th><th rowspan="2">资产名称</th><th colspan="5">资产类别</th><th rowspan="2">资产来源</th><th rowspan="2">型号规格</th><th rowspan="2">单位</th><th rowspan="2">数量（股份）</th><th rowspan="2">购置（投资）日期</th><th colspan="3">价值</th><th rowspan="2">处置方式</th><th rowspan="2">备　注</th></tr>
<tr><th>流动资产</th><th>固定资产</th><th>无形资产</th><th>对外投资</th><th>其他资产</th><th>账面原值</th><th>已折旧额</th><th>账面净值</th></tr>
<tr><td>主管单位审核意见</td><td colspan="6">资产管理部门负责人（签章）
年　月　日</td><td colspan="6">预算（财务）管理部门负责人（签章）
年　月　日</td><td colspan="4">单位负责人（签章）
年　月　日</td></tr>
<tr><td>主管部门审核意见</td><td colspan="6">资产管理部门负责人（签章）
年　月　日</td><td colspan="6">预算（财务）管理部门负责人（签章）
年　月　日</td><td colspan="4">备注</td></tr>
</table>

说明：1. 本表适用于事业单位国有资产出售、出让、转让、置换、报废报损、货币性资产核销等处置事项申请。

2. 资产类别（1）固定资产：①土地、房屋及构筑物；②通用设备；③专用设备；④交通运输设备；⑤电气设备；⑥电子产品及通信设备；⑦仪器仪表及其他；⑧文艺体育设备；⑨图书、文物及陈列品；⑩家具用具及其他；（2）流动资产：①货币性资金；②有价证券；③应收账款；④应付账款；⑤其他；（3）无形资产：①专利权；②著作权；③商标权；④土地使用权；⑤其他；（4）对外投资；（5）其他资产。

3. 资产来源①财政性资金形成（包括预算外资金）②单位自筹资金形成③单位合并形成④上级拨付资金形成⑤上级调入形成⑥接受捐赠形成⑦其他。

4. 资产处置方式①拍卖②招投标③协议转让④其他方式。

5. 表中资产类别、资产来源、资产处置方式等均用代码填写。

中央级事业单位国有资产处置申请表

申报单位（签章）　　　　　　　　　　申报日期　　　年　月　日　　　　　　（金额单位：万元）

序号	资产名称	资产类别					型号规格	单位	数量（股份）	购置（投资）日期	价值				处置方式	备注
		流动资产	固定资产	无形资产	对外投资	其他资产					账面原值	已折旧额	账面净值	评估价值		

处置原因				
划出方	单位意见	资产管理部门负责人签章 年　月　日	预算（财务）管理部门负责人签章 年　月　日	单位负责人签章 年　月　日
	主管单位审核意见	资产管理部门负责人签章 年　月　日	预算（财务）管理部门负责人签章 年　月　日	单位负责人签章 年　月　日
	主管部门审核意见	资产管理部门负责人签章 年　月　日	预算（财务）管理部门负责人签章 年　月　日	备注

（续表）

<table>
<tr><th rowspan="2">序号</th><th rowspan="2">资产名称</th><th colspan="5">资产类别</th><th rowspan="2">型号规格</th><th rowspan="2">单位</th><th rowspan="2">数量（股份）</th><th rowspan="2">购置（投资）日期</th><th colspan="4">价值</th><th rowspan="2">处置方式</th><th rowspan="2">备注</th></tr>
<tr><th>流动资产</th><th>固定资产</th><th>无形资产</th><th>对外投资</th><th>其他资产</th><th>账面原值</th><th>已折旧额</th><th>账面净值</th><th>评估价值</th></tr>
<tr><td rowspan="3">接收方</td><td>单位意见</td><td colspan="5">资产管理部门负责人签章
年　月　日</td><td colspan="6">预算（财务）管理部门负责人签章
年　月　日</td><td colspan="4">单位负责人签章
年　月　日</td></tr>
<tr><td>主管单位审核意见</td><td colspan="5">资产管理部门负责人签章
年　月　日</td><td colspan="6">预算（财务）管理部门负责人签章
年　月　日</td><td colspan="4">单位负责人签章
年　月　日</td></tr>
<tr><td>主管部门审核意见</td><td colspan="5">资产管理部门负责人签章
年　月　日</td><td colspan="6">预算（财务）管理部门负责人签章
年　月　日</td><td colspan="4">备注</td></tr>
</table>

说明：1. 本表适用于事业单位国有资产无偿调拨（划转）、对外捐赠等处置事项申请。

2. 资产类别（1）固定资产①土地、房屋及构筑物②通用设备③专用设备④交通运输设备⑤电气设备⑥电子产品及通信设备⑦仪器仪表及其他⑧文艺体育设备⑨图书、文物及陈列品⑩家具用具及其他；（2）流动资产 ①货币性资金 ②有价证券③应收账款 ④预付账款 ⑤其他；（3）无形资产 ①专利权 ②著作权 ③商标权 ④土地使用权⑤其他；（4）对外投资；（5）其他资产。

3. 资产处置方式①同部门之间不改变资产属性的调拨②跨部门之间调拨③中央级单位和地方单位之间资产无偿调拨④固定资产捐赠⑤流动资产捐赠⑥无形资产捐赠⑦其他形式捐赠⑧其他。

4. 表中资产类别、资产处置方式等均用代码填写。

中国农业科学院土地资产管理暂行办法

第一章 总则

第一条 为规范中国农业科学院土地资产的配置、使用和处置行为，维护相关权利人的合法权益，依据《中华人民共和国物权法》《中华人民共和国土地管理法》和《农业部行政事业单位土地资产管理暂行办法》等有关法律、行政法规，结合我院实际，制定本办法。

第二条 本办法适用于中国农业科学院及其所属事业单位（以下简称各单位）占有、使用的土地资产。

第三条 本办法所称土地资产。主要包括：

（一）国家划拨的土地；

（二）使用财政资金或自筹资金购置的土地；

（三）其他单位无偿调入的土地；

（四）以置换、受赠、索赔、盘盈等方式取得的土地；

（五）以其他方式取得的土地。

第四条 土地资产的管理，应当坚持依法监管、前置审核、程序规范、公平公正的原则。

第五条 中国农业科学院财务局（以下简称院财务局）是院国有资产主管机构，负责土地资产前置审核的具体工作。

第六条 中国农业科学院产权的土地资产，可由中国农业科学院法定代表人通过签订《土地资产授权管理责任书》，授权相关单位依照本办法代管。

第七条 土地资产收益作为一般预算收入纳入中央财政预算，全部缴入中央国库，实行“收支两条线”管理。

第二章 配置及确权

第八条 土地资产的配置，是指根据事业发展和职责履行需要，按照国家有关法律、法规和规章，通过购置或调剂等方式配备土地资产的行为。

第九条 各单位配置土地资产，均应严格按照有关法律法规订立真实有效的合同、协议或取得其他形式的合法证明文件。

第十条 对于各单位长期闲置、低效运转或者超标准配置的土地资产，可根据工作需要在各单位之间进行调剂。调剂方案由相关单位协商一致，经中国农业科学院审核后，报农业部审批。

第十一条　各单位应按照国家有关法律法规及时申办土地权属登记。新配置土地资产的，应在 30 个工作日内向所在地国土行政管理机构申请登记。已实际占用土地而未办理权属登记（含土地使用权证有效期满）的，应补办权属登记。

第十二条　各单位取得土地使用权证后，应及时按照获取土地实际支付费用的原始凭证及相关资料编制记账凭证，记入无形资产账，且不得作摊销处理。无法确认原始价值的土地，可按 1 元记入无形资产账。国家另有规定的，从其规定。

第三章　规划与使用

第十三条　为合理使用土地资产，各单位应按规定编制土地利用规划。规划的编制，应兼顾当前需要和长远需求，充分体现履行职责的需要，促进事业发展；应合理划分土地利用区块，明确各地块的功能和用途；应与所在地的土地利用总体规划、城市总体规划及控制性详细规划、本行业中长期发展规划有效衔接。

第十四条　各单位土地利用规划应进行充分论证，经单位领导班子集体研究、并在本单位范围内公示 7 个工作日后，报院审批。

第十五条　土地利用规划是各单位配置、使用和处置土地资产的重要依据。土地利用规划确定后，应严格依照执行。确需调整的，在履行相关事项的法定程序前应及时报院核准。

第十六条　土地资产的使用包括自用、出租、出借和对外投资等方式。

第十七条　各单位应加强土地资产的日常管理，坚持规划先行、节约使用，防止被非法侵占，确保土地资产安全完整。

第十八条　土地资产出租、出借应当满足以下条件。

（一）符合国家法律、行政法规、规章和政策的有关规定，不损害社会公共利益；

（二）符合本单位土地利用规划；

（三）不影响本单位职能的正常履行；

（四）土地权属明晰合法，无纠纷；

（五）出租的性价比合理，出借补偿适当；

（六）程序公开、公正；

（七）单位领导班子集体研究同意；

（八）其他。

第十九条　各单位出租、出借土地资产，单项或批量价值（账面价值，下同）800 万元以上（含 800 万元）的，经院常务会议审议同意后，报农业部审批。单项或批量价值（不含院本级）800 万元以下的，报院审批，在审批完成后的 15 个工作日内将批复文件（一式四份）报农业部备案。

院本级出租、出借土地资产均须报农业部审批。

第二十条 出租、出借土地资产须提交以下材料。

（一）土地出租、出借申请文件。应就申报材料的完整性、决策过程的合规性、项目实施的可行性等方面提出意见；

（二）土地使用权证复印件（加盖单位公章）；

（三）能够证明拟出租、出借土地资产价值的有效凭证，如购地发票或收据、记账凭单等复印件（加盖单位公章）；

（四）可行性分析报告。包括：拟出租土地的位置、面积、规划用途、使用现状、出租原因、招租方式、租期设定、租价确定方法、对承租方的限定条件等；

（五）本单位法人证书复印件、拟承租承借方的单位法人证书复印件或企业营业执照复印件、个人身份证复印件；

（六）同意出租、出借土地资产的单位领导班子会议决议；

（七）其他需提交的材料。

第二十一条 各单位出租土地资产的合同租期原则上不得超过 5 年。

第二十二条 各单位的土地资产原则上不得用于对外投资，确需对外投资的，经院常务会议审议同意后，报农业部审批。

第二十三条 申报对外投资，应提交以下材料。

（一）利用土地资产对外投资的书面申请。就申报材料的完整性、决策过程的合规性、项目实施的可行性等方面提出意见；

（二）土地使用权证复印件；

（三）能够证明拟对外投资土地使用权价值的有效凭证，如购地发票、记账凭证等复印件（加盖单位公章）；

（四）可行性分析报告。包括投资的必要性及背景、土地来源及对单位履行职能的影响、合作方资信状况等，并分析投资风险、投资收益及回收期等经济指标；

（五）同意利用土地资产对外投资的领导班子会议决议；

（六）单位法人证书复印件；

（七）拟投资企业的章程和工商行政管理部门下发的企业名称预先核准通知书；

（八）单位与拟合作方签订的合作意向书、协议草案或合同草案。合作意向书或草案应明确约定相关方的权利、义务、利益分享和风险分担的责任等，并须注明该协议经本单位上级主管部门审批同意后方正式生效的保留条款；

（九）单位及拟合作方上年度财务报表或审计报告；

（十）其他材料。

第二十四条 各单位利用土地资产进行对外投资，应聘请有资质的资产评估机构或会计师事务所，按照国家有关规定对拟投资资产进行资产评估和验资。资产评估项目按规定履行核准或备案手续。

第二十五条 土地资产不得用于担保。

第四章　处置

第二十六条　土地资产处置是指变更土地权属的行为，包括无偿调拨（划转）、对外捐赠、转让、置换、被征用、报损等。

第二十七条　属于以下情况之一的，可以申报土地资产处置。

（一）因公共事业建设被征用的；

（二）因周边环境变化，该宗地原有功能丧失的；

（三）因单位职能调整、整体搬迁等原因，继续使用该宗地确无必要的；

（四）长期闲置且在可预期内无法有效使用的；

（五）其他。

第二十八条　土地资产处置事项均须经院常务会议审议同意后，报农业部审批。

第二十九条　各单位申报土地资产处置前，土地处置方案应在单位全体职工范围内进行公示，公示时间为 7 个工作日。

第三十条　申报土地资产处置，应提交以下材料。

（一）处置申请文件。应就申报材料的完整性、决策过程的合规性等方面提出意见；

（二）《中央级事业单位国有资产处置申请表》；

（三）土地资产价值凭证及产权证明，如购地发票或收据、记账凭单、土地使用权证等凭据的复印件（加盖单位公章），尚未取得土地使用权证且属于划拨土地的，须提供划拨土地的证明材料；

（四）土地现状及四至平面图；

（五）同意处置土地资产的单位领导班子会议决议；

（六）本单位范围内公示情况说明；

（七）其他需提交的材料。

第三十一条　土地资产处置除按第三十条规定提交材料外，根据具体方式，还应提交必要的补充材料，其中：

（一）无偿调拨（划转）的，应提交依据文件和划转意向性协议。属单位撤销、合并、分立而移交资产的，需提供撤销、合并、分立的批文；

（二）对外捐赠的，需提供捐赠报告（包括：捐赠事由、途径、方式、责任人、土地状况及其数额、交接程序等）、捐赠事项对本单位财务状况和业务活动影响的分析报告；

（三）转让（不含作为征地补偿的置换）的，应提交可行性论证报告、意向性协议书（或公开招标、拍卖、挂牌计划）；

（四）因公共事业建设占地造成土地资产减少的，应提交所在地政府相关文件、意向性补偿方案；

（五）置换的，需提供近期的财务报告，对方单位拟用于置换资产的基本情况说明、是否已被设置为担保物等，双方草签的置换协议，对方单位的法人证书或营业执照的复印件（加盖单位公章）；

（六）报损的，应提交有关证明材料。其中，非正常损失的，应提交责任认定或处理意见。

第三十二条 经批准同意处置的土地资产应遵循依法、公开、公平、公正的原则，通过产权交易机构以及国家法律、法规规定的其他方式进行交易，一般不得采取产权交易机构之外的直接协议方式。

第三十三条 置换或被征用的土地资产，原则上应优先选择以地易地方式。

第五章 档案和基础信息管理

第三十四条 各单位应建立健全土地资产档案管理制度，按档案管理的有关规定，全面、完整、及时地整理归集相关资料，经本单位资产管理机构负责人审核签字后，移交档案管理机构集中保管。归档材料应包括：

（一）土地使用权证；

（二）土地权属来源证明，包括建设（农业、其他）用地规划许可证、划拨合同、出让合同、转让合同、置换协议、拆迁许可证、征地批文等；

（三）反映和记载土地资产权属状况的信息资料，包括土地测绘成果报告及各类介质储存的统计报表、图纸、图像等；

（四）土地利用规划及申报、审批的相关资料；

（五）土地使用和处置的相关资料，包括申报文件、审批文件、使用和处置过程中形成的协议、文本、账表等。

第三十五条 归档的土地资产资料应为原件。存档资料是复印件的，应由资产管理机构核对无误后签章，并注明核对日期及原件存放处。

第三十六条 土地资产档案应永久保存。各单位要加强土地资产档案的日常管理，定期检查；档案毁损或者丢失的，应当及时采取补救措施。

第三十七条 复制、借用土地资产权属文件资料，须经单位分管领导同意，并明确借用期限和使用范围；借出的土地资产权属文件资料应予登记，并由专人负责跟踪管理。

第三十八条 任何人不得以任何借口将土地资料据为己有或者拒不归档。

第三十九条 按规定程序处置土地资产后，应及时进行账务处理。

第四十条 能够数据化的土地资产资料应纳入资产管理信息库，并及时更新。

第六章　监督检查和法律责任

第四十一条　院财务局对各单位土地资产使用、处置情况进行监督，定期或不定期地开展专项检查。

第四十二条　各单位在土地资产使用、处置过程中不得有下列行为。

（一）未按规定程序申报，擅自越权审批土地资产使用、处置事项；

（二）对不符合规定的申报材料予以审批；

（三）串通作弊、暗箱操作，低价出租、低估价值对外投资或压价处置土地资产；

（四）截留土地资产收益；

（五）其他造成土地资产损失的行为。

第四十三条　各单位和个人违反本办法规定的，应根据《中华人民共和国物权法》《中华人民共和国土地管理法》和《财政违法行为处罚处分条例》（国务院令第 427 号）等有关规定追究法律责任。

第七章　附则

第四十四条　本办法所称土地资产收益是指各单位转让、出租土地使用权所获得的占地补偿收入，扣除按规定应交地方人民政府的土地出让金和市政基础设施配套费以后的收益。

第四十五条　各单位可以根据本办法和管理的需要，制定土地资产管理实施细则，报院财务局备案。

第四十六条　本办法由院财务局负责解释。

第四十七条　本办法自发布之日起施行。

中国农业科学院房产管理暂行办法

第一章　总则

第一条　为加强中国农业科学院房产的管理，规范房产的配置、使用和处置行为，依据《中华人民共和国物权法》《中华人民共和国城市房地产管理法》和《农业部行政事业单位房产管理暂行办法》等有关法律、行政法规，结合我院实际，制定本办法。

第二条　本办法所称房产，是指中国农业科学院及其所属事业单位（以下简称各单位）占有、使用的房屋建筑物。主要包括：

（一）国家或地方政府划拨的房产；

（二）使用财政资金或自筹资金购建的房产；

（三）无偿调入的房产；

（四）以置换、受赠、索赔、抵偿、盘盈等方式取得的房产；

（五）其他方式取得的房产。

第三条　房产管理应遵循优化配置、依法监管、程序规范、公平公正的原则。

第四条　中国农业科学院财务局（以下简称院财务局）负责指导和监督各单位房产管理工作；各单位依法享有占有、使用权，享有法律、法规和规章规定的收益、处分权，并承担实施购建、分配使用、维护修缮、清查登记、申报处置等管理责任。

第五条　中国农业科学院的房产，可酌情委托相关单位代管。中国农业科学院法定代表人或获其授权的主管机构，应与代管单位签订《房产授权管理责任书》或合同，明确授权范围以及相关各方的权利、义务。

第二章　配置

第六条　房产的配置，是指根据单位事业发展和职能履行需要，按照国家有关法律、行政法规和规章确定的程序，通过购建或调剂等方式配备房产的行为。

第七条　各单位房产配置，应当从实际需要出发，从严控制，合理配备。其中，院属事业单位办公用房的配置，参照党政机关办公用房建设标准执行。

第八条　各单位申请购建房产应满足以下条件。

（一）现有房产无法满足本单位履行职能需要；

（二）不能共享、共用其他单位相关房产；

（三）不能通过调剂方式予以解决；

（四）不能通过市场租赁方式解决或租赁成本过高；

（五）不违背本单位土地资产利用规划；

（六）其他应满足的条件。

第九条　申请财政性资金购建房产的，按照相关财政资金管理制度执行，编报年度预算。其中，属于申请基本建设投资的，按照《中国农业科学院基本建设管理办法（试行）》等规章制度要求履行项目报批程序。

第十条　全部使用自筹资金购建房产的，应严格按照本办法第八条的规定进行必要性、合理性论证，由单位领导班子集体研究决定，编报年度预算。并按照《中国农业科学院基本建设管理办法（试行）》等规章制度要求，履行项目报批程序。

第十一条　有下列情形之一的房产，可进行调剂。

（一）闲置 3 年以上；

（二）超标准配置的办公用房；

（三）可供多单位共同使用；

（四）其他情形。

第十二条　因公益事业发展需要，且难以通过其他途径取得房产的单位，可以主动与相关单位协商，就调剂内容、方式及补偿等达成一致意见后，提出调剂申请，报中国农业科学院审核审批。申请房产调剂应提交以下材料。

（一）房产调剂申请；

（二）相关方领导班子集体研究会议决议；

（三）房产权属证明的复印件；

（四）房产平面图和构造图；

（五）房产账面价值或评估值的有效证明；

（六）其他相关材料。

第十三条　各单位应按照国家有关法律法规及时办理房产权属登记，申领房产证。

第十四条　各单位应根据房产购置合同或批复的竣工财务决算等文件以及有关原始凭证，及时登记固定资产台账、财务账。

第三章　使用

第十五条　房产的使用包括单位自用、出租、出借、对外投资等方式。

第十六条　各单位应加强房产的日常管理，妥善安排使用，及时维修养护，保持房产完好和使用安全。办公用房和公有住房应逐步推行专业化的物业管理，积极推动面向社会的整体或单项（如保洁、保安、设施设备维护等）招标委托管理。实行内部委托管理的，应积极创造条件，深化改革，提高物业管理的专业化水平。

第十七条　各单位应加强对房产出租、出借行为的管理。有下列情形之一的房产不得用于出租、出借。

（一）正常履行单位职能所必需的；

（二）已被依法裁定查封、冻结的；

（三）未取得产权人或其他共有人同意的；

（四）权属关系不明确或存在权属纠纷的；

（五）不符合安全、环保、卫生等有关标准的；

（六）已抵押，未经抵押权人同意的；

（七）其他。

第十八条 房产出租、出借主要包括以下形式。

（一）将房产提供给他人居住的（不包括按照房改政策出租的公有住房）；

（二）将房产（含房屋内的场地、柜台、橱窗等）有偿提供给他人从事生产、经营活动的；

（三）将房屋及构筑物的顶部、外立面等有偿提供给他人从事广告、宣传、展示活动的；

（四）以不变更房产权属为前提，利用房产与他人联营、入股经营、承包经营的；

（五）其他形式。

第十九条 各单位出租、出借房产，单项或批量价值（账面价值，下同）800 万元以上（含 800 万元）的，经中国农业科学院院常务会议审议同意后，报农业部审批。

单项或批量价值 800 万元以下的，各单位自行审批。各单位应于批复之日起 15 个工作日内将批复文件（一式六份）报院财务局，由院财务局统一汇总后，报农业部备案。

第二十条 各单位申报房产出租、出借，应提交以下材料。

（一）房产出租、出借申请文件。应就申报材料的完整性、决策过程的合规性、项目实施的可行性等方面提出意见；

（二）房屋所有权证复印件；

（三）能够证明拟出租、出借房产价值的有效凭证，如购房发票、工程决算、记账凭证等复印件（加盖单位公章）；

（四）出租、出借的可行性分析报告。包括：拟出租房产的位置、面积、使用现状、出租原因、招租方式、租期设定、租价确定方法、对承租方的限定条件等；

（五）单位法人证书复印件、拟承租承借方的单位法人证书复印件或企业营业执照复印件、个人身份证复印件；

（六）同意利用房产出租、出借的领导班子会议决议；

（七）其他需提交的材料。

第二十一条 房产出租应公开、公正，实现国有资产保值增值。各单位原则上应采取公开招租的形式，可自行或委托有资质的中介机构开展招租工作。

第二十二条 各单位在招租前，应自行组织调查或委托资产评估机构对拟出租房产的租金进行评估，综合考虑房产所在地段、租赁市场行情等因素合理确定招租底价，必要时应采取评审或资产评估的办法确定出租的底价。

第二十三条　各单位应加强对承租方的资信考察，严格控制出租风险。

第二十四条　各单位房产出租应订立书面租赁合同，明确双方的权利和义务。合同租期一般不超过 5 年。

第二十五条　各单位应加强出租房产的跟踪管理。对已出租房产应做专项登记并及时更新相关信息。对承租人擅自转租、改变用途、破坏结构、形成安全隐患的，应及时采取有效措施加以纠正，必要时，应依法解除租赁合同。

第二十六条　各单位利用房产对外投资，单项或批量价值 500 万元以上（含 500 万元）的，经院常务会议审议同意后，报农业部审批。单项或批量价值（不含院本级）500 万元以下的，报院审批；在审批完成后的 15 个工作日内将批复文件（一式四份）报农业部备案。院本级利用房产对外投资均须报农业部审批。

第二十七条　申报房产对外投资，应提交以下材料。

（一）对外投资书面申请。应就申报材料的完整性、决策过程的合规性、项目实施的可行性等方面提出意见；

（二）房屋所有权证复印件；

（三）能够证明拟对外投资房产价值的有效凭证，如购房发票、工程决算、记账凭证等复印件（加盖单位公章）；

（四）可行性分析报告。包括投资的必要性及背景、房产来源及对单位履行职能的影响、合作方资信状况等，并分析投资风险、投资收益及回收期等经济指标；

（五）同意利用房产对外投资的单位领导班子会议决议；

（六）单位法人证书复印件、拟合作方法人证书复印件或企业营业执照复印件、个人身份证复印件等；

（七）拟创办经济实体的章程和工商行政管理部门下发的企业名称预先核准通知书；

（八）单位与拟合作方签订的合作意向书、协议草案或合同草案。合作意向书或草案应明确约定相关方的权利、义务、利益分享和风险分担的责任等，并须注明该协议经本单位上级主管部门审批同意后方正式生效的保留条款；

（九）单位上年度财务报表；

（十）经中介机构审计的拟合作方上年财务报表；

（十一）其他材料。

第二十八条　各单位利用房产进行对外投资，应聘请有资质的资产评估机构或会计师事务所，按照国家有关规定对拟投资资产进行资产评估和验资。资产评估项目按规定履行核准或备案手续。

第二十九条　各单位利用房产出租、出借和对外投资等取得的收益，应纳入单位预算，统一核算，统一管理。

第四章　处置

第三十条　房产处置是指各单位对房产进行产权转让或注销产权的行为，主要包括：无偿调拨（划转）、转让、置换、报废、报损等。

第三十一条　属于以下情况之一的，可以申报房产处置。

（一）因实施基本建设项目、执行土地资产利用规划等须拆除的；

（二）因单位职能调整、整体搬迁等原因，继续使用该房产确无必要的；

（三）因执行城市建设总体规划须被征用、拆除的；

（四）闲置多年且在可预期内仍无法做到有效使用的；

（五）其他情形。

第三十二条　房产处置须经院审核同意后报农业部审批。其中，涉及单项或批量价值800万元以上（含800万元）的，经院常务会议审议同意后，报农业部审批。

第三十三条　各单位申报房产处置前，应就处置方案在单位全体职工范围内进行公示，公示时间为7个工作日。

第三十四条　申报房产处置，应提交以下材料。

（一）处置申请文件（包括位置、结构、面积、使用现状、权属状况、安全鉴定、处置原因与方式等）。各单位应就申报材料的完整性、决策过程的合规性等方面提出意见；

（二）《中央级事业单位国有资产处置申请表》；

（三）资产价值凭证及产权证明，如购房发票或收据、工程决算副本、记账凭单，房屋所有权证等凭据的复印件（加盖单位公章）；

（四）房产现状及实景图；

（五）同意处置房产的领导班子会议决议；

（六）本单位范围内公示情况说明；

（七）其他需提供的材料。

第三十五条　房产处置除按第三十四条规定提交材料外，根据具体形式，还应提交必要的补充材料，其中：

（一）无偿调拨（划转）的，应提交依据文件和划转意向性协议。属单位撤销、合并、分立而移交资产的，需提供撤销、合并、分立的批文；

（二）转让的，应提交可行性论证报告、意向性协议书（或公开招标、拍卖计划）；

（三）置换的，应提供近期的财务报告，对方单位拟用于置换资产的基本情况说明、是否已被设置为担保物等，双方草签的置换协议，对方单位的法人证书或营业执照的复印件（加盖单位公章）；

（四）报废、报损的，应提供价值清单；因房屋拆除等原因需办理资产核销手续的，提交相关职能部门的房屋拆除批复文件、建设项目拆建立项文件、双方签定的房屋拆迁补偿协议。属于非正常损失的，应提供责任事故的鉴定文件及对责任者的处理文件。

第三十六条 房产处置收入应按照政府非税收入管理和财政国库收缴管理的规定，实行“收支两条线”管理。

第五章 档案和基础信息管理

第三十七条 各单位应建立健全房产档案管理制度，按照国家标准规范，全面、完整、及时地整理归集相关资料，经本单位资产管理机构负责人审核签字后，移交本单位档案管理机构集中保管。

第三十八条 归档的房产资料应为原件。存档资料是复印件的，应由资产管理机构核对无误后签章，并注明核对日期及原件存放处。

第三十九条 各单位要加强房产档案的日常管理，定期检查；档案毁损或者丢失的，应当及时采取补救措施。

第四十条 复制、借用房产权属证明等重要文件资料，须经单位分管领导同意，并明确借用期限和使用范围；借出的重要文件资料应予登记，并由专人负责跟踪管理。

第四十一条 任何人不得以任何借口将房产资料据为己有或者拒不归档。

第四十二条 按规定程序处置房产后，应及时进行账务处理。

第四十三条 各单位要加强对本单位房产的动态管理，每年对房产进行盘点，及时掌握变动信息，确保账实相符。

第六章 监督检查和法律责任

第四十四条 院财务局对各单位房产使用、处置情况进行监督，定期或不定期地开展专项检查。

第四十五条 各单位在房产使用、处置过程中不得有下列行为。

（一）未按规定程序申报，擅自越权审批房产使用、处置事项；

（二）对不符合规定的申报材料予以审批；

（三）串通作弊、暗箱操作，低价出租、低估价值对外投资或压价处置房产；

（四）其他造成房产损失的行为。

第四十六条 各单位和个人违反本办法规定的，应根据《中华人民共和国物权法》《财政违法行为处罚处分条例》（国务院令第427号）等有关规定追究法律责任。

第七章 附则

第四十七条 依据本办法配置、使用和处置房产的，如涉及相应土地资产，应同时执行《中国农业科学院土地资产管理暂行办法》的有关规定。

第四十八条 各单位按照国家有关政策规定向城镇职工出售、出租公有住房的行为不适用本办法。

第四十九条 各单位可以根据本办法和管理的需要，制定房产管理实施细则，报中国农业科学院备案。

第五十条 本办法由院财务局负责解释。

第五十一条 本办法自发布之日起施行。

中国农业科学院院部大院建设规划和基础设施管理办法

一、总则

第一条　为进一步规范中国农业科学院院部大院规划和基础设施管理，保证大院的基本建设更加有序、协调和可持续发展，使大院的基础设施更好地为科研、办公以及职工生活提供保障，特制定本办法。

第二条　凡在院部大院内进行新建、扩建、翻建建筑物或构筑物（含车棚、临时建筑），建筑物或构筑物外立面装饰改造以及基础设施（含绿化、广场、围栏）改造与建设，均适用本办法。

二、管理机构与职责

第三条　院基本建设局是院部大院建设规划归口管理部门，负责院部大院建筑及基础设施规划管理工作，包括规划编制、审核和基本信息收集。后勤服务中心是院部大院基础设施归口管理部门，负责院部大院基础设施日常维护工作，包括监督、检查和维修。归口管理部门要加大审核、监督、检查力度，对违反规定的建设坚决制止、纠正。

三、建设规划管理

第四条　在院部大院内进行新建、扩建、翻建，对原有建筑或构筑物外立面进行装饰改造，对原有基础设施进行改造或改变原有基础设施容量（接水、接电），按照以下程序办理审核手续。

（一）新建、扩建、翻建项目，在向北京市规划部门申报规划意见书、规划方案和规划许可证之前，报院审核并取得院基本建设局书面同意后方可报北京市规划部门，报送材料为建设单位请示文件和北京市规划部门要求的申报材料。

（二）对原有建筑或构筑物外立面进行装饰改造，对原有基础设施进行改造或改变原有基础设施容量的项目，在项目立项前或在项目实施前报院审核并取得院基本建设局书面同意后方可申请立项或实施，报送材料为建设单位请示文件和建设方案。其中，对原有基础设施进行改造或改变原有基础设施容量的项目，院基本建设局商院后勤服务中心审核。

第五条 大院内禁止建设围墙或铁艺围栏，对于必需建设围栏隔离的科研和服务设施，建设单位向院提出申请，院批复同意后，方可进行建设。

第六条 新建、扩建、翻建项目竣工后3个月内，建设单位应将竣工图的平面图和立面图以及室外管线图报院基本建设局一份；对原有基础设施进行改造或改变原有基础设施容量的项目，竣工后1个月内建设单位将工程竣工图报院基本建设局一份，院基本建设局审核后采集相关信息并送院档案室存档。

四、基础设施管理

第七条 在大院内施工的建设项目，建设单位必须协调施工单位与院后勤服务中心签订基础设施保护（包括环境保护）协议，并按施工合同额的1%交纳履约保证金（低于100万元的项目按1万元交纳）。院后勤服务中心按照协议加强施工期间基础设施保护（包括环境保护）的监督，对于损坏基础设施或污染大院环境的行为且拒不整改的，或整改不符合要求的，院后勤服务中心可以利用保证金进行修复和清理，施工完成后不退还履约保证金；对于履行协议和服从管理的，在施工完成后15日内退还全部履约保证金。

需要掘路和临时占用绿地的施工项目，建设单位必须在开工前报告院后勤服务中心，在征得同意且施工单位按两倍于恢复费用的标准向院后勤服务中心交存质量保证金后方可施工，完成恢复并通过院后勤服务中心验收后15日内全部退还。未通过验收的，由院后勤服务中心会同建设单位督促施工单位整改。如果整改仍不合格，院后勤服务中心使用质量保证金另行恢复，不再退还质量保证金。

第八条 大院内各单位应按照国家规范使用基础设施，生活污水必须通过化粪池沉淀后、食堂餐厅污水必须通过隔油池过滤后、实验室污水必须通过处理池处理后排入大院污水管网。

五、附则

第九条 新建、扩建和翻建的项目必须按规定办理规划手续，不通过院基本建设局审核规划，院相关部门不办理土地使用权委托，同时，院基本建设局提请北京市规划部门不予审批；未取得规划审批或未取得院审核而建设的项目，院将责令停建，通报批评建设单位，并追究相关责任人责任。

第十条 不按照规定使用、保护、改造基础设施的，院后勤服务中心将责令整改，拒不整改的，院将通报批评使用单位或建设单位，并追究相关责任人责任。

第十一条 本办法自发布之日起施行，由院基本建设局负责解释。

李金祥在中国农业科学院 2011 年财务培训班上的讲话

（2011 年 5 月 4 日）

同志们：

财务工作是中国农业科学院各项工作有序推进的基础，财务工作的安全性和有效性是我院各项工作取得成效的重要前提。这次财务培训班的主要任务是，加强我院财会和审计队伍建设，进一步提高财务管理水平。首先，对审计署农林水审计局李季泽局长的亲临指导表示热烈的欢迎，对审计署多年来对我院的支持和帮助表示衷心的感谢。下面我讲两点意见。

一、我院财务工作面临的形势

当前，财务工作面临着新的形势和新的任务，工作量越来越大，精细化、科学化程度越来越高，要求越来越严。主要从以下 6 个方面对财务工作提出新的挑战。

（一）科研事业快速发展，财务保障水平需要不断加强

“十一五”以来，我院科技创新工作硕果累累，在农业科研相关领域取得显著成绩。各单位逐渐由求生存阶段步入谋发展的阶段。单位事业的发展，对财务部门保障和管理职能的需求更加显著。家业铺的越大，面临的情况也越复杂，财务管理的重要性更加突出。财务要为决策把关，要为科研服务，这是新时期科研事业发展对财务工作提出的全面要求。在座各位肩负重任，要不断提升自我，提升全院财务队伍水平，以符合科研事业发展对我们的全新需求。

（二）财政投入规模持续扩大，财务工作量相应大幅增加

我院财政投入规模从 2005 年的 9.83 亿元扩大到 2010 年的 25.14 亿元，增长了 155%。财政项目个数也是成倍增长，2005 年，科学类项目只包括科技体制改革经费、运转费、农业结构调整和零星的维修费等 6 类项目，2010 年我院科学类项目已经增长到近 10 个大类，科学类项目支出财政拨款总量 2005 年是 2.5 亿元，2010 年达到 15 亿

元，扩大了6倍。对于我们当家理财人而言，财政投入的增长是一件可喜之事，既反映我们的工作成绩，又为事业发展提供有力保障。与此同时，财务工作量也大幅度增长。繁重的工作量对财务工作提出全新要求，大家必须不断改进工作方法，适应工作量增长带来的各种要求。

（三）财政体制改革不断深化，财务管理职能亟待加强

2000年，财政部推行部门预算改革，发展至今10个年头，已经由单一预算演变为综合预算，单位所有收支纳入部门预算管理。当前的预算管理不仅针对财政资金还包括单位的其他非财政收支，预算编制也不再是财务部门独立完成的工作，而变由单位上下合作完成。综合预算要求财务部门对单位全年的收支要有科学、全面的预计，对单位各部门的协作配合要有沟通、协调的能力，对整体财务工作要有预算管理、预算执行的意识。

另外，中央财政推行的国库集中收付制度、政府采购制度、国有资产管理制度、非税收入改革等，每一项改革的推行、深入，都影响着我院财务工作的各个方面。学习新制度，掌握新制度，适应新制度，执行新制度，这是财政改革对我们提出的新要求。

（四）财政管理进一步精细、科学，财务管理难度不断增加

近几年的财务工作给大家一个共同的体会：财政部门是越管越细，财政的钱是既不好花又不好管。

抓预算执行已经成为财务工作一项常规性并且非常重要的任务。这项工作要求财务不但要替单位管好钱，还要督促各部门加快预算执行。如何实现预算执行得又好又快，成为当前财务工作需要攻克的一个难关。

项目支出预算经济分类试点，对“三公经费”的压缩和严格控制，重大的财政专项都出台相应的项目资金管理办法，以及财政结转、结余资金管理办法，出国费、差旅费、会议费等支出规定等，财政对预算编制提出更细的要求，对预算执行控制提出更高的要求。规章越多，越要求我们必须及时学习、研究，在工作中，按制度办事，按规定理财。

（五）监督检查力度加大，财务行为规范性需要加强

财政资金量扩大的同时，各种违规违纪的问题也日益凸显。财政对资金安全的要求越来越高，不同层面、不同领域的监督检查频频出手：一年一度的预算执行和其他财政财务收支情况审计，“小金库”专项治理，强农惠农专项资金检查，财政、税务、统计等各个部门的专项检查，诸如此类。我院在这些检查中暴露出一些问题，2009审计署

对农业部的延伸审计查出我院财政项目资金违规使用等问题。全院“小金库”专项治理也自查出15家单位问题涉及资金254.54万元。虽然2009年各单位签订了承诺书，但2010年再次查出两家单位“小金库”问题，涉及资金约2万元。当前的监督检查要求“财政资金运行到哪里，财务监督就延伸到哪里”。财政监管的力度不断加大，警惕着我们，财务行为更加谨慎，要防止管理漏洞、规避财务风险。

（六）财务管理任务日益繁重，财务队伍建设面临更高要求

建设一支高素质的财务队伍，对于做好新时期新形势下的财务工作，至关重要。近几年，我院系统财务人员的整体素质有了较大提高，学历结构和职称结构明显优化，但与当前财务部门日益繁重的工作任务、越来越高的工作要求相比，还存在一定差距。一是财务机构设置有待加强。财务机构设置是履行财务管理职能的基础和保障，每个单位应该设置完全独立的财务机构。据2010年统计，我院设置独立财务处的研究所只有10个。二是人员总量与工作量不匹配。2005年财务人员统计人数为213人，2010年统计人数是257人，人员总量上增加了44人，增长率是20%，但是财务工作量和工作要求的增长远远超过人员总量，大多数财务人员都是超负荷运转。三是财务队伍专业化、高端化程度不高。我院高学历人员和高级会计师的比率整体不高。大学本科及以上的166人，占总人数的64%，其中，硕士研究生学历23人，仅占总人数的8%。高级会计师13人，占总人数的5%。我院财务队伍现状有待进一步加强建设，要努力培养和造就一批精通业务、善于理财、熟悉财经法规、具有宏观视野的高级会计人才。

二、应对挑战，进一步提升我院财务管理水平

2011年是实施“十二五”规划的开局之年，进一步提升我院财务管理水平，为“十二五”计划开好头、起好步提供有力的支撑和保障，是我院财务工作者光荣而神圣的职责。为此，我代表院党组，就下一步的工作提出几点要求：

（一）树立领导责任意识

农业部党组对领导责任有明确要求，“各单位‘一把手’要对本单位财务工作负主要领导责任，分管财务的领导负直接领导责任，同时，其他每一位领导班子成员要‘守土有责’，对分管的工作中涉及资金使用和管理问题也负有责任”。在座的有单位“一把手”，也有分管财务的副所长、书记，大家务必保持头脑清醒，增强责任意识，并切实将责任意识贯穿于财务工作的始终。“在其位，谋其政，行其权，尽其责”。从近两年的一些重大专项检查，尤其是“小金库”专项治理看出，单位发现财务违规违纪问题，领导都要承担责任。因此，树立领导责任意识是财务工作的根基所在。

（二）加强财务队伍建设

中国农业科学院财务工作面临新形势，我们的财务队伍面临新挑战、新要求，加强财务队伍建设要重点关注几个方面：一是要始终坚持专业化。加强财务人员任职资格管理，认真执行会计从业资格准入制度，严格按照《会计法》《会计从业资格管理办法》和《中央国家机关会计从业资格管理实施办法》的有关规定选聘财务处长和财务人员，把好选人用人的关口。二是要更加注重系统化。各单位要加强对科研人员、业务人员和财务人员开展交叉学习。对科研人员、业务人员加强财务培训，切实增强业务人员依法理财的意识。同时，财务人员加强科研项目管理的学习，打造成为一支既熟悉财务、又了解业务的复合型财务管理队伍。三是要努力实现高端化。按照农业部要求，努力提高我院系统高级会计师的比率，重点加强高级会计师等会计领域高端人才建设。

（三）认真落实审计决定

各单位要进一步提高思想认识，要从思想上认清和摆正财务管理与审计监督的关系。审计署农林水审计局对我院 2010 年预算执行和其他财政财务收支情况进行了审计，主要针对课题经费使用提出了一些财务违规问题。例如，未经批准擅自调整项目支出预算，扩大课题开支范围，用课题经费变相发放津贴补贴，超范围支出专家咨询费、劳务费等，同时，提出了审计整改意见。各单位要认真抓好审计发现问题的整改工作，“一把手”要亲自负责，分管领导具体负责，处理问题坚决果断，整改时间绝不拖延，确保整改落实全面到位。要把落实审计决定作为加强财务管理和改进财务工作的机遇，深刻剖析问题产生的根源，举一反三，完善财务制度，堵塞管理漏洞，进一步加强和规范本单位财务管理。

最后，预祝我院 2011 年财务培训班取得圆满成功，希望同志们收获良多，促使我院财务工作水平进一步提升。

谢谢大家！

认真总结经验　科学谋划发展
在新的历史条件下作出更大贡献

——在中国农业科学院2011年基本建设工作会上的讲话

李金祥

（2011年4月21日）

各位领导、各位代表：

上午好！

2011年是“十二五”的开局年，开好局、起好步，对于推动我院“十二五”发展再上新台阶，不断开拓科学发展新局面具有极其重要的意义。刚刚颁布的《中华人民共和国国民经济和社会发展第十二个五年规划纲要》（以下简称规划纲要），为今后5年农业和农业科技发展既指明了方向，又提出了新的更高的要求。年初的工作会上，翟虎渠院长作了《大力加强自主创新，引领新时期全国农业科技发展》的主题报告，全面总结和回顾了我院2010年和“十一五”工作成就，研究确定了“十二五”发展的主要任务，并部署了2011年重点工作；3月份召开的学术委员会，对《中国农业科学院“十二五”科技发展规划》进行了反复论证，明确提出了“以推动‘三个中心、一个基地’向更高水平迈进、打造具有国内外重大影响的国家农业科技创新核心机构”的奋斗目标。

在全国各行业都在谋划布置“十二五”规划的大背景下，我们汇聚在郑州，隆重召开2011年基本建设工作会，意义重大、时机难得，院党组高度重视，希望大家集中精力，共同配合，努力把这次会议开好。

下面，我就中国农业科学院“十二五”发展面临的总体形势、“十一五”基本建设工作总结和“十二五”工作部署等，谈3点意见。

一、认清形势，把握机遇，为“三个中心、一个基地”迈上更高水平提供有力支撑

《规划纲要》对当前的形势作出了总体判断，即“十二五”时期是全面建设小康社会的关键时期，是深化改革开放、加快转变经济发展方式的攻坚时期，必须深刻认识并准确把握国内外形势新变化新特点，继续抓住和用好重要战略机遇期，努力开创科学发

展新局面。在这样的背景下，正确认识农业科技发展态势，把握历史机遇，找准自身定位，对于推动我院各项事业快速可持续发展具有重大意义。

一是我国农业科技已经进入整体跻身世界前列的关键时期，要求我院成为国家农业科技创新的先遣队。未来5年，是我国农业科技整体跻身世界先进行列的关键时期，作为农业科研工作的国家队，中国农业科学院要勇当跻身世界先进行列的先遣队，以创新农业科学和技术、支撑现代农业发展为己任，不断加快原始创新、集成创新和引进消化吸收再创新步伐，突破一批重大的农业科学问题和关键、核心技术难题，为人类社会和现代农业发展创造一批一流的科研成果，培育一批一流的学科，缩短与发达国家的差距，推动我国农业科技整体实力在2020年率先进入世界先进行列。

二是我国农业已经进入由传统农业向现代农业加速转型发展的关键时期，要求我院成为现代农业发展的导领者。《规划纲要》明确指出，要“坚持把科技进步和创新作为加快转变经济发展方式的重要支撑”，作为我国农业科技进步的领头羊，要推动传统农业向现代农业的历史性转变，要求我院必须顺应世界科技发展潮流，牢牢把握现代农业发展方向，切实服务农业农村经济发展重大需求，强化科技自主创新与成果转化应用两大基本任务，强化公益性农业科研与科技推广两大基础平台，大力提高农业科技自主创新能力与成果转化应用水平，全面支撑国家粮食安全、农业生态安全和农民增收，引领现代农业可持续发展。

三是我国已经进入实现创新型国家建设目标的关键时期，要求我院成为国家创新体系中的农业科技创新高地。“提高自主创新能力，建设创新型国家”，是党中央统揽全局、深谋远虑作出的重大战略决策和部署。作为农业科技研发的主力军，我院要发挥国家农业科技创新体系中的核心地位和作用，按照发展高产、优质、高效、生态、安全农业，培育战略性新型产业的要求，加快自身的发展速度与质量，力争把我院建设成为国家农业知识创新、技术创新高地，全面提高我院及我国农业科技自主创新能力和国际影响力。

四是我院已经进入科技事业全面发展的关键时期，要求我院成为国内外核心农业科技创新机构。到“十一五”末，我院已经初步实现了“三个中心、一个基地”的战略目标，但是还处于初级阶段，必须向更高水平迈进。通过大联合、大协作，力争经过5~10年的努力，使我院拥有一批具有重大影响的一流学科、一流平台、一流团队、一流成果、一流文化，打造一批一流的现代院所。

同志们，“十二五”期间，中国农业科学院将按照“三个中心、一个基地”的总体战略，履行公益性科研机构社会职能，以基础性、前瞻性、战略性、全局性重大问题和关键技术研究为主要任务，按照“科研条件建设支撑创新能力提升，创新能力提升促进九大学科群发展，九大学科群发展服务国家战略需求”的思路，认真抓好基本建设工作，让科研条件更加全面有力地保障院所发展大局，为我院在新的历史条件下引领国家农业科技创新方向，支撑现代农业发展，代表国家参与国际竞争等方面作出新的更大贡献提供有力支撑。

二、“十一五”基本建设工作回顾

“十一五”期间，在国家发改委、农业部的大力支持和中国农业科学院党组的正确领导下，我院基本建设工作紧紧围绕“三个中心、一个基地”战略目标，以科技创新平台建设为核心，以支撑科技创新能力提高为目标，扎实推进“三项重要转变”，即基本建设从生存型向发展型转变，基本建设管理由经验式向科学化转变，建设项目申报由自由滚动式向规划引导式转变，为全院各项事业快速发展提供了有力物质保障。

（一）主要工作与成效

一是基本建设投资持续增长、效益明显。“十一五”期间，共获得项目总投资 20.6 亿元，其中，国家投资 20.1 亿元，国家投资占总投资的 97.6%。累计下达投资 15.7 亿元，较“十五”下达投资增长了 49.5%。共建设各类科研用房 27.7 万平方米，科研辅助用房 8.5 万平方米，改造各类实验用房（畜禽舍等）5.9 万平方米，温网室 4.2 万平方米，购置科研仪器设备 7 897 台（套），快速增长的基本建设投资，大幅度地提升了我院科研基础条件，为各项事业快速发展提供了坚实的物质支撑，主要表现在：

——重大科研基础设施建设初见成效。按照“筹划一批、申报一批、设计一批、建设一批”的思路，5 年来我院新争取重大项目 7 个，已建成农产品质量标准与检验检测中心、航天育种工程 2 个重大科研基础设施，建设和设计中的有中国农业科学院图书馆扩建工程、国家农业生物安全科学中心、国家动物疫病防控生物安全实验室、国家口蹄疫参考实验室和国家畜禽改良研究中心 5 个项目，同时，积极申请国家作物种质库（项目建议书已批复）、哈尔滨兽医研究所新所区科研楼 2 个重大项目立项，筹划农业应用微生物科学中心和国家耕地质量与土壤改良研究中心 2 个重大项目。

这些重大科研基础设施的建设，已经或即将在农作物基因资源挖掘和改良、农产品质量标准与检测、动物疫病防控、植物保护、农业信息服务与传播等领域构建或即将构建一批具有较强国际影响力的科研平台，为我院九大学科群及 41 个一级学科体系建设和自主创新能力提升起到重大支撑作用。

——院所区建设明显加快。5 年来，农科院院所面貌焕然一新，工作条件、生活环境、基础保障能力等大幅改善和提高，其中，果树所、蜜蜂所、茶叶所、南农机 4 个单位实施了所区综合改造，基础保障能力显著提升；上海兽医所、烟草所、麻类所 3 个“老所、小所”通过集中支持，顺利完成了新所区的建设与搬迁，依靠条件建设实现了向“新所、强所”转变的跨越式提升；哈兽研、特产所 2 个传统“大所、强所”，也在紧锣密鼓地进行新所区建设，即将迈上新的更高的发展台阶。在京区，中关村院区、马连洼院区的发展变化也十分喜人，建成了 3 万平方米的院部办公楼，实施了大院绿化改造、三所综合改造等工程，为广大职工初步构建了一个“环境优美、保障有力、氛围和谐”的工作生活环境，建设了高八、高九及丰泽盈和小区等近 14 万平方米职工住宅，极大地改善了京区职工的住房条件。

院所区建设的快速发展与变化，不仅为全院提供了良好的发展空间和环境，而且也为吸引人才、稳定人才以及科技交流提供了有利条件，为全院快速发展带来新的机遇。

——*田间试验体系、质检体系等日趋完善*。田间试验是农业科研成果培育的“摇篮”，加强田间试验体系建设对于我院科技创新工作具有特殊的重要意义，5 年来，共建设野外科学观测台站 10 个，试验基地 8 个，特别是海南、新疆、新乡等一批综合试验基地的建设，不仅完善了我院科研条件体系，而且优化了我院科研条件的战略布局；在国家农产品质量监督检验检测体系专项的大力支持下，新建（改造升级）了 17 个部级农产品质检中心和 1 个区域农产品质检中心，极大地完善了我院及我国的质检体系，有效地保障了我国农产品质量安全。

——*科研基础设施能力形成速度明显加快*。5 年来，我院采取了目标负责制、分类督导、重点单位约谈等有力措施加快项目执行，2008 年全院在建项目由 115 个下降至 86 个，结余资金降至 5 亿元，2009 年在建项目由 118 个下降至 70 个，结余资金降至 4.2 亿元，2010 年在建项目由 70 个下降至 58 个，国库结余资金降至 3.89 亿元，表现出在建项目个数逐年下降，竣工验收步伐明显加快的总体态势，有力地促进了全院科研基础设施能力的快速形成和国家投资效益又好又快的发挥。

二是基本建设管理科学规范、经验丰富。5 年来，我院始终坚持以创新为动力，科学谋划发展，严格规范管理，深入挖掘经验。编制了《中国农业科学院“十一五”基本建设规划》和《中国农业科学院基本建设规划（2011 ~ 2020 年）》两项指导全院基本建设科学发展的总体规划，制定了《中国农业科学院基本建设管理办法（试行）》等 7 项针对性、操作性和适用性很强的制度范本，推进了《中国农业科学院院部大院控制性详细规划》和《中国农业科学院圆明园西路 2 号大院修建性详细规划》两项京区土地利用规划，力家作物种质库项目积累了“以理念创新推进工作、以手段创新提升能力、以服务创新提升管理”等一批宝贵经验，为全院基本建设工作实现“三项重要转变”的总体目标奠定了坚实基础。

三是基本建设队伍更加专业、能力增强。为适应农业基本建设项目投资增长快、管理要求高的形势与要求，2007 年 8 月，院党组研究决定成立基本建设局，负责全院基本建设工作的宏观管理，按照“加强培训、检查督导、制度建设”并重的策略，整体提高全院基本建设规范管理水平和能力。2006 ~ 2009 年，共组织召开了 3 次全院基本建设现场交流会，分别到武汉、上海、北京等建设发展较快的研究所实地参观，打开工作视野，交流经验心得，部署专项工作；2010 年，组织开展了基本建设“规范管理年”活动，在全院范围内实施“片区互助管理”的新模式，整项活动筹划有力，推进有序，实效明显，得到了农业部发展计划司的高度认可。5 年来，在院所两级的共同努力下，我院基建管理人员的管理能力、管理水平普遍提高，一支科学化、规范化的管理队伍正在发展壮大。

以上 3 个方面的工作与成效，是中国农业科学院“十一五”基本建设发展的一个缩影，与上级主管部门的大力支持密不可分，与院党组的正确领导密不可分，与广大基建队伍工作者的辛勤劳动更加密不可分。在此，我代表院党组再一次向国家发改委和农业部的各级领导表示感谢，向辛勤工作的同志们表示感谢！

（二）存在问题与原因

同志们，“十一五”的建设成效有目共睹，但与全面支撑“我院‘三个中心、一个基地’向更高水平迈进、打造具有国内外重大影响国家农业科技创新核心机构”的目标相比，现有的科研条件还有较大差距，基本建设管理能力还急需进一步提高，主要表现在：

——重大科研基础设施依然缺乏，思路谋划、题材凝练的能力还需进一步提高。重大科研基础设施是构建综合性科技创新平台的重要物质基础。我院目前在动物种质资源的保存与新品种定向培育、农产品精深加工与现代储运、农业生物质综合开发利用、农业资源高效利用与农业生态环境、多功能农业装备与设施等重点优势学科领域尚无重大科研基础设施和综合性科技创新平台，科技资源难以有效整合。一方面，重大科研基础设施项目筹划与建设需要对现有条件进行大规模的整合，甚至涉及学科和机构的合并，难度大、矛盾多、战线长，造成部分单位筹划重大项目的动力不足；另一方面，依据“十五”、“十一五”经验，未来 5 年在国家固定资产投资规模和增量基本保持稳定的条件下，我院凝练大题材、谋划大平台的思路和能力还有限，保持全院基本建设投资稳定增长的基础还很薄弱，必须在思路和能力上有显著提高。

——全方位基础保障能力还不高，项目建设与支撑需求还需进一步整合。“十五”以来我院在实验室、试验基地、野外科学观测台站、资源保存设施等科研设施建设方面取得了一定成效，但从完善创新链条、优化创新区域布局、突破科技创新技术路线瓶颈等层面，还急需加强试验示范基地、长期资源收集保存设施、科技合作与交流、人才培养以及公共服务等配套设施建设。

——项目建设进度缓慢，认识水平和管理能力还需进一步提高。尽管我院把项目建设进度作为“十一五”的一项重要工作来抓，并采取了多种措施，但整体进度还是偏慢，表现在建设资金沉淀量大、预算执行慢，给新上项目和争取年度投资计划增加了很大压力。主要原因有：一是“重投资、轻管理”的观念还没有彻底转变，对立项投资争取高度重视，对项目后期建设关注不够；二是基本建设项目自身执行程序复杂，政策性强，要办理的手续多，不可预见的因素多，影响项目进度；三是前期工作不到位，总体规划中的项目储备不扎实，筹划与申报仓促，对项目建设条件与方案等缺少系统考虑，致使执行时变更多、难度大、进度慢。

——整体管理能力、水平与承担任务还有差距，管理机构与队伍还需进一步加强。作为科研单位，长期受体制机制的影响，从事基本建设管理的人才队伍十分匮乏，在编制、待遇、发展等方面均存在较多制约因素和不利条件，管理机构不够健全、专业人才总量不足且结构不合理、缺乏激励机制等，与快速发展的管理需求和定位难以匹配。

这些问题既有客观的，也有主观的，要统筹解决和改进，除了积极争取上级部门的支持，更多地还是要在自身建设上下功夫，力争在“十二五”取得更大进步。

三、“十二五”工作部署

同志们，“十二五”既是中国建设创新型国家、农业科技率先进入世界先进行列的关键时期，也是中国农业科学院“三个中心、一个基地”战略目标建设向更高水平迈进的冲刺阶段，基本建设工作任务将更加繁重。院里正在加紧编制“十二五”基本建设规划，希望进一步增强规划引领发展的功效。下面，我从思想认识和具体工作两个层面谈几点具体要求，希望大家认真领会。

（一）在思想认识层面，要着力提高一个认识和培养两种思维

一是各级领导干部要进一步提高对科研条件平台建设重要意义的认识。一流的科研条件平台是农业科研院所建设一流学科，承担重大科研项目以及理论方法创新与重大科研成果产出的重要保障，也是现代农业科研院所参与国际农业科技竞争的重要支撑。国际一流的现代化农业科研院所对科技支撑条件和能力的基本要求包括，一是拥有完备的、一流的科学研究实验设施条件和科技基础条件平台；二是拥有规模化、系统化、网络化的农业试验基地，特别是材料与产品创制、新品种选育等方面，必须拥有规模化的农业试验基地和遗传改良与品种选育技术平台；三是拥有长期、系统的田间与野外观测台站；四是拥有适应不同生态条件的区域性、网络式综合型中试、熟化、比对试验基地，促进技术研发上中下游建立相互衔接、相互促进的技术链；五是拥有数字化、海量、网络化的图书与科技信息服务能力；六是完备的人才培养条件，特别是教学设施、研究生以及流动科研人员公寓、图书馆及网络设施条件等。

与这些条件和标准相比，大家会看到自身的差距还很大，必须把科研立项与基础建设立项当成全院“十二五”最基础性的工作来看待，必须把搭建科研平台、提高科技创新支撑能力作为研究所发展的头等大事，要抓紧、抓好、抓实，提前做好项目储备，要让项目等机遇，而不是机遇等项目。

二是各级领导干部特别是“一把手”要着力培育战略性思维，切实推动我院基本建设全面实现由生存型向发展型转变。现代科技竞争对于科技手段特别是科技条件平台的依赖性呈明显加强趋势，“小米加步枪”就能打天下的时代已经不在，要实现跨越式发展，必须有大平台支撑，要建设大平台，必须依靠重大项目建设来实现。重大项目的筹划与推进，需要对现有条件进行大规模的整合，甚至涉及学科和机构的合并，难度大、矛盾多、战线长，致使部分领导干部有畏难情绪，不愿在重大项目筹划上下功夫。

这种现象目前在我院还比较普遍，在部分研究所还相当突出，造成我院凝练大题材、谋划大平台、建设大项目的思路和能力很有限，如果这种现象不能得到重视和改变，将直接影响我院重大科技平台基础设施的建设，影响“十二五”目标和“三个中心、一个基地”战略目标的整体实现。

因此，我们必须着力培养战略性思维，要站在战略和全局的高度，以服务国家战略需求为宗旨、以引领农业科技创新为目标，以增强农业科技国际竞争力为导向，克服畏难情绪，甩掉思想包袱，勇敢地承担起重大项目筹划、建设的重担，组织成立给力的工作班子，做实重大科研平台建设项目的调研，梳理好基本建设工作思路，找准方向，提出经得起专家推敲，经得起历史考验的重大项目。

三是着力培育系统性思维，扎实做好“十二五”基本建设规划。基本建设规划是一项系统工程，是对学科、项目、平台、团队、机制等涉及院所发展方方面面的系统思考，必须通盘考虑国家需求与自身定位、科研急需与长远发展、自身能力与潜在阻力等，要兼顾前瞻性、战略性和基础性、可行性，并严格遵循农业科研的基本规律办事，通过科学规划来理清科研基础条件需求，确立科学合理，特别是可行的目标与任务，确定一流的实验装备条件、标准化和规模化的农业试验基地、野外台站等建设内容，最终实现支撑行业、学科及院所协调可持续发展的目标。当前，各单位最紧迫的任务就是积极征求上级有关部门、相关单位和专家学者的意见，深入研究，协调配合，扎实做好“十二五”基本建设规划编制工作，把系统配套、功能衔接和可操作性作为规划的重点，尽快把理出的思路转化为项目储备。

（二）在具体工作层面，要重点把握“一条主线、两个坚持和两优一快工程”

1. 明确“一条主线”

一条主线就是，紧紧围绕我院“三个中心、一个基地”战略目标，以支撑自主创新能力提升为核心，支撑九大学科群建设，大力推动重大科技设施和科技平台建设，全面实现基本建设三项重要转变。

2. 牢记“两个坚持”

两个坚持就是，一要坚持“以研为本”，以支持自主创新能力提升为核心，整体提升我院实验室条件与设施装备水平，重点建设 5 个具有国际一流实验条件与设施装备的综合性研究平台，实现我院“九大学科群”创新基础设施的整体提升；坚持农业主产区、生态区导向，重点建设 12 个规模效益明显、地域布局急需、专业功能突出的试验基地，基本实现我院试验基地战略布局和体系化建设；加快完善院所基础设施，重点打造 3 ~ 5 个基础设施条件在国内外有较强示范性的现代科研院所。

二要坚持“以人为本”，推进基本建设管理人才队伍建设，通过引进、培养、交流等方式，构建一支 50 人左右的骨干队伍，在全院范围内统筹使用；遴选 8 个左右基本建设项目作为管理示范工程，通过示范工程管理培养人才、积累经验；从规划设计与建设管理两个层面推进院所建设，构建和谐、宜居环境。

3. 抓好“两优一快”工程

“两优一快”就是，优先加强重大科技平台基础设施建设，优先加强综合试验基地、地域布局型试验基地建设，快速推进现代科研院所基础设施建设进程。通过实施“两优一快”工程，实现重点学科领域、优势学科领域创新基础设施的显著提升，基本完成我院试验基地布局和体系化建设，大幅改善科研院所基础设施条件，使我院科研基础条件支撑体系与综合保障能力实现跨越式发展，为推进“三个中心、一个基地”建设迈上更高层次提供坚强有力的物质保障，具体任务如下。

——*重大科技平台基础设施建设任务*。重点推进国家生物安全科学中心、国家畜禽改良研究中心、国家动物疫病防控生物安全实验室、国家口蹄疫参考实验室、中国农业科学院图书馆等项目的建设；推进国家作物种质库、农业应用微生物科学中心、国家耕地质量与土壤改良研究中心、国家园艺科技创新中心等项目的筹划和立项。依靠重大项目的筹划与建设，使我院重大项目投资所占比例大幅上升，科技平台支撑能力显著增强。

——*试验基地布局与建设任务*。重点新建3个能够进行多学科、大规模试验的国家级综合试验示范基地，黄淮海国家农业综合试验示范基地（新乡）、华南现代农业综合示范基地（深圳）、东北平原国家农业综合试验示范基地（黑龙江垦区、吉林），2个能够解决我院地域布局型基地（南繁、北繁）和7个专业功能突出的试验基地（现代农业、云南、江西、茶叶、烟草、农机、特产）；依靠试验基地布局结构的调整与建设，实现我院农业科研、野外观测、示范推广等科技创新链条的纵向、横向一体化，在基地规模总量上再上一个新台阶。

——*现代科研院所基础设施建设任务*。以全面增强科研院所的可持续发展能力为目标，重点打造3～5个基础设施在国内外有较强示范性的现代科研院所，兼顾院所均衡发展，基本解决我院部分研究所实验室条件和设施装备差，业务用房不达标，院所区基础设施老化、不配套等问题，逐步完善院所信息化，整体推进创新设施精良、配套设施完善、支撑体系完整的现代化科研院所基础设施建设。

——*基本建设管理能力建设任务*。继续在队伍建设、示范工程、管理创新和制度建设4个方面着力，力争“十二五”末，在全院打造一支50人左右规模的基本建设管理骨干队伍；“十二五”期间打造8个左右的示范工程，力争每个片区都有一个示范工程，院本级项目全部纳入示范工程；进一步巩固和深化“规范管理年”活动成果，加强片区互助管理和全院人才统筹使用机制的探索与完善，加强工程质量和进度管理创新，探索质量溯源方式和跟踪管理方式，进一步完善基本建设制度，加强制度的宣传和贯彻。此外，基建档案管理也是一项重要工作，新项目和老项目都要同步加强管理。

这些是我院基本建设“十二五”发展的总体思路和重点内容，中国农业科学院还会紧密结合国家有关规划、院所发展需求及科技发展的最新态势，通过“规划引导、计划调节”来统筹推进，作出具体安排。

同志们，“十一五”的基本建设成效令人欣喜，取得的经验弥足珍贵，“十二五”的目标宏伟而紧迫，为了更好地承担起支撑中国农业科学院“十二五”科学发展的重任，全面实现我院基本建设的“三项重要转变”，我们必须紧紧围绕“三个中心、一个基地”战略目标，在院党组的正确领导下，牢牢抓住“大力推动重大科技设施和科技平台建设”这条工作主线，以改革创新的魄力和只争朝夕的态度，扎实工作，推进全院基本建设工作再上新台阶。

谢谢大家！

隋斌副司长在中国农业科学院2011年基本建设工作会上的讲话

（2011年4月21日）

各位代表：

首先，我受钱克明司长的委托，代表农业部发展计划司，对中国农业科学院2011年基本建设工作会的召开表示热烈的祝贺，对这次会议上受到表彰的基建工作先进单位和个人表示祝贺。今天利用这个机会，谈一些想法和意见，供大家参考。

一、扎实工作，“十一五”期间农科院基本建设成效显著

“十一五”期间，部党组把加强农科院基建工作当作推动农科院发展的重要措施来抓，要求有关司局和农科院认真谋划大项目、设计大工程。农科院及各研究所高度重视科研设施条件建设，主要领导系统谋划，靠前指挥。在组织保障上，院机关成立了基本建设局这一专职机构，各个研究所也都相应充实了管理人员和技术力量，并为搞好基建工作采取了一系列强有力措施，尤其是2010年开展的“规范管理年”活动很有特色，取得了实效。概括起来，“十一五”期间农科院基本建设工作有以下4方面特点。

（一）投资规模显著增长

2001年以来，部里累计安排农科院基本建设投资255 312万元。其中，“十五”期间安排104 398万元，“十一五”安排150 914万元，累计安排项目99个，平均每个所超过2个项目。单体项目的中央投资平均规模也从2005年的1 486万元增加到2010年的2 588万元。

（二）重大项目显著增加

围绕部中心工作和农业科研的迫切需要，按照集中资金办大事的要求，中国农业科学院积极谋划大工程、设计大项目，共落实重大项目10个（总投资3 000万元以上），总投资超过19亿元，是农科院建设历史上最好的一个时期。

（三）条件建设成效显著

上述投资累计改善科研试验用房约30万平方米，购置专业仪器设备6 000多台（套），建设科研试验基地、野外科学实验台站20个，试验田3 000多亩，为多出成果、出大成果，实现跨越式发展创造了条件。

（四）有力推动了行业发展

利用已经建成的基础设施，中国农业科学院组织开展了大量的科研工作，已经取得了大量的科技成果，为我国若干农业技术研究走在世界前列起到了关键作用，为实现“两个千方百计、两个努力确保”工作目标，保障农业各行业的健康发展以及整个农业和农村经济稳定发展起到了有效的支撑保障作用。

二、突出重点，认真谋划“十二五”农科院基本建设工作

农业科技创新是国家综合国力的重要标志之一，加快农业科技创新能力建设意义重大。结合“十二五”规划和近期农业科研项目的投资方向，建议农科院及各研究所着重从以下3个方面考虑项目的谋划和安排。

一是围绕重大攻关课题和应用基础研究，谋划重大科研基础设施项目。针对重大科研基础设施、种质资源、动物防疫、农村能源、耕地质量等重点领域，谋划一批重大项目，切实通过投资项目的合理布局和引导带动，起到整合各类资源、促进学科调整、推进体制改革的作用，为解决关系农业行业长远发展的重大问题提供基础支撑。建设内容上要统筹考虑农业科研的上中下游，既要考虑基础研究，又要考虑应用研究和中试，甚至于将产业化一并考虑。多谋划类似重大科学工程、畜禽改良研究中心等重大项目。这类项目虽然谋划周期长，但是能够根本解决好研究所发展面临的问题，希望有条件的研究所转变观念，放眼长远，集中力量认真谋划。

二是围绕农业各行业、各领域发展需要，谋划推动行业科技进步的项目。包括种养业良种工程中的农作物、畜禽品种改良项目，动物防疫体系建设中的中央科技支撑项目，农产品质量安全检验检测体系中的部级农产品质量安全检验检测中心，农村沼气工程中的沼气科技支撑项目等。这些项目要依据相关专项建设规划进行申报，请农科院及各研究所与部内相关司局做好衔接。

三是围绕提升农业综合科研能力，谋划科研基础设施条件建设。具体包括科研实验用房、试验基地、野外科学试验台站、中试基地、南北繁基地，以及水、暖、电、道路、围墙、绿化、大门附属设施建设等项目。请农科院及各研究所及时将投资需求转化为项目。凡是符合投资方向和建设条件的储备项目，可以随时申报，我司随时受理，并

开展评审和立项审批工作。

其他项目，如房屋修缮、小型设备购置等项目，建议走财政渠道申请解决。

三、强化管理，推动农科院基本建设工作再上新台阶

经过“十一五”的建设与发展，中国农业科学院及各研究所发展建设已进入一个新的历史阶段，逐步从生存型向发展型转变。这里就今后如何进一步做好基本建设工作，提几点建议和希望。

（一）在规划编制上提高前瞻性

根据国务院投资体制改革决定精神，政府投资建设的主要依据是专项建设规划。这次会议将就农科院“十二五”建设规划进行专题研讨。希望大家在规划修改过程中，围绕农业科技创新的总体目标、农科院的整体发展布局，结合各研究所的基础条件，切实提高规划的前瞻性和可操作性。我认为，需要编制或参与编制的规划有3类，一是土地利用及院区、所区的建设布局规划。根据自然条件和实际需要，确定不同区域的土地用途、功能分区和空间布局，研究确定土地利用与院区、所区的建设布局规划，并按程序与地方规划、土地等部门做好沟通和衔接。要注重加强土地资源储备，积极推动院部东门外试验地土地性质变更，进一步拓展发展空间。二是本单位项目建设规划。围绕发展规划，按照强化能力、完善功能的要求，统筹考虑各项建设需求，进一步提出和细化重点建设项目，统筹编制本单位的建设规划。我们将在部属三院建设规划基础上，组织编制《“十二五”农业科技创新能力建设规划》，作为今后投资建设的重要依据。三是行业发展建设规划。这类规划以部内相关司局为主编制，请农科院加强沟通和衔接，将院里能够承担的重点内容和项目，纳入相关的建设规划中，为进一步争取投资奠定基础。

（二）在前期工作中提高针对性

项目谋划的好不好，能否得到有关部门的支持，关键在于前期工作。国家发改委已经部署了2012年投资计划草案的编报工作，要求2011年7月15日之前完成。请农科院及各研究所单位早动手、早打算，按时完成项目储备和2012年度投资计划申报工作。要结合自身特点，加强前期工作的针对性，进一步提高项目申报的效率和命中率。一是要围绕行业发展需求设计项目。农业科研的动力是行业发展需求，农业科研的落脚点是解决行业发展问题。谋划重大项目，要立足于科技创新，要从全局的角度出发，紧密结合行业发展的需要，以解决制约行业发展的关键技术问题为目标，积极谋划和设计能够带动行业发展、辐射地方发展、牵动农业农村经济全局发展的重大公益性和基础性项

目。二是合理确定建设内容。依据有关建设标准和规范，从实际需求出发、从自身条件出发、从运行管理的可能出发，本着确保投资效益的原则，实事求是地提出恰当的建设内容和建设规模。三是切实落实好建设条件。切实加强与有关主管部门的衔接沟通，及时完成项目用地审批、规划手续办理、环境影响评价等项目建设的前置条件。对已经立项的项目，各单位要尽快开展初步设计编制等相关工作，争取投资一旦下达，项目即可组织开工建设。四是严格控制楼堂馆所建设。认真执行中办发〔2007〕11 号、中办发〔2011〕13 号等文件和政府工作报告要求，倡导厉行节约，反对奢侈浪费，严格控制党政机关办公楼等楼堂馆所建设和新开工项目，严格控制车辆购置。

（三）在项目管理中提高精准性

农科院是我部最大的直属单位，基建投资总量和项目数量都最多，项目管理始终不能放松。据悉，近期部里已将预算执行进度纳入绩效考核指标中，要求各单位 2011 年的资金支出进度不低于 96%。目前看，要实现这一目标，加强项目管理、加快建设进度的任务十分繁重。希望各研究所切实采取措施，提高项目管理的精细度和准确性，确保任务目标的实现。一要严格按制度程序办事。坚持按国家投资项目法律法规办事，坚持按《农业基本建设项目管理办法》等制度办事，继续贯彻好项目管理责任制、招标投标制、工程监理制、合同制等要求。二是准确测算年度投资需求。要根据项目前期工作和实施进展情况，准确测算年度投资需求，合理安排投资计划，坚决杜绝投资安排超过项目实际需要、造成大量资金滞压情况的发生，不给年度计划执行留下隐患。三是加强监督检查。要加强专项检查和项目整改督促工作。针对发现的问题和隐患，深入分析产生的根源，查找存在的漏洞和薄弱环节，提出改进的措施和办法，确保重大项目建设不出问题，少出问题。四是实行奖优罚劣。对在建项目多、滞压资金多、建设进度慢、管理存在问题的单位，要坚决暂停安排后续投资，暂停申报、审批相关单位申报的新项目。

（四）在投资效益上要提高持续性

从近期项目检查和审计的趋势看，效益审计已经成为一项重要的内容。项目建设的好不好，不仅仅考核项目建设内容是否按照批复保质保量完成，更重要的是考核是否按照预期目标发挥了投资效益。针对目前个别项目未能全部发挥效益、持续发挥效益的问题，希望农科院及各研究所重视项目效益发挥问题。一是严把项目竣工验收关。切实通过项目竣工验收，督促项目建设单位严格按照项目谋划时的总体思路，在完成项目建设内容的同时，切实落实好技术力量、运行经费等保障措施，确保项目实现设计功能。二是拓展项目效益范围。在项目运行管理过程中，要按照“开放、共享、高效”的要求，推动科研平台在农科院内、行业内和全国范围的共享，避免重复建设，更好地发挥国家投资效益。三是确保效益的可持续性。基本建设项目不同于财政性项目，建成后的资产要持续发挥数十年的作用，尤其是土建工程的使用年限一般为 50 ~ 70 年。希望各研究所能够确保国家投资形成的资产稳定用于科研工作，避免闲置或者浪费，也不应将科研资产出租或出借用于创收。

此外，希望中国农业科学院围绕建设一支务实、精干、廉洁、高效的农业基本建设队伍的目标，不断充实基建管理力量，加强人员培训，提升基建管理人员的思想政治素质、专业技术水平和服务能力，为实施好重大建设项目提供智力和人才保障。

中国农业科学院关于表彰“十一五”基本建设管理先进个人和基本建设“规范管理年”活动先进单位及个人的决定

院属各单位：

为适应基本建设管理工作的新形势，有效提升全院基本建设管理水平，2010 年中国农业科学院开展了基本建设“规范管理年”活动。通过活动的进行，我院基本建设规范管理意识普遍增强、先进的管理经验得到推广、科学的管理制度与范本全面实行、管理力量在全院范围内实现共享，为构建基本建设规范管理的长效机制和基建管理队伍的建设创造了更好的环境，有效推进我院基本建设规范管理的持续、纵深发展。

同时，2010 年也是“十一五”收官之年，“十一五”期间，我院基本建设投资快速增长，国家投资总量较“十五”增长了 49.5%。我院基本建设工作紧紧围绕“三个中心、一个基地”的战略目标，通过不断提高基本建设管理水平，努力实现基本建设跨越式发展，为全院各项事业快速发展提供了坚实的物质保障。

取得的巨大成就与院属各单位的积极配合，以及奋战在基建工作一线人员的辛勤付出是密不可分的，经研究，决定对以下单位和个人予以表彰。

一、“十一五”基本建设管理先进个人（按姓氏笔画排列）（15 人）

齐秀改、刘曾保、孙长伟、朱佩福、陈忠跃、陈叙达、杨照斌、杨志胜、徐富荣、曹曙明、蒋淑芝、蒋大雄、谢惠娟、蔡雪雁、管国忠

二、基本建设“规范管理年”先进单位（排名不分先后）（10 个）

作物科学研究所、农产品加工研究所、农业资源与农业区划研究所、油料作物研究所、果树研究所、郑州果树研究所、哈尔滨兽医研究所、上海兽医研究所、环境保护科研监测所、烟草研究所

三、基本建设“规范管理年”先进个人（按姓氏笔画排列）（33人）

于辉、王志东、王育青、王秋岩、王秀芳、王欣、齐秀改、许云峰、刘洪业、陈林红、张利军、张天明、李朝明、李明、李冠男、肖堃、周琦、杨照斌、杨志胜、郝宁、贾华、徐富荣、徐欢、徐国产、曹曙明、黄凤洪、崔君红、蒋大雄、蒋锐、谢居力、蔡雪雁、蔡虎鸣、蔡莹盈

希望受到表彰的先进单位和先进个人把荣誉作为新的起点，再接再厉，在今后的工作中再创佳绩，在中国农业科学院基本建设领域发挥领先带头作用，为农业科技创新和现代农业建设贡献力量。

七、研究生教育与管理

中国农业科学院研究生院 2011年工作概况

2011年是“十二五”规划的开局之年，研究生院始终坚持以马列主义、毛泽东思想、邓小平理论和“三个代表”重要思想为指导，深入贯彻落实科学发展观，开展创先争优和文化建设，在全面总结“十一五”工作成绩的基础上，坚持党的教育方针和人才方针，紧密围绕中国农业科学院“三个中心、一个基地”的战略目标，按照“一体两翼”的发展思路，解放思想、提升质量，在招生就业、培养管理、学位管理、学生工作、专业学位教育、留学生教育、行政管理及党建和精神文明建设等方面取得了较大进展，为顺利完成“十二五”规划各项工作任务打下了坚实基础。

一、全日制研究生教育稳步发展，环节管理科学规范

（一）招生工作取得突破，就业指导成绩显著

2011年，研究生院积极向教育部申请开展面向港澳台招收培养研究生工作，已获教港澳台办“关于中国农业科学院面向港澳台地区招收培养研究生准予备案的函”批复，从2012年开始，面向港澳台招收研究生。

继续做好招生宣传工作，组织10余个研究所参加教育部主办的“2012年全国研究生招生现场咨询会”，加强与中国研招网等媒体合作，继续实施“入学成绩优秀奖”，扩大宣传范围，吸引优秀生源。共录取新生888人，其中，博士生228人（含少数民族骨干计划21人，与中国农大联合培养20人），硕士生660人（含少数民族骨干计划3人），新增博士招生计划12名（含少数民族骨干计划3人），硕士招生计划49名（全日制专业学位47名，学术型2名），目前全日制在校生人数2 593人。

面对严峻的就业形势，研究生院加强就业宣传，积极引导学生转变就业观念，开展全程化、多层次的就业指导和咨询服务。与各研究所、导师之间建立联系，倡导导师为学生开辟就业渠道；通过举办宣讲会、就业指导讲座、发布就业信息等途径，为毕业生就业提供专业、全面的就业信息服务；积极加强与兄弟院校、地方政府、企事业单位、科研单位及省级农科院之间的联系，引导学生到基层、西部就业，拓宽就业渠道，举办两次大型专业双选会，在学生、研究生院、用人单位之间形成联动机制，提高就业率。2011年共毕业685人，其中，博士184人，硕士501人，总体就业率95.77%，在北京地区科研单位中排名第一。

（二）学科建设卓有成效，学位管理稳步提升

研究生院新增生物学、生态学、草学 3 个博士一级学科，现有博士学位授权一级学科 10 个，硕士学位授权一级学科 12 个，学科建设取得良好效果。在调研的基础上，对研究生院自主设置的 31 个目录外二级学科和 1 个交叉学科进行评议，初步完成二级学科和交叉学科的自主设置工作，使研究生院的整体学科布局日趋完善。

规范学位管理，提高服务质量。讨论通过《中国农业科学院涉密研究生学位论文管理规定》等 4 项学位管理制度，推动学位管理的规范化、制度化。为方便学生进行期刊查询及管理人员进行期刊审核，经学位委员会讨论，研究生院首次构建了符合本院实际需求的中文核心期刊库。严格认真做好学位授予工作，经中国农业科学院第七届学位评定委员会第五、第六次会议决定，授予博士学位 172 人，硕士学位 763 人。研究生院学位授予信息上报数据及时、完整，2011 年获北京地区 2011 年度学位授予信息报送工作先进集体和先进个人荣誉称号。

完善导师管理，及时更新信息动态。2011 年新增研究生导师 60 人，将新增导师信息及时添加到《研究生管理信息系统》，保证导师信息系统管理的动态更新。核对、更新了 1 076位在职导师信息，并按照要求上报教育部学位中心。

加强过程管理，优博计划初显成效。进一步规范优博培育计划的管理程序，明确了计划申报、进展汇报、考核验收工作的具体要求，建立优博计划退出机制，切实提高优博计划的质量。2011 年我院有 2 篇博士学位论文获全国优秀博士学位论文提名奖，分别是哈尔滨兽医研究所陈化兰研究员指导的 2005 级博士研究生樊树芳的博士学位论文《5N1 亚型禽流感病毒弱毒活疫苗株的构建及在不同动物模型上免疫效力的评价》和棉花研究所喻树迅研究员指导的 2005 级博士研究生庞朝友的博士学位论文《核苷糖生物合成对棉花纤维和拟南芥根毛伸长的重要性研究》。

（三）完善过程管理，提高培养质量

加强课程建设，推动培养管理规范化、制度化。组织中国农业科学院研究生院第二届教学委员会第三次会议，验收通过《数量遗传学》等 15 门主要课程，修订 27 门教学大纲。积极探索多元教学模式，新增课程 6 门，研讨式教学课程 27 门、专题课程 29 门、实验课 10 门、实习课 14 门，全年网上教学评估优良课程达 97% 以上。制定修订《博士研究生培养工作暂行规定》等培养制度 11 项，规范了教学培养的全过程，提高了培养管理的制度化、规范化水平。

发掘优质资源，完善教师队伍建设。2011 年研究生院选聘任课教师 450 人，新聘任教师 37 人。本院教师主讲课程占总课程数的 60. 0%，占教师总数 60. 7%。教师教学评估 90 分以上的教师占 92. 4%，表彰优秀教师 117 名，并对教学质量综合排名前 10 名

的教师给予增加50元/课时教学津贴的奖励，通过各种激励措施吸引和鼓励优秀教师为研究生院研究生授课，努力建设一支高水平、多元化、教学和科研并重的教师队伍。

发挥“院所结合”优势，加强过程管理。以研究生管理信息系统为平台，加强与导师、研究所的沟通，简化环节管理，提高工作效率，组织、检查、督促各研究所、导师及学生按时完成培养环节，提高培养质量。2011年，评选研究所管理先进集体13个，研究生管理先进个人22名，激励各研究所继续做好研究生管理工作；评选中期考核优秀生144人，通过硕博连读30人，鼓励在校生及时认真完成学业，提高学习效果。

强化教研室职能，促进专职教师培养。生物和外语教研室现共有12位专职教师，承担了17门课程的教学工作，不断更新课程内容，改革教学方式，全部被评为优秀教师。鼓励专职教师参加学术会议和科研，提高业务素质和授课技能，全年参加学术会议9人次，外出调研34人次。

（四）坚持以生为本，提高学生工作服务质量

加强学籍管理，做好学年鉴定。及时完成新生入学登记注册、信息审核、电子登记及毕业信息采集等学籍管理工作，准确掌握学生的具体情况，提高了学生工作的信息化水平。认真做好学年鉴定，评选优秀学生干部93名，社会活动积极分子129名，先进班集体4个，鼓励学生争创先进。

关心学生生活，提高奖、助学金水平。积极与北京市教委和铁路局联系，首次取得铁道部授权办理学生寒暑假车票预订权限，解决了学生假期回家订票难的问题。继续实施“院长接待日”，对学生反映的问题及时调查解决。在院领导的协助下，妥善处理好5月20日发生的涉及研究生院学生的重大交通事故，得到了学生家长的理解和认可。新增天根和大北农奖、助学金，评选各类奖助学金获得者129名，奖励总额40.4万元。2011年在财政部的支持下，大幅提高了在校生的生活津贴，使同学们能够安心学习，解除了他们的后顾之忧。

二、专业学位教育突出特色，培养质量不断提升

经多方努力，2011年共招收专业学位硕士443人，突破教育部规定的350人的名额上限，授予学位251人。突出本院特色，改革课程设置和教学安排，将大课堂授课按专业领域分为9个小课堂授课，增加课时数，提供更多的学习时间和机会，总授课时间达2 676课时。针对基层农技骨干人员分散的特点，积极与地方政府及研究所协商，新建立5家教学培养协助单位，方便学员学习。召开第五次专业学位教育工作研讨会，针对研究生院专业学位培养质量的提升展开探讨。继续加强学位论文管理，实施学术不断行为检测，论文质量不断提高，2011年有2篇论文获“全国农业推广硕士优秀论文”。

三、留学生教育快速发展，国际化水平稳步提高

全年申请来研究生院学习的留学生人数达160余人，录取新生46人（博士31人，硕士10人，进修生5人），较上年增长1.2倍，现有在校生99人（博士71人，硕士23人，进修生5人），较上年增长1.7倍。生源涉及亚、非、欧、北美洲四大洲的28个国家，比上年新增10个国家；留学生培养单位20个，增加2个；覆盖学科专业25个，新增9个；98%的留学生获奖学金资助，奖学金总额约335万元，比上年增加154万元。2011年有7名留学生顺利完成学业，留学生毕业实现零的突破。

为适应留学生教育的不断发展，研究生院成立国际教育处专门负责留学生的招收录取、培养管理、课程设置等工作。召开留学生工作研讨会，在征集各培养单位意见的基础上起草完成了《研究生院招收外国留学生管理规定》等13项管理制度，加快推进研究生院留学生管理工作的规范化、科学化。

完善过程管理，提高培养水平。及时更新留学生入学、退学、奖学金申请、学籍学历等信息，实现留学生管理信息化。开设《国际学术交流》等6门课程，组织英国剑桥大学、意大利使馆等机构的科学家为留学生作学术报告，拓展国际视野，提升科研能力。组织留学生学习法律法规，新建成了留学生图书室和活动室，丰富留学生的课余文化生活。成立留学生分会，加强自我管理，举行留学生新春联欢会，增强他们的归属感和凝聚力。认真做好留学生的归国事宜，充分发挥他们的桥梁作用，加深中外友谊。

四、深化合作与沟通，博士后工作稳步推进

2011年，博士后进站86人，出站65人（23人在农科院工作）。制定《中国农业科学院博士后管理工作办法》，加强博士后管理制度建设，进一步规范了博士后招收、考核及出站等各项工作，促进了工作的科学化、规范化。积极组织中国博士后科学资助金的申报，有3人获博士后基金特别资助，10人获面上资助。组织完成了博士后理事会换届选举。6月，参加了北京市博士后联谊会组织的趣味运动会，加深了彼此的沟通，增强了我院博士后队伍的凝聚力。

五、积极开展合作交流，充分发挥社会服务职能

研究生院坚持“请进来”和“走出去”的工作方针，加强国内外交流与合作，借鉴其他机构的先进经验，提升研究生院的教育水平。全年共接待孟加拉、美国等9个国家10个代表团的78人次来访，组织4个团组8人次参加“中国教育展”，与发展中国家妇女科学组织、泰国瓦莱卡大学及比利时烈日大学等机构签署合作协议，促进相互的交流合作，通过迎来送往，加大国际宣传，提升研究生院的国际影响力和研究生教育的

国际化水平。

加强国内交流合作，参加教育部、北京市教委、兄弟院校等组织的研究生教育会议、论坛，作为全国科研学位与研究生教育协作网的常务理事单位，积极分担相关工作，组织学生参加了协作网庆祝建党 90 周年演讲比赛并获二等奖，羽毛球团体赛获季军。

7 月份，在中国农业科学院党组书记薛亮的指导下，研究生院成功组织承办了“海峡两岸农业科研与教育研讨会”，来自台湾大学生物资源暨农学院、中兴大学农业暨自然资源学院、中国农业科学院机关、京内 13 个研究所及研究生院共 100 余人参加了大会，通过大会交流、分领域座谈等形式，在两岸农业科技领域的专家间搭建了沟通和交流的平台，增进了两岸农业科研人员的交往，也为以后研究生院与两所大学间的学生交流培养奠定了基础，会议之后精心编辑出版了《海峡两岸农业科研与教育研讨会文集》(58 万字)。

充分利用人才资源，发挥社会服务职能。全年组织承办“第四期农产品国际贸易经理及管理人员培训班”、“中国农业科学院处级干部培训班”、“中国农业科学院新入职人员培训班”等各类培训 11 次，培训人员 633 名，充分利用了农科院的科研资源，提升了我院的社会知名度和影响力。2011 年，组织申报《国家级专业技术人员继续教育基地》并获批准，拓宽了研究生院教育培训的业务范围，搭建了高层次教育培训平台。

在全体师生员工的共同努力下，研究生院各项事业稳步发展，取得了一定的成绩：院党委荣获“农业部先进基层党组织”，2011 年顺利通过“中央国家机关文明单位”复查并获“2009 ~ 2010 年度农科院文明单位标兵”荣誉称号。在武汉大学中国科学评价研究中心发布的《2010 ~ 2011 年度中国研究生教育评价报告》中，中国农业科学院研究生院竞争力排名第二十九位，在农林学科类型排名第一位，在北京地区综合排名第六位，在 4 大国家级科学院中排名第二位。

中国研究生教育评价报告 2010 ~ 2011 出炉

武汉大学中国科学评价研究中心 2010 ~ 2011 中国研究生教育评价报告出炉，中国农业科学院研究生院竞争力排名第二十九位，在农林学科类型排名第一位（中国农大第二位，南京农大第三位，西北农林大学第四位）。在北京地区综合排名第六位，在国家科学院研究生院（中国科学院研究生院、中国农业科学院研究生院、中国社会科学院研究生院、中国医学科学院研究生院）排名第二位。

中国农业科学院学位授权点一览表
（56个硕士点，44个博士点）

学科门类	一级学科（名称与代码）	二级学科（名称与代码）
理学	大气科学（0706）	气象学（070601）
	生物学（0710）	微生物学（071005）
		*生物化学与分子生物学（071010）
		*生物物理学（071011）
		生态学（071012）
工学	农业工程（0828）	农业机械化工程（082801）
		*农业水土工程（082802）
		农业生物环境与能源工程（082803）
	环境科学与工程（0830）	环境科学（083001）
		环境工程（083002）
	食品科学与工程（0832）	食品科学（083201）
		农产品加工及贮藏工程（083203）
农学	*作物学（0901）	*作物栽培学与耕作学（090101）
		*作物遗传育种（090102）
		*作物种质资源学（090120）
		*农产品质量与食物安全（090121）
		*作物生态学（090122）
		*作物信息科学（090123）
		*作物气象学（090124）
		***药用植物资源学（090125）**

（续表）

学科门类	一级学科（名称与代码）	二级学科（名称与代码）
农学	＊园艺学（0902）	＊果树学（090201）
		＊蔬菜学（090202）
		＊茶学（090203）
		＊观赏园艺（090220）
	＊农业资源利用（0903）	＊土壤学（090301）
		＊植物营养学（090302）
		＊农业水资源利用（090320）
		＊农业区域发展（090321）
		＊农业遥感（090322）
		＊草地资源利用与保护（090323）
	＊植物保护（0904）	＊植物病理学（090401）
		＊农业昆虫与害虫防治（090402）
		＊农药学（090403）
		＊杂草科学（090420）
		＊病虫测报（090421）
		＊生物安全（090422）
		＊农业微生物学（090423）
	＊畜牧学（0905）	＊动物遗传育种与繁殖（090501）
		＊动物营养与饲料科学（090502）
		＊草业科学（090503）
		＊特种经济动物饲养学（含：蚕、蜂等）（090504）
		＊动物信息科学（090520）

（续表）

学科门类	一级学科（名称与代码）	二级学科（名称与代码）
农学	＊兽医学（0906）管理 profession consult	＊基础兽医学（090601）
		＊预防兽医学（090602）
		＊临床兽医学（090603）
		＊中兽医学（090620）
		＊兽药学（090621）
	林学（0907）	野生动植物保护与利用（090705）
管理学	管理科学与工程（1201）	
	＊农林经济管理学（1203）	＊农业经济管理（120301）
		＊农业资源与环境经济学（120320）
		＊农产品贸易（120321）
		＊农业技术经济（120322）
		＊农业信息管理学（120323）
		＊农业经营管理（120324）
	图书馆、情报与档案学（1205）	情报学（120502）

注：带＊为博士学位授权点，加粗字体为2005年、2006年新增自主设置学科。

关于准予丁小霞等 688 名 2011 届研究生毕业的决定

根据《中国农业科学院研究生院学生管理规定》第三十条“学生按照培养计划的规定，完成课程学习和必修环节，成绩合格，完成毕业论文并通过答辩，德智体合格者，准予毕业并发给毕业证书。”的规定。经院务会研究决定，准予博士研究生丁小霞等 187 人、硕士研究生丁旺等 501 人（具体名单如下）毕业并发放毕业证书。

2011 届毕业生名单

博士研究生（共计 187 人按照姓氏笔画排列）：

丁小霞	女	王艳华	女	刘　宾	男	宋广树	男
万丽云	女	王彩香	女	刘少卿	男	宋彦峰	男
马雪峰	女	王新发	男	刘运通	男	宋莉莉	女
马喜山	男	王新超	男	刘晓丽	女	张　戈	男
尹双辉	男	王瑞波	男	刘海龙	男	张　昊	男
毛毕刚	男	王礞礞	女	刘继培	女	张　玲	女
王　智	男	邓　文	男	刘彩云	女	张　晓	男
王　辉	男	邓省亮	男	孙宏选	女	张　涛	男
王士海	男	邓桂馨	女	朱　梅	女	张　猛	男
王元英	男	邓绪芳	男	朱宗河	男	张　富	男
王凤忠	男	代平礼	男	朱洪伟	男	张　惠	女
王凤涛	男	冯　鹏	男	朱晓晖	女	张　群	男
王文生	男	司海平	男	汤秋香	女	张圣平	男
王方昆	男	田　李	男	米　健	男	张扬勇	男
王占禄	男	田　健	男	许美容	女	张应禄	男
王圣惠	女	田占成	男	何　伟	男	张学才	男
王宁兰	女	田德斌	男	何晓红	女	张俊成	男
王丽鸳	女	申孝军	男	佘茂云	男	张衍海	男

王志清	女	白树雄	男	余　飞	女	张海华	女
王国增	男	石雅丽	女	吴　琼	女	张道宏	女
王春艳	女	任二军	女	吴发强	男	张瑞荣	女
王晓辉	男	关二旗	男	吴会军	男	李　辉	男
王海平	男	刘　华	男	吴桢培	男	李文才	男
王海伟	男	刘　坤	男	吴萍萍	女	李文彪	男
李兆周	男	陈俊红	女	夏文建	男	曹贵玲	女
李志勇	男	卓　义	女	徐青元	男	曹慧英	女
李卓夫	男	周正富	男	徐凌洋	男	梁永书	男
李学瑞	男	孟志刚	男	柴阿丽	女	矫振彪	男
李彦杰	男	孟艳艳	女	秦晓波	男	龚明波	男
李树辉	男	宛　涛	男	耿业业	女	储岳峰	男
李彩霞	女	岳洪源	男	耿丽丽	女	彭　华	女
杜　君	男	庞俊兰	女	袁峥嵘	男	温洪涛	男
杨代刚	男	罗其花	女	袁铁铮	男	程立锐	男
杨晓蓉	女	苗水清	男	贾　贞	男	董　薇	女
杨德成	男	范　佳	女	郭旭东	男	谢　文	男
汪承刚	男	姜成钢	男	郭欣旺	男	谢红海	女
肖晶晶	女	姜连连	女	高　苇	女	韩　进	男
苏长青	女	战英杰	女	高　雷	男	韩　颖	女
邹国兴	男	施建忠	男	高建昌	男	鲁玉清	女
陆建中	男	胡凤益	男	高春雨	男	雍洪军	男
陆建红	女	胡向东	男	高懋芳	女	廖上强	男
陆嘉琦	男	胥　蕾	女	屠　焰	女	熊军波	男
陈　思	男	赵军旗	男	崔焕先	男	管　笛	男
陈　莹	女	赵庆龄	女	康厚祥	男	樊　丽	女
陈兆国	男	郝晓芳	女	戚　亭	男	樊景超	男
陈志宏	女	饶玉春	男	曹中赞	男	穆　丹	女
Kulye，Mahesh Sakharam			男	Borhanzadeh，Ali			男

硕士研究生（共计 501 人　按照姓氏笔画排列）：

丁　旺	男	王　兰	女	王晓娜	女	代玲玲	女
丁艳杰	女	王冬梅	女	王海飞	男	仪登霞	男
丁媛媛	女	王正旭	男	王海燕	女	兰宏亮	男
于　作	男	王永生	男	王海霞	女	兰孟焦	男
于　洋	男	王玉亭	男	王　艳	女	冯作山	男
于福宽	男	王玉霞	女	王艳平	女	冯俊喜	女
马有宁	女	王立梅	女	王莹莹	女	冯　献	女
马江涛	男	王伟旗	男	王彩红	女	史延华	男
马克星	男	王军伟	男	王敏慧	女	史晓霞	女
马姗姗	女	王　刚	男	王　猛	男	宁秀娟	女
马　旻	女	王华南	男	王盛威	女	田少囡	女
马　勇	男	王吉玮	男	王　硕	女	田明爽	女
马春燕	女	王红敏	女	王硕蕾	女	田　茜	女
马继红	女	王　丽	女	王　萌	女	田　茜	女
马　骏	男	王赤龙	男	王营营	女	田晓超	男
马燕玲	女	王进进	男	王　斌	男	白　娜	女
仇海瑀	女	王建红	女	王　琳	男	石丽丽	女
孔凡丕	男	王　林	男	王雯雯	女	石　跃	男
孔凡金	男	王　迪	男	王新伟	男	乔　军	男
孔佩佩	女	王金洲	男	王　瑞	女	乔　沙	女
孔祥瑞	男	王金辉	男	王瑞永	男	任玉晶	女
尹志新	女	王彦妮	女	车晋英	女	任　旭	男
巴金莎	女	王树林	男	邓丽青	男	任晓利	女
毛广卫	男	王洪蕾	女	邓思思	女	任　静	女
牛丽红	女	王炳楠	男	邓素平	女	任　霞	女
王小平	女	王美玲	女	丛　锋	男	伊亚莉	女
王少伟	女	王荣升	男	付钰广	男	全炎铭	女
王少然	女	王凌凤	女	付维星	男	关立立	女
王方艳	女	王晓丽	女	付慧娟	女	刘卫德	男

刘士阳	男	刘晓娜	女	毕　波	女	张　乐	女
刘天垒	男	刘　涛	女	江　辉	女	张付凯	男
刘文倩	女	刘啸然	女	汤艳东	男	张本强	男
刘东海	男	刘培财	男	米　哲	男	张永辉	男
刘玉坤	男	刘　爽	女	许　玮	女	张玉苗	女
刘玉林	男	刘萍萍	女	许振华	男	张　华	男
刘玉荣	女	刘雪芬	女	许　硕	男	张　应	男
刘光宇	男	刘媛媛	女	邢素娜	女	张志强	男
刘欢欢	女	刘程程	女	邬春芳	女	张志榜	男
刘自增	男	刘新生	男	闫占峰	男	张佳琳	女
刘　迅	男	刘新亮	男	齐会会	女	张　侃	男
刘丽芳	女	刘　魁	男	齐　佳	女	张国峰	男
刘杉杉	女	刘　慧	女	何颖红	女	张国恩	男
刘　芳	女	吉艳红	女	冷超粮	男	张学昌	男
刘佳佳	男	吕红豪	男	别晓敏	女	张念章	男
刘国芳	女	吕　婧	女	吴圣勇	男	张　怡	女
刘建波	男	孙　宁	男	吴　振	男	张　旻	女
刘法谋	男	孙永伟	男	吴　斌	男	张金巍	女
刘勇良	男	孙　伟	男	吴　睿	女	张　彪	男
刘　峙	男	孙佃臣	男	吴慧敏	女	张春芝	女
刘星海	男	孙思龙	男	吴　蕊	女	张春蓬	女
刘树军	男	孙媛媛	女	吴　霞	女	张　洋	男
刘树鹏	男	孙颖杰	女	宋文芳	女	张　健	男
刘　洋	男	曲文岩	男	宋　庆	男	张健飞	男
刘洪斌	男	曲　杰	女	宋怀磊	男	张根连	男
刘　珂	女	朱海波	男	宋　莹	女	张海瑞	男
刘　准	男	朱　涛	男	张文静	女	张　涛	男
张艳丽	女	张高慧	男	张婧妹	女	张　猛	男
张珺橦	男	李建辉	男	杨　双	女	邵元军	男
张　萍	女	李治宇	男	杨召军	男	邹朗云	女

张雪莹	女	李英利	男	杨亚丽	女	陈丹清	女
张　琳	女	李金亚	男	杨宇宙	女	陈天霞	女
张程程	女	李金荣	女	杨　帆	女	陈　方	女
张舒娜	女	李俊平	女	杨利荣	女	陈　丽	女
张　辉	男	李威夷	女	杨建莹	女	陈　丽	女
张雅涵	女	李彦坤	男	杨明坤	男	陈秀敏	女
张瑞杰	男	李　柱	男	杨　春	女	陈　建	男
张慧杰	女	李　玲	女	杨　浩	男	陈　明	女
张　磊	女	李玲玲	女	杨　莘	男	陈明丽	女
张　蕊	女	李　珊	男	杨培植	男	陈　果	男
张　燕	女	李珊珊	女	杨　爽	女	陈　欣	女
张　曦	女	李珊珊	女	杨窑龙	男	陈　倩	女
时　鹏	女	李胜兵	男	杨　菲	女	陈晓妹	女
李　丹	女	李晓军	女	杨　静	女	陈润甲	男
李元元	女	李晓晖	女	汪　巧	女	陈爱端	女
李天娇	男	李润林	男	汪必旺	男	陈　婷	女
李　宁	男	李艳华	女	汪　芳	女	陈雅琼	女
李平俊	男	李　莎	女	汪佳妮	女	陈　榛	男
李玉坤	女	李钰婷	女	沈年伟	男	陈　磊	男
李玉艳	女	李　敏	女	肖　尧	男	陈　聪	女
李伟明	男	李喜艳	女	肖庆生	男	单曙光	男
李旭勇	男	李新娜	女	肖志广	女	周　凯	男
李红伟	女	李锡坤	男	苏振刚	男	周　妮	女
李红娟	女	李　稳	女	苏晓峰	男	周宝元	男
李　佳	女	李　静	女	辛磊磊	男	周建霞	女
李岩强	男	杜晓玉	女	迟　蕾	女	周忠凯	男
李建政	男	杨元超	男	邱文英	女	周　荣	女
周　晓	男	段敏杰	女	徐少辉	男	高振蕊	女
周晚来	男	洪　梅	女	徐　军	男	高　晓	男
周艳芳	女	相君成	男	徐丽荣	男	高晓旭	女

周　婷	女	胡明明	男	徐志远	男	高晓清	男
周婷婷	女	胡　霞	女	徐宗可	男	高素伟	女
周筱丹	女	荆振宇	男	徐　明	男	高　鲲	女
和彦良	男	费冬梅	女	徐　娜	女	崔力凡	女
孟艳莉	女	贺　寅	男	徐海云	女	崔　丽	女
孟　鹤	女	赵　帅	女	徐　涛	男	崔佳莹	女
岳　洋	女	赵玉辉	女	秦　悦	男	崔　凯	男
易　军	男	赵伟华	男	耿合员	男	常晓依	女
易　琼	女	赵兴旺	男	贾兴永	男	常　敏	女
林文娜	女	赵宏伟	男	贾婉琪	女	曹志伟	男
林苗苗	女	赵　明	女	郭子锋	男	曹学鸿	男
林玲玲	女	赵　俊	女	郭　丛	女	曹素珍	女
林　倩	女	赵津津	女	郭　庆	男	梁　东	男
武其甫	男	赵艳雨	女	郭　兵	男	梁立滨	男
苗猛猛	男	赵　清	女	郭　凯	男	梁居宝	男
范素芳	女	赵辉欣	女	郭倩倩	女	盛小波	男
范培虎	男	赵新燕	女	郭　峰	男	盛德鹏	男
郑作良	男	郝立勋	男	郭　锋	男	阎莎莎	女
侯军委	男	郝婧宇	女	郭雷风	男	黄永东	男
侯艳霞	女	倪　佳	女	陶生才	男	黄仲冬	男
姚菊霞	女	唐晓伟	男	陶红剑	男	黄俊华	男
姚喜梅	女	唐继洪	男	顾　颖	女	黄　律	男
宣利利	女	夏长剑	男	高小琪	女	黄　艳	女
柏丽华	女	姬媛媛	女	高文兴	男	黄　雷	男
柳小庆	男	席　羽	女	高宇哲	男	彭金华	男
柳　峰	男	徐丁一	女	高志强	男	曾　妮	女
曾艳波	男	韩海波	男	翟　浩	男	潘　娜	女
焦　蓉	女	窦　鑫	男	蔡文博	女	冀　荣	女
琦明玉	女	解丽娟	女	蔡先峰	男	冀　颖	女
程嘉琪	女	解海翠	女	蔡成元	男	穆亚芳	女

葛一楠	女	訾莹莹	女	蔡红英	女	薛晓昀	女
董　冬	男	詹　媛	女	蔡　侠	女	檀贝贝	女
董利霞	女	路彩红	女	蔡松锋	男	魏　丹	女
董建国	男	熊　霞	女	蔡绪禹	男	魏盼盼	女
董杰丽	女	翟利利	女	谭建庄	男	魏衍全	男
蒋　梦	女	翟洪月	女	潘　伟	男	魏　娟	女
蒋清奎	男						

关于授予王圣惠等19人博士学位和146人硕士学位的决定

中国农业科学院第七届学位评定委员会第五次全体会议于2011年1月13日在北京召开，根据《中华人民共和国学位条例》和《中国农业科学院学位授予工作细则》规定，决定授予王圣惠等19人博士学位、王杰等146人硕士学位，详细名单见下表，学位授予时间为2011年1月13日。

中国农业科学院2010年冬季授予博士学位名单（19人）

序号	姓名	性别	身份证号	专业	学位类别	证书编号
1	王圣惠	女	370781198005261020	生物化学与分子生物学	理学博士	8210122011001180
2	邱志刚	男	220381198004170819	生物化学与分子生物学	理学博士	8210122011001181
3	王文生	男	132235198108242916	生物化学与分子生物学	理学博士	8210122011001182
4	胡凤益	男	510215196911250477	生物化学与分子生物学	理学博士	8210122011001183
5	宿振起	男	130431198010021959	生物化学与分子生物学	理学博士	8210122011001184
6	汪承刚	男	413026197405104815	生物化学与分子生物学	理学博士	8210122011001185
7	樊叶杨	男	332528197511210012	作物遗传育种	农学博士	8210122011001186
8	贾　贞	男	620105720808009	作物遗传育种	农学博士	8210122011001187
9	吴会军	男	37068219750608003X	农业水资源利用	农学博士	8210122011001188
10	曹慧英	女	110108198109297126	植物病理学	农学博士	8210122011001189
11	刘中芳	男	412728198109110019	农业昆虫与害虫防治	农学博士	8210122011001190
12	田占成	男	150102197703052038	预防兽医学	农学博士	8210122011001191
13	温永俊	男	15010519790912733x	预防兽医学	农学博士	8210122011001192
14	李延鹏	男	370811197905305019	预防兽医学	农学博士	8210122011001193
15	宋家升	男	342401198208063612	预防兽医学	农学博士	8210122011001194

（续表）

序号	姓名	性别	身份证号	专业	学位类别	证书编号
16	于长清	男	231023198203281477	预防兽医学	农学博士	8210122011001195
17	谢红海	女	652322197401164022	农业经济管理	管理学博士	8210122011001196
18	王宁兰	女	640102196411220329	农业经济管理	管理学博士	8210122011001197
19	赵庆龄	女	142430197412190424	农业信息管理学	管理学博士	8210122011001198

中国农业科学院 2010 年冬季授予硕士学位名单（5 人）

序号	姓名	性别	身份证号	专业	学位类别	证书编号
1	王　杰	男	130283198202280010	作物种质资源学	农学硕士	8210132011003263
2	杨召军	男	371081198311271019	生物化学与分子生物学	理学硕士	8210132010003264
3	葛一楠	女	130682198208305448	作物遗传育种	农学硕士	8210132010003265
4	崔明晖	女	130522198304060821	作物遗传育种	农学硕士	8210132010003266
5	张　伟	女	410721198210051520	作物种质资源学	农学硕士	8210132010003267

中国农业科学院 2010 年冬季授予同等学历硕士学位名单（3 人）

序号	姓名	性别	身份证号	专业	学位类别	证书编号
1	王曦光	男	230104198007080219	管理科学与工程	管理学硕士	T8210132011000443
2	卢旭东	女	211003197905020120	农业经济管理	管理学硕士	T8210132011000444
3	王　莹	女	372524198101110023	农业经济管理	管理学硕士	T8210132011000445

中国农业科学院 2010 年冬季授予专业硕士学位名单（138 人）

序号	姓名	性别	身份证号	领域	学位类别	证书编号
1	安凤玲	女	110102196412020421	农村与区域发展	农业推广硕士	Z8210132011000759
2	柴静祥	男	210121197001045218	农村与区域发展	农业推广硕士	Z8210132011000760

（续表）

序号	姓名	性别	身份证号	领域	学位类别	证书编号
3	陈　芳	女	12010319720416292X	农村与区域发展	农业推广硕士	Z8210132011000761
4	陈金香	女	362201197408162701	农业信息化	农业推广硕士	Z8210132011000762
5	陈　丽	女	210222197306100224	作物	农业推广硕士	Z8210132011000763
6	陈小明	男	350403197811263035	作物	农业推广硕士	Z8210132011000764
7	陈秀萍	女	350102197302060843	作物	农业推广硕士	Z8210132011000765
8	陈　岩	男	21011219671006025x	作物	农业推广硕士	Z8210132011000766
9	陈　勇	男	120112198203170419	农村与区域发展	农业推广硕士	Z8210132011000767
10	陈　宇	男	210821196809040616	农村与区域发展	农业推广硕士	Z8210132011000768
11	陈雨林	男	51042119720510001X	作物	农业推广硕士	Z8210132011000769
12	崔江华	男	370521197708180014	养殖	农业推广硕士	Z8210132011000770
13	段　晶	男	532522198009270312	作物	农业推广硕士	Z8210132011000771
14	段有厚	男	210881197901202017	作物	农业推广硕士	Z8210132011000772
15	方志坚	男	350102196809230552	农村与区域发展	农业推广硕士	Z8210132011000773
16	付海涛	男	230102197406293716	农村与区域发展	农业推广硕士	Z8210132011000774
17	付乃旭	男	21091119721024103x	园艺	农业推广硕士	Z8210132011000775
18	傅秀花	女	330825196910023725	园艺	农业推广硕士	Z8210132011000776
19	高琳琳	男	110229198105070810	兽医	兽医硕士	Z8210132011000777
20	高凌宇	男	130122197101010414	食品加工与安全	农业推广硕士	Z8210132011000778
21	高珮翼	女	120101197403171025	农村与区域发展	农业推广硕士	Z8210132011000779
22	郭建伟	男	370705197009202510	农村与区域发展	农业推广硕士	Z8210132011000780
23	郭凯峰	男	320504198502151014	农村与区域发展	农业推广硕士	Z8210132011000781
24	郭　萍	女	210802196505030524	农村与区域发展	农业推广硕士	Z8210132011000782
25	韩屹松	男	231011196803021279	农村与区域发展	农业推广硕士	Z8210132011000783
26	韩　震	男	610322197909220030	园艺	农业推广硕士	Z8210132011000784

（续表）

序号	姓名	性别	身份证号	领域	学位类别	证书编号
27	郝　青	女	370705198206200068	农村与区域发展	农业推广硕士	Z8210132011000785
28	黄庆瑞	男	452523196606210032	园艺	农业推广硕士	Z8210132011000786
29	黄志富	男	232700197509110814	农村与区域发展	农业推广硕士	Z8210132011000787
30	姜　谓	男	211322197706240038	农村与区域发展	农业推广硕士	Z8210132011000788
31	靳书刚	男	41112219770413051X	兽医	兽医硕士	Z8210132011000789
32	李常伟	男	132130197410290116	农村与区域发展	农业推广硕士	Z8210132011000790
33	李纯乾	男	610328198002201811	农业资源利用	农业推广硕士	Z8210132011000791
34	李华友	男	370883197803127612	农村与区域发展	农业推广硕士	Z8210132011000792
35	李建锋	男	130102197104270611	农村与区域发展	农业推广硕士	Z8210132011000793
36	李树彬	男	211302197002050492	农业资源利用	农业推广硕士	Z8210132011000794
37	李嵩博	男	230103198111254614	农村与区域发展	农业推广硕士	Z8210132011000795
38	李维东	男	230103196704115151	农村与区域发展	农业推广硕士	Z8210132011000796
39	李文红	女	320323196607150826	农村与区域发展	农业推广硕士	Z8210132011000797
40	李玉成	男	23010719680323045x	农村与区域发展	农业推广硕士	Z8210132011000798
41	李育新	女	21080219670407102X	农村与区域发展	农业推广硕士	Z8210132011000799
42	李子平	女	13252619731030002X	兽医	兽医硕士	Z8210132011000800
43	连海明	男	130404196906241219	农村与区域发展	农业推广硕士	Z8210132011000801
44	梁德军	男	210824197003250036	农村与区域发展	农业推广硕士	Z8210132011000802
45	廖鹏飞	男	510623197310297719	植物保护	农业推广硕士	Z8210132011000803
46	刘才哲	男	220222197105014233	作物	农业推广硕士	Z8210132011000804
47	刘国英	女	211323196911200424	农村与区域发展	农业推广硕士	Z8210132011000805
48	刘　浩	男	210113197210052211	农村与区域发展	农业推广硕士	Z8210132011000806
49	刘会清	男	610403196512060018	农村与区域发展	农业推广硕士	Z8210132011000807
50	刘建伟	男	110222198101050316	农村与区域发展	农业推广硕士	Z8210132011000808

（续表）

序号	姓名	性别	身份证号	领域	学位类别	证书编号
51	刘　柳	男	110108197406212737	农村与区域发展	农业推广硕士	Z8210132011000809
52	刘茂泉	男	330126196802271017	园艺	农业推广硕士	Z8210132011000810
53	刘　娜	女	21138219811024002X	园艺	农业推广硕士	Z8210132011000811
54	刘启旦	女	210802196804050023	农村与区域发展	农业推广硕士	Z8210132011000812
55	刘伟华	女	422722196908050109	园艺	农业推广硕士	Z8210132011000813
56	刘　杨	男	370782198108190233	农村与区域发展	农业推广硕士	Z8210132011000814
57	刘玉乐	男	120221197210273018	农村与区域发展	农业推广硕士	Z8210132011000815
58	刘　源	女	12010519641224512X	农村与区域发展	农业推广硕士	Z8210132011000816
59	鲁智勇	男	232700197204280214	农村与区域发展	农业推广硕士	Z8210132011000817
60	陆　红	女	110108196901239326	农村与区域发展	农业推广硕士	Z8210132011000818
61	罗永华	男	510215197511117196	作物	农业推广硕士	Z8210132011000819
62	马　策	男	210219197511090012	园艺	农业推广硕士	Z8210132011000820
63	马　跃	女	210103198402182741	园艺	农业推广硕士	Z8210132011000821
64	毛一剑	男	330823197005172714	作物	农业推广硕士	Z8210132011000822
65	孟　融	男	370705198207032510	农村与区域发展	农业推广硕士	Z8210132011000823
66	孟宪华	女	21130319680211242X	农业资源利用	农业推广硕士	Z8210132011000824
67	闵　康	男	530111196505030017	作物	农业推广硕士	Z8210132011000825
68	倪建平	男	330106196708252412	作物	农业推广硕士	Z8210132011000826
69	欧荣东	男	522322197711110434	农业信息化	农业推广硕士	Z8210132011000827
70	钱　锋	男	211323197105280014	农村与区域发展	农业推广硕士	Z8210132011000828
71	屈连伟	男	211022197711012973	园艺	农业推广硕士	Z8210132011000829
72	商建农	男	330102196312240313	园艺	农业推广硕士	Z8210132011000830
73	邵　军	女	320325198108090226	农业信息化	农业推广硕士	Z8210132011000831
74	邵文玲	女	211002197610162029	农村与区域发展	农业推广硕士	Z8210132011000832

（续表）

序号	姓名	性别	身份证号	领域	学位类别	证书编号
75	沈福英	女	130604196801271228	植物保护	农业推广硕士	Z8210132011000833
76	宋　波	男	210402198202030233	农村与区域发展	农业推广硕士	Z8210132011000834
77	宋德安	男	210802196501220056	农村与区域发展	农业推广硕士	Z8210132011000835
78	孙晓伟	女	210112196605070229	农村与区域发展	农业推广硕士	Z8210132011000836
79	谭业国	男	370602196504221314	农村与区域发展	农业推广硕士	Z8210132011000837
80	王　丹	女	130302198006083527	农村与区域发展	农业推广硕士	Z8210132011000838
81	王　峰	男	211322197411160073	农村与区域发展	农业推广硕士	Z8210132011000839
82	王洪江	男	330727197310254716	园艺	农业推广硕士	Z8210132011000840
83	王会福	男	330104197006291611	植物保护	农业推广硕士	Z8210132011000841
84	王建立	男	110227197311120914	兽医	兽医硕士	Z8210132011000842
85	王　琳	女	210882197810120629	农村与区域发展	农业推广硕士	Z8210132011000843
86	王孟宇	男	530102196310240819	农村与区域发展	农业推广硕士	Z8210132011000844
87	王庆莹	男	120112198203030459	农村与区域发展	农业推广硕士	Z8210132011000845
88	王全兴	男	120105198004054219	农村与区域发展	农业推广硕士	Z8210132011000846
89	王书升	男	230103197405230656	农村与区域发展	农业推广硕士	Z8210132011000847
90	王新斌	男	330104196706101634	作物	农业推广硕士	Z8210132011000848
91	王云美	女	530111197601282024	作物	农业推广硕士	Z8210132011000849
92	王云跃	女	211302198108113222	农村与区域发展	农业推广硕士	Z8210132011000850
93	王贞军	男	370728197102030236	农村与区域发展	农业推广硕士	Z8210132011000851
94	王　铮	男	210112197303300214	农村与区域发展	农业推广硕士	Z8210132011000852
95	温　鹏	男	211382198102131050	农村与区域发展	农业推广硕士	Z8210132011000853
96	吴奕兆	男	330106196312102418	园艺	农业推广硕士	Z8210132011000854
97	肖学流	男	352122196410101078	养殖	农业推广硕士	Z8210132011000855
98	许大德	男	342222198008142878	农村与区域发展	农业推广硕士	Z8210132011000856

（续表）

序号	姓名	性别	身份证号	领域	学位类别	证书编号
99	闫　润	男	370705198210200044	农村与区域发展	农业推广硕士	Z8210132011000857
100	闫小峰	男	110226197703292815	兽医	兽医硕士	Z8210132011000858
101	闫永亮	男	130402197006030012	农村与区域发展	农业推广硕士	Z8210132011000859
102	杨开春	男	370629196911100018	农村与区域发展	农业推广硕士	Z8210132011000860
103	杨润芝	女	120221197910230027	农村与区域发展	农业推广硕士	Z8210132011000861
104	杨迎东	男	21021119731210023x	园艺	农业推广硕士	Z8210132011000862
105	杨云媛	女	120110196906013047	农村与区域发展	农业推广硕士	Z8210132011000863
106	杨振锋	男	210112197308010259	园艺	农业推广硕士	Z8210132011000864
107	姚佳成	男	210821197403070019	农村与区域发展	农业推广硕士	Z8210132011000865
108	姚　岚	女	210882196903120041	农村与区域发展	农业推广硕士	Z8210132011000866
109	尹　焱	女	232700196805010426	农村与区域发展	农业推广硕士	Z8210132011000867
110	于国庆	男	210902197206230534	兽医	兽医硕士	Z8210132011000868
111	俞乒乒	男	332526197402260034	农村与区域发展	农业推广硕士	Z8210132011000869
112	远　铜	女	110229197306100065	农村与区域发展	农业推广硕士	Z8210132011000870
113	曾日秋	女	350600197202030043	农村与区域发展	农业推广硕士	Z8210132011000871
114	张　冰	女	230103198111070946	农村与区域发展	农业推广硕士	Z8210132011000872
115	张春波	男	210881197412050833	园艺	农业推广硕士	Z8210132011000873
116	张桂林	男	372901196911171635	农村与区域发展	农业推广硕士	Z8210132011000874
117	张海鹰	女	230804197105201428	农村与区域发展	农业推广硕士	Z8210132011000875
118	张　恒	男	130125198210044510	兽医	兽医硕士	Z8210132011000876
119	张　静	女	131022198108263027	农村与区域发展	农业推广硕士	Z8210132011000877
120	张　莉	女	620503197512291627	农村与区域发展	农业推广硕士	Z8210132011000878
121	张晓东	男	32030219690713245x	农村与区域发展	农业推广硕士	Z8210132011000879
122	张心宇	男	37070519820914003X	农村与区域发展	农业推广硕士	Z8210132011000880

（续表）

序号	姓名	性别	身份证号	领域	学位类别	证书编号
123	张　旭	男	211323196909280891	农村与区域发展	农业推广硕士	Z8210132011000881
124	张　彦	女	370782197605110228	农村与区域发展	农业推广硕士	Z8210132011000882
125	张　悦	女	210111197803080020	农村与区域发展	农业推广硕士	Z8210132011000883
126	张忠国	男	379014197508282232	农村与区域发展	农业推广硕士	Z8210132011000884
127	张仲凯	男	320113196603214913	植物保护	农业推广硕士	Z8210132011000885
128	章志远	男	330722197311232613	作物	农业推广硕士	Z8210132011000886
129	赵洪东	男	370223197409115614	作物	农业推广硕士	Z8210132011000887
130	赵琳琳	女	110106197308163924	园艺	农业推广硕士	Z8210132011000888
131	赵　赧	男	220204198212165119	农村与区域发展	农业推广硕士	Z8210132011000889
132	赵晓芹	女	152101197109151821	农村与区域发展	农业推广硕士	Z8210132011000890
133	赵学杏	女	342901197212086721	作物	农业推广硕士	Z8210132011000891
134	赵增伟	女	130103198004300941	农村与区域发展	农业推广硕士	Z8210132011000892
135	钟读民	男	370602197010094356	农村与区域发展	农业推广硕士	Z8210132011000893
136	周江明	男	330823196809081637	作物	农业推广硕士	Z8210132011000894
137	邹　霞	女	370726197310173925	农村与区域发展	农业推广硕士	Z8210132011000895
138	左俊杰	男	210311196609240015	养殖	农业推广硕士	Z8210132011000896

关于授予刘宇航等617人硕士学位的决定

中国农业科学院第七届学位评定委员会第六次全体会议于2011年7月5日在北京召开，根据《中华人民共和国学位条例》和《中国农业科学院学位授予工作细则》规定，决定授予刘宇航等617人硕士学位，其中，全日制硕士研究生496人，同等学历申请硕士学位人员8人，专业学位研究生113人，名单见下表，学位授予时间为2011年7月5日。

一、授予硕士学位名单（496人）

序号	姓名	性别	证件号码	学科类别	专业	证书编号
1	刘宇航	男	210112198110170219	农学	农业区域发展	8210132011003268
2	马姗姗	女	130821198604210481	理学	气象学	8210132011003269
3	刘 珂	女	410103198403060188	理学	气象学	8210132011003270
4	陶生才	男	622123198410281217	理学	气象学	8210132011003271
5	刘 爽	女	152601198508153623	理学	微生物学	8210132011003272
6	冯作山	男	231121198105022335	理学	微生物学	8210132011003273
7	薛晓昀	女	320102198610012068	理学	微生物学	8210132011003274
8	张 曦	女	371524198710083023	理学	微生物学	8210132011003275
9	马 旻	女	623027198506140022	理学	微生物学	8210132011003276
10	李新娜	女	130684198410087045	理学	微生物学	8210132011003277
11	李晓晖	女	131002198403252827	理学	微生物学	8210132011003278
12	王 瑞	女	23018319840116554x	理学	微生物学	8210132011003279
13	朱 涛	男	421081198411050517	理学	微生物学	8210132011003280
14	冀 颖	女	130623198509190322	理学	微生物学	8210132011003281
15	郭 兵	男	430221198406265914	理学	微生物学	8210132011003282
16	蔡 侠	女	150204198406080326	理学	微生物学	8210132011003283

（续表）

序号	姓名	性别	证件号码	学科类别	专业	证书编号
17	宋文芳	女	130203198502131525	理学	微生物学	8210132011003284
18	张文静	女	370523198310283926	理学	微生物学	8210132011003285
19	孙颖杰	女	13240419810107002X	理学	微生物学	8210132011003286
20	许　玮	女	43052819840311736X	理学	微生物学	8210132011003287
21	窦　鑫	男	21071119840522441X	理学	微生物学	8210132011003288
22	汪佳妮	女	362326198607070022	理学	生物化学与分子生物学	8210132011003289
23	吴慧敏	女	370827198607042527	理学	生物化学与分子生物学	8210132011003290
24	李岩强	男	371325198702235635	理学	生物化学与分子生物学	8210132011003291
25	单曙光	男	370982198402061310	理学	生物化学与分子生物学	8210132011003292
26	王海燕	女	142325198305082522	理学	生物化学与分子生物学	8210132011003293
27	赵艳雨	女	110111198602181846	理学	生物化学与分子生物学	8210132011003294
28	王少然	女	13063419841208504X	理学	生物化学与分子生物学	8210132011003295
29	常　敏	女	152822198511256626	理学	生物化学与分子生物学	8210132011003296
30	张　蕊	女	230102198409012427	理学	生物化学与分子生物学	8210132011003297
31	王雯雯	女	370203198403250320	理学	生物化学与分子生物学	8210132011003298
32	蔡红英	女	500227198606282248	理学	生物化学与分子生物学	8210132011003299
33	周　婷	女	13010219860422152x	理学	生物化学与分子生物学	8210132011003300
34	王　迪	男	130303198608141217	理学	生物化学与分子生物学	8210132011003301
35	苏晓峰	男	130682198409014110	理学	生物化学与分子生物学	8210132011003302
36	张佳琳	女	131127198501290045	理学	生物化学与分子生物学	8210132011003303
37	高振蕊	女	210102198503275625	理学	生物化学与分子生物学	8210132011003304
38	刘树鹏	男	230622198407156155	理学	生物化学与分子生物学	8210132011003305
39	徐　明	男	331002198511122939	理学	生物化学与分子生物学	8210132011003306
40	张健飞	男	341222198508064692	理学	生物化学与分子生物学	8210132011003307

（续表）

序号	姓名	性别	证件号码	学科类别	专业	证书编号
41	林文娜	女	370782198511160229	理学	生物化学与分子生物学	8210132011003308
42	苗猛猛	男	371422198410257038	理学	生物化学与分子生物学	8210132011003309
43	郭倩倩	女	371581198510104464	理学	生物化学与分子生物学	8210132011003310
44	杨明坤	男	420602198504011011	理学	生物化学与分子生物学	8210132011003311
45	柳小庆	男	420921198502254816	理学	生物化学与分子生物学	8210132011003312
46	张程程	女	130203198509231545	理学	生物化学与分子生物学	8210132011003313
47	李珊珊	女	410106198603210127	理学	生物化学与分子生物学	8210132011003314
48	于　洋	男	640121198404110015	理学	生物化学与分子生物学	8210132011003315
49	王金辉	男	411527198402101551	理学	生物化学与分子生物学	8210132011003316
50	徐　涛	男	513821198601136419	理学	生物化学与分子生物学	8210132011003317
51	周　妮	女	450204198507121028	理学	生物化学与分子生物学	8210132011003318
52	张　怡	女	522125198512140086	理学	生物化学与分子生物学	8210132011003319
53	王立梅	女	131025198407263026	理学	生物化学与分子生物学	8210132011003320
54	周婷婷	女	142401198606285520	理学	生物化学与分子生物学	8210132011003321
55	牛丽红	女	152531198410041749	理学	生物化学与分子生物学	8210132011003322
56	刘卫德	男	362423198407102559	理学	生物化学与分子生物学	8210132011003323
57	盛德鹏	男	371502198611053330	理学	生物化学与分子生物学	8210132011003324
58	陈　榛	男	510213198303266551	理学	生物化学与分子生物学	8210132011003325
59	王炳楠	男	610124198412182418	理学	生物化学与分子生物学	8210132011003326
60	肖　尧	男	430124198606010039	理学	生物化学与分子生物学	8210132011003327
61	李彦坤	男	230105198302150335	理学	生物化学与分子生物学	8210132011003328
62	杨　爽	女	210802198508051047	理学	生物化学与分子生物学	8210132011003329
63	汤艳东	男	23230119820202753x	理学	生物化学与分子生物学	8210132011003330
64	曲　杰	女	370683198509027227	理学	生物化学与分子生物学	8210132011003331

（续表）

序号	姓名	性别	证件号码	学科类别	专业	证书编号
65	史延华	男	37072419831110443x	理学	生物化学与分子生物学	8210132011003332
66	梁居宝	男	370785198512299619	理学	生物物理学	8210132011003333
67	李建政	男	130427198501023735	理学	生态学	8210132011003334
68	刘星海	男	130106198601121510	理学	生态学	8210132011003335
69	段敏杰	女	130128198406022144	理学	生态学	8210132011003336
70	顾　颖	女	320921198608030024	理学	生态学	8210132011003337
71	王永生	男	370724198505134338	理学	生态学	8210132011003338
72	王艳平	女	372523198407099668	理学	生态学	8210132011003339
73	易　军	男	421022198705113691	理学	生态学	8210132011003340
74	赵　帅	女	13040619840522034x	理学	生态学	8210132011003341
75	张　涛	男	340323198506010050	理学	农业机械化工程	8210132011003342
76	黄仲冬	男	510622198101238112	工学	农业水土工程	8210132011003343
77	周晚来	男	430224198507022734	工学	农业生物环境与能源工程	8210132011003344
78	白　娜	女	130632198303151041	工学	农业生物环境与能源工程	8210132011003345
79	王进进	男	341226198804110214	工学	环境科学	8210132011003346
80	孙媛媛	女	610404198501261047	工学	环境科学	8210132011003347
81	蒋　梦	女	120102198603044128	工学	环境科学	8210132011003348
82	周忠凯	男	230603198411171316	工学	环境工程	8210132011003349
83	曹素珍	女	420281198510174283	工学	环境工程	8210132011003350
84	魏　丹	女	140109198304202526	工学	环境工程	8210132011003351
85	林玲玲	女	350521198604067288	工学	环境工程	8210132011003352
86	陈润甲	男	370102198411074118	工学	环境工程	8210132011003353
87	杨　浩	男	510824198510095195	工学	环境工程	8210132011003354

（续表）

序号	姓名	性别	证件号码	学科类别	专业	证书编号
88	刘程程	女	341227198610060024	工学	食品科学	8210132011003355
89	姚喜梅	女	410728198604051026	工学	食品科学	8210132011003356
90	贺　寅	男	110104198606022013	工学	食品科学	8210132011003357
91	赵辉欣	女	130133198401200360	工学	食品科学	8210132011003358
92	赵宏伟	男	130623198510110350	工学	食品科学	8210132011003359
93	林　倩	女	130633198601211926	工学	食品科学	8210132011003360
94	徐志远	男	130825198503052037	工学	食品科学	8210132011003361
95	宋　莹	女	23018319851001322x	工学	食品科学	8210132011003362
96	王莹莹	女	230203198505041449	工学	食品科学	8210132011003363
97	陈　聪	女	330211198601193024	工学	食品科学	8210132011003364
98	张春蓬	女	370612198503181527	工学	食品科学	8210132011003365
99	任　霞	女	37068219850909882x	工学	食品科学	8210132011003366
100	李红娟	女	37070419871030082x	工学	食品科学	8210132011003367
101	刘媛媛	女	370983198608046921	工学	食品科学	8210132011003368
102	张付凯	男	371421198512114891	工学	食品科学	8210132011003369
103	王　硕	女	372925198612137744	工学	食品科学	8210132011003370
104	孔凡丕	男	421125198502150016	工学	食品科学	8210132011003371
105	盛小波	男	421127198601054719	工学	食品科学	8210132011003372
106	陈　丽	女	210905198605170528	工学	农产品加工与贮藏工程	8210132011003373
107	李伟明	男	230102198412170012	工学	农产品加工与贮藏工程	8210132011003374
108	迟　蕾	女	370684198408221422	工学	农产品加工与贮藏工程	8210132011003375
109	王玉霞	女	371323198504051840	工学	农产品加工与贮藏工程	8210132011003376
110	丁媛媛	女	37292319870815532x	工学	农产品加工与贮藏工程	8210132011003377
111	蔡先峰	男	430611198602265515	工学	农产品加工与贮藏工程	8210132011003378

（续表）

序号	姓名	性别	证件号码	学科类别	专业	证书编号
112	高　鲲	女	210602198601231025	工学	农产品加工与贮藏工程	8210132011003379
113	李天娇	男	220581198411181196	工学	农产品加工与贮藏工程	8210132011003380
114	周宝元	男	130681198410066472	农学	作物栽培学与耕作学	8210132011003381
115	兰宏亮	男	130821198512070477	农学	作物栽培学与耕作学	8210132011003382
116	史晓霞	女	13072919840203004x	农学	作物栽培学与耕作学	8210132011003383
117	王海霞	女	370686198411084142	农学	作物栽培学与耕作学	8210132011003384
118	王小平	女	410782198308182425	农学	作物栽培学与耕作学	8210132011003385
119	陈　倩	女	140105198603300526	农学	作物栽培学与耕作学	8210132011003386
120	刘　芳	女	130922198410070849	农学	作物栽培学与耕作学	8210132011003387
121	李　玲	女	370883198511205329	农学	作物栽培学与耕作学	8210132011003388
122	刘晓娜	女	370786198605114827	农学	作物栽培学与耕作学	8210132011003389
123	刘法谋	男	430181198501297077	农学	作物栽培学与耕作学	8210132011003390
124	曹学鸿	男	370685198312141010	农学	作物栽培学与耕作学	8210132011003391
125	张本强	男	370829198512103916	农学	作物栽培学与耕作学	8210132011003392
126	訾莹莹	女	370902198607143342	农学	作物栽培学与耕作学	8210132011003393
127	王树林	男	371323198211168156	农学	作物栽培学与耕作学	8210132011003394
128	焦　蓉	女	610321198602100083	农学	作物栽培学与耕作学	8210132011003395
129	董　冬	男	130125198410253018	农学	作物遗传育种	8210132011003396
130	高素伟	女	130127198209150925	农学	作物遗传育种	8210132011003397
131	许振华	男	130534198512247717	农学	作物遗传育种	8210132011003398
132	王伟旗	男	130631198403090817	农学	作物遗传育种	8210132011003399
133	车晋英	女	140525198403100041	农学	作物遗传育种	8210132011003400
134	胡　霞	女	210113198402290585	农学	作物遗传育种	8210132011003401
135	张金巍	女	220882198503094228	农学	作物遗传育种	8210132011003402

（续表）

序号	姓名	性别	证件号码	学科类别	专业	证书编号
136	孙永伟	男	230184198512273232	农学	作物遗传育种	8210132011003403
137	张　乐	女	232301198507016647	农学	作物遗传育种	8210132011003404
138	王　兰	女	340826198509180828	农学	作物遗传育种	8210132011003405
139	赵伟华	男	370782198602155214	农学	作物遗传育种	8210132011003406
140	别晓敏	女	370784198509214526	农学	作物遗传育种	8210132011003407
141	潘　娜	女	371425198602056467	农学	作物遗传育种	8210132011003408
142	于福宽	男	372502198406075718	农学	作物遗传育种	8210132011003409
143	徐丁一	女	410527198702289743	农学	作物遗传育种	8210132011003410
144	刘光宇	男	510105198510100778	农学	作物遗传育种	8210132011003411
145	魏　娟	女	130628198202054248	农学	作物遗传育种	8210132011003412
146	张根连	男	131025198309103619	农学	作物遗传育种	8210132011003413
147	孔祥瑞	男	152628198607054014	农学	作物遗传育种	8210132011003414
148	琦明玉	女	152502198512300746	农学	作物遗传育种	8210132011003415
149	兰孟焦	男	360721198704233610	农学	作物遗传育种	8210132011003416
150	孙　宁	男	370304198602080039	农学	作物遗传育种	8210132011003417
151	孔凡金	男	370784198612283036	农学	作物遗传育种	8210132011003418
152	田明爽	女	410727198408060922	农学	作物遗传育种	8210132011003419
153	赵新燕	女	130103198511291226	农学	作物遗传育种	8210132011003420
154	邢素娜	女	130922198511130089	农学	作物遗传育种	8210132011003421
155	孙佃臣	男	370883198603154418	农学	作物遗传育种	8210132011003422
156	张　彪	男	420117198512057914	农学	作物遗传育种	8210132011003423
157	肖庆生	男	510623198510018459	农学	作物遗传育种	8210132011003424
158	米　哲	男	130103198506261815	农学	作物遗传育种	8210132011003425
159	贾婉琪	女	150402198611262725	农学	作物遗传育种	8210132011003426

（续表）

序号	姓名	性别	证件号码	学科类别	专业	证书编号
160	周建霞	女	371312198406017121	农学	作物遗传育种	8210132011003427
161	何颖红	女	131081198309210044	农学	作物遗传育种	8210132011003428
162	杨窑龙	男	320911198610180352	农学	作物遗传育种	8210132011003429
163	高志强	男	42011519841012161X	农学	作物遗传育种	8210132011003430
164	沈年伟	男	429006198412283993	农学	作物遗传育种	8210132011003431
165	陶红剑	男	430527198401106919	农学	作物遗传育种	8210132011003432
166	陈雅琼	女	152632198604150021	农学	作物遗传育种	8210132011003433
167	李元元	女	320322198602286268	农学	作物遗传育种	8210132011003434
168	刘　魁	男	370781198507230275	农学	作物遗传育种	8210132011003435
169	苏振刚	男	371324198509050317	农学	作物遗传育种	8210132011003436
170	王军伟	男	411123198511189516	农学	作物遗传育种	8210132011003437
171	张　辉	男	130921198511055238	农学	作物遗传育种	8210132011003438
172	许　硕	男	130107198607200013	农学	作物种质资源学	8210132011003439
173	王玉亭	男	142424198508075313	农学	作物种质资源学	8210132011003440
174	王荣升	男	152103198610200014	农学	作物种质资源学	8210132011003441
175	王敏慧	女	152104198601174121	农学	作物种质资源学	8210132011003442
176	张舒娜	女	232321198506043323	农学	作物种质资源学	8210132011003443
177	刘玉林	男	340421198510102858	农学	作物种质资源学	8210132011003444
178	陈明丽	女	370704198410100623	农学	作物种质资源学	8210132011003445
179	马燕玲	女	371102198506010521	农学	作物种质资源学	8210132011003446
180	田　茜	女	370832198611282524	农学	作物种质资源学	8210132011003447
181	张　应	男	410327198509143514	农学	作物种质资源学	8210132011003448
182	王海飞	男	622621198602201917	农学	作物种质资源学	8210132011003449
183	付慧娟	女	13063319841201662X	农学	作物种质资源学	8210132011003450

（续表）

序号	姓名	性别	证件号码	学科类别	专业	证书编号
184	周　凯	男	370181198411034410	农学	作物种质资源学	8210132011003451
185	冀　荣	女	410502198603295008	农学	作物种质资源学	8210132011003452
186	王　琳	男	410526198506018210	农学	作物种质资源学	8210132011003453
187	李　丹	女	220202198505302727	农学	作物种质资源学	8210132011003454
188	王彩红	女	320921198507133403	农学	作物种质资源学	8210132011003455
189	徐　军	男	362232198507270010	农学	作物种质资源学	8210132011003456
190	王硕蕾	女	140202198511200049	农学	农产品质量与食物安全	8210132011003457
191	刘佳佳	男	341224198604066017	农学	农产品质量与食物安全	8210132011003458
192	刘洪斌	男	371481198511055451	农学	农产品质量与食物安全	8210132011003459
193	杨　静	女	513922198601202983	农学	农产品质量与食物安全	8210132011003460
194	吴　斌	男	371325198502233416	农学	农产品质量与食物安全	8210132011003461
195	范素芳	女	130129198508251622	农学	农产品质量与食物安全	8210132011003462
196	李艳华	女	15212719850829182X	农学	农产品质量与食物安全	8210132011003463
197	刘雪芬	女	372323198510262741	农学	农产品质量与食物安全	8210132011003464
198	彭金华	男	421087198407200816	农学	农产品质量与食物安全	8210132011003465
199	刘　慧	女	142621198504280020	农学	农产品质量与食物安全	8210132011003466
200	马有宁	女	210302198507193329	农学	农产品质量与食物安全	8210132011003467
201	巴金莎	女	370521198601222047	农学	农产品质量与食物安全	8210132011003468
202	陈　丽	女	130184198407176023	农学	药用植物资源学	8210132011003469
203	关立立	女	230502198404230347	农学	药用植物资源学	8210132011003470
204	杨元超	男	230921198510142413	农学	药用植物资源学	8210132011003471
205	魏盼盼	女	411527198602060029	农学	药用植物资源学	8210132011003472
206	张永辉	男	130105198306022118	农学	果树学	8210132011003473
207	李钰婷	女	130705198512301567	农学	果树学	8210132011003474

（续表）

序号	姓名	性别	证件号码	学科类别	专业	证书编号
208	林苗苗	女	231083198503102123	农学	果树学	8210132011003475
209	宣利利	女	610431198505172008	农学	果树学	8210132011003476
210	王冬梅	女	130281198310190749	农学	蔬菜学	8210132011003477
211	王　丽	女	130481198309096502	农学	蔬菜学	8210132011003478
212	程嘉琪	女	130535198603143565	农学	蔬菜学	8210132011003479
213	高晓旭	女	130828198612030047	农学	蔬菜学	8210132011003480
214	乔　军	男	140203198605084735	农学	蔬菜学	8210132011003481
215	刘啸然	女	370104198511181028	农学	蔬菜学	8210132011003482
216	吕红豪	男	370283198604062010	农学	蔬菜学	8210132011003483
217	孙思龙	男	370883198704203434	农学	蔬菜学	8210132011003484
218	王少伟	女	370982198412261025	农学	蔬菜学	8210132011003485
219	张春芝	女	37142219850129132x	农学	蔬菜学	8210132011003486
220	宁秀娟	女	371521198603227520	农学	蔬菜学	8210132011003487
221	王　艳	女	371522198609208423	农学	蔬菜学	8210132011003488
222	张玉苗	女	372301198604265742	农学	蔬菜学	8210132011003489
223	仪登霞	男	372928198401201717	农学	蔬菜学	8210132011003490
224	李金荣	女	411421198508162869	农学	蔬菜学	8210132011003491
225	吕　婧	女	420602198601121546	农学	蔬菜学	8210132011003492
226	李　珊	男	432503198506034692	农学	蔬菜学	8210132011003493
227	马克星	男	371312198502135515	农学	蔬菜学	8210132011003494
228	乔　沙	女	130634841120542	农学	茶学	8210132011003495
229	黄　艳	女	350104198501304924	农学	茶学	8210132011003496
230	王　斌	男	341225198202137210	农学	茶学	8210132011003497
231	杨宇宙	女	420982198601020065	农学	茶学	8210132011003498

（续表）

序号	姓名	性别	证件号码	学科类别	专业	证书编号
232	黄永东	男	43110219871013101X	农学	茶学	8210132011003499
233	费冬梅	女	510122198510231926	农学	茶学	8210132011003500
234	吴　蕊	女	130821198510118027	农学	观赏园艺	8210132011003501
235	李　佳	女	211203198405020525	农学	观赏园艺	8210132011003502
236	孟　鹤	女	370882198601131240	农学	观赏园艺	8210132011003503
237	孔佩佩	女	410881198701264549	农学	观赏园艺	8210132011003504
238	解丽娟	女	130528198504132461	农学	土壤学	8210132011003505
239	杜晓玉	女	371481198406245421	农学	土壤学	8210132011003506
240	贾兴永	男	370829198507022011	农学	土壤学	8210132011003507
241	邬春芳	女	372926198405281424	农学	土壤学	8210132011003508
242	王金洲	男	429001198510093358	农学	土壤学	8210132011003509
243	杨亚丽	女	130130198602031525	农学	土壤学	8210132011003510
244	张珺穜	男	130105198604160615	农学	植物营养学	8210132011003511
245	刘东海	男	130427198410272912	农学	植物营养学	8210132011003512
246	王营营	女	131025198410150348	农学	植物营养学	8210132011003513
247	陈　磊	男	230107198609031210	农学	植物营养学	8210132011003514
248	刘培财	男	370782198512292610	农学	植物营养学	8210132011003515
249	李玲玲	女	410182198502052920	农学	植物营养学	8210132011003516
250	易　琼	女	43022319850702512x	农学	植物营养学	8210132011003517
251	时　鹏	女	370724198604103625	农学	植物营养学	8210132011003518
252	冯俊喜	女	371523198409206964	农学	植物营养学	8210132011003519
253	王正旭	男	513722198406037192	农学	植物营养学	8210132011003520
254	武其甫	男	15282219841112663x	农学	农业水资源利用	8210132011003521
255	杨建莹	女	130229198510260064	农学	农业水资源利用	8210132011003522

（续表）

序号	姓名	性别	证件号码	学科类别	专业	证书编号
256	郭子锋	男	412828198603045772	农学	农业水资源利用	8210132011003523
257	任　静	女	130622198401295628	农学	农业区域发展	8210132011003524
258	李润林	男	622323198208254419	农学	农业遥感	8210132011003525
259	李金亚	男	321321198512267439	农学	农业遥感	8210132011003526
260	夏长剑	男	341222198508256539	农学	植物病理学	8210132011003527
261	高晓清	男	370786198701186070	农学	植物病理学	8210132011003528
262	任　旭	男	429001198603296517	农学	植物病理学	8210132011003529
263	张雅涵	女	130703198410130629	农学	植物病理学	8210132011003530
264	周艳芳	女	150428198603095123	农学	植物病理学	8210132011003531
265	张婧妹	女	371102198407140320	农学	植物病理学	8210132011003532
266	檀贝贝	女	130124198510084526	农学	植物病理学	8210132011003533
267	田　茜	女	130105198601161823	农学	植物病理学	8210132011003534
268	任晓利	女	13058219841109082x	农学	植物病理学	8210132011003535
269	李　莎	女	130582198510040246	农学	植物病理学	8210132011003536
270	杨　菲	女	130603198509121524	农学	植物病理学	8210132011003537
271	代玲玲	女	130984198406031846	农学	植物病理学	8210132011003538
272	杨　春	女	150121198209128328	农学	植物病理学	8210132011003539
273	马春燕	女	150430198301022705	农学	植物病理学	8210132011003540
274	李红伟	女	230523198607121521	农学	植物病理学	8210132011003541
275	刘　峙	男	370102198507034938	农学	植物病理学	8210132011003542
276	阎莎莎	女	370102198510264128	农学	植物病理学	8210132011003543
277	郑作良	男	370724198507042955	农学	植物病理学	8210132011003544
278	王红敏	女	370983198610236628	农学	植物病理学	8210132011003545
279	翟　浩	男	371521198504033413	农学	植物病理学	8210132011003546

（续表）

序号	姓名	性别	证件号码	学科类别	专业	证书编号
280	江　辉	女	371525198411134122	农学	植物病理学	8210132011003547
281	李　宁	男	429001198508152339	农学	植物病理学	8210132011003548
282	尹志新	女	131126198412012426	农学	植物病理学	8210132011003549
283	李锡坤	男	370303198601017410	农学	植物病理学	8210132011003550
284	郭　丛	女	372328198611091824	农学	植物病理学	8210132011003551
285	丁艳杰	女	130633198410182624	农学	植物病理学	8210132011003552
286	柳　峰	男	362227198705280315	农学	农业昆虫与害虫防治	8210132011003553
287	秦　悦	男	371102198512160710	农学	农业昆虫与害虫防治	8210132011003554
288	闫占峰	男	130181198404283916	农学	农业昆虫与害虫防治	8210132011003555
289	陈爱端	女	130524198410204529	农学	农业昆虫与害虫防治	8210132011003556
290	齐　佳	女	130102198511120324	农学	农业昆虫与害虫防治	8210132011003557
291	郭　庆	男	152101198507241210	农学	农业昆虫与害虫防治	8210132011003558
292	解海翠	女	232303198504255020	农学	农业昆虫与害虫防治	8210132011003559
293	陈　建	男	32048219860330081X	农学	农业昆虫与害虫防治	8210132011003560
294	吴圣勇	男	34011119830102505x	农学	农业昆虫与害虫防治	8210132011003561
295	刘　迅	男	370285198512080839	农学	农业昆虫与害虫防治	8210132011003562
296	李玉艳	女	371323198512053424	农学	农业昆虫与害虫防治	8210132011003563
297	相君成	男	371323198512055817	农学	农业昆虫与害虫防治	8210132011003564
298	李胜兵	男	372924198309184517	农学	农业昆虫与害虫防治	8210132011003565
299	高文兴	男	410329198508203055	农学	农业昆虫与害虫防治	8210132011003566
300	张　洋	男	410927198506301014	农学	农业昆虫与害虫防治	8210132011003567
301	陈　方	女	413026198702280326	农学	农业昆虫与害虫防治	8210132011003568
302	齐会会	女	412725198511161149	农学	农业昆虫与害虫防治	8210132011003569
303	徐丽荣	男	421123198509210832	农学	农业昆虫与害虫防治	8210132011003570

（续表）

序号	姓名	性别	证件号码	学科类别	专业	证书编号
304	邓思思	女	430103198610111068	农学	农业昆虫与害虫防治	8210132011003571
305	邹朗云	女	510724198509161225	农学	农业昆虫与害虫防治	8210132011003572
306	唐继洪	男	513023198202253713	农学	农业昆虫与害虫防治	8210132011003573
307	刘玉坤	男	371202198502012437	农学	农业昆虫与害虫防治	8210132011003574
308	刘丽芳	女	370724198412120340	农学	农业昆虫与害虫防治	8210132011003575
309	席　羽	女	371325198611030028	农学	农业昆虫与害虫防治	8210132011003576
310	董利霞	女	152822198409040829	农学	农药学	8210132011003577
311	王方艳	女	37068119840723402X	农学	农药学	8210132011003578
312	曲文岩	男	370725198506253271	农学	农药学	8210132011003579
313	孙　伟	男	370983198610030013	农学	农药学	8210132011003580
314	崔　丽	女	37132819860901102x	农学	农药学	8210132011003581
315	路彩红	女	37152319850815272x	农学	农药学	8210132011003582
316	李　敏	女	372324198710114125	农学	农药学	8210132011003583
317	刘勇良	男	420983198403210032	农学	农药学	8210132011003584
318	郭　峰	男	140225198505170036	农学	杂草科学	8210132011003585
319	刘士阳	男	370983198409030556	农学	杂草科学	8210132011003586
320	徐海云	女	130681198210253644	农学	生物安全	8210132011003587
321	赵津津	女	131125198505143226	农学	生物安全	8210132011003588
322	任玉晶	女	152722198605055520	农学	生物安全	8210132011003589
323	张雪莹	女	370828198701011344	农学	生物安全	8210132011003590
324	汪　巧	女	421123198511080045	农学	生物安全	8210132011003591
325	吴　霞	女	500235198402030022	农学	生物安全	8210132011003592
326	陈　婷	女	511321198605190384	农学	生物安全	8210132011003593
327	李　静	女	130324198510010923	农学	生物安全	8210132011003594

（续表）

序号	姓名	性别	证件号码	学科类别	专业	证书编号
328	张瑞杰	男	130522198602100617	农学	动物遗传育种与繁殖	8210132011003595
329	张　猛	男	130621198408191817	农学	动物遗传育种与繁殖	8210132011003596
330	岳　洋	女	140105198508190023	农学	动物遗传育种与繁殖	8210132011003597
331	刘　涛	女	140107198303072229	农学	动物遗传育种与繁殖	8210132011003598
332	张　燕	女	370181198511294842	农学	动物遗传育种与繁殖	8210132011003599
333	赵兴旺	男	37052119850308041X	农学	动物遗传育种与繁殖	8210132011003600
334	田少囡	女	37068119850804222x	农学	动物遗传育种与繁殖	8210132011003601
335	辛磊磊	男	370983198612054254	农学	动物遗传育种与繁殖	8210132011003602
336	李　稳	女	372901198702051409	农学	动物遗传育种与繁殖	8210132011003603
337	刘国芳	女	430903198602282725	农学	动物遗传育种与繁殖	8210132011003604
338	黄　雷	男	513021198507108215	农学	动物遗传育种与繁殖	8210132011003605
339	刘自增	男	152123198105193314	农学	动物遗传育种与繁殖	8210132011003606
340	仇海瑀	女	210404198508150329	农学	动物营养与饲料科学	8210132011003607
341	徐少辉	男	211322198401306774	农学	动物营养与饲料科学	8210132011003608
342	石丽丽	女	370724198606040023	农学	动物营养与饲料科学	8210132011003609
343	王建红	女	37108119860220262X	农学	动物营养与饲料科学	8210132011003610
344	洪　梅	女	372502198401080905	农学	动物营养与饲料科学	8210132011003611
345	王赤龙	男	411082198311154815	农学	动物营养与饲料科学	8210132011003612
346	张志强	男	510622198511046316	农学	动物营养与饲料科学	8210132011003613
347	张　华	男	513701198510104517	农学	动物营养与饲料科学	8210132011003614
348	郭　锋	男	130638198506298519	农学	动物营养与饲料科学	8210132011003615
349	李喜艳	女	140622198410124726	农学	动物营养与饲料科学	8210132011003616
350	李　柱	男	152323198401200815	农学	动物营养与饲料科学	8210132011003617
351	王美玲	女	152123198507295129	农学	动物营养与饲料科学	8210132011003618

（续表）

序号	姓名	性别	证件号码	学科类别	专业	证书编号
352	郝婧宇	女	152627198606054921	农学	动物营养与饲料科学	8210132011003619
353	吴　睿	女	230804198403300920	农学	动物营养与饲料科学	8210132011003620
354	李珊珊	女	231025198502015542	农学	动物营养与饲料科学	8210132011003621
355	邓丽青	男	320483198610114413	农学	动物营养与饲料科学	8210132011003622
356	周　荣	女	320826198606120049	农学	动物营养与饲料科学	8210132011003623
357	吴　振	男	370724198608127755	农学	动物营养与饲料科学	8210132011003624
358	孟艳莉	女	37078119851106402X	农学	动物营养与饲料科学	8210132011003625
359	翟利利	女	41090119841107234X	农学	动物营养与饲料科学	8210132011003626
360	董杰丽	女	131102198202010624	农学	动物营养与饲料科学	8210132011003627
361	谭建庄	男	42282319861023001x	农学	动物营养与饲料科学	8210132011003628
362	周筱丹	女	510107198507192168	农学	动物营养与饲料科学	8210132011003629
363	毕　波	女	130205198412023929	农学	草业科学	8210132011003630
364	伊亚莉	女	133031198211203629	农学	草业科学	8210132011003631
365	刘树军	男	152625198210152514	农学	草业科学	8210132011003632
366	李玉坤	女	410825198608261545	农学	草业科学	8210132011003633
367	丁　旺	男	430122198510172452	农学	草业科学	8210132011003634
368	马江涛	男	130529198402054614	农学	草业科学	8210132011003635
369	张慧杰	女	152526198612240024	农学	草业科学	8210132011003636
370	刘新亮	男	140603198601065416	农学	草业科学	8210132011003637
371	王晓娜	女	150105198302062124	农学	草业科学	8210132011003638
372	韩海波	男	150102198411076016	农学	草业科学	8210132011003639
373	王　林	男	152626198403032718	农学	草业科学	8210132011003640
374	王瑞永	男	41052619851124487X	农学	草业科学	8210132011003641
375	唐晓伟	男	130828198404022018	农学	特种经济动物饲养	8210132011003642

（续表）

序号	姓名	性别	证件号码	学科类别	专业	证书编号
376	宋怀磊	男	412728198502071810	农学	特种经济动物饲养	8210132011003643
377	张高慧	男	142631198509120715	农学	特种经济动物饲养	8210132011003644
378	梁　东	男	150102198304221118	农学	特种经济动物饲养	8210132011003645
379	张　琳	女	370402198411194327	农学	特种经济动物饲养	8210132011003646
380	蒋清奎	男	371522198508050831	农学	特种经济动物饲养	8210132011003647
381	陈　明	女	429004198602253127	农学	动物信息科学	8210132011003648
382	陈丹清	女	320405198608302221	农学	预防兽医学	8210132011003649
383	蔡成元	男	370481198406180911	农学	基础兽医学	8210132011003650
384	付维星	男	412829198408015830	农学	基础兽医学	8210132011003651
385	邓素平	女	132201198208114328	农学	基础兽医学	8210132011003652
386	刘玉荣	女	130681198312051023	农学	基础兽医学	8210132011003653
387	汪　芳	女	131022198412123344	农学	基础兽医学	8210132011003654
388	郭　凯	男	370811198310302059	农学	基础兽医学	8210132011003655
389	柏丽华	女	320981198606200225	农学	预防兽医学	8210132011003656
390	李平俊	男	370181198607234115	农学	预防兽医学	8210132011003657
391	曾　妮	女	510681198511085323	农学	预防兽医学	8210132011003658
392	邱文英	女	511011198603255368	农学	预防兽医学	8210132011003659
393	和彦良	男	131182198309236617	农学	预防兽医学	8210132011003660
394	倪　佳	女	230102198404011046	农学	预防兽医学	8210132011003661
395	刘　准	男	370682198404010238	农学	预防兽医学	8210132011003662
396	杨　莘	男	370685198510276215	农学	预防兽医学	8210132011003663
397	赵　俊	女	513401198405012120	农学	预防兽医学	8210132011003664
398	张国恩	男	142301198503135719	农学	预防兽医学	8210132011003665
399	高小琪	女	23212619851224056x	农学	预防兽医学	8210132011003666

（续表）

序号	姓名	性别	证件号码	学科类别	专业	证书编号
400	刘欢欢	女	230183198511221223	农学	预防兽医学	8210132011003667
401	黄　律	男	320481198506220010	农学	预防兽医学	8210132011003668
402	刘萍萍	女	370683198507082628	农学	预防兽医学	8210132011003669
403	荆振宇	男	370784198606028215	农学	预防兽医学	8210132011003670
404	侯军委	男	372924198502100637	农学	预防兽医学	8210132011003671
405	张　旻	女	410104198506130042	农学	预防兽医学	8210132011003672
406	张艳丽	女	410883198511234528	农学	预防兽医学	8210132011003673
407	高　晓	男	411222198510092033	农学	预防兽医学	8210132011003674
408	曾艳波	男	500234198509051337	农学	预防兽医学	8210132011003675
409	詹　媛	女	610104198704232127	农学	预防兽医学	8210132011003676
410	马继红	女	652301198409305224	农学	预防兽医学	8210132011003677
411	梁立滨	男	130125198511016513	农学	预防兽医学	8210132011003678
412	范培虎	男	132135198111290518	农学	预防兽医学	8210132011003679
413	李俊平	女	140222198609160546	农学	预防兽医学	8210132011003680
414	胡明明	男	142625198507242439	农学	预防兽医学	8210132011003681
415	王彦妮	女	152722198309150021	农学	预防兽医学	8210132011003682
416	于　作	男	210505198301211034	农学	预防兽医学	8210132011003683
417	赵玉辉	女	21018119850415402x	农学	预防兽医学	8210132011003684
418	丛　锋	男	210421198612212012	农学	预防兽医学	8210132011003685
419	蔡文博	女	210502198404092163	农学	预防兽医学	8210132011003686
420	陈　欣	女	230102198506031320	农学	预防兽医学	8210132011003687
421	石　跃	男	230202198308071618	农学	预防兽医学	8210132011003688
422	高宇哲	男	230202198405270010	农学	预防兽医学	8210132011003689
423	刘　洋	男	230208198303270210	农学	预防兽医学	8210132011003690

（续表）

序号	姓名	性别	证件号码	学科类别	专业	证书编号
424	崔佳莹	女	230227198305120426	农学	预防兽医学	8210132011003691
425	李英利	男	232303198503246835	农学	预防兽医学	8210132011003692
426	穆亚芳	女	320981198511096226	农学	预防兽医学	8210132011003693
427	翟洪月	女	321322198409141623	农学	预防兽医学	8210132011003694
428	陈晓妹	女	340123198603143321	农学	预防兽医学	8210132011003695
429	姬媛媛	女	370403198506033426	农学	预防兽医学	8210132011003696
430	张　健	男	370612198404288011	农学	预防兽医学	8210132011003697
431	刘杉杉	女	370612198602243025	农学	预防兽医学	8210132011003698
432	王凌凤	女	370685198507043728	农学	预防兽医学	8210132011003699
433	蔡绪禹	男	370704198404191215	农学	预防兽医学	8210132011003700
434	李晓军	女	371327198606203345	农学	预防兽医学	8210132011003701
435	侯艳霞	女	371421198307113961	农学	预防兽医学	8210132011003702
436	李旭勇	男	372522198406146673	农学	预防兽医学	8210132011003703
437	耿合员	男	37252619840804721X	农学	预防兽医学	8210132011003704
438	刘建波	男	372330198505125113	农学	预防兽医学	8210132011003705
439	张志榜	男	410928198410286637	农学	预防兽医学	8210132011003706
440	王华南	男	412724198408202110	农学	预防兽医学	8210132011003707
441	冷超粮	男	412725198408124630	农学	预防兽医学	8210132011003708
442	董建国	男	413001198602132011	农学	预防兽医学	8210132011003709
443	黄俊华	男	422202198604016530	农学	预防兽医学	8210132011003710
444	肖志广	女	430903198701114241	农学	预防兽医学	8210132011003711
445	全炎铭	女	433127198401015428	农学	预防兽医学	8210132011003712
446	李建辉	男	510402198503040014	农学	预防兽医学	8210132011003713
447	潘　伟	男	511323198410190870	农学	预防兽医学	8210132011003714

（续表）

序号	姓名	性别	证件号码	学科类别	专业	证书编号
448	吉艳红	女	130223198302188768	农学	预防兽医学	8210132011003715
449	刘文倩	女	142731198612013921	农学	预防兽医学	8210132011003716
450	张国峰	男	142636198308074419	农学	预防兽医学	8210132011003717
451	徐　娜	女	37032219830410674X	农学	预防兽医学	8210132011003718
452	王　萌	女	37060219851127582x	农学	预防兽医学	8210132011003719
453	张念章	男	371402198505170917	农学	预防兽医学	8210132011003720
454	张海瑞	男	372324198410091590	农学	预防兽医学	8210132011003721
455	魏衍全	男	372926198709186610	农学	预防兽医学	8210132011003722
456	徐宗可	男	41042219850808101x	农学	预防兽医学	8210132011003723
457	常晓依	女	410426198512102544	农学	预防兽医学	8210132011003724
458	付钰广	男	41108219840505361X	农学	预防兽医学	8210132011003725
459	王　猛	男	653225198509010016	农学	预防兽医学	8210132011003726
460	张　萍	女	610523198512183069	农学	预防兽医学	8210132011003727
461	崔力凡	女	622101198406240780	农学	预防兽医学	8210132011003728
462	刘新生	男	622201198512260318	农学	预防兽医学	8210132011003729
463	姚菊霞	女	622424198610162522	农学	预防兽医学	8210132011003730
464	赵　清	女	63212319860118004x	农学	预防兽医学	8210132011003731
465	王吉玮	男	640302198408030719	农学	预防兽医学	8210132011003732
466	杨　双	女	652322198406171023	农学	预防兽医学	8210132011003733
467	王新伟	男	371202198301170615	农学	野生动植物保护与利用	8210132011003734
468	陈秀敏	女	410527198603049728	农学	野生动植物保护与利用	8210132011003735
469	王晓丽	女	130124198207113363	管理学	管理科学与工程	8210132011003736
470	马　勇	男	411024198504096216	管理学	管理科学与工程	8210132011003737
471	郭雷风	男	130532198510187535	管理学	管理科学与工程	8210132011003738

（续表）

序号	姓名	性别	证件号码	学科类别	专业	证书编号
472	毛广卫	男	371329198607284231	管理学	管理科学与工程	8210132011003739
473	刘天垒	男	370724198707286196	管理学	管理科学与工程	8210132011003740
474	宋　庆	男	140203198410010031	管理学	管理科学与工程	8210132011003741
475	邵元军	男	411381840903171	管理学	农业经济管理	8210132011003742
476	崔　凯	男	130103198603231810	管理学	农业经济管理	8210132011003743
477	杨培植	男	130104198508261217	管理学	农业经济管理	8210132011003744
478	蔡松锋	男	130182198404224453	管理学	农业经济管理	8210132011003745
479	李治宇	男	130106197711110930	管理学	农业经济管理	8210132011003746
480	郝立勋	男	132437198005145017	管理学	农业经济管理	8210132011003747
481	冯　献	女	450881198606250023	管理学	农业经济管理	8210132011003748
482	李威夷	女	340103198506113520	管理学	农业经济管理	8210132011003749
483	汪必旺	男	429004198602190074	管理学	农业经济管理	8210132011003750
484	朱海波	男	413026198402065130	管理学	农业经济管理	8210132011003751
485	张　侃	男	420106198409240818	管理学	农业经济管理	8210132011003752
486	田晓超	男	150102198602214135	管理学	农业经济管理	8210132011003753
487	陈天霞	女	652901198402144029	管理学	农业经济管理	8210132011003754
488	杨　帆	女	652801198507210023	管理学	农业经济管理	8210132011003755
489	赵　明	女	140402198303221225	管理学	农产品贸易	8210132011003756
490	王盛威	女	210102198601165323	管理学	农产品贸易	8210132011003757
491	曹志伟	男	150428198404295114	管理学	农业技术经济	8210132011003758
492	王　刚	男	410521198412244514	管理学	农业经营管理	8210132011003759
493	王洪蕾	女	370125198511030029	管理学	情报学	8210132011003760
494	张　磊	女	132201198412312866	管理学	情报学	8210132011003761
495	熊　霞	女	513123198512280026	管理学	情报学	8210132011003762
496	杨利荣	女	410928198407104820	农学	动物营养与饲料科学	8210132011003763

二、授予与研究生毕业同等学历人员硕士学位名单（8人）

序号	姓名	性别	证件号码	学科门类	专业	证书编号
1	邱国梁	男	110108197410012279	管理学	农业经济管理	T8210132011000446
2	彭　斌	男	362421198008293818	农学	植物病理学	T8210132011000447
3	马　健	男	220802198102241811	管理学	管理科学与工程	T8210132011000448
4	周忠丽	女	410621197012272082	农学	作物遗传育种	T8210132011000449
5	方　慧	女	429006198308034524	工学	环境工程	T8210132011000450
6	王俊娟	女	412929197301032324	农学	作物遗传育种	T8210132011000451
7	王绍美	女	370631197305077520	农学	作物遗传育种	T8210132011000452
8	彭　军	男	429001198003120016	农学	农药学	T8210132011000453

三、授予专业学位硕士名单（113人）

序号	姓名	性别	身份证号	学位类别	领域名称	证书编号
1	艾　航	男	110105197804242131	农业推广硕士	农村与区域发展	Z8210132011000897
2	白　晨	女	110108196809211427	农业推广硕士	农村与区域发展	Z8210132011000898
3	鲍　萍	女	32032419690502236x	农业推广硕士	农村与区域发展	Z8210132011000899
4	常玉萍	女	152527197809241225	农业推广硕士	农村与区域发展	Z8210132011000900
5	陈灵敏	女	332621196211010429	农业推广硕士	农村与区域发展	Z8210132011000901
6	陈武梅	女	320107196101240022	农业推广硕士	农村与区域发展	Z8210132011000902
7	丁会中	男	370723197110123393	农业推广硕士	农村与区域发展	Z8210132011000903
8	段改莲	女	11010819731201932x	农业推广硕士	农村与区域发展	Z8210132011000904
9	郭爱英	女	370702197901126265	农业推广硕士	农村与区域发展	Z8210132011000905
10	侯丽林	女	210882197507270229	农业推广硕士	农村与区域发展	Z8210132011000906
11	冀胜利	男	130503197208250031	农业推广硕士	农村与区域发展	Z8210132011000907

（续表）

序号	姓名	性别	身份证号	学位类别	领域名称	证书编号
12	江雪铮	男	230123197412241877	农业推广硕士	农村与区域发展	Z8210132011000908
13	李红妹	女	130302197302252220	农业推广硕士	农村与区域发展	Z8210132011000909
14	李嘉平	男	370703196410290054	农业推广硕士	农村与区域发展	Z8210132011000910
15	李金凤	女	370723197502153364	农业推广硕士	农村与区域发展	Z8210132011000911
16	李　鹏	男	210602198107110535	农业推广硕士	农村与区域发展	Z8210132011000912
17	李晓磊	女	210602198106250528	农业推广硕士	农村与区域发展	Z8210132011000913
18	刘玉冬	男	120111196701074010	农业推广硕士	农村与区域发展	Z8210132011000914
19	路百胜	男	232321196610201118	农业推广硕士	农村与区域发展	Z8210132011000915
20	马殿玉	男	211323196304130436	农业推广硕士	农村与区域发展	Z8210132011000916
21	马　健	男	370783197510173310	农业推广硕士	农村与区域发展	Z8210132011000917
22	马俊强	男	110104196207180031	农业推广硕士	农村与区域发展	Z8210132011000918
23	牟怀宇	男	370783198205085730	农业推广硕士	农村与区域发展	Z8210132011000919
24	屈天威	男	210102196310241219	农业推广硕士	农村与区域发展	Z8210132011000920
25	沙万纯	男	210824196801210851	农业推广硕士	农村与区域发展	Z8210132011000921
26	史延通	男	210902197509013035	农业推广硕士	农村与区域发展	Z8210132011000922
27	孙立波	男	370786198104270039	农业推广硕士	农村与区域发展	Z8210132011000923
28	谭　梅	女	370702196901150068	农业推广硕士	农村与区域发展	Z8210132011000924
29	王焕娟	女	370783198211043326	农业推广硕士	农村与区域发展	Z8210132011000925
30	王　艳	女	210106197204304925	农业推广硕士	农村与区域发展	Z8210132011000926
31	辛　涛	男	320311198108134913	农业推广硕士	农村与区域发展	Z8210132011000927
32	于俊水	男	370703197012150819	农业推广硕士	农村与区域发展	Z8210132011000928
33	袁振娟	女	370783198111073384	农业推广硕士	农村与区域发展	Z8210132011000929
34	臧海景	男	370703196311200017	农业推广硕士	农村与区域发展	Z8210132011000930
35	张海来	男	211103196611173712	农业推广硕士	农村与区域发展	Z8210132011000931

（续表）

序号	姓名	性别	身份证号	学位类别	领域名称	证书编号
36	张立慧	男	220102196910285233	农业推广硕士	农村与区域发展	Z8210132011000932
37	张润之	男	370723197510103316	农业推广硕士	农村与区域发展	Z8210132011000933
38	张太祥	男	210802196801113017	农业推广硕士	农村与区域发展	Z8210132011000934
39	张彦军	男	370702196903056534	农业推广硕士	农村与区域发展	Z8210132011000935
40	张作祺	男	120107198405014616	农业推广硕士	农村与区域发展	Z8210132011000936
41	赵洪艳	女	370783198305112548	农业推广硕士	农村与区域发展	Z8210132011000937
42	郑向前	男	370728197507290239	农业推广硕士	农村与区域发展	Z8210132011000938
43	周爱莲	女	420111197305285524	农业推广硕士	农村与区域发展	Z8210132011000939
44	周　亮	男	201621197012282013	农业推广硕士	农村与区域发展	Z8210132011000940
45	李晓丽	女	140702197705237168	农业推广硕士	农业信息化	Z8210132011000941
46	唐　研	女	370121197301027729	农业推广硕士	农业信息化	Z8210132011000942
47	王秋福	男	370703197010133118	农业推广硕士	农村与区域发展	Z8210132011000943
48	杨复斌	男	232324197703040038	农业推广硕士	农业信息化	Z8210132011000944
49	李　菲	女	210803198209010022	农业推广硕士	农业资源利用	Z8210132011000945
50	刘　洋	男	210922197206150919	农业推广硕士	农业资源利用	Z8210132011000946
51	那艳斌	女	211002197708014825	农业推广硕士	农业资源利用	Z8210132011000947
52	肖继兵	男	21011219760119021x	农业推广硕士	农业资源利用	Z8210132011000948
53	蒋光伟	男	340111198003151672	农业推广硕士	食品加工与安全	Z8210132011000949
54	刘　江	男	371102198001011617	农业推广硕士	食品加工与安全	Z8210132011000950
55	侯明华	男	371122198402050954	农业推广硕士	养殖	Z8210132011000951
56	贾连平	男	23010319721112518	农业推广硕士	养殖	Z8210132011000952
57	刘云祥	男	110223196910057873	农业推广硕士	养殖	Z8210132011000953
58	孙祥山	男	370721197603274031	农业推广硕士	养殖	Z8210132011000954
59	王志明	男	132523196811260819	农业推广硕士	养殖	Z8210132011000955

（续表）

序号	姓名	性别	身份证号	学位类别	领域名称	证书编号
60	张　程	男	320323197701074414	农业推广硕士	养殖	Z8210132011000956
61	张　漫	女	110108196707109325	农业推广硕士	养殖	Z8210132011000957
62	段文华	女	120102197511150746	农业推广硕士	园艺	Z8210132011000958
63	方成刚	男	532128198010264717	农业推广硕士	园艺	Z8210132011000959
64	胡军荣	女	320311197510206124	农业推广硕士	园艺	Z8210132011000960
65	刘俊杰	女	210112196509280226	农业推广硕士	园艺	Z8210132011000961
66	田芦明	男	332525198303040333	农业推广硕士	园艺	Z8210132011000962
67	杨　帆	男	422801197104161813	农业推广硕士	园艺	Z8210132011000963
68	姜　策	男	210302198112250317	农业推广硕士	植物保护	Z8210132011000964
69	杨和平	男	340521198303144014	农业推广硕士	植物保护	Z8210132011000965
70	陈国秋	女	210112197011100229	农业推广硕士	作物	Z8210132011000966
71	陈文军	男	371327197801180914	农业推广硕士	作物	Z8210132011000967
72	崔艳玲	女	110224196608260543	农业推广硕士	种植	Z8210132011000968
73	杜义英	女	130102197004112421	农业推广硕士	作物	Z8210132011000969
74	方文英	女	33010619690904242x	农业推广硕士	作物	Z8210132011000970
75	伏　晓	男	371302198305021655	农业推广硕士	作物	Z8210132011000971
76	付雪娇	女	210105198201050243	农业推广硕士	作物	Z8210132011000972
77	胡建斌	男	413024197711305137	农业推广硕士	作物	Z8210132011000973
78	黄择祥	男	370902197812200997	农业推广硕士	作物	Z8210132011000974
79	贾海江	男	410901197806120532	农业推广硕士	作物	Z8210132011000975
80	蒋洪波	男	342128197909260271	农业推广硕士	作物	Z8210132011000976
81	孔凡杰	女	232301197309100085	农业推广硕士	作物	Z8210132011000977
82	李　陈	男	510703198401071330	农业推广硕士	作物	Z8210132011000978
83	林　黎	男	513722198309252077	农业推广硕士	作物	Z8210132011000979

（续表）

序号	姓名	性别	身份证号	学位类别	领域名称	证书编号
84	刘　国	男	511304198201302013	农业推广硕士	作物	Z8210132011000980
85	刘建永	男	372328197203242713	农业推广硕士	作物	Z8210132011000981
86	刘　鑫	男	110102198203120417	农业推广硕士	作物	Z8210132011000982
87	石建尧	男	330104196204211614	农业推广硕士	作物	Z8210132011000983
88	孙　鹏	男	210111197905232515	农业推广硕士	作物	Z8210132011000984
89	王道泽	男	330127196603030014	农业推广硕士	作物	Z8210132011000985
90	王德兴	男	41302719720902243X	农业推广硕士	作物	Z8210132011000986
91	王见中	男	210623198008030013	农业推广硕士	作物	Z8210132011000987
92	王明清	男	210105195306062511	农业推广硕士	作物	Z8210132011000988
93	王文斌	男	210403196806254219	农业推广硕士	作物	Z8210132011000989
94	王艳华	女	210124198002120826	农业推广硕士	作物	Z8210132011000990
95	王以慧	男	370726197108232733	农业推广硕士	作物	Z8210132011000991
96	王英杰	男	210112196906160252	农业推广硕士	作物	Z8210132011000992
97	伍德洋	男	513433198012140210	农业推广硕士	作物	Z8210132011000993
98	杨静怡	女	513426198401220122	农业推广硕士	作物	Z8210132011000994
99	杨可辉	男	350429198108173538	农业推广硕士	作物	Z8210132011000995
100	张　英	男	342421197507100314	农业推广硕士	作物	Z8210132011000996
101	张正举	男	320303198110254332	农业推广硕士	作物	Z8210132011000997
102	赵　敏	女	320303197906032829	农业推广硕士	作物	Z8210132011000998
103	郑功幼	男	350102196712240359	农业推广硕士	作物	Z8210132011000999
104	郑明伟	男	51021219791126791x	农业推广硕士	作物	Z8210132011001000
105	周　东	男	510215197310257133	农业推广硕士	作物	Z8210132011001001
106	周泽庆	男	320311196806230436	农业推广硕士	作物	Z8210132011001002
107	白迎春	女	130703197503270626	兽医硕士	兽医	Z8210132011001003

（续表）

序号	姓名	性别	身份证号	学位类别	领域名称	证书编号
108	李卫东	男	130323197209220031	兽医硕士	兽医	Z8210132011001004
109	王　净	女	132401197410116323	兽医硕士	兽医	Z8210132011001005
110	王树明	男	150105197912067331	兽医硕士	兽医	Z8210132011001006
111	王振刚	男	231026197404107517	兽医硕士	兽医	Z8210132011001007
112	张丽云	女	132523197002241444	兽医硕士	兽医	Z8210132011001008
113	张银花	女	110228197311150925	兽医硕士	兽医	Z8210132011001009

关于授予王凤忠等 153 人博士学位的决定

中国农业科学院第七届学位评定委员会第六次全体会议于 2011 年 7 月 5 日在北京召开，根据《中华人民共和国学位条例》和《中国农业科学院学位授予工作细则》规定，决定授予王凤忠等 153 人博士学位，详细名单见下表，学位授予时间为 2011 年 7 月 5 日。

中国农业科学院 2011 年夏季授予博士学位名单（153 人）

序号	姓名	性别	证件号码	学位类别	专业	证书编号
1	王凤忠	男	370625197204040051	农学	农产品质量与食物安全	8210122011001199
2	白树雄	男	14212619721021081X	农学	生物安全	8210122011001200
3	张衍海	男	152104197404300630	农学	预防兽医学	8210122011001201
4	李　辉	男	620102196606275334	农学	预防兽医学	8210122011001202
5	李学瑞	男	622427197105122372	农学	预防兽医学	8210122011001203
6	温洪涛	男	231181198004250239	理学	生物化学与分子生物学	8210122011001204
7	杨代刚	男	420400196501102417	农学	作物遗传育种	8210122011001205
8	高建昌	男	370902197601210917	农学	蔬菜学	8210122011001206
9	王凤涛	男	371302198112054338	农学	植物病理学	8210122011001207
10	储岳峰	男	340828197812085311	农学	预防兽医学	8210122011001208
11	张　群	男	232130197307060711	农学	农业信息管理学	8210122011001209
12	王彩香	女	140303198005031221	理学	生物化学与分子生物学	8210122011001210
13	毛毕刚	男	420202198003181619	理学	生物化学与分子生物学	8210122011001211
14	董　薇	女	410203198111100040	理学	生物化学与分子生物学	8210122011001212
15	张　晓	男	370285197912071718	理学	生物化学与分子生物学	8210122011001213
16	李卓夫	男	430903198403133014	理学	生物化学与分子生物学	8210122011001214

（续表）

序号	姓名	性别	证件号码	学位类别	专业	证书编号
17	李彩霞	女	152326197812125367	工学	农业水土工程	8210122011001215
18	程立锐	男	37070519790928251x	农学	作物遗传育种	8210122011001216
19	孟艳艳	女	410322198102210023	农学	作物遗传育种	8210122011001217
20	王元英	男	370721196302200034	农学	作物遗传育种	8210122011001218
21	丁小霞	女	420803197802052746	农学	农产品质量与食物安全	8210122011001219
22	高春雨	男	130106197804020918	农学	作物生态学	8210122011001220
23	秦晓波	男	370921197702020097	农学	作物气象学	8210122011001221
24	樊　丽	女	132525198201100027	农学	果树学	8210122011001222
25	张扬勇	男	362425197707265411	农学	蔬菜学	8210122011001223
26	王海平	男	150429197507185913	农学	蔬菜学	8210122011001224
27	张圣平	男	370902197502270930	农学	蔬菜学	8210122011001225
28	王丽鸳	女	370112197803317420	农学	茶学	8210122011001226
29	刘海龙	男	410926197902280410	农学	植物营养学	8210122011001227
30	王瑞波	男	37900819720805445x	农学	农业区域发展	8210122011001228
31	何晓红	女	232303197905141222	农学	动物遗传育种与繁殖	8210122011001229
32	屠　焰	女	110105196905201123	农学	动物营养与饲料科学	8210122011001230
33	郭旭东	男	420104196801124334	农学	动物营养与饲料科学	8210122011001231
34	陈志宏	女	150221197412283527	农学	草业科学	8210122011001232
35	吴　琼	女	230828197510094620	农学	特种经济动物饲养	8210122011001233
36	朱洪伟	男	232302197811225015	农学	预防兽医学	8210122011001234
37	曹中赞	男	412326197105030098	农学	预防兽医学	8210122011001235
38	尹双辉	男	231084197709062210	农学	预防兽医学	8210122011001236
39	张应禄	男	11010819681201933X	管理学	农业经济管理	8210122011001237
40	张俊成	男	37092119820812571X	理学	生物化学与分子生物学	8210122011001238

（续表）

序号	姓名	性别	证件号码	学位类别	专业	证书编号
41	张　玲	女	211302198112300442	理学	生物化学与分子生物学	8210122011001239
42	田　李	男	370881198404231115	理学	生物化学与分子生物学	8210122011001240
43	王　智	男	512533198106280016	理学	生物化学与分子生物学	8210122011001241
44	刘　宾	男	130402197707293018	理学	生物化学与分子生物学	8210122011001242
45	王国增	男	362331198410174611	理学	生物化学与分子生物学	8210122011001243
46	田　健	男	132329197904111419	理学	生物化学与分子生物学	8210122011001244
47	周正富	男	230106198204020816	理学	生物化学与分子生物学	8210122011001245
48	石雅丽	女	150102198110182026	理学	生物化学与分子生物学	8210122011001246
49	刘　坤	男	412701196611200571	理学	生物化学与分子生物学	8210122011001247
50	宋广树	男	232126198110082335	理学	生物物理学	8210122011001248
51	汤秋香	女	654101198007093223	农学	作物栽培学与耕作学	8210122011001249
52	佘茂云	男	341124197911094210	农学	作物遗传育种	8210122011001250
53	王新发	男	42011119730812761x	农学	作物遗传育种	8210122011001251
54	朱宗河	男	510215197407267151	农学	作物遗传育种	8210122011001252
55	梁永书	男	510321197706214052	农学	作物遗传育种	8210122011001253
56	饶玉春	男	421127198401014712	农学	作物遗传育种	8210122011001254
57	刘彩云	女	620105197504152089	农学	作物遗传育种	8210122011001255
58	邓省亮	男	360122198010041239	农学	农产品质量与食物安全	8210122011001256
59	王春艳	女	21102219830401532x	农学	农产品质量与食物安全	8210122011001257
60	关二旗	男	412824198208141814	农学	农产品质量与食物安全	8210122011001258
61	李彦杰	男	640203197407057537	农学	农产品质量与食物安全	8210122011001259
62	张道宏	女	370982198101143128	农学	农产品质量与食物安全	8210122011001260
63	管　笛	男	130104198304011312	农学	农产品质量与食物安全	8210122011001261
64	李树辉	男	120221197704290010	农学	作物生态学	8210122011001262

（续表）

序号	姓名	性别	证件号码	学位类别	专业	证书编号
65	张　惠	女	640103196705200047	农学	作物生态学	8210122011001263
66	司海平	男	41282719781207005X	农学	作物信息科学	8210122011001264
67	杨晓蓉	女	210105197010284341	农学	作物信息科学	8210122011001265
68	樊景超	男	210111198003112033	农学	作物信息科学	8210122011001266
69	刘运通	男	130921197901024870	农学	作物气象学	8210122011001267
70	王志清	女	142224197606093667	农学	药用植物资源学	8210122011001268
71	王　辉	男	372928198102287637	农学	蔬菜学	8210122011001269
72	王新超	男	342423197510124774	农学	茶学	8210122011001270
73	吴萍萍	女	340222198202010025	农学	土壤学	8210122011001271
74	廖上强	男	350425198107090719	农学	土壤学	8210122011001272
75	李文彪	男	150102197509152094	农学	植物营养学	8210122011001273
76	夏文建	男	422301198201103436	农学	植物营养学	8210122011001274
77	杜　君	男	420111197805207610	农学	植物营养学	8210122011001275
78	朱晓晖	女	450104197908201029	农学	植物营养学	8210122011001276
79	刘继培	女	130926198005160045	农学	植物营养学	8210122011001277
80	米　健	男	640203198209130013	农学	农业区域发展	8210122011001278
81	高懋芳	女	371121198009202126	农学	农业遥感	8210122011001279
82	冯　鹏	男	152625198012140037	农学	草地资源利用与保护	8210122011001280
83	宛　涛	男	150102195903303517	农学	草地资源利用与保护	8210122011001281
84	李志勇	男	150102196512162010	农学	草地资源利用与保护	8210122011001282
85	许美容	女	350881198307132461	农学	植物病理学	8210122011001283
86	高　苇	女	210281198212256484	农学	植物病理学	8210122011001284
87	康厚祥	男	432524198206057616	农学	植物病理学	8210122011001285
88	柴阿丽	女	142703198310111221	农学	植物病理学	8210122011001286

（续表）

序号	姓名	性别	证件号码	学位类别	专业	证书编号
89	张　昊	男	131082198402030271	农学	植物病理学	8210122011001287
90	谢　文	男	43041119830824101x	农学	农业昆虫与害虫防治	8210122011001288
91	范　佳	女	232622198008100527	农学	农业昆虫与害虫防治	8210122011001289
92	穆　丹	女	340403198206152823	农学	农业昆虫与害虫防治	8210122011001290
93	张　涛	男	370305198009304077	农学	农药学	8210122011001291
94	张　猛	男	370921198203204873	农学	杂草科学	8210122011001292
95	苏长青	女	130323197107103141	农学	生物安全	8210122011001293
96	龚明波	男	42242719790729235x	农学	农业微生物学	8210122011001294
97	肖晶晶	女	21072619821103652X	农学	农业微生物学	8210122011001295
98	耿丽丽	女	231005198302222525	农学	农业微生物学	8210122011001296
99	邓桂馨	女	120104197703261849	农学	动物遗传育种与繁殖	8210122011001297
100	曹贵玲	女	372930198201172589	农学	动物遗传育种与繁殖	8210122011001298
101	张　戈	男	430521198303070272	农学	动物遗传育种与繁殖	8210122011001299
102	马喜山	男	370283198201293519	农学	动物遗传育种与繁殖	8210122011001300
103	袁峥嵘	男	43012219821213321X	农学	动物遗传育种与繁殖	8210122011001301
104	徐凌洋	男	342422198411231257	农学	动物遗传育种与繁殖	8210122011001302
105	孙宏选	女	37068319691004004x	农学	动物营养与饲料科学	8210122011001303
106	岳洪源	男	210112197810040218	农学	动物营养与饲料科学	8210122011001304
107	耿业业	女	230321198212204601	农学	动物营养与饲料科学	8210122011001305
108	胥　蕾	女	513101198402085424	农学	动物营养与饲料科学	8210122011001306
109	崔焕先	男	370284197906260137	农学	动物营养与饲料科学	8210122011001307
110	彭　华	女	610403197708050086	农学	动物营养与饲料科学	8210122011001308
111	邓　文	男	421122198306120531	农学	动物营养与饲料科学	8210122011001309
112	熊军波	男	429006198206261857	农学	草业科学	8210122011001310

（续表）

序号	姓名	性别	证件号码	学位类别	专业	证书编号
113	鲁玉清	女	372925198210161581	农学	草业科学	8210122011001311
114	韩　颖	女	15230119810508652x	农学	草业科学	8210122011001312
115	卓　义	女	152101198209150927	农学	草业科学	8210122011001313
116	代平礼	男	63212619800506253x	农学	特种经济动物饲养	8210122011001314
117	罗其花	女	522132198208253821	农学	特种经济动物饲养	8210122011001315
118	张海华	女	130824198301103522	农学	特种经济动物饲养	8210122011001316
119	任二军	女	132903197205033924	农学	特种经济动物饲养	8210122011001317
120	王礞礞	女	230102198202041028	农学	预防兽医学	8210122011001318
121	田德斌	男	510781198008204773	农学	预防兽医学	8210122011001319
122	姜连连	女	320827197811282225	农学	预防兽医学	8210122011001320
123	陈兆国	男	330104197004261638	农学	预防兽医学	8210122011001321
124	邓绪芳	男	431281198212136812	农学	预防兽医学	8210122011001322
125	陆嘉琦	男	362301198511191519	农学	预防兽医学	8210122011001323
126	王海伟	男	370724198010281213	农学	预防兽医学	8210122011001324
127	余　飞	女	420116198309203721	农学	预防兽医学	8210122011001325
128	王方昆	男	370911198002152015	农学	预防兽医学	8210122011001326
129	施建忠	男	65010319751228325x	农学	预防兽医学	8210122011001327
130	戚　亭	男	371002198209178816	农学	预防兽医学	8210122011001328
131	徐青元	男	220283197910055516	农学	预防兽医学	8210122011001329
132	杨德成	男	232101198101252817	农学	预防兽医学	8210122011001330
133	刘晓丽	女	62040319860512312x	农学	预防兽医学	8210122011001331
134	王艳华	女	51010719751214270x	农学	预防兽医学	8210122011001332
135	郝晓芳	女	370682198210166429	农学	预防兽医学	8210122011001333
136	李兆周	男	410523198210016532	农学	兽药学	8210122011001334

(续表)

序号	姓名	性别	证件号码	学位类别	专业	证书编号
137	张瑞荣	女	150102196302014562	管理学	农业经济管理	8210122011001335
138	宋莉莉	女	142603198001119320	管理学	农业经济管理	8210122011001336
139	吴桢培	男	110108197305036033	管理学	农业经济管理	8210122011001337
140	郭欣旺	男	142433197908010430	管理学	农业经济管理	8210122011001338
141	战英杰	女	231025197112040940	管理学	农业经济管理	8210122011001339
142	王士海	男	370830198001203531	管理学	农业经济管理	8210122011001340
143	王晓辉	男	110104197208102013	管理学	农业经济管理	8210122011001341
144	胡向东	男	513821198303237457	管理学	农业经济管理	8210122011001342
145	高　雷	男	320826198110080215	管理学	农业资源与环境经济学	8210122011001343
146	何　伟	男	210211196902015831	管理学	农产品贸易	8210122011001344
147	陈俊红	女	15210419721218492x	管理学	农业技术经济	8210122011001345
148	朱　梅	女	150204196703211223	管理学	农业技术经济	8210122011001346
149	陆建中	男	110108196706129316	管理学	农业信息管理学	8210122011001347
150	韩　进	男	370923197909150051	管理学	农业信息管理学	8210122011001348
151	宋彦峰	男	412824198209123570	管理学	农业经营管理	8210122011001349
152	Kulye Mahesh Sakharam	男	G9355784	理学	生物化学与分子生物学	8210122011001350
153	Ali Borhan Zadeh	男	P21261522	管理学	农业经营管理	8210122011001351

关于批准陈隽等30人为硕博连读研究生的通知

根据教育部有关文件精神，按照中国农业科学院研究生院硕博连读有关规定，2011年4月18日我院组织专家认真评审，经研究审核，批准陈隽等30人为硕博连读研究生（名单见下表），纳入2011年招生计划总数内，自2011年9月起享受博士研究生待遇。

2011年硕博连读研究生名单

姓名	专业名称	导师	研究所
陈　隽	生物化学与分子生物学	万建民	作科所
崔彦茹	作物遗传育种	黎志康	作科所
王晓乐	作物遗传育种	翟虎渠	作科所
李春辉	作物种质资源学	黎　裕	作科所
崔　迪	作物种质资源学	韩龙植	作科所
韩海明	作物种质资源学	李立会	作科所
艾　超	植物营养学	周　卫	资划所
王　磊	农业区域发展	宋　敏	资划所
邓　超	生物化学与分子生物学	张　杰	植保所
贺　振	植物病理学	李世访	植保所
李　娜	作物遗传育种	王汉中	油料所
李　鑫	农产品质量与食物安全	李培武	油料所
郑兴卫	草业科学	李　聪	畜牧所
董坤哲	动物遗传育种与繁殖	马月辉	畜牧所
张新尚	生物化学与分子生物学	姚　斌	饲料所
马　涛	动物营养与饲料科学	刁其玉	饲料所
石珍源	作物种质资源学	钱　前	水稻所

（续表）

姓名	专业名称	导师	研究所
陈李赓觅	生物化学与分子生物学	郭龙彪	水稻所
郭　梁	作物遗传育种	庄杰云	水稻所
李二峰	植物病理学	谢丙炎	蔬菜所
师　晓	生物化学与分子生物学	路铁刚	生物所
滕　超	生物化学与分子生物学	林　敏	生物所
虞凌雪	预防兽医学	童光志	上海所
张　琳	农业经济管理	孙东升	农经所
郑　武	生物化学与分子生物学	李付广	棉花所
隋倩雯	农业水土工程	董红敏	环发所
王　琦	预防兽医学	王笑梅	哈兽研
帅　磊	预防兽医学	步志高	哈兽研
冯　棣	农业水土工程	孙景生	灌溉所
边　磊	农业昆虫与害虫防治	陈宗懋	茶叶所

关于表彰全国优秀博士学位论文获奖者的决定

院属各研究生培养单位：

为了激励博士研究生开展原创性研究工作，努力提高博士研究生教育质量，研究生院制定和实施了优秀博士学位论文培育计划和奖励办法，并取得了可喜的成绩。2009年，研究生院有2篇博士学位论文获全国优秀博士学位论文提名奖；2010年，研究生院各有1篇博士学位论文获全国优秀博士学位论文奖和提名奖，具体名单见下表。

根据《中国农业科学院优秀博士论文评选及奖励办法》，研究生院对获奖者颁发奖金，奖励优秀博士论文作者和指导教师各50 000元，奖励优秀博士论文提名奖作者和指导教师各25 000元。

中国农业科学院获全国优秀博士学位论文奖名单

姓　名	专　业	导　师	研究所	获奖年份	获奖类别
于　海	预防兽医学	童光志	哈兽研	2010 年	优秀奖
何心尧	作物遗传育种	何中虎	作科所	2010 年	提名奖
徐重益	生物化学与分子生物学	景蕊莲	作科所	2009 年	提名奖
周庆祥	特种经济动物饲养	张志芳	蚕业所	2009 年	提名奖

关于表彰中国农业科学院 2010 年度优秀博士学位论文的决定

根据《中国农业科学院优秀博士论文评选及奖励办法》，经过各学位评定分委员会推荐和同行专家的通讯评议，中国农业科学院第七届学位评定委员会第五次会议评审确定了 2010 年度院级优秀博士论文的入选名单。兰彩霞、钟功勋、陶丽红获得优秀博士论文奖，马洪菊、陈锋亮获优秀博士论文提名奖。

研究生院对获奖者颁发证书和奖金，奖励优秀博士论文作者和指导教师各 10 000 元，奖励优秀博士论文提名奖作者和指导教师各 5 000元。上述获奖论文可以获得推荐参加当年度北京市优秀博士学位论文和全国优秀博士学位论文评选的资格。

姓名	专业	导师	研究所	论文题目
兰彩霞	作物遗传育种	夏先春	作科所	普通小麦条锈病和白粉病成株抗性 QTL 定位
钟功勋	预防兽医学	陈化兰	哈兽研	PB1 和 PA 基因与 H5N1 亚型流感病毒对哺乳动物的致病性有关
陶丽红	预防兽医学	步志高	哈兽研	狂犬病 Flury 病毒致弱分子机制及新型疫苗的研究
马洪菊	农药学	宁　君	植保所	利用簇合效应与类同法合成新农药活性化合物的研究
陈锋亮	农产品质量与食物安全	魏益民	加工所	植物蛋白挤压组织化过程中水分的作用

关于表彰2011年度优秀毕业生的决定

为表彰在校期间表现突出，德智体全面发展的学生，根据《中国农业科学院研究生院学生奖励条例》（2008年8月修订）第十三条“优秀毕业生”的参评条件，经研究生院院务会研究决定，评选司海平等20名研究生为2011年度优秀毕业生（名单见下表），其中，博士研究生11人，硕士研究生9人。

特此通报表彰，并颁发荣誉证书。

学号	姓名	学位	专业	导师	研究所
82101081066	司海平	博士	作物信息科学	曹永生	作物科学所
82101081032	汤秋香	博士	作物栽培学与耕作学	任天志	资源区划所
82101081129	袁峥嵘	博士	动物遗传育种与繁殖	许尚忠	北京畜牧兽医所
82101081014	王国增	博士	生物化学与分子生物学	姚　斌	饲料所
82101081106	柴阿丽	博士	植物病理学	李宝聚	蔬菜所
82101081123	肖晶晶	博士	农业微生物	朱昌雄	环发所
82101081195	宋彦峰	博士	农业经营管理	夏　英	农业经济所
82101081180	郭欣旺	博士	农业经济管理	樊胜根	农业经济所
82101081046	饶玉春	博士	作物遗传育种	钱　前	水稻所
82101081159	陆嘉琦	博士	预防兽医学	袁世山	上海兽医所
2008Y90100002	Kulye Mahesh Sakharam	博士	生物化学与分子生物学	邱德文	植保所
82101082450	梁立滨	硕士	预防兽医学	陈化兰	哈尔滨兽医所
82101082461	高宇哲	硕士	预防兽医学	步志高	哈尔滨兽医所
82101082091	王进进	硕士	环境科学	白玲玉	环发所
82101082081	段敏杰	硕士	生态学	李玉娥	环发所

（续表）

学号	姓名	学位	专业	导师	研究所
82101082057	周　妮	硕士	生物化学与分子生物学	郎志宏	生物所
82101082183	高志强	硕士	作物遗传育种	曹立勇	水稻所
82101082378	洪　梅	硕士	动物营养与饲料科学	刁其玉	饲料所
82101082359	张　猛	硕士	动物遗传育种与繁殖	李俊雅	北京畜牧兽医所
82101082174	张　彪	硕士	作物遗传育种	刘胜毅	油料所

关于表彰2011年度“三仪助学金”获得者的决定

根据《中国农业科学院研究生院“三仪助、奖学金”评选办法〈试行〉》的有关规定，在个人申请、班级评选的基础上，经过研究生院“三仪助、奖学金”评审委员会的评审、公示和大连三仪动物药品有限公司的审核，最终评选出2011年度“三仪助学金”获得者38名（见下表）。

特此通报表彰，并颁发荣誉证书和奖金。

序号	姓名	性别	学历	班级	专业	研究所
1	金名捺	男	博士	博士1班	作物遗传育种	作科所
2	李银坤	男	博士	博士2班	农业水土工程	环发所
3	张世芳	女	博士	博士4班	动物遗传育种与繁殖	畜牧兽医所
4	谢如良	男	博士	博士4班	农药学	植保所
5	柴　路	女	硕士	硕士1班	作物	作科所
6	刘　京	女	硕士	硕士1班	作物遗传育种	作科所
7	林　铭	男	硕士	硕士2班	蔬菜遗传育种	蔬菜所
8	华贝贝	女	硕士	硕士2班	蔬菜学	蔬菜所
9	张景振	男	硕士	硕士3班	农业资源利用	资源区划所
10	滕晓龙	男	硕士	硕士3班	农业生态学	资源区划所
11	岳　颖	女	硕士	硕士4班	动物营养与饲料科学	饲料所
12	侯　粲	女	硕士	硕士4班	食品科学	质标所
13	张玉杰	女	硕士	硕士5班	微生物学	植保所
14	王　君	女	硕士	硕士5班	生物环境与能源工程	环发所
15	宋淑婷	女	硕士	硕士6班	农业经济管理	农业信息所
16	袁　蓓	女	硕士	硕士7班	生物化学与分子生物学	生物所
17	王晓红	女	硕士	硕士7班	生物化学与分子生物学	生物所

（续表）

序号	姓名	性别	学历	班级	专业	研究所
18	秦文韬	女	硕士	硕士 8 班	植物病理学	植保所
19	吴篆芳	女	硕士	硕士 8 班	农药学	植保所
20	杨晋辉	男	硕士	硕士 9 班	动物营养与饲料科学	畜牧兽医所
21	陈　燕	女	硕士	硕士 9 班	动物营养与饲料科学	畜牧兽医所
22	苏燕玲	女	硕士	硕士 10 班	食品科学	加工所
23	孟丽峰	女	硕士	硕士 10 班	特种经济动物饲养	蜜蜂所
24	汪志艳	女	硕士	硕士 11 班	预防兽医学	哈兽研
25	李胜斌	男	硕士	硕士 11 班	预防兽医学	哈兽研
26	张盼涛	男	硕士	硕士 12 班	兽医硕士	哈兽研
27	张青占	男	硕士	硕士 12 班	预防兽医学	上海所
28	李安岩	女	硕士	硕士 13 班	预防兽医学	兰州兽医所
29	范　颖	女	硕士	硕士 13 班	基础兽医学	兰州牧药所
30	丁　晨	女	硕士	硕士 14 班	微生物学	沼气所
31	张丽娜	女	硕士	硕士 14 班	药用植物资源学	特产所
32	郭　阳	女	硕士	硕士 15 班	作物遗传育种	麻类所
33	赵　杰	女	硕士	硕士 15 班	植物病理学	烟草所
34	路献勇	男	硕士	硕士 16 班	生物安全	棉花所
35	陈　宇	女	硕士	硕士 16 班	农业昆虫与害虫防治	水稻所
36	钱园凤	女	硕士	硕士 17 班	茶学	茶叶所
37	陈　冉	女	硕士	硕士 17 班	农产品质量与食物安全	油料所
38	张成文	男	硕士	硕士 18 班	农业机械化工程	南京农机化所

关于表彰2011年度“三仪奖学金”获得者的决定

根据《中国农业科学院研究生院“三仪助、奖学金”评选办法〈试行〉》的有关规定，在个人申请的基础上，经过研究生院“三仪助、奖学金”评审委员会的评审、公示和大连三仪动物药品有限公司的审核，最终评选出2011年度“三仪奖学金”获得者11名（见下表）。

特此通报表彰，并颁发荣誉证书和奖金。

序号	姓名	性别	学号	学历	专业	研究所	导师
1	张海华	女	82101081150	博士	特种经济动物饲养	特产所	杨福合
2	袁峥嵘	男	82101081129	博士	动物遗传育种与繁殖	北京畜牧兽医所	许尚忠
3	张　昊	男	82101081110	博士	植物病理学	植保所	冯　洁
4	肖晶晶	女	82101081123	博士	农业微生物学	环发所	朱昌雄
5	戚　亭	男	82101081164	博士	预防兽医学	哈兽研	相文华
6	李伟明	男	82101082119	硕士	农产品加工与贮藏工程	加工所	哈益明
7	李喜艳	女	82101082384	硕士	动物营养与饲料科学	北京畜牧兽医所	魏宏阳
8	崔　凯	男	82101082518	硕士	农业经济管理	农经所	蒋和平
9	李珊珊	女	82101082389	硕士	动物营养与饲料科学	北京畜牧兽医所	魏宏阳
10	王永生	男	82101082083	硕士	生态学	环发所	杨世琦
11	姬媛媛	女	82101082468	硕士	预防兽医学	哈兽研	相文华

关于表彰中国农业科学院 2010 年度研究生管理先进集体和先进个人的决定

按照中国农业科学院研究生院农科研生〔2010〕100 号文件《关于评选表彰 2010 年度研究生管理先进集体和先进个人的通知》的精神，在各所推荐的基础上，经研究生院院务会研究决定，表彰上海兽医研究所等 13 个研究所为我院 2010 年度研究生管理先进集体，于迎建等 22 位同志为我院 2010 年度研究生管理先进个人。

中国农业科学院 2010 年度研究生管理先进集体和先进个人名单如下。

一、研究生管理先进集体

中国农业科学院上海兽医研究所
中国农业科学院作物科学研究所
中国农业科学院油料作物研究所
中国农业科学院植物保护研究所
中国农业科学院农业环境与可持续发展研究所
中国农业科学院哈尔滨兽医研究所
中国农业科学院蔬菜花卉研究所
中国农业科学院北京畜牧兽医研究所
中国农业科学院农业经济与发展研究所
中国农业科学院信息研究所
中国农业科学院农产品加工研究所
中国农业科学院烟草研究所
中国农业科学院农业资源与农业区划研究所

二、研究生管理先进个人

沈菊艳　农田灌溉研究所
顾惠明　上海兽医研究所
刁青云　蜜蜂研究所
赵利华　饲料研究所
李晓宁　郑州果树研究所

王述民　作物科学研究所
陈立志　特产研究所
华　芳　油料作物研究所
刘雅学　草原研究所
鲁炳义　兰州兽医研究所
陈巨莲　植物保护研究所
姬军红　农业环境与可持续发展研究所
刘益民　哈尔滨兽医研究所
张　萌　南京农业机械化研究所
郑　彦　北京畜牧兽医研究所
高琼瑶　农业经济与发展研究所
邱　坤　沼气科学研究所
沈　跃　环境保护科研监测所
于迎建　农业信息研究所
许立峰　烟草研究所
姜　昊　农业资源与农业区划研究所
彭　瑛　麻类研究所

关于公布2011年优博计划申报和考核验收结果的通知

根据《中国农业科学院研究生院“优秀博士论文培育计划”实施办法（试行)》（以下简称《办法》）的相关规定，研究生院组织专家，对2011年以前进入优博计划的学生进行了评估和考核验收，同时，评审了2011年优博计划申请，经专家会议审议，现将结果公布如下。

一、2011年进入优博计划名单

共有9名博士研究生申请进入优博计划，通过申报材料审核、现场答辩、专家组审议，最终有6名博士研究生和6名导师进入2011年优博计划，具体名单如下。

姓名	学号	研究所	导师	专业	研究方向
陈浩东	82101091049	棉花所	王坤波	作物种质资源学	基因挖掘与功能验证
赵美霞	82101091025	油料所	刘胜毅	生物化学与分子生物学	比较基因组学
李远播	82101101133	植保所	郑永权	农药学	农药残留分析
艾　超	2011级	资划所	周　卫	植物营养学	养分循环
郑　旭	82101081003	作科所	杨建平	生物化学与分子生物学	植物光信号转导
张宏军	82101081033	作科所	高用明	作物遗传育种	水稻新基因发掘和分子育种

二、优博计划进展考核情况

共有10名优博计划的在读博士生提交了进展汇报材料，对目前科研工作的进展情况、取得阶段性成果、下一步工作计划、取得预期成果进行了书面汇报，经过专家组审议，对上述学生的科研进展工作进行考评，具体考评结果如下。

姓名	学号	研究所	导师	专业	研究方向	进入计划时间	考评结果
丛日环	82101081077	资划所	徐明岗	土壤学	农田碳氮循环	2010	进展正常
李干琼	82101091190	信息所	许世卫	农业经济管理	食物发展	2010	须加快进度
邹良平	82101081015	生物所	路铁刚	生物化学与分子生物学	水稻重要农艺性状形成的细胞与分子基础	2009	进展良好
翟军军	82101071157	兰兽研	才学鹏	预防兽医学	寄生虫分子生物学与免疫防治	2009	须加快进度
孙友位	82101071038	作科所	何中虎	作物遗传育种	小麦品质	2009	进展正常
张荣志	82101081004	作科所	毛　龙	生物化学与分子生物学	生物信息学	2010	进展良好
郝薇薇	82101081001	作物所	张学勇	生物化学与分子生物学	细胞遗传	2010	须加快进度
王　丹	82101081005	作物所	万建民	生物化学与分子生物学	水稻基因克隆及基因工程	2010	进展良好
张　帆	82101071039	作物所	黎志康	作物遗传育种	水稻分子育种	2009	进展良好
姜一峰	82101081158	上海兽医所	童光志	预防兽医学	兽医传染病及其病原微生物和分子免疫学	2009	须加快进度

另外，为了进一步取得良好的研究成果，邹良平、张荣志、王丹、张帆、丛日环、孙友位、翟军军、姜一峰和郝薇薇延期毕业。按照《办法》规定，对于根据科研需要，推迟毕业继续从事博士论文研究的入选者，在延期毕业期间，研究生院保留其原有待遇，导师支付的助研津贴标准提高到2 000元/月，逐月发放。

三、2011 年优博计划考核验收

共有5名优博计划博士研究生提交了考核验收材料，对优博计划期间研究工作、取得成果、发表论文情况进行了总结，专家组根据《办法》规定的考核验收标准进行审议，考核结果如下。

姓名	学号	研究所	导师	专业	研究方向	进入计划时间	考核结果
张道宏	82101081060	油料所	李培武	农产品质量与食物安全	农产品检测技术	2010	合格
李卓夫	82101071019	生物所	黄荣峰	生物化学与分子生物学	植物抗逆分子生物学	2009	合格
周正富	82101081020	生物所	林　敏	生物化学与分子生物学	微生物分子生物学与基因工程	2009	合格
王彩香	82101071002	作科所	景蕊莲	生物化学与分子生物学	小麦抗旱分子生物学	2009	合格
鲁玉清	82101081144	畜牧所	李　聪	草业科学	牧草育种与分子生物学	2009	合格

四、退出优博计划名单

共有 4 名进入优博计划的博士研究生因研究工作进展不顺利或学科原因，提出退出优博计划申请，经专家组审议，同意他们退出优博计划，2011 年 6 月起不再享受优博计划学生待遇，退出名单如下。

姓名	学号	研究所	导师	专业	研究方向	进入计划时间	审议结果
吴桢培	82101081179	农经所	蒋和平	农业经济管理	农业技术经济	2009	同意退出
张　晓	82101071018	生物所	郭三堆	生物化学与分子生物学	植物基因工程	2009	同意退出
马喜山	82101081128	畜牧所	李　奎	动物遗传育种与繁殖	分子生物学与动物育种	2009	同意退出
孟艳艳	82101071042	棉花所	喻树迅	作物遗传育种	棉花分子育种	2009	同意退出

中国农业科学院
优秀博士学位论文评选及奖励办法

第一章　总　则

第一条　为了实现中国农业科学院党组提出的“三个中心、一个基地”的战略目标，创建具有我院特色的研究生教育品牌，决定开展中国农业科学院优秀博士学位论文评选工作。

第二条　评选中国农业科学院优秀博士学位论文（以下简称优秀博士论文），旨在营造浓郁学术氛围，加强高层次人才创造能力的培养，提高中国农业科学院博士生教育的质量，激励博士生开展原创性的研究工作，为全国优秀博士学位论文的评选工作奠定基础。

第三条　为了保证优秀博士论文评选工作的正常进行，特制定本办法。

第二章　评选条件

第四条　优秀博士论文的参评范围为当年获得中国农业科学院博士学位者。

第五条　参评的博士学位论文用中文撰写，论文评阅及论文答辩成绩均为优秀，并符合下列条件。

1. 论文选题为学科前沿，有重要理论意义或现实意义；

2. 在理论、方法上有创新，取得突破性成果，达到国际或国内同类学科先进水平，具有较好的社会效益或应用前景；

3. 论文符合学术规范，材料翔实，推理严密，文字表达准确；

4. 以第一作者在核心刊物上发表论文，单篇影响因子 5.0 以上或多篇累计影响因子 7.0 以上，所有发表的论文和成果都应署名为中国农业科学院或院属有关研究所。

第三章　评选办法

第六条　优秀博士论文的评选工作遵循“科学公正、注重创新、严格筛选、宁缺毋滥”的原则，每年进行一次。

第七条　由博士学位申请者本人提出申请，研究所审核后报送到研究生院。除常规的归档材料外，申请者应同时提交以下材料。

1. 博士学位论文；

2. 博士学位论文的中英文摘要；

3. 《中国农业科学院优秀博士学位论文推荐表》；

4. 《作者简况表》；

5. 《指导教师简况表》；

6. 在学期间学术水平的社会评价材料（发表的高水平学术论文、学术论文被 EI、SCI、ISTP 或 CSSCI 等检索系统检索情况及科研获奖、专利等）的复印件或相关证明材料。

第八条 研究生院对申请人的材料进行审核后，由学位评定分委员会初选并提名，每个分委员会的一般提名不超过两名，由院学位评定委员会确定优秀博士论文候选名单。如果未进入优秀博士论文候选名单的博士学位者在学位评定委员会休会期间发表了高水平的学术论文，由本人提出申请，导师和研究所审核后报送到研究生院，可以参加当年候选论文的通讯评议。

第九条 研究生院组织同行专家对候选论文进行通讯评议，确定复选名单，由院学位评定委员会进行复评，确定优秀博士论文的入选名单。入选名单由中国农业科学院研究生院公布，并在院网上予以公示，公示期 30 天。

第十条 任何单位或个人，如发现入选的论文存在剽窃、作假、失实等严重问题，可在入选名单公布之日起 30 天内，以书面方式向研究生院提出异议。书面材料应包括异议论文的题目、作者姓名、异议内容，支持异议的具体证据，以及提出异议者的真实姓名、工作单位、联系电话等。不符合上述规定的异议不予受理。

第十一条 研究生院负责处理异议，并对提出异议的单位或个人给予严格保密。对有异议的论文提交院学位评定委员会相关专家进行复议、终评。

第十二条 异议期结束后，由院长批准确定优秀学位论文名单，并予以正式公布，同时，对论文作者和指导教师给予奖励。

第十三条 对已获奖的论文，如发现有剽窃、作假、失实等严重问题，一经认定，立即取消“中国农业科学院优秀博士学位论文”称号，撤销对作者及其指导教师的奖励并予以公布。对已授予的学位将按照《中国农业科学院学位授予工作细则》的规定进行处理。

第四章　表彰与奖励

第十四条 每年的奖励名额不超过 5 名，其中，优秀博士论文奖 3 名，优秀博士论文提名奖 2 名。

第十五条 对于院级优秀博士论文，颁发“中国农业科学院优秀博士学位论文”证书，并奖励作者和指导教师各 10 000元，可直接推荐参加当年度北京市优秀博士论文和全国优秀博士学位论文的评选。院级优秀博士论文提名奖，奖励作者和指导教师各

5 000元。

第十六条 对于北京市优秀博士学位论文，奖励作者和指导教师各20 000元；对于全国优秀博士学位论文，奖励作者和指导教师各50 000元，全国优秀博士学位论文提名奖，奖励作者和指导教师各25 000元。同时，获得北京市优秀博士学位论文和全国优秀博士学位论文，按高限进行奖励，不再重复奖励。

第五章 附 则

第十七条 本办法自公布之日起实行。

第十八条 本办法由中国农业科学院研究生院负责解释。

中国农业科学院关于学位授予工作中舞弊作伪行为的处理办法（试行）

为维护学术道德，严明学术纪律，规范学术行为，营造优良学风，保证学位授予质量，根据国家相关法律法规及国务院学位委员会《关于在学位授予工作中加强学术道德和学术规范建设的意见》（学位〔2010〕9号）文件精神，结合我院的实际，制定本办法。

一、舞弊作伪行为的认定

（一）在学位授予工作各环节中，通过不正当手段获取成绩；

（二）在学位论文或在学期间发表学术论文中存在学术不端行为；

（三）购买或由他人代写学位论文；

（四）伪造、修改研究数据或结论；

（五）其他学术舞弊作伪行为。

对于以上违规事项，认定为舞弊作伪行为。

二、审议程序

由学位办公室汇同相关研究所，组织有关专家对需复议的材料进行取证、核实以及评议等工作后，向院学位评定委员会提交报告，院学位评定委员会在审议后进行无记名投票表决，作出相应的处理决定。

三、处理原则及办法

调查和处理舞弊作伪行为，要规范程序，查清事实，掌握证据，正确把握政策界限；要对举报人提供必要的保护；要建立合理规范的复议程序，接受被调查者的复议申请，并在规定时间内作出复议决定；要维护被调查者的人格尊严和正当合法权益；对受到不当指控的单位和个人要及时予以澄清。

在处理舞弊作伪行为时，要遵循客观、公正、合法的原则，根据舞弊作伪行为的性质和情节轻重，依据法律、法规和有关规章制度对相关人员作出如下处理。

（一）对于学位申请者或学位获得者，研究生院可分别作出暂缓学位授予、不授予学位或撤销学位授予的处理，对撤销的学位予以通报公布；

（二）对于指导教师，研究生院可作出暂停招生、取消导师资格的处理；严重败坏学术道德的，由所在单位依据国家有关学术不端行为处理办法进行处理；

（三）对于参与舞弊作伪行为的相关人员，建议其所在单位按照有关规定进行处理。处理结果须上报国务院学位委员会和北京市学位委员会备案，并在一定范围内公开，接受社会监督。

（四）本办法由中国农业科学院学位评定委员会办公室负责解释，自发布之日起实施。

翟虎渠在 2011 级研究生开学典礼上的讲话

（2011 年 9 月 8 日）

各位来宾、老师、同学们：

今天我们怀着喜悦的心情在这里隆重举行 2011 级研究生开学典礼。在此，我谨代表中国农业科学院党组和研究生院全体师生向在百忙之中应邀出席典礼的各位领导、嘉宾表示热烈的欢迎和诚挚的感谢！向全体教师员工们致以诚挚的问候和崇高的敬意！向刚刚迈进中国农业科学院研究生院的 943 名博士、硕士研究生以及留学生表示衷心的祝贺和热烈的欢迎！

同学们，中国农业科学院成立于 1957 年，是国家级综合性农业科研机构，经过 50 多年的发展和建设，中国农业科学院在我国农业科技攻关、攀登科学高峰、服务宏观决策和经济建设主战场，支撑国家农产品供给实现总量平衡、丰年有余的历史性转变，走向全面建设小康社会的伟大历史进程中作出了不可替代的重要贡献。目前，中国农业科学院有 39 个研究所和一个研究生院、一个中国农业科学技术出版社，分布在全国 17 个省、自治区、直辖市。目前，我院现有两院院士 11 人，在职国家级专家 8 人，省部级专家 151 人，政府特殊津贴专家 134 人，国家“百千万人才工程”人选 29 人。我院现拥有国家重大科学工程 2 个、国家重点实验室 5 个、农业部重点开放实验室 32 个、国家工程技术研究中心 5 个、国家级及部级质量监督检测中心 40 个、国家农作物、畜禽改良中心（分中心）16 个、国家级和部级野外台站 29 个、拥有保存数量居世界第一的国家作物种质资源长期库 1 座、拥有藏书量居世界第三、亚洲第一的国家农业图书馆 1 座。建院以来，我院获得各类奖励科技成果达 2 500余项，其中，获得国家级奖励成果近 300 项，近两年，我院年度科研经费达 10 亿元左右。2010 年，我院自主创新的矮败小麦及其高效育种方法的创建与应用获国家科学技术进步奖一等奖，转基因 Bt 棉、水稻分蘖和穗粒数基因克隆等多项拥有自主知识产权的科研成果在《Nature》《Science》等刊物上公开发表。

中国农业科学院创办研究生教育已经 30 余年，中国农业科学院研究生院成立于 1979 年，是我国第一批具有博士学位与硕士学位授予单位之一。建院 30 多年来，一直秉承着“明德格物、博学笃行”的办学宗旨，经过不断探索和改革发展，形成了以全日制研究生教育为主体、专业学位教育和留学生教育为两翼的多层次、多形式的办学体系，研究生教育事业取得了骄人的成绩：学科建设不断增强，现拥有 10 个一级学科博士学位授权点，有 44 个二级学科博士学位授权点，有 10 个一级学科硕士学位授权点，56 个二级学科硕士学位授权点，设有农业推广硕士和兽医硕士 2 个专业学位，以及在职人员以同等学历申请硕士和博士学位授权点，还设有 8 个博士后流动站；办学规模迅速扩大，在校生从“九五”末的500 余名增长到目前的3 600多名，长期留学生规模超过 100 人，已与世界上 60 多个国家或地区的农业科研机构、大专院校建立了多种形式的双边交流与合作关系；师资队伍不断壮大，拥有 500 多位博士生导师和 1 200多位硕士生导师；培养质量显著提高，研究生院连续 8 年以农学门类第一名获得“中国一流研究生院”光荣称号；办学条件逐年完善，目前，研究生院拥有设备先进的教学楼 1 座，现代化研究生公寓 3 座。

同学们，21 世纪头 20 年，对中国来说，是重要的战略机遇期，未来 5 ~ 15 年，是我国发展现代农业、建设社会主义新农村和建设创新型国家的重要历史时期，也是建设国家农业科技创新体系、依靠自主创新发展农业科学技术的关键时期。今后，特别是在“十二五”期间，中国农业科学院将围绕九大学科群建设，重点培养和造就一批关键领域和重点岗位的领军型人才和科技骨干人才，重点培养和建设 100 个左右具有自主创新能力和高水平的科技创新团队，中国农业科学院将肩负起发展现代农业科学技术的历史使命，成为全国农业科技事业的领头羊、排头兵、主力军和学术高地。

2011 年是“十二五”第一年，中国农业科学院研究生教育要在全面总结“十一五”成就的基础上，按照中国农业科学院“三个中心、一个基地”的发展战略，贯彻落实《国家中长期人才发展规划纲要》及《国家中长期教育改革和发展规划纲要》的精神，凝练未来 5 年中国农业科学院研究生教育事业发展的指导思想和战略重点，制定有针对性、可操作性强的发展目标和政策措施；进一步提升研究生教育培养质量，争取在“十二五”实现我院研究生教育事业更好更快的发展，为我国的农业科研事业输送更多的高层次创新人才！

青年朋友们，今天，你们选择中国农业科学院作为迈向新的人生历程的起点，我祝贺你们，你们朝气蓬勃，你们富于希望。你们的选择是正确的，因为你们将直接参与我院“十二五”关键技术领域的创新研究工作，是我院科技创新工作中的一支重要力量。今后，研究生院将在培育和造就创新人才中发挥基地的作用，着力培养研究生的创新能力和实践能力，为创新人才培养营造学术氛围。在同学们即将掀开人生新的一页的时候，我想对你们提几点希望。

一、希望你们求真务实，锐意创新

“创新”是一个国家、一个民族，同样也是一所学校得以发展的源泉。学习的目的不仅仅在于应用，更重要的在于创造和创新。唯有创造和创新，才是人类社会进步的不竭动力！希望同学们珍惜学校提供的良好的学习条件，不断地提升获取知识的能力、实践动手的能力、科学研究的能力、社会实践的能力，不断地提升创新和创业的能力，坚持从实际出发，敢于向传统挑战，敢于向权威挑战，敢于向思维定势挑战，敢于在不断的探索与否定中，寻找正确的答案，实现自己的人生价值。

二、希望你们勤学多思，学以践行

“明德格物、博学笃行”是历代中国人求学精神的积淀。希望同学们尽快实现从大学教育到研究生教育的转变，从被动等待老师布置任务到自己主动地学习、独立地思考；从死记硬背知识点到追求科学真理，批判性地学习，广泛阅读参考文献；从不会提出问题到不断发现问题、研究问题、解决问题；从不敢质疑到有意识地培养自己的创新思维，提升创新意识，增强创新能力。真正实现从“学而不思、知而不行”到“学思结合、学行并重”的转变，使自己真正成为学习的主人。

三、希望你们身心健康，和谐发展

“大学之道，在明明德。”治学与修身并重，做人与做事兼修，在即将开始的学习生活中，同学们将会面临生活环境、学习方式、心理和生理等各个方面的许多新的变化，将会面临知识挑战、学习竞争、交友困惑、师生磨合和家长期望等许多新的问题。希望同学们在繁忙的学习工作中，注意加强锻炼，积极参加学校组织的各项文体活动，及时调整自我情绪和自我心态；希望同学们学会学习、学会做人、学会做事，培养独立生活的能力，养成良好的生活习惯，尽快适应新的校园生活；希望同学们在不断的磨砺中，实现个人身心、个人与他人、个人与自然的和谐发展。

同志们，同学们，当前，中国经济社会正呈现“加速度”发展的趋势，虽然面临各种挑战，但发展的势头锐不可当。希望你们要像胡锦涛总书记寄语青年的那样：“以坚定远大的理想励志前行，以孜孜不倦的精神求索新知，以高尚美好的情操培育品德，以锐意创新的激情投身实践，以艰苦扎实的奋斗成就人生，不断创造新的青春业绩”，仰望星空的同时还要脚踏实地，为实现自己的人生理想，为把中国农业科学院研究生院建成国际知名、国内一流的培养和造就高层次农业科技人才基地的宏伟蓝图而共同奋斗！为实现中华民族的伟大复兴而不懈努力！

谢谢大家！

翟虎渠在2011届研究生毕业典礼暨学位授予仪式上的讲话

（2011年7月6日）

尊敬的各位来宾、老师们、同学们：

大家早上好！

今天，我们如期迎来了一年一度的研究生毕业典礼暨学位授予仪式，首先请允许我代表中国农业科学院党组向全体2011届毕业生表示最热烈的祝贺！向为你们的成长成才倾注心血和汗水的各位研究生导师、教职员工表示诚挚的感谢！向全力支持同学们完成学业的各位家长和亲友们表示真诚的谢意！

2011年适逢中国共产党成立90周年，在中国共产党的领导下，我们国家发生了翻天覆地的变化，取得了举世瞩目的伟大成就，中国成为世界上欣欣向荣的、充满生机活力的社会主义国家。自中国农业科学院创办研究生教育以来，始终以为社会培育和输送优秀科技创新人才为己任，经过30多年的发展，形成了以研究生教育为主体、专业学位教育和留学生教育为两翼的多层次、多形式的办学体系。初步形成面向现代农业、结构合理、门类齐全、重点突出的新型学科体系，特别是在“十一五”期间实现了跨越式的发展，为推进我国农业进入新阶段作出了重要贡献。

当今世界正处在大发展、大变革、大调整时期，我国在应对日趋复杂的世界形势、保持经济平稳发展和面对自然灾害等方面表现出的团结奋进和大无畏英雄气概，充分体现了党中央、国务院的坚强领导和英明决策。新时期的中国农业科学院研究生教育要在农科院“三个中心、一个基地”的发展战略的基础上，贯彻落实《国家中长期人才发展规划纲要》及《国家中长期教育改革和发展规划纲要》的精神，争取在“十二五”实现我院研究生教育事业更好更快的发展，为我国的农业科研事业输送更多的高层次创新人才！

同学们，毕业典礼对学校来说是一种收获，母校因为你们又增添了新的成就、新的自豪，祖国建设和发展又增添了新生力量。在我院攻克关键技术领域和创新研究工作中，正是你们积极参与、勇于创新和大胆实践，为一项项科研难题的攻克作出了重要贡献，而毕业典礼对你们来说是又一个新的开始，作为中国一流研究生院的优秀学子，你们传承着“明德格物、博学笃行”的院训精神，将要开始下一段新的人生旅程。你们应该为你们生活在中华民族复兴的伟大时代而感到庆幸，你们也即将成为这个时代的主人和时代的弄潮儿。临别之际，我谨提出几点希望，与同学们共勉：

第一，希望同学们心怀祖国、兼济天下。在新的历史时期，你们应该时刻心系民族命运、心系国家发展、心系人民福祉，将来无论何时何地，不管你们在现实中遇到怎样的挫折和磨砺，都要对国家无限忠诚，对人民饱含深情，热爱你的祖国。希望你们能以自己出色的工作承载起历史的重任，励精图治，奋发图强，仰望星空的同时要脚踏实地，争取为国家、为社会作出更大贡献。

第二，希望同学们学以践行，勇于创新。“创新”是一个国家、一个民族得以发展的不竭动力和源泉。希望同学们在今后的工作和学习中，不断地提升实践动手的能力和创新能力，在实践中发现新知、运用真知，在解决实际问题的过程中增长才干。敢于向传统挑战，敢于向权威挑战，敢于向思维定势挑战，敢于在不断的探索与否定中，寻找正确的答案。

第三，希望同学们砥砺心智，超越自我。治学与修身并重，做人与做事兼修。在纷繁复杂的环境中，希望你们明是非、知荣辱，德才兼备，仁智双修；在不断地磨砺中，实现自我的超越，用你们不断丰富的知识、持续增长的能力、日渐深刻的思想、日益升华的境界服务社会、奉献人民、引领未来！

亲爱的同学们，风雨多经志弥坚，关山初度路犹长。明天，你们就将开启新的航程，我衷心地希望你们不忘母校的嘱托和师长的期望，铭记“明德格物，博学笃行”的院训，带着农科人的使命和光荣，开始书写人生的新的华章！

最后，祝各位毕业生前程似锦！祝各位老师工作顺利、阖家幸福！

谢谢大家！

八、综合政务管理

关于院领导牵头研究推进重要工作和重点学科发展的通知

农科办办〔2011〕82号

院属各单位、院机关各部门：

为进一步加强我院重大问题、重要工作以及九大学科的研究、协调和推进，经中国农业科学院党组研究决定，院领导在不改变现有工作分工的基础上，分别侧重牵头研究推进一些重要工作和重点学科，具体分工如下。

翟虎渠：全面负责农业科技重大战略政策问题研究、科技体制改革、九大学科建设和发展；牵头研究推进科研基地建设、人才团队建设，作物育种与栽培。

薛亮：负责农业科技重大战略政策问题研究、科技体制改革；牵头研究推进科技产业发展，农业信息。

王韧：牵头研究推进科技成果转化、科技合作、知识产权，植物保护、微生物。

刘旭：负责学科建设总体发展；牵头研究推进基础研究，种质资源。

罗炳文：牵头研究推进党建、党风廉政、创新文化，农业工程。

李金祥：牵头研究推进畜牧、兽医。

唐华俊：牵头研究推进资源环境、加工与食品科学、质量标准。

贾连奇：牵头研究推进干部管理、人才团队建设，农业经济。

上述工作按照以下规则开展。

1. 围绕重要工作、重点学科组织研究和开展相关工作，不改变、不干扰院领导原有工作分工，涉及项目、资金等问题，仍按规定程序办理。

2. 牵头院领导可按照重要工作、重点学科的要求，自主确定研究重点、工作安排和参加的单位及人员，不以研究所为界，按需要可跨所、以致组织全院力量进行。

3. 牵头院领导可根据工作需要，请其他院领导共同参与研究。

4. 在研究推动学科建设中，应统筹考虑相应的人才团队建设和科技成果目标。

请院属各单位、机关各部门在有关院领导同志的领导下，做好统筹安排，加快推进我院重要工作和重点学科的发展。

二〇一一年五月三日

关于进一步规范邀请部、院领导出席会议活动程序的通知

农科办办〔2011〕125号

院属各单位、院机关各部门：

为进一步加强部、院领导会议活动的计划管理，规范邀请部、院领导出席会议活动的报批程序，现就有关事项通知如下。

一、进一步加强部、院领导会议活动的计划管理

中国农业科学院院属各单位（部门）要根据会议计划和中心工作，合理确定出席会议和活动的部、院领导，并于每月20日前，将下个月拟邀请的部、院领导出席会议活动（包括京内和京外的）计划表（见附件）报院办秘书处，院办秘书处负责审核汇总和登记备案后上报部值班室。

二、进一步规范邀请部领导出席会议活动的报批程序

院属各单位（部门）拟邀请部领导出席相关会议活动，主办单位应事先向院报文请示，经院里批准，并征得部领导同意后，由院办公室按程序呈报《部内签报》进行邀请。

三、进一步强化院领导日程管理

院办公室秘书处负责院领导日程安排，院属各单位、各部门要加强与院办公室秘书处的沟通，拟邀请院领导出席重要会议活动的，应按程序呈报《院内签报》，一般性的研究工作的会议如需请院领导参加的，可直接与院领导本人联系。院办公室秘书处要做好院领导出席会议活动的统筹协调工作。

附件：邀请部、院领导出席会议活动计划表（省略）

二〇一一年七月四日

关于中国农业科学院收文办理运转程序调整的通知

农科办办〔2011〕242号

院机关各部门：

为进一步提高我院公文运转效率，确保办理事项落实，根据院领导指示精神，现对我院收文办理与运转相关程序做以下调整。

主送中国农业科学院及院办公室的文件，统一由院办秘书处负责接收并根据文件内容，分4种程序进行运转。

一、内容直接涉及院党组和院领导的文件、上级部门印发的重要文件，由院办负责人提出拟办意见后，根据分工呈送院领导批办。

二、内容只涉及一个院机关部门具体承办的文件，由院办秘书处直接分送相关部门阅办。承办部门认为不属于本部门职责范围的文件，要及时退回院办秘书处。

三、内容涉及两个以上部门的文件，或分管职能不清的文件，由院办负责人提出拟办意见后送相关部门阅办，必要时由分管院领导批办。

四、需要提请院领导批示的事项，主办部门要在充分调研的基础上，提出明确的拟办意见，呈送院领导阅批。

院机关各部门要根据部门职责和管理权限，认真做好公文办理工作。各部门综合处要认真做好本部门承办文件的接收、登记、运转、审核和归档工作。院办秘书处要及时跟踪文件办理动态并做好督办工作。

附件：中国农业科学院文件处理单（省略）

二〇一一年十二月二十三日

关于做好院网改版有关工作的通知

农科办办〔2011〕93 号

院属各单位、院机关各部门：

中国农业科学院院网改版工作已经展开。新版院网将设院所新闻频道、政务服务频道、农业及科技信息服务频道 3 个频道，共 32 个栏目。新版院网拟于 2011 年 6 月上旬开通，预计每年更新信息 15 000条。为确保改版及新版投入使用后的各项工作高质量、如期完成，现将有关事宜通知如下。

一、做好院网信息的收集、整理和报送工作

院网改版工作由院办公室和信息所负责，信息所下属网络中心负责院网的日常维护、管理和资料的收集更新工作。网络中心将于近期以电子邮件的形式向各单位征集院网资料。请各单位、各部门重视院网在新闻宣传中的作用，积极配合做好院网宣传资料的搜集、整理和报送工作。

二、做好院网通讯员和分管领导的备案工作

各单位、各部门选派政治素质高、文字功底扎实、责任心强、新闻洞察力敏锐的人员担任院网通讯员；明确负责新闻宣传工作和责任把关的所局级或处室领导；制定本单位、本部门院网新闻和资料的报送、更新办法。

院网通讯员和分管领导的人选原则上与院报通讯员和分管领导一致。院网通讯员备案内容包括：单位名称、所在处室、姓名、职务、性别、联系电话、邮箱地址。分管领导备案内容包括：单位名称、姓名、职务、性别、联系电话、邮箱地址。

网络中心将为备案通讯员和分管领导发放院网登录密码和权限，并于近期对通讯员进行新版院网介绍和使用、管理培训。

请于 5 月 27 日下班前，将通讯员和分管领导各 1 名，以电子邮件和纸质材料报送网络中心。

三、做好信息的沟通与联系

院属各单位、院机关各部门要结合本单位门户网站的使用，加强与院办公室和信息

所工作人员的沟通，加强资源共享。院办公室和信息所指定专人负责院网改版的有关工作。

联系人：王 丹 周 亮

联系电话：82109820 82109406

网络中心地址：院机关原办公大楼一层

网络中心邮箱地址：caasnews@ caas. net. cnwd@ mail. caas. net. cnw_ dan@ sina. com

二〇一一年五月十八日

关于重申院机关工作纪律的通知

农科办办〔2011〕65 号

院机关各部门：

为进一步改进中国农业科学院机关工作作风，加强工作纪律，保持院机关良好的工作秩序，现将院机关相关工作纪律重申如下。

一、各部门不得在上班时间集体外出开展学习、参观等各类活动，有特殊情况，确需外出的要报请院长批准。

二、院机关工作人员要严格遵守作息时间，一律实行坐班制，如有特殊情况需在其他场合办公或外出时，须经上一级领导批准。

三、院机关各部门主要负责同志要统筹安排好一周的工作计划，请各部门于每周五中午下班前将本部门主要负责人下周的工作和活动安排表报院办秘书处。

四、鼓励各部门利用业余时间开展各类文体活动，丰富职工文化生活，提高身体素质。院里原则上不占用上班时间组织文体活动。

五、保持办公大楼整洁有序，不得将自行车带入办公楼。

附件：院机关主要负责同志一周安排表（省略）

二〇一一年三月三十一日

中国农业科学院关于印发《中国农业科学院网站和业务系统管理办法》的通知

农科院办〔2011〕86号

院属各单位、院机关各部门：

为规范中国农业科学院网站和业务系统管理，提高信息安全保障能力和水平，更有效发挥各单位（部门）网站和业务系统作用，特制定《中国农业科学院网站和业务系统管理办法》（以下简称《办法》）。现将《办法》印发给你们，请严格按照《办法》规定管理网站和业务系统。请各单位（部门）认真填写《网站登记备案表》、《业务系统登记备案表》、《网站登记备案表（汇总表）》、《业务系统登记备案表（汇总表）》（附后），于6月15日前报院办秘书处备案。

联系人：鞠光伟

联系电话：010-82109401

二〇一一年四月二十九日

中国农业科学院网站和业务系统管理办法

第一章　总　则

第一条　为规范中国农业科学院网站和业务系统管理，提高信息安全保障能力和水平，维护国家安全、社会稳定和公共利益，根据《中华人民共和国计算机信息系统安全保护条例》《国务院办公厅关于加强政府信息系统安全和保密管理工作的通知》和《农业部办公厅关于进一步做好网络安全管理工作的通知》等有关规定，结合工作实际，制定本办法。

第二条　本办法中所称网站是指中国农业科学院院属各单位、院机关各部门主管、主办或承办的，通过互联网发布本单位、本行业信息的网络平台。

第三条　本办法中所称业务系统是指满足院属各单位、院机关各部门某一特定业务需求而开发的数据采集、审批、报送、信息发布等系统，以及各类基础网络系统。

第二章　网站和业务系统组织管理

第四条　院属各单位、院机关各部门所建网站和业务系统名称或主管、主办、承办者名称中含有“中国农业科学院”字样的，其网站和业务系统必须向院办公室提出书面申请，填报网站和业务系统登记备案表，经批准后方可使用。

第五条　院属各单位、院机关各部门要按照公安部《关于开展全国重要信息系统安全等级保护定级工作的通知》（公信安〔2007〕861 号）（相关文件可登录 www. djbh. net 下载）的要求，对网站和业务系统进行安全测评和定级，并向院办公室备案。定级后的网站管理必须符合所定级别的有关规定。

第六条　凡遇网站或业务系统新建、更新及撤销等情况，应及时更新相关材料，并向院办公室备案。

第七条　院属各单位、院机关各部门领导要高度重视网站和业务系统管理工作，切实加强网络信息安全。严格落实领导责任制，单位主要领导对所属网站和业务系统安全负总责，分管领导为直接责任人。各网站和业务系统要明确负责人、安全责任人。建立健全网站和业务系统管理制度，做好网站和业务系统安全管理责任制、应急制度、值班制度的落实。

第三章　网站信息管理

第八条　院属各单位、院机关各部门要严格按照《中华人民共和国保守国家秘密法》和《中华人民共和国政府信息公开条例》的规定，切实加强上网信息保密审查工作的组织领导。

第九条 院属各单位、院机关各部门要坚持“谁主管、谁负责，谁公开、谁负责”的原则，建立健全信息发布登记制度，明确上网信息的审查程序和流程，明确专人审核、审定上网信息，严格审查，规范发布。

第十条 建立健全上网信息的安全保密审查制度，信息发布要严格执行农业部颁布的《农业工作国家秘密范围的规定》，凡属农业工作国家秘密范围内的信息一律禁止在网站发布。

第十一条 对设有论坛、留言板等互动栏目的网站，要严格实行上网信息审查制度，无人值守的不得对外开放。

第四章　网站运行管理

第十二条 院属各单位、院机关各部门主办的网站，其所支撑运行的服务器须具备良好的安全措施。要保障计算机及其相关配套设备、设施（含网络）的安全，运行环境的安全，保障计算机功能的正常发挥，以维护计算机信息系统的安全运行。

第十三条 要加强网站后台管理，妥善保管各类资料、密码，不得向外泄露网站后台管理系统口令。无关人员不得操作使用网站服务器。

第十四条 网站安全责任人要每日查看网站或服务器运行状态，定期安装服务器操作系统补丁及排查木马、病毒等恶意程序，发现安全方面的异常状况要及时处理，并上报院办公室。

第十五条 网站负责人要制定数据存储备份策略，做好数据备份工作。

第十六条 接入网站服务器的移动硬盘、U 盘等电子设备，须检查杀毒后方可使用，严禁在服务器上运行未经杀毒的程序和软件。

第十七条 网站的开发程序要及时升级完善，避免程序漏洞，防止黑客恶意攻击。

第五章　附则

第十八条 本办法适用于院属各单位、院机关各部门主管、主办、承办的网站和业务系统，对不遵守本办法规定的网站和业务系统，撤销“中国农业科学院”字样。

第十九条 院办公室负责指导全院网站和业务系统的管理工作，院网络中心按院办公室要求提供技术支持。

第二十条 本制度由院办公室负责解释。

第二十一条 本制度自下发之日起施行。

网站登记备案表

<table>
<tr><td>申请单位</td><td colspan="3"></td></tr>
<tr><td>网站名称</td><td colspan="3"></td></tr>
<tr><td>登陆域名</td><td colspan="3"></td></tr>
<tr><td>安全等级</td><td></td><td>是否接入互联网</td><td></td></tr>
<tr><td>技术支持单位</td><td colspan="3"></td></tr>
<tr><td>网站负责人</td><td></td><td>联系方式</td><td></td></tr>
<tr><td>单位意见</td><td colspan="3">领导签字：
年　月　日（公章）</td></tr>
<tr><td>院办公室意见</td><td colspan="3">领导签字：
年　月　日（公章）</td></tr>
</table>

业务系统登记备案表

申请单位			
业务系统名称			
登陆域名			
安全等级		是否接入互联网	
技术支持单位			
业务系统负责人		联系方式	
单位意见	领导签字： 年 月 日（公章）		
院办公室意见	领导签字： 年 月 日（公章）		

网站登记备案表（汇总表）

填表单位（盖章）：　　　　　　领导签字：　　　　　　填表时间：

序号	网站名称	登陆域名	安全等级	是否接入互联网	技术支持单位	负责人	联系方式

业务系统登记备案表（汇总表）

填表单位（盖章）： 领导签字： 填表时间：

序号	业务系统名称	登陆域名	安全等级	是否接入互联网	技术支持单位	负责人	联系方式

填表说明

“网站”是指中国农业科学院院属各单位、院机关各部门主管、主办或承办的，通过互联网发布本单位、本行业信息的网络平台。

“业务系统”是指满足院属各单位、院机关各部门某一特定业务需求而开发的数据采集、审批、报送、信息发布等系统，以及各类基础网络系统。

“填表单位”是指网站或业务系统所属的院属各单位、院机关各部门。

“网站名称”或“业务系统名称”是指网站或业务系统的全称，如“中国农业科技信息网”、“中国农业科学院博士生网上报名系统”等。

“登陆域名”是指通过互联网访问网站或业务系统时输入的域名，如“www. caas. net. cn”。如无具体域名须填写访问IP地址。

“安全等级”是指按照国家信息安全等级保护规定已向公安机关备案的等级保护级别。包括：一级、二级、三级和未定级。

“是否接入互联网”是指网站或业务系统是否可与互联网联通，包括：物理隔离、逻辑隔离和直接联通。

“网站负责人”或“业务系统负责人”是指由院属各单位、院机关各部门指定的，对网站或业务系统安全运行承担具体责任的领导。

“联系方式”是指“网站责任人”或“业务系统负责人”的手机联系方式。

“技术支持单位”是指为网站或业务系统提供运行环境，负责系统日常运行维护的单位。没有的可以不填。

张掖市人民政府与中国农业科学院
农业项目合作协议书

甲方：张掖市人民政府（以下简称甲方）
乙方：中国农业科学院（以下简称乙方）

为充分发挥张掖市农业自然资源优势，加强院地合作，促进科技与经济紧密结合，加快科技成果向现实生产力转化，经双方协商一致，就建设甘肃省张掖市甘州区国家现代农业示范区达成如下项目建设合作协议。

一、合作宗旨

以科学发展观为指导，本着“真诚合作、优势互补、资源共享、互利互惠、共同发展”的原则，充分发挥各自优势，集中双方力量，积极创建项目建设协调机制，采取投资、技术入股、技术转让、有偿服务、联合攻关、科技咨询等方式，合作建设甘肃省张掖市甘州区国家现代农业示范区，就示范园发展、技术创新、项目建设、人才培养等方面开展全方位、深层次长期合作。

二、合作内容

乙方承诺：

（一）发挥科技、资金优势，与张掖市人民政府共同投资4亿元，建设甘肃省张掖市甘州区国家现代农业示范区，并以此为依托，大力发展农业产业化，建设张掖特色农副产品循环经济示范基地，发展特色农产品深加工及综合利用产业，构建以高科技引领的现代农业产业化示范基地。

（二）利用张掖市独特的自然条件和产业基础，作为重要的科研创新试验示范基地，研发的新技术、新品种优先在甘肃省张掖市甘州区国家现代农业示范区培育推广并进行产业化深度开发。

（三）根据自身科技、人才和信息优势，组织专家对以上重点合作领域进行决策咨询，针对农业示范园及张掖经济发展中出现的新课题，重点在特色农产品深加工及综合利用上开展科研活动，进行技术论证，为产业发展决策提供科学依据；根据农业示范区发展需求，及时提供新技术、新产品和最新科研成果信息。

（四）在国家政策允许和条件许可的情况下，采取挂职锻炼、举办培训班、开展科技论坛、建立试验示范基地等形式，为示范区培养不同层次、各种类型的技术人才及管理人员。

甲方承诺：

（一）认真落实国家深入实施西部大开发战略、支持甘肃省经济社会发展及省上出台的各项政策措施。

（二）积极办理产业准入、财税支持、土地供给、资源配置等手续，着力推进甘肃省张掖市甘州区国家现代农业示范区。

（三）按照高科技农业产业化龙头企业要求，鼓励支持地方企业与中国农业科学院开展多种形式的产学研合作，扶持组建特色农产品深加工生产企业，打造张掖特色农产品循环经济基地。

（四）积极向乙方提供产业基地、优势资源和优惠政策，创造良好合作及投资环境，支持中国农业科学院带技术、资金到示范区或张掖市创办企业，并为科研人员开展技术研发、试验实习和人才培训等工作提供便利条件。

（五）张掖市对双方合作的具有良好发展前景的项目，给予一定数额的资金支持，并严格做到专款专用。

三、合作机制

（一）双方建立信息通报机制，及时通报项目建设进展情况。

（二）双方各自成立工作组，确定联系人，具体负责工作对接、协调服务等工作，及时解决合作过程中出现的问题，确保协议合作落到实处。

四、其他事宜

本合作协议的履行由双方确定的主体具体实施。

本协议一式六份，双方各执三份，经双方签字盖章后生效。

甲方：张掖市人民政府（盖章）

代表（签字）：

二〇一一年三月二日

乙方：中国农业科学院（盖章）

代表（签字）：

二〇一一年三月二日

石家庄市人民政府与中国农业科学院农业科技战略合作协议

为进一步加强双方农业科技合作与交流，促进农业和农村经济又好又快发展，石家庄市人民政府与中国农业科学院决定在互利互惠的基础上，建立长期友好的农业科技战略合作伙伴关系，并达成本协议。

一、合作背景

中国农业科学院作为国家综合性农业科研机构，是我国农业科技战线的主力军和国家队，为我国农业和农村经济发展作出了重要贡献。石家庄市是农业大市，常年粮食种植面积1 100万亩，总产500万吨，蔬菜播种面积230多万亩，总产1 000万吨左右。双方加强农业科技合作和农业信息交流，实现优势互补、资源共享，有利于加快现代农业发展，推动农业产业技术升级，提升农业科技水平，加速科研成果转化，增强农业竞争优势，促进农业和农村经济持续快速发展。

二、合作宗旨

按照优势互补、突出重点、互惠互利和共同发展原则，立足强化协作、统筹资源、激发活力、互赢共促，将中国农业科学院科技创新、人才培养、社会服务等优势和石家庄农业农村的资源基础和产业发展有机结合，实现科技创新、成果孵化、人才培养、资源聚集的多重功能，携手推动产学研合作和科技成果产业化，为石家庄市“十二五”农业农村经济持续健康发展提供强有力的科技支撑。

三、合作内容

（一）为农业和农村经济发展提供战略决策咨询

围绕石家庄市优势资源发展战略和区域发展相关重大农业科技问题，尤其是现代都市农业发展和农业可持续发展战略等，共同组织院士、学者、专家，开展战略研究和咨询活动；参与石家庄市农业产业技术政策、发展规划、农业科技规划的研究、制定、组织和实施；合作编制石家庄现代都市农业发展规划，探索现代农业产业体系和发展新模式。

（二）为粮食高产创建技术集成开展联合科技攻关

针对石家庄市不同区域、不同作物、不同生产潜力土地的地力水平和生产条件，确定优质小麦、玉米等主要粮食作物的产量目标。重点在品种选择、水肥调控栽培和病虫害防控等技术的集成应用与示范方面进行合作，联合开展主要作物高产科技攻关，提高粮食综合生产能力。

（三）联合组织实施国家农业科技重大项目

围绕提高石家庄市农业科技水平，双方联合组织申报和实施国家科技支撑计划项目、“863”项目、“973”项目及现代农业产业技术体系等重大农业科研、推广及产业化项目。加强在小麦、玉米和蔬菜等农作物新品种、新技术研发、农作物转基因以及生物技术育种等领域的合作；在石家庄共建农业重点实验室、农业高新技术试验示范基地，合作建立小麦、玉米和蔬菜试验站，建立一批优质杂粮、优质油料、蔬菜、食用菌、青饲作物、生物防治等新品种、新技术、新成果示范基地；合作共建藁城市国家现代农业示范区。

（四）合作推进农业产业化发展

与石家庄市农业产业化龙头企业紧密结合，建立一批优质专用农产品精深加工基地。重点在小麦、玉米、蔬菜、食用菌和杂粮等农产品精深加工与储运等成套技术装备开发等方面进行合作，提高石家庄市农业产业化水平。

（五）共同争取和实施国际合作项目

双方联合争取和组织实施国际合作项目，加强对外农业科技合作，积极从国外引进高新技术和品种，共同开发研制新产品，为农业提质、增产、增效搞好配套服务，提升农业科技创新能力。

（六）加强人才培养与交流

中国农业科学院支持石家庄市农科院“博士后科研工作站”建设，定期安排专家来石家庄市作学术报告，安排试验和博士、博士后实习；石家庄市农科院定期或不定期选派科技和管理人员到中国农业科学院相关单位开展合作研究、长短期进修、学习深造以及挂职锻炼；聘请中国农业科学院各类专家为石家庄市农业生产相关领域重点工程、项目的技术顾问，帮助解决科研生产中遇到的技术难题。

四、平台搭建

石家庄市为中国农业科学院提供以下平台和工作保障。

（一）无偿提供集中连片研发用地1 000亩。

（二）安排示范用地10 000亩。

（三）每年安排专项经费100万元。为中国农业科学院科技人员在技术服务、技术咨询、建立样板、科技攻关等方面提供方便，保障农业科技战略合作工作开展。

中国农业科学院为石家庄市提供科技支撑：

围绕“六条合作”内容提供科技支撑，优先安排一批国家科技研发、试验、示范、推广项目落户石家庄，确保“六条合作”落到实处，取得实效。

五、合作组织

双方联合成立农业科技战略合作协调领导小组，组长由石家庄市人民政府市长艾文礼、中国农业科学院院长翟虎渠担任，副组长由石家庄市人民政府副市长张树志和中国农业科学院副院长王韧担任；成员由中国农业科学院科技局、石家庄市农业局、石家庄市农科院等负责人组成。农业科技合作协调领导小组下设办公室，办公室设在石家庄市农业局和中国农业科学院科技局，具体负责双方农业科技合作的组织、协调、跟踪、督办等管理工作。

六、合作方式

石家庄市人民政府与中国农业科学院对双方提出的科技协作项目，由双方合作单位另行签署专项协议或合同。

七、协议附则

（一）协议中未尽事宜，由市、院农业科技战略合作协调领导小组研究商定。

（二）本协议有效期为5年，签字盖章后生效。协议期满后，经双方协商后可再行续约。

（三）本协议一式六份，双方各执三份。

石家庄市人民政府

签字：

二〇一一年三月十日

中国农业科学院

签字：

二〇一一年三月十日

广西壮族自治区人民政府与中国农业科学院农业科技战略合作协议

为增强农业科技创新能力，健全现代农业产业技术体系，加快农业科技发展和农业转型升级，促进广西农业农村经济又好又快发展，实现由农业大省向农业强省跨越，广西壮族自治区人民政府与中国农业科学院决定建立长期友好的农业科技战略合作伙伴关系，并达成以下合作协议。

一、合作宗旨

按照优势互补、突出重点、互惠互利和共同发展的原则，促进科技与地方经济结合，提高科技创新能力，构建布局合理、资源共享、运转高效的农业科技体系，实现科技创新、成果孵化、人才培养、资源聚集的多重功能，为广西农业农村经济发展提供强有力的科技支撑。

二、合作内容

（一）为广西农业农村经济发展提供战略决策咨询。抓住中国东盟自由贸易区建设和国家实施新一轮西部大开发的历史机遇，围绕广西优势资源合理利用和区域发展所面临的重大农业科技问题，尤其是农业转型升级和发展方式转变、粮食产能提高等问题，共同组织中国农科界的院士、学者、专家，开展战略研究和决策咨询；参与广西农业产业技术政策、农业科技发展规划的研究、制定、组织和实施。

（二）联合组织实施国家农业科技重大项目。双方联合组织申报和实施国家科技支撑计划、“863”、“973”、转基因重大专项等重大国家科技项目。加强在水稻、玉米等农作物转基因以及生物技术育种、农作物良种繁育、畜牧业良种繁育、农业轻简节本高效技术、无公害生产技术、标准化生产技术、农业防灾减灾技术、动植物重大疫病防控技术、农产品精深加工等领域的合作，提高广西农业科技创新能力。

（三）联合组建农业重点实验室和产业研发中心。广西壮族自治区人民政府与中国农业科学院在广西共建农业重点实验室、工程技术研究中心、中试基地等。双方共同支持中国农业科学院水牛研究所和中国农业科学院甘蔗研究中心的建设与发展，共同筹建“中国农业科学院蚕业研究中心（广西）”、“中国农业科学院马铃薯研究分中心（广西）”，为高新科技研发及成果转化提供孵化基地。

（四）为实现国家新增千亿斤粮食产能等发展目标开展联合科技攻关。围绕广西超级稻、间套种、秋冬种“三个千万亩行动计划”、马铃薯脱毒种薯繁育以及食用菌、甘蔗、桑蚕、亚热带水果等农作物“十二五”发展目标，双方联合开展科技攻关，强化广西农业科技创新与应用能力建设，构建现代农业产业体系。中国农业科学院每年派出专家到广西指导工作，参加广西主要农作物高产科技攻关、优质高产高效栽培技术集成与示范推广。广西壮族自治区人民政府积极支持农业部门参与联合科技攻关，提供资金支持和优惠政策。

（五）加强农业科技管理人才培养合作。中国农业科学院通过开放科研平台、学术交流、客座研究和联合培养研究生等形式，为广西培养各类高级农业研究人才。中国农业科学院在广西设立研究生培养基地，联合培养高级科技人才。广西定期或不定期选派农业科技和管理人员到中国农业科学院相关单位开展合作研究、进修、学习深造以及挂职锻炼。中国农业科学院推荐优秀科技干部到广西有关市、县挂职锻炼。

（六）合作建立试验示范基地，加快成果转化推广。根据广西农业和农村经济发展需要，双方合作在广西建立现代农业科技示范区和高新技术试验示范基地。中国农业科学院为广西现代农业科技示范区和高新技术试验示范基地建设提供技术支撑，优先将其研制的优良新品种、新技术、新产品在广西示范、应用和推广。广西提供优惠政策，鼓励中国农业科学院携技术成果到广西创办、领办高新技术企业或进行合作开发，加快培育广西农业产业化龙头企业，创建广西名特优品牌，推进广西特色农业产业化发展。

（七）加大生态保护与建设合作。双方在生物物种资源和生物安全管理等方面加大合作力度。采取综合措施，稳步推进石漠化治理。加强农村面源污染治理，推动实施农村清洁工程。依托国家非粮生物质能源工程技术研究中心等平台，稳步推进非粮生物质燃料试点及产业化示范工作，加快循环农业和生态农业发展。大力推广节地、节能、节水、节材，促进资源集约节约高效综合利用。合理有序开发利用滩涂资源。

（八）加强农业科技信息交流与服务。中国农业科学院充分利用其信息基础平台，在期刊信息和网络信息方面与广西共用共享，加强信息沟通与合作。

三、合作组织

成立农业科技合作协调领导小组。组长由广西壮族自治区人民政府和中国农业科学院负责同志担任，领导小组成员为广西壮族自治区人民政府、中国农业科学院有关部门负责同志，领导小组下设办公室，办公室分别设在广西壮族自治区农业厅和中国农业科学院科技管理局，负责落实具体合作事宜。

四、协议附则

（一）本协议未尽事宜由双方另行协商。具体合作项目另行签订合作协议，并由双方组织相关部门实施。

（二）本协议有效期为 5 年，签字盖章后生效。协议期满后，经双方协商后可再行续约。

（三）本协议一式六份，双方各执三份。

广西壮族自治区人民政府

签字：

二〇一一年三月二十二日

中国农业科学院

签字：

二〇一一年三月二十二日

中国农业科学院与南通市人民政府农业科技合作协议书

为贯彻落实国务院《长三角区域规划》和《江苏沿海地区发展规划》关于“大力发展高产、优质、高效、生态、安全的现代农业，实现由传统农业向现代农业转变，走具有中国特色农业现代化道路，建成国家重要的商品粮基地、农产品生产加工和出口基地、农业观光休闲基地”的精神，科学实施《南通市“十二五”现代农业发展规划》和《南通市区都市生态型现代农业发展规划》，南通市人民政府与中国农业科学院经友好协商，双方就建立全面、深入、长期、稳定的农业科技合作关系达成如下协议。

一、合作背景

中国农业科学院是国家级综合性农业科研机构，是我国农业科技战线的主力军和国家队，为我国农业和农村经济发展作出了重要贡献。南通市是我国首批对外开放的14个沿海城市之一，农业大市，全市耕地总面积700万亩，土壤肥沃，适种范围广，沿海滩涂21万公顷，是我国沿海地区土地资源最丰富的地区之一。中国农业科学院与南通市加强合作，实现产学研资源整合，对于推动南通农业产业技术升级，促进农业科技成果转化，加快现代农业建设，推动南通农业全面可持续发展具有重要意义。

二、合作宗旨

按照优势互补、互惠互利、共同发展的原则，促进地方经济与科技相结合，科学配置地方资源，合理构建产业布局，搭建运转高效的农业产业体系，提高地方科技创新能力，实现科技创新、成果孵化、人才培训的多重功能。

三、合作内容

结合南通市实际，双方决定在以下领域开展合作。

（一）开展农业战略研究和咨询活动

围绕南通市农业区域发展战略、资源开发利用等相关重大科技问题，开展战略研究和咨询活动；结合贯彻落实《长三角区域规划》和《江苏沿海地区发展规划》，组织国家区域农业合作示范区规划编制，以及南通现代农业示范区规划编制；对南通农业重大工程、重大专项、农业产业化等项目的申报和实施提供咨询建议。

（二）强化农业科技协作攻关

针对南通市在农业产业化、农民增收、农村生态环境安全等方面存在的重大技术难题，围绕蔬菜、花卉、优质水稻、畜禽、食用菌和农产品加工等优势产业发展，双方组织专家共同研究，开展协作攻关，推动科技资源交流与联合研发。

（三）建设农业科技成果转化平台

重点推进南通市都市生态型现代农业园区建设，在南通农业科技创业园内设立中国农业科学院农业高新技术示范区，在南通农业职业技术学院建立植物工厂技术转化基地。中国农业科学院将适用于南通市现代农业发展的新品种、新技术、新产品优先在南通市示范、推广应用；协助南通引进农业投资伙伴；合作申请国家相关的产业化项目，促进产业升级和结构调整。

（四）合作培养农业高新科技人才

依托中国农业科学院的人才优势，通过开放科研平台、合作研究、学术交流等形式，为南通农业职业技术学院等涉农高校、科研院所培养高级农业科技管理和各类实用技术人才。

（五）建设农业科技信息服务平台

中国农业科学院发挥国内外农业科技交流合作、人才优势，与南通市合作建设农业科技信息平台，为南通市开展农业科技国际、国内交流合作提供信息服务。

（六）建设合作项目工作平台

围绕发展南通现代农业优势产业的关键技术问题，双方共同申请国家和省的项目；南通市对中国农业科学院在本地的科技合作项目予以优先立项，给予经费支持。

四、合作组织

双方同意成立领导小组，定期或不定期举行农业科技合作对接活动。组长由中国农业科学院和南通市人民政府分管领导担任。领导小组下设联络办公室，成员由中国农业科学院科技管理局、南通市农业委员会、南通市科技局、南通市财政局、南通市农业资源开发局、南通农业职业技术学院等有关部门、单位主要负责人组成。

五、协议附则

本协议未尽事宜由双方协商决定。

本协议为框架协议，双方开展的具体合作内容将另行签订合作协议。

本协议一式六份，双方各持三份。本协议有效期 5 年，自签字之日起生效。

中国农业科学院

签字：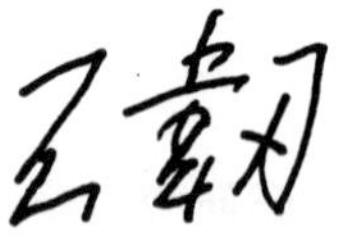

二〇一一年四月十一日

南通市人民政府

签字：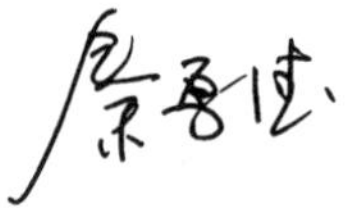

二〇一一年四月十一日

中国农业科学院与中国农民大学
黑龙江省农业科学院共建中国农民大学协议

甲方：中国农业科学院
乙方：中国农民大学
丙方：黑龙江省农业科学院

为促进中国农民大学事业发展，提高黑龙江省农民综合素质，培养创业型新型农民，推动社会主义新农村建设，根据中国农民大学办学方针和宗旨，结合黑龙江省农业科学院特点，经三方友好协商，达成如下协议。

一、三方在黑龙江共建中国农民大学，黑龙江省农业科学院挂“中国农民大学”牌子，按要求开展农民教育培训工作。

二、甲方负责为中国农民大学创造宽松环境，为开展教学工作提供政策支持。

三、丙方的招生、教学教务、学生管理、师资聘用等工作接受乙方统一管理。

四、三方根据国家相关规定，负责办理各自所在地区行业主管部门相关手续。

五、丙方负责为黑龙江的合格学员颁发证书。

六、学院财务独立核算，办学结余资金作为中国农民大学在黑龙江的发展资金，若有亏损，则由丙方负责补足。

七、聘任韩贵清同志为中国农民大学副校长、刘娣同志为执行副校长，负责中国农民大学在黑龙江的教学管理工作。

八、附则

1. 本协议有效期为10年，自2011年4月26日至2021年4月26日。协议到期时如三方无异议可续签。

2. 本协议经三方签章后生效。本协议一式6份，每方各执2份。

3. 本协议未尽事宜，由三方另行补充协议，补充协议与本协议具有同等法律效力。

甲方（盖章）： 乙方（盖章）： 丙方（盖章）：

代表人（签字）： 代表人（签字）： 代表人（签字）：

二〇一一年四月二十六日

宁夏农垦集团有限公司与中国农业科学院科技合作协议书

为充分发挥各自优势，建立院垦产学研合作模式，加快建设现代农业，促进宁夏农垦经济又好又快发展，经宁夏农垦集团有限公司与中国农业科学院友好协商，决定建立全方位的农业科技战略合作伙伴关系，并达成本协议。

一、合作背景

宁夏农垦集团有限公司现拥有土地 282 万亩、14 个国有农林牧场，长期以来在保障宁夏回族自治区农副产品供给、引领示范现代农业建设等方面作出了积极贡献。中国农业科学院是我国农业科技战线的主力军和国家队，长期担负着国家重大基础与应用基础的研究和高新技术研究的任务，为国家农业和农村经济发展作出了重要贡献。双方加强科技合作，树立“院企合作”样板，有利于加快现代农业发展和现代农业示范园区建设，对于推动农垦产业技术升级，加速科技成果转化，提升产业发展科技水平，增强企业竞争优势，实现宁夏农垦“十二五”经济社会又好又快发展具有重要意义。

二、合作宗旨

按照优势互补、互惠互利、共同发展的原则，依托中国农业科学院科技创新、人才培养、社会服务优势和宁夏农垦集团资源优势，携手推动产学研合作和科技成果转化，促进农垦企业与科技相结合，提高农垦企业科技创新能力，为宁夏农垦“十二五”经济社会发展提供强有力的科技支撑。

三、合作内容

结合宁夏农垦实际，双方决定在以下领域开展合作。

（一）共建现代农业示范区

双方联合组织专家编制宁夏农垦现代农业示范区（国家级）和农垦特色农业产业规划，中国农业科学院指导协助宁夏农垦申报国家级现代农业示范区，在重大科技与园区建设重大工程项目上，帮助指导宁夏农垦向国家有关部门争取项目。

（二）建立科技成果转化平台

在宁夏农垦自治区级现代农业示范基地及中国农业科学院宁夏农垦现代农业示范园区建立新品种、新技术、新成果、新装备、新模式等先进科技要素转化展示平台，中国农业科学院将适用于宁夏现代农业发展的新品种、新技术、新产品优先在宁夏农垦示范推广与应用，加速转化、展示、示范农业科研领域最新的技术与科研成果；合作申请国家级产业化项目，进一步夯实农垦产业发展基础。

（三）为产业发展提供科技支撑

双方以合作共建示范园区为基础，重点围绕宁夏农垦优质粮食、设施园艺、马铃薯种薯、葡萄、奶（肉）牛、枸杞、生物有机肥料、农业信息技术、农产品保鲜加工与贮运等方面开展技术集成、创新和示范推广，提高宁夏农垦农业产业化水平。

（四）人才培养和科技培训

重点建立中国农业科学院专家服务系统，定期安排专家来宁夏农垦指导技术服务；宁夏农垦定期或不定期选派科技和管理人员到中国农业科学院相关单位学习深造，加快培养和技术培训垦区企业科技与经营管理人才；聘请中国农业科学院专家为宁夏农垦产业发展技术顾问，帮助解决企业生产中遇到的技术难题。

四、合作组织

双方联合成立农业科技合作协调领导小组，组长由宁夏农垦集团有限公司董事长王永忠和中国农业科学院副院长王韧担任；成员由中国农业科学院科技管理局、宁夏农垦事业管理局科技处等负责人组成。科技合作协调领导小组下设办公室，办公室设在宁夏农垦事业管理局科技处和中国农业科学院科技管理局，具体负责双方农业科技合作的组织、协调、跟踪、督办等管理工作。

五、合作方式

宁夏农垦集团有限公司与中国农业科学院对双方提出的科技协作项目，由双方合作单位另行签署专项协议或合同。

六、协议附则

（一）协议中未尽事宜，由双方研究商定。

（二）本协议有效期为 5 年，签字盖章后生效。协议期满后，经双方协商后可再行续约。

（三）本协议一式四份，双方各执两份。

宁夏农垦集团有限公司

签字：

二〇一一年五月十五日

中国农业科学院

签字：

二〇一一年五月十五日

四川省人民政府与中国农业科学院联合共建四川农作物种业创新与转化工程协议书

为深入贯彻落实党的十七届五中全会关于“大力发展现代种业”和国务院《关于加快推进现代农作物种业发展的意见》精神，确保四川粮食和种业安全，经认真协商，在四川省人民政府和中国农业科学院共建的“中国农业科技西南创新中心”框架内，就共同建设和推进“四川农作物种业创新与转化工程”（以下简称“种业创新与转化工程”）的有关事宜达成如下协议。

第一条 “种业创新与转化工程”，以确保四川粮食和种业安全为目的，以粮食和种子产业发展需求为导向，紧紧围绕四川农业增效、农民增收，加强四川种业科技创新与转化能力建设，进一步提高种业竞争力。

第二条 “种业创新与转化工程”，主要开展高产、优质、抗病农作物超级新品种培育及其与此紧密相关的农作物优良基因资源和育种资源发掘利用、高效分子标记育种技术应用、种子产业化生产技术研究、种业科研基地和种业实验室建设等，促进农作物新品种快速转化推广。

第三条 “种业创新与转化工程”，实行政府主导、社会参与、市场配置的新体制和开放、流动、合作、共享的运行机制，积极吸引种子企业参与。

第四条 “种业创新与转化工程”，由四川省人民政府与中国农业科学院共同支持，委托四川省农业科学院负责并实施。

第五条 通过实施“种业创新与转化工程”，力争到2015年，培育10个有重大应用前景和自主知识产权的突破性超级良种，建成西部第一、全国一流的农作物育种基地和实验室，形成主要农作物高产、高质量种子生产加工技术体系，打造1~2个育种能力强、种子生产加工技术先进、市场营销网络健全、技术服务到位的现代种业集团，全面提升四川省农作物种业发展水平，超级新品种推广1 000万亩。

第六条 在推动“种业创新与转化工程”建设中，四川省人民政府的主要责任是：

1. 以政府财政投入为引导，省财政每年安排专项资金1 500万元，四川省农业科学院通过调结构，多渠道筹措资金1 500万元，支持“种业创新与转化工程”实施，保障各项工作正常开展。

2. 为中国农业科学院与四川省农业科学院的种业科技合作提供相应的政策支持，协调解决“种业创新与转化工程”建设中的重大事项。

第七条 在推动“种业创新与转化工程”建设中，中国农业科学院的主要责任是：

1. 优先联合和支持四川省农业科学院等单位组织申报和实施国家级重大种业科技

项目，共同推进种业科技创新。

2. 派出优秀种业研究骨干和管理人才参与实施“种业创新与转化工程”。

3. 通过国家重大科学工程、国家重点实验室、国家农作物改良中心等科研基地和技术平台，为“种业创新与转化工程”的实施提供开放课题及客座研究等科研条件，加大对四川种业科技人才的培养。

第八条　四川省人民政府和中国农业科学院要求四川省农业科学院要加大改革力度，创新体制和机制，将全院主要科技资源投入“种业创新与转化工程”的实施中，调动科技人员的积极性，确保完成种业创新转化任务。

第九条　双方同意成立“种业创新与转化工程”领导小组及办公室。领导小组组长由“中国农业科技西南创新中心”主要领导担任，负责决定“种业创新与转化工程”建设中的总体规划和政策问题等重大事项；办公室设在四川省农业科学院，主任由“中国农业科技西南创新中心”办公室主任兼任，具体负责“种业创新与转化工程”的组织实施与协调工作。

第十条　协议中未尽事宜，由双方另行协商确定。

第十一条　本协议一式四份，双方各持两份，经双方代表签字盖章后生效。

四川省人民政府

代表人（签字）：

二〇一一年六月八日

中国农业科学院

代表人（签字）：

二〇一一年六月八日

滁州市人民政府与中国农业科学院农业科技合作协议书

为加快传统农业向现代农业转变，加速科技成果在农业生产中的转化和推广，实现由农业大市向农业强市跨越，助推滁州早日实现百亿粮仓建设目标，滁州市人民政府与中国农业科学院经友好协商，决定共同建立长期稳定的农业科技合作关系，并达成如下协议。

一、合作背景

中国农业科学院是国家级综合性农业科研机构，是我国农业科技战线的主力军和国家队，在农业科技人才、农业重大基础研究、应用研究和农业高科技研发等方面具有优势，拥有一批先进、适用的农业技术成果。滁州市地处江淮之间，紧邻长三角经济圈，是安徽东向发展的桥头堡，承接东部产业转移的示范区。滁州市耕地面积1 000万亩，中低产田60%以上，土地开发潜力巨大。双方加强合作，对于推动滁州农业技术提档升级，加快农业科技成果运用转化，实现产学研资源整合，优化滁州农业产业结构，推动农业产业全面可持续发展具有重要意义。

二、合作宗旨

按照优势互补、互惠互利、共同发展的原则，促进地方经济与科技相结合，合理构建产业布局，科学配置地方资源，搭建起运转高效的农业产业体系，提高地方科技创新能力，实现科技创新、成果孵化、人才培训的多重功能。

三、合作内容

结合滁州市实际，双方决定在以下领域开展合作。

（一）建设战略研究和咨询活动工作平台

围绕滁州市农业区域发展战略、资源开发利用等相关重大科技问题，开展战略研究和咨询活动；结合滁州市百亿粮仓建设规划，承接东部产业转移的示范区建设规划，对农业重大工程、重大专项、农业产业化等项目的申报和实施提供咨询建议；滁州市提供优惠政策，聘请中国农业科学院专家担任农业科技顾问或直接参与、指导农业重大项目实施。

（二）建设农业高新技术合作研发平台

针对滁州市在农业产业化、农民增收、农村生态环境安全等方面存在的重大技术难题，双方组织有关专家共同研究，开展协作攻关。围绕粮食、经济作物、畜禽和农产品加工等产业发展，重点在超级稻新品种研发及高产稳产技术集成、畜禽良种引进及繁育体系建设、蔬菜品种选育和引进、病虫害防治技术、农产品深加工等领域开展联合攻关，推动科技资源交流与联合研发，逐步建立农业科研的长期合作关系。

（三）建设农业科技成果转化平台

在滁州市现代农业示范区内设立中国农业科学院滁州市高新农业技术示范基地，重点推进滁州市现代农业示范区建设。中国农业科学院将其研制的、适用于滁州市发展现代农业的新品种、新技术、新产品优先在滁州市示范、推广应用；合作申请国家相关的产业化项目提供技术支撑，促进产业升级和结构调整；帮助滁州市打造国内优质稻米生产基地和交易中心；协助滁州引进农业投资伙伴。滁州市鼓励中国农业科学院在滁创办、领办高新技术企业或进行合作开发。

（四）建设农业科技人才培养平台

发挥中国农业科学院的科技、人才资源优势，以现代农业生产、加工、经营为主要内容，通过开放科研平台、合作研究、学术交流等形式，为滁州培养高级农业科技管理和各类实用人才，滁州市为中国农业科学院科研人员提供与滁州农业发展相关的科研、示范、推广的基地和来滁必要的工作、生活条件。

（五）建设农业科技信息服务平台

中国农业科学院发挥国内外农业科技交流合作、人才优势，与滁州市合作建设农业科技信息平台，为滁州市开展农业科技国际、国内交流合作提供信息服务。共同组织院士、专家来滁开展农业科技合作高端论坛，为加快滁州现代农业发展进行针对性研讨。

（六）建设合作申请项目工作平台

双方建立信息交流共享渠道，积极推进所属科研、推广部门的业务对接。围绕滁州市发展现代农业主导产业的关键技术问题，双方合作向国家、省有关部门申请项目支持，滁州市对合作项目申报给予财政支持。

四、合作组织

为做好双方农业科技合作工作，双方同意成立领导小组。组长由中国农业科学院和滁州市人民政府分管领导担任。领导小组下设联络办公室，成员由中国农业科学院科技管理局、滁州市科技局等有关部门负责人组成。

五、协议附则

本协议未尽事宜由双方协商决定。

本协议为框架协议，双方开展的具体合作内容将另行签订合作协议。

本协议一式二份，双方各持一份。本协议有效期 5 年，自签字之日起生效。

滁州市人民政府

签字：

二〇一一年七月九日

中国农业科学院

签字：

二〇一一年七月九日

攀枝花市人民政府与中国农业科学院科技合作协议书

为加快四川省攀枝花市现代特色农业发展，提高农业综合生产能力，推动农业产业纵深发展，持续增加农民收入，统筹城乡经济社会发展，全面完成《攀枝花市农业发展“十二五”规划》和《攀枝花现代农业示范区总体规划》提出的目标任务，经攀枝花市人民政府和中国农业科学院协商，双方就建立长期稳定的合作关系达成以下协议。

一、合作背景

攀枝花市位于川滇交界处的金沙江与雅砻江交汇处，是川滇黔资源“金三角”的核心地区，在农业发展上拥有得天独厚的光热优势。在攀枝花建设国家现代农业示范区，可以充分挖掘当地得天独厚的农业资源潜力，极大地促进特色农业发展，同时，带动和辐射周边地区现代农业的发展。中国农业科学院是我国农业科研的国家队和主力军，在农业人才、农业科研和农业产业化方面优势明显。加强双方的合作，对推进攀枝花农业科技进步，转变农业增长方式，提高农业综合生产能力和市场竞争力，实现区域农业的可持续发展和城乡统筹具有重要的现实意义和长远意义。

二、合作宗旨

按照精诚合作、互利共赢、共同发展的原则，全面提升攀枝花市农业科技创新力、辐射带动力和自我发展力，搭建起成熟的市院合作平台，合理配置优势资源，坚持科技支撑，加强人才培训，努力构建攀枝花合理的农业生产布局，实现攀枝花农业的快速发展。

三、合作内容

结合攀枝花的实际，双方在以下领域开展合作。

（一）农业高新技术合作

支持双方科技人员围绕重点产业、关键技术开展联合科技攻关，帮助攀枝花市加快特色农产品的品种改良和新技术推广。中国农业科学院将其研究的适用新品种、新技术优先在攀枝花推广。

（二）农业专业人才培养

通过开放科研平台、开展合作研究及选派技术骨干到中国农业科学院学习等方式为攀枝花培养专业人才。中国农业科学院依托其人才优势，帮助攀枝花开展农业规划、农业生产、新农村建设和技术培训等工作，并对重大专项、特色农业产业化等项目的申报和实施提供咨询和建议。

（三）农业科技信息交流

中国农业科学院利用其国内外农业科技合作交流的优势，帮助攀枝花建设农科业科技信息平台，为攀枝花农产品市场营销、招商引资、农产品监测、农产品监管及农业国际、国内合作提供信息支持。

（四）项目申请合作

围绕攀枝花特色产业，组织双方科技力量联合向国家、四川省有关部门申报项目，争取资金。攀枝花市人民政府将设立院地合作专项资金，用于配套支持攀枝花市有关单位与中国农业科学院的合作项目。

四、合作组织

为做好双方农业科技合作工作，双方同意成立工作协调小组，由中国农业科学院领导与攀枝花市人民政府领导共同负责，中国农业科学院科技管理局和攀枝花市农牧局作为联络部门，负责双方的信息沟通和有关联络。

五、协议附则

本协议未尽事宜，由双方共同协商补充。

本协议为框架协议，双方开展的具体合作内容将另行签订合作协议。

本协议一式四份，双方各执二份，本协议有效期 5 年，双方代表签字并加盖公章后生效。

四川省攀枝花市人民政府

代表（签字）：

二〇一一年七月二十四日

中国农业科学院

代表：（签字）：

二〇一一年七月二十四日

全国品牌农产品电子交易与展示项目合作协议

甲方：中国农业科学院
乙方：中商交在线有限公司

双方经友好协商，就合作开发和经营全国品牌农产品电子交易与展示项目达成共识。为有效推进项目合作，双方经认真论证和调研，就相关合作事宜订立如下合作条款，以资信守。

一、项目名称

全国品牌农产品电子交易与展示中心（以下简称交易中心）。

二、合作宗旨

推进农产品流通的信用体系建设，加快我国农产品现代化流通和服务体系的建设步伐（国办发〔2007〕17号、2006年中央一号文件、2011年10月8日国务院关于部署加强鲜活农产品流通体系建设会议的精神）。

三、合作目标

逐步实现我国“农产品合格供应商”的标准化管理和推动优质农产品的标准化生产，逐步实现农产品市场无纸化交易，增强信用意识，净化市场环境，有效改善我国食品流通方式及食品安全形势。

四、项目地点

现代农业科技展示中心（中国农业科学院院内）。

五、合作内容

（一）合作项目功能

品牌农产品和优质农产品展示和交易。

1. 展示

设置重点农业生产区域展示专区、农业产业化成果展示专区、省、自治区、直辖市农产品展示区。

展示席位：设置区域席位和集团席位。

席位的取得：由交易中心按照场地位置组织席位投标，通过公平竞争取得场地席位；投标方案、席位费用标准由交易中心按照国际惯例和国家相关规定制定。

2. 交易

交易平台：中商交商业信用交易平台（ccetrade. com）。

交易工具：商业信用。

从事农产品生产、经销的单位和相关经济实体可根据会员条件申请成为基于中商交信用交易平台的全国农产品示范展示交易中心会员。交易会员均可在中商交信用交易平台以商业信用为支付工具进行交易；交易会员所需商业信用由“中国商业信用（农业）指导委员会”根据行业需求并经严格的征信程序，如合格供应商认证、产品质量检测后统一授予。

商业信用在运行中的贴现和再融资规模由“中国商业信用（农业）指导委员会”根据信贷市场行情、市场平均利率、农产品流通行业景气状况，统一制定商业信用的贴现利率和再融资规模。

（二）合作项目规划

1. 职能规划

（1）建立农产品流通行业的商业信用服务体系。

A. 在“中国商业信用（农业）指导委员会”的框架内，协调品牌农产品流通中，商业信用的投放方向、运行规模，促进农产品的结构优化和产业升级；

B. 建立农产品流通行业的征信、信用评价体系，确保商业信用业务有序、安全推进。有效规避流动性风险和系统性风险；

C. 建立品牌农产品产业链的“商业信用兑付基金”，确保农产品流通的流动性需求。

（2）建立“全国品牌农产品电子交易与展示中心”的综合服务体系。

根据农产品产地的自然区位条件、物流特征，选择地方农产品物流基地作为示范交易中心的配送服务体系，包括：

A. 建立优质的果蔬、粮油等农产品配送基地；

B. 建立优质畜产品及饲料配送基地；

C. 建立农业部“三品一标”安全优质农产品生产和流通服务基地，即全程标准化生产的无公害农产品、绿色食品、有机农产品、地理标志农产品的产业配送服务基地；

D. 建立无公害、绿色和有机农产品种植供应基地。

（3）建立农产品信息服务平台。

A. 建立农产品的公共信息服务平台，促进电子商务在农产品流通行业的逐步推广，为农产品生产、收割、包装、运输、仓储、装卸、配送等整个供应链提供便捷、高效、经济、安全的信用服务系统；

B. 搭建全国品牌农产品交易和市场信息服务平台，为农产品的流通行业提供行业走势、价格行情、景气分析、市场指导等高端信息化服务，并逐步形成国际化信息指引体系。

（4）建立现代化的农产品流通服务模式，提升行业服务水平，共同探索、开发和建设当代最先进的农产品流通服务体系、包括饲料散装物流体系、农产品物联网建设、RFID 系统、农产品托盘和流通标准化建设、电子化集成供销模式等。

（5）开发品牌农产品集中采购市场。

A. 依托“中国商品交易网”和国家相关主管部门，拓展集中采购市场，包括集体采购、集中采购和城市社区直供服务市场；

B. 拓展农产品国际贸易业务，促进我国农产品服务业务国际化进程；

C. 拓展大型企业、部队、学校、工程等单位集中采购市场，提高行业集约化服务水平。

2. 项目功能布局

展示交易区包括：

（1）展示区：农科院东门北侧展示中心（可拓展20 000平方米）

重点农业区域会员专区

农业产业化会员专区

省、市、自治区会员专区

其他会员专区

（2）电子交易商务大厅（2 000平方米，可拓展至5 000平方米）

交易中心

国内交易：交易洽谈、订货、签约、货物调剂、调配、调度。

国际交易：交易洽谈、订货、签约、银行外汇服务。

结算中心：商业信用划付、人民币结算、外汇兑付及结算。

物流中心：海、陆、空运输，多式联运，冷链服务等，仓储、托盘、包装服务，物联网平台等。

系统与支持中心

监管中心：质检、工商、海关、税务等。

财务室

行政室

新闻中心

3. 交易模式

（1）现货挂牌交易模式

（2）竞价交易模式

（3）跨区域交易（调剂）

（4）跨季订单交易（调剂）

六、项目组织与分工

（一）项目组织

由中国农业科学院、中商交在线有限公司负责人员组成“全国品牌农产品电子交易与展示中心”项目筹备小组，筹备小组下设项目管理委员会。

项目管理委员会：负责项目的具体实施，指导各子项目负责人的工作；项目负责人向筹备小组报告项目计划的执行情况，特别是关键任务执行情况；协调解决项目实施过程中的问题，提出管理改进措施。

（二）项目分工

中商交在线有限公司：按照中国农业科学院的总体规划和布局制定“交易中心”项目的规划、投资、设计和施工建设方案；制定“交易中心”的运营模式、制度；组织和实施“交易中心”的交易和结算工作；管理“交易中心”的商业信用额度的运行工作；实施运行管理工作。

中国农业科学院：提供“交易中心”项目交易场所；帮助落实“交易中心”参展单位和产品；宣传吸引重点农业区域、农业产业化龙头企业和各省市自治区的农产品生产、经销单位和相关经济实体参展并成为“交易中心”的会员；争取落实各项优惠政策；确保交易中心的道路、通讯通畅，确保水电气暖等基础设施完善和供应。

七、收益分配

项目按经营收益进行分配，分配比例为：中国农业科学院25%，中商交在线有限公司75%，其中，中国农业科学院每年的保底收益：第一年不低于500万元，第二年不低于600万元，第三年不低于700万元，第四年及以后年份不低于800万元，当按以上分配比例分配的收益高于当年保底收益时，按收益的25%支付，当按以上分配比例分配的收益低于当年保底收益时，按保底收益支付。

八、甲方的权利与义务

（一）甲方有权按照合同规定收取项目收益；

（二）甲方有权要求乙方按约履行合同项下义务；

（三）甲方须协助乙方按合同规定行使合作范围内的土地及地上设施，帮助协调本项目内与其他土地使用者之间发生的用水、用电、治安等方面的纠纷；不干预乙方正常的生产经营活动。

九、乙方的权利与义务

（一）乙方有权要求甲方按合同的约定履行合同义务；

（二）乙方在合作项目范围内具有使用权、收益权、自主组织生产经营和产品处置权；

（三）乙方依照合同规定按时足额支付甲方应得收益，乙方在国家法律法规和政策允许范围内从事生产经营活动，应当加强安全生产，防止事故发生，造成损失的，由其自行承担责任。

十、协议的解除及变更

（一）有下列情况之一者，本合同可以变更或解除：

1. 经当事人双方协商一致，又不损害国家、集体和第三人利益的；
2. 订立的本合同所依据的国家政策发生重大变化的；
3. 一方违约，使合同无法履行的；
4. 乙方丧失经营能力使合同不能履行的；
5. 因不可抗力使合同无法履行的。

（二）甲、乙双方中任何一方欲变更、解除本协议，必须采取书面形式，口头无效；解除协议需提前一个月向对方提出；经对方书面确认后解除或变更。

十一、违约责任

甲、乙双方中任何一方未履行本协议条款，导致协议不能履行、不能完全履行，对方有权变更、解除协议，违约方要承担违约责任。

十二、争议的解决

双方发生合同纠纷可协商解决，不愿协商、调解或协商、调解不成的，可以向北京市仲裁委员会申请仲裁。

十三、其他

本合同未尽事宜，双方应本着互惠互利、友好协商的原则另行约定，并以补充协议或附件的形式体现；本协议的补充协议或者附件与本协议拥有同等的法律效力。

十四、协议生效

本协议经双方盖章，并经法定代表人签字后生效。本协议一式四份，双方各执两份，具有相同的法律效力。

中国农业科学院

法人代表或授权代表（签字）：

二〇一一年十月二十七日

中商交在线有限公司

法人代表或授权代表（签字）：

二〇一一年十月二十七日

新疆天业（集团）有限公司与中国农业科学院合作协议

新疆天业（集团）有限公司（以下简称新疆天业）是新疆生产建设兵团所属大型国有企业，是中国五百强企业，其节水灌溉产业和氯碱化工是国内行业的排头兵，大田滴灌推广应用面积位列世界第一。中国农业科学院作为国家综合性农业科研机构，是我国农业科技战线的主力军和国家队，拥有强大的科研资源和雄厚的科研实力，在农业重大基础研究、应用研究和农业高新技术开发等方面居国内领先地位，为我国农业和农村经济发展作出了重要贡献。双方本着友好合作的原则，通过充分发挥各自优势，实现共赢发展，拓宽双方在农业节水领域的合作，经双方友好协商，达成本合作框架协议。

一、合作目标

贯彻落实2011年中央一号文件以及温总理“推广节水灌溉是涉及经济和社会可持续发展的一项重大战略任务，新疆的做法值得总结和推广”的批示精神，对主要作物滴灌条件下丰产栽培模式进行研究和集成，为重点区域节水农业规划和建设方案提供有力的科技支撑，引领中国农业节水灌溉技术的发展，同时注重为新疆天业培养一批优秀的科技创新人才，提升企业自主创新能力，实观新疆天业的可持续发展。

二、主要合作内容

（一）针对节水灌溉产业政策，以滴灌技术的推广和应用为主要内容，共同为国家进行政策和建议策划。

（二）针对不同地区农作物生产制度和体系，重点围绕主要作物滴灌条件下丰产栽培模式开展研究工作，共同推动农业增长方式转变。

（三）依托中国农业科学院对全国农业重大基础与应用基础、应用研究和高新技术产业发展的研发基础和实力，以新疆天业为产业技术发展平台，加强在节水灌溉领域的合作，推动中国农业灌溉技术的发展。

（四）双方充分发挥新疆天业在节水灌溉领域设备、技术、管理方面的优势，以产业化应用为目标，全力争取国家有关部门在干旱和半干旱地区农业发展的扶持政策和相关项目资金。

（五）双方在人才培养方面展开合作，中国农业科学院在项目的合作研发过程中，根据新疆天业发展的需要，为其培养所需的科研创新人才，并适时组织专项培训。双方将不定期进行学术交流活动，就产业相关的新技术、新理论、新动向及相应的成果开展讲座、交流和咨询。

（六）双方建立高层协商机制，加强沟通和交流，全面推进新疆天业与中国农业科学院的产学研合作，加快人才培养，推动项目实施。

三、合作方式

新疆天业与中国农业科学院对双方提出的科技合作项目，由双方合作单位另行签署专项协议或合同，明确双方责任、权利和义务。

四、协议附则

（一）本协议未尽事宜，双方可另行协商签订补充协议。

（二）本协议有效期为5年，自签字盖章之日起生效。

（三）本协议一式四份，双方各执二份。

新疆天业（集团）有限公司

代表签字：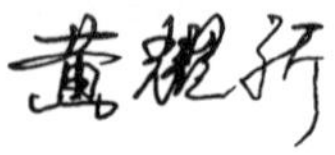

二〇一一年九月二十一日

中国农业科学院

代表签字：

二〇一一年九月二十一日

关于同意成立中国农业科学院玉米功能基因与分子改良研究中心的批复

农科办科〔2011〕67号

生物技术研究所：

你所《关于成立中国农业科学院玉米基因研究与遗传改良中心的请示》（农科生技〔2011〕2号）收悉。为了培育我院在国家乃至国际玉米功能基因组学、玉米转基因技术及分子改良等方面的优势，快速提升我国玉米种业在国际上的竞争力，抢占玉米生物育种领域的国际和国内战略制高点，经研究，同意在你所成立“中国农业科学院玉米功能基因与分子改良研究中心”（以下简称“中心”）。“中心”为非法人机构的学术性科研协作组织，请联合作物科学研究所及相关单位开展工作，所需办公场所、人员、经费均由你所内部调剂解决。

此复。

中国农业科学院办公室

二〇一一年四月二日

关于同意成立中国农业科学院南方经济作物研究中心的批复

农科办科〔2011〕23 号

麻类研究所：

你所《关于成立“中国农业科学院南方经济作物研究中心”的请示》（农科麻办〔2010〕92 号）收悉。为积极延伸科技创新链条，拓展学科领域，构建我院南方经济作物科技创新与转化中心，支撑产业发展，经研究，同意在你所成立“中国农业科学院南方经济作物研究中心”（以下简称“中心”）。“中心”为非法人机构的学术性科研协作组织，所需办公场所、人员、经费均由你所内部调剂解决。

此复。

中国农业科学院办公室

二〇一一年二月十一日

玉林市人民政府与中国农业科学院共建海峡两岸（广西玉林）农业合作试验区战略合作协议

为进一步加快海峡两岸（广西玉林）农业合作试验区（以下简称“玉林海试区”）建设步伐，全面提升玉林海试区科技支撑能力，加快建设广西现代农业示范市，玉林市人民政府与中国农业科学院经友好协商，决定加强农业科技合作，共建玉林海试区，并达成如下协议。

一、合作背景

中国农业科学院是国家级综合性农业科研机构，在解决农业及农村经济建设中基础性、方向性、全局性、关键性重大科技问题，以及科技兴农、培养高层次科研人才、开展国内外农业科技交流与合作等方面发挥着重要的作用；玉林市区位优势明显，自然资源丰富，农业发展水平位于广西前列。玉林海试区覆盖整个玉林市，是全国9个海试区之一，为积极发展现代农业、特色农业、高效农业，推进广西农业产业化发展发挥了示范带动作用，已成为桂台经贸合作交流的桥梁和纽带。双方加强合作，高标准建设玉林海试区，把海试区建设成为中国农业科学院在华南地区重要的农业科研、成果示范推广和技术开发与引进的基地，对于实现产学研资源整合，优化玉林农业产业结构，推动玉林农业产业全面可持续发展具有重要意义。

二、合作宗旨

根据玉林海试区“高层次交流、高技术引进、高端产品培育”的功能定位，按照优势互补、互惠互利、共同发展的原则，促进科技与农业经济相结合，合理构建玉林海试区产业布局，科学配置玉林海试区资源，搭建起运转高效的农业产业体系，提高玉林海试区科技支撑能力，实现科技创新、成果孵化、人才培训的多重功能。

三、合作内容

（一）共建战略研究和咨询平台。围绕玉林市农业区域发展战略、资源开发利用等相关重大科技问题，开展战略研究和咨询活动；结合玉林海试区建设规划、现代农业示范市建设规划，对农业重大工程、重大专项、农业产业化等项目的申报和实施提供咨询建议；玉林市提供优惠政策，聘请中国农业科学院专家担任农业科技顾问或直接参与、指导海试区农业重大项目实施。

（二）共建农业高新技术合作研发平台。针对玉林市在农业产业化、农民增收、农村生态环境安全等方面存在的重大技术难题，双方组织有关专家共同研究，开展协作攻关。重点在超级稻新品种研发及高产稳产技术集成，畜禽良种引进及繁育体系建设，蔬菜品种选育和引进、病虫害防治技术，农产品深加工等领域开展联合攻关，逐步建立农业科研的长期合作关系。

（三）共建农业科技成果转化平台。在条件成熟的情况下，在玉林海试区设立中国农业科学院玉林市农业高新技术示范基地。中国农业科学院将其研制的、适用于玉林市的新品种、新技术、新产品优先在玉林市示范、推广应用；中国农业科学院协助玉林市对引进的台湾省农业新品种、新技术进行甄别、筛选和应用；协助玉林引进农业投资伙伴。玉林市鼓励、支持中国农业科学院在玉创办、领办高新技术企业或进行合作开发。

（四）共建高层次农业科技人才培养平台。中国农业科学院发挥科技、人才资源优势，通过开放科研平台、合作研究、学术交流和培养推广硕士等形式，为玉林培养高层次农业科技管理和各类实用人才；协助玉林市建设玉林两岸农业合作研究院和海峡两岸（广西玉林）农业合作人才小高地。

（五）共建农业科技信息服务平台。中国农业科学院发挥国内外农业科技交流合作优势，与玉林市合作建设农业科技信息平台，为玉林市开展农业科技国际、国内交流合作提供信息服务。共同组织院士、专家来玉开展农业科技合作高端论坛，合力举办海峡两岸农业合作研讨会，为加快玉林海试区建设和现代农业发展进行针对性研讨。

（六）共建项目申请工作合作平台。双方建立项目信息交流共享渠道，围绕建设玉林海试区、建设广西特色农业基地、发展现代农业主导产业的关键技术，双方合作向国家、广西壮族自治区有关部门申请项目扶持，玉林市对合作项目申报给予财政支持。

四、合作组织

为做好双方农业科技合作工作，双方同意成立领导小组。组长由玉林市人民政府和中国农业科学院分管领导担任。领导小组下设联络办公室，成员由中国农业科学院科技管理局、海峡两岸（广西玉林）农业合作试验区管委会、玉林市农业委员会、玉林两岸农业合作研究院等有关部门负责人组成。

五、协议附则

本协议未尽事宜由双方协商决定。

本协议为框架协议，具体合作内容将另行签订合作协议。

本协议一式二份，双方各持一份。本协议有效期5年，自签字之日起生效。

玉林市人民政府

签字：

二〇一一年十二月十二日

中国农业科学院

签字：

二〇一一年十二月十二日

贵州省人民政府与中国农业科学院科技战略合作协议书

为深入实施“西部大开发”战略，加速现代农业科技体系建设，进一步提高农业科技自主创新与成果转化能力，促进贵州农业农村经济又好又快发展，实现科技支撑和引领贵州现代农业发展的战略目标，贵州省人民政府与中国农业科学院经友好协商，达成以下战略合作协议。

一、合作宗旨

按照优势互补、互惠互利和突出重点、共同发展的原则，促进科技与地方经济的紧密结合，构建布局合理、资源共享、运转高效的农业科技体系，实现科技创新、成果转化、人才培养、资源聚集的多重功能，推进贵州农业农村经济更好、更快地发展。

二、合作内容

（一）为贵州农业农村经济发展提供战略决策咨询

围绕贵州省粮食安全、特色优势产业、山区现代农业发展等重大科技问题，共同组织院士、学者、专家，研究贵州省喀斯特山区现代农业的建设与发展模式，推动现代农业产业技术体系的建立和完善，开展贵州省农业科技发展战略规划的研究和农业产业技术政策的制定。

（二）提升贵州农业科技创新能力

在生物育种、畜牧良种繁育、节本增效、无害化生产、防灾减灾，以及动植物重大疫病防控、农产品质量安全与精深加工等技术领域开展联合攻关。以国家科技支撑计划、贵州省农业科技重大专项、创新能力平台建设等计划为依托，“十二五”期间实施10个以上重大项目，重点解决农业产业发展关键共性技术难题，不断提升贵州农业科技创新能力。

（三）加快推进农业科技成果转化

根据贵州农业和农村经济发展的特点和需求，在贵州建立现代农业科技成果转化试验示范基地4~5个，优先将中国农业科学院研制的新品种、新技术、新产品在贵州省示范推广。贵州省提供优惠政策，鼓励中国农业科学院携技术成果到贵州省创办、领办高新技术企业或进行合作开发。

（四）培养和引进农业高层次科技人才

重点围绕贵州省“十二五”农业科技发展规划的目标需求以及重点学科建设，双方互派科技和管理人员挂职锻炼。中国农业科学院通过开放科研平台、客座研究和联合培养研究生、专家讲学和学术报告等形式，帮助贵州省培养和引进一批高层次农业科技领军人才。

（五）加强农业学术交流与信息服务

充分发挥中国农业科学院在学术交流和国际合作方面的优势，为贵州省提供相应的支持与帮助，合作期间组织开展学术交流与国际合作10批次以上，并在期刊信息和网络信息方面实现资源共享。

三、合作机制

贵州省人民政府、中国农业科学院领导根据需要，不定期召开工作会议，建立省院会商协调机制，研究确定科技合作中的重大事项。贵州省科技厅和中国农业科学院科技局负责省院科技合作的日常工作，共同推进、落实双方合作的具体事宜。

四、协议附则

（一）本协议未尽事宜由双方另行协商。具体合作项目另行签订合作协议，并由双方组织相关部门实施。

（二）本协议有效期为4年，签字盖章后生效。协议期满后，经双方协商可再行续约。

（三）本协议一式六份，双方各执三份。

贵州省人民政府

签字：

二〇一一年十一月二十六日

中国农业科学院

签字：

二〇一一年十一月二十六日

新疆库尔勒市人民政府与中国农业科学院战略合作意向书

甲方：新疆库尔勒市人民政府
乙方：中国农业科学院

为提高库尔勒市农业科技含量，为农业发展提供科技支持和技术服务，促进农业科技进步，推动现代农业快速发展，甲乙双方本着平等互利的原则，经友好协商，就在新疆库尔勒市建立“中国农业科学院新疆综合科研试验示范基地”达成如下意向，并共同遵守执行。

一、合作事项

1. 合作部门：甲方及其相关部门，乙方及其相关部门；
2. 合作地点：新疆库尔勒市；
3. 项目投资金额：10 亿元，全部由乙方投入；
4. 合作方式：甲方提出建设要求，并按乙方建设进度办理有偿使用土地的相关手续，乙方以承包的形式使用土地并投资建设，同时，为甲方提供优质品种、技术服务和技术培训。
5. 合作期限：自签订之日起长期合作。

二、合作内容

（一）建设国家级现代化农业高效栽培试验示范基地，并培育高效农业新品种。
1. 建设现代果树瓜类高效栽培试验示范科研基地。
2. 建设现代蔬菜高效栽培试验示范科研基地。
3. 建设现代畜牧良种繁育、养殖基地。
4. 建设特种植物良种资源圃。
5. 建设国内外专家新品种展示区。
（二）建设设施农业基地。
（三）建设产品研发和深加工园区。
（四）提供博士后流动站科研用地。
（五）建设农业销售网络平台和冷链物流骨干园。

（六）在库尔勒市区建设科研、办公培训和生活区。

（七）组建农民技术培训学院、农产品产供销电子信息平台和服务网络。

三、甲乙双方战略合作意向具体内容由双方共同商榷

四、意向变更或解除

有下列情况之一的，本意向可以变更或解除。

1. 经甲乙双方协调一致，又不损害国家、集体和他人利益的；
2. 乙方超出规定时间（填具体时间）未进行投资建设的；
3. 乙方不能按意向约定履行的；
4. 乙方不能按意向约定向甲方足额交纳相关费用的；
5. 乙方擅自转包、改变土地用途（在承包土地上修建房屋或其他用途的）；
6. 如遇不可抗拒的自然灾害的。

五、解决争议条款

双方在项目建设过程中发生争议，应友好协商解决。协商不成可向新疆库尔勒市人民法院提起诉讼。

六、其他

1. 甲乙双方指派合作负责人，监督整个项目实施过程并及时沟通联络，协商解决整个项目实施过程中出现的问题。

2. 除双方另有约定的特殊情况除外，双方应以书面形式进行与本意向书有关的沟通、协商。

3. 本意向书是双方合作的基础，合作的具体方式、内容与执行等以双方正式签订的合同为准。

4. 本意向书一式两份，双方各执一份，由双方负责人签字盖章后生效履行。未尽事宜，双方另行协商。

甲方：新疆库尔勒市人民政府（盖章）　　乙方：中国农业科学院（盖章）

负责人签名：　　负责人签名：

签订时间：二〇一一年十一月二十五日

九、党建、反腐败与精神文明建设

中国农业科学院直属机关 2011年党的工作要点

直党字〔2011〕4号

2011年是中国共产党成立90周年，是“十二五”开局之年，做好全院党建工作，对完成今年中国农业科学院各项目标任务，实现“十二五”良好开局具有重要意义。2011年院直属机关党建工作的总体要求是：高举中国特色社会主义伟大旗帜，坚持以邓小平理论和“三个代表”重要思想为指导，深入贯彻落实科学发展观，按照党的十七大和十七届四中、五中全会部署，以纪念建党90周年为契机，坚持围绕中心、服务大局，深入贯彻落实《中国共产党党和国家机关基层组织工作条例》，继续推进学习型党组织建设，深入开展创先争优活动，扎实做好抓基层打基础工作，以改革创新精神和求真务实作风，全面推进院直属机关党的思想、组织、作风、制度和党风廉政建设，大力加强精神文明建设，不断提高党建工作科学化水平，为提升我院农业科技自主创新能力、完成“十二五”发展规划开局之年各项任务提供坚强的思想保证、政治保证和组织保证。

一、加强思想政治建设

（一）强化理论武装

按照武装头脑、指导实践、推动工作的要求，组织党员干部继续深入学习中国特色社会主义理论体系，深入贯彻科学发展观，不断提高党员干部的理论素养。加强社会主义核心价值体系教育，深化理想信念教育和爱国主义教育，引导党员干部带头弘扬民族精神和时代精神，自觉践行社会主义荣辱观，努力做共产主义远大理想和中国特色社会主义共同理想的坚定信仰者。坚持所局级领导撰写理论学习论文制度，促进学习成果的交流与运用。加大舆论宣传力度，丰富宣传内容，创新宣传方式，充分发挥院报、院直属机关党建网等媒介的宣传交流作用，引导我院党员干部进一步增强贯彻落实党的路线、方针、政策的自觉性和坚定性。

（二）继续推进学习型党组织建设

认真贯彻落实农业部党组和院党组《关于推进学习型党组织建设的实施方案》，坚持以中心组为龙头、处以上干部为重点、支部抓落实的理论武装格局，引导党员干部向实践学习、向基层学习、向群众学习。进一步健全制度、完善机制、丰富内容、创新方法，把学习型党组织建设不断引向深入。健全完善中心组学习制度，确保学习任务落实。要把学习《中国共产党历史》第二卷作为建设学习型党组织和开展创先争优活动的重要内容，组织党员干部认真学习。紧密结合农业科技创新和各单位工作实际，开展各具特色、丰富多彩的学习活动，积极创建学习品牌，开展学习竞赛，展示学习成果。在此基础上，推荐参加农业部组织开展的学习品牌评选活动。

（三）开展形势任务宣传教育

各级党组织要深入宣传中央关于国际国内形势的科学判断和科学发展的主题，宣传全国“两会”精神，宣传“十二五”时期经济社会发展和农业农村经济发展的目标任务和重大决策，宣传我院农业科技“十二五”发展规划。通过举办形势报告会、专题辅导报告、领导干部讲党课、座谈访问、发放学习资料等多种形式，帮助党员干部认清形势，坚定信心，切实把思想和行动统一到中央和院党组的决策部署上来。

二、深入开展创先争优活动

（四）围绕中心工作深入开展创先争优活动

根据中央统一部署，按照“五个好”、“五带头”的要求，结合中国农业科学院实际，认真落实韩长赋部长在我院调研时提出的“围绕推进农业科技创新、围绕提升农业技术服务能力、围绕强化人才队伍建设、围绕创新农业科技体制机制、围绕加强党性党风建设开展创先争优活动”的要求，加强基层党组织建设，引导党员干部立足本职岗位“增强党性作表率、科技创新当先锋”，继续落实好公开承诺、领导点评和群众评议等工作，确保创先争优活动取得实效。

（五）加强对创先争优活动的领导和指导

落实领导责任，坚持书记抓、抓书记，一级抓一级、一级带一级、层层抓落实。加强工作指导，我院党组织类型多、党员人数多，要结合实际有针对性地进行分类指导，推动我院创先争优活动深入开展。加大先进典型的宣传力度，认真总结各基层党组织开展创先争优活动的有效做法和成功经验，及时发掘和不断培育新的典型，营造创先争优浓厚氛围。

三、扎实做好抓基层打基础工作

（六）深入学习贯彻《中国共产党党和国家机关基层组织工作条例》

组织党员干部深入学习《条例》，熟知条文内容，把握精神实质，抓好贯彻落实。农业部贯彻落实《条例》的实施意见颁布以后，各级党组织要结合自身实际，切实加以落实。指导基层党组织做好换届工作。

（七）加强党员教育管理和服务

建立健全让党员经常受教育、永葆先进性的长效机制，做到经常性教育与集中培训相结合。继续办好党办主任、党支部书记、入党积极分子培训班，在扩大培训覆盖面和提高培训质量上下功夫。严格党的组织生活，增强党内生活的原则性和实效性，健全党内生活制度。按期召开民主生活会，认真开展批评与自我批评，定期开展党员党性分析评议活动。加强发展党员工作，加大在科研、业务骨干和青年中发展党员的工作力度，积极推荐优秀团员作为党员发展对象，建立健全党内激励、关怀、帮扶机制，做好走访慰问老党员、生活困难党员工作。

（八）积极推进党内民主

贯彻落实《中国共产党党员权利保障条例》和《关于党的基层组织实行党务公开的意见》，进一步完善和落实党内情况通报、情况反映、重大决策征求意见等制度，保障党员的知情权、参与权、选举权、监督权，发挥党员在党内生活中的主体作用。

四、推进作风建设和反腐倡廉建设

（九）积极推进党员干部队伍作风建设

进一步加强和改进党员干部队伍作风建设，结合创先争优活动，引导党员干部在加强作风建设方面作表率。大兴密切联系群众、求真务实、艰苦奋斗、批评与自我批评之风，进一步增强群众观点，维护群众利益，密切党群干群关系，树立为民、务实、清廉的良好形象。

（十）加强反腐倡廉教育

学习贯彻中央纪委第六次全会精神，深入开展党性党风党纪教育，继续推进《廉政准则》贯彻落实，有针对性地开展示范教育、警示教育和岗位廉政教育，加强廉洁自律意识，提高教育实效。加强廉政文化建设，大力营造“以廉为荣、以贪为耻”的浓厚文化氛围，使党员干部自觉做到遵纪守法、廉洁从业。

（十一）继续推进惩防体系建设

在院党组领导下，贯彻落实党内监督条例，严格执行党风廉政建设责任制、党政领导干部问责制。落实好院党组 2011 年反腐倡廉分工任务，加强对部、院党组决策部署和领导干部廉洁自律各项规定落实情况的监督检查。抓好廉政风险防控机制建设工作，扎实推进反腐倡廉制度体系建设。做好信访举报和案件查处工作，发挥查办案件的惩戒和治本功能。深入推进专项治理工作，着力解决重点领域突出问题。

五、大力加强精神文明建设

（十二）改进和加强思想政治工作

积极探索和把握思想政治工作的特点和规律，坚持以人为本，注重人文关怀和心理疏导，运用行之有效的工作方法，不断创新工作形式和手段，认真做好职工思想政治工作。要落实思想政治工作领导责任制，各单位主要负责同志负总责，班子成员要明确分工，落实责任，一级抓一级，层层抓落实。要坚持一年两次的职工思想状况定期分析制度，了解掌握干部职工的思想动态和心理状况。关心困难职工生活，开展“送温暖、献爱心”活动。

（十三）继续深化精神文明建设

坚持党政群团齐抓共管，院、所、处室层层负责的工作格局，继续深入开展文明单位创建和“讲文明、树新风”的群众性精神文明建设活动。修订《中国农业科学院文明单位创建活动实施办法》，开展全院精神文明建设的工作交流，做好我院中央国家机关文明单位的自查工作，不断推动我院精神文明建设的蓬勃开展。

（十四）加强工青妇组织工作

支持工青妇组织按照各自章程开展工作，注重发挥工青妇组织的桥梁纽带作用，提高其联系群众、引导群众、服务群众的能力。组织开展工作培训，提高工青妇干部的政治素质和工作能力。参加农业部举办的歌咏、广播操比赛等文体活动，在全院开展“人人学太极”健身活动，增强职工体质。组织2008～2010年度院“十佳青年”的评选。组织“农科巾帼、红色风尚”三八妇女节纪念活动，完成院妇工委换届。

（十五）开展好统战工作

切实增强统战意识，积极做好党外人士的联系、服务、举荐工作，发挥党外人士参政议政、民主监督、建言献策的作用。认真做好统战知识培训。开展院统战工作调查研究，为进一步加强统战工作提供对策建议，起草我院加强统战工作的指导意见。

六、继续加强创新文化建设

（十六）深化创新文化建设

深入贯彻落实院党组《关于开展创新文化建设工作的指导意见》《关于深入推进创新文化建设的意见》和2010年创新文化建设工作会精神，加强对本单位创新文化建设的研究，完善整体设计，丰富工作内容，加大工作力度，强化责任落实，构建长效机制。通过多种方式传播创新文化理念，增强创新文化建设的吸引力，营造激励创新的氛围，使创新文化理念成为全院职工的自觉行动，为科技创新提供动力源泉和精神支撑。

（十七）应用创新文化成果

继续做好创新文化建设成果的规范使用、展示交流和宣传推广，组织举办创新文化建设成果展示活动，提升院所的品牌和形象，体现特色鲜明、内涵深刻的农业科研院所文化，展示院所及广大职工积极向上的时代风貌和精神风貌，使广大职工普遍认同、自觉参与，扩大创新文化建设的参与度，确保创新文化建设取得实效。

七、隆重组织纪念建党 90 周年系列活动

（十八）开展丰富多彩的主题宣传教育活动

要按照《中共中央关于中国共产党成立 90 周年纪念活动的通知》要求，开展丰富多彩的系列纪念活动，组织知识竞赛和文艺表演，举办先进事迹报告会，开展主题党日活动，走访慰问老党员和生活困难党员，进行革命传统教育，进一步坚定广大党员干部的理想信念，增强党的意识、宗旨意识，激励党员干部更好地投身农业科技创新事业。

八、落实党建工作责任制

（十九）加强党建工作领导

坚持两手抓两手都要硬，落实党组织书记带头抓、分管领导具体抓、职能部门抓落实、一级抓一级、一级带一级的党建工作责任制。将党建工作纳入年度考核内容，分解责任，细化措施，确保各项任务落实。

（二十）加强党组织自身建设

加强党组织班子建设，建立经常性的学习制度，钻研业务，研究问题，提高能力。进一步加大党务干部培训力度，丰富内容，完善形式，增强实效，不断提高党务干部的业务水平。

（二十一）开展党建研究

注重发挥中国农业科学院党的建设和思想政治工作研究会的作用，开好院党的建设和思想政治工作研究会五届四次会议。围绕我院党建和思想政治工作中存在的热点、难点和重点问题进行研究，不断深化对农业科研单位党建工作的规律性认识，加大研究成果的交流，注重研究成果的转化，不断提高我院党建工作的科学化水平。

中国农业科学院直属机关 2011年党的工作总结

2011年是中国共产党成立90周年，也是中国农业科学院“十二五”发展的开局之年，抓好党的各项工作具有十分重要的意义。我院直属机关各级党组织严格按照《2011年党的工作要点》的要求和部署，坚持围绕中心、服务大局，认真组织学习党的十七届六中全会精神，深入贯彻落实《中国共产党党和国家机关基层组织工作条例》，以庆祝建党90周年活动为契机，扎实推进创先争优活动，全面深化精神文明建设，不断加强直属机关党的建设，提高党建工作科学化水平，为提升我院自主创新能力、完成全年科技创新中心工作和建设和谐院所提供了坚强的思想、政治保证和组织保证。

一、认真组织学习贯彻党的十七届六中全会精神

党的十七届六中全会，是我们党在全面建设小康社会、深化改革开放、加快转变经济发展方式、加强和创新社会管理的关键时期召开的一次十分重要的会议。全会召开后，我院各级党组织和广大党员干部立即行动起来，认真组织学习、全面深刻领会、坚决贯彻落实。

我院主要开展了三项工作：一是印发了《中国农业科学院党组关于深入学习贯彻党的十七届六中全会精神的通知》，部署安排学习活动，提出学习要求；二是及时召开传达贯彻党的十七届六中全会精神大会，传达农业部会议精神，并就我院贯彻落实好六中全会精神作出要求和安排；三是结合实际，制定印发了我院《关于深入学习贯彻党的十七届六中全会精神的工作方案》，明确了当前和今后一段时间我院学习贯彻六中全会精神的方式、责任单位及有关要求。通过学习教育活动，我院各级党组织和广大党员干部深刻理解和准确把握了十七届六中全会的主要内容和精神实质，迅速把思想和行动统一到中央对形势的科学判断和战略的重大部署上来，切实增强了贯彻落实全会精神的自觉性和主动性，提高了为推进我院科研工作、党的建设和文化建设协调发展而努力奋斗的信心和决心。

二、精心组织庆祝中国共产党成立90周年系列活动

我院认真贯彻《中共中央关于中国共产党成立90周年纪念活动的通知》要求，以庆祝建党90周年为契机，开展系列纪念活动，教育和引导全院党员以良好的精神风貌

和实际行动向建党90周年献礼。

一是组织党员集中收看中共中央在人民大会堂召开的庆祝中国共产党成立90周年大会盛况，认真聆听了胡锦涛总书记的重要讲话。二是组织召开了中国农业科学院庆祝中国共产党成立90周年大会。回顾我党90年的辉煌历程，总结我院建院54年来在党的领导下所取得的发展和成绩，展望今后一个时期我院党的工作。三是认真学习农业部“三种”精神——祁阳站精神、南沙精神和北大荒精神。四是组织演出红色经典文艺节目，抒发建党90周年的喜悦之情，表达对党的深切敬意和祝愿。五是开展了系列宣传教育活动。通过购买发放《中国共产党历史第二卷》，开展纪念建党90周年图片展，组织观看献礼影片《建党伟业》，设立“庆祝中国共产党成立90周年”专栏，邀请农业部原常务副部长刘成果同志作党史专题辅导报告等丰富多彩的主题宣传教育活动，进一步坚定了我院广大党员干部的理想信念，增强了宗旨意识和党性修养，激励党员干部更好地投身农业科技创新事业。六是切实做好老党员和生活困难党员慰问工作。七一前夕，院直属机关党委积极争取和筹措资金20万元，为京区100名老党员和生活困难党员发放慰问金。院领导在七一前夕进行走访慰问，切实把党组织的温暖与关怀送到老党员和生活困难党员心中。

各直属党组织围绕纪念建党90周年，结合自身实际，组织开展了丰富多彩的党史系列主题教育活动。院办公室党支部、人事局党支部、国合局党支部、作科所党委、饲料所党委、蜜蜂所党委等组织党员干部参观红色教育基地，学习和体会革命先烈们为了国家独立、民族解放和人民幸福抛头颅、洒热血、视死如归的奉献精神和牺牲精神。北京畜牧兽医所党委、植保所党委、加工所党委联合组织召开党员红色故事会，邀请老红军后代讲述老一辈无产阶级革命家参加革命和建设新中国的光辉事迹，聆听红色故事，传承红色精神。环发所党委、资划所党委、质标所党委组织党员观看电影《建党伟业》，深情回顾党的光辉历程，讴歌党的丰功伟绩，更好地激发爱国热情。

通过系列庆祝活动，我院全体党员受到了一次深刻的热爱党、热爱祖国、热爱社会主义教育。大家表示，一定要继承和发扬我们党的光荣传统，始终保持艰苦奋斗的作风，立足本职、扎实苦干，创先争优，把党员的模范带头作用落实在行动上，为我国农业科技事业作出更大贡献。

三、继续深入推进创先争优活动

创先争优活动围绕迎接建党90周年和继续落实韩长赋部长提出的“五个围绕”要求不断深入。

一是加强面上指导。1月、5月和10月，先后3次组织召开了我院创先争优工作座谈会和推进会，及时总结交流经验，部署深入推进工作。作科所党委、资划所党委、北京畜牧兽医所党委、农经所党委、哈兽医所党委、上海兽医所党委、茶叶所党委7个党组织先后作了会议交流。年中、年底分别向农业部报送我院创先争优活动工作总结，韩长赋部长对我院创先争优活动给予充分肯定，指出："中国农业科学院认真贯彻中央和部党组的部署和要求，以'增强党性作表率、科技创新当先锋'为主题，紧紧围绕推进农业科技创新、提升农业技术服务能力、强化人才队伍建设、创新农业科技体制机制、加强党风廉政建设，扎实开展创先争优活动，取得了积极成效。希望农科院在新的一年里继续发扬成绩，进一步加强工作指导、创新活动载体，做好承诺、践诺、评诺等工作，把创先争优作为推进各项工作的动力和保证，为实现'十二五'良好开局作出新的贡献。"

二是抓住关键环节。重点做好公开承诺、领导点评和群众评议3项规定工作。院直属机关党委及时下发文件，作出工作部署。公开承诺，要求各单位党组织要高度重视，继续扎实做好，并在2011年底前，普遍开展一次公开承诺"回头看"，对照承诺事项检查承诺兑现情况，进一步梳理完善，增强承诺的针对性和操作性。领导点评，要求按照党组织隶属关系和领导分工进行。院直属机关党委对各单位党组织进行点评，各单位党委书记对所辖党组织及其书记进行点评，党支部书记对本支部党员进行点评，保证做到每名党组织书记都做点评，每个基层党组织和每名党员都被点评。群众评议，要求基层党组织和党员结合本单位实际以及开展的创先争优主题实践活动一并进行，可采取召开会议方式，也可与领导点评、党组织生活会、民主评议党员和年终考核等工作结合进行，要自觉接受群众监督和评价，确保我院创先争优活动取得实效。

三是突出主题实践活动。结合纪念建党90周年，直属机关党委组织开展了学习"井冈山精神"和"红岩精神"两次大型主题实践活动，通过举办专题学习讲座、实地参观革命旧址等方式，开展革命传统和理想信念教育。院属各级党组织以加强党员队伍建设为目标，开展"党员先锋岗"、"党员责任岗"、"我为党旗增辉"和纪念建党90周年主题党日等活动，以党员队伍建设推动人才队伍建设和创新能力建设，以党组织和党员的创先争优带动整个科研队伍的创先争优。

四是推荐树立典型。9月29日，中共中央政治局委员、中央书记处书记、中组部部长李源潮到农业部调研为民服务创先争优工作并召开座谈会。资源区划所代表我院参加座谈会并作典型发言。李源潮对资源区划所党员干部扎根基层，把"论文写在大地上、成果送进千万家"的做法给予了充分肯定。在纪念建党90周年"两优一先"评选中，我院4个党组织被评为农业部"先进基层党组织"，18名同志被评为农业部"优秀共产党员"，7名同志被评为农业部"优秀党务工作者"。资划所党委被评为中央国家机关"先进基层党组织"，蔬菜所刘玉梅、作科所肖世和被评为中央国家机关"优秀共产党员"，农经所任爱荣被评为中央国家机关"优秀党务工作者"。农业部在中央国家机关工委此次表彰中获奖5个，我院占了4个。其中，刘玉梅被中央国家机关工委推荐参加全国"优秀共产党员"评选，并在人民大会堂召开的中央国家机关表彰大会上作典型发言。在全国妇联的表彰中，2人被授予"全国三八红旗手"荣誉称号，2人被授予"全国巾帼建功标兵"荣誉称号，在农业部妇工委表彰中，4人被授予优秀妇女工作干部，2人被授予"巾帼建功"标兵，1人被授予"妇女之友"。

五是加强典型宣传。认真组织开展向杨善洲同志学习活动，教育引导广大党员自觉实践共产党人的人生价值，在创先争优活动中充分发挥领导干部的带头作用和党员的先锋模范作用。广泛宣传今年评选出的“两优一先”先进事迹，用身边的典型激励身边人。精心制作我院“祁阳站”精神宣传短片，并作为农业部“三种精神”之一，在全国农业系统广泛宣传。充分发挥网络、宣传栏、《简报》等宣传媒介作用，及时总结宣传开展创先争优活动的有效做法和成功经验。全年，院直属机关党建网页创先争优专栏刊登信息150余条，共编发院创先争优活动《简报》34期，制作展板3个。

六是开展长效机制研究。组织开展了《中国农业科学院构建创先争优活动长效机制研究》，从统筹部署、宣传导向、整体推进、组织保障、综合评价5个方面，提出了我院创先争优活动长时间扎实开展，并取得实效的思路和对策。该项研究成果荣获全国党建研究会科研院所专委会2011年度课题成果二等奖。组织开展了“创先争优：理论与实践”征文活动，收到论文20篇，其中，有2篇论文获得中央国家机关党的建设研究会优秀奖。这些论文，为进一步推动我院创先争优活动深入开展和不断提高我院党建科学化水平提供了有益的思路和借鉴。

四、扎实做好抓基层打基础工作

根据上级党组织部署，紧密结合我院党组织和党员实际，2011年重点在加强党员教育、强化组织建设、加强党务干部培养和开展党建工作研究上下功夫。

在加强党员教育上，一是坚持抓好理论武装。一年来，认真组织学习贯彻了党的十七届五中全会精神、全国“两会”精神、胡锦涛总书记在庆祝中国共产党成立90周年大会上的重要讲话精神和李源潮同志在农业部调研为民服务创先争优时的重要讲话等一系列重要会议和重要讲话精神，坚决把思想认识统一到中央的部署和要求上来，我院党员干部的思想政治水平和科学理论水平不断提高。二是坚持和完善理论中心组学习制度。各级党组织以推进学习型党组织建设为抓手，不断健全完善中心组学习制度，严格制定学习计划，确定学习主题，提出学习要求，落实学习任务。三是充分发挥领导干部带头作用。院领导除积极参加党组理论中心组学习外，还以普通党员身份参加所在支部的学习。院所局级领导干部除参加本单位的系统学习外，还挤出时间抓自学，认真撰写体会，带动党员干部共同学，充分发挥表率作用。2011年，全院共有50名所局级领导干部撰写了理论学习论文，其中，上报农业部的正所局级论文有25篇，获奖2篇。通过理论学习，提高了党员干部理论联系实际的水平，开阔思路，提高认识，坚定了走中国特色社会主义道路的信心和决心。

在强化组织建设上，一是认真组织召开每年一次的直属机关党的工作会议，总结回顾2010年党的工作，研究部署2011年党的工作。植保所党委、生物所党委、农经所党委和信息所党委作了大会交流发言。二是认真组织学习贯彻《中国共产党党和国家机关基层组织工作条例》，及时转发了农业部党组《关于贯彻落实〈中国共产党党和国家机关基层组织工作条例〉的实施意见的通知》，并结合实际，对在中国农业科学院学习贯彻《条例》提出了要求。三是加强基层党组织建设，根据《党章》规定，督促指导直属党组织做好换届改选工作。人事局党支部、院机关离退休党总支、农经所党委、研究生院党委、出版社党支部等党组织完成换届工作，科技局党支部、饲料所党委完成增补委员工作，进一步健全了组织，加强了领导力量。四是以“坚持以人为本执政为民理念发扬密切联系群众优良作风”为主题，开好2011年度党员领导干部民主生活会。五是做好党员发展工作，组织我院14名入党积极分子和18名新党员参加农业部培训，我院全年发展党员135名，进一步壮大了党员队伍。

在加强党务干部培养上，进一步加大基层党务干部培训力度，创新培训方式，丰富培训内容，培训效果十分明显。一是在江西井冈山举办了全院党办主任培训班。培训以“重温红色历史学习井冈山精神”为主题，以“传播知识、增强能力、提高素质、触及灵魂、增强党性”为目的，充分利用和挖掘井冈山的革命传统教育资源，通过专题教学、现场教学、激情教学、体验式教学和互动教学等灵活新颖的教学形式，对我院党务干部进行了革命传统教育和理想信念教育。二是在农业部党校举办了京区党支部书记培训班。培训班以“认真学习贯彻《条例》扎实推进创先争优工作”为主题，来自院机关、院属京区各单位的党支部书记83人参加了培训。培训期间，中央党校陈冬生教授等专家作了专题讲座。集中观看了农业部“三种精神”宣传片和院直属机关党的工作情况介绍片，并对基层党支部换届选举和发展党员进行情景模拟，进一步提高了我院党务干部的业务能力。

在开展党建工作研究上，认真组织召开好两次会议。一是在重庆组织召开了中国农业科学院“两研会”五届四次会议，与会同志围绕深入推进创先争优活动、提高党建工作科学化水平、深入推进学习型党组织建设等课题深入进行了交流和研讨，院党组书记薛亮出席会议并作重要讲话，对进一步加强我院党的建设和研究所党委如何发挥作用提出明确要求。二是在吉林组织召开了全国“两研会”第三次会长办公会，会议传达了全国思想政治工作加强人文关怀和心理疏导现场经验交流会的精神。与会的各位副会长介绍了各片区活动开展情况，并共同讨论确定了全国“两研会”2011～2012年研究重点以及加强研究会工作的有关意见，确定了全国“两研会”第三届理事会第四次会议的会议地点和承办单位。

五、继续加强创新文化建设

深入贯彻落实院党组《关于开展创新文化建设工作的指导意见》《关于深入推进创新文化建设的意见》和2010年创新文化建设工作会精神，继续加强创新文化建设。一是认真学习贯彻党的十七届六中全会精神，进一步增强对文化建设重要性和紧迫性的认识，开展我院文化建设对策研究，明确我院文化建设的目标和方向，进一步深入推进创新文化建设，积极营造激励创新的文化氛围。二是在标识文化方面，院办公室正式对外发布和启用了中国农业科学院视觉形象识别系统，这是全院创新文化建设的又一项重要成果。以院徽、院名、院标准色为核心而精心设计的视觉形象识别系统，统一规范了我院的视觉形象元素，准确诠释了农业科研院所创新文化的内涵，直观传达了我院作为农业科研国家队特有的功能定位、精神信念和发展活力，展现了中国农业科学院人“严谨求实、潜心科研、勇攀高峰、爱国为民”的精神风貌。三是在园区文化方面，我院实施开展了古今中外著名农业科学家肖像创作工程，在院办公楼悬挂展示了17位古今中外著名农业科学家肖像。古今中外著名农业科学家肖像创作工程的策划和实施，是全院创新文化建设的重要组成部分，有助于传承先辈科学家的科学精神，有利于营造促进科技创新、促进优秀人才脱颖而出的良好氛围。

六、切实抓好工青妇工作

院直属机关党委注重发挥院工青妇组织作用，鼓励和支持这些群众组织紧密结合自身特点，围绕中心、服务大局，积极主动开展工作，为和谐院所构建发挥重要作用。

院工青妇组织以建党90周年为契机，开展了一系列庆祝建党90周年主题活动。一是院工会配合院直属机关党委组织举办纪念中国共产党建党90周年纪念大会上的文艺演出，讴歌了我党经历的光荣历程，展现了全院广大干部职工良好的精神风貌，营造了浓厚的红色文化氛围。二是院工青妇组织联合举办了纪念建党90周年摄影展，共有15个单位，172份作品参加展览，充分展现了党的丰功伟绩、祖国大好河山和院所取得的累累硕果，为党的90华诞献上的一份真情厚礼。三是院工会委派农经所工会组织40人的合唱队，参加农业部纪念中国共产党建党90周年文艺汇演，《山丹丹开花红艳艳》《没有共产党就没有新中国》的嘹亮歌声响彻全场，最终获得农业部优秀组织奖。四是院团委举办了“学党史、知党情、跟党走”主题知识竞赛和“我为党旗添光彩”征文演讲活动，引导广大团员青年坚定理想信念，坚定跟党走的信心和决心。五是院妇工委举办了“农科巾帼，红色风尚”颁奖活动，在隆重纪念建党90周年同时，展现了农科院妇女同志的良好精神风貌。

院工青妇组织为提高职工身体素质，促进职工身心健康，开展了丰富多彩的文体活动，一是在全院开展了“人人学太极”二十四式太极拳普及活动。举办了太极拳骨干辅导培训班，各单位工会选派的1～2位太极拳教练员积极开展了普及推广活动。院工会为达到更好的普及效果，给每个单位资助2 000～5 000元，用于各单位太极拳的普及工作。二是在首都体育馆成功举办了中国农业科学院京区单位羽毛球团体赛，共有15个代表队近200人参加。三是组建中国农业科学院广播体操代表队参加农业部职工广播体操比赛。经过激烈角逐，我院代表队荣获农业部直属单位组三等奖。四是牵头组织了“农业部西区团组织‘迎接建党90周年’青年篮球赛”，推动和促进农业部西区单位团组织青年的广泛交流，增进了友谊。五是坚持关心困难职工生活，认真开展元旦春节期间“送温暖、献爱心”活动。院所工会共筹措各项困难补助资金203 620元，补助慰问病困职工。在元旦春节期间，院领导、院工会领导和各单位53位行政领导分别参加了全院130户困难职工的走访慰问。六是根据《中央国家机关工会联合会央务阳光助学工程实施办法的通知》精神，我院2名职工子女申请了共计12 000元的阳光助学补助金。

2011年，院工会和院妇工委按照有关规定分别召开换届大会，选举产生了新一届工会和妇女会领导机构。通过换届选举，进一步健全了组织机构，为开展好群众工作奠定了坚实基础。

七、不断深化精神文明建设

精神文明建设是中国农业科学院党的建设重要组成部分。一是坚持以人为本，积极做好职工思想工作。坚持一年两次在全院组织开展职工思想状况调研，了解掌握并分析我院干部职工的思想动态，及时发现苗头性问题，有针对性做好工作。调研分析情况及时上报农业部直属机关党委。二是结合实际，不断加强职工教育。在职工中大力宣传社会主义核心价值体系和《公民道德实施纲要》，积极开展《中国农业科学院职工守则》和《中国农业科学院科技人员道德准则》主题教育，大力加强社会公德、职业道德、家庭美德、个人道德和科研道德建设，提升职工素质，树立农科院人良好形象。三是对先进集体和先进个人进行表彰。在2011年院工作会议上，对获得我院2009～2010年度的16个文明单位、4个文明单位标兵、31名文明职工、10名文明职工标兵进行了表彰奖励，并在《院报》大力宣传先进事迹。四是做好首都精神文明建设奖的推荐工作。根据北京市委宣传部、首都文明办关于开展“2006～2010年度首都精神文明建设奖”评选活动的通知要求，我院积极遴选推荐环发所魏灵玲研究员为首都文明建设奖候选人，经过审核评选，魏灵玲荣获首都精神文明建设奖。五是在全院职工中号召绿色出行文明交通。院精神文明建设委员会转发《“做文明有礼的北京人——绿色出行文明交通从我做起”主题宣传实践活动工作方案的通知》，要求各单位结合实际，做好宣传推动工作。不断提高本单位、本部门干部职工绿色出行文明交通的意识。

八、做好统战和军民共建工作

我院高度重视统战工作。一是年初召开党外人士新春团拜会，我院国务院参事，全国政协委员，各民主党派、侨联负责人和无党派代表人士参加团拜。各位党外代表人士各抒己见，对农业科技工作和我院改革发展提出了很好的意见和建议。二是协助做好中央统战部2011年度党外知识分子信息联络员增聘续聘工作。我院作科所姚杰、植保所彭于发、资划所黄鸿翔、屈宝香为续聘信息员，加工所王强、生物所张春义、农经所王济民、信息所诸叶平增聘为信息员。三是支持帮助我院民主党派加强组织建设，协助院民盟组织完成换届工作，配合院各民主党派完成海淀区各民主党派委员推荐和考察工作。四是完成北京市政府参事和海淀区政协委员推荐工作，推荐农经所胡定寰为北京市政府参事，蔬菜所于贤昌、信息所王文生为海淀区政协委员。五是积极开展统战工作调查研究。撰写的《新时期我院统战工作对策探讨》，获“中央国家机关统战工作规律研究”论坛征文活动二等奖。军民共建方面，继续加强与解放军艺术学院联系沟通。一是组织好两次联谊活动。在新春佳节和八一建军节前期，举办了“中国农业科学院与解放军艺术学院迎新春联谊会”和“两院庆八一联谊会”。二是继续开展“共建杯”奖励活动，加大对解放军艺术学院“共建杯”的优秀毕业学员的奖励力度。三是积极开展全国爱国拥军模范申报工作，经农业部推荐，我院作为中央国家机关全国爱国拥军模范单位候选单位、蔬菜所贺超兴同志作为全国爱国拥军模范个人候选人，申报材料及时上报至中央国家机关工委。

2012 年工作打算

2012 年是实施“十二五”规划的关键一年，也将迎来中国共产党第十八次全国代表大会的隆重召开。2012 年，直属机关党委将在院党组领导下，根据上级党组织工作部署，坚持围绕中心、服务大局，认真贯彻党的十七大以来的一系列重要精神，以迎接十八大胜利召开和学习贯彻十八大精神为主线，以深入开展创先争优活动为重点，不断推进党的思想、组织、作风建设和制度建设，不断提高党建工作科学化水平，为大力加强现代农业科研院所建设、推动农业科技创新工作蓬勃发展提供坚强的思想、政治保证和组织保证。

2012 年在做好党的各项日常工作基础上，重点做好以下 7 项工作。

（一）认真贯彻落实党的十七届六中全会精神，研究推进我院文化建设的思路和对策，深入推进创新文化建设和精神文明建设；

（二）继续深入开展创先争优活动，做好党组织、工青妇组织、文明单位文明职工各类先进典型的评选表彰和宣传工作，做好创先争优活动的工作总结；

（三）做好党的十八大代表推选工作，做好十八大精神的学习贯彻落实；

（四）召开直属机关党的工作会议，部署 2012 年党的工作；

（五）筹备召开直属机关第六次党员代表大会；

（六）筹备举办我院第六届职工运动会；

（七）组织召开院“两研会”第五届理事会第四次会议和全国“两研会”第三届理事会第四次会议。

中国农业科学院2011年创先争优工作报告

2011年，中国农业科学院按照中央提出的“五个好”、“五带头”要求，紧紧围绕农业科技创新中心工作，突出农业科研单位特色，以庆祝中国共产党成立90周年为契机，精心组织、创新形式，以积极的态度、严格的标准、有力的措施扎实推进创先争优活动，带领全院各级党组织和广大共产党员履职尽责创先进、立足岗位争优秀，取得了显著成效。群众评议满意率达到98.36%。

一、2011年创先争优重点工作

在2010年实现良好开局的基础上，2011年我院认真学习贯彻中央和农业部的有关文件精神，持续加强面上指导，于1月、5月和10月，先后3次组织召开创先争优工作总结会、座谈会和推进会，院创先争优活动领导小组对全院创先争优活动情况进行集中点评，各级党组织负责人也对本单位创先争优活动进行了逐级点评。在此基础上，全院各单位紧紧抓住公开承诺、领导点评和群众评议等关键环节，认真抓好创先争优全年各项重点工作的落实。

（一）认真落实韩长赋部长提出的“五个围绕”，在科技创新中创先争优

2010年11月4日，韩部长到我院专题调研创先争优活动时，提出了“五个围绕”要求。2011年我院按照“五个围绕”全面推进创先争优的各项工作。

1. 围绕推进农业科技创新开展创先争优。一是编制完成了《中国农业科学院“十二五”发展规划》以及科技、人才等多个专项规划的编制工作，并陆续发布实施。二是科研立项创历史新高，2011年获得国家科技项目1 399个，合同经费12.6亿元。其中，获得国家自然科学基金项目233个，项目经费首次突破亿元大关，达1.03亿元；国家科技基础性工作专项8个，经费6 300万元；国家支撑计划课题27项，经费1.5亿元。三是积极做好成果培育、申报与管理工作，组织了国家级奖申报工作，获得国家级奖一等奖1项，二等奖4项。

2. 围绕提升农业技术服务能力开展创先争优。一是实施科技支农行动。组织我院专家参加了农业部全国稳粮增粮科技大会战暨农业部送科技下乡活动，组织有关研究所的专家开展了高产创建、科技入户以及农技人员培训等活动。二是深入开展院地合作和技术推广活动。与广西、四川、石家庄市、张家口市、滁州市、东营市、攀枝花市、福

建农科院、宁夏农垦集团等签署了科技战略合作协议，并开展了相应的交流合作工作。三是大力推进援藏援疆工作。组织院属11个研究所与西藏农牧科学院签署科技合作协议，并落实具体合作项目。四是组织参加各类大型科技成果展览活动11次，展示新品种、新技术、新成果100多项。

3. 围绕强化人才队伍建设开展创先争优。一是大力推进高层次人才队伍建设。院士遴选工作取得突破，喻树迅、吴孔明当选为中国工程院院士。加大海外高层次人才引进力度，有2名“千人计划”人选通过评审。张世煌、赵广才研究员荣获全国粮食生产突出贡献农业科技人员荣誉称号，李剑勇研究员荣获中国青年科技奖。二是加强领导班子和干部队伍建设。指导6个研究所领导班子和党委完成换届工作，组织开好2011年度的党员领导干部民主生活会，组织了2011年副所（局）级领导干部竞争上岗。

4. 围绕创新农业科技体制机制开展创先争优。一是强化农业科技的公益性定位，坚持农业科研机构的公益性取向，全年新增主持公益性科研专项5项，经费1.2亿元。二是深化现代院所管理制度创新，组织实施“大型仪器设备共享信息管理系统”，新开发了《中央补助地方科技基础条件专项管理信息系统》等3个系统，进一步完善收文、发文、院内签报、部内签报、会议纪要、领导请假报告等运转程序，推进综合政务管理的制度化、规范化。三是加快构建科研、教育、推广三位一体的新型农业科技体系，努力形成农业科技发展的强大合力。积极推进学科建设，调整学科布局，推动研究生教育稳步发展，新增生物学、生态学、草学3个博士一级学科，博士学位授权一级学科达到10个，硕士学位授权一级学科达到12个。

5. 围绕加强党性党风建设开展创先争优。认真贯彻中央精神和上级党组织工作部署，坚持围绕中心、服务大局，扎实做好党员教育、干部培训、基层党组织建设和党建研究等工作，不断开创党建工作新局面，全年发展党员135名，培训各级党务干部180余人次，指导5个基层党委完成换届工作，研究成果获得全国党建研究会科研院所专委会二等奖。我院党的思想建设、组织建设、作风建设和制度建设得到全面加强，党建工作科学化水平不断提高。

（二）以庆祝建党90周年为契机，在加强理想信念教育中创先争优

2011年，全院各级党组织，以纪念建党90周年为契机，将创先争优活动与加强革命传统教育和理想信念教育等结合起来，开展了一系列卓有成效的主题活动，进一步提高了基层党组织的创造力、凝聚力和战斗力，增强了广大党员的责任感、荣誉感和使命感。

1. 召开庆祝中国共产党成立90周年大会。庆祝大会全面回顾了我党90年的辉煌历程，总结我院建院54年来在党领导下所取得的发展和成绩，展望今后一个时期我院党的工作；庆祝大会专门学习农业部“三种精神”，组织了红色经典文艺演出。通过庆祝活动歌颂了党的丰功伟绩，表达大家对党的深切敬意和美好祝愿。

2. 开展党的历史主题教育活动。组织党员集中收看了中共中央在人民大会堂召开的庆祝建党90周年大会盛况；组织了赴革命老区举办学习井冈山精神、红岩精神等主题实践活动；邀请刘成果老部长讲党课及观看献礼电影，举办征文演讲比赛等活动。各直属党组织也开展了丰富多彩的主题活动。如院办公室党支部等组织党员干部参观红色教育基地，北京畜牧兽医所党委等单位组织召开党员红色故事会，邀请老红军后代讲述老一辈无产阶级革命家参加革命和建设新中国的光辉事迹等。资划所党委等单位组织观看《建党伟业》等献礼影片，回顾党的光辉历程，激发党员爱国热情。通过特色鲜明的宣传教育活动，加深全院党员干部对党的历史的学习和认识，增强党性修养、坚定理想信念。

3. 工青妇组织开展不同特色纪念活动。院工会在庆祝建党90周年大会上精心组织了红色经典文艺节目演出，在职工中举办了“庆祝建党90周年中国农业科学院职工书画摄影展”。院团委在团员青年中举办了“学党史、知党情、跟党走”主题知识竞赛和青年篮球赛。院妇工委在妇女同志中举办了“农科巾帼·红色风尚”活动。通过一系列特色纪念活动，进一步烘托了庆祝建党90周年的热烈气氛，营造了和谐向上的良好氛围。

4. 做好老党员和生活困难党员慰问工作。院党组向全院老党员发出慰问信，院直属机关党委和各单位党组织积极筹措资金20万元，为老党员和生活困难党员发放慰问金。院领导、各研究所领导于七一前夕对京区100名老党员和困难党员走访慰问，切实把党组织的温暖与关怀送到老党员和生活困难党员心中。

（三）开展向先进典型学习活动，在学先进赶先进中创先争优

2011年，我院坚持典型引路的工作方法，在宣传各类先进典型的同时，注重培养、树立我院的先进典型，为广大党员群众树立身边的榜样，营造比、学、赶、超的良好氛围。

1. 大力宣传先进典型的感人事迹。认真组织学习杨善洲等先进典型的感人事迹，大力宣传《农科英才》中的先进事迹，弘扬农科院的优秀传统，充分发挥榜样的引领带动作用，要求党员领导干部学习先进典型的理想信念和人生追求。通过文字、图片、视频等多种形式，利用院报、院网、宣传栏等多种平台，使广大党员群众真正了解先进典型、理解先进典型、争当先进典型。

2. 认真总结学习宣传祁阳站精神。认真组织学习农业部“三种精神”，特别是大力宣传“执著奋斗、求实创新、情系‘三农’、服务人民”的祁阳站精神，总结提炼祁阳站精神的精髓，精心制作宣传短片，撰写宣传材料，并多次组织各级党员干部参加祁阳站精神的考察学习，使这座凝聚了农业科技人员优秀品质的精神丰碑更加深入人心，进一步发挥更大更重要的作用。

3. 积极培育推荐我院先进典型。我院积极培育党员身边的先进典型，推荐中央国

家机关“先进基层党组织”1 个，中央国家机关“优秀共产党员”2 名，中央国家机关“优秀党务工作者”1 名。推荐 4 个党组织和 25 名党员获得农业部的表彰。通过全国妇联、女科协、中央国家机关工委等多个渠道，推荐“全国三八红旗手”2 人，全国巾帼建功标兵”2 人。推荐农业部优秀妇女工作干部 4 人，农业部“巾帼建功”标兵 2 人。

（四）扎实做好公开承诺，在履职践诺的实际行动中创先争优

根据中央和农业部直属机关党委的有关文件要求，中国农业科学院对公开承诺提出明确要求。我院各级党组织高度重视、切实通过公开承诺活动激发党组织和广大党员的先锋模范作用，推动本单位各项事业的科学发展。

1. 开展公开承诺活动。各级党组织和党员围绕“增强党性作表率、科技创新当先锋”的争创主题，立足本单位和本岗位实际，把党员群众的意愿作为承诺的重要内容，把解决事业发展的突出问题纳入承诺范围，确定明确、具体、实在的承诺事项，并通过会议、文件、宣传栏、网络等多种形式公开承诺事项，接受群众监督。如人事局党支部将公开承诺内容印制成手册，蜜蜂所党委等将承诺内容张贴在宣传栏，加工所党委等制作了印有承诺内容的党员先锋岗桌牌，研究生院党委组织千人在承诺书上签名等。

2. 积极履职践诺。各级党组织和党员根据农业科研院所的特点和实际，积极履职尽责、践行承诺：通过针对农业科技创新的重点难点问题，积极开展农业科技攻关；深入田间地头，推广农业先进实用技术；调查了解农业农村发展中的突出问题；不断加强自身建设等践诺活动，使公开承诺真正成为推动农业科技创新和推动各项事业科学发展的实际行动。如环发所党员的科研成果荣获中国专利金奖，作科所等单位党员深入基层调研农民需求、指导农业生产、推广新品种新技术，信息所党委开展援藏活动等。

3. 开展公开承诺“回头看”活动。各单位党组织结合年终述职考评和党员民主评议等工作在年底前普遍开展了公开承诺“回头看”活动，考核上一年度的践诺情况，并结合新形势新任务，研究制定整改措施，确定下一年的承诺事项，增强承诺的针对性和操作性，对“回头看”活动中反映出的热点难点问题，及时调查处理，并以一定方式向群众反馈，接受群众监督。如财务局等单位将公开承诺“回头看”与群众评议、年度考核和民主评议党员等工作结合起来，对照各自公开承诺书的内容和履职情况进行认真评议，并将评议结果作为评优评先的重要依据。

4. 认真开展群众评议活动。根据农业部直属机关党委的有关要求，我院高度重视群众评议工作，及时下发通知，召开会议，明确了群众评议的主要内容、关键环节和方法步骤。各级领导干部带头参加活动，带头接受评议，对评议中反映出的热点难点问题，及时调查处理，并向群众反馈。质标所等单位以群众评议为契机，邀请民主党派与群众代表与党员一起召开专题组织生活会，广泛听取基层群众的评议意见，促进公开承诺的整改和落实。全院 24 个直属党组织共 2 007 人对基层党组织开展创先争优活动的 6 个方面进行了群众评议，其中，对党组织开展创先争优活动的基本评价满意率达

到98.36%。

二、2012年创先争优工作安排

2012年，我院各级党组织和广大党员将认真学习党的十七届六中全会精神，胡锦涛总书记七一重要讲话精神、中央创先争优活动领导小组有关会议精神、李源潮同志在农业部调研座谈会上的重要讲话精神和韩长赋部长对我院为民服务创先争优的指示要求，严格按照中央部署和上级党组织的要求，紧密结合我院实际，紧紧围绕加快农业科技创新，以落实“十二五”农业科技发展规划为目标，扎实做好以下4项工作。

（一）迎接十八大召开，通过创先争优促进我院跨越式发展

以迎接党的十八大为主题，组织动员基层党组织和广大党员奋力创先争优，按照“五个围绕”的要求，认真落实中央农村工作会议精神，结合我院“农业科技促进年”和“现代农业科研院所建设行动”，引领全国农业科技创新，为转变农业发展方式、促进农业农村经济持续平稳发展提供强大的科技支撑，为提升我国农业和农业科技的国际竞争力作出应有的贡献。通过创先争优活动促进我院的新跨越、大发展，在院所建设、科研创新、成果转化、产业开发、队伍建设和党的建设等方面实现新突破，不断开创农业科技创新工作的新局面，以出色的工作业绩和良好的精神风貌迎接党的十八大召开。

（二）学习贯彻六中全会精神，通过创先争优促进我院文化建设的繁荣和发展

党的十七届六中全会专题研究部署深化文化体制改革、推动社会主义文化大发展大繁荣，提出了一系列新思想、新观点和新要求，具有很强的思想性、指导性、针对性和可操作性。2012年我院将把文化建设作为创先争优活动的重要主题，通过创先争优活动激发党组织党员开展文化建设的积极性，培养树立文化建设方面的先进典型，充分发挥先进典型的引领示范作用，大力推进创新文化、特色文化、廉政文化与和谐文化建设，积极营造“创先进、争优秀”的浓厚氛围，不断提高我院科技文化软实力，促进我院文化建设的繁荣和发展。

（三）扎实做好典型引路工作，通过创先争优培养树立宣传一批先进典型

2012年是我院“两优一先”评选表彰年，评选表彰在创先争优活动中涌现出的先进基层党组织、优秀共产党员和优秀党务工作者。在此基础上我院还将积极开展“文明单位”、“文明职工”、“青年文明号”、“十佳青年”、“先进基层妇女组织”、“巾帼建功标兵”等先进典型的评选表彰，认真做好培养树立先进典型的工作，巩固创先争优

成果，在我院树立一批站得住、声望高、影响力大的先进典型，用身边的典型，教育引导广大党员群众，形成学习先进、争当先进、赶超先进的良好风气，推动我院各项工作再上新台阶。

（四）认真总结经验，建立创先争优工作长效机制

2012 年是创先争优活动的总结之年，为推动创先争优活动更好开展，及时总结经验，建立长效机制，我院已完成《中国农业科学院构建创先争优活动长效机制研究》，力求在创先争优与科技创新、一般党建工作和重大活动有机结合的方式和途径，找出科研工作与党建工作的契合点。探索建立创先争优活动的长效机制，不断提高党的工作的活力和科学化水平，为充分发挥我院农业科技国家队的作用，实现我院的跨越发展提供坚强的政治、思想保证和组织保证。

中国农业科学院推进廉政风险防控机制建设实施方案

为了贯彻落实党的十七大和十七届中央纪委第五次全会精神，切实规范权力运作，提高履职效能，加大从源头上防治腐败的工作力度，扎实推进惩治和预防腐败体系建设，结合我院实际，制定我院推进廉政风险防控机制建设实施方案如下。

一、指导思想

以邓小平理论和“三个代表”重要思想为指导，深入贯彻落实科学发展观，以改革创新精神深入推进反腐倡廉建设，在坚决惩治腐败的同时，更加注重治本，更加注重预防，更加注重制度建设；着力构建覆盖权力运行全过程的廉政风险防控机制，促进领导干部廉洁自律，保证权力正确行使，提高反腐倡廉建设制度化、科学化、规范化水平，推动我院党风廉政建设和反腐败工作。

二、实施范围

院属各单位、院机关各部门。

三、工作内容

利用现代风险管理理论和方法，创新反腐倡廉和预防腐败工作机制，全面查找在履行职责过程中，由于工作职责、思想道德、制度机制和外部环境等原因，可能引发不廉洁、不作为、乱作为等行为的廉政风险点，有针对性制定防控措施，对预防腐败和廉政勤政建设工作进行科学化、系统化管理。

各单位、各部门要从工作实际出发，以职责履行为主线，以权力运行为重点，着重从科研管理、人事管理、财务管理、基建管理、外事管理、产业开发、企业（公司）管理等方面排查廉政风险点，制定防范措施，形成长效机制。

四、实施步骤

廉政风险防控机制建设，按照突出重点、分步实施、扎实推进、务求实效的总体要求，具体分 4 个阶段进行：

（一）学习动员阶段（截至 2011 年 1 月底）

各单位、各部门结合实际制定推进廉政风险防控机制建设的具体实施方案，明确任务、工作重点和实施步骤。组织广大干部职工认真学习有关文件，提高对推进廉政风险防控机制建设重要性和紧迫性的认识。院惩防体系建设领导小组办公室适时举办学习培训，指导各单位开展工作。

（二）风险排查阶段（2011 年 2 月至 3 月）

采取自下而上和自上而下相结合的方式，以处室为单位，对照工作内容，全面查找存在或潜在的廉政风险点，分析风险内容和表现形式，评定风险等级。根据风险发生可能造成的危害程度以及几率大小，可将风险划分为 3 个等级。一级风险是可能造成严重损害后果或者发生几率高的风险，比如可能会导致严重违纪违法犯罪的行为；二级风险是可能造成较为严重损害后果或发生几率较高的风险，比如可能会导致一般违纪违法或违反廉洁自律有关规定的行为；三级风险是可能造成一般损害后果或发生几率较低的风险，比如会造成不良社会影响或一定经济损失的行为。查找风险可从岗位职责入手，通过自身找、同事帮、集体定等多种方式进行。也可从工作流程或权力运行过程入手，绘制工作流程图，对应查找每个环节存在的风险点，切实做到全覆盖、不漏项。同时，要突出重点，特别围绕重大事项决策、重大项目安排和大额资金使用等方面重点查找和分析。

（三）制定防控措施阶段（2011 年 4 月至 5 月）

根据确定的廉政风险，制定相应的防控措施。在确定的廉政风险中，属于工作职责不明确的，要认真研究，科学厘定职责分工；属于权力过于集中的，要在相关岗位之间进行合理分解和科学配置，建立有效制衡机制；属于自由裁量权过大的，要细化裁量标准，实现有效分解和控制；属于工作流程界定不清晰的，要重新绘制流程图，规范工作程序；属于制度缺失或不完善的，要建立健全相关制度；属于传统手段难以有效监控的，要积极采用现代科技和管理手段加以监控和防范。

各单位、各部门要在风险排查和制定防控措施的基础上，认真填写《廉政风险防控表》（附后），经领导班子集体研究确定后，在本单位全体范围内公示一周。

（四）考核评估阶段（2011 年 6 月）

各单位、各部门要对推进廉政风险防控机制建设工作情况进行认真总结，并形成专项工作报告，于 2011 年 6 月 5 日前将工作报告和《廉政风险防控表》一同报送院惩防体系建设领导小组办公室。院惩防体系建设领导小组办公室对各单位、各部门上报材料进行审核评估，对审核中发现的问题，提出修改完善的建议，反馈有关单位、部门。有关单位、部门要重新上报材料，由院惩防体系建设领导小组办公室最终完成审定。

五、构建长效机制

各单位、各部门要探索建立廉政风险防控长效机制，逐步健全风险预警、纠错整改、内外监督、考核评价和责任追究机制，形成一套行之有效的廉政风险防控制度体系，促进廉政风险防控机制建设常态化；要注重廉政风险的动态化管理，及时调整廉政风险内容、完善防控措施。院惩防体系建设领导小组办公室要加强对各单位推进廉政风险防控机制建设情况的监督检查。要将全面检查与重点检查、专项检查与经常性检查相结合，廉政风险防控机制建设检查与党风廉政建设责任制、惩治和预防腐败体系建设检查相结合，把推进廉政风险防控机制建设作为深入开展创先争优活动和绩效考核评估的重要内容；充分发挥查办案件的作用，利用案件暴露出的问题逆向分析廉政风险，完善风险防控措施。

六、有关要求

（一）加强组织领导，切实落实责任

推进廉政风险防控机制建设是惩防体系建设的重要内容和具体措施，各单位、各部门要切实加强对这项工作的领导，主要负责同志要将推进廉政风险防控机制建设作为一项重要政治任务，加强领导，周密部署，认真抓好组织实施。领导班子成员要按照分工抓好职责范围内的廉政风险防控工作。各单位、各部门要按时完成各阶段工作，要指定一名联络员，负责与院惩防体系建设领导小组办公室的工作联系。

（二）突出防控重点，务求取得实效

推进廉政风险防控机制建设，要增强工作的针对性，做到找准点、抓到位、出实效，务求质量，不走过场。同时，要突出重点，抓好重点领域、重点部位、重点环节的廉政风险防控机制建设工作；选准工作重点，坚持长远目标与阶段性目标相结合，坚持整体推进与重点突破相结合，着力解决本单位履行职责和事业发展的重点、难点和热点问题，积极稳妥、循序渐进，逐步形成以积极防范为核心、以强化管理为手段的科学防控机制。

（三）立足自身实际，服务中心工作

各单位、各部门推进廉政风险防控机制建设，要突出特色，构建符合实际、操作性强、真正管用的廉政风险防控机制，同时，注重围绕和贴近单位中心工作和主要职能，努力把廉政风险防控机制建设融入业务工作全过程。通过扎实推进廉政风险防控机制建设，对权力的运行流程进行重新梳理和完善，形成不同权力主体之间、权力运行流程不同环节之间的有效制衡和相互协调。

廉政风险防控表

单位：　　　　　　　　主要负责人签字：　　　　　　　　年　　月　　日

序号	权力（项目）名称	风险类别	风险等级	廉政风险表现形式	防控措施	分管领导	处室负责人	经办人
1								
2								
3								
4								
5								

（可附表）

注：1. “风险类别”项中，可按照以下分类填写：科研管理、人事管理、财务管理、基建管理、外事管理、产业开发、企业管理、其他。也可结合本单位工作实际自行制定类别项目。

2. “风险等级”项中，按照风险高低程度分为 3 级，分别为：“一级风险”、“二级风险”和“三级风险”。

中国农业科学院贯彻落实2011年反腐倡廉工作任务的分工意见

为贯彻落实第十七届中央纪委第六次全会精神，按照《中国农业科学院党组贯彻落实〈建立健全惩治和预防腐败体系2008～2012年工作规划〉的实施办法》和农业部及中国农业科学院2011年党风廉政建设工作会议部署和要求，根据党风廉政建设责任制的规定，结合我院实际，现对落实2011年反腐倡廉工作任务提出以下分工意见。

一、认真开展监督检查，扎实推进党的作风建设

（一）坚持把维护党的政治纪律放在首位，教育引导广大党员干部进一步增强党的意识、宗旨意识、大局意识、责任意识，坚定政治立场，自觉同党中央保持一致。加强对政治纪律执行情况的监督检查，对违反党的政治纪律的单位和个人严肃处理**（直属机关党委、纪检组监察局、各单位党组织）**

（二）大力弘扬密切联系群众的优良作风，大兴调查研究之风，进一步加强群众观点和群众立场教育，改进群众工作方式方法**（直属机关党委、院办、人事局、纪检组监察局、各单位党组织）**

（三）大力弘扬求真务实和艰苦奋斗的优良作风，认真落实关于建立促进科学发展的党政领导班子和领导干部考核评价机制的有关要求，坚决纠正不切实际、不计长远的决策行为**（人事局、纪检组监察局）**

（四）认真落实中央有关厉行节约的规定，督促各级领导干部严格执行财经制度和经济工作纪律**（财务局、院办、科技局、人事局、基建局、国际合作局、直属机关党委、后勤服务局、纪检组监察局、院属各单位）**

（五）加强对领导干部作风建设情况的监督检查，及时发现和纠正党员干部在作风方面存在的突出问题**（人事局、院办、直属机关党委、纪检组监察局）**

（六）进一步推进机关勤政建设，切实改进会风、文风，形成务实高效的工作作风。进一步推进办事公开，加强对信息公开情况的监督检查**（院办、院机关各部门、院属各单位）**

（七）认真落实《关于党的基层组织实行党务公开的意见》，积极推进基层党组织党务公开**（直属机关党委、各单位党组织）**

二、推进廉政文化建设，切实加强廉政教育

（八）贯彻落实《中国农业科学院廉政文化建设意见》。一是把廉政文化建设寓于创新文化建设之中；二是把廉政文化建设与创建文明单位相结合，把廉政文化建设的开展作为精神文明单位评选的重要指标，大力推进廉政文化进院所；三是把廉政文化建设与转变机关工作人员工作作风和提高管理水平相结合，大力推动廉政文化进机关**（纪检组监察局、直属机关党委、院办）**

（九）以理想信念教育和党性党风党纪教育为重点，在广大干部职工中深入开展示范教育、警示教育和岗位廉政教育、增强教育的针对性和实效性**（纪检组监察局、院办、人事局、各单位党组织）**

（十）在干部任职培训、初任培训等各类培训中开设廉政教育课程，并保证不少于半天的课时量。在组织专业技术人员和各类人才培训中增加廉政教育内容**（人事局）**

（十一）对新任用干部和新录用工作人员，按照干部管理权限进行任职谈话必须包括廉政教育内容。对人财物管理的重点岗位，要加强经常性教育，特别是在干部考察、项目审批、资金安排、出差、出国（境）、开展工作检查、政府采购、招投标等活动之前，都要进行廉政教育和提醒**（人事局、财务局、科技局、基建局、国际合作局）**

（十二）充分发挥闭路电视、网络、院报等媒介的优势，以专题报道、通讯等形式，加强党风廉政建设进展、成效、经验的宣传教育。大力宣传我院及农业部系统勤廉兼优的先进典型，运用发生在我院以及农业部系统违纪违法案例开展警示教育。积极探索群众喜闻乐见、形式多样的教育途径，提高教育的针对性和实效性。建立健全反腐倡廉教育的相关制度，使教育工作和教育活动在领导、组织、时间和经费上得到切实保障**（纪检组监察局、院办、直属机关党委、后勤服务局）**

（十三）积极开展党风廉政建设和反腐败理论研究，坚持理论联系实际，用研究成果指导新的实践，不断拓展工作的广度和深度**（纪检组监察局、院属各单位）**

三、认真落实廉政责任制和《廉政准则》，促进领导干部廉洁从政

（十四）认真落实党风廉政建设责任制，自上而下签订责任书，真正把责任落实到人。抓好责任分解、责任考核、责任追究，促进各级领导干部特别是主要领导干部对所管辖范围内的党风廉政建设切实负起领导责任**（纪检组监察局、人事局）**

（十五）认真落实《廉政准则》，着力解决党员领导干部在廉洁自律方面存在的突出问题**（纪检组监察局、直属机关党委、人事局）**

（十六）全面落实《关于领导干部报告个人有关事项的规定》和《关于对配偶子女均移居国（境）外的国家工作人员加强管理的暂行规定》，领导干部要按规定主动、如

实报告有关内容（**人事局、纪检组监察局**）

（十七）坚决整治领导干部违规收受礼金问题，严禁领导干部以各种名义接受管理和服务对象以及其他与行使职权有关系的单位或者个人的礼金和各种有价证券、支付凭证（**纪检组监察局**）

（十八）认真贯彻执行党内监督条例，严格执行领导干部述职述廉、诫勉谈话、函询等制度（**纪检组监察局、人事局、直属机关党委**）

（十九）加强对民主集中制执行情况的监督检查，凡属重大决策、重要干部任免、重大项目安排和大额度资金使用等重要问题，必须经集体讨论决定（**人事局、直属机关党委、院办、财务局、基建局、纪检组监察局**）

（二十）加强对领导干部民主生活会的指导和监督，进一步提高民主生活会质量（**直属机关党委、人事局、纪检组监察局**）

（二十一）进一步加强和完善巡视工作，注重巡视成果运用（**纪检组监察局、人事局、直属机关党委**）

（二十二）进一步加强领导干部任期经济责任审计（院办公司经理任期审计）和基建项目竣工决算审计，加大揭示问题和整改力度，对涉嫌违纪违法的问题进行严肃查处（**财务局、人事局、纪检组监察局**）

（二十三）严格执行党政领导干部选拔任用工作有关规定，加强对《党政领导干部选拔任用工作责任追究办法（试行）》等4项监督制度落实情况的监督检查，防止和纠正用人上的不正之风，进一步提高选人用人公信度（**人事局、直属机关党委、纪检组监察局**）

四、加大办案工作力度，发挥查办案件工作治本功能

（二十四）严肃查办领导干部贪污贿赂、失职渎职案件，发生在重点领域和关键环节中的案件，严重违反政治纪律和组织人事纪律的案件，重大责任事故和群体性事件涉及的失职渎职及背后的腐败案件（**纪检组监察局**）

（二十五）建立健全查办案件工作组织协调机制，构建纪检监察、审计、组织人事和检察机关相互配合支持的合作机制（**纪检组监察局、财务局、人事局**）

（二十六）改进信访举报、案件审理和案件监督管理工作，建立健全违纪违法案件及时揭露、发现、查处机制，严格依纪依法安全文明办案（**纪检组监察局**）

（二十七）深入分析本院违纪违法案件发生的深层次原因，督促案发单位完善制度，强化监督措施，以身边的案例开展警示教育，进一步发挥查办案件的治本功能（**纪检组监察局、各单位党组织**）

五、深化改革和制度创新，进一步做好治本抓源头工作

（二十八）全面推行廉政风险防控管理，重点梳理权力运行流程，查找重点领域廉政风险点，制定防范措施，建立健全廉政风险防控管理的长效机制（**纪检组监察局、院属各单位**）

（二十九）扎实推进干部人事制度改革，稳步推行差额选拔干部等制度，提高干部考核信息透明度，坚持并健全民主集中机制（**人事局**）

（三十）加强财政资金监管，严格执行“收支两条线”规定。加强对国有产权交易的监管。完善政府采购等相关制度（**财务局、后勤服务局、院属各单位**）

（三十一）加快推进反腐倡廉制度建设，结合我院工作实际，紧紧围绕推进党内民主、保证科学决策、促进廉洁从政、维护群众利益等目标建章立制，推动制度创新［**（按照《中国农业科学院贯彻落实胡锦涛同志重要讲话精神　加快推进反腐倡廉制度建设的意见》（农科院党组发［2010］18号）分工落实**］

六、深入推进专项治理工作，着力解决重点领域突出问题

（三十二）认真贯彻《关于解决当前政府投资工程建设中普遍性问题的意见》，深入开展农业工程建设领域突出问题专项治理，抓好排查整改工作，严肃查处规避招标、虚假招标、违法转包分包以及违规项目审批、规划调整等问题（**基建局、纪检组监察局、财务局**）

（三十三）深化“小金库”专项治理，巩固治理成果，推动长效机制建设，严肃查处顶风违纪设立“小金库”问题（**财务局、纪检组监察局**）

（三十四）深入开展庆典、研讨会、论坛过多过滥问题专项治理，严格审批程序，加强经费监管，未经批准，机关一律不得举办或参与举办庆典、研讨会、论坛等活动。经批准举办的，要纳入财政预算，接受审计监督。各级领导干部未经批准，不得出席此类活动（**院办、纪检组监察局、财务局、人事局**）

（三十五）认真落实中办，国办新发布的《省部级干部公务用车配备使用管理办法》和《党政机关公务用车配备使用管理办法》，按照中央纪委统一部署，集中开展机关公务用车专项治理，重点纠正超编制超标准配备公务用车和违规换车、借车、摊派款项购车、豪华装饰及公车私用等问题（**财务局、院办、后勤服务局、纪检组监察局、院属各单位**）

（三十六）完善因公出国（境）管理制度，建立健全禁止公款出国（境）旅游长效机制（**国际合作局、财务局、人事局、纪检组监察局**）

（三十七）认真治理违反规定多占住房、买卖经济适用房或租赁廉租住房等保障性住房的问题（**后勤服务局、财务局、院办、纪检组监察局**）

（三十八）落实中央关于领导干部离职或退休后从业的有关规定（**人事局**）

（三十九）组织开展对各单位党风廉政建设责任制和惩防体系建设任务落实情况的监督检查。对《廉政准则》执行情况组织开展一次专项检查（**纪检组监察局、人事局**）

负责单位中列在第一位的为牵头单位。各单位要严格执行党风廉政建设责任制。院党风廉政建设工作领导小组各成员单位要把党风廉政建设列入工作日程，按照本《意见》的分工落实各项工作任务，做好承担任务的分解细化，落实责任和工作进度，制定切实可行的实施方案，组织实施并强化监督检查。对本《意见》中确定的反腐倡廉工作具体任务，各成员单位要在年底前写出各自完成任务的书面材料，并由成员单位负责人向院党风廉政建设领导小组作全面汇报。

关于以“坚持以人为本　执政为民理念发扬密切联系群众优良作风”为主题开好2011年度党员领导干部民主生活会有关问题的通知

直党字〔2011〕21号

院各直属党委、总支、支部：

以人为本、执政为民是马克思主义政党的生命根基和本质要求，是我们党的性质和宗旨的集中体现，是我们党一贯的政治主张和执政理念，密切联系群众是我们党的最大政治优势。2011年是中国共产党成立90周年，要继续发扬党的优良传统和作风，切实加强以人为本、执政为民教育，增强贯彻执行群众路线的自觉性和坚定性，引导和促进党员领导干部牢固树立以人文本、执政为民理念，进一步做好新形势下的群众工作。根据农业部机关党委《关于以“坚持以人为本　执政为民理念　发扬密切联系群众优良作风”为主题开好2011年度党员领导干部民主生活会有关问题的通知》（农党委〔2011〕20号）要求，现就中国农业科学院开好2011年度党员领导干部民主生活会的有关事项通知如下。

一、着力抓好重点环节，精心做好会前准备

各单位要严格按照《关于改进县以上党和国家机关党员领导干部民主生活会的若干意见》（中组发〔2000〕3号）的要求，认真做好会前各项准备工作，着力抓好4个重点环节：

一是组织学习，提高认识。采取自学、集中研讨交流等多种形式，组织党员领导干部加强学习，提高认识，为开好民主生活会奠定坚实的思想基础。要认真组织学习党的十七大和十七届三中、四中、五中全会精神，学习胡锦涛同志在十七届中央纪委第六次会议上的重要讲话及全会工作报告，学习胡锦涛同志在省部级领导干部社会管理及其创新专题研究班开班式上的重要讲话，学习胡锦涛同志关于向杨善洲同志学习的重要指示，学习党的群众工作的有关路线方针政策，学习《党员领导干部廉洁从政若干准则》《关于党员领导干部报告个人有关事项的规定》等党纪条规，切实从树立群众观点、坚定群众立场、坚持群众路线、增进群众感情和创新群众工作方法等方面，自觉加强党性修养和作风养成。

二是发扬民主，征求意见。会前，要向干部群众通报民主生活会主题和2010年度民主生活会整改措施落实情况。要采取多种形式广泛深入地征求干部群众对领导班子、班子成员的意见，并将意见建议原汁原味地向领导班子及其成员反馈。

三是沟通思想，交流谈心。主要负责同志要同领导班子成员逐个进行谈心，班子成员之间、班子成员与中层干部之间也要相互谈心，充分交流思想，达到促进团结、共同提高的目的。

四是自我剖析，撰写发言提纲。要紧密围绕会议主题，结合学习心得、个人实际和征求到的意见，进行深入自我剖析，认真撰写发言提纲。

二、紧紧围绕会议主题，认真开展对照检查

民主生活会上，领导班子成员要紧紧围绕会议主题，联系思想和工作实际，进行党性分析和对照检查。对照检查的重点内容是：贯彻以人为本、执政为民理念，坚持党的群众路线和群众工作纪律，维护人民群众权益，发扬密切联系群众优良作风的情况；遵守领导干部廉洁从政有关规定的情况及应报告的个人有关事项。特别要注意对照学习杨善洲同志的先进事迹，在自觉践行党的宗旨和加强党性修养方面找差距、摆不足，明确努力的方向。对存在的问题，要认真剖析原因，按照规定进行纠正。要认真开展批评与自我批评，自我批评要严以律己，全面深刻，正视问题，深入剖析思想根源；相互批评要坚持原则，实事求是，坦诚相见，真诚帮助，促进团结。要防止只谈工作、不谈思想，只谈共性、不谈个性，只谈表面、不谈思想根源的现象。各单位主要负责同志要切实发挥开好领导班子民主生活会“第一责任人”的作用，带头发扬民主，带头认真学习，带头进行深入的自我检查和剖析，带头开展批评。通过对照检查和开展批评与自我批评，进一步提高民主生活会质量，促进领导班子提高依靠自身力量解决问题的能力。

民主生活会上，各单位主要负责同志要代表领导班子进行对照检查，特别是要对2010年度民主生活会整改措施落实情况进行说明和总结。对群众反映和民主生活会上查找出来的问题，要有针对性地提出整改措施，明确具体责任人，切实进行整改。领导班子成员也要制定和落实本人的整改措施。本次民主生活会基本情况、形成的整改措施，会后要在一定范围内向党员群众通报，自觉接受监督。

三、严格规范会议程序，切实加强督促指导

各单位要按照部党组《关于进一步提高机关司局和直属单位党员领导干部民主生活会质量的意见》和本通知规定的程序、步骤和要求，组织开好党员领导干部民主生活会。院直属机关党委将会同人事局和监察局，加强对所联系单位的党员领导干部民主生活会全过程的具体指导。要把坚持民主生活会制度和会上对照检查、会后整改落实情况，作为考核评价领导班子和主要领导干部的主要内容。

2011 年的党员领导干部民主生活会安排在 6 月至 9 月召开。各单位要将工作方案于会前 15 日报中国农业科学院直属机关党委和分工联系单位（分工联系表见附件）；将征求群众的意见建议、召开会议时间安排于会前 10 日报院直属机关党委、分工联系单位；将民主生活会的综合报告、征求群众意见的汇总材料、党员领导干部发言提纲、民主生活会原始记录、制定的整改措施以及向党员群众通报民主生活会的情况于会后 15 日内报院直属机关党委、人事局和监察局，上报材料工作于 10 月 14 日前完成。在上报的综合报告中，要认真总结民主生活会重点环节的做法、民主生活会的成效和存在的不足，以及对进一步健全完善民主生活会制度的意见建议。

各单位要加强与民主生活会分工联系单位的沟通协调，主动向联系单位请示汇报召开民主生活会有关情况。机关党委具体联系处室为组织处，联系电话：82109484、82109463；人事局具体联系处室为干部处，联系电话：82109435、82109436；监察局具体联系处室为综合处，联系电话：82106678、82109502。

二〇一一年六月十七日

中国农业科学院关于京区各单位召开以“坚持以人为本　执政为民理念发扬密切联系群众优良作风”为主题的党员领导干部民主生活会情况的报告

直党字〔2011〕26号

农业部直属机关党委：

根据农业部直属机关党委《关于以“坚持以人为本　执政为民理念　发扬密切联系群众优良作风”为主题开好2011年度党员领导干部民主生活会有关问题的通知》的要求，中国农业科学院机关各部门、京区各单位认真组织召开了民主生活会。现将有关情况报告如下。

一、领导重视，全面提高认识

1. 认真组织部署。接到农业部直属机关党委通知后，院直属机关党委高度重视，及时研究部署，于6月20日印发了《关于以“坚持以人为本　执政为民理念　发扬密切联系群众优良作风”为主题开好2011年度党员领导干部民主生活会有关问题的通知》（直党字〔2011〕21号），布置本年度民主生活会有关工作，确定了院人事局、直属机关党委、监察局为分工联系单位，对此次民主生活会进行督促检查。各单位根据文件要求也制定了详细的工作方案，合理的安排时间进度，对民主生活会中征求群众意见、开展谈心活动、撰写发言提纲等环节提出了具体的要求。

2. 积极开展学习活动。各单位按照农业部和院直属机关党委的要求，紧密结合本次民主生活会的主题，组织多种形式的自学和集体学习，特别是理论中心组的学习。重点学习了党的十七大和十七届四中全会精神、胡锦涛总书记在中国共产党成立90周年庆祝大会上的重要讲话和在中央纪委第四、第五次全会上的重要讲话及全会工作报告，学习了韩长赋部长在部领导班子年度考核测评会议和农业部领导班子思想政治建设工作会议上的讲话等文件，观看《暴风雨中的忏悔——皮黔生犯罪实录》等宣传片，全面提高思想认识。

二、积极动员，做好各项准备工作

一是广泛征求意见。我院各单位在党员领导干部民主生活会前，充分发扬民主，采取多种形式广泛深入地征求干部群众对领导班子、班子成员和上年度民主生活会整改措施落实情况的意见，并将意见原汁原味地向领导班子及其成员反馈。农业质量标准与检测技术研究所、北京畜牧兽医研究所等单位采用直接反馈和书面征求意见相结合的方式征求意见；饲料研究所等单位专门设立了意见箱、电子邮箱等用于征求意见；农业信息研究所等单位召开党政联席会、杰出人才恳谈会等不同层面的座谈会，并通过发放调查问卷等方式深入基层征求群众意见和建议。

二是开展会前谈心。各单位领导班子成员开展了“一对一”、“一对多”、“多对多”、“面对面”的多种形式的交流谈心活动，沟通思想，坦诚相见，加深了解，明确努力方向。领导班子成员与中层干部之间也相互谈心，增进理解，消除误解，增强团结，对民主生活会要解决的主要问题形成比较全面客观的认识，增强民主生活会的针对性。

三是认真撰写发言提纲。各单位领导班子成员结合学习心得和个人实际，对照检查内容和党内外群众的意见和建议，围绕本单位的建设与发展，仔细查找自身存在的突出问题，系统思考整改办法，认真撰写了个人发言提纲，为开好专题民主生活会做了充分的准备。

三、深刻剖析，开好民主生活会

中国农业科学院直属机关党委所属的 24 个党组织先后召开了领导干部民主生活会。院人事局、直属机关党委、监察局都按照各自分工派人参加。

一是结合主题，深入开展党性分析。各单位领导班子成员深刻反思与挖掘在党性修养方面存在的差距与不足，重点对能否贯彻以人为本、执政为民理念，能否坚持党的群众路线和群众工作纪律，发扬密切联系群众优良作风；能否遵守领导干部廉洁从政有关规定的情况等进行反思和自查，特别是对照杨善洲同志的先进事迹，在自觉践行党的宗旨和加强党性修养方面谈体会、找差距，并结合分管的工作进行自我剖析，肯定成绩，分析问题，明确今后努力的方向。植物保护研究所等单位的党政一把手都围绕本单位的职能和中心工作，作了全面的发言，对自身情况进行了深刻的总结分析。

二是以诚相待，大胆开展批评和自我批评。各研究所领导班子成员和机关各局领导针对征求到的意见实事求是地开展批评和自我批评。各单位主要负责同志对班子成员的发言逐个进行评议，班子成员之间也互相进行评议，帮助查找存在的问题，提出改进的意见建议，达到了增进团结，促进工作的目的。农业环境与可持续发展研究所、蜜蜂研究所等单位在领导班子民主生活会上敞开思想，实事求是，勇于触及问题，认真开展了批评和自我批评；农业资源与农业区划研究所、农业经济与发展研究所等单位认真回顾了一年来在思想、工作、学习等方面的情况，结合工作实际分析原因，查找不足，相互开展批评和自我批评并提出了改进的建议。

三是认真研究制定整改措施。在民主生活会上，各单位班子成员根据征求到的意见和建议，逐条分析，查找、剖析原因，研究制定整改措施。对民主生活会上暴露出的党员群众普遍关心、反映强烈的问题，特别是涉及群众利益的突出问题，制定有针对性的具体整改方案，并积极创造条件，明确重点，落实到人。领导班子成员也制定和落实了个人的整改措施。基本建设局、财务局、蔬菜花卉研究所和后勤服务中心等单位结合深入开展创先争优活动，对科研条件建设、职工福利等方面的意见和建议，认真制定整改措施，明确整改时间表和责任人，将整改措施落到实处。

四、及时通报会议情况，自觉接受监督

在民主生活会的过程中，我院各单位都主动向联系单位沟通协调，及时汇报情况，自觉接受上级监督。院办公室、人事局、国际合作局、机关党委、监察局等单位通过职工大会、简报、网站等多种形式将民主生活会的召开情况和整改情况等向本单位党员群众进行了及时的反馈和通报，自觉接受群众的监督。

二〇一一年十月十四日

关于中共中国农业科学院党组 2011年度民主生活会情况的报告

直党字〔2011〕25号

农业部直属机关党委：

根据农业部直属机关党委《关于以“坚持以人为本　执政为民理念　发扬密切联系群众优良作风”为主题开好2011年度党员领导干部民主生活会有关问题的通知》要求，中国农业科学院党组于8月31日召开了2011年度民主生活会。

会议由院党组薛亮书记主持，翟虎渠院长代表班子首先发言，院党组成员依次发言。

中组部干部四局任利波副处长，农业部科技教育司白金明司长，直属机关党委唐珂常务副书记等到会指导，对领导班子和此次院党组民主生活会均给予高度评价，一致认为，领导班子坚强有力，思路明确，团结协作，注重关心群众利益，着力解决群众关心的实际问题，取得了很大的成绩；此次会议主题明确，准备非常充分，意见征求全面，分析问题中肯，会议开的务实、成功，既沟通了思想，又查找了不足，达到了预期目的。

会前，院党组召开了2010年度党组民主生活会整改措施落实情况通报会，并进行了群众满意度测评，满意和基本满意率为86.11%。会后，院党组认真制定了整改措施，对经过努力能够解决的问题，立即着手进行整改；对于当前尚不具备条件解决或无法解决的问题，向群众作出解释。民主生活会有关情况和整改措施，将适时在一定范围内通报。

专此报告。

二〇一一年九月三十日

关于深入学习贯彻党的十七届六中全会精神的通知

农科院党组发〔2011〕37号

院属各单位、院机关各部门：

党的十七届六中全会，是我们党在全面建设小康社会、加快转变经济发展方式、加强和创新社会管理的关键时期召开的一次十分重要的会议。认真学习领会、全面贯彻落实六中全会精神，是中国农业科学院当前和今后一个时期的一项重大政治任务。现就学习贯彻党的十七届六中全会精神通知如下。

一、充分认识党的十七届六中全会的重大意义

党的十七届六中全会听取和讨论了胡锦涛总书记受中央政治局委托作的工作报告，审议通过了《中共中央关于深化文化体制改革、推动社会主义文化大发展大繁荣若干重大问题的决定》，从中国特色社会主义事业总体布局的高度，部署了深化文化体制改革、推动社会主义文化大发展大繁荣的战略任务。这对于动员全党全国各族人民在党的领导下，推动各项事业不断发展，夺取全面建设小康社会新胜利，开创中国特色社会主义事业新局面，实现中华民族伟大复兴具有重大而深远的意义。胡锦涛总书记在全会上发表的重要讲话，全面回顾了一年来中央政治局的工作，深刻阐述了关系党和国家长远发展的重大问题，就贯彻落实全会精神、做好当前工作提出了明确要求，为推动文化改革发展、促进党和国家事业发展指明了前进方向。

当前，中国正处在全面建设小康社会的关键时期和深化改革开放、加快转变经济发展方式的攻坚时期，文化越来越成为民族凝聚力和创造力的重要源泉、越来越成为综合国力竞争的重要因素、越来越成为经济社会发展的重要支撑，丰富精神文化生活越来越成为我国人民的热切愿望。全院各级党组织要教育广大党员干部充分认识到，抓住和用好我国发展的重要战略机遇期，在新的历史起点上深化文化体制改革、推动社会主义文化大发展大繁荣，关系实现全面建设小康社会奋斗目标，关系坚持和发展中国特色社会主义，关系实现中华民族的伟大复兴。必须进一步推动文化建设与经济建设、政治建设、社会建设以及生态文明建设协调发展，为继续解放思想、坚持改革开放、推动科学发展、促进社会和谐提供坚强思想保证、强大精神动力、有力舆论支持、良好文化条件。各单位要认真组织党员干部深入学习、深刻领会、深入贯彻全会精神，迅速把思想和行动统一到中央对形势的科学判断和战略的重大部署上来，切实增强贯彻落实全会精

神的主动性和自觉性，为推进农业科技创新事业和文化建设的协调发展而努力奋斗。

二、全面准确把握十七届六中全会的主要内容和精神实质

各单位要组织广大党员干部认真学习六中全会文件，全面领会、准确把握精神实质。

（一）深刻理解推进文化改革发展的指导思想和奋斗目标

全会紧紧围绕我国文化改革发展走什么路、朝着什么样的目标迈进这个带有方向性、战略性的重大问题，提出了当前和今后一个时期推进我国文化改革发展的指导思想和到2020年文化改革发展奋斗目标。《决定》将推进社会主义核心价值体系建设作为一条红线贯穿全篇，引起了与会代表的热烈反响。社会主义核心价值体系是兴国之魂，是社会主义先进文化的精髓，决定着中国特色社会主义发展的方向。推进社会主义核心价值体系建设，有利于凝聚人心、形成共识，在全党全社会形成统一指导思想、共同理想信念、强大精神力量和基本道德规范。广大党员干部要充分认识到，以马克思列宁主义、毛泽东思想、邓小平理论和“三个代表”重要思想为指导，深入贯彻落实科学发展观，以科学发展为主题，以建设社会主义核心价值体系为根本任务，以满足人民精神文化需求为出发点和落脚点，以改革创新为动力，努力建设社会主义文化强国，这既是推进文化改革发展指导思想的核心内容，也是坚持中国特色社会主义文化发展道路的基本要求。

（二）着力把握推进文化改革发展的重要方针

全会在总结文化建设实践经验的基础上，明确指出推动社会主义文化大发展大繁荣，必须坚持以马克思主义为指导；坚持社会主义先进文化前进方向；坚持以人为本；坚持把社会效益放在首位；坚持改革开放。这“五个坚持”，指明了文化改革发展的根本指导思想、根本性质、根本目的、根本要求和根本动力，是我们坚持中国特色社会主义文化发展道路，建设社会主义文化强国的基本遵循。广大党员干部要通过学习，清醒地认识到，坚定不移地走中国特色社会主义文化发展道路，必须坚持以马克思主义为指导，坚持社会主义先进文化前进方向；必须发挥人民在文化建设中的主体作用，坚持文化发展为了人民、文化发展依靠人民、文化发展成果由人民共享；必须继承和发扬中华优秀文化传统，大力弘扬中华文化，建设中华民族共有精神家园；必须坚持一手抓公益性文化事业、一手抓文化产业，推动文化事业和文化产业全面协调可持续发展。

（三）全面贯彻落实推进文化改革发展的重大举措

全会对推进文化改革发展作出了部署，提出了6个方面的重大举措，强调要推进社

会主义核心价值体系建设，巩固全党全国各民族人民团结奋斗的共同思想道德基础；全面贯彻“二为”方向和“双百”方针，为人民提供更好更多的精神食粮；大力发展公益性文化事业，保障人民基本文化权益；加快发展文化产业，推动文化产业成为国民经济支柱性产业；进一步深化改革开放，加快构建有利于文化繁荣发展的体制机制；建设宏大文化人才队伍，为社会主义文化大发展大繁荣提供有力人才支撑。认真贯彻落实这些重要举措，对于坚持中国特色社会主义文化发展道路，在新的历史起点上深化文化体制改革，更加自觉、更加主动地推动社会主义文化大发展大繁荣，把我国建设成为社会主义文化强国至关重要。

三、切实抓好十七届六中全会精神的贯彻落实

各单位要抓好六中全会精神的贯彻落实，把贯彻落实全会精神与深入学习胡锦涛总书记七一重要讲话精神结合起来；与实施院所“十二五”发展各项规划、破解发展难题、推动中心工作结合起来；与开展创先争优活动、推进学习型党组织建设结合起来，以对党和人民高度负责的精神，扎实推进农业科技创新事业，推动院所改革发展稳定的各项工作，把中央各项政策措施落到实处，以优异成绩迎接中国共产党第十八次全国代表大会召开。

（一）精心组织，认真抓好全会精神的学习

各单位要按照院党组的统一部署，加强组织领导，结合自身实际，制定切实可行的学习计划，通过集中学习、专题辅导、研讨交流等多种形式，有步骤、分层次地组织好学习，切实保证学习时间和质量，迅速掀起学习的热潮。理论中心组要专题组织集中学习，各级党组织要组织好党员干部的学习。广大党员干部要认真研读原文，吃透精神，把握实质。领导干部要带头学、认真学、深入学，争作学习的表率。要把学习六中全会精神纳入我院党员教育培训、干部教育培训和职工教育培训的重要内容，注重发挥院报、院网、宣传栏、闭路电视和各单位网站、宣传栏、图书室等媒介和平台的作用，积极开展我院学习贯彻十七届六中全会精神的专题学习和宣传报道，营造良好的舆论和学习氛围。院直属机关党委要组织好辅导报告会和研讨交流活动，加强督促检查，抓好各项学习任务的落实，确保学习成效。

（二）结合实际，切实抓好全会精神的贯彻落实

要坚持不懈地用中国特色社会主义理论体系和社会主义核心价值体系武装广大党员干部头脑，把文化建设和学习型党组织建设、创新文化建设和精神文明建设有机结合，在广大党员干部中形成统一指导思想、共同理想信念、强大精神力量和基本道德规范，

不断提高党员干部的文化修养，展现广大党员良好精神风貌。要坚持围绕科技创新的中心工作，结合本单位“十二五”时期的目标任务，深入研究工作中的重大问题，努力把学习成果转化为推动发展的思路和具体举措。要坚持把创新文化作为全院文化建设的重点，大力弘扬我院的优良传统和作风，进一步教育引导广大党员职工向《农科英才》先进人物和优秀团队学习，深入宣传“执著奋斗、求实创新、情系‘三农’、服务人民”的祁阳站精神和“严谨求实的科学精神、潜心科研的执著精神、刻苦攻关的奋斗精神、勇攀高峰的创新精神、爱国为民的奉献精神”，建设具有时代特征的创新文化理念，使具有我院特色的价值理念深入人心。在创新文化建设中，要做到理念文化求深入、标识文化抓应用、制度文化促规范、园区文化重美感，进一步营造激励创新的文化氛围，为创新人才的不断涌现提供良好环境。要大力推进廉政文化建设，深入开展岗位廉政教育、警示教育和先进典型示范教育，建立加强反腐倡廉教育的长效机制。要高度重视丰富多彩的文化活动，展示职工风采，活跃学术气氛，促进职工学习交流和农业科技宣传服务，营造特色鲜明的农科文化氛围，彰显我院的文化优势。

（三）创先争优，扎实做好当前工作

要把贯彻落实十七届六中全会精神作为深入开展创先争优活动、推进学习型党组织建设的重要内容，紧紧围绕“增强党性作表率　科技创新当先锋”的创先争优活动主题，把“推动农业科技创新　服务支撑‘三农’事业”作为创先争优活动的出发点和落脚点，推动“十二五”良好开局起步。要紧紧围绕“十二五”时期农业科技发展的战略目标，按照“引领创新、支撑产业、主导合作、深化改革、和谐发展”的方针，优化全院资源配置，大力加强农业科技自主创新，强力支撑农业农村经济发展，持续加快人才队伍建设，深入开展国际合作，全面加强科研平台建设，强化引领农业科研协作，扎实推进和谐院所建设。加强创新能力建设、成果转化和产业支撑能力建设、决策咨询能力建设、科研协作能力建设、科研服务能力建设和管理能力建设，着力突破促进现代农业产业发展的关键核心技术，着力突破增强我国农业国际竞争力、保障国家粮食安全、农产品质量安全生产、生态安全的战略高技术问题，着力突破农业及农村经济发展中重大公益性、共性、基础性技术问题，不断提升农业科技创新能力和服务水平，为农业农村经济发展提供强有力的支撑。

各单位要毫不松懈地抓好当前工作，确保完成全年各项目标任务。院直属机关党委要组织党员干部围绕深入推进院所的文化建设，开展大讨论和建言献策活动，促进院所文化的繁荣发展，切实增强广大党员职工科技支撑和服务“三农”工作的意识和水平。

各单位学习贯彻情况请及时报院直属机关党委。

在中国农业科学院
庆祝中国共产党成立90周年大会上的讲话

中国农业科学院院长、院党组副书记　翟虎渠

（2011年7月1日）

同志们：

今天，我们在这里隆重集会，热烈庆祝中国共产党成立90周年。首先，我代表院党组，向全院各级党组织和7 000余名共产党员致以节日的问候！向受到中央国家机关工委和农业部直属机关党委表彰的先进基层党组织、优秀共产党员和优秀党务工作者表示热烈的祝贺！

90年前中国共产党的成立，是掀开中国历史崭新篇章的伟大事件。今天，我们在这里回顾党的历史，就是希望大家牢记党的历史和丰功伟绩，深刻体会我们党的艰辛和不易，坚持和弘扬党的优良传统和作风，切实承担起时代和事业赋予我们的责任和使命。

伟大历程光辉业绩。中国共产党的成立，从根本上改变了国家和民族的命运。1840年鸦片战争后，中国逐步沦为半殖民地半封建社会，国家积贫积弱，人民饱受欺凌。无数仁人志士为了民族独立和国家富强，苦苦求索，英勇斗争，但都没有找到一条救国救民的成功道路。俄国十月革命一声炮响，给中国送来了马克思列宁主义。“五四”运动极大地推动了马克思列宁主义与中国工人运动相结合。1921年7月，中国共产党成立，从此中国革命翻开了新的历史篇章。

从1921年到1949年，为了推翻压在中国人民头上的“三座大山”，我们党领导中国人民进行了艰苦卓绝的革命斗争。以毛泽东同志为主要代表的中国共产党人，经过艰辛探索，在总结中国革命正反两方面经验基础上，找到了中国新民主主义革命的正确道路，创建了人民军队和革命根据地，经过八年抗战和三年解放战争，建立了伟大的中华人民共和国。新中国的建立，不仅开辟了中国历史的新纪元，也极大地改变了世界政治格局。从此，中国人民站起来了。

新中国成立后，中国共产党成为执政党，担负起领导中国人民建设新生活的重任。在新中国建立初期，我们党领导中国人民迅速完成了新民主革命的遗留任务，在全国范围内大规模地开展社会主义工业化建设，完成了对农业、手工业和资本主义工商业的社会主义改造，初步确立了社会主义制度和工业化体系。

1978年召开的党的十一届三中全会，实现了新中国成立以来党的历史上具有深远意义的伟大转折，开创了我国社会主义事业发展的新时期。以邓小平同志为核心的党的第二代中央领导集体，以非凡的胆识和魄力拨乱反正，果断地把党和国家的工作重心转移到经济建设上来，作出实行改革开放的重大决策，制定了以“一个中心、两个基本点”为主要内容的党的基本路线，开辟了建设有中国特色社会主义的道路。

改革开放30多年来，我们党始终坚持以经济建设为中心，中国综合国力不断迈上新台阶。从1978年到2010年，我国国内生产总值由3 645亿元增长到39.8万亿元，年均实际增长9.8%，我国经济总量跃居世界第二，创造了世界发展史上了不起的奇迹。我们依靠自己力量稳定解决了13亿人口吃饭问题，我国主要农产品和工业品产量已居世界第一，我国人民生活总体达到小康水平。从此，中国人民开始富起来了。

在我们党90年领导我国革命和建设事业中，始终对农业农村农民问题给予了高度重视。中国农业科学院作为我国农业科技战线的领头羊、主力军、国家队，建院54年来，在党的领导下，也实现了快速发展。一是科研条件不断改善。经过50多年的改革与发展，使我院拥有39个专业研究所，建成了5个国家重点实验室、32个部级重点实验室、39个国家与部委质量监督检测中心、17个国家农作物改良中心、分中心，逐步形成人力资源雄厚、综合实力较强的国家农业科技创新中心。二是科研成果不断突破。先后获得矮败小麦、转基因三系杂交棉、超级稻、禽流感疫苗、植酸酶玉米等一批具有自主知识产权的重大农业科技成果。发表SCI论文3 000余篇，一批高水平论文在《Science》《Nature Genetics》等国际顶尖学术期刊上发表，凸显了我院全国农业科技创新国家队的地位。三是国际合作不断加强。我院不仅被授予一定的外事审批权，而且不断拓宽国际合作形式和领域，与81个国家、33个国际组织、6个跨国公司建立了合作关系，我院发起的“国际农科院院长高层研讨会”已形成品牌，显著提升了我院的国际地位和影响力。四是人才队伍不断壮大。先后组织实施了“杰出人才工程”和“科技创新团队”建设工程，被中央确定为国家首批“海外高层次人才培养创新基地”，基本形成了以国家级专家、部级专家、政府特殊津贴专家、杰出人才为主体的高层次专业技术人才队伍。

90年的历史证明：中国共产党是用马克思列宁主义、中国特色社会主义理论武装起来的，富有革命创新精神的党；是密切联系群众，具有严格纪律和优良作风，是为中国各族人民的根本利益不懈奋斗并作出最大牺牲的党；是坚持真理、修正错误，经得起胜利和挫折、高潮和低潮、顺境和逆境的考验，任何敌人和困难都压不倒、摧不垮的党；是与时俱进，始终走在时代前列，肩负着人民希望的党。没有中国共产党，就没有新中国；没有中国共产党的领导，就没有中国社会主义的现代化。

“十二五”时期，我国正处于全面建设小康社会的关键时期，处于深化改革开放、加快转变经济发展方式的攻坚时期。党中央深刻认识并准确把握国内外形势新变化新特点，科学制定了“十二五”规划，并继续将解决好农业、农村、农民问题作为全党工作的重中之重，这对广大“三农”科技工作者而言，既是光荣的使命，也面临着重大的机遇和挑战。中国农业科学院将在党中央、国务院和农业部的正确领导下，坚定信心、改革创新，充分发挥农业科技人员的主动性和创造性，充分发挥农业科研的国家队、主力军作用，通过科学发展，引领中国农业科技创新方向，持续提升农业科技自主创新能力，为中国农业科技率先进入世界先进行列、为加快现代农业发展和建设社会主义新农村作出新的更大贡献。

面对“十二五”科技创新的艰巨任务，坚持党的领导是保证，加强党的建设是关键。对此，我院各级党组织和广大共产党员，负有义不容辞的重要历史责任。为此，我讲4点意见：

一是高举旗帜，坚定不移跟党走，坚持用中国特色社会主义理论武装头脑。中国共产党是执政党，是中国特色社会主义事业的领导核心，是中国人民和中华民族的先锋队。中国共产党执政地位的形成，是历史与现实的必然选择。“十二五”时期，推动我院各项事业科学发展，促进农业科技创新，根本还在于加强和改进党的领导，在于坚定不移地跟党走。

坚定不移跟党走，首先要有坚定的信念。坚定的理想信念是保持共产党人先进性的精神支柱和力量源泉。当代中国共产党人的理想信念，就是建设有中国特色的社会主义，为最终实现共产主义而奋斗。坚定理想信念的核心，是解决好信、知、行的问题。信，就是要坚信马克思列宁主义、毛泽东思想、邓小平理论、“三个代表”重要思想、科学发展观是我们立党立国的根本指导思想，是我们一切工作的行动指南。知，就是要在思想上真正弄清为什么中国只能走社会主义道路，而不能走资本主义道路。无论当今世界风云怎样变化，我们必须立足国情，坚持党的基本路线不动摇。行，就是要带头践行中国特色社会主义理论，始终自觉高举旗帜、始终维护党中央的核心，坚定不移跟党走的信心和决心。

坚定不移跟党走，还要不断加强党性修养。加强党性修养，是党员干部的必修课，是需要终生修炼，并将终生受益的人生课。共产党员加强党性修养的过程，就是用马克思主义武装自己、提高自己、完善自己的过程，必须切实解决好党员干部的世界观、人生观、价值观问题。否则，就不可能科学地对待人生，就难以抵御腐朽思想的侵蚀。加强党性修养，关键在于加强党内生活锻炼。党员要积极主动地参加党内生活，自觉接受党组织的指导和帮助；要积极开展批评和自我批评，在党内生活中，同各种不良倾向作斗争。

坚定不移跟党走，最终体现在工作能力的不断提高上。工作能力是履行职责所需要的素养和本领。新的历史时期，共产党执政能力的高低，根本来源于共产党员素质的高低。我们党员干部无论从事哪种工作，都必须努力掌握科学文化知识，练就过硬的本领。对于科技工作者而言，提高工作能力，一要自觉勤奋学习，二要树立精益求精的精神，三要确立创新意识。

二是加强党的建设，为我院“十二五”起好步、开好局提供坚强保证。“十二五”时期是我国大力发展现代农业，全面建设小康社会的关键时期，也是我院科技事业全面发展、整体实力跻身世界前列的冲刺阶段。中国农业科学院各级党组织和广大党员要紧密围绕“十二五”创新的中心任务，把加强党的建设与推动我院发展紧密结合起来，全面加强党的建设。

*要扎实推进学习型党组织建设。*推进学习型党组织建设，就是要按照建设马克思主义学习型政党的要求，与党和国家中心工作结合起来，与加强改进新形势下党的建设结合起来，与开展创先争优活动结合起来，与农业科研单位特点结合起来，以领导班子和领导干部为重点，着力深化党的理论创新成果的学习，着力倡导优良学风作风，着力创新学习的方式方法，不断提高学习型党组织建设科学化水平。

*要深入开展创先争优活动。*刚才，薛亮书记通报了我院受到中央国家机关工委和农业部表彰的先进典型，他们是我们身边的榜样，全院各级党组织和广大共产党员要向他们学习。下一步我院创先争优活动，要把落实好韩长赋部长“五围绕”要求作为我院党员干部参与创先争优工作的重要检验标准。要围绕科技创新中心工作，在实现“十二五”良好开局中创先争优；要围绕立足本职争优秀，认真践行“五个模范”先进性标准，在抓好工作落实中创先争优；要围绕学习好农业部“三种精神”，用身边人身边事，激发党员干部工作热情，在学先进、赶先进中创先争优。

*要加强基层党组织建设。*党的基层组织是党的全部工作和战斗力的基础。全院各级党组织要始终坚持以围绕中心、服务大局为主线，以加强党组织建设为重点，坚持做好抓基层打基础工作。要认真贯彻《中国共产党党和国家机关基层组织工作条例》要求，以改革创新精神，认真思考和谋划推进我院党建工作的新思路、新方法、新举措。

*要建设一支高素质党员干部队伍。*各级党组织要坚持把建设高素质人才作为全院党建工作的重要任务，努力培养造就一支潜心科研、锐意创新、勇攀高峰、无私奉献的党员干部队伍。

三是继续深化创新文化建设，为“十二五”发展营造良好创新氛围。加强自主创新是我院的中心工作，也是永恒的追求。随着时代发展、国家实力的增强，提高农业科技自主创新能力，不仅仅需要更多的创新平台、创新的资金和创新的人才，更多的是体现在创新的思路和创新的意识上。创新文化建设的过程，实际上就是激活这种创新活力的过程。

*要进一步提高对创新文化建设的认识。*创新文化是一种软实力，是促进创新能力提高的沃土，其核心是激励创新的价值理念、思维方式、行为规范和精神氛围。未来10年，不断深入发展的农业科技创新，对创新文化建设提出了更高的要求。提高我院自主创新能力、建设世界级核心农业科研机构，迫切需要建设一种符合我院实际的创新文化。

*要进一步深化创新对文化建设的内在要求。*创新的客观要求可以理解为“崇尚创新、宽容失败、支持冒险、鼓励冒尖”。创新文化建设不仅要求科技人员在科研工作中创新，同时要求管理人员在管理中创新，并且以宽容、支持的态度去鼓励创新。通过创新文化建设，使得全院科技创新的每一个构成元素都能够活跃起来，都能够重新组合，

形成新的体制，最终形成创新的成果。

要进一步深入开展创新文化理论研究。继承和发扬中国农业科学院的优良传统，大力宣传和弘扬“严谨求实的科学精神、潜心科研的执著精神、刻苦攻关的奋斗精神、勇攀高峰的创新精神、爱国为民的奉献精神”，认真学习农业部“三种精神”，汲取更多营养，牢固确立创新文化在我院的主流地位，推动创新文化建设不断深入发展，最终形成环境和谐、制度完善、学风优良，体现农科院精神的创新文化体系。

四是切实加强和创新院所管理，为“十二五”发展营造稳定和谐的环境。2011年以来，中央对新形势下加强和创新社会管理、做好群众工作作出了一系列重要部署，提出了一系列要求，我们要认真学习、坚决贯彻。

要认真落实以人为本的理念。重点是要通过加强职工群众的科研道德建设和行为规范培养，建立完善规范合理的制度化平台，营造宽松有序的科研环境，充分调动职工群众的积极性、主动性和参与热情，凝聚人心、鼓舞士气，使广大职工群众自觉投身到我院的各项事业中去，确保政令畅通，营造积极向上的局面。

要注重加强人文关怀和心理疏导。党的十七大报告提出：“加强和改进思想政治工作，注重人文关怀和心理疏导。”人文关怀和心理疏导，既体现了执政党对人的关怀和关爱，也拉近了党与人民的距离。我们要通过加强人文关怀和心理疏导，不断丰富我院思想政治工作和精神文明建设内容，提高工作的针对性和有效性。

要注重发扬党的优良传统。密切联系群众，是我们党的优良传统和政治优势。当前，加强和创新院所管理，既要注重单位管理方式的创新，更要注重群众参与的创新。要把为职工群众解难题、办实事，作为我院加强和改进新形势下群众工作的重要内容。畅通渠道，及时广泛听取群众意见，及时处理职工反映的意见和问题，让群众满意。要进一步解放思想、实事求是，不断创新我院群众工作的载体、方式和内容，总结推广群众工作的新鲜经验和有效做法，以制度形式固定下来，不断提高我院群众工作科学化水平。

同志们，在这光辉的日子里，回顾过去，我们无比自豪；展望未来，我们豪情满怀。在21世纪的征程上，让我们紧密团结在以胡锦涛为总书记的党中央周围，坚持党的领导，坚持改革开放，继续开创建设有中国特色社会主义事业的新局面，创造出更加辉煌的业绩。

在中国农业科学院直属机关 2011 年党的工作会议上的讲话

中国农业科学院党组书记 薛 亮

（2011 年 2 月 24 日）

同志们：

2010 年是“十一五”收官之年，是我院改革与发展加快推进的一年，也是院直属机关党的工作取得显著成效的一年。刚才，罗炳文同志代表院直属机关党委作了工作报告，对 2010 年工作作了全面总结，安排部署了 2011 年的重点工作，我完全赞成。任务确定了，还需要思想上认识到位、工作上能力到位、执行上落实到位。下面，我就今年继续深入学习贯彻中央十七届四中、五中全会精神，切实加强党的建设问题，讲几点体会和意见。

一、加强和改进新形势下党的建设，为制定和实施“十二五”规划提供政治保证

党的十七届四中全会作出的《中共中央关于加强和改进新形势下党的建设若干问题的决定》和十七届五中全会作出的《中共中央关于制定国民经济和社会发展第十二个五年规划的建议》，是指导当前和今后一个时期党的建设和经济社会发展的纲领性文件，我们一定要认真学习领会，深入贯彻实施。

（一）深刻认识新形势下加强党的建设的重要性

我们党成立 90 年、执政 62 年、领导改革开放 32 年，几代中国共产党人以实现中华民族伟大复兴为己任，把马克思主义基本原理同中国具体实际相结合，团结带领全国人民不懈奋斗，取得了革命、建设、改革的伟大胜利。现在我们面临着新的形势：一是当今世界正处在大发展大变革大调整时期，世界多极化、经济全球化深入发展，国际金融危机发生使世界范围内的综合国力、地缘政治、国际市场、科学技术等的全方位竞争更趋激烈，各种思想文化交融交锋更加频繁。中国在全球的地位和影响大大上升，而西方社会一些人杜撰的“中国威胁论”、“中国衰亡论”等却甚嚣尘上，境内外敌对势力

加紧对我国实施西化、分化战略。二是我国改革开放和经济建设取得巨大成就，综合国力大幅度提高，正处在进一步发展的重要历史机遇期，同时也是社会矛盾的凸显期，资源环境对经济发展的制约增强，公平和效率的平衡提出新的课题，经济社会发展面临一系列新情况新问题。三是我国革命、建设和改革的不断发展，是马克思主义同中国实践相结合的巨大成功，我们党开创的中国特色社会主义现代化道路具有重大的历史意义，但我国仍将长期处于社会主义初级阶段，还将肩负极为艰巨、复杂、繁重的历史任务。

当前党内还存在不少不适应新形势新任务要求、不符合党的性质和宗旨的问题，如一些党员、干部理想信念动摇，对马克思主义信仰不坚定，对中国特色社会主义缺乏信心；一些党组织对中央决策部署执行不认真，一些党员干部法制意识、纪律观念淡薄；一些领导班子整体作用不强，选人用人公信度不高，跑官要官、买官卖官屡禁不止；一些基层党组织软弱涣散，部分党员意识淡化、先锋模范作用不明显；有些领导干部宗旨意识淡薄，脱离群众，弄虚作假，铺张浪费，奢靡享乐，个人主义突出，形式主义、官僚主义严重；一些领导干部和一些领域腐败现象易发多发。这些问题严重损害党同人民群众的血肉联系，严重影响党的执政地位巩固和执政使命实现。

四中全会的决定指出，全党必须牢记，党的先进性和党的执政地位都不是一劳永逸、一成不变的，过去先进不等于现在先进，现在先进不等于永远先进，过去拥有不等于现在拥有，现在拥有不等于永远拥有。世情、国情、党情的深刻变化对党的建设提出了新的要求，党面临的执政考验、改革开放考验、市场经济考验、外部环境考验是长期的、复杂的、严峻的。对此，我们要有危机感、紧迫感，认真落实中央提出的党要管党、从严治党、从严管理干部的工作部署，推进党的建设科学化、制度化、规范化。

（二）把建设马克思主义学习型政党的重大战略任务落到实处

我们今天进行的中国特色社会主义事业是前无古人的，在马克思主义的本本中没有现成的答案，而且今后不断会有新问题出现。因此，我们党要引领中国发展进步，必须不断学习。建设学习型政党是中央提出的重大战略任务，具体对我们来说，就是建设学习型党组织。一是要加强基础理论学习，学习马克思主义的基本原理和方法论，运用马克思主义的立场、观点、方法分析把握发展形势、基本国情、实际问题，认识什么是社会主义、怎样建设社会主义，建设什么样的党，怎样建设等，推进马克思主义中国化、时代化、大众化，学习、研究、丰富中国特色社会主义理论，探索回答改革发展中的重大理论和实践问题。二是要加强党的方针政策和国家法律法规学习，增强政治敏锐性和政治鉴别力，准确理解和把握政策法规，增强贯彻党的路线政策和各项工作部署的自觉性。具体到我院的实际，要保证科技发展的正确方向，用科学发展观指导科学研究，树立科研国家队的责任感和使命感，为农业农村经济发展和农业科技创新的重大问题提供现实指导。三是要加强现代科学知识的学习，广泛学习现代化建设所需要的经济、政治、文化、科技、社会和国际方面的知识，学习日新月异的新知识，研究新问题，吸收新理念，拓展新视野，提高战略思维、创新思维、辩证思维能力，增强工作的原则性、系统性、预见性、创造性。四是要加强岗位业务学习，从实际情况看，我们的业务知识与工作需求还有一定差距，对自身工作以及本单位本行业相关知识的了解和掌握都还有一定的局限性。这就要求我们尤其是各级领导干部，对本职岗位和本单位工作不能当外行，要努力学习科技创新的最新成果和科学知识，善于钻研，深入调研，掌握科研发展和科研单位工作的客观规律，提高促进出成果、出人才的能力和水平，成为本职工作的专家、本单位本行业的内行。

中国农业科学院应切实加强所局级干部的学习。所局级干部是相关学科领域的学术带头人和组织者，是国家高级别的领导干部，必须具备相当的政策理论水平和较高的学术水平，从我院实际来看，特别是要加强所局级干部的政策法规水平、宏观意识、战略思维方面的培训学习。应统筹安排全院所局级干部的轮训，并按照对干部知识结构的要求和实际需要安排好课程内容。

去年，院党组下发了《关于推进学习型党组织建设的实施方案》，各级党组织要切实发挥作用，组织广大党员认真扎实地开展学习，营造崇尚学习的浓厚氛围，创建学习品牌，坚持学习与提高党性修养相统一，与推动工作创新相统一，与增强实践锻炼相统一，切实提高广大党员干部应对复杂局面的能力、解决实际问题的能力、推动科学发展的能力，为我院科技创新能力建设提供支持和保障。

（三）为农业农村经济发展和农业科技创新中心工作服好务

学习五中全会通过的“十二五”建议，有两个要点应深入领会：一是我国仍处于可以大有作为的重要战略机遇期。尽管发生了国际金融危机，但和平、发展、合作仍是世界时代潮流，国际环境总体上有利于我国和平发展；我国经济发展和结构调整步伐加快，体制机制不断完善，社会政治大局稳定，为保持经济社会发展良好势头创造了有利条件。但也必须看到，我国仍处于并将长期处于社会主义初级阶段的基本国情没有变，人民日益增长的物质文化需要同落后的社会生产之间的矛盾这一社会主要矛盾没有变，社会生产力水平总体上还不高，自主创新能力和核心竞争力不强，农业基础还很薄弱，城乡区域发展不平衡，人民生活水平还不高，因此，基本实现现代化的目标还要继续奋斗几十年，必须始终坚持发展这个第一要务。二是把握以科学发展为主题、以加快转变经济发展方式为主线。随着我国经济总量不断扩大和国际竞争不断增强，一些深层次矛盾和新课题进一步凸显，如资源环境约束强化、投资消费关系失衡、收入分配差距拉大、科技创新能力不强、产业结构不合理、城乡区域发展不协调、利益主体多元化日益显现、社会矛盾明显增多等，只有加快转变经济发展方式才能更好地解决这些问题。加快转变经济发展方式，最根本的是要依靠科技，最关键的是要大幅度提高自主创新能力，《建议》提出坚持把科技进步和创新作为加快转变经济发展方式的重要支撑，从战略高度赋予了我们科研单位历史重任。

当前，一场新的全方位综合国力竞争正在全球展开，最重要的是要抓住机遇、把握主动，努力抢占世界经济发展的制高点。而从根本上说，就是要抢占科技的制高点。国家科技发展规划已经提出了到2020年我国农业科技整体实力要进入世界先进行列的目标，未来5年是十分关键的时期，农业科技面临着艰巨的任务和严峻的挑战。中国农业科学院作为农业科研的国家队，当前的中心任务是要大力增强科技原始创新能力，不断为农业科技进步和农业生产力发展提供全局性、关键性的重大基础成果，努力在前沿科学和关键技术上不断取得新的突破，抢占农业科技的制高点；同时，要以科技创新带动现代农业加快发展，切实为现代农业发展提供有力的科技支撑。做好“十二五”规划开局起步，是全党工作的大局，也是我院工作的中心。我院党的工作要融入中心工作、服务中心工作、促进中心工作。党组织要发挥在重大决策和关键时刻的政治保证作用，推动“十二五”科研工作健康进行；通过各种有效活动调动党员干部的工作热情，引导他们在科技创新工作中积极探索，有所作为；充分发挥党的思想政治优势和联系群众优势，加强院所科学化管理。

二、做好新形势下群众工作

当前，中国处于发展的重要战略机遇期，同时也是社会矛盾的凸显期。十七届四中、五中全会都对做好新形势下群众工作作出了部署，最近，中央举办省部级主要领导干部研讨班，研究加强和创新社会管理，核心是对人的管理和服务，以保障和改善民生为重点。

（一）坚定理想信念和党的宗旨观念

我们党的根本宗旨是全心全意为人民服务，新中国成立前是为解放劳苦大众奋斗，现在是要让13亿人民过上幸福生活。为了建立人民政权，革命前辈抛头颅、洒热血，不惜献出宝贵的生命。我们党动员、依靠人民群众进行革命战争，首先进行土地改革，解决农民群众的切身利益。中国共产党从成立那天起就确立了一切为了人民的根本宗旨，人民利益高于一切，团结带领人民为自己的幸福事业浴血奋斗，在长期革命斗争中建立起来的党同人民群众的血肉联系是党的生命之本。在当前新形势下，要坚持走中国特色社会主义道路，我们党员、干部一定要进一步坚定理想信念，坚持根本宗旨，才能正确处理建设和发展中的各种关系，才能激发奋斗精神、献身精神，义无反顾地投入到事业中工作中去。

（二）正视现实存在的脱离群众问题

我们党的最大政治优势是密切联系群众，执政后的最大危险是脱离群众。当前党内存在着一些违背党的性质和宗旨、脱离群众的突出问题，如群众观念淡薄，不尊重群众，不相信群众，想问题、干事情不把群众放在心里；决策脱离实际，不顾群众意愿，不顾群众利益，乱铺摊子，乱上项目，搞劳民伤财的“形象工程”和沽名钓誉的“政绩工程”；作风不实庸懒散，见困难就缩，见问题就推，见矛盾就躲，对群众提出的诉求敷衍了事，对群众反映的问题久拖不决甚至放任不管，以致酿成严重后果；违法违规严重，在土地征用、城镇拆迁、城市管理等过程中违规操作、粗暴执法，甚至滥用强制手段，导致群众生活无着，引发群体性事件和个人极端事件；以权谋私现象多发，乱收费、乱罚款、乱摊派，吃拿卡要，不给好处不办事，截留挪用民生资金，与民争利。现在社会上出现了仇官、仇富现象，大量无直接利益冲突者参与群体性事件，值得我们深思。许多基层群众对我们党内脱离群众、消极腐败问题十分忧虑，可见，这个最大危险连群众都意识到了，我们作为党的领导干部对此必须有清醒的认识，决不能掉以轻心。

（三）认真做好群众工作

全体党员特别是领导干部都应牢固树立群众观点，牢固树立正确的世界观、权力观、事业观、政绩观，把以人为本、执政为民贯彻到我们全部工作中去，摆正同人民群众的关系，思想上尊重群众、感情上贴近群众、工作上依靠群众，始终与人民群众同呼吸、共命运、心连心。一是要坚持实事求是，办实事，讲实效。各单位都要坚决杜绝搞脱离实际的形式主义和“形象工程”，每年都要扎扎实实在科技创新上出一批成果，在研究所发展上取得明显进展。二是要勤政廉政。要勇于应对挑战，积极研究解决工作中、单位发展中的各种困难和问题，不能绕着问题走；在实际工作中体现执政为民，真正做到权力就是责任、干部就是公仆、领导就是服务，决不以权谋私，与民争利。三是要加强调查研究。想问题、作决策、做工作都要从群众利益出发，坚持问政于民、问需于民、问计于民，有利于群众的就干，不利于群众的就不干，劳民伤财、违反群众意愿的事坚决不干，群众暂时不接受或不能承受的事缓办。四是要认真解决群众工作生活中的实际困难。关心职工群众的思想、工作和生活，深入群众做思想工作，讲解领导的工作部署，了解群众疾苦，了解群众所思、所盼、所忧，努力解决群众困难，不断改善群众的工作生活条件和提高生活水平。五是要建设和谐院所、和谐家园。坚持教育与服务相统一、宣传与示范相结合，运用丰富多彩的形式，开展业务交流、政策法规学习、文化体育活动等；表彰群众中涌现出来的先进典型，使群众学有榜样、赶有目标；弘扬正气，使少数歪风邪气、害群之马不得人心，维护大多数群众的利益；干部工作重心下移，积极预防和有效化解矛盾纠纷。

三、充分发挥基层党组织的战斗堡垒作用和共产党员的先锋模范作用

（一）继承和发扬我院的优良传统

中国农业科学院建院50多年，具有优良的传统作风和科学精神，这是经过几代人的不懈努力和开拓进取所积累的宝贵财富，是支撑我院长远发展的内在不竭动力。我院现有党员6 300余名，在京区科研人员中，党员占到近60%；京区单位2002～2004年招聘的186位杰出人才中，党员117名，占63%；在1995～2005年京区单位获得的49项国家级奖项中，主要完成人中党员34人，占69%。党员在我院的科技创新和和谐院所建设中，充分发挥了先锋模范作用。在新的历史条件下，要继承和发扬优良传统，深入开展“讲党性、重品行、作表率”活动，大力弘扬“执著奋斗、求实创新、情系‘三农’、服务人民”的祁阳站精神，广泛宣传和认真学习《农科英才》中的先进典型，在全院大力倡导严谨求实的科学精神、潜心科研的执著精神、勇攀高峰的创新精神、爱国为民的奉献精神，进一步激发全院党员职工的爱国、爱院、爱所热情。同时，要深化《中国农业科学院职工守则》和《中国农业科学院科技人员道德准则》的学习、宣传和贯彻，树立岗位意识、责任意识、大局意识和服务意识，增强职业道德和科研道德。党员在学习执行“两则”上要切实起到模范带头作用，引导广大职工自觉规范各自行为，形成积极进取的精神风貌。

（二）大力培育和宣传先进典型

长期以来，我院广大党员积极奋战在科研生产一线，在重大科研项目研究、重大科技成果推广中发挥了先锋模范作用，为农业科技事业的发展作出了突出贡献，涌现出了众多先进典型。要继续引导广大党员，积极争做科技创新的模范、服务“三农”的模范、科学民主的模范、求真务实的模范、清正廉洁的模范，发挥榜样的示范带动作用，营造求实创新、奋发有为的良好风尚，激励我院广大农业科技工作者团结协作、勇攀高峰。同时，要大力宣传表彰先进典型，力争涌现一批受中央和农业部表彰的先进基层党组织和优秀共产党员，形成一批能力强、声望高、影响大的先进群体，营造崇尚先进、学习先进、争当先进的良好氛围，使广大党员切实践行党员先进性的具体要求，发挥先锋模范作用。

（三）立足本职积极创先争优

创先争优活动开展以来，我院各级党组织和广大党员围绕中心任务、结合重点工

作，积极创先争优，在推进科学发展、促进社会和谐、服务人民群众、加强基层组织等方面取得了阶段性成效。下一步，要结合公开承诺工作，立足本职深入开展创先争优。党员领导干部要以思想理论建设为基础，树立与时俱进理念；以能力建设为核心，提升学习力、创新力和执行力；以作风建设为重点，践行为民服务宗旨。领导班子成员尤其要以身作则，走在前面，起到表率作用。党务干部队伍要按照守信念、讲奉献、有本领、重品行的要求，团结带领广大党员、群众推动科学发展，成为高素质的党务干部队伍。从事科研工作的党员要爱岗敬业、勇于进取、团结一致、务实创新，为出成果出人才不懈努力；从事管理服务工作的党员要牢固树立服务理念，作风务实、行动高效、服务中心、争创佳绩。要通过创先争优，使广大党员进一步坚定信念、牢记宗旨，不断激发党员干事创业的热情和参与党内生活的积极性和创造性，增强党组织对党员群众的亲和力、凝聚力和向心力，使基层党组织的战斗堡垒作用和党员的先锋模范作用得到充分发挥，同时，推出一批具有时代特点的新的先进典型。

同志们，加强和改进新形势下党的建设是一项重大的政治责任，面对新任务和新要求，各基层党委要充分发挥政治核心作用，为科技创新工作把好舵、服好务，推动我院党的工作迈上新台阶。

在中国农业科学院直属机关 2011 年党的工作会议上的工作报告

中国农业科学院党组副书记、直属机关党委书记　罗炳文

（2011 年 2 月 24 日）

同志们：

这次会议的主要任务是，总结 2010 年中国农业科学院直属机关党建工作，研究部署 2011 年的工作。下面，我代表院直属机关党委常委会作工作报告。

一、2010 年我院直属机关党建工作回顾

2010 年，在院党组和农业部直属机关党委的领导下，院属各级党组织和广大党员干部坚持以邓小平理论和“三个代表”重要思想为指导，全面落实科学发展观，深入学习贯彻党的十七届五中全会精神，以开展创先争优活动和推进学习型党组织建设为重点，以深化创新文化建设和精神文明建设为载体，围绕中心，服务大局，全面推进院直属机关党的建设，为不断提高我院党建工作科学化水平，为推动我院各项工作科学发展提供了坚强的思想、政治保证和组织保证。

一是深入开展创先争优活动，有力推动中心工作完成。院党组对创先争优活动高度重视，成立了以翟虎渠院长为组长的领导小组，制定并印发了实施意见。院属各级党组织和广大党员干部紧紧围绕“推动科学发展、促进院所和谐、服务‘三农’事业、加强基层组织”的总体要求，紧扣“增强党性作表率　科技创新当先锋”的活动主题，精心设计活动载体，把创先争优活动与深入开展“讲党性、重品行、作表率”活动、学习型党组织建设、精神文明建设和创新文化建设结合起来，把创先争优活动激发出来的热情转化为做好本职工作的实际行动。评选表彰了 2008～2009 年度院直属机关 27 个先进基层党组织、52 名优秀党员、33 名优秀党务工作者。充分发挥《院报》、院网等媒体作用，广泛开展学习宣传“两优一先”先进事迹活动，努力在我院营造学先进、赶先进、做贡献、当表率的良好氛围。做好公开承诺和领导点评工作，采取动员会、座谈会、汇报会、交流点评会等形式，切实推进创先争优活动深入开展，有力推动了我院中心工作任务的完成。把科技救灾作为创先争优的一项重要工作内容，动员各级党组织和党员干部投身抗旱、抗震救灾和恢复农业生产工作，全院党员干部职工开展向青海玉

树地震灾区、甘肃舟曲特大山洪泥石流灾区捐款活动，分别捐款 69 万元和 61 万多元。

我院创先争优活动得到了上级党组织和韩长赋部长的高度认可：中国农业科学院认真贯彻中央和部党组的部署和要求，以“增强党性作表率、科技创新当先锋”为主题，紧紧围绕推进农业科技创新、提升农业技术服务能力、强化人才队伍建设、创新农业科技体制机制、加强党风廉政建设，扎实开展创先争优活动，取得了积极成效。希望农科院在新的一年里继续发扬成绩，进一步加强工作指导、创新活动载体，做好承诺、践诺、评诺等工作，把创先争优作为推进各项工作的动力和保证，为实现“十二五”良好开局作出新的贡献。

二是扎实开展学习型党组织建设，思想政治建设进一步加强。组织广大党员干部深入学习中国特色社会主义理论体系，深入贯彻落实科学发展观，加强社会主义核心价值体系学习教育。认真贯彻落实党的十七届四中全会精神，印发了《中共中国农业科学院党组关于推进学习型党组织建设的实施方案》，成立了领导小组，召开了动员大会，加强对我院学习型党组织建设的领导和指导。七一前夕，邀请中央党校教授为党员干部作了题为《创建学习型党组织　提高基层党建科学化水平》的专题辅导报告。充分发挥中心组的龙头带动作用，组织党员干部围绕贯彻党的十七届五中全会精神等主题开展学习，所局级领导积极撰写了学习论文，把学习成果落到实处。组织全院党员参加中央国家机关工委“读书与实践”征文活动，提交征文 44 篇，充分展示广大党员的学习成果。向各级党组织发放《马克思恩格斯文集》《农业部干部理论学习》等书籍 1.3 万余册，为党员学习提供便利。我院学习型党组织建设取得积极成效，在农业部“讲党性、重品行、作表率”活动总结大会暨推进学习型党组织建设经验交流会上，我院作物科学所第二党支部以《建设学习型党支部　增强科技创新能力》为主题作了书面发言。

三是加强基层组织建设，夯实党的组织基础。组织召开了 2010 年党的工作会议，认真总结回顾 2009 年院直属机关党的工作，研究部署 2010 年直属机关党的工作。组织开好 2010 年度党员领导干部民主生活会，加强督促指导。加强基层党组织换届选举指导和党员的管理、服务，共指导 4 个直属党组织换届选举和增补委员，组织 24 名入党积极分子参加农业部举办的入党积极分子培训班，新发展党员 110 名，壮大了党的队伍，增强了党组织的生机活力。加强党务干部培训，全年共培训 200 人次。注重加强舆论宣传，对党委网页进行了全面改版，加强了对网页的管理。2010 年，党委网页共上传各类信息 336 条，比去年增长了 230%；点击率超过 6 万次，比去年增长了 100%。认真做好信息上报工作，在农业部直属机关党委 2010 年党建宣传信息工作评比考核中，我院获得第二名。

四是加强反腐倡廉建设，党风廉政建设不断深入。认真抓好《农科院党组贯彻落实〈建立健全惩治和预防腐败体系 2008 ~ 2012 年工作规划〉的实施办法》的具体落实，不断加强领导干部党性修养和党性锻炼，增强了廉洁自律意识。深入开展党风廉政教育，通过举办“廉政文化宣传月活动”，开展讲廉政党课、观看廉政宣传教育片等活动，提高了党员干部廉洁从政、廉洁从业意识。更加注重从源头上预防和治理腐败工作，加强对重点部门、重要领域和关键环节权力行使的监督，推动廉政风险防范机制建设。积极推进廉政文化建设，制定并印发《关于加强廉政文化建设的意见》，大力营造“以廉为荣、以贪为耻”的浓厚文化氛围。

五是党政群团齐抓共管，精神文明建设不断推进。起草印发《关于进一步加强和改进新形势下思想政治工作的意见》，开展了干部职工思想状况调查分析，有针对性地做好思想政治工作。表彰了20个2009~2010年度“中国农业科学院文明单位”，41名2009~2010年度“中国农业科学院文明职工”，其中，2个单位还荣获中央国家机关文明单位称号。举办了京区职工趣味运动会，组织参加农业部系统游泳比赛、中央国家机关第三届职工运动会有关项目，并代农业部承担了中央国家机关第三届职工运动会四项赛事，取得了优异成绩。在广大青年中开展“创建学习型团组织”活动，邀请院、所领导向全院团员青年推荐了50余本精品书籍，满足团员青年多读书、读好书的需求。组织开展了“学习两则　争做优秀农科人”演讲比赛。围绕纪念三八妇女节100周年，在女职工中开展了“巾帼百年史　风采农科人”宣传月活动，编辑出版《优秀妇女风采录》；组织全院女职工参加中央国家机关妇工委“成长·成才·成功”论文征集活动，充分展示了我院新时期知识女性在农业科研和管理领域的突出成绩和时代风采。

六是深入推进创新文化建设，激励创新的文化氛围更加深入人心。2010年，我院创新文化建设工作取得了新进展。理念文化建设进一步深入。通过邀请北京大学、北京师范大学3位著名国学专家进行指导和在全院团员青年中开展征集活动，进一步凝练中国农业科学院精神；继续向全院发放《农科英才》一书，组织全院干部职工认真学习。制作发放“两则”宣传画，加大“两则”宣传力度。院所标识文化建设基本完成。编辑出版了《中国农业科学院创新文化成果汇编》，充分展示了我院创新文化建设成果。为推动创新文化建设的深入开展，2010年9月，在上海组织召开了深化创新文化建设工作会，系统总结我院5年来开展创新文化建设的成绩和经验，研究提出深化创新文化建设的工作思路。通过不断努力，创新文化建设已经成为全院党建工作的重要内容，创新的理念、创新的文化、创新的氛围逐渐渗透到科技创新的各个方面。

2010年，我院党的建设各项任务圆满完成，我院党建工作成绩的取得，是院党组和农业部直属机关党委高度重视、正确领导的结果，是院属各级党组织扎实工作、共同努力的结果，也是广大党员干部关心支持、积极参与的结果。在此，我代表院党组和院直属机关党委，向广大党员干部和党务工作者表示衷心感谢和诚挚问候。

在肯定成绩的同时，我们也清醒地认识到，工作中还存在一些不足：一是个别单位存在“重业务、轻党建”倾向，对党建工作重要性的认识有待进一步加强；二是个别党员党性观念薄弱，党员的先锋模范作用需要进一步发挥；三是对农业科研单位党建工作规律性研究不够，党建工作方式方法有待进一步创新。这些问题需要在今后工作中加以改进和解决。

二、扎实做好 2011 年院直属机关党建工作

2011 年是中国共产党成立 90 周年，是“十二五”开局之年，农业科技创新任务更重、起点更高。以改革创新精神做好我院党建工作，对于适应新形势新要求，完成农业科技创新目标任务、实现“十二五”良好开局具有重要意义。

2011 年中国农业科学院直属机关党建工作的总体要求是：高举中国特色社会主义伟大旗帜，坚持以邓小平理论和“三个代表”重要思想为指导，深入贯彻落实科学发展观，按照党的十七大和十七届四中、五中全会部署，以纪念建党 90 周年为契机，坚持围绕中心、服务大局，深入贯彻落实《中国共产党党和国家机关基层组织工作条例》，继续推进学习型党组织建设，深入开展创先争优活动，扎实做好抓基层打基础工作，以改革创新精神和求真务实作风全面推进院直属机关党的思想、组织、作风、制度建设和党风廉政建设，大力加强精神文明建设，不断提高党建工作科学化水平，为提升我院农业科技自主创新能力、完成“十二五”发展规划开局之年各项任务提供坚强的思想、政治保证和组织保证。下面，我重点强调以下几个方面工作。

（一）以建党 90 周年为契机，认真组织好系列纪念活动

一要深刻认识纪念建党 90 周年的重要意义。隆重纪念建党 90 周年，是 2011 年党和国家政治生活中的一件大事，对于坚定广大党员干部的理想信念，激励党员干部更好地投身发展现代农业具有十分重要的意义。要大力宣传党领导全国人民前赴后继、艰苦卓绝的革命斗争史，大力宣传党领导全国人民艰苦奋斗、自强不息的建国创业史，大力宣传党领导全国人民继往开来、与时俱进的改革开放史，宣传各个时期各条战线涌现出的先进典型和模范人物，宣传农业科技和农业科技工作者发挥的重要作用、取得的巨大成就，增强我院广大党员党的意识、宗旨意识，保持共产党员先进性。

二要开展丰富多彩的主题宣传教育活动。各级党组织要按照《中共中央关于中国共产党成立 90 周年纪念活动的通知》要求，加强领导，精心组织，紧密结合自身实际和农业科研特点，因地制宜地开展形式多样、富有意义的纪念活动。组织隆重纪念建党 90 周年大会和文艺演出；组织以革命传统教育为主要内容的主题党日活动；举办先进事迹报告会；开展走访慰问老党员和生活困难党员活动；在青年干部中举办“学党史、知党情、跟党走”知识竞赛等。要通过开展一系列隆重热烈的纪念活动，唱响共产党好、社会主义好、改革开放好、伟大祖国好、各族人民好的时代主旋律，激发党员干部为实现农业现代化贡献才智和力量。

（二）以确保完成中心任务为目标，全面深入开展创先争优活动

开展创先争优活动，是加强和改进新形势下党的建设的一项重要的经常性工作，是推动各项工作任务完成的强大动力和有效抓手，也是2011年我院直属机关党建要继续深入推进的重点任务。我们要把本职岗位作为创先争优的实践平台，围绕韩长赋部长在我院调研时提出的“五个围绕”，努力完成好2011年我院农业科技创新各项工作任务，在推动科学发展、服务“三农”事业、促进院所和谐、加强基层组织中走在前、作表率，不断把创先争优活动引向深入。

一是围绕中心工作深入开展创先争优活动。根据中央统一部署，按照“五个好”、“五带头”的要求，结合我院实际，认真落实韩长赋部长在我院调研时提出的“围绕推进农业科技创新、围绕提升农业技术服务能力、围绕强化人才队伍建设、围绕创新农业科技体制机制、围绕加强党性党风建设开展创先争优活动”的要求，加强基层党组织建设，引导党员干部立足本职岗位“增强党性作表率、科技创新当先锋”，继续落实好公开承诺、领导点评和群众评议等工作，确保创先争优活动取得实效。

二是加强对创先争优活动的领导和指导。落实领导责任，坚持书记抓、抓书记，一级抓一级、一级带一级、层层抓落实。加强工作指导，我院党组织类型多、党员人数多，要结合实际，有针对性地进行分类指导，推动我院创先争优活动深入开展。加大先进典型的宣传力度，认真总结各基层党组织开展创先争优活动的有效做法和成功经验，及时发掘和不断培育新的典型，营造创先争优浓厚氛围。

（三）以深入贯彻党的十七届五中全会精神为重点，扎实推进学习型党组织建设

思想政治建设是党的建设的首要任务，是确保各项任务完成的重要保证。要把深入贯彻党的十七届五中全会精神作为思想政治建设的重要任务，扎实推进学习型党组织建设，不断提高党员干部思想政治水平。

一要强化理论武装。按照武装头脑、指导实践、推动工作的要求，组织党员干部继续深入学习中国特色社会主义理论体系，深入贯彻科学发展观，不断提高党员干部的理论素养。加强社会主义核心价值体系教育，深化理想信念教育和爱国主义教育，引导党员干部带头弘扬民族精神和时代精神，自觉践行社会主义荣辱观，努力做共产主义远大理想和中国特色社会主义共同理想的坚定信仰者。坚持所局级领导撰写理论学习论文制度，促进学习成果的交流与运用。加大舆论宣传力度，丰富宣传内容，创新宣传方式，充分发挥院报、院直属机关党建网等媒介的宣传交流作用，引导我院党员干部进一步增强贯彻落实党的路线、方针、政策的自觉性和坚定性。

二要开展形势任务宣传教育。各级党组织要深入宣传中央关于国际国内形势的科学

判断和科学发展的主题，宣传全国“两会”精神，宣传“十二五”时期经济社会发展和农业农村经济发展的目标任务和重大决策，宣传中国农业科学院农业科技“十二五”发展规划。通过举办形势报告会、专题辅导报告、领导干部讲党课、座谈访问、发放学习资料等多种形式，帮助党员干部认清形势，坚定信心，切实把思想和行动统一到中央和院党组的决策部署上来。

三要继续推进学习型党组织建设。认真贯彻落实农业部党组和院党组《关于推进学习型党组织建设的实施方案》，坚持以中心组为龙头、处以上干部为重点、支部抓落实的理论武装格局，引导党员干部向实践学习、向基层学习、向群众学习。进一步健全制度、完善机制、丰富内容、创新方法，把学习型党组织建设不断引向深入。健全完善中心组学习制度，确保学习任务落实。要把学习《中国共产党历史》第二卷作为建设学习型党组织和开展创先争优活动的重要内容，组织党员干部认真学习。紧密结合农业科技创新和各单位工作实际，开展各具特色、丰富多彩的学习活动，积极创建学习品牌，开展学习竞赛，展示学习成果。在此基础上，推荐参加农业部组织开展的学习品牌评选活动。

（四）以贯彻《中国共产党党和国家机关基层组织工作条例》为抓手，扎实做好抓基层打基础工作

党的基层组织是党的全部工作和战斗力的基础，是落实党的路线方针政策和各项工作任务的战斗堡垒。要按照健全组织、强化功能、增强活力和扩大影响的要求，切实做好抓基层打基础的工作。

一要深入学习贯彻《条例》。组织党员干部深入学习《条例》，熟知条文内容，把握精神实质，抓好贯彻落实。农业部贯彻落实《条例》的实施意见颁布以后，各级党组织要结合自身实际，切实加以落实。

二要加强党员教育管理和服务。建立健全让党员经常受教育、永葆先进性的长效机制，做到经常性教育与集中培训相结合。继续办好党办主任、党支部书记、入党积极分子培训班，在扩大培训覆盖面和提高培训质量上下功夫。严格党的组织生活，增强党内生活的原则性和实效性，健全党内生活制度。按期召开民主生活会，认真开展批评与自我批评，定期开展党员党性分析评议活动。做好发展党员工作，加大在科研、业务骨干和青年中发展党员的工作力度，积极推荐优秀团员作为党员发展对象，建立健全党内激励、关怀、帮扶机制，做好走访慰问老党员、生活困难党员工作。

三要积极推进党内民主。贯彻落实《中国共产党党员权利保障条例》和《关于党的基层组织实行党务公开的意见》，进一步完善和落实党内情况通报、情况反映、重大决策征求意见等制度，保障党员的知情权、参与权、选举权、监督权，发挥党员在党内生活中的主体作用。

四要加强党组织自身建设。落实党组织书记带头抓、一级抓一级、一级带一级的党

建工作责任制。将党建工作纳入年度考核内容，分解责任，细化措施，确保党建工作各项任务落实。加强党组织班子建设，做好基层党组织换届工作。建立经常性的学习制度，钻研业务，研究问题，提高能力。进一步加大党务干部培训力度，丰富内容，完善形式，增强实效，不断提高党务干部的业务水平。

五要积极开展党建研究。注重发挥中国农业科学院党的建设和思想政治工作研究会的作用，开好院党的建设和思想政治工作研究会五届四次会议。围绕我院党建和思想政治工作中存在的热点、难点和重点问题进行研究，不断深化对农业科研单位党建工作的规律性认识，加大研究成果的交流，注重研究成果的转化，不断提高我院党建工作的科学化水平。

（五）以以人为本、廉洁从业为根本，进一步推进作风建设和反腐倡廉建设

胡锦涛总书记在中央纪委六次全会上作了重要讲话，突出强调要切实把以人为本、执政为民贯彻落实到党风廉政建设和反腐败斗争之中，以党风廉政建设和反腐败斗争的实际成效取信于民。我们要认真学习领会、切实贯彻落实总书记的讲话精神，进一步加强我院作风建设和反腐倡廉建设。

一是积极推进党员干部队伍作风建设。进一步加强和改进党员干部队伍作风建设，结合创先争优活动，引导党员干部在加强作风建设方面作表率。大兴密切联系群众、求真务实、艰苦奋斗、批评与自我批评之风，进一步增强群众观点，维护群众利益，密切党群干群关系，树立为民、务实、清廉的良好形象。

二是加强反腐倡廉教育。学习贯彻中央纪委第六次全会精神，深入开展党性党风党纪教育，继续推进《廉政准则》贯彻落实，有针对性地开展示范教育、警示教育和岗位廉政教育，加强廉洁自律意识，提高教育实效。加强廉政文化建设，大力营造“以廉为荣、以贪为耻”的浓厚文化氛围，使党员干部自觉做到遵纪守法、廉洁从业。

三是继续推进惩防体系建设。在院党组领导下，贯彻落实党内监督条例，严格执行党风廉政建设责任制、党政领导干部问责制。落实好院党组2011年反腐倡廉分工任务，加强对部、院党组决策部署和领导干部廉洁自律各项规定落实情况的监督检查。抓好廉政风险防控机制建设工作，扎实推进反腐倡廉制度体系建设。做好信访举报和案件查处工作，发挥查办案件的惩戒和治本功能。深入推进专项治理工作，着力解决重点领域突出问题。

（六）以创建和谐文明单位为动力，切实加强我院直属机关精神文明建设

精神文明建设是我院党建工作的重要组成部分。要把精神文明建设摆上更加突出位置，进一步做好新形势下的思想政治工作，充分发挥党外人士和群团组织的作用，扎实

推进和谐文明单位建设。

一是改进和加强思想政治工作。积极探索和把握思想政治工作的特点和规律，坚持以人为本，注重人文关怀和心理疏导，运用行之有效的工作方法，不断创新工作形式和手段，认真做好职工思想政治工作。要落实思想政治工作领导责任制，各单位主要负责同志负总责，班子成员要明确分工，落实责任，一级抓一级，层层抓落实。要坚持一年两次的职工思想状况定期分析制度，了解掌握干部职工的思想动态和心理状况。关心困难职工生活，开展“送温暖、献爱心”活动。

二是继续深化精神文明建设。坚持党政群团齐抓共管，院、所、处室层层负责的工作格局，深入开展文明单位创建和“讲文明、树新风”的群众性精神文明建设活动。修订《中国农业科学院文明单位创建活动实施办法》，开展全院精神文明建设的工作交流，做好我院中央国家机关文明单位的自查工作，不断推动我院精神文明建设的蓬勃开展。

三是加强工青妇组织工作。支持工青妇组织按照各自章程开展工作，注重发挥工青妇组织的桥梁纽带作用，提高其联系群众、引导群众、服务群众的能力。组织开展工作培训，提高工青妇干部的政治素质和工作能力。参加农业部举办的歌咏、广播操比赛等文体活动，在全院开展“人人学太极”健身活动，增强职工体质。组织 2008 ~ 2010 年度院“十佳青年”的评选。组织“农科巾帼、红色风尚”三八妇女节纪念活动，完成院妇工委换届。

四是开展好统战工作。切实增强统战意识，积极做好党外人士的联系、服务、举荐工作，发挥党外人士参政议政、民主监督、建言献策的作用。认真做好统战知识培训。开展院统战工作调查研究，为进一步加强统战工作提供对策建议，起草我院加强统战工作的指导意见。

（七）以营造激励创新的文化氛围为愿景，深入推进创新文化建设

开展创新文化建设是一项长期而艰巨的工程，我们必须要持之以恒、常抓不懈，推动创新文化建设向纵深发展。

一是深化创新文化建设。深入贯彻落实院党组《关于开展创新文化建设工作的指导意见》《关于深入推进创新文化建设的意见》和 2010 年院创新文化建设工作会精神，加强对本单位创新文化建设的研究，完善整体设计，丰富工作内容，加大工作力度，强化责任落实，构建长效机制。通过多种方式传播创新文化理念，增强创新文化建设的吸引力，营造激励创新的氛围，使创新文化理念成为全院职工的自觉行动，为科技创新提供动力源泉和精神支撑。

二是应用创新文化成果。继续做好创新文化建设成果的规范使用、展示交流和宣传推广工作，组织举办创新文化建设成果展示活动，提升院所的品牌和形象，体现特色鲜明、内涵深刻的农业科研院所文化，展示院所及广大职工积极向上的时代风貌和精神风

貌，使广大职工普遍认同、自觉参与，扩大创新文化建设的参与度，确保创新文化建设取得实效。

同志们，加强党建，服务科学发展，是新形势下我院各级党组织的神圣使命，让我们在院党组和农业部直属机关党委的领导下，深入贯彻落实科学发展观，扎实工作，开拓创新，全面推进我院直属机关党的建设，以优异的成绩迎接中国共产党成立90周年，为实现我院各项事业又好又快发展作出新的更大的贡献！

在中国农业科学院 2011年党风廉政建设工作会议暨全面推行廉政风险防控管理动员部署会上的讲话

中央纪委驻农业部纪检组组长　朱保成

（2011年1月11日）

同志们：

很高兴在十七届中央纪委第六次全会刚刚闭幕的时候，来中国农业科学院参加党风廉政建设工作会议暨全面推行廉政风险防控管理动员部署会。刚才，罗炳文副书记作了工作报告，对2010年农科院党风廉政建设工作作了全面总结，部署了2011年的任务，并且对全面推行廉政风险防控管理进行了动员部署；油料所李光明副所长介绍了他们开展试点工作的经验；翟虎渠院长作了重要讲话，强调了新形势下加强党风廉政建设工作的重要性，对2011年的工作提出了具体要求，我完全赞同。我觉得我们这次会议一个最突出的特色，就是在全院推行廉政风险防控管理，因为这项工作是刚刚结束的中央纪委六次全会部署的一项创新性工作，除了试点单位以外，应该说农科院是搞得比较早的。下面，我简要传达一下中央纪委六次全会精神，然后对农科院反腐倡廉工作提几点希望。

一、中央纪委第六次全会主要精神

中国共产党第十七届中央纪律检查委员会第六次全体会议于2011年1月9日开幕，今天上午闭幕。这次全会的主要任务是：回顾总结2010年党风廉政建设和反腐败工作，研究部署2011年任务。胡锦涛总书记在会议上发表了重要讲话，贺国强同志代表中央纪委常委会作了题为《坚持改革创新　狠抓工作落实　努力取得党风廉政建设和反腐败斗争新成效》的工作报告。吴邦国、温家宝、贾庆林、李长春、习近平、周永康同志和在京的中央政治局、中央书记处的同志出席会议。

1月10日上午，胡锦涛同志作重要讲话。他肯定了2010年党风廉政建设和反腐败工作所取得的成效，深刻分析了反腐倡廉面临的形势和存在的问题。指出，综合起来看，当前党风廉政建设和反腐败斗争的总体态势是“三个并存”，即成效明显和问题突出并存，防治力度加大和腐败现象易发多发并存，群众对反腐败期望值不断上升和腐败现象短期内难以根治并存，反腐败斗争形势依然严峻、任务依然艰巨。我们既要看到反腐倡廉建设取得的明显成效，又要看到反腐败斗争的长期性、复杂性、艰巨性，以更加坚定的决心和更加有力的举措坚决惩治腐败、有效预防腐败，进一步提高反腐倡廉建设科学化水平。

胡锦涛着重强调，要切实把以人为本、执政为民贯彻落实到党风廉政建设和反腐败斗争之中。以人为本、执政为民是马克思主义政党的生命根基和本质要求。全党同志必须坚持全心全意为人民服务，做到权为民所用、情为民所系、利为民所谋，使我们的工作获得最广泛、最可靠、最牢固的群众基础和力量源泉，使我们的事业经得起任何风浪、任何风险的考验。

胡锦涛指出，我们要清醒地看到，当前在实际工作尤其是基层工作和干部队伍中，仍然存在一些违背党的性质和宗旨、群众反映强烈的突出问题，主要表现在以下5个方面：一是群众观念淡薄，不尊重群众，不相信群众，想问题、干事情不把群众放在心里，居高临下，发号施令，态度生硬，方法简单。二是决策脱离实际，不顾群众意愿，不顾群众利益，乱铺摊子，乱上项目，搞劳民伤财的“形象工程”和沽名钓誉的“政绩工程”。三是作风不扎实，庸懒散问题突出，见困难就缩，见问题就推，见矛盾就躲，对群众提出的诉求敷衍了事，对群众反映的问题久拖不决甚至放任不管，以致酿成严重后果。四是违纪违法问题严重，在土地征用、城镇拆迁、城市管理等过程中，违规操作、粗暴执法，甚至滥用强制手段，导致群众生活无着，引发群体性事件和个人极端事件。五是以权谋私现象多发，乱收费、乱罚款、乱摊派，吃拿卡要，不给好处不办事；截留、挪用民生资金，与民争利。这些问题严重损害群众利益，严重影响党和政府形象，必须下大力气加以解决。

胡锦涛强调，党风廉政建设和反腐败斗争贯彻以人为本、执政为民，认真解决损害群众利益的突出问题和反腐倡廉建设中群众反映强烈的突出问题，要从6个方面做好工作，即“六个着力”：着力加强以人为本、执政为民教育；着力建立健全体现以人为本、执政为民要求的决策机制；着力按照法律法规和政策开展工作；着力维护人民群众权益；着力查处损害群众切身利益的案件；着力加强基层干部队伍作风建设。

胡锦涛要求，各级党委和政府要切实担负起全面领导党风廉政建设和反腐败的政治责任，把反腐倡廉纳入党委和政府总体工作，与经济建设、政治建设、文化建设、社会建设以及生态文明建设和各项工作紧密结合，一起部署，一起落实，一起检查，一起考核。各级党委和政府要加强对纪检监察工作的领导，帮助纪检监察机关解决实际困难和问题，保证纪检监察机关充分履行工作职责。

1月9日上午，贺国强在大会上作工作报告，工作报告分3个部分。贺国强全面回顾和总结了党风廉政建设和反腐败8个方面的工作和取得的成效，总结了中央纪委常委会一年来的工作和经验，指出了党风廉政建设和反腐败面临的形势和存在的主要问题。

报告提出，2011年工作总的要求是，坚持标本兼治、综合治理、惩防并举、注重预防的方针，加强以保持党同人民群众血肉联系为重点的作风建设，加强以完善惩治和预防腐败体系为重点的反腐倡廉建设，着力解决反腐倡廉中人民群众反映强烈的突出问题，围绕中心、服务大局，突出重点、整体推进，改革创新、狠抓落实，不断提高反腐倡廉建设科学化水平，为顺利实施“十二五”规划，促进经济社会又好又快发展提供有力保证，以党风廉政建设和反腐败斗争的新成效迎接建党90周年。

全会从两个大的方面对2011年党风廉政建设和反腐败作了部署。第一个大的方面是党风廉政建设和反腐败斗争的长期性、基础性工作。着力抓好3个方面：

（一）严明党的政治纪律，加强监督检查，保证党的十七届五中全会精神和中央重大决策部署的贯彻落实。

（二）以保持党同人民群众血肉联系为重点，扎实推进党的作风建设。大力弘扬密切联系群众的优良作风，大力弘扬求真务实和艰苦奋斗的优良作风，大力弘扬批评与自我批评的优良作风。

（三）以完善惩治和预防腐败体系为重点，整体推进反腐倡廉工作。按照建立健全惩治和预防腐败体系实施纲要的部署，扎实推进教育、制度、监督、改革、纠风、惩治等工作。

在加强监督方面强调要全面推行廉政风险防控及行政权力、公共服务公开透明运行，这是一项新的部署，所以，我们农科院党组专门布置这方面的工作，非常符合中央纪委的布置和要求。

第二个大的方面是，认真解决反腐倡廉建设中人民群众反映强烈的突出问题，着重在4个方面下功夫。

（一）深入推进专项治理工作，努力遏制消极腐败现象和不正之风在一些领域易发多发的势头。深化工程建设领域突出问题专项治理；深化“小金库”专项治理；深入开展庆典、研讨会、论坛过多过滥问题专项治理；开展公务用车问题专项治理。

（二）认真落实《廉政准则》，着力解决领导干部在廉洁自律方面存在的突出问题。重点解决3个问题：落实领导干部报告个人有关事项等两项制度；整治领导干部违规收受礼金问题；巩固党政机关厉行节约、制止奢侈浪费工作成果。

（三）严肃组织人事纪律，确保地方党委换届工作健康顺利进行。

（四）加强基层党风廉政建设，着力解决发生在群众身边的腐败问题。包括4个方面：一是深入推进基层事务公开透明；二是加强对基层干部的教育、管理和监督；三是加大对损害群众利益行为的问责力度；四是畅通群众反映问题、表达合理诉求的渠道。

贺国强要求，要切实抓好反腐倡廉各项任务的落实。认真落实党风廉政建设责任制，进一步形成全党动手抓党风廉政建设和反腐败工作的合力；加大改革创新力度，努力提高反腐倡廉建设科学化水平；加强纪检监察机关自身建设，为落实反腐倡廉各项任务提供组织保证。

二、对农科院反腐倡廉建设工作的几点希望

中国农业科学院作为农业科研的国家队，在发展现代农业、提高农业科技自主创新

和成果转化能力，提高科技对主要农产品有效供给的保障能力，提高农民增收的支撑能力以及人才队伍建设等方面承担着重要的职责。2010年，农科院科研立项进展顺利，全年新增主持项目1 227项，参加项目164项，合同经费总额6亿元。取得了一批重大科研成果，在科技兴农、人才队伍建设、国际合作和产业开发等方面都取得了明显成绩。借此机会，向辛勤奋战在农业科研战线的全体科技人员表示热烈祝贺和衷心感谢！

多年来，农科院党组高度重视党风廉政建设，特别是完善了党组纪检组领导班子后，进一步健全了所属单位的纪检组织，党风廉政建设工作稳步推进。尤其是在创新廉政宣传教育方式、加强制度规范建设、落实党风廉政建设责任制等方面，工作有特色，成绩很明显，为保证农科院中心工作的健康发展发挥了重要作用。2011年是实施“十二五”规划的开局之年，进一步做好党风廉政建设工作，为科研发展提供政治和纪律保证意义重大。

（一）切实把认识统一到中央的要求上来

胡锦涛总书记在中央纪委六次全会上的重要讲话，围绕以人为本、执政为民，进行了深刻阐述，语重心长、意义深远。核心是始终保持党同人民群众的血肉联系，坚定不移地反对腐败。农业科研单位尽管不是权力集中的部门，也不是腐败现象高发的领域，但是在思想上也决不能掉以轻心，认识上决不能松懈麻痹，工作上决不能马虎懈怠。必须看到，随着中央对“三农”工作的日益重视，包括科研项目资金在内，投入不断增加。资金多了是好事，管理规范是难事，预防腐败是大事。我们有些同志尤其是一些领导干部，对新形势下反腐倡廉工作的重要性、紧迫性和复杂性认识不到位，认为农业科研单位是“清水衙门”，对反腐败主动性不强，自觉性不高，只是在上级有布置有要求时才重视一下，平时过问不多，这是非常危险的。刚才翟院长在讲话中讲了农科院两个研究所的违法违纪案件，农业部系统近几年每年也都查处了一些违法违纪案件。事实一再表明，权力不在大小，失去监督就会产生腐败；资金不在多少，缺乏监督就会发生问题。最近几年，科研和高校领域的腐败现象已逐渐呈高发态势，农科院的领导干部必须保持清醒头脑，时刻绷紧反腐倡廉这根弦。要把认识统一到中央对反腐倡廉工作的部署和要求上来，增强政治责任感和现实紧迫感。领导干部不仅自己要做到廉洁自律，还要站在全局的高度，用心谋划好、落实好本单位本部门的反腐倡廉工作，为科研事业的健康发展提供有力保证。

（二）进一步落实党风廉政建设责任制

2010年11月，中央又修订颁发了《关于实行党风廉政建设责任制的规定》。《规定》是深入推进党风廉政建设和反腐败斗争的一项重要基础性法规，要认真学习，贯彻落实。要采取多种形式做好宣传教育工作。使各级领导干部尽快熟悉和掌握《规定》，为贯彻实施《规定》创造良好氛围和条件。要认真分析查找本单位、本部门在党风廉政建设方面存在的突出问题和薄弱环节，采取有效措施加以解决，把党风廉政建设的各项要求落实到具体业务工作的各个方面，使党风廉政建设工作与业务工作紧密结合，相互融合、相互促进。各级领导干部要深入学习理解和认真贯彻执行《规定》，进一步增强责任意识，切实采取有效措施，全面履行自身职责，不断开创党风廉政建设和反腐败斗争的新局面。纪检监察部门要切实履行职责，加强对《规定》贯彻执行情况的监督检查，及时纠正并严肃处理违反《规定》的行为，实施严格的责任追究。

（三）全面推行廉政风险防控管理，加大对重点领域、重点环节的监督防范

近年来，科研院所职务违法违纪案件发生呈上升态势，案由集中在贪污、受贿、挪用公款等方面。涉案人员普遍学历较高、年富力强。他们的违法违纪行为不但给社会、给单位造成了很大损失，同时给本人、给家庭也造成了巨大痛苦。按照部党组的部署，中国农业科学院作为部系统最大的事业单位，2011 年要全面推进廉政风险防控管理。对落实好这项基础性工作，我想再强调 3 个方面作为重点：

首先，要加强防控科研经费使用中廉政风险的力度。随着国家对科研领域投入的加大，农科院的科研经费也在逐年增加。要以科研经费使用的流程为依据，认真分析廉政风险点，针对廉政风险制定具体的防范措施，最大程度地提高科研经费管理中的规范性，最大限度地减少科研经费使用中的随意性和弹性空间，降低发生腐败问题的可能性。在实际操作中，要严格把好预算关，准确掌握经费使用情况，严格按照规定实行专款专用；要健全并严格执行财务监管制度，严格审核经费支出，堵塞管理漏洞；加强对科研经费使用情况的跟踪监督和审计监督，积极防止挤占、挪用、滥用科研经费和其他违纪违法问题的发生。

其次，要加强对工程项目和修缮项目的监督管理。最近几年，农科院的基建项目、采购项目及修缮项目金额增幅较大，管理好、监督好、使用好这些钱，确保建设项目资金安全、质量安全、干部安全，责任重大。目前，工程建设领域已经成为腐败问题的重灾区，多名官员因此落马，我们一定要汲取前车之鉴。要认真开展工程建设领域突出问题专项治理，在项目决策环节、项目招投标环节、物资采购环节、工程质量环节、资金管理环节、竣工验收环节等，做到法规制度规范的程序落实到位，监督防控措施到位，保证项目建设健康有序地运行，保证干部安全。

最后，要加大对“小金库”的治理。中央政治局会议听取中央纪委 2010 年工作汇报时，强调将“小金库”专项治理作为 2011 年反腐倡廉的重点工作之一。对此，中央纪委六次全会作了具体部署。“小金库”虽经多次清理，仍不能有效根治，农科院也不例外。最近个别研究所暴露出了“小金库”问题，并引发了经济犯罪，教训是深刻的，说明管理监督还不到位。要下大力气，坚决清除“小金库”顽症。

在这里想再强调一下重大事项报告制度。要按照中央纪委办公厅印发的“关于严格执行重要情况报告制度的通知”的要求，对涉及本单位党员领导干部的重要情况，要及时主动报告，不得迟报、漏报、瞒报。否则，要依照党风廉政建设责任制的有关规定予以追究。

（四）加强学风建设，反对学术腐败

科学研究是件苦差事，要耐得住寂寞，受得了清苦，要有牺牲精神和奉献精神，农业科学研究更是如此。当前，由于社会大环境的影响，科研领域也存在着心浮气躁、急功近利、弄虚作假等不良学术风气，有的单位甚至出现了学术腐败问题，这些都值得我们农业科学院警惕。农业科学院不是世外桃源，恐怕也不能说这方面一点问题都没有，即使是今天没有，也不敢保证以后没有，要把防范工作做在前面。在社会大环境还不太理想，各方面政策保障还不充分的情况下，抵制、摒弃不良学术风气，杜绝不良学术行为的主体还是科研人员自身。要加强对科研人员的学术道德教育和培训，教育科研工作者严于律己，规范学术行为，坚持学术操守。要大力弘扬追求真理、实事求是、埋头苦干、无私奉献的科学精神。要加强学术规范与学风建设，在强化学者自律的同时，还要注重他律，建立健全学术监督管理机制。要加强科学管理，完善学术评价的程序、形式和内容，完善学术评价的队伍和机构建设：明确学术委员会在学术道德和学术价值认定方面的调查评判职责；明确各研究所的学术委员会必须承担起本单位学术道德、学术规范、学术风气建设和检查的直接责任；明确学科带头人和项目负责人在团队的学术道德建设和学术规范建设方面的责任。

同志们，2011 年是全面贯彻落实党的十七届五中全会精神，实施“十二五规划”的第一年，中国农业科学院各项工作任务会更加繁重、更加艰巨。希望农科院和各个研究所从自身的实际出发，坚持“两手抓，两手都要硬”，加强惩防体系建设，推进廉政风险防控，从源头上遏制腐败。努力做到在思想上有新解放、观念上有新转变、思路上有新突破、措施上有新办法，坚持不懈地把党风廉政建设和反腐败工作引向深入。

最后，预祝大家春节快乐，事业兴旺，家庭幸福！

围绕中心　服务大局　科学推进我院反腐倡廉建设

——翟虎渠在中国农业科学院2011年党风廉政建设工作会议暨全面推行廉政风险防控管理动员部署会上的讲话

（2011年1月11日）

同志们：

今天，我们在院工作会议期间召开2011年党风廉政建设工作会议暨全面推行廉政风险防控管理动员部署会，深入贯彻党的十七届四中、五中全会以及中纪委六次全会精神，把广大党员干部的思想统一到中央新的要求上来，开拓我院党风廉政建设工作新局面，为实现我院“三个中心、一个基地”战略目标和我院“十二五”规划顺利实施提供坚强保障。刚才，炳文同志代表院党组分别作了我院党风廉政建设工作报告和廉政风险防控工作的动员部署讲话，连奇同志宣读了《中国农业科学院推进廉政风险防控机制建设实施方案》，油料所李光明同志作了廉政风险防控机制建设经验介绍。稍后，朱保成同志还要传达刚刚闭幕的中纪委六次全会精神，并代表部党组和驻部纪检组监察局对我院2011年党风廉政建设工作作重要指示。会后，各单位要组织全体党员干部认真学习领会，抓紧制定2011年及“十二五”期间党风廉政建设和反腐败工作计划，把这次会议精神落到实处。

2010年，在部党组的正确领导下，在驻部纪检组监察局的悉心指导下，院党组高度重视，紧密结合实际，认真贯彻中纪委及农业部廉政会议精神，坚持标本兼治、综合治理、惩防并举、注重预防的方针，着力抓好以惩防体系建设为重点的反腐倡廉建设，努力拓展从源头上防治腐败的工作领域，取得了明显的成效。我院创新廉政宣传教育方式，在全院范围开展了廉政宣传月活动；加强制度建设，落实党风廉政建设责任制，实行了签订责任书制度；开展了巡视、工程建设领域突出问题专项治理、基建项目和政府采购招标投标廉政监督等，维护党纪政纪严肃性。党风廉政建设取得了显著的成效，为我院的中心工作创造了良好环境。希望各级领导和同志们再接再厉，把今后的工作做得更好。下面，我代表院党组讲3点意见。

一、充分认识新世纪新阶段反腐败斗争的长期性、复杂性、艰巨性

胡锦涛总书记在十七届中央纪委第五次全会上指出："我国仍处于社会主义初级阶段，处于经济体制深刻变革、社会结构深刻变动、利益格局深刻调整、思想观念深刻变化和各种社会矛盾凸显的历史时期，各方面体制机制还不完善，有着不少缺陷和漏洞，存在着滋生腐败现象的土壤和条件。"在刚刚结束的中央纪委第六次全会上胡锦涛总书记强调，必须清醒地看到，党风廉政建设和反腐败斗争仍然面临一些突出问题，反腐败斗争形势依然严峻、任务依然艰巨。我们既要看到反腐倡廉建设取得的明显成效，又要看到反腐败斗争的长期性、复杂性、艰巨性，以更加坚定的决心和更加有力的举措坚决惩治腐败、有效预防腐败，进一步提高反腐倡廉建设科学化水平。

中国农业科学院作为国家级农业科研单位，下属30多个研究所，随着国民经济的高速发展，国家对农业科技的投入大幅度增加，我院的科研经费、政府采购、基本建设、产业开发总量上都达到了前所未有的规模，2010年仅国家财政拨款就超过25亿元。此外，还掌握着不少土地、房屋等公共资源。所有这些，都对我们的管理和监督提出了更高的要求。同时，随着市场经济的发展，方方面面与社会的联系越来越密切。如果管理监督不到位，社会上的一些腐败现象很容易渗透进来，产生这样那样的问题。对此，我们一定要有足够清醒的认识，做好与腐败现象作不懈斗争的充分思想准备。

二、统筹规划，突出重点，大力推进反腐倡廉各项工作

反腐倡廉建设是一项复杂的系统工程，我们一定要围绕大局，统筹规划，突出重点，大力推进反腐倡廉各项工作。2011年要在稳步推进各项工作的基础上，重点抓好以下几项工作。

一是进一步贯彻落实廉政建设责任制。前不久，中共中央、国务院印发了《关于实行党风廉政建设责任制的规定》。新规定是深入推进党风廉政建设和反腐败斗争的一项重要基础性法规，对于强化各级领导班子和领导干部抓反腐倡廉建设的政治责任，保证党中央、国务院关于党风廉政建设和反腐败斗争各项决策部署的贯彻落实，进一步提高管党治党水平，为推动科学发展、促进社会和谐提供有力的政治保障，具有十分重要的意义。我们要从提高党的执政能力、巩固党的执政地位的高度，充分认识贯彻实施《规定》的重要性，结合贯彻落实党的十七大和十七届四中、五中全会精神，扎扎实实地抓好组织实施工作。要采取多种形式加强宣传教育，为贯彻实施《规定》创造良好氛围和条件；要对照《规定》分析查找本单位、本部门在党风廉政建设方面存在的突出问题，采取有效措施加以解决；要加强对《规定》贯彻执行情况的监督检查，及时纠正并严肃处理违反《规定》的行为。各级领导干部要把落实党风廉政建设责任制作

为一项重要任务，进一步增强责任意识，切实做到“一把手”负总责，分管领导各负其责，一级抓一级，层层抓落实。

二是按照农业部党组的动员部署，全面推进廉政风险防控机制建设。这是贯彻落实中央精神和中纪委五次、六次全会部署，推进惩治和预防腐败体系建设，将管理科学的风险管理和质量控制理论引入反腐倡廉具体实践的创新性工作，也是科学推进反腐倡廉建设的重大举措。这一机制的建立，将成为我们惩治和预防腐败体系的重要依托和有机组成部分，是反腐倡廉建设的一项百年大计。刚才罗炳文同志代表院党组就这项工作进行了动员部署。我们各级领导同志一定要统一思想，提高认识，增强政治责任感和使命感，以高度负责的精神和严谨的科学态度，认真扎实地做好这项工作。

三是贯彻执行《廉政准则》，进一步加强重点领域、重要岗位和关键环节的监督。中央印发的《廉政准则》，明确规定了领导干部从政行为“八禁止 52 不准”。作为党员领导干部，必须严格遵守。在重点领域、重要岗位的领导干部，更要时时处处警醒自己，要“如临深渊，如履薄冰”，廉洁自律，洁身自好，千万不可“越雷池一步”。重点领域主要是涉及经济的领域，如基建、采购、产业开发等领域，重要岗位主要是具有人财物支配权和管理权的岗位。对重点领域、重要岗位的监督，一是要关口前移，二是要加强全过程的监督。特别在基建招标和政府采购中，纪检监察部门要提早介入，必须做到按要求办事，按程序办事。在重点领域中，“三重一大”又是重中之重。对“三重一大”（重大决策、重要干部任免、重要项目安排和大额资金使用）必须按规定程序办。各单位要结合廉政风险防控机制建设、党风廉政建设责任制以及《廉政准则》的学习贯彻，进一步细化、深化相关规定程序。再强调一下，像基建项目、仪器设备采购这些事情，各单位的“一把手”最好不要直接去管，由班子成员分工负责。这样，本单位内部就有了更多的把关空间，既便于工作的开展，也是一种领导艺术和工作方法，对我们的干部也能起到类似“防火墙”或“安全阀”的保护作用。

关于“小金库”问题。最近，中央政治局会议听取中央纪委 2010 年工作汇报，强调将“小金库”专项治理作为 2011 年反腐倡廉的重点工作之一。我们要落实中央部署，认真开展专项治理，强化账目管理和现金管理，坚决切断“小金库”的资金来源。这个问题多年来中央可以说是三令五申，近几年更是写进了刑法，同时，每年都进行严格的检查。2010 年兰州牧药所的人就在这方面犯了错误，受到党纪国法的惩处。我院对这个问题反复强调、三令五申，各单位不能设立“小金库”。此外，研究所也要管好下属单位，不能设立“小金库”。灌溉所也有人因“小金库”涉嫌贪污。希望所领导以身作则，同时，要监督下属单位和有关人员严格依法依规办事。特别是财务部门，要严格把关，严格按财务纪律办事。

三、加强领导，落实责任，为中心工作提供坚强保障

党风廉政建设是一项非常重要的工作，关系党和国家的生死存亡，关系一个单位的

兴旺发达、事业成败。加强领导，落实责任，为中心工作提供坚强保障。这里我对各级领导提3点要求。

（一）加强对党风廉政建设的领导

一是要加强学习。领导班子成员特别是“一把手”要带头学好中央和中纪委全会精神、学习《廉政责任制规定》和《廉政准则》等，进一步提高对反腐倡廉各项工作重要性的认识。只有认识到位，工作才能到位。二是要加强修养，转变作风。良好的作风是凝聚民心的巨大力量。要带出一方正气，创出一方和谐，干出一番事业，领导干部必须加强党性修养，切实转变思想作风和工作作风。作为单位的主要领导，必须充分发扬民主，切实贯彻民主集中制，严格执行议事规则，不能搞家长作风，更不能个人说了算。要做到既善于谋划大战略、大目标，关心单位的长远利益，又善于深入群众，深入实际，关心职工的切身利益，做深入细致的思想工作。三是要加强监管，措施到位。要把党风廉政建设工作与业务工作一起计划、一起部署、一起落实，一起检查，真正做到“两手抓、两手硬”。单位的主要领导，特别是“一把手”，对反腐倡廉各项工作一定要亲自部署，亲自过问。要管住自己，管住班子，管住下属单位、部门的一把手。发现问题苗头，一定要及时提醒和教育。

（二）充分发挥纪检监察体系的作用

随着院纪检组监察局和院属各单位纪委的健全，我院已建立起完善的纪检监察工作体系和运行体系。院纪检组监察局要切实加强对全院纪检监察工作的领导和业务指导，充分发挥纪检监察体系的作用。及时了解情况，解决工作中存在的问题，督促各方面切实履行职责。同时，各单位的纪委书记或者主管纪检监察工作的领导，要加强和纪检组监察局的联系沟通，主动汇报工作。

（三）进一步加强纪检监察队伍建设

要适应新形势新任务的客观要求，努力把纪检监察干部队伍的思想、能力、作风建设提高到新水平。纪检监察干部要认真学习中国特色社会主义理论体系，用科学发展观武装头脑、指导实践，不断提高自身的政治业务素质和履行职责的能力。相关部门要注重纪检监察干部的培养，有计划、有针对性地为纪检监察干部提供更多的学习和锻炼的机会。院属各单位也应进一步高度重视，配好配强纪检监察干部。要为纪检监察机构和纪检监察干部创造良好的工作条件，提供足够的运行经费，给予符合工作要求的职级待遇，帮助他们解决工作中的实际困难。要把思想作风和业务素质过硬的同志充实到纪检监察队伍中来，同时，把条件成熟的纪检监察干部交流到其他业务管理岗位，使纪检监察干部更加了解院情、所情，业务管理干部熟悉纪检监察工作，形成院所纪检监察干部队伍知识结构多样化，使纪检监察干部视野更开阔、思维更活跃、作风更务实，真正建立起一支思想强、作风硬、业务精的纪检监察干部队伍。

2011 年是“十二五”的开局之年，各项工作的筹划、定位，对战略目标的实现关系重大。我们一定要坚持以科学发展观为指导，用辩证的、全面的、发展的观点分析形势，准确把握反腐倡廉建设的新任务、新部署、新要求，进一步强化“围绕中心、服务大局”的意识，紧紧围绕“三个中心、一个基地”战略目标，从战略高度，观察、审视反腐倡廉建设面临的形势和任务，整体把握反腐倡廉建设进展情况，把阶段性任务与战略性目标结合起来，合理整合各方面力量，增强反腐倡廉建设的整体性、协调性、系统性、实效性。要通过我们反腐倡廉方面严谨科学的建设性工作，促进我院的管理水平迈上一个新的台阶，促进中国农业科学院的各项事业大发展。

元旦刚刚过去，春节已经临近，再强调一下加强春节期间党风廉政建设的问题。希望党员领导干部要严格要求自己，过一个健康、文明、节俭的春节。同时，请各位所领导能够关心我们本单位的弱势群体，关心困难职工，帮助他们解决好生活问题。在春节前，各单位要做好访贫问苦、解决困难职工生活问题的工作，使他们能够和我们大家一起，过一个祥和、愉快的春节！

创新党风廉政建设工作
为我院各项事业发展提供坚强保证

——在中国农业科学院2011年党风廉政建设工作会议上的工作报告

中国农业科学院党组副书记　罗炳文

（2011年1月11日）

中国农业科学院党风廉政建设和反腐败工作在农业部党组、驻部纪检组监察局的领导和关怀下，坚持以邓小平理论和“三个代表”重要思想为指导，全面落实科学发展观，深入贯彻党的十七大、中央纪委全会精神，从整体上科学谋划党风廉政建设工作，全面加强惩防体系建设，在教育、制度、监督、惩处等方面，完善工作思路，明确工作重点，创新体制机制，坚持求真务实，为我院各项事业科学发展提供了坚强保证。

一、2010年党风廉政建设工作回顾

我院高度重视党风廉政建设和反腐败工作，按照中央和农业部的部署，结合实际，完善体制机制，发挥整体合力，努力营造不出事、能干事的良好环境，党风廉政建设和反腐败工作取得明显成效。

（一）认真贯彻落实中纪委及部党风廉政建设工作会议精神，大力推进我院党风廉政建设工作

及时召开2010年院党风廉政建设工作会议，传达胡锦涛总书记在中纪委五次全会上的讲话、中纪委全会、国务院和农业部廉政工作会议精神，并对2010年我院党风廉政建设工作进行了部署。召开了反腐倡廉工作任务分工会议，制定《中国农业科学院贯彻落实2010年反腐倡廉工作任务的分工意见》。院党风廉政建设工作领导小组各成员单位认真落实分工意见，对于牵头工作，加强领导，组织落实，对于协助抓的工作，认真对待，协助牵头单位抓好自己职责范围内的工作。做到了年初有落实分工任务的计划、有具体实施方案，平时抓得紧，年终有总结、有检查。形成了党风廉政建设与中心工作齐抓共管、各负其责的良好运行机制，确保部院党组各项决策的贯彻落实。

结合我院实际，印发了《中共中国农业科学院党组关于加强党风廉政建设工作的决定》，对加强新时期党风廉政建设工作作出了进一步的安排和部署。

完善我院纪检监察体制。我院党组纪检组领导班子健全后，为进一步完善纪检监察组织，院党组在充分调研的基础上，决定加强院属各单位纪委组织建设，所属单位现已全部成立了纪委或明确了纪委负责人，并实行了纪委和行政监察合署办公。纪检监察体制的完善，充实了纪检监察力量，形成了合力，有力地促进了中国农业科学院党风廉政建设的深入开展。

（二）创新廉政宣教方式，营造廉政文化氛围

《中国共产党党员领导干部廉洁从政若干准则》（以下简称《廉政准则》）颁布以后，我院 6 月份组织开展了廉政教育宣传月活动。宣传月由一系列活动组成：院党组副书记、纪检组组长罗炳文为京区党员干部讲廉政党课、播放中央党校张希贤教授“廉政准则实施与监督”讲座视频、组织观看中纪委出版发行的《反腐倡廉每月一课》系列光盘、自行制作“加强反腐倡廉建设　树立廉洁自律新风”为主题的展板在全院展示。各单位认真组织党员干部参观反腐倡廉教育基地，组织收看《莫让爱好变成陷阱》《老实做人　干净做事》《贪官无孝子》《认真贯彻四中全会精神　推进机关党风廉政建设》等党风廉政宣传片，利用宣传橱窗和大屏幕展示宣传彩页、滚动播放“八禁止 52 不准”等，加深党员干部对《廉政准则》重要性的认识，提高党员干部的自律意识。这次教育活动，全院广泛参与，时间集中，形成了教育合力，做到了教育范围全覆盖。

组队参加农业部直属机关党委、驻部纪检组监察局主办、部属 55 个单位参加的《廉政准则》知识竞赛并获三等奖。对全院处级以上党员领导干部进行了《廉政准则》知识测试，共有 784 人参加，99.5% 的参加测试人员取得了 90 分以上的好成绩。

开设了中国农业科学院党风廉政建设网，及时更新网站信息，充实网站内容，优化了栏目，使网页阅读更加简洁、方便。将原《纪检监察审计简报》更名为《党风廉政建设简报》，使党风廉政建设的宣传平台更加广阔。

为进一步推进全院廉政文化建设的开展，印发了《中国农业科学院关于加强廉政文化建设的意见》，对我院开展廉政文化建设作出了全面部署。

（三）加强制度建设，落实党风廉政建设责任制

为进一步贯彻胡锦涛总书记在中央纪委五次全会上的重要讲话精神，院党组制定下发了《中国农业科学院贯彻落实胡锦涛同志重要讲话精神　加快推进反腐倡廉制度建设的意见》，提出要从全院实际出发，加强整体规划，抓紧重点突破，逐步建成内容科学、程序严密、配套完备、有效管用的制度体系，切实提高制度执行力，增强制度实效。

按照院党组制度建设意见的要求，2010 年在全院首次实行了党风廉政建设责任书

制度。院与院属各单位、机关各部门签订责任书，院属各单位、机关各部门与其下属部门分别签订了责任书。通过实行党风廉政建设责任书制度，进一步明确了院属各单位、机关各部门落实党风廉政建设责任制的责任主体、责任内容、考核办法和责任追究制度，对于院属各单位、机关各部门严格执行党风廉政建设责任制，认真落实部院党组的各项任务起到了积极的推动作用。

院党风廉政建设领导小组成员单位高度重视制度建设工作，制定了《中国农业科学院干部选拔任用工作“一报告两评议”实施细则》《中国农业科学院野外台站管理办法》《中国农业科学院基本建设管理办法（试行）》，修订了《中国农业科学院基本建设项目审计监督管理办法》《中国农业科学院政府采购项目招投标廉政监督办法》《中国农业科学院基本建设项目招投标廉政监督办法》等规章制度。院属研究所也根据各自的工作实际，紧紧围绕推进党内民主、保证科学决策、促进廉洁从政、维护群众利益的要求整章建制，不断提高规范化管理水平。

（四）切实加强监督，促进权力规范运行

认真开展巡视和党风廉政建设责任制专项检查工作。院党组召开会议专门听取巡视工作汇报。按照年初巡视工作联席会议制定的计划和巡视工作程序，院巡视组完成了对农经所、研究生院、水稻所、服务中心、兰州牧药所、灌溉所6个单位的巡视和党风廉政建设责任制专项检查工作。巡视组认真了解被巡视单位客观真实的情况，公正评价被巡视单位和单位主要领导，切实找准存在的主要问题。提出意见建议22条。院巡视工作联席会议多次召开会议，研究、指导巡视组工作，并对前期工作进行总结。院党组召开会议专门听取巡视工作汇报并给予具体指示。对2009年巡视的3个单位进行了意见反馈，3所根据反馈意见，制定了整改措施。

加强对基建和政府采购招投标的监督，努力做到对招投标过程的每个环节都能监督到位，特别注意对自行组织的招标工作加强规范。2010年，我院共有168个基建项目和政府采购招投标项目，院纪检监察系统对所有项目招投标进行了廉政监督，中标金额约6.3亿元。监察局直接参与监督的项目36个，中标金额3.3亿元，占全部招投标项目的1/5强，占招投标项目总金额的52%。

认真做好工程建设领域突出问题专项治理工作，制定了《中国农业科学院工程建设领域突出问题专项治理工作方案》《中国农业科学院2010年工程建设领域突出问题专项治理工作意见》，组织各单位自查，对水稻所、油料所、果树所、植保所、环发所等12个单位的所有在建项目进行了抽查。抽查项目总投资约6.4亿元，其中，中央预算内投资4.9亿元，单位自筹资金1.1亿元，银行贷款0.4亿元。通过检查，使我院的农业建设项目申报、招标和管理得到进一步规范，促进和强化了项目监管，加快了项目进度。

在干部选拔任用工作中积极发挥监督职责。按照《党政领导干部选拔任用工作条例》，对拟提拔的干部一律公示，接受群众的监督。根据农业部党组《司处级干部任职

前人事劳动司听取纪检监察部门意见试行办法》，为我院拟提拔的副所级领导干部提出执行党风廉政建设方面的书面审核意见，为评选各类先进提供书面的廉政资格审核意见。

组织全院按照农业部要求，对 2009 年推进惩防体系建设情况以及各单位近 3 年来干部选拔任用工作情况开展了自查，组织了民主测评。

2010 年全院各单位领导干部述职述廉 562 人次，领导干部任前廉政谈话 145 人次，执行党员领导干部报告个人有关事项 956 人次，主动上交礼金和有价证券合计 3.21 万元。

（五）保持查办案件力度，做好信访举报工作

为进一步规范信访举报程序，制定了《监察局受理信访工作内部规范》。成立了院纪检组、监察局信访举报和案情分析小组，提高了查办案件工作的科学性。在中国农业科学院党风廉政建设网开通网上举报，畅通广大职工群众反映意见和建议的渠道。

2010 年共收到信访举报件（来信、来访）57 件次，其中，重复件 19 件，实际 38 件。信访反映的主要问题：①领导干部涉嫌违反廉洁自律有关规定的 6 件，占 16%；②涉及干部选任、职工招聘、执行退休制度、工资等人事方面问题的 9 件，占 24%；③领导干部涉嫌行贿、受贿、贪污、挪用等经济问题的 8 件，占 21%；④涉及工程质量和招投标问题的 4 件，占 10%；⑤涉及领导干部生活作风问题的 3 件，占 8%；⑥其他如涉及资产处置、科研经费管理问题的 8 件，占 21%。这些信访举报件都按规定进行了处理。

切实发挥查办案的治本作用。查办案中，既体现事实清楚、证据确凿、实事求是等原则，也遵循“保护改革者，提醒失误者，惩处违纪者”的要求，促进研究所的发展，维护研究所的稳定。对轻微违纪的，及时诫勉谈话；对不实反映及时澄清。对个别信访举报相对集中的单位，分别由院领导或监察局约见单位主要负责人，分析起因，研究化解办法，促进单位和谐。

（六）积极开展党风廉政建设和反腐败理论研究

为进一步结合农业科研院所特点，更好地解决纪检监察工作中遇到的实际问题，积极开展党风廉政建设和反腐败理论研究，以增强前瞻性、预见性和主动性。2010 年，组织全院纪检监察干部开展理论研究，共撰写论文 33 篇，是历年来收到和报送论文数量最多的一年。其中，作为重点课题论文之一的《农业科研院所预防腐败信息系统建设研究》由农业监察分会选送到中国监察学会，并获得优秀奖。

总体来看，我院党风廉政建设在各个方面都取得了较好成效。全院党员领导干部廉洁自律意识进一步提高，防御风险的能力进一步增强，领导干部作风进一步转变，制度

建设进一步完善，长效机制进一步健全，初步形成了“内容科学、程序严密、配套完备、行之有效”的反腐倡廉制度体系，为我院各项事业的发展提供了坚强保障。但是，面对党风廉政建设的新形势新情况，对照部党组和驻部纪检组监察局的要求，我们的工作还存在一些问题和不足：一是有的领导干部对党风廉政建设重要性的认识还不到位，贯彻党风廉政建设责任制的力度还不够。二是有的领导干部工作作风还不够深入，决策的公开程度不够，思想政治工作还不够细致。三是有的单位管理监督还不到位，对下属单位的管理还存在较大漏洞，出现了经济犯罪的情况。这些问题应该引起足够重视，认真加以解决。

二、2011 年党风廉政建设工作安排

2011 年是中国农业科学院全面落实“十二五”规划的起始年，我们要以邓小平理论和“三个代表”重要思想为指导，深入贯彻落实科学发展观，坚持标本兼治、综合治理、惩防并举、注重预防的方针，以落实党风廉政建设责任制为“龙头”，全面推进廉政风险防控机制建设，认真贯彻执行《廉政准则》，深入开展廉政文化建设，着力构建融教育、制度、监督、惩处为一体的惩防体系，为我院各项事业的发展提供坚强保障。

（一）进一步落实党风廉政建设责任制，确保上级各项部署的贯彻落实

中共中央、国务院于 2010 年 11 月 10 日修订了《关于实行党风廉政建设责任制的规定》（以下简称《规定》）。《规定》是深入推进党风廉政建设和反腐败斗争的一项重要基础性法规。认真学习贯彻《规定》是当前和今后一个时期党风廉政建设和反腐败工作的一项重大政治任务。落实党风廉政建设责任制的核心，在于各级领导班子和领导干部特别是主要负责人要认真履行在党风廉政建设中的职责。各级领导干部既要带头严格遵守廉洁从政各项规定，又要抓好职责范围内的党风廉政建设和反腐败工作。纪检监察部门要加强对《规定》贯彻执行情况的监督检查，及时纠正并严肃处理违反《规定》的行为。机关各部门、院属各单位要做到认识到位，责任到位，确保我院各项事业发展到哪里，廉政建设就推进到哪里，机关各局的工作延伸到哪里，廉政工作就抓到哪里。2011 年，继续实行党风廉政建设责任书制度，按照新的《关于实行党风廉政建设责任制的规定》的要求签订责任书，并抓好落实。

进一步严明党的纪律，确保上级各项部署的贯彻落实。各级纪委监察组织要协助党组织进一步严明政治纪律，促进党员干部增强政治意识、政权意识、责任意识和忧患意识，始终和中央保持高度一致。加强对政治纪律执行情况的监督检查。严肃查处违反党的政治纪律的行为，坚决纠正有令不行，有禁不止的现象。围绕我院“十二五”规划确定的主题、目标任务和重要举措，加强对落实情况的监督检查，为项目完成、资金安

全和干部廉洁提供重要保障。

（二）认真宣传贯彻《廉政准则》，促进领导干部廉洁自律

各级党委和纪委要继续开展以《廉政准则》为主要宣传内容的廉洁自律宣传教育，为贯彻实施《廉政准则》创造良好氛围和条件，促使党员领导干部增强廉洁自律意识。要认真分析党员领导干部廉洁从政方面存在的薄弱环节，结合廉政风险防控机制建设，采取有效措施予以解决。要把贯彻执行《廉政准则》和落实党风廉政建设责任制结合起来，加强监督检查，及时纠正并严肃处理违反《廉政准则》的行为。

创新廉政教育方法，针对教育对象的实际情况，分层次、有重点地确定教育内容，认真开展党风党纪教育、法律法规教育、职业道德教育和警示教育。在干部任用、职称评定、过年过节、住房装修等特殊“关口”，要有的放矢，提前教育，防范在前，引导广大干部职工培养健康向上的情趣爱好。充分发挥网络、闭路电视及各种媒体的作用，加大宣传力度，增强广大党员干部拒腐防变意识和抵御风险能力。2011 年，将结合建党 90 周年，宣传先进典型，加强正面引导。

（三）进一步完善规章制度，切实提高制度执行力

按照《中国农业科学院贯彻落实胡锦涛同志重要讲话精神　加快推进反腐倡廉制度建设的意见》，院属各单位要切实把反腐倡廉制度建设作为一项基础性工作抓紧抓好。一手抓制度的建立和完善，一手抓制度的执行，切实提高制度的执行力。

要进一步规范决策行为，完善议事规则和决策程序。要按照民主集中制原则，进一步明确“重大决策、重要干部任免、重大项目安排、大额度资金使用”必须经过论证和集体决策，涉及群众重大利益的问题必须经职工代表大会讨论通过。要进一步加强对财务、人事、基建项目、政府采购、科技开发等工作的管理，制定完善相关措施和管理办法，规范业务流程，减少腐败问题的发生几率。

切实加强制度的执行力，维护制度的严肃性。各单位领导班子成员特别是主要负责同志要带头学习制度、严格执行制度、自觉维护制度。各级纪检监察部门要加强对制度执行情况的监督检查，要把制度执行情况纳入党风廉政建设责任制考核和领导干部述职述廉内容，列入党政领导干部问责的重要方面，对执行制度不力，导致本单位出现严重违法违纪行为的要坚决追究责任。

（四）全面推进廉政风险防控机制建设，提高监督能力

2011 年上半年，重点组织开展廉政风险防控机制建设，扎实推进廉政风险防控机制建设的一系列相关工作。在我院建立廉政风险防控机制，就是要把重点环节抓好，明

确风险点在什么地方，怎么防范，怎么控制。机关各部门、院属各单位要高度重视这项工作，做好廉政风险排查，制定有效措施，切实做好风险防控机制建设的各项工作。各单位一定要高度重视，按要求做好每阶段的工作。

结合廉政风险防控机制建设，院里将建立廉政风险防控网，形成由院、所及各风险点3级构成的防范、预警、及时处理的廉政风险防控体系。

积极探索巡视成果运用的好办法、新思路。2011年拟继续开展对6个院属单位的巡视工作，做好2010年巡视单位整改措施落实等后续跟踪工作。

继续开展对基建和政府采购招标投标的监督，做好对干部选拔任用的监督工作，认真向人事部门反馈对拟聘用人选的意见。

抓好工程建设领域突出问题专项治理工作，督促存在问题和不足的建设单位加紧整改。继续深化“小金库”专项治理，坚决查处和纠正各种形式的“小金库”。加强对科研经费使用情况的监督检查。

综合运用各种监督手段，形成监督合力。加大重点领域、关键环节监督力度，不断增强监督工作实效，促进权力阳光运行。侧重权力制约、资金监控和从政行为的规范，加强对管钱、管物、管人的干部的监督。

（五）加强信访和案件查办工作，维护纪律的严肃性

加大查办案件工作力度，坚决查办违纪违法案件，惩处腐败分子，严肃党的纪律。进一步做好信访举报工作，及时处理信访举报问题，确保件件有着落。进一步落实分级管理，加强对研究所处理的重要信访举报问题的督办。

充分发挥查办案件的治本功能，以查处促规范，以查处促完善，以查处保廉洁。及时分析总结信访举报中的热点问题，查找信访举报和违纪案件发生的原因、特点和规律，及时发现和解决苗头性、倾向性问题，有效预防大案要案的发生。要认真调研如何减少信访量，尤其是减少重复信访件发生率。纪检组监察局要帮助相关研究所认真分析原因，找准切入点，制定切实有效的措施，有效减少信访和重复信访量。

对举报不实的，要及时澄清，保护干事创业的积极性。对于群众因不了解情况而导致的信访举报问题，要耐心细致地向群众进行解释说明，避免就同一问题重复举报。对信访举报比较集中的单位和个人，由院领导或纪检组监察局领导对被举报人进行谈话提醒。对有轻微违纪现象但够不上纪律处分的，要按照干部管理权限进行诫勉谈话，明确提出整改意见并督促整改措施的落实。

（六）认真开展廉政文化建设，营造崇尚廉洁的氛围

认真落实《中国农业科学院关于加强廉政文化建设的意见》，加大廉政文化建设，让廉政文化深入人心。党的十七届五中全会指出了文化对于社会发展的重要作用，反腐

倡廉需要加强文化建设。要通过开展人生观、价值观、世界观、社会公德、职业道德、家庭美德、个人品德等方面的教育，营造讲法纪、讲大局、讲诚信、以廉为荣、以贪为耻的良好氛围，树立追求真理、埋头苦干、无私奉献、健康向上的科研精神，引导领导干部做到学与用、知与行相统一，努力营造反腐倡廉的良好文化氛围。

院属各单位要把廉政文化建设纳入本单位的总体规划，融入党的思想政治工作和精神文明建设的总体部署，寓于惩治和预防腐败体系建设的各个环节，切实加强组织领导。要密切结合工作实际，及时总结反腐倡廉工作的经验和教训，注重继承和发扬中华优秀传统中的廉政文化精华，展示廉政建设的成果，把廉政文化建设融入干部学习教育和各种创建活动之中，推进廉政文化建设深入开展。

（七）进一步重视对纪检监察工作的领导，加强纪检监察干部队伍建设

院党组纪检组、监察局要加强对各单位纪检监察工作的领导和指导，推动各单位纪检监察工作的开展。院属各单位纪委书记的推荐和任用，要事先征求党组纪检组、监察局的意见。各级党委要加强对纪检监察工作的领导，支持纪检监察部门和干部履行职责、开展工作，帮助他们解决遇到的实际困难和问题，推动落实反腐倡廉各项任务。

采取多种形式，加强全院纪检监察干部纪检监察理论的学习和实务培训，以适应新时期农业科研单位纪检监察工作的需要。充分发挥农科监察研究会的作用，积极争取基本科研业务费的支持，引导专兼职纪检监察干部进一步结合农业科研院所的实际和特点，从不同角度、不同侧面研究问题，解决问题。要着眼建设学习型纪检监察机关，加强干部教育培训，不断提高纪检监察干部的思想政治素质和业务素质，努力建设一支政治坚强、公正清廉、纪律严明、业务精通、作风优良的纪检监察干部队伍。上半年拟召开纪检监察工作会议暨纪检监察干部培训班。

2011 年，我们将以更加坚定的信心、更加坚决的态度、更加有力的措施、更加扎实的工作，进一步增强责任意识和风险意识，加深对反腐败斗争长期性、复杂性、艰巨性的认识，继续按照建立健全惩治和预防腐败体系的总体部署，坚决惩治腐败、有效预防腐败，为确保中国农业科学院清正廉洁、和谐发展提供坚强保障！

在中国农业科学院创先争优活动交流点评会上的讲话

中国农业科学院党组书记 薛 亮

（2011 年 1 月 13 日）

同志们：

根据上级党组织要求和院党组工作部署，今天我们召开全院创先争优活动交流点评会，目的是统一思想，交流经验，查找问题，研讨下一阶段工作，深入推动中国农业科学院创先争优活动。刚才，有关单位党组织负责人就本单位开展创先争优活动的情况作了介绍，讲的都很好。下面，我讲几点意见，也是与大家交流。

一、我院创先争优活动取得了阶段性成效

今天有 16 个单位在会上作了介绍和发言，可以说是全院创先争优活动的代表和缩影。前一段我院的创先争优活动概括起来，有以下 4 个特点。

（一）围绕中心，丰富活动主题

我们是科研单位，科技创新是中心工作。院党组围绕中央创先争优活动的总体要求，结合我院实际，确定了“增强党性作表率　科技创新当先锋”的活动主题。各单位又根据自己的特点，提出了具体的主题。比如，区划所确定的“五比五争当　岗位建新功”的活动主题，通过创先争优活动比思想、比业务、比作风、比奉献、比业绩，很切合本所的实际。作科所提出的“科技创新　服务‘三农’比贡献”活动主题，在创先争优活动中，发动科技人员到农业生产第一线，为农业生产提供科技服务。水稻所组织科研人员深入黑龙江农垦区开展科技服务，水稻所以前主要是研究南方地区水稻，现在拓展到东北的水稻主产区，这是非常重要的变化。有的所还提出以“提高综合素质、提高工作效率、提高服务质量”的“三提高”为活动主题。上海所围绕世博会，提出了“争当世博先锋”的活动主题；茶叶所提出了“支撑发展先锋”的活动主题。还有很多，就不一一列举了。每个所都有自己的特色，体现了我们农科院创先争优活动的一大特点。

（二）公开承诺，践行为民服务

公开承诺是上级党组织一项要求，各单位搞得有声有色。党员公开承诺活动非常重要，是践行我们党为人民服务的宗旨，体现执政为民的一种实践，这项活动搞好了，可以进一步推动党员的宗旨教育和党性修养。各单位党员公开承诺活动做得很认真，如在承诺前，很多支部、党委都到群众中去做调查研究，了解群众的所思、所想和所望。然后提出承诺内容，党员要干哪几件实事，支部、党委要干哪几件实事，这样的承诺与群众的要求就比较贴近。承诺以后每个支部、党委把承诺的内容向群众公布，接受群众的监督，或者叫向群众保证，在一定时限内兑现承诺。这些做法，使党员公开承诺有声有色，而且体现了面向群众、为群众服务的内涵和实质。

（三）创新方法，突出实践特色

各单位在创先争优活动中有许多创新，区划所提出的“党员示范岗”，是很好的创意；作科所介绍了“搭建一个平台”，这个平台包括学习的平台、为群众服务的平台；茶叶所、水稻所开展了读书交流活动；兰州兽医所请专家、院士到所里来讲课，同时，又组织科研人员到基层去开展技术服务；特产所开展了知识竞赛、义务劳动。这些都充分体现了我们农业科研院所的特点，突出了实践特色。

（四）做好结合，多项建设共赢

在汇报中，大家都谈到了几个结合，一是与党组织正在开展的“讲党性、重品行、作表率”活动的结合，二是与学习型党组织建设的结合，三是与创新团队建设的结合，四是与创新文化包括廉政文化建设的结合，五是与文明创建活动的结合。这些结合，就是把创先争优活动与我们这几年党建工作的重点活动结合起来，成效非常明显，也体现了之间的内在联系。党的建设是个整体，这些活动的目的都是一致的，只是从不同的角度，以不同的方式来推动。比如，2010 年七一院里表彰了 2008～2009 年度“两优一先”的先进典型，刚才各单位也介绍了各自表彰的一批先进集体、先进个人，创新文化建设、廉政建设、精神文明建设，都做到了与创先争优活动的有效对接。最近，全院评选了 2009～2010 年度两个文明的先进典型，各个单位也进行了类似的表彰，特别是京外一大批所都是所在省、市的文明单位，有的是文明单位标兵。这说明我们这方面工作做得非常出色，与创先争优活动结合得非常紧密。

从各单位汇报的情况看，我院创先争优活动取得了阶段性成效。取得成效的一项重要原因是各级领导的重视。从 2010 年 6 月底活动全面启动以来，院党组对创先争优活动高度重视，按照中央和农业部要求，成立了创先争优活动领导小组，制定了实施意见，召开了动员大会，作出了及时部署。院属各级党组织认真贯彻落实上级党组织决策部署，在本单位进行了再动员、再部署、再落实，召开各种会议，制定实施方案。院和各单位党组织在活动中还注意运用各种宣传工具加强舆论宣传，形成了创先争优的良好氛围。

农业部党组高度重视我院创先争优活动。2010 年 11 月 4 日，韩长赋部长专程到我院调研创先争优活动开展情况，实地考察了质标所和蔬菜花卉所党员示范岗、实验室和试验地，召开了座谈会，听取了我院开展创先争优活动的情况汇报，环发所党委、资区所党委和作物科学所党委第二支部分别汇报本单位创先争优活动的开展情况。韩长赋部长对我院创先争优活动给予了充分肯定和热情鼓励，他指出："农科院创先争优活动搞得很扎实，有特色、有成效，值得各司局各单位学习借鉴。"中组部干部四局的领导也到我院进行了调研指导。这些都对我院创先争优活动给予了重要的推动和指导。

但是，我们也要看到，我院创先争优活动还存在一些薄弱环节，如各单位党组织之间的工作进展不平衡，少数单位工作力度不够，党员参加活动的保证措施还不具体，创先争优活动与中心工作结合得不够紧密等。以上这些问题，都需要各单位党组织在今后的创先争优活动中给予充分重视，认真研究解决。

二、下一阶段我院创先争优活动的主要工作

对下一阶段中国农业科学院创先争优活动提几点想法。

（一）围绕中央提出的“五个好”、“五带头”，把创先争优活动推向深入

中央对创先争优活动的主要内容很明确，也很好记。基层党组织“五个好”就是领导班子好、党员队伍好、工作机制好、工作业绩好、群众反映好。共产党员“五带头”就是带头学习提高、带头争创佳绩、带头服务群众、带头遵纪守法、带头弘扬正气。联系中国农业科学院实际，应重点做好 3 方面的工作：

一是宣传好已有的典型。首先要学习、宣传“祁阳站精神”。“祁阳站精神”是农科院的一面旗帜，也是农业科研战线的一面旗帜，我们要大力宣传和弘扬。中宣部、共青团中央、湖南省委对“祁阳站精神”非常重视，院党组和院机关党委也将采取更得力的措施，进一步加强宣传。各研究所也有这样一批好典型，我们编辑出版了《农科英才》，其中，每一个典型的先进事迹都是农科院宝贵的精神财富和光荣传统，应进一步宣传，发扬光大，代代相传。这是我们各级党组织的一项重要任务，要继续抓紧、抓好。

二是培养新的典型。我们身边很多科研人员和职工有很多好的事迹需要不断总结、不断推出新典型。这次创先争优活动，中国农业科学院一定会培育、推出一批新的先进典型。中国农业科学院有 1 万多名职工，这么大的一支科研队伍，中间有很多可歌可颂

的事迹，如果我们不把它们总结出来、推出来，是我们工作的失职。党委的同志一定要把这项工作摆上重要议事日程。先进典型要分层次推出，院里集中推出几个最优秀的、最有影响力的典型，所里也要推出在所这一层面有示范意义的典型，这是创先争优活动下一阶段工作的一项重要任务，也是检验我院创先争优活动成效的体现。到2012年总结的时候，我们要建立一个评价体系，如果哪个单位推不出先进基层党组织、优秀共产党员，就不能进入优秀档次。培育、总结先进典型需要一个过程，所以，今天提前打招呼，把阶段性的工作提早提出来，请大家再经过一年的努力，能够真正推出一批群众公认和拥护的先进典型。

三是发挥典型的示范作用。我们不能为树典型而树典型，树典型就要发挥作用，用典型来推动全院各项工作。任何单位，人的作用是第一位的。什么事都靠人做。尤其是科研单位，人的创造性和奉献精神更为重要。所以，要通过典型的树立，塑造一支队伍，培养一批人才。祁阳站在几十年以前，就有一批值得大家称颂的人，到今天我们还要学习他们，典型的示范作用具有永恒的力量。

（二）认真落实韩部长提出的“五个围绕”，推进活动取得实效

韩长赋部长在我院调研时指出：中国农业科学院深入推进创先争优活动要围绕五个方面展开：一要围绕推进农业科技创新开展创先争优；二要围绕提升农业技术服务能力开展创先争优；三要围绕强化人才队伍建设开展创先争优；四要围绕创新农业科技体制机制开展创先争优；五要围绕加强党性党风建设开展创先争优。我院各级党组织要认真学习贯彻韩部长重要讲话精神，把学习贯彻“五个围绕”要求，与制定和实施本单位“十二五”发展规划和2011年度重点任务紧密结合起来。充分结合各单位实际，认真研究解决本单位在科技创新、能力建设、人才队伍、体制机制、党的建设等方面的关键问题，进一步明确“十二五”时期的各项工作目标，全面把握研究所科学发展的一般规律和本行业发展的特殊规律，努力把开展创先争优活动的政治优势转化为推动各单位科学发展的精神动力，以党组织和党员的创先争优带动整个单位的创先争优，推动全院科技创新和服务“三农”工作提高到一个新水平。

（三）继续做好五个结合，不断提高党建工作水平

五个结合就是我前面归纳的我院活动的一个特点，即与“讲党性、重品行、作表率”活动、学习型党组织建设、创新团队建设、创新文化建设、文明创建等结合。做好这五个结合，也就是说农科院的创先争优活动要继续突出自己的特色，围绕科研单位的特点来开展。同时，在今后的工作中要将有关工作与创先争优活动结合到一起，如2011年有几项重要工作：一是完善党建工作的各项制度，进一步提升党建工作科学化水平；二是围绕建党90周年，组织开展形式多样的宣传教育和主题实践活动；三是扎

实推进精神文明建设，加强和改进思想政治工作，构建和谐院所。总之，要通过创先争优活动的开展，进一步增强党组织的政治核心作用、战斗堡垒作用和共产党员的先锋模范作用。

（四）加强调查研究和监督检查，确保创先争优活动质量

创先争优活动中央有总体部署，院里也有实施方案，京外所地方党组织也有工作要求，我们既要按要求把规定动作做好，也要结合实际情况来开展活动。同时，中国农业科学院创先争优活动领导小组办公室要不断加强调查研究，做好监督检查。各单位也要认真做好工作交流和领导点评工作，点评可与年度考核、民主评议党员结合进行，要保证活动质量。我们曾多次强调重要活动不能走过场。所谓走过场，其实那些规定动作都在做，总结报告也要写，形式也要走，无非不那么认真而已。时间花了不少，效果达不到，可能还有反作用。如果做好创先争优与业务工作的结合、调查研究与工作指导的结合，那就一定能使我们的科技创新和院所的发展改革大大前进一步。

三、关于党的建设

今天，我想借此机会，再讲讲党的建设工作。中国农业科学院基层党委的职责是在本单位发挥政治核心作用，什么是政治核心作用，怎么来发挥，我认为应把握以下4点。

（一）党委要把握政治方向和政策导向

研究所党委班子的同志、特别是党委书记，首先要认真学习领会党的政策、大政方针和法律法规，不断提高理论政策水平。在座的都是党的基层组织领导，又是司局级干部，是党的高级领导干部，对党的方针政策的理解，必须有很高的要求，必须有相当高的水平，所以，我们必须认真学习，特别是学习党的方针政策，包括农业农村经济的大政方针、中央经济工作会、农村工作会、农业工作会精神。只有认真学习，才能掌握国家最重要的方针政策及具体的政策措施。学习中央的文件，一定要吃透精神，要了解文件出台的背景、针对性和精神实质，千万不要似懂非懂，没有真正学透，没有真正理解，碰到具体问题就犯糊涂了，有好几个所就有过这样的深刻教训。每年国家在政治、经济工作中都有一些重点工作，如治理庆典和论坛泛滥、清理小金库等，需要我们深刻领会精神实质，准确把握政策要求，既不能敷衍塞责，又不能扩大化，要真正做到吃透精神把好关。因此，不断加强政治学习，把握政治方向是我们党委的一项重要任务。

（二）党委要把好选人用人关

党要管党、党管人才，这是党委的一项重要工作职责。选人用人是中央强调的一件大事，也是我们基层党委的一项重点工作。选人用人的关键是出以公心、严格程序，把程序设计好，严格按程序办，就可以避免很多问题。院党组在选人用人程序方面的规定很规范、很严格，每个所局级干部的任用要上两轮党组会。院党组坚持这样做，主要是要保证正确的用人导向，保证选人用人的公信度。希望各研究所党委切实把好本单位的选人用人关。

（三）党委要抓好廉政建设和监督把关

大家都参加了院党风廉政建设会，这是党委的又一项重要工作。党委一定要抓好党风廉政建设工作，其中，廉政监督是非常重要的一个环节。监督包括做好两个方面的监督工作，一是对个人，要保证我们党委一班人，人人不要出问题。如果发现一些苗头性问题，党委就应及时提醒，赶紧调整过来、纠正过来。作为党委书记有这个责任，要爱护我们每一位干部，特别是领导干部，党培养一个领导干部太不容易了，不能看着他犯错误。二是一个单位的廉政建设绝对不能出问题。有人认为，只要我个人没贪，没往自己腰包里揣，就犯不了大错误，这种认识是不对的。如果你领导的单位违反了国家有关的财经政策或其他法律法规，达到一定严重程度，照样要受到党纪国法的处分。所以，要加强对基层组织的监督，发现问题要及时提出意见，及时纠正。这只是举几个例子，实际监督范围还要更大。

（四）党委要弘扬正气

要创造一个好的、有利于发展的、有利于创新的环境。这是我们创先争优活动中大家都在做的工作，也是党委的一项重点工作。要采用各种方式方法树立研究所的正气，营造好的科研环境，创造和谐的氛围。我院各个研究所的工作不是很平衡，有些研究所氛围不错，也有一些不是很好。怎么来树立正气？要分清善意的批评、善意的建议和个别的造谣污蔑，树立正气非常重要。要鼓励大家畅所欲言，提出积极的批评建议，对工作中的错误缺点要及时纠正。对有意歪曲事实、唯恐天下不乱的，要旗帜鲜明地表示反对，让它不得人心。当然，也要创造条件调整好研究所内部的分配关系，不少问题发生在利益分配上，有钱的单位有矛盾，困难的单位也有矛盾，这说明利益上的矛盾不在于钱多钱少，而在于是否符合政策，是否公平公正。要按照政策来把握，每一项支出、每一项分配都必须有政策依据。这是重要的民生问题，要合理调节收入分配，按照公平原则来调节。

最后说一下有关京外研究所的问题。中国农业科学院党的工作，京内京外是一个整体，京外所的同志们也提过很多建议。加强对京外所党组织的领导和指导，院党组是明确的，包括2011年我院“两优一先”及文明单位的评选，京内京外都包括在内。今后，中国农业科学院党的建设工作，不管京内京外所，都是一个整体，有关工作要一同部署、一同推进，包括文件，京内京外所都一样发。中央明确按党的组织领导关系开展的一些活动，如学习实践科学发展观、创先争优活动中的一些具体部署和要求，京外所应按照地方党组织的要求去办。京外所上报给省委省政府的有关工作总结、情况汇报等重要文件应一式两份，同时抄报给院里。这样我们就可以实现党建工作情况上下沟通，同步推进。

在中国农业科学院创先争优工作座谈会上的讲话

中国农业科学院党组副书记、直属机关党委书记　罗炳文

（2011 年 5 月 20 日）

同志们：

刚才三位组长的发言很好，也很精彩。同志们在讨论中既谈到了本单位工作的特点和成效，也提出了相应的建议和期望，讨论很热烈，也很有深度。本次会议是领导讲话有要求、经验介绍有特色、专题讲座有新意、参观考察有体会、讨论交流有收获，与会同志集中精力参会，会议形式生动活泼，很有成效。院“两研会”每年都有明确的研究主题，力求把研究工作与推进工作相结合，研究成果与转化成果相结合，工作经验与制度建设相结合。本次会议是对一年研究工作的总结交流、成果展示和经验梳理，要结合这次会议提出的研究重点，开展好下一年度的党建研究工作，不断推进党的建设。

下面，我着重就进一步深入开展好创先争优活动，讲两点意见。

一、今年以来创先争优工作主题明确、成效显著

中国农业科学院创先争优活动自 2010 年全面启动以来，各级党组织按照中央提出的“五个好”、“五带头”的要求，紧紧围绕全院科技创新中心工作，紧密联系本单位工作实际和党员干部的思想实际，紧密结合隆重纪念中国共产党建党 90 周年工作要求，突出农业科研单位特色，加强领导、精心组织、明确主题、创新形式，以积极的态度、严格的标准、有力的措施扎实推进创先争优活动，呈现出良好态势。

（一）继续以落实韩部长提出的“五个围绕”为目标，扎实开展公开承诺和领导点评活动

年初，院创先争优活动领导小组系统地总结了我院 2010 年全面启动创先争优活动以来的做法和成效，提出了下一阶段创先争优活动的工作安排。同时，根据农业部创先争优活动领导点评工作的部署，及时将创先争优活动的总结向韩长赋部长作了书面汇报。1 月 19 日，韩部长对我院创先争优活动作重要点评，对我院创先争优工作取得的积极成效给予了充分肯定，希望我院在新的一年里继续发扬成绩，进一步加强工作指

导、创新活动载体，做好承诺、践诺、评诺等工作，把创先争优作为推进各项工作的动力和保证，为实现“十二五”良好开局作出新的贡献。

为认真落实韩长赋部长在我院听取创先争优工作汇报时的讲话要求和点评精神，全面深入开展创先争优活动，院党组和院创先争优工作领导小组在院工作会议期间，专门召开全院创先争优工作交流点评会，安排部署相关工作，尤其是对进一步做好公开承诺、领导点评和督促落实承诺工作提出了具体要求，会后又专门下发文件进行动员部署，确保承诺实实在在、不走过场，承诺事项如期兑现。各单位党组织认真落实公开承诺和领导点评工作，党组织负责人对创先争优情况进行认真点评，并加强督促检查和指导推动，确保创先争优工作落到实处。

（二）以营造创先争优良好氛围为目标，开展树立和学习先进典型活动

院直属机关党委组织各单位党组织认真贯彻胡锦涛同志重要批示精神，积极开展向杨善洲同志学习活动，教育引导党员干部特别是党员领导干部以杨善洲同志为榜样，对照检查自己在政治品格、公仆情怀、高尚情操、优良作风、奉献精神等方面的差距和不足，进一步坚定理想信念，自觉实践共产党人的人生价值和精神追求，树立新时期领导干部和共产党员的良好形象，在创先争优活动中充分发挥领导干部的带头作用和党员的先锋模范作用。

为了表彰先进，发挥先进典型的示范带动作用，以优异成绩庆祝建党 90 周年，根据中组部关于在 2011 年七一表彰一批先进基层党组织、优秀共产党员和优秀党务工作者的工作部署，我院在 2006～2007 年度、2008～2009 年度“两优一先”评选表彰以及 2010 年度创先争优活动开展以来涌现出的先进典型的基础上，经各单位党组织推荐，院直属机关党委常委会研究并报院党组同意，确定推荐了 21 名同志申报农业部优秀共产党员，11 名同志申报农业部优秀党务工作者，7 个党组织申报农业部先进基层党组织。同时，推荐了参加中组部优秀共产党员和中央国家机关优秀共产党员、优秀党务工作者、先进基层党组织评选的人选和单位。通过开展“两优一先”评选表彰活动，发现和树立身边的典型，明确党组织和党员努力的方向和目标，努力形成学习先进、崇尚先进、争当先进的良好氛围。

（三）以加强队伍建设为目标，开展特色鲜明的主题活动

各单位党组织结合自身特点，开展了如“党员先锋岗”、“党员责任岗”、“我为党旗增辉”等特色鲜明、主题突出的活动，号召党员同志立足本职做贡献，增强基层党组织的创造力、凝聚力和战斗力，充分发挥基层党组织的战斗堡垒作用和党员的先锋模范作用，增强党员队伍的责任感、荣誉感和使命感，以党员队伍建设推动人才队伍建设和创新能力建设，把开展创先争优活动的政治优势转化为推动研究所科学发展的精神动

力和实践能力，以党组织和党员的创先争优带动整个科研队伍的创先争优，推动科技创新工作提高到新水平。

中国农业科学院直属机关党委在江西井冈山举办了以“重温红色历史 学习井冈山精神”为主题的全院党办主任培训班。培训充分利用和挖掘井冈山的革命传统教育资源，加强革命传统教育和理想信念教育，纪念中国共产党建党 90 周年，提高基层党务工作水平，既是一次身临其境的革命传统教育，也是一次深入开展创先争优，学习先进、争当先进的重要主题实践活动。参训人员在学习党的优良传统和革命精神中，汲取了新营养、注入了新激情、增添了新力量，进一步坚定了理想信念，增强了做好党务工作的责任感和使命感。大家纷纷表示，要提高党性修养、提升素质能力、改进工作作风、创新工作思路，把学习成果切实转化为服务农业科研的实际能力和改进党建工作的具体措施，不断提高党建工作的科学化水平。

（四）以扩大创先争优覆盖面和影响力为目标，在工青妇组织中积极开展主题实践活动

院直属机关党委转发了农业部直属机关党委《关于转发工会、共青团、妇女组织深入开展创先争优活动指导意见的通知》，在全院工青妇组织中大力创先争优。院工会专门召开会议，就在我院工会组织和广大职工中深入开展创先争优活动进行安排部署，通过开展丰富多样的争创活动，组织引导广大职工为实现“十二五”规划建功立业，为我院农业科技创新事业的发展和构建和谐院所做贡献，以优异成绩向建党 90 周年献礼。有的单位工会组织也在五一期间，积极开展了表彰“突出贡献人才”、“杰出贡献人才”等活动，教育引导广大职工在各自岗位上建功立业，推动创先争优工作更加广泛深入开展。

院团委以庆祝中国共产党成立 90 周年、迎接五四青年节为契机，举办了“学党史、知党情、跟党走”主题知识竞赛，许多单位的团组织纷纷跟进，充分展示了我院团员青年热爱祖国、热爱党、热爱“三农”事业的满腔热忱和蓬勃朝气，使广大团员青年坚定理想信念，时刻心系民族命运、心系国家发展、心系人民福祉，自觉担负起使命和责任，以先进模范和农科英才为榜样，积极投身到创先争优活动中，为推动我院农业科技创新事业、实现中华民族的复兴创造新业绩。

院妇工委举办了庆祝三八国际劳动妇女节暨“农科巾帼 · 红色风尚”活动，回顾了我院妇女工作走过的光辉历程和农科巾帼取得的骄人成绩，对获得院 2009 ~ 2010 年度的先进基层妇女组织、“巾帼建功”标兵、优秀妇女工作干部、五好文明家庭和妇女之友进行了表彰，号召全院广大妇女同志积极参与创先争优，把思想进一步统一到全面推进我院各项事业发展上来，在各项工作中积极进取，开拓创新，努力奉献，作出成绩。

（五）以建立健全创先争优长效机制为目标，开展课题研究和征文活动

为使创先争优这一经常性工作深入持续并卓有成效地开展下去，院直属机关党委组织开展了《中国农业科学院构建创先争优活动长效机制研究》，力求通过深入开展创先争优活动的意义和重要性研究，全面总结我院开展创先争优活动的先进经验，分析存在的问题和原因，提出对策和建议。

院直属机关党委组织各直属党委、总支、支部，以开展“创先争优：理论与实践”征文活动为契机，认真总结开展创先争优活动的成功经验，进一步探索提高机关党建科学化水平的新思路、新方法和新举措，全院已收到13个单位上报的20篇征文。这些征文或是进行理论上的探索，或是对工作实践中的成功经验和做法进行总结，都对进一步推动我院创先争优活动的深入开展和不断提高党建科学化水平提供了有益的思路和借鉴。

回顾我院一年来深入开展创先争优活动的情况，主要有以下特点：一是领导重视，精心部署。院党组高度重视创先争优活动，2011 年院工作会议期间，专门召开全院创先争优工作会议，交流点评各单位创先争优工作。各单位党组织也层层进行动员部署，认真做好领导点评，为活动全面扎实开展提供了思想保证和组织保证；二是联系实际，创新载体。各单位党组织根据院所实际和党员的岗位特点，坚持便于参与、注重实效的原则，精心设计形式多样的活动载体，找准活动的着力点，调动党员的参与热情，增强了活动实效；三是围绕中心，扎实推进。各级党组织紧紧围绕科技创新中心工作，按照“增强党性作表率　科技创新当先锋”的活动主题，通过创先争优活动推动科技创新、服务“三农”等重点工作，推动年度重点任务的完成和“十二五”规划的研究制定；四是加强宣传，营造氛围。院直属机关党委、院创先争优活动领导小组办公室通过多种途径，介绍交流各单位创先争优工作中好的做法和经验，已编发简报21期。各单位充分利用院报、院网、直属机关党建网、创先争优简报等，宣传本单位的先进集体和个人，用身边典型教育身边人，使大家学有榜样、赶有方向。

二、下一阶段创先争优工作重点

下一阶段，各级党组织和广大党员要按照胡锦涛同志对深入开展创先争优活动的指示精神，继续贯彻韩长赋部长提出的紧紧围绕推进农业科技创新、提升农业技术服务能力、强化人才队伍建设、创新农业科技体制机制、加强党风廉政建设，扎实开展创先争优活动，在推动科学发展、促进社会和谐、服务农民群众、加强基层组织的实践中履职尽责创先进、立足岗位争优秀，为我院2011 年各项任务的圆满完成和实现“十二五”良好开局提供动力和保证。

（一）围绕科技创新中心工作，在实现“十二五”良好开局中创先争优

2011年是“十二五”开局之年，各级党组织要认真组织党员干部深入学习领会中央五中全会、全国“两会”等一系列重要会议的精神实质和主要内容，深入开展形势政策宣传教育，引导广大党员干部深化对科学发展观和当前形势的认识，科学把握当前和今后5年农业科技创新工作的目标任务。要立足我院实际和长期发展的战略目标，牢牢把握“三个中心、一个基地”的发展方向，找准创先争优活动推动科技创新与和谐院所建设的切入点和着力点，进一步明确争创主题、突出争创重点、创新争创载体，把创先争优与制定实施好院所“十二五”规划、做好各项工作结合起来，转化为广大干部职工的自觉行动，形成积极有效的工作措施，开创我院科学发展的新局面，使“三个中心、一个基地”建设达到新水平、迈上新台阶，推动农业科技事业又好又快发展。

（二）围绕立足本职争优秀，在抓好工作落实中创先争优

各级党组织要把立足岗位兢兢业业做好本职工作作为创先争优的重要着力点，把抓好韩长赋部长“五个围绕”工作目标的落实作为党员干部工作的重要检验，组织引导广大党员干部振奋精神、创新方法、脚踏实地、迎难而上抓好落实。要结合创先争优活动，求真务实抓落实，真抓落实创先进。要把开展公开承诺作为督促工作落实的重要抓手，继续做好2011年度党组织和党员公开承诺工作。在总结2010年公开承诺经验、督促兑现承诺事项的基础上，立足于单位发展实际和党员岗位特点，按照“强化组织基础、提高队伍素质、立足本职岗位、服务‘三农’事业”的要求，根据各单位本年度的工作任务、工作重点及本职岗位实际，确立具体、实在、可操作的争创目标。要抓好提出承诺、公示承诺、履行承诺和评议承诺各阶段事项的落实，在完成好各项重要工作、履行岗位职责中，充分发挥党组织的战斗堡垒作用、领导干部的骨干带头作用和党员的先锋模范作用，努力形成基层党组织履职尽责创先进、党员立足岗位争优秀的生动局面。

（三）围绕创先争优活动中的学习榜样，在学先进、赶先进中创先争优

各级党组织要认真组织广大党员以杨善洲同志为榜样，自觉加强党性修养、自觉实践党的宗旨，积极投身创先争优。要以农业部“三种精神”学习宣传活动为契机，进一步宣传和弘扬“祁阳站精神”，宣传我院创先争优活动中新涌现的一批先进典型，用身边的先进团队和先进人物激发党员干部创先争优的主动性和积极性。要结合“两优一先”评选，把推荐评选工作与深入推进创先争优活动结合起来，树立典型、营造氛围。尤其要注意挖掘立足本职岗位建功立业、具有鲜明时代特征的新典型，引导基层党

组织和广大党员“学习身边人，干好当前事”，通过广泛学习宣传，进一步营造学习先进、争当先进、赶超先进的浓厚氛围。

（四）围绕建党90周年，在隆重热烈的纪念和庆祝气氛中创先争优

各级党组织要以纪念建党90周年为契机，开展党史系列主题教育活动，通过组织党员干部认真学习《中国共产党历史》第二卷等党史图书，开展党史知识普及教育，大力宣传党的光辉历史和卓越成就，宣传革命时期党领导全国人民取得国家独立和民族解放所取得的丰功伟绩，宣传新中国成立60多年来特别是改革开放30多年来党领导全国各族人民建设中国特色社会主义取得的伟大成就，加深党员干部对党的历史、党的知识和党的路线方针政策的认识，进一步增强党性修养、坚定信念、增强信心。要结合实际开展纪念建党90周年主题实践活动和主题党日活动，通过实地学习考察、专题交流研讨、举行主题报告会、走访慰问老党员和生活困难党员等多种形式，开展内容丰富、具有意义的纪念活动。要积极开展有特色的群众性红色文化宣传活动，通过群众性红歌歌咏活动、诗歌朗诵会、书画摄影展等多种形式，学习宣传井冈山精神、长征精神、延安精神、红岩精神等革命传统精神。要将创先争优与加强党史党性教育结合起来，延伸创先争优活动开展的深度和广度，使广大党员干部在接受革命传统教育和理想信念教育的过程中，受教育、长才干、做贡献，积极向建党90周年献礼。

（五）围绕提升基层党组织凝聚力和战斗力，在加强基层组织建设中创先争优

各级党组织在创先争优活动中，要不断加强组织建设，充分发挥基层党组织的战斗堡垒作用和共产党员的先锋模范作用。要认真贯彻落实《中国共产党党和国家机关基层组织工作条例》，健全组织、强化功能、增强活力、规范工作，不断提高机关党建工作的科学化、规范化、制度化水平。要把创先争优与“讲党性、重品行、作表率”活动、学习型党组织建设和创新团队建设结合起来，创新基层党组织活动内容和方式，提升党员队伍的素质和能力，激发党组织和党员创先争优的内在动力。要加大在工会、共青团和妇女组织中深入开展创先争优活动的力度，形成党建带群建、群建促党建的生动局面，充分发挥工青妇等群众组织的作用，激励广大职工、青年、妇女立足岗位创先争优，增强基层党组织的战斗力、凝聚力、创造力和带动力。

（六）加强对创先争优活动的组织领导

各级党组织要切实加强对创先争优活动的领导，党组织主要负责同志要切实履行第一责任人的职责，精心组织、统筹推动、落实责任。要加强调研指导和督促检查，认真

组织好工作交流和领导点评工作，以点带面推动创先争优活动不断深入有效开展。要统筹做好京内外所创先争优活动的整体推进，坚持创先争优经常性工作的阶段化，把握好时间节点，有计划有节奏地推进创先争优工作。要进一步加强分类指导，针对不同岗位、不同党员群体的特点，精心设计富有实效的活动载体，积极开展参与性强、覆盖面广的争创活动，提高活动吸引力，打造活动亮点。要进一步做好研究工作，积极探索创先争优长效机制，使广大党员始终切实践行党员先进性的具体要求，发挥先锋模范作用。

同志们，让我们以高度负责的态度，持续深入推进创先争优活动，动员广大党员争科学发展之先、创社会和谐之优，以优异成绩庆祝中国共产党成立 90 周年！

在中国农业科学院深入开展创先争优活动工作会议上的讲话

中国农业科学院党组副书记、直属机关党委书记　罗炳文

（2011 年 10 月 20 日）

同志们：

这次会议的主要任务是：传达学习中共中央政治局委员、中组部部长、中央创先争优活动领导小组组长李源潮同志在农业部调研为民服务创先争优时的重要讲话精神和危朝安副部长在农业部深入推进为民服务创先争优活动座谈交流会上的重要讲话精神，对中国农业科学院上半年创先争优活动情况进行总结，部署我院下一阶段创先争优工作。

刚才，贾连奇同志和高淑君同志分别传达了李源潮同志和危朝安副部长的重要讲话精神，我院各级党组织要认真组织学习、深刻领会精神、切实抓好落实。王道龙同志介绍了资源区划所党委开展创先争优活动的做法和经验，讲得很好，值得各单位学习借鉴。

下面我就我院创先争优活动讲两点意见。

一、今年以来，我院创先争优活动开展情况

2011 年以来，我院创先争优活动在去年良好开局基础上，继续按照中央提出的“五个好”、“五带头”要求，紧密围绕科技创新中心工作，紧密结合庆祝中国共产党成立 90 周年活动，突出农业科研单位特色，扎实推进。

（一）认真落实韩长赋部长对我院创先争优活动提出的“五个围绕”要求和点评批示精神，扎实推进我院中心工作开展

2011 年 11 月 4 日，韩部长到我院专题调研创先争优活动时，提出了“五个围绕”要求；2011 年 1 月 19 日，韩部长对我院创先争优活动又作出重要点评。院党组高度重视韩部长在我院听取创先争优工作汇报时的讲话要求和有关批示精神，认真研究，全力落实。目前，“五个围绕”要求和韩部长点评批示精神，已经在我院今年工作和发展规划中得到充分体现。

2011 年 8 月，《中国农业科学院“十二五”发展规划》正式对外发布。《规划》在科技创新能力建设、加快科技成果转化和支撑能力建设、优秀人才队伍建设、体制机制建设以及党的建设、创新文化建设、和谐院所建设等方面都提出了具体要求，作出了部署，提出了“十二五”期间我院跻身世界农业科技先进行列并成为国际核心农业科研机构的战略定位和总体要求。目前，院机关各部门、院属各研究所正在按照院“十二五”发展规划的要求，扎实推进各项工作开展。

（二）大力开展庆祝中国共产党成立 90 周年系列活动，在加强党性党风建设中深入创先争优

2011 年是中国共产党成立 90 周年，中国农业科学院各级党组织以庆祝建党 90 周年为契机，将创先争优活动与加强党史党性教育结合起来，使广大党员在接受革命传统教育和理想信念教育过程中，受教育、长才干、做贡献，积极向建党 90 周年献礼。

1. 召开庆祝中国共产党成立 90 周年大会。庆祝大会全面回顾了我党 90 年的辉煌历程，总结我院建院 54 年来在党领导下所取得的发展和成绩，展望今后一个时期我院党的工作；我院庆祝大会还专门学习了农业部“三种精神”，即“北大荒精神”、“南沙精神”和“祁阳站精神”等。

2. 开展党的历史主题教育活动。通过学习《中国共产党历史》（第二卷），邀请农业部原常务副部长刘成果同志讲党课，开展“身边的榜样”——中国农业科学院庆祝建党 90 周年“两优一先”先进典型风采展，组织观看献礼影片《建党伟业》，以及开展党史专题辅导报告、举办红色故事会等特色鲜明的宣传教育活动，开展有针对性的党史党性教育和先进典型教育，加深全院党员干部对党的历史的学习和认识，增强党性修养、坚定理想信念。

3. 组织工青妇组织开展不同特色纪念活动。院工会在职工中举办了“庆祝建党 90 周年中国农业科学院职工书画摄影展”，院团委在团员青年中举办了“学党史、知党情、跟党走”主题知识竞赛，院妇工委在妇女同志中举办了“农科巾帼 · 红色风尚”活动。烘托庆祝建党 90 周年的热烈气氛，营造和谐向上的良好氛围。

4. 切实做好老党员和生活困难党员慰问工作。院党组向全院老党员发出慰问信，院直属机关党委和各单位党组织积极筹措资金 20 万元，为老党员和生活困难党员发放慰问金。院领导、各研究所领导于七一前夕对京区 100 名老党员和困难党员走访慰问，切实把党组织的温暖与关怀送到老党员和生活困难党员心中。

（三）开展向先进典型学习活动，在学先进赶先进中创先争优

1. 开展学习杨善洲同志先进事迹活动。根据中央要求，在全院印发向杨善洲同志学习通知，院党组要求党员特别是党员领导干部要以杨善洲同志为榜样，进一步坚定理

想信念，自觉实践共产党人的人生价值和精神追求，树立新时期党员领导干部和共产党员的良好形象，在创先争优活动中充分发挥领导干部的带头作用和党员的先锋模范作用。

2. 表彰宣传我院创先争优先进典型。2011 年以来，经过推荐评选，我院又有 4 个先进基层党组织、18 名优秀共产党员和 7 名优秀党务工作者获得中央国家机关工委和农业部表彰。其中，资划所党委被评为“中央国家机关先进基层党组织”，蔬菜所刘玉梅、作科所肖世和被评为“中央国家机关优秀共产党员”，农经所任爱荣被评为“中央国家机关优秀党务工作者”。其中，刘玉梅同志在人民大会堂召开的中央国家机关表彰大会上作了典型发言。

（四）加强革命传统教育，在开展特色鲜明的主题实践活动中创先争优

全院各级党组织结合自身特点，开展了如“党员先锋岗”、“党员责任岗”、“我为党旗增辉”等特色鲜明、主题突出的活动，号召党员同志立足本职做贡献，增强基层党组织的创造力、凝聚力和战斗力。

1. 开展党建培训活动。在重庆召开了以“学习红岩精神　继承革命传统”为主题的党建研究交流活动；在江西井冈山举办了以“重温红色历史　学习井冈山精神”为主题的党务干部培训班。在农业部干部管理学院举办以“学习贯彻《中国共产党党和国家机关基层组织工作条例》，认真推进创先争优活动”为主题的党支部书记培训活动。各类培训活动，既是身临其境的革命传统教育，也是深入开展创先争优，学习先进、争当先进的主题实践活动。

2. 开展创先争优活动征文。以开展创先争优“理论与实践”征文活动为契机，认真总结我院开展创先争优活动的成功经验，进一步探索提高机关党建科学化水平的新思路、新方法和新举措，全院收到 13 个单位上报的 20 篇征文，其中，有 2 篇文章获得中央国家机关党建研究会优秀奖。这些征文或是理论上的探索，或是对工作实践的总结，都对进一步推动我院创先争优活动的深入开展和不断提高我院党建科学化水平提供了有益的思路和借鉴。

3. 开展创先争优课题研究。为推动创先争优活动更好开展，及时总结经验，建立长效机制，院直属机关党委在 2011 年组织开展了《中国农业科学院构建创先争优活动长效机制研究》，适时开展调研和总结，目前，课题研究已经结束，课题研究报告已经上报中央国家机关党建研究会。

二、下一阶段，我院创先争优工作重点

10 月 15 日至 18 日，中国共产党第十七届中央委员会第六次全体会议在北京召开。全会听取和讨论了胡锦涛总书记受中央政治局委托作的工作报告，审议通过了《中共

中央关于深化文化体制改革、推动社会主义文化大发展大繁荣若干重大问题的决定》。

全会通过的《决定》，在总结历史经验、科学分析形势的基础上，阐明了中国特色社会主义文化发展道路，确立了建设社会主义文化强国的宏伟目标，提出了新形势下推进文化改革发展的指导思想、重要方针、目标任务、政策举措，充分体现了我们党文化上的高度自觉和政治上的远见卓识，是推进我国文化改革发展的纲领性文件。

8月18日，中央创先争优活动领导小组召开会议，提出了在全国窗口单位和服务行业开展“为民服务　创先争优”的活动要求。9月9日，中央国家机关创先争优活动领导小组召开中央国家机关创先争优改进作风经验交流会，提出了“转变作风　深入基层”的创先争优活动要求。9月29日，李源潮同志专程到农业部调研“为民服务　创先争优”的做法和经验。10月9日，农业部党组召开会议，传达学习李源潮同志在农业部调研时的重要讲话精神，研究部署进一步推进农业部门深入基层为民服务创先争优工作。韩长赋部长在会议上专门强调，中国农业科学院为民服务创先争优工作，不要简单照搬部机关做法，要努力突出农业科研单位特色，在科技创新、科技服务“三农”方面多动脑筋、多下功夫。

下一阶段，我院各级党组织和广大党员要认真学习党的十七届六中全会精神，胡锦涛总书记七一重要讲话精神、中央创先争优活动领导小组有关会议精神、李源潮同志在农业部调研座谈会上的重要讲话精神和韩长赋部长对我院为民服务创先争优的指示要求，扎实做好我院党的建设和创先争优工作。

（一）认真学习贯彻党的十七届六中全会精神，不断加强我院党的建设、创先争优工作和创新文化建设

刚刚闭幕的十七届六中全会主题重大、内涵丰富，就文化改革发展提出了一系列重要论断、重要部署、重要举措。我院各级党组织要全面把握全会基本精神，大力宣传阐释文化改革发展的巨大成就和机遇挑战，宣传阐释文化改革发展的指导思想和重要方针，宣传阐释坚持中国特色社会主义文化发展道路的现实依据和基本要求，宣传阐释文化改革发展的奋斗目标和主要任务。运用多种形式、多种渠道宣传报道六中全会精神，集中开展面向我院党员干部群众的学习宣传活动，把思想和行动统一到全会的决策部署上来。

要把学习贯彻党的六中全会精神与加强我院党的建设、创先争优工作和创新文化建设结合起来，不断研究和提出深化我院党的建设、创先争优工作和创新文化建设的思路和办法，不断提高我院各级党组织的创造力、凝聚力和向心力，不断营造有利于科技创新的浓厚文化氛围，为全院“十二五”发展提供坚强的思想、组织保障和政治保障。

（二）认真学习贯彻李源潮同志在农业部调研时重要讲话精神和韩长赋部长指示要求，不断提高对创先争优活动的认识

我院各级党组织要按照农业部党组部署和韩长赋部长要求，把学习贯彻李源潮同志

讲话精神作为一项重要工作，立即行动起来，认真学习、全面领会、坚决落实。通过组织学习，引导党员干部全面把握讲话精神实质，充分认识推进为民服务创先争优活动的重要意义，紧紧围绕我院“增强党性作表率、科技创新当先锋”的活动主题，坚持把“推动农业科技创新、服务支撑‘三农’事业”作为创先争优活动的出发点和落脚点，把农业科技人员深入科研一线、深入农民群众，深入农村基层作为创先争优的重要途径，紧紧按照韩长赋部长提出的“五个围绕”，即围绕“推进农业科技创新、提升农业技术服务能力、强化人才队伍建设、创新农业科技体制机制、加强党性党风建设”，扎实推动中国农业科学院创先争优活动深入开展。

（三）进一步围绕科技创新中心工作开展创先争优

各级党组织要继续组织党员干部深入学习领会胡锦涛总书记2011年七一重要讲话精神和国家“十二五”发展规划，引导广大党员干部深化对科学发展观和当前形势的认识，科学把握当前和今后5年农业科技工作的目标任务。全院干部职工要通过认真、全面、系统的学习，切实增强对农业科技创新形势的理解和把握，深刻体会中央对农业科技的关心和高度重视，切实增强我院科技人员的责任感、荣誉感和使命感。

要充分立足我院科研实际和长远发展的战略目标，牢牢把握“三个中心、一个基地”的发展方向，以提升科技创新能力为核心，以创先争优活动推动科技创新与和谐院所建设为切入点和着力点，进一步明确争创主题、突出争创重点、创新争创载体，加大科技立项和成果培育力度，继续做好科技兴农工作，扎实推进人才团队和干部队伍建设，强化科技平台建设与管理，进一步推进党建和创新文化建设，把创先争优与实施好院所“十二五”规划，做好各项工作结合起来，转化为广大干部职工的自觉行动，为开创我院“十二五”科技发展新局面提供支持和保证。

（四）在加强党的建设中创先争优

认真贯彻落实《中国共产党党和国家机关基层组织工作条例》，不断加强党的组织建设，健全组织、强化功能、增强活力、规范工作，不断提高全院党建工作的科学化、规范化、制度化水平。继续加大在工会、共青团和妇女组织中深入开展创先争优活动的力度，形成党建带群建、群建促党建的生动局面，充分发挥工青妇等群众组织的作用，激励广大职工、青年、妇女立足岗位创先争优。通过加强党建创先争优，不断增强基层党组织的战斗力、凝聚力、创造力和带动力。

（五）着力做好先进典型的培养、树立、宣传和推荐工作

2012年是创先争优活动总结之年，结合党的十八大召开，中央要隆重表彰和宣传

一批先进集体和先进个人。2012 年又是我院每两年一次的“先进基层党组织、优秀共产党员和优秀党务工作者”评选表彰年，我院也要评选和树立一批典型。

各级党组织从现在开始，就要把培养、发现和树立先进典型工作提上议事日程，认真做好先进典型的培养、树立和宣传工作。不仅要培养先进个人典型，也要注重培养先进集体典型。特别是要注意围绕农业科技创新重点工作、重大农业科技创新成果、农业科技推广与服务“三农”等方面，发现和树立典型。通过用身边人讲述身边事，用身边事感动身边人的典型教育效应，号召全院党员立足本职学科学、干事业、争优秀、作表率，推动各项工作再上新台阶。

（六）进一步强化对创先争优活动的舆论宣传

创先争优活动历时两年，宣传工作不能有丝毫懈怠。要充分发挥院网、院直属机关党建网、院报、院创先争优活动简报及各单位宣传媒介作用，广泛宣传各单位开展创先争优活动的有效做法和经验，广泛宣传活动中涌现出来的先进典型和感人事迹，大力营造创先争优浓厚氛围。各单位要定期向院创先争优活动领导小组报送情况，便于我院及时宣传报道。

（七）进一步落实领导责任制，以强有力的组织推进创先争优

各单位党组织主要负责同志切实履行第一责任人职责，精心组织、统筹推动、落实责任。既要做活动的自觉实践者、积极倡导者，又要做活动的精心组织者、大力推动者。要切实做好调研指导和督促检查，认真组织好工作交流和领导点评工作，推动创先争优活动持续开展。进一步加强分类指导，针对不同岗位、不同党员群体的特点，精心设计富有实效的活动载体，提高活动吸引力，打造活动亮点。统筹做好京内外研究所创先争优活动的整体推进，把握好时间节点和工作重点，努力做到步伐一致。

（八）2011 年年底前，重点完成 3 项工作

一是完善公开承诺，将其作为接受群众监督、加强自我约束的重要措施。各单位党组织要高度重视，继续做好基层党组织和党员的公开承诺工作。10 月底前，院各直属党委、总支、支部的公开承诺书要报院直属机关党委备案，并将公开承诺工作的进展和做法报院机关党委组织宣传处。在年底前，各单位党组织普遍开展一次公开承诺“回头看”，对照承诺事项检查承诺兑现情况，并结合新形势新任务，立足本职岗位，进一步梳理完善，增强承诺的针对性、操作性，并以一定方式进行公示，接受群众监督。

二是做好领导点评，原则上按照党组织隶属关系和领导分工进行。院直属机关党委对各单位党组织进行点评，各单位党委书记对所辖党组织及其书记进行点评，党支部书

记对本支部党员进行点评。结合民主生活会、组织生活会、年终工作总结等，重点检查创先争优目标是否明确、工作措施是否具体、党员承诺是否兑现、突出问题是否解决、活动成效是否明显、群众评价是否满意，保证做到每名党组织书记都做点评，每个基层党组织和每名党员都被点评。

三是开展好群众评议。年底前，结合年终考核汇报、领导点评和党员民主评议工作，组织党员、群众对创先争优活动开展情况进行评议，研究制定整改措施，确保创先争优活动取得实效。

同志们，深入开展创先争优活动是党的一项重大政治任务，各级党组织担负着重要责任。我们要深入学习贯彻党的十七届六中全会精神、胡锦涛总书记七一重要讲话精神，按照农业部党组和韩长赋部长的讲话要求，把中国农业科学院创先争优活动不断引向深入，为圆满完成“十二五”农业科技创新工作和实现我院科学发展作出新的更大贡献！

在中国农业科学院传达贯彻党的十七届六中全会精神会议上的讲话

中国农业科学院党组副书记、直属机关党委书记　罗炳文

（2011 年 10 月 28 日）

同志们：

今天，我们召开各单位党组织负责人会议，传达农业部贯彻党的十七届六中全会干部大会精神和危朝安副部长的讲话。根据农业部要求和院党组部署，就中国农业科学院贯彻落实党的十七届六中全会精神，讲 3 点意见。

一、深刻认识党的十七届六中全会的重大意义，切实把思想和行动统一到中央精神上来

党的十七届六中全会，是我们党在全面建设小康社会、深化改革开放、加快转变经济发展方式、加强和创新社会管理的关键时期召开的一次十分重要的会议。贯彻落实好全会精神，对于我们党团结带领全国各族人民继续全面建设小康社会、加快推进社会主义现代化、开创有中国特色社会主义事业新局面具有重大而深远的意义。我院各级党组织和广大党员干部要认真学习、深刻领会、深入贯彻全会精神，从全局和战略的高度，充分认识全会的重大意义，迅速把思想和行动统一到中央对形势的科学判断和战略的重大部署上来，切实增强贯彻落实全会精神的自觉性和主动性，为推进我院科研中心工作和党的建设、文化建设协调发展而努力奋斗。

二、准确把握党的十七届六中全会的主要内容和精神实质，明确我院文化建设的目标和方向

六中全会重点研究深化文化体制改革、推动社会主义文化大发展大繁荣问题并作出重要决定，充分体现了中央对文化改革发展的高度重视，这是继 1996 年十四届六中全会讨论思想道德和文化建设问题之后，中央再一次集中探讨文化课题。

全会通过的《决定》着眼世情国情党情新变化，深入分析文化改革发展面临的新形势新要求，深刻阐述在新的历史起点上推进文化改革发展的重要性和紧迫性，明确提出了进一步深化文化体制改革的指导思想、奋斗目标、重要方针和重大举措，充分体现

了我们党对文化建设规律的科学把握。当今综合国力竞争的一个显著特点就是文化的地位和作用更加凸显，随着我国经济社会快速发展、综合国力不断增长，我国已经到了必须加快文化改革发展的新阶段，要满足人民的精神文化需求，发展面向现代化、面向世界、面向未来的，民族的科学的大众的社会主义文化，提高全民族文明素质，增强国家文化软实力，弘扬中华文化，努力建设社会主义文化强国。

《决定》将推进社会主义核心价值体系建设作为一条红线贯穿全篇。社会主义核心价值体系是兴国之魂，是社会主义先进文化的精髓，包括马克思主义指导思想、中国特色社会主义共同理想、以爱国主义为核心的民族精神和以改革开放为核心的时代精神、社会主义荣辱观4个方面，决定着中国特色社会主义发展的方向。推进社会主义核心价值体系建设，有利于凝聚人心、形成共识，在全党全社会形成统一指导思想、共同理想信念、强大精神力量和基本道德规范。

《决定》高度重视文化在经济社会发展中的地位和作用，指出，要把文化建设作为中国特色社会主义事业总体布局的重要组成部分，准确把握我国经济社会发展新要求，准确把握当今时代文化发展新趋势，准确把握各族人民精神文化生活新期待，进一步推动文化建设与经济建设、政治建设、社会建设以及生态文明建设协调发展，为继续解放思想、坚持改革开放、推动科学发展、促进社会和谐提供坚强思想保证、强大精神动力、有利舆论支持和良好文化条件。

我们要高度重视文化对于我院全面协调可持续发展的重要意义，增强对文化建设重要性、必要性和紧迫性的认识，进一步加强中国农业科学院文化建设，重点从以下几方面努力。

一是要进一步加强创新文化建设。院党组对文化建设始终高度重视。自2004年起，我院就开始了《现代农业科研院所文化建设研究》。2006年，在全院正式启动了创新文化建设。院党组先后制定印发了《关于开展创新文化建设的指导意见》和《深入推进创新文化建设的意见》两份文件，对在全院开展创新文化建设进行指导并提出要求。我院提出的创新文化建设与十七届六中全会提出的社会主义文化大发展大繁荣精神是高度一致的。我院学习贯彻六中全会精神的中心任务就是深入推进创新文化建设。创新文化代表着我院文化建设的发展方向。实践证明，通过开展创新文化建设，提升了我院的品牌和形象，院所凝聚力和向心力进一步增强。搞好创新文化建设，对于激励创新思维、造就创新人才、培育创新成果和实现科学发展，具有积极的促进作用。我们要进一步提高对开展创新文化建设重要性的认识，将其作为我院文化建设的核心和重点，进一步抓紧抓好。

二是要进一步加强和谐文化建设。科技创新工作的不断突破，需要和谐稳定的环境、团结向上的氛围。和谐文化一直是我院文化建设的重要组成部分。要大力倡导、研究、阐释、传播、实施、奉行以和谐理念为主要内容的文化，坚持和实行互助、合作、团结、稳定、有序的准则，使之融入全院广大职工和科技人员的思想观念、价值体系、行为规范。要继续广泛宣传《中国农业科学院职工守则》和《中国农业科学院科技人员道德准则》，大力倡导和谐理念，处处体现和谐精神。继续开展社会主义荣辱观宣传教育，弘扬中华传统美德，加强社会公德、职业道德、家庭美德、个人品德教育，使广大职工自觉履行岗位责任、社会责任、家庭责任，形成知荣辱、做贡献、促和谐的良好风尚。

三是进一步加强廉政文化建设。廉政文化是中华民族优秀文化的重要组成部分，也是我院文化建设的重要内容。院党组在 2010 年 5 月出台了《关于加强廉政文化建设的意见》，要求在全院反腐倡廉建设中融入文化的力量。各级党组织要按照院党组要求，深入贯彻文件精神，着力培育廉洁价值理念，大力营造崇尚廉洁的风尚，树立领导干部秉公用权、廉洁从政的价值理念，在科技人员中倡导遵守科研道德的良好风尚，培育干部职工廉荣贪耻、诚实守信的道德观念，不断提高干部职工的思想道德修养和廉洁从政、廉洁从业意识，形成有利于反腐倡廉建设的广泛群众基础和良好文化氛围。

三、认真贯彻落实党的十七届六中全会精神，扎实推进我院党建工作协调发展

文化建设是一项长期的工作任务，需要持之以恒、循序渐进。我们要认真学习贯彻六中全会精神，切实把学习贯彻全会精神与做好我院文化建设工作紧密结合起来，与做好党的各项重点工作紧密结合起来，迅速掀起学习贯彻六中全会精神的高潮，推动我院党的建设各项工作不断深入。

一是要将文化建设与深入推进创新文化建设紧密结合，积极营造激励创新的文化环境。国家文化的发展应当与经济社会发展和人民的精神文化需求相适应，我院的文化建设，应当与科技创新事业的发展和职工日益增长的精神文化需求相适应，创新文化建设，作为我院文化建设的核心，下一阶段要在 4 个方面努力。

理念文化求深入。要继承和发扬传统，广泛宣传具有我院特色的价值理念。继续在科研人员中宣传“执著奋斗、求实创新、情系‘三农’、服务人民”的祁阳站精神和“严谨求实的科学精神、潜心科研的执著精神、刻苦攻关的奋斗精神、勇攀高峰的创新精神、爱国为民的奉献精神”，建设具有时代特征的创新文化理念，培育具有独特文化特质的农科院精神，使理念文化深入人心，成为全院科研人员的价值观念和理想家园。

标识文化抓应用。在前期努力下，院所标识文化建设成效显著。全院 31 个研究所中，有 30 个确定了所徽、所标识物、所旗，多个研究所进行了不同程度的 VI 形象设计。在 2011 年 7 月中国农业科学院视觉形象识别系统已定型和发布，前不久，我院与清华美术学院合作，完成古今中外著名农业科学家肖像创作工程，已在院办公大楼悬挂展示。标识文化是体现我院创新文化内涵的外在载体，要进一步加强中国农业科学院及各研究所视觉形象识别系统的推广应用，注重直观展示，塑造良好形象，彰显农科特色，传播农科文化。

制度文化促规范。要坚持以人为本，始终把满足科研人员的精神需求和工作便利放

在首位，依据科技创新活动的特殊性，进一步修订完善各类制度，实现精神需要、道德风范和行为准则的科学化、规范化、制度化。

园区文化重美感。园区文化是创新文化建设的基础性条件，也是全院职工感受最直接、反映强烈、呼声最高的文化建设要求。下一步要在广泛征求职工意见基础上，进一步结合院所实际，加强规划设计，注重美感，融入深厚的农耕文化和科技文化内涵，建设环境优美、和谐宁静、信息畅通、服务便捷的优美园区，为全院广大科研工作者提供良好的科研、工作和生活氛围。

二是要将文化建设与学习型党组织建设紧密结合，不断提高党员干部的文化修养。要以建设学习型党组织为抓手，丰富学习载体，创新学习形式，坚持用社会主义核心价值体系教育人、引导人、激励人，不断充实党员干部的政治理论知识和科学文化知识，深入开展形势政策教育、国情教育、革命传统教育、改革开放教育，加强爱国主义精神和时代精神的培养，坚定党员干部对中国特色社会主义的信心和信念，推动社会主义先进文化深入人心，使广大党员的思想道德素质和科学文化素质全面提高。

三是要将文化建设与创先争优活动紧密结合，充分展现广大党员良好精神风貌。要坚持以人为本，充分发挥广大共产党员在文化建设中的主体作用，积极组织学习和宣传先进典型，学习《农科英才》先进人物，学习“祁阳站精神”，引导干部职工增强道德判断力和职业荣誉感，自觉讲责任、讲正气、讲贡献，营造崇尚先进、学习先进、赶超先进的良好氛围，使我院各基层党组织和广大党员按照“五个好”、“五带头”的要求，履职尽责创先进、立足岗位争优秀。

四是要将文化建设与精神文明建设紧密结合，努力丰富职工文化生活。要着眼于职工日益增长的精神文化需求，组织开展群众乐于参与、便于参与的文化活动，吸引职工积极参与。充分发挥工会、共青团、妇委会等群众组织在文化建设中的主力军作用，支持职工组织开展形式多样的文化兴趣团体，积极培育植根职工、服务职工、教育职工的文化载体和文化样式，充分发挥文化引领风尚、教育人民、服务社会、推动发展的作用。以丰富多彩的群众性精神文明创建活动，丰富职工文化生活，弘扬和谐道德规范，使广大职工形成积极向上的精神追求和健康文明的生活方式。

五是要加强党对文化建设的领导，特别注重文化建设的实效。我院各级党组织要把文化建设摆在全局工作的重要位置，各级党组织负责人要切实履行职责，定期研究问题，定期听取职工呼声，制定提出本单位开展文化建设的思路和举措。要加强分类指导，及时总结本单位文化建设工作中的鲜活经验尤其是党员职工自发形成的有效做法，积极推广群众性文化优秀成果，注重文化建设的实效。

六是要强化文化建设工作的舆论宣传，积极营造良好的文化氛围。要充分发挥院报、院网、宣传栏、直属机关党建网、闭路电视和各单位网站、信息栏和图书室等媒介和平台的作用，精心设计内容和专题，营造人人热爱文化、人人学习文化、人人参与文化、人人建设文化、人人享受文化的良好氛围。

同志们，认真学习贯彻党的十七届六中全会精神，是当前和今后一个时期的重要政治任务。各单位党组织和广大党员干部要采取有力措施，把思想和行动统一到全会精神上来，坚持围绕中心、服务大局，以改革创新精神推进中国农业科学院文化建设，为促进我院职工全面发展、增强我院文化软实力、促进农业科技事业又好又快发展提供强大精神动力。

在中国农业科学院2011年纪检监察工作会议暨纪检监察培训班上的讲话

薛　亮

（2011年3月24日）

同志们：

今天，我们召开中国农业科学院2011年纪检监察工作会议暨纪检监察培训班。刚才，罗炳文同志向大会作了工作报告，对我院2009年、2010年纪检监察工作进行了回顾总结，对2011年党风廉政建设和反腐败工作进行了具体部署，讲得很好，我完全赞成。对于过去几年院纪检监察工作取得的成绩，院党组给予充分肯定；对今年的工作任务，各单位要认真抓好落实。下面，我结合深入学习胡锦涛总书记在中央纪委十七届六次全会的重要讲话精神，推进我院党风廉政建设和反腐败工作，谈几点意见。

一、深入学习贯彻胡锦涛总书记重要讲话精神，强化做好纪检监察工作的思想武装

中央纪委十七届六次全会于2011年1月召开，我们这次会议也是贯彻中纪委六次全会精神的具体行动。胡锦涛总书记在全会上的讲话，全面总结了党风廉政建设和反腐败斗争取得的成效和经验，科学分析了当前的反腐倡廉形势，深刻阐述了把以人为本、执政为民贯彻落实到党风廉政建设和反腐败斗争之中的重要性、紧迫性，提出了当前反腐倡廉的总体要求和工作重点。我们要认真学习胡锦涛同志重要讲话，深刻领会精神实质，加大贯彻落实力度，把我院党风廉政建设和反腐败斗争不断引向深入。

（一）深刻认识当前党风廉政建设和反腐败斗争面临的新形势

胡锦涛总书记在讲话中，全面总结了反腐倡廉所取得的成效和新经验，指出我国现阶段反腐败斗争的总体态势是，成效明显和问题突出并存，防治力度加大和腐败现象易发多发并存，群众对反腐败期望值不断上升和腐败现象短期内难以根治并存，反腐败斗争形势依然严峻，任务依然艰巨。从全国看还存在一些突出问题，一是权力集中部门和岗位腐败案件依然多发；二是资金密集领域和行业商业贿赂、内幕交易现象严重；三是土地和矿产资源领域腐败现象易发多发；四是监管薄弱领域违纪违法问题突出；五是一

些群众反映强烈的问题屡禁不止。我们一定要按照总书记的要求认清形势、把握大局，既要看到反腐倡廉建设取得的明显成效，又要看到反腐败斗争的长期性、复杂性、艰巨性。

对于中国农业科学院来讲，近年来我院的反腐倡廉工作取得了很大成绩，但随着国家对农业科技投入的逐年加大，我们获得的各类项目、掌控的资金数量越来越多，院所与各方面的工作关系有求人和被人求的双重性；加上我院人员多、摊子大、战线长，开展有效监督的难度在进一步加大。少数领导同志对党风廉政建设的重要性还认识不够，个别单位内部还不是很和谐，甚至出现了违法违纪问题。对此我们一定要保持清醒的认识，以更加坚决的态度、更加坚定的信心、更加有力的措施、更加扎实的工作，不断把全院党风廉政建设和反腐败工作推向前进。

（二）切实把以人为本、执政为民贯彻到党风廉政建设和反腐败斗争中去

胡锦涛总书记在讲话中强调以人为本、执政为民是我们党的性质和宗旨的集中体现，也是我们党一贯的政治主张和执政理念。我们党的最大政治优势是密切联系群众，执政后的最大危险是脱离群众。当前党内和干部队伍中存在着一些违背党的性质和宗旨、脱离群众的突出问题，如群众观念淡薄，不尊重群众，不相信群众，想问题、干事情不把群众放在心里；决策脱离实际，不顾群众意愿，不顾群众利益，乱铺摊子，乱上项目，搞劳民伤财的“形象工程”和沽名钓誉的“政绩工程”；作风不实庸懒散，见困难就缩，见问题就推，见矛盾就躲，对群众提出的诉求敷衍了事，对群众反映的问题久拖不决甚至放任不管，以致酿成严重后果；违法违规严重，在土地征用、城镇拆迁、城市管理等过程中违规操作、粗暴执法，甚至滥用强制手段，导致群众生活无着，引发群体性事件和个人极端事件；以权谋私现象多发，乱收费、乱罚款、乱摊派，吃拿卡要，不给好处不办事，截留、挪用民生资金，与民争利。现在社会上出现了仇官、仇富现象，大量无直接利益冲突者参与群体性事件，值得我们深思。许多基本群众对我们党内脱离群众、消极腐败问题十分忧虑，可见，这个最大危险连群众都意识到了，我们作为党的领导干部对此必须有清醒的认识，决不能掉以轻心。

在党风廉政建设和反腐败斗争中要切实贯彻落实以人为本、执政为民，把实现好、维护好、发展好最广大人民根本利益作为一切工作的出发点和落脚点，作为检验纪检监察工作成效的根本标准。一是要把以人为本、执政为民作为反腐倡廉教育的重要内容，做到思想上尊重群众、感情上贴近群众、工作上依靠群众，始终与人民群众同呼吸、共命运、心连心；树立正确的政绩观，时刻把人民利益放在第一位，凡是对人民群众有利的事要全力做好，对人民群众不利的事坚决不做。二是要把保持党同人民群众的血肉联系作为作风建设的重点，深入基层，服务群众，充分发挥人民群众对权力运行的制约和监督作用，提高正确执行政策和依法办事能力，提高做好群众工作、解决实际问题能力，提高化解矛盾纠纷、维护社会稳定能力。三是要着力维护人民群众的权益，切实解

决损害群众利益的突出问题，完善矛盾纠纷排查调处机制，把矛盾解决在萌芽状态，同时，要严肃查处损害群众利益的案件。四是要坚持科学决策、民主决策、依法决策，切实使各项工程建设、改革措施、政策制度制定符合人民群众的根本利益，同时，提高制度的执行力。

二、围绕中心，切实加强我院党风廉政建设和反腐败工作

贯彻中央纪委六次全会、农业部2011年党风廉政建设工作会议精神，落实中国农业科学院2011年纪检监察工作重点，要加强领导，明确任务，落实责任，切实加强我院党风廉政建设和反腐败工作。

（一）加强政策法规学习，为研究所发展把关守责

纪检监察部门对本单位贯彻执行党的方针政策、国家法律法规有着把关、监督的职责。要做好这项工作，首先要学习好有关政策法规、包括党的纪律的各项要求，并要准确理解和把握。对于贯彻执行中有没有偏差，要有敏感性，对于发现的问题要及时提出意见，这对纪检监察部门的同志提出了很高的要求。有的单位曾发生过违反了有关政策法规而自己还未意识到的情况，必须引以为戒。因此，一定要加强学习，努力达到较高的政策水平和思想水平。

（二）围绕中心工作，为科技创新保驾护航

我们农业科研院所的中心工作就是抓好科技创新，为农业农村经济发展提供科技支撑。纪检监察工作是党委的主要工作之一，基本职能就是要为中心工作服好务，纪检监察工作要促进研究所的建设、改革和发展，避免客观上产生迟滞、制约发展的现象。

当前，正值制定和实施“十二五”规划之机，中国仍处于发展的重要战略机遇期，必须始终坚持发展这个第一要务，要以科学发展为主题、以加快转变经济发展方式为主线。加快转变经济发展方式，最根本的是要依靠科技，最关键的是要大幅度提高自主创新能力。国家科技发展规划已经提出了到2020年我国农业科技整体实力要进入世界先进行列的目标，未来5年是十分关键的时期，农业科技面临着艰巨的任务和严峻的挑战。我院作为农业科研的国家队，当前的中心任务是要大力增强科技原始创新能力，不断为农业科技进步和农业生产力发展提供全局性、关键性的重大基础成果，努力在前沿科学和关键技术上不断取得新的突破，抢占农业科技的制高点；同时，要以科技创新带动现代农业加快发展，切实为现代农业发展提供有力的科技支撑。

做好“十二五”规划开局起步，是全党工作的大局，也是我院工作的中心。去年年底到今年年初，院和院属各单位都起草制定了本单位的“十二五”规划。今年全院

工作的总体目标任务都已经明确，翟院长在院工作会议上对 2011 年完善“十二五”规划、强化科技项目储备、加强重大成果集成配套、推动人才队伍建设、推进全球科技合作、加强科技平台建设、加强财务和预算执行、加大和谐院所建设力度 8 项重点工作作了全面部署。纪检监察工作要围绕全院和本单位的中心工作，认真搞好反腐倡廉各项任务的分解，深入调查研究，突出工作重点，真抓实干，以饱满的精神状态和良好的工作作风，为我院“十二五”规划的顺利实施保驾护航。

（三）加强惩防体系建设，突出以防为主

中国农业科学院遵照中央及农业部的部署要求，落实了推进惩治和预防腐败体系建设的有关工作。我认为，我院及各研究所作为基层单位，重点应做好防的工作。我院纪检监察工作的任务不是等着抓大案要案，而是要使它不出大案要案。纪检监察工作的对象是人，但工作目的不是处理人，而是创造一个清正廉洁、风正气顺的科技创新环境。当然，一旦发生了腐败问题或案件，必须严肃处理，绝不姑息。

一是做好责任落实和协调配合。2010 年，我院健全了党组纪检组领导班子，重组了监察局，院属各单位完善了纪委组织，选举配备纪委书记，充实纪检监察干部队伍的力量，从而健全了全院纪检监察组织机构。院纪检组、监察局要切实加强对全院纪检监察工作的领导和指导，充分发挥纪检监察体系的作用。及时了解情况，解决工作中存在的问题，督促各方面切实履行职责。同时，各单位的纪委也要加强和纪检组、监察局的联系沟通，主动汇报工作，争取工作上的支持。各单位各部门要落实责任、分工和要求，每一项工作都要抓实抓到位。各单位纪委书记要切实履行工作职责，大胆开展工作，配合所在单位的党委落实好党风廉政建设和反腐败工作的各项任务。

二是加强制度保障。依靠制度惩治和预防腐败，切实提高制度的执行力是做好反腐倡廉工作的重要保证。要按照院党组下发的《加快推进反腐倡廉制度建设的意见》，建立健全各项规章制度，特别是建立健全体现以人为本、执政为民要求的科学民主决策制度，完善在重要问题、重要项目、大额资金使用、选人用人等方面的决策机制、评估机制、失误纠错机制和责任追究制度。廉政风险防控机制建设是中央纪委六次全会部署的一项新工作，也是我院 2011 年上半年党风廉政建设和反腐败工作的重点，各单位要按照《中国农业科学院推进廉政风险防控机制建设实施方案》的要求，切实建立防控机制，做好风险点排查和防范。在制度的执行上，各级领导特别是党政一把手要增强制度面前无特权、制度约束无例外的意识，带头学习制度、严格执行制度、自觉维护制度，在遵守制度上率先垂范。一级带一级，一级抓一级，在本单位形成自觉执行制度的良好风气。各级纪委要坚持原则，是非分明，敢抓敢管，严肃查处有令不行、有禁不止、随意变通、恶意规避等严重违反制度的行为，使制度真正成为应予敬畏的“铁包公”。

三是努力化解矛盾。按照中央关于做好新形势下的群众工作的要求，围绕本单位党委的工作重点，关心职工群众的思想、工作和生活，深入群众做思想工作，了解群众疾

苦，了解群众所思、所盼、所忧，认真解决群众工作生活中的实际困难，切实解决损害群众利益的问题，改进工作不足之处，改善党群关系、干群关系，自觉接受群众监督，及时化解矛盾，维护群众权益，防止矛盾激化，干扰研究所发展。

四是坚决消除问题苗头。对于群众反映的问题，特别是领导干部工作中有疏漏、有失误、有偏差的地方，领导干部有不廉洁的问题等，绝不能掉以轻心，听任发展，最后酿成大错。对苗头性的问题，不论发生在哪里、发生在谁身上、包括主要领导，都应及时提醒，及时处理，把问题消灭在萌芽状态。

（四）加强监督检查，注重整改实效

监督检查是发现问题、完善对策、推动工作目标落实的重要环节，也是有效预防腐败的重要措施。近几年，我们通过巡视、廉政责任制检查和专项治理等多种形式，不断加大监督检查的力度，对推进反腐倡廉各项工作起到了重要的推动作用。在监督检查中，第一要检查党风廉政建设责任制的落实情况，看各单位的领导是否把党风廉政建设工作和本单位的业务工作一起部署、一起落实、一起检查、一起考核；班子成员是否明确了廉政方面的责任，做到党政齐抓共管；各单位是否制定了反腐倡廉年度工作计划和分工方案，并积极有效地开展了工作。第二要从重点领域、重点部门、重点环节入手，排查廉政风险，健全内控机制，构筑制度防线，形成以积极预防为核心的科学防控机制。要结合信访举报，查办案件暴露出来的问题，举一反三，防微杜渐，发挥好查办案件的治本作用。第三要把定期检查、平时检查和年终考核结合起来，对检查中发现的问题要明确整改时限，督促整改。

以上讲的四条，我认为是纪检监察部门应有的责任观、政绩观，也可以说是检验纪检监察工作的四条标准。归纳一下就是：一要对本单位贯彻执行党的方针政策、国家法律法规把关守责；二要为科技创新中心工作服好务，促进研究所健康发展；三要把惩防体系做实，保证单位不出大的案件，干部不出大的问题；四要实行有效监督，及早发现问题，及时整改。

（五）加强纪检监察干部队伍建设，提高纪检监察工作水平

一是加强思想建设。要把加强马克思主义政治理论学习和思想教育作为干部队伍建设的首要任务来抓，使纪检干部树立正确的世界观、人生观、价值观、权力观，增强做好工作的责任感、使命感。纪检监察干部要做到忠于职责，严肃执纪，不怕打击报复，不做老好人。

二是加强能力建设。从我院的情况看，纪检监察干部绝大多数是兼职，还有一些同志本身就是科研干部，又承担了纪检监察工作，因此，努力拓宽视野，不断更新知识，提高纪检监察工作能力水平就尤为重要。要注重把有关政策和研究所的实际相结合，找

准工作的切入点和着力点；要学习纪检监察业务知识，注意借鉴有益经验，进一步把握纪检监察工作特点和规律，提高从源头上预防和治理腐败的能力；要学习法律、经济、科技和管理等方面的知识，努力改善知识结构，增强专业素养，提高处理疑难问题的能力。院里也会为大家创造各种机会，加强交流和培训。

三是加强作风建设。首先要培养高度的责任心，患得患失、顾虑重重、怕得罪人，工作差不多就行，这些认识是十分有害的，发现问题不抓不说，是对事业、对群众、对干部不负责任。各级纪委和纪检监察干部都应大胆开展工作，敢抓敢管，勇于负责。还要树立效率意识，对工作做到严谨细致，雷厉风行。对于违反纪律，损害广大职工利益的苗头性问题，要及早发现，迅速采取有力措施加以解决。真正做到重实际、办实事、讲实效。

四是严于律己，从严要求。律人者必先律己，纪检监察干部只有严于律己，才能使人心悦诚服。要自觉遵守党的政治纪律、组织纪律、群众工作纪律，做到不该说的话不说，不该拿的东西不拿，不该去的地方不去，不该交的朋友不交，审慎对待自己的工作，自我约束，自我监督。时刻要以组织的重托激励自己，以群众的信赖勉励自己，以岗位的职责鼓励自己，树立秉公执纪的纪检干部的良好形象。

同志们，纪检监察工作责任重大，任务艰巨，让我们紧紧围绕中国农业科学院“三个中心、一个基地”建设的战略目标，围绕院所“十二五”规划的实施，全面加强我院的纪检监察工作，更加注重治本，更加注重预防，更加注重制度建设，通过脚踏实地的工作，使我院成为反腐倡廉的坚强阵地。

全面落实党风廉政建设工作
为我院各项事业发展提供有力保证

——罗炳文在中国农业科学院2011年
纪检监察工作会议暨纪检监察培训班上的报告

（2011年3月24日）

同志们：

今天我们在这里召开中国农业科学院纪检监察工作会议暨纪检监察培训班，会议的主要内容是学习贯彻中纪委六次全会精神和部院党风廉政建设工作会议精神，总结我院近两年来的纪检监察工作，落实2011年重点工作，举办纪检监察培训班和召开农科监察研究会第二次会员大会。

近两年来，我院纪检监察工作在驻部纪检组监察局和院党组的正确领导下，坚持以邓小平理论和“三个代表”重要思想为指导，全面落实科学发展观，深入贯彻党的十七大、中央纪委历次全会精神，坚持标本兼治、综合治理、惩防并举、注重预防的方针，着力抓好以惩防体系建设为重点的反腐倡廉建设，在教育、制度、监督、惩处等方面，完善工作思路，明确工作重点，创新体制机制，认真抓好落实，党风廉政建设各项工作取得明显成效，为我院各项事业科学发展提供了有力保障。

一、前两年主要工作

（一）完善纪检监察领导体制和工作机制，为党风廉政建设提供重要保证

在部党组的关怀下，健全了院党组纪检组，院监察与审计局更名为院监察局，专职履行监察职能，实行党组纪检组和监察局、直属机关纪委合署办公。完善了我院纪检监察体制。为进一步加强纪检监察组织建设，按照院党组要求，院属单位已全部成立了纪委或明确了纪委负责人，并实行了纪检监察合署办公。纪检监察体制的完善，充实了党风廉政建设力量，形成了合力，有力地促进了我院党风廉政建设工作的深入开展。

调整了院党风廉政建设领导小组。翟虎渠院长担任廉政领导小组组长，各单位也成立了相应机构。通过召开党风廉政建设领导小组会议，年初制定分工意见，将反腐倡廉各项任务分解到部门，部门又制定方案落实到人；年底进行检查汇报，促进任务落实，

形成了一级抓一级，层层抓落实的良好工作局面。

2010 年 7 月，印发了《中共中国农业科学院党组关于加强党风廉政建设工作的决定》，结合我院实际，对加强党风廉政建设工作提出了一系列新的举措。

通过近两年的努力，我院已建成院党组领导，党政齐抓共管，党组纪检组监察局组织协调，机关各部门各负其责，院属各单位积极参与、狠抓落实的党风廉政领导体制和工作机制，确保了我院各项事业发展到哪里，廉政建设就推进到哪里，机关各局的工作延伸到哪里，廉政工作就抓到哪里。

（二）创新廉政宣教方式，提高教育的有效性和针对性

我院各单位坚持以理论学习中心组等形式，积极推进党员领导干部学习各项法规，增强廉洁自律意识。有针对性地对重点领域、重要岗位、关键环节的领导和工作人员开展廉政教育。开设了中国农业科学院党风廉政建设网，及时更新网站信息，充实网站内容，优化了栏目，使网页阅读更加简洁、方便。将原《纪检监察审计简报》更名为《党风廉政建设简报》，使党风廉政建设的宣传平台更加广阔。

在全面宣传教育的基础上，2010 年 6 月，院党组纪检组对各种宣传形式进行组合创新，集中组织开展了廉政教育宣传月活动。宣传月由一系列活动组成：院党组副书记、纪检组组长罗炳文为京区党员干部讲廉政党课、播放中央党校张希贤教授“廉政准则实施与监督”讲座视频、学习贯彻《中国农业科学院关于加强廉政文化建设的意见》、组织观看中纪委《反腐倡廉每月一课》系列光盘，开展了以“加强反腐倡廉建设，树立廉洁自律新风”为主题的展板展示。展板由我院监察局自行设计，抨击科技教育界存在的不良风气，展示我院科研人员和各级领导干部甘于奉献的情操，弘扬他们严谨求实的精神，引导全院干部职工继承老一辈科技工作者洁身自好、甘于清苦、艰苦奋斗的优良作风，牢固树立服务“三农”的价值理念。宣传月期间，充分利用院报、院党风廉政建设网页、闭路电视、院办公楼大厅电子屏幕及《党风廉政建设简报》等宣传载体，发挥新闻媒体信息传播快的特点，进行集中宣传。各单位认真组织党员干部参观反腐倡廉教育基地，组织收看《莫让爱好变成陷阱》《老实做人　干净做事》《贪官无孝子》《认真贯彻四中全会精神　推进机关党风廉政建设》等党风廉政宣传片，利用宣传橱窗和大屏幕展示宣传彩页、滚动播放“八禁止 52 不准”等，加深党员干部对《廉政准则》重要性的认识，提高党员干部的自律意识。这次教育活动，全院广泛参与，时间集中，形成了教育合力，做到了教育范围全覆盖。

为进一步指导全院廉政文化建设的开展，2010 年上半年印发了《中国农业科学院关于加强廉政文化建设的意见》，对我院开展廉政文化建设提出了要求，作出了部署。

（三）强化制度建设，进一步落实党风廉政建设责任制

院党组制定下发的《中国农业科学院贯彻落实胡锦涛同志重要讲话精神　加快推进反腐倡廉制度建设的意见》，提出要从全院实际出发，加强整体规划，抓紧重点突破，逐步建成内容科学、程序严密、配套完备、有效管用的制度体系，切实提高制度执行力，增强制度实效。

按照院党组的要求，2010年在全院首次实行了党风廉政建设责任书制度。院与院属各单位、机关各部门签订责任书，院属各单位、机关各部门与其下属部门分别签订了责任书。通过实行党风廉政建设责任书制度，进一步明确了院属各单位、机关各部门落实党风廉政建设责任制的责任主体、责任内容、考核办法和责任追究制度，对院属各单位、机关各部门严格执行党风廉政建设责任制，认真落实部院党组的各项任务起到了积极的推动作用。

院机关各部门高度重视制度建设工作，制定了《中共中国农业科学院党组关于巡视工作的办法（试行）》《中国农业科学院干部选拔任用工作"一报告两评议"实施细则》《中国农业科学院野外台站管理办法》《中国农业科学院基本建设管理办法（试行）》《中国农业科学院国际合作管理规定》等。修订了《中国农业科学院工作规则》《院基本建设项目审计监督管理办法》《中国农业科学院基本建设项目招投标廉政监督办法》等规章制度。

院属研究所根据各自的工作实际，紧紧围绕推进党内民主、保证科学决策、促进廉洁从政、维护群众利益的要求整章建制，不断提高规范化管理水平。

（四）加强监督和专项检查工作，确保权力正确行使

认真开展巡视工作和党风廉政建设责任制专项检查工作。从2009年开始，我院的巡视工作由我院自行组织。院党组高度重视巡视工作，召开会议专门研究巡视工作，听取巡视组工作汇报并给予具体指示。院巡视工作联席会议年初制定巡视工作计划，提出要求，及时听取巡视组汇报，审议巡视报告，研究、指导巡视工作。巡视组按照巡视工作规程，认真了解被巡视单位客观真实的情况，公正评价被巡视单位领导班子和班子成员，切实找准存在的主要问题，提出意见建议。通过信息反馈，要求被巡视单位提出整改措施，督促整改。2009年对3个研究所开展了巡视工作，2010年完成了6个单位的巡视任务。

认真开展小金库专项检查。按照《农业部关于印发〈农业部"小金库"专项治理和会议费行政事业性收费专项检查方案〉的通知》要求，对12个研究所进行了财务专项检查，清理违规资金446.77万元，对发现的问题，督促及时进行整改。

组织开展了工程建设领域突出问题专项治理工作。制定了《中国农业科学院工程

建设领域突出问题专项治理工作方案》，成立了领导小组，结合我院基本建设“规范年”活动，抽查基本建设项目 32 个，对加快项目进度、规范档案管理、促进严格执行批复内容起到了重要作用。

在干部选拔任用工作中积极发挥监督职责。根据农业部党组《司处级干部任职前人事劳动司听取纪检监察部门意见试行办法》，党组纪检组监察局为我院拟提拔的副所级领导干部出具执行党风廉政建设方面的书面审核意见。为评选各类先进出具书面的资格审核意见。

加强基本建设项目、政府采购项目招投标廉政监督力度。两年来，院纪检监察系统对全院 176 个基建项目和政府采购招投标项目，总计中标金额约 17 亿元进行了招投标廉政监督。

（五）保持查办案件力度　努力发挥治本功能

为进一步规范信访举报程序，制定了《监察局受理信访工作内部规范》。成立了中国农业科学院纪检组、监察局信访举报和案情分析小组，提高了查办案件工作的科学性。院党风廉政建设网开通了网上举报，畅通广大职工群众反映意见和建议的渠道。

院监察局两年来共收到信访举报件（来信、来访、来电）148 件次，其中，重复件 43 件，实际 105 件。所有信访举报件都按照分级管理的原则进行了处理。

切实发挥查办案的治本功能。查办案中，既体现事实清楚、证据确凿、实事求是等原则，也遵循“保护改革者，提醒失误者，惩处违纪者”的要求，促进研究所的发展，维护研究所的稳定。对轻微违纪的，及时诫勉谈话；对不实反映，及时澄清，支持和保护党员干部敢抓敢管、干事创业的积极性；对个别信访举报相对集中的单位，分别由院领导或监察局约见所在单位主要负责人，分析起因，研究化解办法，促进单位和谐。

（六）深入开展理论研究，提高纪检监察干部水平

为增强纪检监察工作的前瞻性、预见性和主动性，更好地解决实际工作中遇到的问题，充分发挥中国监察学会农业分会农科监察研究会的作用，积极组织纪检监察干部结合实际开展党风廉政建设和反腐败理论研究。2009 年，上报中国监察学会农业分会论文 29 篇，获奖 13 篇，其中，中国监察学会优秀论文二等奖 1 篇，农业分会一等奖 2 篇、二等奖 2 篇、三等奖 6 篇、优秀奖 3 篇。2010 年上报论文 32 篇，是历年最多的一年。一些研究成果，如基本建设、政府采购招投标的研究，已用于制度建设。

总体来看，我院的党风廉政建设取得了一定成绩，但是，面对党风廉政建设的新形势新情况，对照部党组和驻部纪检组监察局的要求，我们的工作还存在一些问题和不足：一是院属单位和人员较多，摊子大，战线长，各项资金、项目逐年增加，开展反腐倡廉工作的难度进一步加大。二是有的领导干部对党风廉政建设重要性的认识还不到

位，贯彻党风廉政建设责任制的力度还不强。三是有的领导干部工作作风不够深入，决策的公开程度不够，思想政治工作不细致。四是有的单位管理监督不到位，对下属单位的管理还存在较大漏洞，出现了经济犯罪的情况。这些问题应该引起足够重视，认真加以解决。

二、2011 年重点工作

2011 年是中国共产党成立 90 周年，是中国农业科学院全面落实“十二五”规划的起始年，也是全面落实《建立健全惩治和预防腐败体系 2008～2012 年工作规划》的关键一年。在年初我院党风廉政建设工作会议上，对 2011 年党风廉政建设工作进行了安排部署，要求已经明确。我们要认真学习贯彻中纪委六次全会和部院党风廉政建设工作会议精神，落实好今年的重点工作。

（一）认真学习贯彻中纪委六次全会和部院党风廉政建设工作会议精神

年初，中央纪委六次全会、农业部党风廉政建设工作会议、我院党风廉政建设工作会议相继召开。胡锦涛总书记在中纪委六次全会上提出，党风廉政建设和反腐败斗争要贯彻落实以人为本、执政为民的工作重点，把我们对党风廉政建设和反腐败斗争的认识提升到一个新的高度。强调了“六个着力”，即着力加强以人为本、执政为民教育，着力建立健全体现以人为本、执政为民要求的决策机制，着力按照法律法规和政策开展工作，着力维护人民群众权益，着力查处损害群众切身利益的案件，着力加强基层干部队伍作风建设。胡锦涛总书记列举了当前存在的一些违背党的性质和宗旨、群众反映强烈的突出问题。韩长赋部长在部党风廉政建设工作会议上的讲话中指出，“这些问题在我们农业系统特别是基层也或多或少存在，应当引起重视。”翟虎渠院长在 2011 年党风廉政建设工作会议上客观分析了我院面临的形势，对我院纪检监察工作提出了明确要求。我们必须把反腐倡廉的各项要求贯穿于工作的各个领域和全过程，始终做到权为民所用、情为民所系、利为民所谋；坚持科学决策、民主决策、依法决策；让权力在阳光下运行；切实维护好群众的合法权益；把力量凝聚到贯彻六中全会和部党风廉政建设工作会议提出的各项任务上来，以高度负责的精神，积极主动地抓好贯彻落实。

（二）积极推进廉政风险防控机制建设和专项治理工作

2011 年上半年，我院党风廉政建设工作的一项重要任务是组织开展廉政风险防控机制建设。廉政风险防控机制建设工作要严格按照农业部和我院的实施方案，高标准、严要求，认认真真做好，扎扎实实推进。我院实施方案对风险防控机制建设 4 个阶段有明确的时间要求，院属各单位、机关各部门要在规定时间内高质量完成规定的工作任务。要全面查找存在或潜在的廉政风险点，分析风险内容和表现形式，准确评定风险等级。从工作流程或权力运行过程入手，绘制工作流程图，对应查找每个环节存在的风险点，切实做到全覆盖、不漏项。在制定防控措施阶段，要根据确定的廉政风险，制定有效的防控措施。在风险排查和制定防控措施的基础上，认真填写《廉政风险防控表》，制作《廉政风险防控手册》。各级领导要切实负起责任，严格把关。届时中国农业科学院惩防体系建设领导小组办公室要对各单位的上报材料逐一审核，不合格的一律退回，直至完全合格。在各单位各部门工作的基础上，院惩防体系建设领导小组办公室要认真绘制院本级的工作流程图，填写《廉政风险防控表》，制作《廉政风险防控手册》，并建立党风廉政建设信息网，建立院、所及各风险点三级，防范、预警、及时处理的网络体系。我们要以扎实有效的工作成果，迎接农业部的检查验收。

要认真贯彻国务院办公厅转发发改委、监察部、交通运输部等部门《关于解决当前政府投资工程建设中普遍性问题的意见》，深入开展工程建设领域突出问题专项治理，抓好排查整改工作，严肃查处规避招标、虚假招标、违法转包分包等问题。

要深化“小金库”专项治理，巩固治理成果，推动长效机制建设，严肃查处顶风违纪设立“小金库”问题。2010 年，在清理“小金库”后，个别单位仍然存在“小金库”问题，并引发犯罪，各单位要高度重视。

（三）严格落实党风廉政建设责任制，确保党风廉政建设各项工作落到实处

中共中央、国务院于 2010 年 11 月 10 日修订了《关于实行党风廉政建设责任制的规定》，各单位要坚持把党风廉政建设摆在突出位置，严格落实责任分工。领导班子要对职责范围内的党风廉政建设负全面领导责任，领导班子主要负责同志要认真履行第一责任人的职责，自觉把反腐倡廉建设列入重要议事日程，与业务工作同谋划、同部署、同落实、同检查、同考核，切实做到重要工作亲自部署、重大问题亲自过问、重要环节亲自协调、重要案件亲自督办。领导班子其他成员也要根据分工，对职责范围内的党风廉政建设负主要领导责任。各单位纪委要认真履行好组织协调职责，要有专人负责党风廉政建设的日常工作。院党组纪检组、监察局要加大对各单位执行党风廉政建设责任制情况的监督检查力度，对党风廉政建设工作领导不力、职责范围内明令禁止的不正之风得不到有效治理、造成不良影响的；对本单位、本部门疏于监督管理、致使直接管辖的下属发生严重违法违纪问题等情况，要严格追究有关领导干部的责任。

2011 年，继续实行党风廉政建设责任书制度，按照新的《关于实行党风廉政建设责任制的规定》要求签订责任书，并抓好落实。

（四）以完善惩治和预防腐败体系为重点，整体推进反腐倡廉各项工作

按照建立健全惩治和预防腐败体系实施纲要的部署，抓紧落实《中国农业科学院建立健全惩治和预防腐败体系2008～2012年工作规划》确定的各项任务，扎实推进教育、制度、监督、惩治等各项工作。

加强对领导干部的教育和监督。要继续抓好以《廉政准则》为主要内容的廉洁自律宣传教育，不断创新廉政教育方法。针对教育对象的实际情况，分层次、有重点地确定教育内容，认真开展党风党纪教育、法律法规教育、职业道德教育和警示教育。按照《中国农业科学院关于加强廉政文化建设的意见》，积极推进全院廉政文化建设的开展。继续开展巡视工作、推进惩治和预防腐败体系建设检查工作。积极探索巡视成果运用的好办法、新思路。院党组决定2011年对6个院属单位开展巡视工作、推进惩治和预防腐败体系建设检查工作，督促检查2010年6个被巡视单位整改措施的制定和落实工作。加强对基建和政府采购招投标廉政监督，对招投标过程的每个环节做到监督到位，对自行组织的招标工作要加强规范化管理。

强化制度建设。按照《中国农业科学院贯彻落实胡锦涛同志重要讲话精神 加快推进反腐倡廉制度建设的意见》，院属各单位要切实把反腐倡廉制度建设作为一项基础性工作抓紧抓好。要进一步规范决策行为，完善议事规则和决策程序。要按照民主集中制原则，进一步明确“重大决策、重要干部任免、重大项目安排、大额度资金使用”必须经过论证和集体决策，涉及群众重大利益的问题必须经职工代表大会讨论通过。要在财务、人事、基建招投标、政府采购、科技开发等方面，制定完善相关措施和管理办法，规范业务流程。逐步建成内容科学、程序严密、配套完备、有效管用的制度体系，切实提高制度执行力，增强制度实效。

加大查办案件力度。加大办案工作力度，坚决查办违纪违法案件，惩处腐败分子，严肃党的纪律。进一步做好信访举报工作，及时处理信访举报问题，确保件件有着落。进一步落实分级管理，同时，加强对研究所处理的重要信访举报件的督办。充分发挥查案治本功能，以查处促规范，以查处促完善，以查处保廉洁。

（五）进一步加强对纪检监察工作的领导，提高反腐倡廉建设科学化水平

院党组纪检组、监察局要加强对各单位纪检监察工作的指导和领导，推动各单位纪检监察工作的开展。各级党委要加强对纪检监察工作的领导，支持纪检监察部门和干部履行职责，帮助他们解决工作中的实际困难和问题，推动反腐倡廉工作不断深入。

采取多种形式，加强全院纪检监察干部纪检监察理论的学习和实务培训，以适应新时期农业科研单位纪检监察工作的需要。充分发挥农科监察研究会的作用，积极争取基本科研业务费的支持，引导专兼职纪检监察干部结合我院的实际，有针对性地从不同角

度、不同侧面开展研究，并将理论研究成果应用于纪检工作实践。要着眼建设学习型纪检监察机关，加强干部教育培训，不断提高纪检监察干部的思想政治素质和业务能力，努力建设一支政治坚强、公正清廉、纪律严明、业务精通、作风优良的纪检监察干部队伍。

同志们，做好反腐倡廉工作任务艰巨，使命光荣。让我们更加紧密地团结在以胡锦涛同志为总书记的党中央周围，认真学习贯彻中纪委六次全会和部院党风廉政建设工作会议精神，统一思想、振奋精神、兢兢业业、尽职尽责，真抓实干，务求实效，抓好党风廉政建设和反腐败各项任务的落实，不断取得新的成效，为中国农业科学院各项事业发展提供有力保证。

罗炳文在中国农业科学院全面推行廉政风险防控管理动员部署会上的讲话

（2011年1月11日）

同志们：

全面推进廉政风险防控机制建设，是中国农业科学院党组认真贯彻落实党的十七大、十七届四中、五中全会、中央纪委五次全会精神和农业部全面推行廉政风险防控管理的部署，推进我院惩治和预防腐败体系建设的重要举措。廉政风险防控机制建设是一项创新性的工作，也是一项系统工程，院党组对此高度重视。今天，是对我院全面推进廉政风险防控机制建设进行动员和部署。刚才，连奇同志代表院党组宣读了《中国农业科学院推进廉政风险防控机制建设实施方案》，光明同志介绍了油料所开展试点工作的做法和经验。下面，我代表院党组讲3点意见。

一、统一思想，提高认识，深刻理解推进廉政风险防控机制建设的重大意义

（一）推进廉政风险防控机制建设，是贯彻落实“三个更加注重”要求，加强预防腐败工作的重要举措

党的十七大强调，在坚决惩治腐败的同时，更加注重治本，更加注重预防，更加注重制度建设，拓展从源头上防治腐败工作领域。“三个更加注重”的要求，从本质上说，就是要超前化解权力运行过程中各种容易诱发腐败的风险，使腐败行为不发生或者少发生。在反腐倡廉形势依然严峻、任务依然艰巨的情况下，只有坚持预防在先，防患于未然，才能控制和减少诱发腐败的风险。党的十七届五中全会和十七届中央纪委第五次全会明确提出了推进廉政风险防控机制建设的任务。推进廉政风险防控机制建设，是我院贯彻落实中央和农业部反腐倡廉决策部署，进一步完善惩防体系建设的具体行动，是加强我院党风廉政建设的一项重要基础性工作。各单位、各部门一定要统一思想，提高认识，增强政治责任感和使命感，以高度负责的精神做好这项工作。

（二）推进廉政风险防控机制建设，是创新纪检监察工作机制，提高反腐倡廉建设科学化水平的有效手段

中央部署加强廉政风险防控机制建设，突破了传统思维和习惯做法，将“风险管理”等现代管理理念和科学方法引入反腐倡廉实践，针对权力运行中的风险和监督管理中的薄弱环节，主动超前预防，前移监督关口，掌握反腐倡廉建设的主动权，增强反腐倡廉的预见性、可操作性和实效性，是用发展的思路和改革的办法推进反腐倡廉建设的积极探索，为有效预防腐败开辟出了一条新路。

（三）推进廉政风险防控机制建设，是加强我院党风廉政建设，促进广大党员干部廉洁自律的客观需要

廉政风险的存在具有客观性和普遍性。所谓廉政风险，就是掌握一定权力和资源的人在执行公务或日常生活中发生腐败行为的可能性。因此，廉政风险主要存在于权力运用和资源配置之中，并且以职务活动为核心。从这个意义上说，所有的职务都有廉政风险。有风险并不可怕，可怕的是没有防范风险的意识，没有应对风险的措施。因此，我们要在腐败的预防和控制上投入更多的时间和精力，督促各级干部树立防控风险意识，最大限度地降低腐败和不正之风发生的概率。这也是从根本上爱护党员干部的具体表现。

二、结合实际，突出重点，扎实推进我院廉政风险防控机制建设

（一）突出重点领域和关键环节，确保廉政风险防控机制建设取得实效

推进廉政风险防控机制建设，就是要建立起以岗位为点、以程序为线、以制度为面的一张廉政风险防控网。所以，首要任务是要抓住重点，以点带面。要抓住重大问题决策、重大项目建设、大额资金分配使用、重要人事安排等重点，以及科研管理、产业开发、成果转化、企业管理等方面的薄弱环节，明确权力运行流程和行使依据，找准权力运行的“关节点”和问题易发多发的“风险点”，量化责任，分析廉政风险，制定防控措施。我院下属单位多，具体情况不同，廉政风险构成也必然存在差异。各单位各部门在实际工作中，要把廉政风险防控机制建设与各项业务工作紧密结合起来，与各个岗位职责紧密结合起来，查准、找全廉政风险点，有针对性地制定防范措施，这样，才能贴近单位中心工作，突出单位特色，抓出实际成效。

（二）把握步骤，探索规律，提高廉政风险防控机制建设的可操作性

廉政风险防控机制建设是一项创新性的工作，中国农业科学院各单位各部门要严格按照《中国农业科学院推进廉政风险防控机制建设实施方案》中确定的实施步骤开展工作，在学习动员阶段，要深化认识、吃透精神、把握政策；在风险排查阶段，要理清流程、找出关键、评估风险、确定级别；在制定防控措施阶段，要做到提出措施有针对性、可操作性和系统性；在考核评估阶段，要认真总结、认真审核、修正优化。

在工作中，我们要善于研究，掌握方法，把握规律。廉政风险防控机制建设，风险排查和制定防控措施是最为重要和核心的环节。对于风险排查，要善于把握不同层次的人员和岗位存在腐败风险的特点和规律，抓好领导岗位、中层岗位和其他重要岗位3个层次。制定防控措施，要采取细化的方法，科学厘定工作职责，明确权力界限和归属，绘制权力流程图和业务流程图，细化权力自由裁量标准，建立健全相关制衡措施和监督措施，实现有效分解和控制。总之，要把握方法，摸清规律，增强廉政风险防控机制的可操作性。

（三）建立长效机制，促进廉政风险防控机制科学规范运行

推进廉政风险防控机制建设，是一项长期的任务，不可能一蹴而就，更不可能一劳永逸。我们要逐步建立健全风险预警、纠错整改、内外监督、考核评价和责任追究机制，形成一整套行之有效的廉政风险防控制度体系；要注重廉政风险的动态化管理，识别新的廉政风险点，及时补充和调整廉政风险内容和完善防控措施；利用违纪违法案件暴露出的问题，逆向分析查找风险盲点或防控薄弱环节，完善风险防控措施。按照农业部要求，从2011年开始，廉政风险防控机制建设检查将与党风廉政建设责任制、惩治和预防腐败体系建设检查结合进行，并作为深入开展创先争优活动和绩效考核评估的重要内容。

三、加强领导，狠抓落实，确保廉政风险防控机制建设落到实处

（一）加强领导，明确责任

各单位各部门要把推进廉政风险防控机制建设作为一项重要政治任务，加强组织领导，周密安排部署，认真制定本单位推进工作的具体实施办法，按时完成各阶段工作。要认真贯彻落实党风廉政建设责任制，切实履行“一岗双责”，认真抓好这项工作。各单位各部门要加强与院惩防体系建设领导小组办公室的工作沟通，指定一名联络员，具体承担相关工作。

（二）广泛宣传，全员参与

各单位各部门要加强对推进廉政风险防控机制建设的宣传力度，组织广大干部认真学习院党组下发的实施方案，统一思想，提高认识，增强工作的积极性和主动性。要运用院属各类媒体资源，加强对这项工作的宣传报道，总结推广先进经验，营造良好的工作氛围。

（三）加强督查，务求实效

各单位各部门要加强对推进廉政风险防控机制建设的监督检查，全面系统地考核各项防控措施的落实情况，确保推动廉政风险防控工作落到实处。院惩防体系建设领导小组也将对各单位各部门加强督促、检查、指导，对各单位上报的材料，要进行审核评估。经审核不符合要求的材料，要进行修改完善，重新上报；对搞形式、走过场、不认真开展工作的单位，要通报批评，责令整改。

同志们，廉政风险防控机制建设意义重大，任务艰巨，需要加强研究，不断探索，边推进，边总结。希望各单位各部门按照院党组的统一部署，采取积极的态度、有力的措施，按时完成各阶段的工作任务，通过深入推进廉政风险防控机制建设，将中国农业科学院反腐倡廉建设提高到一个新水平。

罗炳文在中国农业科学院贯彻落实2011年反腐倡廉工作任务分工会议上的讲话

（2011年5月5日）

同志们：

这次会议的主要任务是，传达“农业部贯彻落实国务院第四次廉政工作会议精神暨反腐倡廉工作任务分工会议”精神，对我院2011年反腐倡廉工作任务进行分工。刚才，会议书面传达了“农业部贯彻落实国务院第四次廉政工作会议精神暨反腐倡廉工作任务分工会议”精神，请各单位将《国务院第四次廉政工作会议精神传达提纲》及时向领导班子传达。逐陈同志宣读了《中国农业科学院贯彻落实2011年反腐倡廉工作任务的分工意见》，各单位要认真学习，切实抓好《分工意见》的落实。下面，我根据会议精神和院党组要求，讲几点意见。

一、认真学习贯彻“农业部贯彻落实国务院第四次廉政工作会议精神暨反腐倡廉工作任务分工会议”精神，进一步增强做好反腐倡廉工作的责任感和紧迫感

国务院第四次廉政工作会议是部署和指导2011年政府系统廉政勤政建设的重要会议。温家宝总理在会上作重要讲话指出，当前我国发展面临的形势极为复杂，经济社会发展中一些长期问题和短期问题相互交织，尤其是一些社会矛盾较为突出，再加上腐败问题，如果处理不好，产生叠加效应，就可能影响改革发展和社会稳定。目前，反腐倡廉工作与人民群众的期望还有较大差距。腐败现象在一些领域仍呈易发多发之势，一些案件触目惊心，影响极为恶劣；贪污腐化、形式主义、奢侈浪费的问题屡禁不止。发生这些问题，根本在于制度不完善，机制不健全，已有的制度执行不力，监督不到位和力度不够，导致权力行使缺乏有力约束。针对存在的突出问题，2011年要注意抓好3方面工作，一是认真治理领导干部以权谋私和渎职侵权问题，二是切实加强领导干部廉洁自律，三是坚决遏制奢侈浪费和形式主义。

落实这3方面重点工作的要求，已经体现在我院《分工意见》中。这些任务中，一些是以前工作的延续，我们要常抓不懈，继续加大落实力度。一些是具体明确的规范，我们务必严格执行。还有一些是结合当前反腐倡廉实际提出的新要求，我们要立即着手研究，拿出有效措施。我们要从讲政治、顾大局的高度，充分认识做好反腐倡廉工作的极端重要性，进一步增强责任感和紧迫感，做到思想高度重视、任务责任明晰、工

作措施具体、贯彻落实到位，以廉政建设的突出成效保证我院各项事业的顺利发展。

二、突出工作重点，认真做好 2011 年反腐倡廉各项工作

按照中央纪委六次全会、国务院第四次廉政工作会议要求和农业部、我院党风廉政建设工作会议部署，2011 年我院的分工意见对反腐倡廉工作共分解了 6 个方面 39 项任务，有的任务还要细化成多项具体工作，任务相当繁重。这里我再强调几项重点工作。

一要把维护党的政治纪律放在首位，自觉同党中央保持一致。要把抓工作落实作为增强党性、执行党的纪律的政治要求，紧紧围绕党的“三农”工作决策部署和中国农业科学院“十二五”规划及促进“三个中心、一个基地”建设战略目标的实现，开展监督检查。把监督检查和专项治理、案件查处、行政问责有机结合起来，完善政策落实监督体系，建立健全长效机制，不断提高监督检查的科学化、制度化、规范化水平。

二要切实加强党的作风建设。要把以人为本、执政为民的要求贯彻到作风建设中，继续大力弘扬密切联系群众的优良作风，使党员干部自觉践行全心全意为人民服务的宗旨，在服务“三农”、真抓实干、开拓创新、廉洁自律方面发挥表率作用。要加强对领导干部作风建设的监督检查，及时发现和纠正少数党员干部群众观念淡薄、决策脱离实际、作风不扎实的问题。大力推进学习型机关、创新型机关、服务型机关建设，紧密结合院所科技创新工作实际及合理需求，健全制度机制，规范完善管理，提高工作效率，营造良好氛围，切实做到为科技创新服务，为科研工作者服务，树立作风优良、业务精通、管理高效、服务到位、廉洁自律的良好机关工作形象。

三要继续深入推进我院惩治和预防腐败体系建设。贯彻落实《工作规划》还剩不到两年时间，正处在关键阶段。农业部惩防体系建设领导小组起草的《2012 年底前加快推进农业部惩治和预防腐败体系建设工作要点（征求意见稿）》已在农业部系统征求意见。待此《工作要点》出台后，我院要据此制定相应《工作要点》，全面梳理各成员单位承担牵头任务进展情况。各成员单位要对承担任务进展情况进行认真分析，对已完成的工作要进行评估，不断巩固提高，纳入长效管理；未完成的工作要认真分析原因，提出改进措施，充分发挥能动性和积极性，明确进度，加大力度，使我院惩防体系建设各项工作落到实处。

四要切实加强领导干部廉洁自律。这是温家宝总理在国务院第四次廉政工作会议上强调的重点工作之一。加大落实《廉政准则》力度，是 2011 年领导干部廉洁自律工作的重点。各单位要继续深入学习贯彻《廉政准则》，引导广大党员干部特别是领导干部增强廉洁自律意识，重点解决领导干部违规收受礼金、违规多占和买卖住房等问题。领导干部要严格落实报告个人有关事项等规定，主动、如实报告有关内容。按照农业部的计划，2011 年将开展一次《廉政准则》执行情况的专项检查。

五要深入开展突出问题专项治理。中央纪委六次全会强调，要在抓好党风廉政建设和反腐败斗争长期性、基础性工作的同时，下功夫解决群众反映强烈的问题。我们要从

群众反映最强烈的问题抓起，进一步加大治理工作力度。2011 年要继续深入开展农业工程建设领域突出问题专项治理，深化“小金库”专项治理，推动长效机制建设。认真贯彻落实中央《关于开展党政机关公务用车问题专项治理工作的实施意见》《关于开展清理和规范庆典、研讨会、论坛活动工作的实施意见》，根据中纪委和农业部的有关要求，开展这两项专项治理工作。

六要全面推进廉政风险防控管理。这是国务院第四次廉政工作会议提出的一项重要任务，也是 2010 年年底农业部党组部署的一项重点工作。中国农业科学院按要求分阶段逐步推进，目前，各单位已经历了学习动员、风险排查阶段，正在针对查找的风险点，制定防控措施，可以说取得了阶段性成果。各单位领导班子务必高度重视、认真抓好下一阶段的工作，确保取得实效。下一步将进入审核评估阶段，这是检验工作成果的关键阶段。各单位要尽快完善防控措施，形成本单位的《廉政风险防控手册》[手册内容包括本单位主要职能、履行职能流程图、《廉政风险防控表》等]，连同工作总结一起，及时报院惩防体系建设领导小组办公室。院惩防体系建设领导小组办公室将对各单位报送的材料进行审核评估，并在此基础上，形成我院的《风险防控手册》。我们要通过这 4 个阶段的工作，建立起一套以积极防范为核心、以强化管理为手段的科学防控机制。

七要继续保持查办案件工作力度。查办案件是贯彻从严治党方针的重要体现，是惩治腐败和端正党风政风的重要措施。2011 年要重点查办发生在领导干部中以权谋私、贪污贿赂、失职渎职的案件，严肃查办发生在重点领域和关键环节中的违纪违法案件。要发挥查办案件工作治本功能，针对案件暴露出的问题和薄弱环节，认真研究发案特点和规律，及时总结教训，建章立制、堵塞漏洞。要加强信访举报工作，健全重要举报线索排查、违纪案件查处机制，严格依纪依法安全文明办案。

三、做好 2011 年工作的几点要求

2011 年反腐倡廉工作任务已经明确，关键在于抓好落实。

第一，强化组织领导，搞好配合协作。各单位党政领导班子要认真贯彻落实中央 2010 年新修订的《关于实行党风廉政建设责任制的规定》，切实担负起全面领导本单位党风廉政建设的政治责任，把党风廉政建设和反腐败工作纳入单位工作总体规划。把落实《分工意见》摆上重要议事日程，落实责任。领导班子主要负责人要认真履行第一责任人的职责，切实做到重要工作亲自部署、重大问题亲自过问、重点环节亲自协调、重要案件亲自督办。党风廉政建设领导小组办公室要加强与各成员单位的联系，各成员单位之间也要加强联系，密切协作，及时沟通情况。牵头单位要主动担负起责任，积极发挥组织协调作用，与各协办单位会商研究，拟定具体落实意见；协办单位要充分协助、积极配合，按照总体要求和具体安排，认真做好职责范围内的工作。

第二，理清工作思路，细化工作措施。各单位特别是各项任务的牵头单位，要对承

担的工作进行深入细致的研究和分析，既要放在工作大局中通盘考虑，明确工作思路，又要结合各自实际情况，细化工作措施。各牵头单位要抓紧研究制定工作方案，将《分工意见》的各项任务转化为切实可行的工作方案，明确具体工作措施，并层层落实责任到处室和具体人员。

第三，加强监督检查，确保任务落实。各单位领导班子要始终坚持“两手抓、两手都要硬”，积极主动地抓好日常的督促检查。院惩防体系建设领导小组办公室及各成员单位要协助中国农业科学院党组在 2011 年年底开展专项检查，对工作开展卓有成效的，及时总结推广经验，对工作开展不力的，要督促查找问题，分析原因，改进工作。

同志们，2011 年的反腐倡廉建设任务依然繁重，抓好今年的工作意义重大，我们要以更加坚决的态度、更加有力的措施、更加扎实的作风，切实抓好落实，不断取得反腐倡廉工作新成效。

在中国农业科学院党的建设和思想政治工作研究会第五届理事会第四次会议上的讲话

中国农业科学院党组书记 薛 亮

（2011 年 5 月 19 日）

同志们：

这次“两研会”安排在重庆市召开，时间和地点选得都很好，教育意义重大。重庆是我国著名的历史文化名城，具有悠久的历史和光荣的革命传统。重庆也是我国地域面积最大、人口最多的直辖市。当前，重庆市城市建设日新月异，特别是在广大市民中大力弘扬革命传统和优良作风，开展“唱读讲传”（即唱红歌、读经典、讲故事、传箴言）活动，很有特色。各位书记、所长要利用这次来重庆开会的机会，进一步重温党的历史，亲身感受重庆的巨大变化。

下面，我讲两点意见。

一、全面落实“十二五”规划

目前，中国已经进入全面建设小康社会和创新型国家的重要发展阶段，发展现代农业、建设社会主义新农村的新形势、新任务赋予我们中国农业科学院崇高的责任和使命。“十二五”期间我院机遇和挑战并存，科技创新的任务更加艰巨。为此，一要认清形势、把握机遇，二要理清思路、明确目标任务。

我国粮食实现了 7 年连续增产，连续 4 年粮食产量稳定在 1 万亿斤以上，2010 年达到 10 928亿斤，形成了年播种面积 1 亿公顷、产粮 5 亿吨的粮食综合生产能力。但是，随着人口增加带来口粮需求增长，人们生活水平提高对肉、蛋、奶、水产品需求增长带来饲料粮需求增长，医药、化工、能源等发展带来原料粮需求增长，这都需要我国的粮食产量再迈上新台阶。农业部提出“十二五”的目标，农业综合生产能力稳步提升，粮食播种面积在 16 亿亩以上，粮食生产能力在 1 万亿斤水平上稳步提升，棉花、油料、糖料等主要农产品生产能力稳定提高，菜篮子产品生产供应充足、质量安全。

同时，一些瓶颈性制约因素对农业生产和粮食安全带来较大的威胁和挑战。一是资源因素，粮食生产越来越受资源条件刚性制约，总产和单产提高难度加大。目前，我国的耕地总量约为 18 亿亩，比 10 年前减少了 1.5 亿亩，2/3 以上为中低产田，人均耕地面积仅为 1.4 亩；我国人均水资源占有量为 2 220 立方米，仅为世界平均水平的 1/4。二是技术因素，粮食高产综合配套生产技术还有较大差距，尤其是农艺与农机结合、良种与良法集成等技术不足，影响到粮食综合生产能力、劳动生产率和农业效益的提高。三是市场因素，粮食生产比较效益低，地方政府和农民均缺乏种粮积极性，加之市场资本介入，搅乱供求关系，使生产者利益受到新的威胁。四是质量因素，农产品质量安全形势依然严峻，不时出现新的质量安全事件，冲击农产品市场和生产。

当前，农业成为国际竞争的热点，农业国际竞争的核心是农业科技竞争。“十二五”期间，要以科学发展为主题，加快转变经济发展方式，最根本的是要依靠科技，最关键的是要大幅度提高自主创新能力。我国农业科技与发达国家相比还有较大差距，我们面临着严峻的挑战和艰巨的任务。我院正在制定《中国农业科学院“十二五”发展规划》和《中国农业科学院“十二五”科技发展规划》，提出要牢牢把握“三个中心、一个基地”的目标，充分发挥农业科研国家队、科技进步领头羊、科技研发主力军的作用，致力于“三个突破”（即突破促进现代农业产业发展的重大核心技术、突破增强我国农业国际竞争力的战略高技术、突破农业农村经济发展中重大公益性基础性技术），重点加强“六个能力”建设（即科技创新能力、成果转化和产业支撑能力、决策咨询能力、科研协作能力、科研服务能力、院所管理能力）。同时，全面规划了大力加强农业科技自主创新、强力支撑农业农村经济发展、持续加快人才队伍建设、深入开展国际合作与交流、全面加强科研平台建设、强化引领农业科研协作、扎实推进和谐院所建设七大任务，规划部署了九大学科的重点方向和内容。

做好“十二五”规划开局起步，是全党工作的大局，也是我院 2011 年工作的中心。我院党的工作要融入中心工作、服务中心工作、促进中心工作。党组织要发挥对中心工作的政治保证作用，推动“十二五”科研工作健康进行；通过各种有效活动调动党员干部的工作热情，引导他们在科技创新工作中积极探索、有所作为；充分发挥党的思想政治优势和联系群众优势，加强院所科学化管理，建设和谐院所。

5 月 9 日，国务院在长沙召开了全国现代农作物种业工作会议，回良玉副总理作了重要讲话。良玉副总理总结了我国农作物种业发展的成功经验，深刻分析了当前种业发展的形势、面临的挑战和机遇，要求进一步增强加快发展现代种业的责任感和紧迫感，提出科技兴农、种业优先，抓住关键环节，努力实现现代种业发展新突破。特别提出要着力提升科技创新能力，推进种业科研体制创新，引导科研教学单位逐步退出商业化育种、逐步剥离开办的种子企业，支持科研教学单位的科研成果、育种资源、研发人才向种子企业流动，打造一批“育繁推一体化”的现代种业集团。农业部韩长赋部长在发言中提出，明确种业科研分工，推动公益性种业科研单位与商业化育种分离，推动科研单位与其创办的种业企业分离，以部属种业科研单位为突破口，率先实现“两个分离”。我们要认真学习领会国务院领导和部领导的重要讲话精神，深刻认识当前种业发展改革的重大意义，努力贯彻落实种业科研体制改革和创新的各项部署，为我国种子科研的新突破、种业发展的新跃进作出更大的贡献。

二、进一步加强党的建设

中国农业科学院各级党组织坚持“两手抓、两手都要硬”，在加强科研院所党的建设、发挥党组织的政治核心作用和党员的先锋模范作用方面做了大量工作。2011 年是建党 90 周年和“十二五”开局之年，党的建设要着重抓好以下几项工作。

（一）隆重组织纪念建党 90 周年活动

还有不到两个月时间，就是中国共产党 90 岁生日了。回顾党的 90 年历史，可以用一个宗旨、两个转折、三个阶段来概括。一个宗旨就是全心全意为人民服务。党奋斗的 90 年，归根到底是为了广大人民的利益，建立新中国，为了人民群众翻身解放；搞建设发展经济，为了 13 亿人民过上更幸福的生活。这个目标正在逐步实现。两个转折是指党在历史上经历了 1935 年遵义会议和 1978 年党的十一届三中全会两次历史性的转折。遵义会议在中国革命最危急的关头，确立了毛泽东同志在党中央和红军中的领导地位。十一届三中全会全面实行改革开放，使党的工作重心真正转到社会主义现代化建设轨道上来。三个阶段是指党的历史划分。第一阶段：1921 年建党至 1949 年建国的 28 年，夺取新民主主义革命的胜利；第二阶段：1949 年新中国成立至 1978 年十一届三中全会的 29 年，实现由新民主主义转为社会主义建设；第三阶段：1978 年十一届三中全会至今的改革开放时期，开创和发展中国特色社会主义道路。

特别是改革开放以来，以邓小平理论和“三个代表”重要思想为指导，深入贯彻落实科学发展观，中国综合国力和人民生活水平不断提高，2010 年国内生产总值近 40 万亿元，跃居世界第二，我国国际地位和影响力大幅提升。我们党 90 年的历史和改革开放 30 多年来的辉煌成就充分证明：没有共产党就没有新中国，没有党的领导就没有中国的富强和中华民族的伟大复兴，中国共产党不愧为一个伟大的党、光荣的党、正确的党。

因此，全院各级党组织要充分利用纪念建党 90 周年的有利时机，利用网络、报纸、宣传栏、党课教育、主题党日活动等，开展形式多样、丰富多彩的纪念活动，大力宣传改革开放 30 多年来的伟大成就，宣传党的光荣历史和丰功伟绩，宣传党的基本理论、基本路线和基本纲领。通过宣传，深入阐释党的领导是实现中华民族伟大复兴的根本保证，坚持中国特色社会主义道路是我国发展的必由之路，唱响共产党好、社会主义好、改革开放好、伟大祖国好的主旋律。要把宣传党的历史与宣传院的历史、研究所的历史结合起来，进一步增强职工对院情、所情的了解，进一步增强职工热爱祖国、热爱农科院、热爱“三农”事业的责任感和使命感，使每个职工在各自岗位上爱岗敬业、积极进取、求实创新，努力为农业科技发展贡献才智。

（二）深入开展创先争优活动

在党的基层组织和党员中深入开展创先争优活动，是党的十七大和十七届四中全会提出的重要任务。2010 年以来，我院各级党组织按照中央和上级党组织的部署和要求，把开展创先争优活动与推动科技创新中心工作紧密结合起来，确定了“增强党性作表率　科技创新当先锋”的活动主题，创先争优活动在我院广泛开展起来。2010 年我院创先争优活动开展情况得到了韩长赋部长和中组部领导的充分肯定。

创先争优活动是在基层党组织和党员中开展的经常性实践活动。2011 年我院创先争优活动要在 2010 年良好开局基础上，根据中央部署、韩部长来我院调研指导时提出的“五个围绕”的要求和对我院创先争优活动的点评批示精神，进一步把创先争优活动抓实抓好、抓出成效，不断引向深入。

我认为，创先争优活动核心和最重要的成果和标志，就是要宣传、培养和树立一批先进典型，用身边的事、身边的人来鼓舞人、激励人、教育人。中国农业科学院对先进典型的评选表彰活动坚持了 20 余年，培养、树立和宣传了一批典型，对推动我院各时期的发展起到了很好的带动和示范作用。经验表明，在基层开展党的工作和思想政治工作，典型带动是最有效的方法，要注重发现典型和培养典型。要继续加强对现有先进典型的宣传和挖掘，培养创先争优活动中涌现出的新典型、新先进。要让先进和优秀成为我院职工学习的榜样和追求的目标，在全院形成学习先进、争当先进的良好风气。

2011 年，农业部要表彰和弘扬 3 个具有代表性的精神，即北大荒精神、南海渔政精神和祁阳站精神。对北大荒精神和南海渔政精神，我们要认真学习取经，学习黑龙江农垦人艰苦奋斗几十年，把北大荒建设成为“北大仓”的精神；学习南海渔政同志们为维护祖国主权和利益，不畏艰险、不怕牺牲的精神，提升精神世界，加大工作动力。对于祁阳站精神，我们要不断重温和发掘它的精神内涵，真正成为现实生动的榜样。最近，我到祁阳站实地感受和与站内同志共同回顾学习了祁阳站精神，感触很深的有 6 点：一是祁阳站一代又一代科技工作者不畏艰苦，扎根基层，耐得寂寞，守得清贫，无怨无悔地把青春年华和聪明才智贡献给了科研事业。50 年来，先后有 217 名科技人员来祁阳站工作，其中，在基地工作时间超过 30 年的有 6 人，25 年以上的有 12 人，每年在点上工作时间超过 300 天，他们创造了“执著奋斗、求实创新、情系‘三农’、服务人民”的“祁阳站精神”。二是祁阳站从建站开始，就立足于解决农业生产中的实际问题，如施磷肥种绿肥解决“鸭屎泥”田水稻“坐秋”问题、用硫酸锌解决水稻僵苗问题等，大大提高了区域农业生产水平。三是祁阳站科技工作者几十年如一日坚守在农业生产和试验第一线，从 1975 年开始进行长期定位试验，现有 25 年以上定位监测试验 8 个，获得观测数据 81 万个，保留了一批历史样品，取得一批重要科研成果，这是一笔难以用数字计算的宝贵科学财富。四是立足祁阳，面向全国红壤地区，在实践中取得了大量原创性的科研成果，站内同志如数家珍一一指出每块试验地出了多少篇博士论文、多少项获奖成果，这生动诠释了科学研究必须与实践紧密结合的真理，科学回答了科研成果从哪里来及科研成果如何评价的问题。五是在这个最基层的农业试验基地，培育出了中国工程院院士、国家级专家等大批农业科研人才，在不同的岗位发挥着重要的作用。六是祁阳站与时俱进，不断续写光荣历史，为自己的旗帜添光加彩，如20世纪60年代解决了水稻“坐秋”问题；70年代解决了补施钾肥提高绿肥田稻谷产量问题、开展稻田“阴离子长期试验”；80年代解决水稻“僵苗”、砷毒田问题，开展水田轮作制试验、稻田综合因子试验、荒山植被恢复试验、旱地土壤肥力监测试验等；90年代开展丘陵立体农业研究、农业集约化、产业化种植和牧草引种栽培；进入21世纪，又开展了水稻产业技术体系试验示范样板田工作等。

祁阳站是中国农业科学院的杰出代表和一面红旗，在他们身上，集中体现了中国农业科学院广大科技工作者创造和积淀的中国农业科学院精神，即严谨求实的科学精神、潜心科研的执著精神、刻苦攻关的奋斗精神、勇攀高峰的创新精神、爱国为民的奉献精神。我们要乘这次农业部宣传表彰祁阳站精神的东风，进一步历练中国农业科学院精神，进一步深化创先争优活动，各单位都应认真总结、推出身边的先进模范人物，让先进典型的队伍更加壮大、星光更加灿烂，让祁阳站精神代代相传，让中国农业科学院精神不断发扬光大。

（三）不断深化创新文化建设

创新文化建设在我院开展5年多了，已经成为全院的共识。2010年我们在上海召开了全院深化创新文化建设工作会，对过去5年创新文化工作进行了全面总结，对今后5年深化创新文化建设作出了部署。希望院属各单位按照2010年上海会的部署，结合各单位实际，继续做好深化创新文化建设，不断取得新进步，作出新贡献。

创新文化建设归根结底是要不断提高单位人的思想境界、文化涵养、人格品味和精神风貌，因此，全院创新文化工作还要在以下4方面进一步下功夫：

1. 要进一步加强对创新文化建设的重视和组织领导。5年创新文化建设取得成绩的一条重要经验，就是领导重视和组织领导。目前，在院文明委领导下，院机关和院属各单位全部建立了创新文化建设的组织领导机构，在全院形成了院所长负总责、党委组织实施、工青妇各级组织齐抓共管、全体职工积极参与的创新文化建设格局。这个工作格局，在深化创新文化建设阶段要继续保持，并长期坚持锲而不舍的工作。

2. 要进一步加强对创新文化精神的挖掘和提炼。5年来我院及各单位在总结提炼创新文化精神等方面做了一些工作。有23个院属单位初步确立了所训、所精神等。在全院征集并传唱了《中国农业科学院之歌》，挖掘了“祁阳站精神”，编辑了《农科英才》等。应该说，我院的核心价值和精神，是建院50多年来，经过几代人的不懈努力和开拓进取所积淀下来的，体现着我院深厚的文化底蕴和优良的精神传统，是支撑我院长远发展的内在动力。在新的历史条件下，要总结提炼我院的创新文化核心价值理念，既要继承传统，又要着眼未来，既要为全体科研人员所接受，又要具有普遍的教育意义，需要认真总结、不断积淀和进一步挖掘提炼。

3. 要创造形成具有特色的院所文化。创新文化建设要由表及里、由浅入深，进一步向深层次发展，逐步形成反映本单位特点、具有特色的文化。我想应当包括价值观、道德氛围、人文环境等。具体讲，一个单位应当形成这样的氛围，比如，以国家科技大业为己任，即一心为公的氛围；尊重知识、尊重劳动、尊重科技人员，即崇尚科学的氛围；勇于创新、宽容失败，即鼓励创造的氛围；求实务实，即干实事、不浮夸的氛围；遵纪守法，即树正气、不搞歪门邪道的氛围等。需要各单位下功夫来锻造。

4. 要把深化创新文化建设与加强院所单位管理、促进院所和谐结合起来。最近一段时间以来，胡锦涛、习近平、周永康等中央领导同志就加强新形势下社会管理、做好群众工作发表了一系列重要讲话和作出了一系列重要批示，我们要认真学习、坚决贯彻。创新文化建设说到底也是做人的工作，要始终坚持以人为本的理念，根据不同岗位的类型特点和不同人群的性格特长，有针对性地采取措施，充分调动我院各类人员的工作积极性和工作愉悦感，自觉投身到我院的科技创新的事业发展中去。要通过广泛开展创新文化建设活动，组织形式多样的社会实践和思想道德教育，提升职工的思想道德素质。要把创新文化建设作为我院职工教育和对外宣传的重要窗口，充分展示我院的历史成就，塑造良好形象，增强全院职工的归属感和自豪感。要把加强文化建设与加强单位管理、促进院所和谐结合起来，形成有利于科技创新的规范管理和良好舆论氛围，要多方了解和倾听一线职工的心声，帮助他们解决工作和生活中的困难。

在座的各位同志，既是“两研会”理事，也是各单位书记，在凝聚本单位人心、推动本单位发展中担负着重要的职责任务。关于党委的工作，在 2011 年党的工作会议等会上已经讲过，不再重复了，强调一点，就是要充分发挥政治核心作用。我认为，党委的政治核心作用应当体现在 3 个方面：一是群众的主心骨。体现一个单位党的领导作用，群众得以信赖和依靠的政治带头人、掌门人。二是科研的保障者。为科技创新创造环境、提供服务，推动研究所出成果、出人才。三是正义的化身。弘扬党的优良传统和作风，树正气、煞歪风，代表群众的根本利益。

在中国农业科学院党的建设和思想政治工作研究会第五届理事会第四次会议上的工作报告

中国农业科学院党组副书记、“两研会”常务副会长　罗炳文

（2011 年 5 月 19 日）

各位理事、同志们：

今天，中国农业科学院党的建设和思想政治工作研究会召开第五届理事会第四次会议。会议的主要任务是：回顾总结院“两研会”第五届理事会第三次会议以来的研究成果，部署下一阶段党建研究工作。下面，我代表“两研会”理事会作工作报告。

一、五届三次会议以来研究成果突出

中国农业科学院党的建设和思想政治工作研究会第五届理事会第三次会议以来，针对新形势下加强我院党建和思想政治工作的重大理论和实践问题，院“两研会”高度重视，紧密结合全院党建和思想政治重点工作，连续开展了多项主题明确、有针对性的课题研究，积极探索加强和改进党建工作的新思路和新方法，指导和推动工作实践，促进我院党建科学化水平的提升。

一是完成《中国农业科学院深入推进创新文化建设对策研究》。通过发放调查问卷，邀请一线科研人员代表、党务干部代表和工青妇组织代表举行座谈，邀请北京大学、北京师范大学等高校的专家学者专题研讨我院创新文化核心价值理念和院精神等方式，对我院深化创新文化建设进行了认真研究。课题全面回顾了过去 5 年来的创新文化建设工作，系统总结了工作成效、经验和体会，分析了创新文化建设在全院科技创新与和谐院所建设中所起的作用，提出了我院今后 5 年创新文化建设的总体思路、工作目标和具体举措。课题强调要加强创新文化建设的总结提炼，增强工作的科学性；要明确创新文化建设的先导地位，增强工作的指导性；要丰富创新文化建设的具体举措，增强工作的实效性。课题紧密结合农业科研院所实际，具有较高的理论水平和可操作性，其中，提出的我院今后 5 年创新文化建设的总体思路、工作目标和具体举措，已写入我院“十二五”时期创新文化建设工作规划。课题获得中央国家机关党建研究会 2010 年度调研课题二等奖。

二是完成《在创新实践中提高党的建设科学化水平研究》。课题首次针对我院党建

工作如何提高科学化水平进行系统研究，指出：提高党建科学化水平，归根到底是要准确把握和自觉运用马克思主义执政党建设规律，研究新情况、解决新问题、创造新经验。要提高党建科学化水平，就必须坚持围绕中心、服务大局这一核心，坚持以科学理论指导这一根本，坚持不懈夯实党组织建设这一基础，坚持完善党建制度这一关键。要提高党的建设科学化水平，就必须着力建设学习型党组织，用科学理论指导党的建设；着力坚持和完善党的制度，以科学制度保障党的建设；着力注重方法创新，以科学的方法推进党的建设。课题针对特定主题，总结归纳全面、分析问题深刻、对策建议中肯，获得全国党建研究会科研院所专委会 2010 年度调研课题优秀成果二等奖。

三是完成《中国农业科学院深入推进精神文明建设对策研究》。通过召开座谈会、发放调查问卷、深入访谈等多种形式开展调研，全面回顾了我院精神文明建设在加强思想道德建设、培育先进典型、开展群众性文化活动、营造良好环境和构建和谐院所等方面的实践与成效。指出了当前存在的对精神文明建设工作认识有待提高、思想道德建设工作的针对性和院所园区文明建设有待强化等问题。提出要进一步提高认识，明确深入推进精神文明建设的中长期目标；坚持以研为本、以人为本，努力营造良好的和谐氛围；改进方式方法，提高精神文明建设活力；加大精神文明建设的投入，优化人文环境建设的对策和建议。

四是完成《新时期我院统战工作对策探讨研究》。针对我院党外知识分子层次普遍较高、是农业科技创新和构建和谐院所一支重要力量的现状，以及统战工作应发挥自身独特作用的要求，全面分析了我院党外知识分子相对集中，队伍不断壮大；思想活跃，民主参与意识、忧患意识、自主意识、竞争意识强，思想观念、价值取向、思维方式等差异显著；政治诉求增强等特点。提出要做好我院新时期的统战工作，要加强对统战工作的领导，贯彻落实党的统战政策；要加强制度建设，推进统战工作规范化、科学化；要支持、帮助各民主党派、侨联和无党派人士加强思想政治建设；要重视党外知识分子的培养和选拔；要鼓励党外知识分子发挥参政议政和民主监督作用；要加强统战干部队伍建设。课题具有较强的可操作性，获“中央国家机关统战工作规律研究”论坛征文活动优秀论文二等奖。

五是结合当前工作开展《中国农业科学院构建创先争优活动长效机制研究》。根据创先争优工作需要，院直属机关党委、院“两研会”秘书处选择《中国农业科学院构建创先争优活动长效机制研究》作为 2011 年的重点研究课题，成立了课题组，认真设计课题提纲和调研方案，通过发放调查问卷、举行座谈等形式，广泛倾听职工对深入开展创先争优活动的认识和参与情况，以及期望和建议等。课题共回收有效问卷 350 余份，为研究提供了翔实可靠的基础数据。课题将全面回顾我院自 1981 年开展以“创建先进党支部，争当优秀党员”为主题的创先争优活动以来，坚持不懈 30 多年来的做法和成效，系统总结成功经验、分析存在的问题，从研究的角度提出下一步创先争优活动的目标和任务，探索构建创先争优活动的长效机制和工作措施，营造比、学、赶、帮、超的氛围，形成学习先进、争做先进的良好局面，使创先争优活动成果切实转化为提升科技创新的能力。在前期充分收集整理资料、积极开展调查研究和认真撰写课题报告的基础上，课题初稿已经完成。会议期间，课题框架初稿已发给参会同志征求意见。下一步，课题组将根据各方面意见进行认真修改，不断完善，力争形成一份好的课题报告。

六是各理事单位课题研究成效显著。各理事单位对党建研究思想上高度重视、行动上积极落实，坚持理论与实践相结合，根据院“两研会”五届三次会议的安排，围绕关于深入开展创先争优活动研究、关于创建学习型党组织工作研究和关于提高党建工作科学化水平研究3项研究内容，结合工作实践确定研究方向，紧扣主题开展了深入的调查研究。各单位理事和党组织主要负责同志带头撰写论文，对本单位务实管用的实践做法进行了总结和提炼，认真分析问题，把握工作规律，形成了许多有价值的推动工作深入开展和提高党建工作科学化水平的思路和举措。各单位的研究紧密结合工作实际和党务工作岗位特征，卓有成效，有助于在深化研究中提高思想认识，在提高思想认识中推动工作，在推动工作实践中增强能力本领，提高广大党员干部应对复杂局面的能力、解决实际问题的能力、推动科学发展的能力，促进各单位的党建和思想政治工作，为中国农业科学院科技创新能力建设提供支持和保障。

院“两研会”的研究工作，牢牢把握中央关于党的建设的总体部署，紧密结合我院中心工作和党建工作实际，形成了一批有价值的研究成果，体现出较强的思想性、理论性、前瞻性和针对性，为院党组出台相关政策和直属机关党委完善规章制度提供了重要参考，提高了我院党建工作的理论水平和创新水平。

二、不断深化党建研究工作

调查研究是中国共产党的优良传统，也是各级党组织和党员干部了解情况、总结规律、发现问题、深化认识的重要途径。院“两研会”要在原有工作基础上，进一步解放思想、求真务实、积极探索，不断提高党建研究能力和水平。要根据中央的部署和要求，按照我院“十二五”时期改革和发展的需要，加强党建理论研究和创新，为提高党的建设科学化水平和推进我院各项事业又好又快发展服务。

（一）要进一步增强对党建研究重要性和必要性的认识

党建研究是党的建设的先导性、基础性工作。只有围绕党建工作中的热点、难点问题充分开展调查研究和讨论交流，才能开阔思路、推动工作。

加强党建研究，是党建工作的实际需要。当前，我院党的建设中，许多重大问题亟需加强研究。比如，在队伍建设方面，如何按照科学发展观的要求，通过推进学习型党组织建设，提高执政能力和执政水平；在基层党组织建设方面，如何适应事业单位科技体制改革和科研需求，加强党的基层组织建设，增强党组织的凝聚力和号召力；在思想建设方面，如何准确把握党员思想认识的新变化，进一步增强思想政治工作的针对性和时效性；在文化建设方面，如何围绕建设“三个中心、一个基地”的战略目标，在全院形成有利于科技创新和人才涌现的文化氛围等。因此，我们要切实增强做好党建研究工作的责任感，不断取得研究成果。

加强党建研究，是新形势下完成新任务的基础。党的十七大要求以改革创新精神，全面推进党的建设新的伟大工程，十七届四中全会对加强和改进新形势下党的建设作出了全面部署，十七届五中全会明确了“十二五”时期推进经济社会发展的指导思想、目标任务和重大举措。时代的发展和国际国内形势的复杂变化，使党的建设面临着新形势和新任务，对党建研究工作也提出了新要求。因此，党建研究只有抓住党建工作中迫切需要解决的重大理论和实际问题，扎实深入地开展调查研究和理性思考，不断有新思路、新作为，才能在实践中提高执政能力、保持和发展党的先进性。

（二）提高党建研究工作水平

开展党建研究的目的，是提高党建工作的科学化水平，使研究成果真正能成为围绕中心、服务大局的有效工作思路和具体举措。

要明确研究重点。今明两年的研究重点，结合我院的实际，主要从以下 4 方面展开：一是根据国家和院所“十二五”规划提出的目标和任务，就如何充分发挥研究所党委的政治核心作用开展调查研究；二是根据新形势下创新党建工作的要求，就如何不断提高农业科研院所基层党组织凝聚力、创造力和战斗力开展研究；三是根据贯彻落实《中国共产党党和国家机关基层组织工作条例》的要求，就如何提高党建工作制度化、规范化和科学化水平开展调查研究；四是针对当前社会形势的新情况和新特点，就如何增强思想政治工作的针对性和有效性、积极构建和谐院所开展研究。党建研究要联系实际，特别是要针对党建工作实践和广大党员群众需要解决的重点难点问题开展调查研究。要着力回答新形势新任务下，我院改革和发展中亟待解决的理论和实践问题，使调研成果“参在点子上，谋在关键处”。要正视党的建设和思想政治工作中的复杂矛盾和问题，积极寻找破解矛盾的办法和思路。会后，院“两研会”秘书处将根据上级党组织确定的研究方向，结合我院实际，提出研究内容。

要提高研究质量。各理事单位要继续加强党建研究工作的组织和指导，对于重大研究课题，要组织力量成立课题组，进行广泛调研、深入探讨。要创新研究方法和手段，善于运用现代科研方法，借鉴各学科的研究成果和研究方法，运用现代科学技术开展党建研究，拓宽研究视野，提高研究水平。要把定性研究与定量研究结合起来，把解决当前问题与谋划长远发展结合起来，把微观研究与宏观研究结合起来，把对策研究与战略研究结合起来，提高党建研究的政策水平和理论水平。党建研究要务实，注重实效，以解决实际问题为目的，研究课题要从实践中来，研究成果要运用到实践中去。要大力弘扬求真务实的优良学风，掌握真实的情况，总结成功的经验，分析关键的问题，提出可行的对策。要重视把经验性认识上升到理论高度，更好地认识和把握工作规律。

要注重成果转化。要高度重视党建研究取得的认识成果、经验成果和方法成果，明确其现实意义，将研究成果与改进提高相结合，积极探索党建成果转化为促进中心工作实效的基本方法和途径，增强成果运用的针对性和有效性。要进一步强化党建成果转化的观念，通过沟通交流、成果研讨和相互借鉴，增强对研究成果重要性和可操作性的认识；要树立与时俱进观念，对研究发现的问题和对策建议进行充分论证，努力查找工作中存在的问题和需要改进的地方，制定并实施切实可行的整改方案；要树立制度观念，积极探索创新，善于把在实践中创造的新经验、好做法及时上升到制度层面，对实践证明已不适应新形势新任务要求的规章制度进行相应的废、改、立工作。要通过认真总结研究进程和做好研究成果转化，进一步疏通建议渠道，完善全面深入了解实际情况的方式和途径，逐步构建科学规范的规章制度和长效机制，促进党建工作水平不断提高。

（三）加强研究会自身建设

面对新形势和新任务，院“两研会”要着力改革创新，不断加强自身建设，提高研究水平，扩大影响力和辐射力。

要建设学习型研究会，提高理论联系实际的能力。善于学习，是从事党建研究的基本功。院“两研会”各位理事要把学习摆上突出位置，加强学习，把研究会建设成学习型组织。要系统学习马列主义、毛泽东思想和中国特色社会主义理论体系，广泛学习各种新知识和新方法，不断拓展新视野，积极应用各种先进成果服务党建研究，深化对党的理论的理解，将理论与实际问题相结合，切实提高认识、分析和解决实际问题的能力，不断提高理论水平和研究水平。

要不断完善研究机制，充分调动各方面的积极性。要适应新的形势和任务，进一步完善课题选定机制、研究组织机制、成果评审机制、成果运用机制等，通过机制创新，激发各理事单位参与党建研究工作的积极性和创造性。要加强研究会组织建设，及时增补理事，加强研究的领导力量，发挥集体优势。对于重要研究课题，要广泛征求各单位和相关人员的意见和建议，全面了解情况，发现共性问题，团结带领更多的同志参与到党建研究工作中，为党建研究提供广泛的事实支持和人力资源支撑。

要充分整合资源平台，增强党建研究的交流互动。要将院党建和思想政治工作研究会、中国农业科研院所党建和思想政治工作研究会和全国党建研究会科研院所专委会统筹考虑，充分发挥3个研究会的交流平台作用，加强研究课题和研究成果的研讨交流；要充分利用3个研究会所在组织的组织优势，充分吸收和借鉴中央国家机关党建研究会、中国思想政治工作研究会和全国党建研究会的研究资源和研究成果，实现资源共享、优势互补，促进我院的党建研究工作。

要加强秘书处建设，提高服务各理事单位的能力和水平。“两研会”秘书处要结合上级党组织的研究重点和院所党建工作实际，提高研究题目设计的科学性，指导各理事单位针对突出问题和重点工作开展研究，使研究与业务工作相结合，解决问题、推动工作、促进发展。要建立健全“两研会”研究的相关制度和规定，定期汇编各单位的研究成果，明确评价标准，制定优秀成果奖励办法。要以“两研会”为平台加强与京外研究所党组织的沟通，促进全院党建工作交流，提高秘书处的协调服务能力，使研究会工作更加活跃、视野更加广阔、活动更有吸引力。

同志们，做好新形势下党建研究工作意义重大、使命光荣，我们要坚持以邓小平理论和“三个代表”重要思想为指导，深入贯彻落实科学发展观，开拓创新、扎实研究，为全面推进中国农业科学院党的建设、实现我院“十二五”发展目标作出新的贡献！

十、人物介绍

用科研润泽广袤大地　让成果走进万户千家

——记中国工程院院士吴孔明

他把植物保护科学技术研究创新，摆在了实验室，摆在了乡间田头；他严格反复验证自己的假说和设想，不断地取得研究发现和理论突破，迈上一个又一个科学进步的台阶；他严谨谦虚却又不失诙谐风趣，他就是2011年新当选的中国工程院院士——吴孔明研究员。

立志求学　奠定专业基础

吴孔明，出生在淮河岸边的豫南渔米之乡信阳固始县，对农业、农村和农民有着与生俱来的深厚情感，儿时家乡贫穷落后的生活给他留下了难以磨灭的记忆。在父母亲的教导和影响下，他认识到，只有掌握了科学知识才能改变农村、报效国家。

1980年，吴孔明考入了河南农业大学植保系，1984年，又考取了硕士研究生，1987年，硕士毕业后被招入河南农科院植保所工作。开始工作的头两年，在河南省太康县朱口乡驻点，一边为棉农传授害虫综合防治技术，一边开展科学研究。这段基层经历，让他对棉花生产、害虫发生与为害有了深刻的体会，并对这个举足轻重的“农民职业”产生了独特的情感。这位脚踏实地年轻的棉花“卫士”默默立下奋斗志向，开始了不懈的追求和拼搏。1989～1992年，他针对红蜘蛛发生规律和控制、棉蚜再猖獗机制等重要生产难题开展深入研究。并以抗性棉铃虫作为突破口，对近百种化学农药开展试验和大量的复配研究，最终研制成功复配农药“40%灭抗铃乳油”，成为当时河南棉花主产区防治棉铃虫的当家农药品种之一。作为主创科技人员完成的“棉花红蜘蛛系列研究及河南棉虫综合治理示范”1993年获国家科学技术进步奖三等奖，“高效新农药40%灭抗铃乳油的研制与应用”1994年获河南省星火科技一等奖。

随着研究工作的日益深入，吴孔明深感继续攀登科学实践高峰，还需进一步系统学习昆虫学的理论知识。1992年，他考入中国农业科学院攻读博士学位，师从我国著名农业昆虫学家郭予元先生。在攻读学位期间，他更加认真刻苦，选择棉铃虫的迁飞领域开展了一系列原创性的工作。为了证实棉铃虫的迁飞假说，他在全国多地调查棉铃虫成虫发生情况，观察田间棉铃虫成虫的起飞行为，并乘轮船观察棉铃虫在渤海湾的迁飞与降落现象，几十天昼夜不分地开展系统追踪观察，为棉铃虫迁飞理论验证，获取了大量准确翔实的科学数据。导师郭予元先生说，他身上这样的故事很多，成绩能说明一切。

良好的开端是成功的一半。吴孔明的早期努力奋斗，为日后攀登植保科学高峰、带领学科发展奠定了扎实的基础。

投身农业　推进生产发展

20 世纪 90 年代初，中国棉铃虫种群连年暴发成灾，其严重影响和损失的程度在近代世界农业史上也属罕见。针对长期以来我国棉铃虫迁飞规律不明的现状，研究明确害虫兼性迁飞行为是掌握控制其区域性灾变的重要生物学基础。吴孔明知难而上，通过 10 多年深入系统研究，科学地提出将我国棉铃虫划分为热带型、亚热带型、温带型和新疆型 4 个地理型，确定了各地理型分布的生态区域。研究证明，棉铃虫在我国为兼性迁飞昆虫，成虫种群密度过大和羽化后所处的不良环境是引起迁飞的主要原因，进而明确了我国棉铃虫的迁飞时空和路线。上述研究在国际上首次阐明了棉铃虫通过地理型分化适应不同气候环境和利用季风兼性迁飞扩大栖息地的生境适应模式，澄清了我国 5 个棉花生态区棉铃虫的虫源关系，为我国棉铃虫异地预测和区域性治理提供了新的科学理论支撑。1999 年，该项成果获得农业部科技进步一等奖。

为更深入地阐明棉铃虫迁飞行为机制，2000 年，吴孔明开始利用昆虫雷达监测技术，应用于棉铃虫的迁飞研究。探明了大气环流与降雨等气象因素对棉铃虫种群起飞、空中迁移、降落过程的影响，研究构建了棉铃虫区域性种群动态预测模型。以此为基础建立的棉铃虫监测预警技术体系在全国 14 个省自治区推广应用，对准确有效监控棉铃虫的突发为害发挥出重要作用。该项成果“棉铃虫区域性迁飞规律与监测预警技术的预警与应用”获得 2007 年国家科学技术进步奖二等奖。

情系国家　服务大局需求

1997 年，我国开始商业化种植转 Bt 基因抗虫棉花（下称“Bt 棉花”），为重大害虫棉铃虫的防治开辟了新的技术途径。Bt 棉与化学农药的控害效能一样，棉铃虫也可通过自身遗传变异对 Bt 棉花产生抗性，使其失去利用价值。中国是产棉大国，必须未雨绸缪，研究建立棉铃虫抗性预防治理技术体系。针对我国等发展中国家小农户生产模式无法采用美国和澳大利亚等国家种植一定比例的非转基因作物保护敏感昆虫种群的抗性治理策略，吴孔明立足国情，担当起中国 Bt 棉花抗性预防治理策略科学研究重任。

他带领研究团队，利用实验室棉铃虫种群定向选择获得抗性品系，研究了棉铃虫氨肽酶和碱性磷酸酶等基因变异导致对 Bt 棉花产生抗性的分子机制，建立了由 DNA 分子检测、单雌家系检测和生长抑制检测组成的棉铃虫抗性早期预警与监测技术体系。全面评估了我国农业生态系统条件下棉铃虫对 Bt 棉花的抗性风险，通过系统研究我国多作物生态系统中不同作物的天然庇护功能，创造性地提出了利用玉米、大豆、花生等棉铃虫寄主作物提供的天然庇护所治理抗性的技术策略，提出了以严格禁止种植生长中后期杀虫蛋白低表达的 Bt 棉花品种等为核心的抗性预防性治理技术体系。

自2001年，农业部将这项技术成果广泛推广应用于我国Bt棉花安全性评价、商业化种植、安全性管理和检测体系建设等。实践证明：在大规模商业化种植Bt棉花10余年后，我国Bt棉花对棉铃虫的抗性效率没有降低。这一成果开创了小农分散种植模式下靶标害虫对Bt作物抗性治理的新方法和新途径，成为国际上Bt作物靶标害虫抗性治理的典型成功案例之一。这项成果获得2010年国家科学技术进步奖二等奖。

放眼国际　勇攀科研高峰

转基因农作物的广泛应用，是现代农业科学技术进步的重要标志，它的环境影响一直是科研人员和社会公众关注的焦点。为了明确我国大面积种植Bt棉花后带来的生态效应以及害虫地位演替变化机理，1997年，吴孔明开始了对Bt棉花害虫与天敌发生规律进行系统监测研究。十年磨一剑，他率领的科研团队深入探索，明确了Bt棉花商业化种植对我国华北地区靶标害虫棉铃虫和非靶标害虫盲椿象种群动态演替的调控机理。这项前沿科学进展2008年9月19日被Science杂志以封面论文发表，并被评为2008年中国十大科技新闻。吴孔明团队再接再厉，2010年5月27日Science杂志再次刊登了盲椿象研究进展。这些技术成果在国际上产生了积极的影响，对全球新兴的Bt植物有害生物综合管理及指导新一代转基因抗虫作物的研发推广，具有领先的时代科学价值和生产实践意义。

吴孔明先后以第一及责任作者发表研究论文约200篇，其中，SCI论文100余篇，被Science、Nature、Nature Biotechnology和《中国科学》等国内外重要学术期刊他人引用1 500余次。他率领科研团队创建的基于生物技术发展的农业害虫与转基因抗虫植物互作关系研究平台、基于信息技术发展的昆虫雷达监测预警技术研究平台，已发展成为农业昆虫学交流与合作的国际研究中心，对促进国内外新兴交叉学科发展和害虫防治科技创新，为我国重大农业害虫的持续控制和植保工程建设提供了先进可靠的科学支撑。基于他对农业害虫防治理论与技术研究的科学贡献，Annual Review of Entomology编委会2005年曾特邀他撰文综述棉花害虫生物学、控制理论与技术的研究进展，这是我国科学家首次在该刊物发表论文；2010年Nature Biotechnology编委会也邀请他撰文评述利用昆虫基因遗传改良和作物抗虫基因遗传改良相结合的害虫控制新理论和新方法。中国的植物保护科学思想、观念、理论和方法开始走向世界。

日前，吴孔明理事长接到了第24届国际昆虫学大会组委会的邀请，他将代表中国植物保护学会并作为大会6位主题报告人之一，出席2012年8月在韩国召开的昆虫学全球学术盛会，这是他的学术荣誉，也是中国昆虫学、中国植物保护学研究进步的荣誉。

累累学术硕果，凝集了吴孔明无数的心血和不懈的努力。作为一名国家级学术创新带头人，需要率领学科团队不断地探索认识未知世界，不断地攀登科学技术高峰，努力把科学技术发现和发明转化成社会生产力，造福于国家和民族。他付出了加倍的汗水和辛苦、饱受了更多的风霜，但他无怨无悔，担当重任，保持本色，因为服务“三农”事业是他永恒的追求。

天行健，君子以自强不息。吴孔明心系“三农”、倾情科研，用科学研究润泽广袤大地，让技术成果造福万户千家，他永志做一名“顶天立地”的农业科研人。

棉田守望者

——记中国工程院院士喻树迅

他是农家的儿子，怀着让农民富起来的朴素愿望，在棉花研究领域一干就是30多年；他潜心科研，先后主持培育了19个短季棉新品种，创新了国产抗虫棉自主品牌；他立足长远，开展棉纤维发育基础理论研究，为优质棉育种奠定基础。在追求科学的路上，他的脚步从来不曾停歇。他就是我国著名的棉花育种专家、中国工程院院士、中国农业科学院棉花研究所喻树迅研究员。

喻树迅1953年生于湖北麻城，从小参加生产队棉花生产，对棉花生产的繁重劳动深有感受。难道不能研究出更好的棉花品种来减轻农民的劳动、增加农民的收入吗？为此，他进入大学学习就将棉花育种选定为自己的奋斗目标。1979年，他从华中农业大学农学系遗传育种专业毕业后，被分配到我院棉花研究所从事棉花遗传育种工作，他如鱼得水，有了更广阔的研究平台。

划分短季棉生态区　奠定发展基础

喻树迅大力倡导发展棉花生产，培育棉花新品种。20世纪80年代，他根据中国不同棉区气候特点、生产水平、种植习惯，和同事们一起到辽宁、新疆、甘肃、山西等特早熟棉区实地考察，收集国内外种质资源，不辞辛苦，潜心研究，经过5年努力，首次提出我国短季棉生态区的划分，将我国短季棉品种划分为3种主要生态类型：北部特早熟生态型、黄河流域生态型、长江流域生态型。短季棉种植的区域性划分，为我国短季棉区域合理种植和耕作制度改革打下了坚实的基础。至今，这一理论还指导着棉花生产。

培育短季棉新品种　解决粮棉争地矛盾

20世纪80年代初，由于棉花生长时间长，我国北方只能种一季棉花，加上人多地少，粮棉争地矛盾日益突出，棉农盼望一季春棉变棉麦两熟。针对当时生产需求及黑山棉1号生育期长、不抗病等重大问题，在刁光中先生的带领下，喻树迅和大家一起进行短季棉育种攻关，选育出早熟性好，生育期110天左右，比原春棉品种早熟30天，适合麦棉两熟的早熟新品种中棉所10号和中棉所14，缓解了粮棉争地矛盾，掀起了黄河流域棉区耕作制度改革的高潮，成为黄河流域和长江流域棉区麦（油）棉两熟栽培的主要短季棉品种，累计推广7 000多万亩。

科学的路上从来没有止境。喻树迅常说，“人不能安于现状，应有远大理想。”针对中棉所10号早衰、不抗病等缺点，他和课题组进一步开展了攻关，很快育成了高产、优质、抗病的优良短季棉新品种中棉所16，先后通过了国家和冀鲁豫3省的审定，累计推广面积达8 500多万亩。1995年，这一成果获国家科学技术进步奖一等奖，使我国短季棉抗病育种达到国际领先水平。

喻树迅具有极强的创新意识，他在研究中，善于抓住机遇，开辟新的思路。中棉所10号等经过推广发现，早熟棉往往早衰，导致减产、质量差。为解决这一难题，他专门到北京大学学习借鉴人体衰老的理论，研究短季棉不早衰机理，用生化方法进行辅助育种，选育出中棉所24、中棉所27、中棉所36三个早熟不早衰、青枝绿叶吐白絮的新品种。生育期为110天，霜前花率90%以上。实现了短季棉在早熟性、产量、抗病性方面的3大突破，累计推广3 000多万亩，2004年，获得国家科学技术进步奖二等奖。

棉株全身是宝，陆地棉的棉仁中含有40%左右的蛋白质和35%以上的脂肪，但一般棉花种仁中含有较高的棉酚及其衍生物，人以及一些动物食用后，便会产生中毒的现象。只有棉酚含量低于0.04%的品种，其棉秆、棉籽才可作饲料，但棉酚受6对隐性基因控制，难于纯合，容易通过昆虫、风媒串粉，造成混杂退化。当时，全国20多个低酚棉品种均存在低酚性状纯度差的弊端，难于在生产上应用，一直未能大面积推广。为了攻克早熟低酚这一难题，喻树迅和课题组知难而上，他们主动放弃节假日，实干苦干，不断钻研，采用复合杂交的方法，先后培育成功中棉所18和中棉所20两个品种，其纯度可达99%，棉酚含量低于0.04%，生育期110天，既适于黄淮棉区作麦棉两熟，也适于西北内陆棉区作一熟春棉，累计推广1 500万亩，成为我国低酚棉历史上推广面积最大的品种，该品种具有较高的综合利用价值，是低酚棉育种的一大突破，1999年获国家科学技术进步奖二等奖。

随着农业机械化迅速发展，急需进一步提高棉花早熟性，并克服早衰的问题。为解决这一难题，他和课题组通过对特早熟不早衰种质资源挖掘利用，育成特早熟品种中棉所74，生育期99天，10月15日前可收获皮棉，比对照鲁棉研19增产32%，2009年，通过国家审定，已在华北地区示范种植。该品种适于小麦机收后直播种植，省工节能，应用前景广阔。

开展转基因育种研究　创新国产抗虫棉自主品牌

20世纪90年代，中国棉区棉铃虫大暴发，每年造成经济损失100亿元以上。能把人毒死的农药却毒不死虫子，难道真的就束手无策吗？

喻树迅率领棉花所的研究团队立即上马。他说，“谁先抢占棉花生物技术科技制高点，谁就在未来的棉花市场中占据主导地位。虽然在这场没有硝烟的转基因棉花大战中，我们已落后一步，但不管道路多么坎坷，一定要研制出更先进的国产转基因抗虫棉。”

于是，他通过主持棉花转基因专项，建立上中下游合作机制，利用合作单位抗虫基因，研发出作为模式化转化受体的中棉所24，大大提高了转化效率，为形成年产转基因棉株8 000株的能力发挥了重要作用，“棉花规模化转基因技术体系平台建设及其应用”2005年获国家科学技术进步奖二等奖。采用转基因技术、生化辅助育种技术与常规育种结合，主持培育中早熟抗虫棉中棉所45，该品种生育期128天，为国家麦套棉区试对照品种。“麦棉套种的高产、优质、多抗新品种中棉所45、中棉所35选育”获河南省科学技术进步奖一等奖，累计推广6 000多万亩。近年来，又主持培育短季转基因抗虫棉品种6个。中国抗虫棉使国外转基因棉花在全国种植面积大幅度下降，彻底打破了国外抗虫棉的垄断地位。

主持“973”计划　开展棉纤维发育基础理论研究

喻树迅研究员先后主持了两项国家“973”计划项目，他根据中国棉花产业对优质纤维的需要，组织协调北京大学、清华大学等单位，开展棉花纤维品质基础研究工作。该项目中期评估和结题验收均为优秀，并进入“973”“十一五”重大成果展。该课题将海岛棉优质基因片段转移到陆地棉中，提高了陆地棉纤维品质。获得高比强优质材料10份，纤维长度达33毫米以上，比强度高达44厘牛/特克斯，比推广品种分别提高4个和14个单位。现继续主持第二轮有关棉花纤维品质产量研究的“973”计划项目，力争获得更大的突破。

2007年，在他的带领下，首次启动了我国棉花基因组测序计划，与美国农业部南方平原研究中心共同合作，现已完成第12号和26号染色体测序，并组织完成了亚洲棉A基因组和雷蒙德氏棉D基因组的测序组装工作，为棉花功能基因组学研究和分子改良奠定了基础。

一份耕耘　一份收获

喻树迅是一所之长，可他经常出差到北京却住在简陋的中国农业科学院招待所，一向节俭的他，却对别人大方得很。2006年，当获得首届“中华农业英才奖”，他将奖金20万元及其他奖励共40万元全部捐献并设立“冯泽芳科技创新基金”，奖励青年科研人员的创新研究。2010年，他获得了“何梁何利基金科学与技术进步奖”，他又将20万港币奖金全部捐给了“冯泽芳科技创新基金”。他说：“冯先生生前为棉花育种事业殚精竭虑。要继承他的遗志，壮大中国的棉花实力，我必须这样做。”

喻树迅靠着执著、勤奋，终于收获了累累硕果。30多年来，他先后主持18个重大项目，主持或参加育成棉花新品种19个，累计种植约2.6亿亩，社会经济效益显著。获奖成果12项，其中，国家科学技术进步奖一等奖1项、二等奖3项，省部级奖8项。

出版著作 6 部，发表论文 137 篇。

因工作成绩突出，喻树迅领导的课题组 1998 年被授予全国五一劳动奖状，他本人被评为国家有突出贡献的中青年专家、农业部有突出贡献的中青年专家，入选人事部“百千万人才工程”，获得全国优秀农业科技工作者荣誉称号、河南省五一劳动奖章。2006 年获农业部首届中华农业英才奖，2010 年获“何梁何利基金科学与技术进步奖”。2011 年，当选为中国工程院院士。

博大的胸怀决定事业的规模，开阔的思路决定未来的出路，在艰苦奋斗、甘于奉献、勤于实践、勇于创新信念的指引下，在棉花科研事业的路上，他将越走越远。

为了心中的草原之歌

——记全国优秀科技工作者南志标院士

兰州市城关区嘉峪关西路768号，这是中国农业科学院草原生态研究所、兰州大学草地农业科技学院和甘肃省草原生态研究所科研和办公楼———碧野楼的所在地。

“碧草原野”这个富有诗意的名字是兰大百年校庆期间取的，它所表达的是人们的希望和期冀，与这个名字有直接联系的似乎是目前由于装修而罩住了整个楼体的绿色防护网，这栋楼本来的颜色是极具西北特色的浅黄色。

然而，正是这栋和周围新建的宾馆、饭店相比有些破旧的小楼，见证了中国草业科学界仅有的两名中国工程院院士的诞生，见证了中国首个牧草学“973”计划项目的启动……2010年12月荣获“十佳全国优秀科技工作者”提名奖和“全国优秀科技工作者”双重荣誉的中国工程院院士南志标教授，就是从这栋楼里走出的两位院士之一。从1981年到这里开始工作起，除了外出，每天他总是会准时到这里上班。于是，在叮叮咚咚的“装修奏鸣曲”中，南志标院士讲述了他那赤子般的草业之恋。

“7月份那里都下着雪，真的是无日不冬”

在与南志标接触不多的人看来，他是一个非常严谨的科学家，严谨到了近乎严肃和不苟言笑的地步。然而，人们却忽略了他那一代人所经历的时代在他们身上留下的英雄主义和浪漫主义的色彩，正是那种长大了“要当科学家、当工程师、当艺术家”的教育灌输，让他和草原结缘。

有一次，他在参观解放军总后勤部举办的学习毛主席著作先进集体展览时，看到了甘肃山丹军马场的一张照片，“照片上是一望无际的绿色草原，一轮红日正在冉冉升起，很多穿着绿军装、牵着骏马的战士们面向朝阳，手里还拿着《毛主席语录》!”这幅景象，让南志标对美丽的大自然和野外工作有了一种深深的向往。

1969年，仅上了两年初中就算毕业，又参加了两年轰轰烈烈“文化大革命”的南志标，正赶上了改变了千万青年命运的知识青年上山下乡运动。大势所趋，南志标当时就想去山丹军马场，起初父亲不同意，但禁不住他的软磨硬泡，最终同意了他的想法。1969年2月28日，南志标离开北京，满怀憧憬和浪漫，踏上了奔赴大西北——甘肃山丹军马场的路。

“来到山丹军马场后，看到的景象完全不是我在那张照片中看到的那样，满眼都是黄色，冬天的草原是黄色，工人和家属住的土坯房是黄色，连工人的穿着也是黄色的军装，没有一点绿色，没有一点浪漫。”南志标笑着说，“当时心里就斗争得特别激烈，因为我们那一批算得上是试用，如果不愿意留下，还可以回北京。但年少气盛的我一想，来的时候父亲不同意，现在回去岂不是让父亲笑话吗，既然别人能待，我为什么就不能待呢？”年轻人的要强和叛逆，让他阴差阳错地来到了山丹军马二场的草原队，从此，与草原结下了不解之缘。

“我们每年 4 月份带着帐篷出去，住在祁连山脚下，开着拖拉机改良退化的草原，10 月份才回到家里。由于海拔高，7 月份那里都下着雪，真的是无日不冬。有时，我们劳动完就住在藏民的帐篷里，睡觉铺的盖的都是羊皮，吃羊肉的时侯吃着吃着羊油就凝固在嘴边形成了白圈。”也许是年轻的缘故，当时的南志标并不觉得苦。而“看着亲手种出来的草长得一望无际、像小麦田一样”，南志标反倒觉得“工作还是很有趣的，自己也很有成就感”。

1972 年，甘肃农业大学来山丹军马场做教育改革调查，马场的领导和校方达成协议，由他们推荐 3 人到甘肃农大进修，作为代培生不纳入国家招生之列。上学的指标分到山丹军马二场草原队后，南志标幸运地得到了推荐。就这样，他成为甘肃农业大学草原系的第二届工农兵大学生，并在这里遇见了对他影响巨大的任继周院士。

“当时，任继周先生是草原系的系主任，名气没有现在这么大。”南志标说，“我一下就被任先生的风度吸引住了，他的课讲得生动有趣，使你强烈感到草原学背后的深厚文化底蕴，觉得这个专业挺有学问，而且即便在当时，任先生也非常注重仪表，不像我们穿得邋里邋遢，我就想搞草原的还有这么好的老师啊！”在任继周的影响下，南志标对草原专业的学习兴趣不断浓厚起来，还当上了班里的学习委员。

“国家需要，我们就回来了”

1974 年底，南志标大学毕业了。由于是代培生，他只能回到原来的单位。临走前，他去向任先生道别。先生在勉励他充分利用山丹军马场优良的实践条件做好工作的同时，给他提了三条要求：第一要学习哲学，因为哲学是指导人解决世界观和人生观的学问；第二要学习英语，掌握了外语就好像走路比别人多了一条腿；第三要很好地利用时间，不要浪费光阴。

大学毕业回到山丹军马场后，南志标开始担任草原技术员，从事野生牧草驯化、选育、种子生产、草地改良等工作。工作之余，他按照任先生的要求看了一些哲学方面的书。在这期间，他还把他们在马场种草的经验进行了梳理总结，在有关杂志上发表了几篇科研论文，代表单位参加全国牧草学术会议并作了大会发言。

在任继周先生的关心鼓励下，1978 年南志标成功考取了甘肃农业大学的硕士研究生，成为恢复高考后的第一届研究生。为了加强这批天之骄子的基础，任继周把他们送到当时的兰大生物系上了一年基础课。读研期间，任先生请来国外的专家给他们作草业研究前沿的报告，并亲自用英语给他们上专业课。3 年的刻苦学习，南志标觉得“自己在英语方面、理论方面、实验技能方面提高了很多”。

1981 年，南志标研究生毕业分配到任继周先生刚刚创建的甘肃省草原生态研究所工作，之后就再没有离开过任继周。1986 年，南志标拿到了新西兰政府的奖学金，赴新西兰梅西大学和新西兰国家科工部植病所攻读博士学位，成为新西兰国家科工部植病所的第一个中国留学生。这期间，他的妻子也争取到奖学金在梅西大学攻读硕士学位。由于他们夫妇勤奋读书，都分别用最短的时间完成了学业。

1989 年底，南志标和妻子分别拿到博士和硕士学位。“当时我妻子成绩都是 A，她的导师说可以继续提供奖学金让她读博士学位，我也得到了一个博士后的岗位。我就写信征求任先生的意见，任先生回信说国家需要你们，你们还是回来吧。我们也没想那么多，既然任先生说国家需要我们，我们就回来了。”

收到任先生的回信，南志标和妻子就着手回国的事情，他们把家具、汽车都卖了，回国的费用还是他们自己掏的，唯一托运回来的是南志标搜集的 200 多千克重的资料。

“回来之后啥都没有，还是出国前领的那张办公桌和那把椅子，只有四间空房是我的实验室。”生活上，南志标也很不容易。他妻子出国时，他们的女儿才 4 个月大，就把女儿放在了南志标父母那里照看，回来的时候女儿都不认识父母，“女儿第一次见我喊我叔叔，我当时心里很不好受。”为了照顾女儿，南志标不得不把父母接到兰州，一家五口人挤在两间小房子里。短短的几个月，南志标的体重一下掉了 10 斤。

“当时，研究所也很困难，任先生把自己 2 000元咨询费给了我作科研启动费!”怀着一颗赤诚的心和集体的支持，南志标白手起家，一步步建立起来自己的科研团队，根据国家需求和学科的发展需要，先后主攻牧草病理学与牧草种子学的研究、高山草原优良豆科牧草选育、禾草内生真菌及退化草地生态系统恢复与重建的研究，取得一系列创新成果，并作为首席科学家启动了我国首个牧草学“973”计划，推动了草业学科的发展。

“责任在我心中很重要”

2009 年，南志标当选为中国工程院院士，此前，作为我国现代草业科学奠基人之一的任继周先生 1995 年被评选为中国工程院院士。作为任继周的学生，南志标当选院士，使得师徒两人成为全国草业学科领域仅有的两位院士。

讲述中，南志标多次提到责任二字。“人首先要负责任，有了家庭，你就要尽到丈夫和父亲的责任，不能为了事业而不管家庭；从事科研工作，你就要承担一个科研工作者的责任，对自己从事的领域，你就要尽力做到最好；作为老师，你就要认认真真地教书育人，无愧于教师的称号和学生、家长的信任与托付；作为院长，我也有责任把我们这个院带好，责任在我心中很重要。”

国外留学期间，在南志标的脑海里就有比较强烈的责任感。在当时特殊的时期，很多中国留学生都找借口不回来，“作为一个中国公民，我们每个人都有责任和义务把这个国家建设好，国家送我们出去留学，大家都不回来了，国家谁来建设，这是个大道理，当时我就这么想。”南志标说。

责任，体现在他对学生的严格要求上。兰州大学草地农业科技学院在甘肃庆阳、景泰、临泽等地都建立了试验站，为南志标和同事们开展科学研究提供了非常好的平台。他经常对自己的学生和学院的年轻老师讲：“草业科学是应用学科，最终的目的是解决生产中的实际问题。做我们这行的，就要深入试验研究基地，理论和实践相结合，不断地发现问题和解决问题，只坐在办公室里读书，永远读不出一个出色的科学家，永远不可能有新的发现和大的创新。”

责任，也体现在他对国家现行科研体制的一些担忧中，“现在我们国家很多学术上做得好的，30 来岁就当了硕导、博导，就带学生了，充分显示了我国科技事业的兴旺发达，但有人自己就不深入实际，不做实验了。不深入实际，尽管自己有好的主意，可是，让学生观察和你自己观察肯定不一样。科学史上的许多例子告诉我们，很多新的现象，没有经验是观察不到的，就像苹果落地一样，只有牛顿才从中发现了万有引力定律。年轻人的提拔是应该的，但也应该有一种机制，保证他们不仅要指导别人工作，而且自身也要深入第一线继续做工作！”

和草打了 40 年的交道，草原和草业如今已经成了南志标生命中不可或缺的一部分。有一次他和几个同学看画展，看完画展，有同学提议每人选一张自己最喜欢的画，当时他不假思索地选了一张描写草原风光的画。“现在听一些歌，自己虽然不太懂也不会唱，可是听到歌唱青藏高原和内蒙古草原的歌，心里感觉就比较舒服。”南志标甚至建议，应该像创作《石油工人之歌》一样创作一首《草原工作者之歌》。

“广袤草原绿如海，牛羊群群骏马来，匠心苦，新生态，神州处处多风采。”30 年前，开国上将张爱萍用他那军旅诗人特有的才思，为甘肃省草原生态研究所写下了这首洋溢着豪迈之情的诗歌。30 年间，为了诗中“风吹草低见牛羊”的景象，在干旱的黄土高原，在世界屋脊的青藏高原，在沙化严重的内蒙古大草原，南志标院士和他的同事们以及同行们披荆斩棘、勇攀高峰，他们就像构成中国 4 亿公顷草地的一棵棵小草一样，虽然“没有花香，没有树高”，但却为世界留下了一道充满生机和希望的绿色美景。

潜心科研惠“三农”

——记油菜育种专家李云昌研究员

李云昌，男，1955年9月出生，研究员。现任中国农业科学院油料作物研究所油菜遗传育种研究室主任，中国作物学会油料作物专业委员会常务理事、油菜学组组长，农业部、湖北省有突出贡献的中青年专家。2001年被评为湖北省“九五”科技攻关先进个人，2002年被评为湖北省直机关优秀共产党员和中国农业科学院科技开发与产业发展先进个人，2004年获中国农业科学院优秀共产党员和湖北省劳动模范称号，2005年获国务院特殊津贴，2006年获湖北省直机关模范共产党员和湖北省优秀共产党员以及全国南繁先进个人称号，2007年获全国五一劳动奖章，2008年获首届武汉杰出人才提名奖，2010年获全国先进工作者荣誉称号，2011年再获湖北省直机关优秀共产党员称号。

李云昌同志长期从事杂交油菜遗传育种研究，在国内外油菜研究领域具有较高的知名度，主持选育出中油杂11、中油杂2号、中油杂8号、华油2790、中油6303等16个油菜新品种，覆盖了中国油菜主产区长江流域各省市。李云昌共获得科技成果奖励5项，其中，中油杂11、中油杂2号分别获得国家科学技术进步奖二等奖，累计发表论文60多篇。

2000年，他主持选育出杂交油菜新品种中油杂2号。中油杂2号在湖北省区试中，平均亩产195.10千克，比对照中油821增产19.73%，全国区试平均亩产154.55千克，比对照中油821增产13.91%，均居参试品种（系）首位，是湖北省区试截至2003年第一个比对照增产19%以上的新品种。中油杂2号稳产性好，湖北省区试连续3年（含一年预试）和全国区试连续两年共47个点次全部增产，且增产幅度大。中油杂2号适应性广，全国（长江中游区）区试的湖北、湖南、江西3个省每个试验点都增产；生产示范试验的安徽、陕西、河南、四川、江苏5个省连续两年10个点次全部比对照增产。中油杂2号品质优，种子芥酸含量0.9%，商品籽硫苷含量20.70微摩尔/克（饼），达到国际领先的加拿大优质油菜标准。中油杂2号分别于2000年、2001年通过湖北省和全国农作物品种审定委员会审定，2000～2006年连续7年被湖北省列入油菜主推品种，2001年被农业部列为长江流域优质油菜主推品种和科技部科技成果转化资金项目首批品种，2003年获中国农业科学院和湖北省科技进步一等奖，2004年获国家科学技术进步奖二等奖。

他主持选育的中油杂8号于2003年通过湖北省农作物品种审定委员会审定，2004年通过国家（长江中游）品种审定委员会审定。中油杂8号含油量高，气候适宜年份含油量达45%以上，是湖北省和国家（长江流域）审定的第一个含油量超过45%的油菜新品种，2005～2007 年连续 3 年被湖北省列入油菜主推品种，2006 年获湖北省科学技术进步奖二等奖。

他主持选育的中油杂 11 于 2004 年通过湖北省品种审定，2005 年通过国家农作物品种审定委员会审定（长江上中下游）。中油杂 11 是国家第一个在长江上中下游 3 大区试中表现第一，并同时通过 3 大生态区品种审定的品种。2002～2004 年湖北省区试平均亩产 204.6 千克，比对照中双 6 号增产 11.81%，居第一位。在 2003～2004 年全国区试中，长江上游亩产 167.84 千克，比对照油研七号增产 20.35%，居第一位；长江中游亩产 197.60 千克，比对照中油 821 增产 25.71%，居第一位；长江下游亩产 189.36 千克，比对照皖油 14 增产 11.97%，居第一位。中油杂 11 稳产性强，全国区试长江上游 11 个试验点全部增产，长江中游 10 试验点全部增产，长江下游 8 个试验点中 7 个试验点增产。中油杂 11 含油量高，全国区试取样，经农业部油料及制品质量监督检验测试中心检测，含油量达 45.91%。2006～2007 年，中油杂 11 被农业部确定为长江流域主推品种，2006 年被列为科技部成果转化资金重大项目，2008 年获中国农业科学院和武汉市科技进步一等奖，2009 年获湖北省科技进步一等奖，2010 年获农业部丰收奖一等奖，2011 年获国家科学技术进步奖二等奖。

李云昌注重理论与实践相结合，针对中国杂交油菜育种大多数利用的波里马细胞质低温存在微量花粉的缺点，首次提出了临时保持系、永久保持系的概念和利用三交杂种克服波里马低温微量花粉缺点的育种策略。同时，利用诱变育种技术改良波里马不育系及相应的保持系，并结合杂交方法选育具有稳定保持能力的保持系，降低波里马不育系低温微量花粉对杂种纯度的影响，这在国内外属首次。根据上述原理选育的波里马 8908A 不育系，其微量花粉得到有效控制，利用 8908A 不育系选育出的杂种——中油杂 2 号、中油杂 8 号等杂交油菜新品种有效地控制了微量花粉，保证了杂交纯度，从而促进了中油杂 2 号、中油杂 8 号等油菜新品种的大面积推广应用。他研究了菌核病抗性的遗传特性和叶片硫苷含量及组成与菌核病抗性的相互关系，研究证明，油菜种子硫苷含量及组成与植物营养器官叶片、根、茎等硫苷含量及组成分属不同的遗传控制系统，油菜菌核病的抗性与植物营养器官叶片、根、茎的硫苷组成与含量存在着密切的相互关系，植物营养器官的硫苷组成与含量，特别是吲哚族硫苷的含量与菌核病抗性存在着显著的正相关，因此，提出了植物营养器官高硫苷、种子低硫苷的抗病育种途径。

一年之中，他有一半左右的时间是在试验田、制种基地和示范基地上度过的，他的一个信念是要将优良品种推广到农村、落实到农户、惠及到农民。为了尽快把科研成果转化为生产力，他率领课题组于 2001 年成立了武汉中油大地希望种业有限公司，并任董事长。他积极寻求合作伙伴和着力开拓市场，在湖北省和长江流域的十几个县（市）建立高产示范样板田，在油菜收获之前召开由农民、农业技术推广人员和经营人员组成的现场观摩会，认真介绍各个新品种的特征特性和栽培技术要点，已累计发放宣传资料 50 万余份。他所选育的油菜品种覆盖了全国油菜种植面积的 8%～10%，年推广应用面积 800 万亩左右，为我国油菜生产发展作出了可贵的贡献。

精耕细作禾苗壮　春华秋实粮满仓

——记程式华同志事迹

程式华，博士，研究员，博士生导师，中国水稻研究所所长，国家水稻改良中心主任，《中国水稻科学》和《Rice Science》杂志主编。兼任国家水稻产业技术体系首席科学家、全国超级稻研究与推广专家组组长，浙江省水稻育种重大科技专项首席专家等一系列水稻重大科技牵头人，肩负组织和协调国家水稻产业技术体系、全国超级稻育种与推广的重任。多年来，他心系农业、情牵农民，在水稻遗传育种领域辛勤耕耘，默默奉献，为发展我国的水稻育种事业和保障国家粮食安全作出了重要贡献！

埋头苦干　成果事业双丰收

多年来，程式华先后主持国家攻关计划、国家支撑计划、国家自然科学基金、国家“863”计划、国家“973”计划、国家农业科技跨越计划、中国超级稻育种专项等多项国家、省部级重点研究项目和国际合作项目，并取得了丰硕的成果。主持或参加完成的科研成果10项14次获国家或省部院级奖励，其中，国家技术发明二等奖、国家自然科学三等奖各1项，国家科学技术进步奖二等奖2项；主持育成国家和省级审定品种20个，获国家发明专利3项，品种权8项；主编专著6本、主译专著1本，发表论文100多篇。

由于在科学研究、成果转化等方面取得了突出成绩，程式华先后于1995年获中国农业科学院首届“十佳青年”称号，1998年入选浙江省“151”人才工程第一层次人选，1999年获“农业部有突出贡献中青年专家”称号，同年，被评为中国农业科学院“跨世纪学科带头人”，2000年被授予“韩国农村振兴厅荣誉科学家”称号，2002年入选中国农业科学院首批杰出人才，2004年入选人事部等7部委“首批新世纪百千万人才工程国家级人选”，同年，被浙江省人民政府授予“浙江省劳动模范”称号，2006年被授予“浙江省农业科技突出贡献者”称号，2007年被农业部授予“全国农业科技推广标兵”称号，2009年荣获“中华农业英才奖”、“中国技术市场协会金桥奖先进个人”称号。此外，以程式华为首席专家的中国水稻研究所育种团队的创新能力为全国水稻界赞赏，2008年“水稻遗传育种团队”入选中国农业科学院首批13个优秀创新团队之一，“超级杂交稻育种团队”成为首批获农业部中华农业科技奖的11个农业科技创新团队之一。2011年，由他领衔的浙江省水稻科技创新团队正式启动。“十一五”期间，主持国家支撑项目成绩显著，2011年获“‘十一五’国家科技计划执行突出贡献奖”。

不断创新 超级稻研究成就斐然

为实现我国水稻单产的第三次突破，继续保持我国水稻育种的世界领先水平，1996年，农业部启动了“中国超级稻育种”项目，以求改变杂交水稻产量出现徘徊的局面，实现水稻超高产，程式华任项目首席专家助理，2003年起任项目首席专家。2006年，农业部成立全国超级稻研究与推广专家组，程式华任执行组长；2011年起任组长，担负组织协调全国超级稻研究与推广的重任。

坚持理论创新，引领第一代超级稻加快发展。程式华从超级稻育种亲本选配出发，创造性地提出了利用中间型亲本培育超级稻的理论，即利用形态指数和籼粳特异分子标记，从亲本到杂交后代进行籼粳属性检测，实现理想株型的塑造与籼粳亚种间强优势的结合。在此基础上，他与同事们科学地利用了超级杂交稻育种亲本选配理论，选育出了超级杂交稻组合“协优9308”，并结合多年的栽培示范和超高产生理基础研究，形成了一套“协优9308”超高产栽培集成技术，并进行大面积推广。《科技日报》将其列入2000年度我国十大科技新闻。2004年，程式华主持完成的“超级稻协优9308的选育、超高产生理基础研究及生产集成技术的示范与推广”荣获国家科学技术进步奖二等奖。“协优9308”成为首个获得国家科技奖的三系法超级杂交稻品种。超级稻理论创新的相关论文为国内外同行广泛关注，据《中国农业科学》对1987～2009年中外文文献引用数据分析，程式华列国内20位超级稻核心作者和累计被引频次、篇均被引频次及单篇论文被引频次三项第一，是全球11位超级稻核心作者和20位被高引论文作者之一。

瞄准科学前沿，超级稻育种技术国际领先。程式华率先提出了增强抽穗期光合功能为目标的“后期功能型”超级稻新概念，系统开展了“后期功能型”超级杂交稻育种技术研究，创建了由亲本选配、根系筛选和抗病性分子标记辅助选择技术构成的“后期功能型”超级杂交稻育种技术。该项目获得了4项发明专利和4项植物新品种权，主编出版了《中国超级稻育种》等专著2部，发表相关论文41篇，累计被引用1 426次，极大地丰富了超级稻育种理论，提升了我国超级杂交稻育种技术水平，推动了我国超级稻的发展。应用该技术，直接育成国稻1号、国稻6号等7个“国稻”系列杂交稻品种，16次通过国家审定和省级审（认）定，在南方稻区累计推广3 358万亩，创社会经济效益14.1亿元。其中，国稻1号、国稻3号和国稻6号被农业部认定为超级稻品种。国稻1号在2005年和2006年连续两年被农业部确定为主导品种，并被《中国经济周刊》评选为2005年度中国十大自主创新技术；国稻6号2009年被科技部列为首批国家自主创新产品。此外，全国多家水稻科研单位和种业公司利用该项目获得的专利技术，共培育出80多个杂交稻新组合，累计推广面积超过1.5亿亩。2011年，由程式华主持完成的“后期功能型超级杂交稻育种技术及应用”获国家技术发明二等奖。

勇挑重担 打造和谐的水稻创新体系

自“九五”以来，程式华主持了系列国家重大项目和重点项目，承担组织、协调全国水稻育种研究的重任。2007年底，农业部、财政部联合启动了中国现代农业产业技术体系建设，水稻成为国家首批启动的现代农业产业技术体系建设的10个试点产业之一。经民主推荐，程式华被农业部委以重任，担任国家水稻产业技术体系首席科学家，组织协调全国水稻产业界的协作。

担任首席科学家以来，他充分发挥担任全国超级稻研究与推广专家组组长的优势，创造性地把超级稻研究和示范团队与国家水稻产业技术体系的岗位专家、综合试验站及其团队成员组织起来，从2009年开始，分别在黑龙江佳木斯、福建福州和江苏南京等地举办水稻产业技术学术报告会暨超级稻考察现场观摩活动，促进了全国水稻界的学术交流。

无论多忙，他总是在水稻生产的关键季节，赶赴各综合试验站考察指导工作，每年考察指导的综合试验站达到20余个。在考察途中，他经常通过召开座谈会、接受地方媒体采访、与种粮大户座谈、为基层农技干部作学术报告等方式，指导当地水稻生产，特别是每到一地，他都叮嘱各岗位专家和试验站站长，一定要带领所属的创新团队和示范县专家团队，认真做好水稻生产科技服务，科学指导农民加强田管，力促全国水稻增产丰收。

他还十分重视省级水稻创新体系建设，在与当地农业、科技行政主管部门领导沟通交流时，总是建议多关心、支持水稻产业技术体系的建设和发展。此外，他还先后接受了中央电视台、新华社、人民日报、科技日报、农民日报以及中国网、中国农业信息网等新闻媒体的专访，准确分析水稻生产形势，及时预警灾害发生情况，科学指导全国水稻生产。

锐意改革 谱写研究所建设发展新篇章

2001年12月，程式华从科研岗位被直接任命为中国水稻研究所所长。上任后，他团结带领所领导班子及全所职工，围绕制定的总体工作思路和工作目标，牢固树立和认真落实科学发展观，大刀阔斧推进各项改革。精简行政管理机构，提高管理效率；调整学科建设，优化资源配置；实施人才强所战略，加强人才队伍建设；加大人事和分配制度改革力度，实行全员聘用制，重奖科研“精英”，催发创新激情；大力加强科研基础平台建设，增强发展后劲；重视文化建设，构筑和谐研究所。同时，他还独具创新地提出了“走出去、请进来、主动设计项目、主动提出项目”的国际合作新模式，为中国水稻研究所二次创业和持续快速发展奠定了良好的基础。

有耕耘必有收获。在近10年的建设和发展实践中，中国水稻研究所项目申报数、中标数、到位科研经费数连年创出新高。特别是在农业部开展的“十五”全国农业科研机构综合科研能力评估工作中荣获第一；基础性研究取得重要进展，该所科研人员在世界顶尖杂志《自然》和《科学》上发表原始论文，实现了中国农业科学院和浙江省生命科学研究领域“零”的突破；品种推广面积迅速扩大，2010 年超过 100 万亩的品种达到 6 个，为建所以来百万亩以上品种数最多的一年。同时，研究所人才队伍建设不断加强，职工收入大幅度提高，工作生活环境大大改善；坚持“三个文明建设”一起抓，连续 20 年保持省级文明单位称号。所有这些成绩的取得，都是程式华带领全所职工解放思想、开拓创新，大力实施“科技兴所”、“人才强所”、“开放活所”三大战略和实行“以人为本”管理理念结出的硕果。

“精耕细作，春华秋实”。这是中国水稻研究所的所训，程式华也是这样实践和实现的。

科技创新　激情飞扬

——记中国农业科学院农业资源与农业区划研究所何萍研究员

何萍博士是中国农业科学院农业资源与农业区划研究所研究员，国家重点基础研究发展计划“973”项目首席科学家（2007～2011），国际植物营养研究所（IPNI）中国项目部副主任。

艰苦奋斗，自强不息

何萍于1998年博士毕业后分配在中国农业科学院农业资源与农业区划研究所（原土壤肥料研究所）工作。何萍同志自参加工作以来，一直从事植物营养和肥料高效利用科研工作。2001年，因工作需要，她离别了刚出生2个月的女儿，赴日本北海道大学合作研究。在那里，选择了一个自己背景薄弱但很有前景的方向—分子生理开展研究，这是本学科的前沿和制高点，是植物营养学的发展方向，国内迫切需要开展该方面的研究。她为这一有前景的方向所激荡，一方面在书海遨游，大量查阅国内外最新进展及本学科研究前沿，一方面围绕研究课题创新性反复思考和摸索，经常在节假日加班加点。两年的研究终于取得了显著进展，在SCI源刊上发表了5篇第一作者论文，合作教授Osaki评价，何萍是来过他研究室的最优秀的外国学者，希望以后能够进一步开展合作研究，现在双方已建立良好的合作关系，双方人员和学术交流十分频繁。

目前，何萍是国际植物营养研究所中国项目华北和东北地区负责人，她组织了华北和东北11个优势单位参加的土壤养分管理和高效施肥研究工作，发展了基于作物反应的养分管理和推荐施肥原理与方法，研究成果对于指导科学施肥、保障国家粮食安全和保护生态环境具有重要意义。她多次应邀参加植物营养国际会议作大会报告；何萍还受聘于美国普渡大学，作为研究生指导小组成员指导研究生的博士论文研究。

敢挑重担，勇攀高峰

2007年，何萍刚晋升为研究员，院所就决定由她作为首席科学家领衔申报“973”项目“肥料减施增效与农田可持续利用基础研究”。这是“973”计划实施10年来的第一个有关肥料方面的项目。何萍深感责任重大，思考再三，她决定勇挑重担。在队伍组织、材料撰写、申请答辩等过程中，何萍带领研究团队日夜奋战，项目终获科技部资助。在项目实施过程中，作为“973”项目首席科学家，何萍深感肩上责任重大，无时无刻不在思索如何开展创新研究，如何完成科学目标，解决国家重大需求，把自己的全部精力投入项目繁忙的研究工作之中。项目实施5年来，何萍带领来自中国科学院和教育部系统的全国8个优势科研单位参加的“973”计划项目研究团队，以我国粮食主产区的东北、华北、长江中下游为主要研究区域，围绕高强度利用农田肥料减施增效与农田可持续利用这一核心问题开展研究。研究成果为高度集约化农区当前高氮磷用量条件下，减施20% ~30%提供了理论依据和技术途径。项目5年发表了学术论文412篇，其中，SCI论文166篇，出版专著4部，获得授权专利36项。何萍领导的研究团队所完成的“973”项目以优秀等次通过了2011年科技部组织的项目终期验收，农业领域仅2个项目获得了优秀等次。

何萍立足学科发展前沿，把握国家重大需求，科研选题有两个方向：一是植物营养生理。二是作物高效施肥。为完成课题，她经常要到远在吉林的基地播种施肥取样。功夫不负有心人，她主持的项目获奖了，论文发表了。她通过对高产高效生理基础与肥料施用关键技术进行全面、系统和深入的研究，取得了一批具有重要学术意义和应用前景的原创性成果，如提出了矿质营养影响玉米叶片衰老的机制，揭示了信号物质与作物衰老的关系；阐明了作物碳氮代谢差异与粒重形成关系；探索矿质营养与植物病害发生的关系；发展了肥料减施增效新技术，研究成果已被广泛应用。

德学双馨，巾帼建功

植物营养学科是一个传统的学科，虽然中国在某些领域取得了显著成就，但是与世界先进水平还有差距。何萍经常与学生和周围的青年工作者共勉，科学需要创新，论文必有新意，鼓励学生在SCI源刊上发表论文，以训练科研基本功，与国际接轨。她经常要求学生实验计划严谨周密，尽量少走弯路，减少失败次数。如若失败，不要气馁，要寻找原因，以利再战。她经常利用晚上和节假日加班，为学生修改论文。同时，她也非常重视培养学生的思想政治素质，而且对学生充满爱心。一次，一位学生发病突然晕倒，她不仅护送学生去人民医院急救，而且还承担了医疗费用。她本人为人谦逊，也要求学生低调做人，厚德载物，强调学生“学做人，学本领”的统一。

科学研究艰难枯燥，寻求突破更要付出难以想象的代价。何萍经过日日夜夜的奋斗，凭借对本领域的前瞻性研究和深入思考，终于取得显著的成绩。何萍先后主持“973”计划项目、国家自然科学基金项目、国际科学基金项目和国际合作项目等15项课题。作为主要完成人，获省部级科技进步一等奖2项，二等奖2项，发表学术论文70余篇，培养博士和硕士研究生8名。是“中央国家机关第四届青联委员”，“中央国家机关十大杰出青年”和“全国三八红旗手”。

科学研究是何萍毕生愿意为之奋斗的事业，她犹如一只凌空高飞的领头雁，怀着对国家需求和民生的责任感，怀着对科学不懈的追求，带领团队，艰苦奋斗，勇于创新。她深知“士不可以不弘毅，任重而道远”，决心为“解民生之多艰”多出成果，为“育天下之英才”而巾帼建功。何萍就是这样，用她一点一滴的努力、极大的工作热情和奉献精神践行科学发展观，为建设创新型国家奉献了青春和聪明才智，在平凡的工作岗位上作出了极不平凡的业绩。

潜心农业科学研究是我的志向
丰富百姓菜篮子是我奋斗的目标

——记全国三八红旗手、蔬菜花卉研究所刘玉梅

刘玉梅，研究员，博士生导师。1982 年毕业于华中农业大学，同年分配至中国农业科学院蔬菜花卉研究所工作，首批国家“百千万人才工程”第一、第二层次人选，中国共产党第十七次全国代表大会代表。现任十字花科研究室主任，兼任中国园艺学会十字花科分会副会长。

30 年来，刘玉梅一直努力拼搏奋斗在蔬菜遗传育种研究的第一线，先后参加和主持完成国家级、省部级、国家自然科学基金和国际合作等研究项目 30 余项，参加选育和推广甘蓝新品种 28 个，青花菜新品种 7 个。作为主要参加人或主持人，先后获科研成果 10 余项（次），其中，获国家发明一等奖 1 项，国家科学技术进步奖二等奖 2 项，国家发明专利 3 项。先后发表研究论文 100 余篇，著作 12 部，指导和培养博士和硕士研究生 20 余名。在甘蓝、青花菜遗传育种研究方面取得了显著的成绩。

勇挑重担，不断创新

甘蓝，又名洋白菜、莲花白、包菜，是中国大江南北普遍种植的一种主要蔬菜。青花菜又名西兰花，是一种营养丰富的蔬菜。20 世纪 80 年代初，甘蓝产量低，病害较重，品质较差，原有的品种满足不了生产和市场的需要。青花菜在 80 年代中期前，主要是靠从国外进口种子，每 1 千克种子高达 1 万元到 1.5 万元，不仅需要大量的外汇，还给农民增加了高昂的生产成本。为了解决我国蔬菜生产中存在的这些问题，尽快地培育出优良的甘蓝、青花菜新品种，改变我国甘蓝和青花菜育种的落后面貌，以中国工程院方智远院士为代表的老一代科学家，自 80 年代初开始，就致力于甘蓝和青花菜育种的科技攻关，刘玉梅有幸成为这支科技攻关队伍的一员，并从此与甘蓝和青花菜遗传育种结下了不解之缘，逐步成为科技骨干和学科带头人。“六五”至“八五”期间，她作为科研骨干参加了国家重点科技攻关课题“甘蓝抗病、丰产、优质新品种选育”和农业部重点科研项目“花椰菜、青花菜新品种选育”课题的研究，“九五”期间，她主持完成了国家重大科技攻关项目“甘蓝育种材料和育种方法研究”专题研究，农业部重点科研项目“花椰菜、青花菜新品种选育及配套栽培技术”专题研究。她负责组织和协调全国各子专题的科研活动，在大家的共同努力下，5 年间育成优良的抗病、优质、

抗虫、抗热和雄性不育等新的甘蓝育种材料22个，优异的青花菜育种材料10余个；提出了甘蓝抗热、耐先期抽薹的鉴定方法和标准、青花菜耐贮性鉴定方法和标准，为提高我国甘蓝、青花菜育种水平作出了重要贡献。

“十五”期间，她主持完成了国家“863”“优质、专用型蔬菜杂交育种技术研究与新品种选育”重大专项和国家自然基金等研究课题多项，对国内外首次发现的甘蓝显性雄性不育材料79—399—3从细胞形态学、遗传机理和分子生物学等方面进行了深入系统的研究，所在课题组现已育成可利用的甘蓝显性雄性不育系10余份，并用显性不育系育成中甘17、中甘18、中甘21、中甘23、中甘25等6个优良的甘蓝新品种，在生产中大面积推广应用，在国内外首次实现利用甘蓝显性雄性不育系大规模生产甘蓝杂交种，实现了甘蓝制种技术的变革，该成果2001年获国家发明专利。在国内首次主持制定了甘蓝新品种DUS测试技术国家标准，无公害食品甘蓝类蔬菜农业行业标准。

“十一五”期间，她主持完成了国家“863”课题“结球甘蓝分子聚合育种”，国家“十一五”科技支撑计划“优质高产甘蓝育种技术研究及新品种选育”及国家自然基金等研究课题多项，在甘蓝和青花菜遗传育种的研究领域不断迈向新的征程。她的课题组研究的“一种甘蓝细胞质雄性不育系转育及制种方法”2007年获国家发明专利，“中甘87－534”获植物新品种保护权，中甘22、中甘96、中甘192、中甘196这4个甘蓝新品种和中青5号、中青7、中青8号3个青花菜新品种通过全国农作物新品种鉴定。

她主持育成的青花菜新品种“绿奇”为国内外首次用显性雄性不育系育成的青花菜新品种，2010年通过新品种认定。“绿奇”由于品质好，产量高，近年在甘肃兰州等地大面积推广种植，占当地青花菜栽培面积的85%以上，每亩比对照品种增收1 000元以上，给当地农民带来直接经济效益约3亿元。该品种是目前国内自主育成的青花菜品种在国内推广种植面积最大的一个品种，打破了由国外青花菜品种在中国一统天下的局面。

栉风沐雨，执著追求

人们常用“十年育一种”来形容育种工作的艰辛。为了尽快培育优良品种，刘玉梅与课题组的成员经常加班加点，工作到深夜，几乎没有完整的周末和节假日。一年至少有大半年的时间泡在试验田，常常是一顶草帽、一把尺子、一双雨靴，进行调查记载、测产、授粉等各项田间试验。尤其在甘蓝和青花菜开花授粉季节，她为了使试验结果更加准确可靠，重要的授粉工作都与课题组成员一起亲自参与。每年春秋两季连续授粉时间长达3个多月，每天从早到晚，手拿一把小镊子，将成千上万个花蕾一个一个小心翼翼地剥开，一朵一朵地授上花粉。30年来，几乎每个五一节刘玉梅都是与课题组成员一起在田间度过的。炎热的夏季正好是甘蓝收种子的时候，温室温度甚至能达到40℃，当人们坐在屋里享受着凉爽的空调的时候，他们正顶着烈日，伴着高温，汗流浃背地在试验田里收获种子。秋末冬初是青花菜的收获、选种时节，他们在约有半人高的青花菜试验地调查、收获，裤子被早晨的露水湿透，寒风一吹，真是冰冷彻骨。遇到暴雨、冰雪等恶劣天气，她总是急匆匆地跑到试验地察看植株的生长情况。她就是这样日复一日、年复一年地在实验室、温室、大棚和田间穿梭忙碌着，一个茬口接着一个茬口地不断配制新品种的杂交组合，诠释着她对农业科技事业的热爱与执著，实现着把青春、汗水献给祖国的人生追求。

焚膏继晷，学无止境

随着科学技术日新月异的发展，作为一名科研工作者，刘玉梅深感仅凭原有的知识难以适应现代科研工作的需要。1999 年，她以优良的成绩考取了博士研究生。当有人问她，你已经是研究员了，又有那么繁重的科研任务，还要坚持学习，那么累，值得吗？刘玉梅说："选择农业科学研究是我的志向，把科研成果转化为生产力，不断丰富人们的菜篮子，提高人民的生活水平，为社会创效益，是我奋斗的目标。为了达到这个目标，适应时代发展的需要，就必须不断更新自己的知识，再苦再累，也要用顽强的毅力，付出比别人多几倍的艰辛去学习和拼搏。"

1997 年，刘玉梅受国家教委的选派，作为高级访问学者，在美国密苏里州立大学从事分子生物学方面的合作研究。在美国一年多的时间里，她不分昼夜地拼命工作，往往为了完成一个试验，常常工作到凌晨 2～3 点，甚至通宵达旦。经过一年多的勤奋工作，在圆满完成了该实验室的玉米抗虫分子标记研究任务的同时，刘玉梅也完成了从国内带去的甘蓝分子生物学的研究任务。回国后，她将学到的先进的生物技术和知识很好地应用到甘蓝青花菜遗传育种的研究之中，在国内外首次找到了与甘蓝显性雄性不育紧密连锁的 RFLP、SSR 分子标记和甘蓝抗 TuMV（抗芜菁花叶病毒）连锁的 AFLP 分子标记，构建了甘蓝和青花菜的分子连锁图谱，从分子水平上，为甘蓝类蔬菜作物的遗传育种提供了理论依据，为甘蓝和青花菜分子辅助育种打下了良好的基础。

天道酬勤，硕果累累

功夫不负有心人，她通过与课题组成员一起努力奋斗，至今已取得 10 余项（次）科研成果，其中，国家级奖 3 项，参加育成和推广的甘蓝新品种 28 个，已在全国 28 个直辖省市自治区大面积推广种植，占全国甘蓝种植面积的 50%，取得较大的社会经济效益。20 世纪 80 年代初参加推广的"京丰一号"等 7 个甘蓝系列新品种，1985 年获国家发明一等奖；80 年代中期至 90 年代作为主要完成人参加育成和推广的甘蓝新品种"中甘 8 号"和"中甘 11"获国家科学技术进步奖二等奖；参加育成和推广的早熟春甘蓝新品种"8398"为中国北方地区第一个保护地和露地兼用品种，1998 年获国家科学技术进步奖二等奖。育成的国内首批青花菜新品种"中青 1 号、2 号、3 号"1996 年通过成果鉴定；近年主持育成的青花菜新品种“中青8号”、“绿奇”在中国华北、西北等地正在逐步推广种植，成为目前国内自主育成的青花菜品种中推广种植面积最大的品种。她和课题组成员一起近年来在国内外首次育成显性雄性不育系并育成了“中甘16”、“中甘17”和“中甘18”、中甘21、中甘25等甘蓝一代杂种。该方法不仅大大地降低了制种成本，还使一代杂种的纯度达到100%。该技术2001年获国家发明专利。这些甘蓝和青花菜新品种的主要性状在国内居领先水平，抗病性达到国际同类研究的先进水平。

热心党务，心系百姓

自1994年起，刘玉梅连续6届当选蔬菜花卉研究所第一党支部书记，在十几年的支书记工作中，在做好科研工作的同时，认真做好支部书记的工作，先后发展新党员13名。在她的带领下，2001年以来，该支部一直都保持“标准党支部”的光荣称号。她利用本支部科技优势，带领党员经常到农村和贫困地区传授蔬菜栽培和良种繁育新技术，推广蔬菜新品种，先后赠送甘蓝、大白菜、番茄、黄瓜、青椒等蔬菜良种50多个品种200余份种子到贫困山区，同时，不定期进行技术指导，帮助农民脱贫致富。几年来该支部积极向灾区、贫困地区捐款捐物，并资助10余名河北省张北地区的贫困学生上学。

刘玉梅出生在湖北省鄂州市长港农场一个普通农家，1974年高中毕业后回乡务农，并很快就当上了妇女队长。1977年高考一恢复，刘玉梅经过刻苦努力，考进了华中农业大学园艺系蔬菜专业，1982年大学毕业后，被分配到中国农业科学院蔬菜花卉研究所工作，一直从事甘蓝和青花菜遗传育种研究，一干就是30年。“潜心农业科学研究是我的志向，不断丰富人们的菜篮子是我奋斗的目标”。她是这样说，也是这样做的。30年来由于刘玉梅工作成绩突出，她入选首批国家“百千万人才工程”第一、第二层次人选，获全国三八红旗手、农业部有突出贡献的中青年专家、农业部优秀党务工作者、中央国家机关优秀党员、“巾帼建功标兵”和“优秀女领导干部”等称号。2007年当选中国共产党第十七次全国代表大会代表。

刘玉梅说：“我最大的心愿就是能让全国人民都吃上我们培育的甘蓝和青花菜，丰富老百姓的菜篮子，让全国农民都种上我们的甘蓝和青花菜新品种，鼓起农民的钱袋子。”她在践行理想的道路上任凭风雨吹打、烈日炎炎，奉献出青春和汗水。

研究勇攀高峰　推广甘为人梯

——记国家科学技术进步奖获得者、作物科学研究所李少昆研究员

李少昆博士是中国农业科学院作物科学研究所研究员、博士生导师，兼任全国农业科技入户工程玉米首席专家、国家玉米产业技术体系岗位专家，研究方向为玉米栽培生理与农业信息化技术应用，自1984年本科毕业后，一直在农业教学、科研与推广一线工作，在玉米高产高效栽培理论与技术、信息化管理技术及农业科技推广服务方面取得显著业绩。

挖掘高产潜力，连创高产纪录

玉米是中国种植面积第一大作物，在粮食安全中的地位举足轻重。长期以来，李少昆博士组织研究团队开展玉米高产高效理论与技术的研究与示范，2005年以来，获国家奖3项，省部级奖6项；获农业部表彰2次；出版专著15部；获国家软件著作权登记15件，发表论文96篇，研究成果对玉米生产的发展起到了重要的推动作用。

在对国内外玉米高产典型分析和多点联网攻关试验基础上，明确了玉米高产的基本规律，提出了“增穗、稳穗数、挖粒重”，增加花后物质生产与高效分配，培育高质量抗倒群体的高产突破途径。研究集成多项关键技术，通过强化田间管理，挖掘增产潜力，实现了玉米高产的连续突破，多次主持创建全国及主要生态区玉米高产纪录：2009年，在新疆伊犁河谷的兵团农4师71团8连5亩高产地创造了亩产1 360.10千克，2010年，在宁夏同心县创造亩产1 314.2千克的年度全国玉米最高产量，2011年，实现亩产1 385.39千克的玉米单产新纪录。利用10年时间，将我国玉米现实产量潜力提高了300千克/亩。

李少昆博士还组织研究团队，立足我国玉米生产现状与发展趋势，采用实地调研、专家参与式评估、模型分析和多点联网试验研究，明确了我国玉米主产区的产量潜力和大面积高产高效生产的主要制约因素，构建了作物产量差模型及技术优先序，为玉米生产技术创新和推广明确了方向。在玉米主产区的黑龙江、吉林、辽宁等16个主产省，开展了多年、多点联合试验，创新了一批玉米高产高效生产关键技术，发布实施地方标准9部，其中，有10项技术模式被遴选为农业部主推技术，通过农业科技入户县示范辐射，取得显著的社会经济效益。

关注生产动态　提供技术支持

由于具有扎实的理论基础和丰富的实践经验，2004 年，农业部开展“四大粮食作为科技提升行动”，李少昆博士被遴选为玉米首席专家，2005 年之后，成为“全国农业科技入户示范工程”的玉米首席专家，2008 年，被遴选为现代玉米产业技术体系岗位专家。为更好地完成工作任务、及时掌握玉米生产第一手资料，李少昆博士每年在生产一线的时间都超过了 200 天，足迹已遍布我国玉米各主要产区。

在玉米生长季节，李少昆没有节假日的概念，办公室里很少能够找到他，而各地玉米主产区的大田中，则不时活跃着他的身影。他挂在嘴边的话是“庄稼不等人，玉米生长没有节假日”：昨天还在河南进行技术培训，今天就出现在吉林的地头调查大田播种情况；山东夏玉米的芽涝问题刚刚解决，又组织了辽宁春玉米的玉米螟防治现场会；在玉米收获、验收时节，掌握第一手资料，了解科技提升行动的具体成效，从南到北连续一个月，坚守在各地的玉米田中。

每年在玉米备耕播种、生长和收获等关键季节，李少昆都组织开展全国玉米备耕、长势和投入产出联合调研与测产工作，及时了解玉米生产形势，撰写调研报告，为国家玉米生产管理和产业发展提供决策依据。近年受极端气候条件的影响，玉米生产灾害发生较多，每当生产中出现较大灾情，他都及时深入一线，带领技术人员调研分析，提出解决办法，并落实到生产中。如 5·12 特大地震灾害发生后，他多次赶赴灾区，开展灾情调研，及时提出了水改旱及玉米应对栽培等针对性建议和措施；2009 年夏秋，东北大面积干旱和黄淮海玉米倒伏，2010 年年初，西南的干旱、东北的低温，6～8 月东北的干旱、洪涝，他都第一时间赶到现场，科学评估灾害对玉米生产造成的影响，提出救灾减灾对策，为各级政府科技救灾提供了有力的支持。

传播科技知识　提升科学素质

在长期的农业科研和生产实践中，李少昆博士深切地感受到中国农业科研成果与现实农业生产水平的落差，感受到农民对农业科技的迫切需要，也了解到农业科技成果向现实生产力转化过程的重重阻隔。建立农民获得先进实用技术的便捷通道，提高科技成果转化能力，是他的一个心愿。

根据各地玉米生产的具体情况和技术培训对象，他有针对性地准备了多套多媒体教材和讲义，在玉米备播和生产的关键时期深入示范县及核心示范区对科技人员和农户进行技术培训，面对面为农民答疑解惑。每年经他亲自培训过的基层技术人员和农户均在上万人次。为了更广泛地传播玉米生产技术，他还在央视七台、中央人民广播电台录制和播出了系列玉米生产技术讲座。他的移动电话号码在互联网和农民日报上公开，技术人员和农民在需要时，都能立即找到他并得到满意的答复。

在对玉米产区大量调研，对玉米生产技术扩散规律及影响农户技术采用因素的研究基础上，他还创作编写了《玉米高产潜力 · 途径》《玉米高产高效栽培模式》《玉米抗逆减灾栽培》《玉米病虫草害诊断专家系统》及《玉米田间种植手册》丛书等系列科普书籍，对普及玉米生产和抗逆减灾栽培知识与技术，提高各级技术人员专业知识、农民科技素质与科学种田水平起到了重要的促进作用。

作为农业部科技入户工程玉米首席专家，李少昆研究员深入农户当中，详细了解当地的生产水平和农民的科技需求，亲自确定每一块核心示范区，与省县专家一起确定每个试区的主推品种、展示品种及主推技术，并要求对核心示范区农户逐一登记造册，与全国农业科技入户专家一起探索构建了“部省首席专家—县首席专家—技术指导员—科技示范户—辐射带动户—广大农户”的技术传播网络。与省、地、县 3 级农技推广部门 300 多位技术专家一起，遴选出 1 850名技术指导员，培养了 37 000个科技示范户，面对面、手把手地进行玉米生产技术指导，并通过他们辐射带动了近 74 万普通农户，促进玉米连年丰收，取得了显著的社会效益和经济效益。

为加速农业科技传播，他还利用现代信息技术，研发了玉米病虫草害诊断专家系统、专家在线咨询服务系统、短信平台等系列实用软件，创立了“中国玉米”网，构建了“作物生产信息化平台与服务体系”，并与科技入户工作网络无缝融合，有效地解决了作物生产技术创新、推广与农民需求脱节，农业技术推广“最后一公里”的问题，在全国基层农技改革示范县等重大工程中得到全面应用。

“梅花香自苦寒来”，他数十年来倾心玉米生产，取得了大量的科技成果，也获得了多项荣誉称号。2004 年、2005 年和 2011 年，他分别获得农业部全国农业科技推广先进工作者、全国农业优秀科技工作者和全国农业科研杰出人才的称号。在支持西部省自治区学科建设过程中，主持完成的“以重点学科建设为依托，全面创建品牌专业”获得 2005 年国家级教学成果奖二等奖；参与完成的“玉米无公害生产关键技术研究与应用”获得 2009 年国家科学技术进步奖二等奖。2011 年，由他组织中国农业科学院作物科学研究所、四川省农业科学院作物研究所、西北农林科技大学、辽宁省农业科学院、东北农业大学、内蒙古农业大学和河南省土壤肥料站等玉米主产区相关研究单位共同完成的“玉米高产高效生产理论及技术体系研究与应用”，获得了 2011 年国家科学技术进步奖二等奖。该项成果依托全国农业科技入户示范工程项目实施，在全国 16 个玉米主产省 76 个科技入户示范县推广，取得显著社会、经济效益。

作为农业科技工作者，面对我国农业生产形势，他深知自身的责任，将继续以拳拳赤子之心，努力工作，积极进取，让我们期待李少昆研究员在今后的工作中再创辉煌！

十一、大事记

中国农业科学院2011年大事记

一月

1月4日 中国著名农业昆虫学家、植物保护学家，中国害虫综合防治、生物防治的开拓者，中国植物保护学会“植物保护终身成就奖”获得者，中国科学院资深院士邱式邦遗体告别仪式在北京八宝山革命公墓举行。党和国家领导人温家宝、李长春、习近平、李克强、吴官正、回良玉、刘延东、李源潮、张高丽、汪洋、路甬祥送了花圈。中央政治局常委、全国政协主席贾庆林发来唁电。中央政治局常委周永康，中央政治局原常委、国务院前总理朱镕基致电慰问。农业部部长韩长赋、副部长张桃林，农业部原部长何康，中国农业科学院院长翟虎渠、院党组书记薛亮，中国科学院院士和中国工程院院士卢良恕、李振声、陈旭、谢联辉、范云六、郭予元、陈宗懋、刘旭，邱式邦院士的亲属、生前好友、同事、学生等共160多人送了花圈。中共中央组织部、农业部、中国科学院、中国农业科学院、中国农业大学、上海理工大学、全国农业技术推广服务中心、中国植物保护学会、中国昆虫学会、中国植物病理学会等150多个单位送花圈或致电慰问。

1月10日 中国农业科学院2011年工作会议在北京召开。会议全面总结和回顾了中国农业科学院2010年和“十一五”工作成就，研究了“十二五”发展的主要任务，部署了2011年重点工作。会议的主题是：大力加强自主创新，引领新时期全国农业科技发展。中国农业科学院领导翟虎渠、薛亮、雷茂良、刘旭、罗炳文、唐华俊、贾连奇，院级老领导、两院院士、院属各单位主要领导近160人出席了大会。薛亮书记主持开幕式，翟虎渠院长代表院党组作了题为《大力加强自主创新 引领新时期全国农业科技发展》的工作报告。

1月11日 中国农业科学院召开2011年党风廉政建设工作会议。会议以“加强廉政建设，确保科学发展”为主题，总结院2010年党风廉政建设和反腐败工作，部署2011年工作任务。会议由院党组书记薛亮主持。院党组副书记罗炳文作工作报告。院长翟虎渠出席会议并作重要讲话。驻农业部纪检组组长朱保成、监察局局长董涵英到会指导。院党组成员、院属各单位党政主要负责人、机关各部门领导班子成员、京内各单位分管纪检监察工作的领导和专兼职纪检监察干部、院机关正处级以上干部共150余人参加了此次会议。

1月12日 为进一步贯彻落实中央第五次西藏工作座谈会和农业部2010年全国农业援藏工作座谈会精神，支持和帮助西藏农牧科学院的发展，中国农业科学院与西藏自治区农牧科学院院所科技合作协议签字仪式在京举行。中国农业科学院院长翟虎渠、副院长王韧，西藏农牧科学院副院长李宝海、尼玛扎西和张燕卿等领导出席签字仪式。签字仪式上，中国农业科学院 11 个研究所与西藏农牧科学院及其 4 个研究所签署了科技合作协议。根据协议，中国农业科学院相关单位将在人才培养、学科建设、科技平台建设、科研项目、科技信息和成果转化等方面，支持西藏农牧科学院及相关所的发展。

1 月 13 日　中国农业科学院召开创先争优活动交流点评会。会上，资划所、作科所、哈兽研所、上兽研所 4 个单位的党委书记作了重点交流发言；各单位就创先争优活动开展情况及下一阶段工作安排进行了汇报，并对中国农业科学院下一阶段创先争优工作提出建议。院党组书记、创先争优活动领导小组副组长薛亮对各单位创先争优工作进行点评。院党组副书记、创先争优活动领导小组副组长罗炳文主持会议，并对交流点评会会议精神的贯彻落实提出了具体要求。院属各单位、院机关各部门党组织主要负责人 40 余人参加了交流点评会。

1 月 19 日　农业部部长韩长赋对中国农业科学院创先争优活动作重要点评。他指出，中国农业科学院认真贯彻中央和部党组的部署和要求，以“增强党性作表率、科技创新当先锋”为主题，紧紧围绕推进农业科技创新、提升农业技术服务能力、强化人才队伍建设、创新农业科技体制机制、加强党风廉政建设，扎实开展创先争优活动，取得了积极成效。希望农科院在新的一年里继续发扬成绩，进一步加强工作指导、创新活动载体，做好承诺、践诺、评诺等工作，把创先争优作为推进各项工作的动力和保证，为实现“十二五”良好开局作出新的贡献。

1 月 25 日　中国农业科学院 12 个项目获 2008～2010 年度全国农牧渔业丰收奖，其中，农业技术推广成果一等奖 3 项、二等奖 6 项、三等奖 1 项，农业技术推广贡献奖 1 项，农业技术推广合作奖 1 项。全国农牧渔业丰收奖是农业部设立的农技推广奖，用于奖励在农技推广活动中作出突出贡献的集体和个人。油料所的“高产高油油菜中油杂 11 的推广应用”、畜牧所的“北方地区优质黄羽肉鸡新品种推广”、资划所的“红壤酸化防治技术推广与应用”3 项成果荣获农业技术推广成果一等奖，作科所肖世和研究员获得农业技术推广贡献奖，水稻所“超级稻品种配套栽培技术集成与示范应用”项目获得农业技术推广合作奖。

1 月 21 日　中国农业科学院与解放军艺术学院隆重举办“中国农业科学院与解放军艺术学院迎新春联谊会”。院领导翟虎渠、薛亮、刘旭、李金祥、唐华俊、贾连奇，中国热带农业科学院党组书记雷茂良，院属有关单位的领导参加了联谊会。双方院领导对两院“军民共建”20 年以来的成绩给予了肯定，并对未来的工作寄予期望。

1 月 21～31 日　中国农业科学院院领导翟虎渠、薛亮、王韧、刘旭、罗炳文、李金祥、唐华俊、贾连奇带着党组的关怀和全院职工的问候，分别看望了中国农业科学院的两院院士、老领导、老红军、老干部遗属和困难职工，亲切询问了他们的身体情况和家庭生活状况，并向他们及全家致以节日的慰问。

1 月 24 日　中国农业科学院举行 2011 年迎春团拜会。院领导翟虎渠、薛亮、王韧、李金祥、唐华俊、贾连奇，京区各单位、机关各部门主要负责同志，在京院士、离退休院领导和京区离退休正所局级干部100多人欢聚一堂，喜迎新春佳节。团拜会由院党组成员、人事局局长贾连奇主持。翟虎渠院长代表院党组致辞，向参加团拜会的各位老领导、老专家并通过他们向全院离退休老同志表示节日的慰问。

1月24日 农业部国际合作系统2010年工作总结会暨联欢会在中国农业科学院召开。农业部副部长牛盾出席会议并讲话。中国农业科学院院长翟虎渠、党组书记薛亮、副院长唐华俊等领导出席会议。农业部国际合作司、对外经济合作中心、贸易促进中心、国际交流服务中心和中国农业科学院国际合作局等单位近200名职工参加了会议。

1月26日 中国农业科学院召开党外人士“迎春”团拜会。中国农业科学院国务院参事，全国政协委员，各民主党派、侨联负责人和无党派代表人士参加了团拜会。院党组副书记罗炳文代表院党组通报了中国农业科学院2010年完成的重点工作和取得的成绩，回顾了院统战工作的主要成绩，展望了“十二五”期间中国农业科学院的发展方向和重点任务。

1月31日 翟虎渠院长在院办公室、人事局、院工会领导的陪同下，先后到保卫处、收发室、门诊部、食堂、派出所、车管部、热力站、院办公室秘书处看望并慰问在春节期间仍要坚守岗位的一线职工，给大家送去院领导的关怀与温暖。

二月

2月18日 翟虎渠院长会见了来中国农业科学院访问的国际玉米小麦改良中心主任龙溥经博士一行3人，宾主就加强双方合作及共同关注的问题交换了意见，唐华俊副院长等领导参加了会见。

2月23日 经部党组会议研究决定，孟祥云任中国农业科学院后勤服务中心主任，方宜文任中国农业科学院后勤服务中心党委书记；孙日飞任中国农业科学院蔬菜花卉研究所党委书记，免去蒋淑芝的中国农业科学院蔬菜花卉研究所党委书记职务，段爱旺任中国农业科学院农田灌溉研究所所长，黄修桥任中国农业科学院农田灌溉研究所党委书记，刘君璞任中国农业科学院郑州果树研究所所长，王志强任中国农业科学院郑州果树研究所党委书记，免去刘君璞的中国农业科学院郑州果树研究所党委书记职务。

2月24日 中国农业科学院召开直属机关2011年党的工作会议，总结回顾2010年院直属机关党的工作，研究部署2011年工作。院党组书记薛亮出席会议并讲话。院党组副书记、直属机关党委书记罗炳文作工作报告。植保所、生物技术所、农经所、信息所作大会交流发言。院直属机关党委委员、纪委委员，院属京区各单位党组织负责人、纪委书记、党办主任60余人参加了会议。

2月26日 中国农业科学院南方经济作物研究中心启动仪式暨我国经济作物研究恳谈会在麻类所举行。湖南省副省长徐明华、中国农业科学院副院长刘旭、农业部科技发展中心副主任刘平，湖南省农业厅、湖南省科技厅、中国农业科学院、11个省级农科院的领导、专家，以及麻类所职工 200 余人参加了启动仪式。湖南省委书记周强，科技部中国农村技术开发中心主任贾敬敦，中共益阳市委书记马勇等领导和单位发来贺信。中国农业科学院院长翟虎渠、财政部科教文司司长赵璐，袁隆平、邓秀新、方智远、官春云和向仲怀等院士为启动仪式题词。人民日报、科技日报、光明日报、农民日报、湖南日报和湖南卫视台等新闻媒体到会现场报道和采访。

三月

3 月 2 ~ 4 日　亚太经合组织（APEC）农业技术合作工作组（ATCWG）第 15 届年会在美国华盛顿举行。会议回顾了 2010 年 ATCWG 主要工作和活动，重点讨论了 2011 年工作计划、2010 ~ 2015 年中长期计划、工作大纲和优先领域、APEC 项目申报和执行、APEC 农业技术转移论坛、工作组牵头人任期延长等议题，并达成了广泛共识。来自包括中国等 17 个成员体以及 APEC 秘书处和 APEC 工商咨询理事会（ABAC）的 57 名代表出席了会议。会议由现任 ATCWG 牵头人、中国农业科学院唐华俊副院长和美国农业部海外服务局 Susan Philip 处长共同主持。

3 月 7 日　江西省政协副主席胡幼桃，在江西省政府副秘书长谢茂林，江西省农科院党委书记杨兰根、院长谢金水，以及江西省发改委、财政厅等单位领导的陪同下，来中国农业科学院访问，寻求双方在园区建设、农业科技创新体系建设、项目联合申报等方面的合作。翟虎渠院长接见了胡幼桃一行，并表态，中国农业科学院将进一步加大支持力度，并同江西有关部门开展更广泛的合作，搭建合作平台、派遣优秀专家，为江西农业发展和全国粮食稳定贡献力量。

3 月 7 日　中国农业科学院庆祝三八国际劳动妇女节暨“农科巾帼 · 红色风尚”颁奖活动在院报告厅举办。农业部妇工委副主任张广卿，院党组副书记、直属机关党委书记罗炳文，副院长李金祥，院党组成员、人事局局长贾连奇等领导出席活动。

3 月 10 日　中国农业科学院与石家庄市人民政府签订农业科技战略合作协议。中国农业科学院将重点与石家庄市在 6 个方面加强合作：一是为农业和农村经济发展提供战略决策咨询，二是为粮食高产创建技术集成开展联合科技攻关，三是联合组织实施国家农业科技重大项目，四是合作推进农业产业化发展，五是共同争取和实施国际合作项目，六是加强人才培养与交流。中国农业科学院院长翟虎渠，河北省委常委、石家庄市委书记孙瑞彬出席签字仪式。中国农业科学院副院长刘旭和石家庄市副市长张树志分别代表双方在战略合作协议书上签字

3 月 17 日　中国农业科学院召开传达贯彻全国“两会”精神干部大会。副院长王韧、院党组副书记罗炳文出席会议。会议由院党组成员、人事局局长贾连奇主持。会议传达了“两会”盛况、主要精神、代表委员审议讨论的重点和“三农”问题，传达了农业部韩长赋部长在农业部传达贯彻全国“两会”精神干部大会上的讲话精神。中国农业科学院环发所林而达研究员、生物所黄大昉研究员、资划所黄鸿翔研究员和植保所

彭于发研究员4位全国政协委员介绍了参加“两会”的体会。京区各单位领导班子成员和党办主任、院机关副处级以上干部、离退休党总支委员共计140余人参加了会议。

3月17日 经部党组会议研究决定，免去刘现武的中国农业科学院植物保护研究所党委书记职务，张步江任中国农业科学院植物保护研究所党委书记，免去张步江的中国农业科学院饲料研究所党委书记职务。

3月18日 第二届中国出版政府奖评选结果揭晓，并在北京展览馆剧场举行了颁奖仪式。中国农业科学院主办的《中国农业科学》和中国作物学会、中国农业科学院作物科学研究所主办的《作物学报》获得期刊奖提名奖，中国农业科学技术出版社参评的《中国棉花品种志（1978~2007）》荣获图书奖提名奖。中国出版政府奖是由中华人民共和国新闻出版总署主办的出版行业的最高奖项，每3年评选一次，旨在表彰和奖励优秀出版物、出版单位和个人，是对全国出版成果的权威展示。

3月22日 中国农业科学院与广西壮族自治区人民政府农业科技战略合作协议签字仪式在广西南宁举行。中国农业科学院院长翟虎渠和广西自治区副主席陈章良分别代表双方在协议上签字。广西自治区党委书记、自治区人大常委会主任郭声琨，广西自治区主席马飚，中国农业科学院副院长李金祥等出席签字仪式。

3月22日 《中欧科技合作协议》指导委员会第九次会议在比利时布鲁塞尔召开，会议由科技部曹健林副部长和欧盟科研总司罗伯特·斯密茨（Robert-Jan Smits）总司长共同主持，会上决定成立中欧农业工作小组。这是《中欧科技合作协议》下辖单个领域的第一个工作小组。该工作小组由中国农业科学院与欧盟科研总司农业、食品与生物技术司共同领衔，唐华俊副院长为小组中方主席。

3月22~24日 由中国农业科学院、辽宁省人民政府共同主办的第十五届中国（锦州）北方农业新品种、新技术展销会在辽宁锦州举行。本届展会由锦州市政府会同辽宁省科技厅、辽宁省农委、辽西蒙东的9个地级市（盟）政府共同承办。中国农业科学院派出了由13个单位45位专家组成的代表团参展，展出了包括农作物新品种、生物肥料、饲料、蜂产品、农业机械、信息技术等新成果、新技术150多项，发放技术材料3万多份，现场答疑5万多人次。王韧副院长出席开幕式。

3月23日 中国农业科学院与福建省农科院共建海峡现代农业研究院合作协议签字仪式在厦门举行。中国农业科学院院长翟虎渠，福建省农科院党委书记吕月良、副院长张伟光，福建省农科院原院长、中国科学院院士谢华安，厦门市市长刘可清，厦门火炬高新技术园区管委会党工委书记游文昌等出席签字仪式。中国农业科学院副院长李金祥和福建省农科院院长刘波分别代表双方在合作协议上签字。

3月23~25日 中国农业科学院在杭州召开了纪检监察工作会议暨纪检监察干部培训班。会上，院党组书记薛亮就深入学习胡锦涛总书记在十七届中纪委六次全会的重要讲话精神、推进中国农业科学院党风廉政建设和反腐败工作、为中国农业科学院“十二五”规划的实施提供有力保障作重要讲话。院党组副书记、党组纪检组组长罗炳文向大会作了题为《全面落实党风廉政建设工作　为中国农业科学院各项事业发展提供有力保证》的工作报告。院直属机关纪委委员、各单位纪委书记或分管监察工作的领导、专兼职纪检监察干部共100余人参加了会议。

3月24日 院党组书记薛亮到茶叶所，就农业科研院所体制改革工作进行调研。茶叶所杨亚军所长、陈直书记，有关部门负责人和科研人员参加座谈。

3月25日 “引进海外高端人才工作座谈会”在中国农业科学院召开。国家外国专家局副局长陆明、外专局经济技术司副司长苏光明，中国农业科学院副院长唐华俊及院党组成员、人事局局长贾连奇，院属26个研究所的13位所级领导和相关负责人，以及农业部人事劳动司有关人员共计40余人参加座谈会。

四月

4月1日 德国拜耳作物科学公司全球董事会主席桑德拉·皮特森（Sandra E. Peterson）女士一行9人来中国农业科学院访问，翟虎渠院长和唐华俊副院长会见了外宾。双方就如何推进进一步的合作，广泛交换了意见。

4月13日 翟虎渠院长会见了来访的印度农业研究理事会总干事阿亚磐（S·Ayyappan）博士，宾主就加强双方合作及共同关注的问题交换了意见，并就通过联合举办科学家峰会的方式进一步确定和拓展合作领域达成共识。

4月18～25日 为纪念中国共产党建党90周年，加强革命传统教育和理想信念教育，提高基层党务工作水平，我院在红色革命摇篮——江西井冈山举办了全院党务干部培训班。此次培训以“重温红色历史 学习井冈山精神”为主题，以传播知识、增强能力、提高素质、触及灵魂、增强党性为目的，充分利用和挖掘井冈山的革命传统教育资源，通过专题教学、现场教学、激情教学、体验式教学和互动教学等灵活新颖的教学形式，对中国农业科学院党务干部进行革命传统教育和理想信念教育，力求以史育人、以情动人。院属各单位党办主任、院机关各部门负责党务工作的同志共40余人参加了培训。

4月19日 法国农科院国际科研合作院级主管吉乐盟（Gilles Aumomt）博士一行来访中国农业科学院。翟虎渠院长亲切会见了外宾，双方就如何进一步深化双边农业科技合作交换了意见。

4月21～22日 中国农业科学院2011年基本建设工作会在郑州召开。会议的主题是总结“十一五”基本建设工作和2010年基本建设“规范管理年”活动，讨论修改“十二五”基本建设规划，部署2011年基本建设工作，院属各单位和院机关有关部门的代表参加了会议。会议对院“十一五”基本建设管理先进个人、2010年基本建设“规范管理年”活动先进单位和先进个人进行了表彰。李金祥副院长出席会议并作了题为“认真总结经验 科学谋划发展 在新的历史条件下作出更大贡献”的主题报告。

4月22～23日 为了加快推进新乡综合试验基地项目建设，中国农业科学院在河南新乡召开新乡综合试验基地建设工作会议，现场考察了田间试验区和科研办公区项目建设情况，听取了院机关有关部门、入驻研究所和新乡县的工作汇报，研究部署了下一阶段项目建设工作。中国农业科学院李金祥副院长和中共新乡县委焦锡武书记出席会议并讲话。

4月28日 中国民族贸易促进会执行会长刘延宁一行到中国农业科学院参观考察，并与翟虎渠院长、王韧副院长及有关部门负责人就我国粮食安全、粮食国际战略规划、国际农业环境等方面的问题进行了座谈。

五月

5月4~6日 中国农业科学院财务与审计培训班（一期）在宁波举办。审计署农林水审计局李季泽局长和农业部财务司虞涛副处长与会并作了专题讲座。中国农业科学院李金祥副院长，财务局相关负责人以及院属36家单位分管财务的领导和财务、审计人员共计120余人参加了培训。

5月10日 院党组书记薛亮一行到祁阳红壤实验站调研指导工作。薛亮一行考察了祁阳站长期定位试验、样品库、成果展览室、生活场所及试验设施，听取了资划所关于祁阳站发展过程、基础设施、科研工作及成果、经验体会以及未来发展等情况的汇报，与祁阳站全体职工进行了座谈交流，并就祁阳站今后发展规划进行了深入讨论。

5月12日 为进一步提高干部职工防灾减灾意识和应急避险能力，中国农业科学院组织开展了“5·12应急避险逃生演练活动”。院党组副书记、院应急指挥部主任罗炳文出席会议并对中国农业科学院开展“防灾减灾日”工作提出了要求。院办公室主任刘继芳主持会议和演练活动。院属京区各单位、院机关各部门160名干部职工参加了演练。活动现场给每位同志发放了“防灾减灾活动倡议书”，组织观看了“科学解读日本大地震”和“消防安全四个能力建设”的宣传片。

5月18日 联合国粮农组织、国际原子能机构（IAEA）食品与农业核技术联合司梁劬司长率国际原子能机构代表团一行5人来中国农业科学院访问。双方就进一步加强在动物疫病防控领域的合作交换了意见。

5月19~21日 中国农业科学院党的建设和思想政治工作研究会第五届理事会第四次会议暨创先争优工作座谈会在重庆召开。院党组书记薛亮，院党组副书记、院“两研会”常务副会长罗炳文，院党组成员、人事局局长、院“两研会”副会长贾连奇，院直属机关党委常务副书记、院“两研会”副会长兼秘书长高淑君出席会议。院属各单位、院机关各部门“两研会”理事或单位党组织主要负责同志40余人参加会议。

5月29日至6月7日 中国农业科学院副院长刘旭率团赴智利和巴西进行了为期10天的访问，加深了与两国国家农业科研单位的沟通和了解，进一步确立了合作领域和合作方式。

5月30日 院党组书记薛亮会见来访的美国依阿华州立大学校长格里高利·杰弗

里（Gregory Geoffroy）博士一行6人。双方就加强农业科技合作及人员交流等共同关心的问题交换了意见。

六月

6月8日 翟虎渠院长一行5人到沼气所视察工作，与沼气所中层以上领导干部、研究员以及近两年新到所工作的博士20余人举行座谈。当天，中国农业科学院与四川省人民省政府在成都签署联合共建四川农作物种业创新与转化工程协议，翟虎渠院长和四川省委常委、副省长钟勉出席签约仪式并讲话。

6月13日 农业部部长、党组书记韩长赋在中国农业科学院党组书记薛亮、黑龙江省副省长吕维峰、国家首席兽医师于康震以及农业部、黑龙江省和哈尔滨市有关领导的陪同下到哈兽研所新区视察。韩长赋一行视察了活疫苗生产车间、动物流感灭活疫苗生产车间和国家禽流感抗原储备库等，了解了疫苗的生产情况和新区建设情况，听取孔宪刚所长对研究所发展情况的汇报，并与专家进行座谈。

6月15日 翟虎渠院长一行3人到兰州兽医研究所调研，并与该所领导班子成员和中层领导干部举行座谈。

6月16日 中央党校第56期厅局班第一支部的学员来中国农业科学院参观考察并座谈。王韧介绍了中国农业科学院的基本情况、“十五”以来主要科技成就和“十二五”发展战略。学员们还就关心的农业科技热点焦点问题进行了探讨。院党组书记薛亮、副院长王韧、党组副书记罗炳文及院机关有关部门负责人参加了座谈会。会议由薛亮主持。

6月17日 经部党组会议研究决定，免去屈冬玉的中国农业科学院副院长、党组成员职务。

6月20日 中欧农业工作小组正式成立暨第一次会议在中国农业科学院召开。会议由王韧副院长和欧盟科研总司农业、食品与生物技术司司长梅妩·茹特（Maive Rute）女士共同主持，工作小组各成员单位、西班牙巴塞罗那大学、中国科学院海洋研究所以及中国农业科学院作科所、植保所、蔬菜所、加工所、资划所、质标所、兰兽研所等单位派人参加。与会代表就气候变化对农业生产的影响、作物育种、综合害虫防治、林业、食品安全、食品加工、动物健康、生物技术等议题进行了讨论，并确定了中欧农业科技领域将在3个层面上开展合作。

6月22日 中央国家机关工委在人民大会堂举行中央国家机关先进基层党组织、优秀共产党员和优秀党务工作者表彰大会。中共中央政治局常委、国务院总理温家宝会见与会代表并讲话。中国农业科学院农业资源与农业区划研究所党委被授予“中央国家机关先进基层党组织”荣誉称号，蔬菜花卉研究所刘玉梅和作物科学研究所肖世和被授予“中央国家机关优秀共产党员”荣誉称号，农业经济与发展研究所党委书记任爱荣被授予“中央国家机关优秀党务工作者”荣誉称号。刘玉梅作为中央国家机关优秀共产党员代表在会上作典型发言。

6月27日 为纪念中国共产党成立90周年，切实把党组织的温暖与关怀送到老党员和生活困难的党员心中，七一前夕，中国农业科学院开展了走访慰问老党员和生活困难党员活动。院领导薛亮、罗炳文在机关党委和机关离退休党总支相关同志的陪同下，分别看望了部分老党员和生活困难党员。在慰问中，院领导感谢老党员为中国农业科学院农业科研事业的发展和党的建设作出的贡献，详细询问了离退休老党员的生活情况和生活困难党员的实际困难，并表示将进一步加强老干部工作，加强和谐院所建设。

七月

7月1日 中国农业科学院召开庆祝中国共产党成立90周年大会。会议由院党组书记薛亮主持。翟虎渠院长在会上讲话，院领导刘旭、罗炳文、李金祥、唐华俊、贾连奇出席大会。大会对2011年获得中央国家机关工委和农业部表彰的4个先进基层党组织、18名优秀共产党员和7名优秀党务工作者进行了表彰。院属各单位和院机关各部门领导班子成员、党员代表、离退休老同志代表、各民主党派代表共计150余人出席大会。

7月2日 东海现代农业示范区暨中国农业科学院东海农业综合试验站项目集中开工仪式在江苏省东海县举行。院长翟虎渠、副院长李金祥、江苏省连云港市委副书记魏国强、东海县主要领导及有关部门负责人出席并为试验站奠基。科技局、人事局、作科所、蔬菜所、郑果所等主要领导陪同出席。

7月2日 中国农业科学院第四期英语培训班结业典礼在南京农业大学举行。南京农业大学副校长胡锋出席典礼并致辞，中国农业科学院党组成员、人事局贾连奇局长作总结讲话。结业典礼表彰了16位优秀学员，为全部38位学员颁发了结业证书。

7月2日 为进一步落实中国农业科学院与广东省江门市签订的农业科技合作协议，支持广东开平国家现代农业示范区建设，中国农业科学院华南农业科技成果转化基地启动仪式在江门举行。副院长王韧，江门市委常委、常务副市长聂党权等出席。

7月6日 中国农业科学院2011届研究生毕业典礼暨学位授予仪式在京举行。中国农业科学院院长兼研究生院院长翟虎渠、院党组书记薛亮、院党组副书记罗炳文、院党组成员兼人事局局长贾连奇出席毕业典礼。院属各单位、院机关各部门、大连“三仪”集团、天根生化科技（北京）有限公司的领导以及研究生导师代表、研究生院2011届全体毕业生和教工代表参加了毕业典礼。

7月7日 中国农业科研院所党的建设和思想政治工作研究会（简称全国“两研会”）第三次会长办公会在吉林省长春市召开。全国“两研会”常务副会长、中国农业科学院党组副书记罗炳文出席会议并讲话。全国“两研会”副会长、各片区负责同志参加了会议。

7月7~8日 为进一步强化中国农业科学院质检中心业务骨干和管理人员的质量

意识和服务水平，提升质检中心的综合管理和检测能力，院科技局在杭州举办了“中国农业科学院质检中心业务管理工作培训班”，中国农业科学院刘旭副院长以及科技局、水稻所等领导出席了开班仪式。院属 38 个国家、部门质检中心及测试中心质量负责人、办公室主任共 110 余人参加了培训。

7 月 9 日　滁州市人民政府与中国农业科学院、安徽农业大学、安徽省农业科学院产学研合作签约仪式在滁州举行。中国农业科学院党组书记薛亮、副院长王韧，农业部农业机械化管理司巡视员丁翔文，滁州市委书记、市人大常委会主任韩先聪，滁州市委副书记、市长江山，安徽农业大学校长宛晓春，安徽省农业科学院党委书记孟庆银等领导出席了会议。会上，王韧和江山分别代表双方签署了《滁州市人民政府　中国农业科学院科技合作协议书》。中国农业科学院农业环境发展与可持续研究所、茶叶研究所分别与滁州扬子空调器有限公司、施集茶场签署了产学研合作意向书。科技局、国合局、作科所、环发所、牧医所、资化所、水稻所、茶叶所、农机化所等有关领导出席签约仪式。

7 月 10 日　由中国农业科学院农业经济与政策顾问团与农业部、商务部、重庆市人民政府共同主办的“2011 年中国农村经济论坛”在重庆市开幕。开幕式由顾问团团长万宝瑞主持，农业部副部长陈晓华受韩长赋部长委托在开幕式上致辞，翟虎渠院长作大会报告。

7 月 10 日　中国农业科学院党组副书记罗炳文到特产所长春园区进行调研。罗炳文参观了即将竣工的综合试验大楼，详细询问了建设情况，并听取了杨福合所长代表领导班子所作的工作汇报。

7 月 11 日　中国农业科学院农业经济与政策顾问团 2011 年工作会议在重庆召开。万宝瑞团长主持会议，院长翟虎渠等顾问团成员出席了会议。会议通过了增补顾问团成员及秘书处副秘书长人选的决定，听取了顾问团成员指导的博士后所作的学术报告，对 2011 年度顾问团的工作进行了研究讨论。

7 月 12 日　科技部、农业部、财政部、国家粮食局在京召开“十二五”国家粮食丰产科技工程启动会。会上对“十一五”工程实施先进集体和个人进行了表彰，中国农业科学院作物科学研究所由于在“粮丰工程”实施过程中，组织科学、措施得力、成果显著，获得“先进单位”称号。

7 月 14 日　国际权威学术期刊《自然》(Nature) 发表了马铃薯全基因组序列图和生物学分析的封面论文。此项研究是由中国农业科学院科学家带领 14 个国家的 97 名研究人员组成的“马铃薯基因组测序国际协作组”经过 6 年艰苦努力共同完成的。中国农业科学院原副院长、中国作物学会马铃薯专业委员会主任委员屈冬玉博士是国际协作组的发起人和中方项目主持人，中方首席科学家、我院蔬菜所黄三文博士是论文 3 名通讯作者之一。在项目执行过程中，中方团队实现了从参与到主导的跨越，奠定了我国在马铃薯基因组研究领域的国际领先地位。

7 月 15 日　经部党组会议研究决定，殷宏任中国农业科学院兰州兽医研究所所长

（中国动物卫生与流行病学中心兰州分中心主任），张永光任中国农业科学院兰州兽医研究所（中国动物卫生与流行病学中心兰州分中心）党委书记。

7月16~27日 应英国伯明翰大学、世界卫生组织（WHO）、国际应用生物科学中心（CABI）以及乌克兰农业科学院和乌克兰国立生命与环境科学大学的邀请，中国农业科学院院长翟虎渠率代表团出访英国、瑞士和乌克兰相关农业研究机构、大学和国际组织。人事局、国合局、作科所、哈尔滨兽医所等有关领导陪同出访。

7月18~20日 由中国农业科学院和国家林业局、中国科学院、国家自然科学基金委员会、甘肃省人民政府共同主办的第二届“绿洲论坛”在甘肃省张掖市举行。王韧副院长出席论坛、致辞并主持主题演讲。甘肃省政协主席冯健身、国家林业局副局长张永利等出席开幕式并致辞。王韧副院长一行还对张掖国家绿洲现代农业试验示范区等地进行了考察。

7月21日 中国农业科学院在黑龙江省鸡西市召开东北四所廉政风险防控管理交流会。院党组副书记、党组纪检组组长罗炳文出席会议，东北四所的党委书记、纪委书记、党办主任、纪检、监察、审计干部及院监察局有关人员共21人参加了会议。

7月22~23日 为进一步促进海峡两岸农业科研教育界的交流与合作，密切双方在农业科学研究及创新人才培养领域的联系，由中国农业科学院研究生院和台湾大学生物资源暨农学院、中兴大学农业暨自然资源学院共同举办的“海峡两岸农业科研与教育研讨会”在北京召开。中国农业科学院党组书记薛亮、台湾大学生物资源暨农学院院长陈保基、中兴大学农业暨自然资源学院院长黄振文在开幕式上致辞。100多人出席研讨会并进行大会交流和分领域座谈。会后，精心编辑出版了58万字的《海峡两岸农业科研与教育研讨会文集》。

7月24日 中国农业科学院与攀枝花市人民政府科技合作协议签字仪式在京举行。院党组书记薛亮、副院长王韧，原院长、中国工程院院士卢良恕，原副院长刘志澄，攀枝花市市委常委、市纪委书记李群林，副市长许建民及国务院发展研究中心、国家发展与改革委员会、财政部、农业部、中国热带农业科学院和四川省有关部门的领导和专家出席了签字仪式。签字仪式由唐华俊副院长主持，王韧和攀枝花市副市长郑学炳分别代表双方签署了《攀枝花市人民政府 中国农业科学院科技合作协议书》。薛亮等还参加了攀枝花现代农业示范区总体规划论证会。

7月25日 中国农业科学院党组副书记罗炳文到哈尔滨兽医研究所调研。罗炳文一行先后参观了哈尔滨兽医所新址内已建成项目中的维科公司疫苗生产车间、仓储设施和国家实验动物禽类种子中心，详细查看了哈尔滨兽医所新址沙盘，听取了所领导关于哈尔滨兽医所上半年工作情况和新所址建设情况的汇报。

7月26日 中国农业科学院在北京召开视觉形象识别系统（VIS）发布会，部署视觉形象识别系统的推广和应用工作，进一步推进创新文化建设。会议由院党组副书记罗炳文主持。院党组书记薛亮出席会议并讲话。院属京区各单位、院机关各部门的领导和相关部门负责人参加了会议。

7月28～29日　为迅速贯彻落实农业部安全生产会议精神，中国农业科学院在北京召开了2011年第二次安全生产工作会议，并组织安全生产大检查。院党组副书记罗炳文，院党组成员、人事局局长贾连奇出席会议。院安全委员会成员，院属京区各单位、院机关各部门的领导参加了会议。

7月29日　为迅速贯彻落实国务院安全生产委员会全体会议、国家防总全体会议、国务院常务会议精神，农业部危朝安副部长冒雨来到中国农业科学院检查指导安全生产工作。危朝安在院长翟虎渠、院党组副书记罗炳文的陪同下，对农业经济与发展研究所和生物技术研究所消防安全设施与安全生产工作进行了检查，听取了罗炳文副书记代表中国农业科学院对全院安全生产工作情况的汇报，并作重要讲话。农业部总经济师、办公厅主任陈萌山，科教司司长白金明等陪同检查安全生产工作。

7月29日　在八一建军节即将到来之际，中国农业科学院与解放军艺术学院举办庆八一军民共建联谊会。院领导翟虎渠、薛亮、刘旭、罗炳文、李金祥、唐华俊、贾连奇出席了联谊会。

7月31日　由中国农业科学院发起投资并设立的我国首支农业科技领域私募股权基金——中农科产业发展基金启动仪式在北京举行。农业部科教司副司长杨雄年、科技发展中心主任段武德、农业产业化办公室主任黄连贵、中国动物疫病预防控制中心主任才学鹏，科技部农村技术开发中心主任贾敬敦，中国农业科学院院长翟虎渠，党组书记薛亮，副院长王韧、李金祥，院党组成员、人事局局长贾连奇以及科技部农村司、北京市科委、中国畜牧业协会、中国农业发展集团、渤海银行的领导和代表出席启动仪式。中国农业科学院院属有关单位和机关各部门的领导，有关企业和银行代表以及基金管理团队参加了启动仪式。

八月

8月1～4日　应国际水稻研究所（IRRI）所长罗伯特·齐格勒（Robert S. Zeigler）博士的邀请，中国农业科学院王韧副院长率团赴菲律宾访问，商讨IRRI作为战略合作伙伴参与中国农业科学院深圳生物育种创新研究院的建设及科研项目等相关事宜。

8月3日　加拿大阿尔伯塔大学副校长兼教务长卡尔·阿姆雷恩（Carl Amrhein）博士率团访问中国农业科学院。唐华俊副院长和阿姆雷恩分别代表双方签署了合作谅解备忘录。来访期间，阿姆雷恩一行还参观了国家农作物种质库和农业资源与农业区划研究所。

8月3日　南非农业研究委员会主席沙德拉克·墨菲力（Shadrack Moephuli）博士一行3人访问中国农业科学院。唐华俊副院长参加会见，对墨菲力再次到访表示热烈欢迎，并向外宾介绍了中国农业科学院最新的机构设置、科研成果及体系建设等情况。

8月15日　中国农业科学院生物技术研究所在辽宁省营口市举行了“植物耐盐基因研究与遗传改良试验站”及“植物耐盐分子育种环境释放和生产试验基地”合作签

约仪式，中国农业科学院副院长王韧出席会议并致辞。生物所所长林敏和营口高新技术产业开发区主任朱恒南代表双方签署了协议书。

8月15~16日 由中国农业科学院农产品加工研究所与中国工程院农业学部主办、新疆农垦科学院和新疆农业科学院承办的“首届中国农产品加工科技援疆对接研讨会”在新疆石河子市举行。中国农业科学院副院长刘旭出席会议。来自全国90余家农产品加工院所、高等院校和企业的180多名代表参加了会议。

8月17日 为贯彻落实中央新疆工作座谈会、全国对口支援新疆工作会议精神和中组部、人社部、农业部的安排部署，结合全院实际，经院党组研究，2011年中国农业科学院选派了舒文华等5位政治素质好，作风扎实，综合能力较强的同志参加援疆工作，他们将作为中央国家机关第七批援疆干部赴新疆工作3年。翟虎渠院长代表院党组向援疆干部人才表示亲切的慰问和崇高的敬意。薛亮书记表示，中国农业科学院将做好援疆干部的坚强后盾，希望他们在新的岗位上安心工作，施展才华。罗炳文、李金祥、唐华俊、贾连奇等院领导也都提出了殷切希望。

8月20日 中国农业科学院农业信息研究所示范基地在苏州市吴中区正式建立。农业部党组成员张玉香、市场与经济信息司副司长张兴旺，江苏省农委副主任蔡恒，苏州市委副书记徐建明、副市长周玉龙、吴中区委书记俞杏楠、区长金洁等，中国农业科学院党组书记薛亮，江苏省农科院院长严少华、副院长郑建初等以及200多名专家学者、企业家出席了基地启动仪式。

8月22日 中国农业科学院副院长唐华俊会见了来访的国际半干旱地区热带作物研究所所长威廉·达尔（William Dar）博士。唐华俊对达尔的来访表示热烈欢迎，并建议双方共同申请中国政府和国际机构项目，进一步加强在相关领域的合作。

8月22~26日 中国农业科学院2011年新入职人员岗前培训在京举行。院党组成员、人事局局长贾连奇出席培训班开幕式并讲话。院办公室、科技局、国合局、研究生院等有关领导出席开幕式。院机关有关部门和京内外32个研究所新接收的高校毕业生、博士后、归国留学生等180余人参加了此次培训。

8月23日 由中国农业科学院与广西农业科学院共建的中国农业科学院甘蔗研究中心“十一五”科研成果汇报会在京召开。中国农业科学院领导翟虎渠、薛亮、刘旭、李金祥，方智远院士，院机关有关部门的领导以及甘蔗研究中心的科研骨干共50余人参加了会议。会议由刘旭副院长主持，翟虎渠院长、薛亮书记讲话。

8月26日 由中国农业科学院农业资源与农业区划研究所牵头承担的全球气候变化研究国家重大科学研究计划项目“气候变化对我国粮食生产系统的影响机理及适应机制研究”中期总结会在北京召开。会议由项目首席科学家、中国农业科学院副院长唐华俊研究员主持。项目专家组成员、中国农业科学院副院长刘旭院士、科技部、农业部、中国农业科学院科技局、项目承担单位代表、课题负责人及学术骨干共70余人参加了会议。

8月28日 由科技部主办的以“开放 创新 合作 共赢”为主题的第九届全国

科技外事工作会议在京召开。中共中央政治局委员、国务委员刘延东以及科技部、外交部等部委的领导出席会议并讲话。中国农业科学院唐华俊副院长出席会议并作典型发言。

8 月 29 日　国际权威学术期刊《自然-遗传学（Nature Genetics)》在线发表了白菜全基因组研究论文（The genome of the mesopolyploid crop species Brassica rapa)。此项成果是在中国农业科学院蔬菜花卉研究所和油料作物研究所、深圳华大基因研究院主导下，由中国、英国、韩国、加拿大、美国、法国、澳大利亚等国家组成的“白菜基因组测序国际协作组”共同完成，是继黄瓜基因组测序和马铃薯基因组测序项目后，由中国主导、通过国际合作完成的蔬菜领域基因组研究的又一重大成果，标志着我国以白菜类作物为代表的芸薹属作物基因组学研究取得了国际领先地位。

8 月 29 ~31 日　由中国农业科学院主办、辽宁省农科院承办的第十六届全国农科院系统外事协作网会议在大连举行。中国农业科学院副院长唐华俊出席会议并致辞。来自全国 29 个省（直辖市、自治区）农业科研单位以及中国水产科学研究院、中国热带农业科学院和西北农林科技大学的 80 多位代表出席了会议。

九月

9 月 2 日　中国农业科学院召开院机关实践锻炼年轻干部送行会。会议由院党组成员、人事局局长贾连奇主持。院党组书记薛亮出席会议并讲话。为贯彻落实《中国农业科学院机关年轻干部实践锻炼管理试行办法》，加强院机关干部队伍建设，中国农业科学院选派 5 位年轻机关干部到院属研究所进行为期一年的实践锻炼。

9 月 5 日　中国农业科学院副院长王韧会见了到访的亚洲开发银行分管知识管理与可持续发展的副行长乌苏拉·赛佛·普罗伊斯（Ursula Schaefer-Preuss）一行。双方就如何加强农业科技合作广泛交换了意见。

9 月 7 日　中国农业科学院在北京组织召开了植物保护学科发展战略咨询研讨会。副院长王韧出席会议并讲话。郭予元院士、南志标院士等 7 位专家应邀出席会议。

9 月 7 ~8 日　由国家发改委高技术产业司、中国载人航天工程办公室、中国航天科技集团公司、中国农业科学院联合主办的“2011 年航天工程育种论坛”在北京召开。国家发改委高技术产业司綦成元司长、科技部农村科技司郭志伟副司长、农业部种植业司马淑萍副司长、工信部军民结合推进司曹志恒副司长等出席。航天工程育种相关单位的专家、代表 200 余人参加。中国农业科学院副院长唐华俊出席会议并致辞。

9 月 9 日　中国农业科学院研究生院 2011 级新生开学典礼在京举行。中国农业科学院院长兼研究生院院长翟虎渠、院党组书记薛亮、院党组副书记罗炳文、副院长李金祥、唐华俊出席。

9 月 9 日　中国农业科学院副院长唐华俊会见了法国驻华大使馆新任农业参赞李佳霖（Carole Ly)。双方就如何进一步加强两国农业科技合作交换了意见并达成共识。

9月10~11日 得到农业部、卫生部、商务部大力支持，由国家食物与营养咨询委员会主办的食物与营养国际研讨会在京隆重召开。中共中央政治局委员、国务院副总理回良玉为大会发来贺信。国家食物与营养咨询委员会总顾问、全国人大常委会原副委员长、国务院原副总理姜春云出席会议并讲话。全国人大农业与农村委员会、农业部、卫生部、商务部等有关部委领导出席会议并先后致辞。中国国家食物与营养咨询委员会主任委员万宝瑞在研讨会上作主题报告。中国农业科学院翟虎渠院长出席会议。中国轻工业联合会、中国食品工业协会、中国绿色食品协会、中国农业科学院、中国农业大学、中粮集团等单位的领导和专家学者200多名代表出席会议。

9月11~21日 应芬兰农林部和俄罗斯农业科学院的邀请，中国农业科学院副院长刘旭率团对上述两国的农业科研机构进行了访问。此次出访拓展了中国农业科学院与芬兰的农业合作关系，进一步巩固了与俄罗斯农业科研单位的友好关系，为顺利完成中国农业科学院承担的科技部国际合作项目奠定了基础。

9月14日 中国农业科学院召开京区安全生产会议，传达农业部关于切实做好2011年国庆节期间安全稳定工作的有关要求。中国农业科学院党组副书记、院安全生产委员会主任罗炳文在会上对全院节日期间安全工作作出部署。

9月14日 中国农业科学院召开了海淀区人大换届选举工作第一次会议，动员部署换届选举工作。会议宣读了海淀区人大换届选举北下关街道第一选区领导小组名单，宣布了海淀区人大换届选举中国农业科学院领导小组组成人员。中国农业科学院党组副书记、第一选区领导小组组长罗炳文出席会议并讲话。

9月14~15日 由中国农业科学院、中国农业科技管理研究会品种权专业委员会、江苏省农业科学院联合主办的首届全国农科院系统知识产权战略研讨会在南京举行。中国农业科学院副院长王韧出席会议并致辞。来自全国20个省（直辖市、自治区）农业科研单位、中国农业科学院下属单位以及中国热带农业科学院、西北农林科技大学等单位的110多位代表参加了会议。

9月20日 农业部部长、党组书记韩长赋在甘肃省省委副书记、省长刘伟平，副省长李建华，中国农业科学院党组书记薛亮等领导的陪同下，到中国农业科学院兰州兽医研究所、兰州畜牧与兽药研究所视察工作。韩长赋对两个所取得的成就给予充分肯定，对进一步做好今后的工作提出了希望和要求。农业部总经济师、办公厅主任陈萌山，财务司司长李健华，种子管理局局长张延秋，发展计划司副司长郭红宇，种植业管理司副司长胡元坤，畜牧业司巡视员陈伟生以及甘肃省有关领导陪同视察。

9月20日 中国农业科学院院长翟虎渠会见了来华参加“第六届中国-中东欧国家农业经贸合作论坛”的罗马尼亚农林科学院院长格奥尔吉·新（Gheorghe Sin）。双方就加强两国农业科技合作深入交换了意见。副院长唐华俊，国合局有关领导参加了会见。

9月20日 中国农业科学院院长翟虎渠会见了孟山都公司董事长、总裁兼首席执行官休·格兰特（Hugh Grant）一行。双方就如何在农业科技领域加强合作交换了意见。副院长唐华俊，国合局有关领导参加了会见和座谈。

9月21日 中国农业科学院与新疆天业（集团）有限公司在新疆石河子市签署了合作协议。中国农业科学院副院长王韧和新疆天业公司副董事长黄耀新分别代表双方在合作协议上签字。在新疆期间，王韧副院长还考察了新疆兵团农八师149团、新疆农业科学院、新疆畜牧科学院等单位，就棉花、水稻等大规模现代化生产条件下节水技术的应用、资源高效利用、科技平台建设、高端人才培养等问题进行了研讨。

9月26日 中国共产党优秀党员、中国工程院院士、著名作物种质资源学家、作物种质资源学科奠基人、中国农业科学院原作物品种资源所所长、中国农学会遗传资源分会名誉理事长、中国作物学会荣誉理事长、中国农业科学院作物科学研究所一级研究员董玉琛，因突发心脏病，于7时50分在北京逝世，享年86岁。

9月27日 为确保国庆节期间安全稳定，中国农业科学院党组副书记、安全生产委员会主任罗炳文带领院安委会有关人员开展全院安全生产大检查，重点抽查了农业信息研究所、蔬菜花卉研究所、北京畜牧兽医研究所和后勤服务中心等单位的安全生产情况。

9月29日 中国农业科学院创新文化建设的重要组成部分——古今中外著名农业科学家肖像创作工程，在清华大学美术学院师生的精心绘制下，顺利完成并在中国农业科学院举行了画像交接仪式。院党组书记薛亮主持会议并向创作人员颁发了收藏证书。清华大学美术学院师生代表，中国农业科学院办公室、科技局、国际合作局、直属机关党委等部门的领导参加会议。

9月29日 中央纪委、监察部老领导在农业部党组成员、中央纪委驻农业部纪检组组长朱保成的陪同下，到中国农业科学院参观考察。中国农业科学院党组书记薛亮出席座谈会并介绍了全院基本情况。驻部纪检组副组长、监察局局长董涵英，中国农业科学院党组副书记罗炳文，院办公室、监察局主要领导陪同考察。

9月30日 我国著名作物种质资源学家，中国作物种质资源学科奠基人之一，中国农业科学院作物品种资源所前所长，中国农学会遗传资源分会名誉理事长，中国作物学会荣誉理事长，中国工程院院士董玉琛遗体告别仪式，上午在北京八宝山革命公墓举行。中共中央总书记、国家主席胡锦涛对董玉琛院士的逝世表示悼念并向其家属致以慰问。党和国家领导人吴邦国、温家宝、李长春、习近平、李克强、周永康、回良玉、刘延东、李源潮等对董玉琛院士的逝世表示悼念，向其家属致以慰问，并送花圈。国务院前总理朱镕基也向董玉琛院士的逝世表示悼念并向其家属致以慰问。农业部部长、党组书记韩长赋，中国工程院院长周济、副院长旭日干，中国科学院副院长李家洋，国际生物多样性中心主任福瑞森（Emile Frison），农业部科技教育司副司长石燕泉，中国农业科学院院长翟虎渠、院党组书记薛亮、副院长刘旭，中国科学院和中国工程院院士，中组部、科技部、农业部、中国科学院、中国工程院、中国农业科学院、中国农业大学等133个单位，董玉琛院士生前同事、好友、学生等敬献了花圈。中国工程院副院长旭日干，中国农业科学院院领导翟虎渠、薛亮、刘旭、罗炳文，中国科学院和中国工程院院士李振声、范云六等，中国农业科学院部分老领导，院机关各部门、院直属单位的领导，董玉琛院士生前工作、学习、生活过的地方、单位代表，部分省、市、地方农业高等院校、科研院所的代表，董玉琛院士亲属、生前好友、同事和学生等约400人参加了遗体告别仪式。

十月

10月9日 中国农业科学院与张家口市人民政府科技合作协议签字仪式在河北省张家口市举行。中国农业科学院院长翟虎渠和张家口市市长王晓东分别代表双方在协议书上签字。根据协议，双方将通过合作研发、技术转让、技术咨询、技术服务和技术入股等多种形式开展深层次、宽领域、全方位的合作，建立长期科技合作关系，大力推进科技创新，加快农业科技成果转化，提高张家口现代农业发展水平。科技局、人事局、作科所、蔬菜所、牧医所、信息所等领导出席签字仪式。

10月10~21日 应泰国农业与合作部、肯尼亚农业研究所（KARI）、联合国环境规划署（UNEP）、国际家畜研究所（ILRI）、国际农用林业中心（ICRAF）、非洲绿色革命联盟（AGRA）以及坦桑尼亚农业、食品安全与合作部的邀请，中国农业科学院党组书记薛亮率中国农业科学院代表团访问了泰国、肯尼亚和坦桑尼亚，旨在建立、加强和深化合作关系，探讨合作渠道和途径。国合局、作科所、蔬菜所、牧医所等领导陪同出访。

10月11~12日 中国农业科学院副院长李金祥到草原所检查指导工作，并与所班子成员、中层以上干部进行座谈，听取了草原所所长侯向阳围绕草原所基本情况、“十一五”以来取得的突出进展以及下一步工作思路所作的汇报。

10月17日 第一届友成扶贫科研成果奖颁奖仪式在钓鱼台国宾馆隆重举行。国务院副总理回良玉，联合国副秘书长、联合国开发计划署署长海伦·克拉克等出席颁奖仪式。中国农业科学院副院长唐华俊获此殊荣。

10月17~20 由中国农业科学院与国际农业研究磋商组织科学委员会（CGIAR-ISPC）、全球农业研究论坛（GFAR）联合举办的第二届“全球农业科技大会”在北京举行。中国农业科学院院长翟虎渠、副院长王韧、唐华俊，农业部国际合作司谢建民副司长等领导出席会议并讲话。来自全球各国农业科研机构及相关国际组织的300多名代表参加了会议。

10月18~19日 由中国农业科学院农业质量标准与检测技术研究所主办的第三届全国农产品质量安全科研院所联谊会暨重点实验室学术会议在杭州召开，中国农业科学院党组副书记罗炳文出席会议并致辞。来自农业部、中国农学会、中国农业科学院、中国热带农业科学院、中国水产科学研究院、各省（自治区、直辖市）农产品质量安全研究所（中心）、中国农业大学、华中农业大学、华南农业大学等72个单位的200余名代表参加了会议。

10 月 19 日　全国 1 300 余名作物学专家学者和研究生齐聚成都，庆祝中国作物学会成立 50 周年。中国作物学会理事长、中国农业科学院院长翟虎渠，江苏省曹卫星副省长，盖钧镒、朱英国、刘旭、陈晓亚、武维华、荣廷昭等院士，国家自然基金委和四川省人民政府、省教育厅、省农业厅、省科技厅、省农科院以及四川农业大学等单位的领导出席了会议。

10 月 20 日　中国农业科学院召开了院各直属党委、总支、支部主要负责同志参加的会议。院党组成员、人事局局长贾连奇传达了中共中央政治局委员、中组部部长、中央创先争优活动领导小组组长李源潮在农业部调研为民服务创先争优时的讲话精神。院党组副书记、创先争优活动领导小组副组长罗炳文出席会议并作总结讲话。

10 月 20 日　中国农业科学院副院长唐华俊会见了来访的国际生物多样性中心副主任史蒂芬·维斯（Stephan Weise）博士一行。双方就加强农业科技领域的合作交换了意见。

10 月 20 ~ 23 日　中国农业科学院院长翟虎渠在烟草研究所主要领导的陪同下，赴四川省成都及西昌等地，对筹建中国农业科学院成都烟草研究中心和中国农业科学院西南烟草试验基地等工作进行了实地考察。

10 月 22 日　中国农业科学院副院长李金祥在科技局、基建局有关领导的陪同下，到烟草所检查指导工作，与所领导班子成员和有关部门负责人进行了座谈，并视察了生物技术研究室和即墨试验基地。

10 月 24 日　随比利时王储菲利普殿下代表团来华访问的比利时列日大学副校长艾瑞克·欧布鲁日（Eric Haubruge）博士一行专程来访中国农业科学院。副院长唐华俊同欧布鲁日就加强农业科技合作及人员交流等议题深入交换了意见并签署双边科技合作协议。

10 月 26 日　中国农业科学院副院长王韧会见了来访的英国诺丁汉大学副校长鲍勃·韦伯（Bob Webb）教授一行。双方就进一步加强院校间农业科技合作交换了意见。会谈结束后，王韧副院长和韦伯副校长共同签署了《中国农业科学院与英国诺丁汉大学合作谅解备忘录》。双方将在动物科学、作物育种、食品安全、人才培养等领域开展深入合作。

10 月 26 日　中国广东核电集团有限公司总经理张善明等来中国农业科学院农产品加工研究所考察洽谈，中国农业科学院党组副书记罗炳文接待了张善明等一行，并代表翟虎渠院长、薛亮书记向来宾表示热烈欢迎。农业部计划司司长钱克明等领导陪同考察。

10 月 28 日　中国农业科学院召开传达贯彻党的十七届六中全会精神会议。院党组副书记、直属机关党委书记罗炳文出席会议并传达了农业部副部长危朝安在农业部传达贯彻党的十七届六中全会精神干部大会上的讲话精神，并就中国农业科学院贯彻落实十七届六中全会精神作出总体要求和工作安排。

10 月 28 日　中国农业科学院党组书记薛亮会见了来访的德国联邦作物研究中心

(JKI) 主席乔治·贝克豪斯 (Georg Backhaus) 博士一行，双方就加强农业科技合作深入交换了意见。

十一月

11月1~8日 以“加强党性修养 提高履职能力 推动科学发展”为主题的中国农业科学院处级干部任职培训班在北京举办。院党组书记薛亮出席培训班开班仪式并讲话，院党组成员、人事局局长贾连奇主持了开班仪式。

11月2日 中国农业科学院在北京召开干部大会。中组部干部四局局长夏崇源同志宣布了中央关于李家洋同志任农业部副部长、党组成员、中国农业科学院院长，免去翟虎渠同志的中国农业科学院院长职务的决定并作重要讲话。农业部党组书记、部长韩长赋出席会议并作重要讲话。中国农业科学院原院长翟虎渠、新任院长李家洋在会上分别讲话。中国农业科学院党组书记薛亮主持会议。

11月3日 农业部党组成员、中纪委驻农业部纪检组组长朱保成率驻部监察局成员一行17人到中国农业科学院蜜蜂研究所调研。中国农业科学院党组副书记、直属机关党委书记罗炳文等陪同调研。

11月8日 农业部全面启动和部署“十二五”农业部重点实验室建设工作。中国农业科学院副院长刘旭带队参加了启动会并应邀作为实验室主管单位的代表作了大会交流发言。会上，依托中国农业科学院建设的18个综合性农业部重点实验室主任上台接受了实验室牌匾。

11月9日 中国农业科学院机关离退休党总支召开换届大会。院党组副书记罗炳文出席会议并讲话。院党组成员、人事局局长贾连奇出席会议。院机关离退休党总支党员和离退办工作人员120人参加了会议。

11月10日 中国农业科学院副院长唐华俊会见了来访的国际林业研究中心(CIFOR) 主任弗朗西斯·西摩 (Frances Seymour) 女士一行。双方就加强农业科技领域的合作及国际农业研究磋商组织 (CGIAR) 改革等共同关注的问题交换了意见。

11月10日 中国农业科学院召开了妇女工作委员会换届大会。院党组副书记、院直属机关党委书记罗炳文出席大会并讲话。第一届妇工委常委、第二届妇工委委员、各单位妇女组织负责人近40人参加了换届大会。

11月11~20日 应新西兰梅西大学、新西兰科学院、澳大利亚悉尼大学和墨尔本大学的邀请，中国农业科学院副院长李金祥一行5人对上述两国进行了为期10天的访问，为今后进一步加强中国农业科学院与上述机构在畜牧兽医、作物科学、生物技术等领域的交流与合作奠定了良好基础。牧医所、后勤中心有关领导陪同出访。

11月15日 由中国农业科学院、深圳华大基因研究院共创的“中国农业科学院深圳生物育种创新研究院”揭牌仪式在深圳市会展中心举行。中共中央候补委员、中国农业科学院原院长翟虎渠与深圳市委书记王荣共同为该研究院揭牌。揭牌仪式由中国农业科学院副院长、深圳生物育种创新研究院院长王韧主持。来自农业部、深圳市、中国农业科学院、广东省农科院、深圳华大基因研究院有关部门负责人等 300 多人出席揭牌仪式。

11 月 15 日　中国农业科学院副院长、深圳生物育种创新研究院院长王韧与国际水稻所所长罗伯特·齐格勒（Robert Zeigler）共同签署合作战略框架协议，并宣布全球 3 000份水稻核心种质资源重测序项目正式启动，这标志着水稻全基因组分子育种工作全面展开。

11 月 16 日　应廊坊市人民政府邀请，中国农业科学院副院长刘旭出席了廊坊市现代农业发展规划研讨会并讲话。

11 月 16 ~ 17 日　全国党建研究会科研院所专委会 2011 年度课题成果交流会在杭州召开。中国农业科学院党组副书记、科研院所专委会副主任委员罗炳文出席会议并讲话。来自中科院、中国农业科学院、中国林科院等 14 家国家级科研院所的 40 余名党务工作者参加会议。

11 月 22 日　中国农业科学院副院长李金祥高票当选为海淀区第十五届人民代表大会代表。

11 月 23 ~ 24 日　由中国农业科学院、北京市科学技术委员会共同主办的“亚太经济合作组织农业技术转移大会暨第四届中国农业新技术新成果交易对接大会”在北京召开。农业部副部长张桃林、外交部部长助理乐玉成、中国农业科学院党组书记薛亮等领导出席会议并致辞。APEC 农业技术合作工作组牵头人、中国农业科学院副院长唐华俊主持会议。来自 APEC 各成员体的农业官员、专家、企业和农户代表近 500 人参会。

11 月 25 日　中国农业科学院机关妇委会成立大会在京召开。院党组副书记、直属机关党委书记罗炳文出席会议并讲话。院机关各部门领导、全体女职工近 70 人参加了大会。

11 月 26 日　中国农业科学院与贵州省人民政府农业科技战略合作协议签字仪式在贵阳市举行。农业部副部长、中国农业科学院院长李家洋和贵州省副省长禄智明分别代表双方签署协议。全国政协副主席、科技部部长万钢，贵州省委书记栗战书、省长赵克志、省委副书记王富玉，中国农业科学院原院长翟虎渠等出席了签字仪式。院办公室、科技局、人事局、作科所、植保所、蔬菜所、油料所等主要领导陪同出席。

11 月 28 ~ 29 日　农业部副部长、中国农业科学院院长李家洋主持召开中国农业科学院工作汇报会。院机关各部门及研究生院等 10 个单位，从职能定位、“十一五”以来主要工作进展、存在的主要问题、“十二五”工作思路及 2012 年工作打算 5 个方面进行了汇报。院党组书记薛亮以及刘旭、罗炳文、李金祥、唐华俊、贾连奇等院领导参加汇报会。

11 月 29 日　中国农业科学院在京召开“翟虎渠同志从事农业科技管理工作 10 周年座谈会”，回顾并高度评价中国农业科学院原院长翟虎渠多年来为全院发展所作出的积极贡献。农业部副部长、中国农业科学院院长李家洋出席会议并讲话。院党组书记薛亮和刘旭、罗炳文、李金祥、唐华俊、贾连奇等院领导，院属京区各单位、院机关各部门主要负责同志参加座谈会。会议由薛亮主持。

11月30日至12月1日 农业部副部长、中国农业科学院院长李家洋先后到中国农业科学院兰州畜牧与兽药研究所、兰州兽医研究所调研。听取了两所体制改革、科研进展、工作思路等方面的汇报，就人才引进、重点实验室建设等问题进行了座谈，并对两个研究所的未来发展提出了希望和要求。

11月30日 中国农业科学院党组书记薛亮在院党组成员、人事局局长贾连奇等陪同下，到农业部环境保护科研监测所检查指导工作。考察期间，薛亮主持召开了环保所农区土壤污染环境修复研究创新团队座谈会，调研目前农田土壤重金属污染问题的科研情况。

十二月

12月1~3日 中国农业科学院作物科学研究所在海南举办了中国-俄罗斯作物种质资源联合鉴定与有效利用研讨会。俄罗斯全俄瓦维洛夫植物栽培研究所副所长谢尔盖·阿列科桑，中国农业科学院原院长翟虎渠教授、副院长刘旭院士应邀出席了会议。来自国内外的40余名专家学者参加了会议。

12月5日 中国农业科学院在京举行农业农村经济发展形势报告会，邀请中央农村工作领导小组副组长、办公室主任陈锡文作专题报告。农业部副部长、中国农业科学院院长李家洋主持报告会并讲话。院党组书记薛亮与王韧、罗炳文、李金祥、唐华俊、贾连奇等院领导，院机关各部门负责同志参加报告会。

12月5日 农业部副部长、中国农业科学院院长李家洋会见了来访的国际家畜研究所（ILRI）所长吉米·史密斯（Jimmy Smith）博士一行。双方就加强农业科技领域的合作交换了意见。中国农业科学院副院长唐华俊，国合局有关领导共同会见。

12月7日 中国农业科学院工会第十五次会员代表大会隆重召开。院党组副书记、直属机关党委书记罗炳文，农业部直属机关工会常务副主席张广卿出席会议并讲话。院属京区各单位的101名正式代表和19名列席代表参加了会议。

12月8日 中国工程院公布2011年院士增选名单，中国农业科学院棉花研究所所长喻树迅研究员和植物保护研究所所长吴孔明研究员光荣当选。

12月8~9日 为全面提高全院年轻科技管理人员的政策把握能力和业务工作能力，促进科技管理效能提升，中国农业科学院在京举办了2011年度科技管理培训会。刘旭副院长出席会议并讲话。院属各单位有关领导、科技管理人员及科技管理局全体人员共110余人参加了会议。

12月9~21日 应智利国家农牧研究院、巴西农牧研究院、FAO世界粮食安全委员会以及比利时根特大学邀请，中国农业科学院副院长唐华俊赴智利、巴西和比利时3国访问。烟草所、郑州果树所、兰州兽医所等有关领导陪同出访。

12 月 12 日　中国农业科学院与广西玉林市共建海峡两岸（广西玉林）农业合作试验区战略合作协议签字仪式在玉林市举行。中国农业科学院副院长王韧以及玉林市委书记金湘军、市长韩元利等领导出席了签字仪式。王韧和韩元利分别代表双方在合作协议书上签字。

12 月 12 ~ 13 日　农业部副部长、中国农业科学院院长李家洋先后到中国水稻研究所、茶叶研究所和上海兽医研究所调研。考察了各所实验设施和科研平台，听取了各所科技创新、学科建设、创新平台建设、人才培养与团队建设、成果转化与产业开发以及"十二五"发展思路等方面的汇报，并同各所领导班子成员、专家和干部座谈。

12 月 14 日　中国农业科学院副院长刘旭会见了来访的美国马里兰大学农业与自然资源学院院长魏正毅（Cheng-I Wei）教授一行。双方就如何继续加强在更广泛领域的农业科技合作交换了意见并达成共识。

12 月 14 日　中国农业科学院在京召开 2011 年院士专家座谈会，围绕加强全院高层次人才队伍建设进行座谈交流，听取院士专家的意见建议。农业部副部长、中国农业科学院院长李家洋出席会议并讲话。院党组书记薛亮主持会议。在京院领导，中国工程院院士方智远、张子仪、郭予元、喻树迅、吴孔明以及部分优秀团队首席科学家参加座谈会并发言。

12 月 14 日　经农业部党组会议研究决定，李明任中国农业科学院北京兽医研究所所长（中国动物卫生与流行病学中心北京分中心主任），免去时建忠中国农业科学院北京兽医研究所所长（中国动物卫生与流行病学中心北京分中心主任）职务。

12 月 15 日　农业部副部长、中国农业科学院院长李家洋分别到植物保护研究所和研究生院调研。在植保所，李家洋院长考察了国家生物安全科学中心项目建设工地和植物病虫害生物学重点实验室，听取了吴孔明所长的汇报，并同所领导班子成员、中层干部及部分科学家座谈，交流学科发展方向、人才队伍建设、科研成果产出、条件建设、研究生培养等方面的工作。

12 月 15 日　农业部种子管理局局长张延秋率该局有关人员到中国农业科学院作物科学研究所调研我国现代种业发展情况。院党组书记薛亮出席座谈会。科技局、财务局、作科所等有关领导和专家 32 人参加座谈，就我国现代种业的发展献计献策。

12 月 15 日　人力资源和社会保障部在京召开"中央单位国家级专业技术人员继续教育基地建设工作座谈会"，会议公布了首批 20 个国家级专业技术人员继续教育基地名单，中国农业科学院位列其中。

12 月 15 ~ 16 日　由中国农业科学院特产研究所承办的"中国农业科学院畜牧兽医学科发展战略高层论坛"在吉林省延吉市召开。中国农业科学院李金祥副院长出席会议并讲话。院属 18 个畜牧兽医专业及学科相关研究所和院科技局的有关领导、专家 27 名代表参加会议。

12 月 18 日　中国农业科学院副院长李金祥到特产研究所调研，考察了特种经济动物基因库、保种场、茸鹿及毛皮动物试验基地、特研药业公司及长春新所区，听取了杨福合所长关于研究所发展历史、任务目标、学科建设、长春创新中心和左家基地建设等方面的汇报，并同特产所班子全体成员及职能处室负责人座谈。

12 月 19 日 为介绍中国农业科学院院所信息化建设项目内容，了解院属各单位、院机关各部门的信息化实际需求，中国农业科学院在京召开院所信息化建设项目说明会。院党组书记薛亮、副院长王韧出席会议并讲话。院属各单位、院机关各部门 100 余名信息化工作负责人参加了会议。

12 月 22 日 农业部副部长、中国农业科学院院长李家洋会见来访的联合国粮农组织（FAO）驻中国、朝鲜、蒙古代表帕西·米西卡（Percy Misika）及联合国世界粮食计划署（WFP）中国办公室主任布雷特·里尔森（Brett Rierson）、联合国国际农业发展基金（IFAD）中国事务负责人孙印洪一行。各方就加强农业科技领域的合作交换了意见。

12 月 22 日 中国农业科学院党组书记薛亮到油料作物研究所调研，就成果转化与科技开发工作同所领导和专家座谈。薛亮书记在认真听取了专家关于加强成果转化和科技开发的建议后指出，要重视成果转化和科技开发工作，并通过科技开发为成果转化提供有效平台。同时，要充分协调好个人、单位和国家三者之间的利益，调动科技人员的积极性和创造性，促进科技创新工作的持续发展。

12 月 29～30 日 农业部副部长、中国农业科学院院长李家洋到中国农业科学院油料作物研究所和农业部南京农业机械化研究所调研。调研期间，李家洋听取了油料所和农业机械化研究所的工作汇报，并与所领导班子以及各部门、各研究室负责人座谈。

十二、附　录

附录一

中国农业科学院科技期刊及报纸一览表

序号	主办单位	主管单位	刊物名称	创刊时间	类别	主编	副主编/主任	电话	刊号	电子邮件	网址	刊期
1	中国农业科学院(信息所承办)	农业部	中国农业科学	1960	学术类	翟虎渠	路文如	010-82106282	CN11-1328/S ISSN0578-1752	zgnykx@mail. caas. net. cn	www. chinaagrisci. com	半
2	中国农业科学院(信息所承办)	农业部	Agricultural Sciences in China	2002	学术类	翟虎渠	路文如	010-82106280	CN11-4720/S ISSN1671-2927	zgnykx@mail. caas. net. cn	www. chinaagrisci. com	月
3	中国农业科学院(质标所承办)	农业部	农产品质量与安全	2003	综合类	翟虎渠	钱永忠	010-82106522	CN11-5896/S ISSN1674-8255	aqs@caas. net. cn	www. iqstap. com	双
4	中国农业科学院(信息所承办)	农业部	农业科技通讯	1972	技术类	侯连德	刘　东	010-82109664	CN11-2395/S ISSN1000-6400	tongxun@caas. net. cn	aii. caas. net. cn	月
5	中国农业科学院(信息所承办)/国家食物与营养咨询委员会	农业部	中国食物与营养	1995	综合类	许世卫	李哲敏	010-82109761	CN11-3716/TS ISSN1006/9577	foodandn@263. net	www. sfncc. org. cn	月
6	中国作物学会/作科所	中国科协	作物学报	1950	学术类	万建民	程维红	010-82108548	CN11-1809/S ISSN0496-3490	xbzw@chinajournal. net. cn	www. chinacrops. org/zwxb/	月
7	中国作物学会/作科所	中国科协	作物杂志	1985	技术类	赵　明	姚　杰	010-82108790	CN11-1808/S ISSN1001-7283	zwzz304@mail. caas. net. cn zwzz@chinajournal. net. cn	zwzz. chinajournal. net. cn zwzz. periodicals. net. cn	双
8	作科所/中国种子协会	农业部	中国种业	1982	技术类	王述民	刘根泉	010-82109494	CN11-4413/S ISSN1671-895X	chinaseedqks@sina. com	zgzy. periodicals. net. cn	月

（续表）

序号	主办单位	主管单位	刊物名称	创刊时间	类别	主编	副主编/主任	电话	刊号	电子邮件	网址	刊期
9	作科所/中国农学会	农业部	植物遗传资源学报	2000	学术类	刘　旭	刘根泉	010-82109494	CN11-4996/S ISSN1672-1810	zwyczyxb2003@ sina. com	www. zwyczy. cn	双
10	中国植物保护学会（植保所承办）	中国科协	植物保护	1963	技术类	吴孔明	王　音	010-62819059	CN11-1982/S ISSN0529-1542	zwbh1963@ 263. net	www. plantprotection. ac. cn	双
11	植保所/中国植物保护学会	农业部	中国生物防治学报	1985	学术类	杨怀文	王立霞	010-82109774	CN11-3515/S ISSN1005-9261	zgswfzxb@ 126. com	www. zgswfz. comc. n	季
12	蔬菜所	农业部	中国蔬菜	1981	技术类	孙日飞	龚一凡	010-82109550	CN11-2326/S ISSN1000-6346	zgsc@ mail. caas. net. cn	www. cnveg. org	月
13	中国园艺学会（蔬菜所承办）	中国科协	园艺学报	1962	技术类	杜永臣	赵　华	010-82109523	CN11-1924/S ISSN0513-353X	yuanyixuebao@ 126. com	www. ahs. ac. cn	月
14	环发所	农业部	中国农业气象	1979	学术类	雷水玲		010-82109774	CN11-1999/S ISSN1000-6362	leishl@ ieda. org. cn	www. ieda. org. cn	季
15	中国畜牧兽医学会	中国科协	畜牧兽医学报	1956	学术类	文　杰	任　鹏	010-62815987	CN11-1985/S ISSN0366-6964	xmsyxb@ 263. net	www. xmsyxb. com	月
16	牧医所	农业部	中国畜牧兽医	1974	技术类	李　琍	赵连生	010-62816020	CN11-4843/S ISSN1671-7236	gwxm@ 263. net	www. chivm. net	月
17	蜜蜂所/中国养蜂学会	农业部	中国蜂业	1934	科技类	李海燕	李海燕	010-62595931 13910930000	CN-5358/S ISSN0412-4367	haiyanonly@ 126. com zgyf2004@ yahoo. com. cn	www. bee1934. org	旬
18	中国原子能学会/原子能所	农业部	核农学报	1987	学术类	华跃进	杨　洋	010-62815961	CN11-2265/S ISSN1000-8551	hnxb5109@ 263. net	www. hnxb. org	双
19	中国农业经济学会/农经所	农业部	农业经济问题	1980	学术类	秦　富	李玉勤	010-82108705	CN11-1323/F ISSN1000-6389	nyjjwt@ mail. caas. net. cn	www. iaecn. com	月

（续表）

序号	主办单位	主管单位	刊物名称	创刊时间	类别	主编	副主编/主任	电话	刊号	电子邮件	网址	刊期
20	中国农业技术经济研究会/农经所	农业部	农业技术经济	1982	学术类	朱希刚	李玉勤	010-82108705	CN11-1883/S ISSN1000-6370	nyjjwt@mail. caas. net. cn	www. iaecn. com	双
21	资划所/中国植物营养与肥料学会	农业部	中国土壤与肥料	1964	技术类	黄鸿翔	张　华	010-82108656	CN11-5498/S ISSN1673-6257	trfl@caas. ac. cn	chinatrfl. alljournal. net. cn	双
22	中国植物营养与肥料学会(资划所承办)	农业部	植物营养与肥料学报	1994	学术类	金继运	张成娥	010-82108653	CN11-3996/S ISSN1008-505X	zwyf@caas. ac. cn	www. plantnutifert. org	双
23	资划所/中国农业资源与区划学会/全国农业资源区划办公室	农业部	中国农业资源与区划	1980	学术类	唐华俊	张　华	010-82109637	CN11-3513/S ISSN1005-9121	Quhuabjb0141@126. com	zgnyzyqh. alljournal. net	双
24	资划所/中国农学会农业信息分会	农业部	中国农业信息	1989	技术类	王道龙	张　华	010-82109637	CN11-4922/S ISSN1005-9121	Zgnyxx001@126. com	www. cjarrp. com	月
25	中国农学会(资划所承办)	中国科协	农业科研经济管理	1993	学术类	史志国	刘瀛弢 张　华	010-82109637	CN11-3801/S	nykygl@126. com	www. cjarrp. com	季
26	信息所	农业部	农业图书情报学刊	1984	学术类	贾善刚		010-82109667	CN11-2711/G2 ISSN1002-1248	xuekan@caas. net. cn	aii. caas. net. cn	月
27	信息所	农业部	中国乳业	2002	技术类	冯艳秋		010-62110897/82109890	CN11-4768/S ISSN1671-4393	zhgry@mail. caas. net. cn	aii. caas. net. cn	月
28	信息所	农业部	生物技术通报	1985	学术类	路铁刚	孙国凤	010-82109925	CN11-2396/Q ISSN1002-5464	biotech@mail. caas. net. cn	aii. caas. net. cn	双
29	信息所	农业部	农业网络信息	1986	技术类	刘世洪	曾祥秀	010-82109657	CN11-5065/TP ISSN1672-6251	nywlxx@caas. net. cn	www. it-agri. net	月

（续表）

序号	主办单位	主管单位	刊物名称	创刊时间	类别	主编	副主编/主任	电话	刊号	电子邮件	网址	刊期
30	信息所	农业部	农业展望	2005	学术类	许世卫	潘月红	010-82109913	CN11-5343/S ISSN1673-3908	nyzw@caas.net.cn	aii.caas.net.cn	月
31	信息所	农业部	中国园艺文摘	1985	技术类	赵瑞雪		010-82109897	CN11-4921/S	zgyywz@mail.caas.net.cn	aii.caas.net.cn	月
32	信息所	农业部	中国猪业	2006	技术类	冯艳秋		010-62143579	CN11-5435/S	zhuye@caas.net.cn	aii.caas.net.cn	月
33	信息所	农业部	中国畜牧兽医文摘	1985	技术类	赵颖波		101-82109897	CN11-4919/S	zyxmsywz@126.com	aii.caas.net.cn	月
34	信息所	农业部	中国畜禽种业	2005	技术类	孟宪学		010-82106257	CN11-5342/S	zgxq@caas.net.cn	aii.caas.net.cn	月
35	灌溉所/中国水利学会/中国国家灌溉排水委员会	水利部/农业部	灌溉排水学报	1982	学术类	段爱旺	李赞堂	0373-3393346	CN41-1337/S ISSN1672-3317	gfid@sina.com	www.ggps.cb.cnki.net	双
36	水稻所	农业部	中国水稻科学	1986	学术类	程式华	李　建	0571-63370278	CN33-1146/S ISSN1001-7216	cjrs@263.net	www.ricesci.cn	双
37	水稻所	农业部	Rice Science（水稻科学）	1990	学术类	程式华		0571-63371017	CN33-1317/S ISSN1672-6308	crrn@fy.hz.zj.cn	www.ricescience.org	季
38	水稻所	农业部	中国稻米	1994	技术类	李西明	庞乾林	0571-63370271	CN33-1201/S ISSN1006-8082	zgdm@163.com	www.zgdm.net	双
39	棉花所	农业部	中国棉花	1958	技术类	喻树迅	牛巧鱼	0372-2525361/2/9	CN41-1140/S ISSN1000-632X	journal@cricaas.com.cn	journal.cricaas.com.cn	月
40	中国农学会(棉花所承办)	中国科协	棉花学报	1989	学术类	喻树迅	张末喜	0372-2525361	CN41-1163/S ISSN1002-7807	journal@cricaas.com.cn	journal.cricaas.com.cn	双

（续表）

序号	主办单位	主管单位	刊物名称	创刊时间	类别	主编	副主编/主任	电话	刊号	电子邮件	网址	刊期
41	油料所	农业部	中国油料作物学报	1979	学术类	王汉中	肖唐华	027-86813823	CN42-1429/S ISSN1007-9084	ylxb@public.wh.hb.cn	www.journalcrops.cn	双
42	麻类所	农业部	中国麻业科学	1979	学术类	熊和平	谢国炎	0731-88998521	CN43-1467/S ISSN1671-3532	csibfc@sina.com	www.chinaibfc.com	双
43	果树所	农业部	中国果树	1959	技术类	米文广	赵进春	0429-3598131	CN21-1165/S ISSN1000-8047	zggsbjb@vip.163.com		双
44	果树所	农业部	果树实用技术与信息	1994	科普类	米文广	赵进春	0429-3598131	CN21-1342/S	gsjsxx@126.com		月
45	郑州果树所	农业部	果树学报	1984	学术类	王志强	陈新平	0371-65330927	CN41-1308/S ISSN1009-9980	chinagsxb@163.com		双
46	郑州果树所	农业部	中国瓜菜	1988	技术类	刘君璞	陈新平	0371-65330928/65330927	CN41-1374/S ISSN1673-2871	zggc@163.com		双
47	郑州果树所	农业部	果农之友	2000	科普类	陈新平		0371-65330928	CN41-1343/S			月
48	茶叶所	农业部	中国茶叶	1979	技术类	黄　飞	尤韶华	0571-86650241	CN33-1117/S ISSN1000-3150	chinatea@mail.hz.zj.cn	www.e-chinatea.cn	月
49	中国茶叶学会	中国科协	茶叶科学	1964	学术类	陈宗懋	朱永兴	0571-86651902	CN33-1115/S ISSN-1000-369X	zyx@mail.tricaas.com cykx@vip.163.com	www.tea-science.com	季
50	茶叶所/生物所	农业部	生物技术进展	2011	学术类	林　敏		010-82106118	CN33-1375/Q ISSN2095-2341	curr_biotech@163.com		半
51	哈尔滨兽医所	农业部	中国预防兽医学报	1979	学术类	孔宪刚	赵晓岩	18946066050	CN23-1417/S ISSN1008-0589	zgyfsyxb@vip.sina.com.cn	www.zgyfsyxb.com	月

（续表）

序号	主办单位	主管单位	刊物名称	创刊时间	类别	主编	副主编/主任	电话	刊号	电子邮件	网址	刊期
52	哈尔滨兽医所	农业部	畜牧兽医科技信息	2002	技术类	王笑梅	秦红丽	18946066051	CN23-1501/S ISSN1671-6027	Xmsykjxx2004@sohu. com		月
53	兰州兽医所	农业部	中国兽医科学	1971	学术类	殷　宏	左翠萍	0931-8342195	CN62-1192/S ISSN1673-4696	zgsykx@zgsykx. com	www. zgsykx. com	月
54	兰州牧药所	农业部	中国草食动物科学	1981	技术类	杨耀光	魏云霞	0931-2656124	CN62-1206/Q ISSN1007-9726	xumuchj@163. com	zgcsdw. periodicals. net. cn/	双
55	中兽医所	农业部	中兽医医药杂志	1982	学术类	杨志强	赵四喜	0931-2656034 13919078833	CN62-1063/R ISSN1000-6354	zsyyyzz@periodicals. net. cn	zscc. chinajournal. net. cn	双
56	上海兽医所	农业部	中国动物遗传病学报	1993	学术类	童光志		021-34293142	CN31-2031/S ISSN1674-6422	bianjibu@shvri. ac. cn	www. cjaid. com	双
57	草原所	农业部	中国草地学报	1979	学术类	侯向阳	刘天明	0471-4926880	CN15-1344/S ISSN1673-5021	zgcdxb@126. com	zgcd. chinajournal. net. cn	双
58	特产所/中国农学会特产学会	农业部	特产研究	1962	技术类	沈育杰	刘艳环	0432-6513069	CN22-1154/S ISSN1001-4721	tcyjbjb@126. com		季
59	特产所	农业部	特种经济动植物	1982	技术类	杨福合	周淑荣	0432-6513067	CN22-1155/S ISSN1001-4713	tzjjdzw@163. com		月
60	环保所/中国农业生态环境保护协会	农业部	农业环境与发展	1984	综合类	高尚宾	胡　梅	022-23674336	CN12-1233/S ISSN1005-4944	caed@vip. 163. com	www. aed. org. cn	双
61	环保所/中国农业生态环境保护协会	农业部	农业环境科学学报	1982	综合类	李文华	潘淑君	022-23674336	CN12-1347/S ISSN1672-2043	caed@vip. 163. com	www. aes. org. cn	双
62	中国沼气学会/沼气所	农业部	中国沼气	1983	技术类	王锡吾		028-85230681	CN51-1206/S ISSN1000-1166	cbso@mail. sc. cninfo. net		双

（续表）

序号	主办单位	主管单位	刊物名称	创刊时间	类别	主编	副主编/主任	电话	刊号	电子邮件	网址	刊期
63	农机化所	农业部	中国农机化	1984	学术类	易中懿		025-84346270	CN32-1123/S ISSN1006-7205	cnnnhgxx@ public1. ptt. js. cn		双
64	农机化所	农业部	农业开发与装备	1995	综合类	陈巧敏		025-84346220	CN32-1779/TH ISSN1673-9205	njjzy2189@ sina. com	www. nriam. com/njjzy/	双
65	烟草所	农业部	中国烟草科学	1979	学术类	王元英	张久权	0532-88703238	CN37-1277/S ISSN1007-5119	zgyckx@ sina. com zgyckx @21cn. com	www. tric. cn	双
66	中国农村技术开发中心(生物所承办)	科技部	中国农业科技导报	1999	技术类	范云六	孙丽萍	010-62127682	CN11-3900/S ISSN1008-0864	nykjdb@ 163. com; nkdb@ caas. net. cn	www. nkdb. net	双
67	直属机关党委	中国农业科学院	思想政治工作和人才建设	1992	综合类	罗炳文						季
68	中国农业科学院办公室	中国农业科学院	中国农业科学院(报)	1995	综合类	罗炳文						旬

全院现有报刊68种，其中期刊67种，报纸1种；按主管单位分，农业部主管56种，科技部主管1种，水利部、农业部共同主管1种，中国科协主管8种，中国农业科学院主管2种。2011年《中国农业科学》《作物学报》获得第二届中国出版政府奖期刊提名奖。

附录二

中国农业科学院通讯录

单位名称	通讯地址	邮编	区号	电话	传真
院办公室	北京市海淀区中关村南大街12号	100081	010	82109398	82103005
科技管理局	北京市海淀区中关村南大街12号	100081	010	82109427	82105534
人事局	北京市海淀区中关村南大街12号	100081	010	82109437	82105563
财务局	北京市海淀区中关村南大街12号	100081	010	82105658	62151095
基本建设局	北京市海淀区中关村南大街12号	100081	010	82105586	82105582
国际合作局	北京市海淀区中关村南大街12号	100081	010	82109477	62174060
直属机关党委	北京市海淀区中关村南大街12号	100081	010	82105708	82105708
监察局	北京市海淀区中关村南大街12号	100081	010	82109502	82109502
后勤服务中心	北京市海淀区中关村南大街12号	100081	010	82109668	82109668
作物科学研究所	北京市海淀区中关村南大街12号	100081	010	82109715	82105819
植物保护研究所	北京市海淀区圆明园西路2号	100094	010	62815905	62895365
蔬菜花卉研究所	北京市海淀区中关村南大街12号	100081	010	82109522	62146160
农业环境与可持续发展研究所	北京市海淀区中关村南大街12号	100081	010	82109567	82109567

（续表）

单位名称	通讯地址	邮编	区号	电话	传真
畜牧研究所	北京海淀区圆明园西路2号	100094	010	62815851	62895372
蜜蜂研究所	北京香山北沟1号	100093	010	62591473	62591473
饲料研究所	北京市海淀区中关村南大街12号	100081	010	82109812	82106054
农产品加工研究所	北京市海淀区圆明园西路2号	100094	010	62815836	62895382
生物技术研究所	北京市海淀区中关村南大街12号	100081	010	82106405	82106405
农业经济与发展研究所	北京市海淀区中关村南大街12号	100081	010	82109801	62187545
农业资源与农业区划研究所	北京市海淀区中关村南大街12号	100081	010	82109640	82106225
农业信息研究所	北京市海淀区中关村南大街12号	100081	010	82109915	82103127
农业质量标准与检测技术研究所	北京市海淀区中关村南大街12号	100081	010	82106515	82106500
研究生院	北京市海淀区中关村南大街12号	100081	010	82109689	82106609
中国农业科学技术出版社	北京市海淀区中关村南大街12号	100081	010	82109706	82109700
农田灌溉研究所	河南省新乡市建设路173号	453003	0373	3393354	3393354
中国水稻研究所	杭州市体育场路359号	310006	0571	63370235	63370989
棉花研究所	河南省安阳市开发区黄河大道西段	455000	0372	2562248	2562256
油料作物研究所	湖北省武汉市徐东二路2号	430062	027	86811837	86816451
麻类研究所	湖南省长沙市岳麓区咸嘉湖西路348号	410205	0731	88998505	88998528

（续表）

单位名称	通讯地址	邮编	区号	电话	传真
果树研究所	辽宁省兴城市兴海路三段	125100	0429	3598128	3598288
郑州果树研究所	郑州市航海东路63中学南	450009	0371	65330901	65330987
茶叶研究所	杭州市云栖路1号	310008	0571	86650115	86650056
哈尔滨兽医研究所	哈尔滨市南岗区马端街427号	150001	0451	85935006	82733132
兰州兽医研究所	兰州市盐场徐家坪1号	730046	0931	8342489	8340977
兰州畜牧与兽药研究所	兰州市小西湖硷沟沿211号	730050	0931	2115192	2115191
上海兽医研究所	上海市石龙路345弄3号	200232	021	54082828	54081818
草原研究所	内蒙古呼和浩特市新城区乌兰察布东路120号	010010	0471	4961330	4961330
特产研究所	吉林省长春市净月经济开发区聚业大街4899号	130112	0431	81919819	81919800
环境保护科研监测所	天津南开区康复路31号	300191	022	23613820	23613820
沼气科学研究所	成都市人民南路四段13号	610041	028	85227610	85230691
南京农业机械化研究所	江苏南京市中山门外柳营100号	210014	025	84346001	84432672
烟草研究所	山东省青岛市崂山区科苑经四路11号	266101	0532	88701806	88702056
柑橘研究所	重庆市北碚区歇马镇柑橘村15号	400712	023	68349709	68349712
甜菜研究所	黑龙江省哈尔滨市南岗区学府路74号	150080	0451	86609312	86609312
蚕业研究所	江苏镇江市四摆渡	212018	0511	85616572	85628183
农业遗产室	南京中山门外南京农业大学院内	210095	025	84396771	84396771
水牛研究所	广西南宁市邕武路24—1号	530001	0771	3338589	3338814

（续表）

单位名称	通讯地址	邮编	区号	电话	传真
草原生态研究所	兰州市61号信箱	730020	0931	8913074	8910979
家禽研究所	江苏省扬州市邗江区仓颉路58号	225125	0514	85599000	85599010
甘薯研究所	江苏省徐州市东郊东贺村	221211	0516	82189208	82189209

附录三

各省、自治区、直辖市农(牧、林)业科学院通讯录

单位名称	通讯地址	邮编	区号	电话	传真
北京市农林科学院	北京市海淀区曙光中路 9 号	100097	010	51503241	51503247 51503300
天津市农业科学院	天津市南开区白堤路 268 号	300192	022	23678666	23678667
河北省农林科学院	石家庄市谈固南大街 45 号	050031	0311	87652019	87066140
山西省农业科学院	太原市长风街 2 号	030006	0351	7073032	7040092
内蒙古自治区农牧业科学院	呼和浩特市玉泉区昭君路 22 号	010031	0471	5295455	5295644
辽宁省农业科学院	沈阳市沈河区东陵路 84 号	110161	024	31027396 31023112 (一楼大厅收发室)	31027397
吉林省农业科学院	吉林省长春市净月旅游开发区彩宇大街 1363 号	130033	0431	87063030	87063028
黑龙江省农业科学院	哈尔滨市南岗区学府路 368 号	150086	0451	86662295	86662295
黑龙江省农垦科学院	黑龙江省佳木斯市安庆街 382 号	154007	0454	8359120	8359120
上海市农业科学院	上海市奉贤区金齐路 1000 号	201403	021	62201221	62201221
江苏省农业科学院	南京市孝陵卫钟灵街 50 号	210014	025	84390015	84392233
浙江省农业科学院	杭州市石桥路 198 号	310021	0571	86404011	86400481

（续表）

单位名称	通讯地址	邮编	区号	电话	传真
安徽省农业科学院	合肥市庐阳区农科南路40号	230031	0551	5160537	2160337
福建省农业科学院	福州市五四路247号	350003	0591	87884606	87884262
江西省农业科学院	南昌市南昌县莲塘北大道1738号	330200	0791	87090310	87090001
山东省农业科学院	济南市工业北路202号	250100	0531	83179224	88604644
河南省农业科学院	郑州市花园路116号	450002	0371	65729140	65711374
湖北省农业科学院	武汉市武昌南湖瑶苑特1号	430064	027	87389499	87389545
湖南省农业科学院	长沙市芙蓉区远大二路	410125	0731	84691212	84691124
广东省农业科学院	广州市天河区金颖路29号	510640	020	87511099	87503358
广西壮族自治区农业科学院	南宁市大学东路174号	530007	0771	3243866	3244521
海南省农业科学院	海口市琼山区流芳路9号	571100	0898	65313090	65313090
四川省农业科学院	成都市外东静居寺路20号	610066	028	84504011	84504198
重庆市农业科学院	重庆市九龙坡区白市驿镇	401329	023	65705208	65703532
贵州省农业科学院	贵阳市小河区金欣社区服务中心	550006	0851	3761026	3761504
云南省农业科学院	昆明市白云路761号江岸小区	650231	0871	5136637	5136633
西藏自治区农牧科学院	拉萨市金珠西路153号改为130号	850002	0891	6862174	6862174
西北农林科技大学（陕西省农业科学院）	陕西省杨陵示范区	712100	029	87082809	87082810

（续表）

单位名称	通讯地址	邮编	区号	电话	传真
甘肃省农业科学院	兰州市安宁区农科院新村 1 号	730070	0931	7616187	7616187
青海省农林科学院	西宁市城北区宁大路 253 号	810016	0971	5311151	5311192
宁夏农林科学院	银川市黄河东路 590 号	750002	0951	6886707	6886712
新疆农业科学院	乌鲁木齐市南昌路 38 号 403 号	830000	0991	4502057	4516057
新疆畜牧科学院	乌鲁木齐市克拉玛依东街 151 号	830000	0991	4832351	4832351
中国热带农业科学院（华南热带农业大学）	海南省海口市城西学院路 4 号	5571101	0898	66962965	66962904

附录四

农业部有关司局电话号码

单位	电话	单位	电话	单位	电话
办公厅	59193127	国际合作司	59192440	渔业局	59192936
部值班室	59192316	科技教育司	59193024	农产品质量安全监管局	59193168
人事劳动司	59192510	种植业管理司	59192806	直属机关党委	59192416
产业政策与法规司	59192730	农业机械化管理司	59192822	驻部纪检组监察局	59192419
农村经济体制与经营管理司	59193197	畜牧业司	59191873	离退休干部局	59192411
市场与经济信息司	59193146	兽医局	59193307	机关服务中心	59192259
发展计划司	59192532	农垦局	59192648	信息中心	59192709
财务司	59192514	乡镇企业局	59192718		

附录五

有关单位通讯录

单位	通讯地址	邮编	区号	电话	电子邮件
科学技术部	北京市复兴路乙15号	100862	010	58881800	
国家发展和改革委员会	北京市西城区月坛南街38号	100824	010	68502000	bgt@ndrc.gov.cn
国务院机关事务管理局	北京市西城区西安门大街22号	100017	010	66036447	
中国农业大学	北京市海淀区圆明园西路2号	100094	010	62736518	xbglq@cau.edu.cn
中国农学会	北京市朝阳区麦子店街20号	100026	010	59194203	
中国科学技术协会	北京市海淀区复兴路3号	100863	010	68518822	